EMIL FISCHER
GESAMMELTE WERKE

HERAUSGEGEBEN VON M. BERGMANN

UNTERSUCHUNGEN ÜBER AMINOSÄUREN, POLYPEPTIDE UND PROTEINE II

(1907—1919)

Springer-Verlag Berlin Heidelberg GmbH

1923

UNTERSUCHUNGEN ÜBER AMINOSÄUREN, POLYPEPTIDE UND PROTEINE II

(1907—1919)

VON

EMIL FISCHER

HERAUSGEGEBEN VON **M. BERGMANN**

Springer-Verlag Berlin Heidelberg GmbH

1923

ISBN 978-3-642-51785-3   ISBN 978-3-642-51825-6 (eBook)
DOI 10.1007/978-3-642-51825-6

Copyright 1923 by Springer-Verlag Berlin Heidelberg
Ursprünglich erschienen bei Julius Springer in Berlin 1923.
Softcover reprint of the hardcover 1st edition 1923

Vorwort.

Dem kürzlich erschienenen zweiten Band der Arbeiten über Kohlenhydrate folgt jetzt die Zusammenstellung der Untersuchungen Fischers über Aminosäuren, Polypeptide und Proteine seit 1906. Sie steht an Umfang nicht zurück hinter dem ersten Band gleichen Themas. Die Gliederung ist die gleiche geblieben: Der Synthese der einzelnen Aminosäuren folgt ihre Vereinigung zu langgliederigen Polypeptidketten, und diesem synthetischen Teil stehen Spaltungsversuche an Polypeptiden und verschiedenen Proteinen gegenüber. Neu hinzugekommen ist in diesem Band das Thema der Waldenschen Umkehrung. Die hierhergehörigen Arbeiten empfahlen sich für die Angliederung, weil sie ausnahmslos Aminosäuren zum Gegenstand der Untersuchung haben, also im engen Zusammenhang stehen mit den anderen Abhandlungen des Bandes.

Die vorliegenden Abhandlungen reichen mit ihren spätesten Ausläufern nur bis zum Jahre 1916. Nachdem Fischer in seinen letzten Lebensjahren das Thema der Proteinchemie nicht mehr berührt hat, möchte es scheinen, als ob er seine Tätigkeit hier als abgeschlossen betrachtet habe. Eine solche Meinung wäre irrtümlich. Wiederholt sprach Fischer die Absicht aus, die Proteinarbeiten auf veränderter Grundlage wieder aufzunehmen. Der Krieg und seine Folgen ließen diesen Plan nicht zur Tat reifen.

In der Folge werden zur Vervollständigung dieser Sammelausgabe noch ein oder zwei Bände zu erscheinen haben, welche Fischers Abhandlungen aus verschiedenen Arbeitsgebieten enthalten sollen, soweit sie in den bisherigen Bänden noch nicht enthalten sind.

Meinem Assistenten Herrn Dr. Herbert Schotte habe ich wiederum für das Mitlesen der Korrekturen und für die Anfertigung des Sachregisters herzlich zu danken.

Berlin-Charlottenburg, im September 1922.

M. Bergmann.

Inhaltsverzeichnis.

III. Synthesen von Polypeptiden.

[1]) Vgl. die Anm. S. 664.

IV. Hydrolytische Versuche.

V. Arbeiten über Waldensche Umkehrung.

1. Emil Fischer: Die Chemie der Proteine und ihre Beziehungen zur Biologie.

(Wissenschaftliche Festrede, gehalten in der öffentlichen Sitzung am 24. Januar zur Feier des Geburtsfestes Sr. Majestät des Kaisers und Königs und des Jahrestages König Friedrich's II.)

Sitzungsberichte d. Königl. Preuß. Akad. d. Wissenschaften zu Berlin **1907**, 35.

Da die Unterhaltung des Lebens einen fortdauernden Stoffwechsel erfordert, so ist der Trieb der Selbsterhaltung bei allen mit Bewußtsein begabten Wesen in erster Linie auf eine ausreichende Zufuhr von Nahrung gerichtet. Ihre Beschaffung, Aufbewahrung und Zubereitung gehören deshalb zu den ältesten Sorgen der Menschheit und haben noch mehr als die Herstellung von Wohnung und Kleidung oder der Zwang der Selbstverteidigung ihren erfinderischen Sinn geweckt.

Die Methoden der Jagd und des Fischfangs, der Ackerbau und die Viehzucht, die mannigfaltigen Künste von Küche und Keller sind alle dem gleichen Bedürfnis entsprungen. Und wie sehr Nahrungsfragen den Handel und Verkehr oder die sozialen und politischen Einrichtungen der Völker beeinflußt haben, ist von der Geschichtsforschung vielleicht noch nicht genügend berücksichtigt worden.

Selbst bei der verfeinerten Lebensführung unserer Zeit mit den gesteigerten Ansprüchen an Wohnung, Kleidung und immaterielle Genüsse müssen die breiten Massen des Volkes noch immer mehr als die Hälfte ihres Einkommens für Nahrungsmittel verausgaben.

Daß Stoffe von so eminent praktischer Wichtigkeit längst Gegenstand eingehender wissenschaftlicher Forschung geworden sind, kann nicht Wunder nehmen. Physiologie, Chemie, Botanik und Medizin wetteifern darin, ihren Nährwert, ihre Zusammensetzung, ihre Entstehung in der Pflanzenwelt und ihr Schicksal im Tierleibe zu ermitteln. Ein Heer von Chemikern und Hygienikern ist damit beschäftigt, die Güte der Handelswaren zu prüfen, und besondere Gesetze bedrohen ihre Verfälschung mit schweren Strafen.

So sehr die verschiedenen Nahrungsmittel in der äußeren Form, in Farbe, Geschmack und Geruch voneinander abweichen, so zeigen sie doch in der chemischen Zusammensetzung große Ähnlichkeit. Der Hauptmenge nach bestehen sie alle aus komplizierten Verbindungen des Kohlenstoffs, sogenannten organischen Substanzen, die in wechselndem Verhältnis gemischt sind.

Als ihre Quelle haben wir in letzter Linie das Pflanzenreich anzusehen; denn auch die animalische Kost, wie Fleisch, Milch, Eier, ist nur umgewandelte vegetabilische Materie, die dem Zuchtvieh als Nahrung gedient hat.

Durch die Pflanzen werden diese organischen Stoffe aus sehr einfachen Bestandteilen der leblosen Welt, d. h. aus Wasser, Kohlensäure, Nitraten und einigen anderen Salzen des Bodens, durch wunderbare synthetische Prozesse bereitet. Sie erfahren im Tierkörper nach mannigfachen Verwandlungen und zeitweiser Verwendung zum Aufbau der Organe eine radikale Zertrümmerung und kehren schließlich in die Form der Ausgangsmaterialien, Kohlensäure, Wasser usw., zurück.

Die Erkenntnis dieses merkwürdigen chemischen Wechselverhältnisses zwischen Pflanze und Tier ist gewiß eine der glänzendsten Errungenschaften der neueren Naturforschung. Aber der große Kreislauf der organogenen Elemente: Kohlenstoff, Wasserstoff, Sauerstoff und Stickstoff vollzieht sich in zahlreichen Phasen, die uns großenteils noch unbekannt sind und deren Aufklärung noch für lange Zeit das vornehmste Ziel der biologischen Chemie bilden wird.

Eine Voraussetzung für den Erfolg solcher Studien ist die genaue Kenntnis der chemischen Natur aller Einzelstoffe, die in dem Zyklus auftreten; und das ist eine Aufgabe, der sich die organische Chemie seit 100 Jahren mit immer steigendem Erfolge gewidmet hat.

Aus der großen Zahl der Kohlenstoffverbindungen, die hierfür in Betracht kommen, ragen drei scharf abgegrenzte Klassen, die Fette, Kohlenhydrate und Proteine, durch Masse und Wichtigkeit für den Stoffwechsel hervor. Abgesehen vom Wasser bilden sie auch den Hauptbestandteil unserer Nahrung. Ihre elementare Zusammensetzung ist qualitativ schon im 18. Jahrhundert von Lavoisier und quantitativ im Anfang des 19. Jahrhunderts mit ziemlich großer Genauigkeit festgestellt worden.

Aber das hat für die Erforschung solcher komplizierten Kohlenstoffverbindungen noch keine große Bedeutung. Viel wichtiger, aber auch weit schwieriger ist die Aufklärung ihrer chemischen Konstitution oder, wie man jetzt gewöhnlich sagt, der Struktur ihres Moleküls. Was in dieser Beziehung für die drei Klassen bisher geleistet wurde, ist ziemlich ungleich.

Die Natur der Fette wurde schon in den ersten Dezennien des 19. Jahrhunderts durch die berühmten Untersuchungen Chevreuls über den Prozeß der Seifenbereitung im wesentlichen bekannt und bereits 1854, d. h. nur 26 Jahre nach dem Beginn der organischen Synthese, gelang es Berthelot, sie aus Glyzerin und Fettsäuren künstlich aufzubauen.

Viel länger hat es gedauert, bis die gleiche Aufgabe bei den Kohlenhydraten gelöst werden konnte, obschon die meisten eine einfachere Zusammensetzung als die Fette haben; denn erst im Jahre 1890 wurden die wichtigsten Glieder der Gruppe, der Traubenzucker und seine Verwandten, künstlich dargestellt, und noch immer sind komplizierte Derivate desselben, wie Stärke und Zellulose, nicht allein der Synthese unzugänglich, sondern auch in bezug auf die Struktur des Moleküls rätselhaft geblieben. So wünschenswert es auch sein mag, daß diese Lücke bald ausgefüllt wird, so ist doch die Biologie mit den bisherigen Kenntnissen schon in der Lage, das Schicksal der Kohlenhydrate im Tier- und Pflanzenleibe erfolgreich zu studieren.

Schlimmer steht es mit der dritten und größten Klasse, den Proteinen, von denen die wichtigsten auch unter dem bekannteren Namen „Eiweißstoffe" zusammengefaßt werden. Sie unterscheiden sich von den Fetten und Kohlenhydraten durch den Gehalt an Stickstoff und sind mit ihren zahlreichen Derivaten die kompliziertesten chemischen Gebilde, welche die Natur hervorbringt.

Während im Pflanzenreich die Kohlenhydrate an Masse überwiegen, besteht der Tierleib, soweit organische Materie in Betracht kommt, zum größten Teil aus Proteinen, und nur bei überreich ernährten Individuen oder Rassen wird ihre Menge annähernd von der des Fettes erreicht.

Infolge des massenhaften Auftretens im Tierreich haben sich die Proteine ebenso früh wie die Kohlenhydrate und Fette der Beobachtung aufgedrängt, und einige von ihnen waren in annähernd reinem Zustande lange vor der Geburt der organischen Chemie bekannt.

Aus dem älteren Klassennamen „Eiweißstoffe" oder „Albumine", der in der Wissenschaft erst neuerdings mehr und mehr durch das Wort „Proteine" verdrängt wird, darf man schließen, daß von allen diesen Stoffen der weiße Teil des Vogeleies die Aufmerksamkeit der Menschen am meisten gefesselt hat, wahrscheinlich weil er so leicht zu isolieren ist und so mannigfaltige Verwendung in der Küche und den Gewerben findet.

Seine Eigenschaft, in der Hitze zu gerinnen und trotz des reichen Wassergehaltes eine ziemlich feste Masse zu bilden, ist typisch für eine größere Anzahl von Proteinen, und auch manche andere charakteristische chemische Veränderungen der ganzen Klasse sind zuerst an dem Eiereiweiß gefunden worden. Es verdient übrigens hier schon bemerkt zu werden, daß dieses Eiereiweiß, entgegen der gewöhnlichen Annahme, kein einheitlicher Stoff ist, sondern mindestens zwei, vielleicht aber noch mehr Proteine enthält, die einander allerdings sehr ähnlich sind.

Noch mannigfaltiger zusammengesetzt ist der Dotter des Eies, der außer einem Protein reichliche Mengen von Fett, Lecithin, Cholesterin und andere Stoffe enthält.

Ein zweites, ebenfalls sehr leicht zugängliches Protein ist das Kasein der Milch. Wie sein Name anzeigt, bildet es den Hauptbestandteil des Käses. Seine Abscheidung aus der Milch, die sogenannte Gerinnung, kann auf recht verschiedene Weise erfolgen. Spontan und bei gewöhnlicher Temperatur tritt sie ein beim Sauerwerden oder, wissenschaftlich gesprochen, durch die Milchsäuregärung. Dasselbe erreicht man in der Wärme durch das sogenannte „Lab", ein Stoff, der von der Schleimhaut des tierischen Magens abgesondert wird, und den man meistens zur Käsebereitung verwendet.

Das Kasein ist wiederum nicht das einzige Protein der Milch, denn sie enthält, allerdings in viel geringerer Menge, einen zweiten Stoff, der dem Eieralbumin ähnelt und deshalb „Milchalbumin" genannt wird. Der Gehalt an diesen beiden Proteinen, ferner an Fett und Milchzucker, ist übrigens bei den verschiedenen Rassen und selbst bei den einzelnen Individuen erheblichen Schwankungen unterworfen, und es scheint mir auch recht zweifelhaft, daß das Kasein in allen Fällen, z. B. in der Kuh- und in der Frauenmilch, gleich ist; denn die letztere gerinnt außerordentlich viel feiner und wird deshalb von dem Säugling so sehr viel leichter vertragen als die Kuhmilch, die im Magen des kleinen Konsumenten dicke Klumpen ausscheidet und dadurch schon in mechanischer Beziehung dem Verdauungsapparat Schwierigkeiten bereitet.

Reicher an Proteinen als andere Sekrete des Tierkörpers ist das Blut. Sicher nachgewiesen sind darin vier verschiedene Arten, zu denen das bei der Gerinnung ausfallende Fibrin und ferner das Globin der roten Blutkörperchen gehören.

Das Dichterwort „Blut ist ein ganz besonderer Saft" verdient also auch in chemischer Beziehung volle Anerkennung.

Von sonstigen Proteinen ist wohl die Gelatine oder der Leim am bekanntesten. Er wird aus Bindegewebe, Knorpel oder Knochen durch Auslaugen mit überhitztem Wasser dargestellt und findet ebenso im gewöhnlichen Haushalt wie in den Gewerben die verschiedenartigste Verwendung.

Dazu kommen wieder andere Proteine des Muskels, der Haut, Haare, Nägel und nicht minder zahlreiche Stoffe des Pflanzenreichs.

Von letzteren ist am bekanntesten das Edestin des Baumwollensamens, das neuerdings im Großen daraus gewonnen und für die Darstellung eines Nährpräparats verwandt wird.

Besondere Erwähnung verdienen noch zwei Produkte des Tierleibes, weil sie sich durch einfache chemische Zusammensetzung auszeichnen und deshalb bei späteren Betrachtungen nicht fehlen dürfen. Es sind das einerseits die Protamine, deren erster Repräsentant von Miescher 1874 in dem Samen des Rheinlachses entdeckt und die in neuerer Zeit mit großem Erfolge von A. Kossel studiert wurden, und andererseits der Hauptbestandteil der Seide, das sogenannte „Fibroin", welches nach meinen Erfahrungen von allen Proteinen am leichtesten zu studieren und deshalb für die Lösung mancher prinzipieller Fragen am besten geeignet ist.

Diese flüchtige Aufzählung wird genügen, um den Reichtum an Formen in der Gruppe der natürlichen Proteine anzudeuten. Ein vollständiges Bild davon vermag leider die heutige Wissenschaft noch nicht zu geben. Denn trotz der vielen Mühe, die eine stattliche Schar von Chemikern und Physiologen seit 100 Jahren auf ihre Isolierung, Reinigung und sogar Kristallisation verwendet haben, sind die Methoden der Charakteristik nicht scharf genug, um feinere individuelle Unterschiede festzustellen. Daß solche aber vorhanden sein müssen, beweisen die neueren Beobachtungen über die Entstehung von Präzipitinen im Blute bei Einführung von fremden Proteinen und die Erfahrung, daß diese Präzipitine ganz spezifische Fällungsmittel für den Fremdkörper sind.

Wie in anderen Kapiteln der organischen Chemie wird höchstwahrscheinlich auch bei den Proteinen erst dann eine rationelle Systematik möglich sein, wenn es gelungen ist, für eine große Anzahl die Struktur des Moleküls festzustellen.

Für diesen Zweck stehen uns im allgemeinen zwei Wege offen: Abbau und Aufbau des Moleküls. Der erste gleicht einer Zergliederung und wird so lange fortgesetzt, bis Stücke von bekannter Struktur zum Vorschein kommen. Von ihnen läßt sich dann ein Rückschluß auf den Bau des ursprünglichen Systems ziehen. Noch entscheidender ist in der Regel der synthetische Versuch, aus den Stücken den ganzen Bau zu rekonstruieren.

Mit welchem Erfolge beide Methoden auf die Proteine angewandt werden konnten, will ich versuchen in gedrängter Kürze darzulegen.

Obschon die Proteine von sehr verschiedenen Agenzien angegriffen werden, so hat sich doch bisher nur ein einziger Zergliederungsvorgang für das Studium ihrer Struktur als geeignet erwiesen. Es ist die Auf-

spaltung durch Anlagerung von Wasser, die man Hydrolyse nennt
und die u. a. bei der tierischen Verdauung erfolgt.

Legt man z. B. ein Stückchen hart gekochtes Eiweiß vom Hühnerei
in den Saft eines tierischen Magens und erwärmt auf die Temperatur
des Blutes, so verschwindet die feste Masse je nach der Größe mehr
oder weniger rasch, weil das Eiweiß sich in leicht lösliche Produkte
verwandelt, die man Albumosen und Peptone nennt. In weiterem
Kreise ist der zweite Name bekannt von einem Handelsprodukt, das zur
Ernährung von Kranken mit geschwächter Magenverdauung benutzt
wird.

Mit der Bildung der Peptone ist der Prozeß aber nicht beendet;
denn sie verfallen im Darm einer weiteren Hydrolyse, als deren letzte
Produkte wir ziemlich einfache organische Substanzen beobachten, die
den Namen „Aminosäuren" führen.

Rascher als durch die Verdauungssäfte kann die totale Hydrolyse
durch heiße starke Säuren, z. B. Salzsäure, bewirkt werden, und auch
hier entstehen außer Ammoniak fast ausschließlich Aminosäuren, die
wir demnach als die Bausteine des Proteinmoleküls betrachten.

Wie mannigfaltig in der Zusammensetzung sie sein können, zeigt
ein Blick auf die folgende Tabelle, in der alle bisher auf diesem Wege
erhaltenen Aminosäuren nebst kurzer Angabe über ihre Entdeckung in
der Natur und besonders in den Proteinen zusammengestellt sind.

Als erstes Glied der Reihe ist das Glykokoll oder Leimsüß angeführt. Es verdankt seinen Namen einerseits dem süßen Geschmack
und anderseits der Entstehung aus Leim, woraus es im Jahre 1820 durch
den französischen Chemiker Braconnot in der oben geschilderten
Weise gewonnen wurde. Schon zwei Jahre früher war das Leucin
von Proust in altem Käse gefunden worden.

Die nächstälteste Aminosäure dürfte die Asparaginsäure sein,
welche zuerst von Plisson 1827 aus dem schon seit 1805 bekannten
Asparagin erhalten und viel später auch in den Proteinen entdeckt wurde.

Glykokoll (Braconnot 1820)
Alanin (Schützenberger, Weyl
   1888)
Valin (v. Gorup - Besanez 1856)
Leucin(Proust 1818, Braconnot
   1820)
Isoleucin (F. Ehrlich 1903)

Phenylalanin (E. Schulze und
   Barbieri 1881)

Prolin (E. Fischer 1901)
Oxyprolin (E. Fischer 1902)

Ornithin (M. Jaffé 1877)
Lysin (E. Drechsel 1889)
Arginin (E. Schulze und E. Stei-
   ger 1886)
Histidin (A. Kossel 1896)
Tryptophan (Hopkins und Cole
   1901)

Serin (Cramer 1865)

Tyrosin (Liebig 1846)

Asparaginsäure (Plisson 1827)

Glutaminsäure(Ritthausen1866)

Diaminotrioxydodekansäure*)

(E. Fischer und E. Abder-
halden, Skraup 1904)

Cystin (Wollaston 1810, K. A.
H. Mörner 1899).

Wie diese Bemerkung zeigt, ist die Anordnung in der Tafel nicht chronologisch, sondern systematisch.

Auf das Glykokoll folgen zuerst seine nächsten Verwandten, Alanin, Valin, Leucin und Isoleucin. Diese fünf einfachsten Aminosäuren sind die α-Aminoderivate der Essigsäure und ihrer Homologen mit 3, 5 und 6 Kohlenstoffatomen (Propionsäure, Isovaleriansäure und Isocapronsäure).

Ihnen schließt sich das Phenylalanin an, das, wie schon der Name sagt, dem Alanin nahe verwandt ist, aber die aromatische Gruppe Phenyl enthält.

Das von Cramer im Seidenleim entdeckte Serin und das von Liebig schon 1846 aus Käse dargestellte Tyrosin sind die einfachen Oxy-derivate des Alanins und Phenylalanins, dann folgen die stark sauer reagierende Asparagin- und Glutaminsäure, von denen besonders die letzte ein Hauptbestandteil mancher pflanzlichen Proteine ist.

Prolin und Oxyprolin sind ausgezeichnet als Derivate des hetero-zyklischen Pyrrolidins und bilden bis zum gewissen Grade eine Brücke zwischen den Proteinen und den im Pflanzenreich weit verbreiteten Alkaloiden, zu denen unsere wichtigsten Heilmittel, Chinin, Morphin, Kokain usw., gehören.

Die drei folgenden Substanzen, Ornithin, Lysin und Arginin, nennt man Diaminosäuren, weil sie zwei Aminogruppen enthalten und deshalb starke Basen sind.

Histidin ist sehr wahrscheinlich ein Derivat des Imidazols und würde demnach einige Verwandtschaft mit den Purinkörpern haben.

Tryptophan gehört zur Gruppe des Indols und bildet den Teil des Eiweißes, aus dem wahrscheinlich der charakteristische Geruch der menschlichen Fäces oder auch der zuweilen im menschlichen Urin auftretende blaue Indigofarbstoff entstehen.

Die folgende Verbindung mit dem langen Namen „Diaminotri-oxydodekansäure" ist die kohlenstoffreichste der ganzen Reihe und kann als Abkömmling einer Fettsäure mit 12 Kohlenstoffatomen ein gewisses Sonderinteresse beanspruchen.

Das schon 1810 von Wollaston entdeckte Cystin zeichnet sich durch den hohen Gehalt an Schwefel aus und bildet die einzige uns bekannte schwefelhaltige Gruppe der Proteine.

---

*) Vergl. die Anmerkungen S. 23 und S. 186.

Wenn diese 19 verschiedenen Aminosäuren durch Hydrolyse der
Proteine erhalten wurden, so folgt daraus noch nicht, daß sie in jedem
Protein vorhanden sein müssen. Im Gegenteil, es läßt sich durch sichere
Proben feststellen, daß Tyrosin oder Tryptophan oder Glykokoll in
manchen Proteinen gänzlich fehlen. Auch die Mengen, in denen die
einzelnen Aminosäuren auftreten, sind außerordentlich verschieden.
So bildet das Glykokoll, das im Kasein oder Oxyhämoglobin gänzlich
fehlt, fast $1/_3$ vom Gewicht des Seidenfibroins. Umgekehrt ist die Glutaminsäure, die in der Seidenfaser gar nicht gefunden wurde, in dem Gliadin
des Weizens zu ungefähr 36% enthalten, und für Arginin schwanken
die Werte zwischen 2% im Zein und 84% im Salmin.

Andererseits muß aber doch betont werden, daß in der über-
wiegenden Mehrzahl der Proteine die meisten jener Aminosäuren sich
vorfinden.

Wenn sie wirklich alle Bestandteile desselben Moleküls wären,
so müßte dieses ein erschreckend großer Komplex sein, und in der
Tat lauten die älteren Schätzungen des Molekulargewichts für manche
Proteine auf einen Wert von 12—15000, der denjenigen der Fette
um das 15—21fache übertreffen würde.

Ich bin nun allerdings der Ansicht, daß diese Berechnungen auf
sehr unsicherer Basis beruhen, vornehmlich deshalb, weil wir nicht die
geringste Garantie für die chemische Einheitlichkeit der natürlichen Proteine haben; ich glaube vielmehr, daß sie Gemische von Substanzen sind,
deren Zusammensetzung in Wirklichkeit viel einfacher ist, als man
bisher nach den Resultaten der Elementaranalyse und der Hydrolyse
annahm.

Als Bausteine des Proteinmoleküls sind die Aminosäuren seit
länger als 50 Jahren Lieblingskinder der chemischen Forschung gewesen, und es ist deshalb kein Wunder, daß für die Mehrzahl nicht
allein die Struktur ermittelt, sondern auch die totale Synthese aus
den Elementen verwirklicht wurde.

Nur für Oxyprolin, Histidin, Tryptophan und Diaminotrioxydodekansäure bleibt die Aufgabe noch zu lösen.

Mit Ausnahme des Glykokolls sind alle diese Produkte, soweit
sie in der Natur vorkommen, optisch-aktiv, d. h. sie drehen in Lösung
die Ebene des polarisierten Lichtes. Im Gegensatz dazu liefert bekanntlich die organische Synthese zunächst optisch-inaktive Substanzen, aber diese lassen sich nach den von L. Pasteur entdeckten
Methoden nachträglich in optisch-aktive Formen verwandeln.

Auch bei den Aminosäuren ist das durch Benutzung ihrer Acylderivate gelungen, denn diese bilden mit den natürlichen Alkaloiden
beständige, durch Kristallisation in die optischen Komponenten zer-

fallende Salze, aus denen durch einfache Operationen die optisch-aktiven Aminosäuren entstehen. Das Verfahren ist bei der Mehrzahl der Aminosäuren mit Erfolg angewandt worden, und seine weitere Ausdehnung auf die noch übrigen Fälle, Prolin, Lysin und Cystin, wird kaum auf Schwierigkeiten stoßen.

Man darf deshalb erwarten, daß in nächster Zukunft die totale Synthese aller dieser Körper auch in der optisch-aktiven Form möglich sein wird. Dagegen ist es leider nicht wahrscheinlich, daß die Tabelle bereits sämtliche Spaltprodukte der Proteine enthält. Im Gegenteil deuten manche Beobachtungen darauf hin, daß in dem rohen Gemisch von Aminosäuren, welches beim Kochen der Proteine mit Salzsäure entsteht, noch unbekannte Substanzen enthalten sind, deren Isolierung vielleicht erst durch bessere Trennungsmethoden gelingen wird. Soviel darf man aber wohl jetzt schon behaupten, daß die wichtigsten Bausteine des Proteinmoleküls uns bekannt sind, und daß für manche einfachere Glieder der Proteingruppe kaum noch ein Stück fehlt.

So erfreulich dieses Resultat auch sein mag, so ist damit doch nur der kleinste Teil der Aufgabe gelöst, welche die Erforschung der chemischen Konstitution der Eiweißstoffe uns stellt; denn viel schwieriger gestaltet sich die Frage: in welcher Art und Reihenfolge sind diese Stücke in dem Molekül der natürlichen Proteine miteinander verbunden?

Für ihre Lösung könnte man ebenfalls den Weg des Abbaues durch gemäßigte Hydrolyse beschreiten. Der Versuch ist längst gemacht, denn, wie oben schon bemerkt, erhält man bei gemäßigter Einwirkung der Verdauungssäfte aus den Proteinen zunächst die Albumosen und Peptone, die erst bei weiterer Hydrolyse in Aminosäuren zerfallen.

Aber nach den neueren Erfahrungen sind Albumosen und Peptone, trotz aller darauf verwandten Trennungsversuche, immer noch Gemische sehr ähnlicher Stoffe, für deren Isolierung uns bis jetzt die Methoden fehlen. Es war darum auch nicht möglich, sie als chemische Individuen zu kennzeichnen und ihre Struktur zu ermitteln. Die Forschung war hier geradezu auf einen toten Punkt gekommen, wodurch bei manchen Sachverständigen Zweifel an der Lösbarkeit des Problems entstanden.

Ich habe deshalb den umgekehrten Weg der Synthese eingeschlagen und zunächst ohne Rücksicht auf die einzelnen Proteine der Natur versucht, ähnliche Gebilde durch künstliche Aneinanderfügung der Aminosäuren herzustellen. Der Erfolg hat die Berechtigung des Wagnisses bestätigt, denn es gelingt in der Tat, durch Verkupplung der

Aminosäuren Substanzen zu gewinnen, die zuerst den Peptonen und bei fortgesetzter Synthese den Proteinen sehr ähnlich sind.

Um diese Methoden des Aufbaues zu verstehen, muß man mit der chemischen Natur und den Verwandlungen der Aminosäuren vertraut sein, und ihre Schilderung ist nur möglich mit Hilfe der sogenannten Strukturformeln.

Ich wähle dafür das einfachste Beispiel, das Glykokoll, dessen Struktur man durch die Formel $NH_2 \cdot CH_2 \cdot COOH$ ausdrückt.

Wie daraus ersichtlich ist, enthält es die sehr veränderliche Aminogruppe (NH_2) und das nicht minder veränderungslustige Carboxyl (COOH). Ganz ähnlich sind alle übrigen Aminosäuren gebaut, und es ist gewiß kein Zufall, daß die Natur diese Stücke zur Bereitung der Proteine gewählt, um chemische Gebilde von höchster Verwandlungsfähigkeit zu bekommen, wie sie der Organismus für seine subtilen Zwecke notwendig hat.

Es war deshalb zu erwarten, daß man durch geeignete Benutzung der in jenen Gruppen vorhandenen Verwandtschaftskräfte eine größere Anzahl solcher Aminosäuren aneinanderkuppeln könne.

Denkt man sich 2 Moleküle Glykokoll nebeneinandergestellt und derart in Wechselwirkung gebracht, daß zwischen dem Karboxyl des einen und der Aminogruppe des anderen eine Vereinigung unter Abspaltung von Wasser eintritt, wie es in dem Schema

$$NH_2 \cdot CH_2 \cdot CO\boxed{OH \; H}HN \cdot CH_2 \cdot COOH$$

dargestellt ist, so resultiert ein neues System von folgender Art:

$$NH_2 \cdot CH_2 \cdot CO \cdot NH \cdot CH_2 \cdot COOH \,.$$

Wiederholt man an der NH_2-Gruppe des letzteren die Ankupplung eines dritten Glykokolls, so erhält man folgende Form:

$$NH_2CH_2CO \cdot NHCH_2CO \cdot NHCH_2COOH \,.$$

Derartige Produkte haben sich nun sowohl aus dem Glykokoll wie aus den übrigen Aminosäuren in bunter Mannigfaltigkeit und großer Zahl darstellen lassen, und ich habe dafür den Sammelnamen „Polypeptide" gewählt, der einerseits dem bei den Kohlenhydraten längst üblichen Worte „Polysaccharide" entspricht und anderseits die Ähnlichkeit dieser Stoffe mit den Peptonen zum Ausdruck bringt. Nach der Anzahl der Aminosäuren, die auf diese Weise verkuppelt sind, unterscheidet man Dipeptide, Tripeptide, Tetrapeptide usw. Das einfachste Dipeptid ist das oben erwähnte Derivat des Glykokolls, welches den Namen „Glycyl-glycin" führt. Das entsprechende Produkt aus Alanin und Glykokoll hat die Formel:

$$NH_2CH(CH_3)CO \cdot NHCH_2COOH$$

und den Namen Alanyl-glycin.

Für den Aufbau der Polypeptide sind bisher 5 Methoden benutzt worden, von denen ich nur die beiden wichtigsten besprechen will.

Bei der einen kombiniert man die Aminosäure mit einer Halogenfettsäure und ersetzt hinterher das Halogen durch die Amidgruppe. Als Beispiel mag die Synthese des oben erwähnten Glycyl-glycins dienen. Man bringt zuerst Glykokoll in wäßriger alkalischer Lösung mit dem Chlorid der Chloressigsäure zusammen, wobei sich folgender Vorgang abspielt:

$$ClCH_2COCl + NH_2CH_2COOH = ClCH_2CO \cdot NHCH_2COOH + HCl.$$

Das Produkt ist Chloracetyl-glycin. Wird es mit wäßrigem Ammoniak behandelt, so tritt an die Stelle des Chloratoms die NH_2-Gruppe und es resultiert Glycyl-glycin

$$NH_2CH_2CO \cdot NHCH_2COOH.$$

Durch die gleiche Behandlung mit Chloracetylchlorid und nachträgliche Einwirkung von Ammoniak kann dieses in das Tripeptid

$$NH_2CH_2CO \cdot NHCH_2CO \cdot NHCH_2COOH$$

$$\text{Diglycyl-glycin}$$

verwandelt werden.

Der abermaligen Wiederholung der Reaktion steht nichts im Wege, und es sind durch sie eine größere Anzahl von Di-, Tri-, Tetra- und Pentapeptide erhalten worden.

Leider wird diese fruchtbare Methode beim Aufbau komplizierterer Systeme durch die häufige Wiederholung der gleichen Operation unbequem. Man spart deshalb viel Zeit und Mühe durch das zweite Verfahren, welches die Verkupplung von größeren Stücken gestattet.

Um es zu erläutern, will ich die Synthese eines Dekapeptids schildern, das aus 9 Glykokoll und 1 optisch-aktivem Leucin besteht. Als Komponenten wurden benutzt das aus 6 Glykokoll zusammengesetzte Pentaglycyl-glycin mit der abgekürzten Formel

$$NH_2 CH_2 CO \cdot (NH CH_2 CO)_4 \cdot NH CH_2 COOH$$

und das optisch-aktive Brom-isocapronyl-diglycyl-glycin

$$BrCH \cdot (C_4H_9)CO \cdot (NH CH_2CO)_2 \cdot NH CH_2COOH.$$

In letzterem läßt sich durch Chlorphosphor das endständige Carboxyl in die Gruppe COCl umwandeln.

Wird dann dieser Chlorkörper mit dem Pentaglycyl-glycin in kalter alkalischer Lösung zusammengebracht, so findet die Vereinigung nach folgendem Schema statt:

$$\text{BrCH(C}_4\text{H}_9)\text{CO(NH CH}_2\text{CO)}_2\text{NH CH}_2\text{CO} \boxed{\text{Cl}}$$
$$\text{COOH CH}_2\text{NH(CO CH}_2\text{NH)}_4\text{CO CH}_2\text{NH} \boxed{\text{H}}$$

Zum Schluß genügt wieder die Behandlung mit kaltem flüssigem Ammoniak, um das eine Bromatom durch die NH_2-Gruppe zu ersetzen, und das Produkt ist dann ein Dekapeptid.

$$\text{NH}_2\text{CH(C}_4\text{H}_9)\text{CO} \cdot \text{(NHCH}_2\text{CO)}_8\text{NHCH}_2\text{COOH}$$
1. Leucyl-oktaglycyl-glycin.

Durch abermalige Anwendung desselben Prozesses wurde daraus ein Tetradekapeptid mit 14 Aminosäuren und dem stattlichen Namen 1. Leucyl-triglycyl-1. Leucyl-oktaglycyl-glycin dargestellt.

Ohne Zweifel kann aber die Synthese noch fortgesetzt und auch zur Gewinnung von Peptiden mit sehr verschiedenen Aminosäuren benutzt werden.

Allerdings sind diese hochmolekularen künstlichen Produkte nicht mehr kristallisiert, aber die Art der Synthese gibt hinreichenden Aufschluß über ihre Zusammensetzung und Struktur, und die Zweifel an der Einheitlichkeit der Substanzen, die bisher für das Studium der natürlichen Proteine das Haupthindernis waren, fallen hier fort.

Es scheint mir deshalb berechtigt, aus dem Vergleich der künstlichen Stoffe mit den natürlichen Proteinen einen Rückschluß auf die Zusammensetzung und das Molekulargewicht der letzteren zu ziehen.

Bisher sind ungefähr 100 künstliche Polypeptide untersucht worden. Die Mehrzahl gehört zu den niederen Stufen, den Di-, Tri- und Tetrapeptiden, aber sie umfassen dafür auch fast alle früher erwähnten Aminosäuren. Die Synthese der höheren Glieder blieb aus praktischen, insbesondere finanziellen Gründen vorläufig auf Derivate des Glykokolls, Alanins und Leucins beschränkt. Aber sobald man die Mühe und Kosten nicht scheut, wird es möglich sein, auch die übrigen Aminosäuren in diese komplizierteren Systeme hineinzufügen. Die Zahl der Kombinationen steigt hier theoretisch ins Unbegrenzte, und auch die praktischen Möglichkeiten sind nach meinen Erfahrungen so zahlreich, daß sicherlich der künstliche Aufbau dem, was die Natur geleistet hat, unendlich überlegen sein wird. Der Forschung erwächst daraus die Pflicht, sich selbst zweckmäßige Grenzen zu ziehen, um das Endziel, die Aufklärung und Reproduktion der natürlichen Proteine, nicht aus dem Auge zu verlieren.

Wie weit man sich demselben bereits hat nähern können, mag folgende Bemerkung über die Eigenschaften der künstlichen Produkte zeigen.

Von den Tetrapeptiden an bis ungefähr zu den Oktapeptiden zeigen sie die größte Ähnlichkeit mit den natürlichen Peptonen, so daß ich kaum Bedenken trage, letztere als Gemische von Polypeptiden dieser Ordnung zu betrachten. Dieser Schluß wird wesentlich dadurch gestützt, daß sich aus den natürlichen Peptonen einzelne Produkte abscheiden ließen, die mit den synthetischen Körpern identisch sind. Das ist bisher für drei Dipeptide, und zwar für Kombinationen von Glykokoll mit Alanin, Leucin und Tyrosin, gelungen, die bei partieller Hydrolyse mittels Salzsäure aus Seide oder Elastin neben vielen anderen Produkten entstehen.

Ferner wurde als viertes Beispiel eine Kombination von Glykokoll mit Prolin von Levene und Beatty bei der Verdauung der Gelatine entdeckt.

Ich zweifle nicht daran, daß die nächste Zukunft das gleiche Resultat für manche Tri- und Tetrapeptide bringen wird.

Noch wichtiger scheint mir die Erfahrung, daß die komplizierten künstlichen Produkte in ihren Eigenschaften den natürlichen Proteinen schon sehr nahe stehen.

So ist das eben erwähnte Tetradekapeptid wie diese geneigt, unvollkommene Lösungen zu bilden. Seine Auflösung in Alkalien schäumt wie Seifenwasser, und mit Mineralsäure bildet es so schwer lösliche Salze, daß man bei oberflächlicher Beobachtung seine basischen Eigenschaften hätte übersehen können; ferner liefert es in ausgezeichneter Weise die Biuretfärbung, und wenn ihm auch andere Farbenreaktionen, die manchen natürlichen Eiweißstoffen eigentümlich sind, wie die Probe von Millon und Adamkiewicz fehlen, so erklärt sich das sehr einfach durch die Abwesenheit von Tyrosin und Tryptophan. Kurzum, man kann sich dem Eindruck nicht entziehen, daß in diesem Tetradekapeptid schon ein den Proteinen recht nahe verwandtes Produkt vorliegt, und ich glaube, daß man mit der Fortsetzung der Synthese bis zum Eikosapeptid schon mitten in die Gruppe der Proteine hineingelangen wird.

Wenn somit die heutigen Methoden ausreichend erscheinen, derartige Stoffe in größerer Zahl künstlich zu bereiten, so darf man doch nicht vergessen, daß die synthetischen Produkte zunächst keineswegs mit den natürlichen Proteinen identisch zu sein brauchen, denn wenn auch die Struktur des Moleküls für beide Arten im wesentlichen die gleiche sein mag, so kann doch die Art, Anzahl und Reihenfolge der einzelnen Aminosäuren sehr verschiedenartig sein.

Schon bei den natürlichen Proteinen selbst treten solche Unterschiede sehr deutlich hervor. Wir haben einige Stoffe, die fast ausschließlich aus den einfachen Monoaminosäuren zusammengesetzt sind.
Dahin gehört vor allem die gereinigte Seidenfaser, die im wesentlichen
Glykokoll, Alanin, Tyrosin und Serin enthält. Im Gegensatz dazu
sind die Protamine nach den wichtigen Untersuchungen von Kossel
vorzugsweise aus Diaminosäuren gebildet. So enthält das im Sperma
des Lachses vorhandene Salmin mehr als 80% seines Gewichtes an Arginin.
Aber zwischen diesen Extremen, der Seide und dem Salmin, finden
wir in der Natur alle möglichen Übergänge, so daß die Zahl der Proteine,
mit denen die Biologie es zu tun hat, sich schon jetzt nach Dutzenden
beziffert und sicherlich im Laufe der Zeit sehr erheblich steigen wird.
Ja, ich halte es für kaum zweifelhaft, daß die Lebewelt, die in morpho-
logischer Beziehung eine überwältigende Mannigfaltigkeit entfaltet hat,
auch in chemischer Beziehung, und speziell in dem Aufbau der Proteine,
bei weitem nicht die Beschränkung sich auferlegt, die unsere beschränkte
Erkenntnis ihr zumutet.

Von einer Synthese der natürlichen Proteine wird man also erst
reden können, wenn es gelungen ist, die einzelnen Individuen mit voller
Schärfe zu kennzeichnen und mit einem künstlichen Produkt zu identifizieren. Es liegt auf der Hand, daß dieses Problem immer nur von Fall
zu Fall, also nur für ein ganz bestimmtes Protein gelöst werden kann.

Vorläufig ist es am wahrscheinlichsten, daß die ersten reinen
Proteine auf künstlichem Wege gewonnen werden, und daß man erst an
ihnen die Merkmale feststellen wird, die für die Erkennung der Homogenität bestimmend sind.

Aus dieser Sachlage ergibt sich der Weg, der der Forschung für die
nächste Zeit am meisten Aussicht darzubieten scheint. Man wird mit
der Scheidung der Peptone und Albumosen, die gleichfalls Gemische
sind, in ihre Bestandteile fortfahren und diese mit den künstlichen
Produkten identifizieren.

Aus solchen größeren Stücken muß man dann versuchen, höhere
Polypeptide aufzubauen, um sie mit den natürlichen Proteinen zu
vergleichen.

Die Verwirklichung dieser Pläne wird noch viel mühevolle Einzelarbeit erfordern, aber daß der Erfolg im Bereich der Möglichkeit liegt,
scheint mir nach den bisherigen Resultaten außer Zweifel zu sein; nur
kann man die Frage aufwerfen, ob er schließlich die aufgewandte Mühe
lohnen wird. In diesem Punkte gehen die Ansichten auseinander.

Während einzelne skeptische Naturforscher von der chemischen
Synthese nicht einmal einen unmittelbaren Nutzen für die Biologie
erwarten, sind im großen Publikum übertriebene Vorstellungen be-

sonders über die wirtschaftlichen Folgen einer solchen Entdeckung verbreitet.

Durch die glänzenden Leistungen der chemischen Industrie in der Verwertung der organischen Synthese auf dem Gebiete der Farben, Heilmittel, Riechstoffe, Sprengstoffe, Süßstoffe usw. ist die Welt in den letzten 50 Jahren so verwöhnt worden, daß sie alles für möglich hält und deshalb in dem künstlichen Eiweiß die billige und gute Volksnahrung der Zukunft erblickt. Diese Hoffnung kam in der Öffentlichkeit zum lebhaften Ausdruck, als ich vor Jahresfrist eine Zusammenfassung meiner synthetischen Versuche gab, und steigerte sich so weit, daß eine ausländische Zeitung unter dem Stichwort ,,Nahrung aus Kohle" ein prächtiges Bild brachte, auf dem ein vornehmes Speisehaus mit einem Kohlenbergwerk durch ein chemisches Laboratorium in Verbindung gebracht war, und wo man die Transformation von Steinkohlen in schöne Speisen aller Art sehen konnte.

Solch kühne Erwartungen kann der nüchtern abwägende Chemiker leider nicht teilen.

Wäre es bereits gelungen, alle in den natürlichen Nahrungsmitteln enthaltenen Proteine künstlich zu erzeugen, so würde man doch an eine wirtschaftliche Ausnutzung der Prozesse nicht denken können, aus dem einfachen Grunde, weil sie viel zu kostspielig sind.

Solange es sich nur um die Lösung wissenschaftlicher Probleme handelt, ist die Preisfrage von untergeordneter Bedeutung, da die Versuche in kleinem Maßstabe ausgeführt werden, und wenn auch der einzelne Forscher manchmal über die Ansprüche seufzen mag, die das Experiment an seine Kasse stellt, so darf er doch in der Regel den Fortschritt der wissenschaftlichen Erkenntnis höher als seine Opfer bewerten.

Handelt es sich aber um die industrielle Ausbeutung einer wissenschaftlichen Entdeckung, so steht die Sache ganz anders, und wo ein künstliches Produkt mit natürlichen Materialien in Wettbewerb treten muß, da ist der Preis ein ausschlaggebender Faktor.

Wer sich heute von den schon bekannten Polypeptiden und später von den echten synthetischen Proteinen nur kurze Zeit ernähren wollte, der müßte ein sehr wohlhabender Mann sein.

Selbst wenn es möglich wäre, die synthetischen Prozesse ganz außerordentlich zu vereinfachen, so würden sie doch kaum jemals mit der billig arbeitenden Pflanze konkurrieren können. Dasselbe gilt von der künstlichen Bereitung der Kohlenhydrate, die mir im Jahre 1890 glückte, die aber auch noch keinen technischen Chemiker auf den Gedanken einer praktischen Verwertung gebracht hat.

Wenn somit die Grundsynthese organischer Materie für absehbare

Zeit ein Vorrecht der assimilierenden Pflanze bleiben wird, so ist doch andererseits die Möglichkeit nicht ausgeschlossen, daß von dem ungeheuren Vorrat vegetabilischer Materie durch chemische Umformung ein viel größerer Anteil für die Ernährung von Tier und Mensch nutzbar gemacht werden kann. Auf diesen Punkt werde ich später zurückkommen.

Vorläufig haben die Bemühungen um die Synthese und die chemischen Verwandlungen der Proteine den rein wissenschaftlichen Zweck, der Biologie die Mittel zu einem besseren Einblick in die chemischen Prozesse des Tier- und Pflanzenleibes zu verschaffen.

Denn die Proteine bilden nicht allein einen ganz erheblichen Teil des lebenden Protoplasmas, sondern sie sind auch das Material, aus dem der Organismus seine kräftigsten Agenzien bereitet. Als solche darf man ohne Übertreibung die Fermente oder Enzyme bezeichnen, die zweifelsohne bei allen wesentlichen Vorgängen des organischen Stoffwechsels beteiligt sind. Wir verstehen darunter eigenartig wirkende Stoffe, von denen kleinste Mengen genügen, um große Massen anderer Materien zur chemischen Verwandlung zu veranlassen.

Klassische Beispiele für derartige Vorgänge sind die Verdauung der Speisen im Magen und Darm oder die Bereitung alkoholischer Getränke aus zuckerhaltigen Säften durch Hefe, deren wirksamer Bestandteil die von Eduard Buchner entdeckte Zymase ist.

Die verschiedenartigsten Veränderungen, Oxydation, Reduktion, Hydrolyse, Kondensation, Verschiebung von Sauerstoff, Abspaltung von Kohlensäure, sehen wir unter dem Einfluß von Fermenten eintreten. Zahlreiche Arten derselben lassen sich schon jetzt unterscheiden, und aus guten Gründen muß man annehmen, daß die lebende Welt über ein großes Heer solcher Stoffe verfügt, die als chemische Spezialdiener die subtilsten und wunderbarsten Transformationen besorgen.

Zwar kennen wir in der anorganischen Chemie ähnliche Erscheinungen, die unter dem Namen Katalyse zusammengefaßt werden. Aber die Fermente verhalten sich zu den Katalysatoren der Mineralchemie wie eine moderne Spezialmaschine feinster Konstruktion zu dem einfachen Handwerkszeug früherer Zeiten.

Die chemische Erforschung der Fermente befindet sich noch in den ersten Anfängen. Alle Versuche, ihre Zusammensetzung und Struktur festzustellen, sind bisher vergeblich gewesen. Soviel aber wissen wir, daß sie mit den Proteinen manche Ähnlichkeit haben und sehr wahrscheinlich daraus entstehen.

Man darf deshalb erwarten, daß die Erfolge der Eiweißforschung auch neues Licht auf die Natur der Fermente werfen werden, und ich halte es schon heute für kein zu gewagtes Unternehmen, ihre künstliche Bereitung aus den natürlichen oder synthetischen Proteinen zu versuchen.

Wem der große Wurf gelingt, das erste künstliche Ferment auf solchem Wege zu erzeugen, der wird der organischen und biologischen Chemie eine neue Ära eröffnen.

Denn mit Hilfe dieser Agenzien darf man hoffen, die Vorgänge nachzuahmen, welche im Organismus den chemischen Umsatz beherrschen.

Um das an einem Beispiel zu erläutern, wähle ich die tierische Verdauung, die wegen ihres großen Interesses für die Physiologie und praktische Heilkunde besonders gründlich studiert worden ist.

Schon bei der mechanischen Verarbeitung der festen Speisen im Munde beginnt die Tätigkeit der Fermente, denn der Speichel, der sich den zerkauten Speisen beimengt, enthält einen solchen Stoff, der auf den Hauptbestandteil aller vegetabilischen Nahrung, die Stärke, einwirkt und sie in lösliche Kohlenhydrate verwandelt.

Ein ähnliches Schicksal erfahren die Eiweißstoffe im Magen. Durch das Zusammenwirken von Pepsin und Salzsäure, die beide in dem Sekret der Magenschleimhaut enthalten sind, werden die Proteine der Nahrung, einerlei ob sie in fester oder gelöster Form dem Magen zugeführt sind, zum erheblichen Teil in leicht lösliche Peptone verwandelt. Dieser hydrolytische Spaltprozeß setzt sich im Darm noch fort, wobei die starkwirkenden Fermente der Pankreasdrüse und der Darmschleimhaut in Tätigkeit treten. Die Proteine werden hier völlig gelöst, soweit sie nicht aus unverdaulichen, sehnigen oder häutigen Massen bestehen. Die Zertrümmerung geht auch zum Teil über die Peptone hinaus bis zu den Aminosäuren.

Ähnliches gilt für die Stärke, deren Verzuckerung zwar schon im Munde begonnen und im Magen langsam fortgeschritten ist, aber erst im Darm zu Ende geführt wird. Voraussetzung für die Verdaulichkeit der Stärke ist allerdings beim Menschen ihre Vorbereitung durch feuchte Hitze, mit anderen Worten durch Kochen oder Backen. Das natürliche Stärkekorn quillt dabei sehr stark und verwandelt sich in Kleister, wodurch erst den Fermenten der Zutritt eröffnet wird.

Glücklicher sind die Pflanzenfresser daran, welche die rohe, ungekochte vegetabilische Nahrung ebensogut vertragen, weil in ihren Verdauungssäften Fermente vorhanden sind, die auch das unverletzte Stärkekorn angreifen und auflösen.

Bei den Proteinen ist eine solche Vorbereitung durch die Küche für den Menschen nicht erforderlich, denn wir können bekanntlich rohes Fleisch, ungekochte Milch, Eier u. dgl. ohne Anstand genießen.

Wenn trotzdem, wie die Erfahrung lehrt, auch die animalischen Nahrungsmittel durch Kochen und Braten vielfach zuträglicher werden,
so erklärt sich das durch die abtötende Wirkung der Hitze auf schäd-
liche Parasiten, Finnen, Trichinen, und ganz besonders auf Bakterien
verschiedenster Art, die nicht allein als Fäulniserreger das Verderben
der Nahrung herbeiführen, sondern auch als Krankheitserreger ge-
fährlich werden können. Dazu kommt aber noch ein anderes Moment,
das bei der Zubereitung der Speisen niemals vernachlässigt werden darf,
die Rücksichtnahme auf den Geschmack, welcher instinktiv die Menschen geleitet hat, die Methoden der Küche zu erfinden und zu verfeinern.

Daß man dabei, abgesehen von einigen Mißbräuchen und Über-
treibungen, im wesentlichen das Richtige getroffen hat, zeigen die neueren
Erfahrungen der Physiologie über die Tätigkeit der Speichel-, Magen-
und Darmdrüsen; denn wie Prof. Pawlow in St. Petersburg durch
rationelle Anlage von Fisteln an den verschiedenen Organen beweisen
konnte, werden diese Drüsen durch Gesichts-, Geruchs- oder Ge-
schmackseindrücke in hohem Maße beeinflußt und in sehr verschiedener Weise zur Sekretion angeregt. Die alte Volksmeinung, daß eine
ansehnlich hergerichtete und wohlschmeckende Speise besonders gut
vertragen werde, erhält dadurch ihre experimentelle Bestätigung.

Etwas anders als Kohlenhydrate und Eiweißstoffe verhalten sich
die Fette. Ihre Verdaulichkeit wird durch Kochen und Braten nicht
merkbar beeinflußt. Mund und Magen passieren sie größtenteils unverändert und können hier die Verdauung von Kohlenhydraten und
Proteinen durch mechanische Umhüllung erschweren. So ist ein in
Fett gebratenes Stück Brot für die Fermente des Speichels fast unzugänglich, und ein stark in Fett gebratenes Stück Fleisch kann dem
Magensaft ähnliche Schwierigkeiten bereiten.

Anders werden die Verhältnisse im Darm, wo die Fermente des
Pankreas zusammen mit der Galle auf die Fette einwirken und außer
einer partiellen Verseifung eine Zerteilung in feinste Tröpfchen herbeiführen. In diesem emulgierten Zustand kann dann das Fett, ebenso
wie die löslichen Kohlenhydrate und die Peptone, durch die Darm-
wand hindurchgehen und dem Blute zugeführt werden. Hier treten abermals neue Fermente in Wirkung; z. B. die Maltose, die im intermediären
Stoffwechsel aus Glycogen entsteht, erfährt im Blute eine nachträgliche
Spaltung in Traubenzucker.

Auch in der Leber, in den Nieren und in den verschiedensten
anderen Körperteilen sind Fermente gefunden worden. Aber eine viel
größere Anzahl ist uns sicherlich bisher unbekannt geblieben, denn
auch der Aufbau der komplizierten Proteine, die den Hauptbestandteil der Gewebe ausmachen, wird aller Wahrscheinlichkeit nach durch

synthetisch wirkende Fermente besorgt, und dasselbe gilt noch in erhöhtem Maße von den zahlreichen Synthesen in der Pflanze, die mit der Verwandlung der Kohlensäure in Zucker beginnen und sich über fast alle wichtigen Gruppen der organischen Chemie erstrecken. Bei der künstlichen Synthese der Kohlenstoffverbindungen haben sie allerdings bisher nur eine ganz bescheidene Rolle gespielt. Dagegen sind sie vielfach zum Abbau komplizierter Kohlenhydrate, Glukoside oder Eiweißstoffe benutzt worden, und mit gleichem Erfolge konnte ich sie für die Unterscheidung der stereomeren Zucker und Glukoside verwerten. Auch bei den Polypeptiden kamen sie rasch zu Ehren, denn mit Hilfe des Pankreassaftes gelang es, aus der großen Zahl der künstlichen Produkte die biologisch interessanteren Formen auszuwählen, und ich zweifle nicht daran, daß sie bei weiteren Fortschritten auf diesem Gebiete immer mehr an die Stelle der gewöhnlichen chemischen Agenzien treten werden, weil sie viel feinere Unterschiede der Struktur und der Konfiguration des Moleküls anzeigen.

Die Erforschung und Vervollkommnung der fermentativen Prozesse ist aber nicht allein vom wissenschaftlichen Standpunkt aus dringend erwünscht, sondern berührt auch wichtige Seiten des praktischen Lebens, z. B. manche Aufgaben der Medizin.

Wie sehr unser körperliches und seelisches Wohlbefinden von einer geregelten Tätigkeit der Verdauungsorgane abhängt, weiß jedermann aus eigener Erfahrung. Daß die Erhaltung der Kräfte durch zweckmäßige Ernährung auch bei der Krankenbehandlung eine große Rolle spielt, ist ebenfalls jedem Arzt geläufig, und die praktische Heilkunde bekennt sich heute mehr denn je zu dem Grundatz: Qui bene nutrit bene curat.

Wo passende Auswahl der Speisen und Getränke in Qualität, Quantität und Reihenfolge nicht mehr ausreicht, die geschwächten Verdauungsorgane zu ersprießlicher Arbeit anzuregen, da sucht sich der Arzt vielfach mit chemischen Nährpräparaten zu helfen.

Die meisten von ihnen sind entweder einzelne Bestandteile oder auch Gemische bekannter Nahrungsmittel, wie Milch, Eier, Zwieback, und haltbar gemacht durch möglichst vollständige Entfernung des Wassers. Andere bestehen aus Eiweißstoffen, die eine partielle Verdauung durchgemacht haben, wie die zahlreichen Peptone des Handels oder die neuerdings viel benutzte Somatose.

Ihr Vorläufer war die berühmte Kindersuppe von Justus v. Liebig, die noch jetzt von erfahrenen Kinderärzten geschätzt, aber leider wenig mehr in Gebrauch ist, weil ihre Bereitung der geringen Kochkunst der modernen Hausfrauen zu schwierig und dem bildungsfeindlichen Eigensinn der Köchinnen zu gelehrt erscheint.

Voraussichtlich wird man auf diesem Wege noch viel weiter kommen; ja, ich halte es nicht für unmöglich, daß man durch zweckmäßige Behandlung mit den Verdauungssäften und durch richtige mechanische Mischung von Protein, Kohlenhydrat und Fett eine vollwertige Kost bereiten kann, die statt durch den Mund per anum genommen wird und die eine ausreichende Ernährung von Kranken gestattet, bei denen ein großer Teil des Verdauungstraktus den Dienst versagt.

Besonders reich an stark wirkenden Fermenten ist die Mehrzahl der Mikroorganismen, die im Haushalt der Natur teils als Zerstörer organischer Materie, teils als Assimilatoren des atmosphärischen Stickstoffs und als Salpeterbilder eine so große Rolle spielen. Während manche von ihnen als Träger der Infektionskrankheiten für uns fürchterliche Feinde sind, finden wir in anderen nützliche Mitarbeiter. Ist doch das großartige Gärungsgewerbe mit seinen immer weiter ausgreifenden Verzweigungen auf ihre geschickte Ausnutzung basiert. Die chemischen Umwandlungen, die wir durch sie erreichen, werden durch die von ihnen bereiteten Fermente bewirkt, wie es zuvor von der alkoholischen Gärung erwähnt ist.

Sollte es gelingen, die gleichen oder ähnlich wirkende Fermente künstlich durch Verwandlung der Proteine zu erzeugen, so würde man unabhängig werden von den Mikroorganismen und sicherlich in manchen Zweigen des Gärungsgewerbes bessere Resultate erzielen.

Auf diesem Wege wird man vielleicht auch einmal ein wirtschaftliches Problem allergrößter Bedeutung, die Nutzbarmachung der Zellulose und ähnlicher Stoffe für die Ernährung der Tierwelt, lösen können.

Daß zarte Zellulose im Verdauungstraktus der Pflanzenfresser, wahrscheinlich unter Mitwirkung der im Darm vorhandenen Bakterien, in erheblicher Menge gelöst und resorbiert wird, ist den Physiologen wohlbekannt, und ebensogut wissen die Botaniker, daß in der Pflanze manche zelluloseartigen Wände dur h fermentative Prozesse wieder zerstört und als lösliche Produkte weggeschafft werden.

Aber die ungeheure Masse von Zellulose, die in verholztem Zustand die starken Gerüste des Pflanzenleibes bildet, ist für die tierische Ernährung verloren. Zwar weiß man längst, daß sie durch Behandlung mit starker Schwefelsäure in Traubenzucker übergeführt werden kann aber die technische Verwertung des Verfahrens ist durch die hohen Kosten ausgeschlossen.

Darf man nicht hoffen, diese Verwandlung durch Fermentwirkung, sei es mit natürlichen, sei es mit künstlichen Stoffen, in ökonomischer Weise durchzuführen und damit der Tierwelt eine neue, fast unerschöpfliche Quelle organischer Nahrung zu erschließen?

Fermente und Proteine sind durch die Rolle, die sie bei den chemischen Vorgängen im lebenden Organismus spielen, so eng miteinander verbunden und zeigen auch in ihren Eigenschaften so mannigfache Ähnlichkeit, daß ihre Erforschung sicherlich immer mehr Hand in Hand gehen wird; und ich glaube mich zu der Annahme berechtigt, daß die Errungenschaften der Synthese dabei von großem Nutzen sein können.

Leider darf man nicht hoffen, daß auf diesem harten Boden die Früchte in rascher Folge reifen oder daß durch eine geniale Entdeckung die Schwierigkeiten mit einem Schlage hinweggeräumt werden können, denn es handelt sich hier nicht um einzelne besonders wichtige chemische Individuen, sondern um eine große Anzahl zwar ähnlicher, aber doch auch wieder in mancher Beziehung verschiedener Stoffe.

Diese chemisch alle aufzuklären und künstlich zu reproduzieren, wird selbst dann, wenn die prinzipiellen Methoden dafür gefunden sind, sehr viel Einzelarbeit erfordern. Aber unsere Zeit schreckt vor derartigen Riesenunternehmungen nicht mehr zurück. Was auf wirtschaftlichem Gebiete die fortgeschrittene Technik und die großen Kapitalien ermöglichen, das wird in der Wissenschaft durch das Zusammenwirken zahlreicher freiwilliger Arbeitskräfte mit den Hilfsmitteln der modernen Institute verhältnismäßig rasch erreicht.

Die organische Synthese ist noch keine 80 Jahre alt, denn sie hat 1828 in unserer Stadt mit der künstlichen Bereitung des Harnstoffs durch Friedrich Wöhler begonnen. Wird sie bei ihrem hundertjährigen Jubiläum auch das Gebiet der natürlichen Proteine und Fermente ganz beherrschen? Eine bestimmte Antwort darauf läßt sich nicht geben, aber daß das Problem nicht mehr von der Tagesordnung der organischen Chemie verschwinden wird, ist sicher, und daß seine Lösung ein gewaltiger Fortschritt für die allgemeine Biologie, für die Medizin und für manche Zweige des wirtschaftlichen Lebens sein würde, hoffe ich durch meine Darlegung gezeigt zu haben.

2. Emil Fischer: Isomerie der Polypeptide *).

Sitzungsberichte der Kgl. Preuß. Akademie der Wissenschaften **1916**, 990.

Die Methoden der Polypeptidsynthese sind so mannigfaltig, daß sie für alle Aminosäuren, die bisher aus Proteinen erhalten wurden, benutzt werden können, und für die einfachen Monoaminomonocarbonsäuren gestatten sie den Aufbau langer Ketten mit vielfachen Variationen in der Reihenfolge. Es ist drum kein bloßes Spiel mit Zahlen, wenn man die gegebenen Möglichkeiten berechnet[1]), und ich habe mich der kleinen Mühe unterzogen, weil die Resultate ein gewisses Interesse für biologische Betrachtungen bieten.

Ich beschränke mich auf die 19 Aminosäuren, die bisher als Spaltprodukte der Proteine mit Sicherheit beobachtet worden sind[2]).

---

*) *Ein Auszug dieser Abhandlung ist in der Zeitschr. f. physiol. Chemie, 99, 54 [1917], erschienen.*

[1]) Für andere Gruppen organischer Verbindungen sind solche Rechnungen längst ausgeführt. Z. B. hat E. Cayley die Isomerie der Paraffine behandelt in der Abhandlung „Über die analytischen Figuren, die in der Mathematik Bäume genannt werden, und ihre Anwendung auf die Theorie chemischer Verbindungen" (Berichte d. D. Chem. Gesellsch. 8, 1056 [1875]). Ferner hat H. Kaufmann unter dem Titel „Isomeriezahlen beim Naphthalin" aus schon bekannten Werten eine allgemeine mathematische Formel abgeleitet (Berichte d. D. Chem. Gesellsch. **33**, 2131 [1900]).

[2]) Das Ornithin ist in der Tabelle mit einem * bezeichnet, weil es zweifelhaft erscheint, daß es einen selbständigen Bestandteil der Proteine bildet; denn es kann bei der Hydrolyse sekundär aus Arginin entstehen. Aber für die Synthese der Polypeptide ist es sicherlich ein wertvolles Material. Die α-Aminobuttersäure habe ich nicht aufgenommen, weil alle älteren Angaben über ihre Bildung bei der Hydrolyse der Proteine bei der Nachprüfung mit den heutigen Methoden sich als unzureichend erwiesen haben. Ich muß aber zufügen, daß sie neuerdings von E. Abderhalden bei der enzymatischen Spaltung des Lupinensamen-Eiweißes

Gewöhnliche Aminosäuren
oder Monoaminomonocarbonsäuren.

Glycocoll	(M.-G. 75)
Alanin	(„ 89)
Valin	(„ 117)
Leucin	(„ 131)
Isoleucin	(„ 131)
Norleucin	(„ 131)
Serin	(„ 105)
Phenylalanin	(„ 165)
Tyrosin	(„ 181)
Cystin	(„ 240)

Aminodicarbonsäuren.

Asparaginsäure	(M.-G. 133)
Glutaminsäure	(„ 147)

Diaminosäuren.

*Ornithin	(M.-G. 132)
Lysin	(„ 146)
Arginin	(„ 174)

Heterozyklische Aminosäuren.

Prolin	(M.-G. 115)
*Oxyprolin	(„ 131)
Histidin	(„ 155)
Tryptophan	(„ 204)

Würde es sich nur um Monoaminomonocarbonsäuren handeln und alle Verbindungen nach dem Schema —CO—NH— konstruiert sein, so wäre die Zahl der Formen wiedergegeben durch den Ausdruck $1 \cdot 2 \cdot 3 \cdot 4 \ldots n$ oder

$$[1] \qquad \qquad n!,$$

wieder isoliert und sicher identifiziert wurde (Abderhalden, Lehrbuch d. physiol. Chem., 3. Aufl., S. 316).

Auch die von Abderhalden und mir beschriebene sogenannte Diamino-Tri-oxydodecansäure ist weggelassen, weil nicht allein ihre Struktur, sondern auch ihre Individualität als selbständige Aminosäure zweifelhaft geworden ist. (*Vergl. S. 186, Anm.*) Dasselbe gilt für die komplizierten Säuren, die Skraup und andere bei der Hydrolyse des Kaseins und sonstiger Proteine erhalten haben wollen.

wenn n die Anzahl der im Molekül enthaltenen Aminosäuren ist und diese alle untereinander verschieden sind.

Die Werte für $n!$ sind leicht zu berechnen, solange n nicht zu groß ist. Man findet sie in den Lehrbüchern der Kombinatorik. Zudem hat E. Abderhalden sie mit Rücksicht auf die Polypeptide in seinem Lehrbuch der physiologischen Chemie bis $n = 20$ angeführt.

z. B. 19! ist $1,216 \cdot 10^{17}$ (abgerundet).

Bei höheren Werten wird die Rechnung durch einfache Multiplikation immer mühsamer. Da man aber auch mit solchen Zahlen später bei den Polypeptiden und Proteinen zu tun haben wird, so mag eine andere für die Rechnung bequemere Formel, die ich der Güte meines Kollegen Hrn. Max Planck verdanke, hier Platz finden:

$$[2] \qquad n! = \left(\frac{n}{e}\right)^n \sqrt{2\pi n}\left(1 + \frac{1}{12n} + \ldots\right).$$

Für 30! ergibt sie $2,653 \cdot 10^{32}$ (mit einer Genauigkeit von etwa $\frac{1}{4}$ Prozent).

Wenn das Molekül des Polypeptids n-Aminosäuren enthält, die nicht alle verschieden sind, so wird die Zahl der Isomeren kleiner.

Angenommen, es seien a von gleicher Art und b ebenfalls von gleicher Art, so ergibt sich als Zahl der Isomeren

$$[3] \qquad \frac{n!}{a! \cdot b!}.$$

Als praktisches Beispiel führe ich an das Octadecapeptid (18-Peptid), das ich vor 9 Jahren synthetisch darstellte[1]). Es enthält 15 Mol. Glycocoll und 3 Mol. Leucin. Nach der Synthese ist die Reihenfolge der Aminosäuren eindeutig bestimmt. Aber es gibt isomere 18-Peptide der gleichen Zusammensetzung.

$$\frac{18!}{15! \cdot 3!} = \frac{16 \cdot 17 \cdot 18}{1 \cdot 2 \cdot 3} = 816.$$

Kürzlich haben E. Abderhalden und A. Fodor[2]) nach denselben Methoden ein 19-Peptid bereitet, das noch ein Leucin mehr als das vorstehende enthält.

---

[1]) Berichte d. D. Chem. Gesellsch. **40**, 1754 [1907]. *(S. 377.)*
[2]) Ebenda **49**, 561 [1916].

Hier wird die Zahl der Isomeren

$$\frac{19!}{15! \cdot 4!} = \frac{16 \cdot 17 \cdot 18 \cdot 19}{1 \cdot 2 \cdot 3 \cdot 4} = 3876.$$

Obige Formeln für die Zahl der Isomeren gelten nur unter der Voraussetzung, daß die Peptidbindung stets dem Schema —CO—NH— entspricht. Ich habe aber früher[1]) schon betont, daß man auch mit der tautomeren Form —C(OH) = N— rechnen muß. Einige Beobachtungen deuten darauf hin, daß beide Formen bei den einfachen Polypeptiden vorkommen. Insbesondere hat auch das genauere Studium der Isomerie, die ich bei den Carbäthoxylderivaten der Glycylglycinester oder den entsprechenden Doppelamiden beobachtete, durch Hrn. Leuchs zum gleichen Schluß geführt[2]).

Das würde für jede Peptidbindung 2 Formen geben. Da bei n-Aminosäuren die Zahl der Peptidbindungen $n-1$ ist, so wächst die Zahl der Formen um $2^{(n-1)}$.

Aus Formel [1] wird also

[4] $n! \cdot 2^{(n-1)}$.

Berücksichtigt man ferner noch die optische Isomerie, so ergibt sich, wenn die Zahl der asymmetrischen Kohlenstoffatome gleich k gesetzt wird,

[5] $n! \cdot 2^{(n-1)} \cdot 2^{k}$.

Da das praktische Interesse sich aber auf die in der Natur vorkommenden Aminosäuren beschränkt und diese bisher immer nur in einer optischen Form gefunden wurden, so wird der Ausdruck [5] selten in Betracht kommen.

Kombiniert man [4] mit [3], so ergibt sich

[6] $\dfrac{n! \cdot 2^{(n-1)}}{a! \cdot b!}$.

Handelt es sich nur um die einfachen natürlichen Aminosäuren, so gestattet dieser Ausdruck die Zahl der isomeren Polypeptide zu berechnen, sobald die Anzahl und die Art der Aminosäuren, die das Molekül des Polypeptids enthält, bekannt sind.

---

[1]) Berichte d. D. Chem. Gesellsch. **39**, 568 [1906]. (*Proteine I, S. 41.*)
[2]) H. Leuchs und W. Manasse, ebenda **40**, 3235 [1907]; ferner Leuchs und F. B. La Forge, ebenda **41**, 5 2586 [1908].

Will man auch von der Tautomerie der Amidgruppen absehen, so genügt für den gleichen Zweck Formel [3].

Komplizierter werden die Verhältnisse bei den Aminodicarbonsäuren und den Diaminosäuren, weil die Peptidbindung an drei Stellen eintreten kann. Hier sind verschiedene Fälle zu unterscheiden, bei deren Betrachtung ich optische Isomerie und Tautomerie nicht mehr berücksichtigen werde.

Polypeptide mit 1 Mol. Asparaginsäure oder 1 Mol. Glutaminsäure.

Wie die Strukturformel der Asparaginsäure

$$
\begin{array}{c}
COOH \\
| \\
H_2N - CH \qquad \text{oder abgekürzt} \qquad H_2N - \left[\begin{array}{c} -COOH \\ \\ -COOH \end{array} \right. \\
| \\
CH_2 \\
| \\
COOH
\end{array}
$$

zeigt, kann die Anheftung einer gewöhnlichen Aminosäure sowohl an der NH_2-Gruppe wie an jedem der beiden Carboxyle stattfinden, und die Gewinnung aller dieser Formen liegt durchaus im Bereiche der experimentellen Möglichkeiten[1]).

Für Dipeptide aus 1 Mol. Asparaginsäure und 1 Mol. einer gewöhnlichen Aminosäure, z. B. Glycocoll (G), ergeben sich also drei Möglichkeiten:

$$
G \cdot HN - \left[\begin{array}{c} -COOH \\ -COOH \end{array} \right. \qquad\qquad
H_2N - \left[\begin{array}{c} -CO \cdot G \\ -COOH \end{array} \right. \qquad\qquad
H_2N - \left[\begin{array}{c} -COOH \\ -CO \cdot G \end{array} \right.
$$

Für Tripeptide aus einer Asparaginsäure und zwei gewöhnlichen, untereinander verschiedenen Aminosäuren, z. B. Glykokoll (G) und Alanin (A), resultieren 12 Formen, die sich in drei Reihen ordnen lassen Die erste Reihe entspricht den Peptiden der gewöhnlichen α-Aminosäuren; nur ist zu bemerken, daß die beiden letzten Formen eine besondere Stellung haben und auch der zweiten Reihe eingeordnet werden könnten. Die vier Formen der zweiten Reihe entsprechen den Peptiden der β-Aminosäuren.

---

[1]) E. Fischer und E. Koenigs, Berichte d. D. Chem. Gesellsch. **37**, 4585 [1904]. (*Proteine I, S. 402*); ferner Fischer, Knopp und Stahlschmidt, Liebigs Ann. d. Chem. **365**, 181. (*S. 611.*) Fischer und Fiedler, ebenda **375**, 181 [1910]. (*S. 664.*)

Erster Typ: Zahl 3!

$$\mathrm{H_2N} - \begin{bmatrix} \mathrm{CO \cdot A \cdot G} \\ \mathrm{COOH} \end{bmatrix} \quad \mathrm{H_2N} - \begin{bmatrix} \mathrm{CO \cdot G \cdot A} \\ \mathrm{COOH} \end{bmatrix} \quad \mathrm{G \cdot HN} - \begin{bmatrix} \mathrm{CO \cdot A} \\ \mathrm{COOH} \end{bmatrix} \quad \mathrm{A \cdot HN} - \begin{bmatrix} \mathrm{CO \cdot G} \\ \mathrm{COOH} \end{bmatrix} \quad \mathrm{A \cdot G \cdot N} - \begin{bmatrix} \mathrm{COOH} \\ \mathrm{COOH} \end{bmatrix} \quad \mathrm{G \cdot A \cdot N} - \begin{bmatrix} \mathrm{COOH} \\ \mathrm{COOH} \end{bmatrix}$$

Zweiter Typ: Zahl 2 . 2.

$$\mathrm{H_2N} - \begin{bmatrix} \mathrm{COOH} \\ \mathrm{CO \cdot A \cdot G} \end{bmatrix} \quad \mathrm{H_2N} - \begin{bmatrix} \mathrm{COOH} \\ \mathrm{CO \cdot G \cdot A} \end{bmatrix} \quad \mathrm{G \cdot HN} - \begin{bmatrix} \mathrm{COOH} \\ \mathrm{CO \cdot A} \end{bmatrix} \quad \mathrm{A \cdot HN} - \begin{bmatrix} \mathrm{COOH} \\ \mathrm{CO \cdot G} \end{bmatrix}$$

Dritter Typ: Zahl 2.

$$\mathrm{H_2N} - \begin{bmatrix} \mathrm{CO \cdot G} \\ \mathrm{CO \cdot A} \end{bmatrix} \quad \mathrm{H_2N} - \begin{bmatrix} \mathrm{CO \cdot A} \\ \mathrm{CO \cdot G} \end{bmatrix}$$

Mithin Gesamtzahl 12.

Bei Tetrapeptiden aus einer Asparaginsäure und drei gewöhnlichen Aminosäuren, z. B. Glycocoll (G), Alanin (A), Leucin (L), beträgt die Zahl der Isomeren:

Erster Typ: Anzahl 4!

$$H_2N - \begin{bmatrix} CO \cdot G \cdot A \cdot L \\ \\ COOH \end{bmatrix} \quad \dots\dots\dots\dots\dots\dots\dots \quad 24$$

Zweiter Typ: 3 ! 3.

$$H_2N - \begin{bmatrix} COOH \\ \\ CO \cdot G \cdot A \cdot L \end{bmatrix} \quad \dots\dots\dots\dots\dots\dots\dots \quad 18$$

Dritter Typ:

$$L \cdot HN - \begin{bmatrix} CO \cdot G \\ \\ CO \cdot A \end{bmatrix} \quad H_2N - \begin{bmatrix} CO \cdot G \cdot L \\ \\ CO \cdot A \end{bmatrix} \quad \dots\dots\dots\dots \quad 18$$

zusammen 60

Bei Vermehrung der gewöhnlichen Aminosäuren wird die Zahl

	Erster Typ	Zweiter Typ	Dritter Typ			
für Pentapeptid	120	96	144,	zusammen	360	Formen
,, Hexapeptid	720	600	1200,	,,	2520	,,
,, Heptapeptid	5040	4320	10800,	,,	20160	,,

Daraus ergeben sich folgende allgemeine Formeln für n Aminosäuren, unter denen eine Asparaginsäure oder eine Glutaminsäure ist.

Zahl der Isomeren für ersten   Typ ... $n!$

,,   ,,   ,,   ,, zweiten ,,   ... $(n-1)!\,(n-1)$

,,   ,,   ,,   ,, dritten ,,   ... $\dfrac{(n-1)!\,(n^2 - 3n + 2)}{2}$

Also Gesamtzahl der Isomeren

[7] $\dfrac{(n+1)!}{2}$.

Wächst die Zahl der Asparagin- oder Glutaminsäuren, so hat man zu unterscheiden zwischen Fällen, wo nur eine der beiden Säuren oder beide zusammen vorhanden sind. Um den ersten Fall zu behandeln, genügt es, nur die Asparaginsäure zu betrachten.

Polypeptide, die nur Asparaginsäure enthalten:

Dipeptid: 2 Formen.

$$H_2N - \begin{bmatrix} CO - NH - \begin{bmatrix} COOH \\ \\ COOH \end{bmatrix} \\ \\ COOH \end{bmatrix} \qquad H_2N - \begin{bmatrix} COOH \\ \\ CO - NH - \begin{bmatrix} COOH \\ \\ COOH \end{bmatrix} \end{bmatrix}$$

Tripeptid: 5 Formen.

$$H_2N-\begin{bmatrix} CO-NH-\begin{bmatrix} CO-NH-\begin{bmatrix} COOH \\ COOH \end{bmatrix} \\ COOH \end{bmatrix} \\ COOH \end{bmatrix} \quad H_2N-\begin{bmatrix} CO-NH-\begin{bmatrix} COOH \\ CO-NH-\begin{bmatrix} COOH \\ COOH \end{bmatrix} \end{bmatrix} \\ COOH \end{bmatrix}$$

$$H_2N-\begin{bmatrix} -CO-NH-\begin{bmatrix} COOH \\ COOH \end{bmatrix} \\ -CO-NH-\begin{bmatrix} COOH \\ COOH \end{bmatrix} \end{bmatrix}$$

$$H_2N-\begin{bmatrix} COOH \\ CO-NH-\begin{bmatrix} COOH \\ CO-NH-\begin{bmatrix} COOH \\ COOH \end{bmatrix} \end{bmatrix} \end{bmatrix} \quad H_2N-\begin{bmatrix} COOH \\ CO-NH-\begin{bmatrix} CO-NH-\begin{bmatrix} COOH \\ COOH \end{bmatrix} \\ COOH \end{bmatrix} \end{bmatrix}$$

Tetrapeptid: 14 Formen.

Gemischte Peptide aus Asparaginsäure und einfachen Aminosäuren, die alle untereinander verschieden sind.

Tripeptid aus 2 Asparaginsäuren und 1 Glycocoll (G).

$$2 \cdot (3 + 2) = 10 \text{ Formen}$$

zum Beispiel:

$$G \cdot HN - \begin{bmatrix} -CO-NH- \begin{bmatrix} -COOH \\ -COOH \end{bmatrix} \\ -COOH \end{bmatrix} \qquad H_2N - \begin{bmatrix} -CO \cdot G \cdot NH - \begin{bmatrix} -COOH \\ -COOH \end{bmatrix} \\ -COOH \end{bmatrix}$$

$$H_2N - \begin{bmatrix} -CO - NH - \begin{bmatrix} -CO \cdot G \\ -COOH \end{bmatrix} \\ -COOH \end{bmatrix} \qquad H_2N - \begin{bmatrix} -CO-NH- \begin{bmatrix} -COOH \\ -COOH \end{bmatrix} \\ -CO \cdot G \end{bmatrix}$$

n - Peptid aus 2 Asparaginsäuren und $n-2$ einfachen untereinander verschiedenen Aminosäuren.

Zahl der Isomeren $= 2 \cdot (3 + 2)(4 + 2) \ldots (n + 2) = \dfrac{2 \cdot (n + 2)!}{4!}$

[8] $\qquad = \dfrac{(n + 2)!}{2 \cdot 3!}$.

Tetrapeptid aus 3 Asparaginsäuren und 1 einfachen Aminosäure.

Zahl der Isomeren $= 5 \cdot (4 + 3) = 35$.

n - Peptid aus 3 Asparaginsäuren und $n-3$ einfachen, aber verschiedenen Aminosäuren.

Zahl der Isomeren $= 5 (4 + 3)(5 + 3) \ldots (n + 3)$ oder

[9] $\qquad \dfrac{5 \cdot (n + 3)!}{6!} = \dfrac{(n + 3)!}{3! \cdot 4!}$.

Pentapeptid aus 4 Asparaginsäuren und 1 einfachen Aminosäure.

Zahl der Isomeren 14 $(5 + 4)$.

n - Peptid aus 4 Asparaginsäuren und n—4 einfachen Aminosäuren.

$$\text{Zahl der Isomeren} = 14 \ (5 + 4) \ (6 + 4) \ \ldots \ (n + 4) = \frac{14 \ (n + 4)!}{8!}$$

[10]
$$= \frac{(n + 4)!}{4! \cdot 5!}.$$

n-Peptid aus A Asparaginsäuren und $(n—A)$ einfachen, untereinander verschiedenen Aminosäuren.

Aus den zuvor entwickelten Formeln Nr. 7, 8, 9 und 10 für die n-Peptide, die 1, 2, 3, 4 Asparaginsäuren enthalten, ergibt sich der allgemeine Ausdruck

[11]
$$\frac{(n + A)!}{A! \cdot (A + 1)!}.$$

Derselbe umfaßt auch die Peptide, welche nur Asparaginsäure enthalten, bei denen also $n = A$ wird, und läßt sich dann in die einfachere Form

[12]
$$\frac{(2 \, n)!}{n! \cdot (n + 1)!}$$

bringen. Er gilt endlich allgemein für sämtliche Peptide, die in beliebiger Anzahl dieselbe Aminodicarbonsäure und untereinander verschiedene gewöhnliche Aminosäuren enthalten.

Polypeptide aus Asparaginsäure und Glutaminsäure.

Dipeptid: 4 Formen.

$$H_2N - \begin{array}{l} CO - NH - \begin{array}{l} COOH \\ COOH \end{array} \\ COOH \end{array} \qquad H_2N - \begin{array}{l} COOH \\ CO - NH - \begin{array}{l} COOH \\ COOH \end{array} \end{array}$$

Asparagyl-Glutaminsäure.

$$H_2N - \begin{array}{l} CO - NH - \begin{array}{l} COOH \\ COOH \end{array} \\ COOH \end{array} \qquad H_2N - \begin{array}{l} COOH \\ CO - NH - \begin{array}{l} COOH \\ COOH \end{array} \end{array}$$

Glutaminyl-Asparaginsäure.

Tripeptid aus 1 Asparaginsäure, 1 Glutaminsäure und 1 gewöhnlichen Aminosäure.

Zahl der Isomeren $4 \cdot (3 + 2) = 20$.

n-Peptid aus 1 Asparagin-, 1 Glutaminsäure und $(n-2)$ gewöhnlichen, untereinander verschiedenen Aminosäuren.

Zahl der Isomeren $4 \cdot (3 + 2) \cdot (4 + 2) \ldots (n + 2) = 4 \cdot 5 \cdot 6 \ldots (n+2)$

[13] $\qquad\qquad = \dfrac{(n + 2)!}{3!}.$

Obschon bisher nur Asparagin- und Glutaminsäure in den natürlichen Proteinen gefunden wurden, so will ich doch auch die Fälle
besprechen, in denen mehr als 2 Aminodicarbonsäuren vorkommen, weil
das gleiche für Diaminomonocarbonsäuren gilt, deren Zahl größer ist.

Tripeptid aus 3 verschiedenen Aminodicarbonsäuren nach Art der Asparagin- oder Glutaminsäure.

Die nachfolgenden 7 Formen sind abgeleitet von der obigen ersten
Form des Dipeptids durch An- oder Einschiebung der dritten Aminodicarbonsäure.

In derselben Weise lassen sich von den 3 anderen Formen des Dipeptids je 7 Isomere ableiten. Dazu kommen nun noch folgende beiden Formen, die durch die Ankuppelung der beiden ersten Aminodicarbonsäuren an die beiden Carboxyle der dritten entstehen:

Die Zahl der Isomeren beträgt also $4 \cdot 7 + 2 = 30 = \dfrac{(3+3)!}{4!}$.

n-Peptid aus 3 verschiedenen Aminodicarbonsäuren und (n—3) gewöhnlichen Aminosäuren.

[14] Zahl der Isomeren $30 \ (4+3)(5+3) \ldots (n+3) = \dfrac{(n+3)!}{4!}$.

Tetrapeptid aus 4 verschiedenen Aminodicarbonsäuren.

[15]   Zahl der Isomeren $30 \cdot 10 + 6 \cdot 6 = 336 = \dfrac{(4+4)!}{5!}$.

n-Peptid aus A verschiedenen Aminodicarbonsäuren und (n—A) gewöhnlichen, untereinander verschiedenen Aminosäuren.

[16]   Zahl der Isomeren $\dfrac{(n+A)!}{(A+1)!}$.

Die Formel ist die Verallgemeinerung der 4 vorhergehenden. Sie umfaßt auch alle Peptide, die nur aus Aminodicarbonsäuren zusammengesetzt sind. Sie steht in einfacher Beziehung zu Formel [11] für Peptide mit A untereinander gleichen Aminodicarbonsäuren und durch Verallgemeinerung ergibt sich daraus für

n - Peptid aus A Aminodicarbonsäuren, von denen b und c untereinander gleich sind, und (n—A) gewöhnlichen Aminosäuren, von denen d und e untereinander gleich sind,

[17] $\dfrac{(n+A)!}{b! \cdot c! \cdot d! \cdot e! \ (A+1)!}$.

Peptide der Diaminosäuren.

Ebenso wie bei den Aminodicarbonsäuren liegen die Verhältnisse bei den Diaminomonocarbonsäuren, dem Ornithin, Lysin und auch bei dem Arginin, wenn man bei letzterem die einschränkende Annahme macht, daß die Guanidogruppe in bezug auf Peptidbildung sich genau so verhält, wie die Aminogruppe.

Aus den Strukturformeln der 3 Stoffe

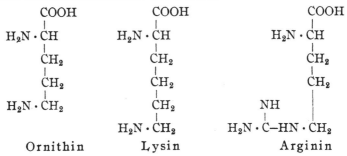

geht nämlich hervor, daß die Peptidbindung ebenfalls an 3 verschiedenen Stellen, entweder an dem Carboxyl oder einer der beiden Aminogruppen bzw. der Guanidogruppe erfolgen kann.

Als Beispiel mögen die 3 Dipeptide aus Ornithin und Glycocoll (G) dienen.

```
      COOH              COOH              CO·G
        |                 |                 |
 G·HN·CH           H₂N·CH            H₂N·CH
        |                 |                 |
       CH₂               CH₂               CH₂
        |                 |                 |
       CH₂               CH₂               CH₂
        |                 |                 |
  H₂N·CH₂         G·HN·CH₂          H₂N·CH₂
```

Infolgedessen gelten für die Isomerie der Peptide, welche diese Diaminosäuren für sich allein oder in Kombination mit den gewöhnlichen Aminosäuren enthalten, alle die Ausdrücke, die zuvor bei der Asparaginsäure und Glutaminsäure entwickelt wurden.

Einen besonderen Fall aber bieten die

Peptide von Diaminosäuren und Aminodicarbonsäuren.

Schon bei den Dipeptiden ist die Zahl der Isomeren 5, während sie bei der Kombination von 2 verschiedenen Diaminosäuren oder 2 Aminodicarbonsäuren nur 4 beträgt.

Als Beispiel wähle ich das Dipeptid aus Ornithin und Asparaginsäure und benutze ihre abgekürzten Strukturformeln.

$$\text{I.} \quad \text{II.} \quad \text{III.}$$

$$\text{IV.} \quad \text{V.}$$

Dabei sind zyklische Verbindungen wie

nicht berücksichtigt.

Tritt dazu eine gewöhnliche Aminosäure, z. B. Glycocoll, so kann die Einfügung jedesmal an 5 verschiedenen Stellen erfolgen.

Die Zahl der Isomeren wird also $5 \cdot 5 = 25$.

Mit jeder weiteren gewöhnlichen Aminosäure wächst die Zahl um das 6fache, 7fache usw.

Für ein n-Peptid aus 1 Diaminosäure, 1 Aminodicarbonsäure und ($n-2$) gewöhnlichen, untereinander verschiedenen Aminosäuren

wird also die Zahl der Isomeren

[18] $$5 \cdot 5 \cdot 6 \ldots (n+2) = \frac{5\,(n+2)\,!}{4!} \,.$$

Tripeptide aus 1 Diaminosäure und 2 verschiedenen Aminodicarbonsäuren oder umgekehrt aus 2 Diaminosäuren und 1 Aminodicarbonsäure.

In jedes der mit I bis V bezeichneten Dipeptide kann eine zweite Aminodicarbonsäure (oder Diaminosäure) auf 8 verschiedene Weisen eingefügt werden. Dazu kommen noch folgende 4 Formen:

3*

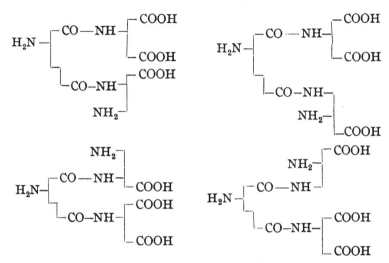

Also Zahl der Isomeren = 5 · 8 + 4 = 44.

In jede dieser Formen kann eine gewöhnliche Aminosäure an 7 verschiedenen Stellen eingeführt werden. Für ein

n-Peptid aus 2 verschiedenen Aminodicarbonsäuren,
1 Diaminosäure (oder umgekehrt) und (n—3) gewöhnlichen
Aminosäuren

ergibt sich also

[19] $\qquad 44 \cdot (4 + 3)\,(5 + 3) \ldots (n + 3) = \dfrac{44 \cdot (n + 3)!}{6!}.$

Tetrapeptide aus Aminodicarbonsäuren und Diaminosäuren.

Hier sind zwei Fälle zu unterscheiden.

Für die Kombination von 3 verschiedenen Aminodicarbonsäuren und 1 Diaminosäure (oder umgekehrt) ist die Zahl der Isomeren 558. Treten noch gewöhnliche Aminosäuren zu, so gilt die Formel

[20] $\qquad\qquad \dfrac{558\,(n + 4)!}{8!}.$

Für das Tetrapeptid aus 2 verschiedenen Aminodicarbonsäuren und 2 verschiedenen Diaminosäuren ist die Zahl der Isomeren 656 und für ein n-Peptid, das durch weiteren Zutritt von (n—4) gewöhnlichen Aminosäuren entsteht, gilt

[21] $\qquad\qquad \dfrac{656 \cdot (n + 4)!}{8!}.$

Pentapeptide aus Aminodicarbonsäuren und Diaminosäuren.

Auch hier gibt es 2 verschiedene Fälle, je nachdem die Dicarbon-
säuren zu den Diaminosäuren im Verhältnis 1 : 4 oder 2 : 3 stehen.
Mein Assistent, Hr. Dr. Max Bergmann, der sich an diesen
Betrachtungen mit großem Eifer und Geschick beteiligte, hat die Rechnung auch hier ausgeführt und gefunden

für das Verhältnis 1 : 4 ....   9 264 Formen,

,,   ,,   ,,   2 : 3 .... 12 360   ,,

Der letzte Fall wäre gegeben für das 5-Peptid aus je 1 Mol. Asparaginsäure, Glutaminsäure, Lysin, Ornithin und Arginin, während ein
Pentapeptid aus 5 gewöhnlichen Aminosäuren nur in 120 Formen existiert. Man sieht daraus, wie sehr die Mannigfaltigkeit der Polypeptide
durch den Gehalt an Aminodicarbonsäuren und Diaminosäuren gesteigert wird.

Treten zu obigen beiden Pentapeptiden noch $(n-5)$ gewöhnliche
Aminosäuren, so gelten die Formeln

[22]
$$\frac{9264 \cdot (n+5)!}{10!}$$

und

[23]
$$\frac{12360 \cdot (n+5)!}{10!}.$$

Alle oben angeführten Isomeriezahlen für die gemischten Formen
aus Aminodicarbonsäuren und Diaminosäuren (also die Werte 5, 44,
558, 656, 9264, 12360) sind empirisch ermittelt worden, und es hat
sich bisher kein einfacher allgemeiner Ausdruck daraus ableiten lassen.

Von den Aminosäuren mit stickstoffhaltigem Ring ist das Prolin
sowohl am Carboxyl wie an der Iminogruppe zur Peptidbildung befähigt, und dasselbe darf man deshalb auch für das Oxyprolin annehmen. Beide sind also in bezug auf die Zahl der isomeren Peptide
den gewöhnlichen Aminosäuren gleich zu setzen.

Bei dem Tryptophan und Histidin sind nur Peptide bekannt, die
durch Verkettung des Carboxyls oder der Aminogruppe zustande kommen. Ob auch die im Ring befindlichen NH-Gruppen dazu befähigt
sind, ist bisher nicht geprüft worden. Bei der geringen Basizität dieser
Gruppen wird man wohl neue Methoden für den Aufbau derartiger
Peptide suchen müssen. Aus demselben Grunde ist es mir recht
zweifelhaft, daß in den Proteinen solche Bindungen vorhanden sein
könnten.

Einen besonderen Fall bietet endlich das Cystin

$$\underset{\underset{NH_2}{|}}{COOH \cdot CH} - CH_2 \cdot S - S \cdot CH_2 \cdot \underset{\underset{NH_2}{|}}{CH} \cdot COOH$$

Ob es selbst oder sein Hydroderivat, das Cystein

$$\underset{\underset{NH_2}{|}}{HS \cdot CH_2 \cdot CH} \cdot COOH$$

in den Proteinen enthalten ist, konnte bisher nicht sicher entschieden werden. Ich halte beides für wahrscheinlich. Cystein ist in bezug auf Peptidbildung den gewöhnlichen Aminosäuren gleich. Beim Cystin gestalten sich die Verhältnisse etwas anders.

Infolge des symmetrischen Baues sind die beiden Carboxyle und die beiden Aminogruppen gleichwertig. Also kann die Anfügung einer gewöhnlichen Aminosäure, z. B. Glycocoll, nur an 2 Stellen erfolgen, und das Peptid bildet nur die beiden Formen

$$\underset{\underset{NH_2}{|}}{COOH \cdot CH} \cdot CH_2 \cdot S \cdot S \cdot CH_2 \cdot \underset{\underset{NH_2}{|}}{CH} \cdot CO \cdot NH \cdot CH_2 \cdot COOH$$

$$\underset{\underset{NH_2}{|}}{COOH \cdot CH} \cdot CH_2 \cdot S \cdot S \cdot CH_2 \cdot \underset{\underset{NH \cdot CO \cdot CH_2 \cdot NH_2}{|}}{CH} \cdot COOH$$

Aber durch den Zutritt des Glykokolls ist das Molekül unsymmetrisch geworden, und eine dritte gewöhnliche Aminosäure würde nun an 5 verschiedenen Stellen eingeführt werden können.

Die Zahl der Isomeren für ein Tripeptid aus 1 Cystin und 2 gewöhnlichen Aminosäuren steigt also auf $2 \cdot 5 = 10$.

Daraus folgt für ein

n-Peptid aus 1 Cystin und $(n-1)$ gewöhnlichen, untereinander verschiedenen Aminosäuren:

[24]   Zahl der Isomeren $2 \cdot 5 \cdot 6 \ldots (n+2) = \dfrac{(n+2)!}{12}$

Da bei unvollkommener hydrolytischer Spaltung der Proteine bei kanntlich Di- und Tripeptide entstehen und es deshalb wünschenswert ist, die mögliche Anzahl der Isomeren zu kennen, so füge ich noch einige Ausdrücke zu, welche die Berechnung allgemein gestatten. Sie gelten nur für die gewöhnlichen Aminosäuren (Monoaminomonocarbonsäuren) und ohne Berücksichtigung von Tautomerie oder optischer Isomerie.

Anzahl der **Dipeptide**, die aus n gewöhnlichen, untereinander verschiedenen Aminosäuren entstehen können,

[25] $n\,(n-1)$.

Anzahl der **Tripeptide**

[26] $n\,(n-1)\,(n-2)$.

Die allgemeine Formel für die Anzahl der a-Peptide, die aus n gewöhnlichen, untereinander verschiedenen Aminosäuren entstehen können, ist

[27] $\dfrac{n!}{(n-a)!}$.

Z. B. die Zahl der Tetrapeptide, die aus 8 gewöhnlichen Aminosäuren entstehen können, beträgt $\dfrac{8!}{(8-4)!} = 1680$.

Proteine.

Daß in den Proteinen Amidbindungen vorkommen, ist durch die Entstehung von Di- und Tripeptiden bei der partiellen Hydrolyse erwiesen, und manche Beobachtungen, wie die Biuretreaktion, das Verhalten gegen Fermente, die relative Beständigkeit gegen Säuren und. Alkalien deuten weiter darauf hin, daß diese Peptidbindungen die Hauptrolle spielen.

Allerdings sind auch noch andere Möglichkeiten vorhanden, und ich habe schon vor 10 Jahren darauf hingewiesen[1]), daß die Anwesenheit von Piperazinringen oder von Äther- bzw. Estergruppen, bedingt durch die Hydroxyle der Oxyaminosäuren, in manchen Proteinen nicht unwahrscheinlich sei. Dagegen halte ich Kohlenstoffbindung zwischen den verschiedenen Aminosäuren für höchst unwahrscheinlich; denn auch die Form der $\overset{\cdot\cdot}{\alpha}$-Ketosäuren:

$$\begin{array}{c}
\diagup\mathrm{COOH} \\
\mathrm{CO}\text{------}\mathrm{CH}\cdot\mathrm{NH_2}, \\
\underset{\bullet}{\overset{|}{\mathrm{CH}\cdot\mathrm{NH_2}}}\quad\underset{\bullet}{\overset{|}{\mathrm{C}}} \\
\bullet\qquad\bullet
\end{array}$$

die H. **Schiff**[2]) für die Polyaspartsäuren annahm und die F. **Hofmeister**[3]) 1902 bei den Proteinen noch für möglich hielt, steht im

---

[1]) Berichte d. D. Chem. Gesellsch. **39**, 607 [1906]. *(Proteine I, S. 80.)*
[2]) Berichte d. D. Chem. Gesellsch. **30**, 2449 [1897]. Liebigs Ann. d. Chem. **303**, 183 [1898].
[3]) Vortrag auf der Naturforscherversammlung zu Karlsbad 1902.

Widerspruch mit ihren Eigenschaften. Sie würden dann ja eine α-Amino-
ketogruppe enthalten, die sich durch große Empfindlichkeit gegen alkalische Oxydationsmittel, z. B. Fehlingsche Lösung, auszeichnet und
würden außerdem noch in naher Beziehung zu dem α-Aminoacetessig-
ester stehen, dessen große Unbeständigkeit bekannt ist[1]).

Wenn man aber auch von allen Komplikationen der Verkettung
absehen will, so bleibt mit den Peptidbindungen allein die Isomerie
der Proteine noch mannigfaltig genug. Darauf hat bereits F. Hofmeister hingewiesen in dem eben erwähnten Vortrag, wo er das Proteinmolekül mit einem Mosaikbild von verschiedenfarbigen und verschieden-
gestalteten Steinen vergleicht und die ,,schier unerschöpfliche Zahl der
Kombinationen'' hervorhebt. Der schon vorher ausgesprochenen Vermutung, daß in dem Eiprotoplasma jeder Pflanzen- und Tierspezies
eine besondere Art von Eiweißkörpern vorkomme, stehe deshalb vom
chemischen Standpunkt aus keine Schwierigkeit im Wege. Allerdings
legte Hofmeister seinen Betrachtungen ein Eiweißmolekül von etwa
125 Kernen (Aminosäuren) zugrunde, wie es in dem Hämoglobin gegeben sei.

Nach meiner Ansicht sind aber die Methoden, die man zur Bestimmung der Molekulargröße der Hämoglobine angewandt hat, weniger
sicher, als man früher annahm. Obschon sie hübsch kristallisieren, ist
die Garantie der Einheitlichkeit doch nicht gegeben, und selbst wenn
man diese zugeben und damit die Richtigkeit eines Molekulargewichts
von 15 000—17 000 für manche Hämoglobine anerkennen will, so ist
doch noch immer zu beachten, daß das Hämatin nach allem, was wir
von seiner Struktur wissen, mehrere Globinreste fixieren kann. Wenn
diese nun untereinander gleich sind, so würde das Isomerieproblem des
Hämoglobins auf die Isomerie des viel kleineren Globinmoleküls reduziert sein.

Dagegen stimme ich der Meinung von Hofmeister und vielen
anderen Physiologen gerne bei, daß Proteine von 4000—5000 Molekulargewicht keine Seltenheit sind. Wenn man als mittleres Molekulargewicht der Aminosäuren die Zahl 142 annimmt, so würde das einem
Gehalte von etwa 30—40 Aminosäuren entsprechen.

Ferner enthalten die biologisch wichtigsten Proteine, auch die krystallisierten, fast alle früher angeführten Aminosäuren, und selbst die
Protamine, die ursprünglich eine sehr einfache Zusammensetzung zu
haben schienen, sind doch durch die Entdeckung ihres Gehaltes an
Monoaminosäuren mehr und mehr in die Klasse der komplizierten Gebilde hinaufgerückt.

Man darf allerdings nicht vergessen, daß die Unsicherheit über.

---

[1]) S. Gabriel und Th. Posner, Berichte d. D. Chem. Gesellsch. **27**, 1141[1894].

die Einheitlichkeit der Stoffe auch alle Schlüsse über die Zusammensetzung des Moleküls gefährdet. Immerhin halte ich es für wohl möglich, daß in den typischen Proteinen die Mehrzahl der obigen Aminosäuren vorhanden sind. Um eine Berechnung der Isomeriefälle vornehmen zu können, will ich deshalb als recht wahrscheinlichen Fall
ein Proteinmolekül wählen, das aus 30 Mol. Aminosäuren besteht,
von denen 18 untereinander verschieden sind; dann würden 12 Aminosäuren mehrfach vorhanden sein. Angenommen, es seien 2, ferner
3 und 3, dann 4 und endlich 5 Aminosäuren untereinander gleich,
so würde die Zahl der Isomeren nach der Formel [3] betragen:

$$\frac{30\,!}{2\,!\cdot 3\,!\cdot 3\,!\cdot 4\,!\cdot 5\,!} = \frac{2{,}653\cdot 10^{32}}{207\,360} = 1{,}28\cdot 10^{27}\ \text{(abgerundet), d. i. mehr}$$

als tausend Quadrillionen. Dabei ist die Tautomerie der Peptidgruppe
noch nicht berücksichtigt. Ferner ist angenommen, daß die Verkettung der Aminosäuren nur in der einfachen Weise erfolgt ist, wie es
bei den Monoaminomonocarbonsäuren geschieht.

Die Zahl würde noch außerordentlich wachsen, wenn man die
verschiedenen Bindungsformen der Aminodicarbonsäuren und der Diaminosäuren mit in Betracht zöge, wie es bei den Polypeptiden geschehen ist. Ob solche Formen tatsächlich bei den Proteinen vorhanden sind, läßt sich allerdings zur Zeit schwer beurteilen. Über die
Bindung der Aminodicarbonsäuren ist so gut wie gar nichts bekannt.
Wir wissen nur, daß bei ihnen der Überschuß an Carboxyl in den Proteinen durch amidartig gebundenes Ammoniak oder auch durch eine
entsprechende Menge Diaminosäure neutralisiert ist.

Etwas besser studiert sind die Diaminosäuren. Schon vor 10 Jahren
haben Zd. H. Skraup und Ph. Hoernes[1]) gezeigt, daß beim Kasein
und Leim durch Behandlung mit salpetriger Säure der Lysinanteil
zerstört wird, während die anderen Aminosäuren, insbesondere auch
das Arginin, erhalten bleiben.

Die Wirkung der salpetrigen Säure ist dann von D. D. van Slyke[2])
ausführlich untersucht und zu einem recht brauchbaren Verfahren für
die Unterscheidung intakter Aminogruppen von anderen stickstoff-
haltigen Gruppen ausgebildet worden; denn unter gewissen Bedingungen
wird nur die freie Aminogruppe in Stickstoff verwandelt, während der
ringförmig gebundene (Piperidin und Piperazin, Imidazolring) oder der
Stickstoff der Guanidingruppe und der Peptidgruppe (mit Ausnahme
des Glycylglycin[3])) unversehrt bleiben.

---

[1]) Monatsh. d. Chem. **27**, 631 u. 653 [1906]; **28**, 447 [1907].
[2]) Berichte d. D. Chem. Gesellsch. **43**, 3170 [1910].
[3]) Vgl. E. Fischer und Koelker, Liebigs Ann. d. Chem. **340**, 177 [1905].
(Proteine I, S. 505.)

Es lag also nahe, aus den Beobachtungen von Skraup zu folgern, daß bei dem Lysin des Kaseins und Glutins eine Aminogruppe frei sei. Ferner ist A. Kossel bei den Protaminen zu dem Schlusse gelangt, daß die Guanidogruppe des Arginins nicht amidartig verkuppelt sei.

Es wäre aber verfrüht, diese Schlüsse zu verallgemeinern und die Möglichkeit einer anderen Bindungsform für die Diaminosäuren ganz zu leugnen.

Ich bin mir wohl bewußt, daß durch Betrachtungen obiger Art keine tatsächliche Erweiterung unseres Wissens erzielt werden kann. Aber es ist doch nicht ganz ohne Nutzen und gewährt auch eine gewisse Befriedigung, das ungeheure Reich der Möglichkeiten, wie es der Synthese erschlossen und wie es auch der Lebewelt dargeboten ist, in zahlenmäßiger Darstellung zu skizzieren.

3. Emil Fischer[1]: Proteïne und Polypeptide.

Zeitschrift für angewandte Chemie **20**, 913 [1907].

Hochansehnliche Versammlung! Die freundliche Aufnahme, die der Verein deutscher Chemiker bei seinen jährlichen Hauptversammlungen allenthalben findet, und von der wir gerade eine neue köstliche Probe in dieser gastfreien alten Stadt erfahren, ist ein erfreuliches Zeichen der Popularität, welche sich die Chemie nicht ohne Mühe im Laufe des vorigen Jahrhunderts erworben hat.

In erster Linie dankt sie das unzweifelhaft ihren großen praktischen Erfolgen, durch die alle Zweige wirtschaftlicher Arbeit vom Ackerbau bis zur feinsten Luxusindustrie bereichert worden sind.

Besonders in Deutschland ist während der letzten 40 Jahre eine mächtige chemische Industrie aufgeblüht, deren Produkte nach allen Seiten der Welt gehen, und von deren Vertrieb auch der Handel unserer Teestädte nicht unbeträchtlichen Nutzen hat.

Chemische Entdeckungen seltener Art, wie die Auffindung neuer Elemente mit wunderbaren Eigenschaften, oder die künstliche Reproduktion längst gebrauchter wichtiger Stoffe des Pflanzen- und Tierreiches werden heutzutage auch dem großen Publikum durch die rührige Tagespresse rasch bekannt und tragen durch die Erweckung kühner Hoffnungen nicht wenig dazu bei, das Interesse an chemischer Forschung in weiten Kreisen wach zu halten.

Aber trotz alledem ist unsere Wissenschaft in ihrem innersten Wesen durchaus nicht volkstümlich. Sie ist es weniger, als die nahe verwandte Physik und noch viel weniger als die beschreibenden Naturwissenschaften. Das hängt zusammen mit ihren eigenartigen Abstraktionen, mit ihren komplizierten Formeln und der fast ebenso schwierigen Sprache.

Als deshalb die Aufforderung an mich erging, der heutigen Festversammlung ein fachwissenschaftliches Thema in populärer Gestalt

---

[1] Vortrag, gehalten in der Festsitzung des Vereins deutscher Chemiker in Danzig am 23./5. 1907.

vorzuführen, konnte ich mir die Schwierigkeit dieser Aufgabe nicht
verhehlen, und Sie werden meinen guten Willen hauptsächlich darin
erkennen müssen, daß ich zum Gegenstand des Vortrages ein Material
wähle, das nicht allein jedermann kennt, sondern von dem wir auch
alle einen stattlichen Vorrat besitzen. Es handelt sich nämlich um
einen Hauptbestandteil unseres eigenen Leibes, um dasjenige chemische
Gebilde, mit welchem das organische Leben am engsten verbunden ist.
Sein volkstümlicher Name lautet Eiweiß. Die Chemiker multiplizieren
ihn, weil sie wissen, daß es viele eiweißartige Stoffe gibt. Um Mißverständnissen vorzubeugen, gebrauchen sie neuerdings dafür lieber den
Namen Proteïne, der von dem griechischen Proton, das Erste, abgeleitet ist.

Die Zahl der natürlichen Proteïne scheint recht groß zu sein; wir
kennen schon jetzt etwa 40 ziemlich verschiedene Individuen. Dahin
gehören außer dem weißen Teil des Vogeleies das Caseïn der Milch,
der Leim, ferner Bestandteile des Blutes, des Muskelfleisches, der Haare,
Nägel, Haut, der Getreidekörner und anderer Pflanzensamen, und endlich Bekleidungsstoffe, wie Wolle und Seide. Eine ziemlich vollständige
Sammlung solcher Stoffe, die seit 1901 nach neuen Methoden teils von
mir, teils von meinem Mitarbeiter Dr. Abderhalden untersucht wurden, steht hier vor Ihnen. Der merkwürdigste und seltenste darunter
dürfte die sogen. Spinnenseide sein, die von einer großen Spinne auf Ma-
dagaskar herstammt und nicht allein der gewöhnlichen Seide in Glanz
und Fadenstärke gleicht, sondern außerdem noch durch eine schöne
Orangefarbe ausgezeichnet ist.

Die elementare Zusammensetzung der Proteïne ist ziemlich einfach, denn sie enthalten außer Kohlenstoff, Wasserstoff und Sauerstoff,
die in fast allen Produkten des Pflanzen- und Tierreiches vorkommen,
nur noch Stickstoff und vielfach auch Schwefel. Ungleich verwickelter
ist ihre chemische Konstitution, denn sie sind zusammen mit ihren
zahlreichen Derivaten die kompliziertesten chemischen Gebilde, welche
die Natur hervorgebracht hat.

Anhaltspunkte für die Beurteilung ihrer Struktur hat bisher nur
ein Zergliederungsvorgang, die sogen. Hydrolyse gebracht.

Sie kann sowohl durch heiße Säuren oder Alkalien, wie auch durch
die Verdauungssäfte bewirkt werden. Legt man z. B. ein Stückchen
hartgekochtes Eiereiweiß in den Saft eines tierischen Magens und erwärmt auf 37°, so verschwindet im Laufe von mehreren Stunden das
Eiweiß, weil es in leicht lösliche Peptone verwandelt wird. Damit ist
der Prozeß aber noch nicht beendet, denn die Peptone erfahren im Darm
eine weitere Hydrolyse, als deren letzte Produkte sogen. Aminosäuren
auftreten. Da diese auch bei der Spaltung der Proteïne durch heiße

Säuren oder Alkalien neben Ammoniak entstehen, so darf man sie als die wesentlichen Bausteine des Proteinmoleküls betrachten.

In der folgenden Tafel sind alle bisher aus den Proteinen erhaltenen und mit Sicherheit als Individuen erkannte Aminosäuren zusammengestellt. Eine kurze Angabe über ihre Entdeckung in der Natur ist zugefügt.

Glykokoll (Braconnot 1820)

Alanin (Schützenberger, Weyl 1888)

Valin (v. Gorup-Besanez 1856)

Leucin (Proust 1818, Braconnot 1820)

Isoleucin (F. Ehrlich 1903)

Phenylalanin (E. Schulze und Barbieri 1881)

Serin (Cramer 1865)

Tyrosin (Liebig 1846)

Asparaginsäure (Plisson 1827)

Glutaminsäure (Ritthausen 1866)

Prolin (E. Fischer 1901)

Oxyprolin (E. Fischer 1902)

Ornithin (M. Jaffé 1877)

Lysin (E. Drechsel 1889)

Arginin (E. Schulze und E. Steiger (1886)

Histidin (A. Kossel 1896)

Tryptophan (Hopkins und Cole 1901)

Diaminotrioxydodekansäure (E. Fischer und E. Abderhalden, Skraup 1904)

Cystin (Wollaston 1810, K. A. H. Mörner 1899)

Die Reihe beginnt mit dem Glykokoll oder Leimsüß, das schon 1820 von Braconnot aus tierischem Leim durch Kochen mit Schwefelsäure gewonnen wurde. Bei demselben Versuche beobachtete er das Leucin und gab beiden Produkten die noch heute üblichen Namen, obschon das letztere schon 2 Jahre früher von Proust im alten Käse gefunden war.

Noch älter ist das letzte Glied der Reihe, das Cystin, welches bereits 1810 von Wollaston entdeckt wurde und der einzige schwefelhaltige Bestandteil der Proteïne zu sein scheint.

Wie diese Angaben zeigen, ist diese Anordnung der Tafel nicht chronologisch, sondern systematisch. Auf das Glykokoll folgen seine Homologen Alanin, Valin, Leucin, und Isoleucin, welche α-Aminoderivate der Propionsäure, Isovaleriansäure, Isocapron- und Methyläthylessigsäure sind.

Phenylalanin ist, wie schon sein Name sagt, das aromatische Analogon des Alanins, und im Serin und Tyrosin haben wir die Oxyderivate von Alanin und Phenylalanin.

Die beiden folgenden, Asparaginsäure und Glutaminsäure, verdanken der Anwesenheit von zwei Carboxylen einen ausgesprochen sauren Charakter.

Prolin und Oxyprolin sind Derivate des heterozyklischen Pyrrolidins und stehen in gewissem Zusammenhang mit den im Pflanzenreich weit verbreiteten Alkaloïden.

Die drei folgenden Substanzen, Ornithin, Lysin und Arginin, nennt man Diaminosäuren, weil sie zwei basische Gruppen enthalten, die durch das Carboxyl nur zur Hälfte neutralisiert werden.

Histidin scheint ein Derivat des Imidazols zu sein und würde demnach in gewisser Beziehung zu den Purinkörpern stehen.

Tryptophan ist ein Derivat des Indols und bildet die Gruppe des Eiweißes, aus der das Skatol der menschlichen Faeces und die Indoxylschwefelsäure des Harns entstehen.

Die Diaminotrioxydodekansäure endlich ist die kohlenstoffreichste der ganzen Reihe und scheint nur in wenigen Proteïnen vorhanden zu sein.

Diese Aminosäuren sind zum allergrößten Teil der Synthese bereits zugänglich, auch in der optisch-aktiven Form, die in den Proteïnen ausschließlich vorkommt.

Der künstliche Aufbau der Proteïne selbst scheint also im wesentlichen auf die Aufgabe hinauszulaufen, diese Aminosäuren in richtiger Auswahl und Reihenfolge durch Abspaltung von Wasser wieder miteinander zu verknüpfen.

Ich habe mich deshalb seit fünf Jahren bemüht, geeignete Methoden für diesen Zweck aufzufinden, und es ist mir in der Tat gelungen, durch Verkupplung der verschiedenen Aminosäuren Produkte zu gewinnen, die zuerst den Peptonen und bei fortgesetzter Synthese den Proteïnen sehr ähnlich sind.

Für diese künstlichen Substanzen, die sich von den natürlichen dadurch vorteilhaft unterscheiden, daß sie als chemisch einheitliche Individuen gekennzeichnet sind, habe ich den Sammelnamen „Polypeptide" gewählt. Nach der Zahl der Aminosäuren werden sie in Di-, Tri-, Tetrapeptide usw. eingeteilt.

Um Ihnen einen Begriff von der Leistungsfähigkeit der synthetischen Methoden zu geben, will ich den Aufbau eines Octadecapeptides schildern, das aus fünfzehn Molekülen Glykokoll und drei Molekülen optisch-aktiven l-Leucin zusammengesetzt ist.

Als Ausgangsmaterial dienten hierfür einerseits das Glykokoll und andererseits das d-Leucin, d. h. der optische Antipode der natürlichen Aminosäure. Weshalb man diesen verwenden muß, um Derivate des natürlichen l-Leucins zu erhalten, wird später erklärt werden.

Das Glykokoll kann bekanntlich mit dem Umwege über seinen Ester in das von Curtius und Goebel entdeckte Glycinanhydrid

$$NH \Big\langle {}^{CH_2-CO}_{CO-CH_2} \Big\rangle NH$$

verwandelt werden. Letzteres ist der einfachste Repräsentant der Diketopiperazine, deren Geschichte vor ungefähr 60 Jahren mit der Entdeckung des Leucinimids begann. Ich habe seine Darstellung so vereinfacht, daß die Bereitung größerer Mengen keine Schwierigkeiten mehr bietet.

Die Diketopiperazine stehen in einfacher Beziehung zu den Dipeptiden und lassen sich durch parzielle Hydrolyse in diese verwandeln. Das gelingt bei dem Glycinanhydrid am leichtesten durch Alkalien, denn es genügt, die gepulverte Substanz mit einem kleinen Überschuß von verdünnter Natronlauge bei gewöhnlicher Temperatur 10—15 Minuten zu schütteln, um völlige Lösung und gleichzeitige Verwandlungen in Dipeptid zu bewirken. Dabei entsteht Glycyl-glycin

$$NH_2CH_2CO \cdot NHCO_2COOH,$$

welches nicht allein das einfachste, sondern auch das älteste Polypeptid ist.

Um hieraus ein Tripeptid zu erzeugen, bedarf es einer neuen Reaktion, die auf der Kuppelung mit Halogenacyl beruht. Das Dipeptid wird also in alkalischer Lösung bei niederer Temperatur mit Chloracetylchlorid geschüttelt und das hierbei entstehende Chloracetylglycyl-glycin

$$ClCH_2CO \cdot NHCH_2CO \cdot NHCH_2COOH$$

durch mehrtägiges Stehen mit starkem, wässerigem Ammoniak in Diglycyl-glycin

$$NH_2CH_2CO \cdot NHCH_2CO \cdot NHCH_2COOH$$

verwandelt.

Dieses Verfahren ist zahlreicher Variationen fähig und wird in späteren Phasen unserer speziellen Synthese wiederkehren.

Von dem Tripeptid führt eine eigenartige Kondensation in raschem Tempo zum Hexapeptid. Hierfür ist der Methylester nötig. Er wird als Hydrochlorat durch Einleiten von Chlorwasserstoff in ein Gemisch von Diglycyl-glycin und Methylalkohol erhalten und läßt sich aus dem Salz ohne Schwierigkeit in Freiheit setzen.

Die Kondensation des Esters vollzieht sich schnell und recht glatt beim Erwärmen auf 100°, wobei erst Schmelzung und hinterher Erstarrung stattfindet. Das Produkt ist der Methylester des Hexapeptids, und der Vorgang entspricht dem Schema:

$$2 NH_2CH_2CO \cdot NHCH_2CO \cdot NHCH_2COOCH_3 = CH_4O + NH_2CH_2CO$$
$$\cdot (NHCH_2CO)_4 \cdot NHCH_2COOCH_3.$$

Das aus dem Methylester durch Verseifung mit Alkali entstehende Pentaglycyl-glycin

$$NH_2CH_2CO \cdot (NHCH_2CO)_4 \cdot NHCH_2COOH$$

ist ein amorphes, in Wasser schwer lösliches, farbloses Pulver, bildet aber mit Mineralsäuren gut krystallisierende Salze.

Für den weiteren Aufbau ist außer diesem Hexapeptid eine andere, ziemlich komplizierte Substanz nötig, die den Namen Bromisocapronyl-diglycyl-glycin führt, und zu deren Bereitung das vorher erwähnte d-Leucin dient. Hierfür muß es zuerst in α-Bromisocapronsäure verwandelt werden, und das geschieht durch Behandlung seiner kalten bromwasserstoffsauren Lösung mit Brom und Stickoxyd. Der Vorgang entspricht der Überführung der Asparaginsäure in aktive Halogenbernsteinsäure, die auf ähnliche Art von Tilden und Marshall und fast gleichzeitig von P. Walden bewerkstelligt wurde.

Die optische Aktivität bleibt bei dieser Reaktion erhalten, aber es findet, wie ich vor kurzem nachweisen konnte, ein Wechsel der Konfiguration, eine sogen. Waldensche Umkehrung statt. Die aktive α-Bromisocapronsäure entspricht also nicht mehr dem angewandten d-Leucin, sondern dem optischen Antipoden und kann darum benutzt werden, um diesen in die Polypeptide einzuführen.

Zu dem Zweck wird die Säure zunächst auf die gewöhnliche Art durch Phosphorpentachlorid in das zugehörige Chlorid $Br \cdot CH(C_4H_9)COCl$ verwandelt und dieses mit Aminosäuren oder Polypeptiden in alkalischer Lösung kombiniert.

Für den vorliegenden speziellen Fall habe ich es mit dem Diglycyl-glycin gekuppelt, wobei folgende optisch-aktive Verbindung resultiert: d-α-Bromisocapronyl-diglycyl-glycin

$$BrCH(C_4H_9)CO \cdot (NHCH_2CO)_2 \cdot NHCH_2COOH.$$

Diese Substanz hat sich nun als ein sehr brauchbares Material für den Aufbau hochmolekularer Polypeptide erwiesen. Sie läßt sich nämlich verhältnismäßig leicht in das Chlorid:

$$BrCH(C_4H_9)CO \cdot (NHCH_2CO)_2 \cdot NHCH_2COCl$$

verwandeln. Dafür muß sie allerdings in besonderer Weise durch Krystallisation aus Alkohol vorbereitet werden, auch bedurfte es für die Ausführung der Reaktion einer besonderen Art der Säurechlorierung, die in der kombinierten Anwendung von Phosphorpentachlorid und Acetylchlorid besteht. Aber bei der Erfüllung dieser Bedingungen geht der Prozeß recht glatt von statten, und die Isolierung des schwer löslichen Chlorids macht keine Mühe. Glücklicherweise ist dasselbe trotz seines hohen Molekulargewichts noch reaktionsfähig genug, um mit den Polypeptiden in eiskalter, sehr verdünnter alkalischer Lösung zusammenzutreten.

Infolgedessen bot seine Kuppelung mit dem obenerwähnten Pentaglycyl-glycin nur eine mechanische Schwierigkeit, die durch das starke Schäumen der alkalischen Lösung verursacht war. Sie konnte durch Glasperlen und heftiges Schütteln der Flüssigkeit überwunden werden. Ähnlich wie in einer Kugelmühle zerkleinern nämlich die Perlen das sich zusammenballende Chlorid und zerteilen außerdem die schäumende Flüssigkeit so stark, daß eine innige Berührung mit dem ungelösten Chlorid stattfindet.

Unter solchen Umständen verläuft dann die Kuppelung so glatt, daß die Ausbeute an d-α-Bromisocapronyl-octaglycyl-glycin

$$BrCH(C_4H_9)CO \cdot (NHCH_2CO)_8 \cdot NHCH_2COOH$$

bis 70% der Theorie beträgt.

Für die Umwandlung der neuen Bromverbindung in das entsprechende Decapeptid ist das in einfacheren Fällen so brauchbare wäßrige Ammoniak nicht mehr geeignet. Vorzügliche Dienste leistet aber hier das trockene flüssige Ammoniak. Es genügt, den unlöslichen Bromkörper damit mehrere Tage im geschlossenen Gefäß zu schütteln, um eine vollständige Umsetzung herbeizuführen. Auch die Reinigung des Decapeptids, das als l-Leucyl-octaglycyl-glycin

$$NH_2CH(C_4H_9)CO \cdot (NHCH_2CO)_8 \cdot NHCH_2COOH$$

zu bezeichnen ist, bietet keine besonderen Schwierigkeiten, denn es läßt sich aus der verdünnten alkalischen Lösung durch Essigsäure wieder fällen.

Glücklicherweise ist bei diesem hochmolekularen Polypeptid die Reaktionsfähigkeit der Aminogruppe wenig abgeschwächt. Infolgedessen kann die Kuppelung mit dem Bromisocapronyl-diglycyl-glycyl-chlorid unter ähnlichen Bedingungen wie zuvor wiederholt werden. Das hierbei entstehende d-α-Bromisocapronyl-triglycyl-l-leucyloctaglycyl-glycin

$$BrCH(C_4H_9)CO \cdot (NHCH_2CO)_3 \cdot NHCH(C_4H_9)CO \cdot (NHCH_2CO)_8$$
$$\cdot NHCH_2COOH$$

ist ebenfalls in Wasser schwer löslich und wird deshalb aus der alkalischen Lösung durch Salzsäure gefällt. Aber seiner Reinigung stellte sich ein neues eigenartiges Hindernis entgegen, dessen Beseitigung große Mühe gemacht hat.

Verwendet man nämlich für die Kuppelung, wie es in allen früheren Fällen geschah, molekulare Mengen der Komponenten, so bleibt eine beträchtliche Menge des Decapeptids unverändert, und diese fällt beim Ansäuern mit dem Bromkörper zusammen aus, selbst wenn ein erheb-

licher Überschuß von Salzsäure zugefügt wird. Das gleiche wiederholt
sich, so oft das Produkt in Alkali gelöst und von neuem gefällt wird.

An dieser Schwierigkeit wäre nicht allein die Reinigung des Bromkörpers, sondern auch die weitere Synthese gescheitert, wenn es schließlich nicht gelungen wäre, durch Anwendung von überschüssigem Chlorid
(3—4 Mol.) bei der Kuppelung das Decapeptid fast vollständig zu
verbrauchen.

Durch diesen Kunstgriff wurde es möglich, das Bromisocapronyl-
triglycyl-leucyl-octaglycyl-glycin rein zu gewinnen.

Seine Amidierung durch flüssiges Ammoniak findet noch leichter
statt, als in dem vorgehenden Beispiel, weil es sich in der Flüssigkeit
völlig löst. Schon nach kurzer Zeit macht sich der Eintritt der Reaktion
durch Abscheidung des Tetradecapeptids-l-Leucyltriglycyl-l-leucyl-octa-
glycyl-glycin

$$NH_2CH(C_4H_9)CO \cdot (NHCH_2CO)_3 \cdot NHCH(C_4H_9)CO \cdot (NHCH_2CO)_8$$
$$\cdot NHCH_2COOH$$

bemerkbar.

Mit diesem Produkt wurde die gleiche Kuppelung und die nachfolgende Amidierung des Bromkörpers nochmals ausgeführt, und das
Produkt war dann ein Octadecapeptid l-Leucyltriglycyl-l-leucyltri-
glycyl-l-leucyl-octaglycyl-glycin

$$NH_2CH(C_4H_9)CO \cdot (NHCH_2CO)_3 \cdot NHCH(C_4H_9)CO \cdot (NHCH_2CO)_3$$
$$\cdot NHCH(C_4H_9)CO \cdot (NHCH_2CO)_8 \cdot NHCH_2COOH.$$

Man würde über die Zusammensetzung dieser hochmolekularen
Substanzen im ungewissen bleiben, da die Elementaranalysen keine ent-
scheidenden Resultate mehr geben, wenn nicht die Bromverbindungen
eine bequeme und scharfe Kontrolle gestatteten. Ich muß es deshalb
als ein wahres Glück bezeichnen, daß die Synthese genötigt ist, diesen
Umweg zu machen, der einerseits die Reinigung der Substanzen ermöglicht und andererseits einen klaren Einblick in die Molekulargröße und
Struktur der Endprodukte gestattet. Das ist um so erfreulicher, als die
Eigenschaften dieser Substanzen die Bestimmung des Molekulargewichts
nach physikalischen Methoden ausschließen. Sie verraten hierin, ebenso
wie in ihren chemischen Reaktionen, eine große Ähnlichkeit mit den
natürlichen Proteïnen. Wäre man ihnen zuerst in der Natur begegnet,
so würde man wohl kaum Bedenken getragen haben, sie in die Gruppe
der Proteïne einzureihen. Ich glaube deshalb sagen zu dürfen, daß die
heutigen Methoden prinzipiell ausreichen, um den Aufbau der Proteïne
zu verwirklichen, muß aber ausdrücklich betonen, daß die künstlichen
Substanzen keineswegs mit irgendwelchen natürlichen Stoffen identisch sind.

Nach meinen Erfahrungen ist im Gegenteil anzunehmen, daß die Natur niemals lange Ketten aus den gleichen Aminosäuren hervorbringt, sondern die gemischten Formen bevorzugt, bei denen die Aminosäuren von Glied zu Glied wechseln. Dadurch wird es auch erst möglich, so viele verschiedene Bausteine im gleichen Molekül unterzubringen, wie es die Hydrolyse für die meisten natürlichen Formen anzeigt.

Will man diese selbst künstlich reproduzieren, so muß, wie bei anderen natürlichen Stoffen, ein bis ins kleinste durchgeführter Abbau vorausgehen. Selbstverständlich fällt diese Aufgabe mit einer genaueren Erforschung der Peptone und Albumosen zusammen. Man wird also fortfahren müssen, diese in die einzelnen chemischen Individuen zu scheiden und letztere mit den künstlichen Produkten zu identifizieren.

Aus solchen größeren Stücken muß man dann versuchen, höhere Systeme aufzubauen und mit den natürlichen Proteïnen zu vergleichen.

Die Durchführung solcher Studien wird sicherlich sehr viel mühevolle Einzelarbeit verlangen und wahrscheinlich viel mehr Zeit in Anspruch nehmen, als die bisherigen Synthesen, aber an dem Enderfolg zu zweifeln, scheint mir kein ernster Grund vorzuliegen.

Nur kann man die Frage aufwerfen, ob die aufgewandte Mühe einen entsprechenden Lohn finden wird. Daß man jemals die Synthese zur praktischen Herstellung von Nahrungsmitteln verwerten kann, wird kein Sachverständiger glauben, denn so billig wie die Pflanzen, die aus den Bestandteilen der Atmosphäre und des Bodens die Proteïne bereiten, kann auch der rationellste Fabrikbetrieb diese Stoffe gewiß niemals herstellen.

Man muß deshalb den Nutzen, den die Eiweißsynthese abwerfen soll, auf wissenschaftlichem und zwar vorzugsweise auf biologischem, Gebiete suchen. Es ist zu erwarten, daß durch den kombinierten synthetischen und analytischen Ausbau der ganzen Gruppe die chemischen Methoden geschaffen werden, welche den Physiologen die Aufklärung des Stoffwechsels im Tier- und Pflanzenleibe ermöglichen.

Aber die Chemie soll dabei nicht ausschließlich die Rolle der dienenden Magd spielen, sondern sie wird zweifelsohne auch für sich neue große Gebiete selbständiger Forschung und wahrscheinlich sogar industrieller Arbeit finden.

Ich denke dabei vorzugsweise an das Studium der Fermente und der fermentativen Prozesse, die im Organismus allenthalben stattfinden, und die mit den Metamorphosen der Proteïne gewiß im engen Zusammenhang stehen.

Sobald wir sie beherrschen, etwa in ähnlicher Weise wie heute die Verwandlungen des Benzols und seiner Derivate, werden sich sicherlich neue Zweige chemischer Fabrikation entwickeln, die vielleicht das heutige großartige Gärungsgewerbe an Bedeutung noch weit übertreffen.

Kurzum, bei einigem Optimismus darf man erwarten, daß die organische Chemie gerade aus den immer enger werdenden Beziehungen zur Biologie, wie aus einem Jungbrunnen fortdauernd neue große Aufgaben erhalten und dadurch am sichersten vor dem Schicksal bewahrt bleiben wird, jemals zu einem untergeordneten Spezialzweig unserer Wissenschaft herabzusinken.

4. Emil Fischer: Spaltung der α-Aminoisovaleriansäure in die optisch activen Componenten[1]).

Berichte der Deutschen Chemischen Gesellschaft **39**, 2320 [1906].
(Eingegangen am 25. Juni 1906; vorgetragen in der Sitzung vom Verfasser.)

In den Keimlingen von Lupinen und ähnlichen Pflanzen haben E. Schulze[2]) und seine Mitarbeiter eine Aminovaleriansäure gefunden, die gelöst in 20 procentiger Salzsäure eine spezifische Drehung von durchschnittlich + 27,9° zeigte. Eine Verbindung von sehr ähnlichem Drehungsvermögen wurde bei der Hydrolyse des Caseïns[3]) und des Horns[4]) beobachtet. Das Präparat aus Horn zeigte ferner nach der Racemisierung sowohl in den äußeren Eigenschaften wie im Schmelzpunkt, der Phenylisocyanatverbindung und ihrem Anhydrid völlige Übereinstimmung mit der synthetischen α-Aminoisovaleriansäure. Daraus wurde der Schluß gezogen, daß die im Horn, Caseïn und in den Keimlingen von Lupinus beobachtete Aminovaleriansäure sehr wahrscheinlich die active α-Aminoisoverbindung sei. Die gleiche Annahme macht A. Kossel, allerdings ohne entscheidende Beobachtungen, für die Aminovaleriansäure, die er bei der Hydrolyse von Protaminen erhalten hat[5]), und man darf dasselbe endlich für die Aminovaleriansäure vermuten, die E. v. Gurop-Besanez schon 1856 in der Bauchspeicheldrüse ent-

---

[1]) Bei den folgenden Versuchen ist anfangs Hr. Prof. Koichi Matsubara aus Tokio betheiligt gewesen. Er hat die racemische Formyl-aminoisovaleriansäure dargestellt und deren Spaltung in die beiden optisch activen Formen bewerkstelligt. Die völlige Reinigung der activen Formylkörper, ihre Verwandlung in die activen Aminosäuren sowie die Untersuchung ihrer Derivate sind dann von meinem Assistenten Hrn. Dr. S. Hilpert ausgeführt worden.

[2]) Vergl. Zeitschr. f. physiol. Chem. **35**, 300, und Journ. f. prakt. Chem. N. F. **27**, 353ff.

[3]) E. Fischer, Zeitschr. f. physiol. Chem. **33**, 159. (*Proteïne I, S. 641.*)

[4]) E. Fischer und Th. Dörpinghaus, Zeitschr. f. physiol. Chem. **36**, 469. (*Proteïne I, S. 711.*)

[5]) Zeitschr. f. physiol. Chem. **26**, 590 und **40**, 566.

deckte und für die damalige Zeit recht sorgfältig untersuchte[1]). Um diesen Schluß weiter zu prüfen und gleichzeitig die Synthese der natürlichen activen Aminovaleriansäure zu verwirklichen, habe ich die künstliche Racemverbindung in die optischen Componenten gespalten. Das gelingt sehr leicht mit Hülfe der Formylverbindung, die beim Leucin so gute Resultate gegeben hat[2]). Man gewinnt durch diese Methode die beiden optisch activen Aminoisovaleriansäuren in sehr befriedigender Ausbeute und anscheinend ganz reinem Zustand. Da die eine von ihnen in 20-procentiger Salzsäure die specifische Drehung $[\alpha]_D^{20} = + 28,8°$ zeigt und dieser Wert mit dem von Schulze gefundenen 27,9° hinreichend genau übereinstimmt, so ist an der Identität des künstlichen und natürlichen Productes kaum noch zu zweifeln. Ich bezeichne die natürliche Aminosäure als d-Verbindung, weil sie im Gegensatz zum natürlichen l-Leucin in wäßriger Lösung nach rechts dreht. Da der racemische Körper synthetisch leicht zu bereiten ist und die Spaltung ebensowenig Schwierigkeiten bietet, so dürfte die synthetische Herstellung der d-α-Aminoisovaleriansäure vorläufig der beste Weg für ihre Gewinnung sein.

Durch die Aufklärung der Structur ist der Name der Aminosäure noch erheblich complicirter geworden und wird schon bei der häufigen Verwendung in der physiologischen Literatur als Unbequemlichkeit empfunden werden. Geradezu ungeheuerliche Bezeichnungen resultiren aber, wenn man ihn bei ihren Polypeptiden verwenden muß. Da mehrere solcher Verbindungen im hiesigen Institut bereits dargestellt sind und jedenfalls später bei der Hydrolyse der Proteïne auch gefunden werden, so halte ich es für nothwendig, einen kürzeren Namen für die Aminosäure zu wählen. Im Einverständnis mit Hrn. E. Schulze schlage ich dafür das Wort „Valin" vor, woraus sich für das Radical $(CH_3)_2CH \cdot CH(NH_2) \cdot CO$, das in den Polypeptiden enthalten ist, die Bezeichnung „Valyl"[3]) ergiebt.

d l-Valin (racemische α-Aminoisovaleriansäure).

Die Substanz wird am besten nach der Methode von Clarc und Fittig aus der käuflichen α-Bromisovaleriansäure gewonnen, die man zur Reinigung in etwa dem halben Volumen Petroläther löst und durch

---

[1]) Liebigs Ann. d. Chem. **98**, 1.

[2]) E. Fischer und O. Warburg, Berichte d. D. Chem. Gesellsch. **38**, 3997 [1905]. (*Proteïne I, S. 149.*)

[3]) Dasselbe Wort „Valyl" ist zwar von den Farbwerken zu Höchst a/M. als Handelsname für ein pharmaceutisches Präparat (Valeriansäurediäthylamid) gewählt worden. Es ist aber nicht zu fürchten, daß seine Benutzung für die Bezeichnung der valinhaltigen Polypeptide in der wissenschaftlichen Literatur deshalb zu Mißverständnissen führen könnte.

Abkühlen in einer Kältemischung krystallisirt. Für die Umwandlung in die Aminosäure ist das von S. Slimmer im hiesigen Institut ausgearbeitete Verfahren[1]) recht geeignet.

Formyl - $d\,l$ - Valin.

Die Verbindung wird genau so wie Formylleucin[2]) durch Erhitzen der Aminosäure mit der $1^1/_2$-fachen Menge käuflicher wasserfreier Ameisensäure dargestellt. Die Erscheinungen sind ungefähr dieselben. Die Aminosäure geht allmählich in Lösung, und beim späteren Verdampfen der Ameisensäure bleibt ein krystallinisches Product zurück. Zur Erzielung einer guten Ausbeute ist aber eine zweimalige Wiederholung der Operation nöthig. Auch die Isolierung der Formylverbindung und die Rückgewinnung des unveränderten Valins geschah genau wie beim Leucin. Die Ausbeute betrug gleichfalls an Rohproduct ungefähr 80 pCt. und an Reinproduct ca. 70 pCt. der Theorie.

0,1647 g Sbst.: 0,3000 g CO_2, 0,1143 g H_2O. — 0,2333 g Sbst.: 19,6 ccm N (16,5°, 761 mm).

$C_6H_{11}O_3N$. Ber. C 49,66, H 7,59, N 9,66.
Gef. ,, 49,68, ,, 7,76, ,, 9,80.

Die Verbindung schmilzt ebenso wie das Formylleucin nicht ganz constant. Das analysierte Präparat begann bei 137° zu sintern und schmolz zwischen 139 und 144° (korr. 140—145°). Sie löst sich leicht in heißem Wasser, Alkohol, Aceton, dann successive schwerer in Essigäther, Äther, Benzol und fast garnicht in Petroläther. Aus Wasser krystallisirt sie in großen, rhombenähnlichen Tafeln. Sie schmeckt sauer und löst sich leicht in Alkalien und Ammoniak.

Spaltung des Formyl - $d\,l$ - Valins mit Brucin.

20 g des racemischen Formylkörpers werden mit 54,5 g Brucin in 600 ccm heißem Methylalkohol gelöst. Beim Abkühlen scheidet sich das Brucinsalz des Formyl-l-Valins in feinen Nädelchen ab. Nach zweistündigem Stehen bei 0° wird der Niederschlag abgesaugt und mit kaltem Methylalkohol gewaschen. Die Menge des Salzes beträgt nach dem Trocknen ungefähr 36 g. Es wird aus heißem Methylalkohol, wovon etwa 900 ccm nöthig sind, in derselben Weise umkrystallisirt, wobei der Verlust nur ca. 4 g beträgt. Absolut nöthig ist das Umkrystalisiren übrigens nicht, wie später auseinander gesetzt werden wird.

Zur Gewinnung des freien Formyl- l-Valins löst man 30 g Brucinsalz in 180 ccm Wasser, kühlt sorgfältig auf 0° ab und setzt einen geringen Überschuß von Alkali (60 ccm Normalnatronlauge) hinzu. Nachdem die Masse noch etwa 15 Minuten bei 0° gestanden hat, wird

---

[1]) Berichte d. D. Chem. Gesellsch. **35**, 400 [1902]. (*Proteine I, S. 158.*)
[2]) Ebenda **38**, 3998 [1905]. (*Proteine I, S. 150.*)

das Brucin scharf abgesaugt und mit eiskaltem Wasser nachgewaschen. Um den Rest des Brucins aus der Lösung zu entfernen, extrahirt man je einmal mit Chloroform und Äther. Dann wird die Flüssigkeit sofort mit 40 ccm Normalsalzsäure versetzt, wobei nahezu Neutralität eintritt und beim Druck von 10—15 mm aus einem Bade, dessen Temperatur nicht über 40° gehen darf, bis zur starken Krystallisation eingedampft. Jetzt kühlt man auf gewöhnliche Temperatur ab und fügt zur völligen Bindung des Alkalis noch 20 ccm Normalsalzsäure zu. Man läßt zur Vervollständigung der Krystallisation etwa eine Stunde bei 0° stehen, saugt sodann ab und wäscht mit wenig eiskaltem Wasser, bis das Kochsalz entfernt ist. Die Menge der Krystalle beträgt etwa 6 g. Die Mutterlauge wird im Vacuum zur Trockne verdampft, und der Rückstand mit 50 ccm lauwarmem Alkohol ausgelaugt. Beim Verdampfen bleibt der Rest des Formylvalins krystallinisch zurück. Bei gut verlaufender Operation beträgt die Ausbeute ungefähr 7 g. Sie kann aber erheblich sinken, wenn die angegebenen Bedingungen nicht innegehalten werden, weil das Formylvalin wie alle diese Formylkörper verhältnismäßig leicht hydrolysirt wird. Das Product wird zur Reinigung in der 3—4fachen Menge heißen Wassers rasch gelöst und durch Abkühlen wieder abgeschieden, wobei eine erhebliche Menge in Lösung bleibt. Das so gewonnene Präparat scheint ganz rein zu sein, denn durch wiederholtes Umkrystallisiren des rohen Brucinsalzes und durch weiteres Umkrystallisiren des freien Formylkörpers konnte das Drehungsvermögen nicht gesteigert werden. Im Vacuum über Phosphorpentoxyd getrocknet, verlor die Substanz bei 70° nicht an Gewicht.

0,1981 g Sbst.: 0,3605 g CO_2, 0,1358 g H_2O. — 0,1665 g Sbst.: 14,2 ccm N (17,5°, 760 mm)

$C_6H_{11}O_3N$.   Ber. C 49,66, H 7,59, N 9,66.
　　　　　　　Gef. „ 49,63, „ 7,67, „ 10,05.

Die Substanz zeigt ähnliche Löslichkeitsverhältnisse wie der Racemkörper. Sie krystallisirt aus heißem Wasser beim Abkühlen in kleinen Prismen, die vielfach concentrisch verwachsen sind. Aus der verdünnten wäßrigen Lösung scheidet sie sich nach längerem Stehen in ziemlich großen Prismen ab. Sie hat ebensowenig wie die activen Formylleucine einen scharfen Schmelzpunkt. Im Capillarrohr beginnt sie gegen 150° zu sintern und ist bis 153° (corr. 156°) völlig geschmolzen. In alkoholischer Lösung dreht sie nach links und in wäßriger Lösung nach rechts.

1. Eine Lösung in absolutem Alkohol vom Gesammtgewicht 5,2588 g, die 0,5891 g Substanz enthielt und das specifische Gewicht 0,8213 hatte, drehte bei 20° und Natriumlicht im 1 dm-Rohr 1,19° nach links.

2. Eine Lösung in absolutem Alkohol vom Gesammtgewicht 5,3726 g, die 0,6003 g Substanz enthielt und das specifische Gewicht 0,8214 hatte,

drehte bei 20° und Natriumlicht im 1 dm-Rohr 1,20° nach links. Mithin $[\alpha]_D^{20}$ in alkoholischer Lösung

    1. $-12,93°$ $(\pm 0,2)$,   2. $-13,07°$ $(\pm 0,2)$.

Eine Lösung in Wasser vom Gesammtgewicht 22,579 g, die 0,175 g Substanz enthielt und das specifische Gewicht 1,0068 hatte, drehte im 2 dm-Rohr bei 20° und Natriumlicht 1,62° nach rechts. Mithin in wäßriger Lösung

$$[\alpha]_D^{20} = + 16,9° \; (\pm 0,2).$$

Formyl-d-Valin.

Sein Brucinsalz bleibt in der oben erwähnten methylalkoholischen Mutterlauge. Diese wird unter vermindertem Druck zur Trockne verdampft, der Rückstand in 200 ccm Wasser gelöst und daraus die Formylverbindung in derselben Weise isolirt, wie es zuvor für die l Verbindung beschrieben ist. Die Ausbeute an Reinproduct ist ungefähr dieselbe, weil die Trennung der Brucinsalze durch die Krystallisation aus Alkohol ziemlich vollständig ist. Die kleinen Reste des optischen Isomeren werden, wie es scheint, beim Umkrystallisiren des Formylkörpers aus Wasser entfernt; denn das Drehungsvermögen des letzteren ist nach dem Umlösen aus Wasser ebenso stark wie im vorhergehenden Falle, aber natürlich im umgekehrten Sinne. Der Schmelzpunkt und die sonstigen Eigenschaften sind dieselben wie beim optischen Antipoden.

    0,2478 g Sbst.: 0,4517 g CO_2, 0,1706 g H_2O. — 0,2052 g Sbst.: 16,8 ccm N (17,5°, 767 mm).

    Ber. C 49,66, H 7,59, N 9,66.
    Gef. „ 49,71, „ 7,70, „ 9,59.

    1. Eine Lösung in absolutem Alkohol vom Gesammtgewicht 6,2986 g, die 0,7194 g Substanz enthielt und das specifische Gewicht 0,8213 besaß, drehte im 1 dm-Rohr bei 20° und Natriumlicht 1,26° nach rechts.

    2. Eine Lösung in absolutem Alkohol vom Gesammtgewicht 5,8867 g, die 0,6591 g Substanz enthielt und das specifische Gewicht 0,8214 besaß, dreht im 1 dm-Rohr 1,22° bei 20° und Natriumlicht nach rechts.

    3. Eine Lösung in absolutem Alkohol vom Gesammtgewicht 5,3759 g, die 0,6057 g Substanz enthielt und das specifische Gewicht 0,8214 besaß, drehte im 1 dm-Rohr 1,21° bei 20° und Natriumlicht nach rechts. Mithin $[\alpha]_D^{20}$ in alkoholischer Lösung

    1. $+ 12,8°$,   2. $+ 13,27°$,   3. $+ 13,07°$ $(\pm 0,2°)$.

Die 3 zuvor beschriebenen Formylkörper scheiden sich beim Verdunsten der wäßrigen Lösung in ziemlich großen Krystallen ab, deren Untersuchung Herr Dr. F. von Wolff gütigst übernommen hat. Er wird darüber später berichten.

Hydrolyse der Formylverbindungen.

Die Abspaltung der Formylgruppe erfolgt beim Kochen mit verdünnten Mineralsäuren rasch. Die Isolirung der Aminosäure wird am bequemsten bei Anwendung von Bromwasserstoffsäure.

Man kocht die Formylverbindung mit der 10fachen Menge Bromwasserstoffsäure von 10 pCt. 1 Stunde am Rückflußkühler, verdampft dann unter stark vermindertem Druck zur Trockne, bis das Bromhydrat krystallisirt, löst dies in kaltem Alkohol und fällt die Aminosäure mit einem kleinen Überschuß von concentrirter wäßriger Ammoniaklösung. Sie wird abfiltrirt und bis zur völligen Entfernung des Bromammons mit heißem Alkohol gewaschen. Die Ausbeute beträgt etwa 90 pCt. der Theorie. Zur völligen Reinigung löst man die Aminosäure in der 10-fachen Menge heißen Wassers und fällt mit viel absolutem Alkohol, wobei nur ein geringer Verlust eintritt.

In dieser Weise gewonnen, bilden die Aminosäuren sehr feine, wie Silber glänzende, mikroskopische Blättchen, die meist sechseckig ausgebildet sind. Die beiden Isomeren unterscheiden sich nicht allein durch ihr optisches Verhalten, sondern auch durch den Geschmack.

d-Valin.

Für die optischen Bestimmungen diente ein Präparat, dessen Reinheit durch die Analyse controllirt war.

0,1787 g Sbst.: 0,3363 g CO_2, 0,1515 g H_2O. — 0,1617 g Sbst.: 16,6 ccm N (18°, 760 mm).

$$C_5H_{11}O_2N. \quad \text{Ber. C } 51,28, \text{ H } 9,40, \text{ N } 11,97.$$
$$\text{Gef. ,, } 51,33, \text{ ,, } 9,50, \text{ ,, } 11,88.$$

Das Präparat schmolz im geschlossenen Capillarrohr bei 306° (corr. 315°), also etwas höher wie der Racemkörper. Im offenen Gefäß sublimirte es sehr stark beim Erhitzen und zersetze sich theilweise unter Anhydridbildung.

0,2181 g *d*-Valin, gelöst in 20-procentiger Salzsäure. Gesammtgewicht der Lösung 6,743 g. $d = 1,1$. Drehung im 1 dm-Rohr 1,02° bei 20° und Natriumlicht nach rechts. Mithin

$$[\alpha]_D^{20} = + 28,7° \, (\pm 0,4°).$$

0,4022 g *d*-Valin, gelöst in 20-procentiger Salzsäure. Gesammtgewicht der Lösung 13,200 g. $d = 1,1$. Drehung im 2 dm-Rohr bei 20° und Natriumlicht 1,93° nach rechts. Mithin

$$[\alpha]_D^{20} = + 28,8° \, (\pm 0,2°).$$

Erheblich kleiner ist das Drehungsvermögen in wäßriger Lösung.

0,3877 g *d*-Valin gelöst in Wasser. Gesammtgewicht 8,0946 g. $d = 1,008$. Drehung im 2 dm-Rohr bei 20° und Natriumlicht 0,62° nach rechts. Mithin

$$[\alpha]_D^{20} + 6,42° \, (\pm 0,2°).$$

0,2507 g d-Valin gelöst in Wasser. Gesammtgewicht 7,0495 g.
$d = 1,007$. Drehung im 2 dm-Rohr bei 20° und Natriumlicht 0,46°
nach rechts. Mithin

$$[\alpha]_D^{20} = + 6,42° (\pm 0,3°).$$

Die in salzsaurer Lösung gefundene Drehung weicht von dem
Wert, den E. Schulze und Winterstein im Mittel bei 16° für die
natürliche Aminovaleriansäure gefunden haben (+ 27,9°), nur wenig
ab, zudem haben diese Autoren schon die Möglichkeit angedeutet, daß
das Drehungsvermögen ihres Präparates bei weiterer Reinigung noch
etwas zunehme. Jedenfalls liegt kein Grund vor, eine Verschiedenheit
des natürlichen und künstlichen Products anzunehmen, zumal da die
Gründe, die E. Fischer und Dörpinghaus für die Identität der
racemisirten Aminovaleriansäure aus Horn mit dem synthetischen Product anführen, zum gleichen Schluß für die activen Körper führen. Eine
weitere Unterlage für den Vergleich bieten die nachfolgenden Beobachtungen über die Löslichkeit des künstlichen d- und l-Valins und endlich
über die Eigenschaften ihrer Verbindungen mit Phenylisocyanat.

l-Valin[1]).

Das für die nachfolgenden Bestimmungen dienende Präparat war
ebenfalls analysirt.

0,1915 g Sbst.: 0,3606 g CO_2, 0,1653 g H_2O. — 0,1630 g Sbst.: 16,9 ccm N
(18°, 760 mm).

$C_5H_{11}O_2N$.   Ber. C 51,28, H 9,40, N 11,97.
Gef. ,, 51,36, ,, 9,66, ,, 12,00.

Löslichkeit in Wasser. Die fein gepulverte Aminosäure wurde mit
Wasser 8 Stunden bei 25° geschüttelt.

4,2802 g Lösung enthielten 0,2365 g l-Valin. 1 Theil Valin löst sich
also bei 25° in 17,1 Theilen Wasser.

Eine andere Bestimmung ergab 17,2 Theile Wasser.

Eine unter den gleichen Bedingungen ausgeführte Bestimmung ergab für dl-Valin die Löslichkeit 1 : 14,1.

Optische Bestimmungen.

0,3875 g l-Valin, gelöst in 20-procentiger Salzsäure. Gesammtgewicht der Lösung 13,3123 g, spec. Gew. 1,1. Drehung im 2 dm-Rohr
1,86° bei 20° und Natriumlicht nach links. Mithin

$$[\alpha]_D^{20} = - 29,04°.$$

---

[1]) Vor wenigen Tagen ist eine Mittheilung von F. Ehrlich über die Bildung
dieses Valins bei der partiellen Vergährung des Racemkörpers durch Hefe erschienen.
(Biochem. Zeitschr. **1**, 28.) Sein Präparat scheint aber nicht ganz rein gewesen
zu sein, da das Drehungsvermögen in 20-procentiger Salzsäure etwas zu klein
(27,36) gefunden wurde.

0,3196 g l-Valin gelöst in 20-procentiger Salzsäure. Gesammtgewicht der Lösung 10,4143 g. $d = 1,1$. Drehung im 1 dm-Rohr bei 20° und Natriumlicht 0,96° nach links. Mithin

$$[\alpha]_D^{20} = -28,4° \ (\pm 0,4).$$

Um die spätere Identificirung der beiden activen Valine zu erleichtern, habe ich gerade so wie beim Racemkörper die Verbindung mit Phenylisocyanat, sowie deren Anhydrid dargestellt und ihr Drehungsvermögen bestimmt.

Phenylisocyanat-d-Valin.

Zu einer auf 0° abgekühlten Lösung von 2 g d-Valin in 17 ccm Normalnatronlauge und 80 ccm Wasser giebt man unter kräftigem Umschütteln in kleinen Portionen und im Lauf von etwa einer halben Stunde 2,3 g Phenylisocyanat. Dann filtrirt man die alkalische Lösung von dem entstandenen Niederschlag und übersättigt mit verdünnter Salzsäure. Die Phenylisocyanatverbindung fällt zum Theil krystallinisch, zum Theil ölig aus, erstarrt aber beim Reiben nach einiger Zeit völlig. Die Ausbeute beträgt etwa 95 pCt. der Theorie. Zur Reinigung wird aus heißem Wasser umgelöst, wovon etwa die 130-fache Menge nöthig ist.

0,1955 g Sbst.: 20,1 ccm N (19°, 758 mm).

$C_{12}H_{16}N_2O_3$. Ber. N 11,86. Gef. N 11,83.

Die Verbindung, welche schon von E. Schulze und Winterstein[1]) dargestellt wurde, krystallisirt aus heißem Wasser in mikroskopisch kleinen Prismen. Der Schmelzpunkt ist nicht ganz constant. Beim raschen Erhitzen beginnt sie gegen 140° zu erweichen und schmilzt völlig bis 145° (corr. 147°) unter schwachem Aufschäumen.

d-Phenyl-isopropyl-hydantoïn.

Die vorhergehende Verbindung wird durch starke Salzsäure in der üblichen Weise anhydrisirt. Um die optische Activität nicht zu schädigen, ist es rathsam, langes Erhitzen mit Salzsäure zu vermeiden. Man löst also die gepulverte Phenylisocyanatverbindung in 20-procentiger Salzsäure durch kurzes Aufkochen, verdünnt dann mit Wasser und läßt krystallisiren. Zur Reinigung löst man in Äther und fällt mit Petroläther.

0,1869 g Sbst.: 21,1 ccm N (22°, 760 mm).

$C_{12}H_{14}N_2O_2$. Ber. N 12,84. Gef. N 12,91.

In Wasser ist die Verbindung auch in der Hitze recht schwer löslich. Aus Äther krystallisirt sie in farblosen, dünnen Prismen. Sie

---

[1]) Zeitschr. f. physiol. Chem. **35**, 303.

schmilzt bei 131—133° (corr.), mithin nicht unerheblich höher als die racemische Verbindung (124—125°) und auch höher als das Präparat, welches E. Schulze und Winterstein aus natürlichem d-Valin erhielten (Schmp. 124°), und welches wohl nicht so rein war wie das synthetische Product.

0,420 g Sbst., gelöst in absolutem Alkohol. Gesammtgewicht der Lösung 7,315 g. $d = 0,8094$. Drehung im 1 dm-Rohr bei 20° und Natriumlicht 4,53° nach links. Mithin

$$[\alpha]_D^{20} = -97,5 \,(\pm 0,4°) \,.$$

Die Darstellung der Phenylisocyanatderivate des l-Valins war genau die gleiche und die Producte zeigten, selbstverständlich abgesehen vom Sinn der optischen Drehung, völlige Gleichheit.

Phenylisocyanat-l-Valin. Die in der d-Reihe fehlende optische Untersuchung gab hier folgendes Resultat:

0,2862 g Sbst., gelöst in absolutem Alkohol. Gesammtgewicht der Lösung 7,0648 g. $d = 8,045$. Drehung im 1 dm-Rohr bei 20° und Natriumlicht 0,62° nach links. Mithin

$$[\alpha]_D^{20} = -19,02° \,.$$

l-Phenylisopropylhydantoïn. Schmp. ebenfalls 131—133° corr.

0,1815 g Sbst.: 0,4400 g CO_2, 0,1057 g H_2O. — 0,1338 g Sbst.: 15,1 ccm N (18°, 751 mm).

$C_{12}H_{14}N_2O_2$.   Ber. C 66,05, H 6,42, N 12,84.
                        Gef. „ 66,11, „ 6,51, „ 12,91.

0,2463 g Sbst., gelöst in absolutem Alkohol. Gesammtgewicht der Lösung 5,3396 g. $d = 0,8032$. Drehung im 1 dm-Rohr bei 20° und Natriumlicht 3,60° nach rechts. Mithin

$$[\alpha]_D^{20} = +97,22° \,(\pm 0,4°) \,.$$

Unterschied im Geschmack der beiden Valine.

Wie bekannt[1]) unterscheiden sich die beiden Leucine sehr deutlich im Geschmack, der auffallenderweise bei der natürlichen l-Verbindung fade und schwach bitter ist, während der optische Antipode ausgesprochen süß schmeckt. Einen ähnlichen Unterschied, wenn auch nicht so ausgeprägt, zeigen die beiden Valine. Die natürliche d-Verbindung ist nur ganz schwach süß und gleichzeitig etwas bitter, während die l-Verbindung, die man bisher in der Natur nicht gefunden hat, ziemlich stark süß ist. Der früher schon angegebene[2]) schwach süße Geschmack des Racemkörpers rührt wohl hauptsächlich von der l-Verbindung her.

---

[1]) E. Fischer und O. Warburg, Berichte d. D. Chem. Gesellsch. **38**, 4005 [1905]. (*Proteïne I, S. 157.*)

[2]) Ebenda **35**, 2662 [1902]. (*Proteïne I, S. 682.*)

5. Emil Fischer und Walter A. Jacobs: Spaltung des racemischen Serins in die optisch-activen Componenten.

Berichte der Deutschen Chemischen Gesellschaft **39**, 2942 [1906].

(Eingegangen am 13. August 1906.)

Die einfachste, in den Proteïnen gefundene Oxyaminosäure, das Serin, kennt man bisher nur in der racemischen Form. Da sie aber ursprünglich in den Proteïnen wahrscheinlich optisch activ vorhanden ist, worauf früher schon hingewiesen wurde[1]), so haben wir uns bemüht, den Racemkörper in die beiden activen Componenten zu zerlegen.

Nach verschiedenen vergeblichen Versuchen mit der Formyl- und Benzoyl-Verbindung, die in Wasser leicht löslich sind, ist die Spaltung verhältnissmässig leicht mit der p-Nitrobenzoyl-Verbindung gelungen. Aus dieser lassen sich mittels des Chinin- und Brucin-Salzes die activen Formen völlig rein gewinnen, und die spätere Abspaltung der Nitrobenzoyl-Gruppe bietet auch keine Schwierigkeiten. Wir glauben so die beiden activen Serine im reinen Zustand gewonnen zu haben, und unterscheiden sie, wie die anderen Aminosäuren, nach dem Drehungsvermögen der wäßrigen Lösung als d- und l-Verbindung.

Das l-Serin ist die natürliche, in den Proteïnen vorkommende Form, wofür wir folgenden Beweis liefern können.

Ähnlich dem racemischen Serin läßt sich das l-Serin mit Hülfe des Esters sehr leicht in sein Anhydrid verwandeln, das schön krystallisirt und starkes Rotationsvermögen besitzt. Diese Substanz hat sich nun als identisch erwiesen mit einem Product, welches bei einer anderen Untersuchung über die Hydrolyse des Seidenfibroïns isolirt wurde und nach seiner Entstehung unzweifelhaft ein Derivat des in der Seide enthaltenen natürlichen Serins ist.

Die Beziehungen der beiden Serine zu den activen Alaninen hoffen wir durch Reduction mit Jodwasserstoff feststellen zu können.

---

[1]) E. Fischer, Berichte d. D. Chem. Gesellsch. **39**, 597 [1906]. (*Proteïne I*, S. *70*.)

p - Nitrobenzoyl- dl -serin.

32 g racemisches Serin, das nach einem im hiesigen Institut von den HHrn. Leuchs und Geiger ausgearbeiteten Verfahren dargestellt war, wurden in 300 ccm n-Kalilauge (1 Mol.) gelöst, dann in Eiswasser gekühlt und hierzu unter kräftigem Schütteln und dauernder Kühlung im Laufe von $1^1/_2$ Stunden in etwa 20 Portionen abwechselnd 480 ccm 5-fachnorm. Kalilauge und 160 g p-Nitrobenzoylchlorid (ungefähr 3 Mol.), die in 160 ccm Benzol gelöst waren, zugegeben. Die Menge des Chlorids und des Alkalis muß so groß wie angegeben genommen werden, um eine befriedigende Ausbeute zu erhalten. Während der Operation kann sich ein Niederschlag von p-nitrobenzoësaurem Alkali bilden, der aber durch Zusatz von Wasser in Lösung geht. Zum Schluß wurde die Benzol-schicht mechanisch abgetrennt und die wäßrige Lösung mit 200 ccm Salzsäure vom spec. Gew. 1,19 übersättigt. Dabei fiel ein dicker Niederschlag aus, der zum größeren Theil aus p-Nitrobenzoësäure und zum anderen Theil aus Nitrobenzoylserin bestand.

Er wurde nach mehrstündigem Stehen bei 0° auf der Nutsche ab-gesaugt und mit eiskaltem Wasser gewaschen. Zur Trennung des Serin-derivats benutzten wir seine größere Löslichkeit in heißem Wasser und seine geringere Löslichkeit in Äther. Zu dem Zweck wurde der gesamte Niederschlag mit 1 Liter Wasser unter tüchtigem Umschütteln aus-gekocht, rasch abgenutscht und das Auskochen mit der gleichen Menge Wasser wiederholt. Aus den vereinigten heißen Filtraten schied sich beim Abkühlen zuletzt in Eiswasser ziemlich langsam in reichlicher Menge eine Krystallmasse ab, die relativ wenig p-Nitrobenzoësäure ent-hielt. Die wäßrige Mutterlauge gab nach starkem Einengen unter geringem Druck eine zweite, aber viel kleinere Krystallisation. Die Krystallmasse wurde bei 100° getrocknet und wiederholt mit Äther ausgekocht, bis alle p-Nitrobenzoësäure entfernt war. Man kann dies leicht erkennen, weil das Nitrobenzoylserin im reinen Zustand durch Äther kaum mehr gelöst wird; dagegen ist es in nicht unerheblicher Menge in Äther löslich bei Gegenwart von viel Nitrobenzoësäure; das ist der Grund, weshalb man diese am besten erst größtentheils durch die oben angegebene Methode mit heißem Wasser entfernt. Zum Schluß wurde das Nitrobenzoylserin aus der 20-fachen Menge kochendem Was-ser umkrystallisirt. Die Ausbeute an diesem reinen Präparat betrug 53 g, was ungefähr 68 pCt. der Theorie entspricht.

Für die Analyse wurde im Vacuum über Schwefelsäure getrocknet.

0,2071 g Sbst.: 0,3591 g CO_2. — 0,199 g Sbst.: 18,4 ccm N (17°, 765 mm).

$C_{10}H_{10}O_6N_2$.   Ber. C 47,24, N 11,02.

Gef. ,, 47,30, ,, 10,80.

Aus Wasser krystallisirt die Verbindung in hellgelben, kleinen dünnen Nadeln; beim raschen Erhitzen fängt sie schon bei 184° (corr.) an zu sintern, und bei 206—207° (corr.) schmilzt sie unter Gasentwickelung zu einer braunen Flüssigkeit.

In kaltem Wasser ist sie recht schwer löslich (300—400 Theile), von kochendem genügt aber weniger als die 20-fache Menge. Aus heißem Essigester, worin sie ebenfalls ziemlich schwer löslich ist, krystallisirt sie langsam in mikroskopischen Platten, die meist sechsseitig sind. In kaltem Alkohol und kaltem Eisessig ist sie auch ziemlich schwer löslich, dagegen wird sie in der Hitze besonders von Eisessig leicht aufgenommen. Dasselbe gilt von Methylalkohol; in Äther und Petroläther ist sie fast unlöslich. Die heiße, wäßrige Lösung nimmt reichliche Mengen von Kupferoxyd auf, und beim Erkalten des Filtrats scheidet sich das Kupfersalz in mikroskopisch kleinen, hellblauen Plättchen aus.

Spaltung des p - Nitrobenzoyl- $d\,l$ -serins.

Für die Abscheidung des d-Serin-Derivates ist das Chininsalz am besten geeignet.

Für seine Bereitung löst man 45 g Racemkörper und 57,5 g trocknes Chinin in 2 Litern Alkohol von 50 pCt. durch Erhitzen auf dem Wasserbade. Aus der schwachgelben Lösung, die, wenn nöthig, filtrirt ist, scheidet sich beim Abkühlen das Chininsalz der d-Verbindung in farblosen, meist strahlenförmig vereinigten Nadeln ab. Man läßt es mehrere Stunden bei 0° stehen, filtrirt dann den Krystallbrei auf der Nutsche und wäscht mit kaltem, 50-procentigem Alkohol. Die Ausbeute an diesem Salz beträgt nach dem Trocknen im Vacuum ungefähr 55 g. Um es ganz frei von dem Isomeren zu erhalten, genügt zweimalige Krystallisation, jedesmal aus 450 ccm 50-procentigem Alkohol. Die Ausbeute an dem schließlich erhaltenen reinen Präparat betrug 90 pCt. der Theorie.

p - Nitrobenzoyl- d -serin.

42 g des Chininsalzes werden in 400 ccm verdünntem Alkohol von 50 pCt. warm gelöst, mit 73,5 ccm n-Natronlauge versetzt und sofort abgekühlt, wobei das Chinin als ölige Masse ausfällt. Nachdem die Mischung $^{1}/_{2}$ Stunde in Eis gestanden hat, decantirt man vom harzigen Niederschlag und verdampft die Flüssigkeit unter 15—20 mm Druck, um allen Alkohol zu entfernen. Der Rückstand wird mit ungefähr 150 ccm Wasser durchgeschüttelt, von dem ungelösten Chinin abfiltrirt und mit 15 ccm 5-fachnorm. Salzsäure übersättigt. Dabei fällt das Nitrobenzoyl-d-serin als dicker Krystallbrei aus. Nach $^{1}/_{2}$-stündigem Stehen in Eiswasser filtrirt man auf der Nutsche und wäscht mit kaltem Wasser. Zur völligen Reinigung genügt einmaliges Umkrystalli-

siren aus der 10-fachen Menge heißem Wasser, doch ist dies für die Gewinnung des d-Serins selbst nicht nothwendig. Die Ausbeute an Rohproduct ist fast quantitativ.

Für die Analyse diente ein umgelöstes und im Vacuum über Schwefelsäure getrocknetes Präparat.

0,1134 g Sbst.: 0,1962 g CO_2, 0,0432 g H_2O. — 0,1396 g Sbst.: 13,8 ccm N (21,5°, 761 mm).

$$C_{10}H_{10}O_6N_2. \quad \text{Ber. C } 47,24, \text{ H } 3,97, \text{ N } 11,02.$$
$$\text{Gef. } \,, \; 47,19, \,, \; 4,23, \,, \; 11,24.$$

Das p-Nitrobenzoyl-d-serin krystallisirt aus Wasser in glänzenden, schwachgelben Plättchen, welche unter dem Mikroskop rechtwinklig und häufig als gezahnte Aggregate erscheinen. In den meisten Lösungsmitteln ist es leichter löslich als der Racemkörper. Im Capillarrohr rasch erhitzt, sintert es bei 171° (corr.) und bei 186° (189,5° corr.) schmilzt es unter Zersetzung.

Für die optische Untersuchung diente eine wäßrig-alkalische Lösung. 0,9885 g in 4 ccm n-Natronlauge (etwas mehr als 1 Mol.) und ungefähr 5 ccm Wasser gelöst; Gesammtgewicht der Lösung 9,8940, spec. Gew. 1,0483, Drehung bei 20° und Natriumlicht im 2 dcm-Rohr 9,16° nach links. Mithin

$$[\alpha]_D^{20} = -43,47° \, (\pm 0,1°).$$

Mehrere Bestimmungen von anderen Präparaten ergaben fast den gleichen Werth. Das Drehungsvermögen der alkalischen Lösung hatte nach 2-tägigem Liegen bei Zimmertemperatur um 0,3° abgenommen. Ob das auf einer partiellen Hydrolyse oder Racemisation beruht, können wir nicht sagen.

d - Serin.

Die Hydrolyse der Nitrobenzoylverbindung geht verhältnissmässig rasch von statten. Sie kann z. B. mit 8-proc. Salzsäure in 2—3 Stunden ausgeführt werden. Bequemer aber ist die Verwendung von Bromwasserstoff, weil dadurch die spätere Isolirung des Serins erleichtert wird.

20 g werden mit 250 ccm 16-proc. Bromwasserstoffsäure am Rückflußkühler $2^1/_2$—3 Stunden gekocht. Nach etwa $^3/_4$ Stunden beginnt in der gelben Lösung die Krystallisation von p-Nitrobenzoësäure. Da hierdurch starkes Stoßen der Flüssigkeit verursacht wird, so ist es rathsam, sobald eine größere Menge des Niederschlages entstanden ist, ihn durch rasches Filtriren der heißen Flüssigkeit zu beseitigen. Zum Schluß läßt man die Lösung in Eis abkühlen, filtrirt und verdampft bei 12 bis 15 mm Druck bis zum Syrup. Beim Abkühlen erstarrt der Rückstand krystallinisch. Die radialartig gruppirten Nadeln sind bromwasserstoffsaures d-Serin. Man löst sie in etwa 150 ccm gewöhnlichem

Alkohol von 96 pCt. unter Erwärmen und fügt concentriertes, wäßriges Ammoniak in geringem Überschuß bis zur bleibenden, alkalischen Reaction zu. Dadurch wird das d-Serin sofort gefällt, anfangs als farbloses Öl, das aber beim Abkühlen und Reiben mit einem Glasstab bald völlig krystallisirt. Nach 24-stündigem Stehen im Eisschrank wird die Masse filtrirt und erst mit gewöhnlichem Alkohol, später mit Äther gewaschen. Die Ausbeute beträgt 85 pCt. der Theorie, und das Product ist nahezu rein. Zur völligen Reinigung löst man in der 5-fachen Menge kalten Wassers, verdünnt das Filtrat mit Wasser auf das 6-fache Volumen, entfärbt in der Wärme mit wenig Thierkohle, verdampft das Filtrat unter geringem Druck auf ein kleines Volumen und fällt mit überschüssigem, absolutem Alkohol und zuletzt mit Äther. Das d-Serin scheidet sich als weiße Krystallmasse ab, die aus mikroskopischen Nädelchen oder sehr dünnen Prismen besteht. Es wird abgesaugt, mit Alkohol und schließlich mit Äther gewaschen und im Vacuum getrocknet. Die Verluste beim Umlösen sind sehr gering.

Für die Analyse und die optischen Bestimmungen wurden 4,5 g dieses Präparates nochmals in 8 ccm Wasser gelöst und die Flüssigkeit in Eis abgekühlt, wobei das Serin langsam in ziemlich großen, meßbaren Prismen oder sechsseitigen Tafeln auskrystallisirte. Sie wurden im Vacuum über Schwefelsäure getrocknet.

0,1912 g Sbst.: 0,2405 g CO_2, 0,1149 g H_2O. — 0,1479 g Sbst.: 17,2 ccm N (21,5°, 760 mm).

$C_3H_7O_3N$.   Ber. C 34,28, H 6,73, N 13,33.
                Gef. ,, 34,30, ,, 6,68, ,, 13,21.

Dasselbe Präparat diente für folgende optische Bestimmungen.

1. Wäßrige Lösung: Gesammtgewicht der Lösung 14,0376 g, Gehalt an d-Serin 1,4035 g, spec. Gew. 1,0414, Drehung bei 20° und Natriumlicht im 2 dcm-Rohr 1,43° nach rechts. Mithin

$$[\alpha]_D^{20} = + 6,87 \, (\pm 0,1°).$$

2. In salzsaurer Lösung: 0,5003 g gelöst in 5 ccm n-Salzsäure (etwas mehr als 1 Mol.). Gesamtgewicht der Lösung 5,5946 g. Spec. Gew. 1,0465. Drehung bei 25° und Natriumlicht im 1 dcm-Rohr 1,34° nach links. Mithin

$$[\alpha]_D^{25} = - 14,32 \, (\pm 0,2°).$$

Diese Bestimmungen wurden mit einer zweiten Probe Serin, das aus der oben erwähnten wäßrigen Mutterlauge durch Alkohol gefällt war, wiederholt, und die Resultate waren innerhalb der Versuchsfehler die gleichen.

Im Capillarrohr rasch erhitzt, beginnt das d-Serin gegen 207° (korr. 211°) braun zu werden und zersetzt sich gegen 223° (228° corr.)

unter Gasentwickelung. Es ist in Wasser viel leichter löslich als der Racemkörper. Eine genaue Bestimmung wurde allerdings nicht ausgeführt. Aber approximativ wurde festgestellt, daß 3—4 Theile Wasser von 20—25° zur Lösung genügen, während der Racemkörper etwa das Sechsfache fordert. Kupferoxyd wird von seiner wäßrigen Lösung beim Erwärmen mit blauer Farbe gelöst. Aus der wäßrigen Lösung fällt das Kupfersalz bei Zusatz von Alkohol langsam in kleinen, tiefblauen Prismen aus.

p - Nitrobenzoyl- l -serin.

Es findet sich als Chininsalz in der wäßrig-alkoholischen Mutterlauge, aus der das Salz des Antipoden krystallisirt ist. Diese Mutterlauge wird zuerst bei 15—20 mm verdampft, bis aller Alkohol entfernt ist. Den Rückstand, welcher zuerst ölig ist, aber später krystallinisch wird, löst man in etwa 800 ccm heißem Wasser und fügt zu der noch warmen Lösung 99 ccm n-Natronlauge. Um das Chinin zu fällen, kühlt man dann mehrere Stunden in Eiswasser ab und verdampft die filtrirte Flüssigkeit unter vermindertem Druck bis auf etwa 100 ccm. Versetzt man jetzt die gewöhnlich grün gefärbte Flüssigkeit mit 25 ccm 5-fachnorm. Salzsäure, so fällt das Nitrobenzoyl-l-serin als dicke Krystallmasse aus, die nach einigem Stehen bei 0° filtrirt und mit eiskaltem Wasser gewaschen wird. Die Ausbeute betrug 22,4 g bei Anwendung von ursprünglich 45 g Racemkörper. Das so gewonnene Präparat ist noch nicht rein; es enthält etwa 10 pCt. Racemverbindung, und da diese durch Krystallisation schwer zu entfernen ist, so empfiehlt sich die Verwandlung in das Brucinsalz. Zu dem Zweck werden 25 g des Productes mit 39 g wasserfreiem Brucin in 200 ccm heißem Wasser gelöst, wobei eine rotbraune Färbung entsteht. Beim Abkühlen scheiden sich Gruppen von gelben, strahlenförmig verwachsenen Prismen ab, welche schließlich einen dicken Krystallbrei bilden. Nach mehrstündigem Stehen bei 0° wird die Masse abgenutscht und sorgfältig mit wenig eiskaltem Wasser gewaschen. Zur vollständigen Reinigung des Salzes genügt eine zweimalige Krystallisation aus je 125 ccm heißem Wasser. Nach zweimaligem Umlösen betrug die Ausbeute noch 49,4 g, was ungefähr 82 pCt. der Theorie entspricht.

Zur Umwandlung in die freie Säure werden 47 g des Brucinsalzes in 400 ccm warmem Wasser gelöst und mit 73,5 ccm n-Natronlauge versetzt. Aus der in Eiswasser gekühlten Flüssigkeit fällt der größte Theil des Brucins krystallinisch aus und wird nach mehrstündigem Stehen abgesaugt. Behufs Entfernung der Brucinreste wird die Mutterlauge mehrmals mit Chloroform und zuletzt mit Äther ausgeschüttelt und dann bei 15—20 mm Druck auf etwa 100 ccm eingedampft. Fügt man zu der tiefgelben Flüssigkeit jetzt 20 ccm 5-fachnorm. Salzsäure, so fällt das *p*-Nitrobenzoyl-*l*-serin sofort als dicke Krystallmasse aus. Es wird nach $^{1}/_{2}$-stündigem Stehen bei 0° abgesaugt und mit eiskaltem Wasser gewaschen. Die Ausbeute ist nahezu quantitativ.

Zur völligen Reinigung wurde das Präparat noch einmal aus heißem Wasser umkrystallisirt und zeigte dann in Bezug auf Schmelzpunkt, Löslichkeit, Farbe und Form der Krystalle u. s. w. völlige Übereinstimmung mit dem optischen Antipoden. Auch das Drehungsvermögen war fast genau so groß, natürlich in umgekehrtem Sinne.

1,5011 g, gelöst in 6,25 ccm *n*-Natronlauge und ungefähr 8 ccm Wasser: Gesammtgewicht der Lösung 15,0116 g, spec. Gew. 1,0485 g. Drehung bei 20° und Natriumlicht im 2 dcm-Rohr 9,14 nach rechts, mithin

$$[\alpha]_D^{20} + 43{,}56° \, (\pm 0{,}1°) \, .$$

Es löst sich bei 25° in ungefähr 180 Theilen Wasser, also fast doppelt so leicht wie der Racemkörper.

Für die Analyse wurde im Vacuum über Schwefelsäure getrocknet.

0,1210 g Sbst.: 0,2086 g CO_2, 0,0463 g H_2O.

$C_{10}H_{10}O_6N_2$.   Ber. C 47,24, H 3,97.

Gef. ,, 47,03, ,, 4,25.

l - Serin.

Für die Bereitung der Aminosäure kann die aus dem Brucinsalz gefällte *p*-Nitrobenzoylverbindung sofort verwendet werden, und die Operation wird genau so ausgeführt wie in der *d*-Reihe. Ausbeute und Eigenschaften des *l*-Serins entsprechen selbstverständlich auch ganz dem beim Antipoden Gesagten. Für die Analyse und die optische Bestimmung diente wieder ein aus Wasser krystallisirtes Präparat, das im Vacuum über Schwefelsäure getrocknet war.

0,1865 g Sbst.: 0,2338 g CO_2, 0,1094 g H_2O. — 0,2040 g Sbst.: 24,2 ccm N (21,5°, 760 mm).

$C_3H_7O_3N$.   Ber. C 34,28, H 6,73, N 13,33.

Gef. ,, 34,20, ,, 6,56, ,, 13,47.

1. Wäßrige Lösung: Gesammtgewicht der Lösung 15,0063 g, Gehalt an *l*-Serin 1,5002 g, spec. Gew. 1,0414, Drehung bei 20° und Natriumlicht im 2-dcm-Rohr 1,42° nach links. Mithin:

$$[\alpha]_D^{20} = - 6{,}83° \, (\pm 0{,}1°) \, .$$

2. In salzsaurer Lösung: 0,5022 g, gelöst in 5,05 ccm *n*-Salzsäure (etwas mehr als 1 Mol.), Gesammtgewicht der Lösung 5,6241. Spec. Gew. 1,0465, Drehung bei 25° und Natriumlicht im 1 dcm-Rohr 1,35° nach rechts. Mithin:

$$[\alpha]_D^{25} = + 14{,}45° \, (\pm 0{,}2°) \, .$$

Geschmack der beiden Serine.

Ähnlich wie bei den isomeren Leucinen und Valinen zeigt sich auch hier eine deutliche Geschmacksdifferenz. Das d-Serin schmeckt nämlich ausgesprochen süß; bei der natürlichen l-Verbindung ist das Süße auch noch deutlich bemerkbar, aber viel schwächer, und dafür merkt man einen faden Beigeschmack.

l-Serin-methylester.

Die Veresterung gelingt leicht unter denselben Bedingungen wie bei dem Racemkörper[1]).

Die fein gepulverte Aminosäure wird mit der 30-fachen Menge sorgfältig getrocknetem Methylalkohol übergossen und trockne Salzsäure bis zur Sättigung eingeleitet, dann die klare Flüssigkeit unter stark vermindertem Druck eingedampft, wobei das Hydrochlorat des Esters als weiße, krystallinische Masse zurückbleibt. Um die Veresterung zu vervollständigen, kann man die Operation mit der Hälfte Methylalkohol wiederholen. Schließlich wurde das Salz in trocknem Methylalkohol kalt gelöst und durch vorsichtigen Zusatz von Äther wieder abgeschieden.

Die weiße, glänzende Masse bestand aus mikroskopischen 4- oder 8-seitigen Blättchen und zerfloß an feuchter Luft. Die Ausbeute betrug 82 pCt. der Theorie. Für die Analyse wurde im Vacuum über Natronkalk getrocknet.

0,1250 g Sbst.: 7,9 ccm $^1/_{10}$-n. AgNO$_3$.

$C_4H_{10}O_3NCl$. Ber. Cl 22,84. Gef. Cl 22,4.

Im Capillarrohr erhitzt, beginnt das Salz gegen 163° zu sintern und schmilzt allmählich zu einer braunen Flüssigkeit, welche sich gegen 167° (corr.) unter Gasentwickelung und Braunfärbung zersetzt. Zur Bereitung des freien Esters wurde 1 g des Hydrochlorats in 10 ccm trocknem Methylalkohol gelöst und die berechnete Menge (7,3 ccm) einer 2-procentigen Auflösung von Natrium in trocknem Methylalkohol und dann zur Abscheidung des Chlornatriums noch 20 ccm trockner Äther zugefügt. Nachdem die Mischung 15 Minuten in Eis gestanden hatte, wurde rasch abfiltrirt und unter geringem Druck verdampft, dabei blieb der l-Serinmethylester als farbloser, stark alkalisch reagirender Syrup zurück, der den charakteristischen Geruch der Aminosäureester deutlich zeigte und sich ebenso wie der Racemkörper durch die Neigung zur Bildung eines Diketopiperazins auszeichnete.

l-Serin-anhydrid.

Läßt man den l-Serinmethylester bei 25° stehen, so beginnt nach einigen Stunden die Krystallisation des Anhydrids, und die Umwandlung ist nach 12—15 Stunden beendet.

---

[1]) E. Fischer und U. Suzuki, Berichte d. D. Chem. Gesellsch. **38**, 4193 [1905]. (*Proteïne I, S. 458.*)

Die Krystallmasse, die aus mikroskopisch kleinen Nadeln besteht, wird mit wenig Äthylalkohol gewaschen. Die Ausbeute beträgt dann etwa 66 pCt. der Theorie. Zur Reinigung wurde das Rohprodukt in der 10-fachen Menge heißem Wasser gelöst und durch Zusatz des doppelten Volumens Alkohol wieder gefällt. Für die Analyse wurde bei 100° getrocknet.

0,1252 g Sbst.: 0,1903 g CO_2, 0,0660 g H_2O. — 0,1117 g Sbst.: 15,6 ccm N (21°, 761 mm).

$$C_6H_{10}O_4N_2.$$ Ber. C 41,38, H 5,75, N 16,09.
Gef. ,, 41,45, ,, 5,90, ,, 15,98.

Die Verbindung bildet dünne, farblose Nadeln, welche beim raschen Erhitzen gegen 247° (corr.) unter Zersetzung schmelzen. Für die optische Untersuchung diente eine wäßrige Lösung.

7,277 g einer Lösung, welche 0,1626 g Substanz enthielt und das spec. Gewicht 1,0051 hatte, drehte bei 25° Natriumlicht im 2-dcm-Rohr 3,03° nach links. Mithin:

$$[\alpha]_D^{25} = -\ 67,46\ (\pm 0,5°)\,.$$

Das Anhydrid zeigte nun sehr große Übereinstimmung mit einem Körper, der aus den hydrolytischen Spaltproducten des Seidenfibroïns durch Veresterung gewonnen war, und der später ausführlich beschrieben werden soll. Nur im Drehungsvermögen war eine kleine Differenz vorhanden, da hier $[\alpha]_D^{22} = -\ 59°$ gefunden wurde. Das ist aber leicht erklärlich, weil dem Product aus Seide höchst wahrscheinlich Racemkörper beigemengt war.

Wir zweifeln deshalb nicht daran, daß beide Producte in Wirklichkeit identisch sind. Daraus würde folgen, daß in dem Seidenfibroïn *l*-Serin enthalten ist, und derselbe Schluß gilt höchst wahrscheinlich für alle die Proteïne, aus denen man bisher racemisches Serin gewonnen hat.

Gleichzeitig mit obigen Versuchen haben wir die Spaltung des racemischen Isoserins und der Diaminopropionsäure in Angriff genommen.*) Die beiden Formen des Benzoyl-isoserins lassen sich mittels des Brucin- und des Chinin-Salzes gewinnen. Die beiden Benzoylkörper sind in Wasser leicht löslich, krystallisiren leicht aus Essigester und bilden schön krystallisirte Baryumsalze. Durch die Hydrolyse erhält man daraus die activen Isoserine.

In 10-procentiger, wäßriger Lösung zeigte das eine Benzoyl-Isoserin $[\alpha]_D^{20} = +\ 10,45°$.

Für die Spaltung der Diaminopropionsäure benutzten wir das Dibenzoylderivat. Es wurde durch das Chinidin- und dann durch das

---

*) *Vergl. S. 72.*

Chinin-Salz in die beiden optischen Componenten zerlegt, die, in etwas mehr als der berechneten Menge verdünnter Natronlauge zu 10 pCt. gelöst, $[\alpha]_D^{20} = -35,76°$ und $+35,9°$ zeigten, und deren Hydrolyse mit Salzsäure ebenfalls ausgeführt wurde. Wir werden über diese Versuche, die zu Gunsten des interessanteren Serins zurückgestellt wurden und deshalb noch nicht in allen Einzelheiten durchgeführt sind, in nächster Zeit ausführlich berichten.

6. Emil Fischer und Walter A. Jacobs: Über die optisch-aktiven Formen des Serins, Isoserins und der Diamino-propionsäure.

Berichte der Deutschen Chemischen Gesellschaft **40**, 1057 [1907].

(Eingegangen am 12. März 1907.)

Am Schluß unserer Mitteilung über die Spaltung des Serins in die optisch-aktiven Komponenten[1]) haben wir bereits angegeben, daß man auf ähnliche Art Isoserin und Diaminopropionsäure zerlegen kann. Wir unterscheiden die isomeren Formen vorläufig wieder nach dem Drehungsvermögen der freien Aminosäuren in wäßriger Lösung als d- und l-Verbindung. Für die Spaltung wurden die Salze der Benzoylverbindungen mit den Alkaloiden benützt und zwar beim Isoserin das Brucin- und Chininsalz und bei der Diaminopropionsäure das Chinidin- und Chininsalz. Da die Diaminopropionsäure sehr unbequeme Eigenschaften besitzt, so haben wir uns mit der Darstellung der reinen Hydrochlorate begnügt.

Von allen diesen optisch-aktiven Aminosäuren sind die beiden Serine am wichtigsten, nicht allein, weil die l-Verbindung ein Bestandteil der Proteine ist, sondern auch, weil sie eine Gelegenheit darbieten, die Konfiguration der gewöhnlichen Aminosäuren, z. B. des Alanins, festzustellen. C. Neuberg und M. Silbermann[2]) haben bekanntlich die aktive Glycerinsäure*) mit der Weinsäure verknüpft und daraus ihre Konfiguration, bezogen auf die d-Glucose, festgestellt. Sie haben auch bereits auf die Möglichkeit hingewiesen, daß man die damals noch unbekannten optisch-aktiven Formen von Serin, Isoserin und Diaminopropionsäure durch salpetrige Säure in Glycerinsäure überführen könne. Solange es aber zweifelhaft war, ob nicht bei derartigen Verwandlungen eine Waldensche Umkehrung stattfinde, hätte man aus solchen Versuchen keinen bestimmten Schluß auf die Konfiguration der Produkte

---

[1]) Berichte d. D. Chem. Gesellsch. **39**, 2942 [1906]. (*S. 62.*)
[2]) Zeitschr. f. physiol. Chem. **44**, 134.
*) *Vergl. S. 275.*

ziehen können. Diese Schwierigkeit ist jetzt beseitigt und der Ersatz der Aminogruppe durch Hydroxyl mittels der salpetrigen Säure als optisch-normale Reaktion erkannt[1]). Wir haben sie deshalb auf das aktive Serin angewandt und, wie später beschrieben, aus der d-Verbindung in reichlicher Menge l-Glycerinsäure erhalten. Daraus ergeben sich folgende Formeln für die aktiven Serine:

$$CO\,OH \qquad\qquad CO\,OH \qquad\qquad CO\,OH$$
$$H{-}\overset{\bullet}{C}{-}OH \qquad H{-}\overset{\bullet}{C}{-}NH_2 \qquad H_2N{-}\overset{\bullet}{C}{-}H$$
$$CH_2\cdot OH \qquad\quad CH_2\cdot OH \qquad\quad CH_2\cdot OH$$

l-Glycerinsäure[2])	d-Serin	l-Serin
(nach Neuberg und		(natürliches Serin).
Silbermann).		

In ähnlicher Weise haben wir das aktive Isoserin in Glycerinsäure zu verwandeln gesucht und in der Tat aus l-Isoserin ein krystallisiertes Calciumsalz erhalten, welches das Drehungsvermögen des d-glycerinsauren Calciums zeigte. Leider war aber die Ausbeute so gering, daß der Versuch an Beweiskraft verliert. Was die Diaminopropionsäure betrifft, so haben die Herren Neuberg und Ascher[3]), allerdings nur in einer vorläufigen Notiz, angegeben, daß ihre Spaltung mit d-Camphersulfosäure möglich sei, daß sie die rechtsdrehende Form annähernd rein erhalten hätten, und daß diese durch salpetrige Säure in l-Glycerinsäure übergeführt worden sei. Wir haben deshalb die Wirkung der salpetrigen Säure auf die Diaminopropionsäure nicht mehr studiert.

Das Serin steht in naher Beziehung zum Alanin, denn es läßt sich durch Jodwasserstoffsäure darin überführen[4]). Leider ist dieses Verfahren wenig geeignet, um die Konfiguration des aktiven Alanins zu ermitteln, denn bei der hohen Temperatur der Reaktion tritt fast vollständige Racemisierung ein. Wir haben deshalb einen anderen Weg für die Lösung des Problems eingeschlagen. Das Hydrochlorat des Serinmethylesters wird beim Schütteln mit Acetylchlorid und Phosphorpentachlorid in ein schön krystallisierendes Produkt verwandelt, das

---

[1]) E. Fischer, Berichte d. D. Chem. Gesellsch. **40**, 489 [1907]. (*S. 769.*)

[2]) Die Benennung aller optisch-aktiven Substanzen mit 1 asymmetrischen Kohlenstoffatom, deren Konfiguration feststeht, wird man später zweifellos einheitlich gestalten und alle Formen, die den Substituenten auf der rechten Seite der Formel führen, als d-Verbindungen bezeichnen. Es scheint mir aber ratsam, einstweilen jede Änderung zu unterlassen, bis das sterische System experimentell genügend festgelegt ist.　　　　　　　　　　　　　　　E. Fischer.

[3]) Biochem. Zeitschr. I, 380.

[4]) E. Fischer und H. Leuchs, Berichte d. D. Chem. Gesellsch. **35**, 3793 [1902]. (*Proteïne I, S. 254.*)

wir für das Hydrochlorat des β-Chlor-α-aminopropionsäureesters $ClCH_2 \cdot CH(NH_2 \cdot HCl) \cdot COOCH_3$ halten.*)

Man darf erwarten, daß sich mit dieser Verbindung eine Reihe von Verwandlungen ausführen lassen wird, die das Serin einerseits mit der Diaminopropionsäure und dem Cystin, andererseits mit dem Alanin und vielleicht auch den höheren Aminosäuren verknüpft. Wir beabsichtigen ferner die viel versprechende Wirkung des Phosphorpentachlorids auf die Ester anderer Oxyaminosäuren anzuwenden.

Benzoyl-dl-Isoserin.

Die Benzoylierung der Aminosäure in alkalischer Lösung bietet keine Schwierigkeiten. Zur Erzielung einer guten Ausbeute ist aber ein erheblicher Überschuß von Benzoylchlorid erforderlich.

70 g dl-Isoserin werden in 670 ccm n-Natronlauge gelöst, auf 0° abgekühlt und unter kräftigem Schütteln in 10 Portionen 300 g Benzoylchlorid (3,3 Mol.) und 2000 ccm 4-fachnormaler Natronlauge zugegeben. Die Operation nimmt ungefähr 1 Stde. in Anspruch. Man fügt dann so viel konzentrierte Salzsäure hinzu, daß alles Natrium in Chlornatrium verwandelt wird. Dabei fällt ein dicker Brei von Benzoësäure aus. Sie wird nach dem Abkühlen in Eiswasser abgenutscht und die Mutterlauge, deren Menge ungefähr 4 L beträgt, unter stark vermindertem Druck auf etwa $1^{1}/_{4}$ L eingedampft, wobei schon eine reichliche Krystallisation von Benzoylisoserin und Natriumchlorid erfolgt. Um ersteres wieder zu lösen, erhitzt man auf dem Wasserbade, filtriert vom ungelösten Kochsalz ab und überläßt das Filtrat bei 0° der Krystallisation. Das Benzoylisoserin wird nach einigen Stunden filtriert, mit wenig eiskaltem Wasser gewaschen und die Mutterlauge in der gleichen Weise behandelt. Die vereinigten Krystallisationen kocht man zur Entfernung kleiner Mengen Benzoësäure mehrmals mit hochsiedendem Ligroin aus, worin das Benzoylisoserin fast unlöslich ist. Die Ausbeute an diesem Produkt betrug 112 g oder 80% der Theorie. Zur völligen Reinigung genügt einmaliges Umkrystallisieren aus der doppelten Menge heißem Wasser, wobei der Verlust nur 10% beträgt. Für die Analyse wurde nochmals aus Wasser umgelöst und im Vakuum über Schwefelsäure getrocknet.

0,1948 g Sbst.: 0,4076 g CO_2, 0,0907 g H_2O. — 0,1988 g Sbst.: 12,2 ccm N (20,5°, 749 mm).

$C_{10}H_{11}O_4N$.   Ber. C 57,41, H 5,26, N 6,70.
                  Gef. ,, 57,07, ,, 5,17, ,, 6,90.

Beim raschen Erhitzen schmilzt die Substanz bei 151° (korr.). Sie krystallisiert aus Wasser meist in zugespitzten Prismen, die öfters büschelförmig vereinigt sind. Aus heißem Alkohol, worin sie ebenfalls

---

*) *Vergl. S. 266.*

recht leicht löslich ist, krystallisiert sie langsam in mikroskopisch kleinen Nadeln. In Äther, Chloroform und Benzol ist sie äußerst schwer löslich. Das Bariumsalz krystallisiert aus heißem Wasser, in dem es leicht löslich ist, in kleinen, häufig büschelförmig verwachsenen Prismen. Das Kupfersalz ist in Wasser schwer löslich und krystallisiert daraus in fast farblosen, häufig zu Büscheln vereinigten Blättchen.

Spaltung des Benzoyl-*d l*-Isoserins.

80 g Benzoylverbindung werden mit 151 g käuflichem Brucin in 1600 ccm absolutem Alkohol warm gelöst. Beim Erkalten beginnt bald die Krystallisation des Brucinsalzes vom Benzoyl-*l*-isoserin in farblosen, büschel- oder sternförmig vereinigten Nadeln. Nach mehrstündigem Stehen bei 0° unter häufigem Umrühren wird die Krystallmasse abgenutscht und mit 200 ccm kaltem Alkohol gewaschen. Die Ausbeute betrug 125 g, während nur 115 g entstehen konnten. Das Salz muß mithin noch eine Beimengung der isomeren Verbindung enthalten. Um diese zu entfernen, haben wir zuerst aus 1000 ccm und dann nochmals aus 600 ccm heißem Alkohol in derselben Weise umkrystallisiert. Die Ausbeute betrug schließlich 106 g oder 92% der Theorie.

Benzoyl-*l*-isoserin.

Obige 106 g Brucinsalz werden in 600 ccm Wasser gelöst und die in Eis gekühlte Flüssigkeit mit 178 ccm *n*-Natronlauge versetzt. Das alsbald abgeschiedene Brucin wurde nach einstündigem Stehen bei 0° möglichst scharf abgenutscht, dann nochmals mit etwa 300 ccm eiskaltem Wasser angerührt und wieder abgesaugt. Um aus der Lösung die kleinen Mengen Brucin zu entfernen, haben wir sie zuerst mit Chloroform und dann mit Äther ausgeschüttelt. Die wäßrige Lösung wurde jetzt mit 178 ccm *n*-Salzsäure angesäuert und unter stark vermindertem Druck bis zum Sirup verdampft. Daraus ließ sich das Benzoyl-*l*-isoserin am besten durch Auskochen mit etwa 250 ccm Essigester isolieren. Wird diese Lösung stark eingedampft und abgekühlt, so beginnt die Krystallisation sehr rasch und beim völligen Verdunsten des Essigesters bleibt eine ganz harte Masse zurück, die allerdings etwas Kochsalz enthält. Die Ausbeute betrug etwa 90% der Theorie. Dies Präparat ist für die Gewinnung der freien Aminosäure rein genug. Für die Analyse und die optischen Bestimmungen wurde es aus der dreifachen Menge heißem trocknen Essigester umkrystallisiert und im Vakuum über Schwefelsäure getrocknet.

0,1901 g Sbst.: 0,3994 g CO_2, 0,0935 g H_2O. — 0,1774 g Sbst.: 10,7 ccm N (17°, 753 mm).

$C_{10}H_{11}O_4N$. Ber. C 57,41, H 5,26, N 6,7.
Gef. „ 57,30, „ 5,46, „ 6,93.

Für die optischen Bestimmungen diente eine wäßrige Lösung.
1,4996 g Sbst. Gesamtgewicht der Lösung 15,002 g. Spez. Gewicht 1,0272. Drehte bei 20° und Natriumlicht im 2-dm-Rohr 2,16°
nach rechts. Mithin

$$[\alpha]_D^{20°} = + 10,52° \, (\pm 0,1°) \, .$$

Die Drehung der Lösung blieb nach einem Tag unverändert. Ein
anderes Präparat gab folgende Zahlen:
1,4987 g Sbst. Gesamtgewicht der Lösung 15,0154 g. Spez. Gewicht 1,0264. Drehte bei 20° und Natriumlicht im 2-dm-Rohr 2,14°
nach rechts. Mithin

$$[\alpha]_D^{20°} = + 10,45° \, (\pm 0,1°) \, .$$

Die Verbindung schmilzt bei 107—109° (korr.) zu einer farblosen
Flüssigkeit, also viel niedriger, als der Racemkörper. Sie ist auch viel
löslicher als jener und krystallisiert zum Beispiel aus Wasser nur, wenn
die Lösung recht konzentriert ist. Sie bildet dabei hübsche, rechtwinklige Prismen. In der gleichen Form scheidet sie sich aus heißem Essigester ab. In Alkohol ist sie sehr leicht und dann sukzessive schwerer
in Aceton, Äther und kaltem Benzol löslich; in Petroläther ist sie so
gut wie unlöslich.

Schwerer löslich als die freie Säure sind Kupfer- und Bariumsalz. Das letzte ist besonders geeignet zur Erkennung des Benzoyl-
l-isoserins und seine optische Untersuchung nach dem Ansäuern mit
Salzsäure kann auch zur Prüfung der optischen Reinheit der Säure
benutzt werden. Für diesen Zweck führen wir folgenden Versuch mit
reinem Benzoylisoserin-Barium an. Er zeigt, daß die Drehung des
Benzoylisoserins unter den angewandten Bedingungen etwas größer ist
als in rein wäßriger Lösung.

0,5202 g Sbst. in 2 ccm *n*-Salzsäure (2 Mol.) und 1 ccm Wasser.
Gesamtgewicht 3,9394 g. Spez. Gew. 1,074. Drehte bei 20° und
Natriumlicht im 1-dm-Rohr 1,20° nach rechts. Mithin für Benzoyl-
isoserin

$$[\alpha]_D^{20°} = + 11,2° \, .$$

l - Isoserin.

Zur Hydrolyse der Benzoylverbindung ist Bromwasserstoffsäure
zu empfehlen, da sie leichter als Salzsäure von der freien Aminosäure getrennt werden kann. 20 g Benzoyl-*l*-isoserin werden mit 300 ccm 30-prozentiger Bromwasserstoffsäure 4 Stunden am Rückflußkühler gekocht.
Die erkaltete Flüssigkeit wird zur Entfernung der Benzoesäure mehrmals ausgeäthert und unter dem Druck von 10—15 mm zum Sirup eingedampft. Diesen löst man in Alkohol und gibt Ammoniak bis zur alka-

lischen Reaktion zu. Das l-Isoserin fällt sofort als farbloser Sirup aus, der beim Reiben bald krystallinisch erstarrt. Man läßt einige Stunden bei 0° stehen, filtriert und wäscht mit Alkohol und Äther. Die Ausbeute betrug etwa 90% der Theorie. Zur völligen Reinigung löst man in Wasser, entfärbt mit Tierkohle und fällt die eingedampfte Flüssigkeit wieder mit Alkohol. Zur Analyse und optischen Bestimmung haben wir die Substanz nochmals aus der doppelten Menge Wasser umkrystallisiert. Sie schied sich daraus beim längeren Stehen im Eisschrank in farblosen, manchmal ziemlich großen Krystallen ab, die vielfach die Form von Wetzsteinen hatten. Ungefähr die Hälfte bleibt dabei allerdings in der Mutterlauge und muß durch Eindampfen oder Fällen mit Alkohol isoliert werden. Die Krystalle wurden abgesaugt, mit eiskaltem Wasser gewaschen und im Vakuum über Schwefelsäure getrocknet.

0,1946 g Sbst.: 0,2448 g CO_2, 0,1214 g H_2O. — 0,1796 g Sbst.: 20,8 ccm N (20,5°, 749 mm).

$$C_3H_7O_3N. \quad \text{Ber. C } 34,28, \text{ H } 6,73, \text{ N } 13,33.$$
$$\text{Gef. ,, } 34,3, \text{ ,, } 6,93, \text{ ,, } 13,02.$$

Für die optische Bestimmung diente eine wäßrige Lösung.

1,6230 g Sbst. Gesamtgewicht der Lösung 16,2340 g. Spez. Gew. 1,0438. Drehte im 2-dm-Rohr bei 20° und Natriumlicht 6,80° nach links. Mithin

$$[\alpha]_D^{20°} = -32,58° (\pm 0,1°).$$

Die Drehung der Lösung war nach 2 Tagen unverändert. Diese Bestimmung wurde mit einer zweiten Probe Substanz, die aus der Mutterlauge durch Fällen mit Alkohol gewonnen war, wiederholt und gab:

0,5214 g Substanz. Gesamtgewicht 5,2192 g. Spez. Gew. 1,044. Drehte bei 20° und Natriumlicht im 1-dm-Rohr 3,35° nach links. Mithin

$$[\alpha]_D^{20°} = -32,12° (\pm 0,2°).$$

Das l-Isoserin schmilzt beim raschen Erhitzen im Capillarrohr gegen 199—201° (korr.) unter Gasentwicklung, also viel niedriger als der Racemkörper. Er ist auch in Wasser viel leichter löslich als jener; denn bei 0° genügen etwa 4—5 Teile, während die Racemverbindung bekanntlich 56 Teile bei 20° verlangt.

Benzoyl- d-isoserin.

Es bleibt bei der Spaltung des Racemkörpers in der alkoholischen Mutterlauge. Diese wird verdampft, der Rückstand mit 600 ccm Wasser aufgenommen, durch 205 ccm n-Natronlauge das Brucin gefällt und das Benzoyl-d-isoserin genau in derselben Weise wie der Antipode isoliert. Die Ausbeute betrug ungefähr 90% der Theorie. Das Produkt war aber nicht rein, sondern enthielt noch ungefähr 20% Racemkörper.

Es wurde deshalb in das Chininsalz verwandelt und zu dem Zweck 35 g mit 55 g Chinin in 800 ccm kochendem Wasser aufgelöst, wobei kräftiges Schütteln erforderlich ist. Beim Erkalten fällt das Chininsalz zuerst ölig aus, erstarrt aber bei 0° unter häufigem Reiben krystallinisch und bildet schließlich einen Brei von farblosen, langen Nadeln. Nach längerem Stehen bei 0° wird es abgesaugt und zweimal aus je 800 ccm heißem Wasser in derselben Weise umkrystallisiert. Die Ausbeute betrug schließlich 57 g.

Zur Isolierung des Benzoyl-d-isoserins werden 50 g des Salzes in 100 ccm Alkohol gelöst, mit 95 ccm n-Natronlauge versetzt, der Alkohol unter geringem Druck verdampft und der Rückstand mit 200 ccm Wasser behandelt. Beim längeren Stehen in der Kälte wird das anfangs amorph ausgeschiedene Chinin krystallinisch, während das Benzoyl-d-isoserin als Natriumsalz in der wäßrigen Lösung bleibt. Diese wird filtriert, mit Chloroform und Äther geschüttelt, um die letzten Reste Chinin zu entfernen, dann mit 95 ccm n-Salzsäure versetzt, unter 12—15 mm Druck zum Sirup verdampft und aus dem Rückstand das Benzoyl-d-isoserin in der zuvor für den Antipoden beschriebenen Weise mit Essigäther isoliert. Ausbeute 18 g aus 50 g Chinin.

0,1783 g Sbst.: 0,3739 g CO_2, 0,0834 g H_2O. — 0,2001 g Sbst.: 11,2 ccm N (18,5°, 768 mm).

$C_{10}H_{11}O_4N$. Ber. C 57,41, H 5,26, N 6,7.
Gef. „ 57,2, „ 5,2, „ 6,5.

Die Eigenschaften sind dieselben wie beim Antipoden. Nur im Drehungsvermögen fanden wir einen kleinen Unterschied, der darauf hindeutet, daß unser Benzoyl-d-isoserin noch nicht ganz frei vom Racemkörper war.

1,200 g Sbst. Gesamtgewicht der Lösung 12,0014 g. Spez. Gew. 1,0269. Drehte bei 20° und Natriumlicht im 2-dm-Rohr 2,08° nach links. Mithin

$$[\alpha]_D^{20} = -10,12°.$$

Für die Darstellung der freien Aminosäure ist diese Verunreinigung nicht hinderlich, da die kleine Menge von racemischem Isoserin, die daraus entsteht, durch Krystallisation aus Wasser entfernt wird.

d - Isoserin.

Die Hydrolyse der Benzoylverbindung und die Isolierung der Aminosäure wurde genau so ausgeführt wie beim Antipoden. Um das von der Verunreinigung der Benzoylverbindung herrührende racemische Isoserin zu entfernen, entfärbten wir 5 g der Aminosäure in warmer wäßriger Lösung mit Tierkohle, dampften die Flüssigkeit unter vermindertem Druck auf 15 ccm ein und ließen bei etwa 10° 12 Stunden stehen.

Dabei schieden sich 0,4 g inaktives Isoserin ab. Die Mutterlauge wurde dann auf die Hälfte eingedampft und das aktive Isoserin bei 0° krystallisiert. Dieses Produkt zeigte genau die gleichen Eigenschaften wie der optische Antipode mit Ausnahme der Drehungsrichtung. Zur Analyse wurde im Vakuum über Schwefelsäure getrocknet.

0,1806 g Sbst.: 0,2267 g CO_2, 0,1066 g H_2O. — 0,1843 g Sbst.: 21,2 ccm N (17°, 757 mm).

$C_3H_7O_3N$.   Ber. C 34,28, H 6,73, N 13,33.
Gef. ,, 34,23, ,, 6,55, ,, 13,29.

1,5236 g Sbst., gelöst in Wasser. Gesamtgewicht der Lösung 15,2490 g. Spez. Gew. 1,043. Drehung bei 20° und Natriumlicht im 2-dm-Rohr 6,76° nach rechts. Mithin

$$[\alpha]_D^{20} = + 32,44°.$$

d-Isoserin ist ebensowenig süß wie der Antipode. Beide haben vielmehr einen faden, wenig angenehmen Geschmack.

Spaltung der Dibenzoyl-d l-diaminopropionsäure.

Sie gelingt mit dem Chinidinsalz. Da dieses aber die Neigung hat, amorph zu bleiben, so ist es ratsam, sich durch einen kleinen Versuch zuerst Krystalle zu verschaffen.

Zu diesem Zweck löst man 1 g der racemischen Dibenzoyldiaminopropionsäure mit 1,04 g käuflichem Chinidin in ungefähr 150 ccm kochendem Wasser und läßt die Lösung in einer Schüttelflasche erkalten. Dabei fällt das Chinidinsalz als zähes Öl aus. Man fügt nun Glasperlen hinzu und schüttelt die Flasche auf der Maschine bei Zimmertemperatur 1—2 Tage. Durch die mechanische Bewegung und die Wirkung der Glasperlen wird die Krystallisation so beschleunigt, daß die Substanz in der Regel nach dieser Zeit völlig erstarrt ist. Diese Masse dient später zum Impfen. Wegen der geringen Löslichkeit des Salzes in Wasser ist es bei Darstellung größerer Mengen vorteilhaft, Alkohol anzuwenden. Dementsprechend werden 80 g Benzoylverbindung und 84 g Chinidin zusammen in 1200 ccm heißem Alkohol gelöst und die Flüssigkeit mit 2800 ccm warmem Wasser vermischt. Sobald die Lösung beim Abkühlen sich trübt, fügt man eine Probe des krystallisierten Salzes hinzu und läßt dann vollends erkalten. Beim längeren Stehen (am besten bei 0°) scheidet sich eine große Menge des Salzes in farblosen, glänzenden Nadeln ab, welche abgenutscht und mit kaltem Wasser gewaschen werden. Sie bestehen zum größeren Teil aus dem Salz der Dibenzoyl-diaminopropionsäure, enthalten aber noch beträchtliche Mengen der isomeren Verbindung. Man löst sie deshalb wieder in 1200 ccm heißem Alkohol, versetzt mit 2800 ccm Wasser und wiederholt mit dem jetzt ausgeschiedenen

Salz die gleiche Operation nochmals. Das Salz ist dann für die weitere
Verarbeitung rein genug. Die Ausbeute betrug zuletzt 55 g. Zur völligen Reinigung wurde es nochmals aus der 100-fachen Menge kochendem Wasser umkrystallisiert, wobei die Ausbeute auf 48 g zurückging.

Dibenzoyl- *d*-diaminopropionsäure.

44 g reines Chinidinsalz wurden in 300 ccm Alkohol gelöst und
nach Zusatz von 74 ccm *n*-Natronlauge unter geringem Druck verdampft. Beim Auslaugen des Rückstandes mit 250 ccm Wasser blieb
das Chinidin zurück. Aus der Mutterlauge fiel beim Ansäuern mit
78 ccm *n*-Salzsäure die Dibenzoyl-*d*-diaminopropionsäure als klebrige
Masse aus, die beim längeren Stehen in der Kälte krystallisierte. Die
Ausbeute, auf das Chinidinsalz bezogen, war fast quantitativ. Zur
völligen Reinigung wurden 20 g des Produktes in 100 ccm heißem Alkohol gelöst und mit 400 ccm heißem Wasser versetzt. Die getrübte
Lösung schied beim Erkalten die Dibenzoyl-*d*-diaminopropionsäure teils
ölig, teils fest ab, und nach 24 Stunden war die Masse krystallinisch.
Sie besteht in der Regel aus feinen Blättchen, die zu Büscheln vereinigt sind. Für die Analyse wurde im Vakuum über Schwefelsäure
getrocknet.

0,1651 g Sbst.: 0,3948 g CO_2, 0,0768 g H_2O. — 0,1872 g Sbst.: 14,2 ccm N
(16°, 753 mm).

$C_{17}H_{16}O_4N_2$.　Ber. C 65,37, H 5,12, N 8,97.
　　　　　　　Gef. ,, 65,22, ,, 5,17, ,, 8,76.

Für die optische Bestimmung diente eine wäßrig-alkalische
Lösung.

1,5009 g Sbst. in 5,05 ccm *n*-NaOH (1 Mol.) und Wasser. Ge-
samtgewicht 15,0264 g. Spez. Gew. 1,0356. Drehte bei 20° und
Natriumlicht im 2-dm-Rohr 7,40° nach links. Mithin in alkalischer
Lösung

$$[\alpha]_D^{20} = -35,76°.$$

Die Verbindung schmilzt bei 171—172° (korr.), mithin erheblich
niedriger als der Racemkörper, dessen Schmelzpunkt wir etwas höher
als Klebs, d. h. bei 205—207° (korr.), fanden. In Alkohol, Aceton
und Eisessig ist sie leicht löslich, dagegen schwer in Äther, Benzol und
kaltem Wasser.

Aus heißem Wasser krystallisiert sie beim Abkühlen in hübschen,
rhombenähnlichen Blättchen. Aus heißem Essigäther kommt sie beim
Abkühlen langsam in mikroskopisch kleinen, prismenähnlichen Formen
heraus, die vielfach sternförmig verwachsen sind.

d - Diaminopropionsäure.

Kocht man 14 g feingepulverte Dibenzoylverbindung mit 210 ccm 17-prozentiger Salzsäure am Rückflußkühler, so findet nach $1^1/_4$ Stunden völlige Lösung statt, und nach 4 Stunden ist die Hydrolyse beendet. Zur Entfernung der Benzoesäure wird die abgekühlte Flüssigkeit mehrmals ausgeäthert und dann bei 12—15 mm Druck zur Trockne verdampft. Der Rückstand wird in warmem Wasser gelöst, mit Alkohol und Äther gefällt und filtriert. Die Ausbeute betrug etwa 90% der Theorie. Das Produkt ist das Hydrochlorat der d-Diaminopropionsäure, enthält auch etwas Racemkörper, der sich aber durch Umkrystallisieren aus Wasser entfernen läßt. Man löst daher das rohe Salz in der 5-fachen Menge Menge heißem Wasser und läßt die abgekühlte Flüssigkeit mehrere Stunden bei 0° stehen. Dann scheidet sich das Hydrochlorat der d-Diaminopropionsäure in farblosen, dicken Krystallen ab. Um optische Reinheit zu erzielen, ist noch eine zweite Krystallisation aus heißem Wasser nötig. Zur Analyse wurde im Vakuum über Schwefelsäure getrocknet.

0,1754 g Sbst.: 0,1637 g CO_2, 0,1030 g H_2O. — 0,2188 g Sbst.: 36,4 ccm N (16°, 772 mm).

$$C_3H_9O_2N_2Cl.\quad \text{Ber. C } 25,62, \text{ H } 6,40, \text{ N } 19,93.$$
$$\text{Gef. ,, } 25,45, \text{ ,, } 6,52, \text{ ,, } 19,72.$$

Für die optische Bestimmung diente eine salzsaure Lösung.

0,7215 g Sbst., in 6 ccm n-Salzsäure gelöst. Gesamtgewicht 7,3135 g. Spez. Gew. 1,0586. Drehte bei 20° und Natriumlicht im 2-dm-Rohr 5,24° nach rechts. Mithin

$$[\alpha]_D^{20} = + 25,09° (\pm 0,1°) .$$

Eine zweite Bestimmung mit anderem Präparat gab $+ 25,29°$. Im Capillarrohr rasch erhitzt, bräunt sich der Körper gegen 230° und schmilzt gegen 245° (korr.) unter Zersetzung. Das Salz ist in Wasser etwas schwerer löslich, als der Racemkörper. Nach einem Versuch, bei welchem die feingepulverte Substanz mit einer ungenügenden Menge Wasser 12 Stunden im Thermostaten bei 26° geschüttelt wurde, löst sich bei dieser Temperatur 1 Teil Salz in 17,8 Teilen Wasser, während Klebs[1]) für das inaktive Salz 11,57 Teile bei 20° gefunden hat. In verdünnter Salzsäure und Alkalien ist das Salz leichter löslich. Aus warmem Wasser scheidet es sich beim Abkühlen langsam in ziemlich langen Krystallen von wenig charakteristischer Form ab, die vielfach stern- oder büschelförmig verwachsen sind.

---

[1]) Zeitschr. f. physiol. Chem. **19**, 316.

Dibenzoyl-*l*-diaminopropionsäure.

Sie befindet sich in der wäßrig-alkoholischen Mutterlauge vom Chinidinsalz ihres Antipoden. Die Lösung wurde zunächst unter vermindertem Druck zur Trockne verdampft, der Rückstand in 400 ccm Alkohol gelöst, mit 180 ccm *n*-Natronlauge versetzt, wieder unter geringem Druck verdampft, der Rückstand mit Wasser ausgelaugt und die filtrierte Flüssigkeit mit 190 ccm *n*-Salzsäure gefällt. Der Benzoylkörper ist zunächst amorph und klebrig, wird aber bei längerem Stehen bei niederer Temperatur fest. Das Produkt, dessen Menge 49 g war, enthält zunächst noch ziemlich viel Racemkörper. Für die völlige Reinigung der *l*-Verbindung ist das Chininsalz geeignet.

Leider krystallisiert es recht schwer, wenn man nicht schon Krystalle zum Impfen vorrätig hat. Diese bereitet man sich vorher zweckmäßig in kleinem Maßstabe, indem man 1 g inaktive Dibenzoyldiaminopropionsäure mit 1,04 g Chinin in 150 ccm kochendem Wasser löst. Beim Erkalten fällt das Salz als zähes Öl aus, welches beim mehrwöchentlichen Stehen unter der Mutterlauge anfängt zu krystallisieren. Werden die Krystalle dann sorgfältig mit der übrigen Masse verrieben, so erstarrt bald das ganze krystallinisch. Dies Präparat kann direkt zum Impfen benutzt werden.

48 g der oben erwähnten unreinen Dibenzoyl-*l*-diaminopropionsäure wurden mit 50 g Chinin in 600 ccm warmem Alkohol gelöst und 1400 ccm warmes Wasser zugegeben. Aus der klaren Flüssigkeit fiel das Salz beim längeren Stehen in der Kälte als zähes Öl aus, das mit den obenerwähnten Krystallen geimpft wurde. Beim längeren Stehen und fleißigen Umrühren wurde die ganze Masse krystallinisch, und aus der Flüssigkeit schieden sich noch lange, weiße Nadeln aus. Zur Vervollständigung der Krystallisation blieb die Flüssigkeit 24 Stunden bei 0°. Zur Reinigung wurde das filtrierte Salz zweimal in je 1200 ccm warmem Alkohol gelöst und durch 2800 ccm Wasser in obiger Weise wieder abgeschieden. Auch hier war es nötig, zu impfen. Die Ausbeute an reinem Salz betrug 55 g. Die Zerlegung geschah in derselben Weise, wie beim Chinidinsalz, und für die Abscheidung und Reinigung der Dibenzoyl-*l*-diaminopropionsäure gilt dasselbe, was für den Antipoden gesagt ist. Auch in den Eigenschaften fanden wir völlige Übereinstimmung, ausgenommen die Richtung der optischen Drehung.

0,1845 g Sbst.: 0,4391 g CO_2, 0,0882 g H_2O. — 0,1858 g Sbst.: 14,2 ccm N (17°, 753 mm).

$C_{17}H_{16}O_4N_2$.   Ber. C 65,37, H 5,12, N 8,97.
Gef. ,, 64,91, ,, 5,31, ,, 8,78.

1,5011 g Sbst. in 5,05 ccm *n*-Natronlauge (1 Mol.) und Wasser gelöst. Gesamtgewicht der Lösung 15,0168 g. Spez. Gew. 1,0375.

Drehung bei 20° und Natriumlicht im 2-dm-Rohr 7,44° nach rechts. Mithin

$$[\alpha]_D^{20} = + 35,89° (\pm 0,1°).$$

l - Diamino-propionsäure.

Da die Verhältnisse genau so liegen, wie beim Antipoden, so begnügen wir uns, die zahlenmäßigen Belege anzuführen.

0,1997 g Sbst.: 0,1892 g CO_2, 0,1103 g H_2O. — 0,1204 g Sbst.: 20,7 ccm N (18°, 767 mm).

$C_3H_9O_2N_2Cl$.   Ber. C 25,62, H 6,40, N 19,93.
Gef. „ 25,84, „ 6,14, „ 20,04.

1,3047 g Sbst., in n-Salzsäure gelöst. Gesamtgewicht der Lösung 13,0512 g. Spez. Gew. 1,0591. Drehung bei 20° und Natriumlicht im 2-dm-Rohr 5,29° nach links. Mithin

$$[\alpha]_D^{20} = - 24,98° (\pm 0,1°).$$

Die freien aktiven Diaminopropionsäuren haben wir nicht isoliert, da ihre völlige Reinigung nach den Erfahrungen von Klebs bei dem Racemkörper schwierig sein dürfte. Um aber ein ungefähres Urteil über ihr Drehungsvermögen zu erhalten, haben wir das reine Hydrochlorat der l-Diaminopropionsäure 1. in der für 1 Mol. Alkali berechneten Menge und 2. in der für 2 Mol. Alkali berechneten Menge n-Natronlauge gelöst und diese Lösungen optisch geprüft.

1. 0,4007 g Sbst., in 2,85 ccm n-Natronlauge gelöst. Gesamtgewicht 3,3932 g. Drehung bei 17° und Natriumlicht im $\frac{1}{2}$-dm-Rohr 0,11° nach links. Ohne Berücksichtigung des spez. Gewichts ergibt sich $[\alpha] = - 1,8°$.

2. 0,3841 g Sbst., in 5,70 ccm n.-Natronlauge. Gesamtgewicht 6,2522 g. Drehung bei 17° und Natriumlicht im $\frac{1}{2}$-dm-Rohr 0,25° nach links. Also ohne Berücksichtigung der Dichte annähernd $[\alpha] = - 8,1°$.

Aus diesen Versuchen ergibt sich mit großer Wahrscheinlichkeit, daß das Drehungsvermögen der freien Diaminopropionsäuren qualitativ dasselbe ist wie dasjenige der Hydrochlorate.

Dieser Schluß steht allerdings in Widerspruch mit der Angabe von Neuberg und Ascher, daß das Drehungsvermögen der freien Diaminosäuren und ihrer salzsauren Salze verschieden sei[1]. Wir vermuten aber, daß sie keine reine Diaminopropionsäure, sondern ein vielleicht durch Kohlensäure verunreinigtes Präparat untersuchten, denn wir haben beobachtet, daß Kohlensäure die Drehung stark beeinflußt. Als die obige Lösung 2 mit Kohlensäure gesättigt wurde, ging die schwache Linksdrehung in starke Rechtsdrehung über, und zwar $+ 1,2°$ im $\frac{1}{2}$-dm-Rohr.

---

[1] Biochem. Zeitschr. 1, 381.

Verwandlung des *d*-Serins in *l*-Glycerinsäure.

In eine durch Eis gekühlte Lösung von 3 g *d*-Serin in 450 ccm Wasser wurde unter Umrühren ein langsamer Strom von salpetriger Säure (aus Arsentrioxyd und Salpetersäure) etwa $1/2$ Stunde eingeleitet. Sehr bald begann eine ziemlich lebhafte Entwicklung von Stickstoff, die gegen Ende der Operation nachließ. Die Lösung, welche einen Überschuß von salpetriger Säure enthielt, blieb bei Zimmertemperatur 12 Stunden stehen, wurde dann bei 12—15 mm Druck verdampft, der zurückbleibende Sirup von neuem in Wasser gelöst und wieder in gleicher Weise verdampft, damit die Salpetersäure möglichst vollständig entfernt wurde. Behufs Isolierung der Glycerinsäure wurde der fast farblose Sirup in 30 ccm Wasser gelöst und mit überschüssigem Calciumcarbonat 5 Minuten gekocht, dann die filtrierte Lösung auf dem Wasserbade zum dicken Sirup eingedampft und dieser der Krystallisation bei niederer Temperatur überlassen. Nach 12 Stunden wurde das auskrystallisierte Calciumsalz zur Entfernung der dicken Mutterlauge auf porösen Ton gestrichen. Die Ausbeute an lufttrocknem Salz betrug 2,3 g oder 56% der Theorie. Es wurde zunächst aus 4 ccm warmem Wasser umkrystallisiert, dann nochmals in warmem Wasser gelöst und in der Wärme Alkohol bis zur Trübung zugesetzt. Beim Erkalten schied sich das Salz in zugespitzten Prismen ab, die filtriert, mit Alkohol und Äther gewaschen und 1 Stunde im Vakuum über Schwefelsäure getrocknet wurden. Das Salz zeigte die Zusammensetzung des aktiven glycerinsauren Calciums, $Ca(C_3H_5O_4)_2 + 2 H_2O$.

0,1976 g Sbst. (bei 130° bis zum konstanten Gewicht erhitzt) verloren 0,0248 g.

Ber. H_2O 12,58.   Gef. H_2O 12,55.

0,2104 g getrockneter Sbst. gaben 0,0472 g CaO.

$Ca(C_3H_5O_4)_2$.   Ber. Ca 16,00.   Gef. Ca 16,02.

Für die optische Bestimmung diente die wäßrige Lösung des nur im Vakuumexsiccator getrockneten Salzes.

0,3905 g Sbst. Gesamtgewicht der Lösung 4,0977 g. Spez. Gew. 1,046 g. Drehung bei 20° und Natriumlicht im 1-dm-Rohr 1,29° nach rechts. Mithin

$$[\alpha]_D^{20} = + 12{,}94°.$$

Der Wert ist etwas größer als der von **Frankland** und **Appleyard**[1]) für den optischen Antipoden gefundene — 11,66°. Aber dafür war auch die Temperatur bei uns 3° höher. Das Salz war also unzweifelhaft das Derivat der *l*-Glycerinsäure.

Wir haben versucht, in gleicher Weise das aktive Isoserin in Glycerinsäure überzuführen; die Reaktion verläuft aber weniger glatt. In

---

[1]) Journ. Chem. Soc. **63**, 296.

der β-Stellung ist die Aminosäure widerstandsfähiger gegen salpetrige Säure, so daß bei 0° die Einwirkung sehr langsam erfolgt. Viel rascher geht sie zwischen 40 und 50°, und wir haben so aus dem inaktiven Isoserin Glycerinsäure in ziemlich reichlicher Menge erhalten können, denn die Ausbeute an inaktivem glycerinsaurem Calcium betrug etwa 30% der Theorie. Da das aktive glycerinsaure Calcium leichter löslich ist, so läßt es sich von den übrigen Produkten der Reaktion schwerer trennen. Es ist uns trotzdem gelungen, aus l-Isoserin ein krystallisiertes Calciumsalz zu gewinnen, das nicht allein die äußeren Formen, sondern auch das Drehungsvermögen des d-glycerinsauren Calciums zeigte.

0,1085 g Salz (im Exsiccator getrocknet), gelöst in Wasser. Gesamtgewicht 2,5219 g. Spez. Gew. 1,022 g. Drehung bei 20° und Natriumlicht im $^1/_2$-dm-Rohr 0,32° nach links. Mithin

$$[\alpha]_D^{20°} = -14{,}6° \, (\pm 0{,}4°) \, .$$

Zum Vergleich wurde bei der gleichen Konzentration der Lösung ein Präparat aus d-Serin geprüft.

0,1202 g Sbst. Gesamtgewicht 2,5828 g. Spez. Gew. 1,023 g. Drehung bei 20° im 1-dm-Rohr 0,69° nach rechts. Mithin

$$[\alpha]_D^{20°} = +14{,}5° \, (\pm 0{,}2°) \, .$$

Das Salz aus l-Isoserin war also sehr wahrscheinlich d-glycerinsaures Calcium. Aber bei der geringen Ausbeute möchten wir dem Versuch noch keine entscheidende Bedeutung beimessen.

7. Emil Fischer und Oskar Weichhold: Spaltung der Phenyl-aminoessigsäure in die optisch-aktiven Komponenten.

Berichte der Deutschen Chemischen Gesellschaft **41**, 1286 [1908].

(Eingegangen am 19. März 1908.)

Da für die Aufklärung der Waldenschen Umkehrung ein breites experimentelles Material unentbehrlich ist, so schien uns die Untersuchung der optisch-aktiven Phenylaminoessigsäure, bei welcher die asymmetrische Gruppe zwischen dem elektronegativen Phenyl und Carboxyl steht, von Wichtigkeit zu sein. Beim Beginn unserer Studien war die Phenylaminoessigsäure nur in der Racemform bekannt; erst in neuester Zeit hat F. Ehrlich die linksdrehende Form beschrieben, die er durch partielle Vergärung des Racemkörpers mit Hefe erhielt[1]). Da aber die Vergärung des Antipoden nur unvollständig ist, so erfordert die Reinigung der aktiven Säure eine umständliche fraktionierte Krystallisation und führt auch dann noch nicht, wie Hr. Ehrlich selbst schon vermutet hat, zu einem optisch reinen Präparat.

Viel bequemer ist die von uns benutzte Spaltung der Formylverbindung durch Cinchonin und Chinin. Sie hat auch den Vorteil, daß man beide aktive Formen gewinnt.

Wir haben die aktive Säure in Bezug auf ihr Verhalten gegen salpetrige Säure und Nitrosylbromid geprüft in der Erwartung, bei einer dieser Reaktionen einer Waldenschen Umkehrung zu begegnen. Es hat sich aber ergeben, daß auch bei sehr vorsichtiger Operation in beiden Fällen so starke Racemisierung eintritt, daß die Isolierung reiner aktiver Produkte nicht möglich war, und deshalb der Endzweck des Versuches nicht erreicht wurde. Die Racemisierung wird offenbar durch die Nachbarschaft des Phenyls sehr begünstigt, denn unter gleichen Bedingungen zeigte sich beim Phenylalanin nur eine mäßige Racemisation[2]).

---

[1]) Biochem. Zeitschr. **8**, 445 [1908].
[2]) E. Fischer und W. Schoeller, Liebigs Ann. d. Chem. **357**, 11 [1907]. *(S. 481.)*

dl - Formyl - Phenyl - aminoessigsäure.

$C_6H_5 \cdot CH(NH \cdot CHO) \cdot COOH.$

Die Darstellung ist genau so wie beim Formyl-leucin[1]). Wird die Aminosäure mit der $1\frac{1}{2}$-fachen Menge Ameisensäure (Kahlbaum, 98,5-proz.) 3 Stunden auf dem Wasserbade erhitzt, so geht sie allmählich fast vollständig in Lösung; man verdampft dann bei 10—15 mm Druck möglichst vollständig das Lösungsmittel und wiederholt die Behandlung mit der gleichen Menge Ameisensäure noch zweimal. Schließlich wird die Masse nach dem Verjagen der Ameisensäure mit der $1\frac{1}{2}$-fachen Menge eiskalter n-Salzsäure sorgfältig verrieben, um unveränderte Aminosäure zu entfernen, sehr scharf abgesaugt und gepreßt und noch mit wenig eiskaltem Wasser sorgfältig gewaschen. Die Ausbeute betrug im Durchschnitt 80% der Theorie. Um das gelbrot gefärbte Produkt zu reinigen, krystallisiert man aus der 4—5-fachen Menge siedendem Wasser unter Zusatz von Tierkohle. Wenn nötig, wird diese Operation wiederholt. Aus der Mutterlauge der Formylverbindung läßt sich durch Eindampfen mit Salzsäure auf dem Wasserbade die Phenylaminoessigsäure zurückgewinnen.

Für die Analyse diente ein farbloses Präparat, das im Vakuumexsiccator über Schwefelsäure getrocknet war:

0,1151 g Sbst.: 0,2545 g CO_2, 0,0529 g H_2O. — 0,1714 g Sbst.: 11,8 ccm N (18°, 750 mm).

$C_9H_9O_3N$ (Mol.-Gew. 179,1). Ber. C 60,31, H 5,07, N 7,82.

Gef. ,, 60,30, ,, 5,14, ,, 7,87.

Die Substanz hat keinen scharfen Schmelzpunkt. Sie beginnt gegen 176,5° zu sintern und schmilzt beim raschen Erhitzen gegen 180° (korr.) unter Gasentwicklung und Gelbfärbung.

Sie löst sich leicht in heißem Wasser, Alkohol und Aceton, dann sukzessive schwerer in Essigester, Benzol, Äther.

Aus Wasser krystallisiert sie in mikroskopischen Nadeln oder Spießen, die sternförmig verwachsen sind, oder auch in kugligen Aggregaten von krystallinischer, aber wenig charakteristischer Struktur.

Aktive Formyl - Phenyl - aminoessigsäure.

70 g Racemverbindung werden mit 115 g Cinchonin (1 Mol.), beide fein gepulvert, in 2 l kochendem Wasser gelöst, und die Flüssig-, keit wenn nötig filtriert. Beim Erkalten tritt bald Krystallisation ein-besonders wenn man mit einigen Kryställchen von einer früheren Darstellung impft; solche Impfkrystalle sind verhältnismäßig leicht zu beschaffen durch Verdunsten eines Teiles der wäßrigen Lösung im Vakuum-

---

[1]) E. Fischer und O. Warburg, Berichte d. D. Chem. Gesellsch. **38**, 3997 [1905] . (*Proteine I, S. 149.*)

exsiccator unter öfterem Reiben. Läßt man nach Beginn der Krystallisation die Flüssigkeit noch 12 Stunden unter zeitweisem Umschütteln
stehen, so scheidet sich das Cinchoninsalz der *l*-Formyl-phenyl-amino-
essigsäure zum größeren Teil ab. Die Ausbeute beträgt etwa 95 g. Das
P-odukt wird aus der 9-fachen Menge heißem Wasser umkrystallisiert.
Zur völligen Reinigung genügt in der Regel nochmaliges Umkrystallisieren aus der 9-fachen Menge heißem Wasser. Die Ausbeute geht dabei
erheblich herunter und beträgt schließlich 50—60% der Theorie. Das
Cinchoninsalz bildet schöne, farblose, manchmal zentimeterlange Krystalle, die prismatisch ausgebildet sind.

Zur Bereitung der freien

l - F o r m y l - P h e n y l - a m i n o e s s i g s ä u r e

löst man 37 g Cinchoninsalz in 500 ccm heißem Wasser, versetzt noch
warm mit 25 ccm *n*-Natronlauge, wobei schon ein Teil des Cinchonins
ausfällt, kühlt jetzt rasch ab und gibt noch 57,6 ccm *n*-Natronlauge
zu, so daß die Gesamtmenge des Alkalis wenig mehr als 1 Mol. beträgt.
Nachdem das Gemisch in Eiswasser sorgfältig gekühlt ist, wird das
Cinchonin scharf abgesaugt und mehrmals mit wenig eiskaltem Wasser
gewaschen. Zum Filtrat fügt man 8 ccm *n*-Salzsäure, um den Überschuß an Alkali zu neutralisieren, verdampft dann die Lösung unter
10—20 mm Druck auf etwa 60 ccm und versetzt schließlich mit 37,3 ccm
doppeltnormaler Salzsäure. Dabei fällt die aktive Formylverbindung
sofort krystallinisch aus; sie wird nach 1-stündigem Stehen bei 0° abgesaugt und mit eiskaltem Wasser gewaschen. Die Ausbeute betrug
12,5 g oder 88% der Theorie. Zur völligen Reinigung wird aus etwa
10 Teilen kochendem Wasser umkrystallisiert. Zur Analyse wurde im
Vakuumexsiccator getrocknet.

0,1238 g Sbst.: 0,2736 g CO_2, 0,0553 g H_2O. — 0,1120 g Sbst.: 7,41 ccm N
(14,5°, 764 mm).

$C_9H_9O_3N$ (179,1).   Ber. C 60,31, H 5,07, N 7,82.
Gef. ,, 60,27, ,, 5,00, ,, 7,75.

Die Verbindung schmilzt etwas höher als der Racemkörper, aber
wegen der Zersetzung auch nicht konstant. Beim raschen Erhitzen
beginnt sie gegen 187° zu sintern und schmilzt gegen 190° (korr.)
unter Gasentwicklung und Gelbfärbung.

In siedendem Wasser ist sie leicht löslich, doch etwas schwerer
als der Racemkörper, und krystallisiert daraus in mikroskopisch sehr
dünnen, langgestreckten Platten, die vielfach verwachsen sind und
manchmal wie Nadeln aussehen. Leicht wird sie ferner von Alkohol
und Aceton aufgenommen und krystallisiert aus Alkohol in sehr feinen
Nadeln, die oft zu Büscheln vereinigt sind.

Für die optische Bestimmung diente die alkoholische Lösung.

0,2555 g Sbst., Gesamtgewicht der Lösung 6,3777 g. Mithin Prozentgehalt 4,006. $d_4^{20} = 0,8048$. Drehung im 2-dm-Rohr bei 20° und Natriumlicht 16,76° nach links. Mithin

$$[\alpha]_D^{20} = -259,9°.$$

Das für die folgende Bestimmung dienende Präparat war aus dem gleichen Cinchoninsalz bereitet, nachdem es noch zweimal aus Wasser umkrystallisiert war.

0,2566 g Sbst., Gesamtgewicht der Lösung 6,3321 g. Mithin Prozentgehalt 4,052. $d_4^{20} = 0,8053$. Drehung im 2-dm-Rohr bei 20° im Natriumlicht 16,95° nach links. Mithin

$$[\alpha]_D^{20} = -259,7°.$$

Da das Drehungsvermögen hierbei nicht mehr erhöht wurde, so ist das öftere Umkrystallisieren des Cinchoninsalzes überflüssig. Ferner glauben wir aus dem Resultat den Schluß ziehen zu dürfen, daß die Formylverbindung sehr wahrscheinlich optisch rein war.

d-Formyl-Phenyl-aminoessigsäure.

Für ihre Bereitung dienten die ersten beiden wäßrigen Mutterlaugen, die bei der Gewinnung des Cinchoninsalzes des optischen Antipoden resultieren. Man versetzt sie mit soviel n-Natronlauge, daß stark alkalische Reaktion eintritt, filtriert vom abgeschiedenen Cinchonin auf der Pumpe und fügt zum Filtrat eine dem Alkali entsprechende Menge n-Salzsäure. Zu dieser Flüssigkeit, die ungefähr 4 l beträgt, fügt man etwa 95 g gepulvertes Chinin und kocht, wobei Lösung eintritt. Bei mehrtägigem Stehen scheiden sich reichliche Mengen von Krystallen zugleich mit einem Öl aus. Man filtriert, preßt die Krystalle zwischen Fließpapier und krystallisiert sie aus nicht zu viel heißem Alkohol. Zur völligen Reinigung haben wir das Chininsalz aus etwa der 40-fachen Menge heißem Wasser umkrystallisiert, wobei ungefähr $^1/_6$ verloren geht. Es bildet dann seideglänzende, farblose Nadeln.

Für die Rückverwandlung in den Formylkörper übergießt man 30 g Chininsalz mit 60 ccm kalter n-Natronlauge und fügt Äther hinzu. Beim kräftigen Umschütteln wird das ölig ausgeschiedene Chinin vom Äther leicht aufgenommen. Nachdem die ätherische Schicht abgetrennt und der Rest des Chinins durch abermaliges Ausäthern entfernt ist, versetzt man die alkalische Lösung mit 60 ccm n-Salzsäure. Die abgeschiedene Formylverbindung wird nach dem Abkühlen auf 0° abgesaugt und mit wenig kaltem Wasser gewaschen. Diese Isolierung aus dem Chininsalz ist nur mit geringem Verlust verbunden. Berechnet man die Ausbeute an Formyl-*d*-Verbindung auf den ursprünglich angewandten Racemkörper, so beträgt sie 35—40% der Theorie.

Für die Analyse und optische Bestimmung war nochmals aus heißem Wasser umgelöst und im Vakuumexsiccator getrocknet worden.

0,1324 g Sbst.: 0,2931 g CO_2, 0,0605 g H_2O. — 0,1153 g Sbst.: 8 ccm N (20°, 759,5 mm).

$C_9H_9O_3N$ (179,1).   Ber. C 60,31, H 5,07, N 7,82.
Gef. „ 60,38, „ 5,11, „ 7,96.

Für die optische Bestimmung diente die alkoholische Lösung.

0,1642 g Sbst., Gesamtgewicht der Lösung 4,2658 g. Mithin Prozentgehalt 3,849. $d_4^{20} = 0,8045$. Drehung im 1-dm-Rohr bei 20° im Natriumlicht 8,03° nach rechts ($\pm 0,015°$). Mithin

$$[\alpha]_D^{20} = +259,3° (\pm 0,5°).$$

Für die zweite Bestimmung wurde ein Präparat benutzt, das aus demselben Chininsalz, aber erst nach abermaliger Krystallisation aus Wasser dargestellt war.

0,2331 g Sbst., Gesamtgewicht der Lösung 6,0223 g. Mithin Prozentgehalt 3,871. $d_4^{20} = 0,8044$. Drehung im 2-dm-Rohr bei 20° im Natriumlicht 16,16° nach rechts ($\pm 0,04°$). Mithin

$$[\alpha]_D^{20} = +259,45 (\pm 0,6°).$$

Wie man sieht, stimmen diese Werte sowohl untereinander als auch mit dem Drehungsvermögen des Antipoden überein. Dasselbe gilt für Schmelzpunkt, Aussehen der Krystalle und Löslichkeit.

Aktive Phenyl-aminoessigsäuren.

Die Hydrolyse der Formylkörper geht sehr leicht von statten; es genügt, mit der zehnfachen Menge 10-prozentiger Bromwasserstoffsäure ½ Stunde am Rückflußkühler zu kochen. Die Lösung wird dann unter 10—15 mm Druck zur Trockne verdampft, wobei das Bromhydrat in schönen weißen Nadeln zurückbleibt. Man löst es in etwa 25 Teilen 50-prozentiger Alkohols und fügt Ammoniak in geringem Überschuß hinzu. Dann scheidet sich die Aminosäure in glänzenden Nadeln als dicker Brei ab. Sie wird abgesaugt und mit verdünntem Alkohol gewaschen. Die Ausbeute ist fast quantitativ.

Für die Analyse und optische Bestimmung diente ein Präparat, das aus der 70-fachen Menge kochendem Wasser umkrystallisiert und im Vakuumexsiccator über Schwefelsäure getrocknet war.

l-Phenyl-aminoessigsäure.

0,1735 g Sbst.: 0,4030 g CO_2, 0,0940 g H_2O. — 0,1110 g Sbst.: 9,1 ccm N (23°, 763 mm).

$C_8H_9O_2N$ (Mol.-Gew. 151,1).   Ber. C 63,54, H 6,00, N 9,27.
Gef. „ 63,35, „ 6,06, „ 9,33.

Die Aminosäure zeigt wie die meisten anderen Aminosäuren keinen konstanten Schmelzpunkt; im geschlossenen Capillarrohr fanden wir ihn je nach der Schnelligkeit des Erhitzens bei 305—310° (korr.), was mit der Angabe von Ehrlich, 303—305°, im wesentlichen übereinstimmt.

Sie ist in heißem Wasser erheblich leichter löslich als der Racemkörper, verlangt davon aber noch ungefähr 70 Teile. Für die Bestimmung der Löslichkeit in kaltem Wasser wurde die gepulverte Substanz bei 25° im Thermostaten 20 Stunden im Silberrohr mit Wasser geschüttelt: 1 Teil Aminosäure verlangt unter diesen Umständen 207,6 Teile Wasser von 25°.

In absolutem Alkohol ist sie so gut wie unlöslich, löst sich dagegen in kochendem 50-prozentigem Alkohol und krystallisiert daraus in kurzen, glänzenden Nadeln. Aus Wasser krystallisiert sie in langen, ganz schmalen und sehr dünnen Platten, die manchmal wie Nadeln aussehen und auch häufig zu ausgezackten Aggregaten vereinigt sind. In Alkali ist sie leicht löslich, nicht so leicht wird sie von verdünnter Salzsäure aufgenommen, schwer löslich in starker Salzsäure.

Für die Bestimmung des Drehungsvermögens diente eine Lösung in wenig mehr als der berechneten Menge Salzsäure von ungefähr 2,5%.

0,7438 g Sbst. wurden gelöst in 6,7 ccm Normalsalzsäure und 3 ccm Wasser, Gesamtgewicht der Lösung 10,3400 g. Mithin Prozentgehalt 7,193. $d_4^{20} = 1,0286$. Drehung im 2-dm-Rohr bei 20° im Natriumlicht 23,35° nach links. Mithin

$$[\alpha]_D^{20} = -157,78° (\pm 0,5°).$$

Nach nochmaligem Umlösen der Aminosäure aus heißem Wasser wurde fast der gleiche Wert gefunden:

0,5387 g Sbst. wurden in 4,85 ccm Normalsalzsäure und 2,17 ccm Wasser gelöst; Gesamtgewicht der Lösung 7,6671 g. Mithin Prozentgehalt 7,026. $d_4^{20} = 1,0277$; Drehung im 2-dm-Rohr bei 20° im Natriumlicht 22,80° nach links. Mithin

$$[\alpha]_D^{20} = -157,87° (\pm 0,5°).$$

Um einen Vergleich mit dem von F. Ehrlich bei seinem besten Präparat gefundenen Wert zu haben, haben wir mit obiger Substanz einen dritten Versuch ausgeführt, wobei 10-prozentige Salzsäure zur Anwendung kam.

0,3032 g Sbst., Gesamtgewicht der Lösung 8,2277 g. Mithin Prozentgehalt 3,686. $d_4^{20} = 1,0586$. Drehung im 2-dm-Rohr bei 20° im Natriumlicht 12,91° nach links ($\pm 0,03°$). Mithin

$$[\alpha]_D^{20} = -165,43° (\pm 0,4°).$$

Man ersieht daraus, daß das Präparat von F. Ehrlich, der $[\alpha]_D^{20}$ — 144,83° fand, optisch noch nicht rein war, wie er schon selbst vermutete, sondern daß es mindestens noch 6,2% des Antipoden enthielt. Ferner ist zu beachten, daß die spezifische Drehung durch die starke Salzsäure etwas erhöht wird.

Dem schon erwähnten, schön krystallisierten Bromhydrat ist das Chlorhydrat sehr ähnlich. Es läßt sich aus warmer, ganz verdünnter Salzsäure leicht umkrystallisieren und bildet lange, farblose Nadeln. Es löst sich leicht in warmem Wasser und Alkohol; aus letzterem wird es durch Äther gefällt. Im Capillarrohr schmilzt es nicht konstant gegen 246° (korr.) unter Gasentwicklung. Für die Analyse wurde im Vakuumexsiccator getrocknet:

0,1168 g Sbst.: 0,089 g AgCl.
$C_8H_9O_2N \cdot HCl$ (187,5). Ber. Cl 18,90. Gef. Cl 18,84.

l - Phenyl-aminoessigsäure-äthylester. Suspendiert man 5 g Aminosäure in 50 ccm absolutem Alkohol und leitet trockne Salzsäure ohne Kühlung bis zur Sättigung ein, so findet in der Regel klare Lösung statt. Ist dies nicht der Fall, so muß schließlich bis zur völligen Lösung erhitzt werden. Man verdampft dann unter stark vermindertem Druck, löst den Rückstand in Alkohol und fällt mit Äther.

Für die Analyse wurde im Vakuumexsiccator über Schwefelsäure getrocknet:

0,1906 g Sbst.: 0,1286 g AgCl.
$C_{10}H_{13}O_2N \cdot HCl$ (215,6). Ber. Cl 16,44. Gef. Cl 16,68.

Das Salz ist in Wasser leicht löslich. Es schmilzt unter Gasentwicklung bei ungefähr 203° (korr.).

0,2103 g Sbst. wurden in 4 ccm Wasser gelöst, Gesamtgewicht der Lösung 4,1880 g. Mithin Prozentgehalt 5,021. $d_4^{18} = 1,0097$. Drehung im 1-dm-Rohr bei 20° im Natriumlicht 4,51° nach rechts ($\pm$ 0,02°). Mithin

$$[\alpha]_D^{20} = + 88,95° (\pm 0,4°).$$

Versetzt man die nicht zu verdünnte Lösung des Salzes mit Alkalicarbonat, so scheidet sich der freie Ester als Öl ab und kann leicht ausgeäthert werden.

d - Phenyl-aminoessigsäure.

Da die Eigenschaften dieselben sind wie beim Antipoden, so begnügen wir uns damit, die Resultate der Analyse und optischen Bestimmung anzuführen.

0,1686 g Sbst.: 0,3928 g CO_2, 0,0909 g H_2O. — 0,1129 g Sbst.: 9,2 ccm N (20,5°, 760 mm).

$C_8H_9O_2N$ (151,1).   Ber. C 63,54, H 6,00, N 9,27.
Gef. „ 63,54, „ 6,03, „ 9,34.

Optische Bestimmung: 0,5410 g Substanz wurden in 4,85 ccm Normalsalzsäure und 2,17 ccm Wasser gelöst; Gesamtgewicht der Lösung 7,6217 g. Mithin Prozentgehalt 7,098. $d_4^{20} = 1,0281$. Drehung im 2-dm-Rohr bei 20° im Natriumlicht 23,04° nach rechts. Mithin

$$[\alpha]_D^{20} = + 157,86° (\pm 0,5°).$$

Nach nochmaligem Umkrystallisieren der Aminosäure aus Wasser war die Drehung nicht geändert.

0,5427 g Sbst. wurden in 4,88 ccm Normalsalzsäure und 2,18 ccm Wasser gelöst; Gesamtgewicht der Lösung 7,6831 g. Mithin Prozentgehalt 7,064. $d_4^{20} = 1,0281$. Drehung im 2-dm-Rohr bei 20° und Natriumlicht 22,96° nach rechts. Mithin

$$[\alpha]_D^{20} = + 158,09° (\pm 0,5°).$$

Endlich haben wir noch das Drehungsvermögen der d-Phenylaminoessigsäure in wäßriger Lösung untersucht und dafür die bei 25° gesättigte Lösung benutzt.

Prozentgehalt 0,4795. $d_4^{20} = 1,0002$. Drehung im 2-dm-Rohr bei 20° und Natriumlicht 1,08° nach rechts ($\pm 0,025°$). Mithin

$$[\alpha]_D^{20} = + 112,6° (\pm 3°).$$

Beide Aminosäuren sind nahezu geschmacklos. Von dem charakteristischen Unterschied im Geschmack, der wiederholt bei den optischen Antipoden der Aminosäuren beobachtet wurde, ist hier also nichts zu merken.

Verwandlung der Phenyl-aminoessigsäure in Mandelsäure.

Die Wirkung der salpetrigen Säure verläuft in eiskalter, verdünnter, schwefelsaurer Lösung ziemlich glatt, wie folgender Versuch mit der Racemverbindung zeigt.

Zu einer Lösung von 1 g dl-Phenylaminoessigsäure in 18 ccm Wasser und 5 ccm fünffachnorm. Schwefelsäure, die in Eiswasser gekühlt war, wurde unter vielfachem Umschütteln eine Lösung von 0,7 g Natriumnitrit (1,5 Mol.) in 2 ccm Wasser innerhalb 1 Stunde zugetropft. Dabei fand eine langsame Gasentwicklung statt, die nach 4—5-stündigem Stehen der bei 0° gehaltenen Flüssigkeit beendet war. Die Lösung wurde nun ausgeäthert; beim Verdampfen des Äthers blieb ein Öl zurück, das bald erstarrte (0,8 g). Das Rohprodukt war frei von Stickstoff. Nach dem Lösen in Äther und Fällen mit Petroläther zeigte es den Schmp. 118—119° der inaktiven Mandelsäure.

Derselbe Versuch wurde nun mit reiner *d*-Phenylaminoessigsäure angestellt. Die Ausbeute an umkrystallisierter Oxysäure betrug hier 0,68 g. Das Präparat zeigte denselben Schmp. 118—119°, während die aktive Mandelsäure bei 133° schmilzt, und war gänzlich inaktiv.

Da die Möglichkeit vorlag, daß die Mandelsäure erst nachträglich in der Flüssigkeit beim stundenlangen Stehen racemisiert wird, so wurde bei einem neuen Versuch das Nitrit innerhalb $\frac{1}{2}$ Stunde zugegeben und dann die Flüssigkeit sofort ausgeäthert. Die Ausbeute an Rohprodukt war nur etwa halb so groß wie zuvor, das heißt 36% der Theorie; aber auch dieses Präparat zeigte weder in ätherischer, noch wäßriger Lösung eine Drehung.

Da die aktive Mandelsäure bekanntlich ein sehr hohes Drehungsvermögen hat, so müssen wir annehmen, daß unter den von uns gewählten Bedingungen eine vollständige Racemisierung stattgefunden hat. In der Beziehung unterscheidet sich also die aktive Phenyl-aminoessigsäure von allen bisher untersuchten aktiven α-Aminosäuren.

Etwas anders werden die Resultate bei Anwendung der Ester; denn hier bleibt wenigstens ein Teil der Aktivität bei der Einwirkung der salpetrigen Säure erhalten.

1 g *d*-Phenyl-aminoessigsäureäthylester (ölig) wurde in 22 ccm *n.*-Schwefelsäure gelöst, auf 0° abgekühlt und 0,6 g Natriumnitrit (1,5 Mol.) in der früher beschriebenen Weise zugetropft. Schließlich blieb die Flüssigkeit mehrere Stunden bei 0° stehen, bis die Stickstoffentwicklung beendet war; dabei schied sich ein bräunlich-gelbes Öl ab. Es wurde ausgeäthert, nachdem zuvor der Flüssigkeit ein Überschuß von Schwefelsäure zugefügt war. Die ätherische Lösung wurde zur Entfernung von Säuren mit einer verdünnten Lösung von Natriumcarbonat und dann noch mit Wasser sorgfältig gewaschen. Beim Verdampfen des Äthers blieben 0,67 g Öl zurück, das in ungefähr 10 proz. Acetonlösung im 1-dm-Rohr ohne weitere Reinigung 1° nach links drehte, so daß die spezifische Drehung ungefähr — 10° betrug.

Da aktiver Mandelsäureäthylester unter ähnlichen Bedingungen nach Walden eine spezifische Drehung von 90,6° zeigt, so war also auch hier bei weitem der größte Teil des Produktes racemisiert.

Etwas günstiger gestaltete sich dieser Versuch bei Anwendung des *d*-Phenyl-aminoessigsäureamylesters. Denn hier wurde durch die[*] Einwirkung der salpetrigen Säure unter gleichen Bedingungen ein Öl erhalten, das annähernd eine spezifische Drehung von 26° nach links hatte. Diese Versuche müssen indessen mit größeren Mengen wiederholt werden, damit wir die Präparate genügend reinigen können.

Dasselbe gilt für die Einwirkung von Stickoxyd und Brom auf die Phenyl-aminoessigsäure oder deren Ester. Bei der freien Säure beob-

achteten wir auch außerordentlich starke Racemisierung; beim Ester
resultierten optisch aktive Öle, die sich aber bei der Analyse als Gemische von Estern der Phenyl-bromessigsäure und wahrscheinlich
Mandelsäure erwiesen.

Jedenfalls zeigen alle diese Beobachtungen, daß bei der Elimi-
nierung der Aminogruppe aus der Phenyl-aminoessigsäure große Neigung zur Racemisierung vorhanden ist, und daß das Studium der
Waldenschen Umkehrung in diesem Falle mit besonderen Schwierigkeiten verbunden ist.

8. Francis W. Kay: Spaltung des α-Methylisoserins in die optisch-activen Componenten.

Liebigs Annalen der Chemie **362**, 325 [1908].

(Eingelaufen am 9. Juni 1908.)

Die zuerst von Melikoff[1]) beschriebene Amidooxyisobuttersäure (α-Methylisoserin) ist in neuerer Zeit durch die Bemühungen des Herrn Ernest Fourneau ein leicht zugängliches Product geworden. Herr Fourneau hatte die Freundlichkeit, eine größere Menge der Aminosäure und ihres Esters Herrn Professor Emil Fischer zur Verfügung zu stellen, und auf dessen Veranlassung habe ich ihre Zerlegung in die optischen Componenten ausgeführt.

Die Benzoylverbindung des Methylisoserins läßt sich durch Krystallisation des Brucin- und Chininsalzes leicht zerlegen, und durch nachträgliche Hydrolyse der activen Benzoylkörper habe ich die beiden activen Aminosäuren anscheinend im optisch reinen Zustand gewonnen.

d l - Benzoyl- α - methylisoserin.

$C_6H_5 \cdot CO \cdot NH \cdot CH_2(CH_3)C(OH) \cdot COOH.$

Für die Erzielung einer guten Ausbeute ist ein erheblicher Überschuß von Benzoylchlorid und Alkali nöthig. Dementsprechend werden 60 g Aminosäure in 500 ccm n-Natronlauge gelöst, in einer Kältemischung abgekühlt und abwechselnd unter starkem Schütteln 250 g Benzoylchlorid und 900 ccm 5fach n-Natronlauge im Laufe von $1\frac{1}{2}$—2 Stunden zugegeben. Beim Absäuern mit 5fach n-Salzsäure (750 ccm) entsteht ein dicker Niederschlag von Benzoylverbindung und Benzoesäure, der nach einstündigem Stehen in Eiswasser scharf abgesaugt und gepreßt wird. Die Mutterlaugen liefern beim Verdampfen unter stark vermindertem Druck noch eine reichliche Krystallisation der Benzoylverbindung. Um diese von der Benzoesäure zu trennen, wird die Gesamtmasse nach scharfem Abpressen bei 100° getrocknet, dann zerrieben, im Soxhletapparat mit kochendem Ligroin sorgfältig ausgelaugt und schließlich der letzte Rest der Benzoesäure durch sorgfältiges Ausziehen mit wenig Äther entfernt.

---

[1]) Liebigs Ann. d. Chem. **234**, 217 [1886].

Die Gesammtausbeute an roher Benzoylverbindung betrug 110 g und nach einmaligem Umkrystallisiren aus der 3 fachen Menge kochendem Wasser an reinem Product 90 g oder 80% der Theorie. Für die Analyse war im Vacuumexsiccator über Schwefelsäure getrocknet.

0,1564 g gaben 0,3370 CO$_2$ und 0,0805 H$_2$O. — 0,1938 g gaben 10,4 ccm Stickgas über 33 procentiger Kalilauge bei 15° und 779 mm Druck.

C$_{11}$H$_{13}$O$_4$N (223,1). Ber. C 59,20, H 5,83, N 6,28.

Gef. „ 58,80, „ 5,76, „ 6,41.

Die Verbindung schmilzt bei 151° (corr. 153°). Sie ist leicht löslich in Alkohol, heißem Essigäther, Eisessig, dann successive schwerer löslich in Aceton, Chloroform, Äther und Petroläther. Sie krystallisirt aus den heißen Lösungen in Büscheln oder warzenförmig verwachsenen 4- oder 6 seitigen Tafeln.

Spaltung des d l - Benzoyl- α - methylisoserins.

78 g Benzoylverbindung und 141 g trocknes Brucin werden in 1200 ccm heißem abs. Alkohol gelöst. Die erkaltete Flüssigkeit scheidet beim längeren Stehen das Brucinsalz der d -Verbindung in rosettenförmig angeordneten Nadeln aus. Viel rascher erfolgt die Krystallisation, wenn man einige Krystalle von einer früheren Darstellung einimpft. Um die Abscheidung zu vervollständigen, läßt man unter öfterem Umrühren 1—2 Tage im Eisschrank stehen und filtrirt dann die Krystallmasse. Die Ausbeute beträgt ungefähr 104 g gegen 109 g der. Theorie. Zur Reinigung wird 2 mal aus etwa der 5 fachen Gewichtsmenge heißem Alkohol umkrystallisirt, wobei die Ausbeute auf 92 g oder 85% der Theorie zurückgeht.

85 g des reinen Brucinsalzes werden in 500 ccm lauwarmem Wasser gelöst und durch Zusatz von 140 ccm n-Natronlauge zerlegt. Nach einstündigem Stehen in Eiswasser wird das gefällte Brucin scharf abgesaugt, dann nochmals mit 300 ccm eiskaltem Wasser angeschlämmt und wieder filtrirt. Um den letzten Rest Brucin aus dem Filtrat zu entfernen, wird es mit Chloroform und schließlich mit Äther ausgeschüttelt. Die filtrirte alkalische Lösung wird dann mit 150 ccm n-Salzsäure angesäuert und unter 10—15 mm Druck zur Trockne verdampft.

Beim Auskochen des Rückstandes mit etwa 50 ccm Essigäther geht das d-Benzoyl-α-Methylisoserin in Lösung und bleibt beim Verdampfen als krystallinische Masse zurück. Die Ausbeute ist fast quantitativ. Das Rohproduct ist für die Darstellung der freien Aminosäure rein genug. Für die Analyse und die optische Bestimmung war das Präparat aus einer kleinen Menge heißem Wasser umkrystallisirt und im Vacuumexsiccator über Schwefelsäure getrocknet.

0,1743 g gaben 0,3770 CO$_2$ und 0,0880 H$_2$O. — 0,1823 g gaben 9,8 ccm Stickgas über 33 procentiger Kalilauge bei 18° und 774 mm Druck.

C$_{11}$H$_{13}$O$_4$N (223,1). Ber. C 59,20, H 5,83, N 6,28.
Gef. ,, 59,03, ,, 5,65, ,, 6,34.

Für die optische Bestimmung diente eine ungefähr 10 procentiger Lösung in absolutem Alkohol.

0,6568 g Subst., Gesammtgewicht der Lösung 6,6872 g, spec. Gew. 0,8117, Drehung im 2-dcm-Rohr bei 20° und Natriumlicht 1,51° (± 0,02) nach rechts. Mithin:

$$[\alpha]_D^{20} = +9,51° (\pm 0,20).$$

Das Drehungsvermögen war nach 24 Stunden unverändert, bei stärkerer Verdünnung wird es aber erheblich kleiner, wie folgende beiden Bestimmungen zeigen:

a) Dasselbe Präparat.

0,1890 g Subst., Gesammtgewicht der Lösung 3,7706 g, spec. Gew. 0,8080, Drehung im 1 dcm-Rohr bei 20° und Natriumlicht 0,34° (± 0,01) nach rechts. Mithin:

$$[\alpha]_D^{20} = +8,40° (\pm 0,20).$$

b) Aus noch zweimal umkrystallisirtem Brucinsalz.

0,1913 g Subst., Gesammtgewicht der Lösung 3,8217 g, spec. Gew. 0,8083, Drehung im 1 dcm-Rohr bei 20° und Natriumlicht 0,34° (± 0,01) nach rechts. Mithin:

$$[\alpha]_D^{20} = +8,40° (\pm 0,20).$$

Das d-Benzoyl-α-methylisoserin ist im allgemeinen viel leichter löslich als der Racemkörper und schmilzt auch erheblich niedriger, bei 123—124° (corr. 124°). Aus heißem Wasser krystallisiert es in sehr feinen, lancettförmigen Nadeln, welche häufig zu Büscheln verwachsen sind.

l - Benzoyl- α - methylisoserin.

Es findet sich in den alkoholischen Mutterlaugen vom Brucinsalz der d-Verbindung. Nachdem der Alkohol unter vermindertem Druck verdampft ist, wird der amorphe Rückstand in 600 ccm Wasser gelöst und durch 190 ccm n-Natronlauge das Brucin gefällt. Die Isolirung der Benzoylverbindung geschieht genau so, wie es zuvor für die d-Verbindung beschrieben ist. Da sie aber noch Racemkörper enthält, so wird sie in das Chininsalz verwandelt. Zu dem Zweck löst man 20 g der rohen Benzoylverbindung mit 35 g Chinin in 800 ccm heißem Wasser. Beim Erkalten scheidet sich das Chininsalz ölig ab, erstarrt aber bald zu einer asbestähnlichen Krystallmasse. Es wird nach 12 stündigem Stehen bei 0° abgesaugt und viermal aus heißem Wasser umkrystallisirt, wobei successive 800, 600, 450 und 400 ccm Wasser anzuwenden sind und längeres Kochen zur Lösung nöthig ist. Die Ausbeute an reinem Salz beträgt 20 g oder 30% der Theorie. Zur Umwandlung in freie Benzoylverbindung werden 18 g Chininsalz in 50 ccm Alkohol gelöst, mit 32 ccm n-Natronlauge versetzt, der Alkohol unter vermindertem Druck verjagt und der Rückstand wieder mit Wasser aufgenommen. Das zuerst amorph gefällte, aber später krystallisirte Chinin wird abfiltrirt, die Mutterlauge durch Schütteln mit Chloroform und Äther vom Rest des Chinins befreit, dann mit 35 ccm n-Salzsäure versetzt und unter 10—15 mm Druck zur Trockene verdampft. Die Isolirung und Reinigung des 1-Benzoyl-α-Methylisoserins geschah ebenso wie beim Antipoden. Für die Analyse und optische Bestimmungen war im Vakuumexsiccator getrocknet.

0,1807 g gaben 0,3918 CO_2 und 0,0970 H_2O. — 0,2355 g gaben 13,0 ccm Stickgas über 33 procentiger Kalilauge bei 17° und 747 mm Druck.

$C_{11}H_{13}O_4N$ (223,1). Ber. C 59,20, H 5,83, N 6,28.
Gef. ,, 59,13, ,, 6,00, ,, 6,31.

Für die optische Bestimmung diente eine ungefähr 10 procentige Lösung in absolutem Alkohol.

0,6452 g Subst., Gesammtgewicht der Lösung 6,5468 g, spec. Gewicht 0,8244, Drehung im 2-dcm-Rohr bei 20° und Natriumlicht 1,50° ($\pm$ 0,01) nach links. Mithin:

$$[\alpha]_D^{20} = -9,23° (\pm 0,10).$$

Das Drehungsvermögen nimmt ebenfalls mit der Verdünnung ab.

0,2273 g Subst., Gesammtgewicht der Lösung 4,4123 g, spec. Gewicht 0,8099, Drehung im 1-dcm-Rohr bei 20° und Natriumlicht 0,35° ($\pm$ 0,01) nach links. Mithin:

$$[\alpha]_D^{20} = -8,39° (\pm 0,20).$$

Auch in den sonstigen Eigenschaften zeigte es Übereinstimmung mit dem optischen Antipoden.

Active α - Methylisoserine.
$NH_2 \cdot CH_2 \cdot (CH_3)C(OH)COOH.$

Die Hydrolyse der Benzoylverbindungen geschieht am besten durch Kochen mit Bromwasserstoffsäure, weil dann die Isolirung der Aminosäure leichter ist. 20 g Benzoylverbindung werden mit 300 g 30 procentiger Bromwasserstoffsäure am Rückflußkühler vier Stunden gekocht, dann die Flüssigkeit mit dem gleichen Volumen Wasser verdünnt, die Benzoesäure ausgeäthert und nun unter stark vermindertem Druck zur Trockne verdampft. Dabei bleibt das Bromhydrat als krystallinische, federartige Masse zurück. Es wird in kaltem Alkohol gelöst und durch Zusatz von wenig überschüssigem concentrirtem Ammoniak die Aminosäure ausgefällt. Sie bildet mikroskopisch kleine, rhombenähnliche Täfelchen, welche nach dem Abkühlen auf 0° filtrirt und mit Alkohol gewaschen werden. Die Ausbeute beträgt ungefähr 75% der Theorie. Zur völligen Reinigung wurde in wenig heißem Wasser gelöst, mit Thierkohle entfärbt und mit dem fünffachen Volumen Alkohol gefällt.

d - α - Methylisoserin.

Für die Analyse war im Vacuumexsiccator über Phosphorpentoxyd getrocknet. Beim raschen Erhitzen schmilzt die Substanz unter Zersetzung gegen 230°, also fast 50° niedriger als der Racemkörper. Sie löst sich ziemlich leicht in heißem Methylalkohol, schwerer in heißem Äthylalkohol. Von kaltem Wasser genügt weniger als die doppelte Menge zur Lösung, während der Racemkörper nach Melikoff 182 Theile bei 15° verlangt.

0,1443 g gaben 0,2116 CO_2 und 0,0992 H_2O. — 0,1957 g gaben 20,3 ccm Stickgas über 33procentiger Kalilauge bei 16° und 745 mm Druck.

$C_4H_9O_3N$ (119,1). Ber. C 40,30, H 7,62, N 11,76.
Gef. ,, 40,00, ,, 7,69, ,, 11,88.

Für die optische Bestimmung diente eine ungefähr 10procentige wäßrige Lösung.

0,7757 g Subst., Gesammtgewicht der Lösung 7,7490 g, spec. Gewicht 1,0354, Drehung im 2-dcm-Rohr bei 20° und Natriumlicht 0,90° ($\pm$ 0,01) nach rechts. Mithin:

$$[\alpha]_D^{20} = + 4,34° (\pm 0,10).$$

l - α - Methylisoserin.

Die Darstellung aus der Benzoylverbindung und die Eigenschaften waren im Wesentlichen gleich mit denjenigen des Antipoden.

0,1700 g gaben 0,2520 CO_2 und 0,1163 H_2O. — 0,2040 g gaben 20,6 ccm Stickgas über 33procentiger Kalilauge bei 18 ° und 767 mm Druck.

$C_4H_9O_3N$ (119,1). Ber. C 40,30, H 7,63, N 11,76.
Gef. ,, 40,42, ,, 7,65, ,, 11,79.

Für die optische Bestimmung diente eine ungefähr 10 proz. wäßrige Lösung.

0,7660 g Subst., Gesammtgewicht der Lösung 7,6374 g, spec. Gewicht 1,0347, Drehung 1m 2-dcm-Rohr bei 20° und Natriumlicht 0,86° ($\pm$ 0,01) nach links. Mithin:

$$[\alpha]_D^{20} = - 4,15° (\pm 0,10).$$

9. Demetrius Marko (Kasan): Spaltung der α-Amino-n-capronsäure in die optisch-activen Componenten.

Liebigs Annalen der Chemie **362**, 333 [1908].

Die Spaltung ist früher von Emil Fischer und R. Hagenbach mit Hilfe der Benzoylverbindung ausgeführt worden[1]. Sie wird aber viel bequemer bei Anwendung der Formylverbindung, denn diese läßt sich mit Brucin leicht zerlegen und die Rückverwandlung der activen Formylkörper in die Aminosäuren erfolgt auch viel leichter als bei der Benzoylverbindung. Es liegen also hier die Verhältnisse genau ebenso, wie beim Leucin, Phenylalanin und Valin.

Formyl-d1-α-amino-n-capronsäure.

Ihre Darstellung geschah genau nach der Vorschrift, die früher für die Bereitung des isomeren Formylleucins gegeben wurde[2]. Die Ausbeute betrug nach dem Waschen des Rohproductes mit verdünnter Salzsäure und kaltem Wasser 79% der Theorie. Zur Reinigung wird in der doppelten Menge heißem Wasser gelöst, mit wenig Thierkohle aufgekocht und filtrirt. Beim Erkalten scheidet sich die Substanz in schönen farblosen Nadeln aus, die für die Analyse im Vacuum über Schwefelsäure getrocknet wurden.

0,1575 g gaben 0,3041 CO_2 und 0,1150 H_2O.

$C_7H_{13}O_3N$ (159,1.   Ber. C 52,79, H 8,24.

Gef. ,, 52,66, ,, 8,18.

Die Substanz schmilzt bei 113—115° (corr.). Sie löst sich leicht in Alkohol, Aceton und dann successive schwerer in Essigäther, Äther, Benzol und Petroläther.

Spaltung in die activen Componenten.

36,7 g der inaktiven Formylverbindung werden in 2880 ccm Alkohol gelöst, dazu 91 g trocknes Brucin (1 Mol.) zugegeben und bis zur

---

[1] Berichte d. D. Chem. Gesellsch. **34**, 3764 [1901]. (*Proteine I, S. 144.*)

[2] E. Fischer und O. Warburg, Berichte d. D. Chem. Gesellsch. **38**, 3997 [1905]. (*Proteine I, S. 149.*)

völligen Lösung erhitzt. Nach dem Erkalten beginnt bald die Abscheidung des Brucinsalzes der 1-Verbindung und ist nach 12stündigem Stehen im Eisschrank, wenn öfters umgerührt wird, beendet. Die Krystalle werden scharf abgesaugt und mit 350 ccm kaltem Alkohol gewaschen. Die Menge des Salzes beträgt 64 g, also gerade die theoretische Menge. Man muß allerdings annehmen, daß eine kleine Menge des optischen Antipoden beigemengt ist. Zur völligen Reinigung wird das Salz aus 1200 ccm heißem absoluten Alkohol umkrystallisirt, dann in 330 ccm Wasser gelöst, nach dem Abkühlen auf 0° mit 129 ccm n-Natronlauge versetzt und das abgeschiedene Brucin nach abermaligem Abkühlen in Eis scharf abgesaugt und mit wenig eiskaltem Wasser gewaschen. Nachdem der Rest des Brucins aus dem Filtrat durch Ausschütteln mit Chloroform und Äther völlig entfernt ist, fügt man zur Flüssigkeit 17 ccm 5fach n-Salzsäure, verdampft unter etwa 15 mm Druck auf ca. 100 ccm und gibt weitere 10 ccm 5fach-n.-Salzsäure zu. Beim Abkühlen auf 0° scheidet sich die Formyl-1-aminocapronsäure zum größten Theil aus. Sie wird abgesaugt, mit wenig Wasser gewaschen und zweimal aus wenig kochendem Wasser unter Zusatz von etwas Thierkohle umkrystallisirt. Sie bildet feine Nadeln von seidenartigem Glanz.

Für die Analyse war im Vakuum über Schwefelsäure getrocknet:

0,1514 g gaben 0,2920 CO_2 und 0,1115 H_2O.

$C_7H_{13}O_3N$ (159,1). Ber. C 52,79, H 8,24.

Gef. ,, 52,60, ,, 8,24.

Für die optische Bestimmung diente die alkoholische Lösung.

1,338 g Subst., dazu 13,5 ccm absoluter Alkohol; Gesammtgewicht der Lösung 11,8635 g; $d_4^{20} = 0,8193$, Drehung im 1 dm-Rohr bei 20° und Natriumlicht — 1,62°; Mithin

$$[\alpha]_D^{20} = -17,53°.$$

Nach abermaligem Umkrystallisiren aus heißem Wasser war das Drehungsvermögen das gleiche: 1,338 g Subst.; Gesammtgewicht der Lösung 11,7435 g; $d_4^{20} = 0,8195$. Drehung im 1 dm-Rohr bei 20° und Natriumlicht: — 1,64°. Mithin

$$[\alpha]_D^{20} = -17,56°.$$

Die Substanz schmilzt bei 115—118,5° (corr.).

Die Formyl-d-aminocapronsäure findet sich als Brucinsalz in den alkoholischen Mutterlaugen. Diese werden unter 15—20 mm Druck zur Trockne verdampft und aus dem Brucinsalz die freie Säure in der zuvor beschriebenen Weise isolirt. Ihre Reinigung geschah auch durch zweimaliges Umkrystallisiren aus wenig heißem Wasser unter Zusatz von Thierkohle.

0,1450 g gaben 0,2798 CO_2 und 0,1066 H_2O.

$C_7H_{13}O_3N$ (159,1). Ber. C 52,79, H 8,24.

Gef. ,, 52,63, ,, 8,23.

Im Schmelzpunkt, Aussehen der Krystalle und Löslichkeit zeigt die Substanz keinen Unterschied von dem optischen Antipoden. Auch das Drehungsvermögen war gleich stark, aber natürlich umgekehrt.

1,500 g Subst., Gesammtgewicht der Lösung 13,2266 g, $d_4^{20} = 0,8188$, Drehung im 1 dm-Rohr bei 20° und Natriumlicht $+ 1,62°$.

$$[\alpha]_D^{20} = + 17,45°.$$

Nach abermaligem Umkrystallisiren aus heißem Wasser war das Drehungsvermögen unverändert.

1,486 g Subst., Gesammtgewicht der Lösung 13,0916; $d_4^{20} = 0,8194$. Drehung im 1 dm-Rohr bei 20° und Natriumlicht $+ 1,64°$.

$$[\alpha]_D^{20} = + 17,63°.$$

Hydrolyse der Formylverbindungen.

Sie wird, wie in analogen Fällen, durch einstündiges Kochen mit der 10fachen Menge wäßriger Bromwasserstoffsäure von 10% bewerkstelligt. Nachdem die Flüssigkeit unter 15—20 mm Druck zur Trockne verdampft ist, wird der Rückstand in wenig Wasser gelöst und Ammoniak in geringem Überschuß zugegeben, wobei die schwerlösliche Aminosäure sofort krystallinisch ausfällt. Will man die Mutterlauge noch verarbeiten, so verdampft man am besten unter vermindertem Druck und kocht den Rückstand mit Alkohol aus, wobei das Bromammonium in Lösung geht. Die Ausbeute betrug gegen 90% der Theorie. Die activen α-Aminocapronsäuren werden durch Umkrystallisiren aus heißem Wasser unter Zusatz von wenig Thierkohle gereinigt. Die Eigenschaften stimmen mit den früheren Angaben von E. Fischer und R. Hagenbach über Schmelzpunkt und Form der Krystalle ganz überein. Auch bezüglich des Drehungsvermögens wurden nahezu gleiche Werte gefunden.

l-α-Amino-n-capronsäure: 0,6223 g Subst.; dazu 12 ccm 20procentiger Salzsäure, Gewicht der Lösung 13,6722, mithin Procentgehalt 4,56; $d_4^{20} = 1,0989$; Drehung bei 20° im 2 dm-Rohr bei Natriumlicht: $- 2,30°$. Mithin:

$$[\alpha]_D^{20} = - 22,99°.$$

d-α-Amino-n-capronsäure: 0,664 g Subst.; dazu 13 ccm 20procentiger Salzsäure, Gewicht der Lösung 14,7536 g; mithin Procentgehalt 4,51; $d_4^{20} = 1,0994$; Drehung bei 20° im 2 dm-Rohr bei Natriumlicht: $+ 2,29°$.

$$[\alpha]_D^{20} = + 23,14°.$$

E. Fischer und Hagenbach haben unter denselben Bedingungen beobachtet:

für 1-Amino-n-capronsäure $[\alpha]_D^{20} - 22,4°$.

für d-Amino-n-capronsäure $[\alpha]_D^{20} + 21,3°$.

Schulze und Likiernik haben allerdings durch Vergärung eine active Säure erhalten, die $[\alpha]_D = -26,5°$ zeigte. Da aber bei Anwendung der Formylderivate beim Leucin und Valin anscheinend ganz reine active Formen erhalten wurden, so ist es fraglich, ob der Wert von Schulze und Likiernik nicht zu hoch ist.

10. Emil Fischer und Hans Carl: Zerlegung der α-Brom-isocapronsäure und der α-Brom-hydrozimmtsäure in die optisch-activen Componenten.

Berichte der Deutschen Chemischen Gesellschaft **39**, 3996 [1906].

(Eingegangen am 13. November 1906.)

Für den Aufbau von Polypeptiden sind die α-Bromisocapronsäure[1]) und α-Bromhydrozimmtsäure[2]) werthvolle Materialien, denn sie gestatten die Einführung von Leucyl- bezw. Phenylalanyl-Resten in andere Aminosäuren. Racemische Producte dieser Art sind in größerer Anzahl bekannt. Da aber die optisch-activen Formen wegen der Beziehungen zu den Spaltproducten der Proteine ein viel größeres Interesse besitzen, so haben wir uns bemüht, die beiden racemischen bromhaltigen Säuren in ihre optisch-activen Bestandtheile zu zerlegen. Das gelingt in beiden Fällen mit Hülfe des Brucin-Salzes. Von der α-Bromisocapronsäure glauben wir die beiden activen Formen mit dem specifischen Drehungsvermögen $[α]_D^{20} = -49{,}43°$ bezw. $+48{,}99°$ im reinen oder annähernd reinen Zustand gewonnen zu haben. Wir unterscheiden sie in der üblichen Weise nach dem Drehungsvermögen als l- und d-Verbindung. Beide Formen wurden durch Ammoniak in Leucin übergeführt. Die d-α-Bromisocapronsäure gab l-Leucin und umgekehrt die l-Verbindung d-Leucin. Leider ist die Spaltung mit dem Brucinsalz ziemlich mühsam und wenig ergiebig. Für die praktische Darstellung der activen α-Bromisocapronsäuren wird man deshalb das kürzlich beschriebene Verfahren aus den activen Leucinen bevorzugen[3]). Nur ist das so erhaltene Präparat nicht ganz so rein, da sein Drehungsvermögen 10 bis 14 pCt. geringer gefunden wurde. Diese Beimischung des optischen Antipoden scheint aber für die Synthese der Polypeptide kein besonderes Hindernis zu bilden, so daß die Bequemlichkeit der Darstellung als der größere Vortheil erscheint.

---

[1]) E. Fischer, Berichte d. D. Chem. Gesellsch. **36**, 2988 [1903]. (*Proteine I, S. 332.*)

[2]) E. Fischer, ebenda **37**, 3064 [1904]. (*Proteine I, S. 371.*)

[3]) E. Fischer, ebenda **39**, 2929 [1906]. (*S. 360.*)

Bei der α-Bromhydrozimmtsäure haben wir bisher den einen Componenten, die l-Verbindung mit der spec. Drehung $[\alpha]_D^{20} = -8,3°$ gewonnen, während der optische Antipode nur auf den Werth $+7,9°$ gebracht wurde. Die Isolirung dieser beiden activen Formen haben wir durch einen Kunstgriff vereinfachen können, und zwar durch Ausfrieren des Gemisches von activer und racemischer Form, wobei letztere allein sich abscheidet. Vorbedingung für die Anwendung dieser Methode war die Krystallisation der racemischen α-Bromhydrozimmtsäure, die man bisher nur im öligen Zustand kannte. Sie gelang verhältnismäßig leicht, nachdem die Säure durch Destillation unter sehr geringem Druck gereinigt war. Entfernen des Racemkörpers durch Ausfrieren aus dem Gemisch mit activer Verbindung ist in jüngster Zeit für die α-Brompropionsäure von L. Ramberg[1]) empfohlen worden. Wir bemerken aber, daß unsere Versuche längst abgeschlossen waren, als diese Mittheilung Ramberg's erschien.

Die l-α-Bromhydrozimmtsäure wird durch Ammoniak in d-Phenylalanin (das nicht natürliche) übergeführt. Sie hat deshalb für den Aufbau von Polypeptiden keine so große Bedeutung, wie ihr optischer Antipode. Da dessen Gewinnung nach unserem Verfahren schwieriger ist, so wird man für seine Darstellung auch den Umweg über das d-Phenylalanin bevorzugen, denn nach Versuchen des Hrn. W. Schoeller, die demnächst mitgeteilt werden sollen*), geht die Umwandelung dieser Aminosäure in d-α-Bromhydrozimmtsäure gut von statten.

l - α - Brom-isocapronsäure.

60 g inactiver α-Bromisocapronsäure werden in 800 ccm Wasser von 35—40° mit 145 g Brucin zusammen durch kräftiges Schütteln gelöst, von einem kleinen Rückstand abfiltrirt und die Flüssigkeit bei möglichst geringem Druck in einem Bade, dessen Temperatur nicht über 30° steigen darf, auf etwa ein Drittel eingedunstet. Dabei fällt eine große Menge des Brucinsalzes krystallinisch aus, das nach 15-stündigem Stehen bei 10—15° abfiltrirt wird. Seine Menge beträgt ungefähr 110 g. Man löst das Salz in etwa $3\frac{1}{2}$ L Wasser von 30° und engt die Lösung ebenso wie das erste Mal auf etwa 250 ccm ein. Jetzt beträgt die Ausbeute an Brucinsalz etwa 60 g. Auf die gleiche Art muß das Salz im ganzen fünfmal umkrystallisirt werden, mit dem einzigen Unterschiede. daß man das dritte, vierte und fünfte Mal stärker einengt, sodaß stets die Hauptmenge des Salzes zurückgewonnen wird. Zur Orientirung folgen hier die Ausbeuten: beim dritten Mal 50 g, beim vierten Mal 48 g und beim fünften Mal 45 g. Durch das Umlösen werden die Krystalle, allmählich größer und in Wasser viel schwerer löslich. Man kann des-

---

[1]) Liebigs Ann. d. Chem. **349**, 324 [1906].
*) Vergl. S. 473.

halb zur Erleichterung auch in wenig Alkohol lösen und die mit Wasser verdünnte Flüssigkeit bei geringem Druck eindampfen. Zum Schluß resultirten feine Nadeln. Zur Umwandelung in die freie Säure löst man sie in Wasser von etwa 30°, fügt etwas mehr als die berechnete Menge verdünnter Salzsäure zu und extrahirt die *l*-α-Bromisocapronsäure mit Äther. Man trocknet diesen Auszug mit Natriumsulfat, verdampft den Äther am besten im Vacuum und destillirt den öligen Rückstand bei möglichst niedrigem Druck. Die Säure siedet unter 0,2—0,4 mm Druck bei ungefähr 94° (corr.).

Ein solches Präparat drehte im 1 dm-Rohr bei 20° Natriumlicht 66,81° nach links und hatte die Dichte 1,358, mithin

$$[\alpha]_D^{20} = -49,20°.$$

Bei Anwendung von 60 g racemischer Säure betrug die Ausbeute an Brucinsalz (5. Krystallisation) 45 g und an activer Säure von obigem Drehungsvermögen 8,64 g, mithin 14,4 pCt. der inactiven Säure und fast 29 pCt. der Theorie.

0,2122 g active Säure: 0,2040 g AgBr.

$C_6H_{11}O_2Br$ (Mol.-Gew. 195.07). Ber. Br 40,99. Gef. Br 40,91.

Zur Prüfung der Reinheit in optischer Beziehung wurde diese Säure noch einmal mit Hülfe des Brucinsalzes gereinigt. Sie drehte dann unter den gleichen Bedingungen wie oben 67,13° nach links. Mithin

$$[\alpha]_D^{20} = -49,43°.$$

Die Differenz von 0,23° ist so gering, daß sie auch ein Versuchsfehler sein kann; denn Temperaturschwankungen von 1° bewirken schon eine Veränderung der Drehung um 0,5°, und wir konnten bei unseren Beobachtungen die Temperatur nicht genauer als innerhalb ½ Grades halten.

d - Leucin aus *l* - α - Brom-isocapronsäure.

2 g *l*-α-Bromisocapronsäure mit dem spec. Drehungsvermögen $[\alpha]_D^{20} = -49,07°$ wurden in die fünffache Menge wäßrigen Ammoniaks (25-proc.) nach vorheriger, beiderseitiger Kühlung durch Kältemischung eingetragen und einen halben Tag auf niederer Temperatur gehalten, dann 4 Tage in geschlossenem Gefäß bei Zimmertemperatur sich selbst überlassen. Leucin schied sich von selbst aus. Es wurde abfiltrirt, getrocknet und ohne weitere Reinigung zur optischen Untersuchung verwendet.

0,9880 g in 20-procentiger Salzsäure gelöst. Gesammtgewicht der Lösung 1,7843 g. Dichte 1,1; Drehung bei 20° und Natriumlicht — 1,31°, also

$$[\alpha]_D^{20} = -14,20°.$$

Wenn für *d*-Leucin der Werth — 15,6°[1]) als richtig angenommen wird, so würde das Präparat 9 pCt. Racemkörper enthalten haben. Ein solcher Grad von Racemisirung kann wohl bei der Amidirung eintreten.

d - α - Brom-isocapronsäure.

Als die Mutterlauge vom Brucinsalz der isomeren Säure ohne weitere Concentration eine Woche lang bei Zimmertemperatur stehen blieb, schieden sich auf's neue Krystalle ab, die man schon äußerlich an der viel dickeren Form als verschieden von dem ersten Brucinsalz erkennen konnte. Die Ausbeute daran betrug 35 g auf 60 g der inactiven Säure. Wurden diese 35 g nochmals in der dreifachen Menge Wasser gelöst, die filtrirte Lösung bei 10 mm vorsichtig bis auf ungefähr $^1/_3$ Volumen eingedampft und dann bei 0° geimpft, so schieden sich beim längeren Stehen ebenfalls bei 0° 22 g derselben derben Krystalle aus. Aus ihnen wurde die Säure wie beim optischen Isomeren isolirt und gereinigt.

Die Ausbeute betrug 4 g, das sind 13,3 pCt. der Theorie, berechnet auf die racemische Säure. Die Untersuchung des Drehungsvermögens gab für Natriumlicht im 1 dcm-Rohr bei 20° α = + 66,53° und Dichte = 1,358, mithin

$$[\alpha]_D^{20} = + 48,99°.$$

Diese Zahl entspräche, wenn der für die linksdrehende Säure gefundene höchste Werth als richtig angenommen wird, einem Gehalt an Racemkörper von nicht ganz 1 pCt.

0,1912 g desselben Präparates gaben nach Carius 0,1848 g AgBr.
$C_6H_{11}O_2Br$ (Mol.-Gew. 195,07). Ber. Br 40,99. Gef. Br 41,13.

Eine Säure aus dem nicht umkrystallisirten Brucinsalz, dessen Menge 35 g betrug, hatte ein geringeres Drehungsvermögen und zwar

$$[\alpha]_D^{20} = + 46,85°.$$

l - Leucin aus *d* - α - Brom-isocapronsäure.

Die Überführung in Leucin wurde ebenso wie beim optischen Antipoden ausgeführt.

Für die optische Untersuchung der Aminosäure diente wieder die Lösung in 20-procentiger Salzsäure; Gesammtgewicht der Lösung 7,9385 g. Gehalt an *l*-Leucin 0,2956 g. Dichte 1,1. Drehung im 1 dcm-Rohr bei 20° und Natriumlicht 0,57° nach rechts. Mithin

$$[\alpha]_D^{20} = + 13,92°.$$

---

[1]) E. Fischer und Warburg, Berichte d. D. Chem. Gesellsch. **38**, 4003 [1905]. (*Proteine I, S. 155.*)

Das würde einem Gehalt von 11 pCt. Racemverbindung entsprechen, wenn man die specifische Drehung des reinen Leucins zu 15,6° annimmt.

α - Brom-hydrozimmtsäure.

Um diese bisher nur als Öl bekannte Säure[1]) krystallisirt zu erhalten, verfährt man folgendermaßen:

Aus reinem Benzol umgelöste und sorgfältig getrocknete Benzylbrommalonsäure wird $1/_2-1/_4$ Stunde unter einem Druck von 10—15 mm im Ölbade auf 105° erhitzt. Sobald die Gasentwickelung nachläßt, wird das gelbe Öl bei einem Druck von 0,2—0,5 mm destillirt. Zuerst entwickelt sich noch eine geringe Menge Kohlensäure und Bromwasserstoff, dann geht ein schwer flüssiges, farbloses Öl innerhalb weniger Grade über. Der Siedepunkt lag unter 0,2 mm Druck bei 138—141° (Thermometer ganz im Dampf). Je niedriger der Druck, desto besser ist die Ausbeute. Aus 55 g Benzylbrommalonsäure wurden 42 g bei 0,2 mm destillirte α-Bromhydrozimmtsäure erhalten, entsprechend 91 pCt. der Theorie. Bleibt das Präparat im verschlossenen Gefäß bei 0° stehen, so beginnt in der Regel nach einigen Tagen die Krystallisation. Es bilden sich strahlige Büschel, in dem Öl, und nach weiteren 4—5 Tagen ist fast die ganze Masse unter merkbarer Contraction erstarrt. Die Krystallmasse läßt sich von kleinen Mengen anhaftenden Öls durch Aufstreichen auf poröse Thonplatten befreien. Man muß sie aber dabei sorgfältig vor Feuchtigkeit schützen. Umkrystallisiren ist nicht möglich, weil die Substanz auch aus Wasser und Petroläther, in denen sie sich am schwersten löst, zuerst immer wieder ölig ausfällt. Die fettig anzufühlenden Nadeln sind leicht löslich in Alkohol, Aceton, Benzol, Essigester, ein wenig schwerer in Äther. Sie schmelzen ungefähr bei 48—49°.

0,1876 g Sbst.: 0,3240 g CO_2, 0,0687 g H_2O. — 0,1945 g Sbst.: 0,1590 g AgBr.

$C_9H_9O_2Br$ (Mol. 229,05).   Ber. C 47,15, H 3,97, Br 34,91.

Gef. ,, 47,10, ,, 4,10, ,, 34,79.

In Ergänzung der früheren Angaben[2]) erwähnen wir, daß die α-Bromhydrozimmtsäure und ihre Lösungen die Haut stark angreifen und Ekzem erzeugen. Im reinen festen Zustand läßt sie sich im verschlossenen Gefäß recht lange aufbewahren, dagegen zerfließt sie an der Luft. Die reine Säure zeigte im geschmolzenen Zustand bei 20° die Dichte 1,48.

---

[1]) Berichte d. D. Chem. Gesellsch. **37**, 3064 [1904]. (*Proteine I, S. 371.*)
[2]) Ebenda **37**, 3064 [1904]. (*Proteine I, S. 371.*)

l - α - Brom-hydrozimmtsäure.

Die Spaltung der racemischen Säure kann sowohl durch Brucin,
wie durch Chinin bewirkt werden; wir beschreiben hier nur das erste
Verfahren.

Wegen der Neigung der Bromhydrozimmtsäure, bei Gegenwart von
Basen in Zimmtsäure überzugehen, müssen auch ihre Alkaloïdsalze mit
großer Vorsicht behandelt werden. Abdampfen der wäßrigen Lösung
selbst bei geringem Druck bewirkt schon theilweise Zersetzung. Für
die Krystallisation des Brucinsalzes diente deshalb folgendes Verfahren.

60 g reine, inactive α-Bromhydrozimmtsäure wurden mit 105 g
wasserfreiem Brucin in möglichst wenig Alkohol bei gewöhnlicher Temperatur gelöst und zur filtrirten Lösung die 6-fache Menge Wasser gegeben. Dabei schieden sich 110 g Brucinsalz krystallinisch aus. Es
wurde fein gepulvert, wieder in möglichst wenig Alkohol von 25° gelöst,
mit etwas mehr als der berechneten Menge verdünnter Salzsäure versetzt und die Flüssigkeit mit viel Wasser verdünnt.

Die hierdurch gefällte Bromhydrozimmtsäure wurde mehrmals ausgeäthert, die ätherische Lösung mit Natriumsulfat getrocknet, filtrirt
und nach dem Verdampfen des Äthers bei 0,2—0,4 mm destillirt.

Sie ging bei 138—143° über und zeigte dann im 1 dcm-Rohr bei
20° und Natriumlicht eine Drehung von 4,25° nach links.

Mit dieser linksdrehenden Säure wurde zum zweiten Mal das Brucinsalz wie oben dargestellt. Diesmal war die Ausbeute 49 g. Glänzende
Nadeln. Die optische Untersuchung der daraus isolirten freien Säure
ergab nun den Drehungswinkel α = − 8,8°.

Nach der dritten Krystallisation (36 g) stieg der Werth auf − 11,68°
und nach der vierten auf − 11,96°. Die letzte Steigerung war so gering,
daß die Fortsetzung des Verfahrens zwecklos erschien. Die Ausbeute
an activer Säure betrug schließlich nur 18 pCt. der Theorie. Die Verluste
werden aber viel kleiner, wenn man die öftere Isolirung der freien Säure
vermeidet und das Umkrystallisiren des Brucinsalzes durch einfaches
Lösen in kaltem Alkohol und Fällen mit Wasser bewirkt. Die Ausbeute
betrug dann nach zweimaligem Umlösen 44 pCt. der Theorie, und das
Präparat hatte die Drehung α = − 11,92°.

Eine Probe der Säure vom Drehungswinkel α = − 11,96° wurde
analysirt.

0,1821 g Sbst.: 0,1493 g AgBr.

$C_9H_9O_2Br$ (Mol. 229,05). Ber. Br 34,91. Gef. Br 34,89.

Das Präparat hatte die Dichte 1,48, mithin

$$[\alpha]_D^{20°} = − 8,08°.$$

Die *l*-α-Bromzimmtsäure konnte nicht krystallisirt erhalten werden. Dagegen krystallisirte aus einer Säure, die das polarisirte Licht nur 5° nach links drehte, bei mehrtägigem Stehen bei 0° der Racemkörper so vollständig aus, daß für das abgesaugte Öl im 1 dcm-Rohr eine Drehung von 12,28° nach links oder $[\alpha]_D^{20°} = -8,3°$ gefunden wurde. Das ist sogar 0,2° mehr als bei der Säure, die aus dem 4 Mal krystallisierten Brucinsalz gewonnen und destilliert war. Vielleicht rührt das von einer geringen Racemisirung bei der Destillation her. Selbstverständlich ist es vortheilhaft, die Krystallisation durch Impfen einzuleiten.

Da es sehr unwahrscheinlich ist, daß bei dem Ausfrieren aller oder nahezu aller Racemkörper entfernt wird, so können wir auch nicht annehmen, daß die Säure von $\alpha = -12,28°$ schon ganz rein war.

d - P h e n y l - a l a n i n a u s *l* - α - B r o m - h y d r o z i m m t s ä u r e.

2 g Säure von $\alpha = -11,96°$ und 10 ccm wäßriges Ammoniak von 25 pCt. wurden getrennt in einer Kältemischung gekühlt und dann zusammengebracht. Nachdem die Lösung einen halben Tag auf niedriger Temperatur gehalten war, blieb sie im verschlossenen Gefäße 5 Tage bei gewöhnlicher Temperatur stehen. Dann wurde auf dem Wasserbade verdampft, der Rückstand mit Alkohol ausgekocht und abfiltrirt. Um die letzten Spuren Bromammonium zu entfernen, haben wir das Phenylalanin noch aus heißem Wasser umkrystallisirt. Die Ausbeute betrug 0,7 g oder 50 pCt. der Theorie.

Zur optischen Untersuchung diente die wäßrige Lösung. 0,2134 g Substanz, Gewicht der Lösung 18,8354 g. Dichte 1,00. Drehung im 2 dcm-Rohr bei 20° und Natriumlicht 0,72° nach rechts. Mithin

$$[\alpha]_{20}^{D} = +31,78°.$$

Wenn man den von E. Fischer und Mouneyrat[1]) für *d*-Phenylalanin ermittelten Wert

$$[\alpha]_{20}^{D} = +35,08°$$

als richtig annimmt, so hätte obiges Phenylalanin 9,4 pCt. Racemkörper enthalten.

Ein Rückschluß auf die Reinheit der *l*-Bromhydrozimmtsäure läßt sich daraus aber nicht ziehen, da die Ausbeute an Phenylalanin nur 50 pCt. der Theorie betrug, und da man auch nicht weiß, wie stark die Racemisation bei der Umwandlung der Bromverbindung in die Aminosäure ist.

d - α - B r o m - h y d r o z i m m t s ä u r e.

Sie ist in den Mutterlaugen enthalten, die beim Auskrystallisiren des *l*-α-bromhydrozimmtsauren Brucins resultiren, und läßt sich daraus

---

[1]) Berichte d. D. Chem. Gesellsch. **33**, 2385 [1900]. (*Proteine I, S. 135.*)

durch Übersättigen mit Salzsäure und Ausäthern gewinnen. War die Menge des auskrystallisirten Brucinsalzes etwa $^2/_3$ des Ganzen, so zeigte die gewonnene d-Bromhydrozimmtsäure einen Drehungswinkel von ungefähr 7,5°. Durch Impfen mit dem Racemkörper und mehrtägiges Aufbewahren bei 0°, dann Absaugen des Öles, konnte die Activität so gesteigert werden, daß bei 20° und Natriumlicht $\alpha = -11,1°$ oder $[\alpha]_D^{20°} = -7,9°$ war.

Wie schon erwähnt, läßt sich die Zerlegung der racemischen α-Brom-hydrozimmtsäure auch mit Chinin bewerkstelligen. Zur Darstellung des Chininsalzes verfährt man folgendermaßen: Man löst äquimolekulare Mengen der Säure und der Base in der $2^1/_2$-fachen Menge Alkohol von gewöhnlicher Temperatur. Nach kurzer Zeit tritt ohne Hinzufügen von Wasser eine reichliche Krystallisation des Chininsalzes ein. Sie enthält ebenfalls hauptsächlich die l-α-Bromhydrozimmtsäure. Aus der Mutter-lauge läßt sich dann durch Übersättigung mit Schwefelsäure und Aus-äthern die isomere Säure, natürlich im unreinen Zustand, gewinnen. Als die Menge des auskrystallisirten Chininsalzes 65 pCt. der Gesammt-menge betrug, wurde für die aus der Mutterlauge isolirte d-α-Brom-hydrozimmtsäure bei 20° und Natriumlicht der Drehungswinkel 7,6° gefunden, und konnte dann durch Ausfrieren, wie oben schon erwähnt, gesteigert werden. Will man sich auf die Gewinnung der d-α-Bromhydro-zimmtsäure beschränken, so würde das Chininsalz den Vorzug verdienen.

11. Emil Fischer und Wilhelm Schmitz: Über Phenyl-buttersäuren und ihre α-Aminoderivate.

Berichte der Deutschen Chemischen Gesellschaft **39**, 2208 [1906].

(Eingeg. am 12. Juni 1906; vorgetragen in der Sitzung von Hrn. E. Fischer.)

Vor kurzem[1]) haben wir unter dem Namen γ-Phenyl-α-amino-buttersäure eine Substanz beschrieben, die wir mit Hülfe der Malon-estersynthese aus dem vermeintlichen ω-Chloräthylbenzol erhielten und die bei normalem Verlauf der Synthese die von uns angenommene Structur $C_6H_5 \cdot CH_2 \cdot CH_2 \cdot CH(NH_2) \cdot COOH$ haben mußte. Bald dar-auf erschien eine Mittheilung der HHrn. Franz Knoop und Hans Hössli[2]), in der eine Synthese der γ-Phenyl-α-aminobuttersäure aus der γ-Phenyl-α-ketobuttersäure durch Reduction des Oxims beschrie-ben wird.

Da diese Substanz ganz andere Eigenschaften besitzt wie unser Präparat, so glauben die HHrn. Knoop und Hössli, daß dem letz-teren eine andere Structur zuzuschreiben sei, weil vielleicht das ver-wendete Chloräthylbenzol nicht die angenommene Constitution besitze. Hr. Knoop hatte die Freundlichkeit, uns schon vorher privatim von seinem Resultat in Kenntniss zu setzen, und wir haben in Folge dessen unsere Versuche wieder aufgenommen, um die oben erwähnte Diffe-renz aufzuklären. Da nach den Versuchen von Knoop und Hössli die Constitution ihrer γ-Phenyl-α-aminobuttersäure nicht zu bezwei-feln war, so lag die Vermuthung nahe, daß unsere Verbindung das Phenyl nicht in der γ-, sondern in der β-Stellung enthalte.

Um dieses zu prüfen, haben wir zunächst die von uns beschriebene Phenäthylmalonsäure durch Abspaltung von Kohlensäure in die ent-sprechende Phenylbuttersäure verwandelt und festgestellt, daß sie von

---

[1]) Berichte d. D. Chem. Gesellsch. **39**, 351 [1906]. (*Proteine I*, S. *205*.)
[2]) Ebenda **39**, 1477 [1906].

der bekannten γ-Phenylbuttersäure verschieden ist. Zur Erklärung dieses Resultates konnte man an einen anormalen Verlauf der Malonestersynthese in diesem besonderen Falle denken. Es war möglich, daß aus β-Chloräthylbenzol, $C_6H_5 \cdot CH_2 \cdot CH_2Cl$, bei der Behandlung mit Natriummalonester unter vorübergehender Abspaltung von Chlorwasserstoff und Addition der ungesättigten Verbindung an Natriummalonester der Ester $CH_3 \cdot CH(C_6H_5) \cdot CH(CO_2C_2H_5)_2$ entsteht. Allerdings hat schon Vorländer nachgewiesen[1]), daß Styrol sich nicht mit Natriummalonester verbindet, aber trotzdem war der vorher angenommene Verlauf der Reaction doch nicht mit Sicherheit auszuschließen. Wir haben deshalb das von Grignard[2]) dargestellte β-Bromäthylbenzol, $C_6H_5 \cdot CH_2 \cdot CH_2Br$, das nach der Synthese ein einheitliches Product ist und dessen Structur feststeht, mit Natriummalonester combinirt und dabei eine Reihe von Körpern bekommen, die mit den von uns aus dem Chloräthylbenzol erhaltenen isomer sind. Als Endproduct dieser Reihe entstand dieselbe γ-Phenyl-α-aminobuttersäure, welche von Knoop und Hössli beschrieben ist. Durch dieses Resultat wurde es in hohem Grade wahrscheinlich, daß das sogenannte ω-Chloräthylbenzol kein einheitliches Product von der Formel $C_6H_5 \cdot CH_2 \cdot CH_2 \cdot Cl$ sei.

Die Annahme dieser Structur beruht einerseits auf der Angabe von Fittig und Kiesow[3]), daß das von ihnen entdeckte Chlorid durch Behandlung mit Cyankalium in Hydrozimmtsäure verwandelt werden kann, und andererseits auf der Beobachtung von Anschütz[4]), daß aus demselben Chlorid mit Benzol und Aluminiumchlorid Dibenzyl entsteht. Bei der Genauigkeit ihrer Angaben kann an der Richtigkeit kein Zweifel bestehen, aber es verdient doch hervorgehoben zu werden, daß über die Ausbeute in keinem Falle etwas gesagt ist. Fittig und Kiesow sagen nur, daß aus ihrem Chloräthylbenzol, welches allerdings bei gewöhnlichem Druck destillirt war, neben der Hydrozimmtsäure keine Hydratropasäure entstehe und ziehen daraus den Schluß, daß ihr Phenyläthylchlorür ein einheitliches Product von der Formel $C_6H_5 \cdot CH_2 \cdot CH_2Cl$ sei. Später hat J. Schramm[5]) gezeigt, daß das aus Äthylbenzol und Chlor in der Kälte unter Mitwirkung des Sonnenlichtes entstandene Chlorderivat vorzugsweise die α-Verbindung $C_6H_5 \cdot CHCl \cdot CH_3$ ist, und daß auch in dem nach Fittig und Kiesow in der Siedehitze bereiteten Product α-Verbindung enthalten ist, über deren Menge er sich allerdings nicht äußert.

---

[1]) Liebigs Ann. d. Chem. **320**, 78 [1901].
[2]) Compt. rend. **138**, 1049 [1904]; Bull. soc. chim. **31**, 419 [1904].
[3]) Liebigs Ann. d. Chem. **156**, 245 [1870].
[4]) Liebigs Ann. d. Chem. **235**, 329 [1886].
[5]) Monatsh. f. Chem. **8**, 101 [1887]; Berichte d. D. Chem. Gesellsch. **26**, 1707 [1893].

Wir haben das Chloräthylbenzol in der Siedehitze aus käuflichem Äthylbenzol anfangs ohne Regulirung der Temperatur, später unter Anwendung eines auf 150° erhitzten Ölbades an hellen wie auch an trüben Wintertagen bereitet und keinen sehr wesentlichen Unterschied bei der Combination mit Natriummalonester gefunden. Da die Ausbeute an Phenäthylmalonester 50 pCt. der Theorie und die Umwandlung des Esters in die reine Phenäthylmalonsäure 80 pCt. der Theorie betrug, so kommen wir zum Schluß, daß das von uns verwendete Chloräthylbenzol mindestens zur Hälfte, aber wahrscheinlich mehr α-Chlorverbindung enthielt.

Um diese Rechnung zu prüfen, haben wir endlich noch das Chlorpräparat durch Kochen mit Kupfernitrat oxydirt und dabei große Mengen Acetophenon erhalten, welches durch das Semicarbazon identificirt wurde. Aus der Menge des letzteren berechnet sich die Ausbeute an Acetophenon zu 60 pCt. der Theorie, sodaß man also wohl annehmen kann, daß unser Chloräthylbenzol zu wenigstens 60% α-Verbindung war. Die Menge der β-Chlorverbindung können wir nicht beurtheilen, da für ihre Ermittlung eine genaue Methode fehlt. Ob bei der Bereitung des Präparates im Dunkeln andere Resultate erhalten werden, oder ob bei der von Fittig und Kiesow angewandten Destillation des Chloräthylbenzols unter gewöhnlichem Druck, die unter starker Zersetzung vor sich geht, die α-Verbindung zerstört wird, haben wir nicht geprüft. Wir fassen die Ergebnisse unserer Versuche folgendermaßen zusammen:

1. Das in der üblichen Weise durch Einwirkung von Chlor auf siedendes Äthylbenzol bei Tageslicht dargestellte sogenannte ω-Chloräthylbenzol enthält in überwiegender Menge das α-Chloräthylbenzol, $C_6H_5 \cdot CHCl \cdot CH_3$.

2. Die Malonestersynthese verläuft auch bei den Halogenderivaten des Äthylbenzols in normaler Weise.

3. Die von uns aus Chloräthylbenzol dargestellten und früher beschriebenen Derivate der Malonsäure und Phenylbuttersäure sind wie folgt zu formuliren und zu benennen:

sec.-Phenäthylmalonester, $\dfrac{C_6H_5}{CH_3}{>}CH \cdot CH(CO_2C_2H_5)_2$;

sec.-Phenäthylmalonsäure, $CH_3 \cdot CH(C_6H_5) \cdot CH(COOH)_2$;

sec.- Phenäthylbrommalonsäure, $CH_3 \cdot CH(C_6H_5) \cdot CBr(COOH)_2$;

β-Phenyl-α-brombuttersäure, $CH_3 \cdot CH(C_6H_5) \cdot CHBr \cdot COOH$;

β-Phenyl-α-aminobuttersäure, $CH_3 \cdot CH(C_6H_5) \cdot CH(NH_2) \cdot COOH$.

Was die Nomenclatur betrifft, so kann die früher angewandte Bezeichnung Phenyläthylmalonester zu Mißverständnissen führen. Wir halten es deshalb für besser, ,,Phenäthyl'' an Stelle von ,,Phenyläthyl''

8*

zu sagen und die beiden isomeren Phenäthyl-Radicale $C_6H_5 \cdot CH_2 \cdot CH_2$ und $C_6H_5 \cdot CH(CH_3)$ durch Zufügung von *primär* oder *secundär* zu unterscheiden[1]):

prim.-Phenäthylmalonester, $C_6H_5 \cdot CH_2 \cdot CH_2 \cdot CH(COOC_2H_5)_2$;

sec.- Phenäthylmalonester, $\genfrac{}{}{0pt}{}{C_6H_5}{CH_3}\Big\rangle CH \cdot CH(CO_2C_2H_5)_2$.

prim.- Phenäthylmalonester,
$C_6H_5 \cdot CH_2 \cdot CH_2 \cdot CH(COOC_2H_5)_2$.

Für seine Bereitung diente als Ausgangsmaterial das von Grignard[2]) beschriebene β-Bromäthylbenzol. Ebenso wie beim Chlorid wurde auch hier der Natriummalonester im Überschuß ($1\frac{1}{2}$ Mol.) angewandt. Zu einer Lösung von 6,5 g Natrium in 90 ccm absolutem Alkohol wurden 45 g Malonsäureäthylester und 30 g β-Bromäthylbenzol zugegeben. Der Eintritt der Reaction macht sich sofort durch Erwärmung und Abscheidung von Bromnatrium bemerkbar. Man erhitzt noch 6 Stunden am Rückflußkühler, verdampft den größten Theil des Alkohols, versetzt den Rückstand mit Wasser, extrahirt das Öl mit Äther, trocknet diesen mit Natriumsulfat und unterwirft den nach Verjagen des Äthers bleibenden Rückstand der Vacuumdestillation. Unter 16 mm Druck ging der allergrößte Theil zwischen 178° und 182° als farbloses, dickes Öl über. Die Ausbeute betrug 60 pCt. der Theorie. Das Präparat wurde nicht analysirt.

prim.- Phenäthylmalonsäure,
$C_6H_5 \cdot CH_2 \cdot CH_2 \cdot CH(COOH)_2$.

Zur Verseifung wurden 23 g Ester mit 25 ccm ($2\frac{1}{5}$ Mol. KOH) Kalilauge vom spec. Gewicht 1,32 auf dem Wasserbade unter Umschütteln erwärmt, wobei nach wenigen Minuten klare Lösung eintrat. Die Verseifung ist nach 15—20 Minuten beendet. Die gut abgekühlte Lösung wird mit 40 ccm 5-fach Normal Salzsäure durch allmählichen Zusatz übersättigt und mehrmals ausgeäthert. Beim Verdampfen des Äthers bleibt jetzt die *prim.*-Phenäthylmalonsäure krystallinisch zurück. Die Ausbeute betrug 16 g oder 88 pCt. der Theorie. Zur Analyse wurde aus heißem Benzol umkrystallisirt und über Phosphorpentoxyd im Vacuum getrocknet.

0,1661 g Sbst.: 0,3863 g CO_2, 0,0888 g H_2O.

$C_{11}H_{12}O_4$.   Ber. C 63,50, H 5,80.

Gef. ,, 63,43, ,, 5,99.

---

[1]) Analog *prim.*-Butyl- und *sec.*-Butyl- —.

[2]) a. a. O.

Die Säure schmilzt beim raschen Erhitzen im Capillarrohr gegen 130—131° (corr.) unter lebhafter Kohlensäureentwicklung. In Alkohol und heißem Wasser ist sie leicht löslich. Aus warmem Wasser krystallisirt sie beim Abkühlen in farblosen, kleinen, lanzettähnlichen Nädelchen, die meist zu Büscheln vereinigt sind. Aus heißem Benzol oder Toluol fällt sie ebenfalls in mikroskopisch kleinen Nadeln. Beim Erhitzen verwandelt sie sich in γ-Phenylbuttersäure.

Zu dem Zweck wurde sie zuerst im Ölbade bei 140° bis zur Beendigung der Gasentwicklung erwärmt und dann der Rückstand bei gewöhnlichem Druck destillirt. Das Destillat erstarrte sofort. Die Ausbeute betrug 88 pCt. der Theorie. Zur Analyse wurde aus warmem Benzol umkrystallisirt und im Vacuum über Phosphorpentoxyd getrocknet.

0,1515 g Sbst.: 0,4070 g CO_2, 0,1004 g H_2O.

$C_{10}H_{12}O_2$.   Ber. C 73,20, H 7,3.
Gef. ,, 73,26, ,, 7,4.

Die Eigenschaften des Präparates entsprachen ganz den Angaben von Fittig und Shields[1]). Der Schmelzpunkt der aus Benzol umkrystallisirten Säure lag bei 51°. Aus warmem Wasser, in dem sie ziemlich schwer löslich ist, fällt sie beim Erkalten in glänzenden Blättchen aus. Das Calciumsalz wurde durch Verdunsten der wäßrigen Lösung in schönen, langen Nadeln erhalten. Seine kalt gesättigte, wäßrige Lösung trübt sich nicht beim Erhitzen, wie das bei dem Calciumsalz der isomeren β-Phenylbuttersäure der Fall ist.

prim.- Phenäthylbrommalonsäure,

$$C_6H_5 \cdot CH_2 \cdot CH_2 \cdot CBr(COOH)_2.$$

11 g *prim.*-Phenäthylmalonsäure werden in 110 ccm reinem Äther gelöst und mit 10 g Brom (1,2 Mol.) versetzt. Bei Tageslicht tritt sehr bald starke Entwicklung von Bromwasserstoff ein, und der größte Theil des Broms verschwindet. Je nach der Temperatur läßt man $1/_2$—1 Stunde stehen, fügt dann Wasser und schweflige Säure bis zur Zerstörung des freien Broms hinzu, trocknet die ätherische Lösung mit Natriumsulfat und verdunstet den Äther, wobei die ·Bromverbindung krystallinisch zurückbleibt. Die Ausbeute betrug 90 pCt. der Theorie. Für die Analyse wurde einmal aus heißem Benzol umkrystallisirt und im Vacuum über Phosphorpentoxyd getrocknet.

0,1995g Sbst.: 0,3380g CO_2, 0,0726g H_2O. — 0,1648g Sbst.: 0,1077g AgBr.

$C_{11}H_{11}O_4Br$.   Ber. C 46,0, H 3,80, Br 27,9.
Gef. ,, 46,2, ,, 4,08, ,, 27,8.

---

[1]) Liebigs Ann. d. Chem. **288**, 205 [1895].

Bei raschem Erhitzen im Capillarrohr schmilzt die Substanz gegen 158° (corr.) unter Kohlensäureentwicklung, also erheblich höher wie die secundäre Phenäthylbrommalonsäure (116—118°). In heißem Wasser ist sie leicht löslich und scheidet sich nach dem Erkalten ziemlich langsam in sehr feinen Nadeln ab. Sie ist in Äther und Alkohol sehr leicht, in kaltem Benzol oder Toluol ziemlich schwer löslich.

Um die Verbindung in die entsprechende γ-Phenyl-α-Brombuttersäure, $C_6H_5 \cdot CH_2 \cdot CH_2 \cdot CHBr \cdot COOH$, überzuführen, wurden 7 g im Ölbade 10 Minuten auf 160—165° erhitzt, bis die Gasentwicklung beendet war, und dann das dunkle Öl bei 0,5 mm Druck destillirt, wobei der größte Theil gegen 150° überging. Die Ausbeute betrug 5,3 g oder 86 pCt. der Theorie. Die Säure ist ein wenig gefärbtes dickes Öl, welches bisher nicht krystallisirt erhalten wurde. Sie ist in Wasser recht schwer, in Alkohol, Äther, Benzol, Petroläther leicht löslich. Analysirt wurde sie nicht.

γ - Phenyl - α - aminobuttersäure, $C_6H_5 \cdot CH_2 \cdot CH_2 \cdot CH(NH_2) \cdot COOH$.

Wird die ölige γ-Phenyl-α-brombuttersäure in der 5-fachen Menge wäßrigen Ammoniaks von 25 pCt. gelöst und im verschlossenen Rohr 3 Stunden auf 100° erhitzt, so ist schon ein erheblicher Theil der Aminosäure krystallinisch abgeschieden. Man verjagt das Ammoniak auf dem Wasserbade, wäscht die Krystallmasse mit wenig kaltem Wasser zur Entfernung des Bromammons und krystallisirt den Rückstand aus heißem Wasser unter Zusatz von wenig Thierkohle um. Die Ausbeute betrug 70 pCt. der Theorie, berechnet auf die angewandte ölige γ-Phenyl-brombuttersäure.

0,1684 g Sbst.: 0,4132 g CO_2, 0,1153 g H_2O. — 0,1604 g Sbst.: 11 ccm N (19°, 759 mm).

$C_{10}H_{13}O_2N$.   Ber. C 67,04, H 7,26, N 7,82.
　　　　　　　Gef. ,, 66,92, ,, 7,66, ,, 7,90.

Die Eigenschaften des Productes entsprechen ganz den Angaben von Knoop und Hössli über die von ihnen auf einem anderen, viel bequemeren Wege dargestellte Aminosäure.

Kupfersalz. Knoop und Hössli geben an, daß die wäßrige Lösung ihrer Säure auffälligerweise weder Kupfercarbonat noch Kupferoxyd in nennenswerter Menge löse. Das liegt, wie wir festgestellt haben, an der äußerst geringen Löslichkeit des Kupfersalzes.

0,25 g Aminosäure wurden in 14 ccm $^1/_{10}$-n. Natronlauge und 14 ccm Wasser heiß gelöst und in der Siedehitze eine verdünnte Lösung von Kupfersulfat zugesetzt. Hierbei fiel das Kupfersalz sofort als flockiger, schwach blau gefärbter Niederschlag aus, der über Schwefelsäure im Vacuum getrocknet wurde.

0,1487 g Sbst.: 0,0280 g CuO.

　　Ber. Cu 15,23.　　Gef. Cu 15,06.

β - Phenylbuttersäure, $\begin{matrix} C_6H_5 \\ CH_3 \end{matrix}\rangle CH \cdot CH_2 \cdot COOH$.

Die früher beschriebene *sec.*-Phenäthylmalonsäure verliert beim Erhitzen auf 140—145° ziemlich rasch Kohlensäure und die dabei gleichzeitig entstehende β-Phenylbuttersäure läßt sich durch Destillation reinigen. Der Siedepunkt liegt bei gewöhnlichem Druck ungefähr bei 270° und unter 16 mm ungefähr bei 160°. Für die genaue Bestimmung reichte unser Material nicht aus. Das dickflüssige, farblose Öl erstarrte in der Kältemischung bei längerem Stehen. Es wurde aus sehr wenig Petroläther umkrystallisirt und für die Analyse über Phosphorpentoxyd getrocknet.

　　0,1558 g Sbst.: 0,4183 g CO$_2$, 0,1058 g H$_2$O.

　　　　$C_{10}H_{12}O_2$.　　Ber. C 73,2, H 7,3.

　　　　　　　　Gef. „ 73,2, „ 7,6.

Der Schmelzpunkt des analysirten Präparates lag bei 38—39° (corr.). Die Säure ist in kochendem Wasser schwer löslich und krystallisirt daraus nach völligem Erkalten in sehr kleinen Nadeln. Aus Petroläther, worin sie in der Wärme sehr leicht löslich ist, krystallisirt sie beim Abkühlen in einer Kältemischung in wohlausgebildeten kleinen Prismen.

Von der isomeren γ-Phenylbuttersäure unterscheidet sie sich nicht allein durch den Schmelzpunkt, sondern auch besonders durch die Eigenschaften des Calciumsalzes. Zur Bereitung desselben wurden 0,4 g Säure mit Calciumcarbonat und ungefähr 30 ccm Wasser bis zur neutralen Reaction erwärmt und das Filtrat auf 6 ccm eingedampft, wobei sich schon in der Hitze starke Abscheidung des Calciumsalzes bemerkbar machte, die bei gewöhnlicher Temperatur zum allergrößten Theil wieder verschwand. Die klare, kalte Lösung trübte sich beim Erwärmen stark durch Abscheidung eines zähen Öls, das beim Erkalten wieder in Lösung ging. Die Lösung des Calciumsalzes gab mit Bleiacetat einen weißen, amorphen, zähen Niederschlag.

Das Silbersalz fällt aus der Lösung des Calcium- oder Ammoniak-Salzes durch Silbernitrat als farbloser, dichter Niederschlag, in dem man unter dem Mikroskop häufig äußerst feine Nädelchen erkennt. Es löst sich in kochendem Wasser ziemlich schwer und scheidet sich aus dieser Lösung beim Eindampfen unter geringem Druck in hübschen, kleinen Nadeln ab, die für die Analyse im Vacuum über Phosphorpentoxyd getrocknet wurden.

　　0,1260 g Sbst.: 0,0506 g Ag.

　　　　$C_{10}H_{11}O_2Ag$.　　Ber. Ag 39,83.　　Gef. Ag 40,16.

Oxydation des Chloräthylbenzols.

Das für diese Versuche benutzte Chloräthylbenzol war durch Einleiten von Chlor in Äthylbenzol, das im Ölbade auf 145° erhitzt war, dargestellt. Es kochte bei 10 mm Druck zwischen 84—87°. 4 g des Chlorids wurden mit 40 ccm Wasser und 12 g krystallisirtem, wasserhaltigem Kupfernitrat 10 Stunden am Rückflußkühler gekocht. Das Öl war dann chlorfrei, und gab mit fuchsin-schwefliger Säure keine Aldehyd-Reaction. Zur Isolirung des hierbei entstandenen Acetophenons wurde mit Wasserdampf destillirt und das übergehende Öl mit Äther aufgenommen. Das beim Verdampfen des Äthers zurückbleibende Keton wurde in der üblichen Weise in das Semicarbazon[1]) verwandelt. Die Ausbeute an letzterem betrug 3 g fast reinen Präparates.

0,1573 g Sbst.: 32,2 ccm N (17°, 759 mm).

$C_9H_{11}ON_3$. Ber. N 23,73.   Gef. N 23,78.

Wäre das angewandte Chloräthylbenzol ausschließlich α-Verbindung gewesen, und die Umwandlung in Acetophenon und Semicarbazon quantitativ verlaufen, so hätten nicht mehr als 5 g entstehen können. Unter der Voraussetzung, daß nur α-Chloräthylbenzol bei der eben erwähnten Behandlung in Acetophenon übergeht, kann man aus dem Resultate auch schließen, daß das von uns benutzte Präparat zum großen Theile aus α-Verbindung bestand.

---

[1]) Stobbe, Liebigs Ann. d. Chem. **308**, 124.

12. Emil Fischer und Herbert Blumenthal: Synthese der α-Amino-γ-oxy-buttersäure.

Berichte der Deutschen Chemischen Gesellschaft **40**, 106 [1907].

(Eingegangen am 2. Januar 1907.)

In ähnlicher Weise wie die gewöhnlichen Aminosäuren lassen sich auch manche ihrer Oxyderivate mittels der substituierten Malonsäuren bereiten, indem man diese bromiert, dann Kohlensäure abspaltet, und die resultierende Bromfettsäure mit Ammoniak behandelt. Als erstes Beispiel für diese Art Synthese wollen wir die Gewinnung der α-Amino-γ-oxybuttersäure beschreiben. Wir benutzten dabei als Ausgangsmaterial die von W. H. Perkin, Bentley und Haworth[1]) dargestellte Phenoxyäthyl-malonsäure, $C_6H_5O \cdot CH_2 \cdot CH_2 \cdot CH(COOH)_2$. Sie läßt sich leicht bromieren und durch Abspaltung von Kohlensäure in α-Brom-γ-phenoxybuttersäure, $C_6H_5O \cdot CH_2 \cdot CH_2 \cdot CHBr \cdot COOH$, verwandeln. Daraus entsteht dann durch die Behandlung mit wäßrigem Ammoniak die entsprechende Aminosäure, die durch Kochen mit starker Bromwasserstoffsäure in Phenol und α-Amino-γ-oxybuttersäure, $HO \cdot CH_2 \cdot CH_2 \cdot CH(NH_2) \cdot COOH$, gespalten wird. Diese geht ebenso wie ihr Homologes, die α-Amino-γ-oxyvaleriansäure[2]) leicht in das Lacton über, und dessen Bromhydrat krystallisiert aus dem Verdampfungsrückstand der bromwasserstoffsauren Lösung ziemlich rasch heraus. Aus ihm konnten wir die freie Aminosäure und einige ihrer Derivate bereiten.

Darstellung der γ-Phenoxy-äthylmalonsäure.

Zur Bereitung des Esters sind wir der Vorschrift von W. H. Perkin, Bentley und Haworth gefolgt, nur wurde der mit Äther extrahierte Rohester, der auch unveränderten Malonester und Diphenoxyäthylmalonester enthält, unter stark vermindertem Druck fraktioniert. Die Ausbeute betrug 55 pCt. der Theorie. Zur Verseifung wurden 30 g Ester mit 53 g Kalilauge von 33 pCt. unter Erwärmen auf dem Wasserbade stark geschüttelt und die Lösung durch Zusatz von sehr wenig Alkohol

---

[1]) Journ. Chem. Soc. **69**, 165ff.
[2]) E. Fischer und H. Leuchs, Berichte d. D. Chem. Gesellsch. **35**, 3787 [1902].
(*Proteine I, S. 248.*)

befördert. Es tritt bald klare Lösung ein, und nach weiterem halbstündigem Erwärmen auf dem Wasserbade ist die Verseifung beendet. Die in der Kälte mit Salzsäure übersättigte Lösung wird ausgeäthert. Die Ausbeute an Phenoxyäthylmalonsäure betrug 90 pCt. der Theorie.

α - Brom-γ-phenoxy-äthylmalonsäure.

Zu einer Lösung von 50 g Phenoxyäthylmalonsäure in reinem, trocknem Äther (etwa 600 g) läßt man im Tageslicht 38 g Brom (etwas mehr als 1 Mol.) langsam zufließen. Dieses verschwindet zuerst langsam, später aber sehr rasch. Da die Flüssigkeit sich erwärmt, so ist es gut, mit Eiswasser zu kühlen. Zum Schluß ist das Gemisch durch überschüssiges Brom gefärbt. Man läßt höchstens 5 Minuten stehen, weil sonst der Überschuß des Broms noch substituierend wirkt und bromreichere Produkte entstehen, fügt dann wäßrige, schweflige Säure hinzu, bis beim Umschütteln das freie Brom verschwunden ist, wäscht die abgehobene ätherische Lösung mit Wasser, trocknet sie mit Natriumsulfat und verdampft bei niederer Temperatur. Der gelbliche, ölige Rückstand erstarrt bald zu fast farblosen Krystallen. Zur völligen Reinigung werden diese zerrieben und in kochendem Benzol gelöst. Beim Erkalten scheidet sich die Säure in kleinen, farblosen Krystallen aus, die unter dem Mikroskop wie Rhomben aussehen. Die Ausbeute an reiner, umgelöster Säure betrug 90 pCt. der Theorie. Sie schmilzt, rasch erhitzt, gegen 147° (korr. 148°) unter Gasentwicklung. Für die Analyse wurde im Vakuum über Phosphorpentoxyd getrocknet.

0,1994 g Sbst.: 0,1228 g AgBr.

$C_{11}H_{11}O_5Br$ (303).   Ber. Br 26,39.   Gef. Br 26,21.

Die Bromphenoxyäthylmalonsäure löst sich leicht in Wasser, Alkohol, Äther, Essigester und Aceton, ist aber fast unlöslich in Chloroform, Petroläther und Ligroin. Von kochendem Benzol braucht sie ungefähr die 50-fache Menge zur Lösung.

α - Brom-γ-phenoxy-buttersäure,
$C_6H_5O \cdot CH_2 \cdot CH_2 \cdot CHBr \cdot COOH.$

Wird die vorige Säure im Ölbade auf 150—155° erhitzt, so schmelzen die Krystalle unter Kohlensäureentwicklung ziemlich rasch zu einem rotbraunen Öl. Die Zersetzung ist auch bei größeren Mengen ungefähr nach 15 Minuten beendet, und die Schmelze erstarrt beim Erkalten zu einer rotbraunen Krystallmasse. Löst man diese in wenig warmem Äther und versetzt mit Petroläther, so scheiden sich besonders beim Abkühlen wenig gefärbte Krystalle aus, die für die Weiterverarbeitung rein genug sind. Die Ausbeute an diesem Produkt betrug 68 pCt. der Theorie. Zur völligen Reinigung wurde das Umlösen in der gleichen

Weise wiederholt, bis die Krystalle ganz farblos waren. Für die Analyse wurde im Vakuum über Phosphorpentoxyd getrocknet.

0,1667 g Sbst.: 0,2818 g CO_2, 0,0622 g H_2O. — 0,1593 g Sbst.: 0,1152 g AgBr.

$C_{10}H_{11}O_3Br$ (259). Ber. C 46,33, H 4,28, Br 30,87.

Gef. ,, 46,10, ,, 4,17, ,, 30,77.

Die Säure krystallisiert in zu Sternen vereinigten, langen Prismen. Sie schmilzt bei 101° (korr. 101,5°). Sie ist in Wasser und Petroläther schwer, in den übrigen gebräuchlichen Solventien aber leicht löslich. Aus der Lösung in warmem Wasser fällt sie beim Erkalten zunächst als Öl aus.

α - Amino- γ - phenoxy-buttersäure,

$$C_6H_5O \cdot CH_2 \cdot CH_2 \cdot CH(NH_2) \cdot COOH.$$

Schüttelt man die Bromphenoxybuttersäure mit der fünffachen Menge wäßrigem Ammoniak von 25 pCt., so geht sie rasch in Lösung; um die Amidierung zu bewerkstelligen, läßt man dann entweder 4—5 Tage bei gewöhnlicher Temperatur stehen oder erhitzt im geschlossenen Gefäß 3 Stunden auf 100°. Die Flüssigkeit wird hiernach auf dem Wasserbade zur Trockne verdampft und der Rückstand zur Entfernung des Bromammoniums mit wenig kaltem Wasser ausgelaugt. Eine Probe der zurückbleibenden Aminosäure muß sich in kalter, verdünnter Salzsäure klar lösen; ist das nicht der Fall, so war die Amidierung unvollständig. Zur völligen Reinigung wird die Säure aus heißem Wasser umkrystallisiert. Die Ausbeute betrug nach einmaligem Umlösen 72 pCt. der Theorie. Für die Analyse wurde das Präparat nochmals aus Wasser umkrystallisiert und im Vakuum über Phosphorpentoxyd getrocknet.

0,2206 g Sbst.: 0,4950 g CO_2, 0,1341 g H_2O. — 0,1740 g Sbst.: 11 ccm N (21,5°, 759 mm).

$C_{10}H_{13}O_3N$ (195,14). Ber. C 61,49, H 6,71, N 7,20.

Gef. ,, 61,20, ,, 6,80, ,, 7,19.

Die Aminosäure schmilzt, rasch erhitzt, gegen 229° (korr. 233°) unter Aufschäumen zu einer braunen Flüssigkeit. Sie löst sich in heißem Wasser ziemlich leicht und krystallisiert beim Erkalten in büschelförmig vereinigten, farblosen Nadeln. Die Abscheidung ist bei 0° ziemlich vollständig. In Äther, Alkohol, Essigester, Chloroform und Ligroin ist sie so gut wie unlöslich.

α - Amino- γ - oxy-buttersäure.

Kocht man die α-Amino-γ-phenoxybuttersäure mit der vierfachen Menge Bromwasserstoffsäure von 48 pCt. am Rückflußkühler, so ist schon nach einer halben Stunde die Bildung von Phenol deutlich zu beobachten. Beim längeren Erhitzen wird die anfangs fast farblose Flüssigkeit rotbraun, und nach 7-stündigem Kochen ist die Abspaltung des Phenols zum allergrößten Teil vollzogen. Die Flüssigkeit wird jetzt unter vermindertem Druck auf dem Wasserbade bis zum Sirup verdampft. Dieser ist rotbraun gefärbt und erstarrt beim Abkühlen zu einem dicken Krystallbrei. Man behandelt ihn mit kaltem Alkohol, filtriert die Krystalle ab und verdampft die Mutterlauge wieder auf dem Wasserbade. Dabei erfolgt zum Schluß unter gleichzeitiger Entwicklung von Bromwasserstoff wieder Krystallisation, und die gleiche Erscheinung wiederholt sich noch mehrmals bei ähnlicher Behandlung des sirupösen Anteils. Die Krystalle sind das bromwasserstoffsaure Salz des Lactons der Aminosäure, mit anderen Worten das

α - A m i n o - b u t y r o l a c t o n - B r o m h y d r a t.

Zur völligen Reinigung wird das Salz in ungefähr 20 Teilen kochendem Alkohol gelöst; beim Abkühlen auf 0° scheidet es sich dann in kleinen, glänzenden, in der Regel nur wenig gefärbten Doppelpyramiden ab, die im Capillarrohr rasch erhitzt gegen 217° sintern und gegen 223° (korr. 227°) unter Gasentwicklung zu einer braunen Flüssigkeit schmelzen. Die Ausbeute an einmal umgelöstem Präparat betrug 62 pCt. der Theorie.

Für die Analyse diente ein ganz farbloses Salz, das im Vakuum über Phosphorpentoxyd getrocknet war.

0,2020 g Sbst.: 0,1966 g CO_2, 0,0836 g H_2O. — 0,1769 g Sbst.: 11,8 ccm N (21°, 763 mm). — 0,1954 g Sbst.: 0,2008 g AgBr.

$C_4H_8O_2NBr$ (182,1). Ber. C 26,37, H 4,43, N 7,70, Br 43,92.
Gef. ,, 26,53, ,, 4,63, ,, 7,66, ,, 43,73.

Das Salz ist schon in der gleichen Menge Wasser leicht, in Alkohol auch in der Hitze ziemlich schwer und in Äther gar nicht löslich.

Um aus dem Salz die freie Aminosäure zu bereiten, löst man es ungefähr in der fünffachen Menge Wasser und schüttelt bei gewöhnlicher Temperatur mit einem mäßigen Überschuß von Silbercarbonat (1¼ Mol.) 5 Minuten lang; dann wird das Bromsilber abfiltriert und die Lösung durch Schwefelwasserstoff vom Silber befreit. Die klare Lösung reagiert alkalisch und hinterläßt beim raschen Verdampfen unter sehr geringem Druck das unten beschriebene Aminobutyrolacton als Sirup. Wird aber die Lösung auf dem Wasserbade eingedampft, so verwandelt sich das Lacton in die Aminosäure, die in langen, vielfach konzentrisch angeordneten Nadeln krystallisiert. Die Ausbeute ist sehr gut. Zur Reinigung wurde die Aminosäure in der vierfachen Menge Wasser gelöst, diese Flüssigkeit in der Wärme mit absolutem Alkohol bis zur beginnenden Trübung versetzt und abgekühlt. Die Aminooxybuttersäure krystallisiert dann in seidenglänzenden, farblosen, oft konzentrisch gruppierten Nadeln. Nach dem Trocknen an der Luft erfahren diese weder im Vakuum-exsiccator, noch bei 100° im Vakuum einen nennenswerten Gewichts-verlust.

0,1880 g Sbst.: 0,2789 g CO_2, 0,1306 g H_2O. — 0,1584 g Sbst.: 16,3 ccm N (18°, 756 mm).

$C_4H_9O_3N$ (119,1). Ber. C 40,30, H 7,61, N 11,79.
Gef. „ 40,46, „ 7,77, „ 11,85.

Die α-Amino-γ-oxy-buttersäure schmilzt im Capillarrohr bei raschem Erhitzen gegen 185° unter Gasentwicklung (korr. 187°) zu einem rotbraunen Öl. Sie ist in Wasser leicht, dagegen in Alkohol sehr schwer und in Äther gar nicht löslich. Sie schmeckt süß und reagiert in wäßriger Lösung auf Lackmus sehr schwach sauer.

Das Kupfersalz wurde in der üblichen Weise durch Kochen der wäßrigen Lösung mit gefälltem Kupferoxyd dargestellt. Aus der genü-gend eingedampften tiefblauen Flüssigkeit schied sich beim Abkühlen das Salz in dunkelblauen, flachen Prismen ab. Zur Analyse wurde es nochmals aus heißem Wasser umkrystallisiert. Das lufttrockne Präparat verlor bei 100° nicht an Gewicht. Es hat die normale Zusammensetzung $(C_4H_8O_3N)_2Cu$.

0,1868 g Sbst.: 0,2218 g CO_2, 0,0910 g H_2O. — 0,0967 g Sbst.: 7,7 ccm N (16°, 766 mm). — 0,1821 g Sbst.: 0,0481 g CuO.

$C_8H_{16}O_6N_2Cu$ (299,8). Ber. C 32 02, H 5,38, N 9,37, Cu 21,21.
Gef. „ 32'38, „ 5,45, „ 9,38, „ 21,11.

Die freie Aminosäure löst sich sehr leicht in kalten, verdünnten Mineralsäuren. Dabei entstehen höchstwahrscheinlich zunächst ihre wirklichen Salze, wie folgende Beobachtungen mit dem Hydrochlorat andeuten.

Die Aminosäure wurde bei 0° mit der für 1 Mol. berechneten Menge Salzsäure von 18 pCt. zusammengebracht. Es entstand sofort eine klare Lösung, die auch durch Zusatz von absolutem Alkohol nicht ge-trübt wurde. Erst nach weiterem Zusatz von Äther fiel ein sirupöses Salz aus, das nach Entfernung der Mutterlauge sich in Alkohol wieder leicht löste und durch Äther abermals ölig gefällt wurde. Nach diesen Eigenschaften ist die Verbindung verschieden von dem in Alkohol schwer löslichen

Hydrochlorat des α-Amino-butyrolactons.

Dies bleibt beim Eindampfen der salzsauren Lösung der Amino-säure auf dem Wasserbade krystallinisch zurück. Löst man es in der eben ausreichenden Menge Wasser und versetzt mit dem doppelten Volum Alkohol, so scheidet es sich beim starken Abkühlen und Reiben der Glaswandungen bald in kleinen Prismen ab. Diese enthalten in lufttrocknem Zustande noch 1 Mol. Wasser, so daß man sie nach der Zusammensetzung auch für das Salz der Aminosäure halten könnte. Aber sie verlieren das eine Molekül Wasser schon im Vakuumexsiccator, und da sie außerdem von dem eben erwähnten Hydrochlorat der Aminosäure in ihren Eigenschaften stark abweichen, so darf man sie wohl ohne Bedenken für das Salz des Lactons halten.

0,1492 g lufttrockne Sbst.: 0,1359 g AgCl. — 0,3148 g lufttrockne Sbst. verloren im Vakuum über Schwefelsäure 0,0371 g H_2O.

$C_4H_8O_2NCl + H_2O$ (155,6).   Ber. Cl 22,79, H_2O 11,58.
                                   Gef. ,, 22,52, ,, 11,79.

Die Analyse des über Schwefelsäure getrockneten Salzes gab:

0,1626 g Sbst.: 0,2074 g CO_2, 0,0876 g H_2O. — 0,1140 g Sbst.: 8,17 ccm $^1/_{10}$-n. $AgNO_3$.

$C_4H_8O_2NCl$ (137,6).   Ber. C 34,90, H 5,86, Cl 25,78.
                           Gef. ,, 34,79, ,, 6,03, ,, 25,41.

Das Aminobutyrolacton-Chlorhydrat löst sich leicht in Wasser, sehr schwer in Alkohol; fast unlöslich ist es in Äther, Essigester, Chloroform und Petroläther. Erhitzt man das krystallwasserhaltige Präparat in der Capillare, so schmilzt es bei ungefähr 90°, erstarrt bei weiterem Erhitzen wieder und wird erst gegen 198—200° wieder flüssig. Das krystallwasserfreie Produkt schmilzt erst bei 198—200° (korr. 201—203°) unter Gasentwicklung und Braunfärbung.

α - Amino-butyrolacton.

Aus den zuvor beschriebenen Salzen, dem Bromhydrat oder Chlorhydrat, läßt sich das freie Aminobutyrolacton auf folgende Weise isolieren.

2 g des Bromhydrats werden in der gleichen Menge Wasser gelöst, in Eis gekühlt und mit einer kalten Lösung von 3 g Kaliumcarbonat in 2,5 ccm Wasser vermischt. Man extrahiert sofort und wiederholt mit Äther, wobei es vorteilhaft ist, zuletzt durch Zusatz von festem Kaliumcarbonat das Wasser der ursprünglichen Lösung möglichst zu binden. Die vereinigten ätherischen Auszüge werden mit Natriumsulfat getrocknet und im Vakuum verdunstet, wobei das Lacton als farbloser Sirup zurückbleibt. Die Ausbeute war nicht befriedigend; ob das an der schwierigen Extraktion des Lactons oder an einer partiellen Verwandlung in Aminosäure liegt, können wir nicht sagen. Das Lacton löst sich sehr leicht in Wasser und reagiert auf Lackmus stark alkalisch. Mit Bromwasserstoffsäure regeneriert es sofort das obige Bromhydrat. Es zeigt die größte Ähnlichkeit mit seinem Homologen, dem Lacton der

---

[1] E. Fischer und H. Leuchs, Berichte d. D. Chem. Gesellsch. 35, 3787 [1902]. (Proteine I, S. 248.)

α-Amino-γ-oxyvaleriansäure[1]), insbesondere verwandelt es sich schon bei gewöhnlicher Temperatur in ein festes Produkt, das die Eigenschaften eines Diketopiperazins hat. Die Veränderung ist schon nach einem Tage sehr deutlich. Zur völligen Umwandlung sind aber vier bis fünf Tage nötig. Das neue Produkt betrachten wir als

$$\text{Di-}\beta\text{-oxyäthyl-diketopiperazin,}$$
$$HO \cdot CH_2 \cdot CH_2 \cdot CH \cdot CO \cdot NH$$
$$NH \cdot CO \cdot CH \cdot CH_2 \cdot CH_2 \cdot OH \,.$$

Wenn das ursprünglich flüssige α-Aminobutyrolacton ganz erstarrt ist, genügt einmaliges Umkrystallisieren aus heißem Alkohol, um ein analysenreines Präparat zu erhalten. Für die Analyse wurde es im Vakuum über Phosphorsäureanhydrid getrocknet.

0,1326 g Sbst.: 0,2316 g CO_2, 0,0854 g H_2O. — 0,2025 g Sbst.: 23,6 ccm N (15°, 766 mm).

$C_8H_{14}O_4N_2$ (202,2). Ber. C 47,48, H 6,98, N 13,89.
Gef. „ 47,64, „ 7,21, „ 13,78.

Das Diketopiperazin löst sich leicht in Wasser, in der Hitze leicht in Alkohol; fast unlöslich ist es in Chloroform, Äther, Essigester, Ligroin und Benzol. Im Capillarrohr rasch erhitzt, beginnt es gegen 185° zu sintern und schmilzt gegen 189° (korr. 192°). Es reagiert in wäßriger Lösung neutral und bildet kein Kupfersalz.

Ob die Substanz einheitlich oder ein Gemisch von zwei Stereo-isomeren ist, deren Bildung nach der Theorie und den Erfahrungen beim Serin[1]) zu erwarten ist, müssen wir einstweilen unentschieden lassen.

$$\alpha\text{-Benzoylamino-}\gamma\text{-oxy-buttersäure,}$$
$$HO \cdot CH_2 \cdot CH_2 \cdot CH(NH \cdot CO \cdot C_6H_5) \cdot COOH \,.$$

3 g Aminobutyrolacton-Bromhydrat wurden in 32 ccm n.-Natronlauge gelöst, auf 0° abgekühlt und nun unter stetiger Kühlung und heftigem Schütteln abwechselnd in kleinen Portionen 6,6 g Benzoylchlorid (3 Mol.) und 51 ccm 3-fachnormaler Natronlauge im Laufe von einer Stunde zugefügt.

Beim Übersättigen mit Salzsäure, die nur in mäßigem Überschuß anzuwenden ist, schied sich hauptsächlich Benzoesäure aus. Zur völligen Entfernung derselben wurde das Filtrat zweimal ausgeäthert und dann die wäßrige Flüssigkeit unter stark verringertem Druck auf ungefähr ein Drittel ihres Volumens eingedampft. Hierbei fiel die Benzoylverbindung schon teilweise krystallinisch heraus. Zur Vervollständigung der Krystallisation blieb die Flüssigkeit einige Zeit bei 0° stehen.

---

[1]) E. Fischer und U. Suzuki, Berichte d. D. Chem. Gesellsch. **38**, 4173 [1905]. (*Proteine I, S. 438.*)

Die Menge der ausgeschiedenen Benzoylverbindung betrug dann 3,2 g
oder 90 pCt. der Theorie. Man kann sie durch Umkrystallisieren aus warmem Wasser reinigen, muß aber dabei rasch operieren und Kochen vermeiden, weil sie sonst in das schwerer lösliche Lacton übergeht. Will
man das sicher vermeiden, so kann man sie auch in verdünntem, kaltem
Alkali lösen und in der Kälte durch Salzsäure wieder ausfällen. Zur
Analyse wurde das Präparat im Vakuum über Phosphorsäureanhydrid
getrocknet.

0,1772 g Sbst.: 0,3850 g CO_2, 0,0932 g H_2O. — 0,1556 g Sbst.: 8,2 ccm N
(14,5°, 764 mm).

$C_{11}H_{13}O_4N$ (223,1). Ber. C 59,16, H 5,87, N 6,29.
    Gef. ,, 59,26, ,, 5,88, ,, 6,21.

Die Verbindung krystallisiert aus Wasser in farblosen Nadeln, die
bei 117° sintern und bei 120° (korr. 121°) schmelzen. Die wäßrige Lösung reagiert sauer, in warmem Wasser, Alkohol und Essigester ist sie
leicht, in Äther sehr schwer löslich.

α - Benzoylamino-butyrolacton.

Kocht man die ziemlich konzentrierte wäßrige Lösung der vorhergehenden Säure einige Minuten, so krystallisiert beim Erkalten das Lacton in ziemlich derben Formen aus. Zur Analyse wurde es nochmals
aus heißem Wasser umgelöst und im Vakuum über Phosphorsäureanhydrid getrocknet:

0,1518 g Sbst.: 0,3574 g CO_2, 0,0748 g H_2O. — 0,1700 g Sbst.: 10,2 ccm N
(20°, 761 mm).

$C_{11}H_{11}O_3N$ (205,1). Ber. C 64,35, H 5,40, N 6,85.
    Gef. ,, 64,21, ,, 5,51, ,, 6,90.

Das Lacton ist in Wasser schwerer löslich als die freie Säure und
seine Lösung reagiert neutral. Kühlt man die konzentrierte, wäßrige
Lösung schnell ab, so fällt es erst ölig aus, erstarrt aber bald krystallinisch. Im Capillarrohr rasch erhitzt, beginnt es bei 137° zu sintern
und schmilzt bei 141° (korr. 142°). Schon in der Kälte löst es sich leicht
in Essigester, Chloroform und Aceton, erst beim Erwärmen in Alkohol
und Benzol, fast gar nicht in Äther, Petroläther und Ligroin.

Durch eine Lösung von Natriumcarbonat wird das Lacton scheinbar
nicht verändert, in kalten verdünnten Alkalien löst es sich aber ziemlich
bald, und beim Ansäuern in der Kälte fällt dann die freie Säure aus.

13. Emil Fischer und Albert Göddertz: Synthese der γ-Amino-α-oxy-buttersäure und ihres Trimethylderivates.

Berichte der Deutschen Chemischen Gesellschaft **43**, 3272 [1910].

(Eingegangen am 11. November 1910.)

Die von E. Fischer und G. Zemplén vor Jahresfrist beschriebene neue Methode der Herstellung von Amino-α-oxysäuren, die von ihnen zur Bereitung der δ-Amino-α-oxyvaleriansäure und der ε-Amino-α-oxycapronsäure benutzt wurde, ist auch für die Darstellung der γ-Amino-α-oxy-buttersäure recht geeignet. Am bequemsten benutzt man als Ausgangsmaterial die γ - Phthalimido- α - brom-buttersäure. Wie schon in der früheren Mitteilung[1]) kurz berichtet ist, wird diese Verbindung durch Kochen mit Wasser und Calciumcarbonat in die γ - Phthalimido- α -oxy-buttersäure,

$$C_6H_4(CO)_2N \cdot CH_2 \cdot CH_2 \cdot CH(OH) \cdot COOH$$

umgewandelt[2]). Daraus entsteht durch Kochen mit Salzsäure die schön krystallisierende γ - Amino- α -oxy-buttersäure,

$$NH_2 \cdot CH_2 \cdot CH_2 \cdot CH(OH) \cdot COOH.$$

Diese unterscheidet sich von der isomeren α-Amino-γ-oxybuttersäure[3]) durch das Fehlen des süßen Geschmacks und die Unfähigkeit, in heißer, wäßriger Lösung gefälltes Kupferoxyd in größerer Menge zu lösen.

Wie zu erwarten war, verwandelt sich die Amino-oxysäure beim Erhitzen unter Abgabe von Wasser in ein Anhydrid, das nach seinen Eigenschaften sehr wahrscheinlich ein Pyrrolidon-Derivat ist und dem wir nach seiner Bildungsweise die Struktur

---

[1]) E. Fischer und G. Zemplén, Berichte d. D. Chem. Gesellsch. **42**, 4880 [1909]. (*S. 165.*)

[2]) Wie uns Hr. S. Gabriel privatim mitteilte, hat er die γ-Phthalimido-α-brombuttersäure auch durch Kochen mit Natriumacetat in die Oxysäure verwandeln können. Aber die Ausbeute ist weniger befriedigend und die Isolierung unbequemer, weshalb seine Versuche nicht publiziert wurden.

[3]) E. Fischer und H. Blumenthal, Berichte d. D. Chem. Gesellsch. **40**, 109 [1907]. (*S. 125.*)

$$NH \Big\langle {{CH_2 \!-\! CH_2} \atop {CO \!-\! CH \cdot OH}}$$

glauben zuschreiben zu dürfen.

Durch die erschöpfende Behandlung mit Jodmethyl und Alkali wird die γ-Amino-α-oxybuttersäure umgewandelt in ein stark basisches Produkt, das wir nach der Analyse des Chloraurates für das quaternäre Trimethylderivat, d. h. für das Betain halten.

Wir haben den letzten Versuch ausgeführt, weil das Produkt vermutlich die Racemform des von Gulewitsch im Fleischextrakt entdeckten Carnitins ist, denn dieses ist nach den Beobachtungen von R. Krimberg[1]) und von R. Engeland[2]) ebenfalls γ-Trimethyl-α-oxy-butyrobetain, aber die optisch aktive Form.

Um die vollständige Synthese des Carnitins durchzuführen, würde es noch nötig sein, die optisch aktive γ-Amino-α-oxybuttersäure, mit deren Bereitung wir schon beschäftigt sind, dem gleichen Verfahren zu unterziehen und das so erhaltene Produkt mit dem natürlichen Carnitin zu identifizieren.

In seiner letzten Mitteilung über die Synthese der γ-Trimethyl-amino-β-oxybuttersäure, die gleichzeitig von A. Rollet[3]) ausgeführt wurde, führt Hr. Engeland[4]) an, daß er auch mit der künstlichen Herstellung der isomeren α-Oxyverbindung beschäftigt sei, ohne aber den eingeschlagenen Weg zu nennen. Wie bemerken deshalb, daß unsere Versuche, wie aus der vorläufigen Notiz hervorgeht, schon im vorigen Jahre begonnen haben und im wesentlichen anfangs August dieses Jahres abgeschlossen waren.

γ-Phthalimido-α-oxy-buttersäure,
$$C_6H_4(CO)_2N \cdot CH_2 \cdot CH_2 \cdot CH(OH) \cdot COOH.$$

Für die Bereitung der Oxysäure haben wir die γ-Phthalimido-α-brombuttersäure[5]) benutzt, die aber leichter nach dem späteren, von S. Gabriel und J. Colman[6]) beschriebenen Verfahren herzustellen ist. Die wäßrige Lösung wurde zuerst mit Calciumcarbonat gekocht; aber später haben wir gefunden, daß die Operation mit Barium-carbonat bequemer ist, weil die freie Säure aus dem Bariumsalz leichter isoliert werden kann. Trotzdem scheint es uns nicht überflüssig, auch das erste Verfahren zu beschreiben.

---

[1]) Zeitschr. f. physiol. Chem. **53**, 514 [1907].
[2]) Berichte d. D. Chem. Gesellsch. **42**, 2457 [1909].
[3]) Zeitschr. f. physiol. Chem. **69**, 60 [1910].
[4]) Berichte d. D. Chem. Gesellsch. **43**, 2705 [1910].
[5]) E. Fischer, ebenda **34**, 2902 [1901]. (*Proteine I, S. 224.*)
[6]) Ebenda **41**, 513 [1908], woselbst auch ältere Literatur.

Calciumsalz. 10 g γ-Phthalimido-α-brombuttersäure werden in 1,5 l kochendem Wasser suspendiert und 10 g gefälltes Calciumcarbonat in mehreren Portionen eingetragen. Nachdem die Säure unter starker Gasentwicklung in Lösung gegangen ist, wird noch 15 Minuten gekocht und vom überschüssigen Calciumcarbonat abfiltriert. Verdampft man dann die Flüssigkeit unter 15—20 mm Druck auf etwa 150 ccm, so scheidet sich das Calciumsalz krystallinisch aus. Nach mehrstündigem Stehen bei 0° betrug seine Menge 8,1 g oder 78% der Theorie. Die Mutterlauge gab beim wochenlangen Stehen in der Kälte noch 0,6 g. Zur Reinigung wurde das Salz in der 15-fachen Menge kochendem Wasser gelöst. Bei 0° scheidet es sich daraus nach längerem Stehen größtenteils in farblosen Drusen ab, die aus mikroskopischen, unregelmäßigen Prismen bestehen. Es enthält Krystallwasser, und zwar entspricht der Gewichtsverlust, den das lufttrockene Präparat bei 100° über Phosphorpentoxyd unter 20 mm Druck in einigen Stunden erlitt, 6 Mol. H_2O.

0,5863 g Sbst. verloren 0,0988 g H_2O. — 0,2270 g Sbst. verloren 0,0385 g H_2O. $(C_{12}H_{10}O_5N)_2Ca + 6 H_2O$ (644,37). Ber. H_2O 16,78. Gef. H_2O 16,85, 16,96.

Das trockene Salz gab folgende Zahlen:

0,2205 g Sbst.: 0,4351 g CO_2, 0,0775 g H_2O. — 0,1852 g Sbst.: 8,7 ccm N über 33-proz. Kalilauge (19°, 753,6 mm). — 0,2500 g Sbst.: 0,0264 g CaO.

$(C_{12}H_{10}O_5N)_2Ca$ (536,27). Ber. C 53,70, H 3,76, N 5,23, Ca 7,48.

Gef. ,, 53,82, ,, 3,93, ,, 5,38, ,, 7,55.

Das Salz zersetzt sich bei höherer Temperatur ohne zu schmelzen. Es schmeckt bitter und ist in den indifferenten, organischen Lösungsmitteln schwer oder garnicht löslich.

Bariumsalz. 10 g γ-Phthalimido-α-brombuttersäure werden in 500 ccm kochendem Wasser suspendiert und mit 16 g gefälltem Bariumcarbonat allmählich versetzt.

Die Säure geht ebenfalls unter starkem Schäumen rasch in Lösung. Nachdem die Flüssigkeit dann noch 20 Minuten gekocht ist, wird sie filtriert und unter 15—20 mm bis auf etwa 60 ccm eingeengt. Hierbei fällt das Bariumsalz schon krystallinisch aus. Nach mehrstündigem Stehen in Eis betrug seine Menge 9,5 g oder 80% der Theorie. Die Mutterlauge gab nach langem Stehen in der Kälte noch 0,6 g. Zur Analyse wurde das Salz ebenfalls aus heißem Wasser umkrystallisiert und bildete dann ein mikrokrystallinisches, farbloses Pulver. Das lufttrockne Salz scheint ebenfalls 6 Mol. Krystallwasser zu enthalten.

0,1506 g Sbst. verloren über Phosphorpentoxyd bei 100° unter 20 mm 0,0221 g H_2O. — 0,1949 g Sbst. verloren 0,0286 g H_2O.

Das trockne Salz gab folgende Zahlen:

0,1920 g Sbst.: 0,0702 g $BaSO_4$.

$(C_{12}H_{10}O_5N)_2Ba$ (633,55). Ber. Ba 21,68. Gef. Ba 21,52.

Das trockne Salz nimmt an der Luft langsam wieder etwas Wasser auf.

Um aus dem Calciumsalz die freie Säure herzustellen, löst man es in der berechneten Menge 2 *n*-Salzsäure unter Erwärmen auf dem Wasserbade. Beim Abkühlen der Flüssigkeit und Reiben der Glaswand beginnt bald die Krystallisation der γ-Phthalimido-α-oxybuttersäure. Die Abscheidung erfolgt aber unvollkommen.

Deshalb ist die Darstellung aus dem Bariumsalz vorzuziehen. Zu diesem Zweck löst man 10 g wasserhaltigen Salzes in 50 ccm heißem Wasser, fällt das Barium durch einen geringen Überschuß von verdünnter Schwefelsäure und filtriert dann in der Hitze. Beim Abkühlen der Lösung fällt der größte Teil der Phthalimido-oxybuttersäure in langen, farblosen Nadeln. Durch Einengen der Mutterlauge unter vermindertem Druck wird eine zweite, nicht ganz so reine Krystallisation erhalten. Durch Umkrystallisieren aus der dreifachen Menge heißem Wasser unter Zusatz von wenig Tierkohle wird das Produkt ganz farblos gewonnen. Die Ausbeute an reinem Präparat betrug ungefähr 80% der Theorie.

Die an der Luft getrocknete Säure enthielt 1 Mol. Krystallwasser, das unter vermindertem Druck bei 100° über Phosphorpentoxyd entwich.

0,2249 g Sbst. verloren 0,0151 g H_2O. — 0,2307 g Sbst. verloren 0,0158 g H_2O. — 0,5406 g Sbst. verloren 0,0369 g H_2O.

$C_{12}H_{11}O_5N + 1 H_2O$ (267,12). Ber. H_2O 6,74. Gef. H_2O 6,71, 6,85, 6,83.

Die getrocknete Säure gab folgende Zahlen:

0,2149 g Sbst.: 0,4552 g CO_2, 0,0846 g H_2O. — 0,1810 g Sbst.: 0,3842 g CO_2, 0,0717 g H_2O. — 0,2074 g Sbst.: 10,1 ccm N über 33-prozentiger Kalilauge (21°, 767,4 mm). — 0,1724 g Sbst.: 8,5 ccm N über 33-prozentiger Kalilauge (18°, 742 mm).

$C_{12}H_{11}O_5N$ (249,10). Ber. C 57,81, H 4,45, N 5,62.
Gef. „ 57,77, 57,89, „ 4,41, 4,43, „ 5,62, 5,57.

Die wasserhaltige Säure schmilzt gegen 100° unter Freiwerden des Wassers. Das trockne Präparat schmolz bei 144—145° (korr.) zu einer farblosen Flüssigkeit. Die Säure schmeckt schwach sauer und stark bitter. Sie löst sich leicht in heißem Wasser (etwa der doppelten Menge), ferner leicht in Alkohol, Aceton, Chloroform, dagegen schwer in Äther und kaltem Benzol.

γ - Amino - α - oxy - buttersäure, $NH_2 \cdot CH_2 \cdot CH_2 \cdot CH(OH) \cdot COOH$.

Die Hydrolyse der Phthalyl-Verbindung wird am besten mit starker Salzsäure ausgeführt. Um ein aschefreies Präparat zu erhalten, ist es ratsam, die Operation in einem Platinkolben vorzunehmen. Wir haben die Phthalyl-Verbindung mit der 30-fachen Menge 25-prozentiger Salzsäure 12 Stunden im stark kochenden Wasserbade unter zeitweisem Ersatz der verdampfenden Salzsäure erhitzt. Nach guter Abkühlung wird die auskrystallisierte Phthalsäure abfiltriert, dann die Mutterlauge in einer Platinschale stark eingeengt und nach abermaligem Abkühlen die Phthalsäure wieder entfernt. Schließlich wird das Filtrat von neuem auf dem Wasserbade stark eingedampft, der Rest der Phthalsäure mehrmals ausgeäthert und endlich die salzsaure Lösung auf dem Wasserbade zum Sirup konzentriert.

Um den noch anhaftenden Rest der Salzsäure zu entfernen, ist es ratsam, noch mehrmals mit Wasser einzudampfen. Der schließlich zurückbleibende, schwach gelb gefärbte Sirup erstarrt beim Aufbewahren im Vakuumexsiccator zu einer fast farblosen, faserigen Krystallmasse. Will man dieses Hydrochlorid umkrystallisieren, so löst man es rasch in nicht zu viel warmem Alkohol und versetzt nach dem Abkühlen mit Essigester bis zur bleibenden Trübung.

Das Salz scheidet sich dann in farblosen, manchmal wetzsteinförmigen Krystallen ab, die nach dem Trocknen unter 20 mm Druck folgende Zahlen gaben:

0,1670 g Sbst.: 0,1902 g CO_2, 0,0996 g H_2O. — 0,1504 g Sbst.: 11,75 ccm N über 33-prozentiger Kalilauge (17°, 744,9 mm). — 0,1901 g Sbst.: 0,1749 g AgCl.
$C_4H_9O_3N$, HCl (155,55). Ber. C 30,86, H 6,48, N 9,01, Cl 22,80.
Gef. „ 31,06, „ 6,67, „ 8,91, „ 22,76.

Das Chloroplatinat krystallisiert aus warmem Alkohol beim Abkühlen in orangefarbenen, sehr kleinen Blättchen.

Zur Gewinnung der freien γ-Amino-α-oxy-buttersäure ist die vollständige Reinigung des Hydrochlorids überflüssig. Man löst vielmehr den von Phthalsäure völlig befreiten Sirup in Wasser, entfernt das Chlor quantitativ mit Silberoxyd und verdampft das Filtrat unter vermindertem Druck zum Sirup. Dieser wird durch Verreiben mit Alkohol in der Siedehitze völlig zur Krystallisation gebracht. 7 g Phthalylverbindung gaben 2,4 g Aminosäure oder 77% der Theorie. Zur Analyse wurde die Aminosäure in wenig Wasser gelöst, mit einer geringen Menge Tierkohle aufgekocht, das Filtrat wieder verdampft und durch Behandlung mit Alkohol in der Wärme wieder zur Krystallisation gebracht. Das Präparat wurde im Vakuumexsiccator über Phosphorpentoxyd getrocknet und verlor dann bei 100° unter 15 mm nicht mehr an Gewicht.

0,1965 g Sbst.: 0,2913 g CO_2, 0,1305 g H_2O. — 0,1683 g Sbst.: 16,95 ccm N über 33-prozentiger Kalilauge (18°, 758,5 mm).
$C_4H_9O_3N$ (119,08). Ber. C 40,31, H 7,62, N 11,77.
Gef. „ 40,43, „ 7,43, „ 11,66.

Die Aminosäure schmilzt im Capillarrohr nach vorherigem Sintern gegen 191—192° (korr.) zu einer gelbbraunen Flüssigkeit und geht dann unter Aufschäumen allmählich in das Oxy-pyrrolidon über. Sie löst sich äußerst leicht in Wasser und krystallisiert beim Verdunsten der wäßrigen Lösung in farblosen, ziemlich großen Prismen. Die Aminosäure ist sehr schwer löslich in kaltem Alkohol, selbst in siedendem Alkohol löst sie sich noch recht schwer, in Äther ist sie unlöslich. Sie hat keinen ausgesprochenen Geschmack und reagiert auf Lackmus schwach sauer.

Die Aminosäure wird weder in wäßriger, noch in schwefelsaurer Lösung bei mäßiger Konzentration von Phosphorwolframsäure gefällt.

Die wäßrige Lösung nimmt beim 10 Minuten langen Kochen mit gefälltem Kupferoxyd nur sehr geringe Mengen des Metalles auf, und aus dem ganz schwach blau gefärbten Filtrat konnten wir nur die freie Aminosäure isolieren.

β-Oxy-α-pyrrolidon.

Es wird am bequemsten durch Schmelzen der γ-Amino-α-oxy-buttersäure gewonnen. Der Vorgang verläuft aber nicht glatt, denn es findet gleichzeitig Bräunung statt; zu langes Erhitzen ist deshalb schädlich. Am besten hat sich folgendes Verfahren bewährt:

1 g Aminosäure wird im Reagensglas im Ölbad auf 210° erhitzt. Die Masse schmilzt unter Aufschäumen. Nach etwa 5 Minuten ist das Schäumen nahezu beendet; man erhitzt dann noch einige Minuten weiter und läßt erkalten, wobei die braune Schmelze allmählich krystallinisch erstarrt. Die Masse wird nun mehrmals mit je 10 ccm Essigester ausgekocht. Werden die vereinigten Auszüge eingeengt und die Lösung dann auf 0° abgekühlt, so scheidet sich das β-Oxy-α-pyrrolidon in farblosen Krystallen ab, die wie dünne Blättchen aussehen. Die Ausbeute betrug 0,4—0,5 g.

Der in Essigester unlösliche Teil ist dunkel gefärbt und wurde nicht weiter untersucht. Für die Analyse haben wir das Oxy-pyrrolidon im Vakuumexsiccator über Phosphorpentoxyd getrocknet.

0,1523 g Sbst.: 0,2643 g CO_2, 0,0945 g H_2O. — 0,1505 g Sbst.: 18,3 ccm N über 33-prozentiger Kalilauge (23°, 756,9 mm).

$C_4H_7O_2N$ (101,07).   Ber. C 47,49, H 6,98, N 13,86.
Gef. „ 47,33, „ 6,94, „ 13,73.

Das Oxy-pyrrolidon schmilzt nach vorhergehendem Sintern bei 85° (korr.) zu einer farblosen Flüssigkeit. Es löst sich sehr leicht in Wasser und schmeckt schwach süßlich bitter. In Alkohol, Aceton und Chloroform ist es leicht, in Äther ziemlich schwer und in Petroläther sehr schwer löslich.

Ähnlich dem einfachen Pyrrolidon bildet es eine krystallisierte Quecksilberverbindung. Für ihre Bereitung kocht man die mäßig konzentrierte, wäßrige Lösung des Oxypyrrolidons 10 Minuten mit frisch gefälltem Quecksilberoxyd. Beim Verdampfen der heiß filtrierten Flüssigkeit auf dem Wasserbade scheiden sich kurze, farblose Prismen ab, die zu kugeligen Aggregaten verwachsen sind.

Die mäßig konzentrierte, wäßrige Lösung des Oxy-pyrrolidons wird durch Phosphorwolframsäure nicht gefällt.

Beim längeren Kochen mit 25-prozentiger Salzsäure wird das Oxypyrrolidon wenigstens teilweise in die Aminosäure zurückverwandelt. Wir haben diese aus der Flüssigkeit isoliert, können aber über die Ausbeute keine Angabe machen, da der Versuch nur in kleinem Maßstabe ausgeführt wurde.

Bildung des β-Oxy-α-pyrrolidons bei der Veresterung der γ-Amino-α-oxy-buttersäure.

Suspendiert man 1 g γ-Amino-α-oxybuttersäure in 10 ccm trocknem Methylalkohol und leitet unter Kühlung Salzsäure ein, so findet bald Lösung statt. Um die Veresterung zu vervollständigen, haben wir die gesättigte, salzsaure Lösung nach einstündigem Stehen unter vermindertem Druck verdampft und den zurückbleibenden Sirup nochmals in der gleichen Weise mit Methylalkohol und Salzsäure behandelt. Der nun beim Verdampfen unter geringem Druck zurückbleibende Sirup wurde zur Entfernung der überschüssigen Salzsäure mit trocknem Methylalkohol unter vermindertem Druck eingedampft und schließlich im Vakuumexsiccator über Phosphorpentoxyd und Natronkalk aufbewahrt, wobei eine äußerst leicht lösliche Krystallmasse entstand. Wir vermuten, daß die Krystalle, zum Teil wenigstens, das Hydrochlorid des Esters waren.

Die Masse wurde in Wasser gelöst, das Chlor quantitativ mit Silberoxyd entfernt und das Filtrat unter vermindertem Druck zum Sirup verdampft. Dieser erstarrte bald und gab bei der Extraktion mit Essigester reines β-Oxy-α-pyrrolidon.

Zur Analyse wurde das Präparat im Vakuumexsiccator über Phosphorpentoxyd getrocknet.

0,1473 g Sbst.: 0,2555 g CO_2, 0,0909 g H_2O. — 0,1421 g Sbst.: 17,3 ccm N über 33-prozentiger Kalilauge (23°, 754,9 mm).

$C_4H_7O_2N$ (101,67). Ber. C 47,49, H 6,98, N 13,86.
Gef. „ 47,31, „ 6,91, „ 13,71.

Erschöpfende Methylierung der γ-Amino-α-oxy-buttersäure.

Wir haben das Verfahren von P. Griess[1]), das auch R. Willstätter für die Bereitung der γ-Trimethylamino-buttersäure[2]) benutzte,

---

[1]) Berichte d. D. Chem. Gesellsch. **6**, 586 [1873].
[2]) Ebenda **35**, 617 [1902].

in Anwendung gebracht. 1 g γ-Amino-α-oxybuttersäure wurde in etwas weniger als der für 3 Mol. berechneten Menge starker Kalilauge gelöst, mit 3 Mol. Jodmethyl (3,6 g) und mit soviel Methylalkohol versetzt, daß völlige Lösung erfolgte. Die Mischung erwärmte sich von selbst und zeigte ganz schwachen Geruch nach Aminbasen.

Als die Lösung nach längerem Stehen schwach sauer geworden war, wurde von neuem Alkali in geringem Überschuß zugesetzt, bis die alkalische Reaktion blieb. Nun wurde neutralisiert, unter stark vermindertem Druck zur Trockne verdampft, der Rückstand mit Wasser aufgenommen, zur Entfernung des Jods mit einem Überschuß von Silbersulfat geschüttelt, das Filtrat wiederum unter geringem Druck verdampft und der Rückstand mehrmals mit warmem, 80-prozentigem Alkohol ausgelaugt. Beim Verdampfen der alkoholischen Lösung blieb ein Sirup, der beim längeren Stehen im Vakuumexsiccator teilweise krystallisierte. Er enthielt γ-Trimethylamino-α-oxy-buttersäure als Sulfat und löste sich äußerst leicht in Wasser. Die wäßrige Lösung gab auch bei Gegenwart von freier Mineralsäure mit Phosphorwolframsäure einen farblosen, krystallinischen Niederschlag, der aus heißem Wasser in feinen, meist büschel- oder fächerartig verwachsenen Nädelchen krystallisierte.

Für die Analyse haben wir das Chloraurat benutzt. Es fällt aus der konzentrierten, wäßrigen, mit einigen Tropfen Salzsäure angesäuerten Lösung des Sirups durch nicht zu verdünnte Goldchloridlösung als schön gelber, krystallinischer Niederschlag. Zur Reinigung wurde aus warmem Wasser unter Zusatz von sehr wenig Salzsäure umgelöst. Das Salz bildet dann gelbe, häufig lanzettförmig ausgebildete und zu Büscheln vereinigte Nadeln. Zur Analyse wurde nochmals aus der dreifachen Menge warmem Wasser unter Zusatz von etwas Salzsäure krystallisiert und dann im Vakuumexsiccator über Phosphorpentoxyd getrocknet. Das Präparat verlor unter 20 mm Druck bei 78° nicht mehr an Gewicht.

0,1815 g Sbst.: 0,0714 g Au. — 0,1932 g Sbst.: 0,1174 g CO_2, 0,0545 g H_2O. — 0,1497 g Sbst.: 3,65 ccm N über 33-prozentiger Kalilauge (17°, 736 mm). — 0,2261 g Sbst.: 0,2614 g AgCl.

$C_7H_{15}O_3N$, $HAuCl_4$ (501,18).
Ber. C 16,76, H 3,22, N 2,80, Cl 28,30, Au 39,35.
Gef. „ 16,57, „ 3,16, „ 2,75, „ 28,60, „ 39,34.

Das Chloraurat hat keinen scharfen Schmelzpunkt. Im Capillarrohr fängt es gegen 162° an zu sintern und schmilzt erst zwischen 175° und 176° (korr.) zu einer klaren, orangeroten Flüssigkeit. Der Schmelzpunkt liegt also erheblich höher als bei dem Salz des natürlichen optischaktiven Carnitins. Wir werden versuchen, die natürliche Base zu racemisieren und dann das Goldsalz mit unserem Präparat zu vergleichen.

Wird das Chloraurat in wäßriger Lösung durch Schwefelwasserstoff zersetzt und das Filtrat unter geringem Druck verdampft, so bleibt das Hydrochlorid als Sirup zurück, der beim längeren Stehen im Vakuumexsiccator über Phosphorpentoxyd krystallinisch erstarrt.

Wir haben daraus noch das Chloroplatinat hergestellt. Es ist in Wasser äußerst leicht löslich und wird daraus durch Alkohol zunächst als Sirup gefällt. Wenn genügend viel Alkohol angewandt ist, krystallisiert der Sirup allmählich und bildet dann äußerst feine, mikroskopische Nädelchen. Aus der verdünnten Lösung fallen beim längeren Stehen manchmal ziemlich lange, aber ebenfalls sehr dünne Nadeln aus. Das Salz ist in absolutem Alkohol nicht löslich. Nachdem es bei 78° unter 15 mm Druck getrocknet war, schmolz es nicht ganz konstant im Capillarrohr nach vorherigem starkem Sintern gegen 216° (korr.) unter Zersetzung, was mit den Angaben über den Schmelzpunkt des Carnitinchloroplatinats im wesentlichen übereinstimmt[1]).

Die vorstehende Synthese der γ-Amino-α-oxybuttersäure gibt unzweideutigen Aufschluß über ihre Struktur und verläuft auch von der Phthalimido-brombuttersäure an recht glatt. Aber die Gewinnung der letzteren ist ziemlich mühsam. Um einen bequemeren Weg zur Aminosäure zu finden, haben wir deshalb Versuche begonnen, den β-Chlorpropionaldehyd durch die Cyanhydrinreaktion in γ-Chlor-α-oxybuttersäure zu verwandeln, da diese voraussichtlich leicht in γ-Amino-α-oxybuttersäure und ihr Betain übergeführt werden kann.

---

[1]) Gulewitsch und Krimberg, Zeitschr. f. physiol. Chem. **45**, 328 [1905].

14. Emil Fischer und Adolf Krämer: Versuche zur Darstellung der α-Amino-γ, δ-dioxy-valeriansäure.

Berichte der Deutschen Chemischen Gesellschaft 41, 2728 [1908].

(Eingegangen am 25. Juli 1908.)

Das regelmäßige Auftreten des Serins unter den Spaltungsprodukten der Proteine, ferner die Entdeckung des Oxyprolins bei der Hydrolyse der Gelatine deuten neben anderen Beobachtungen darauf hin, wie schon früher hervorgehoben wurde, daß noch weitere aliphatische Oxyaminosäuren bei der Zertrümmerung der Proteine gebildet werden. Unter diesen kann man die Derivate der n-Valeriansäure und n-Capronsäure wegen der Beziehungen zum Ornithin und Lysin erwarten, und ihre Kenntnis bietet deshalb ein erhebliches Interesse. Die α - Amino-δ-oxy-valeriansäure ist bereits von P. Sörensen[1]) synthetisch erhalten und durch Kochen mit Salzsäure in racemisches Prolin verwandelt worden. Unsere Versuche waren darauf gerichtet, eine Dioxyaminosäure, die zum Oxyprolin in derselben Beziehung stehen würde, synthetisch zu gewinnen. Nach verschiedenen vergeblichen Anläufen haben wir einen Weg eingeschlagen, welcher der von E. Fischer und Blumenthal[2]) bei der Synthese der α-.Amino-γ-oxy-buttersäure benutzten Methode entspricht.

Als Ausgangsmaterial diente Epichlorhydrin, das sich nach den Beobachtungen von Reboul[3]) leicht mit Alkoholen zu einem Alkyldioxy-chlor-propan verbindet. Da diese Körper uns aber bei der Malonestersynthese kein krystallisiertes Produkt lieferten, so haben wir an ihrer Stelle das Phenylderivat benutzt, welches beim Erhitzen von Phenol mit Epichlorhydrin auf 160° dargestellt wurde. Das hierbei entstehende Öl ist wahrscheinlich ein Gemisch von zwei Isomeren, jedenfalls läßt sich aus den später beschriebenen Tatsachen der Schluß ziehen, daß es in erheblicher Menge das α - Phenoxy-β-oxy-γ-chlor-propan*), $C_6H_5O \cdot CH_2 \cdot CH(OH) \cdot CH_2Cl$, enthält.

---

[1]) Compt. rend. des trav. du lab. de Carlsberg (Kopenhagen) 6, 137—192.
[2]) Berichte d. D. Chem. Gesellsch. 40, 106 [1907]. (S. 121.)
[3]) Ann. d. Chem., Suppl. 1, 236.
*) Im Original steht irrtümlicherweise α-Oxy-β-phenoxy-γ-chlor-propan.

Wird dieses Chlorid in der üblichen Weise mit Natrium-malon-ester zusammengebracht und der hierbei entstehende Ester verseift, so resultiert eine ölige Säure, die bei längerem Stehen einen schön krystallisierten Körper von der Formel $C_{12}H_{12}O_5$ abscheidet. Letzteren glauben wir als eine Lactonsäure von folgender Struktur:

$$O\text{———}CO$$
$$C_6H_5O \cdot CH_2 \cdot CH\text{—}CH_2\text{—}CH \cdot COOH$$

betrachten zu dürfen und bezeichnen ihn dementsprechend als δ - Phen-oxy-γ-oxy-propylmalonsäure-Lacton. Wir bemerken aber ausdrücklich, daß diese Formel ebenso wie die übrigen in dieser Abhandlung benutzten noch weiterer Begründung bedarf.

Das Lacton läßt sich leicht bromieren und gibt bei Anwendung von überschüssigem Halogen ein Dibromderivat, das die Hälfte des Broms im Phenyl, die andere Hälfte höchstwahrscheinlich in der Malonsäuregruppe enthält. Dementsprechend glauben wir ihm die Formel

$$O\text{———}CO$$
$$C_6H_4Br \cdot O \cdot CH_2 \cdot CH\text{—}CH_2\text{—}CBr \cdot COOH$$

geben zu können.

Beim Erhitzen auf 140° verliert es Kohlensäure, und das hierbei entstehende einfache Lacton tauscht, mit wäßrigem Ammoniak bei 100° behandelt, das im aliphatischen Komplex befindliche Brom gegen die Aminogruppe aus. Die so gebildete Aminosäure wurde in Form ihres Lactons, des δ- Bromphenoxy-γ-oxy-α-amino-valero-lactons,

$$O\text{———}CO$$
$$C_6H_4BrO \cdot CH_2 \cdot CH\text{—}CH_2\text{—}CH \cdot NH_2,$$

isoliert.

Leider machte die weitere Abspaltung des Bromphenyls große Schwierigkeiten. Wir haben sie schließlich durch 15-stündiges Erhitzen mit sehr konzentrierter Bromwasserstoffsäure auf 100—105° erreicht. Dabei entsteht aber zunächst neben Bromphenol ein bromhaltiger Körper, der erst wieder durch mehrstündiges Kochen mit Wasser hydrolysiert werden muß. Das Endprodukt war ein Gemisch von Aminosäuren, die wir durch die Kupfersalze getrennt haben. Die eine davon konnte mit dem von H. Leuchs[1]) beschriebenen (a) - γ - Oxy-prolin identifiziert werden. Eine zweite hat sowohl in freiem Zustande wie nach der Analyse des Kupfersalzes die Zusammensetzung $C_5H_{11}O_4N$ und kann demnach die gesuchte α - Amino-γ, δ-dioxy-valeriansäure

---

[1]) Berichte d. D. Chem. Gesellsch. **38**, 1937 [1905].

sein. Leider ist die Ausbeute so schlecht, daß wir bisher nicht in der Lage waren, die Säure gründlich zu untersuchen und ihre Struktur sicher festzustellen.

Verbindung von Epichlorhydrin mit Phenol.

500 g Epichlorhydrin wurden mit 600 g Phenol 40 Stunden im Autoklaven auf 160° erhitzt und die gelbbraune Flüssigkeit dann unter vermindertem Druck fraktioniert. Nach einem reichlichen Vorlaufe von meist unverändertem Epichlorhydrin und Phenol betrug die von 110—170° unter 20 mm abgenommene Fraktion 327 g. Aus ihr wurden durch neues Fraktionieren 173 g einer Fraktion 135—155° unter 12 mm gewonnen; die Hauptmenge ging bei 150—155° über, davon wieder das meiste zwischen 152 und 153° unter 12 mm Druck. Eine bei dieser Temperatur abgenommene Probe wurde analysiert.

0,2246 g Sbst.: 0,1700 g AgCl.

$C_9H_{11}O_4Cl$ (186,53). Ber. Cl 19,01. Gef. Cl 18,71.

Das Produkt ist dickflüssig, farblos, fühlt sich fettig an, riecht unangenehm ranzig und schmeckt sehr bitter. Verarbeitet wurde bei dem nachfolgenden Verfahren die gesamte Fraktion 135—155°.

δ- Phenoxy-γ-oxy-propylmalonsäure-Lacton,

$$\text{O——————CO}$$
$$C_6H_5O \cdot CH_2\overset{\bullet}{C}H—CH_2—\overset{\bullet}{C}H \cdot COOH .$$

Zur Bereitung des entsprechenden Malonesters wurden 18,6 g Natrium (1½ At.) in 250 ccm absolutem Alkohol gelöst, die Lösung abgekühlt, bis sich Natriumäthylat abschied, dazu unter Schütteln 172 g (2 Mol.) Malonester zugefügt, die Masse auf 10° gekühlt und mit 100 g des oben beschriebenen Chlorids (Fraktion 135—155°) unter Umschütteln versetzt. Zunächst erfolgte Lösung, dann Ausscheidung von Chlornatrium. Die Masse wurde nun auf 35° angewärmt und bei dieser Temperatur in Bewegung gehalten. Nach 6 Stunden wurde der Alkohol im Vakuum abdestilliert, der Rückstand in 100 ccm eiskalte, verdünnte Schwefelsäure eingetragen, der abgeschiedene Ester ausgeäthert und die Lösung mit Natriumsulfat getrocknet. Als der beim Verdampfen des Äthers zurückbleibende Rückstand unter 0,5 mm Druck aus einem Bade destilliert wurde, bis die Temperatur des Bades auf 135° stieg, war der unveränderte Malonester fast völlig entfernt. Als Rest blieb ein hellbraunes Öl, dessen Menge 92 g betrug. Zur Verseifung wurde es unter Umschütteln in mehreren Portionen in 100 ccm warmer Kalilauge vom spec. Gew. 1,32 eingetragen und zum Schluß noch 1 Stunde auf dem Wasserbade erwärmt. Um die hierbei entstehende substituierte

Malonsäure isolieren zu können, haben wir die alkalische Lösung mit starker Salzsäure schwach angesäuert und dann in eine heiße Mischung von 460 ccm 2-*n*.-Calciumchloridlösung und 50 ccm wäßrigem Ammoniak von 25% eingegossen. Der dicke, körnige Niederschlag des Calciumsalzes wurde nach dem Erkalten abgesaugt und mit kaltem Wasser gewaschen, dann mit überschüssiger warmer Salzsäure zerlegt, die ausgefallene Säure ausgeäthert, die ätherische Lösung mit Natriumsulfat getrocknet und das beim Verdampfen des Äthers verbleibende Öl der Krystallisation überlassen. Diese wird sehr beschleunigt, wenn man einige Krystalle einimpfen kann. Dann entsteht schon im Laufe von einigen Stunden ein ziemlich dicker Brei von Krystallen, der zwischen Fließpapier abgepreßt und dann aus ungefähr 5 Tln. heißem Benzol umkrystallisiert werden kann. Ist man nicht in der Lage zu impfen, so dauert es in der Regel ziemlich lange, bis die ersten Krystalle erscheinen. Aus dem abgeschiedenen Sirup scheiden sich beim Stehen immer wieder neue Krystalle ab. Vermutlich hängt das mit dem Fortschreiten der Lactonbildung zusammen. Aus demselben Grunde läßt sich die Ausbeute schwer angeben.

In einem besonderen Falle haben wir auch das Lacton auf einem etwas anderen Wege erhalten. Es wurde nämlich der substituierte Malonester unter 0,3 mm Druck fraktioniert, wobei er gegen 190° als leicht gefärbtes, beim Erkalten zähflüssiges Öl überging; als dann mit Kalilauge verseift und ohne Darstellung des Calciumsalzes die Säure ausgeäthert wurde, entstand beim 12-tägigen Stehen der sirupösen Säure auch das krystallisierte Lacton. Dieses Verfahren ist aber nicht zu empfehlen, weil bei der Destillation zu große Verluste entstehen.

Für die Analyse des Lactons diente ein Präparat, das aus Benzol umkrystallisiert und bei 50° im Vakuum über Paraffin getrocknet war.

0,1990 g Sbst.: 0,4448 g CO_2, 0,0937 g H_2O. — 0,1700 g Sbst.: 0,3815 g CO_2, 0,0796 g H_2O.

$C_{12}H_{12}O_5$ (236,09).   Ber. C 60,99,   H 5,12.
Gef. ,, 60,96, 61,20, ,, 5,27, 5,24.

Die Substanz sintert bei 93—96° (korr.); nachher erfolgt Gasentwicklung. Erhitzt man sie in nicht zu viel Wasser, so schmilzt sie, löst sich nur in verhältnismäßig kleiner Menge, und es dauert dann ziemlich lange, bis das Öl wieder erstarrt ist. In Alkali löst sich das Lacton sehr leicht, ebenso in kaltem Alkohol, etwas schwerer in Äther, sehr schwer in Petroläther. Infolgedessen wird es aus der konzentrierten, ätherischen Lösung durch Petroläther gefällt und krystallisiert dann in sehr feinen Nädelchen, die vielfach zu moosähnlichen Gebilden verwachsen sind. Aus heißem Benzol krystallisiert es in sehr feinen, vielfach büschelförmig angeordneten Nadeln.

Löst man es in kalter Kalilauge, säuert dann mit Essigsäure an und gibt im Überschuß ammoniakalische Chlorcalciumlösung zu, so entsteht zunächst keine Fällung, aber beim Kochen erscheint nach kurzer Zeit ein starker, krystallinischer Niederschlag.

δ - Bromphenoxy- γ -oxy-propylbrommalonsäure-Lacton,

$$O\text{————}CO$$
$$C_6H_4BrO\cdot CH_2\cdot \overset{\cdot}{C}H\text{—}CH_2\text{—}\overset{\cdot}{C}Br\cdot COOH.$$

10 g des vorigen Körpers werden in 100 ccm Chloroform gelöst und in die Lösung allmählich 16,4 g Brom ($2^1/_2$ Mol.), am besten im Sonnenlicht, eingetragen. Nach zweistündigem Stehen saugt man die reichlich ausgeschiedenen Krystalle ab, löst sie zur Reinigung in der 10-fachen Menge Äther und gießt die Lösung in die 30-fache Menge Petroläther ein, wobei feine mikroskopische Nadeln ausfallen. Die Ausbeute beträgt 15 g oder 90% der Theorie. Zur Analyse wurde unter 15 mm Druck bei 110° getrocknet.

0,2131 g Sbst.: 0,2857 g CO_2, 0,0533 g H_2O. — 0,1953 g Sbst.: 0,1865 g AgBr.

$C_{12}H_{10}O_5Br_4$ (394,00).   Ber. C 36,55, H 2,56, Br 40,59.

Gef. ,, 36,56, ,, 2,80, ,, 40,64.

Die Substanz schmilzt gegen 157° (korr.) unter stürmischer Gasentwicklung. Sie ist in Alkohol selbst in der Kälte sehr leicht löslich und wird durch Wasser daraus zuerst als Öl gefällt, welches nach einiger Zeit in sehr feinen, vielfach kugelförmig verwachsenen Nadeln krystallisiert. In heißem Benzol ziemlich schwer löslich, scheidet sie sich daraus in der Kälte ebenfalls in äußerst kleinen, meist kugelförmig verwachsenen Nädelchen ab.

Die Darstellung des Bromkörpers kann dadurch sehr vereinfacht werden, daß man an Stelle des krystallisierten δ-Phenoxy-γ-oxy-propylmalonsäurelactons direkt den Sirup benutzt, der bei der Zerlegung des Calciumsalzes durch Salzsäure entsteht.

50 g desselben werden in 250 ccm Chloroform gelöst, mit 65,5 g Brom (2 Mol.) in der oben beschriebenen Weise versetzt, geimpft und angerieben. Bald erstarrt die Masse zu einem hellrotgelben Krystallbrei. Ein größerer Überschuß von Brom ist nicht ratsam, weil dann ein Teil der Krystalle wieder in Lösung geht. Der Körper wird, wie beschrieben, umkrystallisiert. Ausbeute ungefähr 50 g; sie beweist, daß der ursprüngliche Sirup viel mehr von dem Lacton bezw. der entsprechenden Malonsäure enthält, als man durch Krystallisation daraus isolieren kann; immerhin läßt sie zu wünschen übrig, wenn man sie auf das ursprünglich angewandte Phenoxy-oxy-chlorpropan bezieht; denn 100 g des letzteren gaben nur 40 g dieses Bromkörpers, was 17% der Theorie

entspricht. Die Verluste sind wohl nicht allein bedingt durch die ziemlich phasenreiche Synthese, sondern wir vermuten, daß das ursprüngliche Phenoxy-oxy-chlorpropan ein Gemisch ist, in welchem das hier nur in Betracht kommende β-Phenoxy-α-oxy-chlorpropan vielleicht nicht einmal den Hauptbestandteil bildet.

Außerdem ist zu erwägen, daß in dem Lacton zwei asymmetrische Kohlenstoffatome vorhanden sind, daß mithin zwei stereoisomere Racemformen existieren werden. Da der vorliegende Körper einheitlich zu sein scheint und dann nur eine der beiden Racemformen darstellen würde, so ist vielleicht ein Isomeres der Beobachtung entgangen, wodurch ebenfalls ein scheinbarer Verlust entstanden sein könnte.

δ - Bromphenoxy - γ - oxy - α - brom - valerolacton,

$$O\text{————}CO$$
$$C_6H_4BrO \cdot CH_2 \cdot \overset{\centerdot}{CH}\text{—}CH_2\text{—}\overset{\centerdot}{CH}Br.$$

50 g der vorhergehenden Säure werden in einem Fraktionierkolben unter 15—20 mm Druck durch ein Bad von 150° erhitzt. Sobald die Kohlensäureentwicklung beginnt, ermäßigt man die Temperatur auf 140°. Die Kohlensäure entweicht dann ruhig, während die Masse allmählich zu einem braunen Sirup zusammenschmilzt. Nach 3 Stunden ist die Reaktion beendigt; der Sirup wird noch heiß in 150 ccm Äther eingegossen, in dem er beim Umschütteln zu krümeligen Massen erstarrt. Diese werden abgesaugt, mehrmals mit wenig Äther gewaschen und sind dann zur weiteren Verarbeitung rein genug. Aus der ätherischen Mutterlauge lassen sich noch neue Mengen gewinnen, indem man den beim Verdampfen des Äthers bleibenden Rückstand mit der zehnfachen Menge Alkohol unter Zusatz von Tierkohle kocht. Beim Abkühlen des Filtrats fällt eine schneeartige Krystallmasse aus. Gesamtausbeute 35 g oder 79% der Theorie. Zur Analyse wurde noch einmal aus der zehnfachen Menge heißem Alkohol umkrystallisiert und unter 15 mm Druck bei 100° getrocknet.

0,2221 g Sbst.: 0,3054 g CO_2, 0,0561 g H_2O. — 0,1948 g Sbst.: 0,2100 g AgBr.

$C_{11}H_{10}O_3Br_2$ (350,00). Ber. C 37,71, H 2,88, Br 45,69.
Gef. „ 37,50, „ 2,83, „ 45,88.

Der Körper ist in heißem Alkohol ziemlich leicht löslich, scheidet sich in der Kälte wieder aus und bildet nach einiger Zeit äußerst feine mikroskopische Nadeln oder Stäbchen, manchmal auch etwas größere Prismen. In kaltem Benzol ist er ziemlich leicht löslich; beim Kochen mit Wasser schmilzt er und löst sich nur wenig. Schmelzpunkt ist 128° (korr.).

Löst man das Lacton in wenig Aceton und versetzt mit Wasser bis zur Fällung, so zeigt die Lösung mit blauem Lackmuspapier zunächst kaum eine Reaktion, erst nach einiger Zeit tritt deutliche Rötung ein.

α - Amino-γ-oxy- δ-bromphenoxy-valerolacton,

$$O\text{———}CO$$

$$C_6H_4BrO \cdot CH_2 \cdot CH\text{—}CH_2\text{—}CH \cdot NH_2.$$

Die Amidierung des vorhergehenden Bromkörpers läßt sich sehr gut mit flüssigem Ammoniak bei 25° ausführen. Bequemer aber wird die Operation bei Anwendung von wäßrigem Ammoniak. Zu diesem Zwecke wird der gepulverte Bromkörper mit der 5-fachen Menge Ammoniaklösung von 25% im geschlossenen Gefäß unter Schütteln 4 Stunden auf 100° erhitzt, wobei völlige Lösung eintritt. Man verdampft dann auf dem Wasserbade und extrahiert den Rückstand zur Entfernung des Bromammoniums und anderer Produkte mit heißem Alkohol. Die Menge der zurückbleibenden Aminosäure bezw. ihres Lactons beträgt auf 10 g Bromkörper ungefähr 5,8 g oder 70% der Theorie. Zur Reinigung löst man in ungefähr 300 Teilen heißem Wasser und verdampft bei 15—20 mm Druck auf ein kleines Volumen, wobei eine reichliche Krystallisation erfolgt. Dieses Produkt ist das Lacton.

Die im Vakuumexsiccator über Phosphorpentoxyd getrocknete Substanz verlor bei 100° kaum an Gewicht.

0,1550 g Sbst.: 0,2606 g CO_2, 0,0596 g H_2O. — 0,1424 g Sbst.: 0,2396 g CO_2, 0,0526 g H_2O. — 0,1470 g Sbst.: 6,5 ccm N (21°, 756 mm). — 0,1958 g Sbst.: 0,1276 g AgBr. — 0,1394 g Sbst.: 0,0908 g AgBr. — 0,1033 g Sbst.: 0,0674 g AgBr.

$C_{11}H_{12}O_3NBr$ (286,06).

Ber. C 46,14,   H 4,23,   Br 27,95,   N 4,90.
Gef. ,, 45,85, 45,89, ,, 4,30, 4,13, ,, 27,73, 27,72, 27,77, ,, 5,01.

Das Aminolacton ist in heißem Wasser ziemlich schwer löslich und scheidet sich beim Eindampfen der Lösung in mikroskopischen, dünnen, farblosen Blättchen ab. In heißem Alkohol ist es sehr schwer löslich. Rasch erhitzt, schmilzt es nicht scharf gegen 230° (korr.) unter starker Zersetzung, nachdem schon 10—15° vorher Färbung eingetreten ist. Mit Mineralsäuren bildet es beständige Salze. Das Hydrochlorat und das Hydrobromat, die allein genauer untersucht wurden, sind in Wasser, besonders in der Wärme, recht leicht löslich. Sie lassen sich aus alkoholischer Lösung durch Fällen mit Äther reinigen.

Das Hydrochlorat schmilzt bei raschem Erhitzen gegen 229° (korr.) unter Zersetzung. Zur Analyse wurde es bei 115° getrocknet.

Für die Bestimmung des Chlors wurde die Substanz in viel Wasser gelöst und nach dem Ansäuern mit Salpetersäure das Chlor durch Silbernitrat gefällt.

0,1512 g Sbst.: 0,0682 g AgCl.
$C_{11}H_{12}O_3NBr \cdot HCl$ (322,5). Ber. Cl 11,08. Gef. Cl 11,15.

Für die gemeinsame Bestimmung von Chlor und Brom diente die Methode von Carius. Aus der Menge des Halogensilbers wurden Chlor und Brom nach den Äquivalentgewichten berechnet.

0,1710 g Sbst.: 0,1766 g AgCl + AgBr.
$C_{11}H_{12}O_3NBr \cdot HCl$ (322,6). Ber. Cl 11,08, Br 24,86.
Gef. „ 11,05, „ 24,93.

Das bromwasserstoffsaure Salz krystallisiert aus warmer, starker Bromwasserstoffsäure in schönen, farblosen, meist büschelförmig vereinigten Stäbchen und schmilzt beim raschen Erhitzen gegen 235° (korr.) unter starker Zersetzung.

Zur Analyse war es bei 100° getrocknet. Es wurde nur die Menge desjenigen Broms bestimmt, das sich aus der mit Salpetersäure versetzten wäßrigen Lösung des Salzes durch Silbernitrat fällen läßt.

0,1823 g Sbst.: 0,0940 g AgBr. — 0,1003 g Sbst.: 0,0511 g AgBr. — 0,1451 g Sbst.: 0,1910 g CO_2, 0,0436 g H_2O.
$C_{11}H_{12}O_3NBr \cdot HBr$ (367,03). Ber. C 35,97, H 3,54, Br 21,79 (1 Atom).
Gef. „ 35,90, „ 3,36, „ 21,94, 21,78.

In verdünnten Alkalien löst sich das Aminolacton schon in der Kälte ziemlich rasch; dabei entsteht wahrscheinlich das Alkalisalz der Aminosäure. In der Tat läßt sich aus der Lösung in Alkali ein Silbersalz darstellen, das nach dem Gehalt an Metall das Derivat der Aminosäure selbst ist. Für seine Bereitung wurden 0,3 g Aminolacton mit 1 ccm n-Natronlauge (für 1 Mol. berechnet sich 1,05 ccm) übergossen. Der größte Teil löste sich in der Kälte, der Rest bei gelindem Erwärmen. Die abgekühlte und auf 25 ccm verdünnte Lösung wurde mit Silbernitrat versetzt. Es fiel ein dicker Niederschlag aus, der sich beim Erwärmen zusammenballte. Er wurde abfiltriert, mit Wasser und Alkohol gewaschen und schließlich im Vakuumexsiccator getrocknet.

0,1377 g Sbst.: 0,0629 g AgBr.
$C_{11}H_{13}O_4NBrAg$ (411,00). Ber. Ag 26,23. Gef. Ag 26,24.

Das Salz ist frisch bereitet fast weiß, zeigt unter dem Mikroskop keine deutliche krystallinische Struktur; am Lichte wird es allmählich gelb.

Das Aminolacton löst sich auch ziemlich leicht in warmem, wäßrigem Ammoniak, und beim Wegkochen des Ammoniaks fallen Krystalle aus, die dem Aminolacton sehr gleichen. In Wirklichkeit sind sie aber nach den Analysen sehr wahrscheinlich ein Gemisch von Lacton und freier Aminosäure. Die Zusammensetzung der verschiedenen Präparate schwankt infolgedessen, wie die folgenden Zahlen zeigen:

$C_{11}H_{12}O_3NBr$ (286,1).   Ber. C 46,16, H 4,23, Br 27,95.
$C_{11}H_{14}O_4NBr$ (304,1).   Ber. ,, 43,41, ,, 4,64, ,, 26,29.
                                 Gef. ,, 44,85, ,, 4,79, ,, 26,48.
                                 Gef. ,, 45,52, ,, 4,30, ,, 27,44.

Da aber ihr Aussehen scheinbare Homogenität vortäuscht, so hat
ihre Untersuchung uns viele überflüssige Mühe gemacht.

Spaltung des δ - Bromphenoxy-γ-oxy- α-amino-valerolac-
tons durch Bromwasserstoffsäure.

9 g des Lactons wurden in geschlossenen Röhren mit 60 ccm bei
0° gesättigter Bromwasserstoffsäure 12 Stunden bei 100° geschüttelt
und der tief weinrote Rohrinhalt dann unter 20 mm Druck eingedampft,
wobei ein trübes Destillat vom Geruch des Bromphenols überging. Aus
der Lösung des Rückstandes in 50 ccm Wasser ließ sich ein Teil der Verunreinigungen mit Äther ausschütteln, der Rest konnte durch 10 Minuten
langes Kochen mit Tierkohle entfernt werden. Um das gebundene Brom
abzuspalten, haben wir das wasserklare Filtrat zwei Stunden am Rückflußkühler gekocht, dann bei 20 mm Druck eingedampft, den Rückstand
in 50 ccm Wasser gelöst und mit Silberoxyd geschüttelt, bis eine filtrierte
Probe gerade weder mit Silbernitrat in salpetersaurer Lösung noch mit
Salzsäure eine Trübung gab. Zur Trennung der jetzt in Lösung befindlichen Aminosäuren diente das Kupfersalz. Für seine Bereitung wurde
die halogenfreie Flüssigkeit mit gefälltem Kupferoxyd dreiviertel Stunden
gekocht und das tiefblaue Filtrat auf 50 ccm eingeengt. Nach 12-stündi-
gem Stehen in Eis hatte sich ein hellblauer Niederschlag abgesetzt, der
abgesaugt und mit wenig kaltem Wasser gewaschen wurde. Die tiefblaue Mutterlauge wurde unter 15 mm Druck auf 5 ccm eingeengt und
portionsweise mit absolutem Alkohol versetzt, bis nichts mehr ausfiel.
Das ausgefallene, ziemlich dunkelblaue Kupfersalz wurde abgesaugt.

Die Ausbeute betrug ungefähr 1 g für das schwer lösliche, hellblaue
und etwa 3 g für das leichtlösliche dunkelblaue Kupfersalz.

Das hellblaue Salz enthält das von H. Leuchs[1]) beschriebene
(a)-γ-.Oxy-prolin. Nach dem Umlösen aus heißem Wasser zeigt es
die von Leuchs angegebene Krystallform und Zusammensetzung
$(C_5H_8O_3N)_2Cu + 4 H_2O$.

Für die Bestimmung des Wassers wurde die lufttrockne Substanz
unter 15 mm Druck bei 110° getrocknet.

0,2359 g Substanz verloren 0,0428 g Wasser. — 0,1150 g Substanz, im Tiegel
erhitzt, gaben 0,0232 g CuO.

$(C_5H_8O_3N)_2Cu + 4 H_2O$ (395,9).   Ber. H_2O 18,21, Cu 16,06.
                                        Gef. ,, 18,14, ,, 16,12.

_____

[1]) Loc. cit.

0,1574 g des bei 110° getrockneten Salzes gaben 0,0385 g Cu_2S.
$(C_5H_8O_3N)_2Cu$ (323,8). Ber. Cu 19,64. Gef. Cu 19,54.

Die aus dem Salz hergestellte Aminosäure besaß ebenfalls die von
Leuchs angegebenen Eigenschaften (Schmelzpunkt, Krystallform, Löslichkeit).

Für die Analyse wurde sie bei 15 mm Druck über Schwefelsäure
getrocknet.

0,1746 g Sbst.: 0,2910 g CO_2, 0,1048 g H_2O. — 0,1577 g Sbst.: 14,5 ccm N
(16°, 768 mm).

$C_5H_9O_3N$ (131,1). Ber. C 45,77, H 6,87, N 10,71.
Gef. „ 45,46, „ 6,72, „ 10,86.

Die Entstehung des Oxyprolins aus dem α-Amino-γ-oxy-δ-brom-
phenoxy-valerolacton ist nicht überraschend, wie ein Blick auf die beiden
Strukturformeln zeigt.

$$C_6H_4BrO \cdot CH_2 \cdot \underset{\underset{NH_2}{|}}{CH} \overset{\overset{O————————¬}{|}}{—CH_2—CH—CO} \qquad \underset{NH}{\underset{\diagdown\diagup}{\overset{HO \cdot CH—CH_2}{\overset{|\qquad\quad|}{CH_2\quad CH \cdot COOH.}}}}$$

Bei der Abspaltung des Bromphenyls findet, vielleicht unter vorübergehender Bildung eines Bromhydrins, Ringschluß zwischen der endständigen CH_2-Gruppe und dem Amidostickstoff statt, und außerdem
wird die Lactonbindung durch Wasseranlagerung aufgehoben.

Das leicht lösliche Kupfersalz ist, wie oben schon dargelegt
wurde, wahrscheinlich das Salz einer α-Amino-γ-δ-dioxy-vale-
riansäure. Zur Reinigung haben wir es zuerst aus sehr wenig warmem
Wasser umkrystallisiert, wobei aber mehr als die Hälfte des Rohproduktes in der Mutterlauge bleibt; es bildet dann kleine Blättchen, die
unter dem Mikroskop als ziemlich regelmäßige, sechseckige Formen
erscheinen.

Für die Analyse wurde es noch mehrmals in Wasser gelöst, mit
Alkohol gefällt und schließlich unter 15 mm Druck bei 110° getrocknet.

0,1279 g Sbst.: 0,0283 g Cu_2S. 0,0987 g Sbst.: 0,0217 g CuO. — 0,1086 g
Sbst.: 0,0243 g CuO. — 0,1665 g Sbst.: 0,0367 g Cu_2S. — 0,1575 g Sbst.: 0,1940 g
CO_2, 0,0754 g H_2O. — 0,1258 g Sbst.: 8,3 ccm N (12°, 760 mm).
$(C_5H_{10}O_4N)_2Cu$ (359,77).
Ber. Cu 17,68, C 33,35, H 5,60, N 7,79.
Gef. „ 17,67, 17,57, 17,88, 17,60, „ 33,59, „ 5,36, „ 7,84.

Man sieht aus den Abweichungen im Kohlenstoff und im Wasserstoff, daß das Salz noch nicht ganz rein war. Aber die Differenzen sind
doch nicht groß genug, um die Formel ganz in Zweifel ziehen zu lassen.

Für die Gewinnung der freien Aminosäure wurde das sorgfältig
gereinigte Kupfersalz in verdünnter wäßriger Lösung mit Schwefel-

wasserstoff zersetzt und das farblose Filtrat unter geringem Druck verdampft. Als Rückstand blieb zunächst ein farbloser Sirup, der bei längerem Stehen im Exsiccator über Phosphorpentoxyd teilweise in büschelförmig verwachsenen Nadeln krystallisierte. Verreibt man die Masse
jetzt mit trockenem Methylalkohol, so geht sie teilweise in Lösung, und
der Rückstand bildet ein farbloses, größtenteils krystallinisches Pulver.
Er wird zur Reinigung in sehr wenig warmem Wasser gelöst und durch
Alkohol und Äther gefällt. Die Ausbeute beträgt dann etwa 30% des
Kupfersalzes. Für die Analyse wurde im Vakuumexsiccator über Phosphorpentoxyd bei gewöhnlicher Temperatur getrocknet.

0,1727 g Sbst.: 0,2560 g CO_2, 0,1167 g H_2O. — 0,0926 g Sbst.: 7,5 ccm N
(20°, 765 mm).

$C_5H_{11}O_4N$ (149,09).   Ber. C 40,24, H 7,43, N 9,40.
Gef. „ 40,43, „ 7,56, „ 9,36.

Die Substanz ist in Wasser sehr leicht, in Alkohol sehr schwer löslich. Sie schmeckt stark süß, wodurch sie sich von den beiden Oxypro-
linen, die H. Leuchs beschrieben hat, unterscheidet. Der Schmelzpunkt war nicht ganz konstant; er lag gewöhnlich zwischen 160° und
165°. Wenn die Verbindung α-Amino-γ-δ-dioxyvaleriansäure ist, so
muß man erwarten, daß sie in ein Lacton übergeht, und wir vermuten,
daß der Sirup, aus dem die krystallisierte Säure sich abscheidet, dieses
Lacton enthält. Dadurch würde auch die schlechte Ausbeute an Aminosäure aus dem Kupfersalz ihre Erklärung finden. Wurde der Sirup mit
überschüssiger starker Salzsäure auf dem Wasserbade verdampft, so
blieb ein amorpher Rückstand, der beim Reiben halb fest und beim Behandeln mit wenig Alkohol ganz fest wurde. Er löste sich beim Erwärmen in Alkohol und konnte aus der Lösung durch Äther wieder gefällt werden.

Es bedarf jedenfalls noch einer erneuten Untersuchung, um die
Natur dieser Aminosäure ganz sicher festzustellen. Wenn sie sich wirklich unter den Spaltprodukten der Proteine befinden sollte, so würde
nach den bisher bekannten Eigenschaften ihre Isolierung keine leichte
Aufgabe sein.

15. Emil Fischer und Géza Zemplén: Neue Synthese der inaktiven α, δ-Diamino-valeriansäure und des Prolins.

Berichte der Deutschen Chemischen Gesellschaft 42, 1022 [1909].

(Eingegangen am 9. März 1909.)

Für die α, δ-Diaminovaleriansäure oder das racemische Ornithin sind zwei Synthesen bekannt. Die erste[1]) führt vom Phthalimidopropyl-brommalonsäureester über die δ-Phthalimido-α-bromvaleriansäure und das entsprechende Ammoniakderivat zum Ornithin. Bei der zweiten, durch S. P. J. Sörensen[2]) gefundenen sehr ähnlichen Methode dient der Phthalimidomalonester als Ausgangsmaterial. Seine Natriumverbindung wird mit γ-Brompropylphthalimid kombiniert und der so entstehende Phthalimido-γ-Phthalimidopropylmalonester durch totale Hydrolyse und Abspaltung von Kohlensäure in Ornithin verwandelt.

Wir haben nun eine dritte Bildung der α, δ-Diaminovaleriansäure beobachtet, bei der die aus Benzoylpiperidin durch Oxydation mit Permanganat entstehende Benzoyl- δ-aminovaleriansäure[3]) $C_6H_5 \cdot CO \cdot NH \cdot CH_2 \cdot CH_2 \cdot CH_2 \cdot CH_2 \cdot COOH$, den Ausgangspunkt bildet. Sie wird mit Brom und Phosphor behandelt, und das so entstehende Bromderivat, welches sicher zum größten Teil Benzoyl- δ-amino-α-brom-valeriansäure, $C_6H_5 \cdot CO \cdot NH \cdot CH_2 \cdot CH_2 \cdot CH_2 \cdot CHBr \cdot COOH$, ist, mit Ammoniak umgesetzt. Dabei entsteht in recht befriedigender Ausbeute die Monobenzoylverbindung

$$C_6H_5 \cdot CO \cdot NH \cdot CH_2 \cdot CH_2 \cdot CH_2 \cdot CH(NH_2) \cdot COOH,$$

aus der wir durch weitere Benzoylierung leicht die inaktive Ornithursäure (Dibenzoyl-α, δ-diaminovaleriansäure) bereiten konnten.

Für die Darstellung des Monobenzoyl- und Dibenzoylornithins ist dieses Verfahren sicherlich zur Zeit das bequemste, und wir glauben, daß es auch für die Gewinnung des inaktiven Ornithins selbst den beiden älteren Synthesen überlegen ist.

---

[1]) E. Fischer, Berichte d. D. Chem. Gesellsch. 34, 455 [1901]. (*Proteine I*, S. 212.)

[2]) Compt. rend. des travaux du Laboratoire de Carlsberg, Kopenhagen 6, 1; s. a. Chem. Zentralbl. 1903, II, 33.

[3]) Willstätter, Berichte d. D. Chem. Gesellsch. 33, 1160 [1900].

Eine ganz ähnliche Methode hat im letzten Heft (Berichte d. D. Chem. Gesellsch. **42**, 839 [1909]), Hr. J. v. B r a u n als neue Synthese des Lysins aus der von ihm entdeckten ε-Benzoylamino-capronsäure durch Brom und Ammoniak beschrieben[1]).

Bei dieser Gelegenheit sind wir auch einer neuen Bildung des P r o l i n s begegnet. Die δ - B e n z o y l a m i n o b r o m - v a l e r i a n s ä u r e liefert nämlich beim Kochen mit Salzsäure große Mengen der cyclischen Aminosäure. Diese Reaktion war allerdings nach den früheren Erfahrungen über die leichte Bildungsweise von Prolin aus α, δ-Dibromvaleriansäure[2]) oder aus Phthalimidopropylbrommalonester[3]) vorauszusehen.

Bromierung der Benzoyl- δ-aminovaleriansäure

1 Teil Benzoyl-δ-aminovaleriansäure wird mit 0,05 Teilen rotem Phosphor gründlich verrieben und zu der durch eine Kältemischung gekühlten Masse 1,6 Teile Brom vorsichtig zugetropft. Unter heftiger Reaktion verwandelt sich die feste Masse in einen rotbraunen Sirup. Wird dieser im Wasserbade erhitzt, so erfolgt bald starke Entwicklung von Bromwasserstoff. Wir haben es zweckmäßig gefunden, das Erwärmen auf 100° schon nach 20 Minuten zu unterbrechen, weil sonst kompliziertere Vorgänge stattfinden. Nach dem Erkalten versetzt man die Masse mit ungefähr 15 Teilen eiskaltem Wasser und fügt allmählich unter tüchtigem Schütteln Natriumbicarbonat zu, wobei der allergrößte Teil in Lösung geht.

Beim Ansäuern der filtrierten Lösung fällt die Bromverbindung als rotgelbes dickes Öl aus. Sobald es sich ganz abgesetzt hat, wird die Mutterlauge durch reines Wasser ersetzt, und bei mehrtägigem Stehen verwandelt sich dann das Produkt allmählich in eine fast farblose, feste Masse, die aber keine deutliche Krystallform zeigt. Durch Eintragen einer Probe der festen Substanz wird das Erstarren etwas beschleunigt, dauert aber noch immer ein bis zwei Tage. Die Ausbeute betrug durchschnittlich 70% der angewandten Benzoyl-δ-amino-valeriansäure oder 52% der Theorie.

---

[1]) E. F i s c h e r, Berichte d. D. Chem. Gesellsch. **34**, 454 [1901]. (*Proteine I*, S. 211.)

[2]) C. S c h o t t e n, Berichte d. D. Chem. Gesellsch. **17**, 2544 [1884].

[3]) Versuche über die Verwandlungen der Benzoyl-δ-aminovaleriansäure, welche die Gewinnung der Polypeptide der δ-Aminovaleriansäure, der δ-Amino-α-oxy-valeriansäure und des Ornithins zum Ziele haben, sind im hiesigen Institut seit Oktober 1908 im Gange. Als ich Hrn. Dr. J. v. B r a u n, der mir Ende Dezember v. J. seine neue Lysin-Synthese kurz mitteilte, davon benachrichtigte, hat er zur Vermeidung von Kollisionen in freundlicher Weise darauf verzichtet, seine Studien auf die Benzoyl-δ-aminovaleriansäure auszudehnen.   E. Fischer.

Leider ist es uns nicht gelungen, ein gutes Verfahren für die Krystallisation des Körpers zu finden. Nach allen seinen Eigenschaften müssen wir ihn noch für ein Gemisch halten; aber der Hauptmenge nach besteht er sicherlich aus der α-Bromverbindung. Wie begreiflich, haben die Analysen nur annähernd mit der Formel stimmende Werte gegeben.

$$C_{12}H_{14}O_3NBr. \quad \text{Ber. Br } 26{,}65. \quad \text{Gef. Br } 24{,}34,\ 24{,}63.$$

Das Produkt ist sehr leicht löslich in Aceton, Essigäther, Chloroform und warmem Alkohol, weniger in Äther und Benzol, und nur schwer in Petroläther.

In Alkalien, Alkalicarbonaten und Ammoniak ist es sehr leicht löslich. Versetzt man die ziemlich neutrale Lösung in Ammoniak in der Kälte mit Silbernitrat, so fällt ein fast farbloser, dichter, amorpher Niederschlag aus. Das nach dem Waschen mit Alkohol und Äther im Vakuumexsiccator über Phosphorpentoxyd getrocknete Salz wurde analysiert.

0,2321 g Sbst.: 0,1140 g AgBr.

$$C_{12}H_{13}O_3NBrAg\ (407{,}0). \quad \text{Ber. Ag } 26{,}52. \quad \text{Gef. Ag } 28{,}21.$$

Eine bessere Übereinstimmung der Zahlen läßt sich bei einem Präparat von so zweifelhafter Reinheit nicht erwarten.

Schon beim Kochen mit Wasser zersetzt sich das Silbersalz, ohne in Lösung zu gehen, und verwandelt sich in Bromsilber.

Für die nachfolgenden Synthesen konnte glücklicherweise die nicht weiter gereinigte Bromverbindung, sogar in sirupösem Zustande, benutzt werden.

Inaktives δ - Benzoyl-ornithin,

$$C_6H_5 \cdot CO \cdot NH \cdot CH_2 \cdot CH_2 \cdot CH_2 \cdot CH(NH_2) \cdot COOH.$$

10 g Bromkörper werden in 60 ccm gewöhnlichem Ammoniak gelöst, die Flüssigkeit bei 0° mit Ammoniak gesättigt und drei Tage bei gewöhnlicher Temperatur aufbewahrt, dann filtriert und unter stark vermindertem Druck zur Trockne verdampft. Einmaliges Umkrystallisieren des krystallinischen Rückstandes aus heißem Wasser genügt zur Reinigung. Die Ausbeute betrug durchschnittlich 5 g oder 64% der Theorie, trotzdem die angewandte Bromverbindung sicherlich recht unrein war. Für die Analyse wurde noch einmal aus heißem Wasser umgelöst und bei 80° unter 15 mm Druck getrocknet.

0,1130 g Sbst.: 0,2523 g CO_2, 0,0714 g H_2O. — 0,1501 g Sbst.: 15,1 ccm N über 33-proz. Kalilauge (16°, 773 mm).

$$C_{12}H_{16}O_3N_2\ (236{,}14). \quad \text{Ber. C } 60{,}98,\ \text{H } 6{,}83,\ \text{N } 11{,}87.$$
$$\text{Gef. ,, } 60{,}89,\ \text{,, } 7{,}07,\ \text{,, } 11{,}92.$$

Das analysierte Präparat schmolz unter Zersetzung nicht ganz konstant gegen 260°. Aus Wasser krystallisiert es in farblosen Blättchen. Es löst sich in ungefähr 18 Teilen heißen Wassers und fällt beim Erkalten zum größten Teil wieder aus. Es zeigt große Ähnlichkeit mit dem Monobenzoylornithin, welches Jaffé aus der Ornithursäure durch partielle Hydrolyse erhielt, und welches in der inaktiven Form auch von E. Fischer[1]) erhalten wurde. Im Schmelzpunkte scheint eine kleine Differenz zu bestehen. Da die Schmelzung aber unter Zersetzung vor sich geht, so beweist der Unterschied von etwa 20° keineswegs die Verschiedenheit beider Präparate. Von Phosphorwolframsäure werden beide Präparate aus schwach salzsaurer Lösung gefällt, und da wir auch sonst keinen charakteristischen Unterschied bei den inaktiven Präparaten beobachtet haben, so können wir über ihre Identität oder Isomerie kein bestimmtes Urteil fällen.

Vom Piperidin bis zum Monobenzoylornithin sind nur vier Operationen erforderlich: Benzoylierung, Oxydation mit Permanganat, Bromierung und Amidierung; und die Ausbeute an Endprodukt beträgt etwa 20% vom Gewicht des Piperidins. Der Hauptverlust tritt ein bei der Oxydation des Benzoylpiperidins, denn aus 220 g Benzoylpiperidin, die aus 100 g Base leicht zu gewinnen sind, erhielten wir nur 50 g Benzoyl-δ-aminovaleriansäure, wobei das unveränderte Ausgangsmaterial schon mitberücksichtigt ist.

Zur sicheren Identifizierung haben wir das δ-Benzoyl-ornithin durch weitere Benzoylierung in Ornithursäure umgewandelt.

Zu dem Zweck wurden 2,4 g Monobenzoylverbindung in 10 ccm n.-Natronlauge (1 Mol.)gelöst und unter guter Kühlung und kräftigem Schütteln abwechselnd in kleinen Portionen 3,5 g Benzoylchlorid (2,5 Mol.) und 40 ccm n.-Natronlauge zugefügt. Aus der filtrierten alkalischen Lösung fiel beim Ansäuern ein Gemisch von Ornithursäure und viel Benzoesäure aus, das nach 12 Stunden abfiltriert und mehrmals mit je 50 ccm Wasser ausgekocht wurde, um die Benzoesäure zu entfernen. Die zurückbleibende Ornithursäure war rein weiß und vollständig krystallisiert. Ihre Menge betrug 3,2 g oder 94% der Theorie. Nach zweimaligem Umkrystallisieren aus heißem Alkohol, wobei die Menge auf 2,5 g herabging, zeigte das Präparat den Schmelzpunkt 185° und die übrigen Eigenschaften der Ornithursäure.

0,1885 g Sbst.: 0,4622 g CO_2, 0,0981 g H_2O. — 0,2183 g Sbst.: 15,7 ccm N über 33-proz. Kalilauge (15°, 757 mm).

$C_{19}H_{20}O_4N_2$ (340,17).   Ber. C 67,03, H 5,92, N 8,24.
Gef. ,, 66,87, ,, 5,82, ,, 8,40.

---

[1]) Berichte d. D. Chem. Gesellsch. **34**, 463 [1901]. (*Proteine I, S. 220.*)

Verwandlung der Benzoyl- δ-amino-brom-valeriansäure in dl-Prolin.

7 g Bromverbindung wurden mit einem Gemisch von 10 ccm Wasser und 40 ccm rauchender Salzsäure (spez. Gewicht 1,19) 6 Stunden am Rückflußkühler erhitzt, wobei gleich im Anfang Lösung erfolgte. Beim Erkalten fiel Benzoesäure aus. Sie wurde abfiltriert und der Rest aus der Lösung durch Ausäthern entfernt. Beim Verdampfen der salzsauren Lösung auf dem Wasserbade blieb das Prolin als Hydrochlorid zurück. Durch Behandlung der wäßrigen Lösung mit Silbersulfat und genaue Ausfällung von Silber und Schwefelsäure haben wir daraus das freie Prolin bereitet und auf die gewöhnliche Weise in das schön krystallisierende Kupfersalz verwandelt. Die Ausbeute an diesem betrug 2,5 g oder 65% der Theorie, trotz der Unreinheit der benutzten Bromverbindung. Für die Analyse wurde das Salz noch einmal aus heißem Wasser umkrystallisiert.

0,2817 g lufttrocknen Salzes verloren bei 110° im Vakuum über P_2O_5 0,0302 g H_2O.

$C_{10}H_{16}O_4N_2Cu + 2 H_2O$. Ber. H_2O 10,99. Gef. H_2O 10,72.

Das getrocknete Salz gab folgende Zahlen:

0,2285 g Sbst.: 0,0618 g CuO. — 0,1927 g Sbst.: 0,2888 g CO_2, 0,0982 g H_2O.
— 0,2171 g Sbst.: 18,7 ccm N (17°, 752 mm) über 33-proz. Kalilauge.

$C_{10}H_{16}O_4N_2Cu$ (291,74). Ber. Cu 21,80, C 41,13, H 5,53, N 9,60.

Gef. „ 21,61, „ 40,87, „ 5,70, „ 9,91.

16. Emil Fischer und Géza Zemplén: Synthese der beiden optisch-aktiven Proline.

Berichte der Deutschen Chemischen Gesellschaft **42**, 2989 [1909].

(Eingegangen am 9. August 1909.)

Das Prolin ist bisher nur bekannt als Racemkörper und als *l*-Verbindung, die durch Hydrolyse der Proteine gewonnen wurde. Alle Versuche, das racemische Prolin in die beiden optischen Komponenten zu spalten, sind an der Schwierigkeit, ein gut krystallisierendes Acylderivat zu bereiten, gescheitert. Wir haben nun ein für diesen Zweck geeignetes Präparat in der *m* - Nitrobenzoylverbindung gefunden. Diese läßt sich synthetisch leicht aus der *m* - Nitrobenzoyl- δ-amino-valeriansäure, die C. Schotten[1]) aus dem entsprechenden Piperidinderivat durch Oxydation erhielt, auf folgendem Wege bereiten.

Bei der Behandlung der Säure mit Brom und Phosphor entsteht ein gut krystallisierendes Bromderivat, dem wir folgende Formel geben:

$$NO_2 \cdot C_6H_4 \cdot CO \cdot NH \cdot CH_2 \cdot CH_2 \cdot CH_2 \cdot CHBr \cdot COOH,$$

m - Nitrobenzoyl- δ-amino- α-bromvaleriansäure.

Diese Verbindung verliert schon bei mäßiger Einwirkung von Alkalien Bromwasserstoff und verwandelt sich in *m* - Nitrobenzoylprolin,

$$NO_2 \cdot C_6H_4 \cdot CO \cdot N \cdot CH_2 \cdot CH_2 \cdot CH_2 \cdot CH \cdot COOH$$

---

[1]) Berichte d. D. Chem. Gesellsch. **21**, 2247 [1888]. Hr. Schotten hätte die Güte, uns privatim mitzuteilen, daß man die Oxydation unter Kochen ausführen muß. Für das Benzoylpiperidin empfahl er uns, 20 g mit 400—500 ccm Wasser zum Sieden zu erhitzen und im Laufe von etwa ½ Stunde eine Lösung von 20—25 g Kaliumpermanganat einfließen zu lassen. Die Ausbeute wird dann erheblich besser, als wir früher (Berichte d. D. Chem. Gesellsch. **42**, 1022 [1909]) (*S. 149*) gefunden haben. Sie beträgt 40—50% der Theorie. Beim *m*-Nitrobenzoylpiperidin haben wir auf 20 g etwa 800 ccm Wasser und entsprechend der Angabe von Schotten 25—30 g KMnO₄ angewandt und dann ohne Schwierigkeit seine Ausbeute von etwa 60% der Theorie erreicht.

Die Reaktion entspricht im wesentlichen der Umwandlung der (rohen) Benzoyl-δ-amino-bromvaleriansäure in Prolin, die wir früher durch Kochen mit Salzsäure ausgeführt haben[1]).

Das *m*-Nitrobenzoylprolin läßt sich nun durch das Cinchoninsalz in die optischen Komponenten spalten. Die *d*-Verbindung glauben wir rein erhalten zu haben. Beim Kochen mit Salzsäure zerfällt sie in *m*-Nitrobenzoesäure und das bisher unbekannte *d*-Prolin. Gleichzeitig entsteht allerdings etwas Racemkörper, der sich aber von der aktiven Aminosäure durch das Kupfersalz abtrennen läßt.

Auf die Reindarstellung des *l*-*m*-Nitrobenzoylprolins haben wir verzichtet, und direkt durch Hydrolyse des Rohproduktes ein Gemisch von *l*-Prolin und *dl*-Prolin hergestellt, die wiederum durch das Kupfersalz getrennt wurden.

Die beiden synthetischen aktiven Proline zeigen im wesentlichen die Eigenschaften des aus den Proteinen erhaltenen *l*-Prolins. Nur haben wir das Drehungsvermögen einige Grade höher gefunden, was vielleicht durch die größere Reinheit der synthetischen Präparate zu erklären ist.

Der Besitz der hübsch krystallisierenden *m*-Nitrobenzoyl-δ-amino-bromvaleriansäure hat uns veranlaßt, auch die Wirkung des Ammoniaks und Methylamins zu untersuchen. Im ersten Falle entsteht *m* - Nitro-benzoyl-ornithin, im zweiten das *m* - Nitrobenzoyl-methyl-ornithin:

$$NO_2 \cdot C_6H_4 \cdot CO \cdot NH \cdot CH_2 \cdot CH_2 \cdot CH_2 \cdot CH(NH \cdot CH_3) \cdot COOH,$$

durch dessen Hydrolyse man zweifellos das noch unbekannte Methylornithin erhalten wird.

δ - *m* - Nitrobenzoylamino- α-brom-valeriansäure,

$$NO_2 \cdot C_6H_4 \cdot CO \cdot NH \cdot CH_2 \cdot CH_2 \cdot CH_2 \cdot CHBr \cdot COOH.$$

50 g δ-*m*-Nitrobenzoylaminovaleriansäure werden mit 6 g rotem Phosphor fein zerrieben und zu der mit kaltem Wasser gekühlten Masse 125 g Brom im Laufe von 12—15 Minuten zugetropft. Dabei entwickelt sich viel Bromwasserstoff. Jetzt erwärmt man im Wasserbade höchstens 12 Minuten, bis die sehr stürmische Gasentwicklung nachläßt, und kühlt das dunkelbraune Öl ab. Nach Zusatz von etwa 250 ccm eiskaltem Wasser wird unter guter Kühlung schweflige Säure eingeleitet, bis das Öl nur noch grau gefärbt ist. Man verdünnt jetzt noch mit etwa 500 ccm Wasser und fügt allmählich unter Rühren einen Überschuß von Natriumbicarbonat zu. Bei richtig ausgeführter Operation bleibt nur

---

[1]) Berichte d. D. Chem. Gesellsch. **42**, 1022 [1909]. (*S. 149.*)

wenig Rückstand. Beim Ansäuern des Filtrats fällt ein farbloses dickes
Öl aus, das bald krystallinisch erstarrt. Die Ausbeute an diesem schon
ziemlich reinen Produkt betrug durchschnittlich 42 g oder 65% der
Theorie. Für die Analyse wurde es aus heißem 60-prozentigem Alkohol
umkrystallisiert, woraus es sich in büschelförmig geordneten, farblosen
Nadeln ausscheidet. Nach dem Trocknen über Phosphorpentoxyd bei
80° und 15 mm Druck gab die Substanz folgende Zahlen:

0,1611 g Sbst.: 0,2453 g CO_2, 0,0568 g H_2O. — 0,2201 g Sbst.: 15,8 ccm N
über 33-prozentiger Kalilauge (20°, 758 mm). — 0,1980 g Sbst.: 0,1080 g AgBr.

$C_{12}H_{13}O_5N_2Br$ (345,04).   Ber. C 41,73, H 3,80, N 8,12, Br 23,16.

Gef. „ 41,53, „ 3,94, „ 8,23, „ 23,21.

Die Substanz sintert gegen 120° und schmilzt vollständig bei 125°.

Sie ist sehr leicht löslich in Aceton, Essigäther und in heißem Alkohol, schwer löslich in Äther und Benzol. Von kochendem Wasser
braucht sie ungefähr 150 Teile zur Lösung.

δ - m - Nitrobenzoyl-ornithin,

$NO_2 \cdot C_6H_4 \cdot CO \cdot NH \cdot CH_2 \cdot CH_2 \cdot CH_2 \cdot CH(NH_2) \cdot COOH.$

Eine Lösung von 5 g δ-m-Nitrobenzoyl-α-bromvaleriansäure in
40 ccm wäßrigem Ammoniak wurde bei 0° mit Ammoniakgas gesättigt
und 60 Stunden bei Zimmertemperatur aufbewahrt. Das Brom war
dann fast vollständig abgespalten. Die filtrierte Lösung wurde nun
unter stark vermindertem Druck bis zur Trockne eingedampft. Zur
Reinigung wurde der krystallinische Rückstand in etwa 10-prozentigem
wäßrigem Ammoniak heiß gelöst und die Flüssigkeit unter vermindertem Druck eingedampft. Dabei schied sich ein farbloses Krystallpulver ab, in dem man unter dem Mikroskop kleine keilartige Formen
sieht. Die Ausbeute betrug 2.6 oder 64% der Theorie.

Für die Analyse wurde noch einmal in der gleichen Art umgelöst und unter 15 mm Druck bei 100° getrocknet.

0,1629 g Sbst.: 0,3047 g CO_2, 0,0807 g H_2O. — 0,1982 g Sbst.: 25,7 ccm N
über 33-prozentiger Kalilauge (20°, 758 mm).

$C_{12}H_{15}O_5N_3$ (281,15).   Ber. C 51,22, H 5,37, N 14,95.

Gef. „ 51,01, „ 5,50, „ 14,86.

Die Substanz schmilzt beim raschen Erhitzen im Capillarrohr unter
Zersetzung gegen 250°, nach vorheriger Bräunung.

α - Methylamino- δ - m -nitrobenzoylamino-valeriansäure,

$NO_2 \cdot C_6H_4 \cdot CO \cdot NH \cdot CH_2 \cdot CH_2 \cdot CH_2 \cdot CH \cdot (NH \cdot CH_3) \cdot COOH^*).$

3 g m-Nitrobenzoylamino-α-bromvaleriansäure wurden in 10 g
33-prozentigem wäßrigem Methylamin gelöst (10 Mol.) und drei Tage bei
gewöhnlicher Temperatur aufbewahrt. Beim Verdampfen der rotbraun

---

*) Verbesserte Darstellung s. S. 186 Anm. 2.

gefärbten Lösung unter vermindertem Druck blieb ein krystallinischer Rückstand. Er wurde in 8 ccm heißem Wasser gelöst. In der stark abgekühlten Flüssigkeit begann nach einigen Stunden die Krystallisation und war nach 24 Stunden nahezu vollendet. Der dicke Krystallbrei wurde abgesaugt, mit wenig eiskaltem Wasser gewaschen, scharf abgepreßt und nochmals aus 7 ccm warmem Wasser unter Anwendung von Tierkohle umgelöst. Die Menge der farblosen feinen Nadeln betrug schließlich 1 g, und die Mutterlauge gab noch 0,3 g weniger reinen Materials. Die Gesamtausbeute war demnach 50% der Theorie. Für die Analyse wurde unter 15 mm Druck bei 100° getrocknet.

0,1636 g Sbst.: 0,3157 g CO_2, 0,0863 g H_2O.

$C_{13}H_{17}O_5N_3$ (295,17). Ber. C 52,85, H 5,81.

Gef. ,, 52,63, ,, 5,86.

Die Substanz färbt sich über 200° bräunlich und schmilzt unter Zersetzung gegen 240°.

$$d\,l\text{-}m\text{-Nitrobenzoyl-prolin,}$$

$$NO_2 \cdot C_6H_4 \cdot CO \cdot N \cdot CH_2 \cdot CH_2 \cdot CH_2 \cdot CH \cdot COOH .$$

100 g $\delta\text{-}m$-Nitrobenzoylamino-α-bromvaleriansäure werden in 1 l n-Natronlauge (etwa 3 Mol.) gelöst und bei 37° aufbewahrt. — Die Bromabspaltung ist gewöhnlich nach 48 Stunden vollständig, und die Lösung färbt sich dabei kirschrot. Jetzt wird mit verdünnter Schwefelsäure nahezu neutralisiert und unter vermindertem Druck stark eingeengt. Beim Ansäuern fällt ein gelblich gefärbtes Öl aus, das mit viel Äther wiederholt extrahiert wird. Beim Verdampfen der vereinigten Auszüge bleibt ein gelbliches dickes Öl, das in Bicarbonat gelöst wird. Beim Ansäuern des Filtrates fällt wieder ein gelbliches Öl aus, das aber beim Reiben langsam krystallinisch erstarrt. Impfen beschleunigt die Krystallisation. Die Ausbeute an diesem Produkte betrug 60 g oder 83% der Theorie. Es ist aber noch keineswegs reines m-Nitrobenzoylprolin, sondern enthält auch m-Nitrobenzoesäure. Um diese zu entfernen, haben wir das Gemisch mit 50 ccm absolutem Äther sorgfältig in der Wärme ausgelaugt, wobei der allergrößte Teil der Nitrobenzoesäure in Lösung ging. Die Operation muß mit dem Rückstand wiederholt werden. Nachher wird das Nitrobenzoylprolin aus heißem Wasser umkrystallisiert. Die Ausbeute an reinem Präparat betrug nur 30 g oder 40% der Theorie, weil erhebliche Mengen mit der Nitrobenzoesäure in die ätherischen Auszüge gehen. Für die Analyse wurde noch zweimal aus heißem Wasser umgelöst und schließlich bei 100° unter 15 mm Druck getrocknet, wobei die Substanz schmolz.

0,1892 g Sbst.: 0,3782 g CO_2, 0,0769 g H_2O. — 0,1798 g Sbst.: 17,0 ccm N
über 33-prozentiger Kalilauge (22°, 757 mm).
$C_{12}H_{12}O_5N_2$ (264,12).   Ber. C 54,52, H 4,58, N 10,61.
Gef. „ 54,52, „ 4,51, „ 10,72.

Die Substanz fällt aus heißem Wasser zuerst immer als farbloses
Öl aus, welches jedoch sehr bald in mikroskopischen rhombenähnlichen
Täfelchen krystallisiert. Diese schmelzen nicht ganz scharf zwischen
90—92°, lösen sich äußerst leicht in Essigäther, Chloroform, Aceton
und heißem Alkohol, weniger in Äther. Von heißem Wasser brauchen
sie ungefähr 40 Teile zur Lösung.

Um die Verbindung als Prolinderivat zu kennzeichnen, haben wir
0,8 g mit 15 ccm Wasser und 2,5 g reinem wasserhaltigem Bariumhydroxyd 12 Stunden in einem silbernen Rohr auf 100° erhitzt und
nach dem Erkalten den starken Niederschlag von nitrobenzoesaurem
Barium abfiltriert. Nachdem im Filtrat das Barium mit Schwefelsäure
genau gefällt und aus der eingeengten Flüssigkeit der kleine Rest von
Nitrobenzoesäure durch Ausäthern entfernt war, wurde das Prolin
auf die übliche Weise ins Kupfersalz verwandelt. Erhalten 0,25 g reines
Salz, das alle Eigenschaften des racemischen Prolinkupfers zeigte.

d - m - Nitrobenzoyl-prolin.

27 g ganz reines *dl*-Nitrobenzoylprolin werden mit 30 g Cinchonin
in 120 ccm Alkohol heiß gelöst, die filtrierte Flüssigkeit unter vermindertem Druck verdampft und der amorphe Rückstand in 1,5 l
heißem Wasser gelöst. Beim Abkühlen scheidet die rötlich gefärbte
Lösung zuerst eine kleine Menge eines dunkel gefärbten zähen Öls ab,
das durch Dekantieren entfernt wird. Bei längerem Stehen der Flüssigkeit im Eisschrank erfolgt die Ausscheidung von farblosen, sehr feinen
Nadeln. Ihre Menge betrug nach 12 Stunden 22,5 g. Die Mutterlauge
gab noch 1 g. Die Gesamtausbeute entspricht 85% der Theorie. Nach
zweimaligem Umkrystallisieren aus der 40-fachen Menge heißen Wassers betrug die Menge des Salzes noch 12,5 g. Dieses Präparat war rein
und schmolz gegen 150° zu einer braunen Flüssigkeit.

Zur Gewinnung des *d*-Nitrobenzoylprolins werden 12 g des Cinchoninsalzes in 500 ccm Wasser heiß gelöst, und nach Zusatz von 30 ccm
n.-Natronlauge rasch abgekühlt. Sofort beginnt die Ausscheidung des
Cinchonins. Es wird nach $^1/_2$-stündigem Stehen bei 0° abgesaugt, und
das Filtrat nach dem Ansäuern mit 6 ccm 5-*n.* Schwefelsäure unter geringem Druck auf etwa 50 ccm eingedampft. Jetzt fügt man noch
20 ccm 5-*n.* Schwefelsäure hinzu und extrahiert das *d*-Nitrobenzoylprolin
5 - mal mit je 120 ccm Äther. Beim Verdampfen des Äthers bleibt ein
hellgelb gefärbtes Öl, das nach einigen Tagen krystallinisch erstarrt.

Die Ausbeute war 5,3 g oder 91% der Theorie. Zur Reinigung genügt einmaliges Umkrystallisieren aus heißem Wasser. Die Substanz fällt daraus beim Abkühlen zuerst ölig aus, erstarrt aber sehr bald krystallinisch.

Für die Analyse und die optischen Bestimmungen wurde bei 100° über Phosphorpentoxyd und unter 15 mm Druck getrocknet.

0,1629 g Sbst.: 0,3273 g CO_2, 0,0654 g H_2O. — 0,1674 g Sbst.: 0,3355 g CO_2, 0,0713 g H_2O.

$C_{12}H_{12}O_5N_2$ (264,12). Ber. C 54,52, H 4,58.

Gef. ,, 54,80, 54,66, ,, 4,46, 4,73.

Für die optischen Bestimmungen diente eine Lösung in n-Natronlauge.

0,0630 g Sbst. Gesamtgewicht der Lösung 2,7882 g. Prozentgehalt 2,26. Spez. Gewicht 1,037. Drehung bei 20° und Natriumlicht im 1-dm-Rohr 2,80° ($\pm$ 0,02°) nach rechts. Mithin

$$[\alpha]_D^{20} = +119,5° (\pm 0,8°).$$

0,1156 g Sbst. Gesamtgewicht der Lösung 2,9266 g. Prozentgehalt 3,95. Spez. Gewicht 1,04. Drehung bei 20° und Natriumlicht im 1-dm-Rohr 4,93° ($\pm$ 0,02°) nach rechts. Mithin

$$[\alpha]_D^{20} = +120,0° (\pm 0,5°).$$

Das d-m-Nitrobenzoyl-prolin schmilzt nicht ganz konstant bei 137 bis 140°, also erheblich höher als die inaktive Verbindung. Es ist auch in Äther und Wasser schwerer löslich als diese. Aus verdünnter wäßriger Lösung krystallisiert es in mikroskopischen Prismen, die meist sternförmig angeordnet sind.

d - Prolin.

4,5 g krystallisiertes d-m-Nitrobenzoylprolin wurden mit 250 ccm 10-proz. Salzsäure am Rückflußkühler gekocht. Nach etwa 1 Stunde trat völlige Lösung ein, und nach 6 Stunden wurde die Hydrolyse unterbrochen. Die durch ausgeschiedene Nitrobenzoesäure getrübte Lösung wurde unter vermindertem Druck auf 50 ccm eingeengt, die Nitrobenzoesäure abfiltriert, der Rest ausgeäthert und die Lösung unter geringem Druck völlig verdampft. Dabei blieb das salzsaure Prolin als Sirup. Wir haben daraus in der üblichen Weise durch Silbersulfat und Baryt das freie Prolin bereitet und dieses sofort ins Kupfersalz verwandelt.

Durch das lange Kochen mit Salzsäure bei der Hydrolyse war ein Teil des Prolins racemisiert, wie es auch stets bei der Spaltung der Proteine der Fall ist. Infolgedessen mußten wir das Gemisch der Kupfersalze durch Alkohol trennen. Zu dem Zweck wurde die wäßrige Lösung der Salze unter stark vermindertem Druck verdampft und der Rückstand mit 30 ccm Alkohol ausgekocht. Zur völligen Abscheidung des racemischen Salzes wurde die alkoholische Lösung unter geringem Druck verdampft und der Rückstand wieder mit 30 ccm heißem Alkohol ausgelaugt. Beim Verdampfen des alkoholischen Auszugs blieb das d-Prolinkupfer als völlig krystallinische Masse zurück, die ganz das Aussehen des schon bekannten krystallisierten l-Prolinkupfers zeigte. Die Ausbeute an reinem alkohollöslichem Kupfersalz war 1,6 g und an racemischem Salz 0,5 g. Die Gesamtmenge betrug also 84% der Theorie, berechnet auf das angewandte Nitrobenzoylprolin.

Zur Bereitung des d-Prolins haben wir das reine Kupfersalz in wäßriger Lösung mit Schwefelwasserstoff zersetzt. Beim Verdampfen des farblosen Filtrats unter vermindertem Druck blieb die Aminosäure als rasch erstarrender Sirup. Sie wurde in 20 ccm warmem Alkohol gelöst und Äther bis zur beginnenden Trübung zugefügt. Das d-Prolin schied sich dann rasch in kleinen Prismen ab, die für die Analyse und optische Bestimmung bei 60° und unter 15 mm Druck über Phosphorpentoxyd getrocknet wurden. Da die trockne Substanz recht hygroskopisch ist, so müssen die quantitativen Bestimmungen mit großer Vorsicht ausgeführt werden.

Die Aminosäure hat keinen konstanten Schmelzpunkt, weil sie sich gleichzeitig zersetzt. Wir fanden, daß beim raschen Erhitzen im Capillarrohr die Schmelzung und Zersetzung zwischen 215—220° stattfindet.

0,1534 g Sbst.: 0,2911 g CO_2, 0,1112 g H_2O.

$C_5H_9O_2N$ (115,08).   Ber. C 52,14, H 7,88.

Gef. ,, 51,75, ,, 8,05.

Für die optische Untersuchung diente die wäßrige Lösung.

0,1026 g Sbst. Gesamtgewicht der Lösung 2,6544 g. Prozentgehalt 3,865. Spez. Gewicht 1,01. Drehung bei 20° und Natriumlicht im 1-dm-Rohr 3,18° ($\pm$ 0,02°) nach rechts. Mithin

$$[\alpha]_D^{20} = +81,5° (\pm 0,5°).$$

0,1608 g Sbst. Gesamtgewicht der Lösung 3,1228 g. Prozentgehalt 5,15. Spez. Gewicht 1,015. Drehung bei 20° und Natriumlicht im 1-dm-Rohr 4,28° ($\pm$ 0,02°) nach rechts. Mithin

$$[\alpha]_D^{20} = +81,9° (\pm 0,4°).$$

0,1251 g Sbst. Gesamtgewicht der Lösung 2,7805 g. Prozentgehalt 4,50. Spez. Gewicht 1,012. Drehung bei 20° und Natriumlicht im 1-dm-Rohr 3,69° ($\pm$ 0,01°) nach rechts. Mithin

$$[\alpha]_D^{20} = +81,0° (\pm 0,2°).$$

l - Prolin.

Für seine Gewinnung haben wir die wäßrige Mutterlauge des Cinchoninsalzes benutzt, aus der das Salz des *d*-Nitrobenzoylprolins auskrystallisiert war. Zunächst wurde das Cinchonin in der gleichen Art, wie oben beschrieben, entfernt und das rohe Gemisch der Nitrobenzoylproline, in welchem die *l*-Verbindung überwiegt, und welches ein schlecht krystallisierendes Öl ist, mit Salzsäure ebenfalls in der oben angeführten Weise hydrolysiert. Auch die Isolierung des Prolins und die Trennung durch die Kupfersalze in Racemkörper und *l*-Verbindung geschahen in der gleichen Art. Auf 3 g aktives Kupfersalz traf 1,7 g Racemsalz, und diese Mengen entsprachen 25 g ursprünglichem *dl*-Nitrobenzoylprolin.

Vermischt man die alkoholischen Lösungen von *d*-Prolinkupfer, und *l*-Prolinkupfer, so fällt sofort das racemische Salz in Krystallen aus.

Das aus dem Kupfersalz isolierte *l*-Prolin schmolz ebenfalls, im Capillarrohr rasch erhitzt, unter Zersetzung zwischen 215—220° und zeigte auch die gleiche Form der Krystalle. Für die Analyse und optische Bestimmung wurde auch hier unter 15 mm Druck bei 60° getrocknet.

0,1571 g Sbst.: 0,2969 g CO_2, 0,1115 g H_2O.

$C_5H_9O_2N$ (115,08). Ber. C 52,14, H 7,88.

Gef. ,, 51,54, ,, 7,88.

Für die beiden ersten Bestimmungen diente die wäßrige Lösung.

I. 0,1580 g Sbst., Gesamtgewicht der Lösung 2,4443 g, Prozentgehalt 6,46, Spez. Gewicht 1,018, Drehung bei 20° und Natriumlicht im 1-dm-Rohr 5,32° (+ 0,03°) nach links. Mithin

$$[\alpha]_D^{20} = -80,9° \ (\pm 0,5°).$$

II. 0,1474 g Sbst., Gesamtgewicht der Lösung 3,3376 g, Prozentgehalt 4,42, Spez. Gewicht 1,012, Drehung im 1 - dm - Rohr 3,57° (± 0,02°) nach links. Mithin

$$[\alpha]_D^{20} = -79,8° \ (\pm 0,5°).$$

Die dritte Bestimmung geschah in alkalischer Lösung.

0,0462 g *l*-Prolin gelöst in einem Gemisch von 3 Tln. *n*-Kalilauge und 2 Tln. Wasser, Gesamtgewicht der Lösung 1,9654 g, Prozentgehalt 2,35, Spez. Gewicht 1,031, Drehung bei 20° und Natriumlicht im 1-dm-Rohr 2,25° (± 0,01°) nach links. Mithin

$$[\alpha]_D^{20} = -93,0° \ (\pm 0,4°).$$

Für das Drehungsvermögen des *l*-Prolins aus Casein sind früher von E. Fischer[1]) ziemlich verschiedene Zahlen gefunden worden. Der höchste Wert war $[\alpha]_D^{20} = -77,40°$, aber, wie er dazu bemerkte, war

---

[1]) Zeitschr. f. physiol. Chem. **33**, 151 [1901]. (*Proteine I, S. 633.*)

die Möglichkeit nicht ausgeschlossen, daß auch dieser Wert noch zu niedrig sei.

Die Untersuchung des synthetischen Präparates hat diese Vermutung in der Tat bestätigt, denn der höchste Wert beträgt hier für die wäßrige Lösung $[\alpha]_D^{20} = -80,9°$, und für das d-Prolin, das aus der reinen m-Nitrobenzoylverbindung bereitet war, wurde als höchste Zahl $[\alpha]_D^{20} = +81,9°$ gefunden.

Diese Schwankungen sind bei den synthetischen Präparaten wohl größtenteils durch die unangenehmen Eigenschaften der Aminosäure, d. h. ihre Hygroskopizität und ihre verhältnismäßig schwierige Krystallisation, bedingt. Bei den Präparaten, die aus Proteinen gewonnen werden, kommt dazu noch die Möglichkeit einer Verunreinigung des Prolins durch kleine Mengen anderer Aminosäuren.

17. Emil Fischer und Géza Zemplén: Neue Synthese von Amino-oxysäuren und von Piperidon-Derivaten.

Berichte der Deutschen Chemischen Gesellschaft **42**, 4878 [1909].

(Eingegangen am 13. Dezember 1909.)

Wie der eine von uns vor 8 Jahren gezeigt hat[1]), tauscht die δ-Phthalimido-α-bromvaleriansäure,

$$C_6H_4 \underset{CO}{\overset{CO}{\diagup\hspace{-0.3em}\diagdown}} N \cdot CH_2 \cdot CH_2 \cdot CH_2 \cdot CH \cdot Br \cdot COOH,$$

das Halogen leicht gegen Amid aus, und verwandelt sich in Phthalyl-α, δ-diamino-valeriansäure. Dagegen blieben damals die Versuche, das Brom durch Hydroxyl zu ersetzen, ohne Resultat. Ähnlichen Schwierigkeiten sind wir neuerdings begegnet, als wir die δ-Benzoyl-amino-α-bromvaleriansäure oder ihr m-Nitrobenzoylderivat in die entsprechenden Oxyverbindungen verwandeln wollten. Beschrieben haben wir nur die Wirkung von Alkali auf die m-Nitrobenzoylverbindung[2]). Dabei entsteht als Hauptprodukt m-Nitrobenzoylprolin, und die Isolierung der Oxyverbindung, die vielleicht in kleinerer Menge gebildet wird, mißlang.

Bei der Fortsetzung dieser Versuche haben wir nun in der Wirkung des Calciumcarbonats auf die kochende wäßrige Lösung ein brauchbares Verfahren für den Austausch des Broms gegen Hydroxyl gefunden. Es hat den besonderen Vorteil, daß das Calciumsalz der δ-m-Nitrobenzoylamino-α-oxyvaleriansäure aus der wäßrigen Lösung krystallisiert und deshalb leicht zu reinigen ist.

Die Nitrobenzoylverbindung läßt sich weiterhin sowohl durch Salzsäure wie durch Bariumhydroxyd hydrolysieren, und wir haben so ohne Schwierigkeit die in Wasser leicht lösliche, aber gut krystallisierende δ-Amino-α-oxy-valeriansäure,

$$NH_2 \cdot CH_2 \cdot CH_2 \cdot CH_2 \cdot CH(OH) \cdot COOH,$$

gewonnen.

---

[1]) E. Fischer, Berichte d. D. Chem. Gesellsch. **34**, 454 [1901]. (*Proteine I*, S. *211*.)

[2]) E. Fischer und G. Zemplén, ebenda **42**, 2989 [1909]. (S. *154*.)

11*

Zwei isomere Verbindungen, welche die Aminogruppe in der α-Stellung haben, sind bereits bekannt. Die erste wurde von E. Fischer und H. Leuchs[1]) aus Aldol durch die Cyanhydrinreaktion dargestellt und ist die α-Amino-γ-oxyvaleriansäure. Die andere ist α-Amino-δ-oxyvaleriansäure und wurde von S. P. L. Sörensen[2]) beschrieben. Letztere ist dadurch gekennzeichnet, daß sie beim Kochen mit starker Salzsäure teilweise in racemisches Prolin verwandelt wird. Dasselbe konnte man von der neuen Aminosäure, die ja Hydroxyl und Amid in der gleichen relativen Stellung, allerdings in umgekehrter Reihenfolge enthält, erwarten. Der Versuch hat uns aber vom Gegenteil überzeugt.

Da der Gedanke nahe liegt, die neue Aminosäure, die zum Ornithin und Arginin in so enger Beziehung steht, unter den Spaltprodukten der Proteine zu suchen, so haben wir ihr Verhalten bei der Veresterung studiert und sind dabei zu einem überraschenden Resultat gekommen. Die Veresterung mit Methylalkohol und Salzsäure findet allem Anschein nach leicht statt; als wir aber versuchten, den Ester in Freiheit zu setzen, erhielten wir an seiner Stelle eine gut krystallisierende Verbindung $C_5H_9O_2N$, die das Anhydrid der Aminosäure ist und die wir als ein Oxyderivat des Piperidons betrachten.

$$NH\Big\langle\begin{matrix}CH_2-CH_2\\[2pt]CO\!-\!-\!CH(OH)\end{matrix}\Big\rangle CH_2\,.$$

Nach der üblichen Nomenklatur ist sie als β - O x y - α - p i p e r i d o n zu bezeichnen. Dieselbe Verbindung wird durch Schmelzen der Aminooxysäure gewonnen. Wir haben uns ferner überzeugt, daß das Piperidon selbst aus der δ - A m i n o - v a l e r i a n s ä u r e über den Methylester unter den gleichen Bedingungen erhalten werden kann.

Diese neue leichte Bildung von Piperidonderivaten konnte auch auf das inaktive Ornithin übertragen und so ein β - A m i n o - α - p i p e r i d o n,

$$NH\Big\langle\begin{matrix}CH_2-CH_2\\[2pt]CO\!-\!-\!CH\cdot NH_2\end{matrix}\Big\rangle CH_2\,,$$

gewonnen werden.

Ähnlich wie die δ-Amino-α-oxyvaleriansäure, läßt sich die ε - A m i n o - α - o x y - c a p r o n s ä u r e,

$$NH_2\cdot CH_2\cdot CH_2\cdot CH_2\cdot CH_2\cdot CH(OH)\cdot COOH,$$

---

[1]) Berichte d. D. Chem. Gesellsch. **35**, 3787 [1902]. (*Proteine I, S. 248.*)

[2]) Compt. rend. des trav. du Lab. de Carlsberg-Kopenhagen **6**, 137 [1905]. Siehe auch Chem. Zentralbl. **1905**, II, 399.

aus der von J. v. Braun[1]) beschriebenen ε-Benzoylamino-α-brom-capronsäure darstellen. Sie ist gleichfalls eine in Wasser leicht lösliche, gut krystallisierende Substanz, unterscheidet sich aber von dem Valeriansäurederivat durch das abweichende Verhalten bei der Veresterung; denn wir erhielten dabei kein Lactam, welches dem von S. Gabriel und Th. A. Maas[2]) beschriebenen Anhydrid der ε-Amino-*n*-capronsäure entsprechen würde.

Endlich hat Hr. A. Göddertz auf unsere Veranlassung die γ - Phthalimido- α-brom-buttersäure[3]) auf die gleiche Art in die Oxyverbindung übergeführt*).

Das Calciumcarbonat läßt sich auch für die Umwandlung der gewöhnlichen α-Bromsäuren in die entsprechenden Oxyverbindungen benutzen. Wir haben uns davon überzeugt bei den α - Bromderivaten der Propion-, Isovalerian-, Isocapron- und der Hydrozimtsäure. In allen Fällen erhält man die Oxysäure, und die Ausbeute beträgt 70—90% der Theorie. Bei der α-Brompropionsäure erreicht man dasselbe noch besser mit Zinkoxyd, weil bekanntlich das Zinksalz der inaktiven Milchsäure so leicht krystallisiert.

Die Anwendung des Calciumcarbonats als milde Base zur Bindung von Halogen ist nicht neu. Wir erinnern an die Verwandlung von Dihalogenkörpern in Aldehyde oder Ketone·durch Kochen mit Wasser und Calciumcarbonat, oder an die Bindung von freiwerdendem Halogenwasserstoff, wo die Anwendung von Alkalien schädlich ist, z. B. bei der Bromierung von Acetal[4]) oder der Chlorierung des Acetons[5]).

In unserem Falle geht natürlich der Bildung der Oxysäure die Entstehung des Calciumsalzes voraus.

Über die Verwandlung von Halogensäuren in Oxysäuren durch Kochen mit Wasser oder durch wechselnde Mengen sehr verschiedener Basen liegen ältere Angaben in großer Zahl vor.

Besonders gründlich hat W. Lossen[6]) die Reaktion für halogenierte aliphatische Säuren untersucht. Speziell das Calciumcarbonat scheint weder von ihm noch von seinen Vorgängern benutzt worden zu sein, wohl aber in einzelnen Fällen Magnesium- und Zinkoxyd. Angesichts

---

[1]) Berichte d. D. Chem. Gesellsch. **42**, 839 [1909].

[2]) Ebenda **32**, 1270 [1899].

[3]) E. Fischer, ebenda **34**, 2000 [1901]. (*Proteine I, S. 222.*)

*) *Vergl. S. 129.*

[4]) E. Fischer und K. Landsteiner, ebenda **25**, 2551 [1892]. *(Kohlenh. I, S. 478.)*

[5]) P. Fritsch, ebenda **26**, 597 [1893].

[6]) Liebigs Ann. d. Chem. **300**, 1 und **342**, 112 [1905]. Dort ist auch die ältere Literatur angeführt.

der guten Resultate, welche Lossen und seine Schüler bei richtiger Dosierung mit den Alkalien erzielten, ist es uns fraglich, ob das Calciumcarbonat in Bezug auf Ausbeute für die Bereitung der einfacheren Oxysäuren Vorteile bietet.

Sicherlich aber wird es dort gute Dienste tun, wo aus besonderen Gründen die Lösung während des Versuchs neutral bleiben muß. Außerdem ist zu berücksichtigen, daß die Calciumsalze mancher Oxysäuren recht gut krystallisieren und deshalb für die Isolierung geeignet sind.

δ-*m*-Nitrobenzoylamino-α-oxy-valeriansäure,

$$(NO_2)C_6H_4 \cdot CO \cdot NH \cdot CH_2 \cdot CH_2 \cdot CH_2 \cdot CH(OH) \cdot COOH.$$

50 g δ-*m*-Nitrobenzoylamino-α-bromvaleriansäure[1]) (Rohprodukt nur einmal umkrystallisiert) werden in 5 l kochendem Wasser suspendiert und 50 g reines, gefälltes Calciumcarbonat zugefügt. Unter starkem Aufschäumen geht die Säure völlig in Lösung. Wird die Flüssigkeit noch 15 Minuten gekocht, dann filtriert und unter 15 mm auf etwa 500 ccm eingeengt, so scheidet sich das Calciumsalz der δ-*m*-Nitrobenzoylamino-α-oxy-valeriansäure krystallinisch aus. Nach zweitägigem Stehen bei 0° betrug seine Menge 28 g oder 57% der Theorie, obschon die angewandte Nitrobenzoylamino-α-bromvaleriansäure nach einer Brombestimmung mindestens noch 12% Fremdkörper enthielt. Die Mutterlauge gab bei wochenlangem Stehen in der Kälte noch einige Gramm. Die anderen Produkte der Reaktion haben wir nicht untersucht. Wird das Salz zur Reinigung in 15 Teilen heißem Wasser gelöst, so trübt sich die Lösung beim Abkühlen und scheidet nach zweitägigem Stehen einen farblosen, krystallinischen Niederschlag aus, in welchem man aber unter dem Mikroskop keine charakteristischen Formen erkennen kann.

Die lufttrockne Calciumverbindung scheint 4 Moleküle Krystallwasser zu enthalten, denn 0,4401 g Sbst. verloren bei 60° unter 15 mm über Phosphorpentoxyd 0,0478 g H_2O. — 0,9198 g Sbst. verloren 0,1003 g H_2O.

$(C_{12}H_{13}O_6N_2)_2Ca + 4 H_2O$ (674,42).   Ber. H_2O 10,68.   Gef. H_2O 10,86, 10,90.

Das Salz verlor bei weiterem Erhitzen bis 110° nicht mehr an Gewicht und gab folgende Zahlen:

0,1849 g Sbst.: 0,3223 g CO_2, 0,0776 g H_2O. — 0,1385 g Sbst.: 11,0 ccm N über 33-prozentiger Kalilauge (16°, 755 mm). — 0,2406 g Sbst.: 0,0223 g CaO.

$(C_{12}H_{13}O_6N_2)_2Ca$ (602,38).   Ber. C 47,81, H 4,35, N 9,30, Ca 6,66.
Gef. ,, 47,54, ,, 4,69, ,, 9,23, ,, 6,63.

Das trockne Salz ist hygroskopisch.

---

[1]) E. Fischer und G. Zemplén, Berichte d. D. Chem. Gesellsch. **42**, 2989 [1909]. (*S. 154.*)

Das wasserhaltige schmilzt gegen 80° in seinem Krystallwasser, später wird es wieder fest und bleibt noch bei 200° ungeschmolzen. Es löst sich in ungefähr 15 Teilen heißem Wasser.

Um daraus die freie Säure zu gewinnen, haben wir 20 g Salz in 300 ccm Wasser heiß gelöst, mit 65 ccm n-Schwefelsäure versetzt und abgekühlt. Bald beginnt die Ausscheidung von Gips, welche man durch Zufügen von 400 ccm Alkohol vervollständigt. Wird das Filtrat unter 20 mm auf etwa 100 ccm eingeengt, so fällt die Nitrobenzoylaminooxyvaleriansäure ölig aus. Sie wird dreimal mit je 150 ccm Essigäther extrahiert und der Essigäther verdampft. Das zurückbleibende gelbliche Öl, dessen Menge 12 g oder 72% der Theorie betrug, zeigte keine Neigung zur Krystallisation. Es wurde deshalb direkt mit Baryt oder Salzsäure hydrolysiert.

δ - Amino- α - oxy - valeriansäure,

$$NH_2 \cdot CH_2 \cdot CH_2 \cdot CH_2 \cdot CH(OH) \cdot COOH.$$

1. Bereitung durch Baryt. 10 g der öligen m - Nitrobenzoylamino- α - oxy - valeriansäure wurden mit einer Lösung von 43 g krystallisiertem Barythydrat in 260 ccm Wasser 12 Stunden in einer Kupferblase im Wasserbade erhitzt. Nach dem Erkalten haben wir das ausgeschiedene nitrobenzoesaure Barium abgesaugt, das Filtrat mit 50 ccm 5-n. Schwefelsäure angesäuert, zentrifugiert, die Lösung auf 80 ccm eingeengt und wiederholt ausgeäthert, um Reste von Nitrobenzoesäure zu entfernen. Schließlich wurde die überschüssige Schwefelsäure genau mit Barytwasser gefällt, das Filtrat unter 20 mm bis auf etwa 15 ccm eingedampft und die gelbliche Lösung bis zur bleibenden Trübung mit Alkohol (40 ccm) versetzt. Beim Abkühlen auf 0° begann bald die Ausscheidung von kleinen, flachen Prismen. Die erste Krystallisation war farblos und ganz rein, ihre Menge betrug 2,85 g. Die Mutterlauge gab beim Einengen und abermaligen Ausfällen mit Alkohol noch 0,36 g weniger reinen Präparates. Gesamtausbeute also 67% der Theorie.

2. Bereitung durch Salzsäure. 10 g ölige m-Nitrobenzoylamino-oxyvaleriansäure werden in 300 ccm 5-n. Salzsäure gelöst und 5 Stunden am Rückflußkühler gekocht. Nach dem Erkalten wird die ausgeschiedene Nitrobenzoesäure filtriert, die Lösung unter vermindertem Druck eingeengt, ausgeäthert und dann zum Sirup eingedampft, um die Salzsäure zu entfernen. Dabei hinterbleibt das Chlorhydrat der Aminosäure als gelblicher Sirup. Es wird in Wasser gelöst, durch Silberoxyd entchlort, das Filtrat genau von Silber befreit, dann unter 20 mm konzentriert und mit Alkohol gefällt. Erhalten bei der ersten Fällung

2,75 g, die Mutterlauge gab noch 1,08 g etwas weniger reinen Materials. Ausbeute 81% der Theorie, berechnet auf die ölige Nitrobenzoylverbindung.

Für die Analyse war die Aminosäure im Vakuumexsiccator über Schwefelsäure getrocknet. Sie verlor bei 100° und 15 mm nicht mehr an Gewicht.

0,1554 g Sbst.: 0,2563 g CO_2, 0,1151 g H_2O. — 0,1804 g Sbst.: 16,2 ccm N über 33-prozentiger Kalilauge (18°, 760 mm).

$C_5H_{11}O_3N$ (133,10).   Ber. C 45,08, H 8,33, N 10,53.
Gef. ,, 44,98, ,, 8,29, ,, 10,40.

Die Aminooxysäure schmilzt unter Gasentwicklung gegen 188 bis 191° (korr.) zu einer gelbbraunen Flüssigkeit und geht dabei größtenteils in das Oxypiperidon über. Sie löst sich äußerst leicht in Wasser, sehr schwer in kaltem Methylalkohol und Alkohol. Bei allen Operationen nach der Spaltung der Nitrobenzoylverbindung spürt man deutlich einen an Pyrrolidin erinnernden Geruch. Es ist uns aber nicht gelungen, in den alkoholischen Mutterlaugen Prolin nachzuweisen. Die Aminooxysäure hat keinen ausgesprochenen Geschmack. Eine mäßig konzentrierte und mit verdünnter Schwefelsäure versetzte Lösung gibt mit Phosphorwolframsäure auch nach einigen Tagen noch keine Fällung. Aber bei längerem Stehen (etwa 10—14 Tage) beginnt die Ausscheidung von farblosen Prismen, wahrscheinlich weil die Säure langsam in Oxypiperidin übergeht.

Wir haben vergeblich versucht, ein Kupfersalz der δ-Amino-α-oxyvaleriansäure auf die gewöhnliche Art zu bereiten. Ihre wäßrige Lösung nimmt nämlich auch beim längeren Kochen mit gefälltem Kupferoxyd nur Spuren des Metalles auf, und aus dem ganz schwach blau gefärbten Filtrat konnten wir nur die unveränderte Aminosäure isolieren. Ähnlich verhält sich die ε-Amino-α-oxycapronsäure. Die Verbindungen

---

[1]) Um ein Urteil darüber zu gewinnen, ob diese Verschiedenheit durch die Stellung der Aminogruppe bedingt ist, haben wir die in der Literatur enthaltenen Angaben und unsere eigenen Erfahrungen zum Vergleich herangezogen. Bekannt ist die Bildung blauer Kupfersalze beim Kochen der wäßrigen Lösung mit Kupferoxyd für die α-Amino- und die α-Aminooxysäuren, ferner für einzelne β-Aminosäuren, z. B. β-Aminopropionsäure und Isoserin. Ferner haben H. u. E. Salkowski (Berichte d. D. Chem. Gesellsch. **16**, 1193[1883]) für eine durch Fäulnis erhaltene Aminovaleriansäure, die später als δ-Verbindung erkannt wurde (S. Gabriel und Aschan, Berichte d. D. Chem. Gesellsch. **24**, 1364 [1891]), angegeben, daß sie kein Kupferhydroxyd löse und auch mit Kupferacetat weder eine Fällung noch blaue Färbung gebe. Wir haben auch die γ-Aminobuttersäure und die ε-Aminocapronsäure in der gleichen Weise mit Kupferoxyd geprüft und keine Färbung bezw. Lösung des Kupferoxyds beobachtet. Wir halten es deshalb für sehr wahrscheinlich, daß die Bildung der blauen Kupfersalze unter den angegebenen Bedingungen allgemein auf die α- und β-Aminosäuren beschränkt ist, während sie bei

unterscheiden sich dadurch nicht allein von den gewöhnlichen α-Amino-säuren, sondern auch von dem Serin, Isoserin und der β-Aminopropion-säure, welche leicht tiefblaue Kupfersalze liefern[1]).

Im Gegensatz zu der von Sörensen untersuchten α-Amino-δ-oxy-valeriansäure wird unsere Aminosäure durch Kochen mit starker Salz-säure nicht in Prolin verwandelt, wie folgender Versuch zeigt:

1 g δ-Amino-α-oxyvaleriansäure wurde mit 50 ccm konzentrierter Salzsäure 6 Stunden am Rückflußkühler gekocht, dann die Lösung auf dem Wasserbade verdampft, der Rückstand in Wasser gelöst, die Salz-säure quantitativ mit Silberoxyd entfernt, das Filtrat von neuem ver-dampft und der Rückstand mit Alkohol ausgekocht. Dabei blieb der allergrößte Teil zurück, und nach dem Umkrystallisieren aus Wasser und Alkohol betrug die Menge der unveränderten Aminooxysäure 0,65 g. In dem alkoholischen Auszug haben wir vergebens nach Prolin gesucht; es war weder durch das Kupfersalz, noch durch Phosphorwolframsäure nachweisbar, dagegen trat bei allen diesen Versuchen der eigentümliche, an Pyrrolidin erinnernde Geruch auf, der so leicht aus der δ-Amino-α-oxyvaleriansäure entsteht.

Die Verschiedenheit in dem Verhalten der beiden Aminooxyvale-riansäuren gegen Salzsäure ist vielleicht auf folgende Weise zu erklären: Der Bildung des Prolins geht wahrscheinlich in einem Falle die Ent-stehung einer α-Amino-δ-chlorvaleriansäure voraus, die nachträglich in Salzsäure und Prolin zerfällt. Der Austausch des Hydroxyls gegen Chlor dürfte nun in der α-Stellung durch die Anwesenheit des Carboxyls unter den betreffenden Versuchsbedingungen verhindert werden; denn träte er ein, so müßte nach unseren früheren Erfahrungen über die leichte Umwandlung der δ-Benzoylamino-α-bromvaleriansäure in Prolin durch heiße Salzsäure auch hier nachträglich Verwandlung in Prolin stattfinden.

β-Oxy-α-piperidon.

Es wird am bequemsten durch Schmelzen der δ-Amino-α-oxy-valeriansäure dargestellt. Erhitzt man 1 g derselben im Ölbad auf

---

γ-, δ- und ε-Aminosäuren fehlt. Es liegt nahe, diese Beobachtung in Zukunft als diagnostisches Mittel für die Stellung der Aminogruppe zu benutzen. Selbst-verständlich wird man sie auch bei theoretischen Betrachtungen über die Struktur der blauen Kupfersalze berücksichtigen müssen. Durch die Anwesenheit einer Hydroxylgruppe in α- oder β-Stellung wird diese Regel, wie das Beispiel von Serin, Isoserin, δ-Amino-α-oxyvaleriansäure und ε-Amino-α-oxycapronsäure beweisen, nicht gestört. Ob die Anhäufung vieler Hydroxyle einen weitergehenden Einfluß ausübt, ist noch zu prüfen. Ferner halten wir die Möglichkeit nicht ganz für aus-geschlossen, daß bei weiterer Entfernung der Aminogruppe vom Carboxyl wieder eine Änderung in ihrer Beziehung zueinander eintritt. Leider waren wir nicht in der Lage, solche Verbindungen prüfen zu können.

190°, so schmilzt sie unter Blasenwerfen ziemlich rasch, und nach ungefähr 10 Minuten ist die Gasentwicklung beendet. Die gelbbraune Schmelze erstarrt beim Erkalten krystallinisch. Wird sie mit 25 ccm Essigäther ausgekocht, so bleibt nur ein kleiner Rückstand, und das Filtrat scheidet beim Abkühlen auf 0° das reine Oxypiperidon in farblosen, mehrere Millimeter langen Prismen aus.

Die Ausbeute an ganz reiner Substanz betrug 0,65 g oder 75% der Theorie. Für die Analyse war bei 80° und unter 15 mm Druck getrocknet.

0,1825 g Sbst.: 0,3483 g CO_2, 0,1298 g H_2O. — 0,1698 g Sbst.: 18,0 ccm N über 33-prozentiger Kalilauge (17°, 758 mm).

$C_5H_9O_2N$ (115,08).   Ber. C 52,14, H 7,88, N 12,18.
Gef. ,, 52,05, ,, 7,95, ,, 12,31.

Die Substanz schmilzt bei 141—142° (korr.), ohne sich zu färben. Sie ist in Wasser und Alkohol leicht, in Essigäther schwerer, in Äther und Chloroform recht schwer löslich. Die nicht zu verdünnte und mit Schwefelsäure angesäuerte, wäßrige Lösung gibt mit Phosphorwolframsäure sofort einen krystallinischen Niederschlag, der aus mikroskopischen, farblosen Prismen besteht. Da diese Fällung auch beim wochenlangen Stehen einer mit Phosphorwolframsäure versetzten Lösung von δ-Amino-α-oxyvaleriansäure eintritt, so vermuten wir, daß daran die ganz langsame Anhydrisierung der Aminooxysäure schuld trägt.

Der umgekehrte Vorgang scheint nicht so leicht stattzufinden, denn als 0,2 g Oxypiperidon mit 3 ccm Wasser 10 Stunden im Silberrohr auf 100° erhitzt war, hinterließ die Lösung beim Verdampfen einen krystallinischen Rückstand, der in absolutem Alkohol völlig löslich war, also sicherlich keine erhebliche Menge von Aminooxysäure enthielt und nach dem Umkrystallisieren aus Alkohol auch den Schmelzpunkt des Oxypiperidons zeigte.

Von den Salzen des Oxypiperidons besitzt das Chloroplatinat die schönsten Eigenschaften. Es krystallisiert in mikroskopisch kleinen, rhombenähnlichen oder sechsseitigen Täfelchen, die zuweilen auch wie kleine Prismen aussehen, wenn man eine alkoholische Lösung des Oxypiperidons mit wenig alkoholischer Salzsäure und überschüssiger alkoholischer Platinchloridlösung versetzt. Es schmilzt unter Zersetzung gegen 160°.

Bildung des Oxy-piperidons bei der Veresterung der δ-Amino-α-oxy-valeriansäure. — Suspendiert man 1 g Aminosäure in 10 ccm trocknem Methylalkohol und leitet ohne Kühlung trocknes Salzsäuregas ein, so findet bald Lösung und gleichzeitig Veresterung statt. Um dieses zu vervollständigen, haben wir nach einstündigem

Stehen die Flüssigkeit unter geringem Druck verdampft und den Rückstand nochmals mit 10 ccm Methylalkohol usw. behandelt. Beim Verdampfen unter vermindertem Druck hinterbleibt ein schwach gefärbter Sirup, der bisher nicht krystallisiert erhalten wurde.

Bei dem Versuch, aus dem Sirup unter guter Kühlung durch Alkali und Kaliumcarbonat den Ester abzuscheiden, erhielten wir kein in Äther lösliches Produkt; als wir aber Essigäther zur Extraktion benutzten, konnten wir ziemlich viel Oxypiperidon gewinnen.

Leichter und in besserer Ausbeute erhält man dieses, wenn der salzsaure Sirup in Wasser gelöst, die Salzsäure mit Silberoxyd entfernt und nach genauer Ausfällung des Silbers die Flüssigkeit unter vermindertem Druck verdampft wird. Der Rückstand erstarrt dann krystallinisch, und es genügt einmaliges Umkrystallisieren aus heißem Essigäther, um reines Oxypiperidon zu gewinnen. Die Ausbeute betrug hier 0,54 g oder 62% der Theorie.

0.1614 g Sbst.: 0,3091 g CO_2, 0,1142 g H_2O.

$C_5H_9O_2N$ (115,08). Ber. C 52,14, H 7,88.

Gef. ,, 52,23, ,, 7,92.

Verwandlung der δ-Amino-valeriansäure in Piperidon durch Veresterung.

0,5 g reine δ-Aminovaleriansäure wurden in 10 ccm Methylalkohol suspendiert und ohne Abkühlung trockne Salzsäure bis zur Sättigung eingeleitet. Hierbei ging die Aminosäure leicht in Lösung. Als nach zweistündigem Stehen unter vermindertem Druck verdampft wurde, hinterblieb ein krystallinischer Rückstand. Der Sicherheit halber wurde die Veresterung nochmals wiederholt, dann der krystallinische Rückstand in wäßriger Lösung mit Silberoxyd entchlort und nach Entfernung des Silbers die Flüssigkeit wiederum verdampft. Der zurückbleibende Sirup erstarrte nach mehrstündigem Stehen im Exsiccator krystallinisch. Ausbeute 0,3 g. Er war in Äther zum allergrößten Teil löslich und beim Verdampfen des Äthers blieb wieder eine krystallinische Masse zurück, welche die Eigenschaften des Piperidons besaß. Sie war leicht löslich in Alkohol und Äther und konnte durch mehrstündiges Erhitzen mit 20-prozentiger Salzsäure auf 100° in δ-Aminovaleriansäure zurückverwandelt werden.

Verwandlung des dl-Ornithins in β-Amino-α-piperidon.

Das dl-Ornithin wird am bequemsten nach dem von uns kürzlich beschriebenen Verfahren[1] aus seiner Monobenzoylverbindung darge-

---

[1] Berichte d. D. Chem. Gesellsch. **42**, 1022 [1909]. (S. *149*.)

stellt, und da man für die Veresterung das Hydrochlorid direkt benutzen kann, so empfehlen wir folgenden Weg:

5 g Monobenzoylornithin werden mit 50 ccm konzentrierter Salzsäure 6 Stunden am Rückflußkühler gekocht, nach dem Erkalten die Benzoesäure abfiltriert, der Rest ausgeäthert und die salzsaure Lösung zum Sirup eingedampft. Der Rückstand wird mit 30 ccm Methylalkohol übergossen und trockne Salzsäure ohne Abkühlung bis zur Sättigung eingeleitet. Nachdem die klare Lösung etwa eine Stunde gestanden hat, wird sie unter stark vermindertem Druck verdampft und die ganze Operation nach Zusatz von 30 ccm Methylalkohol wiederholt, um die Veresterung bezw. Anhydrisierung ganz zu Ende zu führen. Der schließlich beim Verdampfen zurückbleibende Sirup wird in kaltem Wasser gelöst, mit Silberoxyd entchlort, das Filtrat vom gelösten Silber genau mit Salzsäure befreit und dann unter stark vermindertem Druck verdampft. Kocht man den zurückbleibenden farblosen Sirup zweimal mit je 30 ccm Essigäther aus, so geht der allergrößte Teil in Lösung, und beim Verdampfen des Essigäthers hinterbleibt das β - A m i n o - α - p i p e - r i d o n als Sirup, der beim Aufbewahren im Exsiccator nach einiger Zeit krystallinisch erstarrt. Es ist äußerst leicht löslich in Wasser, löst sich auch leicht in Alkohol, schon viel schwerer in Essigäther und recht schwer in Äther. Die Ausbeute auf 5 g Monobenzoylornithin betrug 1,8 g oder 74% der Theorie.

Für die Feststellung der Formel dienten das H y d r o c h l o r i d und C h l o r o p l a t i n a t.

Zur Bereitung des ersteren haben wir 1 g Base in 10 ccm Alkohol gelöst und mit einem kleinen Überschuß von alkoholischer Salzsäure versetzt. Sehr bald erfolgt die Abscheidung von kleinen, farblosen Prismen. Kühlt man in einer Kältemischung, so ist die Abscheidung fast vollständig. Für die Analyse haben wir aus heißem Alkohol umkrystallisiert (erhalten 1 g) und im Vakuumexsiccator getrocknet. Das Salz verlor bei 110° unter 15 mm nicht mehr an Gewicht.

0,1370 g Sbst.: 0,1991 g CO_2, 0,0905 g H_2O. — 0,1423 g Sbst.: 22,2 ccm N über 33-prozentiger Kalilauge (15°, 762 mm). — 0,1538 g Sbst.: 0,1447 g AgCl.
$C_5H_{10}N_2O$, HCl (150,56).   Ber. C 39,85, H 7,37, N 18,61, Cl 23,55.
Gef. „ 39,64, „ 7,39, „ 18,35, „ 23,27.

Das Salz hat keinen scharfen Schmelzpunkt. Es beginnt im Capillarrohr gegen 220° zu sintern und schmilzt vollständig bis 250° unter starker Braunfärbung und Zersetzung.

Das C h l o r o p l a t i n a t fällt aus der salzsauren alkoholischen Lösung der Base durch alkoholisches Platinchlorid rasch krystallinisch aus. Zur Reinigung wurde es in der 3-fachen Menge warmem Wasser gelöst und die Lösung mit Alkohol bis zur Trübung versetzt. Das Salz krystallisiert dann in mikroskopischen, langen, seidenglänzenden, blaß orangegelben Nadeln, die sich beim raschen Erhitzen im Capillarrohr zwischen 200° und 205° zersetzen. Im Vakuumexsiccator über Phosphorpentoxyd getrocknet, nehmen sie bei 100° unter 15 mm nicht an Gewicht ab. Sie enthalten aber nach der Analyse noch 1 Mol. Wasser.

0,2440 g Sbst.: 0,0724 g Pt. — 0,1262 g Sbst.: 0,1644 g AgCl.

$(C_5H_{10}N_2O)_2H_2PtCl_6 + H_2O$ (655,98).   Ber. Pt 29,73, Cl 32,51.

Gef. „ 29,67, „ 32,21.

Dieses Wasser entweicht beim Trocknen im Xylolbad.

0,3226 g Sbst. verloren unter 15 mm beim 5-stündigen Erhitzen im Xylolbad (137°) 0,0085 g H_2O.

$(C_5H_{10}N_2O)_2H_2PtCl_6 + H_2O$ (655,98).   Ber. H_2O 2,75.   Gef. H_2O 2,63.

Das trockne Salz gab folgende Zahlen:

0,2521 g Sbst.: 0,1759 g CO_2, 0,0858 g H_2O. — 0,1984 g Sbst.: 0,0605 g Pt.

$(C_5H_{10}N_2O)_2H_2PtCl_6$ (637,96).   Ber. C 18,81, H 3,47, Pt 30,57.

Gef. „ 19,03, „ 3,81, „ 30,50.

Das Pikrat scheidet sich als gelbes, krystallinisches Pulver, welches unter dem Mikroskop keine charakteristische Form zeigt, langsam ab, wenn eine Lösung des Chlorhydrats mit einer kalten, wäßrigen Lösung von Natriumpikrat versetzt wird. Es schmilzt bei 160—162° (korr.) zu einer gelbroten Flüssigkeit.

Phosphorwolframsäure erzeugt in der mäßig konzentrierten, kalten sauren Lösung des Aminopiperidons einen starken krystallinischen Niederschlag. Ferner gibt die mit Alkali versetzte Lösung des Aminopiperidons oder seiner Salze mit Neßlers Reagens eine starke, fast farblose Fällung.

Dagegen wird die Lösung des salzsauren Aminopiperidons weder durch Ferrocyankalium, noch durch Kaliumwismutjodid gefällt.

Stark giftige Eigenschaften scheint die Base nicht zu haben, denn eine mittelgroße Maus, der 8 Milligramm des Hydrochlorids subcutan eingespritzt waren, zeigte im Laufe von 3 Tagen keine Änderung des Wohlbefindens.

Rückverwandlung des Amino-piperidons in Ornithin.

Sie erfolgt bei mehrstündigem Erhitzen der Base mit der 10-fachen Menge 20-prozentiger Salzsäure auf 100°. Das Ornithin läßt sich durch Verdampfen der salzsauren Lösung und nachträglicher Zerlegung des Hydrochlorids durch Silberoxyd leicht isolieren.

Es unterscheidet sich von dem Aminopiperidon durch die geringe Löslichkeit in absolutem Alkohol und wurde zur Identifizierung von uns noch in die Dibenzoylverbindung verwandelt, deren Schmelzpunkt wir bei 185—186° fanden. Die Probe ist so sicher, daß sie noch mit 0,1 g bequem durchgeführt werden kann.

ε - Benzoylamino- α -oxy-capronsäure,

$C_6H_5 \cdot CO \cdot NH \cdot CH_2 \cdot CH_2 \cdot CH_2 \cdot CH_2 \cdot CH(OH) \cdot COOH.$

Da die ε-Benzoylamino-α-bromcapronsäure, die nach dem Verfahren von J. v. Braun ziemlich leicht zu bereiten ist[1]), sich auch in heißem Wasser sehr schwer löst, so ist es zweckmäßig, hier Alkohol anzuwenden. Wir haben deshalb 60 g der Säure (Rohprodukt, nur einmal umgelöst) in 750 ccm heißem 80-prozentigem Alkohol gelöst, dann 20 g gefälltes Calciumcarbonat zugefügt, wobei sofort starke Kohlensäureentwicklung eintritt, und diese trübe Lösung in 7 l kochendes Wasser gegossen. Nachdem noch weitere 30 g Calciumcarbonat zugefügt waren, haben wir etwa 15 Minuten in starkem Kochen gehalten, dann filtriert und die Flüssigkeit unter stark vermindertem Druck auf etwa 500 ccm eingedampft. Dabei fiel das Calciumsalz der Benzoylamino-oxy-capronsäure als farbloses, krystallinisches, körniges Pulver aus. Ausbeute 35 g. Es ist bisher nicht analysiert worden. Durch einen besonderen Versuch mit ganz reiner Substanz haben wir uns überzeugt, daß die Abspaltung des Broms unter diesen Bedingungen nahezu vollständig (98%) ist, und daß die Reaktion sehr glatt verläuft, denn die Ausbeute an Calciumsalz betrug hier 90% der Theorie. Für die Umwandlung in die freie Säure wurden 32 g Calciumsalz mit 26 ccm 5-*n*. Salzsäure, die durch Wasser auf 60 ccm verdünnt waren, übergossen. — Dabei schied sich ein Öl ab, das beim Reiben bald krystallinisch erstarrte. Die Masse wurde nach dem Abkühlen auf 0° abfiltriert (24 g). Die Mutterlauge gab beim längeren Stehen eine zweite Krystallisation (4 g). Die Substanz wurde aus der doppelten Menge kochendem Wasser umgelöst. Beim Erkalten fiel zuerst wieder ein Öl aus, das bald zu kurzen flachen Prismen erstarrte. — Die Ausbeute an reinem Material betrug 19 g. — Durch Verarbeiten der Mutterlaugen lassen sich noch mehrere Gramm gewinnen.

Für die Analyse war bei 78° unter 15 mm getrocknet.

0,1743 g Sbst.: 0,3970 g CO_2, 0,1060 g H_2O. — 0,1822 g Sbst.: 9,0 ccm N über 33-prozentiger Kalilauge (18°, 753 mm).

$C_{13}H_{17}O_4N$ (251,14).   Ber. C 62,11, H 6,82, N 5,57.

Gef. ,, 62,12, ,, 6,80, ,, 5,67.

Die Säure schmilzt bei 107° (korr. 108°) zu einer farblosen Flüssigkeit. Sie löst sich sehr leicht in Alkohol und Aceton und schwer in Äther. Aus warmem Essigester erhält man sie in hübschen Krystallen.

ε - Amino- α -oxy-capronsäure,

$NH_2 \cdot CH_2 \cdot CH_2 \cdot CH_2 \cdot CH_2 \cdot CH(OH) \cdot COOH.$

Zur Abspaltung der Benzoylgruppe löst man die vorgehende Verbindung in der 10-fachen Menge heißer 5-*n*. Salzsäure und kocht

---

[1]) Berichte d. D. Chem. Gesellsch. **42**, 839 [1909].

5 Stunden am Rückflußkühler. Nach dem Erkalten wird die ausgeschiedene Benzoesäure abfiltriert, der Rest der Benzoesäure ausgeäthert und die salzsaure Flüssigkeit unter vermindertem Druck zum Sirup eingedampft. Man löst dann wieder in Wasser, entfernt die Salzsäure vorsichtig durch Silberoxyd und im Filtrat das gelöste Silber durch genaue Fällung mit Salzsäure. Das Filtrat wird wieder unter vermindertem Druck stark eingedampft und mit Alkohol versetzt. Die Aminooxysäure scheidet sich bald in mikroskopischen, farblosen Plättchen aus, die nach dem Waschen mit Alkohol gleich analysenrein sind. Die Ausbeute beträgt 40—45% der angewandten Benzoylverbindung.

Für die Analyse war bei 78° und 15 mm getrocknet.

0,1611 g Sbst.: 0,2877 g CO_2, 0,1273 g H_2O. — 0,1511 g Sbst.: 12,5 ccm N über 33-prozentiger Kalilauge (16°, 765 mm).

$C_6H_{13}O_3N$ (147,11).   Ber. C 48,94, H 8,91, N 9,52.
Gef. , 48,70, ,, 8,84, ,, 9,73.

Die Amino-oxy-capronsäure schmilzt nicht ganz konstant beim raschen Erhitzen zwischen 220 und 225° (korr. 225—230°) unter Zersetzung und starker Braunfärbung. Wir haben aus der Schmelze kein krystallinisches Produkt isolieren können und halten es für sehr unwahrscheinlich, daß hier ein einfaches inneres Anhydrid entsteht. Sie löst sich in Wasser sehr leicht, und diese Lösung reagiert auf Lackmus ganz schwach sauer. Sie ist in Alkohol und Methylalkohol äußerst schwer löslich und hat nur einen ganz schwachen, faden Geschmack. Gegen Kupferoxyd verhält sie sich ähnlich der δ-Amino-α-oxyvaleriansäure.

Suspendiert man die Aminooxysäure in der 10-fachen Menge Methylalkohol und leitet trocknes Salzsäuregas ein, so löst sie sich rasch auf und verwandelt sich wahrscheinlich in ihren salzsauren Methylester. Beim Verdampfen unter stark vermindertem Druck hinterbleibt ein Sirup. Löst man ihn in Wasser, entfernt die Salzsäure quantitativ durch Silberoxyd und verdampft das Filtrat unter vermindertem Druck, so erhält man große Mengen unveränderter Aminooxysäure, während es uns nicht gelang, ein dem Oxypiperidon entsprechendes Produkt zu isolieren.

Die ε-Amino-α-oxycapronsäure ist sicherlich verschieden von der isomeren Verbindung, welche durch Reduktion der Glucosaminsäure durch Jodwasserstoff entsteht und die Aminogruppe in α-Stellung enthält[1]).

Ferner hat L. Szydlowski[2]) aus aktivem Lysin durch salpetrige Säure in sehr geringer Menge (0,35 g aus 10 g salzsaurem Lysin) eine krystallinische Aminooxycapronsäure vom Schmelzpunkt 200—201° erhalten. Bei seinen dürftigen Angaben über das Produkt, das weder optisch, noch in seinem Verhalten gegen Kupferoxyd geprüft zu sein

---

[1]) E. Fischer und F. Tiemann, Berichte d. D. Chem. Gesellsch. **27**, 138 [1894]. (*Kohlenh. I, S. 207.*).

[2]) Monatsh. f. Chem. **27**, 821 [1906].

scheint, können wir nicht sagen, in welcher Beziehung es zu unserer Aminooxycapronsäure steht.

Wir möchten aber betonen, daß man in Zukunft die Stellung der Aminogruppe bei derartigen Körpern durch die sehr einfache Probe mit Kupferoxyd feststellen kann.

Bildung von α-Milchsäure aus α-Brompropionsäure.

a) Durch Calciumcarbonat. Kocht man eine Lösung von 5 g inaktiver α-Brompropionsäure in 50 ccm Wasser mit 6 g Calciumcarbonat, so ist nach 10 Minuten die Abspaltung des Broms fast vollendet (98%). Verdampft man dann auf etwa 20 ccm und fügt eine Lösung von Zinkchlorid hinzu, so scheidet sich sehr rasch das inaktive Zinklactat ab. Die Ausbeute beträgt 70—75% der Theorie. Das Salz wurde durch eine vollständige Analyse inklusive Krystallwasserbestimmung identifiziert.

b) Durch Zinkoxyd. 5 g α-Brompropionsäure in 75 ccm Wasser wurden mit 5 g Zinkoxyd 15 Minuten gekocht, dann das Filtrat auf etwa 25 ccm eingedampft und gut abgekühlt. Die Ausbeute an Zinksalz betrug 80—85% der Theorie.

α-Oxy-isovaleriansäure.

2 g α-Bromisovaleriansäure wurden mit 100 ccm Wasser und 2 g Calciumcarbonat 10 Minuten gekocht. Aus der filtrierten und stark konzentrierten Lösung ließ sich das Calciumsalz durch vorsichtigen Zusatz von Alkohol krystallinisch abscheiden. Seine Menge betrug 0,85 g, und aus der Mutterlauge konnten durch Fällen mit Zinkchlorid 0,35 g schwer lösliches Zinksalz isoliert werden. Die Gesamtausbeute betrug also mehr als 70% der Theorie.

Die Analyse des umkrystallisierten Calciumsalzes gab Werte, die recht gut auf die Formel des α-oxyisovaleriansauren Calciums, $(C_5H_9O_3)_2Ca + 1^1/_2 H_2O$, stimmten.

α-Oxy-isocapronsäure.

Wegen der geringen Löslichkeit der Bromisocapronsäure und des oxyisocapronsauren Calciums ist hier eine große Wassermenge notwendig. Dementsprechend wurden 5 g Bromverbindung mit 500 ccm Wasser und 5 g Calciumcarbonat 15 Minuten gekocht, bis die Abspaltung des Broms fast vollendet war. Die heiß filtrierte Flüssigkeit wurde unter vermindertem Druck konzentriert, wobei das ziemlich schwer lösliche Calciumsalz der α-Oxyisocapronsäure in flachen, schief abgeschnittenen Prismen ausfiel. Die Ausbeute betrug über 90% der Theorie. Auch dieses Salz ist durch die vollständige Analyse identifiziert worden.

Bildung der α-Oxy-β-phenyl-propionsäure aus α-Brom-
β-phenyl-propionsäure.

Für die Versuche verwandten wir die rohe α-Brom-β-phenyl-propionsäure, die aus 8 g Benzylbrommalonsäure durch Erhitzen auf 125 bis 130° dargestellt war[1]. Sie wurde nur mit Wasser gewaschen, ausgeäthert und der beim Verdampfen des Äthers hinterbleibende ölige Rückstand mit 500 ccm Wasser und 6 g Calciumcarbonat 20 Minuten gekocht. Als dann die filtrierte Lösung unter vermindertem Druck eingedampft wurde, schied sich das Calciumsalz der Oxysäure in farblosen Nadeln ab. Die erste Krystallisation von analysenreinem Salz betrug 4,23 g oder 68% der Theorie, berechnet auf die angewandte Benzylbrommalonsäure. Die Mutterlauge gab noch 0,6 g etwas weniger reinen Salzes. Das bisher unbekannte, in kaltem Wasser recht schwer lösliche Calciumsalz hat in lufttrocknem Zustand die Formel $C_{18}H_{18}O_6Ca + 3 H_2O$.

1,5406 g Sbst. verloren im Xylolbad (137°) unter 15 mm 0,1920 g H_2O. — 0,3630 g Sbst. verloren 0,0452 g H_2O.

$C_{18}H_{18}O_6Ca + 3 H_2O$ (424,32). Ber. H_2O 12,74. Gef. H_2O 12,46, 12,45.

Das trockne Salz gab folgende Zahlen:

0,2203 g Sbst.: 0,4699 g CO_2, 0,0986 g H_2O. — 0,3978 g Sbst.: 0,0609 g CaO.

$C_{18}H_{18}O_6Ca$ (370,27). Ber. C 58,34, H 4,90, Ca 10,84.
Gef. „ 58,17, „ 5,01, „ 10,94.

Zur Bereitung der freien Säure haben wir das Salz in einem mäßigen Überschuß von verdünnter Salzsäure gelöst, mit Äther extrahiert und den beim Verdampfen bleibenden Rückstand, der nach einiger Zeit krystallinisch erstarrte, aus wenig warmem Wasser umkrystallisiert. Die so erhaltenen kleinen farblosen Prismen schmolzen ebenso wie die β-Phenyl-α-oxypropionsäure bei 97—98° und wurden für die Analyse unter 15 mm bei 60° getrocknet.

0,1612 g Sbst.: 0,3838 g CO , 0,0880 g H_2O.

$C_9H_{10}O_3$ (166,08). Ber. C 65,03, H 6,07.
Gef. „ 64,93, „ 6,11.

Da die Benzylbrommalonsäure käuflich ist, so scheint uns das vorstehende Verfahren zurzeit für die Darstellung der β-Phenyl-α-oxypropionsäure am bequemsten zu sein.

Nachschrift: Inzwischen haben wir aus den hydrolytischen Spaltprodukten der Gelatine durch den gewöhnlichen Veresterungsprozeß eine Substanz gewonnen, die in der Löslichkeit und dem Verhalten gegen Kupferoxyd dem oben beschriebenen β-Oxy-α-piperidon gleicht[*]. Sie ist allerdings optisch aktiv. Da sie bisher nicht krystallisierte, so konnten wir ihre Zusammensetzung noch nicht feststellen. Wir werden diese Beobachtung selbstverständlich verfolgen.

---

[1] E. Fischer, Berichte d. D. Chem. Gesellsch. **37**, 3062 [1904]. (*Proteine I, S. 369.*)

[*] *Vergl. S. 182.*

18. Emil Fischer und Géza Zemplén: Über ε-Amino-
α-guanido-capronsäure.

Berichte der Deutschen Chemischen Gesellschaft 43, 934 [1910].

(Eingegangen am 21. März 1910.)

Die im letzten Heft dieser Berichte erschienene Mitteilung des
Hrn. S. P. L. Sörensen[1]): „Über die Synthese des d, l-Arginins usw."
nötigt uns, einige auf das gleiche Ziel gerichtete Versuche zu beschreiben, obschon die Resultate noch recht unvollständig sind.

Während Sörensen die beiden isomeren Benzoylornithine mit
Cyanamid kombinierte, haben wir zur Einführung der Guanidogruppe
die Bromverbindungen benutzt und diese mit Guanidin behandelt in
derselben Weise, wie H. Ramsay[2]) die gewöhnlichen α-Bromfettsäuren
in Guanidosäuren verwandelte.

Am leichtesten sind wir zum Ziel gelangt bei der Benzoyl- ε -ami-
no- α-bromcapronsäure. Durch eine konzentrierte wäßrige Lösung
von Guanidin wird sie ziemlich glatt in die schwer lösliche und gut
krystallisierende Benzoyl- ε -amino- α -guanido-capronsäure,

$$C_6H_5 \cdot CO \cdot NH \cdot CH_2 \cdot CH_2 \cdot CH_2 \cdot CH_2 \cdot CH \cdot CO \cdot OH,$$
$$NH \cdot C(:NH) \cdot NH_2$$

verwandelt.

Diese verliert beim Kochen mit Salzsäure das Benzoyl, und es
entsteht ein Hydrochlorid $C_7H_{14}ON_4(HCl)_2$.

Wir betrachten es als ein Analogon des salzsauren Kreatinins und
geben ihm deshalb die Formel:

$$(HCl) \cdot NH_2 \cdot (CH_2)_4 \cdot CH \text{———} CO$$
$$NH \cdot C(:NH) \cdot NH (HCl)$$

Wir haben uns ferner überzeugt, daß die Nitrobenzoyl-
δ-amino- α-brom-valeriansäure ebenfalls mit einer starken, wäß-

---

[1]) Berichte d. D. Chem. Gesellsch. **43**, 643 [1910].
[2]) Ebenda **41**, 4385 [1908]; **42**, 1137 [1909]. (*S. 244 und S. 252.*)

rigen Lösung von Guanidin leicht reagiert, und wir halten es für recht wahrscheinlich, daß auch hier eine Guanidoverbindung entsteht, die der von Sörensen nach seiner Methode erhaltenen δ-Benzoyl-amino-α-guanido-valeriansäure entspricht*).

ε - Benzoylamino- α -guanido-capronsäure,

$$C_6H_5 \cdot CO \cdot NH \cdot CH_2 \cdot CH_2 \cdot CH_2 \cdot CH_2 \cdot CH(CO \cdot OH) \cdot NH \cdot C(:NH) \cdot NH_2.$$

30 g ε-Benzoylamino-α-bromcapronsäure, welche nach dem Verfahren von J. v. Braun[1]) bereitet war, wurden mit einer konzentrierten wäßrigen Lösung (50 ccm) von Guanidin, die aus 50 g Carbonat hergestellt war, (etwa 5 Mol.) versetzt. Der Bromkörper ging unter schwacher Erwärmung in Lösung. Nach 18-stündigem Stehen bei gewöhnlicher Temperatur war die Masse zu einem dicken, krystallinischen Brei erstarrt. Er wurde zur Entfernung des überschüssigen Guanidins mit 50 ccm eiskaltem Wasser geschüttelt, abgesaugt, mit kaltem Wasser gewaschen und scharf gepreßt. — Dieses Rohprodukt wurde zur völligen Reinigung zweimal aus kochendem Wasser (30—40-fachen Menge) umkrystallisiert. Die Ausbeute betrug dann 14 g oder 50% der Theorie.

Zur Analyse wurde bei 100° unter 14 mm Druck getrocknet.

0,1664 g Sbst.: 0,3468 g CO_2, 0,1033 g H_2O. — 0,1729 g Sbst.: 0,3622 g CO_2, 0,1074 g H_2O. — 0,1625 g Sbst.: 27,0 ccm N (16°, 747 mm).

$C_{14}H_{20}N_4O_3$ (292,20). Ber. C 57,50, H 6,90, N 19,18.
  Gef. ,, 56,84, 57,13, ,, 6,95, 6,95, ,, 19,08.

Die Substanz krystallisiert aus heißem Wasser in feinen, biegsamen, farblosen Nadeln. Sie schmilzt unter Zersetzung gegen 230—235° (korr. 236—241°). — In Alkohol ist sie recht schwer und in Äther fast gar nicht löslich.

ε-Amino-α-guanido-capronsäure-anhydrid-Dihydrochlorid.

10 g ε-Benzoylamino-α-guanidocapronsäure werden mit 100 ccm konzentrierter Salzsäure 5 Stunden am Rückflußkühler erhitzt, dann die beim Erkalten ausgeschiedene Benzoesäure abfiltriert, der Rest ausgeäthert und die salzsaure Lösung unter vermindertem Druck zur Trockne verdampft. Löst man den farblosen, krystallinischen Rückstand in heißem Alkohol unter Zusatz von einigen Tropfen alkoholischer Salzsäure, so scheiden sich beim Erkalten mikroskopische Prismen aus, welche gegen 208° (korr. 212°) nach vorheriger Sinterung schmelzen. Ausbeute bei der ersten Krystallisation 5,4 g, die Mutterlauge lieferte noch 0,7 g, im ganzen also 74% der Theorie.

Für die Analyse war noch einmal aus heißem Alkohol umgelöst und bei 80° unter 14 mm Druck getrocknet.

---

*) *Vergl. S. 182.*
[1]) Berichte d. D. Chem. Gesellsch. **42**, 839 [1909].

0,1676 g Sbst.: 0,2155 g CO_2, 0,0995 g H_2O. — 0,1795 g Sbst.: 35,2 ccm N (18°, 755 mm). — 0,1507 g Sbst.: 0,1752 g AgCl. — 0,2757 g Sbst. (im Vakuumexsiccator bei gewöhnlicher Temperatur getrocknet): 0,3237 g AgCl.

$C_7H_{16}ON_4Cl_2$ (243,09).   Ber. C 34,56, H 6,64, N 23,05, Cl 29,18.

Gef. „ 35,07, „ 6,64, „ 22,57, „ 28,76, 29,04.

Das Salz ist in Wasser sehr leicht, in Alkohol viel schwerer löslich und reagiert auf Lackmus sauer. Seine wäßrige Lösung wird von Phosphorwolframsäure gefällt. Sie gibt ferner mit Natriumpikrat einen gelben Niederschlag. Aus heißem Wasser umgelöst, bildet das Pikrat mikroskopische, gelbe Krystalle, meist schief abgeschnittene Säulen, dick oder dünn ausgebildet; manchmal sehen sie auch wie schiefe Platten aus. Sie schmelzen unter Gasentwicklung und starker Bräunung gegen 220—225° (korr. 225—230°), nachdem schon einige Grade vorher Braunfärbung eingetreten ist.

Aus dem Hydrochlorid die freie Base auf die gewöhnliche Weise mit Silberoxyd herzustellen, ist uns nicht gelungen. Die Umsetzung zwischen der wäßrigen Lösung des Salzes und Silberoxyd geht langsam vonstatten, und es entsteht dabei eine schwer lösliche Silberverbindung der Base. Wir haben deshalb das Hydrochlorid in wäßriger Lösung mit Silbersulfat zersetzt und aus dem Filtrat Silber und Schwefelsäure quantitativ mit Salzsäure bezw. Bariumhydroxyd gefällt. So entsteht eine stark alkalisch reagierende Lösung der Base, mit deren Untersuchung wir beschäftigt sind.

19. Emil Fischer und **Géza Zemplén: Nachtrag zu den Mitteilungen** über ε-Amino-α-guanido-capronsäure[1]) und über neue Synthese von Amino-oxysäuren und von Piperidonderivaten[2]).

Berichte der Deutschen Chemischen Gesellschaft **43**, 2189 [1910].

(Eingegangen am 11. Juli 1910.)

Bei der Spaltung der ε-Benzoylamino-α-guanido-capronsäure mit Salzsäure entsteht, wie schon berichtet, das Dihydrochlorid eines Anhydrids der ε-Amino-α-guanidocapronsäure, welche wir mit dem salzsauren Kreatinin verglichen haben. Um daraus die freie Base, für die wir den Namen ε - Amino- α-guanido-capronsäure-Anhydrid beibehalten wollen, zu gewinnen, haben wir folgenden etwas umständlichen Weg einschlagen müssen. Die kalte, wäßrige Lösung des Dihydrochlorids wird kurze Zeit mit überschüssigem Silbersulfat geschüttelt, bis alles Chlor gefällt ist. Aus dem Filtrat entfernt man das Silber und die Schwefelsäure quantitativ durch Salzsäure und Barytwasser und verdampft schließlich die klare Flüssigkeit unter vermindertem Druck zur Trockne, wobei eine fast farblose, undeutlich krystallinische Masse zurückbleibt. Die aus 2 g Hydrochlorid erhaltene Menge wird in 15 ccm heißem Methylalkohol gelöst, mit 5 ccm Äthylalkohol versetzt, und im Exsiccator langsam verdunstet. Die Base scheidet sich dann als farbloses, krystallinisches Pulver ab, welches aber unter dem Mikroskop keine charakteristische Form zeigt. Die Ausbeute an reinem Präparat betrug ungefähr die Hälfte des salzsauren Salzes. Für die Analyse wurde im Vakuumexsiccator über Phosphorpentoxyd getrocknet.

0,1698 g Sbst.: 0,3075 g CO_2, 0,1275 g H_2O. — 0,1702 g Sbst.: 49,0 ccm N über 33-proz. Kalilauge (21°, 756 mm).

$C_7H_{14}ON_4$ (170,15).   Ber. C 49,37, H 8,29, N 32,94.
              Gef. ,, 49,39, ,, 8,40, ,, 32,77.

Die Base färbt sich im Capillarrohr gegen 175—185° ziegelrot, und gibt gegen 190° unter Gasentwicklung eine braungelbe Flüssigkeit. Sie ist in Wasser leicht löslich und reagiert stark alkalisch. In heißem Methylalkohol ist sie noch ziemlich leicht löslich, schwerer in Äthylalkohol und fast unlöslich in Äther. Die wäßrige Lösung gibt mit Silbernitrat und

---

[1]) Berichte d. D. Chem. Gesellsch. **43**, 934 [1910]. (*S. 178.*)
[2]) Ebenda **42**, 4878 [1909]. (*S. 163.*)

wenig Ammoniak einen dicken, weißen Niederschlag. Dieser löst sich in überschüssigem Ammoniak, aber unmittelbar nachher entsteht in der Lösung ein neuer Niederschlag, der von dem ersten schon durch die äußere Form unterschieden ist. Beim Schütteln der wäßrigen Lösung der Base mit Silberoxyd entsteht eine unlösliche Silberverbindung. Deshalb läßt sich die Base nicht direkt aus dem Hydrochlorid durch Silberoxyd isolieren. Kocht man die wäßrige Lösung des salzsauren Salzes mit nicht zu viel Fehlingscher Lösung, so wird diese entfärbt, und nach einiger Zeit entsteht ein fast farbloser Niederschlag. Letzterer bildet sich rascher, wenn man von vornherein einen Überschuß an Fehlingscher Lösung anwendet, wobei dann aber keine völlige Entfärbung eintritt.

Außer dem früher beschriebenen Dihydrochlorid und dem kurz erwähnten Pikrat haben wir noch das Chloroplatinat dargestellt, das die Zusammensetzung $C_7H_{14}ON_4 + H_2PtCl_6$ hat, und also dem Dihydrochlorid entspricht. Um es zu bereiten, übergießt man das salzsaure Salz mit einer konzentrierten alkoholischen Lösung von Platinchlorid im Überschuß. Zuerst findet Lösung statt, aber sehr bald fällt das Chloroplatinat als gelbes krystallinisches Pulver. Es ist in Wasser recht leicht, in absolutem Alkohol aber sehr schwer löslich. Aus heißem verdünntem Alkohol kommt es rasch in mikroskopischen gelben und ziemlich derben Krystallen, die sich beim raschen Erhitzen zwischen 220 und 230° grau färben und von 230—240° unter Gasentwicklung ganz zersetzen. Für die Analyse waren sie im Vakuumexsiccator getrocknet.

0,1940 g Sbst.: 0,1042 g CO_2, 0,0533 g H_2O. — 0,2970 g Sbst.: 0,0993 g Platin.

$C_7H_{16}ON_4PtCl_6$ (579,93). Ber. C 14,49, H 2,78, Pt 33,63.

Gef. ,, 14,65, ,, 3,07, ,, 33,43.

Wie früher schon erwähnt*), wird auch die m-Nitrobenzoyl-δ-amino-α-bromvaleriansäure durch die starke wäßrige Guanidinlösung rasch angegriffen, aber das hierbei entstehende Produkt unterscheidet sich von der ε-Benzoylamino-α-guanidocapronsäure durch die große Löslichkeit in Wasser bezw. in der Guanidinlösung. Erst durch Zusatz von Alkohol und Äther und langes Stehenlassen ist es uns gelungen, ein krystallinisches Produkt abzuscheiden und auch durch Umlösen aus wenig heißem Wasser zu reinigen. Aber die Ausbeute war so wenig befriedigend, daß wir die Versuche mit Rücksicht auf die von besserem Erfolge begleitete Untersuchung des Hrn. S. P. L. Sörensen[1]) über die δ-Benzoylamino-α-guanidovaleriansäure abgebrochen haben.

In der Mitteilung über „Neue Synthese von Amino-oxysäuren und von Piperidon-Derivaten" haben wir angegeben, daß sich aus den hydro-

---

*) *Vergl. S. 179.*

[1]) Berichte d. D. Chem. Gesellsch. **43**, 649 [1910].

lytischen Spaltprodukten der Gelatine ein amorphes und deshalb nicht analysiertes Präparat abscheiden ließ, welches gewisse Ähnlichkeit mit dem synthetisch erhaltenen β-Oxy-α-piperidon zeigte*). Eine eingehende Untersuchung des Produktes hat aber ergeben, daß es größtenteils aus Anhydriden von α-Aminosäuren bestand, und es ist uns nicht gelungen, daraus β-Oxy-α-piperidon oder die entsprechende δ-Amino-α-oxyvaleriansäure zu isolieren. Wir halten es deshalb für überflüssig, die umständlichen Methoden, die bei dieser Untersuchung zur Anwendung kamen, näher zu beschreiben.

Was die von uns empfohlene Umwandlung von α - Bromsäuren in die zugehörigen Oxysäuren durch Kochen mit Wasser und Calciumcarbonat betrifft, so glauben wir nachträglich darauf hinweisen zu müssen, daß die Darstellung der Glykolsäure aus Chloressigsäure durch vielstündiges Erhitzen mit Wasser und Calciumcarbonat längst bekannt ist und im großen benutzt wird, weil das Calciumglykolat besonders gut krystallisiert. — Aber daß der Ersatz des Broms durch Hydroxyl unter gleichen Bedingungen so außerordentlich rasch, in 10—15 Minuten, stattfindet, und daß deshalb das Calciumcarbonat in vielen Fällen als milde Base ausgezeichnete Resultate bei dieser Reaktion gibt, war vor unseren Versuchen nicht bekannt und konnte auch nach der großen Arbeit von Lossen[1]) über halogenierte aliphatische Säuren nicht einmal vermutet werden.

---

*) Vergl. S. 177.
[1]) Liebigs Ann. d. Chem. **300**, 1; **342**, 112.

20. Emil Fischer und Max Bergmann: Methylderivate
der *d*-Aminovaleriansäure und des dl-Ornithins.

Liebigs Annalen der Chemie **398**, 96 [1913].

(Eingegangen am 24. März 1913.)

Über die Entstehung von Methylaminosäuren durch Hydrolyse von
Proteinen ist bisher nichts Sicheres bekannt. Wohl aber findet man in
der Literatur vereinzelte Angaben, die auf die Möglichkeit ihrer Entstehung hindeuten. So glauben Zd. H. Skraup und Krause nach
der Methode von Zeisel bzw. Herzig und Meyer den Nachweis geführt zu haben, daß in dem Casein eine kleine Menge an Stickstoff
gebundenes Methyl enthalten sei[1]). Ferner hat Winterstein durch
Hydrolyse der aus Ricinussamen isolierten Eiweißstoffe eine Diaminosäure gewonnen, welche isomer mit dem Lysin ist, und die mit Wismut-
kaliumjodid eine charakteristische, schwer lösliche Verbindung liefert[2]).
Diese Beobachtung hat uns auf die Vermutung geführt, daß die Winter-
steinsche Substanz ein Monomethylornithin sei, und das war für uns
Veranlassung, die Methylderivate des Ornithins zu synthetisieren.

Die Gewinnung der α-Monomethylverbindung, $NH_2 \cdot CH_2 \cdot CH_2$
$\cdot CH_2 \cdot CH(NH \cdot CH_3) \cdot COOH$, war rasch erreicht, denn das δ-Nitro-
benzoyl-α-methylornithin ist schon von E. Fischer und G. Zemplén
dargestellt, und es genügt also die Hydrolyse mit Salzsäure, um die Diaminosäure selbst zu erhalten. Sie unterscheidet sich von dem Winter-
steinschen Körper durch das Verhalten gegen Kaliumwismutjodid,
durch welches sie ebensowenig wie das Ornithin selbst bei Gegenwart
von Salzsäure gefällt wird. Eine gewisse Ähnlichkeit zeigt es mit dem
Kanirin von U. Suzuki[3]), das auch mit dem Lysin isomer ist. Dagegen stießen wir bei der Synthese des δ-Methylornithins, $NH(CH_3)$
$\cdot CH_2 \cdot CH_2 \cdot CH_2 \cdot CH(NH_2) \cdot COOH$, auf unerwartete Schwierigkeiten.
Die verschiedenen Wege, die wir zur Erreichung des Zieles einschlugen,

---

[1]) Monatsh. f. Chem. **30**, 451 [1909].
[2]) Zeitschr. f. physiol. Chem. **45**, 69ff. [1905].
[3]) Chem. Zentralbl. **1913**, I, 1042.

spiegeln sich wenigstens stückweise in den nachfolgend beschriebenen Versuchen wieder. Keiner hat bisher zum Ziele geführt. Dagegen haben wir die noch unbekannte δ - Methylaminovaleriansäure, $NH(CH_3)$ · CH_2 · CH_2 · CH_2 · CH_2 · COOH, die als Ausgangsmaterial in Betracht kam, und ferner das α, δ - Dimethylornithin, $NH(CH_3 · CH_2 · CH_2$ · CH_2 · $CH(NH · CH_3)$ · COOH, gewonnen. Beide lassen sich verhältnismäßig leicht aus den nichtmethylierten Aminosäuren bereiten. Wir benutzten dafür die Wechselwirkung zwischen Jodmethyl und der alkalischen Lösung der Benzolsulfoaminosäuren.

Dieses Methylierungsverfahren ist für die gewöhnlichen Amine von O. Hinsberg empfohlen worden, der gleichzeitig auch die Darstellung der Benzolsulfamide aus Benzolsulfochlorid und Aminen in wäßrig-alkalischer Lösung beobachtete[1]). Es wurde schon von Johnson für die Methylierung des Aminoacetonitrils benutzt[2]), aber seine Anwendung bei den gewöhnlichen Aminosäuren scheint bisher nicht beschrieben zu sein. Nur für die Anthranilsäure ist von Ullmann und Bleier[3]) angegeben, daß ihr p-Toluolsulfoderivat in alkalischer Lösung durch Methylsulfat in den Methylester der p-Toluolsulfomethylanthranilsäure verwandelt wird. Die günstigen Erfahrungen beim Ornithin haben uns veranlaßt, die Methode auch auf das Glykokoll anzuwenden. Wir fanden es dabei praktisch, an Stelle der Benzolsulfoverbindung das p-Toluolsulfoderivat anzuwenden; denn das p-Toluolsulfochlorid ist nicht allein viel billiger als das Benzolderivat, sondern die p-Toluolsulfosäure selbst hat auch die angenehme Eigenschaft, in konzentrierter Salzsäure schwer löslich zu sein und läßt sich deshalb leicht entfernen, wenn man nach der Spaltung des p-Toluolsulfomethylproduktes durch Salzsäure die methylierte Aminosäure als salzsaures Salz isolieren will. Spezielle Angaben findet man darüber bei den Versuchen zur Umwandlung des Glykokolls in Sarkosin. Wir zweifeln nicht daran, daß das Verfahren zur Umwandlung komplizierterer Aminosäuren in die Methylderivate öfters mit Erfolg angewandt werden kann, da die Ausbeuten recht gut und die Operationen leicht auszuführen sind.

Was speziell die beiden oben erwähnten, auf diesem Wege gewonnenen Methylaminosäuren betrifft, so ist das Dimethylornithin dem Ornithin und α-Methylornithin recht ähnlich. Sein Hydrochlorid gibt nur in ziemlich konzentrierter Lösung mit Kaliumwismutjodid Krystalle.

Die δ-Methylaminovaleriansäure gleicht im allgemeinen der nichtmethylierten Aminosäure, z. B. geht sie beim Erhitzen leicht in N-Methyl-α-piperidon,

---

1) Liebigs Ann. d. Chem. **265**, 178 [1891].
2) Amer. chem. Journ. **35**, 54—67 [1906] und Chem. Zentralbl. **1906**, I, 754.
3) Berichte d. D. Chem. Gesellsch. **35**, 4274 [1902].

$$CH_2 \cdot CH_2 \cdot CH_2 \cdot CH_2 \cdot CO \cdot NCH_3,$$

über. Bemerkenswert ist die geringe Löslichkeit des Phosphorwolframats in Wasser. Diese Eigenschaft ist schon von Ackermann für die δ-Aminovaleriansäure und kürzlich auch von Abderhalden für die γ-Aminobuttersäure erwähnt worden, aber in unserer Methylaminovaleriansäure tritt sie so stark hervor, daß diese leicht mit den Diaminosäuren verwechselt werden kann[1]). Jedenfalls ist ihre Trennung von den Diaminosäuren auf diesem Wege kaum möglich.

α - Methylamino- δ-aminovaleriansäure,
$$NH_2 \cdot CH_2 \cdot CH_2 \cdot CH_2 \cdot CH(NH \cdot CH_3)COOH.$$

5 g der m-Nitrobenzoylverbindung[2]) wurden mit 25 ccm Salzsäure (D 1,19) im geschlossenen Rohr 22 Stunden im Wasserbade erhitzt.

---

[1]) Unter dem Namen Diaminotrioxydodekansäure haben E. Abderhalden und ich (Vergl. Proteine I, S. 736) vor 10 Jahren ein Spaltprodukt des Caseins beschrieben, das sich durch die Schwerlöslichkeit seines Phosphorwolframats von den damals bekannten Monoaminosäuren unterschied, und das wir deshalb glaubten zur Klasse der Diaminosäuren zählen zu müssen. Die Richtigkeit dieser Auffassung wird durch die Erfahrungen, die man seither bezüglich der Eigenschaften der Aminosäuren gemacht hat, recht zweifelhaft. So reagiert die freie Aminosäure nicht alkalisch, sondern eher ganz schwach sauer auf Lackmus, ähnlich den Monoaminosäuren. Wir glaubten damals, daß die basischen Qualitäten durch die Anhäufung der Hydroxylgruppen aufgehoben würden. Die späteren Erfahrungen sprechen aber gegen eine derartige Neutralisierung der Aminogruppen durch Hydroxyle. Ich bin deshalb der Ansicht, daß der Name Diaminotrioxydodekansäure nicht die Struktur der Verbindung richtig wiedergibt, sondern daß sie wahrscheinlich eine einfachere, vielleicht methylierte Aminosäure oder ein Gemisch von solchen ist. Die erneute Untersuchung der Säure, an der Abderhalden und ich leider durch Materialmangel verhindert wurden, erscheint mir deshalb durchaus nötig zu sein.
                                                                        E. Fischer.

[2]) Die früher gegebene Vorschrift zur Darstellung des Körpers (Berichte d. D. Chem. Gesellsch. 42, 2992 [1909]) (S. 156) haben wir auf folgende Weise verbessert: 10g m-Nitrobenzoyl-δ-amino-α-bromvaleriansäure wurden in 40 g wäßriger Methylaminlösung von 33 Proz. gelöst, dann bei 20° nur 4 1/2 Stunden aufbewahrt und die schwach gelbbraune Flüssigkeit unter geringem Druck verdampft, dann nochmals mit Wasser versetzt und wiederum verdampft. Nachdem aus dem Rückstand das Methylaminhydrobromid durch Auskochen mit etwa 125 ccm absolutem Alkohol entfernt war, wurde in 38 ccm heißem Wasser gelöst und mit 400 ccm absolutem Alkohol versetzt. Beim Erkalten schieden sich hübsche, meist konzentrisch gruppierte Nädelchen ab, die nach 24 Stunden abgesaugt wurden. Ausbeute 5,7 g. Aus der Mutterlauge wurden auf ähnliche Weise noch 0,6 g erhalten, so daß die Gesamtausbeute 6,3 g oder 74 Proz. der Theorie betrug. Die Substanz ist in Alkohol, Methylalkohol und Äther fast unlöslich.

Im Anschluß an diesen Versuch haben wir auch die Wirkung des Trimethylamins auf die m-Nitrobenzoyl-δ-amino-α-bromvaleriansäure untersucht und das entstehende Produkt als Goldsalz analysiert: 2,7 g Bromverbindung wurden in

Um die auskrystallisierende Nitrobenzoesäure zu entfernen, haben wir zuerst mit etwa 80 ccm kaltem Wasser verdünnt und das Filtrat ausgeäthert. Beim Verdampfen der salzsauren Lösung unter vermindertem Druck blieb das Hydrochlorid der Base krystallinisch zurück. Es wurde in einigen Tropfen Wasser gelöst und mit 25 ccm absolutem Alkohol versetzt. Nach einiger Zeit begann die Krystallisation des Salzes, das nach mehreren Stunden abgesaugt und mit Alkohol gewaschen wurde. Ausbeute 2,42 g oder 65 Proz. der Theorie. Zur Analyse war im Vakuumexsiccator über Schwefelsäure getrocknet.

0,1893 g gaben 0,2280 CO_2 und 0,1257 H_2O. — 0,1517 g gaben 16,9 ccm Stickgas (KOH 33 Proz.) bei 17° und 766 mm Druck. — 0,0796 g gaben 0,1034 AgCl (nach Volhard titriert). — 0,1270 g gaben 0,1645 AgCl (nach Volhard titriert.) — 0,0977 g gaben 0,1268 AgCl (nach Volhard titriert).

Ber. für $C_6H_{14}O_2N_2 \cdot 2$ HCl (219,07).
C 32,87, H 7,36, N 12,79, Cl 32,37.
Gef. ,, 32,85, ,, 7,43, ,, 13,06, ,, 32,14, 32,04, 32,11.

Das Dihydrochlorid bildet kleine, weiße, vier- oder sechseckige Täfelchen oder auch prismenartige Formen. Beim raschen Erhitzen schmilzt es gegen 207—210° (korr.) unter Gasentwicklung. Wie schon

---

15 g wäßriger Trimethylaminlösung (33 Proz.) gelöst und 48 Stunden bei gewöhnlicher Temperatur aufbewahrt. Beim Verdampfen der Lösung unter geringem Druck blieb ein gelbbrauner Sirup zurück. Er wurde nochmals mit Wasser verdampft, um alles freie Trimethylamin zu entfernen, dann in 30 ccm Wasser gelöst und mit 35 ccm einer wäßrigen Goldchloridlösung (10prozentig) versetzt. Dabei fiel ein Öl, das in den ersten Partien braunrot und später gelb war und das nach einiger Zeit, besonders beim Reiben krystallinisch erstarrte. Die abfiltrierte Masse wurde zuerst aus 130 ccm heißem, mit etwas Salzsäure versetztem Wasser umkrystallisiert, dann nochmals in etwa 40 ccm Alkohol unter Zusatz von wenig Salzsäure gelöst und mit Wasser bis zur beginnenden Trübung versetzt. Bald begann die Krystallisation und wurde durch weiteren Zusatz von Wasser befördert. Die Ausbeute des rein orange gefärbten Goldsalzes war ungefähr gleich der Menge der angewandten Bromverbindung:

Zur Analyse wurde im Vakuumexsiccator über Phosphorpentoxyd getrocknet, wobei nur ein geringer Gewichtsverlust stattfand.

0,1355 g gaben 0,1343 CO_2 und 0,0388 H_2O. — 0,1218 g gaben 7 ccm Stickgas (KOH 33 Proz.) bei 21° und 745 mm Druck. — 0,1422 g gaben 0,0419 Au.
$C_{15}H_{21}O_5N_3 \cdot$ HAuCl$_4$ (663,25). Ber. für C 27,14, H 3,34, N 6,34, Au 29,73.
Gef. ,, 27,03, ,, 3,20, ,, 6,44, ,, 29,47.

Das Salz färbt sich über 140° dunkler und schmilzt bei 171 bis 174° (korr.) zu einer von Bläschen durchsetzten dunkelroten Flüssigkeit, die über 200° Gasblasen entwickelt.

Die Analyse spricht dafür, daß es sich um das Goldsalz eines betainartigen Stoffes von folgender Struktur handelt:

$$NO_2 \cdot C_6H_4 \cdot CO \cdot NH \cdot CH_2 \cdot CH_2 \cdot CH_2 \cdot CH \cdot COO$$
$$\diagdown \diagup$$
$$N(CH_3)_3$$

Wir bemerken aber, daß die Untersuchung doch nicht vollständig genug ist, um diese Formel sicher festzustellen.

erwähnt, ist es in Wasser außerordentlich leicht, dagegen in absolutem Alkohol auch in der Wärme nur wenig löslich. Die wäßrige Lösung reagiert auf Lackmus und Kongo sauer. Sie gibt mit Phosphorwolframsäure sofort einen voluminösen, farblosen Niederschlag, der sich in viel heißem Wasser löst und beim Erkalten in mikroskopischen Krystallen ausfällt. Dagegen wird das Di-hydrochlorid von Kaliumwismutjodid auch in ziemlich konzentrierter Lösung nicht gefällt.

Pikrat: $C_6H_{14}O_2N_2 + 2\,C_6H_3O_7N_3$. Eine Lösung von 0,35 g Hydrochlorid in 2 ccm Wasser wurde mit einer Lösung von 0,85 g Natriumpikrat in 9 ccm heißem Wasser versetzt. Beim Erkalten fiel zuerst ein gelbes Öl aus, das bald zu sehr kleinen Nadeln oder Prismen erstarrte. Sie wurden abgesaugt, nochmals aus warmem Wasser umkrystallisiert, dann zur Entfernung etwaiger freier Pikrinsäure mit Benzol ausgekocht, mit Äther mehrmals gewaschen und für die Analyse im Vakuumexsiccator getrocknet.

0,1594 g gaben 0,2082 CO_2 und 0,0487 g H_2O. — 0,0736 g gaben 11,8 ccm Stickgas (KOH 33 proz.) bei 20° und 768 mm Druck.

Ber. für $C_{18}H_{20}O_{16}N_8$ (604,24).   C 35,75, H 3,34, N 18,55.
Gef. „ 35,62, „ 3,42, „ 18,60.

Das Dipikrat entspricht also in der Zusammensetzung dem Hydrochlorid. Beim raschen Erhitzen schmilzt es bei 205—206° (korr.) unter Zersetzung.

Chloroplatinat, $C_6H_{14}O_2N_2 \cdot H_2PtCl_6$. Versetzt man die wäßrige Lösung des Hydrochlorids mit einem mäßigen Überschuß von Platinchlorid und läßt im Vakuumexsiccator verdunsten, so scheiden sich erst schöne Prismen von der Farbe des Kaliumbichromats ab, die beim völligen Eintrocknen verwittern. Zur Entfernung des überschüssigen Platinchlorids wurde mit Alkohol ausgekocht. Durch Umkrystallisieren haben wir das Salz meist mit 1 Mol. Krystallwasser, aber einmal auch mit 4 Mol. Wasser erhalten. Das letztere entstand, als wir die Lösung in reinem Wasser an der Luft verdunsten ließen, und bildet schöne, gelbrote Prismen, die zum Teil 5 mm lang und 1 mm dick waren. Nach dem Abspülen der Mutterlauge mit wenig Alkohol und sofortigem Trocknen zwischen gehärtetem Filtrierpapier waren sie an feuchter Luft ziemlich beständig. Im Exsiccator über Schwefelsäure wurden sie aber rasch trübe, verloren den allergrößten Teil des Krystallwassers und verwandelten sich in ein hygroskopisches Pulver. Die Zusammensetzung der klaren Krystalle entsprach der Formel $C_6H_{14}O_2N_2 \cdot H_2PtCl_6 + 4H_2O$.

0,1486 g verloren im Vakuumexsiccator über Schwefelsäure 0,0170 g H_2O.
Ber. für $C_6H_{14}O_2N_2 \cdot H_2PtCl_6 + 4\,H_2O$ (628,17). H_2O 11,47.   Gef. H_2O 11,44
0,1271 g getrocknet, gaben 0,0445 Pt.
Ber. für $C_6H_{14}O_2N_2 \cdot H_2PtCl_6$ (556,11).   Pt 35,10.   Gef. Pt 35,01.

Um das Salz mit 1 Mol. Wasser zu bereiten, wurde 1 g des wie oben hergestellten Chloroplatinates in warmem Wasser unter Zusatz von einigen Tropfen Salzsäure gelöst und die Flüssigkeit ebenfalls an der Luft verdunstet. Dabei wurde die Hauptmenge in langen, zu zentrischen Büscheln verwachsenen rotgelben Nadeln oder Prismen erhalten. Zur Wasserbestimmung wurden die lufttrocknen Krystalle über Phosphorpentoxyd bei 10 mm und 78° getrocknet, wobei die Farbe etwas heller wurde.

0,1992 g verloren 0,0060 H_2O. — 0,3262 g verloren 0,0107 H_2O.
Ber. für $C_6H_{14}O_2N_2 \cdot H_2PtCl_6 + H_2O$ (574, 13). H_2O 3,14. Gef. H_2O 3,01, 3,28.
0,3041 g getrocknet, gaben 0,1064 Pt.
Ber. für $C_6H_{14}O_2N_2 \cdot H_2PtCl_6$ (556,11). Pt 35,10. Gef. Pt 34,99.

Das wasserfreie Platinsalz zersetzte sich gegen 218° (korr.), nachdem es sich schon vorher dunkler gefärbt hatte.

Zur Bereitung der f r e i e n A m i n o s ä u r e diente das Dihydrochlorid. Es wurde in gelinder Wärme mit Silbersulfat zersetzt, dann das überschüssige Silber genau mit Salzsäure und später die Schwefelsäure genau mit Bariumhydroxyd gefällt. Schließlich wurde die filtrierte, klare Lösung unter einem Druck von 10—20 mm verdampft. Alle diese Operationen haben wir in Gefäßen von Porzellan oder Resistenzglas und bei Ausschluß von atmosphärischer Kohlensäure ausgeführt. Als die konzentrierte Flüssigkeit im Vakuumexsiccator über Schwefelsäure aufbewahrt wurde, erstarrte der Rückstand vollständig zu einer krystallinischen Masse. Die Krystalle waren, solange noch Mutterlauge vorhanden war, durchsichtig, wurden aber später porzellanartig trübe. Die Ausbeute war fast quantitativ.

Das Präparat zeigte keinen scharfen Schmelzpunkt. Es schmolz von 82—100° zu einer trüben Flüssigkeit, die gegen 115° klar wurde und bei höherer Temperatur Blasen warf; schließlich destillierte eine farblose Flüssigkeit und es blieb ein geringer Rückstand, der verkohlte. Beim Kochen der wäßrigen Lösung des α-Methylornithins tritt ein ähnlicher Geruch wie beim Ornithin selbst auf. Er rührt wahrscheinlich von einer geringen Zersetzung der Aminosäure in Kohlensäure und Diamin her. Das Methylornithin löst sich sehr leicht in Wasser; diese Lösung reagiert stark alkalisch, fällt Ferrisalze und löst gefälltes Kupferoxyd mit schön blauer Farbe. Das Methylornithin löst sich ferner in heißem Alkohol ziemlich leicht und wird durch Äther daraus gefällt. In Essigäther ist es sehr schwer löslich, wird aber beim Kochen damit nach oberflächlicher Sinterung pulverig.

Da uns das Methylornithin für die Elementaranalyse wenig geeignet erschien, so haben wir für seine Charakterisierung die Rückverwandlung in das Dihydrochlorid benutzt. Dieses erhielten wir beim langsamen

Verdunsten einer Lösung der Base in verdünnter Salzsäure als gut ausgebildete, meist vierseitige flache, rhombenähnliche Platten, die 3—4 mm breit waren. Sie zeigten denselben Zersetzungspunkt wie das zuvor beschriebene Salz und hatten auch dessen Zusammensetzung:

0,1607 g gaben 0,2111 AgCl.
Ber. für $C_6H_{14}O_2N_2 \cdot 2 HCl$ (219,07). Cl 32,37. Gef. Cl 32,48.

Dibenzolsulfo- α, δ-diaminovaleriansäure
(Dibenzolsulfo- *dl*-ornithin),

$$C_6H_5 \cdot SO_2 \cdot NH \cdot CH_2 \cdot CH_2 \cdot CH_2 \cdot CH(NH \cdot SO_2 \cdot C_6H_5) \cdot COOH.$$

Als Ausgangsmaterial dient am besten δ-Benzoylornithin, das aus Benzoylpiperidin verhältnismäßig leicht herzustellen ist. 26 g racemisches Benzoylornithin wurden mit 350 ccm Salzsäure (D 1,19) 8 Stunden unter Rückfluß gekocht, nach dem Erkalten die mit Wasser verdünnte Lösung durch Absaugen und mehrmaliges Ausäthern von Benzoesäure befreit und unter vermindertem Druck zum Sirup verdampft. Dieser wurde in 35 ccm Wasser gelöst, mit starker Natronlauge erst neutralisiert, dann mit 350 ccm 2 n-Natronlauge und 59 g Benzolsulfochlorid (3 Mol.) kräftig geschüttelt, während gleichzeitig die Temperatur der Flüssigkeit bei 46—48° gehalten war. Nach etwa 15 Minuten war eine klare Lösung entstanden, die noch weitere 5 Minuten auf derselben Temperatur gehalten und dann abgekühlt wurde. Bei Zusatz von überschüssiger Salzsäure schied sich nun die Benzolsulfoverbindung als schwach gelbes Öl aus. Dieses wurde mit Essigäther extrahiert, der Extrakt mit einer Lösung von Kaliumbicarbonat ausgeschüttelt, die abgehobene wäßrige Lösung wieder angesäuert und von neuem mit Essigäther ausgeschüttelt. Als diese Essigätherlösung stark eingeengt war, schied sich bei langsamem Zusatz von Petroläther das Dibenzolsulfoornithin in mikroskopischen, biegsamen, meist konzentrisch gruppierten Nädelchen ab. Zur Reinigung wurde noch zweimal aus Essigätherlösung mit Petroläther abgeschieden. Die Ausbeute betrug dann 35 g oder 74 Proz. d. Th.

Die lufttrockne Substanz enthält 1 Mol. Krystallwasser, das bei 60° und 10 mm Druck über Phosphorpentoxyd ziemlich rasch weggeht.

0,2170 g lufttrocken, verloren 0,0089 H_2O. — 0,2181 g lufttrocken, verloren 0,0096 H_2O.
Ber. für $C_{17}H_{20}O_6N_2S_2 + H_2O$ (430,34). H_2O 4,19. Gef. H_2O 4,10, 4,40.
0,1678 g getrocknet gaben 0,3048 CO_2 und 0,0732 H_2O. — 0,2081 g getrocknet gaben 11,8 ccm Stickgas (KOH 33 Proz.) bei 18,5° und 773 mm Druck.
Ber. für $C_{17}H_{20}O_6N_2S_2$ (412,32). C 49,48, H 4,89, N 6,80.
Gef. , 49,54, ,, 4,88, ,, 6,67.

Die trockne Substanz schmilzt bei 155—157° (korr.). Sie nimmt an feuchter Luft ziemlich rasch wieder annähernd 1 Mol. Wasser auf. Sie ist leicht löslich in Alkohol, Aceton und Essigäther, ziemlich leicht in heißem Wasser, schwer in Benzol und Chloroform.

Dibenzolsulfo- α, δ-dimethylaminovaleriansäure
(Dibenzolsulfodimethyl- dl-ornithin),
$C_6H_5 \cdot SO_2 \cdot N(CH_3) \cdot CH_2 \cdot CH_2 \cdot CH_2 \cdot CH \cdot [N(CH_3) \cdot SO_2 \cdot C_6H_5] \cdot COOH.$

12 g Dibenzolsulfoornithin wurden in 75 ccm 2 n-Natronlauge gelöst und nach Zugabe von 16 g Jodmethyl in einer gut verschlossenen Stöpselflasche unter häufigem Umschütteln in einem Bad von 65° erwärmt. Nach 18—20 Minuten war klare Lösung entstanden. Nach einer Stunde wurde abgekühlt, mit wenig mehr als der ausreichenden Menge verdünnter Salzsäure angesäuert und das abgeschiedene dicke, fast farblose Öl mit Essigäther extrahiert. Nachdem die Essigätherlösung mit Wasser gewaschen war, wurde sie unter vermindertem Druck bis zur beginnenden Krystallisation eingedampft. Beim langsamen Zusatz von Petroläther fiel dann das Methylprodukt größtenteils aus. Ausbeute 10,8 g oder 88 Proz. d. Th. Das Präparat war fast rein.

Zur Analyse wurde noch zweimal in wenig Essigäther gelöst und mit Petroläther wieder abgeschieden. Die lufttrockne Substanz enthielt kein Krystallwasser; denn sie verlor kaum an Gewicht, als sie zur Analyse bei 10 mm und 60° über Phosphorpentoxyd getrocknet wurde.

0,2175 g gaben 0,4143 CO_2, und 0,1060 H_2O. — 0,1992 g gaben 11,2 ccm Stickgas (KOH 33 Proz.) bei 17° und 764 mm Druck.

Ber. für $C_{19}H_{24}O_6N_2S_2$ (440,35).   C 51,78, H 5,49, N 6,36.
Gef. ,, 51,95, ,, 5,45, ,, 6,58.

Die Substanz krystallisiert meist in mikroskopischen, drusenartig vereinigten Plättchen oder in derberen Formen. Sie schmolz bei 141 bis 142° (korr.) zu einer trüben Flüssigkeit, die aber schon bei 144° ganz klar wurde. Sie ist ziemlich leicht löslich in Alkohol, ziemlich schwer in kochendem Benzol, schwer in heißem Wasser und sehr schwer in Äther.

α, δ - Dimethylaminovaleriansäure (N - Dimethylornithin),
$NH(CH_3) \cdot CH_2 \cdot CH_2 \cdot CH_2 \cdot CH(NH \cdot CH_3) \cdot COOH.$

10 g Dibenzolsulfoderivat wurden mit 40 ccm Salzsäure (D 1,19) im geschlossenen Rohr 24 Stunden auf 100° erhitzt. Zur Entfernung der Benzolsulfosäure ist hier die Fällung der Base als Phosphorwolframat nötig. Zu dem Zweck haben wir die klare, nur schwach gefärbte Flüssigkeit erst eingeengt, um den größeren Teil der Salzsäure zu entfernen, wieder mit Wasser verdünnt und mit einer wäßrigen Lösung von etwa

65 g Phosphorwolframsäure so lange versetzt, als noch ein Niederschlag entstand. Dieser wurde nach einigem Stehen in der Kälte abgesaugt, dann zur Reinigung mit 400 ccm Wasser ausgekocht, wobei sich nur wenig löste, und nach dem Erkalten, wo der gelöste Teil wieder als körniges Pulver ausfiel, filtriert. Schließlich wurde das Phosphorwolframat mit überschüssigem reinem Barytwasser in der Wärme zerlegt und im Filtrat das Barium genau mit Schwefelsäure gefällt, Die wäßrige Lösung der Base reagierte stark alkalisch und verhielt sich im allgemeinen, z. B. in bezug auf den Geruch, ähnlich einer Ornithinlösung. Sie wurde durch überschüssige Salzsäure ins Hydrochlorid verwandelt. Als dann die Lösung unter vermindertem Druck eingedampft war, blieb ein Sirup, der im Vakuumexsiccator über Schwefelsäure und Natronkalk besonders beim Reiben zu einer harten Krystallmasse erstarrte. Diese wurde zur Reinigung in sehr wenig Wasser gelöst, dann mit Alkohol verdünnt und das Salz durch langsamen Zusatz von Äther krystallinisch abgeschieden. Es bildet mikroskopische, vielfach sechsseitige Plättchen. Ausbeute 3,8 g oder 72 Proz. d. Th.

Leider hat das Salz, auch wenn es unter Zusatz von freier Salzsäure umkrystallisiert war, keine scharfen analytischen Werte gegeben.

0,1728 g, bei 100° und 11 mm getrocknet, gaben 0,2081 AgCl.
Ber. für $C_7H_{16}O_2N_2 \cdot 2$ HCl (233,08). Cl 30,43. Gef. Cl 29,79.

Das Salz ist äußerst leicht in Wasser und viel schwerer in Alkohol löslich.

Bessere analytische Werte erhielten wir beim Chloroplatinat. Zu seiner Bereitung wurde da Dihydrochlorid in sehr konzentrierter wäßriger Lösung mit einem Überschuß von Platinchlorwasserstoffsäure und dann mit absolutem Alkohol versetzt. Dabei scheidet sich das Salz erst ölig ab, erstarrt aber nach einiger Zeit zu einem gelbroten krystallinischen Pulver. Hübscher wird dieses, wenn man Alkohol allmählich zusetzt und von vornherein einige Impfkryställchen einträgt. Es besteht dann meistens aus kleinen, warzenförmigen Krystallaggregaten. Das exsiccatortrockne Salz verlor bei 100° und 11 mm nicht mehr an Gewicht.

0,2717 g gaben 0,1492 CO_2 und 0,0804 H_2O. — 0,2320 g gaben 9,7 ccm Stickgas (KOH 33 Proz.) bei 16° und 752 mm Druck. — 0,1631 g gaben 0,0558 Pt.
Ber. für $C_7H_{16}O_2N_2 \cdot H_2PtCl_6$ (570,12). C 14,73, H 3,18, N 4,92, Pt 34,24.
Gef. ,, 14,98, ,, 3,31, ,, 4,83, ,, 34,21.

Im Capillarrohr rasch erhitzt, färbte sich das Salz gegen 210° dunkel und schmolz gegen 216° (korr. 220°) unter starker Gasentwicklung.

Das Aurochlorat ist auch in Alkohol leicht löslich. Das Pikrat scheidet sich beim Zusammenbringen des Hydrochlorids mit Natriumpikrat, wenn die Lösung nicht zu verdünnt ist, erst ölig ab, erstarrt aber nach einiger Zeit krystallinisch.

Verhalten gegen Kaliumwismutjodid. Als 0,5 ccm einer 5 prozentigen Lösung des Hydrochlorids mit 0,3 ccm einer Kaliumwismutjodidlösung (5 g Salz auf 10 ccm Wasser) versetzt wurden, entstand nach vorübergehender Fällung eine klare Lösung; aber nach einigen Stunden schied sich ein starker, ziegelroter Niederschlag ab, der aus mikroskopischen Nadeln oder dünnen Prismen bestand.

Krystallisiertes dl - Ornithin.

Das aktive Ornithin scheint bisher nur amorph erhalten worden zu sein. Wir haben nun beobachtet, daß die inaktive Verbindung verhältnismäßig leicht krystallisiert. Wir gingen aus von dem inaktiven δ-Benzoyl-ornithin, das sich ziemlich leicht nach dem Verfahren von E. Fischer und G. Zemplén[1]) bereiten läßt. 10 g wurden mit 100 ccm konz. Salzsäure 8 Stunden am Rückflußkühler gekocht, nach dem Erkalten die Benzoesäure durch Absaugen und späteres Ausäthern entfernt und die salzsaure Lösung unter vermindertem Druck verdampft, dann mehrmals in Wasser gelöst und wieder verdampft, um alle freie Salzsäure möglichst zu entfernen. Nachdem nun das Chlor in der üblichen Weise durch Silbersulfat und die Schwefelsäure mit reinem Barythydrat unter Ausschluß von Kohlensäure genau entfernt war, wurde die wäßrige Lösung unter vermindertem Druck wiederum bei Ausschluß von Kohlensäure verdampft. Bei genügender Konzentration krystallisierte das Ornithin sofort. Von kleinen Mengen Barytverbindungen wurde durch Lösen in kochendem, etwas Wasser enthaltendem Alkohol getrennt und beim Verdampfen dieser Lösung unter vermindertem Druck das Ornithin wiederum sofort fest und krystallinisch erhalten. In diesem Zustande ist es in absolutem Alkohol auch beim Kochen recht schwer löslich.

Benzolsulfo- δ-methylaminovaleriansäure,

$$C_6H_5 \cdot SO_2 \cdot N(CH_3) \cdot CH_2 \cdot CH_2 \cdot CH_2 \cdot CH_2 \cdot COOH.$$

30 g Benzolsulfo-δ-aminovaleriansäure[2]) werden in 130 ccm 2 n-Natronlauge gelöst, dann mit 20 g Jodmethyl versetzt und in einer gut verschlossenen Flasche in Wasser von 63—65° erwärmt. Beim häufigen Schütteln geht das Jodmethyl etwa im Laufe einer halben Stunde in Lösung und nach 1½ Stunden wird die Operation unterbrochen. Nach

---

[1]) Berichte d. D. Chem. Gesellsch. **42**, 1025 [1909]. (*S. 151.*)

[2]) Schotten und Schlömann, ebenda **24**, 3690 [1891]. Wir haben die Verbindung auch aus δ-Aminovaleriansäure durch Behandlung der alkalischen Lösung mit Benzolsulfochlorid dargestellt.

dem Erkalten gibt die klare Lösung beim Ansäuern ein schwach gelbes Öl, das beim Abkühlen in Eiswasser bald zu Nädelchen oder Prismen erstarrt. Diese werden filtriert, mit einer verdünnten Lösung von Kaliumbicarbonat gelöst und die schwach gelbe Flüssigkeit allmählich mit Salzsäure angesäuert. Dabei scheidet sich die Benzolsulfomethylaminovaleriansäure sofort in farblosen, flachen Nadeln oder Prismen ab. Ausbeute etwa 95 Proz. d. Th.   Zur Analyse war im Vakuumexsiccator über Phosphorpentoxyd getrocknet.

0,1939 g gaben 0,3768 CO_2 und 0,1094 H_2O. — 0,1713 g gaben 7,7 ccm Stickgas (KOH 33 Proz.) bei 19° und 751 mm Druck.

Ber. für $C_{12}H_{17}O_4NS$ (271,22).   C 53,09, H 6,32, N 5,17.

Gef. ,, 53,00, ,, 6,31, ,, 5,12.

Die Säure schmilzt bei 70—71° (korr.), nachdem zuvor leichte Sinterung stattgefunden hat. In kaltem Wasser ist sie sehr schwer, in heißem dagegen in erheblicher Menge löslich. In Alkohol, Aceton, Chloroform und Benzol ist sie leicht, in Äther etwas schwerer und in Petroläther recht schwer löslich. Auch von rauchender Salzsäure wird sie ziemlich leicht aufgenommen.

δ - Methylaminovaleriansäure,
$NH(CH_3) \cdot CH_2 \cdot CH_2 \cdot CH_2 \cdot CH_2 \cdot COOH.$

Die Spaltung der Benzolsulfoverbindung durch Salzsäure geht leicht vonstatten. Dagegen ist die direkte Trennung der δ-Methylaminovaleriansäure von der Benzolsulfosäure schwierig. Wir haben es daher vorgezogen, sie als Phosphorwolframat zu fällen und in der gewöhnlichen Weise durch Bariumhydroxyd zu isolieren.

Dementsprechend werden 20 g Benzolsulfomethylaminovaleriansäure mit 80 ccm Salzsäure (D 1,19) im geschlossenen Rohr 18 Stunden im Wasserbad erhitzt, dann die Lösung durch Eindampfen unter vermindertem Druck vom allergrößten Teil der Salzsäure befreit, der schwachbraune Sirup in einem Gemisch von 180 ccm Wasser und 25 ccm verdünnter Schwefelsäure gelöst und mit einer konz. wäßrigen Lösung von etwa 85 g Phosphorwolframsäure versetzt, so lange noch eine Fällung entsteht. Der krystallinische, farblose Niederschlag wird abgesaugt, gepreßt und aus 500—600 ccm siedendem, etwas Schwefelsäure enthaltendem Wasser umkrystallisiert. Die ziemlich gut ausgebildeten, mikroskopischen Krystalle bestehen meist aus vier- oder sechsseitigen, schiefen, dünnen Platten.

Zur Isolierung der δ-Methylaminovaleriansäure wird das Phosphorwolframat in einem Gefäß von Porzellan oder Resistenzglas wiederum in 500 ccm siedendem Wasser gelöst, dann in der üblichen Weise mit einer konz. wäßrigen Lösung von reinem Bariumhydroxyd in

mäßigem Überschuß gefällt, das Filtrat mit Schwefelsäure genau von
Baryt befreit und die wieder filtrierte Flüssigkeit in einem Kolben von
Resistenzglas unter stark vermindertem Druck verdampft. Dabei hinterbleibt ein schwach gelbbrauner Sirup, der nach dem Aufnehmen in absolutem Alkohol und abermaligem Verdampfen zu Nadeln oder Prismen
erstarrt. Zur Reinigung werden diese mehrmals in Alkohol gelöst und
durch allmählichen Zusatz von Äther wieder gefällt. Die Ausbeute
betrug 7,3 g oder 75 Proz. d. Th. Zur Analyse war bei 76° und 11 mm
über Phosphorpentoxyd getrocknet.

0,1970 g gaben 0,3971 CO_2 und 0,1742 H_2O. — 0,1984 g gaben 17,8 ccm
Stickgas (KOH 33 proz.) bei 16° und 764 mm Druck.
Ber. für $C_6H_{13}O_2N$ (131,11). C 54,91, H 9,99, N 10,69.
Gef. „ 54,97, „ 9,89, „ 10,54.

Die Substanz sintert bei raschem Erhitzen gegen 120° und schmilzt
bei 121—122° (korr.) zu einer farblosen Flüssigkeit. Sie ist hygroskopisch und zerfließt deshalb an feuchter Luft. Die wäßrige Lösung der
freien Methylaminosäure gibt mit Kaliumwismutjodidlösung sofort einen
ziegelroten, amorphen Niederschlag. Versetzt man dagegen die schwach
salzsaure Lösung der Aminosäure mit überschüssiger, verdünnter Kaliumwismutjodidlösung, so krystallisieren nur bei ziemlich starker Konzentration glänzende, tiefrote, schiefe Tafeln oder Prismen, wie folgender
Versuch zeigt. 0,5 ccm einer 5 prozentigen wäßrigen Lösung der Aminosäure
wurden mit einem Tropfen 5 n-Salzsäure und 0,5 ccm Kaliumwismutjodidlösung (5 g auf 10 g H_2O) versetzt. In der erst klaren Lösung
war nach einigen Stunden eine ziemlich starke Krystallisation entstanden.

Pikrat, $C_6H_{13}O_2N + C_6H_3O_7N_3$. Löst man äquimolekulare Mengen der Methylaminovaleriansäure und Pikrinsäure in Alkohol und läßt
im Exsiccator verdunsten, so scheiden sich große gelbe Blätter mit meist
abgerundeten Ecken ab. Wir haben das Salz mehrmals in Essigester
gelöst und durch langsamen Zusatz von Petroläther wieder krystallinisch
abgeschieden. Die lufttrockne Verbindung scheint 1 Mol. Krystallwasser
zu enthalten, welches aber schon bei mehrtägigem Stehen der gepulverten Substanz im Vakuumexsiccator über Schwefelsäure weggeht.

0,1849 g lufttrocken gaben 0,2597 CO_2 und 0,0836 H_2O. — 0,1676 g, lufttrocken, verloren bei viertägigem Stehen im Exsiccator 0,0083 H_2O. — 0,4055 g
lufttrocken, verloren bei viertägigem Stehen im Exsiccator 0,0205 H_2O.
Ber. für $C_6H_{13}O_2N \cdot C_6H_3O_7N_3 + 1 H_2O$ (378,18). C 38,08, H 4,80, H_2O 4,76.
Gef. „ 38,31, „ 5,06, „ 4,95, 5,05.,
0,1593 g trocken, gaben 0,2326 CO_2 und 0,0652 H_2O. — 0,1861 g Sbst.
trockens 25,5 ccm Stickgas (KOH 33 proz.) bei 20 und 759 mm Druck.
Ber. für $C_6H_{13}O_2N \cdot C_6H_3O_7N_3$ (360,17). C 39,98, H 4,48, N 15,56.
Gef. „ 39,82, „ 4,58, „ 15,71.
13*

Die wasserhaltigen Krystalle beginnen gegen 65° zu sintern und schmelzen bei 70—71° (korr.) zu einer orangefarbenen Flüssigkeit. Das Pikrat ist in Wasser und Alkohol leicht löslich, auch von Essigester wird es, zumal in der Hitze, leicht aufgenommen. Es krystallisiert aus der Lösung in Essigester auf Zusatz von Petroläther meist in mikroskopischen, gelben Tafeln, die manchmal sechseckig, meist aber nicht schön ausgebildet sind. Auch eisblumenähnliche Formen sind nicht selten.

N - Methyl- α - piperidon,

$$CH_2 \cdot CH_2 \cdot CH_2 \cdot CH_2 \cdot CO \cdot NCH_3 \, .$$

Wird die δ-Methylaminovaleriansäure im Ölbad erhitzt, so beginnt gegen 130° die Entwicklung von Wasserdampf, und wenn man die Temperatur 15—20 Minuten auf 160° gehalten hat, so ist die Umwandlung in das Anhydrid beendet. Das Methylpiperidon läßt sich leicht destillieren. Unter 9 mm Druck wurde der Siedepunkt bei 94—95° (korr.) gefunden. Es bildet eine farblose, leicht bewegliche, hygroskopische Flüssigkeit, welche direkt analysiert wurde.

0,2201 g gaben 0,5121 CO_2 und 0,1913 H_2O. — 0,2140 g gaben 23,2 ccm Stickgas (KOH 33 Proz.) bei 19° und 754 mm Druck. — 0,1581 g gaben 16,8 ccm Stickgas (KOH 33 Proz.) bei 18° und 749 mm Druck.

Ber. für $C_6H_{11}ON$ (113,10). C 63,66, H 9,81, N 12,39.

Gef. ,, 63,45, ,, 9,73, ,, 12,40, 12,13.

Das Methylpiperidon mischt sich mit Wasser, Alkohol und Äther. Schwer löst es sich in starkem Alkali. Die wäßrige Lösung reagiert gegen Lackmus neutral. Die mit Schwefelsäure versetzte, wäßrige Lösung gibt mit Phosphorwolframsäure einen dicken, weißen Niederschlag, der sich beim Kochen der Flüssigkeit in reichlicher Menge löst; beim Erkalten scheiden sich dann mikroskopische Krystalle ab, die großenteils wie schiefe Prismen oder Platten aussehen. Die wäßrige Lösung des Methylpiperidons bleibt auf Zusatz von Kaliumwismutjodidlösung zunächst klar, nach Zugabe von wenig Salzsäure fallen aber schöne, ziegelrote Täfelchen aus. In diesen Fällungen gleicht das N-Methylpiperidon durchaus dem Piperidon selbst.

Benzal- β -amino- α -piperidon,

$$CH_2CH_2CH_2 \cdot CH \cdot N = CH \cdot C_6H_5$$
$$NH\text{———}CO$$

Das aus dem Ornithin leicht darstellbare β-Amino-α-piperidon[1]) reagiert mit Benzaldehyd unter starker Erwärmung. Man verflüssigt

---

[1]) E. Fischer und G. Zemplén, Berichte d. D. Chem. Gesellsch. 42, 4886 (1909]. (S. 171.)

das Aminopiperidon durch Erwärmen auf dem Wasserbad und fügt nach dem Erkalten wenig mehr als die berechnete Menge reinen Benzaldehyd zu. Unter Erwärmung scheidet sich bald die Benzalverbindung als harte Krystallmasse ab. Sie läßt sich aus der Lösung in heißem Benzol durch Abkühlen oder noch leichter durch Petroläther ausfällen. Die Ausbeute ist fast quantitativ.

Die Verbindung bildet fast weiße Krystalle mit einem Stich ins Crèmefarbige. Sie schmilzt nach vorhergehendem Sintern nicht ganz konstant bei 140—142° (korr.) zu einer schwach gelben Flüssigkeit. Für die Analyse war im Vakuumexsiccator über Schwefelsäure getrocknet.

0,1795 g gaben 0,4678 CO_2 und 0,1120 H_2O. — 0,1804 g gaben 21,7 ccm Stickgas (KOH 33 Proz.) bei 17° und 753 mm Druck.

Ber. für $C_{12}H_{14}ON_2$ (202,13). C 71,24, H 6,98, N 13,86.
Gef. „ 71,08, „ 6,98, „ 13,86.

Die Substanz löst sich leicht in Alkohol, Aceton, Essigester und Benzol, zumal in der Wärme, schwerer in Äther. Auch von heißem Wasser wird sie etwas gelöst, wobei aber bereits der Geruch nach Benzaldehyd auftritt. Beim Abkühlen der wäßrigen Lösung erscheinen wieder Krystalle. In Alkalien ist sie nicht löslicher als in Wasser. Von verdünnten Mineralsäuren wird sie leicht unter Abspaltung von Benzaldehyd zersetzt.

Der Versuch, die Imidgruppe zu methylieren, ist bis jetzt nicht gelungen.

Dibrompiperidon (?).

Bei der Bromierung der Benzoyl-δ-aminovaleriansäure[1]) entsteht neben den in wäßrigem Bicarbonat löslichen Produkten ein unlösliches gelbbraunes Harz. Wird dieses zuerst sorgfältig mit verdünnter Salzsäure und dann mit Wasser gewaschen und schließlich in Aceton gelöst, so fallen beim Verdunsten der Flüssigkeit gut ausgebildete farblose Krystalle aus, deren Menge beim wochenlangen Stehen viel größer wird. Sie können durch Umlösen aus einem Gemisch von Aceton und Petroläther leicht gereinigt werden. Die Ausbeute ist ziemlich gering. Wir erhielten aus 50 g Benzoylaminovaleriansäure 8 g reines Präparat. Für die Analyse wurde im Vakuumexsiccator über Schwefelsäure getrocknet.

0,1585 g gaben 0,1366 CO_2 und 0,0421 H_2O. — 0,1637 g gaben 7,6 ccm Stickgas (KOH 33 Proz.) bei 19° und 748 mm Druck. — 0,1527 g gaben 0,2224 AgBr.

Ber. für $C_5H_7ONBr_2$ (256,91). C 23,35, H 2,75, N 5,45, Br 62,22.
Gef. „ 23,50, „ 2,97, „ 5,27, „ 61,98.

---

[1]) E. Fischer und G. Zemplén, Berichte d. D. Chem. Gesellsch. **42**, 1024 [1909]. (*S. 150.*)

Die Substanz hat also die Zusammensetzung eines Dibrompiperidons, dessen Entstehung aus der Benzoyl-δ-aminovaleriansäure bei der Bromierung nicht unwahrscheinlich ist. Wir bemerken aber ausdrücklich, daß unsere Beobachtungen zu unvollständig sind, als daß sie einen Beweis für die vermutete Struktur der Verbindung geben könnten.

Die Substanz bildet schön ausgebildete, mehrere Millimeter dicke, flächenreiche Krystalle. Sie schmolz bei 162—164° (korr.) nach geringem Sintern zu einer schwach gefärbten Flüssigkeit. In heißem Wasser ist sie wenig löslich und krystallisiert beim Erkalten. In kaltem Alkali ist sie auch unlöslich. Beim Kochen damit wird sie gelöst, aber unter Abspaltung von Halogen. Viel leichter wird sie von heißem Alkohol aufgenommen und krystallisiert ebenfalls daraus leicht. In Äther und Schwefelkohlenstoff ist sie nur wenig löslich.

Vor 30 Jahren hat A. W. Hofmann[1]) eine Verbindung gleicher Zusammensetzung flüchtig erwähnt, die er durch Behandlung von Piperidin mit Brom in alkalischer Lösung erhielt, ohne aber irgendwelche Angaben über die Eigenschaften zu machen. Es ist deshalb schwer zu sagen, ob sie unserer Substanz nahe steht.

Verwandlung des Glykokolls in Sarkosin.

Teils aus ökonomischen Gründen, teils wegen der viel leichteren Isolierung des Sarkosinhydrochlorids haben wir für diesen Zweck die p-Toluolsulfoverbindung benützt. In der Literatur findet sich nur die kurze Angabe, daß Blomstrand dieselbe schon durch Einwirkung von Toluolsulfochlorid auf Glykokoll in alkalischer Lösung hergestellt hat, noch bevor das Benzolsulfoglycin bekannt war[2]). Der Vollständigkeit halber bemerken wir, daß die Verbindung sich leicht und mit guter Ausbeute durch Schütteln von Glykokoll, p-Toluolsulfochlorid und der entsprechenden Menge 2 n-Natronlauge bei 67—70° herstellen läßt. Beim Ansäuern fällt sie sofort aus der alkalischen Lösung krystallinisch aus. Sie bildet feine Nädelchen, schmilzt nach sehr geringem Sintern bei 149—150° (korr.) zu einer klaren Flüssigkeit, ist in Alkohol und Aceton leicht, in kaltem Wasser recht schwer, in heißem ziemlich leicht löslich.

0,1787 g gaben 0,3105 CO_2 und 0,0786 H_2O. — 0,1708 gaben 8,8 ccm Stickgas (KOH 33 Proz.) bei 18° und 762 mm Druck.

Ber. für $C_9H_{11}O_4NS$ (229,17). C 47,13, H 4,84, N 6,11.
Gef. ,, 47,39, ,, 4,92, ,, 5,98.

p - Toluolsulfosarkosin. 38 g Toluolsulfoglycin wurden in 200 ccm 3 n-Natronlauge gelöst und mit 28 g Jodmethyl in einer ver-

---

[1]) Berichte d. D. Chem. Gesellsch. **16**, 560 [1883].
[2]) Vgl. Berichte d. D. Chem. Gesellsch. **37**, 4101 [1904].

schlossenen Flasche in einem Bade von 67° geschüttelt, bis nach etwa 10 Minuten klare Lösung entstanden war, und dann noch 50 Minuten bei derselben Temperatur gehalten. Beim Ansäuern der abgekühlten Flüssigkeit fiel zunächst ein Öl, das aber beim Abkühlen in Eis bald krystallinisch erstarrte. Das Produkt wurde zunächst mit Kaliumbicarbonat aufgenommen, durch Salzsäure wieder gefällt und schließlich aus etwa 1 Liter kochendem Wasser umkrystallisiert. Ausbeute 38 g. Zur Analyse war nochmals aus Acetonlösung mit Petroläther gefällt und bei 10 mm Druck und 77° über Phosphorpentoxyd getrocknet.

0,1303 g gaben 0,2360 CO_2 und 0,0627 H_2O. — 0,1808 g gaben 8,8 ccm Stickgas (KOH 33 Proz.) bei 16,5° und 760 mm Druck.

Ber. für $C_{10}H_{13}O_4NS$ (243,18). C 49,35, H 5,39, N 5,76.

Gef. ,, 49,40, ,, 5,38, ,, 5,69.

Es krystallisiert in länglichen Platten, schmilzt bei 150—152° (korr.) nach geringem Sintern und ist sehr leicht löslich in Aceton, leicht in Alkohol, ziemlich schwer in heißem Benzol, sehr schwer in Petroläther.

Zur Verwandlung in Sarkosin wurden 10 g der Toluolsulfoverbindung mit 40 ccm Salzsäure (D 1,19) 22 Stunden im geschlossenen Rohr auf 100° erhitzt. Aus der erkalteten Flüssigkeit fiel die in starker Salzsäure schwer lösliche p-Toluolsulfosäure in großen Blättern aus. Dadurch wird die Isolierung des salzsauren Sarkosins sehr erleichtert. Es genügt auf 0° abzukühlen, durch säurefestes Pulvergewebe zu filtrieren, die salzsaure Lösung zu verdampfen, den krystallinischen Rückstand mit 20 ccm Alkohol zu verreiben, Äther hinzuzufügen und die Krystallmasse abzusaugen. Die Krystalle schmolzen wie Sarkosinhydrochlorid bei 171—174° (korr.) und die Ausbeute betrug 4,7 g oder 91 Proz. d. Th. Zur Analyse war das Salz nochmals aus heißem Alkohol unter Zusatz von Äther umkrystallisiert und bei 60° und 9 mm über Phosphorpentoxyd getrocknet.

0,1967 g gaben 0,2068 CO_2 und 0,1108 H_2O. — 0,1886 g gaben 0,2155 AgCl.

Ber. für $C_3H_7O_2N$ HCl (125,53). C 28,68, H 6,42, N 28,25.

Gef. ,, 28,67, ,, 6,30, ,, 28,27.

In lockerem Zusammenhang mit obigen Resultaten stehen folgende Beobachtungen über die Einwirkung von Trimethylenchlorbromid auf Malonester. Wie Willstätter[1]) gezeigt hat, bildet sich durch Kombination von Trimethylenbromid mit Malonester der δ-Brompropylmalonester in einer Ausbeute von etwa 28 Proz. und H. Leuchs[2]) erhielt später durch Vermehrung des Malonesters 38 Proz. Glatter verläuft dieselbe Reaktion bei Anwendung von Trimethylenchlorbromid. Als Neben-

[1]) Liebigs Ann. d. Chem. 326, 91 [1902].
[2]) Berichte d. D. Chem. Gesellsch. 44, 1508 [1911].

produkt erhält man den Bis-(δ-chlorpropyl-)malonester (Cl · CH$_2$ · CH$_2$ · CH$_2$)$_2$: C : (COOC$_2$H$_5$)$_2$. Durch Variation der Bedingungen läßt sich die Ausbeute an dem einen oder dem anderen Produkt erheblich beeinflussen.

Eine beachtenswerte Veränderung erleidet der Bis-(δ-chlorpropyl-)malonester bei der Behandlung mit methylalkoholischem Ammoniak. Er liefert dabei in ziemlich erheblicher Menge einen indifferenten Körper C$_9$H$_{14}$O$_2$N$_2$, von dem wir annehmen, daß er ein Spiran von folgender Struktur ist

$$\begin{array}{c} CH_2 \cdot CH_2 \cdot CH_2{-}C{-}CH_2 \cdot CH_2 \cdot CH_2 \\ \diagdown NH{-}CO \diagup \diagdown CO{-}NH \end{array}$$

Dieses Bis-α-piperidon-β, β-spiran würde in naher Beziehung stehen zu den von H. Leuchs und E. Gieseler[1]) beschriebenen δ-Oxy-α-piperidon-β, β-spiranen, die als Hydroxyderivate unseres Körpers erscheinen.

δ - Chlorpropylmalonester,
Cl · CH$_2$ · CH$_2$ · CH$_2$ · CH(COOC$_2$H$_5$)$_2$.

Handelt es sich nur um die Gewinnung dieses Körpers, so ist es ratsam, entsprechend dem Verfahren von Leuchs einen Überschuß von Malonester zu verwenden.

14,6 g Natrium werden in 250 ccm absolutem Alkohol gelöst und nach dem Erkalten mit einem Gemisch von 100 g Trimethylenchlorbromid, 200 g Malonsäureäthylester und 150 ccm trocknem Äther versetzt, wobei Gelbfärbung eintritt. Nach kurzer Zeit beginnt die Abscheidung von Natriumsalz. Das Gemisch bleibt 2 Tage bei gewöhnlicher Temperatur stehen, bis die alkalische Reaktion verschwunden ist. Jetzt wird in viel Wasser, dem wenig Salzsäure zugesetzt ist, eingegossen, das ausgeschiedene Öl mit Äther aufgenommen, die abgehobene ätherische Schicht nochmals mit Wasser gewaschen, mit Natriumsulfat getrocknet und unter vermindertem Druck fraktioniert, genau wie Willstätter für die Darstellung des δ-Brompropylmalonesters angibt. Unter 12 mm Druck ging der größte Teil des unveränderten Malonesters gegen 100° über, bei 125° wurde die Vorlage gewechselt und bis 165° aufgefangen. Destillat 130 g, Rückstand nur einige Gramm. Der größte Teil des Destillates kochte bei 146—147°. Bei nochmaliger Fraktionierung unter 9—10 mm gingen von 141—149° 118 g oder 78,5 Proz. d. Th. über und davon der allergrößte Teil bei 144—145° (unkorr.). Eine solche Fraktion, die unter 17 mm bei 154—155° (korr.) konstant kochte, gab bei der Analyse folgende Zahlen:

---

[1]) Berichte d. D. Chem. Gesellsch. **45**, 2114 [1912].

0,1755 g gaben 0,3254 CO_2 und 0,1135 H_2O. — 0,2793 g gaben 0,1664 AgCl.

Ber. für $C_{10}H_{17}O_4Cl$ (236,60). C 50,72, H 7,24, Cl 14,99.

Gef. „ 50,57, „ 7,24, „ 14,74.

Der Ester bildet ein farbloses, in Wasser fast unlösliches und darin untersinkendes Öl von wenig charakteristischem Geruch. Ähnlich der von Willstätter untersuchten Bromverbindung nimmt der δ-Chlorpropylmalonester leicht Brom auf und verwandelt sich in den

δ - Chlorpropyl-brommalonester,

$Cl \cdot CH_2 \cdot CH_2 \cdot CH_2 \cdot CBr(COOC_2H_5)_2$.

Zu einer Mischung von 35 g δ-Chlorpropylmalonester und 40 ccm trocknem Chloroform läßt man im Verlauf einer Viertelstunde 8 ccm Brom (wenig mehr als 1 Mol.) zutropfen. Anfangs verschwindet das Brom sofort, später bleibt seine Farbe und es entwickelt sich viel Bromwasserstoff. Nach 24 stündigem Stehen wird die Flüssigkeit mit Wasser geschüttelt, das Öl in Äther aufgenommen, nochmals mit Wasser, dann mit stark verdünnter Natriumcarbonatlösung bis zur Entfärbung geschüttelt, die ätherische Schicht nochmals mit Wasser gewaschen, schließlich mit Natriumsulfat getrocknet und unter vermindertem Druck fraktioniert. Nach Entfernung von Äther und Chloroform stieg unter 12 mm Druck der Siedepunkt sofort über 163°. Bei 166—168° gingen 42,6 g (91 Proz. d. Th.) eines farblosen Öles über.

0,1674 g gaben 0,2320 CO_2 und 0,0766 H_2O. — 0,2048 g gaben 0,2145 Halogensilber.

Ber. für $C_{10}H_{16}O_4ClBr$ (315,51). C 38,03, H 5,11, Cl + Br 36,57.

Gef. „ 37,80, „ 5,12, „ 36,49.

Unter 17 mm Druck lag der Siedepunkt bei 175—176° (korr.).

Bis-methylamid der δ - Chlorpropylmalonsäure,

$Cl \cdot CH_2 \cdot CH_2 \cdot CH_2 \cdot CH(CO \cdot NH \cdot CH_3)_2$.

Schüttelt man 3 g δ-Chlorpropylmalonester mit 9 g einer wäßrigen 33 prozentigen Methylaminlösung bei gewöhnlicher Temperatur, so erfolgt im Lauf von 1—1½ Stunden klare Lösung und nach kurzer Zeit scheidet die Flüssigkeit einen dicken Brei von farblosen Nadeln ab. Sie wurden nach einiger Zeit abgesaugt, ausgepreßt und auf Ton getrocknet. Ausbeute 1,7 g oder 65 Proz. der Theorie. Sie lassen sich aus heißem Wasser oder Essigester leicht umkrystallisieren oder aus Chloroform durch Äther krystallinisch abscheiden. Für die Analyse wurde die mehrmals umgelöste Substanz schließlich bei 15 mm und 100° über Phosphorpentoxyd getrocknet.

0,1524 g gaben 0,2595 CO_2 und 0,0988 H_2O. — 0,1529 g gaben 18,5 ccm Stickgas (KOH 33 Proz.) bei 24° und 759 mm Druck.

Ber. für $C_8H_{15}O_2N_2Cl$ (206,6). C 46,47, H 7,32, N 13,56.

Gef. ,, 46,44, ,, 7,25, ,, 13,63.

Das Amid schmilzt im Capillarrohr nach vorheriger leichter Färbung bei 158—162° (korr.) zu einer schwach gelbbraunen Flüssigkeit. Es löst sich leicht in heißem Wasser und krystallisiert daraus beim Abkühlen in feinen Blättchen oder Nadeln. Es ist ziemlich leicht löslich in Aceton, Chloroform und warmem Essigester, recht schwer in Äther und unlöslich in Petroläther. Beim Erhitzen mit überschüssiger Methylaminlösung auf 100° spaltet es das Chlor ab. Das Produkt ist noch nicht untersucht.

Bis-(δ-chlorpropyl-)malonester,
$$(Cl \cdot CH_2 \cdot CH_2 \cdot CH_2)_2C(COOC_2H_5)_2.$$

Er entsteht als Nebenprodukt bei der Darstellung des Monochlorpropylmalonesters, wenn man für dessen Bereitung gleiche Moleküle Malonester und Trimethylenchlorbromid verwendet. Er findet sich dann in den höheren Fraktionen und läßt sich durch seine Neigung zur Krystallisation verhältnismäßig leicht isolieren. Viel besser wird die Ausbeute, wenn man die doppelte Menge Trimethylenchlorbromid anwendet. Dem entspricht folgende Vorschrift:

Zu der erkalteten Lösung von 6,4 g Natrium in 100 ccm absolutem Alkohol gibt man ein Gemisch von 44 g Trimethylenchlorbromid, 45 g Malonester und 50 ccm trocknem Äther. Nach etwa 10 Minuten beginnt die Abscheidung von Natriumsalz. Man läßt 48 Stunden stehen, fügt wieder 44 g Trimethylenchlorbromid und dann eine Lösung von 6,4 g Natrium in 100 ccm Alkohol zu. Nach weiterem dreitägigen Stehen bei gewöhnlicher Temperatur verdünnt man die noch schwach alkalisch reagierende Flüssigkeit mit Wasser, übersättigt mit wenig Salzsäure und nimmt das ausgeschiedene, schwach gelbe Öl mit Äther auf. Die ätherische Lösung wird mehrmals mit Wasser gewaschen, dann mit Natriumsulfat getrocknet und unter geringem Druck fraktioniert. Bei 12 mm wurde nach einem kleinen Vorlauf (18 g) eine zwischen 170° und 200° siedende Hauptfraktion (61 g) erhalten. Der Rückstand war sehr gering. Die Hauptfraktion erstarrte nach einigem Stehen krystallinisch. Sie wurde in 60 ccm warmem Petroläther gelöst, auf 0° abgekühlt und 1—2 Stunden bei dieser Temperatur aufbewahrt. Die Menge der farblosen Krystalle betrug 54 g oder 62 Proz. d. Th.

Zur Analyse wurde noch zweimal aus warmem Petroläther umkrystallisiert und im Vakuumexsiccator getrocknet.

0,2939 g gaben 0,5358 CO$_2$ und 0,1844 H$_2$O. — 0,1651 g gaben 0,1515 AgCl.

Ber. für C$_{13}$H$_{22}$O$_4$Cl$_2$ (313,10). C 49,82, H 7,08, Cl 22,65.

Gef. ,, 49,72, ,, 7,02, ,, 22,69.

Der Ester schmilzt bei 51—52° und siedet unter 14 mm bei 195 bis 197° (korr.). Er krystallisiert aus Petroläther vielfach in 4—6seitigen schiefen Tafeln oder auch in großen flächenreichen Formen. Auch aus wenig warmem Alkohol läßt er sich umkrystallisieren. In Wasser ist er fast unlöslich, auch von kalten Alkalien wird er nicht aufgenommen. Beim kurzen Kochen mit wäßrigem Ammoniak wird kein Chlor abgespalten.

Bis- α -piperidon- β, β-spiran,

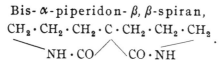

$$CH_2 \cdot CH_2 \cdot CH_2 \cdot C \cdot CH_2 \cdot CH_2 \cdot CH_2$$
$$NH \cdot CO \qquad CO \cdot NH$$

10 g Bis-(δ-chlorpropyl-)malonester wurden mit 20 ccm methylalkoholischem Ammoniak, das bei 0° gesättigt war, im geschlossenen Rohr 6 Stunden auf 100° erhitzt, die ausgeschiedene Krystallmasse nach dem Erkalten abgesaugt, mit Methylalkohol gewaschen und aus kochendem Wasser umkrystallisiert. Mikroskopische farblose, kurze Prismen. Ausbeute 1,32 g oder 23 Proz. d. Th. Aus der wäßrigen Mutterlauge wurden nach dem Einengen noch 0,6 g eines etwas unreineren Präparates erhalten. Die anderen Produkte der Reaktion haben wir nicht untersucht.

Für die Analyse war unter 10 mm bei 77° über Phosphorpentoxyd getrocknet.

0,1221 g gaben 0,2652 CO$_2$ und 0,0869 H$_2$O. — 0,1018 g Sbst.: 12,9 ccm Stickgas (KOH 33 Proz.) bei 15° und 772 mm Druck.

Ber. für C$_9$H$_{14}$O$_2$N$_2$ (182,13). C 59,30, H 7,75, N 15,38.

Gef. ,, 59,24, ,, 7,96, ,, 15,10.

Die Substanz hat keinen scharfen Schmelzpunkt. Im Capillarrohr beginnt sie gegen 300° sich zu färben und schmilzt beim raschen Weitererhitzen gegen 330° (korr.) unter starker Braunfärbung und Gasentwicklung. Sie ist in heißem Wasser ziemlich leicht löslich und reagiert auf Lackmus neutral. Schwerer löst sie sich in Methyl- und Äthylalkohol, sehr schwer in Aceton, Benzol und Äther.

**21. Emil Fischer und Werner Lipschitz: Optisch-aktive
N-Monomethyl-Derivate von Alanin, Leucin, Phenyl-alanin und Tyrosin.**

Berichte der Deutschen Chemischen Gesellschaft 48, 360 [1915].

(Eingegangen am 19. Februar 1915.)

Wie E. Fischer und M. Bergmann[1]) gezeigt haben, ist das von
O. Hinsberg für die Benzolsulfamide empfohlene Methylierungsverfahren sehr geeignet, die Monomethylderivate der Aminosäuren darzustellen. Ihre Versuche beschränkten sich aber auf das Sarkosin und
die Methylderivate der δ-Amino-valeriansäure und des racemischen
Ornithins.

Monomethylderivate der anderen physiologisch wichtigen α-Aminosäuren (Alanin, Leucin, Valin, Phenyl-alanin, Tyrosin) sind bereits
durch Einwirkung von Methylamin auf die entsprechenden Bromsäuren
hergestellt worden, aber nur in der racemischen Form [2—7]). Die entsprechenden optisch-aktiven Säuren kennt man bisher nicht, und ihre
Gewinnung nach dem letzten Verfahren dürfte auf Schwierigkeiten
stoßen, weil ·die optisch-aktiven Bromsäuren im reinen Zustande nicht
leicht zu bereiten sind, und weil die Wechselwirkung mit dem Methylamin unter teilweiser Racemisation und auch mit Waldenscher Umkehrung vor sich gehen kann.

Da aber gerade diese optisch-aktiven Formen die biologisch inter-
essanten sind, so haben wir es für nützlich gehalten, das von Fischer
und Bergmann benutzte Methylierungsverfahren auf die optisch-
aktiven Aminosäuren zu übertragen. Es ist uns so ohne Schwierigkeiten
gelungen, die N - Monomethylderivate des d - Alanins, l - Leucins und der beiden optisch-aktiven Phenyl-alanine in scheinbar

---

[1]) Liebigs Ann. d. Chem. **398**, 96 [1913]. (S. *184*.)

[2]) Lindenberg, Journ. f. prakt. Chem. [2] **12**, 244 [1875].

[3]) Duvillier, Annal. de Chim. et de Physique [5] **20**, 188.

[4]) E. Friedmann, Beitr. z. Chem. Physiol. u. Pathol. **11**, 158, 177 [1908].

[5]) E. Gansser, Zeitschr. f. physiol. Chem. **61**, 16 [1909]; siehe dort auch die
frühere Literatur.

[6]) E. Friedmann und S. Gutmann, Biochem. Zeitschr. **27**, 491 [1910].

[7]) Johnson und Nicolet, Americ. Chemic. Journ. **47**, 459 [1912].

ziemlich reinem optischen Zustand zu gewinnen. Statt der Benzolsulfo-
verbindungen verwandten wir ebenso wie Fischer und Bergmann
die p-Toluolsulfoderivate.

Etwas komplizierter war die Aufgabe beim Tyrosin, weil hier
nicht nur die Aminogruppe, sondern auch die Phenolgruppe bei der
Einwirkung von Toluolsulfochlorid auf die alkalische Lösung reagiert
und als Endprodukt die Ditoluolsulfoverbindung entsteht, wie es schon
vor langer Zeit von E. Fischer und Bergell für die Naphthalinsulfo-
verbindung beobachtet worden ist[1]). Dieses Di-[toluolsulfo-]tyrosin[2])
nimmt zwar leicht am Stickstoff ein Methyl auf, aber die nachträgliche
Abspaltung der beiden Toluolsulforeste ist wegen seiner geringen Löslichkeit sehr unbequem. Wir haben deswegen folgenden kleinen Umweg eingeschlagen: Der Tyrosin-äthylester wird beim Zusammentreffen
mit p-Toluolsulfochlorid in das Monotoluolsulfoderivat verwandelt, das
die Acylgruppe am Stickstoff enthält. Wird die aus dem Ester leicht
erhältliche freie Säure in alkalischer Lösung mit einem Überschuß von
Jodmethyl behandelt, so werden zwei Methylgruppen fixiert, die eine
am Stickstoff und die andere am Sauerstoff der Phenolgruppe. Das
Produkt hat also die Struktur:

$$CH_3O \cdot C_6H_4 \cdot CH_2 \cdot CH(COOH) \cdot N(CH_3) \cdot SO_2 \cdot C_7H_7.$$

Dieser Körper läßt sich nun leicht in N-Methyl-tyrosin verwandeln durch Behandlung mit rauchender Jodwasserstoffsäure und Jodphosphonium. Dadurch wird die Toluolsulfogruppe reduziert, wie es
allgemein für die Arylsulfamide kürzlich gezeigt wurde[3]). Es entsteht
p-Tolylmercaptan. Gleichzeitig wird das an den Phenolsauerstoff gebundene Methyl als Jodmethyl abgelöst und beide Reaktionen erfolgen so leicht und rasch, daß Racemisierung der Aminosäure vermieden wird.

Ausgehend von dem natürlichen l-Tyrosin, dessen salzsaure Lösung linksdrehend ist, haben wir auf diese Weise ein optisch-aktives
N - Methyl-tyrosin erhalten, das zwar in salzsaurer Lösung nach
rechts dreht, aber zweifellos die gleiche Konfiguration wie das Ausgangsmaterial besitzt. Denn es ist nicht anzunehmen, daß bei der Methylierung, die ja ohne Substitution am asymmetrischen Kohlenstoffatom
erfolgt, eine Umkehrung der Konfiguration eintritt.

Wir bezeichnen deshalb das künstliche Methylderivat als l-N-Me-
thyl-tyrosin. Unser synthetisches Produkt ist nun identisch mit dem
natürlichen Ratanhin (Surinamin), das schon von G. Gold-

[1]) Berichte d. D. Chem. Gesellsch. 36, 2592ff. [1903]. (*Proteine I*, S. 572.)

[2]) Berichte d. D. Chem. Gesellsch. 48, 98 [1915]. (*S. 228.*)

[3]) E. Fischer, Berichte d. D. Chem. Gesellsch. 48, 93 [1915]. (*S. 224.*)

s chmiedt[1]) als Methyl-tyrosin erkannt wurde, über dessen Beziehung zum natürlichen *l*-Tyrosin man bisher aber im ungewissen war.

Durch die neue Darstellungsweise, die zugleich eine totale Synthese bedeutet, wird das natürliche Ratanhin ein ziemlich leicht zugänglicher Stoff. Denn *l*-Tyrosin kann ohne Mühe aus Seidenabfällen bereitet werden, und die oben geschilderten Operationen, die von ihm zum Ratanhin führen, erscheinen in der Beschreibung komplizierter, als sie in Wirklichkeit sind. Es ist jetzt auch kaum mehr zu bezweifeln, daß das zuerst von E. Friedmann und S. Gutmann[2]) synthetisch hergestellte und später von Johnson und Nicolet[3]) nach einer anderen Methode bereitete inaktive N-Methyl-tyrosin die racemische Form des Ratanhins (Surinamins) ist, daß somit die zuerst von Friedmann und Gutmann ausgesprochene Vermutung dieses Zusammenhangs das Richtige getroffen hat.

p-Toluolsulfo-*d*-alanin, $CH_3 \cdot CH(NH \cdot SO_2 \cdot C_7H_7) \cdot COOH$.

18 g *d*-Alanin wurden in 110 ccm 2 *n*-Natronlauge (etwas mehr als 1 Mol.) gelöst und mit einer Lösung von 76 g Toluolsulfochlorid (2 Mol.) in 200 ccm Äther in verschlossener Flasche bei Zimmertemperatur auf der Maschine geschüttelt. In Abständen von 1 Stde. wurden dreimal je 100 ccm derselben Natronlauge zugefügt. Nach 4-stündigem Schütteln wurde die ätherische Lösung abgetrennt, die gelbe, wäßrige Lösung filtriert und mit 5 *n*-Salzsäure übersättigt, wobei ein dickes Öl ausfiel. Nach Impfen trat Krystallisation ein. Um Impfkrystalle zu erhalten, werden einige Tropfen der Lösung ausgeäthert, der Äther verdampft und das zurückbleibende Öl durch längeres Reiben zum Erstarren gebracht. — Nach 15-stündigem Stehen im Eisschrank wurde der aus zarten, farblosen Nadeln bestehende Krystallbrei abgesaugt. Zur Reinigung genügte einmaliges Umkrystallisieren aus der 13-fachen Menge heißen Wassers. Beim Abkühlen fällt zuerst ein Öl, das aber beim Impfen rasch krystallisiert. Ausbeute an reiner, trockner Substanz: 33 g = 67% der Theorie.

0,1175 g Sbst. (im Vakuumexsiccator über Schwefelsäure getrocknet): 0,2128 g CO_2, 0,0536 g H_2O. — 0,1974 g Sbst.: 10,2 ccm N (18°, 765 mm).
$C_{10}H_{13}O_4NS$ (243,18). Ber. C 49,35, H 5,39, N 5,76.
Gef. ,, 49,39, ,, 5,10, ,, 6,03.

Zur optischen Bestimmung diente die Lösung in absolutem Alkohol:

$$[\alpha]_D^{20} = \frac{-0,34° \times 5,6385}{2 \times 0,802 \times 0,1755} = -6,81°.$$

[1]) Monatsh. f. Chem. **33**, 1379 [1912]; **34**, 659 [1913].
[2]) Biochem. Zeitschr. **27**, 491 [1910].
[3]) Americ. Chemic. Journ. **47**, 459 [1912.]

Zwei andere Bestimmungen unter ganz ähnlichen Bedingungen ergaben:

$$[\alpha]_D^{20} = -6{,}66° \quad \text{und} \quad [\alpha]_D^{18} = -6{,}67°.$$

Die Substanz sintert gegen 130° und schmilzt bei 134—135° (korr.). Sie ist in Äthyl- und Methylalkohol, Äther und Essigester sehr leicht löslich, löst sich auch in heißem Wasser und Benzol. Sie bildet mit Chinin und Brucin hübsch krystallisierte Salze.

Um die optische Reinheit obiger Säure zu prüfen, wurde ihr Chininsalz dreimal aus Wasser umkrystallisiert und dann die Säure in der üblichen Weise regeneriert. Die spez. Drehung in alkoholischer Lösung war dann etwas gestiegen: $[\alpha]_D^{20} = -7{,}26°$.

Als unsere Versuche schon beendigt waren, erschien eine Notiz von Gibson[1]) über die Spaltung des Toluolsulfo-d,l-alanins durch Brucin. Das von ihm isolierte Toluolsulfo-alanin zeigte $[\alpha]_D^{25} = -7{,}6°$, also eine nur wenig höhere Drehung als unser aus dem Chininsalz isoliertes Präparat. Wir zweifeln nicht daran, daß es sich um dieselbe Substanz handelt.

Hr. Gibson bezeichnet die Verbindung als Toluolsulfo-l-alanin, offenbar wegen der Linksdrehung. Diese Bezeichnung ist aber irreführend, da nach unseren Versuchen die Substanz ein Derivat des d-Alanins ist.

Hydrolyse. Sie erfordert längeres Erhitzen mit starker Salzsäure auf 100°. Dabei findet aber keine wesentliche Racemisierung des regenerierten d-Alanins statt, wie folgender Versuch zeigt:

0,5 g wurden mit 4 ccm Salzsäure (D 1,19) im geschlossenen Rohr 8 Stdn. auf 100° erhitzt. Beim Erkalten schied sich die in starker Salzsäure schwer lösliche Toluolsulfosäure in blätterigen Krystallen ab, und die filtrierte Flüssigkeit gab beim Abdampfen unter stark vermindertem Druck das krystallisierte d-Alanin-chlorhydrat. Nach einmaligem Umkrystallisieren aus Alkohol mit Äther gab es $[\alpha]_D = +9{,}5°$. Bei einem zweiten Versuch wurde gefunden: $[\alpha]_D^{20} = +9{,}7°$.

Toluolsulfo-d-N-methyl-alanin,

$$CH_3 \cdot CH[N(CH_3) \cdot SO_2 \cdot C_7H_7] \cdot COOH.$$

15 g Toluolsulfo-d-alanin wurden in einer Druckflasche in 125 ccm 2 n-Natronlauge (4 Mol.) gelöst und mit 18 g Jodmethyl (über 2 Mol.) bei 65—68° bis zur völligen Lösung etwa 20 Min. stark geschüttelt. Die Flüssigkeit blieb noch 20 Min. bei gleicher Temperatur, wurde dann abgekühlt und mit 5 n-Salzsäure übersättigt. Das ausfallende Öl erstarrte beim Reiben sehr schnell krystallinisch. Zur Reinigung wurde

---

[1]) Proceedings of the Chemic. Soc. **30**, 424, 32, Febr. 1914.

es mit einer Lösung von Kaliumbicarbonat aufgenommen und wieder mit Salzsäure ausgefällt. Ausbeute etwa 13 g. Schließlich wurde es zweimal aus der 70fachen Menge siedenden Wassers umgelöst, aus dem es in Nadeln oder dicken Prismen krystallisiert. Zur Analyse wurde im Vakuum über Phosphorpentoxyd bei 56° getrocknet, wobei aber kaum Gewichtsverlust eintrat.

0,1484 g Sbst.: 0,2780 g CO_2, 0,0819 g H_2O. — 0,1620 g Sbst.: 7,4 ccm N (19°, 763 mm).

$C_{11}H_{15}O_4NS$ (257,2).   Ber. C 51,32, H 5,88, N 5,45.

Gef. ,, 51,09, ,, 6,18, ,, 5,29.

Für die optische Bestimmung diente die Lösung in absolutem Alkohol.

$$[\alpha]_D^{20} = \frac{-0,53° \times 2,5370}{1 \times 0,827 \times 0,2466} = -6,59°$$

$$[\alpha]_D^{20} = \frac{-0,58° \times 1,9758}{1 \times 0,8385 \times 0,2049} = -6,67°.$$

Es ist zweifelhaft, ob diese Zahlen die Höchstdrehung darstellen, da bei der Methylierung eine teilweise Racemisierung eintreten kann und wir eine Reinigung der Substanz mit optisch-aktiven Basen nicht vorgenommen haben.

Die Substanz sintert gegen 117° und schmilzt bei 121,5—122,5° (korr.) zu einer farblosen Flüssigkeit; sie ist sehr leicht löslich in Alkohol, Äther, Essigester, leicht in warmem Benzol, aus dem sie beim Abkühlen in sechseckigen Formen sich abscheidet. Sie bildet mit Chinin und Cinchonin krystallisierende Salze.

d - N - Methyl-alanin, $CH_3 \cdot CH(NH \cdot CH_3) \cdot COOH$.

20 g Toluolsulfo-d-methylalanin werden mit 76 ccm Salzsäure (D 1,19) im geschlossenen Rohr 8 Stdn. auf 100° erhitzt, dann die klare, schwach gelbe Flüssigkeit auf 0° abgekühlt, die auskrystallisierte Toluolsulfosäure nach einiger Zeit durch Pulvergewebe abfiltriert und mit wenig eiskalter Salzsäure nachgewaschen. Beim Verdampfen des Filtrats unter stark vermindertem Druck bleibt das Hydrochlorid des d-Methyl-alanins als bräunlicher Sirup zurück, der ziemlich schwer krystallisiert. Um die ersten Krystalle zu erhalten, wurde eine Probe des Sirups erst im Vakuumexsiccator über Natronkalk getrocknet, dann mit sehr wenig konzentrierter Salzsäure und etwas Alkohol angerieben und wieder aufbewahrt, wobei nach einigen Stunden Krystallisation erfolgte. Durch Impfen ließ sich dann der gesamte Sirup leicht krystallinisch erhalten. Die langen, fächer- oder rosettenförmig angeordneten Nadeln waren zunächst noch bräunlich gefärbt; sie wurden in etwa 40 ccm Al-

kohol durch Schütteln gelöst und durch allmählichen Zusatz von absolutem Äther, Impfen und Reiben zur Krystallisation gebracht. Die Ausbeute ist sehr gut. Für Analyse und optische Bestimmung wurde noch zweimal in derselben Weise unter Zusatz von sehr wenig alkoholischer Salzsäure umkrystallisiert und schließlich bei 15—20 mm über Phosphorpentoxyd bei 77° getrocknet.

0,1728 g Sbst.: 0,2197 g CO_2, 0,1106 g H_2O. — 0,1476 g Sbst.: 12,8 ccm N (21°, 757 mm). — 0,1358 g Sbst.: 0,1398 g AgCl.

$C_4H_{10}O_2NCl$ (139,55). Ber. C 34,40, H 7,22, N 10,04, Cl 25,41.

Gef. „ 34,68, „ 7,16, „ 9,89, „ 25,47.

$$[\alpha]_D^{20} = \frac{+ 0,54° \times 1,3138}{1 \times 1,0211 \times 0,1211} = + 5,74° \text{ (in Wasser).}$$

$$[\alpha]_D^{21} = \frac{+ 0,35° \times 2,1395}{1 \times 1,015 \times 0,1279} = + 5,77° \text{ (,, \quad ,,)}.$$

Das Salz begann bei 158° zu sintern und schmolz gegen 165,5 bis 166° (korr.) zu einer farblosen Flüssigkeit. Es ist stark hygroskopisch und zerfließt an der Luft. Mit Wismutjodkalium gibt es auch in ziemlich konzentrierter Lösung keine Fällung.

Die Umwandlung des Hydrochlorids in die freie Aminosäure in der üblichen Weise durch Kochen der wäßrigen Lösung mit Bleioxyd gelingt leicht. Beim Verdampfen des entbleiten Filtrats unter vermindertem Druck bleibt die Aminosäure in farblosen Nadeln zurück. Sie wird aus heißem Alkohol umkrystallisiert. Der größte Teil fällt beim Erkalten in zarten, zu Büscheln vereinigten Nadeln, den Rest gewinnt man aus dem Filtrat durch Einengen oder Fällung mit Äther. Die Ausbeute beträgt mehr als 75% der Theorie. Das Präparat enthält 1 Mol. Wasser, das bei 15 mm über Phosphorpentoxyd bei 77° schnell entweicht.

Es verdient übrigens bemerkt zu werden, daß es beim Trocknen an der Luft schwer ist, ein ganz konstantes Gewicht zu erreichen.

0,0524 g lufttr. Sbst. verloren 0,0075 g H_2O (bei 77° getr.). — 0,1730 g lufttr. Sbst. verloren 0,0252 g H_2O (8 Stdn. bei 100° getr.). — 0,1495 g Sbst.: 0,2547 g CO_2, 0,1188 g H_2O. — 0,1740 g Sbst.: 20,8 ccm N (23°, 759 mm).

$C_4H_9O_2N + 1 H_2O$ (121,10). Ber. H_2O 14,88. Gef. H_2O 14,31, 14,57.

$C_4H_9O_2N$ (103,08). Ber. C 46,56, H 8,80, N 13,59.

Gef. „ 46,46, „ 8,89, „ 13,53.

$$[\alpha]_D^{20} = \frac{+ 0,54° \times 1,4234}{1 \times 1,020 \times 0,1400} = + 5,38° \text{ (in Wasser).}$$

$$[\alpha]_D^{20} = \frac{+ 0,57° \times 1,3271}{1 \times 1,021 \times 0,1326} = + 5,59° \text{ (,, \quad ,,)}.$$

Das trockne d-N-Methyl-alanin schmilzt bei raschem Erhitzen im Capillarrohr gegen 300° (korr.) unter teilweiser Zersetzung. Es sublimiert auch zum Teil. Es schmeckt noch etwas süß, aber weit schwächer als Alanin. Es löst sich sehr leicht in Wasser, auch leicht in heißem Äthyl- und Methylalkohol, dagegen schwer in Essigäther, Aceton und fast gar nicht in Äther und Benzol.

Kupfersalz. Es wurde in der üblichen Weise durch halbstündiges Kochen der wäßrigen Lösung mit überschüssigem, frisch gefälltem Kupferhydroxyd bereitet. Aus der tiefblauen Lösung schied sich das Salz beim Verdunsten im Vakuumexsiccator in schönen, blauen, rhombenähnlichen Tafeln oder flächenreicheren Formen ab. Das lufttrockne Salz enthält gerade so wie der Racemkörper[1]) 2 Mol. Wasser, die bei 15 mm und 100° entweichen.

0,1000 g lufttr. Sbst. verlor 0,0115 g H_2O. — 0,1389 g lufttr. Sbst. verlor 0,0165 g H_2O. — 0,0864 g wasserfreie Sbst.: 0,0254 g CuO.

$C_8H_{16}O_4N_2Cu + 2 H_2O$ (303,75). Ber. H_2O 11,86. Gef. H_2O 11,5, 11,88.

$C_8H_{16}O_4N_2Cu$ (267,72). Ber. Cu 23,75. Gef. Cu 23,49.

p-Toluolsulfo-l-leucin, $(CH_3)_2CH \cdot CH_2 \cdot CH(NH \cdot SO_2 \cdot C_7H_7) \cdot COOH$.

An Stelle des reinen l-Leucins wird zweckmäßig seine viel leichter zugängliche Formylverbindung als Ausgangsmaterial benutzt.

30 g Formyl-l-leucin ($[\alpha]_D = -18,8°$) wurden mit der 10fachen Menge 10-prozentiger Salzsäure 1½ Stdn. am Rückflußkühler gekocht, die Lösung unter 15—20 mm stark eingedampft, bis das l-Leucin-hydrochlorid krystallisierte. Es wurde in wenig Wasser gelöst, zur völligen Vertreibung von Salzsäure und Ameisensäure nochmals auf dem Wasserbad verdampft und wieder in 75 ccm Wasser gelöst. Beim Neutralisieren mit n-Natronlauge fiel das Leucin teilweise aus. Nachdem es durch weiteren Zusatz von n-Natronlauge, von der im ganzen etwa 450 ccm verbraucht wurden, gerade wieder gelöst war, wurden 72 g Toluolsulfochlorid (2 Mol.) in 375 ccm Äther hinzugefügt und das Gemisch in üblicher Weise unter Zusatz von dreimal je 93 ccm 2 n-Lauge 4 Stdn. auf der Maschine geschüttelt. Nach Abtrennung der ätherischen Schicht wurde filtriert und mit 5 n-Salzsäure übersättigt. Das ausfallende helle Öl krystallisierte bei längerem Stehen und Reiben. Ausbeute 50 g, die aus 1400 ccm eines heißen Gemisches von 80 Vol. Wasser und 20 Vol. Alkohol umkrystallisiert wurden.

0,1580 g Sbst. (im Vakuumexsiccator getrocknet): 0,3165 g CO_2, 0,0987 g H_2O. — 0,1754 g Sbst. (im Vakuumexsiccator getrocknet): 8,0 ccm N (19°, 747 mm).

$C_{13}H_{19}O_4NS$ (285,24).   Ber. C 54,69, H 6,72, N 4,91.
Gef. „ 54,63, „ 6,99, „ 5,17.

---

[1]) Gausser, Zeitschr. f. physiol. Chem. **61**, 30.

$$[\alpha]_D^{18} = \frac{+0.32° \times 1.9502}{1 \times 0.818 \times 0.1733} = \times 4.40 \text{ (alkoholische Lösung)}.$$

$$[\alpha]_D^{20} = \frac{+0.33° \times 1.9313}{1 \times 0.8195 \times 0.1729} = +4.50 (\quad \text{,,} \quad \text{,,} \quad).$$

Die Substanz schmilzt nach vorherigem Sintern bei 124° (korr.). Sie ist sehr leicht löslich in Alkohol, Äther, Aceton, Essigester, Chloroform, leicht löslich in Benzol, ziemlich schwer löslich in heißem Wasser, unlöslich in Petroläther. Aus verdünntem Alkohol krystallisiert sie in Nadeln oder Prismen.

p-Toluolsulfo-l-N-methyl-leucin,

$$(CH_3)_2CH \cdot CH_2 \cdot CH[N(CH_3) \cdot SO_2 \cdot C_7H_7] \cdot COOH.$$

28,5 g Toluolsulfo-l-leucin wurden in 150 ccm 2 n-Natronlauge (3 Mol.) gelöst und mit 28 g Jodmethyl (2 Mol.) 50 Minuten bei 65—68° in verschlossener Druckflasche geschüttelt. Als die gelbe, klare Lösung abgekühlt und mit Salzsäure übersättigt wurde, fiel ein zähes hellgelbes Öl, das nach Eintragen von Krystallen in einigen Stunden ganz erstarrte. Ausbeute fast 30 g.

Zur Gewinnung der Impfkrystalle haben wir den Umweg über das Ammoniumsalz eingeschlagen. Dieses scheidet sich als krystallinischer Niederschlag ab, wenn die ätherische Lösung des Öls mit gasförmigem Ammoniak gesättigt wird. Durch Lösen in Alkohol, Abkühlung und Zusatz von Äther erhält man es in langen, schmalen, farblosen Nadeln von der Zusammensetzung $C_{14}H_{20}O_4NS \cdot NH_4$.

0,1850 g Sbst.: 0,3594 g CO_2, 0,1281 g H_2O. — 0,1658 g Sbst.: 12,0 ccm N (15°, 764 mm).

$C_{14}H_{24}O_4N_2S$ (316,28).   Ber. C 53,12, H 7,65, N 8,86.

Gef. ,, 52,98, ,, 7,75, ,, 8,53.

Das Salz schmilzt unscharf gegen 136° zu einer trüben Flüssigkeit. Es löst sich sehr leicht in Wasser und warmem Alkohol.

Beim Ansäuern der wäßrigen Lösung fällt das Toluolsulfo-l-methylleucin zunächst ölig, erstarrt aber bei längerem Stehen krystallinisch. Zur Reinigung wurde es in der 9-fachen Menge warmem Schwefelkohlenstoff gelöst und unter allmählichem Zusatz von Petroläther und gleichzeitiger starker Kühlung wieder ausgeschieden, wobei es in regelmäßigen, sechseckigen, farblosen Tafeln krystallisierte.

0,1611 g Sbst. (im Vakuumexsiccator getr.): 0,3305 g CO_2, 0,1042 g H_2O. — 0,1580 g Sbst. (im Vakuumexsiccator getr.): 6,4 ccm N (17°, 757 mm).

$C_{14}H_{21}O_4NS$ (299,25).   Ber. C 56,14, H 7,07, N 4,68.

Gef. ,, 55,95, ,, 7,24, ,, 4,69.

$$[\alpha]_D^{18} = \frac{-1,53^\circ \times 1,8476}{1 \times 0,8148 \times 0,1645} = -21,09^\circ \text{ (alkoholische Lösung).}$$

$$[\alpha]_D^{18} = \frac{-1,71^\circ \times 1,7222}{1 \times 0,8172 \times 0,1706} = -21,12^\circ \,(\quad \text{,,} \quad \quad \text{,,} \quad).$$

Die Substanz schmilzt nach vorherigem Sintern bei 91—92°. Sie ist leicht löslich in kaltem Alkohol, Äther, Aceton, Essigester, Chloroform, Benzol, Tetrachlorkohlenstoff, bei Erwärmen löslich in 50 proz. Alkohol, aus dem sie beim Erkalten ölig ausfällt und erst langsam krystallisiert; doch schmelzen die Krystalle in Berührung mit dem Lösungsmittel bereits bei Handwärme. Sie ist ziemlich schwer löslich in heißem Ligroin, aus dem sie bei Erkalten undeutlich krystallisiert.

l - *N* - Methyl-leucin, $(CH_3)_2CH \cdot CH_2 \cdot CH(NH \cdot CH_3) \cdot COOH$.

Die Toluolsulfoverbindung wurde mit der 10-fachen Menge Salzsäure (D 1,19) im geschlossenen Rohr auf 100° erhitzt. Zuerst war es nötig, etwa 1 Stunde zu schütteln, bis völlige Lösung eintrat. Dann wurde das Erhitzen noch 15 Stunden fortgesetzt. Nachdem die Toluolsulfosäure durch Abkühlen in Eis-Kochsalz-Mischung ausgeschieden war, wurde die filtrierte Lösung unter vermindertem Druck zum Sirup verdampft, dieser in kaltem Alkohol gelöst und vorsichtig mit einer 10-proz. wäßrigen Lösung von Lithiumhydroxyd neutralisiert. Dabei fiel die Aminosäure krystallinisch. Ausbeute 64% der Theorie. Zur Reinigung wurde sie in möglichst wenig heißem Wasser gelöst und durch viel Aceton wieder gefällt.

0,1456 g lufttr. Sbst.: 0,3078 g CO_2, 0,1384 g H_2O. — 0,1638 g Sbst.: 0,3487 g CO_2, 0,1540 g H_2O. — 0,1515 g Sbst.: 12,4 ccm N (17,5°, 757 mm).

$C_7H_{15}O_2N$ (145,13).   Ber. C 57,88,   H 10,42,   N 9,41.
                            Gef. ,, 57,66, 58,06, ,, 10,64, 10,52, ,, 9,47.

Für die optische Bestimmung diente die wäßrige Lösung.

$$[\alpha]_D^{19} = \frac{+1,01^\circ \times 6,1956}{2 \times 1,001 \times 0,1529} = +20,44^\circ .$$

Anderes Präparat:

$$[\alpha]_D^{19} = \frac{+0,65^\circ \times 3,1637}{1 \times 1,0024 \times 0,1003} = +20,45^\circ .$$

Nach weiterem Umkrystallisieren war das Drehungsvermögen unverändert.

Viel rascher als durch Salzsäure läßt sich die Toluolsulfogruppe durch Jodwasserstoff abspalten. Erwärmt man das Toluolsulfomethyl-leucin mit der gleichen Menge Jodphosphonium und etwa der 15-fachen Menge Jodwasserstoff (D 1,96) im geschlossenen Rohr auf

85—90°, so ist die Reaktion nach 10—15 Minuten beendet. Man gießt dann in Wasser, kühlt ab und verdampft die vom Tolylmercaptan abfiltrierte Flüssigkeit unter vermindertem Druck zum Sirup, wiederholt das Verdampfen nach Zusatz von Wasser, löst dann wieder in Wasser, übersättigt schwach mit Ammoniak und verdampft bis zur Krystallisation. Die Aminosäure wird durch Lösen in heißem Wasser und Fällen mit Aceton gereinigt, bis sie aschefrei ist. Dieses Präparat zeigte ungefähr die gleiche Drehung, wie das zuvor beschriebene.

$$[\alpha]_D^{21} = \frac{+\,0{,}62° \times 3{,}3610}{1 \times 1{,}004 \times 0{,}1000} = +\,20{,}76°.$$

Zur Bestimmung der Löslichkeit wurde die feingepulverte Substanz mit reinstem Wasser 6 Stunden im Silberrohr bei 25° geschüttelt.

6,3325 g Lösung hinterließen 0,2700 g Sbst. — 6,1377 g Lösung hinterließen 0,2622 g Sbst.

1 Tl. Sbst. löst sich also in 22,45 Tln. Wasser von 25°.
1 ,, ,, ,, ,, ,, ,, 22,41 ,, ,, ,, 25°.

Die Substanz sublimiert bei vorsichtigem Erhitzen in sehr leichten Nädelchen und zersetzt sich nebenher nur zum geringen Teil. Ihr Geschmack ist schwach bitter. Sie ist sehr schwer löslich in Alkohol.

Die mit Schwefelsäure angesäuerte wäßrige Lösung gibt mit Phosphorwolframsäure noch bei verhältnismäßig starker Verdünnung einen harzigen Niederschlag, der sich in der Wärme ziemlich leicht löst. Die gesättigte wäßrige Lösung wird durch gesättigte Ammoniumsulfatlösung gefällt. Mit wenig konzentrierter Salpetersäure gibt die Aminosäure ein hübsch krystallisierendes Nitrat, das aus Alkohol durch Ätherzusatz umgefällt werden kann und flache Nadeln oder Prismen bildet.

Das Hydrochlorid, $C_7H_{15}O_2N$, HCl, bleibt beim Verdampfen der salzsauren Lösung zuerst als Sirup, erstarrt aber nach einiger Zeit und bildet dann feine Nädelchen, die meist zu Drusen vereinigt sind. Zur Reinigung wurde es in kaltem Alkohol gelöst, mit wenig alkoholischer Salzsäure versetzt und durch allmählichen Zusatz von Äther wieder abgeschieden.

0,1299 g Sbst. (im Vakuumexsiccator getr.): 0,1018 g AgCl.
$C_7H_{16}O_2NCl$ (181,60). Ber. Cl 19,53. Gef. Cl 19,38.

$$[\alpha]_D^{19} = \frac{+\,1{,}98° \times 1{,}3612}{1 \times 1{,}013 \times 0{,}1250} = +\,21{,}29° \text{ (wäßrige Lösung).}$$

$$[\alpha]_D^{19} = \frac{+\,1{,}96° \times 1{,}3517}{1 \times 1{,}017 \times 0{,}1208} = +\,21{,}57° (\quad,, \quad\quad,,\quad).$$

Kupfersalz. In der üblichen Weise dargestellt, krystallisiert es beim Verdunsten der tiefblauen wäßrigen Lösung in dünnen, langgestreckten, vier- oder sechseckigen Platten. Im lufttrocknen Zustand enthält es 1 Mol. Wasser, das bei 100° und 15—20 mm Druck über Phosphorpentoxyd ziemlich schnell entweicht.

0,1971 g lufttr. Sbst. verloren 0,0086 g H_2O. — 0,1610 g lufttr. Sbst. verloren 0,0076 g H_2O.

$C_{14}H_{28}O_4N_2Cu + 1 H_2O$ (369,83). Ber. H_2O 4,87. Gef. H_2O 4,36, 4,72.

0,1505 g trockne Sbst.: 0,0341 g CuO.

$C_{14}H_{28}O_4N_2Cu$ (351,81). Ber. Cu 18,07. Gef. Cu 18,10.

Das Salz ist selbst in heißem Wasser ziemlich schwer löslich, krystallisiert daraus aber erst beim Einengen.

Derivate des Phenyl-alanins.

Auch hier wurden an Stelle der Amïnosäuren die optisch-aktiven Formylverbindungen, wie sie bei der Spaltung des Racemkörpers entstehen, als Ausgangsmaterialien benutzt.

p-Toluolsulfo-d-phenyl-alanin,
$C_6H_5 \cdot CH_2 \cdot CH \cdot (NH \cdot SO_2 \cdot C_7H_7) \cdot COOH.$

30 g Formyl-d-phenyl-alanin ($[\alpha]_D = -74,5°$) werden mit 560 ccm n-Salzsäure 1 Stunde am Rückflußkühler gekocht, dann die Lösung unter vermindertem Druck verdampft, der krystallinische Rückstand in 130 ccm Wasser gelöst und so lange mit n-Natronlauge versetzt, bis das zuerst ausfallende Phenylalanin sich eben wieder gelöst hat. Dann fügt man 60 g p-Toluolsulfochlorid (2 Mol.) in konzentrierter ätherischer Lösung zu, schüttelt 1 Stunde auf der Maschine, versetzt mit 78 ccm 2 n-Natronlauge (1 Mol.), schüttelt abermals 1 Stunde und wiederholt Zusatz von Lauge und Schütteln noch zweimal, so daß die ganze Operation 4 Stunden dauert. Währenddessen scheidet sich allmählich das Natriumsalz des Toluolsulfo-d-phenyl-alanins krystallinisch ab und kann durch Umlösen aus heißem Wasser leicht gereinigt werden. Da aber ein erheblicher Teil des Salzes in den Mutterlaugen bleibt, so ist es für die Gewinnung der freien Säure bequemer, auf die Isolierung des Natriumsalzes zu verzichten. Man löst also das ausgeschiedene Salz durch Zusatz von mehr Wasser und gelindes Erwärmen und übersättigt mit Salzsäure. Dabei fällt das Toluolsulfo-d-phenyl-alanin zunächst als Öl, das aber schnell krystallinisch erstarrt. Ausbeute an Rohprodukt ungefähr 48 g oder fast quantitativ. Zur Reinigung wurde es aus heißem 50 - prozentigem Alkohol umkrystallisiert. Die exsiccatortrockne Substanz verlor bei 100° im Vakuum kaum an Gewicht.

0,1576 g Sbst.: 0,3468 g CO_2, 0,0786 g H_2O. — 0,1751 g Sbst.: 6,4 ccm N (33% KOH, 18°, 760 mm).

$C_{16}H_{17}O_4NS$ (319,22).   Ber. C 60,15, H 5,37, N 4,39.

Gef. ,, 60,01, ,, 5,58, ,, 4,23.

Die Substanz schmilzt nach vorherigem geringem Erweichen bei 164—165° (korr.). Sie löst sich sehr leicht in Äther, Aceton, Essigester, Eisessig, Acetylentetrachlorid, Chloroform, schwerer in warmem Benzol, woraus sie beim Erkalten rasch in sehr feinen, häufig gebogenen Nadeln krystallisiert. Aus heißem Alkohol krystallisiert sie in haarfeinen, biegsamen Nadeln. Sie ist sehr schwer löslich in Petroläther und fast unlöslich in kaltem Wasser. Natrium-, Kalium- und Ammoniumsalz sind in kaltem Wasser schwer löslich.

Für die optische Bestimmung diente die Lösung in Aceton.

$$[\alpha]_D^{19} = \frac{+0,15° \times 1.4958}{1 \times 0,82 \times 0,1133} = +2,42°.$$

$$[\alpha]_D^{20} = \frac{+0,14° \times 1,4983}{1 \times 0,8214 \times 0,1110} = +2,30°.$$

In Chloroformlösung dreht die Substanz nach links, aber auch ziemlich schwach.

Das oben schon erwähnte Natriumsalz krystallisiert aus heißem Wasser in farblosen, spießigen Formen. Sie enthalten Krystallwasser, das bei 100° und 15—20 mm über Phosphorpentoxyd im Laufe von 2—3 Stunden vollständig entweicht, und dessen Menge $3\frac{1}{2}$ Mol. zu entsprechen scheint.

0,2688 g lufttr. Sbst. verloren 0,0414 g H_2O. — 0,1456 g lufttr. Sbst. verloren 0,0221 g H_2O. — 0,1652 g lufttr. Sbst. verloren 0,0253 g H_2O.

$C_{16}H_{16}O_4NSNa + 3\frac{1}{2} H_2O$ (404,26).

Ber. H_2O 15,60.   Gef. H_2O 15,40, 15,18, 15,31.

0,1624 g wasserfreie Sbst.: 0,0333 g Na_2SO_4.

$C_{16}H_{16}O_4NSNa$ (341,21).   Ber. Na 6,74.   Gef. Na 6,65.

p-Toluolsulfo-d-methyl-phenyl-alanin,
$C_6H_5 \cdot CH_2 \cdot CH(COOH) \cdot N(CH_3) \cdot SO_2 \cdot C_7H_7$.

Um eine vollständige Methylierung zu erzielen, schien es uns auch hier zweckmäßig, Jodmethyl und Alkali im Überschuß anzuwenden.

10 g Toluolsulfo-d-phenyl-alanin werden mit 188 ccm $^n/_2$-Natronlauge (3 Mol.) übergossen und nach Zusatz von 9 g Jodmethyl (2 Mol.) in der Druckflasche im Bade von 68—70° stark geschüttelt, wobei bald Lösung eintritt. Nach etwa 15 Minuten beginnt die Krystallisation des Natriumsalzes der neuen Verbindung. Nach weiteren 15 Minuten wird die Operation unterbrochen. Handelt es sich um die Gewinnung eines optisch möglichst reinen Präparates, so ist es zweckmäßig, die Abscheidung des Natriumsalzes bei 0° vorzunehmen und zu filtrieren. Aus der Mutterlauge scheidet sich beim Ansäuern das freie Toluolsulfo-d-methyl-phenyl-alanin als rasch krystallisierendes Öl ab. Das Natriumsalz läßt sich durch Umkrystallisieren aus heißem Wasser reinigen; es

bildet farblose Nädelchen, die im lufttrocknen Zustand 2 Mol. Wasser enthalten.

0,2941 g lufttr. Sbst. verloren (bei 100° und 15 mm über P_2O_5) 0,0265 g H_2O.
— 0,2454 g lufttr. Sbst. verloren 0,0220 g H_2O.
$C_{17}H_{18}O_4NSNa + 2 H_2O$ (391,25).   Ber. H_2O 9,21.   Gef. H_2O 9,01, 8,97.
0,2145 g wasserfreie Sbst.: 0,0431 g Na_2SO_4.
$C_{17}H_{18}O_2NSNa$ (355,22).   Ber. Na 6,47.   Gef. Na 6,51.

Das entwässerte Salz zieht an der Luft wieder Feuchtigkeit an.

Zersetzt man die wäßrige Lösung des gereinigten Natriumsalzes mit Salzsäure, so scheidet sich das p-Toluolsulfo-d-methyl-phenyl-alanin als bald krystallisierendes Öl ab. Die feste Masse schmilzt zunächst unscharf. Wird sie zweimal in warmem Benzol gelöst und durch Petroläther wieder abgeschieden, so erhält man makroskopisch sichtbare, farblose, rechteckige Täfelchen oder derbe flächenreiche Formen. Sie enthalten Krystallbenzol, das im Vakuumexsiccator, rascher bei 56° entweicht, die benzolfreie Substanz schmilzt bei 92—93° zu einer von Bläschen durchsetzten Flüssigkeit.

0,1428 g Sbst. (bei 15 mm und 77° getr.): 0,3207 g CO_2, 0,0745 g H_2O. —
0,1681 g Sbst.: 6,4 ccm N (33% KOH, 17,5°, 760 mm).
$C_{17}H_{19}O_4NS$ (333,23).   Ber. C 61,22, H 5,75, N 4,20.
Gef. ,, 61,25, ,, •5,84, ,, 4,42.

Für die optische Bestimmung diente die Lösung in Aceton.

$$[\alpha]_D^{20} = \frac{+\,1,97° \times 1,3874}{1 \times 0,8165 \times 0,1026} = +\,32,63°.$$

Das aus der Mutterlauge des Natriumsalzes erhaltene Toluolsulfomethyl-phenyl-alanin hat im wesentlichen dieselben Eigenschaften und gab bei der Analyse auch ähnliche Zahlen, aber es krystallisiert meist in Nadeln, zeigt einen weniger scharfen Schmelzpunkt und eine geringere Drehung: $[\alpha]_D^{20} = +\,26,9°$.

Wir sind der Ansicht, daß dieses Präparat teilweise racemisiert ist. Durch Rückverwandlung in das Natriumsalz und dessen Krystallisation aus Wasser läßt es sich in die reinere Form überführen, und die Gesamtausbeute an letzterer ist bei systematischer Arbeit recht gut, während sie an Rohprodukt etwa 90% beträgt.

Die Substanz ist leicht löslich in Alkohol, Äther, Aceton, Essigester, Eisessig, Chloroform und heißem Benzol, sehr schwer in Petroläther, fast unlöslich in Wasser.

d - N - Methyl - phenyl - alanin, $C_6H_5 \cdot CH_2 \cdot CH(NH \cdot CH_3) \cdot COOH$.

12 g Toluolsulfo-Verbindung wurden in 35 ccm Eisessig gelöst, mit 25 ccm Salzsäure (D 1,19) versetzt und im geschlossenen Rohr 16 Stunden auf 100° erhitzt. Dann wurde die gelbe Lösung unter stark vermin-

dertem Druck zum Sirup verdampft, dieser in kaltem absolutem Alkohol gelöst, einige Kubikzentimeter alkoholischer Salzsäure zugefügt und mit viel absolutem Äther versetzt. Kühlt man noch in der Eis-Kochsalz-Mischung, so scheidet sich das Hydrochlorid des Methyl-phenyl-alanins fast vollständig in Nädelchen ab, während die Toluolsulfosäure in Lösung bleibt. Ausbeute: 7,1 g oder 91% der Theorie.

Die Reinheit des Präparates hängt natürlich ab von der Qualität der angewandten Toluolsulfoverbindung. Das optisch unreine Hydrochlorid krystallisiert in Nädelchen. Wird es mehrmals in Alkohol gelöst, mit wenig alkoholischer Salzsäure versetzt und dann mit Äther gefällt, so krystallisiert es in farblosen, kurzen, rechteckigen Täfelchen.

> 0,1185 g Sbst. (lufttr.): 0,0790 g AgCl.
> $C_{10}H_{13}O_2N$, HCl (215,57). Ber. Cl 16,45. Gef. Cl 16,49.

Das Salz verliert leicht Salzsäure. Es dreht in wäßriger Lösung nach links. Das Drehungsvermögen wächst durch Zusatz von Salzsäure.

Zur Umwandlung in die freie Aminosäure haben wir 6 g des Hydrochlorids in 60 ccm Alkohol gelöst und vorsichtig mit einer 10-prozentigem wäßrigen Lösung von Lithiumhydroxyd versetzt, bis die Flüssigkeit gegen Lackmus neutral war. Dabei fällt die Aminosäure in farblosen, feinen Nädelchen. Die Abscheidung wird durch Zusatz von mehr Alkohol und Abkühlung auf 0° vervollständigt. Die Ausbeute an Rohprodukt ist fast quantitativ. Zur Reinigung wurde ungefähr in der 40-fachen Menge kochenden Wassers gelöst; beim Abkühlen fielen farblose, verfilzte Nädelchen. Da aber ein erheblicher Teil in der Mutterlauge bleibt, so ist es nötig, diese einzuengen, wobei eine neue starke Krystallisation erfolgt.

> 0,1222 g Sbst. (im Vakuumexsiccator getrocknet): 0,3001 g CO_2, 0,0806 g H_2O.
> $C_{10}H_{13}O_2N$ (179,11). Ber. C 67,00, H 7,31.
> Gef. ,, 66,98, ,, 7,37.

Das d-N-Methyl-phenyl-alanin wird beim Reiben stark elektrisch und sublimiert bei vorsichtig m Erhitzen im Glühröhrchen teilweise unzersetzt. Der Geschmack ist süßlich-bitter. Ähnlich dem Phenylalanin ist es in indifferenten organischen Solvenzien durchgängig sehr s hwer löslich oder fast unlöslich; nur heißer Methyl- oder Äthylalkohol und heißes Wasser lösen erhebliche Mengen. Dagegen wird es von verdünnten Säuren und Alkalien leicht aufgenommen. Die schwach ammoniakalische Lösung gibt mit Silbernitrat beim Kochen einen farblosen krystallinischen Niederschlag, der in Salpetersäure löslich ist. Die saure Lösung wird von Phosphorwolframsäure harzig gefällt; noch eine 1-prozentige Lösung des salzsauren Salzes gibt bei mäßigem Zusatz von Phosphorwolframsäure bei gewöhnlicher Temperatur eine starke ölige Trübung; beim Erhitzen der Flüssigkeit löst sich das Phosphorwolframat in erheblicher Menge und kommt beim Abkühlen besonders auf 0° wieder rasch heraus; ferner ist es in überschüssiger Phosphorwolframsäure verhältnismäßig leicht löslich.

Auffallend ist das starke Drehungsvermögen der Aminosäure in alkalischer Lösung. Für die nachfolgende Bestimmung diente die Lösung in $n/_{10}$-Natronlauge.

$$[\alpha]_D^{18} = \frac{-0,77° \times 7,2969}{1 \times 1,007 \times 0,1157} = -48,22°.$$

In n-Natronlauge bei 4-facher Konzentration war die Drehung ebenso groß. Gef. $-48,40°$.

Trotz der Übereinstimmung sind diese Werte wohl doch noch zu niedrig, da bei dem optischen Antipoden eine etwas höhere Zahl gefunden wurde ($[\alpha]_D = +49°$). Schwächer ist die Drehung in salzsaurer Lösung und schwankt mit dem Gehalt an Salzsäure. Wir wollen nur einen Versuch anführen, der mit n-Salzsäure angestellt ist.

$$[\alpha]_D^{20} = \frac{-1,07° \times 1,8941}{1 \times 1,032 \times 0,111} = -17,7° \text{ (in } n\text{-Salzsäure).}$$

Auch hier läßt sich die Toluolsulfoverbindung leichter durch Jodwasserstoffsäure spalten. Die Ausführung der Reaktion geschah in derselben Weise wie beim Toluolsulfo-methyl-leucin. Die Aminosäure wurde zum Schluß aus heißem Wasser umkrystallisiert und zeigte dann dasselbe Drehungsvermögen $[\alpha]_D^{19} = -48,04°$ (in n-Natronlauge), wie das mit Salzsäure gewonnene Präparat.

Derivate des l-Phenyl-alanins.

Bezüglich der Darstellung gilt dasselbe, was zuvor für die d-Verbindungen gesagt ist. Wir begnügen uns deshalb damit, die analytischen Daten und andere Zahlenwerte anzuführen.

p-Toluolsulfo-l-phenyl-alanin.

Natriumsalz: 0,1874 g lufttrocknes Salz verloren bei dreistündigem Trocknen im Vakuum über P_2O_5 bei 100° 0,0286 g H_2O.
$C_{16}H_{16}O_4NSNa + 3^1/_2 H_2O$ (404,26). Ber. H_2O 15,60. Gef. H_2O 15,26.

Die freie Toluolsulfoverbindung schmolz nach mehrfachem Umkrystallisieren bei 164—165° (korr.):

$$[\alpha]_D^{21} = \frac{-0,13° \times 1,5722}{1 \times 0,8169 \times 0,1183} = -2,10° \text{ (Acetonlösung).}$$

$$[\alpha]_D^{20} = \frac{-0,13° \times 1,5679}{1 \times 0,8187 \times 0,1177} = -2,12° \qquad \text{,,}$$

p-Toluolsulfo-l-methyl-phenyl-alanin.

Natriumsalz: 0,2300 g lufttrocknes Salz verloren bei dreistündigem Trocknen im Vakuum über P_2O_5 bei 100°: 0,0219 g H_2O.
$C_{17}H_{18}O_4NSNa + 2 H_2O$ (391,25). Ber. H_2O 9,21. Gef. H_2O 9,52.

Das aus dem mehrfach umkrystallisierten Salz dargestellte p-Toluol-sulfo-l-methyl-phenyl-alanin schmolz bei 92,5—94° und gab folgende Drehungszahlen:

$$[\alpha]_D^{19} = \frac{-1,85° \times 1,5351}{1 \times 0,8165 \times 0,1085} = -32,06° \text{ (in Aceton)}.$$

$$[\alpha]_D^{20} = \frac{-1,95° \times 1,3893}{1 \times 0,8167 \times 0,1023} = -32,43°.$$

l - N - Methyl-phenyl-alanin.

Die Reinheit der freien Aminosäure wurde durch die Analyse kontrolliert:

0,1207 g Sbst. (bei 100° im Vakuum getr.): 0,2959 g CO_2, 0,0787 g H_2O. — 0,1217 g Sbst.: 8,4 ccm N (33% KOH, 19°, 766 mm).

$C_{10}H_{13}O_2N$ (179,11).   Ber. C 67,00, H 7,31, N 7,82.

Gef. „ 66,86, „ 7,30, „ 8,03.

In $n/_{10}$-Natronlauge gelöst zeigte sie noch etwas höhere Drehung als der Antipode:

$$[\alpha]_D^{19} = \frac{+1,59° \times 7,6052}{2 \times 1,006 \times 0,1225} = +49,06°.$$

$$[\alpha]_D^{18} = \frac{+1,63° \times 7,5936}{2 \times 1,005 \times 0,1238} = +49,74°.$$

Derivate des l-Tyrosins.

Als Ausgangsmaterial diente Tyrosin, das aus Seidenabfällen durch 6-stündige Hydrolyse mit starker Salzsäure gewonnen war und in 21-proz. Salzsäure gelöst, $[\alpha]_D^{19} = -8,0°$ zeigte.

N - p - Toluolsulfo-l-tyrosin-äthylester,

$HO \cdot C_6H_4 \cdot CH_2 \cdot CH(NH \cdot SO_2 \cdot C_7H_7) \cdot COOC_2H_5$.

60 g l-Tyrosin-äthylester-hydrochlorid werden mit einer Lösung von 12 g Natriumcarbonat in 60 ccm Wasser übergossen, 360 ccm Chloroform zugefügt und kräftig durchgeschüttelt, bis der in Freiheit gesetzte Ester von dem Chloroform ganz aufgenommen ist. Man fügt dann 47 g Toluolsulfochlorid (1 Mol.), gelöst in 150 ccm Chloroform, hinzu, mischt durch kräftiges Schütteln und läßt einige Stunden stehen, wobei manchmal wieder das durch die Reaktion gebildete Hydrochlorid des l-Tyrosinesters auskrystallisiert. Um dieses auch in Reaktion überzuführen, fügt man wieder 12 g Natriumcarbonat, gelöst in 60 ccm Wasser, zu und schüttelt 2 Stunden auf der Maschine. Dabei ist nötig, die in Freiheit gesetzte Kohlensäure von Zeit zu Zeit entweichen zu lassen. Das gelb gefärbte Chloroform enthält die Toluolsulfoverbindung;

es wird abgetrennt, mit Natriumsulfat getrocknet und unter vermindertem Druck bis zur beginnenden Trübung eingedunstet. Um Krystalle zu erhalten, wird eine kleine Probe völlig verdunstet, der ölige Rückstand auf − 20° abgekühlt und mit Petroläther verrieben. Trägt man die Krystalle in die obige Lösung ein, so scheidet sich die Hauptmenge der Substanz bei Zusatz von Petroläther krystallinisch ab, besonders wenn gleichzeitig durch Kältemischung gekühlt wird. Ausbeute an fast farblosem Rohprodukt 65 g = 73% der Theorie. Größere Mengen werden am bequemsten gereinigt durch Lösen in eiskalter n-Natronlauge und sofortige Ausfällung mit Essigsäure; das zuerst ausgeschiedene Öl krystallisiert bald. Zur Analyse wurde in warmem Chloroform gelöst und durch Zusatz von Petroläther unter gleichzeitiger Abkühlung wieder gefällt.

0,1583 g Sbst. (im Vakuumexsiccator über Paraffin und P_2O_5 getr.): 0,1018 g $BaSO_4$.

$C_{18}H_{21}O_5NS$ (363,25).   Ber. S 8,83.   Gef. S 8,83.

$$[\alpha]_D^{17} = \frac{+\,0,40° \times 0,3893}{1 \times 0,8153 \times 0,1008} = +\,6,76°\ \text{(in Alkohol)}.$$

Die Substanz schmilzt bei 114°. Sie ist leicht löslich in Alkohol, Äther, Aceton, Essigester, Chloroform und heißem Benzol, aus dem sie beim Abkühlen in schönen Nädelchen krystallisiert. Aus heißem Wasser, in dem sie etwas löslich ist, krystallisiert sie auch in Nädelchen. Sie gibt die Millonsche Reaktion.

N - p - Toluolsulfo - l - tyrosin.

45 g Ester werden in 100 ccm 5 n-Natronlauge gelöst, 20 Minuten auf dem Wasserbad erhitzt, die Lösung noch mit 150 ccm Wasser verdünnt und mit etwa 110 ccm 5 n-Salzsäure übersättigt. Das zuerst ausfallende Öl verwandelt sich bei Erhitzen auf dem Wasserbad bald in eine krystallinische Masse, die nach dem Abkühlen auf 0° abgesaugt wird. Sie muß sich in verdünnter Kaliumbicarbonatlösung bei gelindem Erwärmen völlig lösen; sonst ist die Verseifung unvollständig. Ausbeute fast 40 g. Zur Analyse wurde aus 30-prozentigem Alkohol umgelöst, wobei vielfach rosettenförmig gruppierte Nadeln oder Prismen entstehen.

0,1281 g Sbst. (bei 100° und 15 mm über P_2O_5 getr.): 0,2682 g CO_2, 0,0588 g H_2O. — 0,1933 g Sbst.: 6,6 ccm N (33% KOH, 23,5°, 758 mm).

$C_{16}H_{17}O_5NS$ (335,22).   Ber. C 57,28, H 5,11, N 4,18.

Gef. ,, 57,10, ,, 5,14, ,, 3,85.

Drehung in alkoholischer Lösung. 0,1004 g Sbst. Gesamtgewicht der Lösung 1,3853 g. $d_4^{21} = 0,8145$. Drehung im 1-dm-Rohr 0,05° nach links. Also

$$[\alpha]_D^{21} = -\,0,85°.$$

Drehung in alkalischer Lösung. 0,1339 g Sbst. Gesamtgewicht der Lösung in $^n/_2$-Natronlauge 2,0943 g. $d_4^{20} = 1,039$. Drehung im 1-dm-Rohr bei 20° für Natriumlicht 0,57° nach links. Mithin

$$[\alpha]_D^{20} = -8,58°.$$

Die Substanz, welche mit dem kürzlich beschriebenen O-(p-Toluolsulfo)-l-tyrosin[1]) isomer ist, schmilzt nach vorherigem geringem Sintern bei 187—188° (korr.). Sie löst sich leicht in Alkohol, Äther, Aceton und Eisessig, schwerer in Chloroform und Benzol und sehr schwer in kaltem Wasser. Sie löst sich leicht in überschüssigem Alkali, dagegen sind die Monoalkalisalze in kaltem Wasser verhältnismäßig schwer löslich; dasselbe gilt von dem Ammoniumsalz, das aus warmem Wasser in Blättchen krystallisiert.

N - p-Toluolsulfo- O, N-dimethyl- l-tyrosin,
$$CH_3O \cdot C_6H_4 \cdot CH_2 \cdot CH(COOH) \cdot N(CH_3) \cdot SO_2 \cdot C_7H_7.$$

10 g N-Toluolsulfo-l-tyrosin werden in 180 ccm $^n/_2$-Natronlauge (3 Mol.) gelöst und mit 13 g Jodmethyl (ca. 3 Mol.) $1^1/_4$ Stunden in der Druckflasche unter Schütteln in einem Bade von 70° erwärmt. Beim Abkühlen krystallisiert das Natriumsalz in glänzenden Blättchen. Zur Gewinnung der freien Säure übersättigt man vor der Krystallisation des Salzes die Lösung mit 5 n-Salzsäure. Das ausfallende Öl erstarrt beim Abkühlen und Reiben rasch. Ausbeute fast quantitativ (10,5 g). Zur Reinigung wird es in verdünntem heißem Alkohol gelöst, mit Tierkohle aufgekocht und durch Abkühlung und weiteren Zusatz von Wasser wieder abgeschieden. Die reine Substanz bildet farblose, glänzende, viereckige Platten. Zur Analyse war sie nochmals aus Essigester unter Zusatz von Petroläther ausgeschieden und im Hochvakuum bei 78° getrocknet.

0,1498 g Sbst.: 0,3254 g CO_2, 0,0761 g H_2O. — 0,1404 g Sbst.: 4,85 ccm N (17°, 759 mm).

$C_{18}H_{21}O_5NS$ (363,25).   Ber. C 59,46, H 5,83, N 3,86.
   Gef. ,, 59,24, ,, 5,68, ,, 4,01.

Zur optischen Bestimmung diente die alkoholische Lösung; das optisch reinste Präparat konnte nur durch mehrmaliges Umkrystallisieren des Natriumsalzes aus heißem Wasser, Rückverwandlung in die freie Säure und deren mehrmaliges Umkrystallisieren erhalten werden:

$$[\alpha]_D^{20} = \frac{-1,49° \times 1,5930}{1 \times 0,8147 \times 0,1089} = -26,75° \text{ (in Alkohol)}.$$

Die Substanz ist leicht löslich in Alkohol, Äther, Aceton, Essigester, Chloroform, Eisessig, schwer löslich in Petroläther. Sie schmilzt nach vorherigem geringem Sintern bei 141—142° (korr.). Gegen Mil-

---

[1]) Berichte d. D. Chem. Gesellsch. 48, 99 [1915]. (S. 230.)

lons Reagens verhält sie sich ähnlich wie das O, N-Dimethyl-tyrosin[1]). Versetzt man nämlich die alkoholische Lösung mit einem Überschuß des Reagenses, so tritt meistens eine Fällung ein, und die anfangs farblose Flüssigkeit färbt sich im Laufe von 10—15 Minuten gelbrot. Gelindes Erwärmen beschleunigt die Erscheinung.

Identität von l - N - Methyl-tyrosin und Ratanhin,
$$HO \cdot C_6H_4 \cdot CH_2 \cdot CH(NH \cdot CH_3) \cdot COOH.$$

Wie oben erwähnt, gelingt die Verwandlung des Toluolsulfo-di-methyl-l-tyrosins in das N-Methyl-tyrosin am leichtesten ohne Schädigung der optischen Aktivität durch mäßiges Erhitzen mit rauchender Jodwasserstoffsäure und Jodphosphonium. Die Toluolsulfogruppe wird dabei in Tolylmercaptan verwandelt und gleichzeitig das an Sauerstoff gebundene Methyl als Jodmethyl abgelöst. Die Reaktion beginnt schon zwischen 60 und 70°; es ist aber zweckmäßig, die Temperatur etwas höher zu halten.

5 g Toluolsulfo-dimethyl-l-tyrosin werden mit 25 ccm Jodwasserstoff (D 1,96) und 3,5 g Jodphosphonium im geschlossenen Rohr unter häufigem Schütteln im Wasserbade erhitzt. Die Reaktion ist in etwa 15 Minuten beendet. Man erkennt das Ende daran, daß die heiße Flüssigkeit bei ruhigem Stehen nicht mehr braun wird. Das gebildete Tolylmercaptan schwimmt zum größten Teil als Öl auf der wäßrigen Schicht. Nach dem Abkühlen gießt man in 150 ccm kaltes Wasser, wartet, bis das Mercaptan ganz erstarrt ist, und filtriert.

Es wurde nach dem Umkrystallisieren durch Schmelzpunkt, Analyse, Geruch usw. mit p-Thiokresol identifiziert. Die in Blättchen krystallisierende Substanz sintert bei 43° und schmilzt bei 44—44,5°.

0,1104 g Sbst. (im Vakuumexsiccator getr.): 0,2731 g CO_2, 0,0621 g H_2O.

C_7H_8S (124,13).   Ber. C 67,67, H 6,50.

Gef. ,, 67,47, ,, 6,29.

Die wäßrige Lösung wird unter stark vermindertem Druck verdampft, wobei das Hydrojodid des l-Methyl-tyrosins krystallinisch zurückbleibt. Löst man es in wenig Wasser und versetzt mit wäßrigem Ammoniak bis zur schwach alkalischen Reaktion, so fällt das l - Methyl-tyrosin sofort als farblose krystallinische Masse.

Zur Vertreibung des überschüssigen Ammoniaks erwärmt man kurze Zeit auf dem Wasserbad, kühlt wieder auf 0° und saugt den Niederschlag ab. Ausbeute 2,4 g oder 89% der Theorie. Zur Reinigung wurde in der 5-fachen Menge Wasser unter Zusatz von wenig Salzsäure kalt gelöst und wieder mit Ammoniak abgeschieden. Dieses Präparat (2 g) war rein.

---

[1]) Friedmann und Gutmann, Biochem. Zeitschr. **27**, 495 [1910].

0,0963 g Sbst. (im Vakuumexsiccator getr.): 0,2163 g CO_2, 0,0578 g H_2O. —
0,1203 g Sbst.: 7,55 ccm N (18°, 762 mm).
$C_{10}H_{13}O_3N$ (195,11).   Ber. C 61,50, H 6,71, N 7,18.
Gef. ,, 61,26, ,, 6,72, ,, 7,29.

Zur optischen Bestimmung diente die Lösung in 11-prozentiger Salzsäure:

$$[\alpha]_D^{21} = \frac{+ 1{,}53° \times 2{,}9909}{2 \times 1{,}059 \times 0{,}1094} = + 19{,}75°.$$

Nach dem Umkrystallisieren aus der 225-fachen Menge siedenden Wassers war das Drehungsvermögen unverändert.

$$[\alpha]_D^{19} = \frac{+ 0{,}77° \times 3{,}2327}{1 \times 1{,}057 \times 0{,}1190} = + 19{,}79° \text{ (in 10-proz. Salzsäure)}.$$

Der Wert 18,6°, den G. Goldschmiedt[1]) unter denselben Bedingungen für das natürliche Ratanhin gefunden hat, ist etwas kleiner, aber ähnlichen Unterschieden begegnet man auch in den Angaben über das Drehungsvermögen des Tyrosins, und sie erklären sich hauptsächlich durch die Neigung dieser Aminosäuren zur Racemisierung, die natürlich je nach der Behandlung bei der Gewinnung und Isolierung verschieden sein kann. Aus demselben Grunde können wir keine Gewähr dafür leisten, daß die von uns gefundene spezifische Drehung nicht auch noch zu niedrig ist.

Zum weiteren Vergleich von natürlichem und künstlichem Produkt haben wir noch aus letzterem das Kupfersalz und den Methylester in der üblichen Weise hergestellt: Das Salz schied sich aus der blauen wäßrigen Lösung in violetten Prismen ab, und auch der Ester zeigte die größte Ähnlichkeit mit dem von Goldschmiedt beschriebenen Präparat. Den Schmelzpunkt fanden wir allerdings bei 111—112° (korr.), also etwas niedriger als Goldschmiedt ihn (116—117°) angegeben hat.

Zur Analyse wurde der aus Wasser umkrystallisierte Methylester im Hochvakuum bei 78° getrocknet, wobei nur geringer Gewichtsverlust eintrat.

0,0939 g Sbst.: 0,2170 g CO_2, 0,0613 g H_2O.
$C_{11}H_{15}O_3N$ (209,13).   Ber. C 63,12, H 7,23.
Gef. ,, 63,03, ,, 7,31.

Schließlich sagen wir Hrn. Dr. M. Bergmann, der bei obigen Versuchen mancherlei Hilfe leistete, besten Dank.

---

[1]) a. a. O. Die Angabe lautet $[\alpha]_D^{19} = - 18{,}6°$. Aber Hr. Goldschmiedt hatte die Güte, uns privatim mitzuteilen, daß hier ein Versehen vorliege, daß in Wirklichkeit die Lösung nach rechts drehe, und wir konnten uns davon auch selbst mikropolarimetrisch überzeugen, da Hr. Goldschmiedt uns eine kleine Probe des von ihm studierten Ratanhins zur Verfügung stellte.

22. Emil Fischer: Reduktion der Aryl-sulfamide durch Jod-wasserstoff.

(Berichte der Deutschen Chemischen Gesellschaft 48, 93 [1915].)

(Eingegangen am 11. Januar 1915.)

Die Arylsulfoverbindungen von organischen Basen, Aminosäuren usw. sind meist in Wasser schwer löslich und werden deshalb öfters für die Erkennung und Isolierung jener Stoffe benutzt[1]). Leider ist die nachträgliche Abspaltung der Arylsulfogruppe ziemlich schwierig, denn sie erfordert vielstündiges Erhitzen mit starker Salzsäure auf 100°, und in einzelnen Fällen muß man die Temperatur noch mehr steigern. Dabei wächst die Gefahr, daß empfindliche Basen und Aminosäuren verändert werden und als besonders lästig habe ich die häufig eintretende teilweise Racemisierung optisch - aktiver Substanzen empfunden[2]).

Um hier ein bequemeres Verfahren zu schaffen, kam ich auf den Gedanken, rauchenden Jodwasserstoff für die Abspaltung der Arylsulfogruppe anzuwenden, und beobachtete dabei eine alsbald eintretende Reduktion, die sich durch Braunfärbung der Flüssigkeit bemerkbar machte. Diese Reaktion setzt ein bei der Sulfogruppe, welche dabei in die Mercaptogruppe übergeht, während gleichzeitig die Abspaltung vom Stickstoff stattfindet. Sie geht glatt und rasch vonstatten, wenn man das frei werdende Jod durch Zusatz von Jodphosphonium wieder reduziert und die Operation im geschlossenen Gefäß bei 70—100° vornimmt. Der Vorgang vollzieht sich für das Toluolsulfamid nach folgender Gleichung:

$$CH_3 \cdot C_6H_4 \cdot SO_2 \cdot NH_2 + 7\,HJ = CH_3 \cdot C_6H_4 \cdot SH + NH_4J + 6\,J + 2H_2O.$$

Ebenso leicht wie das Amid werden das Anilid und das Derivat des Glykokolls reduziert. Das Verfahren hat sich besonders bewährt für die Regenerierung der aktiven Aminosäuren aus den Aryl-sulfoverbindungen, wie der Versuch mit p-Toluolsulfo-d-phenylalanin

---

[1]) E. Fischer und P. Bergell, Berichte d. D. Chem. Gesellsch. 35, 3779 [1902]. (*Proteine I, S. 196.*)

[2]) Das Gleiche gilt für die Derivate der neuerdings von T. B. Johnson und J. A. Ambler (Chem. Centralbl. 1914, 1, 1258) empfohlenen Benzylsulfosäure, da bei ihrer Hydrolyse Temperaturen von 130—150° angewandt wurden.

zeigt. Erst durch seine Anwendung ist es Hrn. Lipschitz und mir gelungen, aus dem *l*-Tyrosin über die Toluolsulfoverbindung und deren Methylderivat zum aktiven *N*-Methyl-tyrosin zu gelangen und seine Identität mit dem natürlichen Ratanhin festzustellen, worüber wir an anderer Stelle berichten werden*).

Man kann nun auch daran denken, die Arylsulfoverbindungen ebenso wie andere Acylderivate für die Spaltung racemischer Aminosäuren in die optisch-aktiven Komponenten zu benutzen.

Für die ausführlichen Versuche habe ich die *p*-Toluolsulfoderivate benutzt, weil sie am leichtesten zugänglich sind und weil das durch die Reduktion entstehende, hübsch krystallisierende *p*-Tolylmercaptan (Thio-kresol) bequem identifiziert werden kann. Daß auch kompliziertere Sulfamide sich ebenso verhalten, zeigt der Versuch mit *β*-Naphthalinsulfo-*d*-alaninester.

Ebenso ist das Chlorid $CH_3 \cdot C_6H_4 \cdot SO_2Cl$ gegen Jodwasserstoff sehr empfindlich, wie man es nach dem allgemein bekannten Verhalten solcher Chloride gegen nascierenden Wasserstoff erwarten konnte. Zudem hat P. T. Cleve[1]) bereits aus Benzolsulfochlorid durch Jodwasserstoff Diphenyldisulfid erhalten und die gleiche Reaktion in vielen anderen Fällen beobachtet. Daß er andererseits die Sulfamide sehr resistent gegen Jodwasserstoff fand und erst bei hoher Temperatur unter Mitwirkung von Phosphor Reduktion erzielte, lag wohl nur an den Bedingungen des Versuchs, z. B. an der Konzentration der Säure.

Im Gegensatz zu den Amiden und dem Chlorid wird die *p*-Toluolsulfosäure selbst von Jodwasserstoff unter den gleichen Bedingungen nicht angegriffen. Auch bei dem Äthylester[2]) tritt Reduktion entweder gar nicht, oder doch nur in ganz geringem Maße ein. Merkwürdigerweise verhält sich das Benzoesäure-sulfinid (Saccharin) ähnlich.

Die Sonderstellung der Arylsulfamide erinnert an die Amide der aromatischen Carbonsäuren, die nach der Beobachtung von J. Guareschi[3]) durch Natriumamalgam in schwach saurer Lösung rasch angegriffen werden und die den Säuren entsprechenden Alkohole liefern.

Trotz dieser Ähnlichkeit sind aber beide Vorgänge verschieden bezüglich des Reduktionsmittels; denn Benzamid wird von warmem, rauchendem Jodwasserstoff nicht reduziert, sondern langsam hydrolysiert und umgekehrt habe ich bei der Behandlung von Toluolsulfamid

---

*) *Vergl. S. 222.*

[1]) Berichte d. D. Chem. Gesellsch. **21**, 1099 [1888].

[2]) Einen ähnlichen Unterschied zwischen Chlorid und Ester hat A. Gutmann in dem Verhalten gegen Natriumarsenit gefunden. Berichte d. D. Chem. Gesellsch. **47**, 635 [1914].

[3]) Berichte d. D. Chem. Gesellsch. **7**, 1462 [1874]. Vergl. auch A. Hutchinson, Berichte d. D. Chem. Gesellsch. **24**, 173 [1891].

mit Natriumamalgam und wenig Schwefelsäure in wäßrig-alkoholischer Lösung keine Bildung von Tolylmercaptan beobachtet.

Die Verschiedenheit der an Stickstoff oder an Sauerstoff gebundenen Arylsulfogruppe zeigt sich in sehr charakteristischer Weise bei den Derivaten des Tyrosins. So verliert das Di-[toluolsulfo]-tyrosin, $CH_3 \cdot C_6H_4 \cdot SO_2 \cdot O \cdot C_6H_4 \cdot CH_2 \cdot CH(NH \cdot SO_2 \cdot C_6H_4 \cdot CH_3) \cdot COOH$, beim Erwärmen mit Jodwasserstoff leicht die am Stickstoff sitzende Toluolsulfogruppe als Tolylmercaptan und es entsteht O-[p-Toluol-sulfo]-tyrosin, $CH_3 \cdot C_6H_4 \cdot SO_2 \cdot O \cdot C_6H_4 \cdot CH_2 \cdot CH(NH_2) \cdot COOH$. Aus letzterem wird die Toluolsulfo-Gruppe erst durch langes Erhitzen mit starken Säuren abgespalten.

Selbstverständlich kann die Probe mit Jodwasserstoff benutzt werden, um im Zweifelsfalle zu entscheiden, ob die Arylsulfogruppe amid- oder esterartig gebunden ist.

Der auffallende Unterschied zwischen freier Sulfosäure und ihren Amiden ist auch bei Benzylderivaten vorhanden. Während die Benzylsulfosäure selbst unter den oben geschilderten Bedingungen nicht reduziert wird, tritt die Reaktion beim Benzylsulfamid, $C_6H_5 \cdot CH_2 \cdot SO_2 \cdot NH_2$, sehr leicht ein. Aber der Vorgang ist hier nicht so einfach wie bei den Arylsulfamiden; denn es entsteht neben Ammoniak und Schwefelwasserstoff in reichlicher Menge Benzyljodid. Leider war es mir bisher nicht möglich, das Äthylsulfamid zu prüfen.

Für die nachfolgenden Versuche diente käufliche rauchende Jod-wasserstoffsäure (D 1,96), die durch längeres Schütteln mit wenig Jod-phosphonium entfärbt war. Die geringe Menge des gelösten Jodphos-phoniums kann durch Spuren von Jod wieder entfernt werden. Man erhält dann eine farblose Säure, bei der sich eine reduzierende Wirkung auf andere Stoffe sofort durch Braunfärbung kundgibt.

Reduktion von p-Toluol-sulfamid.

Werden 5 g mit 50 ccm Jodwasserstoffsäure (D 1,96) und 7 g zer-kleinertem Jodphosphonium (1,5 Mol.) im Einschlußrohr erwärmt, so geht das Amid bald in Lösung, und bei etwa 75° Badtemperatur macht sich die Reaktion durch starke Braunfärbung der Flüssigkeit bemerk-bar. Beim Umschütteln verschwindet die Färbung wieder. Steigert man die Temperatur des Bades auf 80—85° und bewegt das Rohr häufig, so beginnt bald die Abscheidung des p-Tolylmercaptans, das als wenig gefärbtes Öl auf der Jodwasserstoffsäure schwimmt. Die Reaktion ist beendet, wenn beim ruhigen Stehen des Rohrs keine Färbung der Lö-sung mehr eintritt. Das ist nach 25—30 Minuten der Fall, besonders wenn zum Schluß die Temperatur des Bades auf 100° gebracht wird. Beim Abkühlen erstarrt das ölige Mercaptan krystallinisch. Man gießt in etwa 300 ccm Wasser, kühlt auf 0° und filtriert die Krystallmasse. Ausbeute 3,1 g oder 85% der Theorie. Das Präparat war in verdünnter Natronlauge bis auf Spuren löslich. Nach dem Umkrystallisieren aus verdünntem Alkohol schmolz es bei 44°.

0,1115 g Sbst.: 0,2764 g CO_2, 0,0619 g H_2O.

C_7H_8S (124,13). Ber. C 67,67, H 6,50.

Gef. ,, 67,61, ,, 6,21.

Die wäßrige Mutterlauge enthielt erhebliche Mengen Ammoniak, das nach dem Übersättigen mit Lauge abdestilliert und in Ammoniumchloroplatinat verwandelt wurde.

Die Reduktion geht auch ohne Jodphosphonium im selben Sinne vonstatten. Nur entsteht dann nicht das Mercaptan, sondern das entsprechende Disulfid. Als 2 g des Amids mit 20 ccm Jodwasserstoffsäure eine Stunde auf 100° erhitzt wurden, war die Flüssigkeit tief dunkel. Beim Verdünnen mit Wasser und Abkühlen erstarrte das ausgeschiedene Öl rasch und das Produkt zeigte alle Eigenschaften des Tolyldisulfids. Ausbeute 1,2 g. Die Menge des freien Jods betrug nach der Titration 6,4 g, während nach der Rechnung 7,4 g hätten entstehen müssen.

Benzol-sulfamid. 5 g wurden mit 30 ccm Jodwasserstoffsäure und 7,5 g Jodphosphonium in obiger Weise behandelt. Eintritt der Braunfärbung bei etwa 60° des Bades. Bei 75—80° erfolgte bald Abscheidung des öligen Phenylmercaptans. Nach Beendigung der Reaktion wurde in Wasser gegossen, das Mercaptan ausgeäthert, mit Natriumsulfat getrocknet und nach Verdampfen des Äthers destilliert. Ausbeute sehr gut. Sdp. 168—169° bei 743 mm. Das Öl war klar löslich in verdünntem Alkali, gab mit Schwefelsäure kirschrote Färbung und besaß den Geruch des Phenylmercaptans. Die jodwasserstoffsaure Mutterlauge enthielt viel Ammoniak.

p-Toluol-sulfanilid. 2 g wurden im geschlossenen Rohr mit 25 ccm Jodwasserstoffsäure und 2 g Jodphosphonium erwärmt. Schon bei 60° zeigte sich starke Braunfärbung, obschon noch ein großer Teil des Anilids ungelöst war. Beim weiteren Erhitzen auf 75—80° und häufigem Schütteln trat an die Stelle des Anilids bald eine dunkle, halbölige Masse, die schließlich krystallinisch und fast farblos wurde. Die Reaktion nahm auch hier etwa 30 Minuten in Anspruch. Die feste Masse erwies sich als jodwasserstoffsaures Anilin[1]), dem das ölige Mercaptan beigemengt war. Die ganze Masse wurde in Wasser gegossen, abgekühlt, das p-Tolylmercaptan abfiltriert und nach passender Reinigung durch den Schmelz-

---

[1]) Das Salz ist in der rauchenden Jodwasserstoffsäure selbst in der Wärme auffallend schwer löslich. Es sollte mich wundern, wenn diese Eigenschaft noch nicht beobachtet worden wäre; aber ich habe in den Lehrbüchern darüber nichts gefunden.

punkt identifiziert. Ausbeute sehr gut. Aus der Mutterlauge wurde das Anilin isoliert und durch die üblichen Proben gekennzeichnet.

p-Toluolsulfo-glykokoll. Die Wirkung von Jodwasserstoff und Jodphosphonium geht, wie bei den Amiden, leicht und rasch vonstatten. Das Tolylmercaptan wurde in guter Ausbeute erhalten und durch den Schmelzpunkt identifiziert.

$$p\text{-Toluolsulfo-}d\text{-phenylalanin,}$$
$$C_6H_5 \cdot CH_2 \cdot CH(NH \cdot SO_2 \cdot C_7H_7) \cdot COOH.$$

Die noch unbekannte Verbindung entsteht aus d-Phenyl-alanin und p-Toluolsulfochlorid und wird an anderer Stelle[*] beschrieben werden. 3 g wurden mit 30 ccm Jodwasserstoffsäure und 2,5 g Jodphosphonium im geschlossenen Rohr erwärmt. Bei etwa 70° Badtemperatur gab die Reaktion sich kund und bei 95° war sie trotz der geringen Löslichkeit des Ausgangskörpers nach etwa 30 Minuten beendet. Das ölig ausgeschiedene Mercaptan erstarrte beim Abkühlen zu großen Blättern. Es wurde nach dem Verdünnen mit Wasser abfiltriert (1,05 g) und nach dem Umlösen durch den Schmelzpunkt 43—44° identifiziert. Zur Gewinnung des Phenylalanins wurde die jodwasserstoffsaure Lösung unter geringem Druck bis zur Krystallisation eingedampft, der Rückstand in wenig Wasser gelöst, mit Ammoniak übersättigt und wieder eingeengt, bis das Phenylalanin ausgefallen war. Ausbeute 1,5 g, also fast quantitativ.

Die aus heißem Wasser umkrystallisierte Aminosäure zeigte in zweiprozentiger wäßriger Lösung $[\alpha]_D^{17} = +33,4°$, während früher für reinstes d-Phenylalanin $+35,08$ gefunden wurde.

Man ersieht daraus, daß durch die neue Methode aktive Aminosäure aus ihren Arylsulfoderivaten nicht allein in ausgezeichneter Ausbeute, sondern auch in optisch ziemlich reinem Zustande gewonnen werden können.

β-Naphthalin-sulfo-alaninäthylester[1]). Die Reaktion ging leicht und rasch vonstatten. Das erst ölig abgeschiedene Mercaptan erstarrte beim Abkühlen zu blättrigen Krystallen. Es wurde nach dem Verdünnen mit Wasser abfiltriert, in Alkali gelöst, durch Ansäuern wieder gefällt und aus verdünntem Alkohol umkrystallisiert. Schmelzpunkt (79 bis 81°) und die übrigen Eigenschaften entsprachen dem β-Thionaphthol.

$$Di\text{-}(p\text{-toluolsulfo)-}l\text{-tyrosin,}$$
$$CH_3 \cdot C_6H_4 \cdot SO_2 \cdot O \cdot C_6H_4 \cdot CH_2 \cdot CH(NH \cdot SO_2 \cdot C_6H_4 \cdot CH_3) \cdot COOH.$$

Es wird auf die gleiche Weise gewonnen wie das Di-[β-naphthalinsulfo]-tyrosin[2]), und die Ausbeute wird auch hier durch einen Über-

[*] *Vergl. S. 214.*
[1]) E. Fischer und P. Bergell, Berichte d. D. Chem. Gesellsch. **35**, 3782 [1902]. (*Proteine I, S. 199.*)
[2]) E. Fischer u. P. Bergell, ebenda **36**, 2605 [1903]. (*Proteine I, S. 585.*)

schuß von Chlorid erhöht. 9 g l-Tyrosin (aus Seide; $[\alpha]_D^{19} = -8{,}0°$ in 21-prozentiger Salzsäure) wurden in 100 ccm 2 n-Natronlauge gelöst, dann eine Lösung von 38 g p-Toluolsulfochlorid in 100 ccm Äther zugefügt und auf der Maschine geschüttelt. Sehr rasch begann die Abscheidung eines farblosen Niederschlags, die Masse erwärmte sich schwach, und es entstand ein gleichmäßiger weißer Brei. Nach einer Stunde wurden wieder 100 ccm 2 n-Natronlauge zugefügt, noch zwei Stunden geschüttelt und dann der Niederschlag, der das Natriumsalz des Di-toluolsulfo-tyrosins ist, abgesaugt, mit wenig kaltem Wasser gewaschen und aus 1 l kochendem 35-prozentigem Alkohol umkrystallisiert. Die Ausbeute betrug 22 g getrocknetes Salz oder 86% der Theorie.

Zur Analyse wurde nochmals aus kochendem Wasser umkrystallisiert. Das lufttrockene Salz enthielt 2 Mol. Wasser, die bei 100° und 9 mm Druck über Phosphorpentoxyd völlig entweichen.

0,2431 g lufttrockene Sbst. verloren 0,0158 g H_2O. — 0,2634 g lufttrockene Sbst. verloren 0,0172 g H_2O.

$C_{23}H_{22}O_7NS_2Na + 2\,H_2O$ (547,41).   Ber. H_2O 6,58.   Gef. H_2O 6,50, 6,53.

0,2257 g getrocknete Sbst.: 0,0310 g Na_2SO_4. — 0,2461 g getrocknete Sbst.: 5,8 ccm N (33% KOH, 19°, 759 mm).

$C_{23}H_{22}O_7NS_2Na$ (511,38).   Ber. Na 4,50, N 2,74.
Gef. ,, 4,45, ,, 2,72.

Das Salz krystallisiert aus Wasser in mikroskopischen, meist vierseitigen Plättchen. Es ist in kaltem Wasser recht schwer löslich. Die aus dem Natriumsalz leicht erhältliche freie Säure krystallisiert aus verdünntem Alkohol in farblosen, dünnen, meist sternförmig vereinigten Prismen. Leider haben die Analysen bisher keine scharf stimmenden Resultate ergeben. Das ist um so auffälliger, als die in der üblichen Weise durch Behandlung der alkalischen Lösung mit Jodmethyl von Hrn. Dr. M. Bergmann daraus dargestellte Methylverbindung:

Di-[p-toluolsulfo]-N-methyl-tyrosin,

$CH_3 \cdot C_6H_4 \cdot SO_2 \cdot O \cdot C_6H_4 \cdot CH_2 \cdot CH[N(CH_3) \cdot SO_2 \cdot C_6H_4 \cdot CH_3] \cdot COOH$,

sofort scharfe analytische Werte gab. Nach dem Umkrystallisieren aus 50-prozentigem Alkohol bildet sie farblose Nadeln oder Prismen, die vielfach büschelförmig vereinigt sind. Im Capillarrohr beginnt sie gegen 150° zu sintern und schmilzt gegen 162—163° (korr.).

0,1664 g Sbst.: 0,3492 g CO_2, 0,0764 g H_2O. — 0,2913 g Sbst.: 7,2 ccm N (33% KOH, 20°, 764 mm).

$C_{24}H_{25}O_7NS_2$ (503,35).   Ber. C 57,22, H 5,01, N 2,78.
Gef. ,, 57,23, ,, 5,14, ,, 2,85.

$$[\alpha]_D^{21} = \frac{-0{,}63° \times 2{,}4847}{1 \times 0{,}7993 \times 0{,}0773} = -25{,}34° \text{ (in Alkohol).}$$

Eine zweite Bestimmung mit einem anderen Präparat ergab:
$$[\alpha]_D^{20} = -25,7°.$$

O - [p-Toluolsulfo] - l - tyrosin,

$$CH_3 \cdot C_6H_4 \cdot SO_2 \cdot O \cdot C_6H_4 \cdot CH_2 \cdot CH(NH_2) \cdot COOH.$$

Erwärmt man 3 g Di-[toluolsulfo]-l-tyrosin mit 50 ccm Jodwasser-Stoffsäure und 1,7 g Jodphosphonium im geschlossenen Rohr auf 100, so geht es zum größeren Teil rasch in Lösung und der Rest verwandelt sich in ein dickes braunes Öl. Beim häufigen Umschütteln wird die Lösung farblos und das gebildete Tolylmercaptan sammelt sich als farbloses Öl auf der sauren Flüssigkeit. Nach 40 Minuten wurde die Operation unterbrochen, abgekühlt, der Rohrinhalt in 200 ccm Wasser gegossen und das rasch erstarrte Tolylmercaptan abfiltriert. Ausbeute 0,75 g. Schmpt. 43—44°.

Das Monotoluolsulfo-tyrosin befindet sich als jodwasserstoffsaures Salz in der Mutterlauge. Diese wird unter geringem Druck bis zur beginnenden Krystallisation verdampft, der Rückstand in etwa 25 ccm Wasser gelöst und mit Ammoniak schwach übersättigt. Dabei fällt schon ein großer Teil des Toluolsulfo-tyrosins aus. Zur Neutralisation des überschüssigen Ammoniaks fügt man etwas Essigsäure zu, kühlt auf 0° und saugt den aus feinen, farblosen Nadeln bestehenden Niederschlag ab. Ausbeute 1,7 g oder ungefähr 85% der Theorie.

Zur Analyse wurde noch zweimal aus je 100 ccm kochendem Wasser umkrystallisiert und bei 75° unter 1 mm Druck getrocknet.

0,1637 g Sbst.: 0,3443 g CO_2, 0,0781 g H_2O. — 0,1953 g Sbst.: 7,3 ccm N (33% KOH, 16°, 745 mm).

$C_{16}H_{17}O_5NS$ (335,22).   Ber. C 57,28, H 5,11, N 4,18.

Gef. ,, 57,36, ,, 5,34, ,, 4,28.

Die Lösung in n-Salzsäure ergab:

$$[\alpha]_D^{17} = \frac{-0,30° \times 2,3695°}{1 \times 1,0345 \times 0,1500} = -4,58°.$$

Eine zweite Bestimmung gab: $[\alpha]_D^{20} = -4,62°.$
Größer war die Drehung in n-Natronlauge:

$$[\alpha]_D^{17} = \frac{-0,76° \times 2,8329}{1 \times 1,055 \times 0,1747} = -11,68°.$$

Eine zweite Bestimmung gab: $[\alpha]_D^{20} = -11,67°.$

Trotz der Übereinstimmung der Werte ist die optische Reinheit des Präparates keineswegs gewährleistet. Ich vermute sogar, daß es etwas Racemkörper enthielt, da schon das als Ausgangsmaterial dienende Tyrosin nicht ganz rein war.

Das O-[p-Toluolsulfo]-l-tyrosin hat keinen konstanten Schmelzpunkt. Beim raschen Erhitzen sintert es schon von 180° an und schmilzt unter Aufschäumen und geringer Braunfärbung gegen 218° (korr.). Es krystallisiert aus heißem Wasser in feinen verfilzten Nadeln. Es löst sich ziemlich schwer in heißem Alkohol, dagegen ziemlich leicht in warmer 50-prozentiger Essigsäure. Ebenso wie Tyrosin bildet es sowohl mit Salzsäure wie Alkalien Salze. Die Millonsche Probe zeigt es nicht; daraus geht hervor, daß die Phenolgruppe verändert ist. Das entsprechende O-[β-Naphthalinsulfo]-l-tyrosin ist bereits von E. Abderhalden und C. Funk[1] in Form des salzsauren Salzes und des Esters isoliert worden. Sie erhielten es durch Hydrolyse des Di-[β-naphthalinsulfo]-Derivats von Glycyl-l-tyrosin. Zweifellos ist der neue Weg für die Bereitung dieser Körper viel bequemer.

p-Toluol-sulfochlorid. Es wird leichter als die Amide angegriffen; denn die Reduktion tritt schon bei gewöhnlicher Temperatur ein, geht aber wegen der geringen Löslichkeit des Chlorids nur langsam vorwärts. Als 3 g Chlorid mit 30 ccm Jodwasserstoff und 5 g Jodphosphonium im geschlossenen Rohr unter Schütteln auf 50—55° erwärmt wurden, war die Reaktion nach 20 Min. beendet. Das in großer Menge entstandene Mercaptan (Thiokresol) schmolz bei 43—44°.

Benzoesäure-sulfinid (Saccharin). 2 g wurden mit 20 ccm genau entfärbtem Jodwasserstoff im geschlossenen Rohr 1 Stunde auf 100° erhitzt. Das Saccharin löste sich allmählich und die Flüssigkeit war schließlich dunkelbraun gefärbt. Beim Abkühlen fiel Jodammonium aus. Die Menge des freien Jods wurde nach dem Verdünnen mit Wasser und teilweiser Abstumpfung der Säure mit Thiosulfat titriert. Sie betrug nur 0,06 g, während 8,3 g entstehen müßten, wenn glatte Umwandlung in Thiosalicylsäure stattfände. Man ersieht daraus, daß die Reduktion des Saccharins durch den Jodwasserstof nur in ganz untergeordnetem Maße vor sich geht.

p-Toluol-sulfosäure und ihr Äthylester. Die freie Säure löst sich in warmer Jodwasserstoffsäure ohne Braunfärbung und krystallisiert bei gute Kühlung wieder aus. Der Ester erfährt unter den gleichen Bedingungen einfache Verseifung. Als 2 g Äthylester mit 20 ccm Jodwasserstoffsäure (1,96) allmählich erwärmt wurden, schmolz er, färbte sich vorübergehend dunkel und löste sich bei höherer Temperatur zum größten Teil. Nach einstündigem Erhitzen auf 100° war die durch wenig Öl getrübte Flüssigkeit nur schwach rotbraun gefärbt. Beim Erkalten fiel die p-Toluolsulfosäure als dicker Krystallbrei aus, der abgesaugt, mit konzentriertem Jodwasserstoff gewaschen und im Vakuum über Natronkalk getrocknet wurde. Ausbeute 1,3 g. Das Präparat schmolz von 105—107° genau so wie käufliche p-Toluolsulfosäure nach dem Umkrystallisieren aus heißer, rauchender Salzsäure und zeigte auch in

---

[1] Zeitschr. f. physiol. Chem. **64**, 442 [1910].

der Löslichkeit oder Krystallform die größte Ähnlichkeit mit dieser.
Die jodwasserstoffsaure Lösung zeigte nach dem Verdünnen mit Wasser
geringe Trübung und schwachen Geruch nach Schwefelwasserstoff. Ob
das von einer Verunreinigung des Esters herrührte, oder ob doch in geringem Maße Reduktion desselben stattgefunden hatte, ließ sich nicht
entscheiden.

Benzyl-sulfonsäure: Eine Lösung von 3 g in 30 ccm farblosem
Jodwasserstoff war nach einstündigem Erhitzen auf 100° im geschlossenen Rohr nur schwach gelb gefärbt.

Benzyl-sulfamid: Eine kalt bereitete Lösung von 5 g Amid in
25 ccm Jodwasserstoffsäure wurde nach Zusatz von 7 g Jodphosphonium
im geschlossenen Rohr erwärmt. Schon bei 60° Badtemperatur begann
die Braunfärbung. Die Temperatur wurde auf 85—90° gesteigert und
durch häufiges Umschütteln für fortdauernde Entfernung des freien
Jods gesorgt. Hierbei fand bald die Abscheidung eines Öles statt. Nach
etwa 45 Minuten war die Reaktion fast beendet und ein Teil des abge-
spaltenen Ammoniaks als Jodammonium ausgeschieden. Nun wurde
noch 30 Minuten auf 100° erhitzt. Beim Öffnen des erkalteten Rohres
war mäßiger Druck und starker Geruch nach Schwefelwasserstoff zu
bemerken. Der Rohrinhalt wurde mit Wasser verdünnt, das Öl ausgeäthert, die ätherische Lösung mit Natriumsulfat getrocknet und das
beim Verdampfen des Äthers zurückbleibende Öl bei 11 mm destilliert.
Bei 97—98° gingen 2,7 g eines schwach gelblichen Öls über, das die
Eigenschaften des Benzyljodids zeigte. Es enthielt viel Jod, roch sehr
stechend, war unlöslich in verdünnten Alkalien und erstarrte bei mäßiger
Abkühlung krystallinisch. Neben Benzyljodid waren in verhältnismäßig
kleiner Menge höher siedende Produkte entstanden. Benzylmercaptan,
dessen Bildung man erwarten konnte, wurde bisher nicht isoliert und
ist sicherlich in größerer Menge nicht vorhanden gewesen.

Benzamid: 3 g Benzamid wurden mit 25 ccm genau entfärbter
Jodwasserstoffsäure im Rohr eine Stunde auf 100° erwärmt. Das anfänglich entstehende, in der Kälte ziemlich schwer lösliche Hydrojodid ging
in der Wärme rasch in Lösung und zum Schluß war die Flüssigkeit
nur schwach braun gefärbt, so daß nur eine spurenweise Reduktion anzunehmen war. Der größere Teil des Benzamids war nach dieser Zeit
noch unverändert, so daß beim Abkühlen wieder Krystallisation erfolgte.
Isoliert wurde in reinem Zustand 1,5 g Benzamid, außerdem 0,55 g
Benzoesäure und Ammoniak.

Bei diesen Versuchen habe ich mich der Hilfe des Hrn. Dr. Max
Bergmann erfreut, wofür ich ihm auch hier herzlichen Dank sage.

23. Emil Fischer und Reinhart Groh: Darstellung einiger Aminosäuren aus den Phenylhydrazonen der Ketosäuren mit Aluminiumamalgam und Bereitung der optisch aktiven γ-Aminovaleriansäure.

Liebigs Annalen der Chemie 383, 364 [1911].

(Eingelaufen am 8. Juli 1911.)

Nach J. Tafel lassen sich die Phenylhydrazone durch Natriumamalgam und Essigsäure in Anilin und Amin spalten, und die Ausbeute ist so gut, daß manche Amine auf diese Weise am leichtesten darzustellen sind. Unbequemer wird die Methode bei Bereitung von Aminosäuren, weil ihre Trennung von den Natriumsalzen langdauernde Operationen nötig macht.

Da wir für die Studien über Waldensche Umkehrung größere Mengen der γ-Aminovaleriansäure nötig hatten, die zuerst von Tafel[1]) aus dem Phenylhydrazon der Lävulinsäure dargestellt wurde, so haben wir eine bequemere Reduktionsmethode gesucht und in der Anwendung des Aluminiumamalgams gefunden. Auf dieselbe Weise lassen sich die Phenylhydrazone der Brenztraubensäure und des Acetessigesters in Alanin bzw. β-Aminobuttersäure überführen und wir glauben, daß die letztere auf diese Art nicht allein bequemer, sondern auch billiger darzustellen ist als aus der Crotonsäure.

Bei den Phenylhydrazonen der gewöhnlichen Ketone gelingt die Reaktion ebenfalls, wie wir an dem Derivat des Acetons festgestellt haben. Allerdings ist hier der Vorzug des Verfahrens nicht so in die Augen springend, weil die Produkte auch bei Anwendung von Natriumamalgam leicht zu isolieren sind.

Den Besitz größerer Mengen von γ-Aminovaleriansäure haben wir benutzt, um sie in die optisch aktiven Komponenten zu spalten. Das gelingt durch Krystallisation des Chininsalzes ihrer Benzoylverbindung.

Darstellung der γ-Aminovaleriansäure.

Für die Reduktion kann man das rohe Phenylhydrazon der Lävulinsäure benutzen, das beim Zusammenbringen einer wäßrigen Lösung von Lävulinsäure mit einer Lösung von Phenylhydrazin sofort

---

[1]) Berichte d. D. Chem. Gesellsch. 19, 2415 [1886].

ausfällt. Es genügt, dasselbe scharf abzusaugen, dann mit kaltem Wasser zu verreiben, wieder zu filtrieren und scharf abzupressen.

200 g Phenylhydrazon werden in 2 Liter Alkohol gelöst, mit 500 ccm Wasser vermischt und mit 70 g Aluminiumgrieß, der in der gewöhnlichen Weise mit Quecksilberchlorid amalgamiert ist, geschüttelt. Man bedient sich hierzu am besten einer gewöhnlichen Flasche von 4 Liter Inhalt, die noch einen seitlichen Tubus hat. Dieser wird mit einem Stopfen verschlossen, in dem zur Ableitung des Wasserstoffs ein Gasleitungsrohr von etwa 35 cm steckt. Anfangs erwärmt sich die Flüssigkeit durch die bald eintretende Reaktion. Das Schütteln wird fortgesetzt, bis der größte Teil des Aluminiums oxydiert ist. Gewöhnlich reichen 15—20 Stunden aus.

Das abgeschiedene Aluminiumhydroxyd läßt sich schwer filtrieren. Es ist daher viel ratsamer, zu zentrifugieren, wodurch die Trennung leicht gelingt. Nach Abgießen der Flüssigkeit wird der Schlamm nochmals mit Wasser angerührt und von neuem zentrifugiert. Wo keine Zentrifuge zur Verfügung steht, kann man sich durch Pressen helfen.

Die wäßrig-alkoholische Lösung wird nun durch Aufkochen mit wenig Tierkohle geklärt und das Filtrat am besten unter vermindertem Druck auf 150 ccm eingeengt. Um den Rest des Anilins und gefärbte Produkte zu entfernen, wird die Lösung ausgeäthert und nach dem Abheben des Äthers mit dem vierfachen Volumen Alkohol versetzt. Bei allmählichem Zusatz von Äther krystallisiert die Aminosäure in farblosen Drusen. Die Ausbeute betrug gegen 70 g oder 60 Proz. der Theorie.

Darstellung der β-Aminobuttersäure.

Für die Operation kann rohes Acetessigesterphenylhydrazon dienen, das man durch Zusatz der berechneten Menge Phenylhydrazin zu einer durch Eis gekühlten Lösung von Acetessigester in dem dreifachen Volumen Äther und Verdunsten der ätherischen Lösung unter vermindertem Druck bereitet hat.

110 g (0,5 Mol.) Hydrazon wurden in 440 ccm Alkohol gelöst und mit 55 g käuflichen Aluminiumspänen, die in gewöhnlicher Weise amalgamiert waren, versetzt, 200 ccm Wasser zugefügt, dann die Mischung mit Eis gekühlt und 6 Stunden stark gerührt, wobei die Temperatur der Flüssigkeit zwischen 10 und 20° blieb. Die Abkühlung ist hier vorteilhaft, weil die Flüssigkeit sich sonst ziemlich stark erwärmt und dadurch die möglichst zu vermeidende Bildung von Phenylmethylpyrazolon begünstigt wird.

Von jetzt an wurde das Gemisch in der vorerwähnten Schüttelflasche ohne Kühlung mit der Maschine 20 Stunden geschüttelt, dann nochmals mit 10 g amalgamierten Aluminiumspänen und 100 ccm Wasser versetzt und abermals 20 Stunden geschüttelt. Das Aluminium war jetzt bis auf einen kleinen Rest verbraucht. Nachdem das Gemisch mit 1400 ccm Wasser verdünnt war, wurde zentrifugiert, die Flüssigkeit abgegossen, das Aluminiumhydroxyd mit 1,5 Liter warmem Wasser aufgeschlämmt und nach dem Abkühlen von neuem zentrifugiert. Zur Verseifung des Esters haben wir nun die fast klare, etwas gefärbte Gesamtflüssigkeit 3 Stunden am Rückflußkühler gekocht und dann unter vermindertem Druck auf 100 ccm eingedampft. Der hierbei entstehende Niederschlag wurde abfiltriert, die Mutterlauge ausgeäthert, um den Rest von aromatischen Produkten zu entfernen, dann wiederum unter vermindertem Druck zum Sirup verdampft und dieser in warmem Alkohol gelöst. Beim längeren Stehen in der Kälte schied sich die Aminobuttersäure als farblose, krystallinische Masse ab. Sie wurde filtriert, die Mutterlauge eingeengt und dadurch eine zweite Krystallisation gewonnen. Die Gesamtmenge betrug 29 g oder 56 Proz. der Theorie.

Die letzte Mutterlauge enthielt einen leichtlöslichen Sirup.

Zur Analyse wurde die Substanz in sehr wenig Wasser gelöst und durch Alkohol abgeschieden.

0,1632 g gaben 0,2784 CO_2 und 0,1275 H_2O. — 0,1578 g gaben 18,4 ccm Stickgas über 33 prozentiger Kalilauge bei 23° und 760 mm Druck.

Ber. für $C_4H_9O_2N$ (103,1).   C 46,56, H 8,80, N 13,59.

Gef.   „ 46,53, „ 8,74, „ 13,22.

Das Präparat zeigte nach vorhergehendem Sintern den Schmelzp. 188—189° (193—194° korr.) und auch die sonstigen Eigenschaften der β-Aminobuttersäure.

Obige Darstellung halten wir zur Zeit für die bequemste und billigste Methode zur Gewinnung der Aminosäure.

Bildung von Alanin aus Brenztraubensäurephenylhydrazon.

Die Operation wird erschwert durch die geringe Löslichkeit des Hydrazons. Deshalb wurden 10 g Hydrazon[1]) in 300 ccm warmem Alkohol gelöst, abgekühlt und nach Zusatz von 5 ccm Wasser und 6 g amalgamierten Aluminiumspänen auf der Maschine geschüttelt. Nach 4 Stunden wurden nochmals 5 ccm Wasser und nach weiteren 15 Stunden abermals 5 ccm Wasser und 1 g Aluminiumamalgam zugegeben. Nachdem von jetzt an noch 22 Stunden geschüttelt und der größte Teil des Aluminiums oxydiert war, wurde zentrifugiert. Da das Alanin in Alkohol sehr schwer löslich ist, so haben wir das Aluminiumhydroxyd noch zweimal mit 300 ccm kochendem Wasser ausgelaugt und auch hier die Trennung von Flüssigkeit und Niederschlag durch Zentrifugieren bewirkt.

---

[1]) E. Fischer, Berichte d. D. Chem. Gesellsch. **16**, 2241 [1883].

Die Hauptmenge des Alanins war in dem ersten wäßrigen Auszug enthalten. Für seine Isolierung genügt Aufkochen mit wenig Tierkohle und Verdampfung des Filtrats unter vermindertem Druck.

Zur Reinigung wurde das Präparat in wenig Wasser gelöst und mit Alkohol gefällt. Gesamtausbeute 2,75 g oder 55 Proz. der Theorie.

$$\text{Ber. für } C_3H_7O_2N. \quad C\ 40,40,\ H\ 7,92.$$
$$\text{Gef. ,,}\quad 40,24,\ ,,\ 7,95.$$

Das Verfahren hat keinen praktischen Wert, da man das Alanin viel leichter auf andere Weise erhält. Wir haben die Operation nur ausgeführt, um zu zeigen, daß die Methode auch bei α-Ketosäuren anwendbar ist.

Spaltung der Benzoyl-γ-aminovaleriansäure in die optisch aktiven Komponenten.

Die von Senfter und Tafel[1]) beschriebene racemische Benzoylverbindung wird mit besserer Ausbeute gewonnen, wenn die Benzoylierung nicht in alkalischer Lösung, sondern bei Gegenwart von Natriumbicarbonat vorgenommen wird, ähnlich wie es von E. Fischer[2]) für die Darstellung des Benzoylalanins angegeben ist.

Aus 30 g Aminosäure erhielten wir 45 g Benzoylverbindung, die durch Auskochen mit Ligroin von Benzoesäure befreit war. Nach dem Umkrystallisieren aus heißem Wasser betrug die Menge noch 35 g.

20 g inaktive γ-Benzoylaminovaleriansäure werden mit 34 g Chinin (mit 3 H_2O) in 140 ccm heißem Alkohol gelöst und 400 ccm heißes Wasser zugefügt. Beim Erkalten trübt sich die Mischung.

Fügt man jetzt einige Impfkrystalle zu und läßt 15 Stunden im Eisschrank stehen, so scheidet sich das Chininsalz in feinen Nadeln aus. Es wird aus 70 ccm Alkohol und 200 ccm Wasser in der gleichen Weise umkrystallisiert, und ist dann so rein, daß weiteres Umlösen keinen Zweck hat. Die Ausbeute betrug in der Regel 20 g.

Die Bereitung der Impfkrystalle ist etwas mühsamer. Man muß dazu die oben erwähnte Lösung, die in der Kälte das Chininsalz als zähes Öl abscheidet, längere Zeit unter häufigem Reiben der Gefäßwände stehen lassen. Wie in vielen ähnlichen Fällen können bis zum Eintritt der Krystallisation Wochen vergehen. Sie hängt von Zufälligkeiten ab, die man nicht beherrscht.

Um aus dem Chininsalz die Benzoylverbindung zu gewinnen, wurden 20 g in 70 ccm warmem Alkohol gelöst, mit 400 ccm warmem Wasser versetzt, rasch abgekühlt und 34 ccm n-Natronlauge zugefügt. Das

---

[1]) Berichte d. D. Chem. Gesellsch. **27**, 2313 [1894].

[2]) Ebenda **32**, 2454 [1899]. (*Proteine I, S. 90.*)

Chinin schied sich dabei milchig ab, ließ sich aber nach dem Abkühlen mit Eis und Schütteln mit Tierkohle filtrieren. Das Filtrat wurde mit 10 ccm 5 n-HCl übersättigt, worauf bald die Krystallisation der aktiven Benzoyl-γ-aminovaleriansäure begann. Nach längerem Stehen in Eis betrug die Menge 4,5 g. Die unter stark vermindertem Druck eingeengte Mutterlauge gab noch 2,5 g, so daß die Gesamtausbeute 7 g oder 70 Proz. der Theorie betrug.

Beide Krystallisationen zeigten das gleiche Drehungsvermögen, das sich auch bei weiterem Umkrystallisieren aus heißem Wasser nicht mehr änderte.

Für die Analyse war im Vakuumexsiccator getrocknet.

0,1718 g gaben 0,4091 CO_2 und 0,1052 H_2O. — 0,1500 g gaben 8,3 ccm Stickgas über 33 prozentiger Kalilauge bei 23° und 767 mm Druck.

Ber. für $C_{12}H_{15}O_3N$ (221,1).   C 65,13, H 6,83, N 6,34.

Gef.   ,, 64,94, ,, 6,85, ,, 6,33.

Die Substanz schmolz nach vorhergehendem Erweichen bei 131° (133° korr.), also fast bei der gleichen Temperatur wie der Racemkörper. Sie ist aber in Wasser etwas schwerer löslich und krystallisiert daraus in zentimeterlangen Nadeln. Aus einer Lösung von 1,62 g aktiver Substanz in 100 ccm heißem Wasser war nach 15 stündigem Stehen 1,12 g wieder ausgefallen.

Die Spaltung der inaktiven Benzoylverbindung kann auch mit dem Chinidinsalz ausgeführt werden, wobei ebenfalls die Verbindung der linksdrehenden Komponente auskrystallisiert. Da das Verfahren sonst keinen Vorteil vor der Chininmethode bietet, so verzichten wir auf die ausführliche Beschreibung.

0,1756 g Benzoylverbindung, gelöst in Alkohol. Gesamtgewicht der Lösung 1,7569 g. d_4^{20} = 0,8191. Drehung im 1 dm-Rohr bei 20° und Natriumlicht 1,79° (± 0,02°) nach links. Mithin

$$[\alpha]_D^{20} = -21,9° (\pm 0,2°) \text{ in Alkohol.}$$

Drei weitere Bestimmungen an Substanz, die zum Teil aus dreimal umkrystallisiertem Chininsalz hergestellt und selbst mehrmals aus Wasser umkrystallisiert war, gaben innerhalb der Fehlergrenzen denselben Wert.

Die linksdrehende Benzoylverbindung entspricht der rechtsdrehenden und deshalb als d-Verbindung zu bezeichnenden γ-Aminovaleriansäure.

d - γ - Aminovaleriansäure.

Da die Benzoylverbindung schwer hydrolysiert wird, so haben wir 4,5 g mit 90 ccm 20 prozentiger Salzsäure 15 Stunden in einem Quarzkolben am Rückflußkühler gekocht. Nach dem Erkalten wurde die ausgeschiedene Benzoesäure abfiltriert und die Lösung unter vermindertem Druck zur Trockne verdampft, wobei das Hydrochlorid der Aminosäure krystallinisch zurückblieb. Seine wäßrige Lösung wurde zuerst ausgeäthert, um noch kleine Mengen von Benzoesäure und unveränderter Benzoylverbindung zu entfernen, dann mit Silberoxyd geschüttelt und in dem Filtrat das gelöste Silber durch Salzsäure genau ausgefällt. Beim Verdampfen des Filtrats unter vermindertem Druck blieb die freie Aminosäure krystallinisch zurück. Als ihre Lösung in wenig Wasser mit der achtfachen Menge Alkohol versetzt war, begann bald die Krystallisation und nach 10stündigem Stehen war der größte Teil (1,34 g) ausgefallen. Die zweite Krystallisation betrug 0,25 g und Zusatz von Äther gab noch 0,46 g. Gesamtausbeute 2,05 g oder 86 Proz. der Theorie.

Alle drei Krystallisationen zeigten nahezu die gleiche Drehung. Für die Analyse diente die erste Krystallisation nach dem Trocknen im Vakuumexsiccator.

0,1676 g gaben 0,3148 CO_2 und 0,1438 H_2O. — 0,1557 g gaben 16,4 ccm Stickgas über 33prozentiger Kalilauge bei 22° und 751 mm Druck.

Ber. für $C_5H_{11}O_2N$ (117,1). C 51,24, H 9,48, N 11,96.
Gef. „ 51,23, „ 9,60, „ 11,85.

Das Präparat schmolz beim raschen Erhitzen unter Gasentwickelung gegen 209° (214° korr.). Ebenso verhält sich übrigens der Racemkörper und die Angabe von Tafel über den Schmelzp. 193° (unkorr.) ist offenbar auf andere Art des Erhitzens und Zersetzung der Substanz zurückzuführen.

Für die optische Untersuchung diente die analysierte Substanz.

0,1354 g Substanz, gelöst in Wasser. Gesamtgewicht der Lösung 1,3562 g. $d_4^{20} = 1,0237$. Drehung im 1 dm-Rohr bei 20° und Natriumlicht 1,23° ($\pm 0,02°$) nach rechts. Mithin

$$[\alpha]_D^{20} = + 12{,}0° (\pm 0{,}2°).$$

Die oben erwähnten späteren Krystallisationen der Aminosäure zeigten innerhalb der Fehlergrenzen dieselbe Drehung. Da bei dem langen Kochen mit Salzsäure eine partielle Racemisierung erfolgt sein konnte, so haben wir die Aminosäure in die Benzoylverbindung zurückverwandelt und diese optisch geprüft. Gefunden:

$$[\alpha]_D^{20} = - 21{,}7° (\pm 0{,}4°).$$

Wir glauben, aus diesem Resultat den Schluß ziehen zu dürfen, daß auch die freie Aminosäure optisch ziemlich rein gewesen ist.

l - γ - Aminovaleriansäure.

Ihre Benzoylverbindung befindet sich in der ersten Mutterlauge, die nach dem Auskrystallisieren des Chininsalzes ihres optischen Antipoden bleibt, und wird daraus in der gleichen Weise wie der Antipode isoliert. Das Rohprodukt enthielt ungefähr 30 Proz. Racemkörper. Durch häufiges Umkrystallisieren aus Wasser läßt sich dieser zum größten Teil entfernen. Aber dieses Reinigungsverfahren ist mit so großen Verlusten verbunden, daß es sich für die praktische Darstellung nicht eignet. Leider haben wir auch kein krystallisiertes Alkaloidsalz gefunden, das für diesen Zweck paßt. Wir mußten uns deshalb damit begnügen, in größerer Menge durch Umlösen aus Wasser ein Präparat von

$$[\alpha]_D^{20} = + 16,5°$$

darzustellen, mit dem auch die Analyse ausgeführt wurde.

0,1615 g gaben 0,3850 CO_2 und 0,1004 H_2O. — 0,1504 g gaben 8,5 ccm Stickgas über 33 prozentiger Kalilauge bei 19° und 758 mm Druck.

Ber. für $C_{12}H_{15}O_3N$ (221,1). C 65,13, H 6,84, N 6,34.

Gef. „ 65,02, „ 6,96, „ 6,50.

0,1158 g Substanz, gelöst in absolutem Alkohol. Gesamtgewicht der Lösung 1,1530 g. $d_4^{20} = 0,8191$. Drehung im 1 dm-Rohr bei 20° und Natriumlicht 1,36° ($\pm$ 0,02°) nach rechts. Mithin

$$[\alpha]_D^{20} = + 16,5° (\pm 0,2°).$$

Aus einer solchen Benzoylverbindung wurde die freie linksdrehende γ-Aminovaleriansäure bereitet. Sie war natürlich auch durch Racemkörper verunreinigt, der sich in den ersten Krystallisationen anhäufte. Für die Analyse diente ein Präparat von

$$[\alpha]_D^{20} = - 5,3° (\pm 0,2°).$$

0,1647 g gaben 0,3100 CO_2 und 0,1391 H_2O. — 0,1501 g gaben 15,8 ccm Stickgas über 33 prozentiger Kalilauge bei 23° und 761 mm Druck.

Ber. für $C_5H_{11}O_2N$ (117,1). C 51,24, H 9,47, N 11,96.

Gef. „ 51,33, „ 9,45, „ 11,95.

Aus den Mutterlaugen haben wir zwei weitere Krystallisationen von

$$[\alpha]_D^{20} = - 8,6° (\pm 0,2°)$$

und

$$[\alpha]_D^{20} = - 10,7° (\pm 0,2°)$$

erhalten.

24. Emil Fischer und Ferdinand Gerlach: Über Pyrrolin-α-carbonsäure.

Berichte der Deutschen Chemischen Gesellschaft 45, 2453 [1912].

(Eingegangen am 26. Juli 1912.)

Die früheren Versuche, Pyrrol-α-carbonsäure durch Anlagerung von vier Wasserstoffatomen in Prolin zu verwandeln, blieben erfolglos[1]). Da aber diese Reaktion als Schlußstein zu einer Brücke von den Kohlehydraten zum Prolin ein erhöhtes Interesse hat, so haben wir ihr Studium wieder aufgenommen. Das Ziel wurde zwar nicht ganz erreicht, aber es ist uns wenigstens durch Reduktion mit Jodphosphonium und starkem Jodwasserstoff gelungen, zwei Wasserstoffatome an die Pyrrol-α-carbonsäure anzulagern. Bei der freien Säure findet die Reaktion allerdings in nur untergeordnetem Maße statt, weil ein großer Teil der Säure auffallenderweise schon bei Zimmertemperatur in Kohlensäure und nicht näher untersuchte Produkte gespalten wird. Dagegen liefert das Amid (Carbopyrrolamid) unter denselben Bedingungen die hydrierte Säure in etwa 25% der Theorie.

Die Struktur der so gewonnenen Pyrrolin-α-carbonsäure ist bezüglich der Lage der Doppelbindung noch nicht festgestellt. Nach Analogie mit anderen Additionsprodukten der Furanreihe kann man aber mit einiger Wahrscheinlichkeit den Schluß ziehen, daß die Doppelbindung sich an den beiden nicht mit dem Stickstoff verbundenen Kohlenstoffatomen befindet. Dafür spricht auch bis zu einem gewissen Grade die große Ähnlichkeit, welche die Säure mit dem Prolin zeigt. So liefert sie ein tiefblau gefärbtes, in kaltem Wasser schwer lösliches Kupfersalz, welches sogar denselben Gehalt an Krystallwasser (2 Mol.) wie das Prolinkupfer hat. Ferner läßt sich die Pyrrolin-α-carbonsäure unter denselben Bedingungen wie das Prolin in den Methylester verwandeln, und dieser gleicht wieder stark den Estern der gewöhnlichen, aliphatischen Aminosäuren.

---

[1]) E. Fischer und D. van Slyke, Berichte d. D. Chem. Gesellsch. **44**, 3166 [1911]. (*S. 313.*)

Infolge dieser großen Übereinstimmung kann die Pyrrolin-carbonsäure leicht mit dem Prolin verwechselt werden. Z. B. würde man bei der Analyse von racemischem Prolinkupfer, sofern man sich auf die Bestimmung von Krystallwasser und Kupfer beschränkt, eine Beimengung von pyrrolin-carbonsaurem Kupfer höchst wahrscheinlich übersehen. Wir machen darauf besonders aufmerksam, weil wir es für möglich halten, daß die Pyrrolin-α-carbonsäure neben Prolin in den natürlichen Eiweißstoffen vorkommt, aber aus obigen Gründen bisher übersehen wurde. Bei der Wichtigkeit der Frage werden wir selbst Versuche anstellen, um sie zu entscheiden.

Pyrrolin- α -carbonsäure.

Wie schon erwähnt, wurde das beste Resultat bei der Reduktion des Carbopyrrolamids erhalten, welches man auf verhältnismäßig bequeme Weise aus dem Chlorid der Pyrrol-α-carbonsäure durch Ammoniak erhält[1]). Da die Ausbeute durch kleine Veränderungen der Bedingungen stark beeinflußt wird, so scheint es uns nötig, die Operation sehr eingehend zu schildern.

2 g feingepulvertes Carbopyrrolamid werden mit 2 g Jodphosphonium und 30 ccm Jodwasserstoffsäure vom spez. Gew. 1,96 im geschlossenen Rohr bei 35° geschüttelt. Das Amid geht langsam, aber völlig in Lösung. Nach 2 Tagen wird die Operation unterbrochen. Gase werden dabei nicht gebildet, denn in dem Rohr herrscht kein Druck. Das verdient hervorgehoben zu werden, denn bei der freien Pyrrol-carbonsäure entsteht auch bei niedriger Temperatur viel Kohlensäure. Der Rohrinhalt wird nun in ca. 80 ccm Eiswasser gegossen und die Flüssigkeit unter stark vermindertem Druck aus einem Bade von 40—50° zur Trockne verdampft. Den farblosen, pulverigen Rückstand haben wir mehrmals mit Äther extrahiert, das Ungelöste in etwa 100 ccm Wasser gelöst, mit fein zerriebenem, aufgeschlämmtem, gelbem Quecksilberoxyd $^1/_4$ Stunde gekocht und das Filtrat noch 1—2- mal in der gleichen Weise behandelt, bis in der Flüssigkeit kein Halogen mehr nachweisbar war. Nachdem das Quecksilber aus der Flüssigkeit durch Schwefelwasserstoff entfernt und der Schwefelwasserstoff völlig verjagt war, wurde die klare Lösung mit überschüssigem, gefälltem Kupferoxyd $^1/_2$ Stunde gekocht und das tiefblaue Filtrat unter vermindertem Druck ziemlich stark eingeengt. Hierbei fällt das Kupfersalz in tiefblauen Krystallen aus. Seine Menge beträgt etwa die Hälfte des angewandten Amids. Zur Reinigung muß das Salz wieder in kochendem Wasser gelöst und durch Abkühlung auf 0° zur Krystallisation gebracht werden,

---

[1]) ebenda.

wobei seine Menge ungefähr auf $^2/_3$ zurückgeht. Für die Analysen war es sogar noch zweimal in der gleichen Weise umgelöst worden.

Das lufttrockne Salz enthält 2 Mol. Wasser, die unter 12—15 mm Druck bei 100° ausgetrieben wurden.

0,08017 g Sbst. verloren 0,00890 g H_2O. — 0,08784 g Sbst. verloren 0,00964g H_2O.

$C_{10}H_{12}O_4N_2Cu + 2 H_2O$ (323,72).   Ber. H_2O 11,13.   Gef. H_2O 11,1, 10,97.

0,02150 g trocknes Salz: 0,00594 g CuO. — 0,1443 g trocknes Salz: 0,2226 g CO_2, 0,0566 g H_2O. — 0,2352 g trocknes Salz: 20,2 ccm N über 33-proz. Kalilauge (24°, 762 mm).

$C_{10}H_{12}O_4N_2Cu$.   Ber. C 41,71, H 4,21, Cu 22,10, N 9,74.
Gef. ,, 42,07, ,, 4,39, ,, 22,07, ,, 9,72.

Das Kupfersalz bildet eine tiefblaue Krystallmasse, die unter dem Mikroskop als ein Gewirr von unregelmäßigen und vielfach verwachsenen Platten erscheint.

Beim Austreiben des Krystallwassers nimmt das Salz einen violetten Ton an. Diese Erscheinung tritt langsam schon bei gewöhnlicher Temperatur im Vakuumexsiccator ein.

Bemerkenswert ist die Ähnlichkeit mit dem racemischen Prolinkupfer. Es ist z. B. nicht möglich, die beiden Salze durch Bestimmung des Krystallwassers und des Kupfers zu unterscheiden. Erst die Elementaranalyse würde den Unterschied im Wasserstoffgehalt ergeben. Da auch die Löslichkeit in Wasser ähnlich ist, so kann eine Verwechslung beider Salze bei oberflächlicher Beobachtung leicht eintreten.

Zur Bereitung der freien Pyrrolin-α-carbonsäure wird das zweimal umkrystallisierte Kupfersalz in heißer, wäßriger Lösung durch Schwefelwasserstoff zersetzt und das farblose Filtrat unter vermindertem Druck zur Trockne verdampft, wobei die Säure als farblose Krystallmasse zurückbleibt. Sie ist in Wasser sehr leicht, in absolutem Alkohol aber sehr schwer löslich und läßt sich infolgedessen aus der konzentrierten wäßrigen Lösung durch Alkohol fällen.

0,1293 g Sbst. (im Exsiccator über Phosphorpentoxyd getr.): 0,2514 g CO_2, 0,0740 g H_2O. — 0,1626 g Sbst.: 18,1 ccm N (20,5°, 755 mm).

$C_5H_7O_2N$ (113,06).   Ber. C 53,06, H 6,24, N 12,39.
Gef. ,, 53,03, ,, 6,40, ,, 12,67.

Die Pyrrolin-carbonsäure schmilzt im Capillarrohr bei raschem Erhitzen gegen 235° (korr.) unter Gasentwicklung. Die beim stärkeren Erhitzen entstehenden Dämpfe riechen etwas ammoniakalisch. Außerdem geben die Zersetzungsprodukte stark die Fichtenspanreaktion der Pyrrole. Sie schmeckt süß und ganz schwach bitter. In Wasser ist sie sehr leicht löslich.

Die schwefelsaure Lösung gibt, wenn sie nicht gar zu verdünnt ist, mit Phosphorwolframsäure einen Niederschlag, der anfangs häufig ölig ist, aber sehr bald krystallinisch wird. Die Krystalle sehen unter dem Mikroskop meist wie lange, ganz schmale Platten, seltener wie Nadeln oder Prismen aus. Sie lösen sich in der warmen Flüssigkeit ziemlich leicht.

Die wäßrige Lösung absorbiert schon in der Kälte Brom und trübt sich dabei.

In absolutem Alkohol ist die Aminosäure im Gegensatz zum Prolin selbst in der Siedehitze recht schwer löslich und scheidet sich aus der eingeengten Lösung in sehr kleinen Krystallen ab. Etwas leichter wird sie von siedendem Methylalkohol aufgenommen. Aus der eingeengten methylalkoholischen Lösung krystallisiert sie in mikroskopischen, vielfach schief abgeschnittenen, ziemlich dicken Säulen und auch in flächenreicheren Formen.

Suspendiert man die Aminosäure in trocknem Methylalkohol und leitet Salzsäure ein, so geht sie rasch in Lösung und wird dabei verestert. Beim Verdunsten der alkoholischen Lösung bleibt eine krystallinische Masse zurück. Daraus kann man mit einer höchst konzentrierten Lösung von kohlensaurem Kalium und Äther den Ester in der gewöhnlichen Weise abscheiden. Er hat einen ähnlichen Geruch wie die Ester der anderen einfachen Aminosäuren. Er löst sich leicht in Äther und läßt sich daraus durch gasförmige Salzsäure fällen. Das salzsaure Salz ist in Alkohol sehr leicht löslich und krystallisiert auf Zusatz von Äther in langen, feinen Nadeln. Für die genauere Untersuchung reichte unser Material nicht aus.

25. Henrik Ramsay: Neue Darstellung der Glykocyamine oder Guanidosäuren.

Berichte der Deutschen Chemischen Gesellschaft **41**, 4385 [1908].

Eingegangen am 11. Dezember 1908.

Für das Glykocyamin sind zwei Synthesen bekannt. Die ältere, von Strecker aufgefundene, beruht auf der Addition von Cyanamid und Glykokoll[1]. Sie ist bekanntlich für die Synthese des Kreatins[2] und mehrerer anderer Homologen des Glykocyamins[3] benutzt worden. Die zweite Methode, welche von Nencki und Sieber herrührt[4], besteht im Erhitzen von Glykokoll und Guanidincarbonat auf eine Temperatur bis etwa 140°. Sie ist später von Korndörfer[5] dahin abgeändert worden, daß die Operation bei 100° ausgeführt wird. Eine Übertragung des Verfahrens auf die Homologen des Glykocyamins ist bisher nicht bekannt geworden, und nach meinen Beobachtungen scheint sie in der Tat bei Alanin keine guten Resultate zu geben. Auch das Verfahren von Strecker wird bei den höheren Aminosäuren unbequem, weil es Wochen, ja Monate in Anspruch nimmt. Ich habe deshalb auf Veranlassung von Professor Emil Fischer versucht, die Glykocyamine analog den Aminosäuren aus den Halogenfettsäuren durch Einwirkung von überschüssigem Guanidin zu gewinnen, und es ist mir so in der Tat gelungen, eine recht bequeme Darstellung für diese Körper auszuarbeiten.

Bei einem Versuch, das Kreatin zu synthetisieren, hat Huppert[6] eine ähnliche Methode benutzt, indem er eine wäßrige Lösung von chloressigsaurem Methylguanidin in 12 Stunden auf 120° erhitzte, dann mit Bleihydrat kochte und das Blei durch Fällen mit Schwefelwasserstoff entfernte. Doch erhielt er hierbei weder Kreatin noch eine isomere Verbindung, sondern einen Körper von der Formel

---

[1] Strecker, Compt. rend. **52**, 1212 [1861].

[2] Volhard, Zeitschr. f. Chem. **1869**, 318.

[3] Baumann, Liebigs Ann. d. Chem. **167**, 83 [1873]; Duvillier, Compt. rend. **91**, 171 [1880]; **104**, 1290 [1887].

[4] Journ. f. prakt. Chem. [2] **17**, 478 [1878].

[5] Chem. Centralbl. **1905**, I, 156.

[6] Berichte d. D. Chem. Gesellsch. **4**, 879 [1871].

$C_4H_{11}O_3N_3$, der mithin 1 Mol. Wasser mehr enthält als Kreatin. Die von Huppert dafür in Aussicht genommene Strukturformel

$$\begin{array}{c} NH_2 \\ \cdot \quad \nearrow OH \\ C = N{\Large<}CH_3 \\ \cdot \quad \searrow CH_2 \cdot COOH \\ NH_2 \end{array}$$

ist mir wenig wahrscheinlich, da man von einem solchen Körper erwarten sollte, daß er leicht in Kreatin oder Kreatinin übergeht.

Bei der Darstellung der Glykocyamine nach dem von mir ausgearbeiteten Verfahren wird die Halogenfettsäure mit einem erheblichen Überschuß (5—10 Mol.) Guanidin, das nur wenig Wasser enthalten soll, erwärmt. Bei der Chloressigsäure genügt schon Bruttemperatur, wenn man die Reaktion 12—15 Stunden dauern läßt, bei den Homologen bis zur Bromisocapronsäure habe ich einige Stunden auf 60° erwärmt, und bei der hochmolekularen, langsam wirkenden Brompalmitinsäure und der Phenylbromessigsäure war 8-stündiges Erhitzen auf 100° resp. 10-stündiges Erhitzen auf 80° notwendig.

Zur Bereitung des Guanidins wurden 10 g reines Carbonat [$(CH_5N_3)_2$ · H_2CO_3] in verdünnter Schwefelsäure gelöst, nach der Verdünnung mit Wasser die Schwefelsäure mit Bariumhydrat quantitativ ausgefällt und das Filtrat unter 12—15 mm Druck bis auf ungefähr 10 ccm eingeengt. Diese Lösung enthält nach der Berechnung 6,56 g freies Guanidin.

Die α-Halogenfettsäuren bis zur Bromisocapronsäure mischen sich mit dieser konzentrierten Guanidinlösung leicht und vollkommen, wenn man das Verhältnis von Säure zur Base wie 1 : 5 Mol. wählt. Dasselbe trifft für die Phenylbromessigsäure zu, wenn man das Verhältnis wie 1 : 10 Mol. nimmt. Dagegen ist bei der Brompalmitinsäure noch der Zusatz von Alkohol nötig, um Lösung herbeizuführen.

Ich habe mich bisher auf die Untersuchung der α-halogensubstituierten Säuren beschränkt, beabsichtige aber auch die Untersuchung auf die isomeren und die dihalogensubstituierten Säuren auszudehnen.

Da bei der Anwendung des von Strecker gewählten Namens „Glykocyamin" für das Guanidinderivat der Essigsäure die Benennung der Homologen nicht allein unbequem, sondern auch willkürlich wird, wie die stark abweichenden Bezeichnungen verschiedener Autoren zeigen, so erscheint es zweckmäßiger, die Nomenklatur dieser Stoffe derjenigen der Aminosäuren nachzubilden. Nach dem Vorgang von Mulder[1]), der für das aus Cyanamid und β-Alanin gewonnene Guanidinderivat der Propionsäure den Namen β-Guanidopropionsäure wählte, werde ich deshalb diese Körper allgemein als Guanidosäuren bezeichnen.

---

[1]) Berichte d. D. Chem. Gesellsch. **8**, 1267 [1877].

Guanido-essigsäure (Glykocyamin)[1]), $CH_2(CH_4N_3) \cdot CO_2H$.

Unter Abkühlung wurden zu der obigen konzentrierten Guanidin-lösung (aus 10 g Carbonat) 2,7 g Monochloressigsäure in mehreren Portionen gegeben und das Gemisch im Wasserbade auf 60° erwärmt, wobei sich alsbald kleine, weiße Krystalle ausschieden. Nach 2 Stunden war die Reaktion vollendet. Sie läßt sich auch bei 37° ausführen, nimmt aber dann 12—15 Stunden in Anspruch. Nach dem Erkalten wurden die ausgeschiedenen Krystalle abgesaugt und aus etwa der 60-fachen Menge heißen Wassers umkrystallisiert. Die Ausbeute an reiner Substanz betrug 60% der Theorie. Zur Analyse wurde im Vakuumexsiccator über Phosphorpentoxyd getrocknet.

0,1672 g Sbst.: 0,1875 g CO_2, 0,0906 g H_2O. — 0,1213 g Sbst.: 37,7 ccm N (18°, 758 mm).

$C_3H_7O_2N_3$ (117,09).   Ber. C 30,75, H 6,03, N 35,90.
                            Gef. ,, 30,58, ,, 6,08, ,, 36,08.

Zum Vergleich mit den früheren Angaben über das Glykocyamin habe ich die Löslichkeit in kaltem Wasser bestimmt. Zu diesem Zweck wurde die gepulverte Substanz mit einer zur Lösung ungenügenden Menge reinen Wassers (aus der Platinretorte destilliert) im Silberrohr 7 resp. 8 Stunden bei 14,5° geschüttelt. Das Verhältnis wurde im ersten Fall wie 1 : 218,0, im zweiten wie 1 : 217,6 gefunden. Nencki und Sieber fanden bei derselben Temperatur 1 : 227.

Das aus meinem Präparat dargestellte Hydrochlorid besaß die Zusammensetzung und die Eigenschaften wie das entsprechende Salz von Korndörfer[2]).

Für das Pikrat fand ich den Schmlzp. 201° (korr.), während Wheeler und Merriam[3]) 202° und Jaffé[4]) 199° angeben.

Bezüglich des Zersetzungspunktes der Guanidoessigsäure fallen meine Beobachtungen mit denen von Wheeler und Merriam und Nicola[5]) zusammen.

α -Guanido-propionsäure (Alanocyamin, Isokreatin, Alakreatin)[6]), $CH_3 \cdot CH(CH_4N_3) \cdot CO_2H$.

Setzt man zu obiger Guanidinlösung (aus 10 g Carbonat) unter Kühlung tropfenweise 3,4 g α-Brompropionsäure, so fällt das Guanidin-

---

[1]) Strecker, Compt. rend. 52, 1212 [1861]; Nencki und Sieber, Journ. f. prakt. Chem. [2] 17, 178 [1878].

[2]) Chem. Zentralbl. 1905, I, 156.

[3]) Chem. Zentralbl. 1903, I, 1310.

[4]) Chem. Zentralbl. 1906, II, 1075.

[5]) Chem. Zentralbl. 1902, II, 296.

[6]) Baumann, Liebigs Ann. d. Chem. 167, 83 [1873]; H. Salkowski, Berichte d. D. Chem. Gesellsch. 6, 535 [1873].

salz zuerst aus, beim Erwärmen auf 60° löst es sich allmählich, und nach $1\frac{1}{2}$—2 Stunden ist die Reaktion vollendet. Um das noch vorhandene Wasser zu entfernen, engt man die schwach gelb gefärbte Lösung bei einem Druck von etwa 14 mm bis zum Sirup ein. Die zähe Flüssigkeit wird nun mit 100 ccm absolutem Alkohol vermischt und 100 ccm Aceton zugesetzt. Die Flüssigkeit trübt sich hierbei, und nach einigen Stunden ist eine reichliche Krystallisation entstanden. Die Krystalle werden abgesaugt, mit kaltem Alkohol gewaschen und aus heißem Wasser mehrmals umkrystallisiert. Die Ausbeute an reiner Substanz betrug 62% der Theorie. Zur Analyse wurde im Vakuumexsiccator über Phosphorpentoxyd getrocknet.

0,2003 g Sbst.: 0,2702 g CO_2, 0,1255 g H_2O. — 0,1008 g Sbst.: 28,2 ccm N (20°, 757 mm).

$C_4H_9O_2N_3$ (131,10).   Ber. C 36,61, H 6,92, N 32,06.
Gef. „ 36,79, „ 7,03, „ 32,14.

Zum Vergleich mit den Angaben von B a u m a n n habe ich die Löslichkeit in kaltem Wasser bestimmt. Zu diesem Zweck wurde die gepulverte Substanz mit einer zur Lösung ungenügenden Menge reinen Wassers (aus der Platinretorte destilliert) $7\frac{1}{2}$ resp. 8 Stunden im Silberrohr bei 15° geschüttelt. Das Verhältnis fand ich in beiden Fällen wie 1 : 11,8; B a u m a n n gibt für dieselbe Temperatur 1 : 12 an.

Die α-Guanidopropionsäure löst sich in weniger als 2 Teilen heißem Wasser und krystallisiert daraus in farblosen Prismen. In Alkohol ist sie sehr schwer löslich, in Äther und Aceton so gut wie unlöslich. Von verdünnten Säuren und Alkalien wird sie leicht aufgenommen. Als Schmelzpunkt gibt B a u m a n n 180° an. Für das Rohprodukt habe ich ihn ungefähr ebenso hoch gefunden, aber bei dem Umkrystallisieren ging er erheblich in die Höhe. Ich fand den Schmelzpunkt für das reinste Präparat beim raschen Erhitzen gegen 226° (korr.); er ist aber nicht ganz konstant, weil gleichzeitig Zersetzung und starkes Aufschäumen stattfindet.

Das salpetersaure Salz krystallisiert in kleinen, rhombenähnlichen Krystallen und zersetzt sich gegen 150° (korr.).

Das schwefelsaure Salz krystallisiert in schiefen Prismen und zersetzt sich gegen 155—160° (korr.).

α - G u a n i d o - *n* - b u t t e r s ä u r e (O x y b u t y r o c y a m i n)[1],
$CH_3 \cdot CH_2 \cdot CH(CH_4N_3) \cdot CO_2H.$

Zu der obigen Guanidinlösung (aus 10 g Carbonat) wurden unter Kühlung 3,7 g α-Brombuttersäure gegeben, wobei zuweilen das Salz

---

[1] D u v i l l i e r, Compt. rend. **91**, 171 [1880].

krystallisierte. Das Gemisch wurde dann im Wasserbade auf 60° erwärmt, wobei bald Krystalle ausfielen. Nach $1\frac{1}{2}$—2 Stunden war die
Reaktion vollendet; die Krystalle wurden nach dem Erkalten abgesaugt,
mit Alkohol gewaschen und aus etwa 50 Teilen heißen Wassers umkrystallisiert. Die Ausbeute an reiner Substanz betrug 68% der Theorie. Zur
Analyse wurde im Vakuumexsiccator über Phosphorpentoxyd getrocknet.

0,1963 g Sbst.: 0,2967 g CO_2, 0,1353 g H_2O. — 0,1001 g Sbst.: 24,9 ccm N
(18°, 762 mm).

$C_5H_{11}O_2N_3$ (145,12). Ber. C 41,34, H 7,64, N 28,96.
Gef. ,, 41,22, ,, 7,73, ,, 29,06.

Die α-Guanido-*n*-buttersäure krystallisiert aus heißem Wasser in
feinen Nadeln oder rechteckigen Prismen. In Alkohol und Äther ist
sie fast unlöslich, in verdünnten Säuren und Alkalien löst sie sich leicht.
Beim raschen Erhitzen im Capillarrohr bräunt sie sich gegen 240° (korr.)
und schmilzt unter starkem Schäumen gegen 243—245° (korr.).

Das salpetersaure Salz krystallisiert in rechteckigen Prismen,
die sich gegen 162° (korr.) unter starkem Schäumen zersetzen.

Das schwefelsaure Salz krystallisiert in kleinen, sechseckigen
Krystallen, die sich gegen 165—168° (korr.) zersetzen.

α - Guanido-isovaleriansäure (Oxyvalerocyamin)[1]), $(CH_3)_2CH \cdot CH(CH_4N_3) \cdot CO_2H$.

Unter Kühlung wurden zu der obigen konzentrierten Guanidinlösung (aus 10 g Carbonat) 4,0 g α-Bromisovaleriansäure gegeben. Es
entstand zuerst ein dicker Krystallbrei vom Guanidinsalz, welcher sich
beim Erwärmen auf 60° im Wasserbade bald löste. Nach ca. $\frac{1}{2}$ Stunde
fing eine Krystallausscheidung an, und nach $1\frac{1}{2}$—2 Stunden war
die Reaktion vollendet; die Krystalle wurden nach dem Erkalten abgesaugt, mit Alkohol gewaschen und aus etwa der 60-fachen Menge
heißen Wassers umkrystallisiert. Die Ausbeute an reiner Substanz
betrug 62% der Theorie. Zur Analyse wurde im Vakuumexsiccator
über Phosphorpentoxyd getrocknet.

0,1244 g Sbst.: 0,2072 g CO_2, 0,0915 g H_2O. — 0,1216 g Sbst.: 27,8 ccm N
(21°, 760 mm).

$C_6H_{13}O_2N_3$ (159,13). Ber. C 45,24, H 8,23, N 26,41.
Gef. ,, 45,43, ,, 8,25, ,, 26,27.

Die α-Guanido-isovaleriansäure krystallisiert aus heißem Wasser
in rechteckigen Prismen. In Alkohol und Äther sind sie fast unlöslich.
Mit verdünnten Säuren und Alkalien läßt sie sich leicht aufnehmen. Im
Capillarrohr rasch erhitzt, bräunt sie sich gegen 240° (korr.), sintert und
schmilzt unter lebhaftem Schäumen gegen 242° (korr.).

---

[1]) Duvillier, Compt. rend. **91**, 171 [1880].

Das salpetersaure Salz krystallisiert in schiefen Prismen, es zersetzt sich gegen 172—176° (korr.).

Das schwefelsaure Salz krystallisiert in sechseckigen Krystallen, welche sich gegen 178—180° (korr.) zersetzen.

α - Guanido-isocapronsäure (α - Aminocaprocyamin)[1].
$$(CH_3)_2CH \cdot CH_2 \cdot CH(CH_4N_3) \cdot CO_2H.$$

Die obige Guanidinlösung (aus 10 g Carbonat) und 4,3 g α-Bromisocapronsäure wurden unter Kühlung vermischt. Zuerst entstand ein dicker Krystallbrei von Guanidinsalz, welcher sich beim Erwärmen auf 60° im Wasserbade allmählich löste. Nach ca. 1 Stunde fing eine Krystallisation an, nach 2—2$^1/_2$ Stunden war die Reaktion vollendet. Die ausgeschiedenen Krystalle wurden nach dem Erkalten abgesaugt, mit Alkohol gewaschen und aus etwa 45 Teilen heißen Wassers umkrystallisiert. Die Ausbeute an reiner Substanz betrug 50% der Theorie. Zur Analyse wurde im Vakuumexsiccator über Phosphorpentoxyd getrocknet.

0,1529 g Sbst.: 0,2709 g CO_2, 0,1190 g H_2O. — 0,1422 g Sbst.: 30,2 ccm N (23°, 758 mm).

$C_7H_{15}O_2N_3$ (173,15).   Ber. C 48,51, H 8,73, N 24,27.
                              Gef. ,, 48,32, ,, 8,73, ,, 24,05.

Die α-Guanido-isocapronsäure krystallisiert aus heißem Wasser in langen, an den Spitzen abgerundeten Nadeln. In Alkohol und Äther ist sie fast unlöslich. In verdünnten Säuren und Alkalien leicht löslich. Beim raschen Erhitzen im Capillarrohr sintert sie gegen 240° (korr.) und schmilzt unter starkem Schäumen gegen 242—243° (korr.).

Das salpetersaure Salz krystallisiert in feinen Nadeln, welche sich gegen 177—180° (korr.) zersetzen.

Das schwefelsaure Salz krystallisiert in kleinen schiefen Prismen, es zersetzt sich gegen 182—185° (korr.).

α - Guanido-palmitinsäure, $C_{14}H_{29} \cdot CH(CH_4N_3) \cdot CO_2H$.
Die erforderliche α-Brompalmitinsäure wurde nach der Vorschrift von Hell und Jordanow[2] dargestellt.

Die Guanidinlösung (aus 10 g Carbonat) wurde mit 3,2 g α-Brompalmitinsäure vermischt und 20 ccm Alkohol dem Gemisch zugesetzt, um vollständige Lösung herbeizuführen. Die Lösung wurde 8 Stunden im geschlossenen Rohr auf 100° erhitzt. Nach dem Erkalten wurden die ausgeschiedenen Krystalle abgesaugt, mit Wasser und Alkohol gewaschen und aus etwa der 80-fachen Menge heißen Methylalkohols umkrystallisiert. Die Ausbeute an reiner Substanz betrug 45% der Theorie.

---

[1] Duvillier, Compt. rend. **104**, 1290 [1887].
[2] Berichte d. D. Chem. Gesellsch. **24**, 938 [1891].

Längeres Erhitzen verbesserte die Ausbeute nicht. Zur Analyse wurde im Vakuumexsiccator über Phosphorpentoxyd getrocknet.

0,1412 g Sbst.: 0,3378 g CO_2, 0,1400 g H_2O. — 0,1162 g Sbst.: 13,5 ccm N (16°, 763 mm).

$C_{17}H_{35}O_2N_3$ (313,31).   Ber. C 65,11, H 11,26, N 13,42.

Gef. „ 65,25, „ 11,13, „ 13,68.

Die α-Guanidopalmitinsäure krystallisiert aus heißem Methylalkohol in kleinen, achteckigen Krystallen. Sie ist in Alkohol sehr schwer löslich, in Wasser, Äther und Aceton fast unlöslich. Im Capillarrohr rasch erhitzt, sintert sie gegen 170° (korr.) und schmilzt unter Schäumen gegen 173° (korr.). Die Guanidopalmitinsäure löst sich in Alkalien und konzentrierten Säuren.

Die Salze mit den Mineralsäuren zeigen anormale Zusammensetzung, denn sie enthalten auf 1 Mol. Säure 2 Mol. des Guanidokörpers.

Das Nitrat krystallisiert in feinen, seideglänzenden Nadeln. Es schmilzt unter Zersetzung gegen 155—156° (korr.). Zur Analyse wurde aus etwa 50 Teilen Methylalkohol umkrystallisiert und im Vakuumexsiccator über Phosphorpentoxyd getrocknet.

0,1460 g Sbst.: 0,3158 g CO_2, 0,1374 g H_2O. — 0,1126 g Sbst.: 14,2 ccm N (15°, 740 mm).

$(C_{17}H_{35}O_2N_3)_2HNO_3$ (689,64).   Ber. C 59,16, H 10,38, N 14,22.

Gef. „ 58,99, „ 10,56, „ 14,46.

Das salzsaure Salz krystallisiert in kleinen achteckigen Krystallen, die sich gegen 132—134° (korr.) zersetzen. Zur Analyse wurde aus etwa der 50 fachen Menge Methylalkohol umkrystallisiert und im Vakuumexsiccator über Phosphorpentoxyd getrocknet.

0,1502 g Sbst.: 0,3392 g CO_2, 0,1430 g H_2O. — 0,1232 g Sbst.: 14,0 ccm N (17°, 740 mm). — 0,2010 g Sbst.: 0,0430 g AgCl (nach Carius).

$(C_{17}H_{35}O_2N_3)_2 \cdot HCl$ (663,08).   Ber. C 61,53, H 10,79, N 12,69, Cl 5,34.

Gef. „ 61,60, „ 10,68, „ 12,94, „ 5,28.

Phenyl-guanido-essigsäure, $C_6H_5 \cdot CH(CH_4N_3) \cdot CO_2H$.

Die erforderliche Phenylbromessigsäure wurde nach den Angaben von Walden[1]) aus Mandelsäure und Phosphorpentabromid dargestellt.

Zu der konzentrierten Guanidinlösung (aus 10 g Carbonat) wurden unter Kühlung 2,4 g Phenylbromessigsäure gegeben, und das Gemisch wurde im Wasserbade auf 80° erwärmt. Nach ca. 30 Minuten fing eine Ausscheidung einer weißen Substanz an; nach ca. 10 Stunden war die Reaktion vollendet. Nach dem Erkalten wurde das ausgeschiedene, schwach gelb gefärbte Produkt abgesaugt und mit Wasser und Alkohol gewaschen. Da die Substanz sich als fast unlöslich in organischen Lösungsmitteln erwies, wurde sie zur Reinigung in heißer Salzsäure gelöst

---

[1]) Berichte d. D. Chem. Gesellsch. **28**, 1296 [1895].

und aus der salzsauren Lösung mit heißem Ammoniak gefällt; hierbei schied sie sich in weißen, rundlichen, amorphen Körnern aus. Die Ausbeute an reiner Substanz betrug 40% der Theorie. Zur Analyse wurde im Vakuumexsiccator über Phosphorpentoxyd getrocknet.

0,1676 g Sbst.: 0,3425 g CO_2, 0,0850 g H_2O. — 0,1110 g Sbst.: 21,1 ccm N (17,5°, 752 mm).

$C_9H_{11}O_2N_3$ (193,12). Ber. C 55,92, H 5,74, N 21,76.
Gef. „ 55,73, „ 5,69, „ 22,01.

Die Verbindung scheint mit dem von Berger[1]) beschriebenen, aus Phenylcyanamid und Glykokoll gewonnenen Glykolylmonophenyl-guanidin identisch zu sein. Bezüglich des Zersetzungspunktes 260° (korr.) fallen meine Beobachtungen mit denen von Berger zusammen. Die Phenylguanidoessigsäure löst sich leicht in Alkalien und konzentrierten Säuren. Die Salze mit den Mineralsäuren haben eine ähnliche anormale Zusammensetzung, wie diejenigen der Guanidopalmitinsäure.

Das Nitrat krystallisiert in kleinen, rechtwinkligen Prismen, es bräunt sich gegen 215° und zersetzt sich gegen 220—226° (korr.). Zur Analyse wurde aus etwa der 60-fachen Menge heißen Wassers umkrystallisiert und im Vakuumexsiccator über Phosphorpentoxyd getrocknet.

0,1537 g Sbst.: 0,2698 g CO_2, 0,0712 g H_2O. — 0,1046 g Sbst.: 19,6 ccm N (18°, 763 mm).

$(C_9H_{11}O_2N_3)_2 \cdot HNO_3$ (449,26). Ber. C 48,08, H 5,16, N 21,83.
Gef. „ 47,88, „ 5,20, „ 21,91.

Das salzsaure Salz krystallisiert in kleinen, viereckigen Körnern. Es bräunt sich gegen 250° und schmilzt unter Zersetzung gegen 255 bis 258° (korr.). Zur Analyse wurde aus etwa der 45-fachen Menge heißen Wassers umkrystallisiert und im Vakuumexsiccator über Phosphorpentoxyd getrocknet.

0,1375 g Sbst.: 0,2571 g CO_2, 0,0652 g H_2O. — 0,1270 g Sbst.: 21,7 ccm N (16°, 757 mm). — 0,2016 g Sbst.: 0,0675 g AgCl (nach Carius).

$(C_9H_{11}O_2N_3)_2 \cdot HCl$ (422,70). Ber. C 51,10, H 5,48, N 19,89, Cl 8,38.
Gef. „ 51,00, „ 5,32, „ 20,00, „ 8,29.

---

[1]) Berichte d. D. Chem. Gesellsch. 13, 992 [1880].

26. Henrik Ramsay: Neue Darstellung der Glykocyamine oder Guanidosäuren II.

Berichte der Deutschen Chemischen Gesellschaft **42**, 1137 [1909].

(Eingegangen am 16. März 1909.)

In der ersten Mitteilung[1]) habe ich gezeigt, daß die Guanidosäuren leicht aus den Halogenfettsäuren durch Behandlung mit einer konzentrierten Lösung von Guanidin dargestellt werden können. Es lag nahe, diese Methode auf die optisch-aktiven Halogenfettsäuren auszudehnen. Ich habe solche Versuche mit der *l*-α-Brompropionsäure, sowie mit den *d*- und *l*-α-Bromisocapronsäuren ausgeführt. Die Bedingungen waren im wesentlichen dieselben, wie bei der Darstellung der inaktiven Substanzen, nur wurde die Temperatur niedriger gehalten, um der Gefahr der Racemisierung zu begegnen. Trotzdem war diese bei der α-Brompropionsäure und ihrem Äthylester so groß, daß das erhaltene Produkt fast gar keine Drehung zeigte. Etwas bessere Resultate erzielte ich bei den beiden α-Bromisocapronsäuren. Die aus diesen gewonnenen Guanidosäuren zeigten nämlich in salzsaurer Lösung eine spezifische Drehung von $[\alpha]_D^{20} = + 4{,}54°$, resp. $[\alpha]_D^{20} = - 4{,}08°$.

Um das Maß der Racemisierung einigermaßen beurteilen zu können, habe ich die in salzsaurer Lösung rechtsdrehende Guanidosäure durch Erwärmen mit Baryt in Leucin übergeführt. Dieses besaß in salzsaurer Lösung die spezifische Drehung $[\alpha]_D^{20} = + 3{,}48°$, war also *l*-Leucin, aber zu ungefähr 80% racemisiert. Immerhin beweist der Versuch, daß auf solche Art aktive Guanidoverbindungen entstehen können.

Beachtenswert ist ferner, daß auf diesem Wege *l*-Leucin entsteht, während man bei der Behandlung derselben *l*-Bromisocapronsäure mit Ammoniak *d*-Leucin erhält. In einem der beiden Fälle muß also eine Waldensche Umkehrung erfolgen.

Rechtsdrehende α-Guanido-isocapronsäure.

Die angewandte *l*-α-Brom-isocapronsäure war in bekannter Weise[2]) aus Formyl-*l*-leucin gewonnen und zeigte die spezifische Drehung $[\alpha]_D^{20} = - 42{,}4°$.

[1]) Berichte d. D. Chem. Gesellsch. **41**, 4385 [1908]. (*S. 244.*)
[2]) Emil Fischer, Berichte d. D. Chem. Gesellsch. **39**, 2929 [1906]. (*S. 360.*)

Zu einer konzentrierten Lösung von Guanidin, die aus 10 g Carbonat in der früher beschriebenen Weise[1]) dargestellt ist, werden 4,3 g *l*-α-Bromisocapronsäure unter guter Kühlung und Schütteln tropfenweise gegeben. Dabei scheidet sich das Guanidinsalz der Säure als Krystallbrei ab. Man läßt das Gemisch bei 20° stehen. Die anfangs ziemlich starke Linksdrehung des Gemisches verschwindet allmählich; nach 5 Tagen ist das Guanidinsalz ganz in Lösung gegangen und die Flüssigkeit hat jetzt eine schwache Rechtsdrehung angenommen. Dann beginnt eine neue Krystallisation der Guanidosäure, die 7—8 Tage nach Beginn des Versuchs abgesaugt, mit kaltem Alkohol gewaschen und aus etwa der 45-fachen Menge heißen Wassers umkrystallisiert wird. Die Ausbeute an reiner Substanz betrug 52% der Theorie. Zur Analyse wurde im Vakuumexsiccator über Schwefelsäure getrocknet.

0,1622 g Sbst.: 0,2881 g CO_2, 0,1272 g H_2O. — 0,1243 g Sbst.: 25,9 ccm N (16°, 751 mm).

$C_7H_{15}O_2N_3$ (173,15).   Ber. C 48,51, H 8,73, N 24,27.

Gef. „ 48,44, „ 8,80, „ 24,17.

Das aktive Präparat zeigt ganz ähnliche Eigenschaften wie die früher von mir[2]) beschriebene inaktive Säure.

Da es in kaltem Wasser sehr schwer löslich ist, wurde die Drehungsbestimmung in salzsaurer Lösung ausgeführt.

0,2312 g Guanidoisocapronsäure wurden in mehr als der berechneten Menge Normalsalzsäure gelöst. Gesamtgewicht der Lösung 2,8466 g. Spez. Gewicht = 1,031. Drehung im 1 - dm - Rohr bei 20° und Natriumlicht 0,38° (± 0,02°) nach rechts. Daraus berechnet sich für die Guanidoisocapronsäure in salzsaurer Lösung:

$$[\alpha]_D^{20} = + 4,54° (\pm 0,02°).$$

Verwandlung der aktiven Guanidosäure in aktives Leucin.

1,4 g der in salzsaurer Lösung rechtsdrehenden Säure wurden mit 8,4 g (3 Mol.) krystallisiertem Bariumhydroxyd in 60 ccm Wasser warm gelöst und 1½ Stunden auf 100° erhitzt. Nachdem dann der Baryt mit Schwefelsäure genau ausgefällt war, wurde das Filtrat unter geringem Druck zur Trockne verdampft und das zurückbleibende Leucin erst von einer kleinen Menge Öl durch Waschen mit Alkohol befreit und dann aus heißem Wasser umkrystallisiert. Die Ausbeute an gereinigter Aminosäure betrug 0,58 g. Zur Analyse wurde im Vakuumexsiccator über Schwefelsäure getrocknet.

0,1283 g Sbst.: 12,2 ccm N (18°, 751 mm).

$C_6H_{13}O_2N$ (131,14).   Ber. N 10,71.   Gef. N 10,94.

---

[1]) Berichte d. D. Chem. Gesellsch. **41**, 4386 [1908]. (*S. 245.*)
[2]) Berichte d. D. Chem. Gesellsch. **41**, 4390 [1908]. (*S. 249.*)

Das Präparat besaß auch sonst die Eigenschaften des Leucins.

Zur Bestimmung des Drehungsvermögens wurden 0,1852 g Leucin in 20-prozentiger Salzsäure gelöst. Gesamtgewicht der Lösung 3,5732 g. Spez. Gewicht 1,12. Drehung im 1-dm-Rohr bei 20° und Natriumlicht 0,20° ($\pm$ 0,02°) nach rechts. Daraus berechnet sich $[\alpha]_D^{20} = + 3,48°$ ($\pm$ 0,02°). Da die spezifische Drehung des reinen l-Leucins in salzsaurer Lösung $+ 15,6°$[1]) beträgt, enthielt mein Präparat 22,4% aktiver Substanz. Man kann folglich annehmen, daß auch die oben beschriebene rechtsdrehende Guanidoisocapronsäure zum mindesten zu 22,4% aus aktiver Substanz bestand.

Linksdrehende Guanido-isocapronsäure.

Die angewandte d-α-Brom-isocapronsäure war aus Formyl-d-leucin gewonnen und zeigte eine spezifische Drehung von $[\alpha]_D^{20} = + 44,58°$.

Die Darstellung der Guanidosäure erfolgte genau so wie bei dem optischen Antipoden. Die Ausbeute betrug 54% der Theorie. Zur Analyse wurde im Vakuumexsiccator über Schwefelsäure getrocknet.

0,1584 g Sbst.: 0,2811 g CO_2, 0,1243 g H_2O. — 0,1379 g Sbst.: 28,8 ccm N (16°, 751 mm).

$C_7H_{15}O_2N_3$ (173,15).   Ber. C 48,51, H 8,73, N 24,27.
                              Gef. ,, 48,40, ,, 8,81, ,, 24,23.

Zur optischen Bestimmung wurden 0,2790 g Sbst. in etwas mehr als der berechneten Menge Normalsalzsäure gelöst. Gesamtgewicht der Lösung 3,0102 g. Spez. Gewicht 1,031. Drehung im 1-dm-Rohr bei 20° und Natriumlicht 0,39° ($\pm$ 0,02°) nach links. Daraus berechnet sich für die Guanidoisocapronsäure in salzsaurer Lösung:

$$[\alpha]_D^{20} = - 4,08° (\pm 0,02°).$$

---

[1]) Emil Fischer und O. Warburg, Berichte d. D. Chem. Gesellsch. **38**, 4004 [1905]. (*Proteine I, S. 155.*)

27. E m i l F i s c h e r: Zur Geschichte der Guanidosäuren.

Zeitschrift für Physiologische Chemie **63**, 235 [1909].

(Der Redaktion zugegangen am 17. Oktober 1909.)

In seiner Abhandlung ,,Die nächsten Homologen des Sarkosins und des Kreatins'' gibt Herr E mil G a n s s e r[1]) eine historische Übersicht über die Synthese von Methylamido- und Guanidosäuren. Als niedrigstes Glied der Guanidosäurereihe nennt er darin die Guanidoameisensäure, die nur in Form ihres Äthylesters unter dem Namen Guanolin bekannt sei. Er erwähnt dann ferner, daß N e n c k i diese Base nicht allein durch Erhitzen von Guanidodikohlensäureester mit alkoholischem Ammoniak, sondern auch direkt durch Einwirkung von Guanidin auf Chlorameisenester (Chlorkohlensäureester) erhalten habe.

Er knüpft endlich daran die Bemerkung, daß Herr H e n r i k R a m s a y das N e n c k i sche Verfahren im vergangenen Jahr als neue Darstellung der Guanidosäuren nochmals beschrieben habe.

Da Herr R a m s a y seine Versuche auf meine Veranlassung ausgeführt hat und deshalb der in obiger Bemerkung des Herrn G a n s s e r enthaltene Vorwurf indirekt auch gegen mich gerichtet ist, so fühle ich mich veranlaßt, dagegen Einspruch zu erheben.

Herr R a m s a y hat die Guanidosäuren aus den gewöhnlichen Halogenfettsäuren, wie Chloressigsäure, α-Brompropionsäure usw. durch Behandlung mit freiem Guanidin dargestellt[2]). Das Verfahren ist der gewöhnlichen Bereitung der Aminosäuren aus Halogenfettsäuren und Ammoniak nachgebildet. Herr G a n s s e r nennt nun den Chlorkohlensäureester Chlorameisensäureester und hält die Einwirkung von Chlorameisensäureester auf Guanidin für dieselbe Reaktion, wie die Kombination von Chloressigsäure mit Guanidin.

Er vergißt dabei aber, daß zwischen dem Chlorkohlensäureester, der, wie sein alter Name andeutet, durchaus das Verhalten eines Säurechlorids zeigt, und der Chloressigsäure, in der das Halogen eine ähnliche

---

[1]) Zeitschr. f. physiol. Chem. **61**, 16 [1909].
[2]) Berichte d. D. Chem. Gesellsch. **41**, 4385 [1908] und **42**, 1137 [1909].
(*S. 244* und *S. 252.*)

Rolle spielt wie in den Halogenalkylen, ein ganz erheblicher Unterschied existiert.

Schon der Umstand, daß die freie Chlorkohlensäure, die leider aus übertriebenem Schematismus auch in chemischen Lehrbüchern zuweilen Chlorameisensäure genannt wird, im freien Zustand gar nicht existiert, hätte ihn vorsichtiger machen müssen. Ebenso steht es mit seiner Definition des Guanolins, das er Guanidoameisensäureester nennt, oder mit den Estern der Methylcarbaminsäure, die er als Ester der Methylaminoameisensäure bezeichnet. Wenn solche Namen auch vom rein schematischen Standpunkt aus erlaubt sein mögen, so widersprechen sie doch durchaus den tatsächlichen Analogien. Zwischen den Estern der Carbaminsäure und dem Glykokollester besteht ein ganz erheblicher Unterschied, und wer die im freien Zustand kaum isolierbaren Carbaminsäuren als Homologe des so beständigen Glykokolls bezeichnet, beweist damit, daß ihm das Gefühl für die wirklichen Ähnlichkeiten in der organischen Chemie fehlt. Man lasse doch diesen Substanzen ihre alten Namen und reihe sie, wie es früher immer geschehen ist, in die Gruppe der Kohlensäurederivate ein!

Für mich unterliegt es keinem Zweifel, daß die Reihe der Aminosäuren bezw. ihrer Ester nicht mit dem Urethan, sondern erst mit dem Glykokoll beginnt und daß dementsprechend auch als einfachste Guanidosäure nicht das Guanolin von Nencki, sondern das Glykocyamin von Strecker d. h. die Guanidoessigsäure anzusehen ist.

Herr Ramsay hat zuerst gezeigt, daß die letzte und ihre Homologen aus den Halogenfettsäuren durch Einwirkung von freiem Guanidin dargestellt werden können, und er hatte deshalb alles Recht, dieses Verfahren als eine ,,neue Darstellung der Guanidosäuren'' zu bezeichnen.

Meiner Überzeugung nach ist es auch die bequemste Methode für die praktische Bereitung der Guanidosäuren. Leider gilt das nicht für die Alkylguanidosäuren, z. B. das Kreatin, weil Alkylguanidine im Gegensatz zu dem jetzt so billigen Guanidin noch schwer zugängliche Materialien sind.

28. Jules Max: Über die Chloride einiger Acylaminosäuren[1]).

Liebigs Annalen der Chemie **369**, 276 [1909].

(Eingelaufen am 17. August 1909.)

Vor mehreren Jahren hat E. Fischer[2]) gezeigt, daß die Hippursäure durch Behandlung mit Acetylchlorid und Phosphorpentachlorid sehr leicht in ihr Chlorid verwandelt werden kann und daß dieses in gewöhnlicher Weise mit Alkoholen, mit Ammoniak und mit Aminosäuren reagirt.

Auf Veranlassung von Professor Emil Fischer habe ich diese Methode auf einige andere Acylaminosäuren übertragen und in allen Fällen die entsprechenden Chloride erhalten.

Benzoylalanylchlorid,
$$C_6H_5CO \cdot NH \cdot CH(CH_3) \cdot COCl.$$

3,7 g racemisches Benzoylalanin[3]), fein gepulvert, durch ein Haarsieb getrieben und bei 100° mehrere Stunden getrocknet, wurden mit 40 ccm frisch destillirtem Acetylchlorid in einem Glascylinder von 100 ccm mit gut schließendem Glasstöpsel übergossen und in Eis abgekühlt, dann 4,5 g (ber. 4 g) frisches Phosphorpentachlorid rasch gepulvert zugegeben und ½ Stunde bei Zimmertemperatur auf der Maschine geschüttelt. Das Benzoylalanin löste sich allmählich und nach Verschwinden des Phosphorpentachlorids schied sich das Benzoylalanylchlorid als schöner weißer, krystallinischer Niederschlag aus.

---

[1]) Aus der Inauguraldissertation des Verfassers, Berlin 1906. Einige der von ihm dargestellten Körper sind in jüngster Zeit von E. Mohr und F. Stroschein (Berichte d. D. Chem. Gesellsch. **42**, 2521 [1909]) auf ganz anderem Wege erhalten worden. Daß die Resultate von Max ganz unabhängig davon sind, geht aus dem Datum der Dissertation hervor und ihre Beschreibung dürfte um so weniger überflüssig sein, als die Herren Mohr und Stroschein nur ganz kurze Angaben gemacht haben. E. Fischer.

[2]) Berichte d. D. Chem. Gesellsch. **38**, 605 [1905]. (*Proteine I, S. 422.*)

[3]) Berichte d. D. Chem. Gesellsch. **32**, 2454 [1899]. (*Proteine I, S. 90.*)

Es wurde noch $^1/_4$ Stunde in einer Kältemischung gelassen, dann unter Ausschluß von Feuchtigkeit in dem Apparat von E. Fischer[1] filtrirt, einmal mit wenig Acetylchlorid und zweimal mit trocknem Petroläther gewaschen, endlich im Vacuumexsiccator über Phosphorpentoxyd getrocknet.

Die Ausbeute an direkt auskrystallisiertem Chlorid betrug 2 g. Aus der Mutterlauge fiel durch Zusatz von Petroläther noch 1,8 g aus, sodaß die Gesammtausbeute 3,8 g betrug, d. h. 95 pC. der Theorie.

Das Benzoylalanylchlorid bildet feine weiße Blättchen. Es ist in Chloroform leicht löslich, etwas schwerer in Acetylchlorid und Benzol, schwer in absolutem Äther und unlöslich in Petroläther.

Rasch im Capillarrohr erhitzt, fängt es bei 125° an zu sintern und schmilzt vollständig unter Braunfärbung und Zersetzung bei 130°. Es läßt sich in zugeschmolzenen Röhren Monate lang aufbewahren.

Zur Analyse wurde das frisch bereitete Chlorid über Phosphorpentoxyd im Vacuumexsiccator getrocknet.

0,2567 g gaben 0,1766 AgCl.

$C_{10}H_{10}O_2NCl$.   Ber. Cl 16,78.   Gef. Cl 17,02.

Benzoylalaninmethylester, $C_6H_5CO \cdot NH \cdot CH(CH_3) \cdot CO_2CH_3$.

3 g Benzoylalanylchlorid lösten sich rasch unter deutlicher Erwärmung in 25 ccm Methylalkohol. Die alkoholische Lösung wurde mit einem großen Überschuß von Wasser gefällt, das entstandene Öl mit Äther extrahirt und verdampft. Das zurückbleibende Öl wird bald fest. Beim Umkrystallisiren aus ca. 60 Theilen heißem Ligroïn fällt der Ester erst ölig aus, um aber bald in großen Krystallen zu erstarren. Die Ausbeute betrug 2,5 g, d. h. 85 pC. der Theorie. Zur Analyse war über Phosphorsäureanhydrid im Vacuum getrocknet.

0,1754 g gaben 0,410 CO_2 und 0,0986 H_2O. — 0,1885 g gaben 11,2 ccm Stickgas bei 17° und 744 mm Druck.

Ber. für $C_{11}H_{13}O_3N$.   C 63,76, H 6,28, N 6,76.
Gef. ,,   63,80, ,, 6,30, ,, 6,75.

Der Ester bildet weiße, langgestreckte Stäbchen und schmilzt ohne Zersetzung bei 80—81° (corr. 80,5—81,5°).

Leicht löslich in Alkohol, Äther, Benzol, Chloroform, Aceton und Essigäther, schwer löslich in Petroläther.

Benzoylalaninäthylester. Zur Darstellung des schon von Brenzinger[2] beschriebenen Esters wurde Benzoylalanylchlorid mit absolutem Alkohol übergossen, wobei Erwärmung und Lösung statt-

---

[1] Berichte d. D. Chem. Gesellsch. **38**, 616 [1905]. (*Proteine I, S. 433.*)
[2] Zeitschr. f. physiol. Chem. **16**, 580.

fanden. Nach Zusatz von Wasser fiel bald ein farbloses Öl aus, welches nach einiger Zeit als weiße, lockere Masse erstarrte. Nach Umkrystallisiren aus Ligroïn zeigte der Ester den von Brenzinger angegebenen Schmelzp. 76—77°.

Benzoylalaninamid[1]),
$$C_6H_5CO \cdot NHCH(CH_3)CONH_2.$$

Trägt man 1,5 g frisches Benzoylalanylchlorid in mit Ammoniak gesättigten absoluten Äther in der Kälte ein und ersetzt das bei der Reaktion verbrauchte Ammoniak durch Einleiten von trocknem Gas, so verwandelt er sich in ein Gemisch von Amid und Chlorammonium. Nach Abdunsten des Äthers wird die Masse mit wenig kaltem Wasser ausgelaugt, abfiltrirt und aus heißem Wasser umkrystallisirt.

Die Ausbeute betrug 1,1 g, d. h. 81 pC. der Theorie.

0,2049 g gaben 25,8 ccm Stickgas bei 18° und 760 mm Druck.

$C_{10}H_{12}O_2N_2.$ Ber. N 14,58.   Gef. N 14,54.

Aus Wasser umkrystallisirt, bildet das Benzoylalaninamid sechsseitige Tafeln. Es schmilzt etwas höher als von Brenzinger angegeben ist, nämlich bei 229—230° (corr. 233—234°).

Benzoylleucylchlorid,
$$C_6H_5CO \cdot NHCH(C_4H_9)COOH.$$

3 g fein gepulvertes racemisches Benzoylleucin werden mit 6—7 ccm Acetylchlorid übergossen und nach guter Kühlung 2,8 g (ber. 2,6 g) grob gepulvertes Phosphorpentachlorid rasch eingetragen. Bei starkem Schütteln löst sich das Benzoylleucin schnell, und nach einigen Secunden fällt das Reactionsproduct als weiße krystallinische Masse aus.

Da aber eine erhebliche Menge gelöst bleibt, so fügt man trocknen Petroläther, worin es unlöslich ist, zu und filtrirt in der zuvor beschriebenen Art.

Die Ausbeute betrug 2,9 g, d. h. 90 pC. der Theorie.

0,1691 g gaben 0,0954 AgCl.

Ber. für $C_{13}H_{16}O_2NCl.$ Cl 14,00.   Gef. Cl 13,95.

Im Capillarrohr rasch erhitzt, zersetzt sich das Chlorid zwischen 80—90°. Aus Acetylchlorid krystallisirt es in kleinen Nädelchen. Es löst sich leicht in einem Überschuß von Acetylchlorid, sehr leicht in Chloroform, etwas schwerer in Benzol und Äther.

Benzoylleucinmethylester.
Darstellung wie beim Alaninkörper. Ausbeute fast quantitativ. Schmelzp. 94—95° (corr. 95—96°).

---

[1]) Schon von Brenzinger aus Äthylester und Ammoniak dargestellt Zeitschr. f. physiol. Chem. **16**, 581.

0,1910 g gaben 0,4729 CO_2 und 0,1338 H_2O. — 0,2188 g gaben 10,6 ccm Stickgas bei 20° und 756 mm Druck.

Ber. für $C_{14}H_{19}O_3N$.   C 67,47, H 7,63, N 5,62.
Gef.   „ 67,52, „ 7,80, „ 5,69.

Der Ester ist leicht löslich in Alkohol, Methylalkohol, Äther, Benzol, Chloroform, Aceton, Essigäther, schwerer in Petroläther und Ligroïn, und unlöslich in Wasser. Zum Umkrystallisiren erfordert er ca. 60 Theile siedendes Ligroïn.

Benzoylleucinäthylester.

0,1288 g gaben 0,3234 CO_2 und 0,0938 H_2O. — 0,2079 g gaben 9,6 ccm Stickgas bei 18° und 760 mm Druck.

Ber. für $C_{15}H_{21}O_3N$.   C 68,44, H 7,98, N 5,32.
Gef.   „ 68,47, „ 8,17, „ 5,31.

Schmelzp. 73—75°.

Der Ester krystallisirt aus warmem Petroläther in würfelähnlichen Formen oder bei schnellerem Abkühlen in Stäbchen.

Benzoylleucinamid.

Unter Schütteln und bei guter Kühlung trägt man rasch 3 g Benzoylleucylchlorid in 75 ccm mit trocknem Ammoniak gesättigten absoluten Äther ein. Bei weiterem Einleiten von gasförmigem Ammoniak verschwindet die anfangs gelbliche Farbe. Das Amid, mit Chlorammonium gemischt, ist nach ca. $^1/_4$ Stunde als weiße Masse vollständig ausgeschieden. Es wird filtrirt und mit kaltem Wasser ausgelaugt. Die Ausbeute betrug 2,3 g, d. h. 80 pC. der Theorie. Das Amid läßt sich aus 60 Theilen heißem Ligroïn oder aus viel heißem Wasser (100 bis 120 Theilen) umkrystallisiren.

Zur Analyse wurde im Vakuum über Schwefelsäure getrocknet.

0,1367 g gaben 0,3341 CO_2 und 0,0976 H_2O. — 0,1461 g gaben 15,6 ccm Stickgas bei 20° und 750 mm Druck.

Ber. für $C_{13}H_{18}O_2N_2$.   C 66,66, H 7,69, N 11,96.
Gef.   „ 66,65, „ 8,01, „ 12,05.

Schmelzp. 168° (corr. 171°). Die Krystalle sind langgestreckte sechsseitige glänzende Tafeln. Es ist leicht löslich in Alkohol, Benzol, Chloroform, Aceton, Essigäther.

Benzoylphenylalanylchlorid, $C_6H_5CO \cdot NHCH(CH_2C_6H_5)COCl$.

Darstellung wie beim Benzoylalanylchlorid. Angewandt: 4 g racemisches Benzoylphenylalanin, 25 ccm Acetylchlorid, 3,5 g Phosphorpentachlorid (ber. 3,01 g).

Aus der hellgelben Lösung scheidet sich das farblose Chlorid ab. Aus der Mutterlauge fällt durch Zusatz von Petroläther noch etwas gelb gefärbtes Benzoylphenylalanylchlorid.

Die Gesammtausbeute betrug 3,8 g, d. h. 90 pC. der Theorie.

0,2599 g gaben 0,1289 AgCl.

$C_{16}H_{14}O_2NCl$. Ber. Cl 12,34. Gef. Cl 12,27.

Aus Benzol umkrystallisirt, bildet es rhombenähnliche Tafeln. Schnell erhitzt, schmilzt es unter Zersetzung gegen 123—125°. Es löst sich in Chloroform und Äther, ebenso in heißem Benzol.

Benzoylphenylalaninmethylester.

0,1144 g gaben 0,3008 CO_2 und 0,0638 H_2O. — 0,1794 g gaben 7,9 ccm Stickgas bei 18° und 758 mm Druck.

Ber. für $C_{17}H_{17}O_3N$. C 72,00, H 6,00, N 4,94.
Gef. „ 71,72, „ 6,26, „ 5,07.

Schmelzp. 86,5—87,5° (corr.). Leicht löslich in Alkohol, Äther, Benzol, Chloroform, Aceton, Essigäther.

Zum Umkrystallisiren erfordert er etwa 25—30 Theile heißes Ligroïn.

Benzoylphenylalaninäthylester.

Zur Analyse war aus 30 Theilen heißem Ligroïn umkrystallisirt und im Vacuumexsiccator über Phosphorpentoxyd getrocknet.

0,1685 g gaben 0,4500 CO_2 und 0,0996 H_2O. — 0,2408 g gaben 9,8 ccm Stickgas bei 20° und 761 mm Druck.

Ber. für $C_{18}H_{19}O_3N$. C 72,72, H 6,39, N 4,71.
Gef. „ 72,83, „ 6,61, „ 4,66.

Krystallisirt aus Ligroïn in büschelartig gruppirten farblosen Nädelchen, schmilzt bei 94—94,5° (corr. 95—95,5°).

Benzoylphenylalaninamid.

Darstellung wie bei Benzoylleucinamid. Ausbeute 90 pC. der Theorie. Aus heißem Chloroform krystallisirt das Amid in sternförmig gruppirten filzigen Nadeln. Zur Analyse war bei 100° getrocknet.

0,1445 g gaben 0,3780 CO_2 und 0,080 H_2O. — 0,1479 g gaben 13,3 ccm Stickgas bei 19° und 750 mm Druck.

Ber. für $C_{16}H_{16}O_2N_2$. C 71,64, H 5,97, N 10,44.
Gef. „ 71,34, „ 6,26, „ 10,40.

Schmelzp. 195° (corr. 198°). In Alkohol und Essigäther leicht löslich, schwerer in Benzol, Chloroform und Ligroïn, sehr schwer in Wasser. Zum Umkrystallisiren erfordert das Benzoylphenylalaninamid etwa 20 Theile heißes Chloroform.

Benzoylasparaginsäuredichlorid,

$$CH_2 \cdot COCl$$
$$|$$
$$C_6H_5 \cdot CO \cdot NH \cdot CH \cdot COCl.$$

4 g Benzoylasparaginsäure[1]), sorgfältig gepulvert, durch ein Haarsieb filtrirt und bei 100° mehrere Stunden getrocknet, werden mit 40 ccm frisch destillirtem Acetylchlorid übergossen und in Eis abgekühlt. Nach Zusatz von 8 g (ber. 7,03) grob und rasch gepulvertem Phosphorpentachlorid wird auf der Maschine $1\frac{1}{2}$ Stunden in Eis geschüttelt. In der sehr schwach gelb gefärbten Flüssigkeit ist alles Benzoylasparaginsäuredichlorid gelöst, aber manchmal noch etwas ursprüngliche Benzoylasparaginsäure suspendirt.

Die Lösung wird dekantirt und unter geringem Druck rasch bei Zimmertemperatur eingedampft. Sie färbt sich allmählich dunkler und scheidet endlich das Benzoylasparaginsäuredichlorid aus. Nach 2 bis 3 maligem Waschen mit trocknem Petroläther wird das Chlorid rasch in einen mit Phosphorpentoxyd gefüllten Vacuumexsiccator gebracht.

Die Ausbeute betrug 3 g, d. h. 65 pC. der Theorie. Das Präparat war nicht rein, denn es enthielt 2 pC. Chlor zu wenig.

0,4139 g gaben 0,3947 AgCl.

Ber. für $C_{11}H_9O_3NCl_2$. Cl 25,9. Gef. Cl 23,6.

Das frisch hergestellte Chlorid ist weiß, wird aber bei längerem Stehen gelblich. Im Capillarrohr rasch erhitzt, sintert es gegen 100°, färbt sich bald braunroth und zersetzt sich bei wenig höherer Temperatur. Es ist in Benzol und Chloroform leicht löslich, etwas schwerer in Äther.

Benzoylasparaginsäuredimethylester,

$$CH_2 \cdot CO_2CH_3$$
$$|$$
$$C_6H_5CO \cdot NH \cdot CH \cdot CO_2CH_3.$$

Man kann ihn durch Eintragen von Benzoylasparaginsäuredichlorid in Methylalkohol herstellen. Aber die Ausbeute ist wenig befriedigend. Viel leichter erhält man ihn durch Veresterung der Säure selbst.

5 g Benzoylasparaginsäure werden in 50 ccm siedendem Methylalkohol gelöst, die heiße alkoholische Lösung mit gasförmiger Salzsäure gesättigt und unter stark vermindertem Druck eingeengt. Auf Zusatz von Wasser fällt der Ester als voluminöse weiße Masse.

Die Ausbeute betrug 4,8 g, d. h. 87 pC. der Theorie. Aus der etwa 30 fachen Menge Ligroïn umkrystallisirt, bildet der Ester lange farb-

---

[1]) Berichte d. D. Chem. Gesellsch. **32**, 2454 [1899]. (*Proteine I*, *S. 90 und 96.*)

lose Nadeln vom Schmelzpunkt 93—94° (corr. 94—95°). Zur Analyse war im Vacuum über Phosphorsäureanhydrid getrocknet.

0,1794 g gaben 0,3860 CO_2 und 0,0920 H_2O. — 0,1703 g gaben 8 ccm Stickgas bei 18° und 758 mm Druck.

Ber. für $C_{13}H_{15}O_5N$.　C 58,86, H 5,66, N 5,28.
Gef. ,, 58,68, ,, 5,76, ,, 5,41.

Der Ester ist in allen organischen Lösungsmitteln außer Petroläther und Ligroïn leicht löslich, in Wasser ist er sehr schwer löslich. Die alkoholische Lösung dreht das polarisirte Licht nach links.

Benzoylasparaginsäurediäthylester.

Darstellung ebenso wie zuvor. Der Ester fällt aus der alkoholischen Lösung durch Wasser als farbloses Öl aus, das bald krystallinisch erstarrt.

Die Ausbeute betrug 92 pC. der Theorie. Aus 25 Theilen Ligroïn umkrystallisirt, bildet er lange, glänzende Nadeln und schmilzt bei 97 bis 98° (corr.).

0,1830 g gaben 0,4107 CO_2 und 0,1076 H_2O. — 0,1913 g gaben 8 ccm Stickgas bei 19° und 760 mm Druck.

Ber. für $C_{15}H_{19}O_5N$.　C 61,43, H 6,48, N 4,77.
Gef. ,, 61,27, ,, 6,58, ,, 4,80.

Leicht löslich in den gewöhnlichen organischen Lösungsmitteln außer Petroläther und Ligroïn.

Optische Untersuchung: 0,3221 g Substanz gelöst in 7,7677 g Alkohol. Procentgehalt = 3,9815. Spec. Gew. 0,8000. Drehung bei 20° und Natriumlicht im 1 dcm-Rohr 0,76° nach links. Mithin

$$[\alpha]_D^{20} = -23,9°.$$

Benzoylasparaginsäurediamid,

$$\overset{\displaystyle CH_2 \cdot CO \cdot NH_2}{\underset{\displaystyle C_6H_5CO \cdot NH \cdot CH \cdot CO \cdot NH_2}{|}}.$$

Trägt man 3 g Benzoylasparaginsäuredimethylester in 50 ccm Methylalkohol, der mit gasförmigem Ammoniak gesättigt ist, so erfolgt glatte Lösung. Nach 24 stündigem Stehen beginnt das Diamid als weiße, krystallinische Masse auszufallen. Das Gewicht des Amids betrug nach dreitägigem Stehen 2,5 g. 24 Stunden später war noch 0,1 g auskrystallisirt, sodaß die Gesamtausbeute 2,6 g betrug. Es wurde aus der etwa 40 fachen Menge heißen Wassers umkrystallisirt.

Zur Analyse war es bei 110° getrocknet.

0,1900 g gaben 0,3907 CO_2 und 0,0954 H_2O. — 0,1873 g gaben 28,8 ccm Stickgas bei 20° und 761 mm Druck.

Ber. für $C_{11}H_{13}O_3N_3$. C 56,17, H 5,53, N 17,87.
Gef. „ 56,08, „ 5,63, „ 17,62.

Rasch im Capillarrohr erhitzt, färbt es sich gegen 250° braun und schmilzt gegen 258° (corr. 264°) unter heftiger Zersetzung. Es ist in den üblichen organischen Solvenzien außer Eisessig schwer löslich.

Formylglycylchlorid,
$CHO \cdot NHCH_2COCl$.

4 g Formylglycin[1]) werden fein gepulvert, bei 100° getrocknet, dann durch ein Haarsieb getrieben und in 25 ccm frisch destillirtes Acetylchlorid eingetragen. Unter Kühlung und kräftigem Schütteln werden 8,5 g frisches, grob gepulvertes Phosphorpentachlorid rasch zugegeben. Das Formylglycin geht bald in Lösung. Nach 20 Minuten scheidet sich wenig Formylglycylchlorid krystallinisch aus. Um mehr zu gewinnen, wird die Flüssigkeit bei geringem Druck und Zimmertemperatur rasch eingedampft.

Der theilweise krystallinische Rückstand, welcher durch Phosphoroxychlorid verunreinigt ist, wird nochmals in wenig Acetylchlorid gelöst und ebenso im Vacuum eingedunstet. Nach zwei- bis dreimaligem Waschen mit trocknem Petroläther ist das Product von Phosphoroxychlorid befreit. Es wird noch $^1/_2$ Stunde im Vacuum über Phosphorsäureanhydrid getrocknet, um die letzten Spuren von Petroläther zu entfernen.

0,1460 g gaben 0,1747 AgCl.
Ber. für $C_3H_4O_2NCl$. Cl 29,22. Gef. Cl 29,60.

Die Ausbeute betrug 3 g reines Chlorid, d. h. 64 pC. der Theorie.

Im Capillarrohr rasch erhitzt, zersetzt sich das Formylglycylchlorid unter starkem Schäumen gegen 100°. Es ist in heißem Chloroform und Benzol löslich, wenig löslich in Äther.

Acetylglycylchlorid,
$CH_3CO \cdot NHCH_2COCl$.

Man trägt 10 g fein zerriebene und bei 100° getrocknete Acetursäure in 50 ccm frisches Acetylchlorid ein und giebt unter guter Kühlung 24 g frisches Phosphorpentachlorid grob gepulvert in zwei Portionen zu. Bei kräftigem Schütteln und fortgesetzter Kühlung löst sich die Acetursäure allmählich mit hellgelber Farbe. Schüttelt man dann noch

---

[1]) E. Fischer und O. Warburg, Berichte d. D. Chem. Gesellsch. **38**, 3997 [1905]. (*Proteine I, S. 149.*)

$1^1/_2$ Stunden auf der Maschine bei Zimmertemperatur, so scheidet sich nach etwa $^1/_4$ Stunde ein weißes, krystallinisches Pulver aus, während sich die Flüssigkeit roth färbt. Nach kurzem Stehen in einer Kältemischung wird filtrirt, erst mit einigen Cubikcentimeter Acetylchlorid und dann drei bis vier Mal mit trocknem Petroläther gewaschen. Man trocknet noch 1 Stunde im Vacuumexsiccator über Phosphorsäureanhydrid.

Die Ausbeute betrug 5,5 g, d. h. 50 pC. der Theorie. Zur Analyse war im Vacuum über Phosphorpentoxyd getrocknet.

0,1680 g gaben 0,1758 AgCl.

Ber. für $C_4H_6O_2NCl$.   Cl 26,19.   Gef. Cl 25,90.

Das Acetylglycylchlorid krystallisirt aus Acetylchlorid in kleinen Tafeln. Im Capillarrohr rasch erhitzt, zersetzt es sich heftig zwischen 115—118°.

In Benzol ist es leicht löslich, schwerer in absolutem Äther und Chloroform.

29. Emil Fischer und Karl Raske: Verwandlung des *l*-Serins in *d*-Alanin.

Berichte der Deutschen Chemischen Gesellschaft **40**, 3717 [1907].

(Eingegangen am 10. August 1907.)

Nachdem die Darstellung der aktiven Serine und die Feststellung ihrer Konfiguration gelungen war, lag die Möglichkeit vor, durch ihre Verknüpfung mit dem aktiven Alanin dessen Konfiguration ebenfalls zu ermitteln. Leider zeigte sich der einfachste Weg, die Reduktion des Alanins*) mit Jodwasserstoffsäure, als nicht gangbar, weil bei der hohen Temperatur der Reaktion Racemisierung eintritt. Dagegen gelang es, aus dem inaktiven salzsauren Serinmethylester durch Phosphorpentachlorid eine Substanz zu gewinnen, welche die Struktur

$$Cl \cdot CH_2 \cdot CH(NH_3 Cl) \cdot CO O CH_3$$

zu haben schien[1]).

Ihre nähere Untersuchung hat in der Tat nicht allein diese Formel bestätigt, sondern auch eine ziemlich glatte Überführung sowohl des racemischen wie des aktiven Serins in Alanin ermöglicht.

Wird nämlich der Ester mit starker Salzsäure erhitzt, so entsteht das Hydrochlorid der α-Amino-β-chlorpropionsäure, $Cl \cdot CH_2 \cdot CH(NH_2) \cdot COOH$. Diese läßt sich aus dem Salz durch Ammoniak leicht in Freiheit setzen.

Bei längerer Einwirkung von starkem Ammoniak verwandelt sie sich in Diaminopropionsäure, und durch Behandlung mit Natriumamalgam in schwach saurer Lösung wird sie zu Alanin reduziert. Beachtenswert ist ihre ziemlich große Beständigkeit, wodurch sie sich von dem nahe verwandten Chloräthylamin[2]), $Cl \cdot CH_2 \cdot CH_2 \cdot NH_2$, unterscheidet.

Bei der Darstellung der Chlorverbindung und bei der Reduktion mit Natriumamalgam bleibt die optische Aktivität erhalten, und es ergab sich, daß aus dem in der Natur vorkommenden *l*-Serin durch diese Prozesse das ebenfalls natürliche *d*-Alanin entsteht.

---

*) *Offenbar ist hier im Original nur versehentlich von einer Reduktion des Alanins statt des Serins die Rede.*

[1]) E. Fischer und W. A. Jacobs, Berichte d. D. Chem. Gesellsch. **40**, 1059 [1907]. (*S. 74.*)

[2]) S. Gabriel, Berichte d. D. Chem. Gesellsch. **21**, 567, 1053 [1888].

Daß ein Wechsel der Konfiguration bei diesen Verwandlungen, die nicht einmal am asymmetrischen Kohlenstoff erfolgen, stattfinden soll, ist höchst unwahrscheinlich. Mithin ergibt sich für *d*-Alanin folgende sterische Formel, der wir zum Vergleich diejenigen des *l*-Serins und der *d*-Glycerinsäure beifügen:

$$
\begin{array}{ccc}
\text{COOH} & \text{COOH} & \text{COOH} \\
| & | & | \\
\text{H}_2\text{N—C—H} & \text{H}_2\text{N—C—H} & \text{HO—C—H} \\
| & | & | \\
\text{CH}_3 & \text{CH}_2 \cdot \text{OH} & \text{CH}_2 \cdot \text{OH} \\
d\text{-Alanin} & l\text{-Serin} & d\text{-Glycerinsäure.}
\end{array}
$$

d-Alanin und *l*-Serin sind die ersten natürlichen Aminosäuren, deren Konfiguration, bezogen auf Traubenzucker, festgestellt werden konnte. Als Vermittler dienten dabei Glycerinsäure und Weinsäure, und Voraussetzung für die ganze Ableitung ist die Annahme, daß bezüglich der Konfiguration dieser beiden Säuren kein Fehlschluß stattgefunden hat. Wir halten es deshalb für wünschenswert, daß hier eine Nachprüfung durch Auffindung neuer Übergänge stattfinden möge.

Aus der Konfiguration des *d*-Alanins läßt sich unmittelbar diejenige der *d*-Milchsäure, welche aus der Aminosäure durch salpetrige Säure entsteht, ableiten.

Die Verwandlungsfähigkeit der Aminochlorpropionsäure bietet die Möglichkeit, auch noch für andere wichtige Aminosäuren die Konfiguration zu ermitteln. Durch vorläufige Versuche mit dem Racemkörper haben wir uns z. B. überzeugt, daß seine Überführung in ein dem Cystin sehr ähnliches Produkt durch Erhitzen mit Bariumhydrosulfid keine Schwierigkeiten ·bietet, und wir hoffen, daß diese Reaktion sich auch bei der aktiven Substanz ohne wesentliche Racemisierung durchführen läßt.

Die aktive Aminochlorpropionsäure, welche aus dem *l*-Serin entsteht, dreht ebenso wie jenes in wäßriger Lösung nach links und ist deshalb auch als *l*-Verbindung zu bezeichnen.

l - α - Amino - β - chlor-propionsäuremethylester, $\text{Cl} \cdot \text{CH}_2 \cdot \text{CH}(\text{NH}_2) \cdot \text{CO O CH}_3$.

3 g *l*-Serinmethylesterchlorhydrat[1]), das im Vakuum über Phosphorpentoxyd getrocknet und fein gepulvert ist, wird in 30 ccm frisch destilliertem Acetylchlorid in einer Stöpselflasche suspendiert, durch Eiswasser gekühlt und unter tüchtigem Schütteln 4,5 g frisches, grob gepulvertes Phosphorpentachlorid in drei Portionen und im Laufe von

---

[1]) Berichte d. D. Chem. Gesellsch. **39**, 2949 [1906]. (*S. 69.*)

10—15 Minuten zugegeben. Während der Operation sieht man die ursprünglichen festen Körper verschwinden, es tritt aber keine klare Lösung ein, weil bald die Abscheidung des salzsauren Aminochlorpropionsäuremethylesters erfolgt. Dieser erfüllt schließlich die Flüssigkeit als dicker Krystallbrei. Zur Beendigung der Reaktion wird noch $^1/_2$ Stunde bei gewöhnlicher Temperatur auf der Maschine geschüttelt, dann rasch abgesaugt und erst mit wenig Acetylchlorid und schließlich mit Petroläther gewaschen. Die Ausbeute beträgt ungefähr 3 g oder 88—90% der Theorie.

Für die weitere Verarbeitung ist das Präparat rein genug. Will man es umkrystallisieren, so löst man in wenig trocknem Methylalkohol, der etwas Salzsäure enthält, und versetzt mit trocknem Äther, wodurch das Salz in kleinen, farblosen Nadeln abgeschieden wird. Es ist in Wasser sehr leicht löslich. Von heißem Äthylalkohol wird es ebenfalls noch leicht aufgenommen, fällt aber beim guten Abkühlen besonders nach dem Einimpfen eines Krystalls rasch in feinen, farblosen Nadeln, die vielfach büschel- oder sternförmig verwachsen sind. In Äther und in heißem Chloroform ist es so gut wie unlöslich. Im Capillarrohr erhitzt, färbt es sich gegen 150° und schmilzt nicht ganz konstant gegen 157° unter Aufschäumen und starker Rotbraunfärbung. Für die Analyse wurde im Vakuumexsiccator getrocknet.

0,1229 g Sbst.: 0,1964 g AgCl.

$C_4H_9NO_2Cl_2$ (174,0). Gef. Cl 39,51. Ber. Cl 40,75.

Die Übereinstimmung von Versuch und Theorie läßt zu wünschen übrig, wir haben aber in Anbetracht des teuren Materials sowohl auf die weitere Reinigung des Salzes, wie auch auf die Isolierung des freien Esters verzichtet.

l-α-Amino-β-chlorpropionsäure, $Cl \cdot CH_2 \cdot CH(NH_2) \cdot COOH$.

Zur Verseifung der Estergruppe wird das zuvor beschriebene Hydrochlorid mit der 10fachen Menge 20-prozentiger Salzsäure 1 Stunde auf 100° erhitzt und die Lösung unter 10—15 mm Druck zur Trockne verdampft. Den Rückstand löst man in etwa der doppelten Menge trocknem Methylalkohol und fällt mit Äther. Sind die Lösungsmittel recht trocken, so fällt das Hydrochlorid der Aminochlorpropionsäure direkt krystallinisch aus; bei Anwesenheit von Wasser wird es als Öl gefällt. Die Ausbeute an reinem Salz betrug bei gut gelungener Operation 80—85% der Theorie.

Für die Analyse wurde im Vakuumexsiccator über Phosphorpentoxyd getrocknet.

0,1495 g Sbst. (mit CaO geglüht): 0,2688 g AgCl.

$C_3H_6NO_2Cl \cdot HCl$ (160,0). Gef. Cl 44,45. Ber. Cl 44,32.

Das Salz ist in Wasser und Methylalkohol sehr leicht, in Äthylalkohol etwas schwerer löslich. Es hat keinen Schmelzpunkt, sondern beginnt im Capillarrohr gegen 190° zu sintern und sich zu färben und zersetzt sich bei höherer Temperatur vollständig. Das Drehungsvermögen des Salzes ist in wäßriger Lösung außerordentlich gering.

0,2244 g Substanz. Gesamtgewicht der Lösung 3,1783 g. Drehung bei 20° und Natriumlicht im 1-dm-Rohr 0,05° nach rechts. Mithin

$$[\alpha]_D^{20} = + 0,7°.$$

Zur Darstellung der freien Aminochlorpropionsäure wurde das Hydrochlorid in der dreifachen Menge Wasser gelöst, mit soviel einer doppeltnormalen Lösung von Lithiumhydroxyd versetzt, daß alle Salzsäure dadurch gebunden war, dann die Flüssigkeit nach Zusatz eines Tropfens Essigsäure im Vakuum auf die Hälfte eingeengt, wobei schon Krystallisation stattfand, und nun mit dem 10-fachen Volumen Alkohol versetzt. Die Menge der krystallinisch ausgefällten, schon reinen Aminochlorpropionsäure betrug nach dem Abfiltrieren, Auswaschen mit Alkohol und Trocknen über Phosphorpentoxyd 54% des Hydrochlorids oder 70% der Theorie. Aus der Mutterlauge wurde durch Verdampfen und Auslaugen des Rückstandes mit Alkohol noch 7% eines etwas weniger reinen Präparates erhalten.

An Stelle des Lithiumhydroxyds kann man auch Ammoniak für die Zerlegung des Hydrochlorids verwenden. Man löst es zu dem Zweck in etwa der 10-fachen Menge 90-prozentigem Alkohol, fügt die berechnete Menge konzentriertes wäßriges Ammoniak hinzu und kühlt auf 0°. Die abgeschiedenen Krystalle müssen aber zur völligen Entfernung von Chlorammonium nochmals in lauwarmem Wasser gelöst und mit Alkohol gefällt werden. Die Ausbeute wird infolgedessen etwas geringer. Sie betrug nur 60—65% der Theorie.

Für die Analyse wurde im Vakuum bei 78° über Phosphorpentoxyd getrocknet.

0,1232 g Sbst. gaben nach dem Glühen mit gebranntem Kalk 0,1415 g AgCl. — 0,1544 g Sbst.: 0,1651 g CO_2, 0,0703 g H_2O.

$C_3H_6O_2NCl$ (123,5). Ber. Cl 28,71, C 29,14, H 4,89.
Gef. „ 28,40, „ 29,16, „ 5,09.

Eine wäßrige Lösung vom Gesamtgewicht 2,9040 g, welche 0,2080 g Substanz enthielt, drehte bei 20° im 1-dm-Rohr Natriumlicht 1,14° nach links. Spez. Gewicht 1,03. Mithin

$$[\alpha]_D^{20} = - 15,46° (\pm 0,3°).$$

Vergleicht man diesen Wert mit dem Drehungsvermögen des salzsauren Salzes, so sieht man, daß ebenso wie beim *l*-Serin und *d*-Alanin durch die Salzbildung eine Verschiebung der Drehung nach rechts erfolgt. Die folgende Zusammenstellung der Zahlen zeigt ferner, daß die Verschiebung beim Serin am größten und beim Alanin am kleinsten ist.

	Aminosäure	Hydrochlorid
$[\alpha]_D^{20°}$ *l*-Serin	− 6,83°	+ 14,45°
l-Aminochlorpropionsäure . .	− 15,46°	+ 0,71°
d-Alanin	+ 2,7° [1])	+ 10,4°

Die *l*-Aminochlorpropionsäure hat ebenso wenig wie ihr salzsaures Salz einen bestimmten Schmelzpunkt. Sie beginnt im Capillarrohr schon gegen 160° sich bräunlich zu färben, sintert dann von ungefähr 170° an und zersetzt sich bei höherer Temperatur vollständig, ohne zu schmelzen. Der Geschmack ist deutlich süß. Sie ist in warmem Wasser leicht löslich, bei 0° verlangt sie aber schon erheblich mehr als die zehnfache Menge. Sie krystallisiert aus warmem Wasser in ziemlich gut ausgebildeten Formen, die häufig wie Prismen, aber manchmal auch wie dicke Tafeln aussehen. Aus der wäßrigen Lösung wird sie durch Alkohol meist in kleinen, prismatischen Krystallen gefällt. Sie ist sehr leicht löslich in Alkalien. Sehr schwer löslich ist das Silbersalz. Es bildet sich beim Schütteln der wäßrigen Lösung mit Silberoxyd als fast farblose, krystallinische Masse. Ebenso erhält man es als farblosen, krystallinischen Niederschlag, wenn man die wäßrige Lösung mit Silbernitrat und Ammoniak im richtigen Verhältnis versetzt. In überschüssigem Ammoniak oder in Salpetersäure ist es leicht löslich. Wie die Beständigkeit des Silbersalzes schon beweist, ist das Halogen in der Aminochlorpropionsäure verhältnismäßig fest gebunden. Erhitzt man die wäßrige Lösung mit überschüssigem Silbernitrat unter Zusatz von Salpetersäure auf 100°, so beginnt zwar schon nach 1—2 Minuten eine leichte Trübung durch Bildung von Chlorsilber, aber selbst nach zweistündigem Erhitzen ist die Zersetzung noch nicht beendet.

Da das Chloräthylamin beim bloßen Erhitzen der wäßrigen Lösung ziemlich rasch zerfällt unter Bildung von Salzsäure, so muß man annehmen, daß durch die Anwesenheit des Carboxyls in der Aminochlorpropionsäure die Stabilität des Systems in bezug auf die Haftung des Halogens erhöht wird.

---

[1]) Der Wert wurde erst neuerdings mit reinstem *d*-Alanin festgestellt. 0,80 g Sbst. (bei 100° getrocknet), Gesamtgewicht der wäßrigen Lösung 8,0014 g. Spez. Gewicht 1,03, Drehung im 2-dm-Rohr bei 22° und Natriumlicht 0,55° nach rechts. Mithin $[\alpha]_D^{22} = + 2,7°$ ($\pm$ 1°).   E. Fischer.

Reduktion der *l*-Amino-chlor-propionsäure zu *d*-Alanin.

Von Zinn und Salzsäure bei gewöhnlicher Temperatur oder von starkem Jodwasserstoff bei 100° wird die Aminochlorpropionsäure nur langsam angegriffen. Viel leichter erfolgt die Reduktion durch Natriumamalgam in schwach saurer Lösung. Um das Natriumsalz leicht entfernen zu können, haben wir Schwefelsäure verwandt.

1 g reine *l*-Aminochlorpropionsäure wurde in 20 ccm Wasser gelöst, in einer Schüttelflasche durch eine Kältemischung bis zum teilweisen Gefrieren abgekühlt, dann 0,5 ccm einer Schwefelsäure von ungefähr 12% und nun ungefähr 1,3 g möglichst reines $2^1/_2$-prozentiges Natriumamalgam eingetragen. Beim kräftigen Schütteln war das Amalgam sehr rasch verbraucht, und es wurde nur wenig Wasserstoff entwickelt. Diese Art der Behandlung wurde nach abermaligem Gefrieren der Lösung fortgesetzt, bis im Lauf von 4 Stunden 64 g Amalgam und 24 ccm Schwefelsäure verbraucht waren. Durch häufige Tüpfelproben überzeugten wir uns, daß die Reaktion der Lösung immer schwach sauer blieb. Nachdem die Hälfte des Amalgams verbraucht war, wurde die Wasserstoffentwicklung ziemlich stark. Aber es war nötig, das Reduktionsmittel in so erheblichem Überschuß anzuwenden, um die Reaktion ganz zu Ende zu führen, weil sonst die Trennung des Alanins von unveränderter Aminochlorpropionsäure recht unbequem ist. Zum Schluß wurde die noch saure Flüssigkeit zur Entfernung des Chlors mit Silbersulfat geschüttelt, aus dem Filtrat das gelöste Silber durch Schwefelwasserstoff entfernt, dann die Flüssigkeit unter 15 mm Druck bis auf etwa 10 ccm eingedampft und nun mit der vierfachen Menge absolutem Alkohol in der Hitze vermischt. Nachdem das ausgefällte Natriumsulfat durch Filtration und der Alkohol durch Verdampfen unter geringem Druck entfernt war, wurde die Schwefelsäure quantitativ durch Barytwasser gefällt. Das Filtrat hinterließ beim Verdampfen das Alanin als farblose, krystallinische Masse. Es wurde in wenig Wasser gelöst und die filtrierte Flüssigkeit in der Wärme durch Alkohol gefällt. Die Ausbeute betrug 0,38 g oder 53% der Theorie. In dem gefällten Natriumsulfat befand sich aber noch eine erhebliche Menge organischer Substanz, die vielleicht noch zum Teil aus Alanin bestand.

Das isolierte Präparat war chlorfrei. Es zeigte den Schmelzpunkt und die sonstigen Eigenschaften des Alanins. Zur optischen Bestimmung diente die Lösung in Normalsalzsäure.

0,1099 g freie Aminosäure oder 0,1550 g Hydrochlorid, Gesamtlösung 1,7797 g. Spez. Gewicht 1,03, Drehung im 1-dm-Rohr bei 20° und Natriumlicht 0,87° nach rechts. Mithin

$$[\alpha]_D^{20} = + 9,70° \text{ für Hydrochlorid,}$$

während der Wert für reinstes salzsaures *d*-Alanin + 10,4° beträgt. Der Rest der Aminosäure wurde in das Kupfersalz verwandelt, welches ganz das Aussehen und auch den Kupfergehalt des *d*-Alaninkupfers zeigte.

0,1453 g Sbst. gaben nach dem Glühen: 0,0477 g CuO.

$(C_3H_6NO_2)_2Cu$ (239,7). Ber. Cu 26,59. Gef. Cu 26,23.

d l - α - Amino - β - chlor-propionsäure.

Sie entsteht aus dem inaktiven Serinester ganz auf demselben Wege, wie die aktive Säure, nur krystallisieren die Produkte nicht ganz so schön. Infolgedessen ist die Reinigung etwas schwerer und die Ausbeute etwas schlechter. Eine genaue Beschreibung der Versuche erscheint uns überflüssig, da wir sie nur zur vorläufigen Orientierung unternommen haben, um unseren Vorrat an schwer zugänglichem aktivem Serin zu schonen. Wir wollen deshalb nur kurz die Produkte selbst beschreiben.

d l - α -Amino - β - chlor-propionsäuremethylester-hydrochlorid bildet feine Nadeln, wenn es aus methylalkoholischer Lösung durch Äther gefällt wird, und schmilzt erheblich niedriger als die aktive Form, nicht konstant gegen 134° unter Gasentwicklung und Braunfärbung.

Ausbeute 80—83% der Theorie. Analysiert wurde das Salz nur in bezug auf das durch Silbernitrat direkt fällbare Chlor.

0,1519 g Sbst. verbrauchten 8,4 ccm $^1/_{10}$-*n*. AgNO$_3$-Lösung.

Ber. Cl 20,4. Gef. Cl 19,60.

d l - Amino-chlor-propionsäurehydrochlorid krystallisiert ebenfalls aus Methylalkohol auf Zusatz von Äther in feinen, farblosen Nadeln und schmilzt unter Aufschäumen gegen 172°, nachdem vorher Sinterung stattgefunden hat.

d l - Amino-chlor-propionsäure wird aus der wäßrigen Lösung durch Alkohol in mikroskopischen, wetzsteinförmigen Krystallen gefällt, die gegen 160° unter Aufschäumen schmelzen. Sie ist in Wasser etwas leichter löslich, als die aktive Form und wird durch Natriumamalgam und Schwefelsäure zu racemischem Alanin reduziert.

Verwandlung der *d l* - Amino-chlor-propionsäure in *d l* - Diamino-propionsäure.

Für den praktischen Versuch diente das Hydrochlorid der Aminochlorpropionsäure. Es wurde in der fünffachen Menge wäßrigem Ammoniak, das bei 0° gesättigt war, gelöst und im Einschmelzrohr 3 Stunden auf 100° erhitzt. Beim Eindampfen der Lösung blieb ein krystallinischer

Rückstand, der in ungefähr der doppelten Menge warmen Wassers gelöst und nach Zusatz einiger Tropfen Salzsäure durch Alkohol gefällt wurde. Das anfangs ölige Produkt erstarrte bald krystallinisch und zeigte gleich den Schmelz- und Zersetzungspunkt 225° (unkorr.), den Klebs[1]) für das Hydrochlorid der *dl*-Diaminopropionsäure angibt. Bei Verarbeitung der Mutterlauge betrug die Ausbeute 55% der Theorie.

Zur Analyse wurde das Salz aus sehr wenig Wasser umkrystallisiert und im Vakuum über Chlorcalcium getrocknet.

0,0803 g Sbst. gaben (nach dem Glühen mit CaO) 0,0824 g AgCl.

$C_3H_9O_2N_2Cl$ (140,5).   Ber. Cl 25,22.   Gef. Cl 25 37.

[1]) Zeitschr. f. physiol. Chem. **19**, 316.

30. Emil Fischer und Karl Raske: Verwandlung des *l*-Serins
in aktives natürliches Cystin.

Berichte der Deutschen Chemischen Gesellschaft **41**, 893 [1908].

(Eingegangen am 11. März 1908.)

Die beiden optisch-aktiven Serine und die daraus entstehenden aktiven α-Amino-β-chlor-propionsäuren bieten ein treffliches Mittel, die Aminoderivate der Propionsäure untereinander nach sterischen Gesichtspunkten zu verknüpfen. So sind bereits die Beziehungen zwischen Serin und Alanin festgestellt. In der letzten Mitteilung wurde auch schon die Möglichkeit angedeutet, die gleiche Methode auf das Cystin auszudehnen[1]).

Wir haben diesen Versuch mit dem erwarteten Erfolge durchgeführt. Wird die α-Amino-β-chlor-propionsäure, die aus dem Serinester durch Phosphorpentachlorid entsteht, mit Bariumhydrosulfid in wäßriger Lösung $1\frac{1}{2}$ Stunden auf $100°$ erwärmt, so findet eine vollständige Ablösung des Halogens statt, und aus der Flüssigkeit läßt sich nach Entfernung des überschüssigen Bariumhydrosulfids und Zusatz von Ammoniak durch Oxydation mit Luft Cystin isolieren. Der Vorgang entspricht wahrscheinlich den beiden Gleichungen:

$$2\,COOH \cdot CH(NH_2) \cdot CH_2Cl + Ba(SH)_2$$
$$= BaCl_2 + 2\,COOH \cdot CH(NH_2) \cdot CH_2SH$$
$$2\,COOH \cdot CH(NH_2) \cdot CH_2SH + O = H_2O + [COOH \cdot CH(NH_2)CH_2 \cdot S]_2.$$

Er erinnert an die erste von E. Erlenmeyer jun. ausgeführte Synthese[2]) des inaktiven Cystins, die auf der Umwandlung von Benzoylserin in Benzoylcystein durch Schmelzen mit Phosphorpentasulfid und nachträgliche Umwandlung der Benzoylverbindung in Cystin beruht.

Aber das neue Verfahren hat den Vorzug, daß alle Verwandlungen bei verhältnismäßig niederer Temperatur rasch verlaufen und deshalb auch mit den aktiven Substanzen ohne wesentliche Racemisierung durchgeführt werden können.

---

[1]) Berichte d. D. Chem. Gesellsch. **40**, 3717 [1907]. (*S. 267.*)
[2]) Berichte d. D. Chem. Gesellsch. **36**, 2720 [1903] und Liebigs Ann. d. Chem. **337**,241 [1904].

Bei Anwendung von optisch-aktivem, natürlichem Serin erhielten wir auf diesem Wege das aktive natürliche Cystin. Dieses Resultat führt zum Schluß, daß natürliches Cystin in sterischer Beziehung dem natürlichen Serin und Alanin entspricht.

Für die beiden letzten Aminosäuren sind früher auf Grund ihrer Beziehungen zur aktiven Glycerinsäure von uns Konfigurationsformeln[1]) entwickelt worden, aber es wurde damals schon betont, daß Voraussetzung für diese Betrachtungen die Richtigkeit der Formeln sei, welche C. Neuberg und M. Silbermann für die aktiven Glycerinsäuren abgeleitet haben.

Inzwischen hat Hr. Neuberg[2]) selbst die Gültigkeit der letzteren in Zweifel gestellt. Damit fallen auch die von uns abgeleiteten sterischen Formeln des *l*-Serins und *d*-Alanins, und es muß eine neue Grundlage für die Ermittlung ihrer Konfiguration gesucht werden, die wir durch die Umwandlung der α-Amino-β-chlorpropionsäure in Asparaginsäure zu finden hoffen. Es ist deshalb ohne Belang, daß uns bei dem Gebrauch der Formeln für die Glycerinsäure eine Verwechslung von *d*- und *l*-Verbindung passierte.

Für die folgenden Versuche war eine größere Menge von racemischem Serin notwendig. Wir haben es nach dem Verfahren von H. Leuchs und Geiger[3]) aus Chloracetal beziehungsweise Dichloräther dargestellt und entsprechend ihrer Angabe aus 5 Kilo Dichloräther 340 g reines Serin erhalten.

Für die Spaltung des Racemkörpers in die optischen Komponenten diente das Verfahren von E. Fischer und Jacobs[4]).

d l - Cystin aus *d l* - α - Amino - β - chlor - propionsäure.

Wir haben den Versuch sowohl mit krystallisiertem Bariumhydrosulfid wie auch direkt mit der Lösung, die man durch Einleiten von Schwefelwasserstoff in Barytwasser erhält, ausgeführt und im ersten Falle bessere Resultate erhalten. Zur Bereitung des festen Bariumhydrosulfids wurde in eine heiße, klare Lösung von krystallisiertem Bariumhydroxyd in der gleichen Menge Wasser unter Erwärmen auf dem Wasserbade ein kräftiger Strom von Schwefelwasserstoff drei Stunden lang eingeleitet; dann ließen wir die Lösung unter weiterem Einleiten des Gases erkalten und verdampften die wieder filtrierte Flüssigkeit bei etwa 15 mm Druck auf ungefähr ein Drittel ihres Volumens. Hierbei

---

[1]) Berichte d. D. Chem. Gesellsch. **40**, 1057, 3717 [1907]. *(S. 72 und S. 266.)*
[2]) Biochem. Zeitschr. **5**, 451.
[3]) Berichte d. D. Chem. Gesellsch. **39**, 2644 [1906].
[4]) Berichte d. D. Chem. Gesellsch. **39**, 2942 [1906]. *(S. 62.)*

schied sich eine reichliche Menge von Bariumhydrosulfid in farblosen Krystallen ab. Sie wurden nach dem Abkühlen in Eiswasser scharf abgesaugt, mit wenig eiskaltem Wasser gewaschen und zwischen Fließpapier stark gepreßt. Das anfangs ganz farblose Präparat färbt sich an der Luft ziemlich rasch gelb. Es wird deshalb am besten in frisch bereitetem Zustand verwendet.

An Stelle der freien Aminochlorpropionsäure haben wir aus Gründen der Bequemlichkeit das Hydrochlorid benutzt. 2 g des Salzes wurden mit 10 g frischem Bariumhydrosulfid in ein Einschmelzrohr gebracht, dieses ausgezogen und in einer Kältemischung gekühlt, dann 20 ccm kaltes Wasser eingefüllt und nun das Rohr an der verengten Stelle abgeschmolzen. Man vermeidet so die frühzeitige Entwicklung von Schwefelwasserstoff, der sich beim Abschmelzen des Rohres teilweise zersetzen würde. Nachdem die Salze durch Umschütteln in Lösung gebracht waren, wurde das Rohr $1^{1}/_{2}$ Stunden auf 100° erhitzt, dann die schwach getrübte und sehr wenig gefärbte Lösung aus dem Rohr herausgespült, der Baryt mit einem mäßigen Überschuß von verdünnter Schwefelsäure gefällt (ca. 20 ccm) und der Schwefelwasserstoff durch Kochen unter stark vermindertem Druck völlig verjagt. Nachdem nun die überschüssige Schwefelsäure durch Barytwasser genau ausgefällt war, hinterließ das Filtrat beim Verdampfen unter geringem Druck einen schwach gelb gefärbten Sirup. Er wurde in 6 ccm Wasser gelöst und die Flüssigkeit mit einem geringen Überschuß von Ammoniak versetzt, wobei sie sich gelinde erwärmt, rotbraun färbt und einen geringen Niederschlag ausscheidet. Ohne zu filtrieren, leiteten wir in Anlehnung an die Vorschrift von E. Erlenmeyer[1]) eine Stunde lang einen Luftstrom durch die Lösung, wobei der Niederschlag zum größeren Teil wieder verschwand. Die nunmehr filtrierte Flüssigkeit wurde im Vakuumexsiccator über Schwefelsäure völlig verdunstet. Der schwach braun gefärbte Rückstand enthielt neben Ammoniumsalzen das Cystin. Um dieses zu isolieren, wurde er mit einigen Kubikzentimetern Wasser sorgfältig verrieben, abgesaugt, mit wenig kaltem Wasser und schließlich mit Alkohol und Äther gewaschen. Das Filtrat gab beim abermaligen Verdunsten und Auslaugen des Rückstandes mit Wasser noch eine kleine Menge desselben Produkts. Zur völligen Reinigung lösten wir das Rohcystin in der gerade ausreichenden Menge kaltem, 10-prozentigem, wäßrigem Ammoniak und versetzten die filtrierte Flüssigkeit mit einem geringen Überschuß von Essigsäure. Nach einiger Zeit schied sich das Cystin als farblose Masse von sehr kleinen Kryställchen aus, die unter dem Mikroskop zuerst wie Kugeln und später wie Nadeln oder dünne

---

[1]) Liebigs Ann. d. Chem. **337**, 262 [1904].

Prismen aussahen. Die Ausbeute an diesem reinen Präparat betrug bei verschiedenen Versuchen 20—25% der Theorie. Nach dem Waschen mit kaltem Wasser, Alkohol und Äther wurde das Präparat für die Analyse bei 100° getrocknet.

0,1555 g Sbst.: 0,1721 g CO_2, 0,0733 g H_2O. — 0,1118 g Sbst.: 10,9 ccm N über 33-prozentiger Kalilauge (18°, 755 mm). — 0,1191 g Sbst.: 0,2332 g $BaSO_4$. $(C_3H_6O_2NS)_2$ (Mol.-Gew. 240,23). Ber. C 29,97, H 5,03, N 11,66, S 26,69.

Gef. „ 30,18, „ 5,27, „ 11,23, „ 26,88.

Das racemische Cystin ist von Erlenmeyer jun. synthetisch erhalten, aber nur ganz kurz beschrieben worden. Ausführlichere Angaben besitzen wir dagegen von K. A. H. Mörner[1]) über ein optisch nur ganz schwach wirksames Cystin aus Horn, von dem man also annehmen kann, daß es zum größeren Teil Racemkörper war.

Unsere Beobachtungen stimmen mit den Angaben Mörners überein. Das bezieht sich einerseits auf die Art der Krystallisation und andererseits auf die Löslichkeit, die beim Racemkörper merklich größer ist. So genügt von 10-prozentigem wäßrigem Ammoniak zur Lösung des letzteren ungefähr ein Drittel der Menge, die für reines aktives Cystin nötig ist.

l - Cystin aus *l* - α - Amino - β - chlor-propionsäure.

Die aktive Aminochlorpropionsäure, welche dem natürlichen *l*-Serin entspricht, war in der früher beschriebenen Weise[2]) dargestellt. Für den Versuch wurde das Hydrochlorid direkt verwendet: Seine Verarbeitung und die Isolierung des Cystins geschah genau in der zuvor für die Racemverbindung geschilderten Art. Wegen der geringeren Löslichkeit des aktiven Cystins ist eine Isolierung und Reinigung etwas leichter. Die Ausbeute ist aber ungefähr dieselbe, wie beim Racemkörper. Wodurch der Verlust bedingt ist, haben wir nicht ermittelt.

Für Analyse und optische Bestimmung war das Präparat auch bei 100° getrocknet, obschon es nach 12-stündigem Stehen im Exsiccator bei höherer Temperatur kaum noch an Gewicht verliert.

0,1500 g Sbst.: 0,1650 g CO_2, 0,0695 g H_2O.
$(C_3H_6O_2NS)_2$ (Mol.-Gew. 240,23). Ber. C 29,97, H 5,03.

Gef. „ 30,00, „ 5,18.

Für die optische Bestimmung diente eine Lösung in Normal-salzsäure.

0,0739 g Sbst. Gesamtgewicht der Lösung 3,8970 g. Spezifisches Gewicht 1,024. Drehung im 1-dm-Rohr bei 20° und Natriumlicht 4,07° nach links. Mithin:

$$[\alpha]_D^{20} = - 209{,}6° (\pm 1°).$$

[1]) Zeitschr. f. physiol. Chem. **28**, 605 [1899].
[2]) Berichte d. D. Chem. Gesellsch. **40**, 3717 [1907]. *(S. 266.)*

Bei einem Präparat, das von einer anderen Operation herstammte, war das Drehungsvermögen zwar etwas geringer, aber im gleichen Sinne. Vergleicht man die obige Zahl mit dem Drehungsvermögen, welches für die reinsten Proben von Cystin aus Proteinen von Mörner[1]) gefunden wurde (— 223 bis — 224,3°), so ist zwar ein kleiner Unterschied vorhanden, der auf eine geringe Racemisation hindeutet, aber für das Endresultat hat has ebenso wenig Bedeutung, wie die ziemlich schlechte Ausbeute an Cystin, die für das reine Präparat nicht über 25% der Theorie hinausgeht.

Auch in anderen Eigenschaften haben wir zwischen unserem synthetischen Produkt und dem natürlichen Cystin aus Roßhaar gute Übereinstimmung gefunden. Über die Krystallform des natürlichen Cystins differieren die Angaben. Von den meisten Beobachtern werden zwar kleine, aber hübsch ausgebildete, sechsseitige Täfelchen als charakteristisch angeführt. Wir haben sie auch mit unserem Produkt leicht erhalten, als wir auf Grund einer Beobachtung, die Hr. Dr. Gerngroß im hiesigen Institut machte, das salzsaure Salz in wenig kaltem Wasser lösten. Nach einiger Zeit scheidet sich dann freies Cystin in sechsseitigen Tafeln ab.

Wir haben aber auch mit unserem synthetischen Produkt ganz andere Formen erhalten, z. B. aus der mit Essigsäure versetzten ammoniakalischen Lösung mikroskopische, kurze, scheinbar rechteckige Prismen oder auch flächenreichere Krystalle.

---

[1]) Zeitschr. f. physiol. Chem. **28**, 604 [1899] und **34**, 207 [1901].

31. Emil Fischer und Karl Raske: Beitrag zur Stereochemie der 2, 5-Diketopiperazine[1]).

Berichte der Deutschen Chemischen Gesellschaft **39**, 3981 [1906].

(Eingegangen am 13. November 1906.)

Für die Diketopiperazine von der allgemeinen Formel

$$R \cdot CH \underset{NH \cdot CO}{\overset{CO \cdot NH}{<}} CH \cdot R$$

mit zwei gleichen Substituenten läßt die Theorie bekanntlich wie bei der Weinsäure vier Formen voraussehen, nämlich zwei optisch active Antipoden nebst dem entsprechenden Racemkörper und eine inactive, nicht spaltbare Mesoverbindung, in welcher die Substituenten *trans*-Stellung haben[2]).

Optisch active Diketopiperazine sind erst in neuester Zeit von einem von uns (F.) aus activen Aminosäuren gewonnen worden[3]). Dagegen haben C. A. Bischoff und seine Mitarbeiter bei den Gliedern der Klasse, die sich von aromatischen Basen ableiten, öfters die beiden optisch inactiven Formen beobachtet. Eine Zusammenstellung der Fälle findet man in Werner's Lehrbuch der Stereochemie S. 120. Bei den Abkömmlingen der aliphatischen Aminosäuren ist die Existenz der beiden inactiven Formen bisher nicht beobachtet worden, und als wir vor einiger Zeit die zwei stereoisomeren Dipeptide der α-Aminobuttersäure in die entsprechenden Anhydride zu verwandeln suchten, erhielten wir Producte, die in keiner Beziehung einen Unterschied erkennen ließen[4]). Da aber die Reaction durch Schmelzung bei höherer Temperatur ausgeführt war, so lag die Möglichkeit vor, daß hier eine

---

[1]) Diese Mittheilung ist eine Erweiterung der Abhandlung, die wir am 5. April d. J. der Akademie der Wissenschaften zu Berlin vorlegten. Vgl. Sitzungsberichte **1906**, 371, und Chem. Centralbl. **1906**, II, 59.

[2]) Vgl. Bischoff, Berichte d. D. Chem. Gesellsch. **22**, **23** und **25**; ferner Ladenburg, ebenda **28**, 1995 [1895].

[3]) Eine Zusammenstellung der Beobachtungen findet sich Berichte d. D. Chem. Gesellsch. **39**, 574 [1906]. (*Proteine I, S. 47.*) Vergl. ferner ebenda **39** 2893 [1906]. (*S. 322.*)

[4]) Liebigs Ann. d. Chem. **340**, 180 [1905].

molekulare Umlagerung stattgefunden hatte. Da ferner die Diketopiperazine auf's engste mit den wichtigen Dipeptiden theoretisch und experimentell verknüpft sind, hielten wir uns für verpflichtet, diesen Fall einer eingehenden Untersuchung zu unterwerfen.

Anstatt durch Schmelzung haben wir deshalb die beiden Dipeptide durch Behandlung der Ester mit alkoholischem Ammoniak in die Anhydride verwandelt, und so in der That zwei verschiedene Producte erhalten, die wir ebenso wie die Dipeptide vorläufig durch die Buchstaben A und B unterscheiden wollen.

Ein Vergleich dieser beiden reinen Körper mit dem Präparat, das wir früher durch Schmelzung der Dipeptide erhielten, hat es nun ziemlich wahrscheinlich gemacht, daß letzteres ein Gemisch ist, daß also bei der Schmelzung eine gegenseitige Umwandlung der Isomeren stattfindet, die zu einem Gleichgewichtszustand führt.

Wir haben ferner versucht, die beiden Diketopiperazine durch Aufspaltung mit verdünntem wäßrigen Alkali wieder in die isomeren Dipeptide zurückzuverwandeln. Dabei findet aber auch, wenigstens in einem Falle, eine Umlagerung statt, denn beide Diketopiperazine geben das gleiche Dipeptid A.

Welches von den beiden Anhydriden die racemische cis-Form ist, muß vorläufig unentschieden bleiben, wird sich aber jedenfalls durch die Untersuchung der activen Dipeptide und ihrer Umwandlung in Anhydride feststellen lassen.

Diese Versuche sind indessen bei den Derivaten des Alanins, das in activer Form leichter zugänglich ist, bequemer auszuführen. Bekannt ist hier schon eine active Form, das d-Alaninanhydrid, welches aus dem d-Alanyl-d-Alanin mittels des Esters gewonnen wurde. Viel älter ist ein inactives Anhydrid, das schon vor 40 Jahren von Preu aus Alanin und später von E. Fischer aus dem Ester dargestellt wurde, und aus welchem durch Aufspaltung mit Alkali ein optisch inactives Alanyl-Alanin gewonnen wurde[1]). Da die Structur dieses inactiven Anhydrids unbekannt und nicht einmal seine Einheitlichkeit sicher festgestellt ist, so haben wir zur Gewinnung eines homogenen inactiven Anhydrids, und zwar der Mesoform, folgenden Weg eingeschlagen.

Durch Kuppelung der linksdrehenden α-Brompropionsäure mit activem d-Alanin und nachträgliche Behandlung des Productes mit Ammoniak wurde das bisher unbekannte, stark nach links drehende l-Alanyl-d-Alanin bereitet und dieses dann mittels des Esters bei

---

[1]) E. Fischer und K. Kautzsch, Berichte d. D. Chem. Gesellsch. **38**, 2375 [1905]. (*Proteine I, S. 527.*)

niederer Temperatur in Anhydrid verwandelt. Wie die Theorie voraussehen ließ, ist letzteres optisch gänzlich inactiv.

Genau der gleiche Versuch mit rechtsdrehender α-Brompropionsäure und l-Alanin gab erst das rechtsdrehende d-Alanyl-l-Alanin und dann ebenfalls ein inactives Anhydrid, das mit dem ersten identisch war.

Die Theorie des asymmetrischen Kohlenstoffatoms hat schon so viele Bestätigungen erfahren, daß ähnliche Beobachtungen im allgemeinen nur ein untergeordnetes Interesse finden. Trotzdem scheinen uns die vorstehenden Erfahrungen bei den Diketopiperazinen etwas mehr Beachtung zu verdienen; denn die Fälle, in denen ein optischactives System durch einfache chemische Verwandlung in eine nicht spaltbare inactive Mesoform mit der gleichen Anzahl von asymmetrischen Kohlenstoffatomen übergeht, sind nicht zahlreich. Sie beschränken sich unseres Wissens auf die Zuckergruppe, und das am sorgfältigsten studirte Beispiel bildet die Entstehung der Schleimsäure aus d- und l-Galactose, sowie ihre Rückverwandlung durch Reduction in racemische Galactonsäure[1]).

Daß eine solche Vernichtung der optischen Activität auch durch Ringschluß erfolgen kann, scheint bisher nicht beobachtet worden zu sein.

Die Synthese des neuen inactiven Alaninanhydrids würde also das erste Beispiel dafür sein, und unsere Resultate zeigen deutlich, daß die Inactivität hier gerade so wie bei der Schleimsäure durch den symmetrischen Bau des ganzen Moleküls bedingt ist. Bei dieser Gelegenheit wollen wir übrigens die schon früher gemachte Bemerkung wiederholen, daß die Beweisführung unabhängig von den gebräuchlichen speciellen Hypothesen über die Ursache der Asymmetrie ist.

Von Alanin sind also jetzt bekannt drei optisch-active Dipeptide: d-Alanyl-d-Alanin, d-Alanyl-l-Alanin und l-Alanyl-d-Alanin. Es fehlt nur noch das l-Alanyl-l-Alanin. Ferner ist bekannt ein inactives Product, welches aus dem alten inactiven Anhydrid durch Aufspaltung mit Alkali entsteht. Da es von Pankreassaft partiell hydrolysirt wird und diese Eigenschaft nur bei dem ersten der drei activen Isomeren beobachtet wurde[2]), so ist es, falls überhaupt einheitlich, wahrscheinlich die Racemverbindung von d-Alanyl-d-Alanin und l-Alanyl-l-Alanin. Zur sicheren Entscheidung der Frage soll seine Synthese aus den beiden activen Formen versucht werden.

Ferner kennt man vom Anhydrid des Alanins die reine active d-Verbindung, dann die reine inactive *trans*-Verbindung und endlich

---

[1]) E. Fischer und J. Hertz, Berichte d. D. Chem. Gesellsch. **25**, 1247 [1892]. (*Kohlenh. I, S. 459.*)

[2]) Nach Versuchen, die ich gemeinschaftlich mit Hrn. E. Abderhalden ausführte. (*Vergl. S. 683.*) Fischer.

das alte inactive Anhydrid, welches in der Hitze aus Alanin oder seinem Ester entsteht. Obschon dieses Product schöne Eigenschaften hat und äußerlich den Eindruck einer einheitlichen Substanz macht, so erscheint uns doch nach den Erfahrungen mit den Anhydriden der Aminobuttersäure seine Homogenität nicht ganz sicher, und wir halten eine besondere Untersuchung darüber für nöthig. Dasselbe gilt natürlich für alle Diketopiperazine, die direct aus den racemischen α-Aminosäuren oder deren Estern bei hoher Temperatur erhalten wurden.

α - Aminobutyryl - α - Aminobuttersäure.

Die beiden Isomeren A und B sind bereits ausführlich beschrieben[1]). Wir heben aber nochmals die Unterschiede hervor, die bei sonst recht großer Ähnlichkeit zwischen ihnen bestehen.

I. Schmelzpunkt. Die Schmelzung findet in beiden Fällen unter Abspaltung von Wasser und Bildung von Anhydrid statt; in Folge dessen schwankt der Schmelzpunkt mit der Art des Erhitzens. Trotzdem beobachteten wir bei vergleichenden Versuchen constant zwischen beiden Körpern eine Differenz von 12—13°. Wir haben früher für die Verbindung A den ungefähren Schmelzpunkt 265° und für B ungefähr 250° angegeben. Bei den neueren Bestimmungen, bei denen besonders sorgfältig gereinigte Präparate zur Anwendung kamen, fanden wir ihn bei raschem Erhitzen etwas höher, und zwar für die Verbindung A 265 bis 268° (corr. 272—275°) und für die Verbindung B 253—255° (corr. 260—262°).

2. Krystallform. Aus warmer, wäßriger Lösung mit Alkohol gefällt, bildet A stets feine, glänzende Blättchen und B derbe, kurze, zum Theil schräg abgeschnittene, prismatische Nadeln.

3. Kupfersalz. Das Derivat von A ist in kaltem Wasser ziemlich schwer löslich und scheidet sich aus heißem Wasser in kleinen, ziemlich derben, flächenreichen, dunkelblauen Krystallen ab. Das Salz B ist auch in kaltem Wasser leicht löslich und krystallisirt daraus in mikroskopisch kleinen, kurzen Prismen.

4. Löslichkeit in Wasser. Für ihre Bestimmung wurden die fein gepulverten Dipeptide mit einer ungenügenden Menge Wasser in einem geschlossenen Rohr aus Jenenser Resistenzglas 20 Stunden im Thermostaten in drehender Bewegung erhalten.

100 g Wasser von 24° lösten vom Dipeptid A 5,4 g
100 „   „   „ 24° „   „   „ B 29,0 „

---

[1]) Liebigs Ann. d. Chem. **340**, 180. (*Proteine I, S. 512.*)

α - Aminobuttersäure-anhydrid (Diäthyl-diketopiperazin).

Die Darstellung aus den beiden Dipeptiden ist für beide Isomere die gleiche. Wir beschreiben sie deshalb ausführlich nur für die Verbindung A.

15 g der α-Aminobutyryl-α-Aminobuttersäure A wurden mit 300 ccm absolutem Alkohol übergossen und durch Einleiten von trocknem Salzsäuregas ohne Abkühlung verestert. Nachdem in etwa 15 Minuten Lösung eingetreten war, wurde das Einleiten von Salzsäuregas noch 10 Minuten fortgesetzt und dann sofort der überschüssige Alkohol und die Salzsäure bei sehr kleinem Druck unterhalb 30° abdestillirt. Um die freie Salzsäure möglichst vollkommen zu entfernen, wurde der Rückstand in etwa 200 ccm absolutem Alkohol gelöst, nochmals im Vacuum eingedampft, dann in eine Schale umgegossen und zwei Tage im Vacuumexsiccator über Natronkalk stehen gelassen.

Das so erhaltene Esterchlorhydrat bildet einen farblosen Syrup. Man kann daraus nach dem Auflösen in wenig Wasser durch Kaliumcarbonat und Natronlauge unter starker Abkühlung den Ester in Freiheit setzen und mit Essigester von den Salzen trennen. Nach dem Verdunsten des Essigesters bleibt der freie Ester als farbloser Syrup zurück. Läßt man ihn längere Zeit (etwa 14 Tage) im Vacuum über Chlorcalcium stehen, so geht er in das Anhydrid über. Viel rascher erfolgt diese Umwandlung durch alkoholisches Ammoniak.

Das aus 15 g Dipeptid A erhaltene α-Aminobutyryl-α-aminobuttersäure-äthylesterchlorhydrat wird mit einigen Cubikcentimetern absolutem Alkohol verdünnt und in 400 ccm alkoholisches Ammoniak, welches stark gekühlt ist, langsam eingetragen. Die anfangs entstehende Trübung löst sich zuerst beim Umschütteln wieder auf, bleibt aber schließlich bestehen und verschwindet dann erst auf Zusatz von weiterem alkoholischem Ammoniak (etwa 100 ccm). Die klare Lösung wird jetzt bei gewöhnlicher Temperatur aufbewahrt. Nach einigen Stunden beginnt die Krystallisation des Anhydrids und ist nach 24 Stunden beendet. Es wird abgesaugt und mit wenig kaltem Wasser gewaschen. Die Ausbeute beträgt etwa 7 g. Durch Eindampfen der alkoholischen Mutterlauge im Vacuum und Umkrystallisiren des Rückstandes aus heißem Wasser erhält man eine weitere Menge des Anhydrids. Die Gesamtausbeute schwankte bei den einzelnen Versuchen zwischen 60 und 70 pCt. der Theorie, berechnet auf das angewandte Dipeptid. Zur weiteren Reinigung wird das Präparat aus etwa der 40-fachen Menge heißem Wasser umkrystallisirt.

Anhydrid A. Das aus dem alkoholischen Ammoniak ausgefallene Anhydrid besteht häufig aus centimeterlangen, schmalen, schräg abgeschnittenen Tafeln, welche meist büschelförmig angeordnet sind.

Beim langsamen Auskrystallisiren aus Wasser bildet es zarte Blättchen, welche theilweise rhombenähnlich und öfters unregelmäßig verwachsen sind.

Es schmilzt bei 270—271° (corr. 277—278°) zu einer schwach bräunlichen Flüssigkeit und hat einen schwach bitteren Nachgeschmack. Für die Analyse wurde bei 110° getrocknet.

I. 0,1900 g Sbst.: 0,3943 g CO_2, 0,1455 g H_2O. — 0,2653 g Sbst.: 38,2 ccm N (16°, 753 mm). — II. 0,1889 g Sbst.: 0,3913 g CO_2, 0,1430 g H_2O.

$C_8H_{14}N_2O_2$ (Mol.-Gew. 170).

Ber. C 56,47,   H 8,24,   N 16,47.
Gef. „ I. 56,60, II. 56,49, „ 8,57, 8,47, „ 16,67.

Die Löslichkeit in Wasser wurde genau so wie bei den Dipeptiden bestimmt.

100 g Wasser lösten bei 20° 0,32 g Anhydrid A
„ „ „ „ „ 24° 0,33 „ „ „

Anhydrid B. Darstellung und Ausbeute sind die gleichen wie bei Verbindung A. Aus dem alkoholischen Ammoniak fällt es häufig in centimeterlangen, dünnen, schräg abgeschnittenen Prismen aus, die aber meist schlecht ausgebildet sind. Beim langsamen Krystallisiren aus Wasser bildet es büschel- und stern-förmig verwachsene Nadeln. Es schmilzt bei 259—260° (corr. 266—267°) zu einer schwach bräunlichen Flüssigkeit. Es ist zwar auch noch schwer löslich in Wasser, aber doch wesentlich leichter als A.

100 g Wasser lösten bei 20° 0,91 g Anhydrid B
„ „ „ „ „ 24° 1,03 „ „ „

Für die Analyse wurde bei 110° getrocknet.

0,1889 g Sbst.: 0,3914 g CO_2, 0,1394 g H_2O. — 0,1934 g Sbst.: 27,6 ccm N (19°, 757 mm).

$C_8H_{14}N_2O_2$ (Mol.-Gew. 170). Ber. C 56,47, H 8,24, N 16,47.
Gef. „ 56,51, „ 8,26, „ 16,40.

Auf Grund dieser zwar nicht großen, aber constant bleibenden Unterschiede in Schmelzpunkt, Löslichkeit und Aussehen der Krystalle halten wir die Anhydride für verschiedene Körper.

Anders liegt die Sache bei den beiden durch Schmelzung der Dipeptide entstandenen Präparaten[1]).

Den früher bei 260° angegebenen Schmelzpunkt fanden wir jetzt gewöhnlich bei 261—262° (corr. 268—269°) für beide Körper, und in der Art der Krystallisation war kein Unterschied zu erkennen. Wir

---

[1]) Liebigs Ann. d. Chem. **340**, 180. (*Proteine I, S. 512*.) Die Bestimmung der Schmelzpunkte nach der üblichen Methode ist bei dieser hohen Temperatur bekanntlich nicht sehr genau. Wir haben deshalb alle Schmelzpunkte durch directen Vergleich der verschiedenen Präparate ermittelt.

haben neuerdings auch die Löslichkeit in Wasser bestimmt und in beiden Fällen fast gleich gefunden. Von dem Präparat aus Dipeptid A lösten 100 g Wasser bei 24° 0,67 und von dem Präparat aus Dipeptid B 0,62 g. Die Zahlen liegen in der Mitte zwischen den Werthen für die Löslichkeit der reinen Anhydride A und B.

Wir vermuthen deshalb, daß es sich hier um ein Gemisch derselben handelt. In Übereinstimmung damit würden die ganz undeutliche Form der Krystalle stehen und die weitere Beobachtung, daß ein Gemisch von gleichen Theilen der beiden reinen Anhydride A und B ungefähr bei derselben Temperatur 261—262° schmilzt. Endlich haben wir gefunden, daß die reinen Anhydride beim Schmelzen beide die gleiche Veränderung erleiden. Reinigt man nämlich die geschmolzene, bräunlich gefärbte Masse durch Umlösen aus heißem Wasser unter Zusatz von Thierkohle, so zeigt das Product in beiden Fällen denselben Schmp. 261—262° und die undeutliche Krystallform wie das aus den Dipeptiden durch Schmelzung erhaltene Präparat.

Aufspaltung der beiden Anhydride zu Dipeptid durch Alkali.

Die Aufspaltung der Diketopiperazine durch wäßriges Alkali zum Dipeptid erfolgt beim Glycinanhydrid außerordentlich leicht, bei dem Alaninanhydrid schon etwas langsamer, und bei dem Leucinanhydrid ist sie bisher noch nicht gelungen. Es war deshalb zu erwarten, daß die Derivate der Aminobuttersäure auch ziemlich schwer von dem Alkali angegriffen werden.

In der That tritt die Reaction bei gewöhnlicher Temperatur so langsam ein, daß wir die Versuche bei 37° ausgeführt haben. Die Bedingungen waren für beide Isomeren genau die gleichen. Wir beschreiben deshalb die Operation nur für die Verbindung A.

2 g sehr fein gepulvertes Anhydrid A wurden mit 13,2 ccm n-Natronlauge und 30 ccm Wasser im Brutraum mit einer Maschine geschüttelt. Nach zwei Tagen war der allergrößte Theil gelöst und nach 3 Tagen war klare Lösung entstanden. Sie wurde jetzt mit der dem Alkali entsprechenden Menge Jodwasserstoff versetzt, bei sehr geringem Druck zur Trockne verdampft und der Rückstand zur Entfernung von Jodnatrium und etwas unverändertem Anhydrid mehrmals mit absolutem Alkohol ausgekocht. Der ungelöste Theil war das Dipeptid; seine Menge betrug 1,5 g oder 68 pCt. der Theorie.

Zur völligen Reinigung wurde es in wenig Wasser gelöst und durch Alkohol wieder abgeschieden. Das reine Präparat, dessen Menge 1,3 g betrug, zeigte alle Eigenschaften des Dipeptids A. Der Schmelzpunkt lag bei 267—268° (corr. 274—275°). Es krystallisirte in feinen Blättchen, gab das charakteristische, ziemlich schwer lösliche Kupfersalz und zeigte fast die gleiche Löslichkeit in Wasser (5,3, 5,2, 5,1 auf 100 Theile von 24° für drei verschiedene Präparate).

Genau derselbe Versuch mit dem Anhydrid B ausgeführt, gab das gleiche Resultat, auch in Bezug auf Ausbeute, und das Product zeigte wieder alle Eigenschaften des Dipeptids A. Die Löslichkeit in 100 Theilen Wasser von 24° wurde für die verschiedenen Präparate gefunden 5,46, 5,2, 5,1. Zweifellos entsteht also aus beiden Anhydriden durch die Wirkung des Alkalis in reichlicher Menge das Dipeptid A. Sein Isomeres haben wir nicht gefunden, halten es aber für möglich, daß kleine Mengen desselben sich der Beobachtung entzogen haben.

Zum Schluß geben wir zur bequemen Orientirung eine tabellarische Übersicht über die Unterschiede bei den beiden Dipeptiden und ihren Anhydriden.

	Dipeptid A	Dipeptid B	Anhydrid A	Anhydrid B	Durch Aufspalten von Anhydrid A erhaltenes Dipeptid	Durch Aufspalten von Anhydrid B erhaltenes Dipeptid
Schmp. (corr.)	272—275°	260—262°	277—278°	266—267°	274—275°	274—275°
Krystallform	feine glänzende Blättchen	kurze, derbe, zum Theil schräg abgeschnittene Nadeln	unregelmäßig verwachsene Nadeln	büschel- und sternförmig verwachsene Nadeln	feine glänzende Blättchen	
Kupfersalz	in kaltem Wasser ziemlich schwer löslich; derbe flächenreiche Krystalle	in kaltem Wasser leicht lösl.; mikroskop. kleine, kurze Prismen			in kaltem Wasser schwer löslich; derbe; flächenreiche Krystalle	
100 g Wasser lösen bei 24°	5.4	29.0	0.33	1.03	5.2 (Mittel)	5.25 (Mittel)

Man ersieht daraus, daß sowohl beim Aufspalten von Anhydrid A wie von B dasselbe Dipeptid resultirt, daß also beim Sprengen des Piperazinringes eine sterische Umlagerung stattfindet, und daß man somit im Stande ist, das Peptid B auf dem Wege über das Anhydrid in das Isomere zu verwandeln.

l-Brompropionyl-d-alanin.

Die für diese Versuche erforderliche l-Brompropionsäure wurde in der früher angegebenen Weise[1]) aus d-Alanin mit Hülfe des allgemeinen Verfahrens von Tilden und Marshall und von Walden dargestellt. Es erwies sich aber vortheilhaft, den Rest des überschüssigen Broms, der nach dem Durchblasen von Luft noch in der Flüssigkeit zurückbleibt, nicht mit Quecksilber, sondern mit schwefliger Säure zu entfernen, und die ätherische Lösung der Brompropionsäure nicht mit Natriumsulfat, sondern mit Chlorcalcium zu trocknen. Die Ausbeute war dann etwas besser; sie betrug 75 pCt. der Theorie. Der Drehungswinkel α des Präparates war bei Verwendung von ziemlich reinem Alanin — 39° für 20° und Natriumlicht. Bei etwas unreinerem Ausgangsmaterial betrugen die Drehungen 38,6° und 36,7°, während die reinste bisher bekannte l-Brompropionsäure im 1 dcm-Rohr den Drehungswinkel — 45,64° zeigte.

Trotz dem Gehalt an optischem Antipoden, der zwischen 7,5 und 10 pCt. schwankt, ist diese active Brompropionsäure für die Synthese activer Dipeptide recht brauchbar. Ihre Umwandlung in das Chlorid geschah in der früher angegebenen Weise[2]) durch Erwärmen mit Thionylchlorid.

7,3 g d-Alanin werden in 82 ccm n-Natronlauge (1 Mol.) gelöst und zu der bis zum beginnenden Gefrieren abgekühlten Lösung 14 g l-Brompropionylchlorid (1 Mol.) und 100 ccm gekühlte n-Natronlauge abwechselnd in kleinen Portionen unter kräftigem Schütteln eingetragen. Das Chlorid verschwindet rasch, und die Operation kann in 20—25 Minuten beendet sein. Zum Schluß versetzt man mit 37 ccm fünffachnormaler Salzsäure, verdampft die Flüssigkeit unter stark vermindertem Druck zur Trockne und extrahirt den Rückstand mit etwa 200 ccm Äther einige Stunden im Soxhletschen Apparat. Schon beim Abkühlen des Äthers scheidet sich ein Theil des Kuppelungsproductes aus; der Rest wird durch Verdunsten erhalten. Beigemengte Brompropionsäure, die sich durch ihren starken Geruch verräth, entfernt man am besten durch Verreiben und Waschen mit Petroläther. Die Ausbeute betrug 15 g oder 80 pCt. der Theorie. Zur Reinigung wird das Rohproduct in der vierfachen Menge heißem Wasser gelöst. Beim Abkühlen auf 0° fällt ungefähr die Hälfte wieder krystallinisch aus, und durch Verarbeiten der Mutterlauge, die aber nur unter stark vermindertem Druck eingedampft werden darf, gewinnt man noch 4,5 g.

---

[1]) E. Fischer und O. Warburg, Liebigs Ann. d. Chem. **340**, 171. (*Proteine I, S. 498.*)
[2]) a. a. O.

Das so erhaltene Product war nicht ganz rein, denn wir haben bei verschiedenen Präparaten auch nach mehrmaligem Umkrystallisiren stets zu wenig (0,8—0,9 pCt.) Brom gefunden. Auch die specifische Drehung in etwa 5-procentiger wäßriger Lösung bei 20° schwankte zwischen — 60,4° und — 63,6°. Wir haben deshalb auf weitere Reinigungsversuche verzichtet, weil das entsprechende Dipeptid viel leichter rein zu erhalten ist. Unser Präparat schmolz nicht ganz constant gegen 165° unter lebhafter Gasentwickelung und Bräunung. Es war sehr leicht löslich in Methylalkohol, etwas schwerer in Äthylalkohol und Aceton, dann successive schwerer in Essigester, Äther und fast unlöslich in Petroläther.

l - Alanyl - d - Alanin.

$$NH_2 \cdot CH(CH_3) \cdot CO \cdot NH \cdot CH(CH_3) \cdot COOH.$$

Werden 7 g l-Brompropionyl-d-Alanin in 35 ccm wäßrigem Ammoniak (25-proc.) gelöst und 4 Tage im Thermostaten bei 25° aufbewahrt, so ist die Abspaltung des Broms beendet, und beim Verdampfen der Flüssigkeit unter 10—15 mm Druck bleibt eine schwach gelbe, syrupöse Masse zurück. Diese löst sich leicht in absolutem Alkohol. Wird aber die Lösung in einer Platinschale auf dem Wasserbade verdampft, der Rückstand mit absolutem Alkohol verrieben und wieder verdampft und diese Operation, wenn nöthig, wiederholt, so erhält man bald eine farblose, in Alkohol fast unlösliche Krystallmasse.

Es findet hier also die schon verschiedentlich beobachtete Verwandlung der in Alkohol löslichen Form des Polypeptids in die unlösliche Form statt. Wie es scheint, handelt es sich in solchen Fällen um leicht verwandelbare Isomere. Die unlöslich gewordene Masse des Dipeptids wird mit etwa 50 ccm kaltem Alkohol ausgelaugt, um das Bromammonium zu entfernen. Die Ausbeute betrug dann 3,5 g oder 70 pCt. der Theorie. Zur Reinigung wurde das Dipeptid in der gleichen Menge warmem Wasser gelöst und diese Lösung mit der zehnfachen Menge Alkohol versetzt. Beim Reiben begann bald die Krystallisation des Dipeptids, das nach zweistündigem Stehen bei 0° filtrirt wurde. Leider tritt beim Krystallisiren ein erheblicher Verlust ein, denn aus 3,5 g Rohproduct wurden nur 1,5 g reines Präparat erhalten, hauptsächlich, weil wieder ein Theil des Peptids in die leicht lösliche Form übergeht. Sie bleibt beim Verdampfen der Mutterlauge als Syrup zurück, kann aber durch wiederholtes Abdampfen mit Alkohol wieder in die unlösliche Form · umgewandelt werden.

Das l-Alanyl-d-Alanin krystallisirt unter den oben angegebenen Bedingungen in schmalen, an beiden Enden lanzettförmig zugespitzten

Blättchen, die theilweise sternförmig verwachsen sind. Es schmilzt bei 262—263° (corr. 269—270°) unter geringer Gasentwickelung zu einer schwach gelben Flüssigkeit, nachdem es einige Grade vorher gesintert ist. Zweifellos verwandelt es sich dabei in ein Anhydrid. Es ist sehr leicht löslich in Wasser, dagegen sehr schwer in Alkohol und fast unlöslich in Äther und Petroläther. Es ist fast geschmacklos. Die wäßrige Lösung reagirt schwach sauer und löst Kupferoxyd mit tiefblauer Farbe. Das Kupfersalz bleibt beim Verdampfen der Lösung als Syrup zurück. erstarrt aber beim längeren Stehen krystallinisch. Es ist nicht allein in Wasser sehr leicht löslich, sondern wird auch von heißem Alkohol in erheblicher Menge aufgenommen und aus dieser Lösung durch Äther als eine hellblaue, amorphe Masse gefällt. Die alkalische Lösung des Dipeptids färbt sich auf Zusatz von Kupfersalzen rein blau.

Die im Vacuum über Chlorcalcium getrocknete Substanz erleidet im Vacuum bei 80° keinen Gewichtsverlust.

0,2076 g Sbst.: 0,3415 g CO_2, 0,1407 g H_2O. — 0,1895 g Sbst.: 29,1 ccm N (17°, 750 mm).

$C_6H_{12}N_2O_3$ (Mol.-Gew. 160).   Ber. C 45,00, H 7,50, N 17,50.

Gef. ,, 44,86, ,, 7,58, ,, 17,62.

Eine Lösung vom Gewicht 3,8089 g, welche 0,3299 g Substanz enthielt und das specifische Gewicht 1,0265 hatte, drehte im 1 dcm-Rohr bei 20° Natriumlicht 6,09° nach links. Also

$$[\alpha]_D^{20} - 68,5° \ (\pm 0,4°).$$

Durch nochmaliges Umkrystallisiren änderte sich die Drehung kaum.

Eine Lösung vom Gewicht 4,2480 g, welche 0,3107 g zwei Mal umkrystallisirtes Dipeptid enthielt und das specifische Gewicht 1,0222 hatte, drehte im 1 dcm-Rohr Natriumlicht 5,10° nach links. Also

$$[\alpha]_D^{20} - 68,22° \ (\pm 0,4°).$$

trans-Alaninanhydrid,
$$\begin{array}{ccc} H\diagdown & CO\cdot NH\diagdown & CH_3 \\ & C \qquad\qquad C & \\ CH_3\diagup & NH\cdot CO\diagup & H \end{array}$$

1 g *l*-Alanyl-*d*-Alanin wurde mit 10 ccm absolutem Alkohol übergossen und unter Kühlung durch kaltes Wasser Salzsäuregas eingeleitet. Schon nach 4—5 Minuten war das Dipeptid gelöst. Nach 10 Minuten wurde der Alkohol im Vacuum abdestillirt und der Rückstand nochmals in der gleichen Weise mit Alkohol und Salzsäure behandelt, um die Veresterung möglichst zu vervollständigen. Beim Verdampfen der alkoholischen Lösung unter geringem Druck blieb nun das Hydrochlorat des *l*-Alanyl-*d*-Alanin-Äthylesters als Syrup zurück. Es wurde in

einigen ccm Alkohol gelöst und langsam in 15 ccm bei 0° gesättigtes, alkoholisches Ammoniak, welches durch eine Kältemischung gekühlt war, eingetragen. Der dabei entstehende Niederschlag löste sich zuerst beim Umschütteln, blieb aber gegen Ende bestehen, und es waren noch 10 ccm alkoholisches Ammoniak erforderlich, um eine klare Lösung zu erhalten. Beim 20-stündigen Stehen bei gewöhnlicher Temperatur schied sich daraus das Anhydrid in hübschen Krystallen ab und war nach dem Absaugen und Waschen mit wenig eiskaltem Wasser fast rein. Die Ausbeute betrug 0,7 g. Aus der Mutterlauge konnte noch 0,1 g erhalten werden, sodaß die Gesammtausbeute 90 pCt. der Theorie betrug.

Zur Reinigung genügt einmaliges Umkrystallisiren aus heißem Wasser. Es scheidet sich daraus in feinen, meist sechseckigen, gänzenden Blättchen ab. Beim langsamen Verdunsten einer wäßrigen Lösung erreichen die Krystalle eine beträchtliche Größe, bis zu 1 cm Durchmesser.

Wir verdanken Hrn. Dr. F. von Wolff, Privatdocenten der Mineralogie an hiesiger Universität, folgende Angaben:

„Krystallsystem: rhombisch-holoëdrisch. Die Krystalle bilden dünne, sechsseitige Tafeln mit Zuschärfungen der Kanten durch Domen und Pyramiden. Genauere goniometrische Messungen ließen sich an dem erhaltenen Material nicht anstellen. Auf der Tafelfläche steht die negative Mittellinie senkrecht. Der Axenwinkel ist groß. Er beträgt 2 HaNa = 89° 45′ in Cassiaöl gemessen, Dispersion der Axen $\varrho < v$, das Axenbild ist bisweilen gestört. Da das Brechungsvermögen des Cassiaöls ziemlich dem mittleren des Krystalls entspricht, so dürfte der gemessene Winkel dem wahren inneren Axenwinkel des Krystalls recht nahekommen."

„Die Auslöschung erfolgt auf der Tafelfläche orientirt zu einer der begrenzenden Kanten und bleibt orientirt, wenn man den Krystall im Drehapparat in Cassiaöl um diese Kante, sowie senkrecht dazu dreht. Mit Alkohol erhält man auf der Tafelfläche rechteckige Ätzfiguren."

Das Anhydrid schmilzt bei 270—271° (corr. 277—278°) zu einer gelblichen Flüssigkeit, nachdem es einige Grade vorher gesintert ist. Es löst sich ziemlich schwer in kaltem Wasser. Von heißem Wasser ist etwa die 10-fache Menge erforderlich. Auch in Alkohol ist es schwer löslich.

Die im Exsiccator getrocknete Substanz erleidet im Vacuum bei 80° keinen Gewichtsverlust.

0,1703 g Sbst.: 0,3153 g CO_2, 0,1070 g H_2O. — 0,1766 g Sbst.: 30 ccm N (18°, 765 mm).

$C_6H_{10}N_2O_2$ (Mol.-Gew. 142).   Ber. C 50,70, H 7,04, N 19,72.

Gef. „ 50,49, „ 7,03, „ 19,82.

Es ist optisch gänzlich inactiv, denn eine $2^1/_2$-procentige, wäßrige Lösung zeigte im 2 dcm-Rohr keine Drehung unter Bedingungen, wo eine Drehung von 0,02° der Beobachtung nicht hätte entgehen können. Daß die Inactivität nicht zufällig ist, sondern bei der Aufspaltung zum Dipeptid erhalten bleibt, zeigt folgender Versuch.

0,1 g Anhydrid wurde mit 1 ccm Normalnatronlauge bis zur völligen Lösung etwa eine halbe Stunde geschüttelt, dann eine Stunde aufbewahrt und nun die Flüssigkeit mit 1 ccm Normalsalzsäure neutralisirt. Sie zeigte dann keine Spur von Drehungsvermögen.

d - Brompropionyl - l - Alanin.

Das für diese Versuche erforderliche l-Alanin wurde nach dem Verfahren von Ehrlich[1]) durch partielle Vergährung von racemischem Alanin mit Hefe gewonnen, denn diese Methode ist bequemer als die Spaltung des Racemkörpers mittels der Benzoylverbindung. Das l-Alanin diente auch als Material für die Gewinnung der d-Brompropionsäure, wie später genauer beschrieben wird. Die Kuppelung des d-Brompropionylchlorids mit dem l-Alanin geschah genau in der gleichen Weise, wie bei dem optischen Antipoden. Ein Unterschied zeigte sich insofern, als das Kuppelungsproduct aus der angesäuerten Flüssigkeit schon ohne Eindampfen beim einstündigen Stehen in Eis in reichlicher Menge ausfiel. Aus der eingeengten Mutterlauge wurde eine zweite Krystallisation erhalten. Bei Anwendung von 13 g l-Alanin und 25 g d-Brompropionylchlorid betrug die Gesammtausbeute 25 g (oder 77 pCt. der Theorie), welche bei einmaligem Umkrystallisiren aus der vierfachen Menge heißem Wasser 18,2 g reines Präparat lieferten. Das Resultat war also besser als bei dem optischen Antipoden, und ebenso war das Product nach der Analyse und der optischen Untersuchung reiner. Das erklärt sich durch die größere Reinheit der angewandten activen Brompropionsäure, von der später noch die Rede sein wird.

Das d-Brompropionyl-l-Alanin schmilzt beim raschen Erhitzen gegen 170° unter starkem Aufschäumen und Bräunung, nachdem es einige Grade vorher zusammengesintert ist. Es ist leicht löslich in Methylalkohol, etwas schwerer in Äthylalkohol und Aceton, dann successive schwerer in Essigester, Chloroform, Äther und fast unlöslich in Petroläther. Aus heißem Wasser scheidet es sich in Form von octaëderartigen Krystallen ab.

Für die Analyse wurde im Exsiccator über Chlorcalcium und Natronkalk getrocknet.

---

[1]) Biochem. Zeitschr. 1, 8.

0,2452 g Sbst.: 0,2040 g AgBr.

$C_6H_{10}O_3NBr$ (Mol.-Gew. 224).   Ber. Br 35,71.   Gef. Br 35,40.

Eine wäßrige Lösung vom Gewicht 15,0315 g, welche 0,3793 g Substanz enthielt und die Dichte $d_4^{20} = 1,008$ hatte, drehte im 2 dcm-Rohr bei 20° Natriumlicht 3,47° nach rechts. Also

$$[\alpha]_D^{20} = +68,21° (\pm 0,4°).$$

Nach nochmaligem Umkrystallisiren wurde gefunden:

0,3711 g Substanz; Gesammtgewicht der Lösung 13,7680 g, $d_4^{20} = 1,008$. Drehung im 2 dcm-Rohr bei 20° und Natriumlicht 3,69° nach rechts. Mithin

$$[\alpha]_D^{20} = +67,91° (\pm 0,4°).$$

d - Alanyl - *l* - Alanin.

Die Darstellung war dieselbe, wie bei dem optischen Antipoden. Ein kleiner Unterschied zeigte sich nur insofern, als das Dipeptid hier etwas leichter krystallisirte. Dadurch wurde die Reinigung bequemer und auch die Ausbeute besser, denn diese betrug für das Rohproduct etwa 90 pCt. und für das vollkommen reine, hübsch krystallisirte Präparat 60—63 pCt. der Theorie. Dieses bessere Resultat schreiben wir der schon erwähnten, größeren Reinheit des hier benutzten Bromkörpers zu.

Bezüglich der Eigenschaften des Dipeptids besteht die allergrößte Ähnlichkeit mit dem Antipoden, sodaß wir einfach auf dessen Beschreibung verweisen können. Nur im Schmelzpunkt zeigte sich eine ganz kleine Differenz, denn er wurde hier einige Grade höher, bei 267 — 268° (corr. 275—276°), beobachtet. Das will aber wenig sagen, da die Schmelzung unter gleichzeitiger Zersetzung und deshalb nicht ganz scharf erfolgt.

Für die Analyse wurde das Dipeptid im Vacuum über Chlorcalcium getrocknet.

0,1707 g Sbst.: 0,2805 g CO_2, 0,1172 g H_2O. — 0,2058 g Sbst.: 31,2 ccm N (19°, 748 mm).

$C_6H_{12}O_3N_2$ (Mol.-Gew. 160).   Ber. C 45,00, H 7,50, N 17,50.

Gef. „ 44,82, „ 7,68, „ 17,21.

Eine wäßrige Lösung vom Gewicht 4,6469 g, welche 0,3620 g Substanz enthielt und $d_4^{20} = 1,022$ hatte, drehte im 1 dcm-Rohr bei 20° Natriumlicht 5,47° nach rechts. Also

$$[\alpha]_D^{20} = +68,71° (\pm 0,25°).$$

Nach nochmaligem Umkrystallisiren blieb der Werth für die specifische Drehung fast derselbe.

Eine Lösung vom Gewicht 4,3853 g, welche 0,3249 g zwei Mal um-krystallisirtes Dipeptid enthielt und $d_4^{20} = 1,022$ hatte, drehte im 1-dcm-Rohr Natriumlicht bei 20° 5,22° nach rechts. Also

$$[\alpha]_D^{20} = +68,94°\,(\pm 0,3°).$$

Die Verwandlung in das Anhydrid vollzog sich gleichfalls genau unter denselben Bedingungen und Erscheinungen wie bei dem Anti-poden, und das Product, dessen Ausbeute 95 pCt. der Theorie betrug, zeigte in Bezug auf optische Inactivität, Schmelzpunkt, Löslichkeits-verhältnisse und äußere Form der Krystalle volle Übereinstimmung mit dem *trans* - Alaninanhydrid.

0,1499 g Sbst.: 0,2795 g CO_2, 0,0957 g H_2O. — 0,1543 g Sbst.: 26,8 ccm N (20°, 746 mm).

$C_6H_{10}O_2N_2$ (Mol.-Gew. 142).   Ber. C 50,70, H 7,04, N 19,72.

Gef. ,, 50,85, ,, 7,14, ,, 19,57.

Hydrolyse des Dipeptids. Ebenso wie bei der Anhydrid-bildung war auch bei der totalen Hydrolyse des Dipeptids das Ver-schwinden der optischen Activität zu erwarten, weil gleiche Mengen von *d*- und *l*-Alanin dabei entstehen müssen. Der Versuch hat diesen Schluß bestätigt, und wir wollen ihn genau beschreiben, weil er gleich-zeitig als Prüfung der Reinheit des Dipeptids gelten kann.

0,5562 g Dipeptid wurden in 6,5 ccm Salzsäure vom spec. Gewicht 1,1 gelöst. Diese Lösung, welche das Gesammtgewicht 7,8017 g und das spec. Gewicht 1,11 besaß, drehte Natriumlicht bei 20° im 1 dcm-Rohr 5,22° nach rechts. Daraus berechnet sich für *d*-Alanyl-*l*-Alanin in 20-procentiger Salzsäure $[\alpha]_D^{20}\ +65,96°$. Daß dieser Werth der specifischen Drehung des Dipeptids in wäßriger Lösung sehr nahe kommt, ist wohl nur ein Zufall, denn in der Regel haben die Hydro-chlorate der Dipeptide ein wesentlich anderes Drehungsvermögen als die Peptide selbst.

Die salzsaure Lösung wurde nun acht Stunden auf 100° erhitzt, was nach früheren Erfahrungen genügt, um bei diesen einfachen Dipep-tiden völlige Hydrolyse herbeizuführen. Sie war dann optisch völlig inactiv und hinterließ beim Eindampfen das Hydrochlorat des race-mischen Alanins.

Darstellung der *d* - α - Brom-propionsäure.

Wie oben schon erwähnt, haben wir die Säure aus dem *l*-Alanin durch Stickoxyd und Brom hergestellt. Entsprechend der Vorschrift zur Umwandlung des *d*-Alanins in *l*-Brompropionsäure[1] haben wir 20 g reines *l*-Alanin auf einmal verarbeitet. Nur wurde das Gemisch

---

[1] E. Fischer und Warburg, Liebigs Ann. d. Chem. **340**, 171 [1905]. (*Proteine I, S. 498.*)

nicht auf 0°, sondern durch eine Mischung von Kochsalz und Eis gekühlt. Ferner wurde der Rest des Broms nicht mit Quecksilber, sondern mit schwefliger Säure entfernt und die ätherische Lösung mit Chlorcalcium getrocknet. Endlich wurde die d-α-Brompropionsäure nach Verjagung des Äthers unter 0,1 mm Druck destillirt. Das Resultat war recht befriedigend, denn die Ausbeute an destillirter Säure betrug 71 pCt. der Theorie, und das Präparat zeigte bei 20° im 1 dcm-Rohr eine Drehung von 44,2° nach rechts.

Wenn die früher dargestellte beste l-α-Brompropionsäure mit dem Drehungswinkel — 45,64° bei 20° rein war, so würde sich für unser Präparat nur ein Gehalt von ungefähr 3 pCt. an dem optischen Antipoden berechnen.

Vor kurzem hat L. Ramberg[1]) die Gewinnung einer activen Brompropionsäure beschrieben, die ungefähr 80 pCt. der d-Säure enthielt. Unser Verfahren liefert nicht allein eine viel reinere d-Säure, sondern wir halten es auch in der Ausführung bequemer. Jedenfalls sind jetzt die früher so schwer zugänglichen Polypeptide mit der Gruppe d-Alanyl relativ leicht darzustellen.

---

[1]) Liebigs Ann. d. Chem. **349**, 324 [1906].

32. Emil Fischer: Reduktion des Glykokollesters[1]).

Berichte der Deutschen Chemischen Gesellschaft **41**, 1019 [1908].

(Eingegangen am 16. März 1908.)

Im Gegensatz zu den Estern der gewöhnlichen aliphatischen oder aromatischen Säuren wird der Oxalester bekanntlich durch Natriumamalgam leicht reduziert und die hierbei entstehenden Produkte sind noch kürzlich von W. Traube[2]) ausführlich untersucht worden. Diese Sonderstellung verdankt er offenbar der unmittelbaren Verkettung der beiden stark negativen Carbäthoxylgruppen. Eine ähnliche, allerdings erheblich schwächere Wirkung übt die Anhäufung der Hydroxylgruppen in den zweibasischen Säuren der Zuckergruppe aus; denn wie ich vor 18 Jahren beobachtet habe, wird der neutrale Ester der Schleimsäure vom Natriumamalgam ebenfalls in kalter Lösung angegriffen und, allerdings nur zum kleineren Teil, in eine Aldehydsäure verwandelt[3]).

Da die Aminogruppe in der α-Stellung einen dem Hydroxyl ähnlichen Einfluß hat, wie das gleiche Verhalten der Amino- und Oxyaldehyde gegen Fehlingsche Lösung, Alkali, Phenylhydrazin usw. beweist, da ferner die Glucosaminsäure nach der Veresterung bezw. Lactonbildung zum Glucosamin reduziert werden kann[4]), so war zu erwarten, daß auch in den Estern der α-Aminosäuren das Carbäthoxyl durch Natriumamalgam angreifbar sei. Der Versuch hat diese Vermutung bestätigt. Salzsaurer Glykokolläthylester wird in kalter, wäßriger Lösung beim Schütteln mit Natriumamalgam sofort verändert und es entsteht ein Produkt, das die Fehlingsche Lösung stark reduziert. Ob dasselbe Amino-acetaldehyd oder sein Halbacetal $NH_2 \cdot CH_2 \cdot CH{<}^{OC_2H_5}_{OH}$ ist, konnte ich nicht entscheiden, ist auch ziemlich gleichgültig, da das Halbacetal jedenfalls leicht in den Aldehyd übergeht. Da Alkali auf Glykokollester ziemlich rasch

---

[1]) Bei Gelegenheit des Vortrags, den Hr. C. Neuberg in der Sitzung vom 24. Februar d. J. über Aminoaldehyde hielt, habe ich bereits erwähnt, daß ich mit ähnlichen Versuchen beschäftigt sei.

[2]) Berichte d. D. Chem. Gesellsch. **40**, 4942 [1907].

[3]) Berichte d. D. Chem. Gesellsch. **23**, 933 [1890]. *(Kohlenh. I, S. 325).*

[4]) E. Fischer und H. Leuchs, Berichte d. D. Chem. Gesellsch. **36**, 24 [1903]. *(Proteine I, S. 267.)*

einwirkt, so ist es nötig, durch häufigen Zusatz von Säuren die Flüssigkeit möglichst neutral oder ganz schwach sauer zu halten. Trotzdem entzieht sich der größere Teil des Esters der Reduktion. Unter den später angegebenen Bedingungen gelingt es aber doch, ein Viertel desselben in das reduzierende Produkt umzuwandeln, wie ich aus der Reduktionskraft der Flüssigkeit schließe.

Der von mir zuerst dargestellte Aminoaldehyd ist im freien Zustande außerordentlich unbeständig, und auch das salzsaure Salz verlangt recht sorgfältige Behandlung. Es dürfte deshalb recht schwer, wenn nicht gar unmöglich sein, den Aldehyd oder seine Salze aus dem Reaktionsgemisch direkt zu isolieren. Glücklicherweise läßt sich aber, wie ich gefunden habe, der reduzierende Körper sehr leicht durch alkoholische Salzsäure acetalisieren. Das Aminoacetal ist bekanntlich gegen Alkali ganz beständig, kann dadurch von dem leicht verseifbaren Glykokollester getrennt werden und läßt sich auch aus der wäßrigen oder alkoholischen Lösung ohne Schwierigkeit isolieren. Aus dem Aminoacetal kann aber, wie ich früher gezeigt habe[1]), durch konzentrierte wäßrige Salzsäure der Aminoaldehyd regeneriert werden. Man ist also auf diese Art imstande, den Glykokollester auch präparativ in Aminoacetal und Aminoaldehyd umzuwandeln. Selbstverständlich hat das Verfahren in allen Fällen, wo man die Aminoacetale auf anderem Wege, z. B. aus den Halogenacetalen, bequemer bereiten kann, keinen praktischen Wert. Wo aber im Gegensatz zu jenen Acetalen die Aminosäuren leicht zugänglich sind, wird die Methode trotz der ziemlich schlechten Ausbeute auch für die Bereitung der Aminoaldehyde gute Dienste leisten können.

Verwandlung des Glykokollesters in Aminoacetal.

Eine Lösung von 20 g Glykokollesterchlorhydrat in 200 ccm Wasser wird in einer Kältemischung bis zum Gefrieren abgekühlt, dann 28 g Natriumamalgam von $2^{1}/_{2}\%$ zugegeben und kräftig geschüttelt. Das Amalgam wird sofort verbraucht ohne Entwicklung von Wasserstoff. Zur Neutralisation des entstandenen Alkalis fügt man nun 5 n-Salzsäure bis zur schwach sauren Reaktion hinzu, wofür ungefähr 8 ccm ausreichen. Die Flüssigkeit wird wiederum bis zum Gefrieren abgekühlt, dann abermals 28 g Natriumamalgam zugefügt, kräftig geschüttelt und nachträglich mit derselben Salzsäure schwach angesäuert. In dieser Weise fährt man fort, bis 200 g Natriumamalgam verbraucht sind; während der zweiten Hälfte der Operation wird viel Wasserstoff entwickelt. Die Flüssigkeit reduziert jetzt ungefähr das $2^{1}/_{2}$-fache Volumen

---

[1]) Berichte d. D. Chem. Gesellsch. **26**, 92 [1893].

Fehlingscher Lösung. Vergleicht man das mit der Reduktionskraft der Flüssigkeit, die man beim Versetzen von Aminoacetal mit konzentrierter Salzsäure erhält[1]), und nimmt an, daß im letzteren Falle reiner Aminoaldehyd gebildet wird, so würde das Reduktionsvermögen einem Gehalt von 25—30% Aminoaldehyd entsprechen. Diese Rechnung ist allerdings nur bedingungsweise gültig; maßgebender ist jedenfalls die Ausbeute an Aminoacetal, die aber nur 17% der Theorie betrug.

Da durch weiteren Zusatz von Amalgam das Reduktionsvermögen der Flüssigkeit nicht wächst, so wird die Operation unterbrochen und die Flüssigkeit vom Quecksilber getrennt. Da der salzsaure Aminoaldehyd in saurer Lösung beständiger ist, als in neutraler, so sättigt man etwa $1/10$ der Lösung unter starker Abkühlung mit Salzsäure, gibt sie zu der Hauptmenge zurück und verdampft dann unter 10—15 mm Druck aus einem Bade, dessen Temperatur nicht über 50° steigt, bis fast zur Trockne. Der Rückstand wird mit 200 ccm absolutem Alkohol aufgenommen, vom Kochsalz abfiltriert und die Lösung unter guter Abkühlung mit Salzsäure gesättigt. Bei mehrstündigem Stehen bei 0° fällt eine große Menge Glykokollesterchlorhydrat aus, das abgesaugt wird. Nachdem zwei solcher Portionen vereinigt sind, verdampft man das Filtrat wieder unter stark vermindertem Druck aus einem Bade, dessen Temperatur nicht über 40° steigt, bis auf ein kleines Volumen, fügt 100 ccm absoluten Alkohol hinzu und wiederholt die Veresterung. Bei längerem Stehen in niederer Temperatur scheidet sich abermals Glykokollesterchlorhydrat ab, dessen Gesamtmenge ungefähr die Hälfte des Ausgangsmaterials beträgt. Das alkoholische Filtrat wird abermals unter sehr geringem Druck aus einem Bade von 30—35° ziemlich stark eingeengt. Nimmt hierbei die Flüssigkeit ein stärkeres Reduktionsvermögen an, was durch eine partielle Verseifung des Aminoacetals leicht eintreten kann, so ist es nötig, wieder mit etwas Alkohol und Salzsäure zu acetalisieren und dann abermals in vorsichtiger Weise einzuengen. Zur Trockne zu verdampfen, ist jedenfalls zum Schluß der Operation nicht mehr ratsam. Man kühlt nun die sehr konzentrierte, alkoholische Lösung, aus der wieder eine nicht unerhebliche Menge Glykokollesterchlorhydrat ausgeschieden ist, in einer Kältemischung ab und fügt allmählich recht starke Natronlauge im Überschuß hinzu. Dadurch wird Aminoacetal zugleich mit Glykokollester und Alkohol als ölige Schicht ausgeschieden. Der Glykokollester wird aber beim kräftigen Schütteln sehr bald von dem überschüssigen Alkali verseift, während das Aminoacetal dagegen beständig ist. Man fügt noch einen Überschuß von gepulvertem Ätznatron hinzu und läßt unter öfterem Umschütteln 1 bis

---

[1]) E. Fischer, Berichte d. D. Chem. Gesellsch. **26**, 92 [1893].

2 Stunden stehen, nimmt dann die braungefärbte, ölige Schicht mit nicht zu viel reinem Äther auf und läßt die ätherische Lösung mit gepulvertem, festem Ätznatron 12 Stunden stehen. Jetzt wird die ätherische Lösung abgegossen, wenn nötig wegen des Wassergehalts nochmals mit festem Alkali behandelt, dann abfiltriert und schließlich unter geringem Druck der Äther und der größte Teil des Alkohols aus einem Bade von 20° verdampft. Der Rückstand enthält noch Alkohol und Wasser; um dieses zu entfernen, wird mit viel Bariumoxyd unter Erwärmen auf dem Wasserbade behandelt und nach mehrstündigem Stehen darüber unter 15—20 mm Druck aus dem Wasserbade destilliert. Das Destillat muß nochmals 12 Stunden mit Bariumoxyd stehen und wird dann wieder unter 15—20 mm Druck fraktioniert destilliert. Bis zur Badtemperatur von 45° geht der noch vorhandene Alkohol mit etwas Aminoacetal über; er gibt bei nochmaliger Fraktion unter gewöhnlichem Druck nahezu 1 g fast reines Aminoacetal. Von 60—90° Badtemperatur destilliert eine Fraktion, die fast reines Acetal ist; ihre Menge betrug 5,5 g, so daß die Gesamtausbeute an fast reinem Aminoacetal auf 6,5 g steigt. Für die angewandten 40 g Glykokollesterchlorhydrat entspricht das nahezu 17% der Theorie.

Für die Analyse wurde das Aminoacetal unter gewöhnlichem Druck destilliert, wobei der allergrößte Teil von 163—164° überging.

0,2419 g Sbst.: 0,4823 g CO_2, 0,2483 g H_2O.

$C_6H_{15}O_2N$ (133,12).   Ber. C 54,09, H 11,35.
Gef. ,, 54,38, ,, 11,48.

Das Chlorplatinat, in der üblichen Weise in alkoholischer Lösung dargestellt, gab folgendes Resultat.

0,1558 g Sbst.: 0,0452 g Pt. — 0,3006 g Sbst.: 0,0872 g Pt.

$C_{12}H_{30}O_4N_2 \cdot H_2PtCl_6$ (675,77).   Ber. Pt 28,83.   Gef. Pt 29,01, 29,01.

Ich habe mich überzeugt, daß das Präparat auch alle sonstigen Eigenschaften des Aminoacetals besitzt; insbesondere wird es durch kalte, rauchende Salzsäure in das Hydrochlorid des Aminoaldehyds verwandelt.

Inwieweit dieses Verfahren zur Bereitung von Aminoacetalen bezw. Aminoaldehyden aus den Homologen des Glykokolls geeignet ist, werde ich an einigen Beispielen prüfen lassen. Bei manchen komplizierteren Aminosäuren, z. B. dem Tyrosin, bei dessen Methylester ich auch durch obige Reduktion die Bildung einer stark reduzierenden Substanz beobachtet habe, wird sicherlich eine kleine Modifikation notwendig sein, weil die Trennung des Acetals vom Ester durch Alkali hier nicht möglich ist.

Bei diesen Versuchen bin ich von Hrn. Dr. Adolf Sonn unterstützt worden, wofür ich ihm besten Dank sage.

33. Emil Fischer und Tokuhei Kametaka: Reduction des d-Alaninesters und des dl-Phenylalaninesters.

Liebigs Annalen der Chemie 365, 7 [1909].

(Eingelaufen am 24. Januar 1909.)

Wie der eine von uns (E. Fischer)[1] und Herr C. Neuberg[2]) unabhängig voneinander beobachtet haben, wird der Glycocollester durch Natriumamalgam in möglichst neutraler Lösung leicht angegriffen und liefert ein Product, das die Verwandlungen des Aminoacetaldehyds zeigt. Direct isolirt wurde es bisher aus der Flüssigkeit nicht, dagegen lässt es sich in das beständige Aminoacetal[1]) überführen, aus dem man den Aminoaldehyd bekanntlich durch starke Salzsäure wiedergewinnt. Wir haben dieses Verfahren benutzt, um die dem d-Alanin und dem inactiven Phenylalanin entsprechenden bisher unbekannten Aminoacetale darzustellen.

Beide sind unzersetzt destillirende Flüssigkeiten, die in ihrem Verhalten dem gewöhnlichen Aminoacetal entsprechen. Beide werden durch starke kalte Salzsäure in die Hydrochlorate von Producten verwandelt, die ganz das Verhalten der Aminoaldehyde zeigen.

d - α - Aminopropionacetal, $CH_3 \cdot CH(NH_2) \cdot CH(OC_2H_5)_2$.

Das als Ausgangsmaterial dienende d-Alanin war aus Seide gewonnen und durch Krystallisation aus Wasser gereinigt. Die Reduction des auf bekannte Weise dargestellten Aethylesters wurde in 10 %iger wässriger Lösung genau so, wie beim Glycocollester ausgeführt, wobei auf 17,5 g d-Alaninäthylester 30 ccm 5 n-Salzsäure und 260 g Natriumamalgam von 2,5% zur Anwendung kamen.

Die Verwandlung des Reductionsproductes in das Acetal und dessen Isolirung geschah gleichfalls in der früher beschriebenen Weise. Die Ausbeute betrug 3,8 g, also ungefähr 17% der Theorie. Unter 11 mm Druck siedet die farblose, mit Baryumoxyd getrocknete Flüssigkeit nahezu constant bei 55—56°.

---

[1]) Berichte d. D. Chem. Gesellsch. **41**, 1019 [1908]. (S. 295.)
[2]) Berichte d. D. Chem. Gesellsch. **41**, 956 [1908].

0,2344 g gaben 0,4901 CO_2 und 0,2468 H_2O. — 0,2182 g gaben 19,7 ccm Stickgas über 33 %igem KOH bei 23° und 760 mm Druck.

Ber. für $C_7H_{17}O_2N$ (147,14).   C 57,09, H 11,64, N 9,52.
Gef.   „ 57,02, „ 11,78, „ 10,23.

Das Aminoacetal hat bei 20° die Dichte d = 0,902, ferner n_D = 1,41955. Mithin Molekularrefraction

Ber. 41,19 (nach Brühl).   Gef. 41,20.

Es ist leicht löslich in Wasser und Alkohol; es dreht das polarisirte Licht nach links, aber recht schwach. Viel grösser ist das specifische Drehungsvermögen der salzsauren Lösung.

0,1850 g freies Aminoacetal gelöst in 1,4 ccm n-Salzsäure und 0,4 ccm Wasser. Gesammtgewicht der Lösung 2,1020 g. d_4^{20} = 1,016. Drehung im 1 dm-Rohr bei 19° und Natriumlicht 1,60° nach rechts. Daraus ergiebt sich für das Hydrochlorat des d-α-Aminopropionacetals in wässriger Lösung

$$[\alpha]_D^{19} = + 14,3° (\pm 0,2°).$$

Eine zweite Bestimmung mit dem gleichen Präparat unter denselben Bedingungen ergab:

$$[\alpha]_D^{18} = + 14,7° (\pm 0,2°).$$

Ob dieser Werth aber der optisch reinen Substanz entspricht, können wir nicht sagen, denn es ist sehr wohl möglich, dass bei der Darstellung und Isolirung des Acetals eine theilweise Racemisirung stattfindet. Diese erfolgt bei höherer Temperatur sogar recht leicht. Denn ein Präparat, das bei gewöhnlichem Druck destillirt war und zum grössten Theil bei 165—166° kochte, zeigte ein viel geringeres Drehungsvermögen.

Pikrat. Bringt man das d-α-Aminopropionacetal in Benzollösung mit der äquimolekularen Menge Pikrinsäure zusammen, so scheidet sich das Salz als gelber Krystallbrei ab. Es lässt sich aus heissem Benzol leicht umkrystallisiren und bildet gelbe Prismen, die gegen 82° sintern und bis 86° (corr.) vollständig schmelzen. Es ist leicht löslich in Wasser und Alkohol, schwer löslich in kaltem Benzol und Petroläther.

Für die Analyse war es unter 15 mm Druck bei 56° getrocknet.

0,1643 g gaben 0,2482 CO_2 und 0,0780 H_2O. — 0,1178 g gaben 15,1 ccm Stickgas über 33%igem KOH bei 16° und 752 mm Druck.

Ber. für $C_{13}H_{20}O_9N_4$ (376,19).   C 41,47, H 5,36, N 14,90.
Gef.   „ 41,20, „ 5,31, „ 14,82.

Neutrales *Oxalat.* Bringt man 2 Mol. des Acetals und 1 Mol. trockne Oxalsäure in ätherischer Lösung zusammen, so fällt das Salz sofort in farblosen Blättchen aus, die in Wasser und Alkohol leicht löslich sind, gegen 176° (corr.) unter Gasentwickelung schmelzen und für die Analyse unter 15 mm Druck bei 56° getrocknet waren.

0,1366 g gaben 0,2512 g CO_2. — 0,1806 g gaben 11,4 ccm Stickgas über 33% igem KOH bei 16° und 759 mm Druck.

Ber. für $C_{16}H_{36}O_8N_2$ (384,3). C 49,96, H 9,44, N 7,29.

Gef. „ 50,15, „ — „ 7,37.

Löst man das Acetal in Petroläther und leitet unter gleichzeitiger Kühlung mit einer Kältemischung trocknes Kohlendioxyd ein, so scheiden sich feine Nadeln ab, welche wahrscheinlich Carbamat sind.

Zur Umwandlung in den Aldehyd wurden 0,8 ccm d-α-Aminopropionacetal mit 0,25 ccm Wasser vermischt, durc i eine Kältemischung stark gekühlt, dann 4,2 g Salzsäure (spec. Gew. 1,19) langsam zugesetzt und die Mischung 5 Stunden bei Zimmertemperatur aufbewahrt. Die Flüssigkeit reducirte dann stark Fehling'sche Lösung und beim Verdunsten im Vacuumexsiccator über Natronkalk und Phosphorpentoxyd blieb ein fast farbloser Syrup, der sehr wahrscheinlich den salzsauren α-Aminopropionaldehyd enthielt. Leider ist uns bisher die Krystallisation seiner Salze nicht gelungen.

Nach den vorstehenden Beobachtungen zeigt das active α-Aminopropionacetal grosse Aehnlichkeit mit dem inactiven Präparat, das Johann Kraus[1]) auf Veranlassung von uns vor längerer Zeit aus dem α-Brompropionacetal dargestellt hat.

dl - α - Amino - β - phenylpropionacetal,

$C_6H_5 \cdot CH_2 \cdot CH(NH_2)CH(OC_2H_5)_2$.

Als Ausgangsmaterial diente das Chlorhydrat des dl-Phenyl-alanin-methylesters, das auf bekannte Weise aus inactivem Phenylalanin bereitet wurde. Für die Reduction wurde das Salz in der 10 fachen Menge Wasser gelöst und unter Kühlung durch eine Kältemischung mit Natrium-amalgam in ganz schwach saurer Lösung behandelt. Die Menge des Natriumamalgams ist hier grösser zu nehmen. Wir verbrauchten auf 20 g Esterchlorhydrat 415 g Natriumamalgam von 2,5%. Es wurde jedes Mal in Mengen von 30 g zugesetzt und die Flüssigkeit gleichzeitig durch die entsprechende Menge 5 n-Salzsäure möglichst neutral gehalten. Darstellung und Isolirung des Acetals geschah wie beim Glycocollester. Die Ausbeute schwankte bei verschiedenen Versuchen und betrug im besten Falle 23% der Theorie.

Das Aminoacetal ist ein farbloses Oel von schwach basischem Geruch. In Wasser ist es fast unlöslich, dagegen in Alkohol und Äther sehr leicht löslich. Es reducirt die Fehling'sche Lösung gar nicht.

Für ein Präparat, das unter 0,25 mm Druck bei 103—105° (corr.) destillirte, gab die Analyse folgende Zahlen:

---

[1]) Inaugural-Dissertation, Berlin 1895.

0,2595 g gaben 0,6636 CO_2 und 0,2189 H_2O. — 0,2861 g gaben 16,0 ccm Stickgas über 33%igem KOH bei 21° und 763 mm Druck.

Ber. für $C_{13}H_{21}O_2N$ (223,17).   C 69,90, H 9,48, N 6,28.
Gef. ,, 69,74, ,, 9,44, ,, 6,44.

Es hatte bei 20° die Dichte 0,995, ferner $n_D = 1,49383$. Mithin Molekularrefraction

Ber. 65,52.   Gef. 65,24.

Ein anderes Präparat wurde zuerst unter 0,1 mm Druck destillirt (Sdp. 95—98°) und dann nochmals unter 11 mm Druck fractionirt. Der Haupttheil ging fast constant bei 153,5° über und gab folgende Zahlen:

0,2900 g gaben 0,7459 CO_2 und 0,2472 H_2O. — 0,3895 g gaben 21,0 ccm Stickgas über 33%igem KOH bei 24° und 761 mm Druck.

Ber. für $C_{13}H_{21}O_2N$ (223,17).   C 69,90, H 9,48, N 6,28.
Gef. ,, 70,15, ,, 9,54, ,, 6,09.

Pikrat. Als 0,5 g des Acetals und 0,45 g reine Pikrinsäure in 4,5 ccm Benzol gelöst waren, schieden sich beim Abkühlen und Reiben allmählich gelbe Krystalle ab, die unter dem Mikroscop meist als schief abgeschnittene Prismen, manchmal auch als Platten erschienen. Sie wurden nach 6stündigem Stehen abgesaugt, mit wenig kaltem Benzol und dann mit Petroläther gewaschen und im Vacuumexsiccator getrocknet. Ausbeute 0,5 g. Aus der Mutterlauge lässt sich noch eine weitere reichliche Menge des Salzes gewinnen. Es löst sich selbst in warmem Wasser ziemlich schwer und krystallisirt daraus beim Erkalten langsam in mikroscopischen kurzen, schief abgeschnittenen Prismen oder ähnlichen Tafeln. Es schmilzt bei 106—107° (corr.) zu einer gelben Flüssigkeit, nachdem schon einige Grade vorher Sinterung eingetreten ist. Für die Analyse war bei 56° unter 15 mm Druck getrocknet.

0,2113 g gaben 0,3886 CO_2 und 0,1028 H_2O. — 0,1725 g gaben 18,4 ccm Stickgas über 33%igem KOH bei 21° und 763 mm Druck.

Ber. für $C_{19}H_{24}O_9N_4$ (455,22).   C 50,42, H 5,35, N 12,39.
Gef. ,, 50,16, ,, 5,54, ,, 12,25.

Zur Umwandlung in den Aldehyd wurden 1,4 g Acetal in 8 g Salzsäure (spec. Gew. 1,19), die durch eine Kältemischung gekühlt war, langsam eingetragen, und die klare Mischung bei Zimmertemperatur 6 Stunden aufbewahrt. Als dann die Flüssigkeit im Vacuumexsiccator über Natronkalk und Phosphorpentoxyd verdunstet war, blieb schliesslich eine fast farblose amorphe, hygroskopische Masse zurück, welche Fehling'sche Lösung beim Erwärmen stark reducirte und sehr wahrscheinlich das salzsaure Salz des α-Amino-β-phenylpropionaldehyds enthielt. Versetzt man sie mit einer wässrigen Lösung von Natriumcarbonat, so entsteht ein Niederschlag, der sich zum grössten Theil in Aether löst und Fehling'sche Lösung stark reducirt.

84. Emil Fischer und Reginald Boehner: Verwandlung der Glutaminsäure bezw. Pyrrolidon-carbonsäure in Prolin.

Berichte der Deutschen Chemischen Gesellschaft 44, 1332 [1911].

(Eingegangen am 8. Mai 1911.)

Die natürlichen Proteine sind bekanntlich qualitativ sehr ähnlich zusammengesetzt, enthalten dagegen die Aminosäuren quantitativ in sehr verschiedenem Verhältnis. Da nun in der Lebewelt die Proteine, wie es scheint, leicht ineinander umgewandelt werden, so muß man auch mit der Möglichkeit rechnen, daß ihre Bestandteile die Aminosäuren selbst teilweise einer solchen Umwandlung in einander fähig sind. Aus diesen Gründen erscheint es nicht überflüssig, auf rein chemischem Wege solche Verwandlungen auszuführen. Man hat dabei noch den anderen Vorteil, daß aus solchen Umwandlungen Schlüsse auf die Ähnlichkeit oder Unähnlichkeit der Konfiguration gezogen werden können. So ist es z. B. gelungen, für das natürliche d-Alanin, das l-Serin und das l-Cystin die Gleichartigkeit der Konfiguration festzustellen[1]).

Wir haben uns deshalb bemüht, die weit verbreitete Glutaminsäure in das ebenfalls so häufig vorkommende Prolin überzuführen. Bekanntlich läßt sich aus der Glutaminsäure das Anhydrid, die Pyrrolidon-carbonsäure, leicht gewinnen, und ihre nahen Beziehungen zum Prolin ergeben sich aus den Strukturformeln

$$
\begin{array}{ccc}
\mathrm{CH_2\!-\!CH_2} & & \mathrm{CH_2\!-\!\!-\!CH_2} \\
\mathrm{CO}\diagdown \diagup \mathrm{CH\cdot COOH} & & \mathrm{CH_2}\diagdown \diagup \mathrm{CH\cdot COOH}\,. \\
\mathrm{NH} & & \mathrm{NH}
\end{array}
$$

Man konnte deshalb erwarten, daß die erste Säure durch Reduktion in die zweite verwandelt werden könne. Wir sind jedoch erst zum Ziele gelangt, als wir an Stelle der Pyrrolidon-carbonsäure ihren Ester mit Natrium und Alkohol reduzierten. Der bisher unbekannte Ester

---

[1]) E. Fischer und K. Raske, Berichte d. D. Chem. Gesellsch. 40, 3717 [1907]; 41, 893 [1908]. (S. 266 u. 274.)

läßt sich leicht aus dem Glutaminsäureester oder seinem Hydrochlorid durch Erhitzen gewinnen. Die Bildung des Prolins aus dem Ester entspricht der schon bekannten Verwandlung des Pyrrolidons in Pyrrolidin, die Schlinck mit Natrium und Amylalkohol durchführte, nachdem Ladenburg vorher schon die gleiche Reduktion des Succinimids kennen gelehrt hatte[1]). In allen drei Fällen ist der Verlauf der Reaktion durchaus nicht glatt und deshalb die Ausbeute wenig befriedigend; auch war das bisher von uns isolierte Prolin racemisch.

Pyrrolidon-carbonsäure-äthylester.

30 g reine d-Glutaminsäure (aus Gliadin) oder die entsprechende Menge Hydrochlorid wurden zur Veresterung mit 225 ccm absolutem Alkohol übergossen und trockner Chlorwasserstoff bis zur völligen Lösung eingeleitet. Nach weiterem Zusatz von 450 ccm Alkohol wurde am Rückflußkühler 3 Stunden gekocht und dann der Alkohol unter stark vermindertem Druck verdampft. Der anfangs sirupöse Rückstand erstarrte meist nach einiger Zeit teilweise krystallinisch. Er wurde ohne weitere Reinigung in einem Ölbad 15 Minuten auf 160—170° erhitzt und gleichzeitig die entstehenden Dämpfe von Salzsäure, Alkohol usw. durch Evakuieren des Gefäßes weggeschafft. Als schließlich unter 12 mm Druck die Temperatur des Ölbades auf 200—210° gesteigert wurde, ging gegen 176° eine dicke gelbliche Flüssigkeit über (15 g). Als sie unter demselben Druck nochmals destilliert war, erstarrte sie bei längerem Stehen krystallinisch. Viel rascher erfolgte das Festwerden bei späteren Operationen durch Impfung. Zur Reinigung wurde das Präparat in trocknem Äther gelöst und durch Ligroin gefällt, wobei es in Nadeln oder ganz dünnen, weißen Prismen krystallisierte. Aus der Mutterlauge ließ sich der Rest der Substanz durch Verdampfen des Äthers unter vermindertem Druck fast vollständig wiedergewinnen. Nach dem Trocknen im Vakuumexsiccator über Paraffin betrug die Ausbeute 13,1 g oder 41% der Theorie.

0,1696 g Sbst.: 0,3326 g CO_2, 0,1101 g H_2O. — 0,1897 g Sbst. gaben 14,6 ccm Stickgas über 33-prozentiger Kalilauge bei 21° und 760 mm Druck.

$C_7H_{11}O_3N$ (157,1).   Ber. C 53,47, H 7,06, N 8,92.
Gef. ,, 53,48, ,, 7,26, ,, 8,81.

Bei einer zweiten Darstellung gaben 92 g Glutaminsäure 49 g Roh-Ester und 40 g fast reines Produkt. Aus dem bei der Destillation bleibenden Rückstand konnten durch Auskochen mit Wasser, Entfärben mit Tierkohle und Krystallisation der eingeengten Lösung 13 g freie Pyrrolidon-carbonsäure gewonnen werden.

---

[1]) Ladenburg, Berichte d. D. Chem. Gesellsch. **20**, 2215 [1887]; Schlinck, Berichte d. D. Chem. Gesellsch. **32**, 952 [1899].

Der noch zweimal aus warmem trocknem Äther umkrystallisierte Pyrrolidon-carbonsäureester erweichte im Capillarrohr gegen 49° und schmolz vollständig gegen 54°. Er ist sehr leicht löslich in Wasser, Alkohol, Aceton und Benzol, etwas schwerer in Äther und recht schwer in Petroläther. Die wäßrige Lösung drehte schwach nach links. 0,6073 g Sbst. Gesamtgewicht 3,5962 g. d = 1,032. Drehung bei 16° im 1-dm-Rohr 0,43° nach links. Mithin

$$[\alpha]_D^{16} = -2,47°.$$

Nach der Darstellungsweise konnte man deshalb vermuten, daß das Präparat stark racemisiert sei. Das ist aber nicht der Fall, wie die Rückverwandlung in d-Glutaminsäure durch zweistündiges Erhitzen mit der 15-fachen Menge 5 n-Salzsäure auf 100° zeigte. Diese Lösung drehte dann ziemlich stark nach rechts, und beim Verdampfen hinterblieb salzsaure Glutaminsäure von $[\alpha]_D^{17} = +24,5°$. Auf freie Glutaminsäure umgerechnet ist das $[\alpha]_D = +30,56°$, während für die reinste Glutaminsäure unter denselben Umständen $+30,85°$[1]) bezw. $31,2°$[2]) beobachtet wurden. Nach diesem Versuch kann der Pyrrolidon-carbonsäureester kaum Racemkörper enthalten haben. Sein schwaches Drehungsvermögen ist also zufällig und erinnert an die gleiche Eigenschaft anderer Aminosäureester, z.B. des d-Alaninesters[3]). Wodurch der unscharfe Schmelzpunkt des Esters verursacht wird, bedarf noch der Aufklärung.

Der Pyrrolidon-carbonsäureäthylester entsteht auch aus dem freien Glutaminsäurediäthylester durch Erhitzen im Ölbad auf 150—160°. Er läßt sich dann durch Destillation unter 12 mm Druck bei 170—180° leicht übertreiben. Dies Präparat zeigte ähnlichen Schmelzpunkt wie das frühere, und für eine Lösung von 1 g in 10 ccm Wasser war die Drehung im 1-dm-Rohr 0,25° nach links.

Wegen der leichten Bildung des Pyrrolidon-carbonsäureesters muß man bei der Reinigung des Glutaminsäurediäthylesters durch Destillation recht vorsichtig sein. Kleine Mengen lassen sich bei 10—12 mm Druck übertreiben[4]). Bei größeren Mengen dagegen verwandelt sich leicht ein erheblicher Teil des Produktes wegen der längeren Dauer des Erhitzens in Pyrrolidon-carbonsäureester. Es erscheint daher zweckmäßig, in Zukunft bei der Destillation des Glutaminsäurediäthylesters viel niedrigere Drucke anzuwenden.

---

[1]) E. Fischer, Berichte d. D. Chem. Gesellsch. **32**, 2470 [1899]. (*Proteine I*, S. 107.)

[2]) E. Abderhalden und Kautzsch, Zeitschr. f. physiol. Chem. **64**, 450 [1910].

[3]) E. Fischer, Berichte d. D. Chem. Gesellsch. **40**, 500, Fußnote [1907]. (S. 780.)

[4]) E. Fischer, ebenda **34**, 453 [1901]. (*Proteine I, S. 194.*)

Pyrrolidon-carbonsäure-methylester.

Er wurde auf dieselbe Weise dargestellt wie die Äthylverbindung. Da er nicht krystallisiert, so wurde die Reinigung durch wiederholte Destillation unter 12 mm Druck ausgeführt, wobei der Siedepunkt schließlich ungefähr bei 180° lag. Er bildet ein fast farbloses Öl, das in Petroläther sehr schwer, in Wasser dagegen sehr leicht löslich ist.

0,1560 g Sbst.: 0,2876 g CO_2, 0,0920 g H_2O. — 0,1474 g Sbst. gaben 12,4 ccm N über 33-prozentiger Kalilauge bei 16° und 755 mm Druck. — 0,1814 g Sbst. gaben 15,4 ccm N über 33-prozentiger Kalilauge bei 19° und 756 mm Druck.

$C_6H_9O_3N$ (143,08).   Ber. C 50,32, H 6,34, N 9,79.

Gef. ,, 50,28, ,, 6,60, ,, 9,77, 9,74.

Pyrrolidon-carbonsäureester und Ammoniak.

1 g Äthylester wurde mit einem Überschuß von flüssigem Ammoniak im geschlossenen Rohr $3^1/_2$ Tage bei gewöhnlicher Temperatur aufbewahrt. Beim Verdunsten der klaren ammoniakalischen Lösung blieb ein krystallinischer Rückstand, der, aus wenig Wasser umkrystallisiert und über Phosphorsäureanhydrid bei 100° getrocknet, gegen 165° schmolz und in wäßriger Lösung stark nach links drehte. Das Produkt war offenbar das aktive Pyrrolidon-carbonsäureamid, wurde aber nicht analysiert.

Reduktion des Pyrrolidon-carbonsäure-äthylesters.

Eine Lösung von 2 g Ester in 100 ccm absolutem Alkohol wurde in einem Jenaer Kolben am Rückflußkühler gekocht und Natrium durch den Kühler eingeworfen. Nach einigen Minuten trübte sich die Flüssigkeit und schied einen weißen Niederschlag ab. Als ungefähr 12 g Natrium eingetragen waren, fügten wir wiederum eine Lösung von 2 g Ester in 100 ccm Alkohol zu und fuhren mit dem Zusatz von Natrium fort, bis 20 g verbraucht waren. Zum Schluß wurden noch 25 ccm Alkohol eingegossen; während der ganzen Operation befand sich die Flüssigkeit in lebhaftem Sieden. Die Operation dauerte $1^1/_4$ Stunden, und das Natrium war zum Schluß völlig gelöst. Die Lösung wurde nun in 600 ccm Alkohol eingegossen. 5 solcher Portionen, im ganzen also 20 g Pyrrolidon-carbonsäureäthylester entsprechend, haben wir vereinigt, abgekühlt und mit 870 ccm 5-n. Schwefelsäure versetzt, um das Natrium als Sulfat zu fällen. Der starke Niederschlag wurde abgesaugt und mit Alkohol sorgfältig gewaschen. Nachdem die alkoholische Lösung von etwa $4^1/_2$ l unter vermindertem Druck auf ungefähr 100 ccm eingeengt war, wurde mit Wasser verdünnt und die Schwefelsäure mit einem kleinen Überschuß von Baryt gefällt; das Filtrat enthielt dann das Prolin neben unveränderter Pyrrolidon-carbonsäure und anderen Produkten. Um die Pyrrolidon-carbonsäure in schwer lösliche und deshalb leicht abtrennbare Glutaminsäure zu verwandeln, haben wir die Flüssigkeit auf etwa 250 ccm konzentriert und mit 80 g krystallisiertem Bariumhydroxyd $8^{1}/_{2}$ Stunden in einer Eisenblechflasche auf 100° erhitzt. Das nach dem Abkühlen auskrystallisierende Bariumhydroxyd wurde abgesaugt, aus dem Filtrat der Baryt quantitativ mit Schwefelsäure gefällt und die filtrierte Flüssigkeit erst unter vermindertem Druck und zum Schluß in einer Platinschale auf dem Wasserbad zur Trockne verdampft. Um aus dem Rückstand, der viel Glutaminsäure enthielt, das Prolin herauszulösen, haben wir ihn wiederholt mit Alkohol ausgekocht, dann den alkoholischen Auszug verdampft und den Rückstand abermals mit etwa 50 ccm Alkohol ausgelaugt. Beim Verdampfen blieb jetzt ein dicker Sirup (3,8 g), der in wenig absolutem Alkohol völlig löslich war. Wir haben uns damit begnügt, aus diesem Präparat das racemische Prolin als schwer lösliches Kupfersalz zu isolieren. Zu dem Zweck wurde der Sirup in Wasser gelöst, in der üblichen Weise mit frisch gefälltem Kupferoxyd $^{3}/_{4}$ Stunden erhitzt, dann filtriert und die blaue Flüssigkeit in einer Platinschale auf dem Wasserbad eingeengt. Während aller dieser Operation war schon der charakteristische Geruch bemerkbar, den das Prolin beim Eindampfen seiner Salze, insbesondere der Kupferverbindung, verbreitet. Aus der konzentrierten blauen Lösung schied sich beim Abkühlen sofort das racemische Prolinkupfer krystallinisch ab.

Bei Verarbeitung aller Mutterlaugen betrug die Ausbeute an fast reinem Kupfersalz 0,781 g. Das entspricht 3,7% der Theorie. Für die Analyse war das Salz nochmals aus Wasser umkrystallisiert. Das lufttrockne Salz enthielt 2 Mol. Wasser.

0,221 g Sbst. verloren bei 100° 0,024 g H_2O.

$C_{10}H_{16}O_4N_2Cu + 2 H_2O$ (327,75). Ber. H_2O 10,97. Gef. H_2O 10,86.

Analyse des getrockneten Salzes:

0,04906 g Sbst.: 0,01336 g CuO. — 0,1434 g Sbst.: 0,2148 g CO_2, 0,0739 g H_2O und 0,0392 g CuO.

$C_{10}H_{16}O_4N_2Cu$ (291,72). Ber. Cu 21,79,   C 41,13, H 5,53.

Gef. ,, 21,76, 21,84, ,, 40,85, ,, 5,77.

35. Emil Fischer und Hans Schrader: Verbindungen von Chinon mit Aminosäureestern[1]).

Berichte der Deutschen Chemischen Gesellschaft 43, 525 [1910].

(Eingegangen am 8. Februar 1910.)

Treffen Glykokollester und Chinon in kalter, alkoholischer Lösung zusammen, so färbt sich die Flüssigkeit bald tiefrot und scheidet nach kurzem Stehen eine reichliche Menge von ebenso gefärbten Krystallen ab; in der Mutterlauge ist dann viel Hydrochinon enthalten. Die roten Krystalle haben die Formel $C_{14}H_{18}O_6N_2$ und entstehen nach folgender Gleichung:

$$C_6H_4O_2 + 2 C_4H_9O_2N = C_{14}H_{18}O_6N_2 + 4 H.$$
$$\text{Chinon} \qquad \text{Glykokollester}$$

Indem der Wasserstoff von einem anderen Teil des Chinons aufgenommen wird, entsteht gleichzeitig Hydrochinon. Aber der Vorgang findet nicht ausschließlich in diesem Sinne statt, wie die späteren Angaben über die Ausbeute und die Nebenprodukte beweisen.

Die Wirkung des Glykokollesters auf das Chinon ist also ganz analog derjenigen des Anilins, welche zur Bildung von Dianilido-chinon[2]), $C_6H_2O_2(NH \cdot C_6H_5)_2$, führt. Auf Grund dieser Analogie glauben wir dem Glykokollesterprodukt folgende Formel

$$C_2H_5 \cdot O_2C \cdot CH_2 \cdot NH \underset{O}{\overset{O}{\bigcirc}} \cdot HN \cdot CH_2 \cdot CO_2 \cdot C_2H_5$$

und den Namen Diäthylester des Diglycinochinons geben zu dürfen.

Ganz ähnliche Produkte entstehen einerseits aus Chinon und Alaninester, andererseits aus Toluchinon und Glykokollester.

---

[1]) Die ersten Versuche über die Bildung dieser Körper habe ich durch Herrn Dr. Köpke ausführen lassen. Er mußte aber aus äußeren Gründen die Arbeit aufgeben, bevor die Formel der Produkte festgestellt war.   E. Fischer.

[2]) A. W. Hofmann, Jahresber. f. Chemie **1863**, 415. — Hebebrand und Zincke, Berichte d. D. Chem. Gesellsch. **16**, 1556 [1883]. — Nietzki und Schmidt, Berichte d. D. Chem. Gesellsch. **22**, 1653 [1889].

Diäthylester des Diglycino-chinons.

Zu einer durch Kältemischung sorgfältig gekühlten Lösung von 10,3 g Glykokolläthylester ($^2/_{20}$ Mol.) in etwa 30 ccm Alkohol fügt man unter Umrühren und dauernder Kühlung in kleinen Portionen und im Laufe von etwa 20 Minuten eine Lösung von 16,2 g Benzochinon ($^3/_{20}$ Mol.) in 300 ccm warmem Alkohol, die auf Zimmertemperatur abgekühlt ist. Die Mischung färbt sich dabei tiefrot und scheidet sehr bald ein rotes Krystallpulver ab. Dies wird nach etwa einstündigem Aufbewahren in der Kältemischung abgesaugt und mit Alkohol und Äther gewaschen. Die Ausbeute betrug bei verschiedenen Versuchen fast übereinstimmend 8 g oder 51,6% der Menge, die sich nach der Gleichung

$$C_6H_4O_2 + 2\,C_4H_9O_2N = C_{14}H_{18}O_6N_2 + 4\,H$$

berechnet. In Wirklichkeit ist die Ausbeute etwas besser, da der gewöhnliche Glykokollester, falls er nicht mit Bariumoxyd getrocknet ist, noch Wasser enthält.

Verdampft man die alkoholische Mutterlauge unter stark vermindertem Druck, so bleibt ein brauner Rückstand, der mehrmals mit Äther, zuerst kalt, dann warm ausgelaugt wurde. Der ungelöste Teil war ein braunes Pulver (4,8 g), das in Alkohol, Eisessig, Pyridin sich leicht löst. Zum Umlösen scheint warmes Nitrobenzol geeignet. Auf eine nähere Untersuchung haben wir verzichtet. In den ätherischen Auszügen ist das Hydrochinon enthalten. Zu seiner Gewinnung wurde der Äther verdampft und der Rückstand mit Chloroform ausgezogen. Dabei blieb das Hydrochinon als hellbraune Masse (5,6 g) zurück und konnte durch zweimaliges Umkrystallisieren aus heißem Aceton leicht gereinigt werden. Den in Chloroform löslichen Teil des Ätherauszuges, der eine teerartige Masse (3,5 g) bildete, haben wir nicht weiter untersucht.

Für die Analyse wurde der Diäthylester des Diglycinochinons mehrmals aus warmem Chloroform, wovon 80—100 Gewichtsteile zur Lösung nötig sind, umkrystallisiert und entweder im Vakuumexsiccator oder bei 80° unter 12 mm Druck getrocknet.

0,1763 g Sbst.: 0,3506 g CO_2, 0,0934 g H_2O. — 0,1826 g Sbst.: 0,3603 g CO_2, 0,0960 g H_2O. — 0,1912 g Sbst.: 14,6 ccm N über 50- proz. Kalilauge (17°, 758 mm). — 0,2114 g Sbst.: 16,1 ccm N über 50 - proz. Kalilauge (16°, 752 mm).

$C_{14}H_{18}O_6N_2$ (310,16).　Ber. C 54,17, H 5,85, N 9,03.
Gef. ,, 54,22, ,, 5,93, ,, 8,96.
,, ,, 53,81, ,, 5,88, ,, 8,90.

Die Verbindung krystallisiert aus heißem Chloroform bei langsamem Erkalten in schönen, roten, scheinbar quadratischen Platten, die bei raschem Erhitzen bei 210° (korr. 215°) zu einer dunkelbraunen Flüssigkeit schmelzen. Bemerkenswert ist, daß die dunkelrote Farbe der festen Substanz beim Erwärmen auf etwa 160° hellrot wird, was auf einen Wechsel in der Struktur hindeutet. Sie ist in Wasser, Petroläther und Äther so gut wie unlöslich, auch in kaltem Alkohol ist sie recht schwer löslich. Aus heißem Alkohol, wovon auf 1 g ungefähr 270 ccm zur Lösung nötig sind, krystallisiert sie bei 0° zum größten Teil aus, und die Krystalle sind etwas dunkler als diejenigen aus Chloroform. In heißem Essigäther und heißem Toluol ist sie noch ziemlich schwer löslich, leichter wird sie von heißem Pyridin, Acetylentetrachlorid oder kochendem Amylalkohol aufgenommen. Sie löst sich in kalter, konzentrierter Schwefelsäure mit dunkelroter Farbe. Verreibt man sie mit der 15 fachen Menge Salzsäure vom spez. Gew. 1,19, so löst sie sich mit violetter Farbe, die aber beim Stehen bald schwächer wird und schließlich in Braun übergeht. Die Flüssigkeit scheidet gleichzeitig eine fast farblose krystallinische Masse ab, die in Wasser ziemlich leicht, in starker Salzsäure aber viel schwerer löslich ist und sich wie ein Hydrochlorid verhält.

Charakteristisch ist die prächtig blauviolette Färbung, mit der der Ester des Diglycinochinons sich in kalter, alkoholischer Kalilauge löst. Die Färbung ist aber ziemlich unbeständig. In verdünnter, wäßriger Natronlauge löst sich der Ester mit tiefroter Farbe, die beim Erwärmen in Dunkelbraun umschlägt, während gleichzeitig ein ammoniakalischer Geruch auftritt.

Daß er noch die Gruppe des Glykokollesters enthält, ergibt sich aus folgendem Versuch: Zu einer stark gekühlten Lösung von 0,2 g in 25 ccm Chloroform wurde ein Gemisch von 0,5 ccm Brom und 2 ccm Chloroform zugegeben, dann filtriert, 15 Minuten bei Zimmertemperatur aufbewahrt und schließlich unter geringem Druck aus einem auf 25° erwärmten Bade verdampft. Als der Rückstand mit wenig warmem Chloroform aufgenommen wurde, blieben 0,1 g farblose Krystalle zurück. Nach dem Umkrystallisieren aus heißem Alkohol zeigten die feinen Nadeln den Bromgehalt des Glykokollesterhydrobromides.

0,2499 g Sbst.: 0,2542 g AgBr.
$C_4H_9O_2N$, HBr (184,05). Ber. Br 43,44. Gef. Br 43,29.

Das Präparat schmolz gegen 172—173° (korr. 175—176°) unter schwacher Gasentwicklung, nachdem einige Grade vorher Sinterung eingetreten war. Zum Vergleich haben wir das Salz aus Glykokollester und Bromwasserstoff hergestellt und keinen Unterschied von obigem Präparat gefunden.

0,2324 g Sbst.: 0,2376 g AgBr.
Ber. Br 43,44. Gef. Br 43,51.

Diäthylester des Dialanino-chinons,
$C_6H_2O_2(NH \cdot CH[CH_3] \cdot CO_2 \cdot C_2H_5)_2$.

Zu einer Lösung von 14 g Chinon in 175 ccm trocknem Äther fügt man bei gewöhnlicher Temperatur ein Gemisch von 10 g *dl*-Alaninäthylester mit etwa 10 ccm Äther und läßt 5 Stunden stehen. Die Flüssigkeit färbt sich zuerst rot, nach kurzer Zeit beginnt die Krystallisation von Chinhydron und später folgt die Abscheidung des Diäthylesters des Dialaninochinons in roten Nädelchen. Zum Schluß kühlt man durch eine Kältemischung, saugt den Niederschlag ab, wäscht mit kaltem Äther und kocht dann die Krystallmasse mit 20—25 ccm Chloroform aus. Dabei bleibt das Chinhydron zurück (ungefähr 4 g), und aus der Chloroformlösung krystallisiert beim starken Abkühlen der größte Teil des Diäthylesters des Dialaninochinons. Den Rest gewinnt man durch Fällung mit Petroläther. Die Ausbeute schwankte zwischen 5,8 und 6,2 g. Aus der ätherischen Lösung, die ziemlich viel Hydrochinon (etwa 2 g) enthält, kann man durch Eindampfen noch 1—1,5 g der roten Substanz gewinnen, indem man sie erst mit sehr verdünnter Salzsäure ausschüttelt, dann zum Sirup verdunstet, mit 20 ccm warmem Methylalkohol aufnimmt und diese Lösung 24 Stunden stehen läßt. Zur Reinigung wird sie in wenig heißem Methylalkohol gelöst und durch gute Abkühlung wieder abgeschieden. Zur Analyse wurde mehrmals aus Methylalkohol und Benzol umkrystallisiert und bei 80° unter 12 mm Druck über Phosphorpentoxyd getrocknet.

0,1420 g Sbst.: 0,2950 g CO_2, 0,0813 g H_2O. — 0,1527 g Sbst.: 0,3179 g CO_2, 0,0888 g H_2O. — 0,1062 g Sbst.: 7,6 ccm N über 33-proz. Kalilauge (17°, 735 mm).

$C_{16}H_{22}O_6N_2$ (338,19).   Ber. C 56,77,   H 6,56,   N 8,29.
                          Gef. „ 56,66, 56,78, „ 6,41, 6,51, „ 8,05.

Die Substanz krystallisiert in langgestreckten, schmalen Prismen von hellroter Farbe und schmilzt bei 140° (korr.) zu einer roten Flüssigkeit. Entsprechend dem niedrigeren Schmelzpunkt ist sie erheblich leichter löslich als das Derivat des Glykokollesters. So löst sie sich in heißem Wasser zwar schwer, aber doch in merklicher Menge mit hellroter Farbe und krystallisiert beim Erkalten sofort in sehr feinen, biegsamen Nadeln von blaßroter Farbe. Sie löst sich leicht in Aceton und Eisessig, dann sukzessive schwerer in Alkohol, Benzol, Äther, Petroläther.

Bringt man zu der in Alkohol suspendierten Substanz kleine Mengen von Alkali, so geht sie mit feurig roter, ins Violette spielender Farbe in Lösung. Die Farbe verschwindet aber nach einiger Zeit und macht einem schmutzigen Braun Platz. Gleichzeitig bildet sich ein ziemlich dicker, schmutzig gelb- bis braunroter Niederschlag.

Diäthylester des Diglycino-toluchinons,

$$C_6H(CH_3)O_2(NH \cdot CH_2 \cdot CO_2 \cdot C_2H_5)_2.$$

Zu einer Lösung von 10 g Toluchinon in 90 ccm absolutem Alkohol fügt man bei etwa 10 ° eine Mischung von 5,6 g Glykokollester und 10 ccm Alkohol. Die Flüssigkeit färbt sich bald tiefrot und scheidet dann bei Abkühlung durch eine Kältemischung Krystalle ab, die nach einer Stunde abgesaugt und mit Petroläther gewaschen werden (2,6 g). Wird die Mutterlauge unter geringem Druck auf etwa $^1/_4$ eingeengt, so krystallisiert noch ungefähr 1 g. Die Gesamtausbeute beträgt also 3,6 g und ist etwas geringer als beim Benzochinon. Zur Analyse wurde mehrmals in heißem Aceton gelöst und durch Abkühlung auf 0° krystallisiert. Schließlich wurde unter 12 mm Druck bei 80° über Phosphorpentoxyd getrocknet.

0,1736 g Sbst.: 0,3543 g CO_2, 0,0986 g H_2O. — 0,1179 g Sbst.: 9,0 ccm N über 33-proz. Kalilauge (17°, 741 mm).

$C_{15}H_{20}O_6N_2$ (324,18). Ber. C 55,53, H 6,22, N 8,64.
Gef. ,, 55,66, ,, 6,35, ,, 8,65.

Die Substanz schmilzt nach geringer vorheriger Sinterung gegen 160° (korr. 162°) zu einer dunklen Flüssigkeit. Sie löst sich in kochendem Wasser recht schwer und krystallisiert daraus in feinen Nädelchen. Sie ist im allgemeinen leichter löslich, als die Benzochinonverbindung. In heißem Aceton und Chloroform ist sie ziemlich leicht löslich, etwas schwerer in Alkohol, dagegen sehr schwer in Petroläther. Aus einer Mischung von Essigäther und Petroläther haben wir sie in schön roten, meist sechsseitigen Blättchen von mehreren Millimetern Durchmesser erhalten. Beim raschen Auskrystallisieren bilden sich vielfach ganz flache, spießartige Formen von ziegelroter Farbe.

Bringt man zu der in kaltem Alkohol suspendierten Substanz in kleinen Mengen Alkali, so entsteht im ersten Moment eine dunkelviolette Färbung, die aber sehr unbeständig ist. Sie wird sehr bald durch Dunkelrot verdrängt. Auch dies verschwindet nach kurzer Zeit, und es entsteht in der Flüssigkeit ein schmutziger Niederschlag.

36. Emil Fischer und Donald D. van Slyke: Über einige Verwandlungen der α-Pyrrol-carbonsäure.

Berichte der Deutschen Chemischen Gesellschaft **44**, 3166 [1911].

(Eingegangen am 28. Oktober 1911.)

Die α-Pyrrolcarbonsäure entsteht, wie H. Schwanert schon vor 51 Jahren beobachtete, durch Verseifung ihres Amids (Carbopyrrolamid), das von Malaguti durch Erhitzen von schleimsaurem Ammoniak gewonnen worden war. Wie aus den Strukturformeln

$$CH\text{–}CH$$
$$\overset{..}{C}H\quad \overset{..}{C}\cdot COOH$$
$$\diagdown\diagup$$
$$NH$$
α-Pyrrolcarbonsäure

$$CH_2\text{–}CH_2$$
$$\overset{.}{C}H_2\quad \overset{.}{C}H\cdot COOH$$
$$\diagdown\diagup$$
$$NH$$
Prolin

hervorgeht, steht die Säure in ziemlich einfacher Beziehung zum Prolin, das zu den regelmäßigen Spaltprodukten der Proteine gehört. Um einen Übergang von den Kohlehydraten zu dieser wichtigen Aminosäure zu finden, haben wir uns deshalb bemüht, die Pyrrolcarbonsäure zu Prolin zu reduzieren, aber bisher keinen durchschlagenden Erfolg gehabt. Gelegentlich dieser Versuche machten wir die Beobachtung, daß die Carbonsäure, trotz der Empfindlichkeit des Pyrrolringes gegen Säuren, verhältnismäßig leicht in das Chlorid

$$CH\text{–}CH$$
$$\overset{..}{C}H\quad \overset{..}{C}\cdot CO\cdot Cl$$
$$\diagdown\diagup$$
$$NH$$
α-Pyrroylchlorid[1])

verwandelt werden kann, und dieses ist ein bequemes Material für die Bereitung mancher Pyrrolderivate, z. B. der Ester, des Amids und des Anilids der Pyrrolcarbonsäure. Wir haben es ferner mit Glykokollester gekuppelt und durch nachträgliche Verseifung das krystallisierte α - Pyrrol-glycin,

---

[1]) Die Gruppe $C_4H_4N\cdot CO$ ist von Ciamician und Dennstedt (Berichte d. D. Chem. Gesellsch. **17**, 2944 [1884]) „Pyrroyl" genannt worden.

$$\overset{\displaystyle CH-CH}{\underset{\displaystyle NH}{CH\ \ \ddot{C}\cdot CO\cdot NH\cdot CH_2\cdot COOH,}}$$

erhalten, das bis zu einem gewissen Grade der Klasse der Dipeptide zugezählt werden darf.

Die α-Pyrrolcarbonsäure wurde nach dem neueren Verfahren von B. Oddo[1]) durch Einwirkung von Kohlendioxyd auf Pyrrol-magnesiumjodid dargestellt und durch Krystallisation aus einem Gemisch von Chloroform und Äther leicht rein erhalten. Bemerkens-wert ist die kräftige, rote Färbung, welche die Säure in wäßriger oder alkoholischer Lösung mit Eisenchlorid gibt; sie zeigt darin große Ähnlichkeit mit den Phenolcarbonsäuren, ein neues Beispiel für die von Ciamician und Dennstedt betonte Analogie zwischen Pyrrol und Phenol.

α - Pyrroylchlorid, $C_4H_4N\cdot CO\cdot Cl$.

Die Verwandlung der Carbonsäure in das Chlorid vollzieht sich leicht beim Schütteln mit Phosphorpentachlorid in gut gekühlter Chloro-formlösung. Als Gefäß dient eine Kochflasche mit langem Hals; sie ist verschlossen durch einen Kork, der ein kurzes, zur Capillaren aus-gezogenes Gasleitungsrohr trägt. 8,2 g rasch gepulvertes Phosphor-pentachlorid (1,1 Mol.) werden mit 30 ccm Chloroform, das über Phos-phorpentoxyd getrocknet ist, übergossen und durch eine Kältemischung gekühlt. Man fügt darauf unter Schütteln und dauernder Kühlung 4 g α-Pyrrolcarbonsäure in kleinen Portionen und im Laufe von einer halben Stunde hinzu. Während Salzsäure entweicht, verschwindet der größte Teil des Pentachlorids. Zum Schluß läßt man unter Schütteln auf Zimmertemperatur kommen, bis eine klare, braune Lösung entstanden ist. Diese wird unter stark vermindertem Druck aus einem Bade, dessen Temperatur nicht über 30° geht, möglichst rasch verdampft und der Rückstand mit 40 ccm absolutem Äther aufgenommen, der eine be-trächtliche Menge einer dunklen, amorphen Masse ungelöst läßt. Man fügt sofort das gleiche Volumen scharf getrocknetes Ligroin zu, wo-durch eine neue Menge von gefärbten Verunreinigungen gefällt wird. Die nunmehr rasch filtrierte Flüssigkeit ist gelb gefärbt. Wird sie unter geringem Druck aus einem Bade von 20° eingedampft, bis der Äther entfernt ist, so scheidet sich das Chlorid in langen, gelben Nadeln oder Spießen aus, die häufig zu Büscheln vereinigt sind. Sie werden nach dem Abkühlen in einer Kältemischung rasch filtriert und im Vakuum-exsiccator über Phosphorpentoxyd und Paraffin getrocknet. Die Aus-beute betrug 60—70% der angewandten Pyrrolcarbonsäure.

---

[1]) Gazz. Chim. Ital. **39**, I, 649 [1909].

Das Produkt, welches gegen 90° schmilzt, ist allerdings noch nicht ganz rein, kann aber für alle später beschriebenen Umwandlungen direkt benutzt werden. Durch wiederholtes Lösen in trocknem Äther, Zusatz von Ligroin und Verdunsten im Vakuumexsiccator über Schwefelsäure haben wir das Chlorid in farblosen Krystallen erhalten, die häufig länger als 1 cm waren. In reinem Zustand schmilzt es nicht mehr, sondern sintert im Capillarrohr etwa von 110° an allmählich unter Dunkelfärbung und verwandelt sich bei höherer Temperatur ohne deutliche Schmelzung in eine schwarze Masse.

Es löst sich sehr leicht in Chloroform und Äther, viel weniger in Ligroin und gibt sehr stark die bekannte Pyrrolreaktion mit einem Fichtenspan. Gegen Feuchtigkeit ist es höchst empfindlich und wird deshalb auch von feuchter Luft rasch zersetzt. Für die Analyse wurde es deshalb direkt aus dem Exsiccator in ein verschlossenes Wägefläschchen umgefüllt, dieses unter Alkohol geöffnet und dann das Chlor in der gewöhnlichen Weise bestimmt.

0,0736 g Sbst.: 0,0820 g AgCl.

C_5H_4ONCl (129,5). Ber. Cl 27,38. Gef. Cl 27,56.

Voraussichtlich werden sich auf die gleiche Weise die isomere β-Pyrrolcarbonsäure sowie die Pyrroldicarbonsäure und ähnliche Derivate des Indols in die entsprechenden Chloride verwandeln lassen.

Verwandlung des α - Pyrroylchlorids in den Methylester. Sie vollzieht sich sofort beim Übergießen mit eiskaltem Methylalkohol. Wenn man die Isolierung des Chlorids umgeht, so ist die Methode für die Bereitung des Esters bequemer als das ältere Verfahren von Ciamician und Silber, die das Silbersalz der Pyrrolcarbonsäure mit Jodmethyl behandelten[1]).

Für die praktische Ausführung verfährt man folgendermaßen: 7 g Pyrrolcarbonsäure werden auf die zuvor beschriebene Weise mit 14 g Phosphorpentachlorid in Chloroformlösung behandelt und die Lösung sofort unter geringem Druck aus einem Bade von 20° verdampft. Den Rückstand übergießt man mit 100 ccm eiskaltem Methylalkohol, verdampft den Alkohol unter geringem Druck und destilliert den Rückstand unter 12—16 mm Druck, wobei der größte Teil zwischen 115 bis 120° übergeht und in der Kälte krystallisiert. Zur Reinigung wird das Destillat mit etwa 30 ccm Wasser bei Zimmertemperatur sorgfältig gewaschen und über Schwefelsäure getrocknet. Das Produkt ist rein weiß und zeigt sofort den richtigen Schmelzpunkt (73°) des Pyrrolcarbonsäure-methylesters. Die Ausbeute betrug 5,5 g oder 70% der Theorie.

---

[1]) Berichte d. D. Chem. Gesellsch. 17, 1152 [1884].

Ob das neuere Verfahren von B. Oddo[1]) zur Bereitung der Ester mit Pyrrol-magnesiumjodid und Chlorkohlensäureester noch bequemer ist, können wir nicht sagen, da Oddo nur mit der Äthylverbindung gearbeitet und die Ausbeute nicht angeführt hat.

Von den verschiedenen vergeblichen Versuchen, die Pyrrolcarbonsäure in Prolin umzuwandeln, wollen wir nur die Reduktion des Methylesters beschreiben. Eine Lösung von 4 g Ester in 100 ccm absolutem Alkohol wurde unter Kochen am Rückflußkühler im Laute von 1¹/₂ Stunden mit 25 g Natrium und weiteren 75 ccm Alkohol versetzt, dann die Masse noch mit 750 ccm Alkohol verdünnt und mit 220 ccm 5-n. Schwefelsäure übersättigt. Nachdem das Natriumsulfat abfiltriert und der größte Teil des Alkohols verdampft war, wurde die Schwefelsäure genau mit Bariumhydroxyd gefällt. Aus dem zum Sirup eingedampften Filtrat haben wir schließlich durch Extraktion mit Äther eine mit Wasserdämpfen sehr schwer flüchtige Base isoliert, die mit Phosphorwolframsäure einen starken Niederschlag gibt, im Geruch an Pyrrolidin erinnert und eine nähere Untersuchung verdient.

Dagegen ist es uns nicht gelungen, Prolin unter den Reduktionsprodukten zu finden.

Verwandlung des α - Pyrroylchlorids in das Amid. Sie vollzieht sich rasch und ziemlich glatt beim Zusammentreffen des Chlorids mit Ammoniak in ätherischer Lösung. 100—150 ccm trockner Äther werden in der Kälte mit Ammoniak gesättigt und dazu allmählich unter fortwährendem Zuleiten von Ammoniak eine ätherische Lösung von 1,5 g Chlorid gefügt. Der sofort entstehende Niederschlag enthält neben Chlorammonium den allergrößten Teil des Amids. Er wird abfiltriert und mit wenig kaltem Wasser gewaschen, um das Chlorammonium zu entfernen. Bei Anwendung des rohen Pyrroylchlorids betrug die Ausbeute ungefähr 60%. Aus der ätherischen Mutterlauge erhält man beim Verdampfen nur noch eine kleine Menge Amid.

Zur Reinigung wird am besten unter 10—15 mm Druck destilliert und noch einmal aus Wasser umkrystallisiert. Man erhält so ein rein weißes, schön krystallisiertes Präparat, das den Schm. 176,5° (korr.) und die Zusammensetzung des α-Pyrrol-carbonsäureamids (Carbopyrrolamids) zeigte.

0,1563 g Sbst.: 0,3111 g CO_2, 0,0756 g H_2O. — 0,1637 g Sbst.: 35,1 ccm N über 33-proz. Kalilauge (16°, 763 mm).

$C_5H_6ON_2$ (110,07). Ber. C 54,51, H 5,49, N 25,46.
Gef. ,, 54,29, ,, 5,41, ,, 25,16.

Diese Darstellung ist bequemer als die Bereitung aus schleimsaurem Ammoniak.

---

[1]) Gazz. Chim. Ital. **39**, I, 649 [1909].

Anilid der α-Pyrrol-carbonsäure.

Man fügt eine ätherische Lösung des Pyrrolchlorids unter Umschütteln zu einer gekühlten, ätherischen Lösung von Anilin, von dem etwas mehr als 2 Mol. anzuwenden sind. Hierbei scheidet sich salzsaures Anilin aus. Man läßt kurze Zeit bei Zimmertemperatur stehen, fügt dann Wasser und verdünnte Salzsäure hinzu, um das Anilin in die wäßrige Lösung überzuführen und verdampft die ätherische Lösung des Anilids. Der krystallinische Rückstand wird aus 30-proz. heißem Alkohol unter Zusatz von etwas Tierkohle umkrystallisiert. Man erhält so das Anilid in farblosen, ziemlich langen und vielfach verwachsenen Prismen, die nach vorherigem Sintern bei 153—154° (korr.) schmelzen. Zur Analyse war im Vakuumexsiccator über Phosphorpentoxyd getrocknet.

0,1602 g Sbst.: 0,4163 g CO_2, 0,0779 g H_2O. — 0,1509 g Sbst.: 19,0 ccm N über 33-proz. Kalilauge (16°, 768 mm).

$C_{11}H_{10}ON_2$ (186,10). Ber. C 70,93, H 5,42, N 15,05.
　　　　　　　　　　　　Gef. ,, 70,87, ,, 5,44, ,, 14,83.

Das Anilid löst sich spielend in Äther, leicht in Aceton, Alkohol und Essigester, etwas schwerer in Chloroform und fast gar nicht in Petroläther. In kaltem Wasser ist es so gut wie unlöslich, in siedendem Wasser löst es sich schwer.

α-Pyrroyl-glycin-äthylester, $C_4H_4N \cdot CO \cdot NH \cdot CH_2 \cdot CO_2C_2H_5$.

Eine Lösung von 5 g rohem, krystallisiertem Chlorid in 40 ccm trocknem Äther wird langsam unter Umschütteln bei gewöhnlicher Temperatur in eine ebenfalls trockne ätherische Lösung von 10 g frisch destilliertem Glykokollester eingetragen. Dabei entsteht alsbald eine sirupöse Ausscheidung, die beim Abkühlen in Eis krystallinisch erstarrt. Die Masse ist ein Gemisch von Glykokollester-hydrochlorid und Pyrroyl-glycinester, der beim Waschen mit wenig Wasser ungelöst bleibt. Eine weitere Menge des Esters findet sich in der ätherischen Lösung. Diese haben wir verdampft und den Rückstand ebenfalls mit wenig Wasser behandelt, um den überschüssigen Glykokollester zu entfernen. Die Gesamtausbeute an rohem Pyrroyl-glycinester betrug 5,8 g oder 76% der Theorie, obschon das angewandte Pyrroylchlorid unrein war. Zur Reinigung wird am besten aus heißem Benzol umkrystallisiert, wobei der Ester in mikroskopischen Blättchen ausfällt. Etwas größere Krystalle erhält man durch Lösen in Wasser von 50—60° und Abkühlen auf 0°; sie haben die Form von sechsseitigen Blättchen. Für die Analyse war im Vakuumexsiccator über Schwefelsäure getrocknet.

0,1246 g Sbst.: 0,2526 g CO_2, 0,0717 g H_2O. — 0,1134 g Sbst.: 14,8 ccm N über 33-proz. Kalilauge (28°, 762 mm).

$C_9H_{12}O_3N_2$ (196,12). Ber. C 55,07, H 6,17, N 14,29.
　　　　　　　　　　　　Gef. ,, 55,29, ,, 6,44, ,, 14,49.

Der Ester schmilzt bei 118° (korr.). Er ist in Alkohol, Aceton, Chloroform und Eisessig leicht löslich, etwas schwerer in Äther und recht schwer in Petroläther.

α - Pyrroyl-glycin, $C_4H_4N \cdot CO \cdot NH \cdot CH_2 \cdot COOH$.

1 g Ester wird mit 8 ccm n-Natronlauge bei Zimmertemperatur einige Minuten geschüttelt, bis völlige Lösung eingetreten ist. Man fügt dann 8 ccm n-Schwefelsäure zu und versetzt mit dem 4fachen Volumen absolutem Alkohol. Das gefällte Natriumsulfat wird nach einigem Stehen abgesaugt, mit wenig Alkohol gewaschen und das Filtrat unter geringem Druck auf etwa 6 ccm eingedampft. Das Dipeptid scheidet sich dann, zumal beim Abkühlen, in kleinen, spindelförmigen Krystallen ab. Sie werden auf einer Tonplatte von der Mutterlauge befreit und sind nach dem Waschen mit einigen Tropfen Wasser rein. Für die Analyse war im Vakuumexsiccator getrocknet.

0,1223 g Sbst.: 0,2252 g CO_2, 0,0542 g H_2O. — 0,1061 g Sbst.: 15,7 ccm N über 33-proz. Kalilauge (24°, 760 mm). — 0,1621 g Sbst.: 22,7 ccm N über 33-proz. Kalilauge (16°, 764 mm).

$C_7H_8O_3N_2$ (168,08). Ber. C 49,98, H 4,80, N 16,67.
Gef. ,, 50,22, ,, 4,96, ,, 16,62, 16,45.

Die Ausbeute beträgt 60—70% der Theorie. Die Substanz schmilzt bei 167° (korr.). Sie krystallisiert aus wenig warmem Wasser in feinen, spindelartigen Formen, die vielfach sternförmig verwachsen sind. Sie ist recht leicht löslich in warmem Wasser, ferner in Alkohol und Aceton, dann sukzessive schwerer löslich in Äther, Chloroform und Petroläther.

Zum Unterschied von der Pyrrolcarbonsäure gibt sie in wäßriger Lösung mit Eisenchlorid keine charakteristische Färbung. Auch die Fichtenspan-Reaktion ist kaum vorhanden. Unterwirft man aber eine kleine Probe der trocknen Destillation, so geben die Zersetzungsprodukte sehr stark die Fichtenspan-Reaktion.

37. Adolf Kraemer: Oxaminessigsäure[1]) als Oxydationsproduct des Glycylglycins.

Berichte der Deutschen Chemischen Gesellschaft **39**, 4385 [1906].

(Eingegangen am 11. December 1906.)

Bei der Oxydation des Glycylglycins mit Calciumpermanganat in kalter, wäßriger Lösung erhielt L. Pollak[2]) neben Kohlensäure und anderen, nicht näher untersuchten Producten das Calciumsalz einer Säure, die er als „Oxalylaminoessigsäure, $COOH \cdot CO \cdot NH \cdot CH_2 \cdot COOH$", ansprach. Denn sie gab bei der Hydrolyse mit kochender Salzsäure fast die theoretisch mögliche Menge Oxalsäure; dagegen gelang es ihm nicht, aus den Spaltungsproducten Glykocoll zu isoliren. Da er statt dessen Essigsäure gefunden zu haben glaubte, nahm er an, daß die Verbindung zunächst in Oxaminsäure und Essigsäure zerfalle:

$$\begin{array}{c|c} COOH \\ \dot{C}O \cdot NH & CH_2 \cdot COOH, \end{array}$$

ohne zu berücksichtigen, daß diese Spaltung keine einfache Hydrolyse, sondern eine Reduction sein würde. Wären diese letzten Beobachtungen von Pollak richtig, so müßte man für seine Säure eine andere Zusammensetzung und Structur annehmen. Ich habe deshalb auf Veranlassung von Hrn. Prof. Emil Fischer einerseits die Versuche des Hrn. Pollak wiederholt und andererseits das Calciumsalz der Oxaminessigsäure, von der Kerp und Unger[3]) sowohl den Ester wie ein Silbersalz beschrieben haben, dargestellt. Dieses synthetische Product zeigt nun genau dieselben Eigenschaften wie das Salz aus Glycylglycin. Wenn somit die Ansicht von Pollak über die Structur der von ihm erhaltenen Säure richtig ist, so kann ich andererseits seine Angaben über die Hydrolyse nur theilweise bestätigen. Denn es bildet sich beim Kochen des

---

[1]) Der von Kerp und Unger gewählte Name „Oxaminessigsäure" (Berichte d. D. Chem. Gesellsch. **30**, 579 [1897]), welcher an die Oxaminsäure erinnert, hat nicht allein das Vorrecht der Priorität, sondern scheint mir auch besser zu sein, als die von Pollak vorgeschlagene Bezeichnung „Oxalylaminoessigsäure".

[2]) Beiträge zur chem. Physiol. u. Pathol. **7**, 16.

[3]) Berichte d. D. Chem. Gesellsch. **30**, 539 [1897].

Calciumsalzes mit Mineralsäuren oder auch mit Kalkmilch neben Oxalsäure in reichlicher Menge Glykocoll, sodaß also die Spaltung nach folgendem Schema vor sich geht:

$$CO \cdot COOH \atop NH \cdot CH_2 \cdot COOH + H_2O \longrightarrow {COOH \atop COOH} + {NH_2 \atop CH_2 \cdot COOH}.$$

Essigsäure konnte ich nicht finden, vielleicht ist die von Pollak beobachtete flüchtige Säure Ameisensäure gewesen.

Als Nebenproduct der Oxydation des Glycylglycins will Pollak eine saure Substanz erhalten haben, welche die Biuretreaction gab. Demgegenüber verdient betont zu werden, daß das Glycylglycin selbst sehr häufig durch eine Substanz verunreinigt ist, welche Biuretfärbung giebt. Dies rührt her von dem Glycinanhydrid, das nur durch häufiges Umkrystallisiren ganz „abiuret" erhalten wird.

Oxaminessigsaures Calcium, $\underset{NH \cdot CH_2 \cdot COO}{\overset{CO \cdot COO}{\diagdown}}Ca + 4H_2O.$

10 g Oxaminessigsäureester, nach den Angaben von Kerp und Unger dargestellt, wurden bei Zimmertemperatur zu einer Lösung von 4,1 g ($1^1/_2$ Mol) reinem Calciumoxyd in 4 L Wasser gegeben. Sie lösten sich darin, und nach kurzer Zeit trat eine Ausscheidung von Calciumcarbonat ein. Nach 16-stündigem Stehen wurde überschüssige Kohlensäure eingeleitet, dann filtrirt und das Filtrat im Vacuum bei 45° eingedampft. Es krystallisirten weiße, rhombische Tafeln aus, die in wenig verdünnter Salzsäure gelöst und aus der filtrirten Lösung durch Einleiten von Ammoniak wieder gefällt wurden. Ausbeute 9 g.

Das Salz war auch in heißem Wasser ziemlich schwer löslich; durch kurzes Kochen mit starker Salzsäure wurde Oxalsäure abgespalten, wie sich beim Übersättigen mit Ammoniak zeigte. Im Vacuum über Schwefelsäure getrocknet, gab das Salz folgende Zahlen:

0,1988 g Sbst.: 0,0434 g CaO. — 0,1814 g Sbst.: 0,1247 g CO_2, 0,0755 g H_2O. — 0,2270 g Sbst.: 10,6 ccm N (21,5°, 758 mm). — 0,2929 g Sbst. verloren bei längerem Erhitzen im Vacuum auf 130° 0,0829 g.
$C_4H_3NO_5Ca + 4H_2O$.   Ber. Ca 15,56, C 18,67, H 4,28, N 5,44, H_2O 28,01.
    Gef. „ 15,61, „ 18,75, „ 4,66, „ 5,30, „ 27,73.

Das Salz hat also dieselben Eigenschaften, wie sie Pollak für das Product aus Glycylglycin angiebt. Nichtsdestoweniger habe ich mir zum directen Vergleich das Salz aus Glycylglycin bereitet und bin dabei genau den Angaben Pollak's gefolgt. Die Ausbeute schwankte etwas nach den Versuchsbedingungen. Sie betrug im besten Falle 18 pCt. des angewandten Glycylglycins, während Pollak 10 pCt. angiebt. Das

Salz zeigte sowohl im äußeren Habitus der Krystalle, wie in der annähernd ermittelten Löslichkeit keinen Unterschied vom synthetischen Product. Dasselbe gilt von der Hydrolyse.

Hydrolyse der Oxaminessigsäure.

4 g des synthetischen Calciumsalzes wurden mit 40 ccm starker Salzsäure im geschlossenen Rohr 24 Stunden auf 100° erhitzt; dann wurde im Vacuum eingedampft, der Rückstand zur Entfernung der Oxalsäure 5 Mal mit warmem Äther ausgezogen, darauf mit 20 ccm Alkohol durch Einleiten von Salzsäure verestert. Beim Eindampfen im Vacuum hinterblieb eine Krystallmasse, die aus 5 ccm heißem Alkohol umkrystallisirt wurde. Die erhaltenen seidenartigen Krystalle zeigten nach dem Trocknen den Schmelzpunkt des Glykocollester-Chlorhydrats (144°). Ausbeute 0,75 g.

Wegen der unbequemen Gegenwart des Chlorcalciums, dessen Entfernung die Ausbeute beeinträchtigt, wurde der Versuch noch einmal mit Kalkmilch statt mit Salzsäure vorgenommen.

5 g des synthetischen Calciumsalzes wurden 7 Stunden mit Kalkmilch gekocht; dann wurde vom Kalkschlamm abgenutscht, dieser noch einmal mit Wasser ausgekocht, die Filtrate durch Fällen mit Ammoniumcarbonat und Ammoniak von Calcium befreit und zur Trockne eingedampft. Der Rückstand wurde mit 20 ccm Alkohol durch Einleiten von Salzsäure verestert. Beim Eindampfen im Vacuum schied sich reichlich Glykocollester-chlorhydrat ab; es wurde aus 10 ccm heißem Alkohol umkrystallisirt und zeigte nach dem Trocknen den richtigen Schmelzpunkt 144°. Ausbeute 2,1 g (78 pCt. der theoretisch möglichen Menge. Gef. Cl 25,11. Ber. Cl 25,18).

Derselbe Versuch, ausgeführt mit dem Calciumsalz aus Glycylglycin, gab genau dieselben Resultate.

Um die Angabe von Pollak über die Bildung von Essigsäure zu prüfen, habe ich noch 1 g synthetisches Calciumsalz mit 10 ccm verdünnter Schwefelsäure im geschlossenen Rohr 15 Stunden auf 100° erhitzt, von der Reactionsflüssigkeit dann 2 ccm in eine eisgekühlte Vorlage abdestillirt unter Vermeidung jeglichen Überspritzens. Das Destillat reagirte sauer; es wurde mit Silberoxyd heiß geschüttelt, die schwarze Masse heiß filtrirt; das Filtrat schied auch bei weiterem Einengen nicht die charakteristischen Krystalle des Silberacetats ab.

38. Emil Fischer: Synthese von Polypeptiden. XV.

Berichte der Deutschen Chemischen Gesellschaft **39**, 2893 [1906].

(Eingegangen am 11. August 1906.)

Um die Leistungsfähigkeit der früher geschilderten Methoden weiter zu prüfen, habe ich mich bemüht, einerseits die Kette der Aminosäuren zu verlängern, um zu möglichst grossen Systemen zu gelangen und andererseits den Aufbau der optisch-activen Polypeptide mit verschiedenen Aminosäuren zu vervollkommnen. Was den ersten Punkt betrifft, so ist es gelungen, die Synthese bis zu einem Dodekapeptid fortzuführen, welches aus einem Leucin- und 11 Glykocoll-Resten besteht. Obschon derartige Combinationen mit langen Glykocollketten in der Natur aller Wahrscheinlichkeit nach nicht vorhanden sind, habe ich doch geglaubt, die Versuche zunächst auf diese einfacheren Fälle zu beschränken, weil hier die Bildung von Stereoisomeren ausgeschlossen ist und weil die Beschaffung des Ausgangsmaterials am leichtesten ist.

Das früher beschriebene Heptapeptid war auf folgende Weise gewonnen[1]:

Bromisocapronyl-diglycyl-glycylchlorid wurde in wässrig-alkalischer Lösung mit Diglycyl-glycin combinirt und der so erhaltene Bromkörper durch wässriges Ammoniak in das Peptid verwandelt. Ersetzt man bei diesem Verfahren das angewandte Tripeptid durch Triglycyl-glycin bezw. Pentaglycyl-glycin, so resultiren ein Octapeptid, $C_4H_9 \cdot CH(NH_2) \cdot CO \cdot [NHCH_2CO]_6 \cdot NHCH_2COOH$, und ein Decapeptid, $C_4H_9 \cdot CH(NH_2) \cdot CO \cdot [NHCH_2CO]_8 \cdot NHCH_2COOH$.

Um endlich das noch um zwei Glieder reichere Dodekapeptid, $C_4H_9 \cdot CH(NH_2) \cdot CO \cdot [NHCH_2CO]_{10} \cdot NHCH_2COOH$, zu gewinnen, wurde das Bromisocapronyl-tetraglycyl-glycylchlorid mit Pentaglycylglycin gekuppelt.

Nach dem Gange der Synthese halte ich es für sehr wahrscheinlich, dass auch bei diesen complicirten Producten die Aminosäuren

---

[1] Berichte d. D. Chem. Gesellsch. **39**, 461 [1906]. (*Proteine I, S. 558.*)

mit gerade fortlaufender Kette der Stickstoff- und Kohlenstoff-Atome
verbunden sind, hoffe dafür aber später noch einen directeren Beweis
liefern zu können.

Für die praktische Ausführung obiger Reactionen waren allerdings kleine Aenderungen der früheren Vorschriften nöthig. So gelingt
die Chlorirung der hochmolekularen Bromkörper nur dann, wenn sie
in besonderer Weise dazu vorbereitet sind. Umkrystallisiren aus Alkohol ist hier nicht mehr möglich, weil sie zu schwer löslich sind. Man
erhält sie aber in einem für die Chlorirung geeigneten Zustand durch
Lösen in verdünnter Natronlauge, Ausfällen mit Salzsäure bei niederer
Temperatur und vorsichtiges Trocknen im Vacuum über Phosphorpentoxyd. Die Chlorirung lässt sich dann durch Schütteln der fein
gepulverten Substanz mit Acetylchlorid und Phosphorpentachlorid
recht gut durchführen. Ich habe mich überzeugt, dass diese Art der
Chlorirung auch noch bei höheren Gliedern der Reihe, z. B. bei Bromisocapronyl-pentaglycyl-glycin und Bromisocapronyl-hexaglycyl-glycin
möglich ist.

Für die Umwandlung der hochmolekularen Bromkörper in die entsprechenden Peptide ist wässriges Ammoniak nur wenig geeignet. Recht
gute Resultate wurden aber bei Anwendung von flüssigem Ammoniak
erzielt. Die drei neuen Polypeptide sind zwar nicht mehr krystallisirt
und enthalten auch nach dem Trocknen bei 100° noch 1 Molekül Wasser,
dessen Austreibung Schwierigkeiten bereitet. Da ferner die analytischen
Differenzen bei diesen hochmolekularen Substanzen gering sind, so könnte
man über ihre wirkliche Zusammensetzung im Zweifel sein, wenn sie
auf anderem Wege gewonnen wären. Glücklicherweise bietet aber der
Lauf der Synthese eine Controlle für die Formel in der Analyse der
Bromkörper, deren Bromgehalt mit dem Molekulargewicht ziemlich
stark variirt, und die wegen ihrer geringen Löslichkeit in Wasser so
leicht zu reinigen sind, dass die Analysen recht befriedigende Werthe
gegeben haben. Die neuen Polypeptide sind in Wasser recht schwer
löslich und bilden auch in Wasser schwer lösliche salzsaure Salze. Sie
nähern sich in dieser Beziehung schon auffallend den natürlichen Proteïnen.

Von besonderer Wichtigkeit sind selbstverständlich die optisch
activen Polypeptide, vorzüglich diejenigen, welche nur die natürlichen
Aminosäuren enthalten. Für ihre Gewinnung geht man am bequemsten
von den optisch activen Aminosäuren aus. Die Methoden, die zur Verkuppelung der Letzteren dienen können, sind früher beschrieben[1]. Da
die praktische Ausführung der Polypeptid-Synthese, zumal wenn es sich

---

[1] Berichte d. D. Chem. Gesellsch. **39**, 564 [1906]. (*Proteïne I, S. 37.*)

um die Herstellung längerer Ketten handelt, am bequemsten mit Hülfe der Halogenfettsäuren ausgeführt wird, so habe ich mich bemüht, diese in optisch activer Form zu gewinnen.

Den besten Weg hierfür bietet die zuerst von Walden bei der Asparaginsäure beobachtete Bildung von optisch activer Halogenbern-steinsäure; denn dieser Process lässt sich, wie ich schon gemeinsam mit O. Warburg[1]) beim Alanin gezeigt habe, mit sehr gutem Erfolge auf die einfachen Aminosäuren übertragen. Wird die so erhaltene Brom-fettsäure mit Ammoniak behandelt, so entsteht, ähnlich der von Wal-den[2]) studirten Umwandlung von l Aepfelsäure in d Aepfelsäure, der optische Antipode der ursprünglichen Aminosäure, und genau dasselbe findet statt bei der Synthese von Polypeptiden. Geht man z. B., wie wir es früher gethan haben, vom d-Alanin aus, verwandelt dieses in die Brompropionsäure, combinirt deren Chlorid mit Glykocoll und behan-delt dasselbe mit Ammoniak, so resultirt l-Alanyl-glycin.

Durch diese „Walden'sche Umkehrung", wie ich den Prozess in Zukunft allgemein nennen will, ist es nun möglich, beide Bestandteile einer racemischen Aminosäure für den Aufbau von Polypeptiden, die nur natürliche Aminosäuren enthalten sollen, zu verwerthen. Als Bei-spiele wähle ich die Synthese des l-Leucyl-l-leucins, die folgendermaassen ausgeführt wurde. Racemisches Leucin wurde mit Hülfe der Formyl-verbindung in die beiden optischen Antipoden gespalten, dann aus dem d-Leucin die Bromisocapronsäure dargestellt, diese mit l-Leucin com-binirt und das Bromproduct durch Ammoniak in das Dipeptid ver-wandelt, welches jetzt ausschliesslich aus zwei Resten von natürlichem l-Leucin bestand.

Auf diese Weise ist es möglich gewesen, eine Reihe von Polypep-tiden mit dem Rest des l-Leucins zu gewinnen. Im Nachfolgenden sind beschrieben:

l-Leucyl-glycin,

l-Leucyl-d-alanin,

l-Leucyl-l-leucin

nebst den zugehörigen Anhydriden.

Bemerkenswerth ist, dass das Anhydrid des l-Leucyl-glycins sich als identisch erwiesen hat mit einem Product aus Elastin, das kürzlich von Abderhalden und mir beschrieben worden ist[3]).

Wie vorauszusehen war, lassen sich die activen Halogenfettsäuren auch zum Aufbau höherer Peptide verwenden, wie folgende Beispiele zeigen mögen:

---

[1]) Liebigs Ann. d. Chem. **340**, 168 [1905]. *(Proteine I, S. 497.)*

[2]) Berichte d. D. Chem. Gesellsch. **30**, 2795, 3146 [1897].

[3]) Berichte d. D. Chem. Gesellsch. **39**, 2318 [1906]. *(S. 714.)*

Actives α-Bromisocapronylchlorid (aus *d*-Leucin) wurde mit Diglycyl-glycin combinirt und daraus durch Ammoniak *l*-Leucyl-diglycyl-glycin gewonnen. Da das als Zwischenproduct hierbei entstehende active Bromisocapronyl-diglycyl-glycin sich noch in der üblichen Weise chloriren lässt, ohne eine erhebliche Racemisirung zu erfahren, so wird man unzweifelhaft mit diesem Ausgangsmaterial auch die zuvor erwähnten hochmolekularen Polypeptide in optisch-activer Form erhalten können.

Ferner wurde *l*-Brompropionsäure mit Glycyl-glycin gekuppelt und aus dem Bromproduct durch Ammoniak das *l*-Alanyl-glycyl-glycin bereitet. Der Methylester dieses Tripeptids kann dann genau in derselben Weise wie Diglycyl-glycinmethylester[1]) durch Erhitzen auf 100° condensirt werden. Unter Abspaltung von Methylalkohol bildet sich dabei der Methylester des *l*-Alanyl-diglycyl-*l*-alanyl-glycylglycins, und durch Verseifung entsteht daraus das Hexapeptid selbst, dem ich folgende Structurformel zuschreiben möchte:

$$CH_3 \cdot CH(NH_2) \cdot CO \cdot [NHCH_2CO]_2 \cdot NH \cdot CH(CH_3) \cdot CO$$
$$\cdot NHCH_2CO \cdot NHCH_2COOH.$$

Allerdings muss ich zufügen, dass der entscheidende Beweis dafür noch fehlt. Aber es ist doch auch hier recht wahrscheinlich, dass bei der Vereinigung der beiden Tripeptide die basische Amidogruppe die Kuppelung bewirkt.

Der Versuch beweist jedenfalls, dass die Bildung von Hexapeptiden aus den Estern der Tripeptide eine allgemeinere Reaction ist. Ich habe versucht, das Verfahren auch auf die Ester der Tetrapeptide, speciell auf die Biuretbase von Curtius und auf den entsprechenden, schön krystallisirten Methylester des Triglycyl-glycins zu übertragen, aber bisher keinen Erfolg gehabt, da beide Ester bei 100° sich nicht verändern und bei höherer Temperatur complicirte Zersetzungen eintreten.

Darstellung der hochmolekularen Chloride.

Wie schon erwähnt, gelingt die Chlorirung des Carboxyls bei den complicirteren Bromproducten nur dann, wenn sie in passender Weise vorbereitet werden. Umkrystallisiren aus Alkohol, das bei den einfacheren Körpern die für die Chlorirung geeignete Form gab, genügt hier nicht mehr und ist auch wegen der geringen Löslichkeit in Alkohol schwer auszuführen. Ungleich bessere Resultate wurden erhalten durch vorsichtige Ausfällung der Bromproducte aus der kalten alkalischen Lösung und Trocknen bei niederer Temperatur.

---

[1]) Berichte d. D. Chem. Gesellsch. **39**, 471 [1906]. (*Proteine I, S. 568.*)

α - Bromisocapro$\ddot{\text{n}}$yl-tetraglycyl-glycylchlorid,

$C_4H_9CHBr \cdot CO \cdot (NHCH_2CO)_4 \cdot NHCH_2CO \cdot Cl.$

Um die obige allgemeine Bemerkung zahlenmässig zu belegen, will ich hier auch die missglückten Versuche anführen. Sie wurden mit einem α-Bromisocapronyl-tetraglycyl-glycin ausgeführt, das aus Wasser umkrystallisirt, erst im Vacuum und dann bei 100° getrocknet und schliesslich äusserst fein gepulvert war. Bei verschiedenen Chlorirungen mit Acetylchlorid und Phosphorpentachlorid unter den früher benutzten Mengenverhältnissen wurde im günstigsten Falle ein Product mit 0,9 pCt. Chlor erhalten und selbst bei Anwendung von 3—4 Molekülen Phosphorpentachlorid stieg der Chlorgehalt im Maximum auf 1,7 pCt. Das letzte Resultat wurde erhalten mit einem aus Alkohol umkrystallisirten Präparat, wobei bemerkt sein mag, daß zum Umlösen ungefähr die 1600-fache Menge kochenden, absoluten Alkohols nöthig war.

Man sieht, dass unter diesen Bedingungen das isolirte Product nur ungefähr 25 pCt. des gesuchten Chlorids enthielt. Im Gegensatz dazu giebt die nachfolgende Methode ein ungefähr 90-procentiges Präparat. 5 g α-Bromisocapronyl-tetraglycyl-glycin, das aus Wasser umkrystallisirt und gepulvert war, wurden mit 750 ccm Alkohol und 125 ccm Wasser übergossen und dazu 10,5 ccm n-Natronlauge (1 Mol.) zugegeben. Nachdem durch kräftiges Schütteln klare Lösung erfolgt war, wurde mit 11 ccm n-Salzsäure in der Kälte versetzt, worauf die Säure sehr langsam als feines, weisses Pulver ausfiel. Zur Vervollständigung der Abscheidung blieb die Flüssigkeit 12 Stunden im Eisschrank stehen, dann wurde der Niederschlag filtrirt, mit Alkohol und Aether gewaschen und 1 Stunde im Vacuum über Phosphorpentoxyd getrocknet. Die Ausbeute betrug 4,75 g. Die Substanz brauchte jetzt nur noch fein gepulvert und durch ein Haarsieb getrieben zu werden, um für die Chlorirung fertig zu sein.

3 g des so vorbereiteten Materials werden in einer gut schliessenden Stöpsel-Flasche mit 30 ccm frisch destillirtem Acetylchlorid übergossen, in Eiswasser abgekühlt und nun unter kräftigem Schütteln 3,9 g frisches, rasch gepulvertes Phosphorpentachlorid (3 Mol.) in 3—4 Portionen zugegeben. Das Phosphorpentachlorid verschwindet dann zum Theil, während an dem α-Bromisocapronyl-tetraglycyl-glycin keine sichtbare Veränderung stattfindet. Zur Vollendung der Reaction wird zum Schluss 2 Stunden bei gewöhnlicher Temperatur auf der Maschine geschüttelt, wobei sich die Flüssigkeit gelb färbt und das feste Phosphorpentachlorid völlig verschwindet. Zum Schluss filtrirt man in dem früher beschriebenen Apparate[1] das ungelöste α-Bromisocapronyl-tetraglycyl-glycyl-chlorid, wäscht es mit Acetylchlorid und später mit trocknem Petrol-

---

[1] Berichte d. D. Chem. Gesellsch. **38**, 616 [1905]. (*Proteine I, S. 433.*)

äther und trocknet 1—2 Stunden im Vacuum über Phosphorpentoxyd; die Ausbeute betrug ungfähr 80 pCt. der Theorie. Die Analyse wurde auf die Bestimmung des durch Wasser leicht abspaltbaren Chlors beschränkt. Für den Zweck wurde das Chlorid mit etwa der 500-fachen Menge Wasser und einigen Glasperlen in einer Stöpselflasche $^1/_2$ Stunde auf der Maschine geschüttelt, wobei wegen der schweren Benetzbarkeit der Substanz durch Wasser ein kleiner Zusatz von Alkohol rathsam ist. Nachdem klare Lösung erfolgt war, wurde das Chlor titrimetrisch ermittelt.

0,1100 g Sbst.: 1,95 ccm $^1/_{10}$ AgNO$_3$.
$C_{16}H_{25}O_6N_5BrCl$ (498,9). Ber. Cl 7,1. Gef. Cl 6,3.

Aus den Zahlen folgt, dass ungefähr 90 pCt. der Substanz aus dem gesuchten Chlorid bestanden. Allerdings muss ich zufügen, dass das Präparat eine sehr kleine Menge von Phosphor enthielt, was aber für seine Verwendung zu Synthesen ohne Belang war.

α - Bromisocapronyl-pentaglycyl-glycylchlorid,
$C_4H_9 \cdot CHBr \cdot CO \cdot (NHCH_2CO)_5 \cdot NHCH_2COCl$.

Bei dem α-Bromisocapronyl-pentaglycyl-glycin ist eine ähnliche Vorbereitung für die Chlorirung nothwendig, da die aus Wasser umkrystallisirte Substanz sehr schlechte Resultate giebt.

5 g pulverisirte Säure wurden mit 20 ccm Wasser übergossen und nach Zusatz von 10 ccm n-Natronlauge (etwas mehr als 1 Mol.) durch Schütteln gelöst. Die Lösung wurde in Eis abgekühlt, bis die Abscheidung des Natriumsalzes anfing, und dann mit 10,5 ccm n-Salzsäure versetzt. Dabei fiel das α-Bromisocapronyl-pentaglycyl-glycin sofort als feiner Niederschlag aus, der centrifugirt, filtrirt, mit Wasser sorgfältig gewaschen, dann im Vacuum über Phosphorpentoxyd 12 Stunden getrocknet, fein zerrieben und durch ein Haarsieb getrieben wurde. Die Ausbeute betrug ungefähr 4 g. Zur Chlorirung wurde 1 g mit 10 ccm Acetylchlorid übergossen, in Eis gekühlt, dann in 2 Portionen mit 1,5 g Phosphorpentachlorid (4 Mol.) versetzt und zum Schluss 4 Stunden auf der Maschine bei gewöhnlicher Temperatur geschüttelt. Auch hier war die Flüssigkeit schwach gelb gefärbt. Die Ausbeute an Chlorid, das farblos war, aber ebenfalls etwas Phosphor enthielt, betrug 70 pCt. der Theorie.

Das Präparat war weniger rein als im vorhergehenden Falle, denn es enthielt nur 65 pCt. der berechneten Menge Chlor. Ich werde aber später versuchen, die Darstellung noch zu verbessern.

0,2464 g Sbst.: 2,8 ccm $^1/_{10}$-AgNO$_3$.
$C_{18}H_{28}O_7N_6BrCl$ (555,9). Ber. Cl 6,3. Gef. Cl 4,1.

α - Bromisocapronyl-hexaglycyl-glycylchlorid,
$C_4H_9 \cdot CHBr \cdot CO \cdot (NHCH_2CO)_6 \cdot NHCH_2 CO Cl$.

Die Vorbereitung des α-Bromisocapronyl-hexaglycyl-glycins und die Chlorirung geschahen genau in derselben Weise wie im vorhergehenden Falle. Die Menge des Phosphorpentachlorids betrug auch hier 4 Moleküle, d. h. 1,26 g auf 1 g Substanz. Das erhaltene Chlorid war ganz schwach gelb gefärbt und enthielt ebenfalls Spuren von Phosphor. Die Ausbeute betrug 72 pCt. der Theorie und das Präparat enthielt 83 pCt. der berechneten Menge Chlor.

0,1829 g Sbst.: 2,5 ccm $^1/_{10}$-AgNO$_3$.

$C_{20}H_{31}O_8N_7BrCl$ (612,99). Ber. Cl 5,8. Gef. Cl 4,85.

α - Bromisocapronyl-hexaglycyl-glycin,
$C_4H_9 \cdot CHBr \cdot CO \cdot (NHCH_2CO)_6 \cdot NHCH_2 CO OH$.

Die Verbindung entsteht durch Kuppelung von Triglycyl-glycin mit α-Bromisocapronyl-diglycyl-glycylchlorid, wobei es vortheilhaft ist, das erstere im Ueberschuss anzuwenden.

In einer cylindrischen Stöpselflasche von 250 ccm Inhalt werden 6 g Triglycyl-glycin ($1^1/_2$ Mol.) mit 30 ccm Wasser und 25 ccm n-Natronlauge gelöst, unter 0° abgekühlt und unter kräftigem Schütteln in etwa 5 Portionen 6 g frisch bereitetes α-Bromisocapronyl-diglycyl-glycylchlorid im Laufe von einer halben Stunde eingetragen. Da die Flüssigkeit ausserordentlich stark schäumt, so ist es nothwendig, ungefähr 20 Glasperlen von etwa 5 mm Durchmesser von Anfang an zuzugeben, die nicht allein die Gasblasen zertheilen, sondern auch das Zusammenballen des Chlorids verhindern. Trotzdem muss man im Laufe der Operation mit etwa 30 ccm Wasser verdünnen und, sobald $^2/_3$ des Chlorids eingetragen sind, auch noch 10 ccm n-Natronlauge zufügen. Die Temperatur wird während der ganzen Operation durch Abkühlen in einer Kältemischung unter 0° gehalten. Die Hauptreaction ist nach etwa 1 Stunde vorüber und das Chlorid grösstentheils verschwunden. Zum Schluss wird noch $^1/_2$ Stunde ohne Abkühlung auf der Maschine geschüttelt, bis nichts mehr von dem Chlorid zu bemerken ist. Dann versetzt man die wiederum abgekühlte Flüssigkeit mit ungefähr 15 ccm $^5/_1$ n-Salzsäure. Ein Ueberschuss an Salzsäure ist nöthig, um das unverbrauchte Triglycyl-glycin in Lösung zu halten. Das Kuppelungsproduct fällt beim Ansäuern als dicker, amorpher Niederschlag aus, der nach $^1/_2$-stündigem Stehen in Eiswasser zuerst centrifugirt und dann auf der Pumpe abfiltrirt wird. Unterlässt man das Centrifugiren, so wird die Filtration durch das starke Schäumen der Flüssigkeit sehr erschwert. Man wäscht mit kaltem Wasser und bringt den Niederschlag auf porösen Thon. Die Ausbeute an diesem Product betrug durchschnittlich 7 g oder 75 pCt. der Theorie, berechnet auf das angewandte α-Bromisocapronyl-diglycyl-glycylchlorid.

Das Umlösen der in Wasser und Alkohol sehr schwer löslichen Substanz hatte einige Schwierigkeiten gemacht. Man kann sie zwar mit verdünnter Natronlauge aufnehmen, aber die Flüssigkeit ist dann wegen des starken Schäumens schlecht zu filtriren. Am besten gelangt man auf folgende Weise zum Ziel: Die 7 g Rohproduct werden fein gepulvert und mit 18 ccm Wasser von 40—50° übergossen, dann wird wegen der schweren Benetzbarkeit der Substanz etwas Alkohol hinzugefügt und nun die Säure durch tropfenweisen Zusatz von wässrigem Ammoniak unter tüchtigem Schütteln in Lösung gebracht. Die ganz schwach gelb gefärbte Lösung wird rasch auf der Nutsche filtrirt und sofort mit verdünnter Salzsäure übersättigt; dabei fällt das α-Bromisocapronyl-hexaglycyl-glycin sofort als farbloses, lockeres Pulver aus, das nach einstündigem Stehen in Eiswasser abgesaugt, mit kaltem Wasser gewaschen und im Vacuum über Phosphorpentoxyd getrocknet wird. Die Ausbeute an diesem reinen Präparat betrug 6 g. Für die Analyse wurde 2 Stunden im Vacuum bei 100° getrocknet.

0,2138 g Sbst.: 0,3147 g CO_2, 0,1063 g H_2O. — 0,1377 g Sbst.: 19,8 ccm N (19°, 750 mm). — 0,1812 g Sbst.: 0,0574 g AgBr.

$C_{20}H_{32}O_9N_7Br$ (594,5). Ber. C 40,37, H 5,43, N 16,53, Br 13,45.
Gef. „ 40,15, „ 5,56, „ 16,37, „ 13,48.

Die Substanz hat keinen scharfen Schmelzpunkt; sie färbt sich beim raschen Erhitzen im Capillarrohr gegen 245° (corr.) gelb, später bräunlich und schmilzt gegen 256—259° (corr.) unter starker Zersetzung und Schwarzfärbung. Sie giebt wie alle diese complicirteren Acylpolypeptide vom Bromisocapronyl-tetraglycyl-glycin an eine starke Biuretfarbe.

Sie ist nicht deutlich krystallisirt; unter dem Mikroskop erkennt man kleine, gleichmässige Kugeln, die nichts Charakteristisches bieten Die schon erwähnte, sehr geringe Löslichkeit in Wasser erleichtert die Isolirung der Substanz und ihre Trennung von dem bei der Kuppelung regenerirten α-Bromisocapronyl-diglycyl-glycin.

Leucyl-hexaglycyl-glycin,
$C_4H_9 \cdot CH(NH_2) \cdot CO \cdot (NHCH_2CO)_6 \cdot NHCH_2CO OH.$

Für die Umwandlung der Bromkörper in die entsprechenden Peptide wurde in allen früheren Fällen wässriges Ammoniak benutzt; dieses lässt sich auch im vorliegenden Falle noch anwenden, aber die Ausbeute ist wenig befriedigend. Bessere Resultate werden, wie in der Einleitung schon erwähnt ist, mit flüssigem Ammoniak erzielt, jedoch will ich hier auch die Versuche mit wässrigem Ammoniak beschreiben, weil bei ihnen zuerst das Octapeptid gewonnen wurde.

Da das α-Bromisocapronyl-hexaglcyl-glycin in dem gewöhnlichen concentrirten Ammoniak recht schwer löslich ist, so bringt man zunächst 3 g der fein gepulverten Substanz mit 75 ccm Ammoniak von 12,5 pCt. durch gelindes Erwärmen in Lösung, kühlt ab, sättigt bei gewöhnlicher Temperatur mit gasförmigem Ammoniak und lässt im gut verschlossenen Gefäss erst 2 Tage bei 25° und dann 2 Tage bei 37° stehen. In der Flüssigkeit hat sich jetzt ein kleiner Niederschlag gebildet, der aber bei Zusatz von Wasser verschwindet. Da die Abspaltung des Broms nach dieser Behandlung noch nicht ganz vollständig war, so wurde zum Schluss noch $\frac{1}{2}$ Stde. auf dem Wasserbade erwärmt, dann die Flüssigkeit im Vacuum über Phosphorpentoxyd verdunstet und der amorphe Rückstand zur Entfernung des Bromammoniums mehrmals mit Alkohol ausgekocht. Der Rückstand betrug nur 0,4 g und war das gesuchte Octapeptid. Die Mutterlauge wurde im Vacuum verdunstet und der Rückstand wieder zuerst mehrmals mit Alkohol ausgekocht. Dabei blieben 1,2 g ungelöst, die aber noch ziemlich viel Brom enthielten. Sie wurden deshalb mit der 10-fachen Menge Alkohol übergossen, erwärmt und durch vorsichtigen Zusatz von wässrigem Ammoniak in Lösung gebracht, dann die Flüssigkeit auf dem Wasserbade zur Vertreibung des Ammoniaks erwärmt, wobei sich noch 0,6 g Octapeptid als flockiger Niederschlag ausschied. Die Gesammtausbeute betrug also 1 g oder 40 pCt. der Theorie.

Zur Analyse wurde das Product 4 Std. im Vacuum bei 100° getrocknet. Die Zahlen stimmen am besten auf Octapeptid mit einem Molekül Wasser.

0,1463 g Sbst.: 0,2355 g CO_2, 0,0844 g H_2O. — 0,1863 g Sbst.: 33,0 ccm N (13°, 755 mm).

$C_{20}H_{34}O_9N_8$ (530,59).   Ber. C 45,23, H 6,46, N 21,17.
$C_{20}H_{34}O_9N_8 + 1\,H_2O$.   ,, ,, 43,75, ,, 6,60, ,, 20,50.
Gef. ,, 43,90, ,, 6,50, ,, 20,80.

Bei 120° im Vacuum verlor die Substanz noch an Gewicht, da sie aber dabei eine leichte Gelbfärbung annahm, so wurde die Analyse nicht wiederholt.

Viel glatter erfolgt die Bildung des Octapeptids bei Anwendung von flüssigem Ammoniak.

Man condensirt zu diesem Zwecke in einem Einschmelzrohr 30 bis 40 ccm Ammoniak und trägt allmählich 3 g fein gepulverten Bromkörper ein, der bald mit schwach gelber Farbe in Lösung geht. Man schliesst das Rohr und lässt es 5 Tage im Thermostaten bei 25° stehen. Anfänglich beobachtet man hierbei eine auffallende Farbenerscheinung. Die in der Kälte gelbe Lösung färbt sich mit steigender Temperatur

tiefblau, wird aber nach etwa 1 Stunde farblos und bleibt so bis zum
Ende der Operation. Die Abspaltung des Broms ist dann vollständig.
Beim Verdunsten des Ammoniaks hinterbleibt ein fast farbloser Rückstand, der zur Entfernung des Bromammoniums gepulvert und 2 Mal
mit je 30 ccm absolutem Alkohol tüchtig ausgekocht wird. Die Aus-
beute an bromfreiem Octapeptid betrug 2,4 g oder 90 pCt. der Theorie.
Es bildet ein fast farbloses, amorphes Pulver, das in kaltem Wasser
ziemlich schwer löslich ist. Zur Reinigung wurde es in der 15-fachen
Menge heißem Wasser gelöst, wobei eine starke Rothfärbung eintrat.
Beim Abkühlen auf 0° fiel ungefähr die Hälfte als farblose Masse aus,
die aus mikroskopisch kleinen, gleichmässigen Kügelchen bestand. Die
Mutterlauge gab beim Eindampfen ein ähnliches Product.

Beide Präparate wurden getrennt analysirt, nachdem sie 4 Stunden
im Vacuum bei 100° bis zum constanten Gewicht getrocknet waren.
Auch hier führte die Analyse zu der Formel:

$$C_{20}H_{34}O_9N_8 + H_2O.$$

0,2038 g Sbst.: 0,3282 g CO_2, 0,1165 g H_2O. — 0,2476 g Sbst.: 36 ccm
$^1/_{10}$-H_2SO_4. — 0,1698 g Sbst.: 0,2738 g CO_2, 0,0971 g H_2O.

$C_{20}H_{34}O_9N_8 + H_2O$.   Ber. C 43,75,   H 6,6,   N 20,5.
Gef. ,, 43,92, 43,98, ,, 6,4, 6,4, ,, 20,4.

Um die Einheitlichkeit des Products zu prüfen, habe ich noch folgenden Versuch angestellt. 0,75 g wurden mit 30 ccm Wasser bei gewöhnlicher Temperatur 5 Stdn. geschüttelt, dann vom Ungelösten
abfiltrirt und die Mutterlauge im Exsiccator über Phosphorpentoxyd
verdunstet. Der hier bleibende Rückstand betrug 0,4 g und gab nach
dem Trocknen bei 100° dieselben analytischen Zahlen wie oben.

Das Octapeptid hat keinen Schmelzpunkt. Im Capillarrohr rasch
erhitzt, beginnt es gegen 200° gelb zu werden, färbt sich später braun
und zersetzt sich vollständig unter Schwarzfärbung gegen 280—290°.
In stark verdünnter, kalter Salzsäure ist es recht schwer löslich. Beim
Erwärmen löst es sich in reichlicher Menge, und beim Abkühlen scheidet
sich wieder ein körniges Pulver aus, das in heissem Alkohol sehr wenig
löslich ist und auch nach sorgfältigem Waschen mit Alkohol viel Chlor
enthält, mithin offenbar ein schwer lösliches Hydrochlorat ist. Aehnlich
verhält sich das Octapeptid gegen Salpetersäure und Schwefelsäure.
In verdünntem Alkali ist das Peptid leicht, in Ammoniak erheblich
schwerer löslich. Die alkalische Lösung giebt sehr stark die Biuretprobe.

α - Bromisocapronyl-octaglycyl-glycin,

C$_4$H$_9$ · CHBr · CO · (NHCH$_2$CO)$_8$ · NH CH$_2$CO OH.

Die Kuppelung des α-Bromisocapronyl-diglycyl-glycylchlorids mit
Pentaglycyl-glycin geschah genau in derselben Weise wie beim vorher-

gehenden Beispiel, nur mit veränderten Mengenverhältnissen; denn das theure Hexapeptid wurde nicht im Ueberschuss angewandt.

5 g Pentaglycyl-glycin (1 Mol.) wurden in 18 ccm Wasser und 14,5 ccm *n*-Natronlauge gelöst, in einer Kältemischung gekühlt und dazu 6 g α-Bromisocapronyl-diglycyl-glycylchlorid ($1^1/_8$ Mol.) in 8 Portionen unter starkem Schütteln im Laufe von $1^1/_2$ Stdn. zugegeben. Nachdem die Hälfte des Chlorids eingetragen war, wurden noch 45 ccm Wasser und 7,5 ccm *n*-Natronlauge zugefügt. Derselbe. Zusatz von Wasser und Natronlauge geschah nochmals, als $^3/_4$ des Chlorids verbraucht waren. Zum Schluss wurde noch 1 Stde. auf der Maschine bei gewöhnlicher Temperatur geschüttelt, dann abgekühlt und mit 10 ccm 5-fachnorm. Salzsäure übersättigt. Um den dicken Niederschlag absaugen zu können, ist es wieder nöthig, zu centrifugiren. Da er schwer auszuwaschen ist, so presst man ihn zum Schlusse zwischen Papier und trocknet dann über Phosphorpentoxyd. Die Ausbeute betrug 7 g oder 70 pCt. der Theorie, berechnet auf das angewandte Pentaglycyl-glycin.

Da die Substanz sowohl in heissem Wasser wie in Alkohol sehr schwer löslich ist, so wird sie zur Reinigung am besten in das Natriumsalz verwandelt und daraus durch Säure regenerirt. Man übergiesst zu dem Zweck die 7 g fein gepulvertes Rohproduct mit 350 ccm Wasser von 70—80° und etwas Alkohol, um die Benetzbarkeit zu erhöhen, fügt dann eine Lösung von Natriumcarbonat zu, bis der Bromkörper gelöst ist und filtrirt rasch auf der Nutsche. Im Filtrat findet meist in Folge der Abkühlung eine Abscheidung des schwer löslichen Natriumsalzes statt. Ohne dies zu beachten, versetzt man direct mit einem Ueberschuß von verdünnter Salzsäure, wobei der Bromkörper als lockeres, farbloses Pulver ausfällt, das nach 1-stündigem Stehen in Eiswasser abgesaugt wird. Das Filtriren und Auswaschen mit kaltem Wasser bietet keine Schwierigkeiten, dagegen ist der Verlust bei dieser Reinigung nicht unbeträchtlich; denn die Ausbeute betrug nur 5 g.

Zur Bereitung des Decapeptids ist dieses Präparat rein genug, dagegen wurde es für die Analyse nochmals derselben Reinigung unterworfen und zum Schluss einige Stunden im Vacuum bei 80° bis zum constanten Gewicht getrocknet.

0,1812 g Sbst.: 0,2680 g CO_2, 0,0913 g H_2O. — 0,1864 g Sbst.: 29,4 ccm N (18°, 750 mm). — 0,1994 g Sbst.: 0,0544 g AgBr.

$C_{24}H_{38}O_{11}N_9Br$ (708,6).   Ber. C 40,64, H 5,4, N 17,83, Br 11,3.

Gef. „ 40,34, „ 5,6, „ 18,02, „ 11,6.

Die Substanz färbt sich im Capillarrohr zwischen 244—255° (corr.) gelb, später braun und zersetzt sich schliesslich ohne deutlichen Schmelzpunkt unter Schwarzfärbung gegen 288° (corr.).

Leucyl-octaglycyl-glycin,

$$C_4H_9 \cdot CH(NH_2) \cdot CO \cdot (NH CH_2 CO)_8 \cdot NHCH_2 CO OH.$$

Die Behandlung des Bromkörpers mit wässrigem Ammoniak liefert hier noch schlechtere Resultate als bei dem Octapeptid, im günstigsten Falle nur 25 pCt. der Theorie, dagegen giebt die Wirkung des flüssigen Ammoniaks eine recht befriedigende Ausbeute.

2 g des durch einmaliges Umlösen mit Natriumcarbonat gereinigten Bromkörpers werden allmählich in 25—30 ccm flüssiges Ammoniak, das sich in einem Einschmelzrohr befindet, eingetragen, dann das Rohr geschlossen und 4 Tage bei 25° geschüttelt. Das ist nöthig, weil keine Lösung stattfindet und ohne mechanische Bewegung die Umsetzung zu langsam erfolgt. Auch ist es nicht rathsam, den Bromkörper zuerst in das Rohr einzufüllen und dann das Ammoniak darüber zu condensiren, weil er unter diesen Umständen zu einem dicken Klumpen zusammenbackt, der sich nicht mehr fein vertheilen lässt. Wird die Operation richtig ausgeführt, so ist die Umsetzung nach der angegebenen Zeit vollendet. Man lässt das Ammoniak dann verdunsten und kocht den kaum gefärbten, amorphen Rückstand 2 Mal mit je 30 ccm absolutem Alkohol aus, wodurch das Bromammonium ganz entfernt wird. Die Menge des ungelösten Decapeptids betrug durchschnittlich 1,5 g oder 82 pCt. der Theorie. Da das Peptid in Wasser recht schwer löslich ist, so wurden die 1,5 g mit 50 ccm Wasser übergossen, durch Zusatz von 4,6 ccm n-Natronlauge unter gelindem Erwärmen gelöst, die Flüssigkeit abgesaugt und das Filtrat mit Essigsäure angesäuert; dabei fiel das Peptid als farbloses, sehr lockeres Pulver aus, das nach 1-stündigem Stehen in Eiswasser filtrirt, mit kaltem Wasser gewaschen und im Vacuum über Phosphorpentoxyd getrocknet wurde. Die Ausbeute war 1,2 g.

Das bei 100° im Vacuum 4 Stunden bis zum constanten Gewicht getrocknete Präparat enthielt nach der Analyse ebenfalls 1 Mol. Wasser.

I. 0,1787 g Sbst.: 0,2823 g CO_2, 0,0985 g H_2O. — 0,1886 g Sbst.: 34,2 ccm N (19°, 752 mm). — II. 0,1513 g Sbst.: 0,2387 g CO_2, 0,0865 g H_2O. — 0,1890 g Sbst.: 28,25 ccm $^1/_{10}$-H_2SO_4 (nach Kjeldahl).

$C_{24}H_{40}O_{11}N_{10}$ (644,7).   Ber. C 44,67, H 6,25, N 21,78.
$C_{24}H_{40}O_{11}N_{10}$ + 1 H_2O.   „   „ 43,46, „ 6,39, „ 21,10.
        I. Gef. „ 43,09, „ 6,16, „ 20,70.
        II. „   „ 43,02, „ 6,39, „ 20,99.

Leider bietet die Bestimmung des Wassers auch hier erhebliche Schwierigkeiten. Beim Trocknen im Vacuum bei 135° tritt allerdings langsam ein Gewichtsverlust ein, aber er betrug nach $2^1/_2$ Stunden erst 1 pCt., während für 1 Mol. Wasser 2,7 pCt. berechnet sind.

Die getrocknete Substanz ist ziemlich stark hygroskopisch; sie hat keinen Schmelzpunkt; im Capillarrohr färbt sie sich von 255° (corr.) an gelb, später braun und wird gegen 290° (corr.) ganz schwarz.

Gegen Salzsäure verhält sie sich ähnlich wie das Octapeptid; sie ist nämlich in der verdünnten Säure in der Kälte recht schwer löslich, und aus der warmem Lösung fällt beim Erkalten ein chlorhaltiges Product aus, das offenbar salzsaures Salz ist. In kalter rauchender Salzsäure (spec. Gew. 1,19) ist sie leicht löslich, bei Zusatz von Wasser fällt aber auch ein chlorhaltiges Product als körniges, weisses Pulver aus, das makroskopisch krystallisirt aussieht, während man bei mikroskopischer Betrachtung keine deutlichen Krystalle erkennen kann. Die alkalische Lösung des Decapeptids giebt stark die Biuretprobe. Von Ammoniak wird das Peptid wenig gelöst.

Die Eigenschaften des Decapeptids sind nicht derart, dass sie eine Garantie für seine Einheitlichkeit bieten, ebenso wenig kann man das von dem Resultat der Analyse erwarten, weil die Differenzen in der Zusammensetzung bei diesen hochmolekularen Stoffen gering sind. Bei der Bildung der Peptide aus den entsprechenden Halogenkörpern bildet sich in der Regel als Nebenproduct in kleiner Menge eine ungesättigte Verbindung, die im vorliegenden Falle ein Isohexenoyl-octaglycyl-glycin sein würde. In der That zeigt das Präparat in Natriumcarbonat gelöst in der Kälte eine schwache Reduction des Permanganats, was die einfacheren Polypeptide im reinen Zustand nicht thun. Ich schliesse daraus, daß dem Decapeptid eine kleine Menge ungesättigter Substanz beigemengt war; daß diese aber nicht gross sein kann, beweist das Resultat der Hydrolyse, wobei reichliche Mengen von L e u c i n erhalten wurden.

Hydrolyse des Decapeptids.

0,75 g einmal umgelöstes Decapeptid wurden mit 5 g Salzsäure (spec. Gew. 1,19) 8 Stunden bei 100° erhitzt. Die anfangs nur ganz schwach gefärbte Lösung war zum Schluss dunkelbraun und schied beim Eindampfen auf dem Wasserbade eine dunkle, amorphe Masse, allerdings in sehr geringer Menge, ab. Die Erscheinung erinnert an die Bildung der dunklen, amorphen Producte, die stets bei der Hydrolyse der natürlichen Proteïne durch Mineralsäuren erhalten werden. Ich vermuthe, dass im vorliegenden Falle die ungesättigte Verbindung das Material ist, aus der diese schwarze Masse entsteht. Der braun gefärbte Rückstand, der die Hydrochlorate der Aminosäuren enthielt, wurde mit 5 ccm kaltem Wasser ausgelaugt und der geringe dunkle Rückstand abfiltrirt, dann die Flüssigkeit noch mit Wasser stärker verdünnt, durch Kochen mit Thierkohle entfärbt und das klare Filtrat auf dem Wasserbade verdampft. Der Rückstand bestand grösstentheils aus s a l z s a u r e m G l y k o c o l l. Um dieses zu entfernen, habe ich ihn mit 10 ccm absolutem Alkohol übergossen und in der üblichen Weise verestert. Nachdem das Esterchlorhydrat krystallisirt war, wurde die Mutter-

lauge verdampft und der Rückstand nochmals verestert. Die Gesammtausbeute an Esterchlorhydrat war nahezu theoretisch. In der Mutterlauge blieb salzsaurer Leucinester, der nach dem Abdampfen des
Alkohols durch Erhitzen mit verdünnter Salzsäure verseift wurde. Nach
dem Verdampfen der Lösung wurde das Leucin in der üblichen Weise
durch Ammoniak und abermaliges Verdampfen abgeschieden. Seine
Menge betrug 0,091 g, was 60 pCt. der Theorie entspricht. Die Mutterlauge, die noch etwas Leucin enthielt, wurde nicht weiter verarbeitet.
Das Präparat zeigte nach dem Umkrystallisiren aus Wasser unter Zusatz von etwas Thierkohle nicht allein den Schmelzpunkt, sondern auch
die anderen äusseren Eigenschaften des racemischen Leucins.

α - Bromisocapronyl-decaglycyl-glycin,
$C_4H_9 \cdot CHBr \cdot CO \cdot (NHCH_2CO)_{10} \cdot NHCH_2COOH.$

Die Kuppelung von Pentaglycyl-glycin mit α-Bromisocapronyl-
tetraglycyl-glycylchlorid geschah ebenso wie in dem vorhergehenden
Beispiele, aber unter Anwendung von äquimolekularen Mengen.

In einer Stöpselflasche von 250 ccm werden 1,5 g Pentaglycyl-glycin
mit 10 ccm Wasser und 4,2 ccm *n*-Natronlauge gelöst, dann Glasperlen
zugegeben, in einer Kältemischung gekühlt und nun in 5 Portionen im
Laufe von 1$^1/_2$ Stunden 2,2 g α-Bromisocapronyl-tetraglycyl-glycyl-
chlorid unter kräftigem Schütteln und fortdauernder Kühlung zugegeben.
Die Flüssigkeit schäumt sehr stark. Nachdem $^2/_3$ des Chlorids eingetragen sind, werden noch 10 ccm Wasser und 4 ccm *n*-Natronlauge zugefügt und zum Schluß die Mischung 1 Stunde auf der Maschine ohne
Kühlung geschüttelt. Dann ist, soweit man in der stark schäumenden
Flüssigkeit es erkennen kann, alles Chlorid in Lösung gegangen. Die
Flüssigkeit wird jetzt wieder abgekühlt, mit 7 ccm *n*-Salzsäure übersättigt, und der hierdurch entstehende dicke Niederschlag nach $^1/_2$-stün-
digem Stehen in Eiswasser abgesaugt, mit kaltem Wasser gewaschen,
schliesslich zwischen Papier gepreßt und im Vacuum getrocknet. Die
Ausbeute betrug 3,5 g, was ungefähr der Theorie entspricht. Das Product ist aber keineswegs einheitlich, sondern enthält neben dem α-Brom-
isocapronyl-decaglycyl-glycin noch beträchtliche Mengen α-Bromiso-
capronyl-tetraglycyl-glycin, das bei der Reaction regenerirt wird und
wegen seiner geringen Löslichkeit in Wasser ebenfalls ausfällt. Behufs
Entfernung des letzteren ist es nöthig, das Rohprodukt verschiedene
Male aus sehr verdünnter alkalischer Lösung durch Säure zu fällen.
Zu dem Zwecke werden die 3,5 g Rohproduct mit 250 ccm Wasser,
dem einige Tropfen Alkohol zugesetzt sind, und 8 ccm *n*-Natronlauge
(2 Mol.) bei 50—60° rasch gelöst, ebenfalls möglichst rasch auf der

Nutsche filtrirt und dann noch warm mit 9 ccm *n*-Salzsäure wieder ausgefällt. Dass die alkalische Lösung nicht längere Zeit bei höherer Temperatur gehalten werden darf, ist bei der Empfindlichkeit dieser Bromkörper selbstverständlich. Man kühlt die saure Flüssigkeit rasch auf gewöhnliche Temperatur ab, filtrirt den Niederschlag und wäscht mit kaltem Wasser. Die im Vacuum getrocknete Masse betrug jetzt 3,2 g. Zur Gewinnung eines reinen Productes musste die gleiche Operation mit denselben absoluten Mengen von Wasser, Natronlauge und Salzsäure noch zwei Mal wiederholt werden, wobei die Ausbeute an Bromisocapronyl-decaglycyl-glycin auf 2,2 g oder 60 pCt. der Theorie zurückging.

Für die Analyse wurde dieses Präparat 4 Stunden im Vacuum bei 80° bis zur Gewichtsconstanz getrocknet.

0,1750 g Sbst.: 0,2608 g CO_2, 0,0886 g H_2O. — 0,2733 g Sbst.: 35,5 ccm $^1/_{10}$-H_2SO_4 (nach Kjeldahl). — 0,2697 g Sbst.: 0,0633 g AgBr.

$C_{28}H_{44}O_{13}N_{11}Br$ (822,7). Ber. C 40,84, H 5,39, N 18,77, Br 9,72.
Gef. ,, 40,64, ,, 5,66, ,, 18,23, ,, 9,99.

Im Capillarrohr rasch erhitzt, beginnt die Substanz gegen 230° (corr.) gelb zu werden, färbt sich bei höherer Temperatur braun und schliesslich gegen 293° (corr.) fast schwarz, ohne deutlichen Schmelzpunkt zu zeigen. In Alkohol ist sie, ebenso wie in Wasser, äusserst schwer löslich. Die alkalische Lösung giebt stark die Biuretprobe.

Leucyl-decaglycyl-glycin,
$$C_4H_9 \cdot CH(NH_2) \cdot CO \cdot (NH\,CH_2\,CO)_{10} \cdot NH\,CH_2\,COOH.$$

2 g α-Bromisocapronyl-decaglycyl-glycin wurden in ca. 30 ccm flüssiges Ammoniak, das sich in einem Einschmelzrohr befand, langsam bei niederer Temperatur in kleinen Portionen innerhalb einiger Minuten eingetragen, dann das Rohr verschlossen und 8 Tage bei 25° geschüttelt, da die Abspaltung des Halogens hier recht langsam erfolgt. Lösung fand während der Operation nicht statt. Nach dem Verdunsten des Ammoniaks war der Rückstand eine amorphe, schwach gelb gefärbte Masse, die zur Entfernung des Bromammoniums mit 100 ccm Alkohol sorgfältig ausgekocht, filtrirt und zuerst mit Alkohol, dann mit Aether gewaschen wurde. Die Ausbeute betrug 85 pCt. der Theorie. Das Präparat war frei von Brom.

Es wurde direct für die Stickstoffbestimmung verwendet, nachdem es 2 Stunden im Vacuum bei 80° bis zum constanten Gewicht getrocknet war.

0,2120 g Sbst.: 33,05 ccm $^1/_{10}$-H_2SO_4.

$C_{28}H_{46}O_{13}N_{12}$ (758,8). Ber. N 22,2.
$C_{28}H_{46}O_{13}N_{12}$ + 1 H_2O. ,, ,, 21,7. Gef. N 21,9.

Das Umlösen macht hier ziemlich grosse Schwierigkeiten; in Wasser ist das Präparat sehr schwer löslich, und die alkalische Lösung schäumt so stark, dass man sie kaum filtriren kann. Es wurden deshalb 0,3 g fein gepulverte Substanz mit 25 ccm Wasser von 70—80° übergossen und gerade so viel wässriges Ammoniak hinzugefügt, bis beim starken Schütteln Lösung eintrat; dann wurde kurz aufgekocht, rasch auf 50° abgekühlt und mit Essigsäure übersättigt. Dabei fiel das Peptid als gallertartiger Niederschlag aus, der auch nach dem Aufkochen der Flüssigkeit so voluminös blieb, dass er sich nicht centrifugiren liess und recht schwer zu filtriren war.

Nach dem Waschen mit Alkohol und Aether betrug sein Gewicht 0,25 g. Er wurde für die Analyse ebenfalls bei 80° im Vacuum getrocknet. Die Zahlen stimmen ebenfalls am besten auf Dodekapeptid mit 1 Mol. Wasser.

0,1431 g Sbst.: 0,2254 g CO_2, 0,0816 g H_2O.

$C_{28}H_{46}O_{13}N_{12}$ (758,8).   Ber. C 44,28, H 6,12.
$C_{28}H_{46}O_{13}N_{12} + 1\,H_2O$.   ,,   ,, 43,25, ,, 6,23.
                       Gef. ,, 42,96, ,, 6,38.

Im trocknen Zustand ist das Dodecapeptid eine lockere, fast farblose Masse ohne Schmelzpunkt. Die alkalische Lösung giebt sehr stark die Biuretprobe. Gegen Salzsäure verhält es sich ebenso wie das Decapeptid, d. h. es löst sich leicht in kalter rauchender Salzsäure, und beim Verdünnen mit Wasser fällt ein chlorhaltiges Product, offenbar das Hydrochlorat, aus.

Versetzt man die Lösung des Dodecapeptids in warmem, sehr verdünntem Ammoniak mit einer gesättigten Lösung von Ammoniumsulfat, so entsteht sofort ein starker Niederschlag, der sich erst in überschüssigem Ammoniak beim starken Verdünnen mit Wasser wieder auflöst.

In diesen Eigenschaften zeigt mithin das Dodecapeptid schon eine auffallende Aehnlichkeit mit den natürlichen Proteïnen.

Optisch-actives α-Bromisocapronyl-diglycyl-glycin,
$C_4H_9 \cdot CHBr \cdot CO \cdot (NHCH_2CO)_2 \cdot NH \cdot CH_2 \cdot COOH$.

10 g Diglycyl-glycin (1⅛ Mol.) werden in 55 ccm n-Natronlauge gelöst, in einer Kältemischung abgekühlt und dazu in 5 Portionen 10 g actives α-Bromisocapronylchlorid aus d-Leucin, dessen Bereitung unten beschrieben ist, abwechselnd mit 80 ccm n-Natronlauge unter kräftigem Schütteln und guter Kühlung im Laufe von etwa ½ Stunde eingetragen. Der Geruch des Chlorids verschwindet dabei völlig. Zum Schluss übersättigt man mit 16 ccm 5-fachnorm. Salzsäure. Das hierbei ausfallende

Kuppelungs-Product ist anfangs ölig, erstarrt aber beim Stehen in Eiswasser bald krystallinisch. Es wird nach 2-stündigem Stehen bei 0° filtrirt, mit kaltem Wasser gewaschen, im Vacuum über Phosphorpentoxyd getrocknet und dann zur Entfernung der anhaftenden Bromisocapronsäure mit Petroläther gewaschen. Die Ausbeute betrug 15 g oder
90 pCt. der Theorie, berechnet auf das angewandte Chlorid.

Das Rohproduct enthält zweifellos etwas vom optischen Antipoden,
da schon das angewandte Chlorid in sterischer Beziehung nicht ganz
rein ist. Ob diese Verunreinigung beim Umkrystallisiren völlig entfernt wird, ist schwer zu sagen. Unter diesem Vorbehalt müssen die
nachfolgenden Resultate beurtheilt werden.

Zum Umlösen wurde das Rohproduct mit der 8-fachen Menge fast
kochenden Wassers übergossen, durch Schütteln rasch gelöst und die
Flüssigkeit durch Einstellen in Eiswasser sofort wieder abgekühlt und
zur Krystallisation gebracht. Dabei ging die Ausbeute auf 10,5 g oder
70 pCt. der Theorie zurück. Zur Analyse wurde dieses Product 24 Stunden im Vacuum über Phosphorpentoxyd getrocknet.

0,1977 g Sbst.: 0,2856 g CO_2, 0,0968 g H_2O. — 0,1533 g Sbst.: 0,0790 g AgBr.
$C_{12}H_{20}O_5N_3Br$ (366).   Ber. C 39,32, H 5,50, Br 21,86.
                                 Gef. ,, 39,40, ,, 5,48, ,, 21,93.

Im Capillarrohr rasch erhitzt, beginnt die Substanz bei 163° (corr.)
zu sintern und schmilzt bei 168—169° (corr.) zu einer gelben Flüssigkeit.

In den Löslichkeitsverhältnissen gleicht sie dem früher beschriebenen Racemkörper. Im warmen Wasser ist sie leicht löslich und krystallisirt beim langsamen Abkühlen in kugeligen Aggregaten, die aus
mikroskopisch feinen, verfilzten Nadeln bestehen. Aehnlich krystallisirt
sie aus warmem Alkohol, worin sie noch leichter löslich ist; auch von
Aceton wird sie leicht aufgenommen, dagegen ist sie in Essigester recht
schwer löslich.

Für die optische Bestimmung diente eine Lösung in Wasser und
der berechneten Menge Natronlauge. Die Ablesung muss aber möglichst
rasch nach der Auflösung geschehen, da beim längeren Stehen der
Flüssigkeit eine Veränderung eintritt.

0,3452 g Sbst., gelöst in 2,5 ccm Wasser und 1,1 ccm n-Natron-
lauge. Gewicht der Gesammtlösung 4,0384 g; spec. Gew. 1,0389,
Drehung bei 20° im 1 dcm-Rohr bei Natriumlicht 2,84° nach rechts.
Mithin:

$$[\alpha]_D^{20} = + 31,98° (\pm 0,25°).$$

Die Ablesung geschah 10 Minuten nach der Auflösung. Nach 2-stün-
digem Liegen des Rohres bei 20° war die Drehung schon auf 2,04° zurückgegangen und die Flüssigkeit gelb geworden.

0,3532 g eines anderen Präparates wurden in 2 ccm Wasser und
1,05 ccm *n*-Natronlauge gelöst, Gesammtgewicht der Flüssigkeit:
3,5215 g; spec. Gew. 1,0464; Drehung bei 20° und Natriumlicht im
1 dcm-Rohr 3,32° nach rechts, mithin:

$$[\alpha]_D^{20} = +31{,}63° (\pm 0{,}2°).$$

Die Ablesung geschah hier erst 20 Minuten nach der Auflösung.
Man sieht, dass die beiden Beobachtungen innerhalb der Grenze der
Versuchsfehler fast übereinstimmen.

l - Leucyl-diglycyl-glycin,

$$C_4H_9 \cdot CH(NH_2) \cdot CO \cdot (NH\,CH_2\,CO)_2 \cdot NH\,CH_2COOH.$$

Analog der Darstellung des racemischen Tetrapeptids löst man
3 g des umkrystallisirten activen α-Bromisocapronyl-diglycyl-glycins
in 15 ccm wässrigem Ammoniak von 25 pCt. und läßt 4 Tage bei 25°
stehen. Die Lösung wird dann unter stark vermindertem Druck eingedampft. Wenn sie anfängt stark zu schäumen, fügt man das gleiche
Volumen Alkohol hinzu, worauf sie sich ruhig unter vermindertem Druck
verkochen lässt. Der Rückstand ist zunächst amorph und löst sich vollkommen in heissem absolutem Alkohol. Verdampft man aber jetzt die
alkoholische Flüssigkeit auf dem Wasserbade, so beginnt bald die Krystallisation des Tetrapeptids, das als dicker, farbloser Brei ausfällt. Es
wird heiss filtrirt und die Mutterlauge weiter eingedampft, eventuell
nach erneutem Zusatz von absolutem Alkohol. Die Ausbeute an bromfreiem Tetrapeptid betrug 1,5 g oder 60 pCt. der Theorie.

Zur völligen Reinigung wird es in der 5-fachen Menge warmen
Wassers gelöst, mit wenig Thierkohle aufgekocht und das warme Filtrat mit dem 3—4-fachen Volumen heissem Alkohol versetzt. Beim
raschen Abkühlen fällt das Tetrapeptid in mikroskopisch feinen Nädelchen aus, während es beim langsamen Erkalten ziemlich grosse, vielfach
sternförmig angeordnete, glänzende Krystalle bildet, die meist einen
prismatischen Typus haben. Der Verlust beim Umkrystallisiren ist
nicht gross, er beträgt etwa 20 pCt., und diesen Theil gewinnt man durch
Verdampfen der alkoholisch-wässrigen Mutterlauge grösstentheils zurück.
Zur Analyse war das Präparat bei 100° getrocknet, wobei eine Gewichtsabnahme von einigen Procenten stattfand.

0,1899 g Sbst.: 0,3314 g CO_2, 0,1266 g H_2O. — 0,1845 g Sbst.: 29,8 ccm N
(19°, 760 mm).

$C_{12}H_{22}O_5N_4$ (302).   Ber. C 47,63, H 7,32, N 18,6.
Gef. ,, 47,60, ,, 7,46, ,, 18,6.

Die Substanz hat keinen scharfen Schmelzpunkt. Im Capillarrohr
rasch erhitzt, färbt sie sich gegen 220° (corr.) gelb und schmilzt gegen

22*

230—232° (corr.) unter partieller Zersetzung zu einer rothbraunen Flüssigkeit. In Wasser ist sie schon in der Kälte leicht löslich, in absolutem Alkohol dagegen so gut wie unlöslich. Sie schmeckt ganz schwach bitter. Die alkalische Lösung giebt schöne Biuretfärbung. Die wässrige Lösung dreht stark nach rechts.

Eine Lösung vom Gesammtgewicht 3,7578 g und dem spec. Gewicht 1,026, welche 0,3586 g Substanz enthielt, drehte bei 20° im 1 dcm-Rohr Natriumlicht 4,49° nach rechts, mithin:

$$[\alpha]_D^{20} = + 45,85° (\pm 0,2°).$$

Nachdem dieselbe Substanz nochmals aus Wasser mit Alkohol gefällt war, drehte eine Lösung vom Gesammtgewicht 7,0453 g und spec. Gewicht 1,0249, welche 0,6508 g Peptid enthielt, bei 20° im 2 dcm-Rohr 8,54° nach rechts, mithin:

$$[\alpha]_D^{20} = 45,10° (\pm 0,1°).$$

Die Abnahme der Drehung ist zwar gering, aber sie deutet doch darauf hin, daß die Substanz etwas Racemkörper enthielt, der sich beim Umlösen anhäuft. Wie gross seine Menge ist, lässt sich nach den vorliegenden Beobachtungen nicht beurtheilen.

d-α-Bromisocapronyl-glycin,
$C_4H_9 \cdot CHBr \cdot CO \cdot NH\,CH_2\,CO\,OH.$

Für seine Bereitung dient ebenfalls das Chlorid der d-α-Bromisocapronsäure (aus d-Leucin). Um dieses werthvolle Material möglichst auszunutzen, ist es zweckmäßig, das Glykocoll im Ueberschuß anzuwenden. Dem entspricht folgende Vorschrift:

Zu 4,8 g Glykocoll (1,5 Mol.), die in 64 ccm n-Natronlauge (1,5 Mol.) gelöst sind, werden unter Kühlung mit einer Kältemischung und fortwährendem Schütteln abwechselnd und allmählich im Laufe von etwa $^3/_4$ Stunden 9,1 g (1 Mol.) d-α-Bromisocapronylchlorid und 52 ccm n-Natronlauge (1,2 Mol.) zugegeben. Nachdem der Geruch des Chlorids ganz verschwunden ist, wird die klare Lösung mit 15 ccm 5-fachnorm. Salzsäure übersättigt und das ausgeschiedene Oel wiederholt ausgeäthert. Einen kleinen Theil des Bromkörpers kann man noch aus der Mutterlauge gewinnen, indem man sie unter sehr geringem Druck eindampft und nochmals ausäthert. Die vereinigten ätherischen Auszüge werden stark concentrirt und mit Petroläther versetzt. Dabei fällt das Kuppelungsproduct zuerst ölig aus, krystallisirt aber beim längeren Stehen und starker Abkühlung vollständig. Die Ausbeute betrug nach dem Waschen mit Petroläther und Trocknen im Vacuum-Exsiccator 9,3 g oder 87 pCt. der Theorie, berechnet auf das angewandte Chlorid. Zur Reinigung wird das Product in die 12-fache Menge kochendes Wasser eingetragen, wobei es sich klar löst. Beim Abkühlen fällt es zuerst wieder ölig aus, krystallisirt aber beim Impfen ziemlich rasch und bildet dann in der Regel 4-seitige Blättchen, bei denen meist eine Ecke abgeschnitten ist. Zur Analyse wurde im Vacuum über Phosphorpentoxyd getrocknet.

0,1676 g Sbst.: 0,2327 g CO_2, 0,0835 g H_2O. — 0,1860 g Sbst.: 9 ccm N (12°, 755 mm). — 0,2003 g Sbst.: 0,1500 g AgBr.

$C_8H_{14}O_3NBr$ (252).   Ber. C 38,10, H 5,56, N 5,56, Br 31,75.

Gef. „ 37,87, „ 5,54, „ 5,71, „ 31,87.

Im Capillarrohr wird die Substanz gegen 82° weich und schmilzt bei 84—85° (corr. 85—86°); in Alkohol ist sie leicht löslich und krystallisirt daraus beim Verdunsten in grossen, meist sternförmig gruppierten Spiessen. Auch in Aceton, Essigester und Aether löst sie sich leicht. Die Löslichkeit nimmt aber dann successive ab für Chloroform, Benzol und Petroläther. Für die optische Untersuchung diente eine alkoholische Lösung.

0,3602 g Sbst., gelöst in absolutem Alkohol. Gesammtgewicht der Lösung 3,9113 g. $d^{20} = 0,8260$. Drehung im 1 dcm-Rohr bei 20° und Natriumlicht 4,70° nach rechts. Mithin

$$[\alpha]_D^{20} = + 61,8° (\mp 0,2°).$$

Nach nochmaligem Umkrystallisiren wurde folgendes Resultat erhalten:

0,6005 g Sbst., gelöst in absolutem Alkohol. Gesammtgewicht der Lösung 6,5458 g. $d^{20} = 0,8261$. Drehung im 1 dcm-Rohr bei 20° und Natriumlicht 4,70° ($\pm$ 0,02°) nach rechts. Mithin

$$[\alpha]_D^{20} = + 62,0° (\pm 0,2°).$$

l - Leucyl-glycin,

$C_4H_9 \cdot CH(NH_2) \cdot CO \cdot NHCH_2COOH.$

Die Amidirung des Bromkörpers gelingt am besten mit wässrigem Ammoniak. 10 g wurden in 50 ccm Ammoniak von 25 pCt. gelöst und 6 Tage bei 25° aufbewahrt. Die Abspaltung des Broms war dann beendet. Die Lösung wurde nun unter geringem Druck verdampft, der Rückstand mit Alkohol aufgenommen, verdampft und dieses Abdampfen mit Alkohol auf dem Wasserbade noch mehrmals wiederholt. Dadurch gelingt es häufig, aber nicht immer, einen Theil des Leucyl-glycins in die krystallinische, in Alkohol unlösliche Form überzuführen.

Ein erheblicher Rest bleibt aber mit dem Bromammonium im Alkohol gelöst. Um ihn zu gewinnen, verdampft man den Alkohol, fügt einen Ueberschuß von Barythydrat hinzu, verjagt das Ammoniak unter sehr geringem Druck, fällt dann mit Silbersulfat das Brom und schliesslich in der üblichen Weise quantitativ das Silber und die Schwefelsäure bezw. den Baryt. In der letzten Mutterlauge bleibt das Dipeptid neben anderen Producten und lässt sich nach dem Verdampfen durch Behandlung mit Alkohol isoliren.

Diese Entfernung des Bromammoniums wird von vornherein angewandt, wenn es nicht gelingt, aus dem Rohproduct durch Behandlung mit Alkohol krystallisirtes Leucyl-glycin zu isoliren. Die Ausbeute an Dipeptid schwankte zwischen 50 und 62 pCt. der Theorie. Sie ist also erheblich schlechter als beim Racemkörper. Das hängt wohl mit der Schwierigkeit zusammen, das Dipeptid aus dem ursprünglichen, in Alkohol leicht löslichen und nicht krystallisirenden Zustand in die schwer lösliche Form umzuwandeln.

Zur völligen Reinigung wurde das Dipeptid in ungefähr der 5-fachen Menge Wasser gelöst und durch Alkohol wieder gefällt. Es krystallisirt unter diesen Bedingungen in feinen Nädelchen.

Für die Analyse wurde es 2 Stunden bei 100° bis zur Gewichtsconstanz getrocknet.

0,1798 g Sbst.: 0,3380 g CO_2, 0,1397 g H_2O. — 0,1679 g Sbst.: 21,6 ccm N (19°, 761 mm).

$$C_8H_{16}O_3N_2 \ (188). \quad \text{Ber. C } 51,06, \text{ H } 8,51, \text{ N } 14,89.$$
$$\text{Gef. ,, } 51,27, \text{ ,, } 8,69, \text{ ,, } 14,86.$$

Es hat keinen constanten Schmelzpunkt. Beim raschen Erhitzen sintert es gegen 235°, färbt sich gleichzeitig schwach gelb und schmilzt gegen 242° (corr. 248°), wobei es jedenfalls zum Theil in Anhydrid übergeht.

Von dem racemischen Leucyl-glycin unterscheidet es sich durch die viel grössere Löslichkeit in Wasser. Es schmeckt schwach bitter. Es bildet ein in Wasser ziemlich leicht lösliches, tiefblaues Kupfersalz, das beim Verdunsten der wässrigen Lösung krystallisirt. Für die optische Bestimmung diente die wässrige Lösung. Die drei untersuchten Proben entsprechen verschiedenen Krystallisationen.

0,3208 g Sbst., gelöst in Wasser. Gesammtgewicht der Lösung 3,6012 g. $d^{20} = 1,0209$. Drehung im 1dcm-Rohr bei 20° und Natriumlicht 7,41° ($\pm 0,02°$) nach rechts. Mithin

$$[\alpha]_D^{20} = + 81,5° (\pm 0,2°).$$

0,3160 g Sbst., gelöst in Wasser. Gesammtgewicht der Lösung 3,6647 g. $d^{20} = 1,0136$. Drehung im 1 dcm-Rohr bei 20° und Natriumlicht 7,45° ($\pm 0,02°$) nach rechts. Mithin

$$[\alpha]_D^{20} = + 85,24° (\pm 0,2°).$$

0,3103 g Sbst., gelöst in Wasser. Gesammtgewicht der Lösung 3,6182 g. $d^{20} = 1,017$. Drehung im 1dcm-Rohr bei 20° und Natriumlicht 7,50° ($\pm 0,02°$) nach rechts. Mithin

$$[\alpha]_D^{20} = + 85,99° (\pm 0,02°).$$

Wie man sieht, schwanken die Werthe nicht unerheblich, und es ist möglich, dass dem activen Dipeptid eine kleine und wechselnde Menge Racemkörper beigemengt ist; denn die ursprünglich angewandte Bromisocapronsäure war optisch nicht ganz rein, und zudem ist auch bei der Synthese, und zwar sowohl bei der Kuppelung, wie bei der Amidirung, Gelegenheit zu einer partiellen Racemisirung gegeben. Diese Bemerkung gilt ganz allgemein; ich werde sie deshalb später nicht mehr wiederholen und mich damit begnügen, die Resultate der optischen Untersuchung anzugeben. Um in jedem einzelnen Falle die Krystallisation aus verschiedenen Lösungsmitteln soweit fortzusetzen, bis das optische Drehungsvermögen sich nicht mehr ändert, würde mehr Material nöthig sein, als mir in den meisten Fällen zur Verfügung stand.

$$l\text{-Leucyl-glycinanhydrid,} \quad \begin{matrix} C_4H_9 \cdot CH \cdot NH \cdot CO \\ | \qquad\qquad | \\ CO \cdot NH \cdot CH_2 \end{matrix} \cdot$$

Soll Racemisirung vermieden werden, so darf die Verwandlung der Dipeptide in Anhydrid nicht durch Schmelzung, sondern nur mit Hülfe des Esters bewerkstelligt werden.

Im vorliegenden Falle suspendirt man 1 g Dipeptid in 10 ccm trocknem Methylalkohol, sättigt unter mässiger Kühlung mit gasförmiger Salzsäure, verdampft dann den Alkohol unter vermindertem Druck, wiederholt die Veresterung in der gleichen Weise und verdampft wieder bei 15—20 mm Druck. Der syrupartige Rückstand enthält den salzsauren Methylester des Dipeptids. Man löst ihn in wenig Methylalkohol und giesst die Flüssigkeit allmählich in 10 ccm absoluten und bei 0° mit Ammoniak gesättigten Methylalkohol, wobei die erst auftretende Trübung zum Schluss wieder verschwindet. In dieser Flüssigkeit beginnt nach 1—2 Stunden die Abscheidung einer durchsichtigen, gallertartigen Masse, welche nach 24 Stunden die ganze Flüssigkeit erfüllt.

Man filtrirt, soweit es möglich ist, auf der Pumpe und verdampft die Mutterlauge auf dem Wasserbade, wodurch noch eine kleinere Menge desselben Products gewonnen wird. Die amorphe Masse ist das Anhydrid, dessen Reinigung einige Schwierigkeiten macht. Es wurde zuerst mit eiskaltem Wasser durch Verreiben ausgelaugt, um den grössten Theil des Chlorammoniums zu entfernen, dann in 15 ccm heißem Wasser gelöst und die filtrirte Flüssigkeit bei gewöhnlicher Temperatur stehen gelassen. Nach mehreren Stunden hatte sich das Anhydrid theilweise wieder als sehr lockere Masse ausgeschieden, in der man unter dem Mikroskop äußerst feine, verfilzte Nadeln erkennen konnte. Sie wurde filtrirt, mit eiskaltem Wasser gewaschen und dann nochmals, um die letzten Reste Chlorammonium zu entfernen, in der

gleichen Art aus 4,5 ccm Wasser umgelöst. Die Ausbeute an vollständig krystallisirtem und chlorfreiem Anhydrid betrug dann allerdings
nur 0,32 g. Aus der Mutterlauge ließ sich eine erheblich größere Menge,
wenn auch in weniger reinem Zustand, isoliren. Zur Analyse wurde
das vollkommen krystallisirte Präparat bei 100° getrocknet.

0,1193 g Sbst.: 0,2468 g CO_2, 0,0896 g H_2O. — 0,1296 g Sbst.: 18,8 ccm N
(19°, 748 mm).

$$C_8H_{14}O_2N_2 \ (170). \quad \text{Ber. C } 56,47, \text{ H } 8,27, \text{ N } 16,47.$$
$$\text{Gef. ,, } 56,42, \text{ ,, } 8,40, \text{ ,, } 16,47.$$

Im Capillarrohre erhitzt, beginnt das Anhydrid gegen 245° zu sintern und sich schwach zu färben und schmilzt vollständig bei 248—249°
(corr. 255—255°). Die wässrige Lösung schmeckt stark bitter, reagirt
neutral und löst beim kurzen Kochen kein Kupferoxyd. Von dem Racemkörper unterscheidet es sich durch den höheren Schmelzpunkt, die
viel grössere Löslichkeit in Wasser und die viel geringere Neigung zur
Krystallisation.

Für die optische Untersuchung diente eine wässrige Lösung, obschon diese nur 2-procentig angewandt werden konnte. Viel leichter
löslich ist die Substanz in Eisessig, aber eine solche 10-procentige
Lösung zeigte die sehr geringe Drehung von 0,05° nach rechts.

0,0961 g Sbst., gelöst in Wasser. Gesammtgewicht der Lösung
5,2878 g. $d^{20} = 1,0019$. Drehung im 1 dcm-Rohr bei 20° und Natriumlicht 0,60° ($\pm$ 0,02°) nach rechts. Mithin

$$[\alpha]_D^{20} = + 32,95° (\pm 1,0°).$$

0,1122 g Sbst., gelöst in Wasser. Gesammtgewicht der Lösung
6,6391 g. $d^{20} = 1,0002$. Drehung im 2 dcm-Rohr bei 20° und Natriumlicht 1,07° ($\pm$ 0,02°) nach rechts. Mithin

$$[\alpha]_D^{20} = + 31,66° (\pm 0,5°).$$

Wie schon erwähnt, hat sich das Anhydrid als identisch erwiesen
mit einem Körper, welcher aus den hydrolytischen Zersetzungsproduc-
ten des Elastins[1]) gewonnen wurde. Ein kleiner Unterschied zeigte sich
nur in der specifischen Drehung, die bei dem synthetischen Präparat
etwas grösser war (31,7° gegen 29,2°). Das hängt wahrscheinlich zusammen mit dem kleinen Gehalt an Racemkörper, dessen Entstehung bei
der Hydrolyse des Elastins leicht erklärlich ist.

Racemisierung des *l*-Leucyl-glycins bezw. seines Anhydrids.

Da die racemischen Formen der Polypeptide vielfach besser krystallisiren als die optisch-activen, so wäre es für die Untersuchung

---

[1]) Fischer und Abderhalden, Berichte d. D. Chem. Gesellsch. **39**, 2318
[1096]. (*S 714.*)

der Spaltproducte der Proteïne sehr vortheilhaft, eine bequeme Methode zur Racemisirung der activen Polypeptide zu besitzen. Es ist mir bisher nur gelungen, eine solche für die Dipeptide aufzufinden. Sie besteht im Erhitzen mit Chinolin, wobei die Dipeptide gleichzeitig in Anhydride übergehen. Ich will vorläufig das Verfahren nur für das *l*-Leucyl-glycin beschreiben.

Erhitzt man das Dipeptid mit der zehnfachen Menge Chinolin auf etwa 200°, so löst es sich bald, aber die Racemisirung geht hier sehr unvollständig von statten. Hält man dagegen die Flüssigkeit 1—2 Stunden im Sieden, so färbt sie sich wenig, zumal wenn man die Luft abschliesst. Nach dem Erkalten kann man durch Zusatz von Aether das Leucyl-glycinanhydrid leicht abscheiden. Die Ausbeute beträgt 80 bis 85 pCt. der Theorie, und das Product besteht fast ganz aus dem Racemkörper, wovon man sich schon durch die leichte Krystallisation aus Wasser oder auch durch die optische Untersuchung überzeugen kann. Nach längerem Erhitzen würde auch wohl der letzte Rest des activen Körpers verschwinden.

d - α - Bromisocapronyl - *d* - alanin,

$$(C_4H_9)CHBr \cdot CO \cdot NH \cdot CH(CH_3) \cdot COOH.$$

Die Kuppelung geschah genau so wie in dem vorhergehenden Falle. Es genügt deshalb, die Mengenverhältnisse anzugeben. 2,5 g *d*-Alanin (1,2 Mol.), gelöst in 28 ccm *n*-Natronlauge, 5 g *d*-α-Bromisocapronylchlorid (1 Mol.), 35 ccm *n*-Natronlauge (1,5 Mol.). Beim Ansäuern mit 7,5 ccm 5-fachnorm. Salzsäure fiel ein Oel aus, das mehrfach ausgeäthert und dann aus der ätherischen Lösung durch Petroläther wieder gefällt wurde.

Um es zu krystallisiren, löst man in Chloroform, fügt Petroläther bis zur Trübung zu und läßt unter häufigem Reiben in einer Kältemischung stehen. Ist man einmal im Besitz von Krystallen, so gelingt es auch leicht, das aus Aether gefällte Oel völlig zum Erstarren zu bringen. Die Ausbeute betrug 80 pCt. der Theorie. Zur völligen Reinigung wurde das Product in die 27-fache Menge siedenden Wassers eingetragen, wobei es sich sogleich löste. Beim Abkühlen auf 0° fällt es daraus in feinen, langen Nadeln aus. Den in der Mutterlauge bleibenden erheblichen Theil (ca. 25 pCt.) gewinnt man am besten durch Eindampfen unter sehr geringem Druck.

Für die Analyse wurde im Vacuum über Phosphorpentoxyd getrocknet.

0,1946 g Sbst.: 0,1368 g AgBr. — 0,1577 g Sbst.: 7,2 ccm N (22°, 759 mm).

$C_9H_{16}O_3NBr$ (266).   Ber. Br 30,05, N 5,28.

                 Gef. ,, 29,92, ,, 5,19.

Im Capillarrohr wird die Substanz gegen 96° weich und schmilzt bei 101—103° (corr.). Sie ist in Alkohol, Aceton, Essigester, Chloroform und Aether leicht löslich, viel schwerer in Benzol und sehr wenig in Petroläther.

Für die optische Untersuchung diente eine alkoholische Lösung. 0,3048 g Sbst., gelöst in absolutem Alkohol. Gesammtgewicht der Lösung 3,0986 g. $d^{20} = 0,8283$. Drehung im 1 dcm-Rohr bei 20° und Natriumlicht 1,87° ($\pm 0,02°$) nach rechts. Mithin

$$[\alpha]_D^{20} = + 23,0° (\pm 0,2°).$$

Nach nochmaligem Umkrystallisiren wurde folgendes Resultat erhalten:

0,2968 g Sbst., gelöst in absolutem Alkohol. Gesammtgewicht der Lösung 3,2031 g. $d^{20} = 0,8254$. Drehung im 1 dcm-Rohr bei 20° und Natriumlicht 1,78° ($\pm 0,02$) nach rechts. Mithin

$$[\alpha]_D^{20} = + 23,3° (\pm 0,2°).$$

l - Leucyl - d - alanin,
$$(C_4H_9)CH(NH_2) \cdot CO \cdot NH \cdot CH(CH_3) \cdot COOH.$$

Aehnlich wie bei der Darstellung des Racemkörpers[1]) wurden auch hier durch Amidirung des Bromkörpers ausser dem Dipeptid sein Anhydrid und ferner eine ungesättigte Verbindung, höchstwahrscheinlich ein Derivat der Isohexensäure, erhalten. Dagegen war die Ausbeute in Folge der rationelleren Isolirung der Producte viel besser als dort.

12 g d-α-Bromisocapronyl-d-alanin wurden mit 60 ccm Ammoniak von 25 pCt 5 Tage bei 25° stehen gelassen, dann die Flüssigkeit unter vermindertem Druck verdampft und der Rückstand mehrmals mit Alkohol in einer Schale auf dem Wasserbade eingedampft. Beim Aufnehmen mit kaltem Wasser blieb schliesslich 1 g eines Productes zurück, das identisch mit dem sogleich zu beschreibenden Anhydrid des l-Leucyl-d-alanins war. Um aus der Mutterlauge das Dipeptid isoliren zu können, war es nöthig, das Bromammonium auf dieselbe Weise zu entfernen, wie es bei der Bereitung des l-Leucyl-glycins geschah (s. oben). Beim Eindampfen der wässrigen Lösung blieb jetzt ein amorpher Körper zurück, der wiederholt mit warmem Aether ausgelaugt wurde. Hierbei ging ein öliges Product in den Aether, das in Natriumcarbonatlösung Permanganat stark reducirte und dessen Menge 0,8 g betrug. Gleichzeitig wurde der in Aether unlösliche Theil feinpulvrig. Seine Menge betrug 7,8 g; er bestand grösstentheils aus Dipeptid, das durch Auskochen mit wenig Alkohol von etwas Anhydrid befreit wurde. Zur völligen

---

[1]) Fischer und Warburg, Liebigs Ann. d. Chem. **340**, 160 [1905]. (*Proteine I, S. 492.*)

Reinigung des zurückbleibenden Dipeptids diente Umlösen aus heissem Alkohol. Zu dem Zweck wurden 3 g in 700 ccm kochendem Alkohol aufgelöst und die Flüssigkeit auf ca. 150 ccm concentrirt. Beim längeren Stehen in einer Kältemischung schied sich dann das Peptid in mikroskopischen, schmalen, rechtwinkligen Platten ab, die nach 24 Stunden filtrirt wurden. Die Mutterlauge gab bei weiterer Concentration eine zweite und dritte Krystallisation.

Für die Analyse wurde das Präparat $1^1/_4$ Stunde bei 100° getrocknet.

0,1504 g Sbst.: 0,2940 g CO_2, 0,1223 g H_2O. — 0,1554 g Sbst.: 19,1 ccm N (25°, 761 mm).

$C_9H_{18}O_3N_2$ (202,2).   Ber. C 53,41, H 8,97, N 13,89.
                        Gef. ,, 53,31, ,, 9,10, ,, 13,84.

Das Peptid schmilzt gegen 250° (corr. 257°) zu einer gelben Flüssigkeit, nachdem es kurz vorher weich geworden ist. Es schmeckt bitter. In Wasser ist es sehr leicht, in absolutem Alkohol aber schon recht schwer löslich. Etwas leichter löst es sich in Methylalkohol und scheidet sich daraus beim Verdunsten in federartigen Aggregaten aus. Das Kupfersalz ist in Wasser ziemlich leicht löslich und krystallisirt daraus in sehr schmalen, blauen Prismen. Die Lösung des Dipeptids in n-Natronlauge oder n-Salzsäure dreht schwach nach links, dagegen die wässrige Lösung nach rechts. Für die 10-procentige wässrige Lösung beträgt die specifische Drehung ungefähr $+ 10°$; erheblich stärker ist die Drehung in methylalkoholischer Lösung.

0,3006 g Sbst., gelöst in Methylalkohol. Gesammtgewicht der Lösung 6,2521 g. $d^{20} = 0,8044$. Drehung im 2 dcm-Rohr bei 20° und Natriumlicht 1,82° ($\pm 0,02°$) nach rechts. Mithin

$$[\alpha]_D^{20} = + 23,5° (\pm 0,1°).$$

0,2928 g Sbst., gelöst in Methylalkohol. Gesammtgewicht der Lösung 6,0886 g. $d^{20} = 0,8085$ Drehung im 2 dcm-Rohr bei 20° und Natriumlicht 1,78° ($\pm 0,02°$) nach rechts. Mithin

$$[\alpha]_D^{20} = 22,9° (\pm 0,1°).$$

l - Leucyl - d - alanin - anhydrid, $\begin{array}{c} C_4H_9 \cdot CH \cdot NH \cdot CO \\ | \qquad\qquad\qquad | \\ CO \cdot NH \cdot CH \cdot CH_3. \end{array}$

Dass das Anhydrid als Nebenproduct bei der Darstellung des Dipeptids entsteht, ist oben erwähnt. Sehr langsam bildet sich das Anhydrid auch schon beim Erwärmen des Dipeptids auf 100°. Das ist der Grund, warum dieses für die Analyse nur $1^1/_4$ Stunde getrocknet wurde.

Am glattesten geht die Bildung des Anhydrids vor sich, wenn man den Umweg über den Ester einschlägt. Die Veresterung des Dipeptids durch Methylalkohol und Salzsäure, sowie die Behandlung des Hydrochlorats mit methylalkoholischem Ammoniak geschahen genau so, wie es oben bei dem *l*-Leucylglycin beschrieben wurde.

Das Anhydrid scheidet sich aus der ammoniakalischen Lösung als dicker Krystallbrei ab, der nach 12 Stunden filtrirt wurde. Beim Verdampfen der methylalkoholischen Mutterlauge wurde eine zweite Portion gewonnen. Zur Entfernung des Chlorammoniums wurde das Präparat mit eiskaltem Wasser sorgfältig ausgelaugt und der Rückstand aus der 30-fachen Menge heissem Alkohol umgelöst. Das Anhydrid krystallisirt daraus in langen Nadeln, die für die Analyse bei 100° getrocknet wurden.

0,1461 g Sbst.: 0,3139 g CO_2, 0,1191 g H_2O. — 0,1549 g Sbst.: 20,9 ccm N (23°, 761 mm).

$C_9H_{16}O_2N_2$ (184,2).   Ber. C 58,63, H 8,75, N 15,25.
Gef. „ 58,60, „ 9,12, „ 15,31.

Die Substanz schmilzt bei 251° (corr. 258°). Sie ist in Wasser selbst in der Wärme ziemlich schwer löslich. Auch in kaltem Alkohol, Aceton und Essigester löst sie sich ziemlich schwer, erheblich leichter wird sie von Eisessig aufgenommen. Sie schmeckt bitter. Für die optische Untersuchung diente die Lösung in Eisessig.

0,3753 g Sbst., gelöst in trocknem Eisessig. Gesammtgewicht der Lösung 4,1206 g. $d^{20} = 1,0619$. Drehung im 1 dcm-Rohr bei 20° und Natriumlicht 2,82° ($\pm$ 0,02°) nach links. Mithin

$$[\alpha]_D^{20} = -29,2° (\pm 0,2°).$$

0,3122 g Sbst., gelöst in Eisessig. Gesammtgewicht der Lösung 3,9999 g. $d^{20} = 1,0576$. Drehung im 1 dcm-Rohr bei 20° und Natriumlicht 2,38° ($\pm$ 0,02°) nach links. Mithin

$$[\alpha]_D^{20} = -28,8° (\pm 0,2°).$$

d - α - Bromisocapronyl - *l* - leucin,
$C_4H_9 \cdot CHBr \cdot CO \cdot NH \cdot CH(C_4H_9) \cdot COOH.$

Bei der Kuppelung, die in der üblichen Weise ausgeführt wurde, kamen folgende Mengenverhältnisse zur Anwendung.

10 g *l*-Leucin (1 Mol.), 77 ccm *n*-Natronlauge (1 Mol.), dazu 16,5 g *d*-Bromisocapronylchlorid (1 Mol.) und 115 ccm *n*-Natronlauge (1,5 Mol.). Angesäuert wurde zum Schluss mit 24 ccm 5-fach *n*-Salzsäure und das gefällte Bromproduct mit Aether ausgeschüttelt. Aus der eingeengten ätherischen Lösung fiel bei Zusatz von Petroläther die Substanz sofort krystallinisch aus. Die wässrige Mutterlauge gab nach dem Eindampfen unter stark vermindertem Druck beim Ausäthern eine kleine Menge desselben Körpers. Die Gesammtausbeute betrug ungefähr 80 pCt. der

Theorie. Zur Reinigung wurden 10 g des Rohproducts in ungefähr 130 ccm Aether gelöst und die auf etwa $^1/_5$ ihres Volumens eingedampfte Flüssigkeit in einer Kältemischung abgekühlt; dabei fiel der größere Theil krystallinisch aus.

Für die Analyse war das Präparat im Vacuum-Exsiccator getrocknet.

0,1714 g Sbst.: 0,1057 g AgBr.

$C_{12}H_{22}O_3NBr$ (308,2). Ber. Br 25,95. Gef. Br 26,24.

Für die optische Bestimmung diente die Lösung in Essigester, und von den drei verwendeten Präparaten war das erste nur einmal, das zweite zweimal und das dritte nochmals in der beschriebenen Weise aus Aether krystallisirt.

0,6576 g Sbst. in Essigester. Gesammtgewicht der Lösung 6,5869 g. $d^{20} = 0,9235$. Drehung im 2 dcm-Rohr bei 20° und Natriumlicht 2,95° ($\pm$ 0,02°) nach rechts. Mithin

$$[\alpha]_D^{20} = + 16,0° (\pm 0,1°).$$

0,3871 g Sbst. gelöst in Essigester. Gesammtgewicht der Lösung 3,8666 g. $d^{20} = 0,9229$. Drehung im 1 dcm-Rohr bei 20° und Natriumlicht 1,50° ($\pm$ 0,02°) nach rechts. Mithin

$$[\alpha]_D^{20} = + 16,2° (\pm 0,2°).$$

0,6677 g Sbst. gelöst in Essigester. Gesammtgewicht der Lösung 6,6694 g. $d^{20} = 0,9229$. Drehung im 2 dcm-Rohr bei 20° und Natriumlicht 3,04° ($\pm$ 0,02) nach rechts. Mithin

$$[\alpha]_D^{20} = + 16,45° (\pm 0,1°).$$

Die Verbindung schmilzt bei 149° (corr.), nachdem sie einige Grade vorher gesintert ist. Sie löst sich leicht in Alkohol, Aceton, Chloroform und Aether, schwer in Wasser und Petroläther. Aus der ätherischen Lösung scheidet sie sich beim starken Abkühlen in mikroskopischen Doppelpyramiden ab.

l-Leucyl-l-leucin, $C_4H_9 \cdot CH(NH_2) \cdot CO \cdot NH \cdot CH(C_4H_9) \cdot COOH$.

Eine Lösung von 10 g Bromkörper in 50 ccm Ammoniak von 25 pCt. wird 6 Tage bei 25° aufbewahrt, dann die Flüssigkeit bei geringem Druck verdampft und der Rückstand mit 90 ccm warmem Wasser aufgenommen. Beim Abkühlen auf 0° scheidet sich ein Theil des Dipeptids in feinen Nädelchen ab. Die eingeengte Mutterlauge giebt eine neue Krystallisation, schliesslich wird zur Trockne verdampft und das Bromammonium mit warmem absolutem Alkohol ausgelaugt, wobei wiederum Dipeptid zurückbleibt. Die Gesammtausbeute betrug 65 pCt. der Theorie. Zur Reinigung wird entweder aus wenig warmem Wasser oder aus heissem Alkohol, wovon ungefähr 170 Theile nöthig sind, umgelöst.

Aus Wasser und aus Alkohol wird es in langen, zugespitzten, meist zu Rosetten vereinigten Blättchen gewonnen. Die Krystalle enthalten Wasser, welches sich leider nicht vollständig austreiben läßt, ohne dass ein Theil der Substanz in Anhydrid übergeht. Die Anhydridbildung erfolgt nämlich hier schon bei verhältnissmässig niedriger Temperatur. Ein Präparat, das 5 Stunden im Vacuum bei 100° über Phosphorpentoxyd getrocknet war, enthielt schon 4 pCt. Anhydrid[1]); infolgedessen war es auch nicht möglich, ganz scharfe analytische Zahlen zu erhalten. Ich verzichte darauf, hier die Ergebnisse der vielen Analysen anzuführen, die nach der Art der Trocknung ziemlich stark varriiren und auf einen Wassergehalt von 2 bis $^1/_2$ Mol. hindeuten. Das Peptid schmilzt nach zweimaligem Umkrystallisiren gegen 263° (corr. 270°), wahrscheinlich unter Bildung von Anhydrid.

Für die optische Untersuchung dienten Präparate, die aus Alkohol krystallisirt und im Vacuum bei gewöhnlicher Temperatur über Phosphorpentoxyd getrocknet waren. Um ihren wahren Gehalt an Dipeptid festzustellen, wurde eine Probe davon 2 Stunden über Phosphorpentoxyd bei 100° getrocknet, wobei die Anhydridbildung noch minimal ist, dann analysirt und aus den Werthen der Kohlenstoff-Wasserstoff-Bestimmung der Gehalt an wasserfreiem Dipeptid berechnet. Trotz dieser indirecten Methode sind recht gut übereinstimmende Resultate erzielt worden.

0,3274 g wasserhaltige Sbst. = 0,3137 g Trocken-Sbst. gelöst in n-Natronlauge. Gesammtgewicht der Lösung 3,7144 g. $d^{20} = 1,0455$. Drehung im 1 dcm-Rohr bei 20° und Natriumlicht 1,18° ($\pm$ 0,02°) nach links. Mithin

$$[\alpha]_D^{20} = -13,36° \,(\pm 0,25°)\,.$$

0,1628 g wasserhaltige Sbst. = 0,1512 g Trocken-Sbst. gelöst in n-Natronlauge. Gesammtgewicht der Lösung 3,4877 g. Drehung im 1 dcm-Rohr bei 20° und Natriumlicht 0,61° ($\pm$ 0,02°) nach links. Mithin

$$[\alpha]_D^{20} = -13,43° \,(\pm 0,4°)\,.$$

Die Lösung in reinem Wasser dreht ebenfalls nach rechts, und zwar ist die specifische Drehung ungefähr + 7°. Die Bestimmung ist aber nicht ganz genau. Sehr viel geringer ist die Drehung der salzsauren Lösung.

Das salzsaure Salz des Dipeptids ist in Wasser sehr leicht löslich, krystallisirt aber. In Wasser verhältnissmässig schwer löslich ist

---

[1]) Das früher beschriebene inactive Leucyl-leucin (Berichte d. D. Chem. Gesellsch. **35**, 1104 [1902] (*Proteine I, S. 300*) gab nach dem Trocknen bei 100° zwar ziemlich gut stimmende analytische Zahlen. Ich habe mich aber nachträglich überzeugt, daß es auch schon eine kleine Menge Anhydrid enthielt, welches sehr leicht zu erkennen ist, weil es beim Auflösen in verdünnter Salzsäure zurückbleibt.

das blaue Kupfersalz; es krystallisirt in feinen Nadeln. Zur Charakterisirung des Dipeptids kann die schön krystallisirende Carbäthoxyl-Verbindung dienen.

Carbäthoxyl-l-leucyl-l-leucin,

$C_4H_9 \cdot CH(NH \cdot CO_2C_2H_5) \cdot CO \cdot NH \cdot CH(C_4H_9) \cdot COOH.$

1 g Dipeptid wurde in 4,1 ccm n-Natronlauge (1 Mol.) gelöst, in einer Kältemischung gekühlt und dann unter kräftigem Schütteln 0,5 g Chlorkohlensäureäthylester (1,1 Mol.) allmählich zugesetzt. Als während dieser Operation ein Krystallbrei ausfiel, fügte man noch 0,25 g trocknes Natriumcarbonat hinzu und setzte das Schütteln fort, bis nach einer halben Stunde fast klare Lösung eingetreten war. Bei Zusatz von 5 ccm n-Salzsäure fiel die Carbäthoxyl-Verbindung zunächst als weisse, klebrige Masse aus, die aber beim Abkühlen und Reiben bald krystallinisch erstarrte. Die Ausbeute betrug 1,1 g oder 85 pCt. der Theorie.

Zur Reinigung wurde in Essigester gelöst und mit Petroläther gefällt. Die Substanz schied sich dabei in kleinen schiefwinkligen Plättchen ab, die meist sternförmig vereinigt waren. Nochmals in der gleichen Weise umgelöst, schmolz sie bei 147—148° (corr. 149—150°), nachdem kurz zuvor Sintern stattgefunden hatte. Für die Analyse wurde bei 100° getrocknet.

0,1773 g Sbst.: 0,3710 g CO_2, 0,1423 g H_2O. — 0,1924 g Sbst.: 14,7 ccm N (18°, 759 mm).

$C_{15}H_{28}O_5N_2$ (316,3).　Ber. C 56,91, H 8,92, N 8,88.

Gef. ,, 57,07, ,, 8,98, ,, 8,83.

Die Substanz ist selbst in heissem Wasser ziemlich schwer löslich, dagegen wird sie von Alkohol, Aceton und Essigester leicht aufgenommen. Aus Aether, worin sie ziemlich schwer löslich ist, krystallisirt sie ebenfalls in schiefen Plättchen.

l-Leucin-anhydrid (l-Leucin-imid).

Diese active Form des als Racemkörper seit 57 Jahren bekannten Leucinimids lässt sich sehr leicht aus dem Methylester des activen Dipeptids in der gewöhnlichen Weise gewinnen.

Man suspendirt 1 g l-Leucyl-l-leucin in 10 ccm trocknem Methylalkohol und leitet bei mässiger Kühlung gasförmige Salzsäure bis zur Sättigung ein; dabei findet klare Lösung statt. Um die Veresterung zu vervollständigen, habe ich nach etwa 15 Minuten die Flüssigkeit unter 15—20 mm Druck bei gewöhnlicher Temperatur verdampft, die Veresterung in derselben Weise wiederholt und auf die gleiche Weise verdampft. Der anfangs ölige Rückstand erstarrt nach einiger Zeit krystallinisch. Die Krystalle sind das Hydrochlorat des Dipeptidesters; es löst sich in warmem Benzol und krystallisirt bei Zusatz von Aether in hübschen kleinen Prismen. Zur Umwandlung in das Anhydrid löst man das Salz in wenig Methylalkohol und giesst diese Lösung allmählich in 10 ccm stark abgekühlten Methylalkohol, der bei 0° mit Ammoniak gesättigt ist. Lässt man diese klare Lösung bei gewöhnlicher Temperatur stehen, so beginnt schon nach einer halben Stunde die Krystallisation des Anhydrids, das später die Flüssigkeit als dicker Brei erfüllt. Es wird nach 12 Stunden filtrirt und mit eiskaltem Wasser zur Entfernung des Chlorammoniums gewaschen. Die Ausbeute betrug 0,8 g oder 87 pCt. der Theorie.

Es wird aus der 15-fachen Menge kochendem Alkohol umkrystallisirt und so in langen Nadeln erhalten.

Für die Analyse wurde bei 100° getrocknet.

0,1707 g Sbst.: 0,3988 g CO_2, 0,1520 g H_2O. — 0,1317 g Sbst.: 14,3 ccm N (18°, 765 mm).

$C_{12}H_{22}O_2N_2$ (226,3).   Ber. C 63,71, H 9,73, N 12,39.
                    Gef. ,, 63,72, ,, 9,96, ,, 12,65.

Es schmilzt etwas höher als das bisher allein bekannte inactive Product, nämlich bei 270—271° (corr. 277°).

Aus heissem Wasser, worin es schwer löslich ist, krystallisirt es beim Erkalten in mikroskopischen Nadeln oder dünnen Prismen, die häufig büschelartig verwachsen sind. In derselben Form kommt es aus Methylalkohol, worin es erheblich leichter löslich ist; besonders leicht löslich ist es in Eisessig, sogar in der Kälte; deshalb wurde diese Lösung für die optische Untersuchung verwendet.

0,2938 g Sbst., gelöst in trocknem Eisessig. Gesammtgewicht der Lösung 3,7233 g, $d^{20} = 1,0524$. Drehung im 1 dcm-Rohr bei 20° und Natriumlicht 3,53° ($\pm 0,02°$) nach links. Mithin

$$[\alpha]_D^{20} = -42,5° \, (\pm 0,25°) \, .$$

0,3256 g Sbst., gelöst in Eisessig. Gesammtgewicht der Lösung 4,0241 g, $d^{20} = 1,0523$. Drehung im 1 dcm-Rohr bei 20° und Natriumlicht 3,65° ($\pm 0,02°$) nach links. Mithin

$$[\alpha]_D^{20} = -42,87° \, (\pm 0,25°) \, .$$

Nach 4 Stunden war die Drehung unverändert.

l - Brompropionyl-glycyl-glycin.

Das für die Synthese erforderliche l-Brompropionylchlorid war nach der früheren Vorschrift[1]) bereitet. Die Kuppelung mit dem Glycylglycin verläuft ähnlich wie beim Racemkörper[2]). An Stelle des Glycyl-

[1]) E. Fischer und O. Warburg, Liebigs Ann. d. Chem. **340**, 171. (*Proteine I, S. 500*); Fischer und Raske, Sitzungsber. der Berliner Akademie **1906**, 378.

[2]) Berichte d. D. Chem. Gesellsch. **36**, 2986 [1903]. (*Proteine I, S. 330*.)

glycins verwendet man am bequemsten Glycinanhydrid und verfährt folgendermaassen:

20 g Glycinanhydrid (ungefähr 1,5 Mol.) werden in 88 ccm 2-fachnorm. Natronlauge bei gewöhnlicher Temperatur gelöst, nach 10 Minuten langem Stehen in einer Kältemischung stark gekühlt und nun abwechselnd in 5 Portionen 22 g *l*-Brompropionylchlorid und 70 ccm 2-fachnorm. Natronlauge unter starkem Schütteln im Laufe von etwa $^1/_2$ Stunde eingetragen. Das Chlorid verschwindet sehr rasch. Zum Schluss wird mit 45 ccm 5-fachnorm. Salzsäure übersättigt. Beim längeren Stehen in Eis scheidet sich dann das Kuppelungsproduct zum größten Theil krystallinisch aus. Aus der Mutterlauge gewinnt man nach dem Eindampfen bei 15—20 mm Druck eine zweite Krystallisation. Die Gesammtausbeute an Rohproduct beträgt 30,5 g oder fast 90 g der Theorie, berechnet auf das Chlorid. Einmaliges Umkrystallisiren aus der $2^1/_2$-fachen Menge heissen Wassers, wobei ungefähr 15 pCt. in der Mutterlauge bleiben, genügt zur völligen Reinigung.

Für die Analyse wurde bei 100° getrocknet.

0,2140 g Sbst.: 0,1518 g AgBr.

$C_7H_{11}O_4N_2Br$ (Mol. 267).   Ber. Br 30,0.   Gef. Br 30,2.

Die Substanz schmilzt bei 169° (corr. 172°). Sie krystallisirt aus Wasser in farblosen, häufig zu Drusen verwachsenen Prismen. In Alkohol und Aceton ist sie ziemlich schwer, in Aether noch schwerer löslich.

l - Alanyl-glycyl-glycin,

$NH_2 \cdot CH(CH_3) \cdot CO \cdot NH\,CH_2\,CO \cdot NH\,CH_2\,COOH.$

Eine Lösung von 27 g des Bromkörpers in 135 ccm wässrigem Ammoniak von 25 pCt. blieb 5 Tage bei 25° stehen, wurde dann bei 15 bis 20 mm Druck verdampft, der Rückstand in 100 ccm warmem Wasser gelöst und 1,5 L absoluter Alkohol zugegeben. Beim mehrstündigen Stehen der Flüssigkeit in Eiswasser fielen 15,2 g krystallwasserhaltiges Tripeptid aus, und die Mutterlauge ergab noch 3,5 g, sodass die Gesammtausbeute 80 pCt. der Theorie betrug. Zur Reinigung genügt einmaliges Lösen in der 5-fachen Menge warmem Wasser und Zufügen des 5-fachen Volumens Alkohol.

Beim Abkühlen fällt der allergrösste Theil des Tripeptids in farblosen, manchmal centimeterlangen Nadeln aus, die 1 Mol. Krystallwasser enthalten.

1,1028 g lufttrockne Sbst. verloren bei 100° 0,0880 g H_2O.

$C_7H_{13}O_4N_3 + 1\,H_2O$ (Mol. 221).   Ber. H_2O 8,1.   Gef. H_2O 8,0.

0,1985 g bei 100° getrocknete Sbst.: 0,3027 g CO_2, 0,1163 g H_2O. — 0,1591 g bei 100° getrocknete Sbst.: 28,0 ccm N (18°, 761 mm).

$C_7H_{13}O_4N_3$ (Mol. 203).   Ber. C 41,4, H 6,4, N 20,7.

Gef. „ 41,6, „ 6,6, „ 20,4.

Beim raschen Erhitzen im Capillarrohr beginnt das Tripeptid gegen 205° gelb zu werden und schmilzt gegen 240° (corr. 245°) unter Zersetzung.*) Beim Verdunsten der wässrigen Lösung wird es in großen, durchsichtigen und messbaren Krystallen erhalten, über die ich Hrn. Dr. F. von Wolff folgende Angaben verdanke:

„Krystallsystem:

Monoklin-hemimorph.

Formen: c = oP (001), a = ∞ P$\overline{\infty}$ (100), m = ∞ P (110).

Habitus: gestreckt nach b und taflig nach oP (001).

Auf ∞ P ∞ (010) beträgt die Schiefe der Auslöschung c : v = ca.15°, gelegen im spitzen Winkel β.

Die Ebene der optischen Axen liegt normal zu ∞ P∞ (010). I. Mittellinie = positiv, steht schief auf oP (001) und zeigt horizontale Dispersion, b = a = II. Mittellinie. Der Axenwinkel ist gross.

Mit Wasser erhält man auf oP (001) unsymmetrische Aetzfiguren, die die Hemimorphie nach der b-Axe anzeigen.

Der Krystall zeigt in der Richtung der b-Axe entgegengesetztes pyroelektrisches Verhalten."

In Alkohol ist es sehr schwer löslich. Es giebt keine Biuretfärbung. Der Geschmack ist sehr schwach und nicht charakteristisch. Fügt man zu der ziemlich concentrirten, wässrigen Lösung des Tripeptids vorsichtig eine concentrirte Lösung von Phosphorwolframsäure, so entsteht eine dickölige Fällung, die sich beim Erwärmen leicht löst, in der Kälte wieder herauskommt und bei 0° zähe wird. Wenn genügend Phosphorwolframsäure angewandt ist, so wird der Niederschlag nach einiger Zeit körnig fest. Beim langsamen Abkühlen der warmen Lösung scheidet sich das Phosphorwolframat in sehr dünnen Blättchen ab, die unter dem Mikroskop 4—6-seitig, aber schief ausgebildet erscheinen. In warmem Wasser ist es leicht löslich und krystallisirt beim Abkühlen ziemlich langsam. Es gleicht in der Löslichkeit dem Phosphorwolframat des Glykocolls und Alanins.

Für die optische Untersuchung diente die wässrige Lösung eines mehrfach umkrystallisirten Tripeptids.

Eine Lösung vom Gesammtgewicht 9,4791 g, die 0,9855 g wasserfreies Tripeptid enthielt und deren Dichte d^{20} = 1,039 war, drehte im 2 dcm-Rohr bei 20° Na-Licht 6,26° ($\pm$ 0,02°) nach links. Mithin

$$[\alpha]_D^{20} = -29,0° (\pm 0,1°)$$

Eine Lösung vom Gesammtgewicht 10,2490 g, die 1,0123 g bei 100° getrocknetes Tripeptid enthielt und deren Dichte d^{20} = 1,035 war, drehte im 2 dcm-Rohr bei 20° Na-Licht 6,0° ($\pm$ 0,02°) nach links. Mithin

$$[\alpha]_D^{20} - 29,4° (\pm 0,1°).$$

---
*) *Vergl. S. 502.*

Weiteres Umkrystallisiren des Präparats war ohne Einfluss auf das Drehungsvermögen.

l - Alanyl-glycyl-glycinmethylester.

Die Veresterung wird in der üblichen Weise mit 10 Volumtheilen Methylalkohol und gasförmiger Salzsäure ausgeführt und nach dem Verdampfen der Lösung unter geringem Druck wiederholt. Beim abermaligen Verdampfen unter 15—20 mm Druck bleibt das Hydrochlorat krystallinisch zurück. Es wird in ungefähr der 5-fachen Menge warmem Methylalkohol gelöst und Aether bis zur Trübung zugesetzt; beim Erkalten krystallisirt dann das Hydrochlorat in Nädelchen, die meist zu Büscheln vereinigt sind. Fügt man genug Aether zu, so ist der Verlust beim Umkrystallisiren sehr gering. Für die Analyse wurde das Salz im Vacuum über Natronkalk getrocknet.

0,1912 g Sbst. verbr. 7,5 ccm $^1/_{10}$-n. AgNO$_3$.

C$_8$H$_{15}$O$_4$N$_3 \cdot$ HCl (Mol. 253,5). Ber. Cl 14,0. Gef. Cl 13,9.

Das Hydrochlorat ist in Wasser sehr leicht und dann successive schwerer löslich in Methylalkohol, Aethylalkohol und Aether; beim raschen Erhitzen schmilzt es gegen 175° (corr. 178°) unter Gasentwickelung.

Zur Umwandlung in den freien Ester löst man das salzsaure Salz in der 4—5-fachen Menge warmem Methylalkohol, kühlt in Eiswasser rasch ab und fügt sofort die für das Chlor berechnete Menge von Natrium in methylalkoholischer Lösung hinzu; dann wird die Flüssigkeit bei 15—20 mm Druck verdampft und der Rückstand mit ungefähr der 5-fachen Menge Essigester ausgekocht. Wird die vom Kochsalz filtrirte Flüssigkeit abgekühlt und vorsichtig mit Aether versetzt, so scheidet sich der freie Methylester in farblosen, glänzenden Blättchen ab. Die Ausbeute schwankte zwischen 80 und 90 pCt. der Theorie, berechnet auf das angewandte Hydrochlorat. Zur Analyse wurde im Vacuum über Schwefelsäure getrocknet.

0,1811 g Sbst.: 0,2925 g CO$_2$, 0,1146 g H$_2$O. — 0,2178 g Sbst.: 30,0 ccm $^1/_{10}$-n. H$_2$SO$_4$ (Kjeldahl).

C$_8$H$_{15}$O$_4$N$_3$ (Mol. 217). Ber. C 44,2, H 7,0, N 19,4.

Gef. ,, 44,1, ,, 7,1, ,, 19,3.

Der Ester hat keinen scharfen Schmelzpunkt. Er verflüssigt sich zwischen 90 und 95°, aber die Schmelze trübt sich dann bald, wahrscheinlich infolge der eingetretenen Condensation. Er löst sich leicht in Wasser mit alkalischer Reaction, auch noch leicht in Alkohol, schwerer in kaltem Essigester, noch schwerer in Aether und fast garnicht in Petroläther; er giebt keine deutliche Biuretfärbung.

Verwandlung des Tripeptidesters in Hexapeptidester.

Wird der *l*-Alanyl-glycyl-glycinmethylester auf 100° erwärmt, so trübt sich die anfänglich entstehende klare Schmelze bald und erstarrt im Laufe von 2—3 Stunden vollständig. Hierbei bemerkt man sehr deutlich den Geruch nach Methylalkohol. Der Vorgang entspricht genau der früher beschriebenen Veränderung des Diglycyl-glycinmethylesters[1]). Der größere Theil geht auch hier unter Abspaltung von Methylalkohol in den Ester eines Hexapeptids über. Nebenher bildet sich ein in Wasser schwerer lösliches, amorphes Product, das wahrscheinlich eine complicirtere Zusammensetzung hat, aber bisher nicht genügend untersucht werden konnte. Die Verarbeitung der völlig erstarrten Schmelze geschah auf folgende Weise:

Die Masse wurde erst zerkleinert und dann zur Entfernung von unverändertem Tripeptidester mit der 6—8-fachen Menge absolutem Alkohol ausgekocht, filtrirt und mit Alkohol und Aether gewaschen. Die Ausbeute an diesem Product betrug ungefähr 75 pCt. des angewandten Tripeptidesters. Es wurde mit der 6-fachen Menge lauwarmem Wasser sorgfältig durchgerührt, wobei der grössere Theil in Lösung ging, dann 1 Stunde bei 0° aufbewahrt und abgesaugt. Der Rückstand ist das amorphe, complicirte Product; seine Menge beträgt ungefähr 10 pCt. des ursprünglichen Esters. Die wässrige Lösung enthält den Hexapeptidester, der durch Alkohol und Aether als schwach rosa gefärbtes, aber nicht deutlich krystallisirtes Pulver gefällt wird, das sich bald absetzt und gut zu filtriren ist. Es ist nicht gelungen, ihn zu krystallisiren und völlig zu reinigen. In Folge dessen haben auch die Analysen keine scharfen Resultate gegeben, da der Kohlenstoff immer 0,8—1 pCt. unter der berechneten Menge blieb. Das Product ist in Wasser leicht löslich mit alkalischer Reaction und giebt zum Unterschiede von dem Tripeptidester eine sehr starke Biuretfärbung. In Alkohol ist es recht schwer und in Aether so gut wie unlöslich. Im Capillarrohr beginnt es gegen 175° zu sintern und schmilzt gegen 185° unter Zersetzung. Die Ausbeute an umgelöstem Product betrug ungefähr 45 pCt. des angewandten Tripeptidesters.

l - Alanyl-diglycyl-*l* - alanyl-glycyl-glycin,
$$NH_2 \cdot CH(CH_3)CO \cdot (NHCH_2CO)_2 \cdot NHCH(CH_3)CO \cdot NHCH_2CO \cdot$$
$$NHCH_2COOH.$$

Zur Verseifung des Hexapeptidesters werden 2 g mit 5,4 ccm *n*-Natronlauge geschüttelt, wodurch bald klare Lösung eintritt, dann eine halbe Stunde bei 0° aufbewahrt, mit 0,63 ccm 9-fachnormaler Essigsäure

---

[1]) Berichte d. D. Chem. Gesellsch. **39**, 471 [1906]. (*Proteine I, S. 567.*)

übersättigt und das Hexapeptid durch Zusatz von Alkohol aus der wässrigen Lösung gefällt. Es wird nach einigem Stehen bei 0° abgesaugt, mit Alkohol und Aether gewaschen und im Vacuum getrocknet. Die Ausbeute beträgt ungefähr 1,7 g. Zur Reinigung wird diese Menge in ungefähr 9 ccm Wasser warm gelöst und bis zur Trübung mit Alkohol versetzt. Beim Abkühlen fällt dann das Hexapeptid als weisses, körniges Pulver aus, das aber unter dem Mikroskop keine deutliche Krystallform zeigt. Für die Analyse wurde nochmals in derselben Weise umgelöst und dann das Präparat bei 120° im Vacuum über Phosphorpentoxyd getrocknet, wobei eine ziemlich erhebliche Gewichtsabnahme eintrat.

0,1792 g Sbst.: 0,2867 g CO_2, 0,1033 g H_2O. — 0,2056 g Sbst. verbrauchten 31,88 ccm $^1/_{10}$-n. H_2SO_4 (Kjeldahl).

$C_{14}H_{24}O_7N_6$ (Mol. 388). Ber. C 43,3, H 6,2, N 21,7.
Gef. ,, 43,6, ,, 6,4, ,, 21,8.

Das Hexapeptid hat keinen Schmelzpunkt. Es zersetzt sich unter Aufschäumen gegen 207°. In Wasser ist es noch leicht, in Alkohol aber äusserst schwer löslich. Die Verbindungen mit Salz- und Salpeter-Säure sind ebenfalls in Wasser spielend leicht löslich und bleiben beim Verdunsten als durchsichtige, amorphe Masse zurück. Phosphorwolframsäure erzeugt in der wässrigen Lösung des Peptids nur bei grösserer Concentration einen Niederschlag. Versetzt man aber vorher die Lösung mit Schwefelsäure, so wird das Phosphorwolframat auch bei ziemlich starker Verdünnung als amorphe, harzartige Masse gefällt, die in der Hitze leicht löslich ist.

Für die optische Untersuchung des Hexapeptids diente die wässrige Lösung eines mehrfach umgelösten Präparates.

Eine Lösung vom Gesammtgewicht 4,3913 g, die 0,3212 g Sbst. enthielt und deren Dichte $d^{20} = 1,02$ betrug, drehte bei 21° Natriumlicht im dcm-Rohr 0,96° ($\pm$ 0,02°) nach rechts: Mithin

$$[\alpha]_D^{21} + 12,9° (\pm 0,3°).$$

Eine Lösung vom Gesammtgewicht 3,8845 g, die 0,3045 g Sbst. enthielt und deren Dichte $d^{20} = 1,024$ betrug, drehte bei 22° Natriumlicht im dcm-Rohr 1,06° ($\pm$ 0,02°) nach rechts: Mithin

$$[\alpha]_D^{22} + 13,2° (\pm 0,2°).$$

Triglycyl-glycin-methylester,
$$NH_2CH_2CO \cdot (NHCH_2CO)_2 \cdot NHCH_2CO_2CH_3.$$

Diese, der Biuretbase entsprechende Verbindung wird leicht durch Veresterung des Tetrapeptids gewonnen. Nur muss die Operation mit einiger Vorsicht ausgeführt werden, um eine gute Ausbeute zu erhalten.

Gepulvertes Triglycyl-glycin wird mit der 10-fachen Menge trocknem Methylalkohol übergossen, in Eiswasser gekühlt und gasförmige Salzsäure bis zur Sättigung eingeleitet. Man lässt dann etwa $1/_2$ Stunde bei Zimmertemperatur stehen, worauf die Krystallisation des Hydrochlorats beginnt. Kühlt man stark in einer Kältemischung, so fällt fast die ganze Menge des salzsauren Esters krystallinisch aus. Er wird abgesaugt und mit wenig ganz kaltem Methylalkohol gewaschen. Die Ausbeute beträgt 75—80 pCt. der Theorie. Das Salz bildet mikroskopische Blättchen, die beim raschen Erhitzen gegen 198—200° (corr.) unter Schäumen schmelzen.

Für die Analyse wurde im Vacuum über Natronkalk getrocknet.

0,1576 g Sbst. verbrauchten 5,1 ccm $1/_{10}$-n. AgNO$_3$.

$C_9H_{16}O_5N_4 \cdot$ HCl (296,5).   Ber. Cl 11,9.   Gef. Cl 11,5.

Für die Darstellung des freien Esters löst man das Hydrochlorat in der 15-fachen Gewichtsmenge warmem Methylalkohol, kühlt rasch in Eiswasser ab und fügt sofort die für das Chlor berechnete Menge Natrium in methylalkoholischer Lösung zu. Hierbei fällt der freie Ester, zumal wenn die Lösung recht kalt ist, zum grössten Theil krystallinisch aus. Er wird nach einiger Zeit abgesaugt und aus heissem Methylalkohol umkrystallisirt. Die Ausbeute beträgt ungefähr 90 pCt., berechnet auf das Hydrochlorat. Für die Analyse wurde im Vacuum über Schwefelsäure getrocknet.

0,1662 g Sbst.: 0,2510 g CO$_2$, 0,0961 g H$_2$O. — 0,1743 g Sbst.: 32,5 ccm N (22°, 761 mm).

$C_9H_{16}O_5N_4$ (Mol. 260).   Ber. C 41,5, H 6,2, N 21,5.

Gef. ,, 41,2, ,, 6,5, ,, 21,3.

Der Ester krystallisirt aus Methylalkohol in mikroskopisch kleinen, glänzenden Nädelchen oder sehr dünnen, garbenförmig vereinigten Prismen. Im Capillarrohr erhitzt, fängt er gegen 200° an sich gelb zu färben und zersetzt sich bis 240° sehr stark unter Schwarzfärbung. Er ist in Wasser leicht löslich mit alkalischer Reaction und giebt eine starke Biuretfärbung. In heissem Methylalkohol löst er sich ziemlich leicht, schwerer in Aethylalkohol und fast garnicht in Aether.

Verhalten des Esters beim Erhitzen. Im Gegensatz zu dem Diglycyl-glycin-methylester, der sich beim Erhitzen so leicht condensirt, kann diese Verbindung stundenlang auf 100° erhitzt werden, ohne eine sichtbare Veränderung zu erfahren; insbesondere bildet sich kein in Wasser schwer lösliches Product. Aehnlich verhält sich der Triglycyl-glycin-äthylester (Biuretbase), der in reinem Zustand auch bei 100° nicht verändert wird. Zum Beweis dafür führe ich folgenden Versuch an. Eine Probe der Substanz, die durch Veresterung des Triglycyl-glycins mit Aethylalkohol gewonnen und im Vacuum über Phosphorpentoxyd getrocknet war, verlor bei 78° im Vacuum nur 0,5 pCt.; dann blieb das Gewicht constant, auch als das Erhitzen 4 Stunden bei 100° und noch weitere 4 Stunden bei 109° fortgesetzt wurde. Auch hier war kein in Wasser schwer lösliches Product entstanden.

Dieselben Resultate gab eine nach Curtius dargestellte, aber sorgfältig gereinigte Biuretbase. Hr. Curtius hat andere Resultate mit einer Biuretbase, der noch Glycinester anhaftete, erhalten, insofern als ein in Wasser unlösliches Product entstanden war, das er für Octaglycinanhydrid ansah[1]). Nach meinen Beobachtungen scheint es, dass dieser Körper garnicht aus der Biuretbase, sondern aus deren Beimengungen entstanden ist, und dass man also über sein Molekulargewicht und seine Structur vorläufig nichts sagen kann.

Für die vorstehenden Versuche waren grössere Mengen der beiden activen Leucine, des activen Bromisocapronylchlorids, des Glycinanhydrids und des Diglycyl-glycins nothwendig. Ihre Darstellung ist deshalb in folgender Weise verbessert und vereinfacht worden, und ich benutze die Gelegenheit, auch einige andere Beobachtungen, die sich auf diese Producte beziehen, mitzutheilen.

Active Formyl-leucine.

1,6 kg racemisches Leucin werden in 8 Portionen nach dem früher beschriebenen Verfahren formylirt[2]). Ausbeute 1350 g umkrystallisirtes Formyl-*dl*-leucin und zurückgewonnen 235 g Leucin. Die Spaltung des Formyl-leucins mit Brucin geschah stets in Mengen von 50 g, wobei die Quantität des Alkohols von 4 auf 3 L verringert und das Abdampfen der Mutterlauge grösstentheils auf dem Wasserbade in Schalen vorgenommen wurde. Das angewandte Brucin wurde wegen seines hohen Preises immer wiedergewonnen und von neuem benutzt.

Die Ausbeute an den beiden activen Formyl-leucinen in umkrystallisirtem Zustand war etwas grösser als früher: sie betrug 80 pCt. der Theorie. Alle drei Formen des Formyl-leucins wurden aus wässriger Lösung in ziemlich grossen und gut ausgebildeten Krystallen erhalten, über deren Beschaffenheit ich Hrn. Dr. F. von Wolff folgende Angaben verdanke.

,,Die drei Formyl-leucine krystallisiren rhombisch, und zwar das Formyl-*d*-leucin und Formyl-*l*-leucin rhombisch sphenoïdisch, das Formyl-*dl*-leucin rhombisch-holoëdrisch. Die drei Verbindungen zeigen

---

[1]) Berichte d. D. Chem. Gesellsch. **37**, 1300 [1904].
[2]) Berichte d. D. Chem. Gesellsch. **38**, 3997 [1905]. (*Proteine I, S. 149.*)

innerhalb der Beobachtungsfehlergrenzen die gleichen Winkeldimensionen.

Das Axenverhältniss ist $\breve{a}$: $\bar{b}$: $\overset{|}{c}$ = 0,95091 : 1 : 0,92520, berechnet an der Rechtsverbindung aus

m : m = (110) : (1$\bar{1}$0) = 92° 53′
c : e = (001) : (011) = 137° 14′ 30″.

1. Formyl - *d* - leucin.

Krystalle meist säulenförmig nach $\overset{|}{c}$ und taflig nach ∞ P (110). Gewöhnlich ist nur m = ∞ P (110) und c = 0 P (001) entwickelt, zuweilen untergeordnet e = P$\breve{\infty}$ (011) und b = ∞ P$\breve{\infty}$ (010), ganz selten das rechte Sphenoïd p = r $\frac{P}{2}$ (111). c p = (001) : (111) = 126° 38′, berechnet 126° 40′ 44″. Aetzfiguren auf ∞ P rechts 110 haben die unsymmetrische Form eines Rechtecks mit Abschrägung nach rechts unten. auf ∞ P links $\bar{1}$10 die gleichen Figuren mit Abschrägung nach links oben. Das gerade Ende der Aetzfiguren ist dem Sphenoïd zugekehrt.

2. Formyl - *l* - leucin.

Krystalle säulenförmig und nadelig nach $\overset{|}{c}$, auch alle Flächen im Gleichgewicht ausgebildet, gewöhnlich mit m = ∞ P (110), b = ∞ P$\breve{\infty}$ (010), auch a = ∞P$\bar{\infty}$ (100) und c = 0 P (001); meist untergeordnet e = P $\breve{\infty}$ (011). Die Aetzfiguren auf den Prismenflächen sind die Spiegelbilder der rechten Verbindung.

3. Formyl - *dl* - leucin.

Krystalle säulenförmig nach $\overset{|}{c}$ mit m = ∞ P (110) und e = P$\breve{\infty}$ (011), c = 0 P (001) untergeordnet. Die Aetzfiguren auf den Prismenflächen sind Rechtecke ohne Abschrägungen, entsprechen also der Symmetrie der rhombisch-holoëdrischen Abtheilung.

Alle drei Körper zeigen folgende optische Orientirung. Axenebene ist $\overset{||}{\overline{+}}$ 0 P (001). Die optischen Axen stehen fast normal auf den Prismenflächen. Der Axenwinkel ist gross. Weitere Untersuchungen über die optischen Verhältnisse, insbesondere über die Drehung in den Krystallen, behalte ich mir vor.‟

Eine ausführliche Mittheilung darüber wird Hr. von Wolff an anderer Stelle geben.

Darstellung der *d* - α - Brom-isocapronsäure.

Die ersten Versuche wurden mit reinem *d*-Leucin ausgeführt; bequemer ist es aber, direct den Formylkörper anzuwenden und die Isolirung der Aminosäure folgendermaassen zu umgehen:

10 g Formyl-*d*-leucin werden mit 45 ccm 20-procentiger Bromwasserstoffsäure 1 Stunde am Rückflusskühler gekocht, wobei völlige Hydrolyse
eintritt. Man verdampft dann die Flüssigkeit bei 15—20 mm Druck bis
zur Trockne, löst den Rückstand in 25 ccm 20-procentiger Bromwasserstoffsäure, fügt 15 g Brom zu, kühlt unter 0° und leitet unter fortwäh-
render weiterer Kühlung 3 Stunden einen ziemlich starken Strom von
Stickoxyd ein, dann fügt man nochmals 6 g Brom zu und setzt das
Einleiten des Stickoxyds noch 2 Stunden fort. Hierbei scheidet sich die
Bromisocapronsäure ölig ab.

Zum Schluss wird 10—15 Minuten lang ein kräftiger Luftstrom
durch die Flüssigkeit getrieben, um den grössten Theil des unveränderten
Broms zu verflüchtigen, dann wird etwa die 5-fache Menge Aether zugefügt, der Rest des Broms durch schweflige Säure reducirt, die ätherische Lösung abgehoben, mit Wasser sorgfältig gewaschen, mit Chlorcalcium getrocknet, schliesslich der Aether verdampft und die Bromisocapronsäure unter sehr geringem Druck destillirt. Bei 0,3 mm ging
der allergrößte Theil zwischen 90° und 92° über, und es blieb ein kleiner,
dunkelbrauner Rückstand.

Die Säure ist meist ganz farblos, seltener hat sie einen kleinen Stich
in's Grüne. Die Ausbeute beträgt ungefähr 75 pCt. der Theorie. Die specifische Drehung des Präparates schwankte bei verschiedenen Darstellungen zwischen + 42,4° und 44,7°, während die reinste active Bromisocapronsäure, welche Hr. Carl im hiesigen Institut durch Krystallisation des Brucinsalzes erhalten hat, ein Drehungsvermögen von 49,4°
zeigte.*)

Demnach würde das Präparat nur 5—7 pCt. des optischen Antipoden
enthalten.

d - α - Bromisocapronyl-chlorid.

Die Verwandlung der Säure in das Chlorid geschah ebenso wie
beim Racemkörper durch Phosphorpentachlorid, nur wurde wegen der
Gefahr der Racemisirung jede Temperaturerhöhung vermieden.

25 g frisches und ganz rasch zerkleinertes Phosphorpentachlorid
(1,2 Mol.) werden in einem Gefäss mit Glasstopfen durch eine Kältemischung sorgfältig abgekühlt und dazu 20 g *d*-Bromisocapronsäure zugegeben. Es findet sofort eine lebhafte Entwickelung von Salzsäure
statt. Später ist es nöthig, die Masse $^1/_4$ Stde. zu schütteln, zuletzt bei
gewöhnlicher Temperatur, um eine völlige Umsetzung herbeizuführen;
dann kühlt man wieder stark, um den Ueberschuss des Phosphorpentachlorids in fester Form abzuscheiden, fügt jetzt das gleiche Volumen
über Natrium getrockneten Aether hinzu, filtrirt von dem Phosphorpentachlorid in einen Fractionskolben, verdunstet den Aether unter

---

*) *Vergl. S. 107.*

15—20 mm Druck und schliesslich das Phosphoroxychlorid unter
0,5 mm Druck bei gewöhnlicher Temperatur. Das zurückbleibende
Bromisocapronylchlorid wird schliesslich unter sehr geringem Druck
destillirt. Bei 0,5 mm ging es bei 40—42° über. Die Ausbeute an reinem
Chlorid betrug 80—85 pCt. der Theorie.

Darstellung von Glycinanhydrid.

Anstatt den Glykocollester zu isoliren und dann in concentrirter
wässriger Lösung der Condensation zu überlassen, kann man auch das
Glykocollesterchlorhydrat in wässriger Lösung mit ungefähr der berechneten Menge Natronlauge zerlegen, weil unter diesen Bedingungen
ebenfalls eine ziemlich glatte Verwandlung des Esters in Anhydrid
erfolgt.

560 g werden in einem dickwandigen Becherglase mit 280 ccm
Wasser übergossen, das Gemisch in einer Kältemischung gut gekühlt
und unter kräftigem Turbiniren 320 ccm 11,5-fachnormale Natronlauge
im Laufe von einigen Stunden zugetropft, sodass die Temperatur der
Flüssigkeit nicht über — 5° steigt. Hierbei geht das Esterchlorhydrat
allmählich ganz in Lösung, während etwas Chlornatrium ausfällt. Die
Menge der Natronlauge soll etwas geringer sein als zur Bindung der
Salzsäure in dem Chlorhydrat nöthig ist. Nachdem die Lauge ganz eingetragen ist, lässt man die Flüssigkeit bei gewöhnlicher Temperatur
stehen. Schon nach einigen Stunden beginnt dann die Abscheidung
des Anhydrids, und in der Regel ist nach 24 Stunden die Reaction beendet. Man kühlt nun stark ab, filtrirt auf der Pumpe, presst und entfernt das Kochsalz durch Waschen mit möglichst wenig eiskaltem
Wasser. Das Rohproduct wird ein Mal aus der 6-fachen Menge heissem
Wasser unter Zusatz von Thierkohle umkrystallisirt. Die Ausbeute
beträgt 90—100 g, ist also ebenso gut wie bei dem früher beschriebenen,
umständlicheren Verfahren.

Das reine Glycinanhydrid darf garkeine Biuretfärbung mehr zeigen; ist diese noch vorhanden, so muss es von neuem aus Wasser umkrystallisirt werden.

Verbesserte Darstellung des Chloracetyl-glycyl-glycins[1]).

108 g fein gepulvertes Glycinanhydrid werden in 540 ccm 2-fachnor-
maler Natronlauge durch Schütteln bei gewöhnlicher Temperatur gelöst,
die klare Flüssigkeit 15 Minuten aufbewahrt, dann in einer Kältemischung
stark gekühlt und dazu unter starkem Schütteln und dauernder Küh-

---

[1]) Berichte d. D. Chem. Gesellsch. **37**, 2500 [1904]. (*Proteine I, S. 350.*)

lung abwechselnd in 12 Portionen 120 g Chloracetylchlorid ($1^1/_8$ Mol.)
und 260 ccm 5-fachnormaler Natronlauge innerhalb $^3/_4$ Stdn. gegeben.
Schliesslich wird mit 270 ccm 5-fachnormaler Salzsäure übersättigt und
nach Einimpfen einiger Kryställchen von Chloracetyl-glycyl-glycin einige
Stunden bei 0° aufbewahrt. Dabei fallen etwa 110 g des Products aus.
Die Mutterlauge giebt nach dem Einengen unter 15—20 mm Druck
noch 20 g. Die Gesammtausbeute entspricht 70 pCt. der Theorie. Die 130 g
Rohproduct wurden aus 520 ccm heissem Wasser umgelöst. Erhalten
110 g reines Product und 15 g aus der Mutterlauge.

Bei der Ausführung obiger Versuche bin ich von drei Assistenten
unterstützt worden. Hr. Dr. Ferdinand Reuter hat die hochmolekularen Polypeptide, einschliesslich das *l*-Leucyl-diglycyl-glycin, bearbeitet. Die Derivate des *l*-Leucins sind von Hrn. Dr. Hans Tappen,
und das *l*-Alanyl-glycyl-glycin nebst dem zugehörigen Hexapeptid ist
von Hrn. Dr. Walther Axhausen untersucht worden. Ich sage
diesen drei Herren für die werthvolle Hülfe auch hier meinen besten
Dank.

39. Emil Fischer und Arnold Schulze: Synthese von Polypeptiden. XVI. Derivate des _d_-Alanins.

Berichte der Deutschen Chemischen Gesellschaft **40**, 943 [1907].

(Eingegangen am 25. Februar 1907.)

Für den Vergleich mit den Bestandteilen der natürlichen Peptone sind die optisch-aktiven Polypeptide besonders wichtig. Wir haben deshalb einige neue Derivate des _d_-Alanins studiert. Am meisten Interesse darunter verdient die Kombination mit dem Glykokoll, das Glycyl-_d_-alanin, weil es sich höchstwahrscheinlich unter den Spaltprodukten des Seidenfibroins befindet[1]). In der Tat hat sich das aus dem künstlichen Dipeptid gewonnene Anhydrid mit einem aus der Seide dargestellten Produkt identisch gezeigt.

Ferner haben wir die Kombination des _d_-Alanins mit der inaktiven α-Brompropionsäure genauer untersucht. Wie früher[2]) dargelegt wurde, müssen dabei 2 stereoisomere Formen, das _d_-Brompropionyl-_d_-alanin und das _l_-Brompropionyl-_d_-alanin, entstehen, welche nur in der ersten Hälfte des Moleküls sterische Antipoden sind. Solche Körper können so verschiedene Löslichkeit haben, daß ihre Trennung durch Krystallisation leicht gelingt. Ein Beispiel dafür bieten die beiden isomeren Bromisocapronyl-_l_-asparagine[3]) und ein zweiter, ähnlicher Fall soll demnächst für das Bromisocapronyl-_l_-leucin beschrieben werden. Außerdem gibt es noch drei andere Möglichkeiten: Die beiden Isomeren haben so gleiche Löslichkeit, daß ihre Trennung durch Krystallisation praktisch unmöglich wird, oder sie sind isomorph und bilden Mischkrystalle, oder sie erzeugen Verbindungen nach festen äquimolekularen Verhältnissen[4]).

---

[1]) E. Fischer und E. Abderhalden, Bildung eines Dipeptids bei der Hydrolyse des Seidenfibroins. Berichte d. D. Chem. Gesellsch. **39**, 752 [1906]. (_Proteine I, S. 624._)

[2]) Berichte d. D. Chem. Gesellsch. **39**, 565 [1906]. (_Proteine I, S. 37._)

[3]) Berichte d. D. Chem. Gesellsch. **37**, 4591 [1904]. (_Proteine I, S. 408._)

[4]) Auf den letzten Fall hat zuerst Hr. A. Ladenburg hingewiesen (Berichte d. D. Chem. Gesellsch. **27**, 75 [1894]), als er beobachtete, daß die Spaltung des β-Pipecolins durch Krystallisation des Bitartrats aus Wasser in der Hitze mißlingt, in der Kälte aber durchführbar ist. Bald darauf (Berichte d. D. Chem. Gesellsch. **27**, 3225 [1894]) (_Kohlenh. I, S. 69._) habe ich für die Verbindungen der

In dem gut krystallisierenden α-Brompropionyl-*d*-alanin, das aus inaktivem α-Brompropionylbromid und *d*-Alanin in guter Ausbeute entsteht, haben wir nun ein Präparat angetroffen, das nach dem Drehungsvermögen sich wie ein Gemenge aus gleichen Teilen der beiden

Zuckergruppe ausführlicher die Frage diskutiert, ob Substanzen, die sich nur für einen Teil ihrer asymmetrischen Kohlenstoffatome wie Antipoden verhalten, Verbindungen bilden können, die der Traubensäure vergleichbar sind, und die man deshalb als partiell-racemische bezeichnen könnte.

Aus dem Vergleich der *d*-Mannon- und der *d*-Gluconsäure einerseits, sowie des *l*-mannonsauren und *d*-gluconsauren Calciums andererseits kam ich zu dem Schluß, daß die Neigung zur Entstehung partiell-racemischer Verbindungen nicht groß sei. Bei dieser Betrachtung hatte ich allerdings nicht solche salzartige Substanzen gemeint, die durch Kombination einer racemischen Säure mit einer aktiven Base oder einer racemischen Base mit einer aktiven Säure entstehen, weil hier die Bedingungen für die Bildung von Verbindungen nach festen Verhältnissen, die man auch als Doppelsalze auffassen kann, andere sind. Hr. Ladenburg hat später den Ausdruck „partielle Racemie" auf solche Fälle ausgedehnt, und es ist ihm gelungen, einige Beispiele zu finden, wo die Beobachtungen zweifellos auf das Vorhandensein von Verbindungen nach molekularen Verhältnissen hinweisen (Berichte d. D. Chem. Gesellsch. **31**, 524, 937, 1969 [1898]; **32**, 50 [1899]; **36**, 1649 [1903]).

Selbstverständlich kann man hier immer noch den Einwurf machen, daß es sich um Doppelsalze handelt, deren Bildung nicht durch den Gegensatz im sterischen Bau bedingt zu sein braucht, und ich glaube deshalb sagen zu dürfen, daß für partiell-racemische Verbindungen in dem engeren Sinne wie ich sie früher im Auge gehabt habe, noch kein sicher festgestelltes Beispiel vorliegt. So ist auch die kurze Bemerkung gemeint, die ich vor Jahresfrist (Berichte d. D. Chem. Gesellsch. **39**, 565 [1906] *Proteine I, S. 38.*) über die nicht trennbaren Gemische von Kombinationen aktiver Aminosäuren mit inaktiven Bromfettsäuren machte. Ich bin auch jetzt noch der Meinung, daß diese wegen der großen Ähnlichkeit der Zusammensetzung vielfach Mischkrystalle bilden; ich will aber damit keineswegs die Möglichkeit bestreiten, daß auch hier einmal Verbindungen nach molekularen Verhältnissen gefunden werden, die dann den Namen partiell-racemische Verbindungen in dem von mir ursprünglich angenommenen Sinne verdienen. Ich habe übrigens keinen Grund, gegen die Erweiterung, die Hr. Ladenburg dem Ausdruck „partielle Racemie" gegeben hat und die von verschiedenen Fachgenossen angenommen worden ist, Einspruch zu erheben. Wohl aber glaube ich, daß man dann noch einen Schritt weiter gehen und unter die halbracemischen Verbindungen auch ein Doppelsalz von saurem *d*-weinsaurem und *l*-äpfelsaurem Ammonium zählen darf, das Pasteur vor 54 Jahren entdeckte (Jahresbericht f. Chem. **1853**, 417); denn die beiden Säuren sind in bezug auf die eine Hälfte des Moleküls sterische Antipoden, wie die Konfigurationsformeln zeigen:

<pre>
        COOH   COOH
         | |
      H—C—OH   HO—C—H
         | |
      HO—C—H   CH₂
         | |
        COOH   COOH
     d-Weinsäure   l-Äpfelsäure.
</pre>

Isomeren verhält, das ferner durch Krystallisation aus Wasser seine Eigenschaften nicht verändert, und das demnach in die letzte Kategorie der Verbindungen nach molekularen Verhältnissen gehören könnte. Da aber die krystallographische Untersuchung nur unvollkommene Resultate gab und auch die anderen Methoden zur Kennzeichnung wirklicher Verbindungen nach festen Verhältnissen aus praktischen Gründen bisher nicht angewandt werden konnten, so müssen wir die Frage noch als eine offene betrachten; wenn wir trotzdem das Produkt aus Bequemlichkeitsgründen als *dl*-α-Brompropionyl-*d*-alanin bezeichnen, so geschieht es also unter dem Vorbehalt, daß seine Homogenität noch nicht bewiesen ist.

Wird die Bromverbindung durch Ammoniak in das Dipeptid verwandelt, so gelingt es verhältnismäßig leicht, aus der Reaktionsmasse reines *d*-Alanyl-*d*-alanin abzuscheiden; obschon die Ausbeute nicht besonders gut ist, dürfte dieser Weg für die praktische Darstellung des Dipeptides der früher beschriebenen Methode[1]) vorzuziehen sein.

Chloracetyl-*d*-alanin.

5 g *d*-Alanin (für Hydrochlorat $[\alpha]_D = + 10,2°$) wurden in 57 ccm *n*-Natronlauge (1 Mol.) gelöst und unter starkem Schütteln und Kühlen durch eine Kältemischung abwechselnd in kleinen Portionen 8 g Chloracetylchlorid (1,2 Mol.) und 98 ccm *n*-Natronlauge im Laufe von 15 bis 20 Minuten eingetragen. Nachdem die alkalische Flüssigkeit mit 20 ccm $^5/_1$-*n*. Salzsäure übersättigt und unter stark vermindertem Druck (12—14 mm) zum dicken Brei verdampft war, wurde mit 70 ccm Aceton ausgekocht, filtriert, über Nacht stehen gelassen, wieder filtriert und

---

Da nun *l*-Weinsäure und *l*-Äpfelsäure kein derartiges Doppelsalz bilden, wie Pasteur ausdrücklich betont, so liegt die Vermutung nahe, daß der sterische Gegensatz im ersten Falle die Vereinigung der Ammoniumsalze bewirkt, obschon das zweite asymmetrische Kohlenstoffatom in der Äpfelsäure fehlt. In der kürzlich erschienenen Schrift von W. Meyerhoffer „Gleichgewichte der Stereomeren" findet sich S. 62 allerdings eine vorläufige Privatmitteilung von Bruni, daß das vermeintliche Doppelsalz ein isomorphes Gemisch sei.

Solche Mischkrystalle würden ein Mittelding zwischen den wahren halbracemischen Verbindungen nach äquimolekularen Verhältnissen und den bloßen mechanischen Gemischen sterischer Halb-Antipoden sein. Ob man bei ihnen auch von partieller Racemie reden soll, wie ich es einmal getan habe (a. a. O.), ist eine formale Frage, die ich jetzt verneinen möchte, weil dadurch Verwirrung entstehen kann. Besser würde der Ausdruck „partielle Pseudoracemie" passen, der sich an die von Pope und Kipping entdeckte Pseudoracemie anlehnt. Indessen scheint mir ein besonderer Name für diesen Fall vorläufig entbehrlich zu sein.

Emil Fischer.

[1]) Berichte d. D. Chem. Gesellsch. **39**, 465 [1906]. (*Proteine I, S. 562.*)

das Aceton im Vakuum möglichst verdampft. Beim längeren Stehen in der Kälte scheidet der sirupartige Rückstand langsam Krystalle ab. Rascher geht die Krystallisation, wenn man impfen kann und bei 0° unter öfterem Umrühren stehen läßt. Die halbfeste Masse wurde dann mit wenig kaltem Essigäther angerieben, abgesaugt und zwischen Filtrierpapier scharf gepreßt. Die Mutterlauge gab beim Verdunsten und längeren Stehen noch eine Krystallisation. Die Ausbeute war schlechter als beim Racemkörper, der besser krystallisiert.

Zur völligen Reinigung wurde das Rohprodukt in etwa der 12-fachen Menge heißem Essigäther rasch gelöst, vom geringen Rückstand abfiltriert und die in gelinder Wärme konzentrierte Lösung der Krystallisation überlassen. Die Verbindung scheidet sich dann in hübschen, ziemlich schweren, farblosen Krystallen ab, die abgesaugt und mit einem Gemisch von Essigsäther und Petroläther gewaschen wurden.

Für die Analyse wurde im Vakuum über Phosphorpentoxyd getrocknet.

0,1915 g Sbst.: 0,2571 g CO_2, 0,0848 g H_2O. — 0,1984 g Sbst.: 0,1712 g AgCl. — 0,1544 g Sbst.: 12 ccm N (21°, 758 mm).

$C_5H_8O_3NCl$.   Ber. C 36,26, H 4,83, N 8,46, Cl 21,45.

Gef. „ 36,62, „ 4,95, „ 8,82, „ 21,34.

Das Chloracetyl-d-alanin schmilzt bei 93,5—94,5° (korr.); es ist in Wasser und auch in Alkohol und warmem Aceton leicht löslich, dagegen in Äther und Petroläther fast unlöslich. Beim Verdunsten der wäßrigen Lösung scheidet es sich in eisblumenähnlichen Gebilden ab, die meist aus kleinen Blättchen bestehen. Aus Aceton oder Essigäther scheidet es sich in größeren, rhombenähnlichen Platten ab.

Für die optische Untersuchung diente die wäßrige Lösung:

0,3638 g Sbst. wurden in 3,5 ccm Wasser zu 4,1976 g Gesamtgewicht gelöst; bei dem Prozentgehalt 8,6668 und dem spez. Gew. 1,026 drehte diese Lösung bei 20° Na-Licht im 1-dm-Rohr 4° nach links. Also

$$[\alpha]_D^{20°} = -45° \ (\pm 0,2°).$$

Glycyl-d-alanin, $NH_2CH_2CO \cdot NHCH(CH_3)COOH$.[*]

Ähnlich der Darstellung des inaktiven Dipeptids werden 5 g Chloracetyl-d-alanin mit 25 ccm wäßrigem Ammoniak von 25% Gehalt 3 Tage bei gewöhnlicher Temperatur stehen gelassen, dann die Lösung auf dem Wasserbade bis zum dicken Sirup eingeengt und nun zweimal mit je 20 ccm absolutem Alkohol verdampft.

Den beim Erkalten fast fest gewordenen Rückstand löst man in 6 ccm heißem Wasser, fügt 150 ccm heißen absoluten Alkohol unter Umschütteln zu und läßt mehrere Stunden bei 0° stehen. Das krystallinisch ausgefallene Dipeptid wird abgesaugt und über Schwefelsäure

---

[*] *Verbesserte Darstellung s. S. 520.*

im Vakuum getrocknet. Den am Glase zurückgebliebenen öligen Teil bringt man wie vorher durch Lösen in wenig heißem Wasser und Versetzen mit der ca. 30-fachen Menge heißem absolutem Alkohol zur Krystallisation. Diese Operation muß eventl. noch einmal wiederholt werden, um sämtliches Glycyl-d-alanin krystallisiert zu erhalten. Die Rohausbeute betrug nur 2 g oder 45% der Theorie.

Nach dem Umkrystallisieren in der eben beschriebenen Weise aus 20 ccm heißem Wasser und 600 ccm heißem absolutem Alkohol sank die Ausbeute auf 1,9 g. Aus den Mutterlaugen erhält man nur noch unbedeutende Mengen Dipeptid.

Zur vollständigen Reinigung wird es in wenig heißem Wasser gelöst und soviel heißer Alkohol zugegeben, daß die entstehende Trübung beim Umschütteln nicht mehr verschwindet. Beim langsamen Erkalten fällt das Dipeptid in langen, zu Büscheln vereinigten Nadeln oder dünnen Platten aus. Es ist sehr leicht löslich in Wasser, aber fast unlöslich in den gebräuchlichen indifferenten organischen Lösungsmitteln. Bei schnellem Erhitzen beginnt es gegen 218° (korr.) sich zu bräunen und schmilzt gegen 233° unter Zersetzung. Auf blaues Lackmuspapier reagiert es schwach sauer.

Zur Analyse wurde im Vakuum über Schwefelsäure getrocknet.

0,1663 g Sbst.: 0,2488 g CO_2, 0,1013 g H_2O. — 0,1522 g Sbst.: 25,4 ccm N (23,5°, 761 mm).

$C_5H_{10}O_3N_2$.   Ber. C 41,09, H 6,85, N 18,78.
　　　　　　　　 Gef. „ 40,80, „ 6,83, „ 19,18.

Nach öfterem Umkrystallisieren aus heißem Wasser und Alkohol wurden für die optische Bestimmung 0,6458 g Sbst. in 6 ccm Wasser zu 7,4422 g Gesamtgewicht gelöst; bei einem Prozentgehalt 8,6776 und dem spez. Gew. 1,0321 drehte diese Lösung bei 20° Na-Licht im 2-dm-Rohr 8,96° nach links. Daraus folgt

$$[\alpha]_D^{20°} = - 50° (\pm 0,2°).$$

Kocht man das Dipeptid $^1/_4$ Stunde mit in Wasser aufgeschlämmtem, gefälltem Kupferoxyd, so erhält man nach dem Filtrieren eine tiefblaue Lösung, die beim Verdunsten an der Luft eine glasartige, amorphe Masse bildet. Setzt man zu der konzentrierten, tiefblauen Lösung Alkohol, so fallen nach einiger Zeit mikroskopische, hellblaue, kurze Prismen mit zugespitzten Enden aus.

Hydrolyse des Glycyl-d-alanins.

Da nicht allein das freie Dipeptid, sondern auch seine salzsaure Lösung stark nach links dreht, so läßt sich der Verlauf der Hydrolyse optisch sehr bequem verfolgen. Wir haben deshalb hier einen ähnlichen quantitativen Versuch ausgeführt, wie er früher für das d-Alanyl-d-alanin[1]) beschrieben wurde.

Eine Lösung von 0,6204 g Glycyl-d-alanin in 8 ccm 10-prozentiger Salzsäure, die das Gesamtgewicht 8,9672 g und den Prozentgehalt 6,9185 hatte, drehte vor der Hydrolyse im 1-dm-Rohr Na-Licht 4,28° nach links. Nach vollständiger Hydrolyse muß sie nach der Menge des entstandenen d-Alanins 0,62° nach rechts drehen.

Diese Lösung wurde im geschlossenen Rohre im stark siedenden Wasserbade erhitzt und von Zeit zu Zeit nach dem Abkühlen die Drehung bestimmt. Die folgende Tabelle enthält die Resultate und in Kolumne 3 die daraus berechneten Prozente des hydrolysierten Dipeptids. Die Zahlen sind insofern nicht ganz genau, als die Zeit der Anheizung und der Abkühlung des Rohres nicht exakt bestimmt wurde; aber der hierdurch verursachte Fehler dürfte nicht besonders groß sein.

Dauer der Erhitzung in Stunden	Drehung	Hydrolysiert %
0	− 4,28°	0
3	− 0,75°	72,0
5	+ 0,04°	88,2
7	+ 0,48°	97,1
9	+ 0,54°	98,4
11	+ 0,64°	100
21	+ 0,65°	100
	theor. + 0,62°	

Man erkennt, daß nach 7-stündigem Erhitzen die Hydrolyse so gut wie beendet ist.

Die Hydrolyse des Glycyl-d-alanins verläuft also etwas rascher als diejenige des d-Alanyl-d-alanins, was bei seinem geringeren Molekulargewicht nicht überraschend ist.

Glycyl-d-alanin-anhydrid.

Die Verbindung läßt sich sowohl aus dem Glycyl-d-alaninester wie aus dem Chloracetyl-d-alaninester mit Ammoniak gewinnen.

Im ersten Falle werden 1,5 g Glycyl-d-alanin mit 15 g absolutem Alkohol übergossen, getrocknetes Salzsäuregas bis zur Sättigung eingeleitet, der Alkohol unter stark vermindertem Druck verdampft und dieselbe Operation mit 10 g absolutem Alkohol wiederholt.

Der feste Rückstand ist das Hydrochlorat des Glycyl-d-alaninäthylesters, das aus heißer, alkoholischer Lösung leicht in feinen Nädelchen krystallisiert. Zur Umwandlung in das Anhydrid löst man in

---

[1]) Berichte d. D. Chem. Gesellsch. **39**, 466 [1906]. (*Proteine I, S. 563.*)

25 ccm heißem Alkohol und trägt die Flüssigkeit allmählich unter Schütteln in 25 ccm stark gekühltes, bei 0° gesättigtes, alkoholisches Ammoniak ein. Zum Schluß wird die Flüssigkeit noch bei 0° mit Ammoniak gesättigt und bleibt dann in der Kälte stehen. Schon nach einer Stunde beginnt die Krystallisation des Anhydrids, dem sich später auch Chlorammonium beimengt. Nach 12 Stunden wird die Krystallmasse abgesaugt und zur Entfernung des Chlorammoniums mit 2 ccm eiskaltem Wasser ausgelaugt. Aus der alkoholischen Mutterlauge gewinnt man durch Verdampfen und Auslaugen des Rückstandes mit wenig eiskaltem Wasser eine neue Menge des Anhydrids.

Zur weiteren Reinigung wird dies in etwa 6 ccm heißem Wasser gelöst und durch Abkühlen auf 0° wieder krystallisiert; erhalten 0,5 g und aus der Mutterlauge 0,3 g chlorfreies Produkt, so daß die Gesamtausbeute 0,8 g oder 61% der Theorie betrug.

Zur Analyse wurde es bei 100° getrocknet.

0,1306 g Sbst.: 0,2238 g CO_2, 0,0734 g H_2O. — 0,1832 g Sbst.: 34,5 ccm N (20°, 777 mm).

$C_5H_8O_2N_2$.   Ber. C 46,88, H 6,41, N 21,88.
            Gef. ,, 46,74, ,, 6,29, ,, 22,11.

Das Anhydrid färbt sich beim schnellen Erhitzen im Capillarrohr gegen 240° (korr.) dunkel und schmilzt nicht ganz konstant bis etwa 247° zu einer dunkeln Masse, wobei gleichzeitig ein kleiner Teil sublimiert. Es löst sich leicht in weniger als der 4-fachen Menge heißem Wasser und krystallisiert aus solcher konzentrierten Lösung beim Erkalten sofort in mikroskopisch feinen, vielfach kugel- oder sternförmig verwachsenen Nadeln. In heißem Alkohol ist es auch ziemlich leicht löslich, dagegen in Äther und Petroläther äußerst schwer löslich. Es hat einen schwach bitteren Nachgeschmack. Seine wäßrige Lösung nimmt gefälltes Kupferoxyd beim kurzen Kochen gar nicht auf.

Für die optische Bestimmung wurden 0,3482 g Substanz in 7 ccm Wasser in gelinder Wärme zu 7,4281 g Gesamtgewicht gelöst; bei dem Prozentgehalt 4,6876 und dem spez. Gewicht 1,0113 drehte bei 20° diese Lösung Na-Licht im 2-dcm-Rohr 0,49° nach links. Daraus folgt

$$[\alpha]_D^{20°} = -5,2° \ (\pm 0,3°) \ .$$

Zwei andere Bestimmungen gaben unter denselben Bedingungen — 4,9° und — 5,0°. Als Mittel kann man also annehmen:

$$[\alpha]_D^{20°} = -5,0° \ .$$

Die Verbindung ist zweifellos identisch mit dem Produkt, das von E. Fischer und E. Abderhalden[1]) aus dem Seidenfibroin gewonnen wurde. Der einzige Unterschied zeigte sich in der spez. Drehung,

---

[1]) Berichte d. D. Chem. Gesellsch. **39**, 756 [1906]. (*Proteine I, S. 628.*)

die bei dem Produkt aus Seide nur — 3,9° gefunden wurde; aber das erklärt sich durch eine Beimischung des Racemkörpers, der bei der ziemlich brutalen Behandlung des Seidenfibroins mit starker Salzsäure wohl entstehen kann.

Rascher als aus dem Glycyl-*d*-alanin läßt sich das Anhydrid aus dem

Chloracetyl - *d* - alaninäthylester

durch Ammoniak bereiten. Zur Darstellung des Esters verfährt man ähnlich wie beim Racemkörper[1]):

10 g reines *d*-Alanin werden in bekannter Weise zweimal mit je 50 ccm Alkohol und gasförmiger Salzsäure verestert. Beim Verdampfen des Alkohols unter geringem Druck bleibt der salzsaure Ester schön krystallisiert zurück. Daraus wird in der bekannten Weise durch Überschichten mit Äther, Zusatz von Kaliumcarbonat und konzentriertem Alkali der freie Ester bereitet. Für die Kuppelung mit dem Chloracetylchlorid kann die mit Natriumsulfat getrocknete ätherische Lösung des Esters direkt benutzt werden.

Man kühlt zu diesem Zwecke in einer Kältemischung stark ab und gießt in mehreren Portionen eine Mischung von 5 g frisch destilliertem Chloracetylchlorid und 30 ccm trocknem Äther zu. Der hierbei entstehende salzsaure *d*-Alaninester fällt zuerst als Sirup aus, erstarrt aber besonders beim Impfen sehr rasch krystallinisch. Er wird nach 2-stündigem Stehen in Eiswasser filtriert. Seine Menge betrug 6,1 g. Die ätherische Lösung hinterläßt beim Verdampfen im Vakuum einen öligen Rückstand, der nach einiger Zeit von selbst erstarrt. Noch rascher geht das, wenn man ihn mit der doppelten Menge Petroläther versetzt und unter Reiben stark abkühlt. Er wird abgesaugt und mit wenig kaltem Petroläther gewaschen. Die Mutterlauge gibt nach dem Eindunsten und neuem Zusatz von Petroläther eine zweite, aber geringe Krystallisation. Die Gesamtausbeute betrug 7,6 g, d. i. 70% der Theorie, berechnet auf das angewandte *d*-Alanin, und mehr als 90%, berechnet auf die Menge des Alaninesters, da die Hälfte des letzteren der Reaktion als Hydrochlorat entzogen wird.

Der Ester läßt sich aus warmem Petroläther leicht umkrystallisieren und bildet dann feine, farblose Nadeln; er ist dem Racemkörper sehr ähnlich, schmilzt aber etwas niedriger: bei 41—42° (korr.).

Durch alkoholisches Ammoniak läßt sich der Ester direkt in Glycyl-alaninanhydrid überführen. Bei gewöhnlicher Temperatur geht die Reaktion recht langsam. Bei 100° ist sie in einigen Stunden beendet, aber leider wird dabei ein nicht unerheblicher Teil der Substanz racemisiert:

---

[1]) Berichte d. D. Chem. Gesellsch. **36**, 2112 [1903]. (*Proteine I, S. 321.*)

2 g Chloracetyl-*d*-alaninester wurden in 15 ccm methylalkoholisches, bei 0° gesättigtes Ammoniak eingetragen. Nach 18-stündigem Stehen bei gewöhnlicher Temperatur waren 0,2 g Anhydrid abgeschieden. Nach 24-stündigem Stehen bei 37° waren weitere 0,3 g auskrystallisiert. Nach dem Umkrystallisieren aus heißem Wasser zeigt das Produkt alle Eigenschaften des Glycyl-*d*-alaninanhydrids. Nur wurde die spezifische Drehung etwas geringer, und zwar $[\alpha]_D^{20°} = -4,5°$ ($\pm 0,3°$) gefunden. Es scheint also schon bei dieser niederen Temperatur eine geringe Racemisierung stattzufinden. Daß diese bei 100° erheblich größer wird, zeigt der folgende Versuch:

1,5 g Chloracetyl-*d*-alaninester wurden mit 15 ccm einer bei 0° gesättigten äthylalkoholischen Lösung von Ammoniak im verschlossenen Rohr 4 Stunden auf 100° erhitzt. Beim Erkalten hatte sich eine reichliche Menge von Krystallen ausgeschieden, die nach dem Trocknen mit 2 ccm eiskaltem Wasser zur Entfernung des Chlorammoniums ausgelaugt wurden. Die Menge des rückständigen Anhydrids betrug 0,33 g. Aus der alkoholischen Mutterlauge wurden durch Abdampfen und Auslaugen des Rückstandes mit eiskaltem Wasser weitere 0,3 g rohes Anhydrid erhalten. Die erste Menge zeigte nach dem Umkrystallisieren aus heißem Wasser das Drehungsvermögen $[\alpha]_D^{20°} = -3,5°$ ($\pm 0,4°$), woraus man schließen muß, daß das Präparat ziemlich stark, etwa zu 30%, racemisiert war.

Daraus folgt, daß für die Darstellung des optisch reineren Anhydrids der zwar ziemlich umständliche Weg über das reine Dipeptid am meisten geeignet ist.

d - α - Brompropionyl - *d* - alanin.

Von den 4 Kombinationen der beiden aktiven Brompropionsäuren und der beiden aktiven Alanine sind das *l*-Brompropionyl-*d*-alanin und das *d*-Brompropionyl-*l*-alanin bekannt[1]. Für die Darstellung der dritten, oben genannten Form haben wir eine *d*-Brompropionsäure benutzt, die aus *l*-Alanin durch Brom und Stickoxyd bereitet war und das Drehungsvermögen $\alpha_D = +40,28°$ besaß. Sie wurde in der bekannten Weise in das entsprechende Chlorid verwandelt und 3,6 g des letzteren abwechselnd mit 27,5 ccm gekühlter *n*-Natronlauge in kleinen Portionen in eine durch eine Kältemischung gekühlte Lösung von 2,4 g *d*-Alanin in 27 ccm *n*-Natronlauge unter kräftigem Schütteln eingetragen. Nachdem dann die Flüssigkeit mit 10,2 ccm $^5/_1$-*n*. Salzsäure versetzt und unter stark vermindertem Druck (10 mm) zur

---

[1] E. Fischer und K. Raske, Berichte d. D. Chem. Gesellsch. **39**, 3988 und 3992 [1906]. (*S. 287 u. 291.*)

Trockne verdampft war, wurde der Rückstand im Soxhletschen Extraktionsapparat zweimal mit je 100 ccm gewöhnlichem Äther einige Stunden extrahiert. Beim Verdunsten des Äthers schieden sich 2,8 g d-Brompropionyl-d-alanin aus.

Von dem auf dem Extraktionsfilter gebliebenen Rückstand wurde durch Umkrystallisieren aus der ca. 3-fachen Menge heißem Wasser noch 1 g gewonnen, so daß die Rohausbeute 3,8 g betrug. Nach dem Umkrystallisieren aus der 4-fachen Menge heißem Wasser blieben 2,5 g, und durch Verarbeiten der vereinigten Mutterlaugen resultierten noch 1 g, so daß die Ausbeute an gereinigter Substanz auf 3,5 g oder 74% der Theorie stieg.

Bei schnellem Erhitzen schmolz sie unter Gasentwicklung und Bräunung gegen 175° (korr.), nachdem vorher Sinterung eingetreten war.

Das d-Brompropionyl-d-alanin ist leicht löslich in Methylalkohol, etwas schwerer in Äthylalkohol und Essigäther, noch schwerer in Wasser, schwer löslich in Äther, Benzol und Chloroform, so gut wie unlöslich in Petroläther. Aus Wasser oder Alkohol erhält man es in schönen, oktaederähnlichen Krystallen.

Zur optischen Bestimmung wurden 0,1678 g in Wasser zu 7,1585 g Gesamtgewicht gelöst; bei dem Prozentgehalt 2,3440 und dem spez. Gew. 1,0064 drehte diese Lösung bei 21° Na-Licht im 2-dm-Rohr 0,78° nach links. Also ist $[\alpha]_D^{21°} = -16,5°\ (\pm\ 0,4°)$. Nach nochmaligem Umkrystallisieren aus heißem Wasser betrug die spez. Drehung $-16,4°$ $(\pm\ 0,4°)$. (0,1712 g Sbst. zu 7,0704 g Gesamtgewicht gelöst; beim Prozentgehalt 2,4214 und spez. Gew. 1,0069 drehte die Lösung im 2-dm-Rohr 0,80° nach links.)

Zur optischen Bestimmung in Methylalkohol wurden 0,4800 g Sbst. zu 4,5798 g Gesamtgewicht gelöst; bei dem Prozentgehalt 10,481 und dem spez. Gewicht 0,8377 drehte diese Lösung bei 21° Natriumlicht im 1-dm-Rohr 0,06° nach rechts. Also ist

$$[\alpha]_D^{21°} = +0,6°\ (\pm\ 0,2°)\,.$$

Zur Analyse wurde im Vakuum über Schwefelsäure getrocknet:

0,1981 g Sbst.: 0,2324 g CO_2, 0,0782 g H_2O. — 0,1990 g Sbst.: 11,1 ccm N (23°, 761 mm). — 0,1990 g Sbst.: 0,1688 g AgBr.

$C_6H_{10}O_3NBr$.   Ber. C 32,14, H 4,46, N 6,25, Br 35,71.
Gef. „ 31,99, „ 4,43, „ 6,26, „ 36,09.

d l - α - B r o m p r o p i o n y l - d - a l a n i n.

Wie in der Einleitung bemerkt, bezeichnen wir mit obigem Namen das Produkt, welches aus d-Alanin und inaktiver Brompropionsäure entsteht, und das entweder ein Gemisch oder eine halbracemische Verbindung von dem zuvor beschriebenen d-Brompropionyl-d-Alanin und dem ebenfalls bekannten l-Brompropionyl-d-alanin ist.

Da das d-Alanin ziemlich schwer zu bereiten, das inaktive Brompropionylbromid aber ein käufliches billiges Präparat ist, so empfiehlt es sich, letzteres im Überschuß zu nehmen. Dementsprechend wurden 5 g d-Alanin in 57 ccm n-Natronlauge gelöst und dann in der üblichen Weise unter guter Kühlung abwechselnd 24 g α-Brompropionylbromid (2 Mol.) und 180 ccm n-Natronlauge eingetragen. Zum Schluß wurde mit 30 ccm $^5/_1$-n. Salzsäure angesäuert und unter $10-15$ mm Druck auf etwa $^1/_4$ des Volumens eingedampft. Beim Abkühlen schied sich der größte Teil des Brompropionyl-alanins ab. Aus den Mutterlaugen wurde durch weiteres Verdampfen unter geringem Druck eine zweite Krystallisation gewonnen. Die Ausbeute betrug ungefähr 10 g oder 80% der Theorie.

Sie wurde aus der $1^1/_2$-fachen Menge heißem Wasser umkrystallisiert. Für die Analyse wurde nochmals aus heißem Wasser umgelöst und im Vakuum über Schwefelsäure getrocknet.

0,1872 g Sbst.: 0,2227 g CO_2, 0,0780 g H_2O. — 0,1977 g Sbst.: 10,8 ccm N (17°, 747 mm). — 0,1480 g Sbst.: 0,1245 g AgBr.

$C_6H_{10}O_3NBr$.   Ber. C 32,14, H 4,46, N 6,25, Br 35,71.
            Gef. ,, 32,44, ,, 4,66, ,, 6,23, ,, 35,80.

Das Produkt war leicht löslich in Methylalkohol, etwas schwerer in Äthylalkohol und Essigäther, ziemlich schwer löslich in kaltem Wasser und Äther und fast unlöslich in Petroläther. Aus warmem Wasser oder Alkohol krystallisiert es in hübsch ausgebildeten Formen von mehreren Millimetern Durchmesser.

Hr. Dr. von Wolff, Privatdozent der Mineralogie an der hiesigen Universität, hatte die Güte, uns darüber folgendes zu berichten: „Die Krystalle zeigen einen tetragonalen Habitus, sind aber nicht tetragonal, sondern rhombisch oder monoklin. Die Winkel weichen nur wenig von der tetragonalen Anlage ab. Die Krystalle sind aber nicht einachsig, sondern zweiachsig mit kleinem Winkel der optischen Achsen. Schnitte der I. Mitte zeigen Felderteilungen und verschiedene Lagen der Achsenebene." Leider konnte er nicht feststellen, ob die Krystalle ganz einheitlich waren, oder ob sie vielleicht hemiedrische Flächen besaßen, durch die man sie hätte voneinander unterscheiden können.

Die Substanz hat, wie ihre Verwandten, keinen guten Schmelzpunkt. Beim schnellen Erhitzen im Capillarrohr beginnt sie gegen 170° (korr.) zu sintern und schmilzt gegen $173-174°$ unter Zersetzung.

Wie bei allen derartigen Bromverbindungen ist längeres Kochen der wäßrigen Lösung zu vermeiden, weil dabei eine langsame Zersetzung und Abspaltung von Bromwasserstoff eintritt.

Besonders wichtig schien uns ihr optisches Verhalten. Wir haben deshalb verschiedene Präparate und davon wieder verschiedene Krystallisationen aus Wasser geprüft, und zwar meistens wegen der größeren Löslichkeit in methylalkoholischer Lösung:

0,4810 g Sbst. in 5 ccm Methylalkohol zu 4,4944 g Gesamtgewicht gelöst (Prozentgehalt: 10,702, spez. Gewicht 0,8401). Drehung bei 18° und Natriumlicht im 1-dm-Rohr 2,37° nach links. Also

$$[\alpha]_D^{18°} = -26,4° \ (\pm 0,2°) \, .$$

Nach erneutem Umkrystallisieren aus Wasser war

$$[\alpha]_D^{20°} = -26,6° \ (\pm 0,2°) \, .$$

Ein anderes, auf dieselbe Weise hergestelltes und mehrmals aus Wasser krystallisiertes Präparat zeigte bei weiterem Umkrystallisieren aus Wasser nacheinander folgende spez. Drehungen in methylalkoholischer Lösung: 1) — 25,7°, 2) — 25,0°, 3) — 24,6°.

Die einzelnen Abweichungen sind so gering, daß man eine Trennung der beiden optisch-isomeren Formen, d-Brompropionyl-d-alanin und l-Brompropionyl-d-alanin, beim Umkrystallisieren kaum annehmen kann.

In Wasser zeigte das Brompropionyl-d-alanin folgende Drehung: 0,1680 g Sbst. in 7 ccm Wasser zu 7,0658 g Gesamtgewicht gelöst. Prozentgehalt 2,3777, spez. Gewicht 1,0064. Drehung bei 23° und Natriumlicht im 2-dm-Rohr 2,03° nach links. Also

$$[\alpha]_D^{23°} = -42,4° \ (\pm 0,4°) \, .$$

Diese Zahl kann jetzt zum Vergleich dienen mit den spezifischen Drehungen der Komponenten: Für d-Brompropionyl-d-alanin ist, wie zuvor angegeben, in wäßriger Lösung $[\alpha]_D = -16,5°$. Das l-Brompropionyl-d-alanin wurde zwar bisher nicht in ganz reinem Zustande erhalten, aber nach dem Drehungsvermögen seines Antipoden darf man seine spezifische Drehung in Wasser $[\alpha]_D = -68°$ setzen. Das Mittel von beiden Werten würde —42,3° sein, was mit obiger Zahl sehr gut übereinstimmt. Auch in der äußeren Erscheinung der Krystalle besaß unser Produkt große Ähnlichkeit mit den beiden Komponenten. Leider kann man aus den Schmelzpunkten keinen bestimmten Schluß ziehen, da sie wegen der Zersetzung der Substanz zu unsicher sind.

Aus den vorigen Beobachtungen geht hervor, daß dl-Brompropionyl-d-alanin aus ungefähr gleichen Teilen d-Brompropionyl-d-alanin und l-Brompropionyl-d-alanin besteht. In der Tat haben wir durch

Umkrystallisieren eines Gemisches von gleichen Teilen der beiden letzten Substanzen ein Präparat erhalten, das von dem *dl*-Brompropionyl-*d*-alanin nicht zu unterscheiden war. Trotzdem halten wir uns noch nicht für berechtigt, dieses als eine wirkliche Verbindung der beiden Komponenten zu betrachten.

Endlich haben wir noch das *dl*-Brompropionyl-*d*-alanin in der üblichen Weise durch mehrtägiges Stehen seiner Lösung in starkem, wäßrigem Ammoniak in Dipeptid verwandelt und konnten aus der Flüssigkeit verhältnismäßig leicht reines *d* - Alanyl - *d* - alanin isolieren. Die Ausbeute betrug 0,8 g aus 4 g Bromkörper; höchst wahrscheinlich entsteht nebenher *l* - Alanyl - *d* - alanin, das aber bekanntlich schwerer krystallisiert und das wir deshalb nicht isoliert haben.

40. Emil Fischer: Synthese von Polypeptiden. XVII.

Berichte der Deutschen Chemischen Gesellschaft **40**, 1754 [1907].

(Eingegangen am 2. April 1907.)

Entsprechend dem früher aufgestellten Programm[1]) habe ich den Aufbau der Polypeptide zu möglichst langen Ketten fortgesetzt, um solche Produkte mit den natürlichen Proteinen vergleichen zu können. Hierfür sind die gemischten Formen mit optisch-aktiven Aminosäuren am meisten geeignet. Bei ihnen gestaltet sich auch die Synthese einfacher, weil die Entstehung von Stereoisomeren, die bei der Anwendung racemischer Stücke möglich sind, wegfällt. Aus praktischen Gründen habe ich wie früher die Kombination von Glykokoll mit Leucin, aber diesmal mit aktivem l-Leucin, gewählt, und es ist mir gelungen, die Synthese bis zu einem Octadecapeptid[2]) fortzusetzen, das aus 15 Glykokoll- und 3 l-Leucinresten besteht, mithin das höchste bisher bekannte Polypeptid[3]) noch um 6 Glieder übertrifft.

Als Ausgangsmaterial dafür diente einerseits Pentaglycylglycin[4]) und andererseits d - α - Bromisocapronyl-diglycylglycin[5]), $BrCH(C_4H_9)CO \cdot [NHCH_2CO]_2 \cdot NHCH_2COOH$. Genau so wie der Racemkörper[6]), läßt letzteres sich leicht chlorieren und mit

---

[1]) Berichte d. D. Chem. Gesellsch. **39**, 2893 [1906]. (*S. 322.*)

[2]) Richtig gebildet müßte das Wort Oktokaidekapeptid lauten. In den Lehrbüchern findet sich aber für den Kohlenwasserstoff $C_{18}H_{38}$ der abgekürzte Namen Oktadekan bezw. Octadecan. Ich halte Octodecan und Octodecapeptid für richtiger, während Octapeptid ganz korrekt von ὀκτάκις abgeleitet ist. Da aber der scheinbare Widerspruch zwischen Octapeptid und Octodecapeptid sicherlich zu Mißverständnissen führen würde, so will ich trotz des sprachlichen Fehlers der Schreibweise Octadecapeptid den Vorzug geben.   E. Fischer.

Zur Ergänzung der vorstehenden Bemerkung teile ich mit, daß der Ausschuß für die Rechtschreibung der Fachausdrücke, aus dessen Arbeiten das Jansensche Buch (vergl. Berichte d. D. Chem. Gesellsch. **39**, 4448 [1906]) hervorgegangen ist, sich für die auf die lateinische Herkunft gegründete Schreibweise Octan und Decan deshalb entschieden hat, weil die Bezeichnungen „Nonan" und „Undecan" sich leider an Stelle der korrekten Namen „Ennean" und „Hendekan" eingebürgert haben (vergl. Meyer-Jacobson, 2. Aufl., Bd. I, Tl. I, S. 151, Anm. 3).   P. Jacobson.

[3]) Berichte d. D. Chem. Gesellsch. **39**, 2893 [1906]. (*S. 322.*)

[4]) Berichte d. D. Chem. Gesellsch. **39**, 472 [1906]. (*Proteine I, S. 569.*)

[5]) Berichte d. D. Chem. Gesellsch. **39**, 2907 [1906]. (*S. 337.*)

[6]) Berichte d. D. Chem. Gesellsch. **39**, 456 [1906]. (*Proteine I, S. 553.*)

dem Hexapeptid verkuppeln. Aus der Bromverbindnng entsteht dann durch flüssiges Ammoniak das l-Leucyl-octaglycyl-glycin, $NH_2CH(C_4H_9)CO \cdot [NHCH_2CO]_8 \cdot NHCH_2COOH$. Dieses Peptid kann in derselben Art durch Kupplung mit d-Bromisocapronyl-diglycyl-glycin und nachfolgende Amidierung in das Tetradecapeptid,

$$NH_2CH(C_4H_9)CO \cdot [NHCH_2CO]_3 \cdot NHCH(C_4H_9)CO \cdot [NHCH_2CO]_8$$
$$\cdot NHCH_2COOH,$$

$$l\text{-Leucyl-triglycyl-}l\text{-leucyl-octaglycyl-glycin}$$

verwandelt werden, und durch abermalige Wiederholung der gleichen Reaktion entsteht das Octadecapeptid,

$$NH_2CH(C_4H_9)CO \cdot [NHCH_2CO]_3 \cdot NHCH(C_4H_9)CO \cdot [NHCH_2CO]_3$$
$$\cdot NHCH(C_4H_9)CO \cdot [NHCH_2CO]_8 \cdot NHCH_2COOH,$$

$$l\text{-Leucyl-triglycyl-}l\text{-leucyl-triglycyl-}l\text{-leucyl-octaglycyl-}$$
$$\text{glycin.}$$

Die praktische Ausführung der Synthese wurde einerseits erleichtert durch die geringe Löslichkeit der Bromverbindungen in Wasser, andererseits aber sehr erschwert durch das starke Schäumen der alkalischen Lösungen, die bei der Kupplung in Anwendung kommen. Dieses Hindernis ließ sich durch Benutzung großer Gefäße und Schütteln mit Glasperlen so gründlich beseitigen, daß die Ausbeuten bei der Kupplung durchgehends recht befriedigend wurden. Größere Mühe hat es gemacht, die Bromverbindungen rein zu erhalten. So lange nämlich bei der Kupplung eine erhebliche Menge des hochmolekularen Polypeptids unverändert bleibt, fällt es beim Ansäuern mit dem Bromkörper zusammen heraus und läßt sich dann von ihm schwer trennen. Aus diesem Grunde habe ich schließlich das Bromisocapronyl-diglycyl-glycylchlorid in so großem Überschuß (3—4-fache Menge der Theorie) angewandt, daß der allergrößte Teil des Polypeptids verbraucht wird. Dabei entstehen allerdings erhebliche Mengen von Bromisocapronyl-diglycyl-glycin, aber dieses ist in Wasser verhältnismäßig leicht löslich und kann deshalb von den hochmolekularen, in Wasser fast unlöslichen Bromkörpern leicht getrennt werden.

Zum Vergleich mit den hochmolekularen Produkten wurde noch das Octapeptid,

$$NH_2CH(C_4H_9)CO \cdot [NHCH_2CO]_6 \cdot NHCH_2COOH,$$

$$l\text{-Leucyl-hexaglycyl-glycin,}$$

aus d-α-Bromisocapronyl-diglycyl-glycin und Triglycyl-glycin dargestellt.

Die vier neuen Polypeptide bilden farblose, aber nicht deutlich krystallisierte Pulver. Die drei niederen unterscheiden sich in angenehmer Weise von den früher beschriebenen inaktiven Produkten dadurch, daß sie kein Wasser enthalten und deshalb bei der Elementaranalyse viel befriedigendere Zahlen geben. Beim Octadecapeptid deutet allerdings das Resultat der Analyse auf einen geringen Gehalt von schwer entfernbarem Wasser hin. Die Formel der Verbindungen wird übrigens viel besser gewährleistet durch die recht befriedigenden Analysen der entsprechenden Bromkörper.

Die zuvor aufgestellten Strukturformeln gelten selbstverständlich nur unter der Voraussetzung, daß die Kupplung stets bei der Aminogruppe des Polypeptids erfolgt. Ich halte das für recht wahrscheinlich, muß aber ausdrücklich betonen, daß der endgültige Beweis dafür noch fehlt.

Die Löslichkeit in Wasser ist am größten bei dem Octapeptid, wo 14—15 Teile in der Hitze genügen. Sie ist am geringsten bei dem Decapeptid und steigt dann wieder für die beiden letzten Produkte, wo ungefähr 100 Teile kochendes Wasser genügen. Allerdings erhält man auch mit dieser Menge keine ganz klaren Lösungen, denn so oft man die Substanzen in trocknem Zustand abgeschieden hat, ist immer ein ganz kleiner Teil auch in heißem Wasser schwerer löslich. Am auffallendsten ist die Erscheinung bei dem Tetradecapeptid.

Alle diese hochmolekularen Polypeptide bilden mit den Mineralsäuren schwer lösliche Salze und selbst mit verdünntem Alkali müssen die drei letzten gelinde erwärmt werden, bevor klare Lösungen entstehen. Die warmen, klar filtrierten, wäßrigen Lösungen von Tetradecapeptid und Octadecapeptid werden in der Kälte opalescierend, ohne wägbare Mengen der Substanz abzuscheiden. Ziemlich rasch erfolgt indessen die Ausscheidung auf Zusatz einer konzentrierten Lösung von Ammoniumsulfat.

Von Phosphorwolframsäure werden alle vier aus schwefelsaurer Lösung sofort gefällt; ebenso verhält sich Tanninlösung gegen die kalte wäßrige oder schwefelsaure Lösung des Tetradeca- und Octadecapeptids. Selbstverständlich geben sie alle sehr stark die Biuretfärbung.

Durch diese Eigenschaften nähern sich die Produkte einigen natürlichen Proteinen, und wäre man ihnen zuerst in der Natur begegnet, so würde man wohl kein Bedenken getragen haben, sie als Proteine anzusprechen. Daß ihnen die Farbenreaktionen von Millon, Adamkiewicz, ferner die Xanthoprotein- und die Schwefelreaktion fehlen, ist selbstverständlich, da sie kein Tyrosin, Tryptophan und Cystin enthalten.

Das Octadecapeptid übertrifft mit dem Molekulargewicht 1213 die meisten Fette, von denen z. B. das Tristearin nur 891 hat. Es zählt deshalb zu den kompliziertesten Systemen, die man bisher durch Synthese darstellen konnte, ohne den Einblick in die Konstitution zu verlieren. Denkt man sich an Stelle der vielen Glykokollreste andere Aminosäuren, wie Phenylalanin, Tyrosin, Cystin, Glutaminsäure usw., so würde man schon auf das 2—3-fache Molekulargewicht kommen, mithin zu Werten, wie sie für einige natürliche Proteine angenommen werden. Für andere natürliche Produkte lauten allerdings die Schätzungen viel höher, auf 12 000—15 000. Aber nach meiner Meinung beruhen diese Zahlen auf sehr unsicheren Voraussetzungen, da uns jede Garantie dafür fehlt, daß die natürlichen Proteine einheitliche Substanzen sind.

Nach den bisherigen Erfahrungen zweifle ich nicht daran, daß die Synthese mit den gleichen Methoden noch über das Octadecapeptid hinaus fortgesetzt werden kann. Ich muß aber vorläufig auf derartige Versuche, die nicht allein sehr mühsam, sondern auch recht kostspielig sind, verzichten und werde mich mehr bemühen, Kombinationen mit einer größeren Anzahl verschiedener Aminosäuren, womöglich solche, bei denen keine gleichartigen Stücke in der Kette nebeneinander stehen, aufzubauen. Denn ich glaube, daß diese ganz gemischten Formen von der Natur bevorzugt werden.

Am Schluß dieser Mitteilung ist noch das d - Alanyl - l - leucin beschrieben, welches die Reihe der schon bekannten Dipeptide des l-Leucins vervollständigen soll, und dessen Darstellung nach den üblichen Methoden keine Schwierigkeiten darbietet.

d - α - Bromisocapronyl-hexaglycyl-glycin.

Zu einer Lösung von 5 g Triglycyl-glycin (1½ Mol.) in 20 ccm Wasser und 20,4 ccm n. Natronlauge (1½ Mol.) fügt man unter starker Kühlung und fortgesetztem Schütteln in 8 Portionen 5 g d-α-Bromisocapronyl-diglycyl-glycylchlorid (1 Mol.) und allmählich noch 40 ccm Wasser und 13 ccm n. Natronlauge. Wegen des starken Schäumens ist der Zusatz von Glasperlen nötig. Das Eintragen des Chlorids beansprucht etwa ³/₄ Stunden. Die Masse wird noch 2 Stunden unter Eiskühlung auf der Maschine geschüttelt, wobei sie zu einem so steifen Brei gesteht, daß schließlich kein Schütteln mehr möglich ist. Nun wird mit 14 ccm ⁵/₁-n. Salzsäure angesäuert, der ausgeschiedene Bromkörper filtriert und auf Ton getrocknet. Nach dem Trocknen über Schwefelsäure im Vakuum-Exsiccator betrug die Ausbeute 6,2 g oder 80% der Theorie.

Zur Reinigung löst man 6 g Rohprodukt in 70 ccm kaltem Wasser und der eben genügenden Menge Natriumcarbonatlösung, entfernt den unbedeutenden Rückstand durch Zentrifugieren und Filtrieren und fällt den Bromkörper wieder durch Salzsäure. Die Ausbeute beträgt ungefähr 5 g.

Zur Analyse wurde nochmals in gleicher Weise umgelöst und bei 100° getrocknet.

0,1898 g Sbst.: 0,2797 g CO_2, 0,0954 g H_2O. — 0,1923 g Sbst.: 27,8 ccm N (22°, 754 mm). — 0,1648 g Sbst.: 0,0521 g AgBr.

$C_{20}H_{32}O_9N_7Br$ (594,5). Ber. C 40,37, H 5,43, N 16,53, Br 13,45.

Gef. „ 40,19, „ 5,62, „ 16,33, „ 13,45.

Zur optischen Bestimmung diente eine Lösung in n. Natronlauge.

0,3250 g Sbst., Gesamtgewicht der Lösung 4,0908 g, $d^{20°} = 1,0639$. Drehung im 1-dm-Rohr bei 20° und Natriumlicht 0,30° nach rechts. Mithin

$$[\alpha]_D^{20°} = + 3,55°.$$

Nach 18 Stunden drehte die Lösung fast gar nicht mehr.

Der Bromkörper gibt starke Biuretfärbung. Er ist so gut wie unlöslich in absolutem Äthylalkohol, Äther, Chloroform, kaltem Wasser, Essigäther, Aceton. Auch in heißem Wasser ist er schwer löslich. Im Capillarrohr färbt er sich bei ca. 240° (246° korr.) gelb bis braun und zersetzt sich bei höherer Temperatur ohne Schmelzung.

l - Leucyl-hexaglycyl-glycin,

$$NH_2CH(C_4H_9)CO \cdot [NHCH_2CO]_6 \cdot NHCH_2COOH.$$

Bringt man 3 g d-α-Bromisocapronyl-hexaglycyl-glycin mit circa 20 ccm flüssigem Ammoniak im geschlossenen Rohr zusammen, so löst es sich mit Hinterlassung einiger bräunlicher Flocken. Die Flüssigkeit ist anfangs gelblich gefärbt, wird aber nach etwa $\frac{1}{2}$ Stunde beim Erwärmen des Ammoniaks auf Zimmertemperatur tiefblau, um nach einiger Zeit sich wieder zu entfärben. Die Abspaltung des Broms ist nach 4-tägigem Stehen bei 25° beendet. Nach dem Verdunsten des Ammoniaks wird der Rückstand zur Entfernung des Bromammoniums zweimal mit je 30 ccm Alkohol ausgekocht. Der mit Alkohol und Äther gewaschene Rückstand wog 2,5 g. Die Ausbeute an rohem Peptid betrug also 95% der Theorie.

Zur Reinigung wird es in der 14-fachen Menge heißem Wasser gelöst, wobei zuweilen, aber nicht immer, eine rötliche Färbung auftritt. Nach dem Erkalten fällt der größere Teil wieder aus, ist aber nicht deutlich krystallisiert. Der Rest wird aus der Mutterlauge mit Alkohol gefällt.

Für die Analyse wurde das Präparat nochmals in gleicher Weise umgelöst und bei 100° im Vakuum über Phosphorpentoxyd getrocknet.

0,1511 g Sbst.: 0,2520 g CO_2, 0,0850 g H_2O. — 0,1610 g Sbst.: 29,0 ccm N (18°, 770 mm).

$C_{20}H_{34}O_9N_8$ (530,59). Ber. C 45,23, H 6,46, N 21,17.

Gef. „ 45,48, „ 6,29, „ 21,13.

Für die optische Bestimmung wurden 0,2181 g Substanz in der äquimolekularen Menge n. Natronlauge und Wasser gelöst. Gesamtgewicht der Lösung 3,4586 g, $d^{20°} = 1,05$. Drehung im 1-dm-Rohr bei 20° und Natriumlicht 0,42° ($\pm$ 0,02°) nach rechts. Mithin

$$[\alpha]_D^{20°} = + 6,34° (\pm 0.4°).$$

Das Octapeptid hat keinen Schmelzpunkt. Es wird beim raschen Erhitzen im Capillarrohr gegen 200° gelb, gegen 250° braun und zersetzt sich gegen 300° völlig.

Die Salze mit den drei Mineralsäuren sind in kaltem Wasser schwer löslich. Das Nitrat fällt aus der warmen Lösung des Octapeptids in sehr verdünnter Salpetersäure beim Erkalten als körniges Pulver aus. Es besteht aus mikroskopisch kleinen, kugeligen Gebilden, in denen man keine deutliche krystallinische Struktur erkennen kann. Das Sulfat und Chlorhydrat verhalten sich ähnlich.

In verdünntem Alkali löst sich das Octapeptid leicht, in Ammoniak erst beim Erwärmen. Die Biuretfärbung ist sehr stark. Beim Kochen der wäßrigen Lösung mit Kupferoxyd entsteht ein sehr schwer lösliches Kupfersalz. In Folge dessen ist auch die Färbung der Lösung nur schwach blau. Die Molekulargewichtsbestimmung nach der Siedepunktsmethode hat schwankende und ganz unwahrscheinliche Werte gegeben. Darüber soll später im Zusammenhang mit dem Verhalten der einfachen Polypeptide berichtet werden.

d-α-Bromisocapronyl-octaglycyl-glycin.

4,8 g (1 Mol.) Pentaglycyl-glycin werden in 40 ccm Wasser und 14 ccm (1 Mol.) n. Natronlauge gelöst, in einer großen Schüttelflasche (Inhalt 200 ccm) stark gekühlt und dazu im Verlaufe von etwa $^3/_4$ Stunden 5 g d-α-Bromisocapronyl-diglycyl-glycylchlorid (1 Mol.) und 14 ccm n. Natronlauge in ca. 8 Portionen hinzugefügt. Während der ganzen Operation wird unter Anwendung von 20 Glasperlen von 0,6 cm Durchmesser kräftig geschüttelt und die Temperatur immer auf ungefähr 0° gehalten. Schließlich ist die Flasche vollständig von Schaum erfüllt und das feste Chlorid verschwunden. Beim Zufügen von 6 ccm verdünnter Salzsäure (5-fach normal) gesteht die ganze Masse zu einem dicken, weißen Brei. Nach längerem Zentrifugieren läßt sich der größere Teil der Mutterlauge durch Abnutschen leidlich entfernen, während der Rest durch Auftragen auf Ton beseitigt wird. Nachdem dann das Kupplungsprodukt im Vakuum über Phosphorpentoxyd vollständig getrocknet ist, wird es im Achatmörser möglichst fein gepulvert. Die Ausbeute an Rohprodukt beträgt 6—6,5 g oder 65—70% der Theorie.

Zur Reinigung wird das möglichst fein zerriebene Rohprodukt mit der 50-fachen Menge heißem Wasser übergossen, durch Zufügen von

etwa $1^1/_2$ Mol. Normalsodalösung und kräftiges Schütteln in Lösung
gebracht, von einer geringen Menge ungelöster, grauer flockiger Substanz schnell abfiltriert und das fast völlig farblose Filtrat ungeachtet
einer etwa schon eingetretenen Trübung mit etwas mehr als der äquivalenten Menge Normalsalzsäure angesäuert.

Dabei scheidet sich der Bromkörper sofort als weißer feiner Niederschlag ab, der sich sehr langsam absetzt und unter dem Mikroskop als
ein äußerst feines, aber nicht deutlich krystallinisches, lockeres Pulver
erscheint. Nach 1—2-stündigem Stehen in Eis wird er abgesaugt, mit
kaltem Wasser bis zum Verschwinden der Chlorreaktion gewaschen,
gut abgepreßt und im Vakuum über Phosphorpentoxyd getrocknet.
Fein gepulvert erscheint die Substanz als eine lockere, weiße Masse,
die manchmal einen Stich ins Gelbe zeigt.

Zur Analyse wurde sie nochmals in derselben Weise umgelöst,
erst im Vakuumexsiccator, schließlich im Vakuum bei 80° über Phosphorpentoxyd getrocknet.

0,2075 g Sbst.: 0,0549 g AgBr. — 0,1922 g Sbst.: 29,2 ccm N (17°, 769 mm).
$C_{24}H_{38}O_{11}N_9Br$ (708,6).   Ber. Br 11,28, N 17,83.
                              Gef. „ 11,26, „ 17,88.

Beim raschen Erhitzen im Capillarrohr färbt sich die Substanz
gegen 250° (korr.) braun und zersetzt sich gegen 300° (korr.) völlig
unter Aufschäumen.

l-Leucyl-octaglycyl-glycin,
$NH_2CH(C_4H_9)CO \cdot [NHCH_2CO]_8 \cdot NHCH_2COOH.$

1,7 g des oben beschriebenen Bromkörpers werden in 20—25 ccm
flüssiges Ammoniak eingetragen und im verschlossenen Rohr, da der
größte Teil ungelöst bleibt, 5 Tage bei ungefähr 25° geschüttelt. Nach
dem Verdunsten des Ammoniaks wird der feste, etwas grau gefärbte
Rückstand fein zerrieben, mit 25 ccm Alkohol ausgekocht, abgesaugt,
mit Alkohol gewaschen und im Dampfschrank getrocknet. Die Rohausbeute beträgt 1,4 g oder 90% der Theorie. Einmaliges Umlösen
genügt zur völligen Reinigung. Zu dem Zwecke wird das Produkt mit
50 Teilen siedendem Wasser und $1^1/_2$ Mol. Normalsodalösung geschüttelt, wobei fast klare Lösung eintritt, schnell filtriert und mit Essigsäure schwach angesäuert. Das Decapeptid fällt sofort als weißer leichter Niederschlag aus, der nach $1^1/_2$-stündigem Stehen in Eis abgesaugt
und mit Wasser, Alkohol und Aether gewaschen wird. Der Verlust
beim Umlösen ist gering.

Zur Analyse wurde im Vakuum über Phosphorpentoxyd bei 100°
mehrere Stunden bis zum konstanten Gewicht getrocknet.

0,1790 g Sbst.: 0,2841 g CO_2, 0,1011 g H_2O. — 0,1649 g Sbst.: 25,63 ccm $^1/_{10}$-n, H_2SO_4 (nach Kjeldahl).

$C_{24}H_{40}O_{11}N_{10}$ (644,7).   Ber. C 44,67, H 6,25, N 21,78.

Gef. „ 44,30, „ 6,32, „ 21,82.

Die Substanz hat keinen Schmelzpunkt. Sie färbt sich gegen 260° braun und wird gegen 300° langsam ganz schwarz. Sie löst sich sehr schwer in Wasser, aber ziemlich leicht in sehr verdünnter Natronlauge, Soda und Ammoniak beim Erwärmen und wird aus diesen Lösungen durch Essigsäure körnig gefällt. In verdünnter Salzsäure ist sie in der Kälte recht schwer löslich. In konzentrierter Salzsäure löst sie sich leicht, und durch Wasser wird daraus das Hydrochlorid gefällt. Sie gibt starke rote Biuretfärbung.

Im Gegensatz zu dem früher beschriebenen inaktiven Decapeptid entfärbte sie in kalter Natriumcarbonatlösung Permanganat gar nicht, war also offenbar reiner als jenes.

d-α-Bromisocapronyl-triglycyl-l-leucyl-octaglycyl-glycin.

1 g aktives Decapeptid (1 Mol.) wird in 50 ccm Wasser und 1,6 ccm n.-Natronlauge unter Erwärmen gelöst, dann stark gekühlt und unter kräftigem Schütteln mit Glasperlen abwechselnd in 5—6 Portionen 2,2 g (3$^1/_2$ Mol.) d-α-Bromisocapronyl-diglycyl-glycylchlorid und 10 ccm n.-Natronlauge eingetragen. Unter starkem Schäumen geht das feste Chlorid allmählich in Lösung. Nach dem Ansäuern mit 4 ccm 5-fachnormaler Salzsäure wird nach Verlauf einer halben Stunde etwa 20 Minuten stark zentrifugiert, dann abgesaugt, mit kaltem Wasser gewaschen und im Vakuum über Phosphorpentoxyd getrocknet.

Die Ausbeute beträgt 1,35 g oder 88% der Theorie. Aus der Mutterlauge scheidet sich beim Einengen im Vakuum das aus dem überschüssigen Chlorid regenierte Bromisocapronyl-diglycyl-glycin fast vollständig ab. Das Kupplungsprodukt wird mit 135 ccm heißem Wasser und 2,1 ccm Normalsodalösung (1$^1/_2$ Mol.) geschüttelt, und nach dem Abfiltrieren einer sehr geringen Menge ungelöster grauer flockiger Substanz wird die völlig farblose und klare Lösung nach dem Erkalten mit 3 ccm Normalsalzsäure angesäuert, wobei ein körniger und verhältnismäßig sich gut absetzender, weißer Niederschlag entsteht, dessen Menge 1 g beträgt.

Zur Analyse war im Vakuum über Phosphorpentoxyd bei 100° zur Konstanz getrocknet.

0,1686 g Sbst.: 0,2680 g CO_2, 0,0909 g H_2O. — 0,1586 g Sbst.: 20,95 ccm $^1/_{10}$-n.-H_2SO_4 (Kjeldahl). — 0,1246 g Sbst.: 0,0230 g AgBr.

$C_{36}H_{58}O_{15}N_{13}Br$ (992,9). Ber. C 43,51, H 5,89, N 18,38, Br 8,05.

Gef. „ 43,35, „ 6,03, „ 18,50, „ 7,86.

Die Substanz färbt sich beim raschen Erhitzen gegen 255° braun und zersetzt sich gegen 305° unter Aufschäumen.

l - Leucyl - triglycyl - l - leucyl - octaglycyl - glycin,
$NH_2CH(C_4H_9)CO \cdot [NHCH_2CO]_3 \cdot NHCH(C_4H_9)CO \cdot$
$[NHCH_2CO]_8 \cdot NHCH_2COOH$.

1,2 g Bromkörper werden in ungefähr 25 ccm flüssiges Ammoniak eingetragen, wobei fast völlige Lösung eintritt. Bei gewöhnlicher Temperatur scheidet sich schon nach kurzer Zeit ein weißer Niederschlag ab, der bereits nach 12 Stunden das Rohr breiartig erfüllt. Um die Umsetzung vollständig zu machen, wird 4—5 Tage bei ungefähr 25° geschüttelt. Nach dem Abdunsten des Ammoniaks wird der etwas grau gefärbte Rückstand fein gepulvert und mit 40 ccm Alkohol ausgekocht. Die Ausbeute beträgt etwa 1 g oder 90% der Theorie.

Zur Reinigung wird das Rohprodukt mit 100 Teilen Wasser ausgekocht, wobei nur eine ganz geringe Menge ungelöst bleibt, und das Filtrat unter Zusatz von Alkohol auf dem Wasserbade abgedampft. Die Lösung trübt sich bald, und wenn sie unter öfterem Erneuern des Alkohols genügend weit eingeengt ist, scheidet sich plötzlich das Tetradecapeptid als weiße, körnige, schnell absitzende Masse aus, die nach einigem Stehen in Eis abgesaugt und mit Alkohol und Äther gewaschen wird. Nach dem Trocknen im Vakuumexsiccator beträgt die Menge 0,8—0,9 g.

Die trockne Substanz löst sich in heißem Wasser nicht mehr völlig klar, und die filtrierte klare Lösung zeigt bei längerem Stehen in der Kälte schwache Opalescenz. Auf Zusatz von gesättigter Ammoniumsulfatlösung scheidet sich sehr bald ein flockiger Niederschlag ab. Von Tannin wird die kalte wäßrige Lösung sofort gefällt, der Niederschlag löst sich in der Wärme.

In sehr verdünnten Alkalien löst sie sich schon in ganz gelinder Wärme klar, in warmen verdünnten Mineralsäuren ist sie ebenfalls ziemlich leicht löslich, und bei genügender Konzentration erfolgt in der Kälte die Abscheidung des Salzes. Besonders schön ist das Nitrat, das bei längerem Stehen aus der schwach erwärmten, klaren, salpetersauren Lösung grobkörnig, scheinbar krystallinisch ausfällt. Doch ist unter dem Mikroskop keine deutliche krystallinische Struktur erkennbar.

Die alkalische Lösung gibt mit Kupfersulfat eine starke kirschrote Biuretfärbung. Die schwefelsaure Lösung gibt noch in sehr großer Verdünnung mit Phosphorwolframsäure eine reichliche Fällung, die sich beim Kochen in erheblicher Menge löst und in der Kälte wieder abscheidet.

Die heiße wäßrige Lösung färbt sich beim 5 Minuten langen Kochen mit gefälltem Kupferoxyd schwach aber doch deutlich blau.

Zur Analyse wurde bei 100° im Vakuum über Phosphorpentoxyd bis zur Konstanz getrocknet.

0,1954 g Sbst.: 0,3319 g CO_2, 0,1100 g H_2O. — 0,1619 g Sbst.: 28,7 ccm N (14°, 760 mm).

$C_{36}H_{60}O_{15}N_{14}$ (929,1).   Ber. C 46,50, H 6,51, N 21,16.

Gef. ,, 46,33, ,, 6,30, ,, 20,89.

Die Substanz beginnt gegen 235° braun zu werden und zersetzt sich bei höherer Temperatur völlig, ohne zu schmelzen.

d-α-Bromisocapronyl-triglycyl-l-leucyl-triglycyl-l-leucyl-octaglycyl-glycin.

1 g Tetradecapeptid (1 Mol.) wird in 50 ccm Wasser und der berechneten Menge (1,2 ccm) Normalnatronlauge gelöst, stark gekühlt und unter kräftigem Schütteln in mehreren Portionen und abwechselnd 1,5 g d-α-Bromisocapronyl-diglycyl-glycylchlorid ($3\frac{1}{2}$ Mol.) und 7 ccm Normalnatronlauge zugefügt. Dann wird mit 5 ccm 5-fachnormaler Salzsäure angesäuert, der flockige Niederschlag nach 1-stündigem Stehen bei 0° abgesaugt, gewaschen und im Vakuum über Phosphorpentoxyd getrocknet. Ausbeute etwa 1,1 g oder mehr als 80% der Theorie.

Aus der Mutterlauge läßt sich, wie bei der letzten Kupplung beschrieben ist, das aus dem überschüssigen Chlorid regenerierte Bromisocapronyl-diglycyl-glycin gewinnen.

Der neue Bromkörper wird zur Reinigung in der 20-fachen Menge heißem Wasser und der für 1,5 Mol. berechneten Menge Normalsoda gelöst und die von einem geringfügigen Rückstand abfiltrierte Flüssigkeit mit einem kleinen Überschuß von Normalsalzsäure übersättigt. Nach kurzer Zeit scheidet sich ein körniger Niederschlag ab, der nach 1-stündigem Stehen in Eis abgesaugt, mit kaltem Wasser gewaschen und im Vakuumexsiccator getrocknet wird.

Die Ausbeute geht dabei auf ca. 70% der Theorie herunter.

Zur Analyse wurde im Vakuum bei 100° bis zum konstanten Gewicht getrocknet.

0,1530 g Sbst.: 0,2533 g CO_2, 0,0810 g H_2O. — 0,1505 g Sbst.: 19,6 ccm $^1/_{10}$-n. H_2SO_4. — 0,2526 g Sbst.: 0,0383 g AgBr.

$C_{48}H_{78}O_{19}N_{17}Br$ (1277,3).   Ber. C 45,10, H 6,15, N 18,69, Br 6,26.

Gef. ,, 45,15, ,, 5,92, ,, 18,30, ,, 6,45.

Die Substanz beginnt gegen 240° sich zu bräunen und zersetzt sich gegen 310° (korr.) unter lebhaftem Aufschäumen.

l - L e u c y l - t r i g l y c y l - l - l e u c y l - t r i g l y c y l - l - l e u c y l -
o c t a g l y c y l - g l y c i n,

$$NH_2CH(C_4H_9)CO \cdot [NHCH_2CO]_3 \cdot NHCH(C_4H_9)CO \cdot$$
$$[NHCH_2CO]_3 \cdot NHCH(C_4H_9)CO \cdot [NHCH_2CO]_8 \cdot NHCH_2COOH.$$

1,2 g Bromkörper werden in ca. 20 ccm flüssiges Ammoniak eingetragen, wobei eine klare, schwach gelblich gefärbte Lösung entsteht. Sehr bald beginnt die Abscheidung eines weißen Niederschlages, der nach 5-tägigem Schütteln bei 25° das Rohr als dicker Brei erfüllt. Die Umsetzung ist dann nahezu quantitativ. Nach dem Verdunsten des Ammoniaks wird der fein gepulverte, fast weiße Rückstand mit 40 ccm Alkohol ausgekocht, abgesaugt, gewaschen und bei 100° getrocknet. Das Produkt wird in derselben Weise umgelöst, wie bei dem Tetradecapeptid beschrieben ist. Die Ausbeute an völlig bromfreiem Polypeptid beträgt 0,8 g oder ungefähr 70% der Theorie.

Zur Analyse wurde das Octadecapeptid einmal bei 100°, das andere Mal bei 113° im Vakuum über Phosphorpentoxyd mehrere Stunden getrocknet.

Trotzdem sind die gefundenen Zahlen für Kohlenstoff ungefähr 1% und für Stickstoff 0,4% zu niedrig. Das deutet noch auf einen Gehalt an Wasser hin, da die Substanz ganz frei von Asche und Brom war. Leider war die völlige Austreibung des Wassers durch stärkeres Erhitzen nicht möglich, da Gelbfärbung beginnende Zersetzung anzeigte.

0,1766 g Sbst.: 0,3000 g CO_2, 0,1055 g H_2O. — 0,1481 g Sbst.: 0,2530 g CO_2, 0,0863 g H_2O. — 0,1491 g Sbst.: 21,7 ccm $^1/_{10}$-n. H_2SO_4 (Kjeldahl).

$C_{48}H_{80}O_{19}N_{18}$ (1213,3).   Ber. C 47,50,   H 6,65,   N 20,84.
Gef. „ 46,33, 46,59, „ 6,68, 6,52, „ 20,43.

Die Substanz ist dem Tetradecapeptid sehr ähnlich. In 100 Teilen kochendem Wasser löst sie sich zum allergrößten Teil auf; um aber den kleinen Rest völlig zu lösen, ist dann verhältnismäßig recht viel Wasser nötig. Die klar filtrierte, heiße Lösung in der 100-fachen Menge Wasser wird beim Erkalten etwas trübe. Trotz der großen Verdünnung schäumt sie und gibt nach Zusatz einer starken Ammonsulfatlösung langsam einen Niederschlag. Nach dem Zusatz von Schwefelsäure gibt sie mit Phosphorwolframsäure einen sehr starken amorphen Niederschlag, der sich in der Hitze in reichlicher Menge löst und beim Erkalten wieder abscheidet. Ebenso verhält sich sowohl die wäßrige, wie die schwefelsaure Lösung gegen Tanninlösung. Die heiße, wäßrige Lösung färbt sich ferner beim Kochen mit gefälltem Kupferoxyd ganz schwach blau.

In konzentrierten Säuren, z. B. in Salpetersäure vom spez. Gew. 1,4, ist das Octadecapeptid recht leicht löslich. Auf Zusatz von Wasser scheidet diese Lösung, wenn sie nicht zu verdünnt ist, ziemlich rasch einen Niederschlag des Nitrats aus. In sehr verdünnter Salz- oder Salpetersäure scheint sich das Octadecapeptid in der Hitze etwas leichter zu lösen als in Wasser. Aber auch hier beobachtet man, daß ein kleiner Rest schwerer in Lösung geht. Die sauren Lösungen scheiden in der Kälte langsam erhebliche Mengen der Salze ab. Die wäßrige Lösung des Polypeptids wird weder von Quecksilberchlorid noch von einer sauren Quecksilberoxydulnitratlösung gefällt. Das Peptid gibt, wie leicht begreiflich, weder Xanthoprotein- noch Millon sche Reaktion.

d - Brompropionyl - l - leucin.

5 g l-Leucin ($[\alpha]_D^{20} = + 16°$ in salzsaurer Lösung) wurden in 39 ccm n.-Natronlauge (1 Mol.) gelöst und unter Schütteln und starkem Kühlen abwechselnd in 4 Portionen 6,5 g d-Brompropionylchlorid (1 Mol.), das aus d-Brompropionsäure[1]) vom Drehungswinkel $\alpha = + 46°$ bereitet war, und 40 ccm n.-Natronlauge (etwas mehr als 1 Mol.) zugefügt. Das Chlorid verschwand sehr schnell. Unter guter Kühlung wurde dann mit 8 ccm $^5/_1$-n. Salzsäure übersättigt. Der Bromkörper fiel zuerst ölig aus, erstarrte aber nach einigen Stunden in der Kälte krystallinisch. Er wurde filtriert und erst mit Wasser, später mit Petroläther gewaschen. Die Ausbeute betrug 8 g. Aus der Mutterlauge ließen sich durch Eindampfen im Vakuum noch 0,7 g erhalten, so daß die Gesamtausbeute auf 8,7 g oder 87% der Theorie stieg. Zur Reinigung wurde in Äther gelöst, von einem geringen Rückstand abfiltriert, die eingeengte ätherische Lösung mit Petroläther gefällt und dieses Produkt aus der 25-fachen Menge heißem Wasser umkrystallisiert.

Zur Analyse und zur optischen Bestimmung wurde im Vakuumexsiccator über Phosphorpentoxyd getrocknet.

0,2031 g Sbst.: 8,9 ccm N (15°, 770 mm). — 0,1781 g Sbst.: 0,1250 g AgBr.
$C_9H_{16}O_3NBr$ (266).   Ber. N 5,28, Br 30,05.
Gef. ,, 5,21, ,, 29,87.

Für die Lösung in Alkohol oder Essigäther ist $[\alpha]_D^{20} = + 2,0°$. In n.-Natronlauge ist die Drehung stärker.

0,3054 g Substanz. Gesamtgewicht der Lösung 3,8692 g. $d^{20°}$ = 1,0642. Drehung im 1-dm-Rohr bei 20° und Natriumlicht 0,48° ($\pm 0,02°$) nach links. Mithin

$$[\alpha]_D^{20} = - 5,72° \; (\pm 0,25°).$$

0,3237 g Substanz. Gesamtgewicht der Lösung 4,2002 g. $d^{20°}$ = 1,062. Drehung im 1-dm-Rohr bei 20° und Natriumlicht 0,48° ($\pm 0,02$) nach links. Mithin

$$[\alpha]_D^{20} = - 5,87° \; (\pm 0,25°).$$

---

[1]) E. Fischer und K. Raske, Berichte d. D. Chem. Gesellsch. **39**, 3995 [1906]. (S. 293.)

Die Substanz schmilzt bei 50—51° (korr.), nachdem sie einige Grade vorher weich geworden ist. Sie ist leicht löslich in Alkohol, Äther, warmem Benzol und Essigäther, aber fast unlöslich in Petroläther. Aus Wasser krystallisiert sie in schmalen Spießen, die meist zu Büscheln verwachsen sind.

d - Alanyl - l - leucin.

Eine Lösung von 8 g d-α-Brompropionyl-l-leucin in der 5-fachen Menge wäßrigen Ammoniaks (25%) blieb 6 Tage bei 24° stehen. Dann wurde nach dem Verdampfen des Ammoniaks unter geringem Druck der feste, weiße Rückstand wiederholt ausgekocht und so 3,7 g bromfreies Produkt isoliert. Aus der Mutterlauge wurde das Bromammonium durch Bariumhydroxyd und Silbersulfat in der früher öfter geschilderten Weise[1]) entfernt und dadurch noch eine zweite Menge Dipeptid erhalten, die nach einmaligem Fällen aus wäßriger Lösung durch Alkohol 1,2 g wog. Die Ausbeute betrug also im ganzen 4,9 g oder 82% der Theorie.

Zur Reinigung wurde entweder in wenig Wasser gelöst und mit Alkohol gefällt oder aus 240 Gewichtsteilen siedendem Alkohol umkrystallisiert.

Die Krystalle enthalten einige Prozent Wasser, das ziemlich schwer zu entfernen ist. Zur Analyse und zur optischen Bestimmung wurde deshalb bei 110° im Vakuum über Phosphorpentoxyd getrocknet.

0,1346 g Sbst.: 0,2629 g CO_2, 0,1083 g H_2O. — 0,1130 g Sbst.: 13,4 ccm N (18°, 765 mm).

$C_9H_{18}O_3N_2$ (202,2).   Ber. C 53,41, H 8,97, N 13,89.
                              Gef. ,, 53,27, ,, 9,00, ,, 13,82.

0,3311 g Substanz in Wasser gelöst. Gesamtgewicht der Lösung 3,7750 g. $d^{20°} = 1,0201$. Drehung im 1-dm-Rohr bei 20° und Natriumlicht 1,54° ($\pm$ 0,02°) nach links. Mithin

$$[\alpha]_D^{20} = -17,21° (\pm 0,2°).$$

0,3296 g Substanz in Wasser. Gesamtgewicht der Lösung 3,6407 g. $d^{20°} = 1,0194$. Drehung im 1-dm-Rohr bei 20° und Natriumlicht 1,55° ($\pm$ 0,02°) nach links. Mithin

$$[\alpha]_D^{20} = -16,79° (\pm 0,2°).$$

Das Dipeptid schmilzt beim raschen Erhitzen gegen 250—251° (255—256° korr.) unter Braunfärbung zu einer klaren Flüssigkeit.

Es ist spielend leicht löslich im Wasser, schwer löslich in Alkohol, in der Hitze leichter als in der Kälte, fast unlöslich in Äther, Benzol,

---

[1]) Vergl. Berichte d. D. Chem. Gesellsch. **39**, 2911 [1906]. (S. 341.)

Chloroform, Aceton. Aus absolutem Alkohol krystallisiert es in schmalen, vierseitigen Blättchen von linsenförmiger Gestalt. Aus wäßriger Lösung mit Alkohol gefällt, bildet es sehr feine, schmale, zugespitzte Blättchen. Der Geschmack ist schwach bitter.

Bei obigen Versuchen bin ich von den HHrn. Dr. Walter Axhausen und Dr. Hans Tappen unterstützt worden. Der erste hat die drei hochmolekularen Polypeptide und der zweite das Octapeptid und Alanyl-leucin bearbeitet. Ich sage ihnen für die wertvolle Hülfe auch an dieser Stelle meinen besten Dank.

41. Emil Fischer und Ernst Koenigs: Synthese von Poly-peptiden. XVIII. Derivate der Asparaginsäure.

Berichte der Deutschen Chemischen Gesellschaft **40**, 2048 [1907].

(Eingegangen am 3. April 1907.)

Vor zwei Jahren[1]) haben wir einige dipeptidartige Verbindungen des Asparagins und der Asparaginsäure mit dem Glykokoll und Leucin beschrieben, die mittels der Halogenfettsäurechloride dargestellt waren. Da das hierbei verwendete α-Bromisocapronylchlorid inaktiv, das Asparagin und die Asparaginsäure aber aktiv waren, so mußten bei der Synthese 2 Stereoisomere resultieren, deren Trennung durch Krystallisation uns in einem Falle und zwar beim α-Bromisocapronyl-asparagin gelungen war. Wir haben zunächst diese Beobachtung weiter verfolgt und größere Mengen der beiden Bromprodukte benutzt, um die beiden entsprechenden Leucylasparagine, die wir früher nur als Gemische hatten, zu bereiten. Durch Hydrolyse eines der Dipeptide konnte dann festgestellt werden, welche Form des aktiven Leucins sie enthielten, und daraus war ein Rückschluß auf die Konfiguration der entsprechenden α-Bromisocapronyl-asparagine möglich.

In der Absicht Tripeptide mit dem Radikal des Asparagins zu gewinnen, haben wir zunächst das Chloracetylasparagin durch Behandeln mit Acetylchlorid und Phosphorpentachlorid in das entsprechende Säurechlorid,

$$\begin{array}{c} ClCH_2 \cdot CO \cdot NH \cdot CH \cdot COCl \\ | \\ CH_2 \cdot CO \cdot NH_2 \end{array}, \text{verwandelt;}$$

das verhältnismäßig beständig ist und sich leicht isolieren läßt. Durch Kombination mit l-Leucinester und nachfolgende Verseifung entsteht daraus Chloracetyl-l-asparaginyl-l-leucin, welches endlich durch Amidierung in das Glycyl-l-asparaginyl-l-leucin,

$$\begin{array}{c} NH_2CH_2CO \cdot NH \cdot CHCO \cdot NHCH(C_4H_9)COOH, \\ | \\ CH_2 \cdot CO \cdot NH_2 \end{array}$$

verwandelt wird.

Dieses Tripeptid verdient ein besonderes Interesse, weil es neben den verschiedenen Peptidbindungen noch die Gruppe $\cdot CO \cdot NH_2$ ent-

---

[1]) Berichte d. D. Chem. Gesellsch. **37**, 4585 [1904]. (*Proteine I, S. 402.*)

hält, die sicherlich auch in manchen natürlichen Proteinen enthalten ist, und die bei der totalen Hydrolyse Ammoniak liefert.

Der Versuch, das Bromisocapronylasparagin zu ähnlichen Synthesen zu benützen, scheiterte, weil merkwürdigerweise schon beim Schütteln mit Acetylchlorid Bromwasserstoff abgespalten wird und ein Produkt von der Formel $C_{10}H_{16}O_4N_2$ entsteht, dessen Struktur bisher nicht festgestellt werden konnte.

Eine andere Versuchsreihe betrifft die Verwandlung der Asparagin-säureester in Diketopiperazinderivate. Bei Anwendung des Diäthylesters entsteht, wie wir früher mitteilten, nur in recht bescheidener Ausbeute der 2,5-Diketopiperazin-3,6-diessigsäurediäthylester. Viel bessere Resultate lieferte der bisher unbekannte Dimethylester der Asparaginsäure. Er verwandelt sich schon beim mehrtägigen Erhitzen auf 100° zum Teil in das Diketopiperazinderivat, und die Ausbeute steigt hier bis auf 30% der Theorie. Durch vorsichtige Verseifung gelang es, aus dem Methylester die 2,5-Diketopiperazin-3,6-diessigsäure,

$$\text{HOOC} \cdot \text{CH}_2 \cdot \text{CH} \cdot \text{CO} \cdot \text{NH}$$
$$\text{NH} \cdot \text{CO} \cdot \text{CH} \cdot \text{CH}_2 \cdot \text{COOH}$$

, in reichlicher Menge und reinem Zustand zu gewinnen. Wird endlich dieses Produkt bei gewöhnlicher Temperatur mit einem mäßigen Überschuß von Barytwasser behandelt, so entsteht eine neue Säure, die 1 Molekül Wasser mehr enthält, und es liegt der Gedanke nahe, daß sie ein durch Aufspaltung des Piperazinringes entstandene Asparagyl-asparaginsäure, $\text{COOH} \cdot \text{CH}_2 \cdot \text{CH}(\text{NH}_2) \cdot \text{CO} \cdot \text{NH} \cdot \text{CH}(\text{COOH}) \cdot \text{CH}_2 \cdot \text{COOH}$, ist. Wenn diese Ansicht zutrifft, so würde die Verbindung das erste Dipeptid einer Aminodicarbonsäure sein.

Isomere α - Bromisocapronyl - *l* - asparagine.

Für die Kupplung des Asparagins mit dem inaktiven α - Brom-isocapronylchlorid sind wir der früher gegebenen Vorschrift[1]) gefolgt, wobei auf 10 g Asparagin 14,3 g α-Bromisocapronylchlorid und im ganzen 134 ccm Normalnatronlauge in Anwendung kamen. Zur Trennung der beiden Isomeren haben wir dann die fraktionierte Fällung der alkalischen Lösung benutzt. Fügt man zu dieser sofort nach der Kupplung bei gewöhnlicher Temperatur zunächst nur 25 ccm Normalsalzsäure, so fällt das schwerer lösliche Derivat der *l*-α-Bromisocapronsäure aus, für das wir in Zukunft den Namen *l*-α-Bromisocapronyl-*l*-asparagin gebrauchen werden. Die Flüssigkeit wird etwa 15 Minuten in Eiswasser gekühlt und filtriert. Fügt man zu der Mutterlauge nochmals 17 ccm Normalsalzsäure, so krystallisiert im Laufe von einigen Stunden bei 0° ein Gemisch der beiden Isomeren; wird die aber-

---

[1]) Berichte d. D. Chem. Gesellsch. **37**, 4590 [1904]. (*Proteine I, S. 407.*)

mals filtrierte Flüssigkeit wiederum mit 25 ccm Normalsalzsäure versetzt, so scheidet sich bei längerem Stehen bei 0° d-α-Bromisocapronyl-
l - asparagin in ziemlich reinem Zustand aus. Die erste und die dritte
Krystallisation können durch einmaliges Umlösen aus warmem Wasser
genügend rein für die Darstellung der Dipeptide gewonnen werden.
Die Ausbeute schwankte bei verschiedenen Darstellungen und betrug
im Durchschnitt für jedes der beiden gereinigten Isomeren 4 g. Die
zweite Krystallisation, deren Menge gleichfalls 3—4 g beträgt, kann
natürlich in ähnlicher Weise, d. h. durch fraktionierte Fällung der
alkalischen Lösung, zur Gewinnung der beiden Isomeren verarbeitet
werden.

l - α - Bromisocapronyl - l - asparagin.

Diese Verbindung haben wir früher nur annähernd rein gehabt,
denn die spezifische Drehung wurde neuerdings etwas höher gefunden.
Zu ihrer Bestimmung diente eine alkalische Lösung vom Gesamtgewicht von 4,2410 g, die 0,2497 g Substanz und 0,8246 g n-Natronlauge
enthielt. Drehung im dcm-Rohr bei 20° für Natriumlicht 1,81° nach
links. Spez. Gewicht 1,03. Mithin

$$[\alpha]_D^{20} = - 29,9°.$$

Dieses Präparat wurde nochmals aus heißem Wasser umkrystallisiert und gab dann folgendes Resultat: Gesamtgewicht der Lösung
3,6676 g. Sie enthielt 0,2092 g Substanz und 0,7400 g n-Natronlauge.
Drehung im dcm-Rohr bei 20° für Natriumlicht 1,77° nach links. Spez.
Gewicht 1,03. Mithin

$$[\alpha]_D^{20} = - 30,1°.$$

Auch ist die frühere ungefähre Angabe über die Löslichkeit in
kaltem Wasser (1 : 75) zu berichtigen. Nach neueren Beobachtungen
verlangt die Substanz bei 25° zwischen 200—300 Teile kaltes Wasser.

d - α - Bromisocapronyl - l - asparagin.

Zur Reinigung wurde das zuvor erwähnte Produkt (dritte Krystal-
lisation) mehrmals aus warmem Wasser umgelöst. Im lufttrocknen
Zustande enthalten die Krystalle 1 Mol. Wasser, das beim einstündigen
Erhitzen auf 75° im Vakuum völlig entweicht.

0,1860 g lufttrockner Substanz verloren in 1 Stunde bei 75° im Vakuum
0,0106 g.

$C_{10}H_{17}O_4N_2Br + 1 H_2O$. Ber. H_2O 5,51. Gef. H_2O 5,70.

Die getrocknete Substanz gab folgende Zahlen:

0,1600 g Sbst.: 0,2292 g CO_2, 0,0801 g H_2O. — 0,2061 g Sbst.: 13,0 ccm
$^1/_{10}$-n. Ammoniak. — 0,1832 g Sbst.: 0,1111 g AgBr.

$C_{10}H_{17}O_4N_2Br$ (309). Ber. C 38,83, H 5,50, N 9,06, Br 25,89.

Gef. „ 39,03, „ 5,56, „ 8,83, „ 25,81.

Die trockne Substanz schmolz gegen 146—148° (korr.) unter Gasentwicklung. Aus heißem Wasser krystallisiert sie in langen, schmalen, manchmal sternförmig verwachsenen Prismen. Aus nicht zu verdünnter alkalischer Lösung fällt sie beim Ansäuern in sehr feinen Nädelchen aus, die sich beim Stehen mit der Flüssigkeit bald in dickere Prismen verwandeln. In Wasser ist sie viel leichter löslich als das Isomere, denn in der Siedehitze genügen schon 2—3 Teile, und bei 25° sind ungefähr 100—150 Teile Wasser nötig.

Für die optische Bestimmung diente die alkalische Lösung, die das Gesamtgewicht 4,4106 g hatte, 0,8902 g *n*-Natronlauge und 0,2506 g trockne Substanz enthielt und mithin 5,68-prozentig war. d = 1,03. Drehung im dcm-Rohr bei 20° für Natriumlicht 0,92° nach rechts. Mithin beträgt

$$[\alpha]_D^{20} = + 15,7° (\pm 0,4°).$$

Dieser Wert ist der gleiche, wie der von uns früher gefundene, aber als provisorisch bezeichnete. Die gute Übereinstimmung spricht dafür, daß wir das Produkt in ziemlich reinem Zustand gehabt haben, obschon es bekanntlich recht schwierig ist, bei der Trennung von Isomeren durch Krystallisation das leichter lösliche Produkt vollständig zu reinigen.

Selbstverständlich wird man die beiden isomeren α-Bromisocapronyl-*l*-asparagine rascher in reinem Zustand bei Anwendung der optisch-aktiven α-Bromisocapronylchloride gewinnen. Da deren Bereitung aber mühsam und kostspielig ist, so halten wir das oben beschriebene Verfahren für die Praxis am meisten geeignet.

d - Leucyl - *l* - asparagin.

Es entsteht aus *l*-α-Bromisocapronyl-*l*-asparagin; man löst 10 g des letzteren in 50 ccm wäßrigem Ammoniak von 25% und läßt etwa 8 Tage stehen, bis das Brom zum allergrößten Teile abgespalten ist. Man verdampft dann die Lösung unter stark vermindertem Druck oder im Vakuumexsiccator; der Rückstand wird in Alkohol gelöst, die Lösung auf dem Wasserbade verdampft und das Abdampfen mit Alkohol 2—3 Mal wiederholt, um das Ammoniak möglichst zu entfernen. Zum Schluß laugt man den Rückstand mit etwa 50 ccm kaltem Alkohol aus, filtriert von etwas ungelöstem Bromammonium und fügt zur Flüssigkeit etwa 15 ccm Wasser. Nach einiger Zeit beginnt die Krystallisation des wasserhaltigen Dipeptids, die durch späteren Zusatz von etwa 20 ccm Alkohol und Abkühlen auf 0° vervollständigt wird. Die Krystalle werden abgesaugt und mit 90-prozentigem Alkohol gewaschen. Die Ausbeute beträgt etwa 2,5 g, und das Präparat ist nahezu rein. Aus der Mutterlauge läßt sich durch Zusatz von Äther noch ungefähr 0,5 g abscheiden. Die Gesamtausbeute (3 g) entspricht ungefähr $^1/_3$ der Theorie; wodurch die großen Verluste bedingt sind, haben wir nicht festgestellt. Zur Analyse wurde die Verbindung aus wenig warmem Wasser umkrystallisiert und im Vakuum über Schwefelsäure getrocknet. Die Substanz enthält dann 2 Mol. Krystallwasser, die bei 100° im Vakuum entweichen.

0,6103 g Sbst. verloren 0,0767 g oder 12,57%; berechnet für $C_{10}H_{19}O_4N_3$ + 2 H_2O: 12,81 pCt.

Die so getrocknete Substanz gab folgende Zahlen:

0,1842 g Sbst.: 26,4 ccm N (21°, 776 mm). — 0,1722 g Sbst.: 0,3076 g CO_2, 0,1208 g H_2O.

$C_{10}H_{19}O_4N_3$ (245).   Ber. C 48,98, H 7,75, N 17,14.

Gef. „ 48,71, „ 7,79, „ 16,83.

Für die optische Bestimmung diente eine wäßrige Lösung vom Gesamtgewicht 3,5099 g, die 0,2001 g wasserhaltiges oder 0,1745 g wasserfreies Dipeptid enthielt. Spez. Gewicht 1,01. Drehung bei 20° für Natriumlicht im dcm-Rohr 2,70° nach links. Mithin beträgt auf wasserfreies Dipeptid berechnet

$$[\alpha]_D^{20} = -53,8°\,(\pm\,0,4°).$$

Eine zweite Bestimmung gab ein ähnliches Resultat. 0,1884 g trockne Substanz. Gesamtgewicht der Lösung 3,9429 g. Spezifisches Gewicht 1,01. Drehung bei 20° und Natriumlicht im dcm-Rohr 2,58° nach links. Mithin

$$[\alpha]_D^{20} = -53,5°\,(\pm\,0,4°).$$

Im Capillarrohr rasch erhitzt, schmilzt das Dipeptid gegen 230° (korr.) unter Zersetzung. Aus wenig warmem Wasser scheidet es sich in der Kälte in kleinen farblosen Krystallen ab, die unter dem Mikroskop wie Kombinationen von Prisma und Doma, zuweilen auch wie sechsseitige Tafeln, erscheinen. In absolutem Alkohol ist das reine krystallisierte Präparat sehr schwer löslich.

l-Leucyl-*l*-asparagin.

Die Darstellung dieses dem *d*-α-Bromisocapronyl-*l*-asparagin entsprechenden Dipeptids war im wesentlichen die gleiche wie bei dem Isomeren. Nachdem durch mehrmaliges Abdampfen mit Alkohol das Wasser der ursprünglichen ammoniakalischen Lösung zum größten Teil entfernt ist, löst man die Masse in wenig heißem 96-prozentigem Alkohol und fällt in der Kälte mit absolutem Alkohol. Der amorphe hygroskopische Niederschlag wird in wenig warmem Wasser gelöst. Schon beim Erkalten beginnt in der Regel die Krystallisation und schreitet beim Eindunsten der Flüssigkeit im Exsiccator fort. Nach mehrmaligem Umkrystallisieren aus heißem Wasser betrug die Ausbeute 3 g, also ebenso viel wie bei dem Isomeren.

Das so erhaltene Produkt gab bei der Analyse gut stimmende Werte.

0,2808 g lufttrockne Sbst. verloren im Vakuum bei 80° 0,0193 g H_2O.

$C_{10}H_{19}O_4N_3 + 1\ H_2O$.   Ber. H_2O 6,84.   Gef. H_2O 6,87.

0,1790 g getrocknete Sbst.: 0,3195 g CO_2, 0,1267 g H_2O. — 0,1773 g Sbst.: 25,6 ccm N (17°, 770 mm).

$C_{10}H_{19}O_4N_3$ (245).   Ber. C 48,98, H 7,75, N 17,14.

Gef. „ 48,73, „ 7,85, „ 17,07.

Trotzdem war das Präparat noch nicht ganz rein, sondern enthielt ein in Wasser schwerer lösliches Produkt, wahrscheinlich das Anhydrid. Dieses ließ sich entfernen durch mehrmaliges Lösen in wenig heißem Wasser und Fällen mit heißem Alkohol, wobei ungefähr ein Drittel verloren ging. Die so erhaltenen feinen Nadeln oder Prismen gaben nach dem völligen Trocknen im Vakuum über Pentoxyd folgende Zahlen:

0,1603 g Sbst.: 0,2880 g CO_2, 0,1127 g H_2O.

$C_{10}H_{19}O_4N_3$.   Ber. C 48,98, H 7,75.

Gef. „ 49,00, „ 7,82.

Die Substanz schmolz gegen 228° (korr.).

Für die optische Bestimmung diente eine wäßrige Lösung vom Gesamtgewicht 3,6661, die 0,1996 g Sbst. enthielt. Spez. Gewicht 1,01. Drehung im 1 dm-Rohr bei 20° für Natriumlicht 0,98° nach rechts. Mithin $[\alpha]_D^{20} = + 17,8°$, während das obige unreine Präparat trotz der gut stimmenden Analyse den Wert $[\alpha]_D^{20} = + 10,5°$ gab.

Auch das reine Leucylasparagin krystallisiert aus der wäßrigen Lösung mit 1 Mol. Wasser.

Das Dipeptid gibt mit Alkali und Kupfersalz eine blauviolette Färbung.

Hydrolyse des l-Leucyl-l-asparagins.

Sie kann durch mehrstündiges Kochen mit der 5-fachen Menge 10-prozentiger Salzsäure am Rückflußkühler ausgeführt werden. Man verdampft die salzsaure Lösung, nimmt den Rückstand in wenig Wasser auf, übersättigt mit Ammoniak und verjagt das überschüssige Ammoniak durch kurzes Kochen. Nach dem Erkalten ist dann der größte Teil des Leucins abgeschieden. Nach einmaligem Umkrystallisieren aus heißem Wasser wurde für die Analyse im Vakuumexsiccator getrocknet.

0,1847 g Sbst.: 0,3719 g CO_2, 0,1654 g H_2O.

$C_6H_{13}NO_2$.   Ber. C 54,96, H 9,92.

Gef. „ 54,91, „ 9,94.

In salzsaurer Lösung drehte das Produkt stark nach rechts und war mithin l-Leucin.

Einwirkung von Acetylchlorid auf α - Bromisocapronyl-l-asparagin.

Wie schon in der Einleitung erwähnt, verliert das α-Bromiso-capronyl-l-asparagin beim Schütteln mit Acetylchlorid das Halogen als Bromwasserstoff und verwandelt sich in einen Körper von der Formel $C_{10}H_{16}O_4N_2$. Wie es scheint, liefern die beiden Stereoisomeren bei dieser Reaktion dasselbe Produkt, denn sein Schmelzpunkt war in beiden Fällen der gleiche. Die Versuche in größerem Maßstabe wurden deshalb mit einem Gemisch der beiden stereoisomeren Bromkörper aus-geführt. Für die Umwandlung genügt es, 5 g des feingepulverten und getrockneten α-Bromisocapronyl-l-asparagins mit 50 ccm Acetylchlorid 14 Stunden bei gewöhnlicher Temperatur zu schütteln; in der Flüssig-keit ist dann das neue Produkt als farbloses Pulver suspendiert. Es wird unter Ausschluß von Feuchtigkeit am besten in dem früher[1]) beschrie-benen Apparat filtriert und zuerst mit Acetylchlorid, später mit Petrol-äther gewaschen. Die Ausbeute beträgt ungefähr die Hälfte des an-gewandten Bromisocapronylasparagins. Zur völligen Reinigung löst man das Produkt in Aceton unter gelindem Erwärmen und fällt mit Wasser, wobei ein krystallinischer Niederschlag entsteht. Zur Analyse wurde im Vakuum über Phosphorpentoxyd getrocknet.

0,1855 g Sbst.: 0,3596 g CO_2, 0,1203 g H_2O. — 0,1854 g Sbst.: 19,2 ccm N (18°, 766 mm). — 0,1363 g Sbst.: 0,2620 g CO_2, 0,0865 g H_2O. — 0,1663 g Sbst.: 17,3 ccm N über KOH (18°, 758 mm).

$C_{10}H_{16}O_4N_2$ (228).   Ber. C 52,63,   H 7,02,   N 12,28.
　　　　　　　　Gef. ,, 52,87, 52,40, ,, 7,21, 7,05, ,, 12,07, 12,08.

Die Substanz schmilzt bei etwa 128—130° (korr.) unter Aufschäu-men und Gelbfärbung; sie löst sich leicht in verdünntem, kaltem Alkali und wird durch Säuren wieder gefällt. Weder die 12-prozentige Lösung in sehr verdünnter Natronlauge noch die 4-prozentige Lösung in Aceton zeigte eine deutliche Drehung. Die Substanz scheint also optisch inaktiv zu sein. In kaltem Wasser ist sie schwer löslich, in der Hitze löst sie sich in reichlicher Menge, scheint aber dabei zersetzt zu werden, da sie beim Erkalten nicht mehr auskrystallisiert. Beim Kochen mit Alkali wird Ammoniak frei.

Eine komplizierte Zersetzung tritt ein beim Kochen mit verdünn-ter Schwefelsäure.

Als 7 g der Substanz mit 50 ccm 15-prozentiger Schwefelsäure bis zum Sieden erwärmt wurden, trat bald eine reichliche Kohlensäureentwick-lung ein, und bevor noch das ursprüngliche Produkt in Lösung gegangen war, schied sich ein Öl ab, das nach $^1/_4$-stündigem Kochen ausgeäthert

---

[1]) Berichte d. D. Chem. Gesellsch. **38**, 605 [1905]. (*Proteine I, S. 422.*)

und bei 12—15 mm Druck fraktioniert wurde. Es waren mindestens 3 Substanzen vorhanden, eine niedrig siedende vom Geruch der Fettsäuren, die Permanganat stark reduzierte, eine höher siedende Fettsäure, wahrscheinlich Isocapronsäure, und ein hochsiedendes, stickstoffhaltiges Produkt, das in der Kälte krystallisiert. Der Vorgang zeigt, daß man es in der ursprünglichen Substanz mit einem eigenartigen Typus zu tun hat, der zweifellos eine nähere Untersuchung verdient.

Chloracetyl - l - asparaginylchlorid,

$$ClCH_2 \cdot CO \cdot NH \cdot CH \cdot CO \cdot Cl$$
$$\overset{|}{CH_2} \cdot CO \cdot NH_2.$$

In 40 ccm frisch destilliertes Acetylchlorid, das sich in einer Stöpselflasche befindet und durch eine Kältemischung gekühlt ist, trägt man zuerst 4 g trocknes und feingepulvertes Chloracetyl-l-asparagin und dann 4,5 g frisches und zerkleinertes Phosphorpentachlorid ein. Die Flasche wird nun in Eis verpackt und 12 Stunden auf der Maschine geschüttelt. Wenn die Kühlung genügend war, so sind die Flüssigkeit und das darin suspendierte Chlorid kaum gefärbt. Man filtriert unter Ausschluß von Feuchtigkeit im bekannten Apparat, wäscht zunächst zweimal mit Acetylchlorid, später mehrmals mit trocknem Petroläther und trocknet im Vakuum über Phosphorpentoxyd. Die Ausbeute beträgt 3,5—4 g. Das Produkt wurde direkt analysiert.

0,2798 g Sbst., mit CaO geglüht: 0,3500 g AgCl. — 0,1745 g Sbst.: 0,2056 g CO_2, 0,0581 g H_2O.

$C_6H_8N_2O_3Cl_2$ (227).   Ber. C 31,74, H 3,52, Cl 31,29.
Gef. ,, 32,13, ,, 3,70, ,, 30,90.

Um das in der Gruppe COCl befindliche Chlor zu bestimmen, haben wir die abgewogene Substanz in überschüssige $^1/_{10}$-n. Silberlösung eingetragen und nach starkem Umrühren das überschüssige Silbersalz mit Rhodanammonium titriert.

0,1982 g Sbst.: 8,6 ccm $^1/_{10}$-n. Salzsäure.
Ber. Cl 15,6. Gef. Cl 15,4.

In kaltem Wasser löst sich das Chlorid und verwandelt sich rasch in Chloracetyl-l-asparagin, welches bei genügender Konzentration auskrystallisiert. In Alkohol löst es sich unter Erwärmung. Alle diese Eigenschaften sprechen für die oben angegebene Strukturformel.

Chloracetyl - l - asparaginyl - l - leucinester.

Die Kupplung des vorstehenden Chlorids haben wir sowohl mit inaktivem, wie mit l-Leucinester ausgeführt. Wir wollen nur die letztere Operation beschreiben, weil sie zu einem einheitlichen Produkt führt, während im anderen Falle ein Gemisch von zwei Isomeren resultiert. 9 g Chloracetyl-*l*-asparaginylchlorid werden unter guter Kühlung und Schütteln in eine Mischung von 18 g *l*-Leucinester und 180 g trocknem, reinem Äther langsam eingetragen. Dabei geht der größte Teil des Chlorids in Lösung. Um den Rest zur Reaktion zu bringen, haben wir 4 Stunden bei gewöhnlicher Temperatur auf der Maschine geschüttelt. Dabei scheidet sich in reichlicher Menge ein krystallinischer Niederschlag ab, der neben salzsaurem Leucinester den allergrößten Teil des Chloracetyl-*l*-asparaginyl-*l*-leucinesters enthält. Er wird abgesaugt und durch Waschen mit Äther und durch Abpressen von der Mutterlauge befreit. Behandelt man ihn mit etwa der fünffachen Menge kaltem Wasser, dem einige Tropfen Salzsäure zugesetzt sind, so geht der salzsaure Leucinester in Lösung, während das neue Produkt als farblose Masse zurückbleibt. Sie wird abgesaugt, mit wenig kaltem Wasser gewaschen und im Vakuumexsiccator getrocknet. Die Ausbeute betrug etwa 4,5 g, mithin 32% der Theorie. Wodurch der große Verlust bedingt ist, können wir nicht sagen; auch ist es uns nicht gelungen, durch Verarbeiten der ätherischen Mutterlauge die Ausbeute wesentlich zu verbessern. Zur Analyse wurde das Produkt einmal aus warmem Wasser umkrystallisiert und im Vakuum bei 80° getrocknet.

0,1762 g Sbst.: 0,3122 g CO_2, 0,1108 g H_2O.
$C_{14}H_{24}O_5N_3Cl$ (350).   Ber. C 47,84, H 6,91.
Gef. „ 48,32, „ 6,99.

Um die Formel ganz sicher zu stellen, führen wir hier noch eine Analyse an von einem anderen Präparat, das aus racemischem Leucinester ganz in derselben Weise dargestellt war, aber wie eben bemerkt, jedenfalls ein Gemisch von 2 Isomeren ist.

0,1724 g Sbst.: 0,3024 g CO_2, 0,1070 g H_2O. — 0,1734 g Sbst.: 17,9 ccm N (21°, 762 mm).
$C_{14}H_{24}O_5N_3Cl$ (350).   Ber. C 48,00, H 6,86, N 12,00.
Gef. „ 47,84, „ 6,91, „ 11,87.

Der Chloracetyl-*l*-asparaginyl-*l*-leucinester schmilzt bei 166—167° (korr.). Er ist in kaltem Wasser ziemlich schwer, in heißem Wasser erheblich leichter löslich. Auch in Alkohol löst er sich ziemlich leicht. Dagegen ist er in Äther recht schwer löslich. Er krystallisiert aus heißem Wasser in mikroskopisch feinen Nadeln, die meist zu warzenartigen Klumpen verwachsen sind. Er schmeckt sehr bitter. In alkoholischer Lösung dreht er das polarisierte Licht ziemlich stark nach links.

Chloracetyl-*l*-asparaginyl-*l*-leucin.

Die Verseifung des Esters durch Alkali muß vorsichtig ausgeführt werden, falls man eine Veränderung der ebenfalls empfindlichen Gruppe $CONH_2$ vermeiden will.

Man löst 3 g des Esters (Rohprodukt) in 50 ccm heißem Wasser, kühlt rasch auf etwa 30° ab und fügt, bevor die Krystallisation beginnt, 8,6 ccm *n*-Natronlauge zu. Dann wird sofort durch Einwerfen von Eisstückchen auf 20° abgekühlt; auch hierbei soll keine Krystallisation des Esters stattfinden. Nach $1^1/_2$-stündigem Stehen bei 20° ist die Verseifung zu Ende. Man fügt nun 9 ccm *n*-Salzsäure zu, verdampft die Flüssigkeit unter 10—15 mm Druck etwa auf die Hälfte und läßt im Vakuumexsiccator über Schwefelsäure verdunsten; nach einiger Zeit beginnt die Krystallisation. Ist man einmal im Besitze von Krystallen, so kann man das Eindampfen unter stark vermindertem Druck nach Einimpfen von Krystallen viel weiter fortsetzen und die Krystallisation rascher erreichen. Die Ausbeute beträgt 80—85% der Theorie. Für die Analyse wurde nochmals aus heißem Wasser umkrystallisiert und im Vakuum über Schwefelsäure getrocknet.

0,2017 g Sbst.: 0,3323 g CO_2, 0,1169 g H_2O. — 0,1908 g Sbst.: 22,1 ccm N (19°, 743 mm).

$C_{12}H_{20}O_5N_3Cl$ (322).   Ber. C 44,72, H 6,21, N 13,05.
Gef. ,, 44,90, ,, 6,44, ,, 13,09.

Beim langsamen Verdunsten der wäßrigen Lösung bildet die Substanz häufig zentimeterlange und meist büschelförmig angeordnete zugespitzte Prismen. Sie schmilzt nicht ganz scharf nach vorherigem Sintern gegen 167° (korr.) und färbt sich dabei rot. Sie schmeckt nicht bitter und kann so leicht von ihrem Ester unterschieden werden.

Glycyl-*l*-asparaginyl-*l*-leucin,

$$NH_2 \cdot CH_2 \cdot CO \cdot NH \cdot CH \cdot CO \cdot NHCH(C_4H_9)COOH.$$
$$\overset{\cdot}{C}H_2 \cdot CO \cdot NH_2$$

Die Amidierung der vorhergehenden Chlorverbindung läßt sich zwar mit wäßrigem Ammoniak ausführen, aber die Ausbeute wird viel besser mit flüssigem Ammoniak.

Bringt man 2 g Chloracetyl-*l*-asparaginyl-*l*-leucin mit etwa 10 ccm flüssigem Ammoniak im verschlossenen Rohr zusammen, so findet bei gewöhnlicher Temperatur klare Lösung statt. Man läßt 4 Tage stehen und verdunstet nun das überschüssige Ammoniak. Der Rückstand ist eine lockere, amorphe Masse. Sie löst sich in wenig Wasser, und nach kurzer Zeit beginnt die Abscheidung des Tripeptids in Form einer körnigen, krystallinischen Masse. Die Gesamtausbeute betrug 1,2 g oder

63% der Theorie. Einmaliges Umkrystallisieren aus wenig heißem Wasser genügt zur Reinigung. Die Substanz enthält Krystallwasser, welches bei 80° im Vakuum völlig entweicht. Bei verschiedenen Präparaten schwankte die Menge des Wassers je nach der Art der Vorbereitung zwischen 1 und 2 Mol.

Die bei 80° im Vakuum getrocknete Substanz gab folgende Zahlen:

0,1671 g Sbst.: 0,2922 g CO_2, 0,1126 g H_2O. — 0,1149 g Sbst.: 17,6 ccm N (17°, 757 mm).

$C_{12}H_{22}O_5N_4$ (302).   Ber. C 47,68, H 7,28, N 18,01.

Gef. ,, 47,69, ,, 7,48, ,, 17,85.

Das Tripeptid ist in kaltem Wasser ziemlich schwer löslich und läßt sich deshalb aus heißem Wasser leicht umkrystallisieren. Es scheidet sich daraus in mikroskopischen, feinen Nadeln oder Spießen ab, die meist zu warzenförmigen Aggregaten vereinigt sind, so daß die Masse Ähnlichkeit mit einem Schimmelpilzrasen hat.

In Alkali und Mineralsäuren ist es leicht löslich. Es besitzt nur schwachen und wenig charakteristischen Geschmack. Die alkalische Lösung gibt mit Kupfersalz eine blauviolette Färbung.

Wegen der geringen Löslichkeit in kaltem Wasser diente für die optische Bestimmung eine Lösung in n-Salzsäure vom Gesamtgewicht 4,2138 g, die 0,2034 g trockner Substanz enthielt. Spez. Gewicht 1,03. Drehung für Natriumlicht bei 20° im dcm-Rohr 2,33° nach links Mithin

$$[\alpha]_D^{20} = -46,8°.$$

Zu einer zweiten Bestimmung diente ebenfalls eine Lösung in n-Salzsäure vom Gesamtgewicht 3,8032, die 0,1977 g Substanz enthielt. Drehung für Natriumlicht bei 20° im dcm-Rohr 2,48° nach links. Spez. Gewicht 1,03. Mithin

$$[\alpha]_D^{20} = -46,3°.$$

l-Asparaginsäure-dimethylester.

Ähnlich dem Äthylester[1]) ist er am billigsten aus dem Asparagin darzustellen. Man suspendiert 20 g getrocknetes und fein gepulvertes Asparagin in 100 ccm trocknem Methylalkohol, leitet gasförmige Salzsäure in kräftigem Strome bis zur Sättigung ein und kocht dann am Rückflußkühler. Wenn nach etwa einstündigem Kochen die Menge des ausgeschiedenen Chlorammoniums ziemlich groß geworden ist, filtriert man und kocht weitere 2 Stunden. Für die Ausbeute ist es vorteilhaft, jetzt die Flüssigkeit unter stark vermindertem Druck zu verdampfen,

---

[1]) Berichte d. D. Chem. Gesellsch. **37**, 4601 [1904]. (*Proteine I, S. 417.*)

den Rückstand wieder in 100 ccm Methylalkohol zu lösen, mit Salzsäure zu sättigen und noch eine Stunde zu kochen.

Die Isolierung des Esters geschieht in der üblichen Weise durch
Verdampfen unter geringem Druck, Lösen des Rückstandes in sehr
wenig kaltem Wasser, Zersetzung des Hydrochlorids durch Kaliumcarbonat bei möglichst niedriger Temperatur und Extraktion mit Äther.
Der Ester ist eine farblose, dem Äthylester sehr ähnliche Flüssigkeit
und kocht unter 15 mm Druck bei 119—120°. Ausbeute etwa 16,5 g
oder 70% der Theorie.

0,1719 g Sbst.: 0,2838 g CO_2, 0,1052 g H_2O.

$C_6H_{11}O_4N$ (161).   Ber. C 44,72, H 6,83.

Gef. ,, 45,03, ,, 6,80.

2,5 - Diketopiperazin - 3,6 - diessigsäuredimethylester.

Erhitzt man den Asparaginsäuredimethylester im geschlossenen
Gefäß 3 Tage auf 100°, so resultiert ein Gemisch von Krystallen und
einem hellbraunen Sirup. Letzterer läßt sich durch Auslaugen zuerst
mit wenig Alkohol und dann mit ganz verdünnter, wäßriger Salzsäure
leicht entfernen. Die zurückbleibende Krystallmasse ist wenig gefärbt
und besteht aus fast reinem 2,5-Diketopiperazin-3,6-diessigsäuredime-
thylester. Zur Analyse wurde einmal aus heißem Wasser umkrystallisiert und im Vakuum über Phosphorpentoxyd getrocknet

0,1671 g Sbst.: 0,2843 g CO_2, 0,0838 g H_2O. — 0,1815 g Sbst: 17,0 ccm N
(23°, 764 mm).

$C_{10}H_{14}O_6N_2$ (258).   Ber. C 46,51, H 5,43, N 10,85.

Gef. ,, 46,41, ,, 5,57, ,, 10,68.

Im Capillarrohr rasch erhitzt, schmilzt die Substanz gegen 248°
(korr.) unter Braunfärbung. Sie ist in kaltem Wasser schwer, in heißem
Wasser erheblich leichter löslich und fällt daraus beim Erkalten in mikroskopischen, häufig büschelförmig angeordneten Krystallen, die bald wie
Nadeln, bald wie flache Spieße oder lange dünne Prismen aussehen.

2,5 - Diketopiperazin - 3,6 - diessigsäure.

Die Verseifung des Diäthylesters haben wir früher mit kaltem Barytwasser ausgeführt, und aus der Analyse eines Silbersalzes auf die Bildung
der Diketopiperazindiessigsäure geschlossen. Aber die Isolierung der
freien Säure war uns damals aus Materialmangel nicht gelungen. Mit
dem Methylester geht die Verseifung leichter von statten. Schüttelt
man 2 g des gepulverten Esters bei gewöhnlicher Temperatur mit
15,5 ccm n-Natronlauge (2 Mol.), so geht er bald in Lösung, wobei zuerst das Alkalisalz des Halbesters entsteht; zur Beendigung der Reaktion läßt man 12—15 Stdn. bei gewöhnlicher Temperatur stehen,

fügt jetzt die der Natronlauge äquivalente Menge Salzsäure zu und verdampft die Lösung bei stark vermindertem Druck auf ein Volumen von etwa 4—5 ccm. Dabei scheidet sich der größte Teil der neuen Säure krystallinisch ab und wird nach einigem Stehen der Lösung bei 0° filtriert. Die Ausbeute beträgt 1,2—1,4 g oder 67—78% der Theorie. Der Verlust ist wahrscheinlich dadurch bedingt, daß nebenher wechselnde Mengen von leicht löslicher Asparagyl-asparaginsäure entstehen. Zur völligen Reinigung wird das Produkt in heißem Wasser gelöst und die Lösung nach Zusatz einiger Tropfen Salzsäure abgekühlt. Es scheidet sich dann in mikroskopisch kleinen schiefen Tafeln oder kurzen schiefen Prismen aus.

Für die Analyse wurde bei 80° im Vakuum getrocknet.

0,1682 g Sbst.: 0,2582 g CO_2, 0,0641 g H_2O. — 0,1813 g Sbst.: 18,6 ccm N (14°, 768 mm).

$C_8H_{10}N_2O_6$ (230). Ber. C 41,74, H 4,35, N 12,18.
Gef. ,, 41,86, ,, 4,23, ,, 12,25.

Die Säure hat keinen Schmelzpunkt. Beim Erhitzen im Capillarrohr zersetzt sie sich gegen 300° unter Aufschäumen, nachdem sie schon vorher sich gebräunt hat. In kaltem Wasser ist sie recht schwer und auch in heißem keineswegs leicht löslich.

Asparagyl-asparaginsäure (?).

1 g Diketopiperazindiessigsäure wird in 26 ccm $^1/_2$ Normal-Barytwasser gelöst und 15 Stunden bei 20° stehen gelassen. Dann fällt man den Baryt in der Kälte genau mit Schwefelsäure, trennt den Niederschlag von der Flüssigkeit durch Zentrifugieren und verdampft die Mutterlauge unter 15—20 mm Druck bis auf einige Kubikzentimeter. Hierbei scheidet sich etwas (0,1—0,2 g) unveränderte Diketopiperazindiessigsäure aus; die abermals filtrierte Lösung wird, wenn nötig, im Vakuumexsiccator bis auf etwa 2 ccm konzentriert und dann mit einem Überschuß von absolutem Alkohol versetzt. Hierbei fällt die Asparagylasparaginsäure als farbloser Sirup aus. Wird dieser nach dem Abgießen der Mutterlauge wieder in wenig Wasser gelöst und von neuem mit Alkohol gefällt, so wird der Sirup in der Regel nach kurzer Zeit fest und verwandelt sich in ein lockeres, weißes Pulver. Wegen der Gefahr einer teilweisen Veresterung ist es ratsam, die Säure nicht zu lange in Berührung mit dem Alkohol zu lassen.

Für die Analyse wurde die Substanz bei 80° im Vakuum über Phosphorpentoxyd getrocknet.

0,1787 g Sbst.: 0,2549 g CO_2, 0,0843 g H_2O. — 0,1691 g Sbst.: 15,8 ccm N (18°, 755 mm).

$C_8H_{12}O_7N_2$ (248). Ber. C 38,71, H 4,82, N 11,29.
Gef. ,, 38,91, ,, 5,24, ,, 10,81.

Bisher haben wir die Verbindung nicht deutlich krystallisiert erhalten; sie bildet ein farbloses Pulver von saurem Geschmack, das sich sowohl von der Asparaginsäure als auch von der Diketopiperazindiessigsäure, durch die große Löslichkeit in kaltem Wasser unterscheidet. In kaltem absolutem Alkohol ist sie fast unlöslich. Sie hat keinen Schmelzpunkt, sondern zersetzt sich beim Erhitzen im Capillarrohr gegen 120° unter starkem Aufschäumen. Beim langen Aufbewahren scheint sie sich zu verändern, denn sie wird in kaltem Wasser schwerer löslich.

Über die Struktur der Verbindung haben wir uns bereits in der Einleitung geäußert. Sie ist abgeleitet aus der Formel des Piperazinkörpers. Wir halten es aber für sehr wünschenswert, daß sie durch eine gründliche Untersuchung der Säure geprüft wird.

42. Emil Fischer und Paul Blank: Synthese von Polypeptiden XIX.
1. Derivate des Phenylalanins.*)

Liebig's Annalen der Chemie **354**, 1 [1907].

(Eingelaufen am 16. April 1907.)

Di- und Tripeptide des Phenylalanins, welche diese Aminosäuren am Ende der Kette enthalten, sind schon in grösserer Zahl bekannt[1]). Die isomeren Substanzen, bei denen das Phenylalanyl am anderen Ende der Kette steht, lassen sich, wie für einige Fälle schon gezeigt wurde, mit Hülfe der α-Bromhydrozimmtsäure gewinnen[2]).

Auf die gleiche Art haben wir jetzt die Combinationen des Phenylalanins mit Glycocoll, Alanin und Leucin dargestellt. Alle Producte sind optisch-inactiv, weil sie ausschliesslich aus racemischem Rohmaterial bereitet wurden.

Vom Phenylalanyl-leucin erhielten wir die beiden stereoisomeren Racemformen, die in der üblichen Weise durch die Buchstaben A und B später unterschieden werden.

β - Phenyl - α - brompropionylglycin,
$$C_6H_5CH_2CHBrCO \cdot NHCH_2COOH.$$

2,2 g Glycocoll werden in 27 ccm n-Natronlauge (ein Mol.) gelöst und unter Umschütteln in Eis abwechselnd 54 ccm n-Natronlauge und 6,6 g Phenylbrompropionylchlorid (ein Mol.) in kleinen Portionen zugegeben. Auf Zusatz von 81 ccm n-Salzsäure zu der filtrirten Flüssigkeit fällt ein weisser, krystallinischer Niederschlag aus, der nach einer Viertelstunde abfiltrirt und im Vacuum über Schwefelsäure getrocknet wird. Die Ausbeute betrug 6,9 g, d. i. 90 pC. der Theorie. Für die Analyse wurde in heissem absolutem Aether gelöst und mit Petroläther gefällt. Die silberglänzende, schuppenartige Masse erscheint unter dem Mikro-

---

*) Diese und die drei folgenden Abhandlungen sind im Original unter Ziffer XIX zusammengefasst. Ihre Unterscheidung durch die Zahlen 1 bis 4 schien dem Herausgeber für die bequemere Benutzung dieses Werkes zweckmässig.

[1]) H. Leuchs und U. Suzuki, Berichte d. D. Chem. Gesellsch. **37**, 3306 [1904]. (Proteine I, S. 384.)

[2]) E. Fischer, Berichte d. D. Chem. Gesellsch. **37**, 3062 [1904]. (Proteine I, S. 369.)

skop als breite, kurze Prismen oder Tafeln. Der Körper schmilzt bei 147° (corrigirt 149°) zu einem gelben Oel.

Für die Analyse war im Vacuumexsiccator getrocknet.

0,1950 g gaben 0,3273 CO_2 und 0,0769 H_2O. — 0,2031 g gaben 9,1 ccm Stickgas bei 19° und 753 mm Druck. — 0,1542 g gaben 0,1005 AgBr.

Ber. für $C_{11}H_{12}O_3NBr$ (286). C 46,1, H 4,2, N 4,9, Br 28,0.

Gef. ,, 45,8, ,, 4,4, ,, 5,1, ,, 27,7.

Die Substanz verlangt beim kurzen Aufkochen ungefähr 20 Theile Wasser zur Lösung und bei Zimmertemperatur fallen ungefähr 80 pC. wieder aus. Sie ist fast unlöslich in Petroläther, schwer löslich in heissem Benzol, ziemlich leicht löslich in Alkohol, Aceton und warmem Aether.

Inactives Phenylalanyl-glycin,
$C_6H_5 \cdot CH_2CH(NH_2)CO \cdot NHCH_2COOH.$

5 g Phenylbrompropionylglycin werden in der fünffachen Menge wässrigen Ammoniaks (23 pC.) durch Umschütteln gelöst. Die Reaction ist bei gewöhnlicher Temperatur nach etwa vier Tagen vollendet. Man verdampft dann die Lösung am besten in einer Platinschale rasch auf dem Wasserbade, übergiesst den Rückstand mit Alkohol, verdampft von Neuem und wiederholt diese Operation noch zwei- bis dreimal. Sie hat den Zweck, die Ammoniaksalze des Dipeptids und der Cinnamoylverbindung zu zerlegen. Um aus dem schwach gelben, teigartigen Rückstande das Dipeptid zu isoliren, schüttelt man ihn 12 Stunden mit 50 ccm kaltem absolutem Alkohol, wobei Bromammonium, Cinnamoylverbindung und die gelben Producte in Lösung gehen. Die Ausbeute an farblosem und fast reinem Peptid betrug 1,8 g oder 47 pC. der Theorie. Aus dem alkolischen Auszuge kann die Cinnamoylverbindung gewonnen werden.

Das Peptid krystallisirt aus Wasser in kleinen, farblosen Tafeln und wurde zur Analyse bei 100° getrocknet.

0,1800 g gaben 0,3920 CO_2 und 0,1037 H_2O. — 0,1571 g gaben 17,3 ccm Stickgas bei 18° und 758 mm Druck.

Ber. für $C_{11}H_{14}N_2O_3$ (222). C 59,46, H 6,3, N 12,6.

Gef. ,, 59,39, ,, 6,4, ,, 12,7.

Die frühere Beschreibung[1]) des Dipeptids wird durch folgende Beobachtungen ergänzt. Es hat einen unangenehm faden Geschmack. 100 Theile Wasser lösen beim Kochen ungefähr sieben Theile und beim Erkalten fällt die Hauptmenge wieder aus. In den übrigen Solventien, selbst in heissem Alkohol, ist die Substanz viel schwerer löslich.

Das Kupfersalz ist hellblau und krystallisirt aus der concentrirten wässrigen Lösung beim Erkalten.

---

[1]) E. Fischer, Berichte d. D. Chem. Gesellsch. **38**, 2920 [1905]. (*Proteine I*, S. 544.)

Cinnamoylglycin, $C_6H_5CH : CHCO \cdot NHCH_2COOH$.

Die Verbindung entsteht bei der Darstellung des Dipeptids als Nebenproduct und findet sich, wie erwähnt, in dem alkoholischen Auszuge. Dieser wird mit Thierkohle aufgekocht, abfiltrirt und zur Trockne verdampft. Das Ammoniumbromid lässt sich dann mit Wasser von 0° herauslösen. Das zurückbleibende Cinnamoylglycin wird zur Reinigung in möglichst wenig heissem Alkohol gelöst und mit Wasser gefällt. Die Ausbeute an umkrystallisirter Substanz betrug 1,2 g oder 33 pC. der Theorie.

Aus heissem Wasser krystallisirt sie beim Erkalten in langen, farblosen Nadeln. Im Capillarrohre sintert sie gegen 191° und schmilzt bei 193—194° (corrigirt 197°) zu einer dunkelbraunen Flüssigkeit.

0,1737 g gaben 0,4074 CO_2 und 0,0834 H_2O. — 0,1871 g gaben 11,4 ccm Stickgas bei 17° und 758 mm Druck.

Ber. für $C_{11}H_{11}O_3N$ (205). C 64,4, H 5,36, N 6,8.

Gef. ,, 64,0, ,, 5,34, ,, 7,0.

100 Theile kochendes Wasser lösen ungefähr zwei Theile Substanz. In kaltem Wasser ist sie fast gar nicht löslich. 100 Theile kochender Alkohol lösen ungefähr vier Theile. In Essigäther ist sie leicht löslich.

Phenylalanylglycin-anhydrid,

$$C_6H_5CH_2 \cdot CH{-}CO{-}NH$$
$$NH{-}CO{-}CH_2$$

2 g Phenylalanyl-glycin werden mit 20 ccm absolutem Alkohol übergossen und ohne Abkühlung ein starker Strom von Salzsäure eingeleitet, wobei bald völlige Lösung erfolgt. Wird die Flüssigkeit dann unter einem Drucke von 10—20 mm verdampft, so bleibt das Hydrochlorat des Dipeptidesters krystallinisch zurück. Um die überschüssige Salzsäure zu entfernen, giebt man mehrmals Alkohol zu und verdampft jedesmal unter vermindertem Druck. Schliesslich wird das Salz in kleinen Portionen unter Umschütteln in 20 ccm Alkohol, der bei 0° mit Ammoniak gesättigt ist, eingetragen und noch eine geringe Menge alkoholisches Ammoniak zugefügt, bis vollständige Lösung stattfindet. Nach 12-stündigem Stehen im offenen Gefäß bei gewöhnlicher Temperatur ist der grössere Theil des Phenylalanylglycinanhydrids auskrystallisirt. Die Mutterlauge wird zur Trockne verdampft und das Ammoniumchlorid mit kaltem Wasser herausgelöst.

Im Capillarrohr erhitzt, sintert das Anhydrid unter schwacher Bräunung gegen 270° und schmilzt bei 273° (corrigirt 280°) unter theilweiser Zersetzung zu einem hellbraunen Oel. Die Ausbeute betrug 1,6 g Anhydrid oder 87 pC. der Theorie.

0,1814 g gaben 0,4327 CO_2 und 0,0969 H_2O. — 0,1414 g gaben 16,6 ccm Stickgas bei 18° und 758 mm Druck.

Ber. für $C_{11}H_{12}O_2N_2$ (204). C 64,7, H 5,9, N 13,7.
Gef. „ 65,0, „ 6,0, „ 13,5.

Die Substanz ist in Wasser sehr schwer, in heissem Alkohol aber ziemlich leicht löslich.

β - Phenyl - α - brompropionylalanin, $C_6H_5 \cdot CH_2CHBrCO \cdot NHCH(CH_3) \cdot COOH$.

2,5 g racemisches Alanin werden in 27 ccm n-Natronlauge gelöst, in einer Stöpselflasche auf 0° abgekühlt und unter kräftigem Schütteln abwechselnd in kleinen Portionen 54 ccm n-Natronlauge und 6,6 g Phenylbrompropionylchlorid zugegeben, wobei bald fast klare Lösung erfolgt. Aus der filtrirten Flüssigkeit fällt der Bromkörper auf Zusatz von 81 ccm n-Salzsäure als weisser, krystallinischer Niederschlag. Das Rohproduct wird erst mit Petroläther gewaschen, dann in heissem Essigäther gelöst und bis zur beginnenden Krystallisation eingeengt. Beim Abkühlen krystallisirt das Phenylbrompropionylalanin in langen, schmalen Prismen, die anscheinend vierkantig sind.

Ein beträchtlicher Theil bleibt im Essigäther gelöst, kann aber durch Zugabe der dreifachen Menge Petroläther krystallinisch gefällt werden.

Die Ausbeute an umkrystallisirtem Product betrug 6,4 g, das sind 80 pC. der aus dem Säurechlorid berechneten Menge.

Im Capillarrohre erhitzt, beginnt der Bromkörper bei 180° sich schwach zu bräunen und schmilzt gegen 189° (corrigirt 193°) unter Zersetzung und Gasentwickelung.

0,2640 g gaben 10,9 ccm Stickgas bei 19° und 757 mm Druck. — 0,1100 g gaben 0,1942 CO_2 und 0,0462 H_2O. — 0,2273 g gaben 0,1432 AgBr.

Ber. für $C_{12}H_{14}O_3NBr$ (300). C 48,00, H 4,67, N 4,67, Br 26,67.
Gef. „ 48,14, „ 4,70, „ 4,70, „ 26,81.

100 Theile kochendes Wasser lösen beim raschen Aufkochen ungefähr 1,5 Theile Substanz und bei gewöhnlicher Temperatur fällt etwa $^2/_3$ davon wieder aus. Die Substanz ist unlöslich in Petroläther, schwer löslich in Benzol und leicht löslich in heissem Essigäther, Alkohol und Aceton.

Trotz ihres schönen Aussehens ist die Substanz vielleicht doch noch ein Gemisch von zwei isomeren Racemkörpern.

Phenylalanyl-alanin, $C_6H_5CH_2CH(NH_2)CO \cdot NHCH(CH_3) \cdot COOH$.

5 g Phenylbrompropionylalanin wurden in der fünffachen Menge wässrigen Ammoniaks von 23 pC. gelöst und in einer verschlossenen Flasche bei 36° ungefähr vier Tage stehen gelassen. Durch Titration mit Silber-

nitrat überzeuge man sich von der völligen Abspaltung des Broms. Höhere Temperatur anzuwenden, ist hier rathsam, da bei gewöhnlicher Temperatur nach 15 Tagen erst 85 pC. umgesetzt waren. Die Lösung wird dann im Vacuum eingedampft, zwei Mal mit absolutem Alkohol aufgenommen und jedesmal bis zur Trockne eingedampft, um das Ammoniak vollständig zu vertreiben. Der Rückstand besteht wieder aus Dipeptid, Cinnamoylverbindung, Bromammonium und anderen gelb gefärbten Producten. Schüttelt man das trockne Gemisch mit 100 ccm kaltem absolutem Alkohol 12 Stunden, so bleibt das Dipeptid allein als farblose, krystallinische Masse zurück. Die Ausbeute betrug 1,6 g, das ist 41 pC. der Theorie. Zur Analyse wurde das Product aus heissem Wasser umgelöst. Es krystallisirt daraus in feinen, mikroskopischen Nadeln, die meistens büschelförmig angeordnet sind.

Für die Analyse war im Vacuumexsiccator getrocknet.

0,1222 g gaben 0,2720 CO_2 und 0,0729 H_2O. — 0,1572 g gaben 16,1 ccm Stickgas bei 20° und 760 mm Druck.

Ber. für $C_{12}H_{16}O_3N_2$ (236). C 61,02, H 6,78, N 11,87.
Gef. ,, 60,70, ,, 6,63, ,, 11,72.

Das Dipeptid beginnt im Capillarrohre bei 230° zu sintern, um gegen 236° (corrigirt 241°) unter Zersetzung und starker Bräunung zu schmelzen. Es hat einen faden Geschmack. 100 Theile kochendes Wasser lösen ungefähr 5,5 Theile. Durch Kochen der wässrigen Lösung mit frisch gefälltem Kupferoxyd bildet sich ein Kupfersalz, das sich in Wasser mit kornblumenblauer Farbe löst und aus diesem in feinen, sternförmig angeordneten Nädelchen krystallisirt, die gewöhnlich schon mit blossem Auge zu erkennen sind.

β - Phenyl - α - brompropionylleucin,
$C_6H_5 \cdot CH_2CHBrCO \cdot NHCH(C_4H_9)COOH$.

Die Darstellung ist genau die gleiche, wie in den beiden vorhergehenden Fällen. Nur muss die Menge des Leucins grösser sein, d. h. 3,8 g auf 6,6 g Phenylbrompropionylchlorid. Das Product fällt beim Ansäuern der alkalischen Lösung durch 81 ccm n-Salzsäure als Oel, das ausgeäthert wird. Beim Verdampfen des Aethers wird es krystallinisch. Die Ausbeute betrug 8,5 g oder 93 pC. der Theorie. Das Product ist ein Gemisch von zwei Isomeren, die sich mit Benzol trennen lassen. Man kocht zu dem Zwecke mit 20 ccm Benzol, filtrirt und wiederholt das Auskochen erst mit 20 ccm und dann mit 10 ccm des Lösungsmittels. Die hierbei zurückbleibende Verbindung, deren Menge 1,5 g betrug, nennen wir A und das lösliche Isomere, von dem 6 g erhalten wurden, bezeichnen wir als B.

Verbindung B. Sie krystallisirt aus Benzol in mikroskopischen, oft sternförmig gruppirten Nadeln. Sie beginnt bei 138° zu sintern und schmilzt bei 146° (corrigirt 148°) zu einer hellgelben Flüssigkeit. Für die Analyse war im Vacuum getrocknet.

0,1853 g gaben 0,3571 CO_2 und 0,0960 H_2O. — 0,2165 g gaben 6,9 ccm Stickgas bei 15° und 758 mm Druck. — 0,1611 g gaben 0,0873 AgBr.

Ber. für $C_{15}H_{20}O_3NBr$ (342). C 52,63, H 5,85, N 4,09, Br 23,39.

Gef. „ 52,56, „ 5,80, „ 3,71, „ 23,05.

100 Theile kochendes Wasser lösen ungefähr 0,5 Theile. Leicht löslich in heissem Benzol, Toluol, in heissem Aether, Essigäther und Alkohol, fast unlöslich in Petroläther.

Ob die Substanz ganz frei von dem Isomeren war, ist nicht sicher.

Verbindung A. Der in Benzol unlösliche Theil des Rohproductes wurde zur Reinigung nochmals mit heissem Benzol gewaschen und schmolz dann, im Vacuumexsiccator über Paraffin getrocknet, bei 163°.

Zur weiteren Reinigung wird das Präparat aus kochendem Toluol umkrystallisirt. Es fällt daraus beim Erkalten in glänzenden Schuppen, die sich unter dem Mikroskop als sechsseitige, sehr dünne Blättchen darstellen. Manchmal halten diese Krystalle hartnäckig etwas Lösungsmittel zurück und müssen dann im Vacuum bei 100° bis zur Gewichtsconstanz getrocknet werden, bevor sie den richtigen Schmelzpunkt 163° (uncorrigirt) zeigen. In anderen Fällen genügt aber blosses Trocknen im Vacuumexsiccator über Paraffin. Im Capillarrohre erhitzt, beginnt die Substanz gegen 155° zu sintern und schmilzt bei 163° (corrigirt 166,5°) ohne sich zu färben.

0,1489 g gaben 0,2894 CO_2 und 0,0778 H_2O. — 0,1871 g gaben 6,1 ccm Stickgas bei 18° und 768 mm Druck. — 0,2013 g gaben 0,1106 AgBr.

Ber. für $C_{15}H_{20}O_3NBr$ (342). C 52,63, H 5,85, N 4,09, Br 23,39.

Gef. „ 53,0, „ 5,8, „ 3,81, „ 23,38.

100 Theile kochendes Wasser lösen ungefähr 0,25 Theile. Von kochendem Toluol genügt ungefähr die zehnfache Menge. Die Substanz ist leicht löslich in warmem Alkohol und Aether.

Phenylalanyl-leucin B,
$C_6H_5 \cdot CH_2CH(NH_2)CO \cdot NHCH(C_4H_9)COOH.$

Die Umsetzung des Phenylbrompropionylleucins B mit wässrigem Ammoniak lässt sich zwar bei gewöhnlicher Temperatur oder rascher durch mehrtägiges Stehen bei 36° ausführen, am besten wird aber die Ausbeute bei 100°. Man übergiesst zu dem Zwecke den Bromkörper mit der fünffachen Menge wässrigen Ammoniaks von 25 pC., wobei er sich nur theilweise löst, weil das Ammoniaksalz ziemlich schwer löslich ist. Man erhitzt dann im verschlossenen Gefäss 1—1$^1/_2$ Stunden auf 100°;

hierbei tritt rasch völlige Lösung ein und zu Ende der Operation muss alles Brom abgespalten sein. Beim Erkalten scheidet die Lösung meist einen dicken Krystallbrei ab. Sie wird ohne Filtration auf dem Wasserbade verdampft, der Rückstand zur möglichst vollständigen Entfernung des Ammoniaks mit Alkohol übergossen, von Neuem verdampft, und diese Operation nochmals wiederholt. Wird die nunmehr ganz krystallinische Masse mit 100 ccm absolutem Alkohol 12 Stunden bei gewöhnlicher Temperatur geschüttelt, so gehen Bromammonium und Cinnamoylleucin in Lösung und das Dipeptid bleibt fast rein zurück. Die Ausbeute betrug 1,8 aus 5 g Bromkörper oder 44 pC. der Theorie. Zur Reinigung wird es aus heissem Wasser umgelöst; beim Erkalten krystallisirt es in mikroskopischen, schmalen, vierkantigen Prismen. Im Capillarrohre erhitzt, beginnt es gegen 210° zu sintern und schmilzt gegen 220° (corrigirt 224,5°) zu einem hellbraunen Oel. Es schmeckt stark bitter und löst sich leicht in verdünnter Salzsäure. Für die Analyse war bei 100° getrocknet.

0,1501 g gaben 0,3546 CO_2 und 0,1066 H_2O. — 0,1726 g gaben 14,9 ccm Stickgas bei 18° und 759 mm Druck.

Ber. für $C_{15}H_{22}O_3N_2$ (278).   C 64,75, H 7,91, N 10,07.

Gef „ 64,42, „ 7,90, „   9,96.

100 Theile kochendes Wasser lösen ungefähr 0,7 Theile Substanz. Auch in heissem Alkohol ist es etwas löslich.

Das Kupfersalz löst sich mit kornblumenblauer Farbe in Wasser und krystallisirt aus der concentrirten Lösung in kleinen Prismen.

Phenylalanyl-leucin A,

$$C_6H_5CH_2CH(NH_2)CO \cdot NHCH(C_4H_9)COOH.$$

Die Darstellung ist genau so wie bei dem Isomeren. Die Ausbeute betrug 1,7 g aus 5 g Bromkörper oder 42 pC. der Theorie.

Das Dipeptid krystallisirt aus heissem Wasser beim Abkühlen in feinen Nadeln aus und schmilzt bei 192° (corrigirt 196°) zu einem hellbraunen Oel, nachdem es bei 186° angefangen hat zu sintern.

Für die Analyse war bei 100° getrocknet.

0,1550 g gaben 0,3637 CO_2 und 0,1107 H_2O. — 0,1621 g gaben 13,95 ccm Stickgas bei 19° und 760 mm Druck.

Ber. für $C_{15}H_{22}O_3N_2$ (278).   C 64,7, H 7,91, N 10,07.

Gef. „ 64,0, „ 7,94, „   9,90.

In der Löslichkeit zeigt es grosse Aehnlichkeit mit dem Isomeren.

43. Emil Fischer und Julius Schenkel: Synthese von Polypeptiden XIX.

2. Derivate des inactiven Valins.*

Liebig's Annalen der Chemie **354**, 12 [1907].

(Eingelaufen am 16. April 1907.)

Polypeptide mit der Gruppe Valyl, $(CH_2)_2 \cdot CH \cdot CH(NH_2) \cdot CO$, lassen sich nach der allgemeinen Methode durch Anwendung von α-Bromisovaleriansäure bereiten. Die Kuppelung ihres Chlorides mit Glycocoll, Alanin u. s. w. geht glatt von statten. Der spätere Ersatz des Halogens durch die Aminogruppe erfordert allerdings höhere Temperatur und giebt verhältnissmässig geringe Ausbeuten. In einigen Fällen hat die Reaction sogar ganz versagt. Das ist um so auffälliger, als die Verwandlung der Bromisovaleriansäure selbst in das zugehörige Valin leicht von statten geht. Der Theorie entsprechend wurden bei der Kuppelung der Bromisovaleriansäure mit inactivem Alanin zwei Racemkörper gewonnen, von denen wir den einen schwerer löslichen als Verbindung A und den anderen durch B bezeichnen. Die erstere glauben wir rein gehabt zu haben, von der anderen ist das nicht so sicher.

Für die nachfolgenden Versuche diente reine, krystallisirte Bromisovaleriansäure, die optisch gänzlich inactiv war; sie lässt sich aus der käuflichen Isovaleriansäure leicht bereiten. Neuerdings ist sie auch selbst Handelswaare geworden. Zur Reinigung genügt es, sie in ungefähr dem halben Volumen warmem Petroläther zu lösen, durch Abkühlen in einer Eis-Kochsalzmischung zu krystallisiren und auf einer kalten Nutsche abzusaugen.

α - Bromisovalerylchlorid.

Seine Bereitung gelingt am leichtesten mit Thionylchlorid. 80 g Bromisovaleriansäure wurden mit 150 g Thionylchlorid unter allmählichem Steigern der Temperatur von 20° bis 60° am Rückflusskühler eine Stunde erwärmt und das Gemisch dann bei ungefähr 15 mm Druck fractionirt. Zuerst ging das überschüssige Thionylchlorid zwischen 18° und 28° fort und später destillirte das Säurechlorid bei 59°. Zur

---

* *Vergl. die Anmerkung S. 405.*

völligen Reinigung wurde nochmals fractionirt. Die Ausbeute betrug dann ungefähr 86—90 pC. der Theorie. Das Chlorid ist eine wasserhelle, leicht bewegliche Flüssigkeit, die in flüssiger Luft gekühlt langsam krystallisirt, bei gewöhnlicher Temperatur aber sofort flüssig wird. Sie hat einen starken, die Schleimhäute reizenden Geruch.

α-Bromisovalerylglycin, $(CH_3)_2 \cdot CH \cdot CHBr \cdot CO \cdot NH \cdot CH_2 \cdot COOH$.

5 g Glycocoll werden in 67 ccm n-Natronlauge gelöst und unter Kühlung durch kaltes Wasser in kleinen Portionen abwechselnd mit 14 g Säurechlorid und 85 ccm n-Natronlauge versetzt und jedesmal kräftig geschüttelt, bis der Geruch nach Säurechlorid verschwunden ist. Man übersättigt nun die alkalische Lösung mit 15 ccm fünffach n-Salzsäure. Dabei fällt der Bromkörper zum Theil körnig aus. Der in Lösung geblie- bene Theil wird aus dem Filtrate durch mehrfaches Ausäthern gewonnen. Versetzt man dann die stark eingeengte ätherische Lösung mit Petrol- äther, so fällt das Bromisovalerylglycin aus, während die beigemengte Bromisovaleriansäure in Lösung bleibt. Die Ausbeute betrug 13—14 g, mithin etwa 80 pC. der Theorie auf das Chlorid berechnet. Wurde das billige Glycocoll im Ueberschusse angewandt, so war die Ausbeute nur unwesentlich höher. Zur Analyse wurde die Substanz zweimal aus der zehnfachen Menge Wasser umkrystallisirt und im Vacuumexsiccator über Schwefelsäure getrocknet.

0,1617 g gaben 0,2111 CO_2 und 0,0751 H_2O. — 0,2658 g gaben 14 ccm Stick- gas bei 16° und 745,5 mm Druck. — 0,2083 g gaben 0,1660 AgBr.

Ber. für $C_7H_{12}O_3NBr$ (238).   C 35,29, H 5,24, N 5,88, Br 33,61.
Gef. „ 35,61, „ 5,20, „ 6,04, „ 33,91.

Beim raschen Erhitzen im Capillarrohre beginnt die Verbindung bei 136° zu sintern und schmilzt bei 139—141° (corrigirt) unter Gasentwicke- lung zu einer rothbraunen Flüssigkeit.

Sie krystallisirt aus Wasser in grossen, glänzenden Prismen, welche bei langsamer Krystallisation eine Länge von 6 mm und eine Breite von 1,5 mm erreichten. Sie löst sich in heissem Wasser ausserordentlich leicht, denn mit der gleichen Menge Wasser erhitzt, schmilzt sie erst und löst sich dann klar, während 60—70 Theile Wasser bei 20° erforder- lich sind. In Alkohol, Essigäther und Aceton ist sie leicht löslich, schwie- riger in Chloroform und Benzol, unlöslich in Petroläther. In Aether ist der reine Körper viel schwerer löslich als das Rohproduct.

dl-Valyl-glycin $(CH_3)_2CH \cdot CH(NH_2)CO \cdot NHCH_2COOH$.

Die Einwirkung von wässrigem Ammoniak auf Bromisovalerylglycin geht bei Zimmertemperatur sehr langsam vor sich. Deshalb wurden 5 g Bromkörper im Einschlussrohr mit der fünffachen Menge 25-procentigem

Ammoniak zwei Stunden auf 100° erhitzt. Die farblose Lösung wurde nun unter geringem Drucke möglichst zur Trockne verdampft und der teigartige Rückstand zur Entfernung des Bromammoniums mehrmals mit heissem, absolutem Alkohol ausgelaugt, wobei das Dipeptid zurückblieb. Die Ausbeute betrug 1,6 g oder 35 pC. der Theorie. Als das Product in wenig Wasser gelöst und die Flüssigkeit bis zur beginnenden Trübung mit Alkohol versetzt war, schied sich ungefähr die Hälfte beim längeren Stehen in kleinen, dünnen, farblosen Prismen aus. Der Rest liess sich durch Verdampfen der Mutterlauge wieder gewinnen.

Zur Analyse wurde die aus Wasser mit Alkohol gefällte und im Vacuumexsiccator über Schwefelsäure getrocknete Substanz verwendet.

0,1596 g gaben 0,2828 CO_2 und 0,1158 H_2O. — 0,1914 g gaben 27 ccm Stickgas bei 21,5° und 748 mm Druck.

Ber. für $C_7H_{16}O_3N$, (Molgew. 174). C 48 28, H 8,05, N 16,09.
Gef. ,, 48,33, ,, 8,12, ,, 16,05.

Das Dipeptid schmilzt gegen 245° (corrigirt 251°) unter Zersetzung und Braunfärbung und verwandelt sich dabei in das Anhydrid.

Es ist in zwei bis drei Theilen Wasser von gewöhnlicher Temperatur löslich, dagegen fast unlöslich in absolutem Alkohol, Aceton, Benzol und Aether. Es reagirt schwach sauer gegen Lackmus, ist fast geschmacklos und löst frisch gefälltes Kupferoxyd mit dunkelblauer Farbe. Das Kupfersalz krystallisirt aus Alkohol, worin es recht schwer löslich ist, in sehr kleinen, sechsseitigen Prismen.

Aus der geringen Ausbeute an Dipeptid folgt, dass erhebliche Mengen an Nebenproducten entstehen müssen, die mit dem Bromammonium in die alkoholische Lösung gehen. Unter ihnen befindet sich ein Product, das in Natriumcarbonatlösung Permanganat stark reducirt und wahrscheinlich eine Glycinverbindung der Dimethylacrylsäure ist. Wir haben aber die Substanz wegen des geringen Interesses, das sie darbietet, nicht näher untersucht.

Valyl-glycinanhydrid,

$(CH_3)_2CH \cdot CH \cdot CO \cdot NH$
$\qquad | \qquad\qquad | \qquad .$
$\qquad NH \cdot CO \cdot CH_2$

2 g Valylglycin wurden über freier Flamme bis zum völligen Schmelzen erhitzt, wobei reichliche Mengen von Wasserdampf entwichen. Die gelbe Schmelze wurde in 140 ccm Alkohol gelöst und mit Thierkohle entfärbt. Nach 24 Stunden hatte sich 1 g Anhydrid oder 55 pC. der Theorie abgeschieden. Aus der Mutterlauge wurden noch 0,2 g gewonnen, zusammen 1,27 g oder 67 pC. Zur Analyse wurde 1 g aus 80 ccm Alkohol umkrystallisirt.

0,1806 g gaben 0,3538 CO_2 und 0,1290 H_2O. — 0,1935 g gaben 29,7 ccm Stickgas bei 15° und 756 mm Druck.

Ber. für $C_7H_{12}O_2N_2$ (156). C 53,85, H 7,69, N 17,95.

Gef. ,, 54,03, ,, 7,99, ,, 17,91.

Die Verbindung schmilzt bei 246° (corrigirt 252°) und krystallisirt aus Alkohol in langen, sehr dünnen Prismen. Sie ist ziemlich leicht löslich in heissem Wasser, Alkohol und Methylalkohol, schwer löslich in Essigäther, Benzol und Aceton, sehr schwer löslich in Chloroform und Aether. Von kalter, verdünnter Salzsäure und verdünnten Alkalien wird sie nicht mehr als von kaltem Wasser gelöst.

α - Bromisovalerylalanin A.

Die Kuppelung des Bromisovalerylchlorides mit dem dl-Alanin wurde wie beim Glycocoll ausgeführt. Von dem Einflusse der Temperatur auf das Resultat ist später die Rede.

Beim Ansäuern fällt das Gemisch der isomeren Bromkörper zum allergrössten Theil als körniges Pulver aus. Ein kleiner Rest lässt sich aus der Mutterlauge ausäthern. Die Ausbeute aus 12 g Chlorid und 5 g Alanin betrug 14,5 g.

Die mit Petroläther gewaschene Substanz wird in die 30-fache Menge siedendes Wasser gebracht, wobei sie schmilzt, und durch Umschütteln rasch gelöst. Beim raschen Abkühlen auf Zimmertemperatur und kurzem Stehen krystallisirt ein erheblicher Theil, der meist aus der Verbindung A besteht. Die Mutterlauge wird unter 10—20 mm Druck bis zur beginnenden Krystallisation eingedampft und wieder abgekühlt. Zweimaliges Umlösen der Krystalle aus heissem Wasser genügt, um ein Präparat von gleichbleibendem Schmelzpunkt und anscheinend völliger Reinheit zu erhalten. Zur Analyse wurde im Vacuumexsiccator über Schwefelsäure getrocknet.

0,1839 g gaben 0,2529 CO_2 und 0,0915 H_2O. — 0,1364 g gaben 6,6 ccm Stickgas bei 16,5° und 748 mm Druck. — 0,2384 g gaben 0,1717 AgBr.

Ber. für $C_8H_{14}O_3NBr$ (252). C 38,10, H 5,56, N 5,56, Br 31,75.

Gef. ,, 38,25, ,, 5,67, ,, 5,54, ,, 31,59.

Das Bromisovalerylalanin A krystallisirt aus heissem Wasser in farblosen, langen, flachen Nadeln, die nicht ganz constant bei 165—168° (corrigirt) unter Zersetzung schmelzen. Es ist unlöslich in Petroläther, schwer löslich in Benzol und löslich in Alkohol, Aether, Aceton, Essigäther und Chloroform.

Bromisovalerylalanin B.

Wird die Mutterlauge von der Verbindung A unter 10—12 mm Druck weiter verdampft, so scheiden sich kleine, meist büschelartig verwachsene Prismen ab, die bei etwa 140° schmelzen. Sie sind noch ein Gemisch der beiden Isomeren, aus dem man die Verbindung B am besten durch wiederholte fractionirte Krystallisation aus Essigäther gewinnt. Der Schmelzpunkt bleibt schliesslich unverändert und liegt dann bei 129—132° (corrigirt), wobei aber Zersetzung eintritt. Zur Analyse war aus Benzol umkrystallisirt und im Vacuumexsiccator über Paraffin getrocknet.

0,1683 g gaben 0,2366 CO_2 und 0,0845 H_2O. — 0,1855 g gaben 9,3 ccm Stickgas bei 17° und 748 mm Druck. — 0,1655 g gaben 0,1234 AgBr.

Ber. für $C_8H_{14}O_3NBr$ (252).   C 38,10, H 5,56, N 5,56, Br 31,75.

Gef. „ 38,34, „ 5,62, „ 5,72, „ 31,73.

Die Verbindung unterscheidet sich von dem Isomeren A ausser durch den Schmelzpunkt durch die grössere Löslichkeit in Wasser, denn es genügen in der Hitze davon ungefähr 12 Theile. Sie krystallisirt aus Wasser in kleinen, meist büschelartig verwachsenen Prismen. Die Ausbeute war schwankend. War die Kuppelung bei sehr niederer Temperatur, bei Anwendung einer Kältemischung ausgeführt, so war bei sehr guter Gesammtausbeute die Menge der Verbindung B verhältnissmässig klein. Wir schätzen sie auf 15—20 pC. der Gesammtausbeute. War dagegen ohne Kühlung bei gewöhnlicher Temperatur gekuppelt, so fiel die Gesammtausbeute an beiden Bromkörpern etwas geringer aus, dafür enthielt aber das Gemisch erheblich mehr von der Verbindung B, nach unserer Schätzung ungefähr bis zur Hälfte.

Ob wir die Verbindung B ganz rein gehabt haben, ist schwer zu sagen, da bekanntlich die Trennung von derartigen Isomeren durch Krystallisation viel Schwierigkeiten macht und besonders für den leichter löslichen Antheil schlechtere Resultate giebt.

Valyl-alanin A.

Der Bromkörper wird mit der fünffachen Menge 25-procentigem Ammoniak im Einschlussrohre $1^1/_2$—2 Stunden auf 100° erhitzt und die Lösung genau so verarbeitet, wie beim Valylglycin. Die Ausbeute war etwas besser, 40—50 pC. der Theorie. Zur völligen Reinigung wurde in warmem Wasser gelöst und mit viel Alkohol versetzt. Beim längeren Stehen schied sich das Dipeptid in mikroskopisch kleinen, rhombenähnlichen Blättchen ab, die zur Analyse im Vacuumexsiccator über Schwefelsäure getrocknet waren.

0,1750 g gaben 0,3264 CO_2 und 0,1398 H_2O. — 0,1683 g gaben 21,1 ccm Stickgas bei 17° und 770 mm Druck.

Ber. für $C_8H_{16}O_3N_2$ (188).   C 51,06, H 8,51, N 14,89.

Gef. „ 50,87, „ 8,94, „ 14,81.

Das Dipeptid zersetzt sich beim raschen Erhitzen im Capillarrohre gegen 240° (corrigirt 246°) unter Gasentwickelung und geht dabei zum Theil in das Anhydrid über. Es ist löslich in ungefähr 7—8 Theilen kaltem Wasser, schwer löslich in gewöhnlichem Alkohol und fast unlöslich in absolutem Alkohol, Aceton, Aether und Benzol. Es reagirt schwach sauer gegen Lackmus, ist fast geschmacklos und löst gefälltes Kupferoxyd mit tiefblauer Farbe. Das Kupfersalz krystallisirt beim Verdunsten der wässrigen Lösung in kleinen, blauen Prismen, die an die Form von Briefcouverts erinnern.

Valyl-alaninanhydrid.

1 g Valyl-alanin A wurde über freiem Feuer geschmolzen, die gelbe Schmelze in 80 ccm heissem Alkohol gelöst und mit Thierkohle entfärbt. Nach 24-stündigem Stehen in der Kälte war der grösste Theil des Valyl-alaninanhydrids auskrystallisirt. Aus der Mutterlauge wurde durch Einengen eine zweite, aber kleine Krystallisation gewonnen. Die Gesammtausbeute betrug 0,75 g oder 83 pC. der Theorie. Zur Analyse war nochmals aus Alkohol umkrystallisirt und im Vacuumexsiccator über Chlorcalcium getrocknet.

0,1485 g gaben 0,3075 CO_2 und 0,1139 H_2O. — 0,1440 g gaben 20,2 ccm Stickgas bei 16° und 756 mm Druck.

Ber. für $C_8H_{14}O_2N_2$ (170).   C 56,47, H 8,24, N 16,47.
Gef.   „ 56,47, „ 8,57, „ 16,31.

Die Verbindung schmilzt gegen 240° (corrigirt 246°). Sie krystallisirt in farblosen, lockeren, meist zu Büscheln vereinigten Nadeln. Sie ist löslich in Wasser, Alkohol, Methylalkohol und Essigäther, schwer löslich in Aceton, Benzol und Chloroform, unlöslich in Aether und Petroläther. Nach den Erfahrungen, die mit dem Aminobuttersäureanhydrid gemacht worden sind, ist es wahrscheinlich, dass das bei höherer Temperatur hergestellte Anhydrid keine einheitliche Verbindung, sondern ein Gemisch zweier Isomeren ist.

Inactives Valinanhydrid.

Es lässt sich aus dem racemischen Valin durch Schmelzen, allerdings nur mit ziemlich schlechter Ausbeute gewinnen.

4 g Valin werden über freier Flamme zum Schmelzen erhitzt. Dabei entsteht ein ziemlich starkes Sublimat, das sowohl Anhydrid wie auch unverändertes Valin enthält und deshalb noch zum Schmelzen gebracht werden muss. Die braungefärbte, stark riechende Schmelze wird in ungefähr 200 ccm heissem Alkohol gelöst und die Flüssigkeit mit Thierkohle entfärbt. Aus der heiss filtrirten Lösung scheidet sich beim 24-stün-

digen Stehen bei 0° das Anhydrid ziemlich vollständig ab. Die Ausbeute betrug ungefähr 1 g, das zur Analyse nochmals aus 80 ccm heissem Alkohol umkrystallisirt wurde.

0,1648 g gaben 0,3663 CO_2 und 0,1355 H_2O. — 0,1653 g gaben 19,8 ccm Stickgas bei 12,5° und 753 mm Druck.

Ber. für $C_{10}H_{18}O_2N_2$ (198). C 60,61, H 9,10, N 14,14.

Gef. ,, 60,62, ,, 9,20, ,, 14,10.

Das Anhydrid krystallisirt in feinen, langen, farblosen Nädelchen, die nicht ganz scharf bei 303° (corrigirt) schmelzen. Es ist indifferent gegen Säuren und Alkalien, löst sich schwer in Wasser, viel leichter in Alkohol und sehr wenig in Aether. In Bezug auf die Einheitlichkeit der Substanz gilt das oben beim Valyl-alaninanhydrid Gesagte.

44. Emil Fischer und Walther Schrauth: Synthese von Polypeptiden XIX.

3. Aufspaltung von Diketopiperazinen und Dipeptide des Tyrosins *).

Liebig's Annalen der Chemie **354**, 21 [1907].

(Eingelaufen am 16. April 1907).

Die Aufspaltung der Diketopiperazine durch Alkali, welche beim Glycinanhydrid so ausserordentlich leicht eintritt, wird durch die Anwesenheit von Alkylgruppen so verlangsamt, dass die Reaction bei dem Leucinanhydrid versagte[1]). Dieselbe Schwierigkeit fanden wir bei dem Valinanhydrid, dem Derivate der α-Aminoisovaleriansäure.

Einen besonderen Fall bieten die gemischten Diketopiperazine, weil hier bei der Aufspaltung zwei verschiedene Dipeptide entstehen können. Am genauesten haben wir den Vorgang untersucht bei dem dl-Leucyl-glycinanhydrid,

$$\begin{array}{c} C_4H_9 \cdot CH \cdot NH \cdot {\vdots} CO \\ | \qquad\qquad | \\ CO \cdot NH \cdot CH_2 \end{array} \cdot$$

Da nach dem Verhalten des Leucinanhydrids die Isobutylgruppe auf die Wirkung des Alkalis einen stark hindernden Einfluss ausübt, so durfte man erwarten, dass die Aufspaltung des gemischten Anhydrids entweder ausschliesslich oder doch vorzugsweise an der durch die punktirte Linie angedeuteten Stelle stattfinden werde. Das trifft thatsächlich zu. Denn als Hauptproduct der Aufspaltung mit Alkali erhielten wir Leucylglycin, $C_4H_9 \cdot CH(NH_2) \cdot CO \cdot NH \cdot CH_2 \cdot COOH$, daneben entstand aber auch das isomere Glycylleucin. Ihr Mengenverhältniss betrug ungefähr 2 : 1. Aehnlich war das Resultat bei dem inactiven Leucyl-alaninanhydrid. Nur schien das Mengenverhältniss der beiden hier entstehenden Dipeptide, Leucyl-alanin und Alanyl-leucin, etwas anders zu sein.

Diese Erfahrungen mit den Anhydriden der aliphatischen Aminosäuren haben wir benutzt, um bisher unbekannte Derivate des Tyrosins zu gewinnen. Wird das Glycyl-l-tyrosinanhydrid durch 12-stündige Behandlung mit verdünntem Alkali bei 35° aufgespalten, so entsteht als Hauptproduct ein Dipeptid, das wir für l-Tyrosyl-glycin,

$$HOC_6H_4 \cdot CH_2 \cdot CH(NH_2) \cdot CO \cdot NH \cdot CH_2 \cdot COOH,$$

---

*) Vergl. die Anmerkung S. 405.

[1]) E. Fischer, Berichte d. D. Chem. Gesellsch. **39**, 559 [1906]. (Proteine I, S. 31.)

halten. Nebenher bildet sich in geringerer Menge ein Isomeres, welches sehr wahrscheinlich mit dem schon bekannten Glycyl-1-tyrosin identisch ist.

Auf ähnliche Art gelingt es, aus dem Tyrosinanhydrid ein leicht lösliches Product zu gewinnen, das zwar nicht analysirt werden konnte, aber nach seinen Eigenschaften höchst wahrscheinlich das bisher vergeblich gesuchte Tyrosyl-tyrosin ist.

Für den letzten Versuch waren wir genöthigt, das noch wenig bekannte Tyrosinanhydrid in grösserer Menge zu bereiten und völlig zu reinigen. Viel leichter als aus dem früher benutzten Aethylester lässt es sich aus dem schön krystallisirten Methylester herstellen, und durch Abänderung der Bedingungen ist es uns gelungen, sowohl die optisch active wie die racemische Form des Anhydrids zu gewinnen.

Aufspaltung des Leucyl-glycinanhydrids.

2 g inactives Leucyl-glycinanhydrid[1]), das durch Erhitzen des Leucyl-glycins auf 230—240° dargestellt war, wurden sehr fein gepulvert mit 13,4 ccm n-Natronlauge (berechnet für ein Mol. 11,75 ccm) und circa 25 ccm Wasser 15 Stunden bei gewöhnlicher Temperatur auf der Maschine geschüttelt, dann die klare Lösung mit der dem Alkali äquivalenten Menge von Jodwasserstoff versetzt und unter 15—20 mm Druck zur Trockne verdampft. Es hinterblieb ein rothbraunes Oel, das in absolutem Alkohol gelöst allmählich die Dipeptide krystallinisch abschied, während das Jodnatrium in Lösung blieb. Das abfiltrirte, farblose, jodfreie Product wurde mit absolutem Alkohol gewaschen und wog getrocknet 2 g (90,5 pC. der Theorie). Es wurde in circa 35 ccm Wasser heiss gelöst und zur Abscheidung des Glycyl-leucins mit 5 ccm einer Lösung von 10 g krystallisirtem Kupfersulfat in 50 ccm Wasser versetzt. Es entstand ein starker blassblauer Niederschlag, während das Filtrat bereits stark blau gefärbt war.

Nach dem Absaugen und Waschen mit wenig kaltem Wasser betrug die Menge der an der Luft getrockneten Kupferverbindung 1,2 g. Um aus dem Filtrat das Leucyl-glycin zu gewinnen, wurde das Kupfer mit Schwefelwasserstoff gefällt, aus dem Filtrat der Schwefelwasserstoff durch gelindes Erwärmen unter geringem Druck entfernt und die freie Schwefelsäure durch überschüssiges, frisch gefälltes Baryumcarbonat gefällt. Die durch kurzes Aufkochen von Kohlensäure befreite und dann filtrirte Lösung hinterliess beim Verdampfen unter geringem Druck das Leucyl-glycin als farblose, krystallinische Masse. Nach dem Waschen mit Alkohol und Trocknen betrug seine Menge 1,33 g. Die Reinheit

---

[1]) Liebigs Ann. d. Chem. **340**, 123 [1905]. (*Proteine I, S. 463.*)

des Präparates wurde durch die Analyse controlirt, für die es durch Trocknen im Vacuumexsiccator über Schwefelsäure vorbereitet war.

0,1231 g gaben 0,2297 CO_2 und 0,0953 H_2O. — 0,1724 g gaben 22,6 ccm Stickgas über 33-procentigem KOH bei 25° und 758 mm Druck.

Ber. für $C_8H_{16}O_3N_2$ (188,24). C 51,01, H 8,57, N 14,92.

Gef. ,, 50,89, ,, 8,60, ,, 14,75.

Der Schmelzpunkt des Productes stimmte ebenfalls mit dem für Leucyl-glycin angegebenen (243° unter Zersetzung) überein.

Von dem isomeren Glycyl-leucin kann es auch nur Spuren enthalten haben, da dessen Abscheidung durch Kupfersulfat recht vollständig erfolgt. Diese Kupferverbindung ist schon von E. Fischer und O. Warburg als charakteristisch für das Dipeptid erkannt[1]), aber nicht analysirt worden. Dies haben wir nachgeholt, um aus der Menge der Kupferverbindung diejenige des Dipeptids berechnen zu können. Für die Analyse diente die lufttrockne Substanz.

0,1670 g verloren bei 100° im Vacuum über Phosphorpentoxyd getrocknet 0,0122 g. — 0,1998 g verloren bei 110° im Vacuum über Phosphorpentoxyd getrocknet 0,0142 g. — 0,2014 g verloren bei 140° im Vacuum über Phosphorpentoxyd getrocknet 0,0148 g. — 0,2042 g gaben geglüht 0,0434 g CuO. — 0,1396 g gaben 0,1314 CO_2 und 0,0651 H_2O.

Ber. für $C_8H_{16}O_3N_2 \cdot CuSO_4 + 1^1/_2 H_2O$ (374,93).

H_2O 7,21,   Cu 16,96, C 25,61, H 4,30.

Gef. ,, 7,30, 7,11, 7,34, ,, 16,98, ,, 25,67, ,, 4,38.

Das Glycylleucin-kupfersulfat, wie man die Verbindung nennen kann, ist also den Metallammoniakverbindungen vergleichbar.

Ferner ergiebt sich aus der Formel, dass die lufttrockne Verbindung 50,2 pC. Glycyl-leucin enthält.

Das Resultat des Versuches ist also kurz zusammengefasst folgendes: Aus 2 g Anhydrid wurden 2 g des Dipeptidgemisches gewonnen, und letzteres enthielt 0,6 g Glycyl-leucin und 1,33 g Leucyl-glycin. Zwei andere genau ebenso angestellte Versuche ergaben ganz dasselbe Resultat. Bei dem dritten Controlversuch wurde das Gemisch der Dipeptide nicht isolirt, sondern die alkalische Lösung mit n-Salzsäure genau neutralisirt und direct mit Kupfersulfat gefällt. Bei Anwendung von 2 g Anhydrid betrug auch hier die Menge der lufttrocknen Kupferverbindung 1,2 g.

Aufspaltung des Leucyl-alaninanhydrids.

Das angewandte Anhydrid war aus inactivem Leucyl-alanin durch Erhitzen auf 250° dargestellt[2]). Nach den Erfahrungen, die seitdem

---

[1]) Liebigs Ann. d. Chem. **340**, 158 [1905]. (*Proteine I*, *S. 490.*)

[2]) E. Fischer und O. Warburg, Liebigs Ann. d. Chem. **340**, 159 [1905]. (*Proteine I*, *S. 490.*)

über die Bildung solcher Anhydride mit mehreren Alkylgruppen bei hoher Temperatur gesammelt wurden, ist es wahrscheinlich, dass das Präparat nicht einheitlich, sondern ein Gemisch von zwei stereoisomeren, aber sehr ähnlichen Racemkörpern war[1]).

2 g Leucyl-alaninanhydrid wurden sehr fein gepulvert, mit 12,4 ccm n-Natronlauge (berechnet für ein Mol. 10,84 ccm) und circa 50 ccm Wasser im Brutraume bei 37° auf der Maschine geschüttelt, weil bei gewöhnlicher Temperatur die Reaction zu langsam erfolgt. Nach zweimal 24 Stunden war klare Lösung eingetreten. Die Flüssigkeit wurde nun mit der äquivalenten Menge Jodwasserstoff neutralisirt und unter geringem Druck zur Trockne verdampft.

Beim Auskochen des farblosen, krystallinischen Rückstandes mit Alkohol blieben die Dipeptide zurück. Da ihre Menge bei verschiedenen Versuchen nur 1,5 g oder 68,5 pC. der Theorie betrug, so musste die alkoholische Lösung neben Jodnatrium noch eine erhebliche Menge organischer Materie enthalten. In der That konnten nach Verdampfen des Alkohols daraus noch 0,4 g einer Substanz isolirt werden, welche den Schmelzpunkt und die sonstigen Eigenschaften von Leucyl-alaninanhydrid besass.

Wir haben deshalb bei einem zweiten Versuche 2 g des Anhydrids mit der gleichen Menge Alkali in derselben Weise behandelt, aber die Flüssigkeit nach eingetretener, völliger Lösung noch 8 Tage im Brutraume stehen lassen. Die Ausbeute an Dipeptiden stieg dadurch nur auf 1,66 g oder 75,8 pC. der Theorie, und jetzt enthielt der alkoholische Auszug des Trockenrückstandes auch noch relativ viel organische Substanz. Ob das aber Anhydrid oder vielleicht Dipeptid in leicht löslicher Form gewesen ist, haben wir nicht geprüft.

Das Gemisch der Dipeptide konnte die vier theoretisch möglichen racemischen Combinationen von Leucin und Alanin enthalten. Davon sind drei bekannt, Alanyl-leucin A und Alanyl-leucin B, die sich durch die Art der Krystallisation und noch mehr durch den Schmelzpunkt ihrer Phenylisocyanatverbindung unterscheiden, ferner ein Leucylalanin. Dieses unterscheidet sich von den Alanyl-leucinen durch den Geschmack und durch die geringe Löslichkeit in kaltem Wasser. Letztere haben wir benutzt, um es aus dem Gemisch der Dipeptide zu isoliren. Zu dem Zwecke wurden 1,5 g des Gemisches mit 6 ccm eiskalten Wassers ausgelaugt und der Rückstand, der 1,21 g wog, noch zwei Mal in derselben Weise behandelt, wodurch seine Menge auf 0,82 g zurückging. Diese wurden in heissem Wasser gelöst, die Lösung auf circa 6 ccm concentrirt und dann bei 0° der Krystallisation überlassen. Die aus-

---

[1]) E. Fischer und K. Raske, Berichte d. D. Chem. Gesellsch. **39**, 3981 [1906.] (*S. 279.*)

geschiedene Masse wog 0,57 g, war geschmacklos und besass die Eigenschaften des bekannten Leucyl-alanins. Zur Identificirung wurde diese noch in die ebenfalls schon bekannte Carbäthoxylverbindung verwandelt, welche den Schmelzpunkt 166—168° zeigte und für die Analyse im Vacuumexsiccator getrocknet war.

0,1682 g gaben 0,3235 CO_2 und 0,1209 H_2O.

Ber. für $C_{12}H_{22}O_5N_2$ (274,30). C 52,51, H 8,08.

Gef. ,, 52,45, ,, 7,98.

Die bei der Isolirung des Leucyl-alanins resultirenden, wässrigen Mutterlaugen wurden zur Gewinnung des Alanyl-leucins benutzt. Das geschah durch eine systematische und ziemlich mühsame, fractionirte Krystallisation. Es gelang dadurch schliesslich die Menge des Leucyl-alanins auf 0,88 g zu erhöhen und ausserdem 0,6 g nicht ganz reines Alanyl-leucin zu isoliren. Letzteres wurde in die Phenylisocyanat-verbindung übergeführt und dadurch als Alanyl-leucin B erkannt. Denn die Phenylisocyanatverbindung schmolz bei 185—189° und gab bei der Analyse folgende Zahlen:

0,1794 g gaben 0,3928 CO_2 und 0,1170 H_2O.

Ber. für $C_{16}H_{23}N_3O_4$ (321,35). C 59,75, H 7,23.

Gef. ,, 59,71, ,, 7,25.

Verhalten des Leucin- und Valinanhydrids gegen Alkali.

Auf die Beständigkeit des Leucinanhydrids (Leucinimids) gegen Alkalien ist schon früher hingewiesen worden. Die folgenden Versuche liefern dafür einen neuen Beweis. 1 g inactives Leucinimid wurde sehr fein gepulvert und mit 5 ccm n-Natronlauge (etwas mehr als ein Mol.) und 30 ccm Wasser zehn Tage im Brutraume auf der Maschine geschüttelt. Eine merkbare Einwirkung war nicht eingetreten. Um dem Einwand zu begegnen, dass die geringe Löslichkeit des Anhydrids in Wasser daran Schuld sei, wurde der gleiche Versuch mit 1 g Leucinimid, 70 ccm Alkohol und 5 ccm einer alkoholischen Normalnatronlauge wiederholt. Nach zehntägigem Schütteln im Brutraume war das Anhydrid nur theilweise gelöst, und auch der gelöste Theil war nicht verändert, denn aus der alkoholischen Flüssigkeit wurde eine reichliche Menge des Anhydrids zurückgewonnen.

Ebenso negativ verliefen die gleichen Versuche mit dem inactiven Valinanhydrid, das aus dem synthetischen Valin (α-Aminoisovalerian-säure) bereitet war und in der vorhergehenden Abhandlung beschrieben ist.

Darstellung des Glycyl-l-tyrosinanhydrids,

$$\begin{array}{c} CH_2NH \cdot CO \\ | \qquad\qquad | \\ CO \cdot NH \cdot CH \cdot CH_2C_6H_4OH \end{array}$$

5 g Chloracetyl-l-tyrosinäthylester[1]) wurden in circa 50 ccm bei 0° gesättigtem ammoniakalischem Alkohol gelöst und im Eisschranke stehen gelassen. Bereits nach 24 Stunden begann das Glycyl-l-tyrosin-anhydrid sich in kugelförmigen Aggregaten abzuscheiden und seine Menge betrug nach fünftägigem Stehen 2,85 g (75 pC. der Theorie). Aus der Mutterlauge konnte noch eine unbedeutende Menge unveränderten Esters zurückgewonnen werden. Zur völligen Reinigung wurde das Product aus heissem Wasser unter Zusatz von etwas Thierkohle umkry-stallisirt. Zur Analyse war bei 100° getrocknet.

0,1657 g gaben 0,3641 CO_2 und 0,0811 H_2O. — 0,1656 g gaben 18,5 ccm Stickgas über 33-procentiger KOH bei 18° und 760 mm Druck.

Ber. für $C_{11}H_{12}N_2O_3$ (220,20). C 59,94, H 5,50, N 12,75.
Gef. ,, 59,93, ,, 5,43, ,, 12,93.

Das Anhydrid bildet schöne, oft fächerförmig verwachsene Nadeln und schmilzt unter Zersetzung unscharf gegen 295° (corrigirt). Es ist in kaltem Wasser sehr schwer löslich, löst sich jedoch beim Kochen in circa 50—60 Theilen. Es ist unlöslich in Aether, schwer löslich in heissem Alkohol, leicht wird es nur von warmem Eisessig aufgenommen, fällt jedoch beim Erkalten wieder aus. Als Tyrosinderivat giebt es Millon's Reaction und löst sich leicht in Alkalien. Auch in wässrigem Ammoniak ist es verhältnissmässig leicht löslich (in circa 50 Theilen in der Kälte), verhält sich dagegen indifferent gegen verdünnte wässrige Mineralsäuren.

Zur Bestimmung der specifischen Drehung diente eine schwach ammoniakalische Lösung vom Gesammtgewicht 8,5150 g, die 0,1879 g Anhydrid enthielt und das spec. Gew. 0,9541 hatte. Dieselbe drehte bei 20° im 2 dcm-Rohre Natriumlicht 5,28° nach rechts. Mithin $[\alpha]_D^{20} = + 125,4°$. Dieser Werth ist jedoch bei der grossen Verdünnung wenig genau. Leider lassen sich aber bei gewöhnlicher Temperatur erheblich concentrirtere Lösungen nicht herstellen. Es ist deshalb nicht auffallend, dass zwei andere ebenso ausgeführte Bestimmungen die ziemlich stark abweichenden Werthe + 126,4° und + 124,3° gaben. Das synthetische Glycyl-l-tyrosinanhydrid ist zweifellos identisch mit dem Product, das E. Fischer und E. Abderhalden bei der partiellen Hydrolyse des Seidenfibroïns[2]) erhielten. Denn beim directen Vergleich der beiderseitigen Präparate in Bezug auf Schmelzpunkt, Löslichkeit, Art der Krystallisation und Elementaranalyse war kein Unterschied

---

[1]) Berichte d. D. Chem. Gesellsch. **37**, 2494—2500. (*Proteine I, S. 344 u. f.*)
[2]) Berichte d. D. Chem. Gesellsch. **39**, 2315 (1906]. (*S. 711.*)

zu bemerken. Und auch die kleine Differenz in der specifischen Drehung, die bei dem aus Seidenfibroïn erhaltenen Präparate + 123,3° gefunden wurde, ist in Anbetracht der benutzten, stark verdünnten Lösungen und der hohen Drehung ohne Bedeutung.

Aufspaltung des Glycyl-1-tyrosinanhydrids durch Alkali.

Wie in der Einleitung erwähnt, entstehen bei dieser Reaction verschiedene Producte, die sich aber wegen ihrer schlechten Eigenschaften nicht von einander trennen lassen. Die Scheidung ist uns erst gelungen durch Ueberführung der Dipeptide in die Aethylester, deren Chlorhydrate krystallisiren. Das eine von diesen beiden Salzen zeigte grosse Aehnlichkeit mit dem schon bekannten salzsauren Glycyl-1-tyrosinäthylester. Das andere Salz, das an Menge bei weitem überwiegt, ist in Alkohol etwas schwerer löslich und zeigt andere Krystallform, wie das zum Vergleich herangezogene auf andere Art dargestellte Glycyl-1-tyrosinäthylesterchlorhydrat. Viel grösser aber sind die Unterschiede bei den Chloroplatinaten sowohl in der Krystallform wie in der Löslichkeit, und wir tragen deshalb kein Bedenken, beide Stoffe für verschieden anzusehen. Aus diesem Grunde und mit Rücksicht auf die Beobachtung beim Leucyl-glycin-anhydrid halten wir es für sehr wahrscheinlich, dass das neue Product 1-Tyrosyl-glycin ist.

Wir bemerken jedoch ausdrücklich, dass der endgültige Beweis hierfür noch fehlt und dass uns eine neue Synthese dieses Dipeptids durch eine andere Reaction sehr erwünscht erscheint.

Zur Aufspaltung werden 2 g Glycyl-1-tyrosinanhydrid in einem Gemisch von 20 ccm Wasser und 20,4 ccm n-Natronlauge (2¼ Mol.) gelöst und 12 Stunden bei 37° gehalten. Dann fügt man 20,4 ccm *n*-Schwefelsäure hinzu, verdampft auf dem Wasserbade auf ein geringes Volumen und fügt zur Abscheidung des Natriumsulfats heissen Alkohol im Ueberschuss hinzu. Durch die Anwesenheit des Wassers bleiben die Dipeptide, die in absolutem Alkohol sehr schwer löslich sind, in der Flüssigkeit. Diese wird filtrirt, auf dem Wasserbade rasch verdampft und der Rückstand noch zwei Mal mit absolutem Alkohol übergossen und wieder verdampft, um das Wasser möglichst zu entfernen. Das Product ist eine amorphe, hygroskopische Masse. Sie wird zur Veresterung in etwa 40 ccm Alkohol suspendirt und bei gewöhnlicher Temperatur mit gasförmiger Salzsäure nahezu gesättigt, wobei der allergrösste Theil der Dipeptide in Lösung geht. Ohne zu filtriren, verdampft man nun die Lösung unter 20 ccm Druck auf 6—8 ccm und kühlt auf 0°. Nach mehrstündigem Stehen wird die Krystallmasse filtrirt und im Vacuumexsiccator getrocknet. Ihr Gewicht beträgt etwa

1,5 g. Aus dem eingeengten Filtrat gewinnt man durch vorsichtigen Zusatz von Aether noch etwa 0,25 g. Die Mutterlauge hinterlässt beim Verdunsten über Schwefelsäure und Natronkalk einen dicken Syrup. Löst man die erste Hauptfraction der Krystalle in nicht zu viel heissem Alkohol und fügt nach dem Abkühlen vorsichtig Aether zu, so scheidet sich das Salz in farblosen, feinen, oft kugelförmig verwachsenen Nadeln ab, die für die Analyse bei 100° getrocknet wurden.

0,1909 g gaben 0,3592 CO_2 und 0,1088 H_2O. — 0,1893 g gaben 15,4 ccm Stickgas über 33-procentiger KOH bei 17° und 759 mm Druck. — 0,1622 g = 5,35 ccm $^1/_{10}$ n-$AgNO_3$.

Ber. für $C_{13}H_{18}O_4N_2HCl$ (302,72).   C 51,53, H 6,34, N 9,28, Cl 11,71.
Gef. ,, 51,32, ,, 6,33, ,, 9,45, ,, 11,69.

Das Salz schmilzt unter Zersetzung. In Folge dessen ist der Schmelzpunkt nicht constant. Wir beobachteten ihn im Capillarrohre bei 230 bis 235° (corrigirt). Bei langsamer Krystallisation aus alkoholischer Lösung bildet es mikroskopische, lange Nadeln oder ganz schmale, lanzettförmig zugespitzte, sehr dünne Platten. Es ist in Wasser spielend leicht und auch in Methylalkohol noch recht leicht löslich. Auch von warmem Alkohol wird es ziemlich leicht (circa 25—30 Theile) aufgenommen. In wässriger Lösung wurde die specifische Drehung $[\alpha]_D^{20} = + 14,1°$ beobachtet. Wir legen aber auf diese Zahl keinen grossen Werth, da bei der Aufspaltung activer Diketopiperazine leicht eine partielle Racemisirung eintritt, wie das früher für das d-Alaninanhydrid geschildert ist[1]).

Der Dipeptidester lässt sich zwar mit verdünnten Alkalien bei Bruttemperatur in einigen Stunden verseifen, wir haben aber bisher das freie Dipeptid noch nicht genügend rein besessen, um eine genaue Beschreibung davon geben zu können. Es ist in Wasser sehr leicht löslich, giebt stark die Millonsche Reaction und wird durch Pankreassaft rasch hydrolysirt.

Viel charakteristischer als das Esterchlorhydrat ist das

Chloroplatinat.

Löst man 0,3 g des reinen Chlorhydrats in 1 ccm Wasser bei gewöhnlicher Temperatur und versetzt mit 2 ccm einer 10-procentigen Lösung von Platinchlorwasserstoffsäure, so scheidet sich sofort ein dicker Brei von blassgelben, kleinen Kryställchen ab, die sich unter dem Mikroskop als moosähnliche Aggregate darstellen. Sie lösen sich beim Erwärmen der Flüssigkeit und fallen beim raschen Abkühlen wieder aus. Kocht man aber die Lösung einige Minuten, so erfolgt beim Abkühlen keine Krystallisation mehr, wahrscheinlich weil eine Verseifung des Esters stattfindet.

---

[1]) Berichte d. D. Chem. Gesellsch. **39**, 469 [1906]. (*Proteine I, S. 564.*)

Operirt man nur in der Kälte, so ist die Ausscheidung des Salzes recht vollständig, denn die Ausbeute betrug 0,42 g statt der berechneten 0,46 g. Bei einem zweiten Versuche unter sonst gleichen Bedingungen, wo aber die Menge des Wassers sechs Mal so gross war, betrug die Ausbeute 0,36 g. Diese Daten gestatten eine ungefähre Schätzung der Löslichkeit in Wasser von gewöhnlicher Temperatur, allerdings in Gegenwart von überschüssigem Platinchlorid. Der Verhältnis ist ungefähr 1 : 80.

Für die Analyse war das gefällte Salz nur mit kaltem Wasser gewaschen und erst im Vacuumexsiccator, dann bei 100° getrocknet.

0,1956 g gaben geglüht 0,0404 Pt. — 0,1568 g gaben 0,1383 AgCl.

Ber. für $C_{26}H_{38}O_8N_4PtCl_6$ (942,06).   Pt 20,67, Cl 22,58.

Gef.   ,,   20,65, ,, 22,38.

Das Salz schmilzt unscharf unter starker Zersetzung und Schwarzfärbung gegen 219—222° (corrigirt 224—227°).

Hydrochlorat und Chloroplatinat des Glycyl-1-tyrosinäthylesters.

Um die Verschiedenheit des als 1-Tyrosyl-glycin betrachteten obigen Dipeptids von dem schon bekannten Glycyl-1-tyrosin sicher festzustellen, haben wir dessen Esterchlorhydrat, das früher nur kurz beschrieben wurde, von Neuem dargestellt und zum Vergleich herangezogen. Da das Salz sich ebenfalls beim Erhitzen zersetzt, so ist der Schmelzpunkt sehr unscharf und wechselt mit der Art des Erhitzens. Er wurde früher gegen 245° (corrigirt) beobachtet. Wir begnügen uns hier mit der Angabe, dass er beim directen Vergleich immer einige Grade niedriger lag, als derjenige des isomeren Salzes, legen aber darauf keinen besonderen Werth. Ein grösserer Unterschied zeigte sich dagegen in der Krystallform, denn das Derivat des Glycyl-tyrosins bildet mikroskopische, kurze und ziemlich derbe Krystalle, die häufig wie Wetzsteine aussehen. Ferner ist es löslicher in heissem Alkohol, wovon es ungefähr zehn Theile verlangt. Dagegen fanden wir die specifische Drehung in zehnprocentiger wässriger Lösung ungefähr gleich, das heisst $[\alpha]_D^{20} = + 15,1°$.

Am grössten aber ist der Unterschied beim Chloroplatinat. Versetzt man gerade so wie bei der isomeren Verbindung eine Auflösung von 0,3 g Glycyl-tyrosinäthylester-chlorhydrat in 1 ccm Wasser bei gewöhnlicher Temperatur mit 2 ccm einer wässrigen zehnprocentigen Lösung von Platinchlorwasserstoffsäure, so bleibt die Flüssigkeit zunächst klar und erst allmählich beginnt die Krystallisation des Chloroplatinats, das eine goldgelbe Farbe hat. Es besteht aus sehr kleinen, mikroskopischen, häufig sechsseitigen Platten, die vielfach zu kugeligen Aggregaten verwachsen sind und gar keine Aehnlichkeit mit dem isomeren Salz haben. Sie sind auch in Wasser viel löslicher, denn unter den obigen Bedingungen beträgt die Ausbeute nur etwa die Hälfte der berechneten Menge. Für die Analyse war das Salz ebenfalls erst im Vacuumexsiccator und dann kurze Zeit bei 100° getrocknet.

0,1490 g gaben geglüht 0,0308 Pt.

Ber. für $C_{26}H_{38}O_8N_4PtCl_6$ (942,06).   Pt 20,67.   Gef. Pt 20,67.

Beim Erhitzen oder Kochen mit Wasser verhält es sich ganz ähnlich wie die isomere Verbindung.

l-Tyrosinmethylester.

10 g Tyrosin, das durch Verdauung von Caseïn mit Pankreatin dargestellt und sorgfältig gereinigt war, wurde mit 50 ccm getrocknetem Methylalkohol übergossen und trockne Salzsäure ohne Kühlung bis zur völligen Sättigung eingeleitet. Nachdem die Flüssigkeit noch 10—15 Minuten auf dem Wasserbade erwärmt war, wurde sie in einer Eis-Kochsalzmischung gekühlt. Dabei fiel das Esterchlorhydrat in farblosen Nadeln aus. Es wurde abgesaugt, in wenig Wasser gelöst und nach Zusatz von überschüssigem Kaliumcarbonat wiederholt mit Essigäther ausgeschüttelt. Aus der mit Thierkohle entfärbten und eingeengten Lösung scheidet sich der Ester in farblosen Prismen ab, die beim langsamen Verdunsten der verdünnten Lösung mehrere Millimeter gross werden. Für die Analyse war nochmals aus Essigäther umkrystallisirt und im Vacuum über Schwefelsäure getrocknet.

0,1821 g gaben 0,4112 CO_2 und 0,1087 H_2O. — 0,1816 g gaben 11,5 ccm Stickgas über 33-procentiger KOH bei 18° und 764 mm Druck.

Ber. für $C_{10}H_{13}O_3N$ (195,17).   C 61,48, H 6,63, N 7,19.

Gef. „ 61,58, „ 6,63, „ 7,37.

Der Ester bildet farblose Prismen vom Schmelzp. 134—135° (corrigirt 135—136°). Er ist in kaltem Wasser sehr schwer, in heissem ziemlich leicht löslich und wird daraus beim Abkühlen der Lösung wieder abgeschieden. Auch in Aether ist er schwer löslich, leichter in Alkohol und Essigäther, sehr leicht in Methylalkohol. Benzol löst ihn selbst in der Siedehitze nur schwer. Als Phenol wird er von Alkali, aber nicht von Alkalicarbonat gelöst.

Zur Bestimmung der specifischen Drehung diente eine methylalkoholische Lösung, die 0,4078 g Substanz enthielt und deren Gesammtgewicht 6,8218 g betrug. Dieselbe drehte im 2 dm-Rohre bei 20° und Natriumlicht 2,50° nach rechts und hatte das spec. Gew. 0,8119. Mithin

$$[\alpha]_D^{20} = + 25,75° (\pm 0,2).$$

Nach nochmaligem Umkrystallisiren aus Essigäther wurde eine methylalkoholische Lösung vom Gesammtgewicht 6,7526 g verwandt,

die 0,4199 g Substanz enthielt und das spec. Gew. 0,8142 hatte. Sie
drehte im 2 dcm-Rohr bei 20° und Natriumlicht 2,63° nach rechts.
Mithin

$$[\alpha]_D^{20} = +25,97° (\pm 0,2).$$

Die Differenz liegt innerhalb der Fehlergrenze.

l-Tyrosinanhydrid.

Die Verwandlung des Tyrosinmethylesters in das Anhydrid findet
schon beim Erhitzen der methylalkoholischen Lösung auf 100° statt.
Aber die Reaction geht so langsam von statten, dass sie für die praktische
Darstellung zu lästig wird. Wendet man höhere Temperaturen an,
110—120°, so ist das Resultat beim langen Erhitzen sehr viel besser,
aber leider wird dabei ein wechselnder Anteil der Substanz racemisirt,
wie man aus der nachfolgenden Beschreibung für die Darstellung des
inactiven Anhydrids ersehen kann.

Für die Gewinnung des activen Anhydrids muss deshalb auf Kosten
der Ausbeute die Dauer des Erhitzens beschränkt werden. Die besten
Resultate erhielten wir auf folgende Weise: 3 g Methylester werden in
einem kleinen Kolben im Oelbade $^1/_2$ Stunde auf 135—140° erhitzt,
wobei die anfangs geschmolzene Masse fest und rothgelb wird. Um unveränderten Methylester zu entfernen, verreibt man die erkaltete
Schmelze mit verdünnter Salzsäure und löst den Rückstand in circa
75 ccm warmem, wässrigen Ammoniak von 25 pC. in der Hitze auf.
Durch Aufkochen mit Thierkohle lässt sich die Flüssigkeit rasch und fast
vollständig entfärben. Wird das Filtrat bis zum Verschwinden des
Ammoniaks gekocht, so fällt das Anhydrid schon in der Hitze als sehr
feine, fast farblose, filzartig angeordnete Nadeln aus. Die Ausbeute
beträgt ungefähr 35 pC. der Theorie. Zur Analyse wurde nochmals aus
Ammoniak umgelöst und bei 100° getrocknet.

0,1712 g gaben 0,4139 CO_2 und 0,0865 H_2O. — 0,1600 g gaben 11,4 ccm
Stickgas über 33-procentiger KOH bei 17° und 764 mm Druck.

Ber. für $C_{18}H_{18}N_2O_4$ (326,26).   C 66,20, H 5,57, N 8,60.
Gef. „ 65,94, „ 5,61, „ 8,33.

Das Anhydrid schmilzt beim raschen Erhitzen gegen 270—273°
(corrigirt 277—280°) unter Braunfärbung und Zersetzung. Ausser in
heissem Ammoniak ist es auch in Eisessig löslich. In Wasser löst es
sich selbst in der Hitze nur wenig und scheidet sich beim Erkalten
wieder krystallinisch daraus ab. In Aether und in kaltem absoluten
Alkohol ist es fast unlöslich, löst sich als Tyrosinderivat jedoch leicht
in Alkalien und giebt die Millon'sche Reaction.

Zur Bestimmung der specifischen Drehung diente eine Lösung von 0,2056 g Anhydrid in 1,5 ccm n-Natronlauge ($2^{1}/_{4}$ Mol.) und 6,5 ccm Wasser, deren Gesammtgewicht 8,4016 g und deren spec. Gew. 1,0133 betrug. Sie drehte im 2 dcm-Rohre bei 20° und Natriumlicht 11,10° nach links. Mithin $[\alpha]_D^{20} = -223,8°$. Zwischen Auflösung des Anhydrids und Beobachtung der Drehung lag ein Zeitintervall von circa fünf Minuten. Bei erneuter Ablesung nach einer Stunde war noch keine Abnahme der Drehung zu beobachten.

Wie oben erwähnt, wird die Ausbeute an Anhydrid beim längeren Erhitzen besser, aber gleichzeitig das Product zum Theil racemisirt. Wir haben einen solchen Versuch in grösserem Maasstabe durchgeführt. 10 g l-Tyrosinmethylester wurden in 30 ccm trocknem Methylalkohol gelöst und sechs Tage im Volhard'schen Petroleumofen auf 110—115° erhitzt. Während dieser Zeit scheidet sich das Anhydrid nach und nach als farblose, ziemlich feste, meist aus Nadeln bestehende Krystallmasse ab. Die Lösung ist zum Schluss rothgelb gefärbt. Nach dem Erkalten wird abgesaugt und erst mit Alkohol, später mit kalter, verdünnter Salzsäure gewaschen, um alle basischen Producte zu entfernen. Die Ausbeute betrug 6 g oder 70 pC. der Theorie. Die optische Untersuchung des Productes ergab, dass es nur noch 10 pC. des activen Anhydrids enthielt, der übrige Theil zwar inactiv, aber wahrscheinlich nicht ganz einheitlich, denn neben den Nadeln, die die Hauptmenge bilden, haben wir ziemlich grosse, derbe Krystalle beobachtet und wir vermuthen, dass hier die beiden theoretisch möglichen Formen des inactiven Tyrosinanhydrids vorliegen. Die mechanisch ausgelesenen, derben Krystalle zersetzen sich beim Erhitzen gegen 300° (corrigirt) und zeigten die Zusammensetzung des Tyrosinanhydrids.

0,2005 g gaben 0,4887 CO_2 und 0,0985 H_2O.

Ber. für $C_{18}H_{18}N_2O_4$ (326,26). C 66,20, H 5,57.

Gef. ,, 66,47, ,, 5,45.

Aufspaltung des Tyrosinanhydrids mit Alkali.

Die Reaction braucht viel längere Zeit als beim Glycyl-tyrosinanhydrid, was mit den Erfahrungen bei den aliphatischen Producten übereinstimmt. Wir haben den Versuch sowohl mit dem reinen activen wie mit dem grösstentheils racemisirten Product ausgeführt. Das Resultat war im Wesentlichen das gleiche, weil bei der langen Einwirkung des Alkalis die activen Substanzen ohnedies ihre Activität grösstentheils verlieren.

2 g Tyrosinanhydrid wurden in 20 ccm Wasser und 19 ccm n-Natronlauge ($3^{1}/_{4}$ Mol.) gelöst und sieben Tage bei 37° aufbewahrt. Dann wurde die Lösung mit 19 ccm n-Schwefelsäure neutralisirt und zur

Abscheidung des Natriumsulfats in 300 ccm absoluten Alkohol eingegossen. Das Filtrat hinterliess beim Verdampfen das rohe Dipeptid
als amorphe Masse, die noch etwas unverändertes Anhydrid enthielt.
Um dies zu entfernen, wurde in 10 ccm Wasser gelöst und erwärmt,
wobei die Krystallisation des Anhydrids erfolgte. Nach völligem Erkalten wurde es abfiltrirt. Seine Menge betrug 0,15 g. Beim Verdampfen der Mutterlauge unter vermindertem Druck blieb wieder ein amorpher
Rückstand, den wir bisher nicht krystallisiren konnten. Das Product,
dessen Menge 1,7 g betrug, war sehr leicht löslich in Wasser, auch ziemlich leicht in warmem Alkohol und gab stark die Millon'sche Reaction.
Dass es erhebliche Mengen von Tyrosyl-tyrosin enthält, wird sehr wahrscheinlich durch die Veresterung. Wir haben es zu dem Zweck mit der
fünffachen Menge Methylalkohol und gasförmiger Salzsäure behandelt,
dann unter sehr geringem Druck verdampft. Krystallisation des Hydrochlorats oder des Chloroplatinats und Aurochlorats ist uns nicht gelungen.
Wir haben dann das Product in kaltes, überschüssiges alkoholisches Ammoniak eingetragen und die klare Lösung bei gewöhnlicher Temperatur
stehen lassen. Schon nach mehreren Stunden begann die Krystallisation
des Tyrosinanhydrids und seine Menge war so gross, dass der Haupttheil
des ursprünglichen Productes bei dieser Behandlung in Anhydrid über-
gegangen sein musste. Da Tyrosinmethylester unter denselben Bedingungen kein Anhydrid liefert, so darf man aus obigem Versuche den
Schluss ziehen, dass das amorphe Präparat zum grössten Theil Tyrosyl-
tyrosin war.

45. Emil Fischer und Arthur H. Koelker: Synthese von Polypeptiden XIX.
4. Isomere Leucylleucine und deren Anhydride*).

Liebig's Annalen der Chemie **354**, 39 [1907].

(Eingelaufen am 27. April 1907.)

Von dem Dipeptid ist bisher nur eine active Form, das l-Leucyl-l-leucin[1]), und ausserdem eine racemische Form[2]) bekannt, während die Theorie 4 active und 2 racemische Verbindungen voraussehen lässt. Wir haben die fehlenden Formen durch Benutzung der früher angegebenen allgemeinen Methode[3]) sämmtlich darstellen können. Racemisches Leucin wurde durch die Formylverbindung[4]) in die beiden optischen Antipoden gespalten und aus einem der beiden activen Leucine mit Brom und Stickoxyd die active Bromisocapronsäure bereitet, wobei die Walden'sche Umkehrung stattfindet. Die active Bromisocapronsäure konnte nun nach Belieben mit dem activen Leucin verkuppelt werden und aus der so entstehenden Bromverbindung das entsprechende active Dipeptid bereitet werden. Der Theorie entsprechend ordnen sich die vier Dipeptide in zwei Paar von optischen Antipoden, welche die beiden Racemkörper vorstellen.

1) d-Leucyl-l-leucin } A
2) l-Leucyl-d-leucin }
3) d-Leucyl-d-leucin } B.
4) l-Leucyl-l-leucin }

Die racemische Verbindung A ist das früher beschriebene inactive Leucyl-leucin, das einerseits durch Aufspaltung des alten synthetischen Leucinimids[4]) und andererseits aus dem inactiven Bromisocapronyl-leucin[5]) bereitet wurde. Bei der Darstellung dieser Bromverbindung entsteht nun als Nebenproduct ein Isomeres, das wir bei Wiederholung

*) *Vergl. die Anmerkung S. 405.*
1) E. Fischer, Berichte d. D. Chem. Gesellsch. **39**, 2893 [1906]. (*S. 322.*)
2) E. Fischer, Berichte d. D. Chem. Gesellsch. **35**, 1095 [1902]; **37**, 2486 [1904]. (*Proteine I, S. 290 u. S. 337.*)
3) E. Fischer und O. Warburg, Berichte d. D. Chem. Gesellsch. **38**, 3997 [1905]. (*Proteine I, S. 149*).
4) E. Fischer, Berichte d. D. Chem. Gesellsch. **35**, 1095 [1902]. (*Proteine I, 290.*)
5) E. Fischer, Berichte d. D. Chem. Gesellsch. **37**, 2486 [1904]. (*Proteine I, S. 337.*)

der Synthese isoliren konnten und das bei der Behandlung mit Ammoniak das zweite racemische Leucyl-leucin B liefert.

Bekanntlich lassen sich die Dipeptide mit Hülfe der Ester leicht und bei niedriger Temperatur in die Anhydride überführen. Die Reaction ist bei dem l-Leucyl-l-leucin schon ausgeführt und hat das stark active l-Leucinanhydrid[1]) gegeben. Wir haben sie auch auf die drei activen isomeren Verbindungen übertragen. Aus dem d-Leucyl-d-leucin entsteht dabei wiederum ein stark actives Anhydrid, während die beiden anderen Dipeptide dasselbe gänzlich inactive trans-Leucinanhydrid liefern. Die Verhältnisse liegen also hier genau so wie bei den Derivaten des Alanins[2]). Endlich haben wir die Combination der inactiven Bromisocapronsäure mit l-Leucin untersucht. Dabei entstehen selbstverständlich zwei isomere Bromverbindungen, die keine optischen Antipoden sind. Sie lassen sich durch Fällung aus Essigäther mit Petroläther soweit trennen, dass die eine Form ebenso rein erhalten wird, wie bei der Synthese aus activer Bromisocapronsäure.

Zur Bereitung der Bromverbindungen haben wir die früher angegebene Methode etwas modificirt. Da das Verfahren in allen später angeführten Fällen das gleiche ist, so genügt die einmalige Beschreibung.

An Stelle des Leucins selbst diente als Ausgangsmaterial die active Formylverbindung.

15,9 g derselben ($^{10}/_{100}$ Mol.) werden mit 70 ccm 20-procentigem Bromwasserstoff eine Stunde am Rückflusskühler gekocht, dann die Flüssigkeit unter 15—20 mm Druck zur Trockne verdampft, der Rückstand mit wenig kaltem Wasser aufgenommen und nach Zusatz eines Tropfens Phenolphtaleïnlösung mit doppeltnormal-Natronlauge bis zur schwach alkalischen Reaction versetzt. Dann fügt man weitere 50 ccm doppeltnormal-Natronlauge ($^{10}/_{100}$ Mol.) zu, kühlt in einer Eis-Kochsalzmischung sorgfältig und versetzt in kleinen Portionen abwechselnd unter starkem Schütteln mit 23,5 g activem Bromisocapronylchlorid ($^{11}/_{100}$ Mol.) und 70 ccm doppeltnormal-Natronlauge ($^{14}/_{100}$ Mol.). Das Schütteln wird jedesmal fortgesetzt, bis der Geruch des Säurechlorids verschwunden ist. Die Operation dauert etwa $^3/_4$ Stunde. Zum Schluss wird die alkalische Lösung mit 28 ccm fünffach n-Salzsäure übersättigt. Die anfangs als zähe Masse ausgefällte Bromverbindung wird bei mehrstündigem Stehen in Eis körnig-krystallinisch. Sie wird gut abgesaugt, gewaschen und getrocknet, dann mit Petroläther gewaschen, um die entstandene Bromisocapronsäure zu entfernen. Die weitere Reinigung ist später in jedem einzelnen Falle angegeben. Die benutzten activen Bromisocapronsäuren wurden aus den activen Formylleucinen in der früher geschilder-

---

[1]) E. Fischer, Berichte d. D. Chem. Gesellsch. **39**, 2920 [1906]. (*S. 351.*)

[2]) E. Fischer und K. Raske, Berichte d. D. Chem. Gesellsch. **39**, 3981 [1906]. (*S. 279.*)

ten Weise dargestellt[1]). Ihr specifisches Drehungsvermögen betrug $\pm 42°$ bis $43°$.

Zur Umwandlung in die Dipeptide wurde in allen Fällen die Lösung der Bromverbindung in der fünffachen Menge wässrigem Ammoniak (25 pC.) sieben Tage bei $25°$ aufbewahrt, dann die Lösung unter geringem Druck verdampft und der Rückstand noch mehrmals mit Alkohol eingedampft, um das Wasser zu entfernen. Die Verarbeitung des Rohproductes war nicht immer gleich und wird deshalb im Einzelfall geschildert.

Für die Umwandlung in Anhydrid werden 2 g Dipeptid in 20 ccm trocknem Methylalkohol suspendirt und die Flüssigkeit unter mässiger Kühlung mit Salzsäuregas gesättigt. Um die Veresterung zu vervollständigen, ist es vortheilhaft, jetzt unter geringem Drucke zu verdampfen und dieselbe Operation zu wiederholen. Nachdem abermals unter vermindertem Drucke verdampft ist, löst man den Rückstand, der fast ganz aus salzsaurem Dipeptidester besteht, in wenig Methylalkohol und giesst unter guter Kühlung in 20 Volumina Methylalkohol der bei $0°$ mit Ammoniak gesättigt ist. Lässt man diese Flüssigkeit $12-15$ Stunden bei gewöhnlicher Temperatur stehen, so scheidet sich ein erheblicher Theil des Anhydrids ab. Den Rest gewinnt man durch Verdampfen der Mutterlauge.

1 - α - Bromisocapronyl - l - leucin.

Das Rohproduct, dessen Ausbeute $80-85$ pC. der Theorie beträgt, wird aus 20 Theilen heissem Benzol umkrystallisirt. Die Mutterlauge wird im Vacuum verdampft und der Rückstand, wie eben angegeben, gereinigt. Für die Analyse war das Präparat im Dampfschranke getrocknet.

0,1865 g gaben 0,3190 CO_2 und 0,1211 H_2O. — 0,1722 g gaben 7,2 ccm Stickgas bei $22,8°$ und 763 mm Druck. — 0,2063 g gaben 0,1270 AgBr.

Ber. für $C_{12}H_{22}O_3NBr$ (308,14). C 46,73, H 7,20, N 4,55, Br 25,95.

Gef. ,, 46,65, ,, 7,26, ,, 4,74, ,, 26,20.

Die Substanz schmilzt bei $127°$ (corrigirt $128°$) zu einer farblosen Flüssigkeit. Sie ist in Alkohol und Aether leicht löslich, etwas schwerer in heissem Benzol und sehr schwer in Wasser. Aus heissem Wasser krystallisirt sie in dünnen Säulen.

Für die optische Bestimmung diente einerseits eine Lösung in Essigäther und andererseits eine Lösung in $^1/_2$ n-Natronlauge.

Lösung in Essigäther.

1,2007 g Substanz; Gesammtgewicht der Lösung 11,6136 g; $d_4^{20} =$ 0,925; Drehung im 2 dm-Rohre bei $20°$ und Natriumlicht 6,69° nach links. Mithin

$$[\alpha]_D^{20} = -34,97° (\pm 0,1°).$$

---

[1]) Berichte d. D. Chem. Gesellsch. **39**, 2929 [1906]. (S. *360*.)

Lösung in $1/_2 n$ - Natronlauge.

0,4494 g Substanz; Gesammtgewicht der Lösung 4,5143 g; $d_4^{20} =$ 1,043; Drehung im 1 dm-Rohre bei 20° und Natriumlicht 5,44° nach links. Mithin

$$[\alpha]_D^{20} = -52{,}40° \ (\pm 0{,}2°)\,.$$

Dieselbe Bestimmung mit einem anderen Präparate gab einen etwas höheren Werth.

0,7030 g Substanz; Gesammtgewicht der Lösung 7,1208 g; $d_4^{20} =$ 1,042; Drehung im 2 dm-Rohre bei 20° und Natriumlicht 10,95° nach links. Mithin

$$[\alpha]_D^{20} = -53{,}22° \ (\pm 0{,}1°)\,.$$

Beim längeren Stehen der alkalischen Lösung verringert sich das Drehungsvermögen wegen allmählicher Zersetzung der Substanz.

d - Leucyl - l - leucin.

Das Rohproduct wird mit ungefähr der gleichen Menge kaltem Wasser verrieben, scharf abgesaugt, mit sehr wenig kaltem Wasser gewaschen, abgepresst, im Exsiccator getrocknet und in ungefähr der 80-fachen Gewichtsmenge kochendem Alkohol durch zehn Minuten langes Kochen gelöst. Beim längeren Stehen (1—2 Tage) fällt ungefähr die Hälfte des Dipeptids in sehr feinen, vielfach zu Büscheln vereinigten Nadeln aus. Die eingeengte Mutterlauge giebt eine zweite Krystallisation. Die Ausbeute ist 60—70 pC. der Theorie. Das Präparat enthält entweder Wasser oder Alkohol, dessen Menge zwischen 5 und 8 pC. schwankt, ziemlich fest gebunden.

Zur Analyse wurde deshalb mehrere Stunden im Dampfschranke bis zur Gewichtsconstanz getrocknet. Die trockne Substanz ist hygroskopisch.

0,1770 g gaben 0,3811 CO_2 und 0,1575 H_2O. — 0,1684 g gaben 16,5 ccm Stickgas bei 18° und 768 mm Druck.

Ber. für $C_{12}H_{24}O_3N_2$ (244,2). C 58,96, H 9,91, N 11,47.
Gef. ,, 58,72, ,, 9,95, ,, 11,44.

Die analysirte Probe löste sich noch vollständig in kalter, verdünnter Salzsäure, enthielt also keine erhebliche Menge Anhydrid. Das Dipeptid schmilzt beim raschen Erhitzen nicht ganz constant gegen 285° (corrigirt) unter Gelbfärbung und verwandelt sich dabei theilweise in Anhydrid. Genauere Angaben über die Löslichkeit finden sich bei dem später beschriebenen optischen Antipoden.

Für die optische Bestimmung diente die Lösung in n-Salzsäure und ein Dipeptid, das nur im Vacuumexsiccator getrocknet war. Sein Gehalt an reinem Dipeptid war mit einer Probe durch dreistündiges

Erhitzen im Dampftrockenschranke und durch die Elementaranalyse bestimmt.

Angewandt 0,7108 g = 0,6583 g reines Dipeptid; Gesammtgewicht der Lösung 6,9976 g; $d_4^{20} = 1,022$; Drehung im 2 dm-Rohre bei 20° und Natriumlicht 13,07° nach links. Mithin

$$[\alpha]_D^{20} = -67,97° \, (\pm 0,1°).$$

Bei dem Spiegelbilde war der Werth etwa 1° höher. Die wässrige Lösung des Dipeptids dreht ungefähr ebenso stark nach links. Bei der Lösung in $\frac{1}{2}$ n-Natronlauge ist die Linksdrehung etwas kleiner.

trans-Leucinanhydrid.

Es fällt bei der Darstellung aus der methylalkoholischen Lösung grösstentheils aus und wird nach dem Waschen mit Wasser aus 70—80 Gewichtstheilen kochendem Alkohol umkrystallisirt. Die Ausbeute an reinem Präparat beträgt 75—80 pC. der Theorie.

Zur Analyse war im Dampfschranke getrocknet.

0,1477 g gaben 0,3446 CO_2 und 0,1311 H_2O. — 0,1652 g gaben 18,2 ccm Stickgas bei 21,3° und 760 mm Druck.

Ber. für $C_{12}H_{22}O_2N_2$ (226,2). C 63,66, H 9,80, N 12,39.
Gef. ,, 63,63, ,, 9,93, ,, 12,52.

Die Substanz schmilzt gegen 287—289° (corrigirt), nachdem sie vorher gelb geworden. Sie ist in Wasser sehr schwer löslich, ziemlich leicht wird sie von Eisessig aufgenommen.

Eine fünfprocentige Lösung in Eisessig zeigte nicht die geringste Drehung des polarisirten Lichtes. Der Theorie entsprechend ist die Substanz also inactiv.

d - α - Bromisocapronyl - d - leucin.

In Bezug auf Darstellung, Ausbeute und Eigenschaften fanden wir völlige Uebereinstimmung mit dem Antipoden. Wir beschränken uns deshalb auf die Wiedergabe der Analysen und der optischen Bestimmung.

0,1857 g gaben 0,3204 CO_2 und 0,1227 H_2O. — 0,1798 g gaben 7,2 ccm Stickgas bei 23° und 764 mm Druck. — 0,1933 g gaben 0,1181 AgBr.

Ber. für $C_{12}H_{22}O_3NBr$ (308,14). C 46,73, H 7,20, N 4,55, Br 25,95.
Gef. ,, 47,06, ,, 7,39, ,, 4,54, ,, 26,00.

Lösung in Essigäther.

0,8298g Substanz; Gesammtgewicht der Lösung 7,5106g; $d_4^{20} =$ 0,9247; Drehung im 2 dm-Rohre bei 20° und Natriumlicht 7,09° nach rechts. Mithin

$$[\alpha]_D^{20} = +34,70° \, (\pm 0,1°).$$

Lösung in ¹/₂ n - Natronlauge.

0,7010 g Substanz; Gesammtgewicht der Lösung 7,0310 g; $d_4^{20} =$ 1,043; Drehung im 2 dm-Rohre bei 20° und Natriumlicht 10,91° nach rechts. Mithin

$$[\alpha]_D^{20} = + 52,46° (\pm 0,1°).$$

Dieselbe Substanz aus Essigäther mit Petroläther gefällt gab folgende Zahlen:

0,4547 g Substanz; Gesammtgewicht der Lösung in ¹/₂ n-Natronlauge 4,6441 g; $d_4^{20} = 1,042$; Drehung im 1 dm-Rohre bei 20° und Natriumlicht 5,41° nach rechts. Mithin

$$[\alpha]_D^{20} = + 53,03° (\pm 0,2°).$$

1 - Leucyl - d - leucin.

Auch hier gilt in Bezug auf Darstellung, Ausbeute, Krystallform und Schmelzpunkt das beim optischen Antipoden schon Gesagte.

Zur Analyse wurde im Dampfschranke getrocknet.

0,1946 g gaben 0,4200 CO_2 und 0,1673 H_2O. — 0,1576 g gaben 15,7 ccm Stickgas bei 18° und 753 mm Druck.

Ber. für $C_{12}H_{24}O_3N_2$ (244,2).   C 58,96, H 9,91, N 11,47.

Gef.   ,,   58,86, ,,   9,62, ,,   11,41.

Von Wasser verlangt das Dipeptid bei 25° ungefähr 95 Theile zur Lösung, von kochendem Wasser etwa 40 Theile. In heissem Methylalkohol ist es verhältnissmässig leicht löslich, schwerer in Aethylalkohol.

Für die optische Bestimmung diente eine Lösung in n-Salzsäure und ein Dipeptid, das nur im Vacuumexsiccator getrocknet war. Sein Gehalt an reinem Peptid wurde in einer Probe durch dreistündiges Erhitzen im Dampfschranke durch die Elementaranalyse bestimmt.

Angewandt 0,6947 g = 0,6723 g reines Dipeptid; Gesammtgewicht der Lösung 6,9445 g; $d_4^{20} = 1,024$; Drehung im 2 dm-Rohre bei 20° und Natriumlicht 13,67° nach rechts. Mithin

$$[\alpha]_D^{20} = + 68,95° (\pm 0,1°).$$

Angewandt 0,7021 g = 0,6728 g reines Dipeptid; Gesammtgewicht der Lösung 6,9519 g; $d_4^{20} = 1,024$; Drehung im 2 dcm-Rohre bei 20° und Natriumlicht 13,66° nach rechts. Mithin

$$[\alpha]_D^{20} = + 68,92° (\pm 0,1°).$$

Als das 1-Leucyl-d-leucin über den Methylester in der vorher beschriebenen Weise in Anhydrid übergeführt wurde, resultirte ein Product, welches in Bezug auf Schmelzpunkt, Form der Krystalle, Löslichkeit und optische Inactivität der Lösung in Eisessig völlige Uebereinstimmung mit der vorher als trans-Leucinanhydrid beschriebenen Substanz zeigte. Ihre Reinheit war durch die Analyse controllirt.

0,1861 g gaben 0,4328 CO_2 und 0,1619 H_2O. — 0,1646 g gaben 18,5 ccm Stickgas bei 23,5° und 760 mm Druck.

Ber. für $C_{12}H_{22}O_3N_2$ (226,2).   C 63,66, H 9,80, N 12,39.

Gef. „ 63,43, „ 9,73, „ 12,63.

1 - α Bromisocapronyl - d - leucin.

Die Ausbeute an Rohproduct beträgt 80 pC. der Theorie. Zur Reinigung wurde in der zehnfachen Gewichtsmenge Aether gelöst und die auf $^1/_5$ ihres Volumens eingedampfte Flüssigkeit in einer Kältemischung der Krystallisation überlassen.

Für die Analyse war im Vacuumexsiccator getrocknet.

0,2041 g gaben 0,3505 CO_2 und 0,1329 H_2O. — 0,2115 g gaben 9,0 ccm Stickgas bei 21,3° und 758 mm Druck. — 0,2054 g gaben 0,1245 AgBr.

Ber. für $C_{12}H_{22}O_3NBr$ (308,14).   C 46,73, H 7,20, N 4,55, Br 25,95.

Gef. „ 46,84, „ 7,28, „ 4,82, „ 25,80.

Zur optischen Bestimmung diente das nur einmal aus Aether krystallisirte Präparat. Es war in Essigester gelöst.

1,5588 g Substanz; Gesammtgewicht der Lösung 14,6956 g; $d_4^{20} =$ 0,9263; Drehung im 2 dm-Rohre bei 20° und Natriumlicht 3,11° nach links. Mithin

$$[\alpha]_D^{20} = -15,82° (\pm 0,1°).$$

Der Werth stimmt gut überein mit der Zahl, die für ein gleiches nur einmal umkrystallisirtes Präparat beim optischen Antipoden gefunden wurde[1]. Auch in Bezug auf Schmelzpunkt, Löslichkeit und Krystallform haben wir keinen Unterschied vom optischen Antipoden beobachtet.

Die Form der Krystalle ist ziemlich charakteristisch. Sowohl aus Aether wie aus heissem Wasser krystallisiren kleine, octaëderähnliche Formen.

d - Leucyl - d - leucin.

Die Reinigung kann ebenso ausgeführt werden, wie beim Antipoden. Auch die Ausbeute war ungefähr die gleiche. Ferner ergaben sich ähnliche Schwierigkeiten wie dort beim Trocknen und bei der Analyse. Bevor völlige Gewichtsconstanz eintritt, beginnt nämlich schon eine ganz langsame Bildung von Anhydrid. Wir führen deshalb nur eine Analyse an von einem Präparate, das aus heissem Alkohol umkrystallisirt und drei Stunden im Dampfschranke getrocknet war.

0,1401 g gaben 0,3000 CO_2 und 0,1243 H_2O.

Ber. für $C_{12}H_{24}O_3N_2$ (244,2).   C 58,96, H 9,91.

Gef. „ 58,40, „ 9,93.

Bei 25° löst sich das Dipeptid in ungefähr 54 Theilen Wasser.

---

[1] Berichte d. D. Chem. Gesellsch. **39**, 2918 [1906]. (*S. 348*.)

Für die optische Bestimmung wurde wie beim Antipoden eine im Vacuumexsiccator über Phosphorpentoxyd getrocknete Substanz benutzt, deren Gehalt an trocknem Dipeptid durch dreistündiges Erhitzen im Dampfschranke und die Elementaranalyse festgestellt war. Zur optischen Bestimmung diente die Lösung in n-Natronlauge.

0,3810 g gewogenes Dipeptid = 0,3193 g reines Dipeptid. Gesammtgewicht der Lösung 3,5868 g; $d_4^{20} = 1,041$; Drehung im 1 dm-Rohre bei 20° und Natriumlicht 1,22° nach rechts. Mithin

$$[\alpha]_D^{20} = + 13,16° \,(\pm 0,2°).$$

d - Leucinanhydrid.

Die Darstellung war die gleiche wie beim Antipoden. Die Ausbeute an reiner Substanz beträgt 70 pC. der Theorie. Für die Analyse war im Dampfschranke getrocknet.

0,1645 g gaben 0,3833 CO_2 und 0,1462 H_2O. — 0,1629 g gaben 17,5 ccm Stickgas bei 21° und 761 mm Druck.

Ber. für $C_{12}H_{22}O_2N_2$ (226,2). C 63,66, H 9,80, N 12,39.
Gef. ,, 63,55, ,, 9,94, ,, 12,26.

In Schmelzpunkt, Löslichkeit und Form der Krystalle fanden wir gute Uebereinstimmung mit dem Antipoden, dagegen zeigte sich ein nicht unerheblicher Unterschied im Drehungsvermögen, das mit der Lösung in Eisessig bestimmt wurde.

0,2476 g Substanz; Gesammtgewicht der Lösung 2,8424 g; $d_4^{20} = 1,052$; Drehung im 1 dm-Rohre bei 20° und Natriumlicht 4,46° nach rechts. Mithin

$$[\alpha]_D^{20} = + 48,67° \,(\pm 0,3°).$$

Eine zweite Bestimmung 0,1642 g Substanz; Gesammtgewicht der Lösung 2,7592 g; $d_4^{20} = 1,05$; Drehung im 2 dm-Rohre bei 20° und Natriumlicht 3,04° nach rechts. Mithin

$$[\alpha]_D^{20} = + 48,65° \,(\pm 0,35°).$$

Bei einem anderen Präparate war der Werth aber geringer, und zwar für $[\alpha]_D^{20} = + 46,02°$.

Für den optischen Antipoden wurden früher die Werthe — 42,5° und — 42,87° gefunden. Wir vermuthen, dass diese Differenzen durch wechselnde Mengen Racemkörper verursacht sind, die entweder schon im Dipeptid enthalten waren oder bei der Anhydridbildung entstanden. Dass eine solche Beimengung von Racemkörpern sich häufig durch Krystallisation schwer entfernen lässt, ist eine alte Erfahrung und erschwert bekanntlich das Arbeiten mit optisch-activen Substanzen ausserordentlich. Wir halten den höheren Werth des Drehungsvermögens für den wahrscheinlicheren, sind uns aber wohl bewusst, auch für seine Richtigkeit keine volle Gewähr leisten zu können.

Inactives α-Bromisocapronylleucin B.

Es entsteht neben dem schon bekannten inactiven Bromisocapronyl-
leucin, das man von jetzt an als Verbindung A zu bezeichnen hat, und
ist dem Rohproducte beigemengt, welches aus der ätherischen Lösung
durch Petroläther gefällt wird. Von diesem haben wir bei Versuchen
in grösserem Maassstabe 86 pC. der Theorie erhalten. Für die Isolirung
der Verbindung B kann man ihre grössere Löslichkeit in Aether benützen.
100 g des Rohproductes werden mit 500 ccm warmem Aether ausgelaugt.
Die filtrirte Lösung wird verdampft und der in der Kälte ganz fest
gewordene Rückstand fein gepulvert und nun mit nur 100 ccm Aether
ausgelaugt. Der Rückstand wird wieder mit kleinen Mengen Aether
behandelt und durch systematische weitere Krystallisation und Auslaugung gelang es, ungefähr 28 g des Präparates zu gewinnen, dessen
Schmelzpunkt zwischen 110° und 114° lag. Bei weiterer Reinigung ging
dann der Schmelzpunkt herauf bis zwischen 115° und 116° (corrigirt). Dieses Präparat scheint ziemlich rein zu sein, denn als wir ein Gemisch von
gleichen Theilen der beiden entsprechenden optisch activen Bromiso-
capronylleucine aus Aether umkrystallisirten, resultirte ein Product
von ganz ähnlichen Eigenschaften, dessen Schmelzpunkt nur einige
Grade höher, d. h. bei 120—121° (corrigirt) lag.

Für die Analyse diente ein Präparat vom Schmelzp. 115—116°.

0,2025 g gaben 0,3474 CO_2 und 0,1334 H_2O. — 0,1800 g gaben 7,8 ccm Stickgas bei 22° und 762 mm Druck. — 0,2217 g gaben 0,1343 AgBr.

Ber. für $C_{12}H_{22}O_3NBr$ (308,14). C 46,73, H 7,20, N 4,55, Br 25,95.
Gef. ,, 46,79, ,, 7,37, ,, 4,92, ,, 25,78.

Das Product ist leicht löslich in Alkohol, Aceton, Essigäther.
Auch von Aether bedarf es in der Wärme nur ungefähr $3\frac{1}{2}$ Volumtheile.
Aus Aether krystallisirt es in mikroskopisch langen und dünnen, schief
abgeschnittenen Säulen, die manchmal büschelförmig verwachsen sind,
während die Verbindung A schiefe, vierseitige Tafeln bildet.

Der Hauptunterschied der beiden isomeren Racemkörper liegt aber
in der Löslichkeit und im Schmelzpunkt und beträgt hier ungefähr 70°.

Inactives Leucyl-leucin B.

Es wurde aus der vorhergehenden Verbindung in der gewöhnlichen
Weise gewonnen. Zur Entfernung des Bromammons wurde das Rohproduct mit kaltem Wasser ausgelaugt und der Rückstand nach dem
Trocknen in heissem Alkohol gelöst. Die bis zur beginnenden Krystallisation eingeengte Lösung scheidet beim längeren Stehen in der Kälte
das Dipeptid in mikroskopisch kleinen Blättchen ab.

0,2006 g, im Vacuum über Phosphorpentoxyd getrocknet, gaben 0,4330 CO_2 und 0,1766 H_2O. — 0,1871 g, im Vacuum über Phosphorpentoxyd getrocknet, gaben 18,6 ccm Stickgas bei 20° und 755 mm Druck.

Ber. für $C_{12}H_{24}O_3N_2$ (244,2). C 58,96, H 9,91, N 11,47.

Gef. „ 58,87, „ 9,85, „ 11,30.

Es schmilzt unter Zersetzung und theilweiser Anhydridbildung nicht constant ungefähr zwischen 267° und 268° (corrigirt). Es ist in Wasser löslicher als die Verbindung A, denn es braucht bei gewöhnlicher Temperatur ungefähr 50 Theile. Es krystallisirt aus heissem Wasser und Alkohol in kleinen, meist vierseitigen Tafeln. Schöner sind gewöhnlich die Krystalle aus Methylalkohol und bilden ebenfalls vier- oder sechsseitige Tafeln. Hydrochlorat und Nitrat krystallisiren in kleinen Prismen; auch das Kupfersalz ist leicht krystallinisch zu erhalten.

Schliesslich erwähnen wir noch, dass ein Gemisch von gleichen Theilen d-Leucyl-d-leucin und l-Leucyl-l-leucin beim Umkrystallisiren ein Präparat gab, das diesem Racemkörper in der Form durchaus ähnlich war[1]).

Combination von inactiver α - Bromisocapronsäure mit 1 - Leucin.

Die Kuppelung wurde in der gewöhnlichen Weise ausgeführt und gab eine Ausbeute von ungefähr 85 pC. der Theorie. Das Product ist ein Gemisch der beiden Isomeren d-α-Bromisocapronyl-l-leucin und l-α-Bromisocapronyl-l-leucin, wovon man sich leicht durch Krystallisation einer Probe aus heissem Wasser an der Form überzeugen kann. Sie lassen sich durch directe Krystallisation in folgender Weise trennen. Man löst 100 g des Rohproductes in 200 ccm warmem Essigäther, filtrirt und versetzt mit 700 ccm Petroläther. Nach längerem Stehen bei 0° werden die Krystalle filtrirt und die Mutterlauge durch weitere 600 ccm Petroläther gefällt. Die fractionirte Abscheidung aus der essigätherischen Lösung durch Petroläther muss dann mehrmals wiederholt werden. Wir konnten so 13 g des d-α-Bromisocapronyl-l-leucin mit $[\alpha]_D^{20} = + 14,9°$ isoliren. Durch nochmaliges Umkrystallisiren des Präparates aus Aether stieg die specifische Drehung bis auf denselben Werth, der für das reinste, auf anderem Wege gewonnene d-α-Bromisocapronyl-l-leucin beobachtet worden ist. Für die optische Bestimmung diente die Lösung in Essigäther 0,8688 g Substanz; Gesammtgewicht der Lösung 8,7467 g; $d_4^{20} = 0,926$; Drehung im 2 dm-Rohre bei 20° und Natriumlicht 2,99° nach rechts. Mithin

$$[\alpha]_D^{20} = + 16,25° (\pm 0,1°).$$

---

[1]) Vgl. E. Fischer und E. Abderhalden, Zeitschr. f. physiol. Chem. 51, 265 [1907]. (S. 684.)

Das isomere, leichter lösliche 1-α-Bromisocapronyl-l-leucin haben wir auf diesem Wege nicht rein erhalten. Dagegen kann man daraus das Dipeptid darstellen und dieses durch fractionirte Krystallisation aus Alkohol reinigen. Das Verfahren hat aber keinen praktischen Werth mehr, seit die activen Bromisocapronsäuren durch die Anwendung der Walden'schen Reaction auf die activen Leucine verhältnissmässig leicht zugänglich geworden sind.

Hydrolyse des d-Leucyl-1-leucins durch zehnprocentige Salzsäure.

Das Dipeptid war aus einem Gemisch von 1-Leucyl-l-leucin und d-Leucyl-l-leucin durch fractionirte Krystallisation aus absolutem Alkohol gewonnen. Die Hydrolyse wurde in einem Kolben am Rückflußkühler unter Erwärmen in kochendem Wasser vorgenommen. Die Temperatur des Wassers, durch den Barometerstand bestimmt, lag zwischen 99° und 100°.

1,1442 g gewogenes Dipeptid (enthält 94 pC. reines Dipeptid). Gesammtgewicht der Lösung 11,5562 g.

Die Drehung wurde jedesmal im 1 dm-Rohre bei 20° und Natriumlicht bestimmt.

Stunden	Abgelesene Drehung	Hydrolysirtes Peptid
0	—7,26°	0 pC.
1	—6,20°	14,6 pC.
2$^1/_2$	—5,01°	31,0 pC.
4$^1/_2$	—3,70°	49,0 pC.
7	—2,58°	64,5 pC.
10	—1,50°	79,3 pC.
13	—0,85°	88,3 pC.
16	—0,47°	93,5 pC.
19$^1/_2$	—0,30°	95,9 pC.
26	—0,12°	98,4 pC.
32	—0,05°	99,3 pC.

Die graphische Darstellung der Beobachtungen giebt, wie zu erwarten war, eine ziemlich gleichmässig laufende Curve.

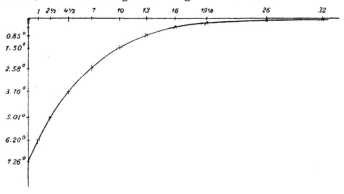

46. Emil Abderhalden und Martin Kempe: Synthese von Polypeptiden. XX[1]). Derivate des Tryptophans.

Berichte der Deutschen Chemischen Gesellschaft 40, 2737 [1907].

(Eingegangen am 30. Mai 1907.)

Im Jahre 1901 ist es Hopkins und Cole[2]) gelungen, unter den Abbauprodukten der Proteine eine Verbindung, das Tryptophan, in reinem Zustande darzustellen, der man schon lange auf der Spur war. Schon Tiedemann und Gmelin[3]) geben an, daß Pankreassaft mit Chlorwasser Rotfärbung zeigt, und Claude Bernard[4]) beschreibt dieselbe Reaktion bei der Untersuchung der Verdauungsprodukte des Caseins. Den Namen Tryptophan hat Neumeister[5]) eingeführt, ohne daß es ihm und manchen anderen Forschern gelungen wäre, die Muttersubstanz dieser eigenartigen Farbenreaktion zu fassen. Die von Hopkins und Cole isolierte krystallisierte Substanz gibt nun alle diejenigen Reaktionen, die für die gesuchte Verbindung typisch sind. Sie hat die Zusammensetzung $C_{11}H_{12}N_2O_2$. Es ist bis jetzt noch nicht gelungen, die Konstitution des Tryptophans völlig aufzuklären. Hopkins und Cole[6]) schlossen aus ihren Beobachtungen auf eine Skatolaminoessigsäure resp. eine Indolaminopropionsäure. Sie hatten gefunden, daß aus Tryptophan bei der Einwirkung von Fäulnisbakterien und ferner einer Reinkultur von Bacterium coli Indol, Skatol und die früher schon von

[1]) Die im hiesigen Institut ausgeführten Arbeiten über die synthetischen Polypeptide werden mit fortlaufenden Nummern bezeichnet, um ihre Zusammengehörigkeit auszudrücken. E. Fischer.

[2]) F. G. Hopkins und S. W. Cole: A contribution to the chemistry of proteids. Journ. of Physiol. 27, 418 [1901].

[3]) Tiedemann und Gmelin: Die Verdauung nach Versuchen. Heidelberg und Leipzig (1826).

[4]) Claude Bernard: Mémoire sur le pancréas. Compt. rend. Suppl. 1 [1855].

[5]) R. Neumeister: Über die Reaktionen der Albumosen und Peptone, Zeitschr. f. Biol. 26, 329 [1890].

[6]) F. G. Hopkins und S. W. Cole: A contribution to the chemistry of proteids. II. Journ. of Physiol. 29, 451 [1903].

E. und H. Salkowski[1]) beschriebene Skatolcarbonsäure entstehen. Bei Anwendung von Rauschbrandbakterien erhielten die genannten Forscher bei Luftabschluß Indol und die von Nencki[2]) aufgefundene Skatolessigsäure. Eine weitere Klärung der Frage nach der Konstitution des Tryptophans verdanken wir den Untersuchungen Ellingers[3]). Zunächst stellte er fest, daß das Tryptophan zu einem schon von Liebig[4]) beobachteten, normalen Stoffwechselprodukt des Hundes, nämlich der Kynurensäure, in Beziehung steht. Diese ist nach den Untersuchungen Camps[5]) eine γ-Oxy-β-chinolincarbonsäure. Die genannte Beobachtung führte Ellinger zur Aufstellung folgender Formel für das Tryptophan:

$$H_2N\text{---}CH_2$$

Tryptophan   Kynurensäure.

In der Folge erwies sich jedoch die angenommene Konstitution für das Tryptophan, die, wie die beigefügte Formel der Kynurensäure zeigt, die Entstehung dieser letzteren aus ersterem leicht erklärt hätte, als nicht haltbar. Ellinger[6]) hat selbst ihre Richtigkeit in Frage gezogen, indem es ihm gelang, die Skatolessigsäure, einen Abkömmling des Tryptophans, synthetisch darzustellen, und dadurch deren Konstitution einwandfrei zu beweisen. Die Skatolessigsäure hat folgende Konstitution:

$$C \cdot CH_2 \cdot CH_2 \cdot COOH.$$

---

[1]) E. Salkowski und H. Salkowski: Über die Skatol bildende Substanz. Berichte d. D. Chem. Gesellsch. **13**, 2217 [1880].

[2]) M. Nencki: Untersuchungen über die Zersetzung des Eiweißes durch anaerobe Spaltpilze. Monatsh. f. Chem. **10**, 506 [1889].

[3]) A. Ellinger: Über die Konstitution der Indolgruppe im Eiweiß und die Quelle der Kynurensäure. Berichte d. D. Chem. Gesellsch. **37**, 1801 [1904].

[4]) Liebig: Über Kynurensäure. Liebigs Ann. d. Chem. **86**, 125 [1853].

[5]) R. Camps: Über Liebigs Kynurensäure und das Kynurin, Konstitution und Synthese beider. Zeitschr. f. physiol. Chem. **33**, 390 [1901].

[6]) A. Ellinger: Über die Konstitution der Indolgruppe im Eiweiß. Berichte d. D. Chem. Gesellsch. **37**, 1801 [1904] und **38**, 2884 [1905].

Für das Tryptophan verbleiben nach Ellinger nur noch die zwei folgenden Möglichkeiten:

$$\text{C} \cdot \text{CH}_2 \cdot \text{CH} \cdot \text{COOH} \qquad \text{und} \qquad \text{C}\text{—}\text{CH} \cdot \text{CH}_2 \cdot \text{COOH}$$

$$\text{CH} \quad \text{NH}_2 \qquad\qquad \text{CH} \quad \text{NH}_2$$

$$\text{NH} \qquad\qquad\qquad \text{NH}$$

Ein zwingender Beweis ist bis jetzt für keine dieser beiden Formeln erbracht worden. Es spricht jedoch sehr vieles für die erstere Formulierung, da bei dieser die Aminogruppe in α-Stellung zum Carboxyl steht — eine Stellung, der wir bei allen bis jetzt unter den Spaltprodukten der Proteine aufgefundenen Aminosäuren begegnet sind.

Obgleich somit eine völlige Aufklärung der Konstitution des Tryptophans noch aussteht, erschien es uns bei der großen Verbreitung, die dieser Aminosäure zukommt, doch wichtig, einige Polypeptide darzustellen, in denen Tryptophan enthalten war. Wir hielten uns bei deren Gewinnung genau an die von Emil Fischer angegebenen bekannten Methoden. Erwähnt sei, daß wir zunächst Tryptophan mit *dl* - Alanin und *dl* - Leucin kombinierten — unter Anwendung des inaktiven Brompropionylbromids resp. des inaktiven Bromisocapronylchlorids. Die hierbei erhaltenen Produkte ließen sich zwar in ziemlich analysenreinem Zustande gewinnen, jedoch gelang es nicht, diese Dipeptide zur Krystallisation zu bringen. Wir führen diesen Mißerfolg auf den Umstand zurück, daß es uns nicht glückte, die beiden möglichen, offenbar in annähernd gleichen Mengen entstandenen isomeren Verbindungen von einander zu trennen. Da wir auf diesem Wege zu keinen scharf charakterisierten Produkten gelangten, gaben wir diese Versuche auf und verwendeten nun ausschließlich optisch einheitliche Verbindungen. Wir haben folgende Polypeptide dargestellt: *d* - Alanyl-*d*-tryptophan, *l* - Leucyl - *d* - tryptophan, *l* - Leucyl-glycyl-*d*-tryptophan und ferner Glycyl - *d* - tryptophan und Tryptophyl-glycin.

Bei ersterer Verbindung gingen wir von *l*-Alanin aus, das wir nach der von Ehrlich[1]) angegebenen Methode aus *dl*-Alanin durch Vergährung mit Hefe dargestellt hatten. Durch Einwirkung von Nitrosylbromid auf dieses gewannen wir *d*-Brompropionsäure[2]), die wir nach erfolgter Chlorierung direkt mit dem Tryptophan kuppelten. Auf das so erhaltene

---

[1]) F. Ehrlich: Über eine Methode zur Spaltung racemischer Aminosäuren mittels Hefe. Biochem. Zeitschr. I, 8—31 [1906].

[2]) Vgl. E. Fischer: Synthese von Polypeptiden (XI.). Liebigs Ann. d. Chem. **340**, 463 [1905] (*Proteine I, S. 497*) und: Zur Kenntnis der Waldenschen Umkehrung. Berichte d. D. Chem. Gesellsch. **40**, 489 [1907]. (*S. 769*.)

d-Brompropionyl-*d*-tryptophan ließen wir wäßriges Ammoniak einwirken. Ganz analog gingen wir beim *l*-Leucyl-*d*-tryptophan von
d-Leucin aus. Dieses gewannen wir aus *dl*-Leucin durch Darstellung
der Formylverbindung[1]) und deren Spaltung mit Hülfe von Brucin.
Die Gewinnung der übrigen Polypeptide ergibt sich ohne weiteres aus
dem experimentellen Teil. Erwähnt sei nur noch, daß zur Darstellung
des Tryptophyl-glycins das Tryptophan nach Emil Fischers Vorschrift chloriert[2]) und dann direkt mit Glykokoll gekuppelt wurde.

Alle dargestellten Polypeptide des Tryptophans geben die Reaktionen dieser Aminosäure mit Ausnahme der Violettfärbung mit Brom-
resp. Chlorwasser. Diese Reaktion kommt nur dem freien Tryptophan
zu. Sie fehlt auch den Proteinen. Sie wird bei den erwähnten Polypeptiden erst positiv, wenn diese vorher der Einwirkung von Pankreassaft
unterworfen werden, d. h. wenn Tryptophan frei geworden ist. Man
kann diese Reaktion direkt dazu verwenden, um den Gang der Hydrolyse dieser Polypeptide unter der Einwirkung peptolytischer Fermente
zu verfolgen. Wir werden über diese Untersuchungen an anderer Stelle
ausführlich berichten.

Die wäßrigen, schwach schwefelsauren Lösungen aller angeführten
Polypeptide geben mit einer wäßrigen Phosphorwolframsäurelösung
1 : 1 einen gelbbraun gefärbten, meist amorphen Niederschlag, der sich
im Überschuß des Fällungsmittels löst. Die Lösung färbt sich hierbei
braun. Mit Quecksilbersulfat fallen alle beschriebenen Polypeptide aus
einer 5-prozentigen schwefelsauren Lösung aus. Von allen Polypeptiden
gibt nur das Leucyl-glycyl-tryptophan Biuretreaktion. Mit einer konzentrierten Lösung von Ammoniumsulfat gibt keines der beschriebenen
Polypeptide eine Fällung. Es gilt dies auch für das Tripeptid, das jedoch seiner schweren Löslichkeit in Wasser wegen nur in sehr verdünnter
Lösung auf sein Verhalten gegen Ammoniumsulfat geprüft werden
konnte. Bemerken wollen wir noch, daß diese dargestellten Polypeptide
alle hartnäckig Wasser zurückhielten, das erst bei zum Teil verhältnismäßig hohen Temperaturen unter vermindertem Druck abgegeben
wurde. Dieser Umstand erschwerte die Untersuchung nicht unerheblich.

Das zu den nachfolgend beschriebenen Synthesen verwendete
d-Tryptophan war im wesentlichen nach der von Hopkins und Cole
angegebenen Methode dargestellt worden, und zwar aus Casein. Emp-

---

[1]) E. Fischer und O. Warburg: Spaltung des Leucins in die optisch-
aktiven Komponenten mittels der Formylverbindung. Berichte d. D. Chem.
Gesellsch. **38**, 3997 [1905]. (*Proteine I, S. 149.*)

[2]) Emil Fischer: Synthese von Polypeptiden. IX: Chloride der Aminosäuren und ihrer Acylderivate. Berichte d. D. Chem. Gesellsch. **38**, 605 [1905].
(*Proteine I, S. 422.*)

fehlenswert erscheint es uns, die schließlich aus dem zerlegten Quecksilbersulfatniederschlag erhaltene Lösung des Tryptophans nicht nach der Vorschrift auf dem Wasserbade einzuengen, sondern unter vermindertem Druck bei etwa 40°. Man vermeidet so die Bildung von Verharzungsprodukten vollständig.

Das völlig reine Produkt zeigte, in Normal-Natronlauge gelöst, $[\alpha]_{20°}^{D} = + 6,12°$. Nach mehrmaligem Umkrystallisieren wurde $[\alpha]_{20°}^{D} = + 6,06°$ erhalten. Dasselbe Präparat zeigte, in Normal-Salzsäure gelöst, $[\alpha]_{20°}^{D} = + 1,31°$.

Wir haben von dem zu diesen Synthesen verwendeten Tryptophan noch einige charakteristische Derivate dargestellt, und zwar das Kupfersalz, das Methylesterchlorhydrat, den freien Methylester, die Phenylisocyanatverbindung, das Natriumsalz des β-Naphthalinsulfoderivates und endlich das salzsaure d-Tryptophylchlorid. Diese Verbindungen sind an anderer Stelle ausführlich beschrieben[1]).

Experimenteller Teil.

d-Tryptophyl-glycin,

$$\begin{array}{c} \text{—C} \cdot CH_2 \cdot CH \cdot CO \cdot NH \cdot CH_2 \cdot CO\,OH. \\ \overset{..}{C}H \qquad NH_2 \\ NH \end{array}$$

5 g fein gepulvertes Tryptophan wurden nach der von E. Fischer angegebenen Methode in das Chlorid übergeführt. Dieses verwandten wir nach vorherigem Trocknen im Vakuum sofort zur Kupplung mit Glycinester, indem wir es allmählich unter kräftigem Schütteln und Kühlen in einer Kältemischung von etwa − 10° zu einer Lösung von 5 ccm frisch dargestelltem Glycinester in 50 ccm trocknem Chloroform hinzufügten. Das Chlorid ging hierbei völlig in Lösung. Bald schieden sich reichliche Mengen von Glykokollesterchlorhydrat und ferner ein Verharzungsprodukt ab. Die Lösung färbte sich während der Reaktion dunkelbraun. Nach 12-stündigem Stehen bei − 10° wurde filtriert und das Filtrat im Vakuum eingedampft. Es hinterblieb eine leimartige Masse, die nicht zur Krystallisation gebracht werden konnte. Sie wurde nun samt den vorher abfiltrierten Massen in etwa 15 ccm Alkohol gelöst, die Lösung mit Tierkohle aufgekocht, filtriert und wieder 12 Stunden bei − 10° stehen gelassen. Es erfolgte bald Krystallisation von reinem Glykokollesterchlorhydrat. Von diesem wurde abfiltriert. Das

---

[1]) Vergl. Emil Abderhalden und Martin Kempe: Beitrag zur Kenntnis des Tryptophans und einiger seiner Derivate. Erscheint demnächst in der Zeitschr. f. physiol. Chem.

Filtrat füllten wir mit Methylalkohol im Meßkolben auf 50 ccm auf und bestimmten in 1 ccm dieser Lösung das Chlor titrimetrisch. Es wurde so festgestellt, daß zur quantitativen Neutralisierung des Chlors in der übrig gebliebenen Lösung 0,43 g Natrium erforderlich waren. Um jedoch sicher einen Überschuß von Natrium zu vermeiden, wurden nur 0,42 g Natrium, in 50 ccm Methylalkohol gelöst, zur Gesamtlösung hinzugegeben. Das Gemisch wurde nun im Vakuum eingedampft, noch einmal Alkohol hinzugefügt und wieder eingedampft. Den zurückbleibenden braunen Sirup nahmen wir nunmehr mit Alkohol auf und filtrierten vom ausgeschiedenen Kochsalz ab. Um aus dieser Lösung des Dipeptidesters das Dipeptid selbst zu gewinnen, versetzten wir diese mit 20 ccm n-Natronlauge, schüttelten das Gemisch 1½ Stunden auf der Maschine und neutralisierten nun die Natronlauge mit 20 ccm n-Schwefelsäure. Die Lösung enthielt jetzt zwar das freie Dipeptid, doch war dieses wegen der beigemengten Verharzungsprodukte nicht direkt zu isolieren. Wir wählten deshalb zu seiner Reindarstellung seine Eigenschaft, mit Quecksilbersulfat auszufallen. Wir versetzten die Lösung in der Kälte mit soviel verdünnter Schwefelsäure, daß sie 5 Volumprozent Säure enthielt, und fügten dann vorsichtig Quecksilbersulfatreagens hinzu. Es fiel zunächst ein geringer, stark dunkel gefärbter Niederschlag aus. Dieser wurde rasch abfiltriert und nicht weiter verarbeitet. Er enthielt offenbar die oben erwähnten Verharzungsprodukte. Dem Filtrat fügten wir noch etwa 60 ccm Quecksilbersulfatlösung hinzu. Dabei fiel eine reichliche Menge eines intensiv gelben Niederschlages aus, der in den äußeren Eigenschaften der Quecksilbersulfat-Doppelverbindung des Tryptophans vollkommen glich. Er wurde abfiltriert, mit Wasser gewaschen, dann in mäßig warmem Wasser suspendiert und mit Schwefelwasserstoff zersetzt. Aus dem Filtrat der genannten Quecksilbersulfatfällung schied sich nach Zugabe von überschüssigem Quecksilbersulfatreagens noch eine weitere Menge Niederschlag aus. Sie wurde abfiltriert und zur Schwefelwasserstoffzersetzung hinzugegeben. Nach 30 Minuten wurde das Einleiten von Schwefelwasserstoff unterbrochen und die Suspension filtriert. Den Rückstand zerrieben wir in einer Reibschale, suspendierten ihn in Wasser und leiteten wiederum Schwefelwasserstoff ein. Diesen Prozeß wiederholten wir, um möglichst alles Quecksilbersalz zu zersetzen, noch einmal. Schließlich vereinigten wir alle Filtrate vom Quecksilbersulfid, vertrieben den Schwefelwasserstoff durch rasches Durchleiten von Kohlensäure und fällten dann die Schwefelsäure quantitativ mit Barythydrat. Die vom Bariumsulfat abfiltrierte Lösung wurde nun im Vakuum eingedampft. Das Dipeptid blieb als farblose, amorphe Masse zurück. Die Ausbeute betrug 3,2 g. Das komplizierte Isolierungsverfahren macht diese nicht sehr gute Ausbeute erklärlich. Da das Dipeptid nicht ganz halogenfrei war, wurde es in Wasser gelöst und mit Silbersulfat geschüttelt. Aus dem Filtrat wurde es nochmals über die Quecksilbersulfatdoppelverbindung auf die eben beschriebene Weise gereinigt.

Das so dargestellte Dipeptid war nunmehr ganz halogenfrei.

Das Tryptophyl-glycin löst sich sehr leicht in Wasser und verdünntem Alkohol, ziemlich leicht in heißem absolutem Äthyl- und Methylalkohol, schwer in Essigester, Aceton und Äther. Läßt man die alkoholische Lösung freiwillig verdunsten, so bleibt ein Sirup zurück, des nach einiger Zeit zu einer strahlig-krystallinischen Masse erstarrt. Au der Lösung in gewöhnlichem Alkohol kann das Dipeptid durch Äther krystallinisch gefällt werden. Es bildet dann feine mikroskopische Nadeln. Das Dipeptid neigt sehr dazu, amorph auszufallen und dann beim Abfiltrieren schmierig zu werden. Es schmilzt bei 180° (korr.) und erstarrt nach dem Abkühlen wahrscheinlich unter Bildung des Anhydrids zu einer krystallinischen Masse. Sein Geschmack ist bitter.

Zur Analyse wurde die Verbindung bei 80° im Vakuum über Phosphorpentoxyd getrocknet.

0,1439 g Sbst.: 0,3135 g CO_2, 0,0771 g H_2O. — 0,1503 g Sbst.: 20,8 ccm N (17°, 743 mm).

$$C_{13}H_{15}N_3O_3 \ (261,1). \quad \text{Ber. C } 59,75, \text{ H } 5,79, \text{ N } 16,10.$$
$$\text{Gef. ,, } 59,42, \text{ ,, } 5,99, \text{ ,, } 15,93.$$

0,2063 g Sbst. wurden in Wasser gelöst. Gesamtgewicht der Lösung 4,6614 g. Spez. Gewicht 1,01. Drehung im 1-dcm-Rohr bei Natriumlicht und 20° 3,53° nach rechts, mithin

$$[\alpha]_D^{20} = +78,7°.$$

Chloracetyl-d-tryptophan,

$$\begin{array}{c} \text{------C} \cdot CH_2 \cdot CH \cdot COOH \\ | \qquad\qquad \ddots \qquad\quad \cdot \\ C_6H_4 \cdot NH \cdot CH \qquad NH \cdot CO \cdot CH_2Cl \end{array}$$

5 g Tryptophan wurden in 25 ccm normaler Natronlauge gelöst und in der üblichen Weise mit 2,7 ccm Chloracetylchlorid unter Anwendung von 60 ccm Normal-Natronlauge gekuppelt. Beim Ansäuern mit 10 ccm 5-fachnormaler Salzsäure fiel der neue Körper teils als bald erstarrendes Öl, teils direkt krystallinisch aus. Das Öl wurde in Äther gelöst, die ätherische Lösung mit Natriumsulfat getrocknet und nach dem Filtrieren und Konzentrieren mit Petroläther gefällt. Der Chlorkörper bildete jetzt eine weiße, gleich fest werdende Masse. Die Gesamtausbeute betrug 6,0 g. Zur Reinigung wurde das Produkt aus heißem Wasser umkrystallisiert. Es bildet dann glänzende Blättchen, die den

Schmp. 159° (korr.) besitzen. Die Verbindung ist in Alkohol, Essig-äther, Aceton, heißem Wasser und Äther leicht löslich, schwer in Chloroform und Petroläther.

Zur Analyse wurde der Körper bei 100° getrocknet.

0,1786 g Sbst.: 0,3625 g CO_2, 0,0787 g H_2O. — 0,1687 g Sbst.: 14,45 ccm N (16°, 754 mm).

$C_{13}H_{13}N_2O_3Cl$ (280,6).   Ber. C 55,59, H 4,67, N 9,98.
Gef. „ 55,35, „ 4,93, „ 10,04.

Zur optischen Bestimmung diente ein Präparat, das mehrmals umkrystallisiert war. Eine Lösung von 0,3349 g Sbst. in Alkohol, die das Gesamtgewicht von 4,8752 g und das spez. Gewicht 0,813 hatte, drehte im 1-dcm-Rohr 1,84° nach links bei 20° und Natriumlicht. Mithin

$$[\alpha]_D^{20} = -32,9°.$$

Glycyl-d-tryptophan,

$$\begin{array}{c} \text{——C} \cdot CH_2 \cdot CH \cdot COOH \\ | \\ C_6H_4 \cdot NH \cdot CH \qquad NH \cdot CO \cdot CH_2 \cdot NH_2 \end{array}$$

6 g Chloracetyltryptophan wurden mit 150 ccm wäßrigem Ammoniak übergossen, und die Lösung im Brutraum aufbewahrt. Nach dreitägigem Stehen verdampften wir die Lösung im Vakuum. Hierbei schied sich das Dipeptid krystallinisch ab. Es wurde abfiltriert und mit Wasser gewaschen. Durch Eindampfen des Filtrats wurde noch eine zweite Fraktion gewonnen. Die Gesamtausbeute betrug 5,0 g. Zur Reinigung wurde das Dipeptid aus heißem Wasser umkrystallisiert, wobei es sich in Blättchen ausschied, die aus gleichseitig dreieckigen Tafeln bestanden.

Das Dipeptid schmilzt gegen 302° (korr.). In heißem Wasser löst es sich leicht, in kaltem nur mäßig, in Alkohol ist es so gut wie unlöslich. Sein Geschmack ist bitter.

Zur Analyse wurde das Dipeptid bei 140° im Vakuum über Phosphorpentoxyd getrocknet.

0,1261 g Sbst.: 0,2756 g CO_2, 0,0627 g H_2O. — 0,158 g Sbst.: 21,7 ccm N (16°, 744 mm).

$C_{13}H_{15}N_3O_3$ (261,1).   Ber. C 59,75, H 5,79, N 16,10.
Gef. „ 59,61, „ 5,56, „ 15,87.

0,3711 g Sbst. wurden in normaler Salzsäure gelöst. Gesamtgewicht der Lösung 3,9954 g; spez. Gew. 1,04. Drehung im 1-dm-Rohr bei Natriumlicht und 20° 2,09° nach rechts. Mithin

$$[\alpha]_D^{20} = +21,61°.$$

Nach nochmaligem Umkrystallisieren erhielten wir folgenden Wert:

0,3825 g wurden in normaler Salzsäure gelöst. Gesamtgewicht der Lösung 3,9947 g; spez. Gew. 1,04. Drehung im 1-dm-Rohr bei Natriumlicht und 20° 2,14° nach rechts, mithin

$$[\alpha]_D^{20} = + 21{,}45°.$$

Versuche, das *dl*-Alanyl-*d*-tryptophan und das *dl*-Leucyl-*d*-tryptophan darzustellen.

Wie eben erwähnt, haben wir zu unseren ersten Versuchen zur Darstellung von Alanyl- und Leucyl-tryptophan die entsprechenden inaktiven Halogenfettsäuren verwendet. Wir gewannen *dl*-Brompropionyl-*d*-tryptophan aus inaktivem Brompropionylbromid und *d*-Tryptophan und *dl*-Bromisocapronyl-*d*-tryptophan aus inaktivem Bromisocapronylchlorid und *d*-Tryptophan. Beide Körper waren zwar nicht krystallinisch zu erhalten, gaben aber einigermaßen stimmende Analysen. Sie wurden durch Behandeln mit wäßrigem Ammoniak in die entsprechenden Dipeptide übergeführt, die als amorphe Körper isoliert wurden. Versuche, krystallisierte Derivate dieser Verbindungen zu erhalten, mißlangen. Mit Kupferoxyd gekocht, gaben sie blaue Lösungen. Die Analysen zeigten stets einen zu hohen Wasserstoff- und zu niedrigen Kohlenstoffgehalt. Da später bei der Einführung von *d*-Alanin und *l*-Leucin bessere Resultate erzielt wurden, so soll von einer näheren Beschreibung dieser Dipeptide abgesehen werden. Erwähnt mag nur noch werden, daß sie sich durch Einwirkung von Pankreassaft wenigstens zum Teil in ihre Komponenten zerlegen ließen. Wir isolierten aus der Verdampfungsflüssigkeit bei Verwendung von *dl*-Alanyl-*d*-tryptophan sowohl Alanin als Tryptophan, und ebenso lieferte *dl*-Leucyl-*d*-tryptophan Leucin und Tryptophan.

d-α-Brompropionyl-*d*-tryptophan,

$$\begin{array}{c} \overline{\qquad\qquad}\text{C}\cdot\text{CH}_2\cdot\text{CH}\cdot\text{COOH} \\ | \qquad\qquad\qquad \cdot \\ \text{C}_6\text{H}_4\cdot\text{NH}\cdot\text{CH} \qquad \text{NH}\cdot\text{CO}\cdot\text{CHBr}\cdot\text{CH}_3. \end{array}$$

Zur Darstellung dieser Verbindung verwendeten wir *d*-Brompropionylchlorid. Synthetisches *dl*-Alanin wurde nach dem Verfahren von Ehrlich mit Hefe partiell vergoren und das erhaltene *l*-Alanin nach den Angaben von E. Fischer und K. Raske[1]) in die *d*-Brompropionsäure übergeführt. Das dargestellte Präparat hatte eine Drehung von 45° nach rechts. Die Umwandlung in das Chlorid erfolgte nach der von E. Fischer und O. Warburg[2]) angegebenen Weise.

---

[1]) E. Fischer und K. Raske, Beiträge zur Stereochemie der 2,5-Diketopiperazine. Berichte d. D. Chem. Gesellsch. **39**, 3981 [1906]. (*S. 279.*)

[2]) E. Fischer, Synthese von Polypeptiden (XI). Liebigs Ann. d. Chem. **340**, 123 [1905]. (*Proteine I, S. 463.*)

4 g des so gewonnenen d-Brompropionylchlorids wurden mit 4,3 g in 20 ccm Normal-Natronlauge gelöstem Tryptophan in der üblichen Weise unter Zusatz von 30 ccm normaler Natronlauge gekuppelt. Beim Ansäuern mit 7 ccm 5-fachnormaler Salzsäure fiel der Bromkörper als farbloses Öl aus. Es wurde in Äther gelöst, die Lösung 2 Stunden mit Natriumsulfat getrocknet, dann stark konzentriert und mit Petroläther gefällt. Der Bromkörper fiel wieder als Öl aus, wurde aber beim Anreiben mit Petroläther allmählich fest. Er löste sich leicht in Alkohol, Aceton, Essigester, Äther, Chloroform und Benzol, ziemlich leicht in heißem Wasser. Aus letzterem schied die Verbindung sich beim Erkalten ölförmig ab. Krystallinisch war sie nicht zu erhalten. Um sie noch weiter zu reinigen, wurde sie in die Quecksilbersulfatdoppelverbindung übergeführt. Wir lösten sie zu diesem Versuche in stark verdünntem Alkohol, dem 5 Volumprozent Schwefelsäure zugesetzt waren, und fällten dann mit Quecksilbersulfatreagens. Die Verarbeitung des Niederschlages erfolgte in ganz analoger Weise, wie beim Tryptophylglycin. Aus 1 g Bromkörper wurden auf diese Weise 0,65 g wiedergewonnen.

Der Schmelzpunkt des so gereinigten Bromkörpers ist nicht scharf. Gegen 65° wird er weich und schmilzt dann gegen 72°.

Zur Analyse wurde die Verbindung im Vakuum über Phosphorpentoxyd getrocknet.

0,1438 g Sbst.: 0,2594 g CO_2, 0,0546 g H_2O. — 0,1617 g Sbst.: 11,3 ccm N (17°, 756 mm).

$C_{14}H_{15}N_2O_3Br$ (339,1).   Ber. C 49,54, H 4,46, N 8,26.
                                  Gef. ,, 49,20, ,, 4,25, ,, 8,18.

d - A l a n y l - d - t r y p t o p h a n ,

$$\overset{\displaystyle \begin{array}{c} \rule{3cm}{0.4pt} \end{array}}{\underset{C_6H_4 \cdot NH \cdot CH}{\rule{0pt}{1em}}} \overset{C \cdot CH_2 \cdot CH \cdot COOH}{\underset{NH \cdot CO \cdot CH(NH_2) \cdot CH_3}{\rule{0pt}{1em}}} .$$

5 g d-Brompropionyl-d-tryptophan wurden in 50 ccm wäßrigem Ammoniak gelöst. Nach 3 tägigem Stehen der Lösung im Brutraum dampften wir sie im Vakuum völlig ein. Den Rückstand übergossen wir mit Alkohol und verdampften wieder zur Trockne. Diesen Prozeß wiederholten wir zur völligen Entfernung des Ammoniaks noch einmal. Es verblieb eine amorphe glasige Masse. Sie wurde in wenig verdünntem Alkohol gelöst, die Lösung mit 14 ccm 5-fachnormaler Schwefelsäure versetzt und dann mit Alkohol auf 50 ccm aufgefüllt. Unter Kühlung setzten wir nun einen Überschuß von Quecksilbersulfat hinzu, und filtrierten den entstandenen citronengelben Niederschlag nach 5 Minuten ab. Den Rückstand zersetzten wir nach vorherigem gründlichem Auswaschen mit Wasser mit Schwefelwasserstoff. Die weitere Verarbeitung war dieselbe, wie sie beim d-Tryptophyl-glycin beschrieben ist.

Da das Dipeptid noch schwache Halogenreaktion gab, wurde es mit wenig Silbersulfat geschüttelt und aus der filtrierten Lösung die Schwefelsäure quantitativ mit Barythydrat entfernt. Vom Bariumsulfat wurde abfiltriert und das Filtrat im Vakuum eingedampft. Das Dipeptid blieb als Gallerte zurück. Sie wurde nach zweimaligem Eindampfen mit absolutem Alkohol fest. Die Ausbeute betrug 2,9 g. Da das erhaltene Produkt keine Neigung zur Krystallisation zeigte, so wurde es in das gut krystallisierende Kupfersalz übergeführt.

Das durch Zersetzung des umkrystallisierten Kupfersalzes mit Schwefelwasserstoff gewonnene Dipeptid ist in Wasser spielend löslich. In heißem Alkohol löst es sich mäßig, in kaltem schwer, in verdünntem recht leicht. Es hat keinen Schmelzpunkt. Bei 125° (korr.) bläht es sich stark auf und ist bei 150° (korr.) in eine schaumige Masse verwandelt. Es hat einen bitteren Geschmack.

Zur Analyse verwendeten wir das Kupfersalz, welches auf folgende Weise hergestellt wurde.

Das Dipeptid wurde in Wasser gelöst und mit aufgeschlämmtem Kupferoxyd gekocht, filtriert und das Filtrat mit viel Alkohol versetzt. Beim Abkühlen schied sich dann das Salz in glänzenden hellblauen Blättchen aus. Läßt man es aus einer konzentrierten wäßrigen Lösung krystallisieren, so scheidet es sich in kleinen violetten Prismen aus. In Wasser ist es recht leicht, in Alkohol schwer löslich.

Zur Analyse wurde das Kupfersalz noch einmal aus Wasser und Alkohol umkrystallisiert und bei 100° im Vakuum über Phosphorpentoxyd getrocknet. Die Zahlen führen zu der Formel des wasserfreien Salzes von folgender Struktur:

$$\begin{array}{c} \overline{\qquad} C \cdot CH_2 \cdot CH \cdot CO \cdot O \overline{\qquad} \\ C_6H_4 \cdot NH \cdot CH \qquad NH \cdot CO \cdot CH(CH_2) \cdot NH \end{array} \Big\rangle Cu.$$

0,1861 g Sbst.: 0,0441 g CuO. — 0,1380 g Sbst.: 0,0326 g CuO. — 0,1550 g Sbst.: 0,2823 g CO$_2$, 0,0595 g H$_2$O. — 0,1199 g Sbst.: 12,6 ccm N (18°, 755 mm).
C$_{14}$H$_{15}$N$_3$O$_3$Cu (336,7). Ber. C 49,90, H 4,49, N 12,48, Cu 18,89.
Gef. „ 49,68, „ 4,30, „ 12,25, „ 18,93, 18,88.

Das aus verdünntem Alkohol umkrystallisierte Salz enthält in lufttrockenem Zustande noch Krystallwasser. Dieses entweicht beim Erhitzen auf 100° im Vakuum. Seine Menge entspricht, auf obige Formel berechnet, 2^1/$_2$ Mol. Wasser.

0,5022 g Sbst. verloren bei 100° im Vakuum über Phosphorpentoxyd 0,0594 g H$_2$O.

C$_{14}$H$_{15}$N$_3$O$_3$Cu+2^1/$_2$H$_2$O (381,7) Ber. H$_2$O 11,80 Gef. H$_2$O 11,83.

Zur optischen Bestimmung wurde das aus dem umkrystallisierten Kupfersalz in Freiheit gesetzte Dipeptid benutzt.

0,2266 g Sbst. wurden in Wasser gelöst. Gesamtgewicht der Lösung 3,7117 g; spez. Gew. 1,01. Drehung im 1-dm-Rohr bei Natriumlicht und 20° 1,15° nach rechts. Mithin

$$[\alpha]_D^{20} = + 18,65°.$$

d - α - Bromisocapronyl - d - tryptophan,

$$\begin{array}{c} \text{———C} \cdot CH_2 \cdot CH \cdot COOH \\ | \qquad \ddots \qquad \cdot \\ C_6H_4 \cdot NH \cdot CH \qquad NH \cdot CO \cdot CHBr \cdot CH_2 \cdot CH(CH_3)_2 \,. \end{array}$$

Zur Darstellung dieser Verbindung verwendeten wir nach dem von E. Fischer angegebenen Verfahren bereitetes d-α-Bromisocapronylchlorid. Synthetisches dl-Leucin wurde nach E. Fischer und O. Warburg[1]) in das Formyl-dl-Leucin verwandelt. Daraus gewannen wir durch Spaltung mit Brucin die aktiven Formylkörper. Das Formyl-d-Leucin führten wir dann nach E. Fischers Vorschrift in die d-Bromisocapronsäure und diese mit Phosphorpentachlorid in das d-Bromisocapronylchlorid über. Die spezifische Drehung der verwendeten d-Bromisocapronsäure war $+ 45,1°$.

5 g des so dargestellten Chlorids wurden mit einer Lösung von 4 g Tryptophan in 20 ccm Normal-Natronlauge unter Anwendung von weiteren 30 ccm normaler Natronlauge gekuppelt. Beim Ansäuern mit 10 ccm 5-fachnormaler Salzsäure schied sich der Bromkörper krystallinisch ab. Durch Ausäthern der salzsauren Lösung, Einengen des ätherischen Extraktes und Fällen mit Petroläther ließ sich die Ausbeute noch etwas steigern. Das gewonnene Produkt lösten wir in wenig heißem Methylalkohol und zersetzten die durch Kochen mit Tierkohle entfärbte Lösung bis zur beginnenden Trübung mit heißem Wasser. Beim Abkühlen schied sich dann der Bromkörper in lockeren Nadeln aus. Die Ausbeute an Rohprodukt betrug 7,7 g.

Das Bromisocapronyl-d-tryptophan ist leicht löslich in Methyl- und Äthylalkohol, Äther, Essigester, Aceton, Chloroform, ziemlich leicht löslich in heißem Wasser, schwer löslich in kaltem Wasser und Petroläther. Es schmilzt bei 118° (korr.). Zur Analyse wurde die Substanz über 100° im Vakuum über Phosphorpentoxyd getrocknet.

0,1560 g Sbst.: 0,3056 g CO_2, 0,0772 g H_2O. — 0,1563 g Sbst.: 9,9 ccm N (17°, 742 mm).

$\qquad$ $C_{17}H_{21}N_2O_3Br$ (381,2). Ber. C 53,52, H 5,55, N 7,35.
$\qquad\qquad\qquad\qquad\qquad$ Gef. ,, 53,43, ,, 5,54, ,, 7,28.

---

[1]) E. Fischer und O. Warburg, Spaltung des Leucins in die optisch-aktiven Komponenten mittels der Formylverbindung. Berichte d. D. Chem. Gesellsch. **38**, 3997 [1905]. (*Proteine I*, S. 149.)

0,3951 g Sbst. wurden in Alkohol gelöst. Gesamtgewicht der Lösung 3,5314 g; spez. Gewicht 0,834. Drehung im 1-dm-Rohr bei Natriumlicht und 20° 2,53° nach rechts, mithin

$$[\alpha]_D^{20} = + 27,1°.$$

l - Leucyl - d - tryptophan,

$$\overbrace{}^{\qquad}\!\!C \cdot CH_2 \cdot CH \cdot COOH$$

$$C_6H_4 \cdot NH \cdot CH \qquad NH \cdot CO \cdot CH(NH_2) \cdot CH_2 \cdot CH(CH_3)_2.$$

4 g d-Bromisocapronyl-d-tryptophan wurden in 50 ccm wäßrigem Ammoniak gelöst, die Lösung bei 36° aufbewahrt und nach dreitägigem Stehen im Vakuum eingedampft. Dabei schied sich das Dipeptid in sehr kleinen Nadeln aus. Sie wurden abfiltriert und zur Entfernung des Bromammoniums mit wenig Wasser gewaschen. Die Ausbeute betrug 3,2 g. Zur Reinigung wurde das Dipeptid in Alkohol, dem ein paar Tropfen Wasser hinzugesetzt waren, gelöst, die Lösung mit Tierkohle aufgekocht, filtriert, und das Filtrat mit dem etwa 6-fachen Volumen an absolutem Äther versetzt. Das Gemisch gestand dabei zu einer flockigen Masse. Sie bestand aus mikroskopisch feinen, haarförmigen, in einander verfilzten Nadeln. Beim Erhitzen sintert das Dipeptid bei 130° (korr.) und schmilzt bei 148° (korr.) unter Aufschäumen. Es löst sich leicht in heißem Wasser und feuchtem Alkohol, mäßig in kaltem Wasser und schwer in absolutem Alkohol. Es schmeckt erst bitter, hat dann aber einen süßlichen Nachgeschmack.

Die bei 100° im Vakuum über Phosphorpentoxyd getrocknete Substanz enthält noch 1 Mol. Krystallwasser.

0,1900 g Sbst.: 0,4270 g CO_2, 0,1240 g H_2O. — 0,1260 g Sbst.: 14,0 ccm N (18°, 733 mm).

$C_{17}H_{23}N_3O_3 + H_2O$ (335,2). Ber. C 60,86, H 7,51, N 12,54.
Gef. ,, 61,29, ,, 7,30, ,, 12,57.

Das Krystallwasser verlor die Substanz erst beim Trocknen im Vakuum über Phosphorpentoxyd bei 115—120°.

0,1342 g Sbst.: 0,3157 g CO_2, 0,0899 g H_2O.

$C_{17}H_{23}N_3O_3$ (317,2). Ber. C 64,31, H 7,31.
Gef. ,, 64,15, ,, 7,48.

0,2567 g Substanz wurden in normaler Salzsäure gelöst. Gesamtgewicht der Lösung 3,5865 g; spez. Gewicht 1,03. Drehung im 1-dm-Rohr bei Natriumlicht und 20° 0,33° nach rechts. Mithin

$$[\alpha]_D^{20} = + 4,48°.$$

d-α-Bromisocapronyl-glycyl-d-tryptophan,

$$\begin{array}{c} \rule{2cm}{0.4pt}\,C \cdot CH_2 \cdot CH \cdot COOH \\[2pt] C_6H_4 \cdot NH \cdot CH \qquad NH \cdot CO \cdot CH_2 \cdot NH \cdot CO \cdot CHBr \cdot CH_2 \cdot CH(CH_3)_2. \end{array}$$

4 g Glycyltryptophan wurden in 16 ccm Normalnatronlauge gelöst und mit 4 g d-α-Bromisocapronylchlorid, das wie oben beschrieben hergestellt war, unter Anwendung von 25 ccm Normalnatronlauge gekuppelt. Beim Ansäuern mit 8 ccm 5-fachnorm. Salzsäure fiel der Bromkörper als Öl aus. Dieses wurde in Äther gelöst und auch die salzsaure Lösung ausgeäthert. Die ätherischen Lösungen engten wir nach 12-stündigem Trocknen mit Natriumsulfat ein und versetzten mit Petroläther. Hierbei fiel wiederum ein Öl aus, das wir zunächst mit Petroläther verrieben und dann nach dem Abgießen des Petroläthers in Chloroform lösten. Diese durch Kochen mit Tierkohle entfärbte Lösung gossen wir dann langsam unter kräftigem Rühren in eine reichliche Menge Petroläther ein. Hierbei schied sich der Bromkörper flockig aus. Deutliche Krystalle waren nicht zu erkennen. Die Substanz wurde abgesaugt und mit Petroläther gewaschen. Die Ausbeute betrug 5,3 g.

Das d-Bromisocapronyl-glycyl-d-tryptophan löst sich leicht in Alkohol, Äther, Essigester, Aceton, Chloroform und heißem Wasser, schwer in Petroläther und kaltem Wasser. Beim Erhitzen sintert es bei 60° und schmilzt zwischen 90° und 98°.

Zur Analyse wurde im Vakuum über Phosphorpentoxyd getrocknet.

0,1793 g Sbst.: 0,3423 g CO_2, 0,0926 g H_2O. — 0,1711 g Sbst.: 14,4 ccm N (19°, 735 mm).

$C_{19}H_{24}N_3O_4Br$ (438,2).　Ber. C 52,03, H 5,52, N 9,59.

Gef. „ 52,06, „ 5,77, „ 9,51.

0,4634 g Sbst. wurden in Alkohol gelöst. Gesamtgewicht der Lösung 4,0435 g; spez. Gew. 0,838. Drehung im 1-dcm-Rohr 5,23° nach rechts, mithin

$$[\alpha]_D^{20} = +\,54,47°.$$

l-Leucyl-glycyl-d-tryptophan,

$$\begin{array}{c} \rule{2cm}{0.4pt}\,C \cdot CH_2 \cdot CH \cdot COOH \\[2pt] C_6H_4 \cdot NH \cdot CH \qquad NH \cdot CO \cdot NH \cdot CO \cdot CH(NH_2) \cdot CH_2 \cdot CH(CH_3)_2. \end{array}$$

3 g d-Bromisocapronyl-glycyl-d-tryptophan wurden in 50 ccm wäßrigem Ammoniak gelöst. Die Lösung blieb 3 Tage bei Zimmertemperatur stehen. Dann wurde sie im Vakuum eingedampft, der Rückstand noch mehrmals mit Alkohol zur Trockne verdampft und dann zur Entfernung des Bromammoniums noch einmal mit heißem Alkohol ausgelaugt und filtriert. Der Filterrückstand wurde nun mit Alkohol und Äther ge-

waschen. Die Ausbeute an Tripeptid betrug 2,0 g. Wir konnten sie noch um 0,15 g vermehren, indem wir das gesamte alkoholische Filtrat eindampften und drei Tage mit wäßrigem Ammoniak im Brutraum stehen ließen. Zur Reinigung lösten wir das erhaltene Rohprodukt in heißem Wasser, kochten mit Tierkohle und dampften die filtrierte Lösung im Vakuum zur Trockne ein.

Das Tripeptid schied sich nun in gallertigen Massen aus. Beim Behandeln mit Alkohol und Äther wurde es fest. So dargestellt, bildet es eine amorphe Masse, die sich nur ziemlich mäßig in heißem Wasser löst. In Alkohol ist es unlöslich. Es zersetzt sich gegen 234° (korr.), nachdem es schon vorher angefangen hat, sich gelbbraun zu färben. Wegen seiner geringen Löslichkeit ist es fast geschmacklos.

Zur Analyse wurde das Tripeptid bei 100° im Vakuum getrocknet.

0,1640 g Sbst.: 0,3649 g CO_2, 0,1052 g H_2O. — 0,1708 g Sbst.: 22,3 ccm N (19°, 732 mm).

$C_{19}H_{26}N_4O_4$ (374,2).   Ber. C 60,93, H 7,00, N 14,98.
Gef. „ 60,68, „ 7,18, „ 14,70.

0,3503 g Sbst. wurden in normaler Salzsäure gelöst. Gesamtgewicht der Lösung 4,2950 g; spez. Gew. 1,04. Drehung im 1-dm-Rohr bei Natriumlicht und 20° 2,73° nach rechts, mithin

$$[\alpha]_D^{20} = + 32,30°.$$

47. Emil Fischer: Synthese von Polypeptiden. XXI[1]). Derivate des Tyrosins und der Glutaminsäure.

Berichte der Deutschen Chemischen Gesellschaft **40**, 3704 [1907].

(Eingegangen am 10. August 1907.)

Bei der partiellen Hydrolyse des Seidenfibroins entstehen neben Glycyl-alanin und Glycyl-tyrosin (bezw. Tyrosyl-glycin) kompliziertere Derivate des Tyrosins, auf die ich zuerst gemeinschaftlich mit P. Bergell[2]) kurz hingewiesen, und die ich neuerdings gemeinschaftlich mit E. Abderhalden[3]) genauer untersucht habe. Um Anhaltspunkte für die Beurteilung und experimentelle Behandlung dieser Stoffe zu gewinnen, erschien das Studium der höheren Polypeptide des Tyrosins notwendig. Ich habe deshalb ein dahin gehöriges Tripeptid und Pentapeptid untersucht. Das erste ist

$$d \text{ - Alanyl-glycyl-} l \text{ - tyrosin,}$$
$$CH_3 \cdot CH(NH_2)CO \cdot NHCH_2CO \cdot NHCH(CH_2 \cdot C_6H_4 \cdot OH)COOH.$$

Es entsteht durch Kupplung der d-α-Brompropionsäure mit Glycyl-l-tyrosin und nachfolgende Amidierung.

Das zweite ist

$$l \text{ - Leucyl-triglycyl-} l \text{ - tyrosin,}$$
$$C_4H_9 \cdot CH(NH_2)CO \cdot (NHCH_2CO)_3 \cdot NHCH(CH_2 \cdot C_6H_4 \cdot OH)COOH.$$

Es wurde erhalten durch Amidierung des d-α-Bromisocapronyl-triglycyl-l-tyrosins, welches durch Kupplung von d-α-Bromisocapronyl-triglycylchlorid mit l-Tyrosin leicht zu bereiten ist.

Diese beiden Polypeptide sind dem früher beschriebenen Glycyl-tyrosin recht ähnlich. Sie unterscheiden sich aber davon durch die

---

[1]) Vergl. Nr. XX, Berichte d. D. Chem. Gesellsch. **40**, 2737 [1907] und Nr. XIX, Liebigs Ann. d. Chem. **354**, 1. (*S. 443 und 405, 412, 419 und 432.*)

[2]) Chem.-Ztg. **1902**, 939. (*Proteine I, S. 621.*)

[3]) Bildung von Polypeptiden bei der Hydrolyse der Proteine, Sitzungsberichte der Berliner Akademie der Wissenschaften **1907**, 574, vergl. auch die Abhandlung Berichte d. D. Chem. Gesellsch. **40**, 3544 [1907] (*S. 716.*) mit gleichem Titel, wo auf die Bedeutung dieser Beobachtung für die Beurteilung der Albumosen hingewiesen ist.

Fällbarkeit mit Ammoniumsulfat aus wäßriger Lösung. Bei dem Pentapeptid tritt diese Fällung auch in verdünnter Lösung ein, beim Tripeptid findet sie nur in sehr konzentrierter und ganz kalter Lösung statt. Sie gleichen darin den Albumosen, für welche die Abscheidung durch Ammoniumsulfat, Kochsalz u. dergl. als charakteristisch angesehen wird. Dieselbe Eigenschaft haben E. Abderhalden und ich[1]) bei einem Produkt beobachtet, das durch Abbau von Seidenfibroin gewonnen wird, und das wir für ein Tetrapeptid aus 2 Mol. Glykokoll, 1 Mol. d-Alanin und 1 Mol. l-Tyrosin halten.

Da die Glutaminsäure in vielen Proteinen in erheblicher Menge enthalten ist, so war es schon lange mein Wunsch, ihre Polypeptide kennen zu lernen. Die Untersuchung ist leider durch verschiedene Umstände, insbesondere durch die geringe Krystallisationsfähigkeit der meisten Glutaminsäurederivate verzögert worden. Ich bin aber jetzt in der Lage, nach Versuchen des Hrn. Theodor Johnson[2]) ein schön krystallisierendes Dipeptid, die

$$l\text{-Leucyl-}d\text{-glutaminsäure,}$$

beschreiben zu können, welche auf die gewöhnliche Art aus der d-α-Bromisocapronyl-d-glutaminsäure gewonnen wurde. Ihr Studium hat zu einer neuen allgemeinen Methode für die Abscheidung von Polypeptiden der Glutaminsäure durch Fällung mit Silberlösung geführt.

Über die nahe verwandte Glycyl-glutaminsäure und einige kompliziertere Glieder der Reihe werde ich demnächst gemeinschaftlich mit Hrn. Walter Kropp berichten*).

Amide von Derivaten der Polypeptide sind schon verschiedene bekannt, z. B. Carbäthoxy-glycyl-glycinamid[3]), $C_2H_5 \cdot CO_2 \cdot NHCH_2CO \cdot NHCH_2CO \cdot NH_2$, oder Carbonyl-diglycyl-glycinamid, $CO : (NHCH_2CO \cdot NHCH_2CO \cdot NH_2)_2$. Um auch die einfachen Formen kennen zu lernen, habe ich aus Triglycyl-glycin-methylester durch Erhitzen mit methylalkoholischem Ammoniak das

Triglycyl-glycin-amid, $NH_2CH_2CO \cdot (NHCH_2CO)_2 \cdot NHCH_2CO \cdot NH_2$, dargestellt.

Die weit aufsteigende Reihe der künstlichen Polypeptide, deren Zusammensetzung und Struktur aus der Synthese gefolgert werden kann, scheint mir eine gute Gelegenheit zu bieten, die Brauchbar-

---

[1]) loc. cit.

[2]) Vergl. seine Inauguraldissertation, Berlin 1906.

*) Vergl. S. 529.

[3]) E. Fischer, Berichte d. D. Chem. Gesellsch. **35**, 1095 [1902] (*Proteine I*, S. 290).

keit der modernen Molekulargewichtsbestimmungen für kompliziertere Systeme zu prüfen. Ich habe den Anfang mit einigen Di-, Tri-, Tetrapeptiden und einem Hexapeptid gemacht, die bei der Gefrierpunktsmethode leidlich stimmende Werte für das aus chemischen Gründen abgeleitete Molekulargewicht gaben.

d - Brompropionyl-glycyl-l-tyrosin,

$$CH_3 \cdot CHBr \cdot CO \cdot NHCH_2CO \cdot NH \cdot CH(CH_2 \cdot C_6H_4 \cdot OH) \cdot COOH.$$

Zu einer stark gekühlten Lösung von 5 g reinem, krystallisiertem Glycyl-l-tyrosin (1 Mol.) in 26 ccm n-Natronlauge (1,25 Mol.) werden abwechselnd und allmählich 3,6 g d-Brompropionylchlorid (1 Mol.) und 26 ccm n-Natronlauge (1,25 Mol.) hinzugegeben. Die Umsetzung erfolgt sehr schnell. Beim Ansäuern mit 15 ccm $^5/_1$-n. Salzsäure fällt eine gelblichgraue, schmierige Masse aus, welche die Millonsche Reaktion gibt und nicht näher untersucht wurde. Die filtrierte Lösung wird nun häufig (10—15 Mal) ausgeäthert, bis eine Probe des Auszugs mit Petroläther keine Fällung mehr gibt. Verdampft man nun den zuvor durch Natriumsulfat getrockneten ätherischen Extrakt zum größeren Teil, so scheidet sich ein gelbes Öl aus. Nach Abgießen der Mutterlauge wird dieses in wenig Essigäther gelöst und mit Petroläther wieder gefällt. Beim längeren Stehen und häufigen Reiben verwandelt es sich allmählich in sehr feine Nädelchen. Ist man schon im Besitz von Krystallen, so empfiehlt es sich, zu impfen. Die Ausbeute an krystallisiertem Produkt betrug durchschnittlich nur 3,2 g oder 40% der Theorie.

Zur Reinigung wurde in der 10-fachen Menge warmem Essigäther gelöst und mit Petroläther wieder abgeschieden, wobei ebenfalls die Krystallisation nur langsam erfolgte.

Zur Analyse wurde im Vakuum über Phosphorpentoxyd getrocknet. Bei 100° nahm das Präparat dann nicht mehr an Gewicht ab.

0,1277 g Sbst.: 0,2116 g CO_2, 0,0498 g H_2O. — 0,1823 g Sbst.: 10,32 ccm $^1/_{10}$-n. Schwefelsäure (Kjeldahl). — 0,1596 g Sbst.: 0,0814 g AgBr.

$C_{14}H_{17}O_5N_2Br$ (373,1).   Ber. C 45,03, H 4,59, N 7,51, Br 21,43.
                    Gef. ,, 45,19, ,, 4,36, ,, 7,93, ,, 21,70.

Die Substanz schmilzt bei 155°, (korr. 157°). Sie ist leicht löslich in Alkohol, Aceton, Essigäther, warmem Wasser, schwer löslich in Äther und Petroläther. Aus Wasser krystallisiert sie in häufig zu Drusen verwachsenen lanzettförmigen Blättchen.

Zur optischen Bestimmung diente eine Lösung in Wasser.

0,3035 g Substanz, Gesamtgewicht der Lösung 6,7994 g. d = 1,015. Drehung im 1-dm-Rohr bei 20° und Natriumlicht 2,24° nach rechts. Mithin

$$[\alpha]_D^{20} = + 49,4° (\pm 0,4°).$$

0,2945 g Sbst., Gesamtgewicht der Lösung 7,1229 g. $d^{20} = 1,014$.
Drehung im 1-dm-Rohr bei $20°$ und Natriumlicht $2,12°$ nach rechts. Mithin

$$[\alpha]_D^{20} = + 50,6° (\pm 0,5°).$$

Man sieht, daß die Werte um $1,2°$ verschieden sind, und ich will bei dieser Gelegenheit nochmals betonen, daß die Gewähr für die Richtigkeit solcher Zahlen nicht sehr groß ist, wenn es sich wie hier um Präparate handelt, die ziemlich schwer krystallisieren, und bei denen eine fortgesetzte Reinigung durch häufig wiederholte Krystallisation schon aus Mangel an Material ausgeschlossen ist. Denn selbst, wenn man optisch ganz reine Ausgangsmaterialien benutzt, ist bei der Kupplung Gelegenheit zu einer teilweisen Racemisierung gegeben, und die Entfernung der dadurch entstehenden optischen Isomeren ist in manchen Fällen sehr schwierig.

d - Alanyl-glycyl - l - tyrosin.

2 g d-Brompropionylglycyl-l-tyrosin wurden in 10 ccm 25-prozentigem Ammoniak gelöst und $3^1/_2$ Tage bei $25°$ aufbewahrt. Die Abspaltung des Broms war dann fast vollständig. Nach dem Verdampfen des Ammoniaks unter $10—15$ mm Druck wurde der gelbe, sirupöse Rückstand mit Wasser aufgenommen und das Bromammonium in der üblichen Weise durch Bariumhydroxyd und Silbersulfat entfernt. Als die wäßrige Lösung unter geringem Druck stark konzentriert war, fiel auf Zusatz von Alkohol das Tripeptid in weißen, amorphen Flocken aus. Seine Menge betrug 0,85 g. Aus der Mutterlauge wurden durch Eindampfen noch weitere 0,55 g erhalten, so daß die Ausbeute auf 1,4 g oder 85% der Theorie stieg.

Zur Reinigung wurde das Rohprodukt mit etwa 400 Teilen Alkohol ausgekocht und die filtrierte Lösung im Vakuum auf etwa 50 ccm konzentriert. Dabei fiel das Tripeptid als amorphes, ziemlich körniges Pulver aus.

Zur Analyse wurde es im Vakuum über Phosphorpentoxyd bei $105°$ getrocknet.

0,1160 g Sbst.: 0,2304 g CO_2, 0,0673 g H_2O. — 0,1839 g Sbst. (Kjeldahl): 17,39 ccm $^1/_{10}$-n. H_2SO_4.

$C_{14}H_{19}O_5N_3$ (309,2). Ber. C 54,34, H 6,19, N 13,59.
Gef. ,, 54,17, ,, 6,49, ,, 13,25.

Zur optischen Bestimmung diente eine Lösung in Wasser.

0,1455 g Sbst., Gesamtgewicht der Lösung 3,6251 g. $d^{20} = 1,01$.
Drehung im 1-dm-Rohr bei $20°$ und Natriumlicht $1,62°$ ($\pm 0,02°$) nach rechts. Mithin

$$[\alpha]_D^{20} = + 40,0° (\pm 0,5°).$$

0,2295 g Sbst., Gesamtgewicht der Lösung 5,0034 g. $d^{20} = 1,01$.
Drehung im 1-dcm-Rohr bei 20° und Natriumlicht 1,94° ($\pm$ 0,02°) nach
rechts. Mithin

$$[\alpha]_D^{20} = + 41,9° (\pm 0,4°).$$

Die Substanz hat keinen Schmelzpunkt. Sie schäumt von etwa
140° ab stark auf und wird von etwa 180° ab gelb und allmählich
braun. In Wasser ist sie spielend leicht löslich. Sie gibt die Millonsche und auch die Biuret-Reaktion.

Aus sehr konzentrierter, wäßriger Lösung wird sie bei gewöhnlicher
Temperatur durch einen Überschuß einer gesättigten Ammoniumsulfatlösung ölig gefällt. Kühlt man in Eiswasser und schüttelt um, so ballt
sich das Öl zu einer zähen, amorphen Masse zusammen. In konzentrierter Lösung gibt das Dipeptid auch mit Tannin eine ölige Fällung,
die sich im Überschuß wieder löst. Beide Fällungen finden aber lange
nicht so leicht statt, als bei dem Leucyltriglycyl-tyrosin.

d-α-Bromisocapronyl-triglycyl-l-tyrosin,

$$C_4H_9 \cdot CHBrCO \cdot (NHCH_2CO)_3 \cdot NHCH(CH_2 \cdot C_6H_4 \cdot OH)COOH.$$

Zu einer stark gekühlten Lösung von 1,75 g l-Tyrosin (1,25 Mol.)
in 19,2 ccm n-Natronlauge (2 Mol., berechnet auf Tyrosin) wurden abwechselnd und allmählich 3 g d-Bromisocapronyl-diglycyl-glycylchlorid
(1 Mol.) und 9,6 ccm n-Natronlauge (1,25 Mol.) zugesetzt. Bei kräftigem
Schütteln unter Zugabe von Glasperlen war das Chlorid in etwa $^3/_4$ Stunden umgesetzt. Die Lösung schäumte während der Operation sehr stark.
Beim Ansäuern mit 10 ccm $^5/_1$-n. Salzsäure fiel der größte Teil des Re-
aktionsproduktes als hellgraue, zähe Masse aus. Sie wurde aus der
Lösung entfernt und mit wenig Wasser verrieben. Nach 12 Stunden
war sie fest geworden. Die Menge betrug 1,25 g. Aus der ersten Mutterlauge krystallisierten beim längeren Stehen noch 0,12 g reinen Bromkörpers aus. Als das Filtrat mit 21 ccm n-Natronlauge neutralisiert
wurde, schied sich das unverbrauchte Tyrosin ab. Es wurde nach
2-stündigem Stehen abfiltriert, und aus der Mutterlauge schieden sich
nach 12 Stunden abermals 0,18 g Bromkörper aus.

Die Gesamtausbeute betrug also 1,55 g.

Zur Reinigung wurde aus der 18-fachen Menge heißem Wasser umkrystallisiert. Der Schmelzpunkt ist nicht scharf.

Die frisch umkrystallisierte, nur lufttrockne Substanz wird von 100°
ab weich und schmilzt gegen 115° unter Schäumen. Die bei 78° im Vakuum über Phosphorpentoxyd vom Krystallwasser befreite Substanz
sintert von 100° ab sehr stark, wird allmählich dunkelgelb bis braun
und ist gegen 220° ohne Gasentwicklung geschmolzen.

Zur Analyse wurde bei 78° im Vakuum über Phosphorpentoxyd getrocknet.

0,1240 g Sbst.: 0,2154 g CO_2, 0,0651 g H_2O. — 0,1445 g Sbst.: 13,5 ccm N (18°, 762 mm). — 0,1541 g Sbst.: 0,0545 g AgBr.

$C_{21}H_{29}O_7N_4Br$ (529,2).   Ber. C 47,62, H 5,52, N 10,59, Br 15,11.
Gef. ,, 47,38, ,, 5,87, ,, 10,77, ,, 15,05.

Aus Wasser krystallisiert der Körper in undeutlich ausgebildeten Nadeln, aus Alkohol aber recht schön in feinen, zu Büscheln verwachsenen Nädelchen.

In heißem Wasser und Alkohol, sowie in Aceton ist er leicht löslich, auch in warmem Essigäther, schwerer in kaltem Wasser und Alkohol, sehr schwer in Äther. Zur optischen Bestimmung diente die wäßrige Lösung.

0,1026 g Sbst., Gesamtgewicht der Lösung 8,4350 g. $d^{20} = 1,002$. Drehung im 2-dm-Rohr bei 20° und Natriumlicht 0,70° nach rechts. Mithin

$$[\alpha]_D^{20} = + 28,7° (\pm 0,8°).$$

0,1037 g Sbst., Gesamtgewicht der Lösung 8,9543 g. $d^{20} = 1,002$. Drehung im 2-dm-Rohr bei 20° und Natriumlicht 0,66° nach rechts. Mithin

$$[\alpha]_D^{20} = + 28,4° (\pm 0,8°).$$

l - Leucyl - triglycyl - l - tyrosin.

Als eine Lösung von 2 g Bromkörper in 10 ccm 25-prozentigem Ammoniak $3^1/_2$ Tage bei 25° stehen blieb, war alles Brom abgespalten. Nun wurde das Ammoniak im Vakuum verdampft und der Rückstand mit wenig Wasser aufgenommen. Dabei blieben 0,1 g eines krystallinischen Körpers zurück, der alle Eigenschaften des Glycyl-tyrosinanhydrids zeigte. Seine Bildung erinnert an die Entstehung von Glycinanhydrid bei der Einwirkung von Ammoniak auf Chloracetyl-diglycyl-glycin[1]. Nachdem aus dem Filtrat das Bromammonium in der üblichen Weise durch Baryt und Silbersulfat quantitativ entfernt war, wurde die Lösung im Vakuum zur Trockne verdampft und der Rückstand mit ca. 10 ccm Wasser aufgenommen, wobei wiederum etwas Anhydrid (0,03 g) zurückblieb. Aus dem auf ca. 5 ccm konzentrierten Filtrat fiel auf Zusatz von absolutem Alkohol das Pentapeptid als schwach graue, amorphe Masse, die abfiltriert und mit Alkohol und Äther gewaschen wurde. Die Ausbeute betrug 0,7 g. Zur Analyse war das Präparat nochmals aus konzentrierter wäßriger Lösung mit Alkohol gefällt und bei 105° im Vakuum über Phosphorpentoxyd getrocknet worden.

---

[1] Berichte d. D. Chem. Gesellsch. **37**, 2503 [1904]. (*Proteine I, S. 352*).

Die erste Mutterlauge wurde unter geringem Druck verdampft. Beim Aufnehmen des Rückstandes mit wenig Wasser blieb ein kleiner Teil zurück, und die Lösung war etwas gefärbt. Sie wurde deshalb mit Tierkohle gekocht, dann konzentriert und wiederum mit Alkohol gefällt. So wurden noch 0,3 g rein weißes Produkt erhalten. Im ganzen betrug die Ausbeute also 1,0 g oder 57% der Theorie.

0,1417 g Sbst.: 0,2798 g CO_2, 0,0901 g H_2O. — 0,1868 g Sbst.: 25,1 ccm N (22°, 758 mm).

$C_{21}H_{31}O_7N_5$ (465,3).   Ber. C 54,16, H 6,71, N 15,06.

Gef. ,, 53,85, ,, 7,11, ,, 15,26.

Das Pentapeptid ist in Wasser sehr leicht löslich und wird daraus durch Alkohol in farblosen, amorphen Flocken gefällt. Leider ist es bisher nicht gelungen, es krystallisiert zu erhalten. Dasselbe gilt für seine Salze. Die bei 105° getrocknete Substanz beginnt gegen 160° zu schäumen, wird gegen 180° gelb und zersetzt sich bei höherer Temperatur immer mehr.

Die wäßrige Lösung dreht ziemlich stark nach rechts, aber das Drehungsvermögen war bei verschiedenen Präparaten keineswegs gleich, wie die folgenden beiden Bestimmungen zeigen.

0,2556 g Sbst. Gesamtgewicht der Lösung 5,1929 g. $d^{20} = 1,01$. Drehung im 1-dm-Rohr bei 20° und Natriumlicht 1,56° nach rechts. Mithin

$$[\alpha]_D^{20} = + 31,4° (\pm 0,4°).$$

0,0998 g Sbst. Gesamtgewicht der Lösung 2,0765 g. $d^{20} = 1,01$. Drehung im 1-dm-Rohr bei 20° und Natriumlicht 1,77° nach rechts. Mithin

$$[\alpha]_D^{20} = + 36,5° (\pm 0,4°).$$

Das Pentapeptid schmeckt ziemlich stark bitter, reagiert sauer und gibt stark die Biuretfärbung und Millons Reaktion. Das Nitrat bildet eine amorphe Masse, die sich sowohl in Wasser wie in Alkohol leicht löst und aus letzterem durch Äther amorph gefällt wird. Pikrat und Pikrolonat sind in Wasser schwer löslich und bilden zähe Öle. Das tiefblaue Kupfersalz ist in Wasser leicht, in Alkohol aber äußerst schwer löslich. Charakteristisch ist das Verhalten des Pentapeptids gegen Salzlösungen. So wird es aus Wasser durch eine gesättigte Ammoniumsulfatlösung leicht niedergeschlagen. Bei niederer Temperatur fällt es in dicken, amorphen Flocken und bei gelinder Wärme als zähe, klebrige Masse aus. Die mit Essig- oder Salpetersäure versetzte, nicht zu verdünnte wäßrige Lösung wird auch durch eine gesättigte Kochsalzlösung gefällt. Ferner gibt Tannin in der wäßrigen Lösung des Pentapeptids sofort eine dicke Fällung. Endlich wird es wie so viele andere künstliche Polypeptide aus schwefelsaurer Lösung durch Phosphorwolframsäure gefällt. Mehrere der zuvor erwähnten Reaktionen werden als charakteristisch für die Albumosen angesehen. Man kann deshalb das vorliegende Pentapeptid in diese Klasse einreihen, und es ist vielleicht kein Zufall, daß der größere Teil der bisher beschriebenen Albumosen Millons Reaktion geben, mithin Tyrosin enthält[1]). Ich will damit aber keineswegs sagen, daß nicht auch andere ziemlich einfache Polypeptide ähnliche Eigenschaften haben können. Im Gegenteil, ich kann schon jetzt mitteilen, daß das Di-*l*-leucyl-cystin, welches ich gemeinschaftlich mit Dr. O. Gerngroß untersucht habe, auch durch Ammoniumsulfat aus der wäßrigen Lösung leicht gefällt wird*), und weitere Beispiele dieser Art werden sich gewiß noch manche finden lassen.

d - α - Bromisocapronyl - *d* - glutaminsäure.

Da die aktive Bromisocapronsäure sehr viel schwerer zugänglich ist, als die Glutaminsäure, so empfiehlt es sich, letztere bei der Kupplung im Überschuß anzuwenden und auch die zur Lösung der Säure bestimmte Menge Alkali auf 1,5 Mol. zu bemessen.

Dementsprechend wurden 8,2 g *d*-Glutaminsäure in 83 ccm *n*-Natronlauge gelöst, in einer Kältemischung gekühlt und unter kräftigem Schütteln 8 g *d*-α-Bromisocapronylchlorid (aus *d*-Leucin) und 55 ccm *n*-Natronlauge abwechselnd in kleinen Portionen zugegeben. Die Operation dauerte ungefähr $^3/_4$ Stunden.

Nachdem die Flüssigkeit mit 110 ccm *n*-Salzsäure übersättigt war, wurde sie mehrmals ausgeäthert und die eingeengten ätherischen Auszüge durch Petroläther gefällt. Das anfangs ölig abgeschiedene Kupplungsprodukt krystallisierte bei längerem (12 Stunden) Stehen vollständig. Die Ausbeute betrug 10 g oder rund 82% der Theorie. Zur Reinigung wurde in Äther gelöst und wieder mit Petroläther gefällt, wobei die Substanz zuerst sich wieder ölig abschied und allmählich in meist sternförmig vereinigten, langen Nadeln krystallisierte. Für die Analyse wurde über Schwefelsäure im Vakuum getrocknet.

0,1897 g Sbst.: 0,2824 g CO_2, 0,0931 g H_2O. — 0,1900 g Sbst.: 7,5 ccm N (22°, 748 mm). — 0,1673 g Sbst.: 0,0963 g AgBr.

$C_{11}H_{18}O_5NBr$ (324,1). Ber. C 40,73, H 5,60, N 4,32, Br 24,67.

Gef. ,, 40,60, ,, 5,49, ,, 4,42, ,, 24,49.

Die Substanz schmilzt bei 108—109° (korr.). Sie ist in kaltem Wasser, Alkohol, Äther und heißem Chloroform leicht, dagegen in Benzol schwer und in Petroläther fast gar nicht löslich. Sie dreht in wäßriger Lösung ganz schwach nach links.

---

[1]) Vergl. F. Hofmeister, Ergebnisse der Physiologie I, 781.
*) *Vergl. S. 625.*

l - L e u c y l - d - g l u t a m i n s ä u r e ,

$$(CH_3)_2CHCH_2CH(NH_2)CO \cdot NHCH(COOH) \cdot CH_2 \cdot CH_2COOH.$$

Löst man 5 g Bromisocapronylglutaminsäure in 25 ccm wäßrigem Ammoniak von 25% und läßt 3 Tage bei 25° stehen, so ist alles Brom abgespalten. Die Flüssigkeit wird dann unter geringem Druck verdampft, der Rückstand in wenig Wasser gelöst und in einer Schale auf dem Wasserbade mehrmals unter Zusatz von Alkohol wieder verdampft. Hierbei scheidet sich das Dipeptid krystallinisch aus. Es wird schließlich mit heißem Alkohol ausgelaugt, um das Bromammonium zu entfernen. Die Ausbeute betrug 2,1 g oder 52% der Theorie. Zur völligen Reinigung löst man in heißem Wasser und fällt mit Alkohol. Die im Vakuum über Schwefelsäure getrocknete Substanz verliert bei 120° nicht an Gewicht.

0,1694 g Sbst.: 0,3163 g CO_2, 0,1210 g H_2O. — 0,1834 g Sbst.: 17,2 ccm N (18°, 759 mm).

$C_{11}H_{20}O_5N_2$ (260,2).   Ber. C 50,74, H 7,75, N 10,77.
Gef. ,, 50,92, ,, 7,99, ,, 10,84.

Das Dipeptid schmilzt nicht ganz konstant gegen 232° (korr.) unter Zersetzung. Es löst sich in ca. 30 Teilen kochendem Wasser und kommt aus dieser Lösung in der Kälte recht langsam in langen, häufig drusenartig verwachsenen Nadeln. Viel rascher erfolgt die Krystallisation auf Zusatz von Alkohol, worin es äußerst schwer löslich ist. In verdünnter Salzsäure ist es sehr leicht löslich und scheidet sich daraus auf Zusatz von Natriumacetat langsam, aber ziemlich vollständig wieder ab.

Wegen der geringen Löslichkeit in Wasser diente für die optische Untersuchung eine Lösung in Normalsalzsäure.

0,5970 g Sbst., Gesamtgewicht der Lösung 7,290 g, $d^{20} = 1,035$. Drehung im 2-dcm-Rohr bei 20° und Natriumlicht 1,78° nach rechts. Mithin

$$[\alpha]_D^{20} = + 10,5° \, (\pm 0,1°) \text{ in salzsaurer Lösung.}$$

0,5754 g Sbst., Gesamtgewicht der Lösung 7,4251 g, d = 1,033. Drehung im 2-dcm-Rohr bei 20° und Natriumlicht 1,66° ($\pm 0,02°$) nach rechts. Mithin:

$$[\alpha]_D^{20} = + 10,4° \, (\pm 0,1°).$$

Das Dipeptid schmeckt schwach sauer und gleichzeitig schwach abstumpfend. In verdünnter, schwefelsaurer Lösung wird es von Phosphorwolframsäure nicht gefällt. Das Natriumsalz ist in Wasser sehr leicht, in konzentrierter Natronlauge aber schwer löslich. Das Bariumsalz, dargestellt durch Kochen der wäßrigen Lösung mit Bariumcarbonat, bleibt beim Verdunsten als amorphe, farblose Masse zurück, die sich wieder leicht in Wasser löst. Die wäßrige Lösung des Dipeptids wird von zweifach basisch essigsaurem Blei nicht gefällt.

Dagegen ist das Silbersalz in Wasser sehr schwer löslich; infolgedessen wird die mit Ammoniak neutralisierte, wäßrige Lösung des Dipeptids durch Silbernitrat auch bei ziemlich starker Verdünnung gefällt. Der Niederschlag ist amorph, etwas gallertig und anfangs ganz farblos, färbt sich aber am Licht langsam.

Die Leucyl-glutaminsäure gleicht also in dieser Hinsicht der Glutaminsäure selbst, deren neutrales Silbersalz ebenfalls durch Umsetzung des neutralen Ammoniumsalzes mit Silbernitrat ausgeschieden wird[1]). Ähnlich verhalten sich die Glycyl-*d*-glutaminsäure und die entsprechende Chloracetyl-glutaminsäure, die später ausführlicher beschrieben werden sollen, und es ist zu erwarten, daß man die gleiche Eigenschaft bei vielen Polypeptiden der Glutaminsäure wiederfinden wird. Endlich habe ich mich überzeugt, daß auch Derivate der Asparaginsäure die Reaktion zeigen. So werden Asparagyl-monoglycin und Asparagyldialanin[2]) ebenfalls durch Ammoniak und Silbernitrat, wenn die Lösung abgekühlt und nicht gar zu verdünnt ist, als farblose, amorphe Niederschläge ausgeschieden.

Aus diesen Beobachtungen folgt, daß man manche derartige Derivate von Glutamin- und Asparaginsäure aus verdünnten Lösungen abscheiden und von vielen anderen Polypeptiden trennen kann.

Die Methode wird deshalb voraussichtlich gute Dienste beim Studium der partiellen Hydrolyse von Proteinen leisten. Das erste Beispiel dafür bietet die Abscheidung der *l*-Leucyl-*d*-glutaminsäure aus den Spaltprodukten des Gliadins, die von E. Abderhalden und mir in der vorhergehenden Abhandlung geschildert (Berichte d. D. Chem. Gesellsch. **40**, 3559 [1907]) (*S. 732*) worden ist.

Triglycyl-glycinamid,
$$NH_2CH_2CO \cdot (NHCH_2CO)_2 \cdot NHCH_2CO \cdot NH_2.$$

1 g gepulverter Triglycyl-glycinmethylester[3]) wurde mit 20 ccm bei 0° gesättigtem methylalkoholischem Ammoniak 2 Stunden unter Schütteln auf 80—100° erhitzt. Nach dem Erkalten ist die Flüssigkeit von einem Brei feiner Krystalle erfüllt, weil das Amid im Gegensatz zum Ester selbst in heißem Methylalkohol schwer löslich ist. Die Krystalle wurden abgesaugt, mit Methylalkohol gewaschen, dann abgepreßt und im Va-

---

[1]) J. Habermann, Liebigs Ann. d. Chem. **179**, 250 [1875].

[2]) E. Fischer und E. Koenigs, Berichte d. D. Chem. Gesellsch. **37**, 4585 [1904]. (*Proteine I, S. 402.*)

[3]) Berichte d. D. Chem. Gesellsch. **39**, 2926 [1906]. (*S. 357.*)

kuum getrocknet. Zur völligen Reinigung wurden sie schließlich in etwa 10 ccm Wasser gelöst, filtriert und durch Zusatz von Methylalkohol wieder abgeschieden. Die Ausbeute an reinem Produkt betrug 0,6 g oder 60% der Theorie.

Zur Analyse wurde bei 80° im Vakuum getrocknet.

0,1706 g Sbst.: 0,2453 g CO_2, 0,0980 g H_2O. — 0,1155 g Sbst.: 23,1 ccm $^1/_{10}$-n. NH_3 (Kjeldahl).

$C_8H_{15}O_4N_5$ (245,2).   Ber. C 39,16, H 6,16, N 28,57.
                              Gef. ,, 39,21, ,, 6,43, ,, 28,02.

Das Amid löst sich in Wasser leicht mit stark alkalischer Reaktion, dagegen sehr schwer in trocknem Methylalkohol, noch schwerer in Äthylalkohol, Äther etc.

Aus Wasser durch Methylalkohol abgeschieden, bildet es feine Nädelchen, die meist büschel- oder pinselförmig vereinigt sind. Es hat keinen bestimmten Schmelzpunkt, beginnt aber im Capillarrohr gegen 225° zu sintern und sich dunkel zu färben.

In sehr wenig mäßig verdünnter Salzsäure oder Salpetersäure löst sich das Amid in gelinder Wärme, und in der Kälte krystallisieren langsam die Salze, die in reinem Wasser leicht löslich sind. Schwerer löslich ist das Pikrat; es krystallisiert aus der heißen, wäßrigen Lösung beim langsamen Erkalten in schönen, glänzenden, orangeroten Blättchen, die unter dem Mikroskop wie Rhomben aussehen und im Capillarrohr nach vorhergehender Sinterung gegen 240° unter Schwärzung und Aufschäumen schmelzen.

In ziemlich konzentrierter, wäßriger Lösung wird das Amid auch bei Gegenwart von Schwefelsäure durch Phosphorwolframsäure amorph gefällt. Bei größerer Verdünnung bleibt die Reaktion aber aus.

Es zeigt sehr stark die Biuretreaktion und gibt beim Erwärmen mit Alkali sofort Ammoniak.

Kupferoxyd wird von der wäßrigen Lösung beim Kochen mit blauvioletter Farbe gelöst, während Kupfersulfat eine reine blaue Farbe gibt.

Größeren Schwierigkeiten bin ich begegnet bei den Versuchen, den Pentaglycyl-glycinmethylester in das Amid zu verwandeln. Sowohl bei Anwendung von flüssigem Ammoniak bei gewöhnlicher Temperatur wie beim Erhitzen mit Ammoniak in methyl- oder äthylalkoholischer Lösung auf 100° resultierten immer Präparate, die zweifellos Amid enthielten, weil sie beim Kochen mit Alkali reichliche Mengen von Ammoniak entwickelten, aber stets weniger Stickstoff aufwiesen, als dem reinen Amid entspricht. Die besten Resultate wurden erhalten beim 12-stündigen Schütteln des fein gepulverten Esters mit der 10-fachen Menge methylalkoholischem Ammoniak, das bei 0°

gesättigt war, bei 100°. Durch die geringe Löslichkeit des Esters in Methylalkohol wird die Reaktion natürlich sehr verzögert. Das abfiltrierte amorphe Produkt wurde ungefähr in der 10-fachen Menge heißem Wasser gelöst und nach Abkühlen auf 0° unter Zusatz einer kleinen Menge Natronlauge etwa 5 Minuten mit der Mutterlauge geschüttelt, um unveränderten Methylester zu lösen.

Das abgesaugte, mit kaltem Wasser sorgfältig gewaschene und schließlich bei 80° im Vakuum getrocknete Präparat gab dann bei der Analyse folgendes Resultat:

0,1392 g Sbst.: 25,65 ccm $^1/_{10}$-n. NH_3.
Gef. N 25,82,

während für das Amid 27,3 und den Ester 22,5 pCt. N berechnet sind.

Molekulargewichtsbestimmungen für einige Polypeptide.

Da die Polypeptide in ihrem chemischen Charakter den Aminosäuren recht ähnlich sind und letztere, wie die ausführlichen Beobachtungen am Glykokoll[1]) zeigen, dem Raoultschen Gesetz sehr genau folgen, so durfte man erwarten, daß auch die einfacheren Polypeptide das gleiche Verhalten zeigen würden. Die nachfolgenden Beobachtungen bestätigen das im allgemeinen; nur sind die Abweichungen von Versuch und Theorie erheblich größer als beim Glykokoll, und beachtenswert ist, daß die gefundenen Werte geringer sind als das berechnete Molekulargewicht. Besonders groß ist die Abweichung beim Triglycyl-glycin. Das hängt vielleicht mit der großen Verdünnung der untersuchten Lösung zusammen, leider war die Anwendung einer größeren Konzentration wegen der geringen Löslichkeit der Substanz nicht möglich. Verhältnismäßig groß sind auch die Differenzen bei dem Leucyl-diglycyl-glycin, obschon hier konzentriertere Lösungen untersucht wurden.

Den 5 Polypeptiden habe ich noch ein Diketopiperazin, das Glycyl-d-valinanhydrid zugefügt, weil es auffallend große Neigung hat, aus seinen Lösungen gelatinös auszufallen. Man hätte darnach erwarten können, daß es schon in Lösung zur Bildung komplizierterer Moleküle hinneige. Das Resultat der Molekulargewichtsbestimmung beweist aber das Gegenteil. Alle Versuche sind mit wäßrigen Lösungen ausgeführt, und für die Berechnung diente der Wert K = 19.

---

[1]) W. A. Roth, Zeitschr. f. physikal. Chem. **43**, 558 [1903]. Vergl. auch Th. Curtius und H. Schulz, Berichte d. D. Chem. Gesellsch. **26**, 3041 [1890].

Glycyl - l - tyrosin (krystallisiert)[1]),
$$NH_2CH_2CO \cdot NHCH(CH_2 \cdot C_6H_4 \cdot OH)COOH.$$

I. Prozentgehalt der Lösung 2,982, $\Delta = 0,256°$.
II. 　　　,,　　　　,,　　　,, 　1,924, $\Delta = 0,185°$.
III. 　　　,,　　　　,,　　　,, 　3,640, $\Delta = 0,322°$.

Molekulargewicht. Ber. 238. Gef. I. 221, II. 198, III. 215.

Diglycyl-glycin, $NH_2CH_2CO \cdot NHCH_2CO \cdot NHCH_2COOH.$

I. Prozentgehalt der Lösung 1,56, $\Delta = 0,173°$.
II. 　　　,,　　　　,,　　　,, 　3,08, $\Delta = 0,335°$.

Molekulargewicht. Ber. 189. Gef. I. 171, II. 175.

Triglycyl-glycin, $NH_2CH_2CO \cdot (NHCH_2CO)_2 \cdot NHCH_2COOH.$

I. Prozentgehalt der Lösung 0,683, $\Delta = 0,073°$.
II. 　　　,,　　　　,,　　　,, 　0,801, $\Delta = 0,081°$.

Molekulargewicht. Ber. 246. Gef. I. 178, II. 188.

Leucyl-diglycyl-glycin,
$$C_4H_9 \cdot CH(NH_2)CO \cdot (NHCH_2CO)_2 \cdot NHCH_2COOH.$$

I. Prozentgehalt der Lösung 1,75, $\Delta = 0,130°$.
II. 　　　,,　　　　,,　　　,, 　2,11, $\Delta = 0,154°$.
III. 　　　,,　　　　,,　　　,, 　2,24, $\Delta = 0,168°$.

Molekulargewicht. Ber. 302, Gef. I. 256, II. 260, III. 253.

l - Alanyl-diglycyl - l - alanyl-glycyl-glycin[2]),
$$NH_2 \cdot CH(CH_3)CO \cdot (NHCH_2CO)_2 \cdot NHCH(CH_3)CO \cdot NHCH_2CO$$
$$\cdot NHCH_2COOH.$$

Prozentgehalt der Lösung 2,00, $\Delta = 0,104°$.
　　　　　　　　　　　　 1,97, $\Delta = 0,114°$.

Molekulargewicht. Ber. 388. Gef. 366, 329.

Glycyl - d - valinanhydrid[3]).

Prozentgehalt der Lösung 1,966, $\Delta = 0,271°$.
Molekulargewicht: Ber. 1,56. Gef. 138.

---

[1]) Das bisher nur in amorphem Zustand bekannte Dipeptid wurde in jüngster Zeit von den HHrn. E. Abderhalden und B. Oppler im hiesigen Institut krystallisiert erhalten.

[2]) E. Fischer, Berichte d. D. Chem. Gesellsch. **39**, 2925 [1906]. (S. 356.)

[3]) Die Verbindung ist erst in jüngster Zeit von Hrn. H. Scheibler im hiesigen Institut hergestellt worden. (S. 570.)

Formyl - l - tyrosin, $CHO \cdot NH \cdot CH(CH_2 \cdot C_6H_4 \cdot OH) \cdot COOH$.
Die Bereitung der Monoacylderivate des Tyrosins durch Einwirkung von Säurechloriden auf die alkalische Lösung der Aminosäuren bietet Schwierigkeiten, weil die Acylierung auch an der Phenolgruppe erfolgt. So entsteht bei Anwendung von Benzoylchlorid als Hauptprodukt Dibenzoyltyrosin[1]). Unter diesen Umständen ist die leichte Bereitung der Monoformylverbindung durch Kochen des Tyrosins mit Ameisensäure beachtenswert. Aus der Indifferenz des Produktes gegen verdünnte Säuren darf man schließen, daß das Formyl in die Aminogruppe übergetreten ist.

Entsprechend der Darstellung des Formylleucins[2]) werden 5 g reines l-Tyrosin mit 25 ccm Ameisensäure von 98% 3 Stunden auf dem Wasserbade erhitzt, wobei klare Lösung eintritt, dann die Flüssigkeit unter geringem Druck verdampft und der zurückbleibende Sirup noch 2 Mal in der gleichen Weise mit 12 ccm Ameisensäure behandelt. Hierbei bleibt ein hellbrauner Sirup oder, wenn man längere Zeit wartet, eine hellgraue, krystallinische Masse. Zur Entfernung von wenig unverändertem Tyrosin verreibt man die feste Substanz mit der ungefähr dreifachen Menge ganz kalter n-Salzsäure, saugt scharf ab, wäscht mit wenig eiskaltem Wasser und krystallisiert den Rückstand aus etwa der vierfachen Menge heißem Wasser unter Zusatz von etwas Tierkohle, wobei es nötig ist, nach dem Erkalten ein paar Tropfen Salzsäure zuzufügen, um etwa entstandenes Tyrosin in Lösung zu halten. Die Ausbeute an reinem Präparat betrug 3,6 g oder 62% der Theorie. Zur Analyse und optischen Bestimmung diente ein mehrmals aus heißem Wasser umgelöstes, ganz farbloses Präparat. Die lufttrockne Substanz enthält 1 Mol. Wasser.

0,2026 g Sbst. verloren bei 100° im Vakuum über Phosphorpentoxyd 0,0162 g·
$C_{10}H_{11}O_4N + H_2O$. Ber. H_2O 7,93. Gef. H_2O 8,00.

Die getrocknete Substanz gab folgende Zahlen:

0,1239 g Sbst.: 0,2606 g CO_2, 0,0604 g H_2O. — 0,1778 g Sbst.: 8,80 ccm
$1/_{10}$-n. H_2SO_4 (Kjeldahl).
$C_{10}H_{11}O_4N$ (209 1). Ber. C 57,39, H 5,30, N 6,70.
Gef. „ 57,36, „ 5,45, „ 6,93.

Für die optische Bestimmung diente die alkoholische Lösung der getrockneten Substanz.

0,3649 g Sbst., Gesamtgewicht der Lösung 6,5123 g, d = 0,812. Drehung im 1-dcm-Rohr bei 20° und Natriumlicht 3,86° nach rechts. Mithin

$$[\alpha]_D^{20} = + 84,8° (\pm 0,4°).$$

---

[1]) E. Fischer, Berichte d. D. Chem. Gesellsch. **32**, 2454 [1899]. (*Proteine I, S. 90*) und A. Schultze, Zeitschr. f. physiol. Chem. **29**, 467.

[2]) Berichte d. D. Chem. Gesellsch. **38**, 3997 [1905]. (*Proteine I, S. 149.*)

Nach nochmaligem Umkrystallisieren war das Drehungsvermögen nicht verändert.

0,3853 g Sbst., Gesamtgewicht der Lösung 7,1616 g, d = 0,811. Drehung im 2-dcm-Rohr bei 20° und Natriumlicht 7,41° nach rechts. Mithin

$$[\alpha]_D^{20} = + 84,9° (\pm 0,2°).$$

Die Übereinstimmung der beiden Werte spricht zwar für die optische Reinheit, ohne sie aber endgültig zu beweisen. In der Tat hat die Hydrolyse mit Salzsäure ein Tyrosin geliefert, das optisch etwas minderwertig war. Ob das allerdings von der ursprünglichen Unreinheit des Formylkörpers oder von einer Racemisierung bei der Hydrolyse herrührt, ist noch ungewiß.

Das Formyltyrosin löst sich nicht allein in heißem Wasser, sondern auch in kaltem Alkohol und Aceton leicht; viel schwerer wird es von Äther und äußerst schwer von Chloroform und Petroläther aufgenommen.

Aus heißem Wasser krystallisiert es meist in ziemlich dicken Prismen, einmal wurde es auch in vierseitigen Blättchen erhalten.

Sein Schmelzpunkt ist nicht ganz konstant. Das reinste, bei 100° getrocknete Präparat schmolz bei raschem Erhitzen unter Aufschäumen zwischen 171° und 174° (korr.) zu einer gelben Flüssigkeit.

Bei diesen Versuchen bin ich von den HHrn. Dr. Walter Axhausen und Dr. Hans Tappen unterstützt worden, wofür ich ihnen auch hier herzlichen Dank sage.

48. Emil Fischer und Walter Schoeller: Synthese von Polypeptiden XXII. Derivate des l-Phenylalanin.

Liebig's Annalen der Chemie **357**, 1 [1907].

(Eingelaufen am 11. August 1907.)

Polypeptide des activen Phenylalanins sind bis jetzt unbekannt geblieben, weil die Beschaffung der activen Aminosäure zu mühsam war. Um diese Schwierigkeit zu beseitigen, haben wir zunächst eine bequemere Methode zur Spaltung des racemischen Phenylalanins in die optischen Componenten ausgearbeitet, bei der die Formylverbindung zur Anwendung kommt und die mithin dem für Leucin[1]) schon beschriebenen Verfahren entspricht.

Um das d-Phenylalanin zum Aufbau von Polypeptiden der natürlichen l-Verbindung zu verwerten, haben wir es durch Brom und Stickoxyd in die d-α-Bromhydrozimmtsäure[2]) verwandelt. Die Reaction geht ziemlich glatt von statten, nur ist die Racemisirung etwas grösser als bei den aliphatischen Aminosäuren und steigt auf etwa 25 pC. Fast das gleiche Resultat erzielt man hier durch Natriumnitrit in starker bromwasserstoffsaurer Lösung. Durch einen besonderen Versuch haben wir ferner festgestellt, dass bei Anwendung des Esters die ,,Walden'sche Umkehrung" nicht eintritt.

· Die d-α-Bromhydrozimmtsäure lässt sich durch Phosphorpentachlorid leicht in das entsprechende active Chlorid verwandeln, dessen Kuppelung mit Glycocoll auch keine Schwierigkeiten bietet. Aus der so entstehenden Bromverbindung wurde in der gewöhnlichen Weise durch Ammoniak das l-Phenylalanylglycin nebst seinem Anhydrid dargestellt. Das umgekehrte Glycyl-l-phenylalanin lässt sich aus Chloracetylchlorid und l-Phenylalanin bereiten und liefert dasselbe Anhydrid, wie das isomere Dipeptid.

---

[1]) E. Fischer und O. Warburg, Berichte d. D. Chem. Gesellsch. **38**, 3997 [1905]. (*Proteine I, S. 149.*)

[2]) E. Fischer und H. Carl, Berichte d. D. Chem. Gesellsch. **39**, 3996 [1906]. (*S. 105.*)

Formyl-dl-phenylalanin.

Für die folgenden Versuche ist ausschliesslich synthetisches dl-Phe-nylalanin verwandt worden, das aus α-Bromhydrozimmtsäure dargestellt war. Will man das käufliche unreine Präparat verwenden, so muss es so lange mit absolutem Alkohol ausgekocht werden, bis es sich in über-schüssiger, etwa fünfprocentiger Salzsäure bei gelindem Erwärmen klar löst.

100 g werden mit 150 g käuflicher wasserfreier Ameisensäure (98,5 pC.) drei Stunden auf dem Wasserbade erhitzt, wobei Lösung ein-tritt. Dann dampft man unter vermindertem Druck (bei etwa 20 mm) zur Trockne; der gelblich gefärbte, krystallinische Rückstand wird abermals auf dem Wasserbade mit 150 g wasserfreier Ameisensäure drei Stunden lang erhitzt, nun wieder das Lösungsmittel vollständig im Vacuum verdampft und die Operation zum dritten Male wiederholt.

Das so gewonnene Rohproduct, 116 g, wird zur Entfernung des unveränderten Phenylalanins mit der $1\frac{1}{2}$-fachen Menge eiskalter Nor-malsalzsäure verrieben, scharf abgesaugt und mit wenig eiskaltem Was-ser sehr sorgfältig ausgewaschen.

Zur Reinigung genügt es, das nicht ganz farblose Rohproduct aus einem Liter siedenden Wassers unter Zugabe von Thierkohle umzulösen. Beim Abkühlen fallen etwa 65 g Formyl-dl-phenylalanin aus; die Mutter-lauge scheidet beim Einengen im Vacuum auf 75 ccm nochmals 30 g Formylkörper krystallinisch ab. Die Ausbeute beträgt durchschnittlich 80 pC. der Theorie.

Aus der oben erwähnten salzsauren Lösung lässt sich das dl-Phenyl alanin durch Eindampfen und Behandlung mit Ammoniak leicht wieder gewinnen.

Für die Analyse wurde das Formyl-dl-phenylalanin im Vacuum über Schwefelsäure getrocknet.

0,1624 g gaben 0,3708 CO_2 und 0,0831 H_2O. — 0,2037 g gaben 13,2 ccm Stickgas über 33-procentiger KOH bei 19° und 742 mm Druck.

Ber. für $C_{10}H_{11}NO_3$ (193,09). C 62,15, H 5,74, N 7,26.
Gef. ,, 62,27, ,, 5,72, ,, 7,30.

Das Formyl-dl-phenylalanin zeigt keinen scharfen Schmelzpunkt; es wird bei 164° (corrigirt 165,5°) weich und schmilzt bei 167—168° (corrigirt 168,8—169,8°).

In kaltem Wasser ist es schwer löslich, denn bei 27° sind ungefähr 240 Theile erforderlich; von heissem Wasser wird es, wie zuvor erwähnt, sehr viel leichter aufgenommen und scheidet sich daraus beim Erkalten in sehr kleinen Krystallen ab, die unter dem Mikroskop meist als vier-seitige Täfelchen erscheinen.

In Methyl- und Aethylalkohol löst es sich zumal in der Wärme leicht; erheblich schwerer löslich ist es in heissem Aceton und Essigäther, noch schwerer in Aether und Benzol und fast unlöslich in Petroläther.

Formyl - d - phenylalanin.

50 g Formyl-dl-phenylalanin und 102 g wasserfreies Brucin (gleiche Mol.) werden beide gepulvert, gut durchgemengt, mit 600 ccm siedendem, trocknem Methylalkohol übergossen und das Lösen auf dem Wasserbade vervollständigt. Nach wenigen Minuten beginnt bereits in der Hitze das Brucinsalz des Formyl-d-phenylalanins krystallinisch auszufallen. Nach 12-stündigem Stehen im Eisschranke, wobei die Lösung gegen Feuchtigkeit zu schützen ist, sind etwa 75 g Brucinsalz auskrystallisirt.

Die Masse besteht zu etwa 95 pC. aus dem Salz des Formyl-d-phenylalanins. Zur Reinigung werden die 75 g Brucinsalz aus 1,5 Liter siedendem Methylalkohol umgelöst, wobei ungefähr 60 g in der Kälte ausfallen.

Weiteres Umkrystallisiren des Salzes hat keinen Zweck, da das Drehungsvermögen des Formylkörpers dadurch nicht mehr erhöht wird.

Um den letzteren aus dem Salz zu gewinnen, löst man 60 g in 500 ccm Wasser von 60°, kühlt dann rasch auf etwa 5° ab und giebt, bevor das Brucinsalz wieder auskrystallisirt, die berechnete Menge (104 ccm) abgekühlte Normalnatronlauge hinzu.

Beim Eingiessen der Natronlauge entsteht ein weisser Niederschlag, welcher aber sofort wieder verschwindet; nach etwa einer Minute beginnt dann die Ausscheidung des Brucins, meist in kugelförmigen Aggregaten; bei gutem Rühren ist in 20 Minuten fast alles Brucin ausgefallen, wobei die Lösung zu einem dicken, weissen Brei erstarrt. Nach sorgfältigem Abnutschen wird mit wenig eiskaltem Wasser ausgewaschen und sofort mit 20 ccm fünffach Normalsalzsäure der grösste Theil des Formyl-d-phenylalanins in Freiheit gesetzt, welches sich in Form von Nadeln oder Blättchen abscheidet. Die nach einer Stunde bei 0° auskrystallisirte Menge betrug nach dem Trocknen im Vacuum 15,3 g oder 77 pC. der Theorie.

Die Mutterlauge wurde im Vacuum unter 20 ccm Druck auf 40 ccm eingedampft, durch Ausschütteln mit Chloroform vom Rest des Brucins befreit und durch überschüssige Salzsäure (5 ccm fünffach normal) der Rest des Formylkörpers gefällt.

Die Ausbeute an rohem Formyl-d-phenylalanin betrug 19 g oder 76 pC., bezogen auf das racemische Ausgangsmaterial.

Zur Analyse wurde aus der fünffachen Menge heissem Wasser umkrystallisirt und im Vacuum über Schwefelsäure getrocknet.

0,1735 g gaben 0,3946 CO_2 und 0,0901 H_2O. — 0,2369 g gaben 15,1 ccm Stickgas über 33-procentigem KOH bei 20° und 759 mm Druck.

Ber. für $C_{10}H_{11}NO_3$ (193,09). C 62,15, H 5,74, N 7,26.
Gef. ,, 62,02, ,, 5,81, ,, 7,30.

Zur optischen Bestimmung diente die alkoholische Lösung. 0,2566 g Substanz. 6,1106 g Gewicht der Lösung. Drehung im 2 dm-Rohre bei 20° und Natriumlicht 5,09° nach links.

$$d_4^{20} = 0,8034; \; [\alpha]_D^{20} = -75,43° (\pm 0,2°).$$

Durch weiteres Umkrystallisiren wurde keine höhere Drehung erzielt.

Formyl-1-phenylalanin.

Lässt man die Mutterlauge des Brucinsalzes unter Abschluss der Luftfeuchtigkeit im Eisschranke stehen, so schiessen nach zwei Tagen warzenförmige Krystalle an, deren Menge nach acht Tagen etwa 50 pC. des noch im Methylalkohol enthaltenen Brucinsalzes beträgt; die Krystallisation tritt indessen nur ein, wenn der Methylalkohol wasserfrei ist.

Um den Rest des Brucinsalzes zu gewinnen, wird die methylalkoholische Lösung unter vermindertem Druck zur Trockne verdampft und der Rückstand in der achtfachen Menge Wasser von 60° gelöst. Beim 8—10-tägigen Stehen dieser Flüssigkeit im Eisschranke fällt noch eine reichliche Menge des Brucinsalzes aus; die Gesammtmenge desselben beträgt ungefähr 70 pC. der Theorie.

Zur Reinigung wurde das Brucinsalz wiederum in der achtfachen Menge warmem Wasser gelöst und die Lösung nach dem Abkühlen auf 0° und Einimpfen einiger Kryställchen mehrere Tage im Eisschranke aufbewahrt. Die Abscheidung erfolgt dann so vollständig, dass kaum 10 pC. des Salzes in der Mutterlauge bleiben.

Die Gewinnung des freien Formyl-1-phenylalanins geschah in der gleichen Weise wie bei dem Antipoden. Nach einmaligem Umkrystallisiren des Rohproductes aus der zehnfachen Menge heissem Wasser war die specifische Drehung noch zu gering (72°), nachdem aber die Krystallisation in der gleichen Weise wiederholt war, wurde fast derselbe Werth wie bei dem Antipoden gefunden.

Zur Analyse war ebenfalls im Vacuum über Schwefelsäure getrocknet.

0,1672 g gaben 0,3803 CO_2 und 0,0862 H_2O. — 0,1909 g gaben 12 ccm Stickgas über 33-procentigem KOH bei 17° und 770 mm Druck.

Ber. für $C_{10}H_{11}NO_3$ (193,09). C 62,15, H 5,74, N 7,26.
Gef. ,, 62,03, ,, 5,77, ,, 7,40.

Optische Bestimmung.

0,2540 g Substanz. Gesammtgewicht der alkoholischen Lösung 6,0896 g. Spec. Gew. 0,8030 g. Drehung bei 20° und Natriumlicht im 2 dm-Rohre 5,04° nach rechts. Mithin

$$[\alpha]_D^{20} = + 75,2° (\pm 0,2°).$$

Der Werth ist nahezu identisch mit der spec. Drehung des optischen Antipoden; auch in den sonstigen physikalischen Eigenschaften zeigen beide gute Uebereinstimmung.

Sie erweichen gegen 163° (corrigirt) und schmelzen gegen 167° (corrigirt). Aus warmem Wasser krystallisiren sie in sehr schiefen, vierseitigen Täfelchen, die aber häufig durch Abstumpfung der spitzen Ecken, sechsseitig erscheinen. Sie lösen sich im allgemeinen etwas leichter als der Racemkörper. Zum Vergleich führen wir einen Versuch über die Löslichkeit des Formyl-d-phenylalanins in Wasser von 27° an, wobei ungefähr 145 Theile Wasser zur Lösung erforderlich waren. Bemerkenswerth ist der seidenartige Glanz, den die Krystalle der activen Formen im optisch reinen Zustande haben, den sie aber durch die Beimengung einer verhältnissmässig geringen Menge des Racemkörpers verlieren.

Darstellung von activem Phenylalanin aus der Formylverbindung.

Die Abspaltung der Formylgruppe erfolgt sehr leicht beim Kochen mit verdünnten Säuren; für die spätere Isolirung des Phenylalanins ist die Verwendung von Bromwasserstoffsäure zu empfehlen.

Dementsprechend werden 10 g active Formylverbindung mit 150 g Normalbromwasserstoffsäure eine Stunde am Rückflusskühler gekocht. Dann dampft man unter 10—15 mm Druck zur Trockne, wobei sich das Bromhydrat in prächtigen Nadeln abscheidet. Will man es reinigen, so nimmt man mit der doppelten Menge absolutem Alkohol auf und fällt mit viel Aether, wobei sich das Salz in seideglänzenden Nadeln abscheidet. Ausbeute 95 pC. der Theorie.

Aus dem Bromhydrat lässt sich die Aminosäure auf zwei Arten isoliren. Man nimmt entweder in der fünffachen Menge Wasser auf, versetzt mit wässrigem Ammoniak in geringem Ueberschuss, dampft im Vacuum zur Trockne und entfernt das Bromammon durch Auslaugen mit heissem, absolutem Alkohol.

Oder bequemer ist es, das rohe beim Verdampfen der Lösung zurückbleibende Bromhydrat direct in der 30-fachen Menge absolutem Alkohol zu lösen und die Aminosäure durch tropfenweises Zugeben von starkem wässrigem Ammoniak in geringem Ueberschuss auszufällen. Das Bromammon bleibt im Alkohol gelöst und das Phenylalanin scheidet sich als dicker Brei ab, der aus mikroskopischen, verfilzten Nädelchen besteht; durch Auswaschen mit warmem Alkohol lässt es sich leicht von Spuren Bromammon befreien.

Aus 5 g activem Formylkörper wurden so 3,8 g Phenylalanin gewonnen, was 89 pC. der Theorie entspricht. Zur völligen Reinigung wird in etwa 30 Theilen heissem Wasser gelöst; beim Eindampfen scheidet es sich in schönen glänzenden Blättchen ab.

Zur Analyse wurde im Vacuum über Schwefelsäure getrocknet.

d - Phenylalanin.

0,1947 g gaben 0,4659 CO_2 und 0,1180 H_2O. — 0,2007 g gaben 14,9 ccm Stickgas über 33-procentigem KOH bei 20,5° und 762 mm Druck.

Ber. für $C_9H_{11}NO_2$ (165,09). C 65,42, H 6,71, N 8,49.

Gef. ,, 65,26, ,, 6,78, ,, 8,53.

l - Phenylalanin.

0,1868 g gaben 0,4471 CO_2 und 0,1125 H_2O. — 0,2117 g gaben 15,75 ccm Stickgas über 33-procentigem KOH bei 22° und 763 mm Druck.

Ber. für $C_9H_{11}NO_2$ (165,09). C 65,42, H 6,71, N 8,49.

Gef. ,, 65,28, ,, 6,74, ,, 8,56.

Die specifische Drehung der activen Phenylalanine wurde in wässriger Lösung bestimmt.

d - Phenylalanin.

0,1390 g Substanz. 6,8342 g Gewicht der Lösung. $d_4^{20} = 1,0045$, Drehung im 2 dm-Rohre bei 20° und Natriumlicht 1,43° nach rechts.

$$[\alpha]_D^{20} = + 35,0° (\pm 0,5°).$$

Nach nochmaligem Umlösen wurde folgender Werth gefunden:

0,1259 g Substanz. 7,2187 g Gewicht der Lösung. $d_4^{20} = 1,0035$. Drehung im 2 dm-Rohre bei 20° und Natriumlicht 1,23° nach rechts,

$$[\alpha]_D^{20} = + 35,14° (\pm 0,5°).$$

Die specifische Drehung war somit innerhalb der Fehlergrenze constant geblieben.

l - Phenylalanin.

0,1357 g Substanz. 7,0397 g Gewicht der Lösung. $d_4^{20} = 1,0040$, Drehung im 2 dm-Rohre bei 20° und Natriumlicht 1,36° nach links.

$$[\alpha]_D^{20} = - 35,14° (\pm 0,5°).$$

Nach nochmaligem Umlösen wurde folgender Werth gefunden:

0,1295 g Substanz.   7,1892 g Gewicht der Lösung. $d_4^{20} = 1,0038$, Drehung im 2 dm-Rohre bei 20° und Natriumlicht 1,27° nach links.

$$[\alpha]_D^{20} = -35,09° \ (\pm 0,5°) \ .$$

Die für die Drehung der beiden Phenylalanine gefundenen Werthe stimmen demnach innerhalb der Fehlergrenze überein:

l-Phenylalanin	d-Phenylalanin
− 35,14°	+ 35,00°
− 35,09°	+ 35,14°

E. Fischer und Mouneyrat[1]) fanden für d-Phenylalanin aus der Benzoylverbindung

$$[\alpha]_D^{16} = +35,08° \ (\pm 0,5°) \ .$$

Für das natürliche l-Phenylalanin hat E. Schulze[2]) den Werth − 35,3° angegeben.

Später haben E. Schulze und Winterstein[3]) für l-Phenylalanin aus den Keimlingen von Lupinus erheblich höhere, aber schwankende Zahlen gefunden, und zwar:

$$[\alpha]_D^{16} = -40,2°, \ -40,3°, \ -38,9°, \ -38,1° \ .$$

Wir haben deshalb unser Präparat auf folgende Weise in die Formylverbindung zurückverwandelt.

2,5 g Phenylalanin wurden mit 5 ccm trockner Ameisensäure eine Stunde auf 100° erhitzt, dann unter geringem Drucke verdampft, dieselbe Operation noch zweimal wiederholt und schliesslich der Rückstand in 5 ccm warmem Wasser gelöst. Beim Abkühlen auf 0° schied sich sofort die Formylverbindung als dicker Brei ab.

Um unverändertes Phenylalanin zu entfernen, wurde zu dem Gemisch 1 ccm kalte verdünnte Salzsäure zugefügt, das Ganze sorgfältig verrieben, dann abgesaugt und mit eiskaltem Wasser gewaschen.

Die im Vacuum über Schwefelsäure getrocknete Formylverbindung zeigte in alkoholischer Lösung unter genau denselben Bedingungen wie die früher benutzten Präparate

$$[\alpha]_D^{20} = +72,4 \ .$$

Diese Zahl ist nur um 4 pC. niedriger, als der Werth 75,4°, der für reinstes Formyl-d-phenylalanin beobachtet wurde.

Obwohl die Ausbeute an Formylkörper wegen der kürzeren Dauer der Formylirung geringer war, als beim Racemkörper, so glauben wir doch aus dem Resultate des Versuchs den Schluss ziehen zu dürfen, dass das angewandte Phenylalanin keine wesentliche Quantität von Racemkörper enthielt.

---

[1]) Berichte d. D. Chem. Gesellsch. **33**, 2383 [1900]. (*Proteine I, S. 132.*)
[2]) Zeitschr. f. physiol. Chem. **9**, 85 [1885].
[3]) Zeitschr. f. physiol. Chem. **35**, 299 [1902].

Die von Schulze und Winterstein gefundenen höheren Werthe für die spec. Drehung des l-Phenylalanins aus Keimpflanzen sind mithin wahrscheinlich durch Beimengungen stark drehender Fremdkörper bedingt gewesen.

Im Geschmack unterscheiden sich die beiden Phenylalanine ähnlich, wie es bei Leucin und Valin der Fall ist. Während d-Phenylalanin ausgesprochen süss schmeckt, zeigt l-Phenylalanin keinen süssen, vielmehr einen leicht bitteren Geschmack.

Beide schmelzen bei raschem Erhitzen unter Zersetzung gegen 278° (corrigirt 283°).

In den gebräuchlichen indifferenten organischen Lösungsmitteln sind sie fast unlöslich; nur Methylalkohol nimmt geringe Mengen auf. Eine durch sechsstündiges Schütteln im Thermostaten bei 25° bereitete wässrige Lösung vom Gesammtgewicht 9,2798 g hinterliess beim Verdunsten im Vacuumexsiccator über Phosphorpentoxyd 0,2778 g l-Phenylalanin. Ein Theil desselben braucht demnach 32,4 Theile Wasser von 25°.

Verwandlung des d-Phenylalanins in d-α-Bromhydrozimmtsäure.

Sie lässt sich in bromwasserstoffsaurer Lösung nicht allein in der üblichen Weise durch Brom und Stickoxyd, sondern auch durch Natriumnitrit bewerkstelligen, im letzteren Falle aber war das Product, nach dem Bromgehalt zu urtheilen, nicht ganz so rein.

12,75 g d-Phenylalaninbromhydrat werden in 160 g 25-procentiger Bromwasserstoffsäure gelöst, möglichst abgekühlt und 12 g Brom zugegeben. Dann leitet man unter häufigem Umschütteln bei etwa — 10° vier bis fünf Stunden Stickoxyd ein. Die anfangs klare, rothbraune Lösung trübt sich bald, wird dunkler und entwickelt langsam Stickstoff. Allmählich setzt sich ein schweres, fast schwarzes Oel zu Boden; der Prozess ist beendet, wenn die Lösung klar geworden ist und sich auch beim Umschütteln keine Blasen mehr bilden.

Das überschüssige Brom wird mit schwefliger Säure entfernt, die Bromhydrozimmtsäure ausgeäthert, die ätherische Lösung über Natriumsulfat getrocknet, der Aether im Vacuum verdampft und der hellgelbe, ölige Rückstand bei etwa 0,5 mm Druck destillirt.

Die Ausbeute schwankte zwischen 75 und 82 pC. der Theorie. Das Präparat zeigte die Eigenschaften der früher ausführlich beschriebenen d-α-Bromhydrozimmtsäure[1]), nur war das Drehungsvermögen erheblich geringer, als dasjenige des optisch reinen Präparates, denn der Drehungs-

---

[1]) E. Fischer und H. Carl, Berichte d. D. Chem. Gesellsch. **39**, 3996 [1906]. (S. 105.)

winkel betrug im 1 dm-Rohre bei 20° und Natriumlicht bei verschiedenen Versuchen übereinstimmend rund + 9°. Für die optisch reinste l-α-Bromhydrozimmtsäure wurde früher — 12,2° gefunden; nimmt man an, dass dies der richtige Werth sei, so würde das durch den Waldenprozess gewonnene Präparat ungefähr 13 pC. des optischen Antipoden enthalten.

Um die gleiche Verwandlung in Bromhydrozimmtsäure mit salpetriger Säure durchzuführen, wurden 12,75 g d-Phenylalaninbromhydrat in 120 g 25-procentiger Bromwasserstoffsäure gelöst, in einer Kältemischung sorgfältig gekühlt und unter Turbiniren eine eiskalte, concentrirte, wässrige Lösung von 6 g Natriumnitrit (circa zwei Mol.) im Laufe von einer Stunde zugetropft. Ein Ueberschuss von Nitrit ist nöthig, um die Reaction zu Ende zu führen. Das ausgeschiedene wenig gefärbte Oel wurde ausgeäthert und in derselben Weise, wie zuvor beschrieben, gereinigt.

Die Ausbeute betrug auch hier gegen 80 pC. der Theorie; der Drehungswinkel war bei 20° und Natriumlicht ebenfalls im Mittel + 9°, aber die Bestimmung des Bromgehalts zeigte, dass das Product nicht ganz rein war.

0,1987 g gaben 0,1595 AgBr.

Ber. für $C_9H_9O_2Br$ (229,03). Br 34,91.   Gef. Br 34,16.

Verwandlung des l-Leucin in die l-α-Bromisocapronsäure durch Natriumnitrit in bromwasserstoffsaurer Lösung.

Da Vorversuche mit dl-Leucin gezeigt hatten, dass bei Anwendung von verdünnterem Bromwasserstoff (25—35 pC.) eine Bromisocapronsäure entsteht, die ungefähr 3 pC. Brom zu wenig enthält, so wurde bei den folgenden Versuchen eine wässrige Bromwasserstoffsäure von 49 pC. benutzt.

10 g l-Leucinbromhydrat wurden mit 60 g wässrigem Bromwasserstoff von 49 pC. übergossen, wobei nur theilweise Lösung erfolgte, und hierzu unter guter Kühlung in einer Kältemischung und starkem Turbiniren eine concentrirte wässrige Lösung von 13 g Natriumnitrit (3 Mol.) im Laufe von mehreren Stunden zugetropft. Die Krystalle verschwanden allmählich und an ihre Stelle trat ein dunkelbraunes Oel. Dieses wurde nach dem Verdünnen mit Wasser ausgeäthert, dann mit Natriumsulfat getrocknet und nach dem Verdampfen des Aethers unter 1 mm Druck destillirt.

Das Destillat zeigte die Eigenschaften der d-Bromisocapronsäure, nur war der Bromgehalt etwas zu klein.

0,1952 g gaben nach Carius 0,1828 AgBr.

Ber. für $C_6H_{11}O_2Br$ (195,04). Br 40,99.   Gef. 39,85.

Der Drehungswinkel betrug bei 20° und Natriumlicht im 1 dm-Rohre 52,0° nach links. Vergleicht man das mit dem Drehungswinkel der reinsten 1-α-Bromisocapronsäure $\alpha = -67,1°$, so ergiebt sich, dass das Präparat zu ungefähr 22 pC. racemisirt war.

Auch war die Ausbeute nicht sehr befriedigend, denn sie betrug kaum die Hälfte der Theorie.

Wurde die Bromwasserstoffsäure verdünnter angewendet, so war die Ausbeute besser, aber das Präparat unreiner, denn der Bromgehalt blieb 3 pC. hinter der Theorie zurück.

Nach diesem Resultate ist auch beim Leucin für die Umwandlung in die Bromfettsäure die Wirkung von Bromwasserstoff und Natriumnitrit nicht so geeignet, wie die Behandlung mit Stickoxyd und Brom.

1 - Phenylalaninäthylester.

Die Veresterung geschah in der üblichen Weise; 3 g Aminosäure werden mit 30 ccm Alkohol übergossen und ohne Kühlung gasförmige Salzsäure bis zur Sättigung eingeleitet, wobei Lösung erfolgt. Man verdampft dann unter vermindertem Druck (10—15 mm) zur Trockne und wiederholt die Veresterung, um die Reaction möglichst zu Ende zu führen. Das zurückbleibende Chlorhydrat ist vollständig krystallisirt; zur völligen Reinigung wird in wenig kaltem Alkohol gelöst und durch viel Aether gefällt; es bildet farblose, lange Nadeln und ist in Wasser sowie in Alkohol leicht löslich.

Für die optische Untersuchung diente die wässrige Lösung.

0,3034 g Substanz. 9,6752 g Gesammtgewicht der Lösung. Drehung im 2 dm-Rohre bei 20° und Natriumlicht 0,48° nach links.

$$d_4^{20} = 1,0052, \; [\alpha]_D^{20} = -7,6 \, (\pm 0,3°).$$

Ebenso schön wie das Hydrochlorat ist das bromwasserstoffsaure Salz. Der freie l-Phenylalaninäthylester lässt sich aus der kalten wässrigen Lösung der Salze durch Alkali leicht abscheiden und gleicht durchaus dem bekannten inactiven Product.

Ueberführung des 1 - Phenylalaninäthylesters in den d - α Bromhydrozimmtsäureäthylester.

5 g Ester wurden mit 17,5 g wässriger Bromwasserstoffsäure von 20 pC. unter Kühlung übergossen. Hierbei schied sich das Bromhydrat in schönen Nadeln aus. Als dazu 3,5 g Brom unter Umschütteln und starker Kühlung zugegeben wurde, verschwanden die Krystalle, und an ihre Stelle trat ein dunkelrothes Oel, das in einer Kältemischung ganz zähe wurde. Nachdem abermals 17,5 g derselben Bromwasserstoffsäure zugefügt waren, wurde in die Flüssigkeit unter dauernder starker Kühlung und vielfachem Umschütteln 2½ Stunden ein mässiger Strom von Stickoxyd eingeleitet.

Die Farbe der Lösung ging dabei von schmutziggrün in schwarzbraun über, während das dunkle Oel unverkennbar freien Stickstoff abgab. Nachdem diese Stickstoffentwickelung beendet war, wurde erst ein starker Luftstrom 10—15 Minuten lang durch die Flüssigkeit geleitet, dann der Rest des freien Broms mit schwefliger Säure reducirt, das Oel ausgeäthert und die ätherische Lösung nach sorgfältigem Durchschütteln mit verdünnter Sodalösung und schliesslich mit reinem Wasser über Natriumsulfat getrocknet. Beim Verdunsten des Aethers blieb ein fast farbloses Oel zurück, das unter 0,35 mm Druck aus dem Oelbade destillirt wurde. Gegen 110° nicht ganz constant ging eine farblose, angenehm riechende Flüssigkeit über und die Ausbeute betrug 4 g oder 60 pC. der Theorie.

Nach der Brombestimmung war das Präparat allerdings kein reiner Bromhydrozimmtsäureester.

0,1869 g gaben 0,1305 AgBr.

Ber. für $C_{11}H_{13}O_2Br$ (257,1). Br 31,11. Gef. 29,71.

Dieselbe Schwierigkeit hat sich übrigens auch früher bei der Darstellung von Brombernsteinsäureäthylester aus Asparaginsäureäthylester gezeigt[1]). Sie ist aber für das Resultat des Versuches ohne Bedeutung.

Der vorliegende Ester drehte bei 20° und Natriumlicht im 1 dm-Rohre 20° nach rechts, daraus konnte man schon mit einiger Wahrscheinlichkeit schliessen, dass er ein Derivat der d-Bromhydrozimmtsäure sei. Um aber sicher zu gehen, haben wir zum Vergleich activen Bromhydrozimmtsäureester aus der freien Säure bereitet und hierfür die leichter zugängliche l-Verbindung gewählt.

Leider war das uns zur Verfügung stehende Präparat optisch unrein, denn es enthielt ungefähr 18 pC. des Antipoden, aber das war für den Zweck des Versuches ohne wesentliche Bedeutung.

Die Veresterung der l-α-Bromhydrozimmtsäure lässt sich auf die gewöhnliche Art ausführen; gereinigt wurde das Product durch Destillation unter 0,5 mm Druck. Es zeigte ganz die gleichen Eigenschaften, nur war das Drehungsvermögen umgekehrt und zwar betrug $\alpha = -15,5°$. Rechnet man diesen Wert um für reine Säure, so ergiebt sich ungefähr für reinen Ester $\alpha = -24°$.

Aus der Vergleichung dieser Zahl mit dem Drehungsvermögen $+20,0°$ des Bromhydrozimmtsäureesters aus l-Phenylalaninäthylester ergiebt sich, dass die Wirkung des Broms und Stickoxydes hier ebenso verläuft wie bei dem activen Alanin- und Leucinäthylester[2]), d. h. ohne Umkehrung der Configuration.

---

[1]) E. Fischer und K. Raske, Berichte d. D. Chem. Gesellsch. **40**, 1054 [1907]. (*S. 862.*)

[2]) Berichte d. D. Chem. Gesellsch. **40**, 500, 502 [1907]. (*S. 780 u. 782.*)

d - β - Phenyl - α - brompropionylchlorid.

Für seine Bereitung wurde ausschliesslich *d*-Bromhydrozimmtsäure vom Drehungswinkel $\alpha = +9°$ verwandt, da die Bereitung der optisch reineren Säure zu mühsam ist.

Die Chlorirung geschah ebenso wie beim Racemkörper. 10 g zerkleinertes Phosphorpentachlorid ($^5/_4$ Mol.) werden mit 10 g d-Bromhydrozimmtsäure, welche in der dreifachen Menge über Natrium getrocknetem Aether gelöst ist, übergossen und in Eis gekühlt. Die Reaction geht unter starker Salzsäureentwickelung vor sich und ist nach 20 Minuten langem Schütteln beendet. Nach dem Abfiltriren vom überschüssigen Phosphorpentachlorid verjagt man im Vacuum den Aether mit dem grössten Theile des Phosphoroxychlorides und destillirt den Rückstand aus dem Oelbade.

Unter 0,25 mm Druck und 130° Aussentemperatur geht das Chlorid bei circa 90° als farbloses Oel über; es ist leichter beweglich als die Säure und riecht stechend. Die Ausbeute betrug 9,4 g oder nahezu 87 pC. der Theorie.

Nach der Beschaffenheit des Ausgangsmaterials enthielt unser Präparat mindestens 25 pC. Racemkörper; das ist für die Beurteilung der optischen Reinheit aller daraus bereiteten Producte wohl zu beachten.

d - β - Phenyl - α - brompropionyl-glycin,
$$C_6H_5 \cdot CH_2CHBrCO \cdot NHCH_2COOH.$$

In 27 ccm n-Natronlauge werden 2 g Glycocoll (Ueberschuss) gelöst, gut mit Eis gekühlt und in kleinen Portionen abwechselnd 5 g d-β-Phenyl-α-brompropionylchlorid und 30 ccm n-Natronlauge unter beständigem Umschütteln zugegeben. Indem man die Temperatur auf 0° hält, fährt man mit dem Schütteln so lange fort, bis das Chlorid vollständig von der Lösung aufgenommen ist.

Auf Zusatz von 8 ccm fünffach n-Salzsäure fällt ein farbloses Oel aus, das beim Reiben in der Kälte leicht krystallinisch erstarrt; es wird abgesaugt und mit wenig eiskaltem Wasser ausgewaschen. Nach dem Trocknen im Vacuum beträgt die Ausbeute ungefähr 5 g oder 87 pC. der Theorie.

Das Rohproduct enthält, wie leicht begreiflich, erhebliche Mengen von Racemkörper, der in kaltem Alkohol viel schwerer löslich ist, als die active Substanz. Man laugt deshalb das gepulverte Präparat mit der 8—9-fachen Gewichtsmenge Aether bei Zimmertemperatur sorgfältig aus; dabei bleibt ungefähr der vierte Theil ungelöst und dieser Rückstand ist optisch gänzlich inactiv. Versetzt man das ätherische Filtrat mit viel Petroläther, so scheidet sich das active β-Phenyl-α-brompropionylglycin in glänzenden, oft centimeterlangen Nadeln ab. Die Auslaugung mit Aether und Fällung mit Petroläther wird am besten wiederholt. Für die Analyse war im Vacuum über Schwefelsäure getrocknet.

0,1547 g gaben 0,2611 CO_2 und 0,0590 H_2O. — 0,1854 g gaben 7,9 ccm Stickgas über 33-procentigem KOH bei 13° und 750 mm Druck. — 0,1844 g gaben 0,1213 AgBr.

Ber. für $C_{11}H_{12}NO_3Br$ (286,07). C 46,14, H 4,23, N 4,90, Br 27,95.
Gef. „ 46,03, „ 4,27, „ 4,97, „ 27,99.

Das d-β-Phenyl-α-brompropionylglycin löst sich leicht in Aether, Essigäther, Alkohol, Aceton, Chloroform, schwerer in Benzol.

Es lässt sich auch aus heissem Wasser (etwa 50 Theilen) leicht umkrystallisiren und bildet dabei ebenfalls schöne lange Nadeln.

Beim raschen Erhitzen schmilzt es nicht ganz scharf bei 144—145° (corrigirt 145—146°), mithin fast bei der gleichen Temperatur wie der Racemkörper und bildet ein gelbes Oel, das beim Erkalten wieder erstarrt.

Für das zweimal aus der ätherischen Lösung mit Petroläther gefällte Präparat wurde folgende Drehung gefunden:

0,2317 g Substanz in absolutem Alkohol gelöst. 5,3832 g Gewicht der Lösung. Drehung im 2 dm-Rohre bei 20° und Natriumlicht 1,02° nach rechts.

$$d_4^{20} = 0,8087 , \quad [\alpha]_D^{20} = + 14,65 (\pm 0,3°) .$$

Dieser Werth liess sich durch weiteres Umkrystallisiren nicht mehr erhöhen und dürfte deshalb dem Drehungsvermögen der reinen Substanz sehr nahe kommen.

1 - Phenylalanyl-glycin,
$C_5H_5 \cdot CH_2CH(NH_2)CO \cdot NHCH_2COOH.$

2 g d-β-Phenyl-α-brompropionylglycin vom Drehungsvermögen $[\alpha]_D^{20} = + 14,6°$ wurden mit 10 ccm 25-procentigem wässrigen Ammoniak, das auf — 10° abgekühlt war, übergossen, durchgerührt und zunächst drei Stunden in der Kältemischung aufbewahrt. Hierbei erfolgte nur theilweise Lösung; als aber das Gemisch auf Zimmertemperatur gebracht war, trat völlige Lösung ein und nach viertägigem Stehen war die Abspaltung des Broms beendet.

Als dann die Flüssigkeit unter 12 mm Druck zur Trockne verdampft wurde, blieb ein zäher Rückstand, der gerade so wie beim Racemkörper neben Dipeptid und Bromammon erhebliche Mengen Cinnamoylglycin enthielt. Letzteres wurde durch Auskochen mit Essigäther entfernt, und aus dem Rückstande das Bromammon durch achtstündiges Schütteln mit der 30-fachen Menge absolutem Alkohol bei gewöhnlicher Temperatur ausgelaugt. Die Menge des als farbloses Pulver zurückbleibenden Dipeptids betrug 0,85 g oder 55 pC. der Theorie.

Zur Reinigung kann man das Rohproduct in wenig Wasser lösen und durch viel Alkohol fällen. Schöner krystallisirt erhält man es durch Lösen in etwa der 30-fachen Menge Methylalkohol und Zusatz von viel Essigäther. Beim längeren Stehen scheidet sich dann das Dipeptid in kleinen, warzenförmigen Aggregaten ab, die unter dem Mikroskop als Conglomerate feiner Nadeln erscheinen.

Für die Analyse war im Vacuum über Phosphorpentoxyd bei 110° getrocknet.

0,1942 g gaben 0,4228 CO_2 und 0,1113 H_2O. — 0,1805 g gaben 20,1 ccm Stickgas über 33-procentigem KOH bei 22° und 746 mm Druck.

Ber. für $C_{11}H_{14}N_2O_3$ (222,1). C 59,42, H 6,35, N 12,61.

Gef. „ 59,38, „ 6,41, „ 12,44.

Für die optische Untersuchung diente die wässrige Lösung.

0,1892 g Dipeptid. 7,8402 g Gewicht der Lösung. Drehung im 2 dm-Rohre bei 20° und Natriumlicht 2,63° nach rechts.

$$d_4^{20} = 1,0054, \ [\alpha]_D^{20} = +54,20° \ (\pm 0,4°).$$

Für die zweite Bestimmung diente ein aus wässriger Lösung mit Alkohol abgeschiedenes und bei 80° im Vacuum über Phosphorpentoxyd getrocknetes Präparat.

0,1932 g Dipeptid. 7,8354 g Gewicht der Lösung. Drehung im 2 dm-Rohre bei 20° und Natriumlicht 2,66° nach rechts.

$$d_4^{20} = 1,0057. \ [\alpha]_D^{20} = +53,63° \ (\pm 0,4°).$$

Das Dipeptid beginnt bei raschem Erhitzen gegen 219° (corrigirt) zu sintern und schmilzt nicht ganz constant gegen 224° (corrigirt) unter Zersetzung. Es schmeckt anfangs fade und hinterher schwach bitter. Es löst sich sehr leicht in Wasser. In heissem Aethylalkohol ist es recht schwer löslich. Die wässrige Lösung reagirt auf Lackmus schwach sauer und löst beim Kochen Kupferoxyd mit tiefblauer Farbe.

Chloracetyl-1-phenylalanin,
$ClCH_2CO \cdot NH \cdot CH(CH_2C_6H_5)COOH.$

2 g 1-Phenylalanin werden in 12 ccm n-Natronlauge gelöst, in einer Kältemischung gekühlt und dazu unter starkem Schütteln abwechselnd und in kleinen Mengen 18 ccm n-Natronlauge und eine ätherische Lösung von 1,9 g Chloracetylchlorid (Ueberschuss) im Laufe von 15—20 Minuten zugegeben. Beim Uebersättigen mit Salzsäure fällt das Kuppelungsproduct zuerst ölig, wird aber bald krystallinisch. Ausbeute 2,7 g oder 92 pC. der Theorie. Zur Reinigung wurde aus 40 Theilen heissem Wasser umgelöst, wobei 2,2 g auskrystallisirten.

Zur Analyse war im Vacuum über Schwefelsäure getrocknet.

0,1959 g gaben 0,3952 CO_2 und 0,0883 H_2O. — 0,1942 g gaben 10,2 ccm Stickgas über 33-procentigem KOH bei 19° und 756 mm Druck. — 0.1909 g gaben 0,1118 AgCl.

Ber. für $C_{11}H_{12}NO_3Cl$ (241,6).   C 54,65, H 5,00, N 5,80, Cl 14,67.

Gef. „ 55,02, „ 5,04, „ 6,03, „ 14,44.

Die Substanz erweicht im Capillarrohre gegen 123° (corrigirt) und schmilzt gegen 126° (corrigirt). Sie löst sich leicht in Alkohol, Aceton, Essigäther und Chloroform, schwerer in Aether und fast gar nicht in Petroläther.

Für die optische Untersuchung diente die alkoholische Lösung.

0,1471 g Substanz. 4,0323 g Gewicht der Lösung. Drehung im 1 dm-Rohre bei 20° und Natriumlicht 1,5° nach rechts.

$$d_4^{20} = 0,8023 , \ [\alpha]_D^{20} = +51,25° \, (\pm 0,5°) .$$

Nach nochmaligem Umlösen des Präparates aus heissem Wasser war die Drehung nur wenig höher.

0,1485 g Substanz. 4,0872 g Gewicht der Lösung. Drehung im 1 dm-Rohre bei 20° und Natriumlicht 1,51° nach rechts.

$$d_4^{20} = 0,8023 , \ [\alpha]_D^{20} = +51,80° \, (\pm 0,5°) .$$

Glycyl-l-phenylalanin,

$NH_2CH_2CO \cdot NHCH(CH_2C_6H_5)COOH.$

Fein gepulvertes Chloracetyl-l-phenylalanin wird in der fünffachen Menge wässrigen Ammoniaks von 25 pC. gelöst und die Flüssigkeit drei Tage bei 37° gehalten; dann verdampft man unter geringem Druck, löst den Rückstand in wenig warmem Wasser und versetzt mit viel Alkohol, wodurch das Dipeptid als farblose, aus sehr kleinen Nädelchen bestehende Masse ausfällt. Die Ausbeute betrug 80 pC. der Theorie.

Zur völligen Reinigung wurde das Lösen in Wasser und Fällen mit Alkohol wiederholt. Die im Vacuumexsiccator getrocknete Substanz verlor bei 105° im Vacuum nicht an Gewicht und gab folgende Zahlen:

0,1878 g gaben 0,4105 CO_2 und 0,1106 H_2O. — 0,2331 g gaben nach Kjeldahl 21,15 ccm $^1/_{10}$ n-Ammoniak.

Ber. für $C_{11}H_{14}N_2O_3$ (222,1).   C 59,42, H 6,35, N 12,61.

Gef. „ 59,61, „ 6,56, „ 12,71.

Die Substanz schmilzt bei raschem Erhitzen gegen 267° (corrigirt) unter Zersetzung. Das krystallisirte Dipeptid ist in heissem Wasser nicht sehr leicht löslich, denn es verlangt davon etwa 15—20 Theile; aus dieser Lösung kommt es beim Abkühlen nicht heraus, dagegen krystallisirt es beim Eindampfen schon in der Wärme in äusserst feinen, biegsamen Nädelchen. In kaltem Alkohol ist es sehr viel schwerer löslich als in Wasser, von heissem Alkohol wird es auch nur wenig gelöst noch; viel geringer ist die Löslichkeit in Essigäther, Chloroform, Benzol und Aether. Es schmeckt bitter und reagirt auf Lackmus ganz schwach sauer. Die wässrige Lösung färbt sich beim Kochen mit Kupferoxyd tiefblau und beim Verdunsten des Filtrates bleibt das Kupfersalz als amorphe, blaue und in Wasser wieder leicht lösliche Masse zurück.

Für die optische Untersuchung diente die wässrige Lösung.

0,2523 g Substanz. 12,3340 g Gewicht der Lösung. Drehung im 2 dm-Rohre bei 20° und Natriumlicht 1,7° nach rechts.

$$d_4^{20} = 1,0045\,, \; [\alpha]_D^{20} = + 41,4° \,(\pm 0,5°)\,.$$

Nach abermaligem Umlösen aus Wasser:

0,1350 g Dipeptid. 7,0758 g Gewicht der Lösung. Drehung im 2 dm-Rohre bei 20° und Natriumlicht 1,61° nach rechts.

$$d_4^{20} = 1,0045\,, \; [\alpha]_D^{20} = + 42,0° \,(\pm 0,5°)\,.$$

Glycyl-1-phenylalaninanhydrid,

$$C_6H_5 \cdot CH_2 \cdot CH \cdot CO \cdot NH$$
$$NH \cdot CO \cdot CH_2\,.$$

Es lässt sich aus den beiden isomeren Dipeptiden 1-Phenylalanyl-glycin und Glycyl-1-phenylalanin durch Behandlung der Ester mit alkoholischem Ammoniak leicht bereiten. Am bequemsten ist die Darstellung aus dem im optisch reinen Zustande leichter zugänglichen Glycyl-1-phenylalanin.

3 g des Dipeptides ($[\alpha]_D^{20} = + 41,5°$) wurden mit 30 ccm trocknem Methylalkohol übergossen und unter Kühlung mit kaltem Wasser trockne Salzsäure bis zu Sättigung eingeleitet. Dabei fand völlige Lösung statt. Nachdem die Flüssigkeit unter geringem Druck bis zum Syrup verdampft war, wurde zur Vervollständigung der Veresterung die gleiche Operation wiederholt. Bei abermaligem Verdampfen unter geringem Druck blieb das Chlorhydrat des Dipeptidesters als feste, weisse Masse zurück. Sie wurde in 20 ccm Aethylalkohol gelöst und dann in 30 ccm Aethylalkohol, der bei 0° mit Ammoniak gesättigt war, langsam eingegossen. Schliesslich wurde das Gemisch noch mit Ammoniak gesättigt. Nach kurzer Zeit begann das Anhydrid als sehr lockere, farblose Masse auszufallen. Nach 12-stündigem Stehen bei gewöhnlicher Temperatur betrug seine Menge 2,2 g oder 80 pC. der Theorie. Es wurde aus der 40-fachen Menge heissem Wasser umkrystallisirt und bildete dann mikroskopisch feine, biegsame Nädelchen.

Zur Analyse war noch zweimal aus heissem Wasser umkrystallisirt, wobei wenig verloren geht, und über Schwefelsäure getrocknet.

0,1762g gaben 0,4184 CO_2 und 0,0948 H_2O. — 0,2260g gaben nach Kjeldahl 21,25 ccm $^1/_{10}$ n-Ammoniak.

Ber. für $C_{11}H_{12}N_2O_2$ (204,1). C 64,67, H 5,92, N 13,73.

Gef. ,, 64,76, ,, 6,02, ,, 13,2.

Beim raschen Erhitzen schmilzt das Anhydrid nicht ganz scharf bei 260° (corrigirt 265,5), also ungefähr bei der gleichen Temperatur wie das inactive Präparat, unter Bräunung und Zersetzung. Es ist in kaltem Wasser und den gebräuchlichen organischen Lösungsmitteln recht schwer löslich; am leichtesten wird es von Eisessig aufgenommen, deshalb wurde diese Lösung für die optische Bestimmung benutzt.

0,2521 g Substanz. 9,8232 g Gewicht der Lösung. Drehung im 2 dm-Rohre bei 20° und Natriumlicht 5,44° nach rechts.

$$d_4^{20} = 1{,}0549, \quad [\alpha]_D^{20} = +100{,}5° \, (\pm 0{,}4°).$$

Nach nochmaligem Umlösen aus Wasser:

0,1391 g Substanz. 6,6871 g Gewicht der Lösung. Drehung im 2 dm-Rohre bei 20° und Natriumlicht 4,36° nach rechts.

$$d_4^{20} = 1{,}0530, \quad [\alpha]_D^{20} = +99{,}5° \, (\pm 0{,}5°).$$

Die Differenz zwischen beiden Werthen liegt fast innerhalb der Fehlergrenzen.

49. E m i l F i s c h e r: Synthese von Polypeptiden. XXIII.

Berichte der Deutschen Chemischen Gesellschaft **41**, 850 [1908].

(Eingegangen am 5. März 1908.)

Durch gemäßigte Hydrolyse von Seidenfibroin haben E. A b d e r - h a l d e n und ich ein in Wasser leicht lösliches, aber durch Ammonium- sulfat ausfällbares Produkt gewonnen, das wir nach dem Resultat der totalen Hydrolyse für ein Tetrapeptid von 2 Mol. Glykokoll, 1 Mol. *d*-Alanin und 1 Mol. *l*-Tyrosin glaubten halten zu dürfen[1]).

Um diese Ansicht weiter zu prüfen, schien mir die Synthese von Tetrapeptiden aus den 3 Aminosäuren in dem oben angegebenen Ver- hältnis erwünscht, da ihr Vergleich mit dem Abbauprodukt der Seide am schnellsten über dessen Struktur Aufschluß geben konnte.

Für den Aufbau von Tetrapeptiden stehen uns jetzt verschiedene Methoden zur Verfügung. Wegen der Empfindlichkeit und geringen Krystallisationsneigung der Tyrosinderivate schien es mir aber zweck- mäßig, diese Aminosäure zuletzt in das System einzuschieben. Des- halb wurde T y r o s i n e s t e r kombiniert mit C h l o r a c e t y l - *d* - a l a n y l - g l y c i n. Für die Kupplung diente dessen Chlorid, das sich mit Phos- phorpentachlorid und Acetylchlorid verhältnismäßig leicht bereiten läßt.

Der bei der Kupplung entstehende Ester ist rasch verseifbar, und die hierbei gebildete Halogensäure,

$$ClCH_2CO \cdot NH \cdot CH (CH_3)CO \cdot NHCH_2CO$$
$$\cdot NHCH(CH_2 \cdot C_6H_4 \cdot OH)COOH,$$

wird durch Behandlung mit wäßrigem Ammoniak in das entsprechende Tetrapeptid,

$$NH_2CH_2CO \cdot NHCH(CH_3)CO \cdot NHCH_2CO \cdot$$
$$NHCH (CH_2 \cdot C_6H_4 \cdot OH)COOH,$$
Glycyl-*d*-alanyl-glycyl-*l*-tyrosin

übergeführt.

Dieses hat mit dem Abbauprodukt der Seide wohl manche Ähn- lichkeit, denn es wird durch Phosphorwolframsäure und Tannin leicht

---

[1]) Berichte d. D. Chem. Gesellsch. **40**, 3544 [1907]. (*S. 716.*)

gefällt, gibt die Millonsche Reaktion, wird durch Pankreassaft hydrolisiert und dreht in wäßriger Lösung schwach nach rechts. Aber es
zeigt andererseits in dem Verhalten gegen Ammoniumsulfat, wovon es
nur sehr schwer ausgesalzen wird, einen so großen Unterschied, daß
man beide Körper für verschieden halten muß. Dieses Resultat ist nicht
gerade überraschend; denn die Zahl der strukturisomeren Tetrapeptide
obiger Zusammensetzung ist 12, und selbst wenn man die Beobachtung,
daß durch partielle Hydrolyse und nachfolgende Anhydridbildung aus
dem natürlichen Tetrapeptid Glycyl-alaninanhydrid und Glycyl-tyrosinanhydrid entstehen, mit berücksichtigt, so bleiben doch noch immer
8 Möglichkeiten übrig.

Für die Gewinnung einer zweiten derartigen Substanz schien die
Kupplung von α-Brompropionyl-glycyl-glycin mit Tyrosin der geeignete
Weg zu sein. Leider zeigten sich aber schon bei der Darstellung des
Chlorids Schwierigkeiten. Das inaktive α-Brompropionyl-glycyl-glycin
löst sich zwar bei der Behandlung mit Acetylchlorid und Phosphorpentachlorid, aber das Chlorid ist so empfindlich, daß seine Reindarstellung bisher nicht gelang. Mit dem Rohprodukt lassen sich allerdings
Synthesen ausführen; denn durch Kupplung mit Glykokollester konnte
inaktiver Brompropionyl-diglycyl-glycinester und daraus das noch unbekannte dl-Alanyl-diglycyl-glycin gewonnen werden. Aber für die
Vereinigung mit dem Tyrosinester ist das unreine Chlorid doch kaum
geeignet.

Noch weniger befriedigend war das Resultat bei dem aktiven
α-Brompropionyl-glycyl-glycin; denn es löst sich erheblich schwerer
in Acetylchlorid oder Chloroform, und es ist bisher überhaupt nicht
gelungen, daraus ein für Synthesen geeignetes Chlorid darzustellen.

d - Brompropionyl-glycin.

10,5 g Glykokoll ($1\frac{1}{2}$ Mol.) wurden in 70 ccm 2-fach n.-Natron-
lauge gelöst und in der üblichen Weise unter starkem Kühlen und
Schütteln mit 16 g (1 Mol.) d-Brompropionylchlorid, das aus einer
Säure von der Drehung $\alpha = + 41,8°$ bereitet war, unter Zugabe weiterer 46 ccm 2-fach n.-Natronlauge gekuppelt.

Nach beendeter Operation wurde die Lösung mit 30 ccm 5-fach
n.-Salzsäure angesäuert, im Vakuum zur Trockne verdampft und der
Rückstand erschöpfend mit Äther behandelt, wovon ziemlich viel nötig ist,
falls außer dem Kochsalz auch das Kupplungsprodukt krystallisiert ist.
Nach dem Trocknen mit Natriumsulfat wurde die ätherische Lösung
eingeengt und mit Petroläther gefällt. Beim Reiben krystallisierte das
Produkt sofort.

Ausbeute 16,8 g oder 85% der Theorie, auf Chlorid berechnet. Zur Verwandlung in das Dipeptid ist das Rohprodukt rein genug. Zur Analyse wurde es aus 2 Volumteilen Essigäther umkrystallisiert und im Vakuumexsiccator über Schwefelsäure getrocknet.

0,1941 g Sbst.: 0,2048 g CO_2, 0,0705 g H_2O. — 0,1976 g Sbst.: 11,2 ccm N, über 33-proz. Kalilauge, (19°, 767 mm). — 0,2001 g Sbst.: 0,1787 g AgBr.

$C_5H_8O_3NBr$ (210).   Ber. C 28,57, H 3,84, N 6,67, Br 38,08.
Gef. ,, 28,78, ,, 4,06, ,, 6,60, ,, 38,00.

Zur optischen Bestimmung diente eine 10-prozentige wäßrige Lösung. 0,3589 g Substanz, Gesamtgewicht der Lösung 3,5457 g. d^{20} =1,041. Drehung im 1-dm-Rohr bei 18° und Natriumlicht 4,04° ($\pm$ 0,02°) nach rechts. Demnach

$$[\alpha]_D^{18} = + 38,3° (\pm 0,2°).$$

Da die angewandte Brompropionsäure ungefähr zu 8% racemisiert war und bei der Kupplung eine weitere Racemisierung stattfinden kann, so ist es nicht ganz sicher, daß dieser Wert einem optisch ganz reinen Präparat entspricht. Für den optischen Antipoden[1]) ist früher das Drehungsvermögen leider nicht bestimmt worden.

Die Säure ist leicht löslich in Wasser, Alkohol und warmem Essigäther, zunehmend schwerer in Äther, heißem Toluol, Chloroform, fast unlöslich in Petroläther. Sie krystallisiert aus Toluol in langen Nadeln, aus Wasser und Essigäther in dünnen Prismen, welche bei 122—123° (korr.) zu einer farblosen Flüssigkeit schmelzen, also ebenso wie das früher dargestellte l-Brompropionylglycin etwa 20° höher als der Racemkörper.

d - Alanyl-glycin, $NH_2CH(CH_3)CO \cdot NHCH_2COOH$.

25 g Bromkörper wurden mit 125 ccm wäßrigem 25-prozentigem Ammoniak 2 Tage bei 25° aufbewahrt und dann in der üblichen Weise durch Abdampfen im Vakuum und Fällen mit Alkohol das Dipeptid isoliert. Ausbeute 14,4 g oder 83% der Theorie.

Das Präparat zeigte genau dieselben Eigenschaften wie das früher auf ganz anderem Wege dargestellte d-Alanylglycin[2]).

Zur Analyse war bei 100° getrocknet.

0,1780 g Sbst.: 0,2669 g CO_2, 0,1100 g H_2O. — 0,1962 g Sbst.: 32,6 ccm N, über 33-proz. Kalilauge, (20°, 761 mm).

$C_5H_{10}O_3N_2$ (146,1).   Ber. C 41,08, H 6,90, N 19,18.
Gef. ,, 40,89, ,, 6,91, ,, 19,10.

---

[1]) E. Fischer und O. Warburg, Liebigs Ann. d. Chem. **340**, 165 [1905]. (*Proteine I, S. 485.*)

[2]) Berichte d. D. Chem. Gesellsch. **38**, 2921 [1905]. (*Proteine I, S. 545.*)

Zur Bestimmung des Drehungsvermögens diente eine 10-prozentige wäßrige Lösung.

0,7022 g Sbst., Gesamtgewicht der Lösung 7,0176 g. $d^{20} = 1,035$. Drehung im 2-dm-Rohr bei 18° und Natriumlicht 10,42° ($\pm$ 0,02°) nach rechts. Demnach $[\alpha]_D^{18} + 50,3°$ ($\pm$ 0,1°), während früher[1]) $[\alpha]_D^{20} + 50,2°$ gefunden wurde.

Da das als Ausgangsmaterial für d-Brompropionsäure dienende l-Alanin jetzt durch die Ehrlichsche Methode der partiellen Vergärung von dl-Alanin ziemlich leicht zugänglich ist, so halte ich obiges Verfahren für bequemer, als die ältere Synthese des Dipeptids mittelst des d-Alanylchlorids.

Chloracetyl - d - alanyl-glycin.

6 g d-Alanyl-glycin (1 Mol.) werden in der berechneten Menge (20,6 ccm) 2-n. Natronlauge gelöst, sehr stark gekühlt und unter kräftigem Schütteln abwechselnd 5,8 g (1,25 Mol.) Chloracetylchlorid und 30,9 ccm 2-n. Natronlauge in 5—6 Portionen zugefügt. Nach dem Verschwinden des Chloridgeruchs wird mit 9 ccm 5-fachnormaler Salzsäure angesäuert, unter stark vermindertem Druck auf etwa $^1/_3$ des Volumens eingedampft und nach längerem Stehen in Eis der Krystallbrei abgesaugt (6,7 g). Aus der Mutterlauge kann durch völliges Abdampfen und Auslaugen des Rückstandes mit der für die Lösung des Kochsalzes berechneten Menge Wasser noch 1 g gewonnen werden, so daß die Gesamtausbeute 7,7 g oder 84% der Theorie beträgt.

Aus $2^1/_2$ Teilen heißem Wasser krystallisieren beim Abkühlen in Eis $^2/_3$ der gelösten Menge in farblosen, dünnen Prismen, während aus der Mutterlauge durch Einengen der Rest gewonnen werden kann. Beim raschen Erhitzen im Capillarrohr schmilzt die Substanz gegen 178° (korr.) unter Zersetzung, nachdem einige Grade vorher Sinterung eingetreten ist. Für die Analyse war im Vakuumexsiccator über Schwefelsäure getrocknet.

0,1235 g Sbst.: 0,1714 g CO_2, 0,0572 g H_2O. — 0,1830 g Sbst.: 19,6 ccm N, über 33-prozentiger Kalilauge (17°, 760 mm). — 0,1952 g Sbst.: 0,1261 g AgCl.

$C_7H_{11}O_4N_2Cl$ (222,6).   Ber. C 37,74, H 4,98, N 12,59, Cl 15,93.
                               Gef. ,, 37,85, ,, 5,18, ,, 12,46, ,, 15,97.

Zur optischen Bestimmung diente eine 5-prozentige wäßrige Lösung.

0,3300 g Sbst., Gesamtgewicht der Lösung 6,6267 g. d^{20} 1,015. Drehung im 2-dm-Rohr bei 18° und Natriumlicht 5,4° ($\pm$ 0,02°) nach links. Mithin

$$[\alpha]_D^{18} = - 53,4° (\pm 0,2°).$$

---

[1]) Berichte d. D. Chem. Gesellsch. **38**, 2921 [1905]. (*Proteine I, S. 546.*)

Aus heißem Alkohol, wovon die Säure etwa 4 Volumteile zur Lösung braucht, krystallisiert sie in mikroskopisch kleinen, feinen Nädelchen, die zu kugligen Konglomeraten verwachsen sind.

In Aceton und Essigäther ist sie recht schwer löslich, in Äther und Ligroin so gut wie unlöslich.

Glycyl-*d*-alanyl-glycin,

$NH_2CH_2CO \cdot NHCH(CH_3)CO \cdot NHCH_2COOH.$

3 g Chlorkörper wurden mit 15 ccm 25-prozentigem wäßrigem Ammoniak 3 Tage bei 25° aufbewahrt und dann in der üblichen Weise durch Abdampfen unter vermindertem Druck und Behandlung des Rückstandes mit heißem Alkohol das krystallisierte Tripeptid isoliert. Die Ausbeute an chlorfreiem Rohprodukt betrug 1,8 g oder 66% der Theorie. Aus Ber Mutterlauge konnte auch nach Entfernen des Chlorammoniums mit daryt und Silbersulfat nichts mehr isoliert werden.

Das Tripeptid ist verhältnismäßig schwer löslich in Wasser. Aus der 7-fachen Menge siedendem Wasser krystallisiert bei längerem Stehen in Eis über die Hälfte wieder aus und aus der Mutterlauge kann durch Fällen mit Alkohol der Rest fast vollständig gewonnen werden. Es krystallisiert sowohl aus Wasser, wie aus verdünntem Alkohol in äußerst leichten, feinen Nädelchen ohne Krystallwasser, die beim raschen Erhitzen im Capillarrohr bei 220° anfangen dunkel zu werden und gegen 245° (korr.) unter Schwärzung und Zersetzung schmelzen. Zur Analyse war bei 105° im Vakuum getrocknet.

0,1740 g Sbst.: 0,2651 g CO_2, 0,0993 g H_2O. — 0,2000 g Sbst.: 36,0 ccm N, über 33-prozentiger Kalilauge (20°, 762 mm).

$C_7H_{13}O_4N_3$ (203,1).   Ber. C 41,36, H 6,45, N 20,69.

Gef. „ 41,55, „ 6,38, „ 20,72.

Die Bestimmung des Drehungsvermögens wurde einmal mit dem aus Wasser umkrystallisierten und das andere Mal mit dem aus der Mutterlauge durch Alkohol gefällten Produkt ausgeführt und bei dem schwerer löslichen Teil um etwa 1° höher gefunden. Benutzt wurde beide Male eine 4—5-prozentige wäßrige Lösung.

0,3308 g Sbst., Gesamtgewicht der Lösung 7,6753 g. d²⁰ 1,014. Drehung im 2-dm-Rohr bei 20° und Natriumlicht 5,62° (± 0,02°) nach links. Mithin:

$$[\alpha]_D^{20} = -64,3° (\pm 0,2°).$$

0,3318 g Sbst., Gesamtgewicht der Lösung 7,5210 g. d²⁰ 1,016. Drehung im 2-dm-Rohr bei 19° und Natriumlicht 5,69° (± 0,02°) nach links. Mithin:

$$[\alpha]_D^{19} = -63,5° (\pm 0,2°).$$

Das Tripeptid ist in verdünnten Säuren und Alkalien sehr leicht löslich, aber unlöslich in den meisten organischen Lösungsmitteln. Mit Alkali und wenig Kupfersulfat gibt es in verdünnter Lösung eine ins Violett spielende Blaufärbung. Von Phosphorwolframsäure wird es in verdünnter, schwefelsaurer Lösung nicht gefällt.

Chloracetyl - *d* - alanyl-glycylchlorid,

$$ClCH_2CO \cdot NHCH(CH_3)CO \cdot NHCH_2COCl.$$

Die Verwandlung des Chloracetyl-*d*-alanyl-glycins in das Chlorid geht um so leichter von statten, je feiner verteilt es ist. In dem hierzu geeigneten Zustand erhält man es durch Lösen in etwa 4 Volumteilen heißem Alkohol, rasches Abkühlen in Eiswasser und starkes Schütteln. Die Lösung erstarrt dann zu einem Brei von feinen Krystallen, die nach einigen Stunden scharf abgesaugt, mit Äther gewaschen, im Vakuum über Schwefelsäure getrocknet und durch ein Haarsieb getrieben werden.

Von der so vorbereiteten Substanz werden 4 g mit 20 ccm frisch destilliertem Acetylchlorid übergossen und in Eiswasser gekühlt. Nach Zufügung von 4,8 g schnell gepulvertem Phosphorpentachlorid wird $^1/_4-^1/_2$ Stunde geschüttelt, wobei klare Lösung eintritt. Dann wird direkt in der geräumigen Schüttelflasche die Lösung unter vermindertem Druck auf etwa die Hälfte eingeengt, wobei reichliche Abscheidung von Krystallen erfolgt. Man fällt den Rest durch Zusatz von trocknem Petroläther, filtriert in der üblichen Weise[1]) unter Ausschluß der Luftfeuchtigkeit, wäscht mit Petroläther und trocknet eine Stunde im Vakuumexsiccator über Phosphorpentoxyd.

Die Ausbeute ist befriedigend, denn man erhält etwa ebenso viel Chlorid, wie angewandte Säure. Es ist ein gelbliches, lockeres Pulver, das an der Luft schnell klebrig wird.

Durch Lösen in Wasser und Titrieren mit Silbernitrat und Rhodanammonium wurde der Gehalt an leicht abspaltbarem Chlor bestimmt.

0,2972 g Sbst.: 11,4 ccm $^1/_{10}$-*n*. $AgNO_3$.
Ber. Cl 14,7.   Gef. Cl 13,6.

Man ersieht daraus, daß das Präparat zwar nicht rein ist, aber doch zum größten Teil aus dem gesuchten Chlorid besteht.

---

[1]) Berichte d. D. Chem. Gesellsch. **38**, 616 [1905]. (*Proteine I, S. 433.*)

Chloracetyl - *d* - alanyl-glycyl - *l* - tyrosinmethylester,
ClCH$_2$CO · NHCH(CH$_3$)CO · NHCH$_2$CO ·

NH · CH(CH$_2$ · C$_6$H$_4$ · OH)COOCH$_3$.

6,5 g fein gepulverter Tyrosinmethylester[1]) (2 Mol.) werden mit 75 ccm über Bariumoxyd getrocknetem Aceton übergossen, wobei nur teilweise Lösung erfolgt und in die gut gekühlte Suspension in kleinen Portionen unter Schütteln 3,9 g des zuvor beschriebenen Chlorids eingetragen, wobei allmählich vollständige Lösung eintritt. Die Operation nimmt ungefähr 15 Minuten in Anspruch. Die gelbe Lösung, die noch schwach alkalisch reagiert, hinterläßt beim völligen Verdampfen unter stark vermindertem Druck einen gelben, amorphen, blasigen Rückstand, der das Kupplungsprodukt, unveränderten Tyrosinester und andere Substanzen enthält. Will man das erstere krystallisiert erhalten, so ist zunächst ein ziemlich umständlicher Weg nötig. Man löst in etwa 25 ccm Wasser unter Zusatz von einigen Tropfen Salzsäure, um unveränderten Tyrosinester zu neutralisieren; dann fügt man 8 g Chlornatrium zu. In dem Maße, wie das Kochsalz sich löst, scheidet sich ein dickes, gelbes Öl aus, das zum größeren Teil aus dem Kupplungsprodukt besteht. Nachdem durch Abkühlen auf 0° und Schütteln die Lösung ganz geklärt ist, gießt man die Mutterlauge ab, wäscht mit wenig eiskaltem Wasser, kocht den Rückstand mit Essigäther aus, verdampft die filtrierte Lösung und nimmt dann mit nicht zu viel warmem Wasser wieder auf. Aus dieser Flüssigkeit scheidet sich beim längeren Stehen Chloracetyl-*d*-alanyl-glycyl-*l*-tyrosinmethylester krystallinisch ab.

Ist man einmal im Besitz von Krystallen, so wird die Gewinnung weiterer Mengen viel einfacher. Anstatt die obige wäßrige Lösung des Rohproduktes mit Kochsalz zu fällen, trägt man direkt einige Kryställchen ein und läßt unter öfterem Reiben mehrere Stunden bei 0° stehen. Dabei scheidet sich das Kupplungsprodukt in reichlicher Menge krystallinisch ab. Die Ausbeute betrug 3 g. Aus der Mutterlauge konnten bei mehrtägigem Stehen noch 0,5 g gewonnen werden, so daß die Gesamtausbeute auf 3,5 g oder 54% der Theorie stieg.

Aus der 15-fachen Menge heißem Wasser krystallisiert der Ester beim langsamen Abkühlen in schönen, schwach gelblichen, häufig

---

[1]) Das Hydrochlorid wurde nach der früheren Vorschrift dargestellt (Liebigs Ann. d. Chem. **354**, 34 [1907]). (*S. 428*.) Für die Bereitung des freien Tyrosinmethylesters diente aber folgendes einfachere Verfahren.

Das Hydrochlorid wird in der 10-fachen Menge Wasser gelöst und unter Kühlung die berechnete Menge starker Natronlauge zugefügt, wobei der freie Ester in fast quantitativer Ausbeute krystallinisch ausfällt. Zur völligen Reinigung braucht er dann nur einmal aus heißem Essigäther umkrystallisiert zu werden.

rosettenförmig verwachsenen, lanzettförmigen Blättchen, die beim raschen Erhitzen im Capillarrohr zwischen 163° und 164,5° (korr.) zu einer klaren, gelblichen Flüssigkeit schmelzen. Für die Analyse waren sie bei 105° getrocknet.

0,1538 g Sbst.: 0,2893 g CO_2, 0,0778 g H_2O. — 0,1978 g Sbst.: 17,4 ccm N über 33-prozentiger Kalilauge (17°, 770 mm). — 0,2548 g Sbst.: 0,0910 g AgCl.

$C_{17}H_{22}O_6N_3Cl$ (399,65).   Ber. C 51,04, H 5,55, N 10,52, Cl 8,87.

Gef. „ 51,30, „ 5,66, „ 10,37, „ 8,83.

Der Ester ist in heißem Methylalkohol recht leicht löslich, etwas schwerer in Äthylalkohol, dann zunehmend schwerer in Aceton, Essigäther, Chloroform, Äther, Petroläther. Aus absolutem Alkohol krystallisiert er in kompakten, rhombenähnlichen Formen.

Er reagiert auf Lackmus neutral, ist schwer löslich in kohlensauren Alkalien, leicht dagegen in Natronlauge und zwar mit stark gelber Farbe. Eine verdünnte wäßrige Lösung drehte die Ebene des polarisierten Lichtes schwach nach links. Eine verdünnte, kalte, wäßrige Lösung färbt sich auf Zusatz von Millons Reagens bei gewöhnlicher Temperatur im Laufe weniger Minuten stark rot, ähnlich wie Tyrosin. Gelindes Erwärmen beschleunigt die Reaktion.

Chloracetyl - d - alanyl-glycyl - l - tyrosin.

4 g Ester werden mit 20 ccm n.-Natronlauge übergossen, wobei fast augenblicklich klare, gelbe Lösung eintritt. Nachdem die Lösung 25 Minuten bei Zimmertemperatur gestanden hat, fügt man die äquivalente Menge Salzsäure zu und läßt die Lösung im Vakuumexsiccator eindunsten. Hierbei fällt die Säure zuerst ölig aus, krystallisiert aber im Laufe von 24 Stunden bei öfterem Reiben. Ist man erst im Besitze von Krystallen, so gestaltet sich die Isolierung der Säure noch einfacher; man braucht dann nur das Alkali mit 5-fachnormaler Salzsäure zu neutralisieren und nach dem Einimpfen eines Kryställchens einige Stunden in Eis stehen zu lassen, abzusaugen und mit kaltem Wasser zu waschen, um die Säure in fast quantitativer Ausbeute und genügend reinem Zustande zu gewinnen. Sie ist dann ein schwach gelbliches Pulver, das zur Analyse einmal aus der 8-fachen Menge heißem Wasser unter Zusatz von etwas Tierkohle umkrystallisiert wurde.

0,1709 g Sbst.: 0,3113 g CO_2, 0,0841 g H_2O. — 0,1830 g Sbst.: 0,0659 g AgCl.

$C_{16}H_{20}O_6N_3Cl$ (385,63).   Ber. C 49,79, H 5,22, Cl 9,19.

Gef. „ 49,68, „ 5,50, „ 8,90.

Die Säure krystallisiert aus heißem Wasser in farblosen, feinen, mikroskopischen Nädelchen oder dünnen Prismen, die vielfach zu harten, kugligen Konglomeraten verwachsen sind. Beim raschen Erhitzen im

Capillarrohr schmelzen sie bei 206—207° (korr.) zu einer gelben Flüssigkeit, welche sich aber hinterher sofort unter Gasentwicklung zersetzt. Die Substanz ist in heißem Alkohol ziemlich leicht löslich, schwer dagegen in den anderen organischen Lösungsmitteln. Die wäßrige Lösung reagiert stark sauer und gibt mit Millons Reagens besonders bei gelindem Erwärmen eine starke Rotfärbung. Im Gegensatz zum Methylester löst sie sich auch in Natriumcarbonat leicht.

$$Glycyl\text{-}d\text{-}alanyl\text{-}glycyl\text{-}l\text{-}tyrosin,$$
$$NH_2CH_2CO \cdot NHCH(CH_3)CO \cdot NHCH_2CO \cdot$$
$$NHCH(CH_2 \cdot C_6H_4 \cdot OH)COOH.$$

Eine Lösung von 3 g des zuvor beschriebenen Chlorkörpers in 15 ccm wäßrigem Ammoniak von 25 % blieb 5 Tage bei 25° stehen. Dann wurde unter stark vermindertem Druck zum Sirup verdampft, dieser mit sehr wenig Wasser in eine Platinschale gespült und nach Zusatz von viel Alkohol eingeengt, aber nicht zur Trockne verdampft. Beim wiederholten Zusatz von Alkohol und Konzentrieren der Flüssigkeit trübte sie sich durch Ausscheidung des Tetrapeptids, das anfangs ein zäher Syrup war, aber später, als alles Wasser entfernt war, beim fleißigen Zerkleinern der zähen Masse fest wurde. Jetzt wurde die Mutterlauge, die das Chlorammonium enthielt, durch Filtration entfernt. Die Ausbeute betrug 2,1 g.

Das Produkt enthielt noch wenig Chlor, das aber beim Auskochen mit etwa 200 ccm absolutem Alkohol in Lösung ging und nach völligem Erkalten der Flüssigkeit durch Filtration entfernt wurde.

Zur völligen Reinigung wurde das zurückbleibende Tetrapeptid in recht wenig warmem Wasser gelöst und die filtrierte, noch warme Flüssigkeit mit Alkohol bis zur bleibenden Trübung versetzt. Dabei fiel zuerst in geringer Menge eine grau gefärbte, klebrige Masse aus, die nach dem Zusammenballen durch schnelles Abgießen der noch warmen Lösung entfernt wurde. Als jetzt mehr Alkohol zugefügt wurde, schied sich, besonders beim Abkühlen auf 0°, das Tetrapeptid als flockige Masse aus. Man kann auch diese Ausscheidung durch fraktionierte Fällung vornehmen, wobei die zuerst ausfallenden Teile schwach gelb gefärbt sind. Aus der Mutterlauge gewinnt man dann durch Einengen und Zufügen von Alkohol ein rein weißes Produkt, das nach dem Abfiltrieren, Waschen mit Alkohol und Äther und Trocknen im Vakuumexsiccator ein weißes, sehr leichtes Pulver bildet. Die Ausbeute an reinem Tetrapeptid, einschließlich der ersten ganz leicht gefärbten Fraktion, beträgt ungefähr die Hälfte des angewandten Chlorkörpers.

Für die Analyse und optische Bestimmung wurde im Vakuum (10 mm) über Phosphorpentoxyd bei 105° getrocknet.

0,1545 g Sbst.: 0,2982 g CO_2, 0,0871 g H_2O. — 0,1826 g Sbst.: 19,45 ccm $^1/_{10}$-n. NH_3 (Kjeldahl).

$C_{16}H_{22}O_6N_4$ (366,21).   Ber. C 52,43, H 6,05, N 15,30.
                                         Gef. „ 52,64, „ 6,31, „ 14,92.

0,1312 g Substanz gelöst in Wasser. Gesamtgewicht der Lösung 1,3513 g. $d^{20} = 1,031$. Drehung im 1-dm-Rohr bei 20° und Natriumlicht 0,4° nach rechts. Demnach

$$[\alpha]_D^{20} + 4,0°.$$

Die Krystallisation des Tetrapeptids ist bisher trotz seines schönen Aussehens nicht gelungen. Ich zweifle aber kaum daran, daß man bei Verarbeitung größerer Mengen und unter mannigfach variierten Bedingungen auch hier Erfolg haben würde. Wie alle amorphen Produkte und selbst viele krystallisierte Substanzen dieser Klasse hat das Tetrapeptid keinen bestimmten Schmelzpunkt.

Im Capillarrohr rasch erhitzt, beginnt es gegen 200° gelb zu werden, sintert dann allmählich und zersetzt sich gegen 229° (korr.) unter Gasentwicklung und Schwärzung.

Mit Alkali und Kupfersalz gibt es stark die Biuretfärbung und mit Millons Reagens schon bei gewöhnlicher Temperatur nach kurzer Zeit die für das Tyrosin bekannte Rotfärbung. Man darf daraus schließen, daß die im Tyrosin enthaltene Phenolgruppe hier noch vorhanden ist.

Durch Phosphorwolframsäure wird das Tetrapeptid auch bei Gegenwart von Salz- oder Schwefelsäure selbst aus ziemlich verdünnter Lösung gefällt. Ein Überschuß von Phosphorwolframsäure löst aber von dem Niederschlag verhältnismäßig viel wieder auf.

Auch durch Tannin wird das Tetrapeptid aus nicht zu verdünnter, wäßriger Lösung bei gewöhnlicher Temperatur gefällt; dieser Niederschlag wird durch einen Überschuß von Tannin in erheblicher Menge gelöst, und beim Abkühlen in Eiswasser tritt wieder Abscheidung ein.

Durch Ammoniumsulfat wird das Tetrapeptid schwer ausgesalzen. Versetzt man die ziemlich konzentrierte, wäßrige Lösung mit einer bei Zimmertemperatur gesättigten Lösung von Ammoniumsulfat, so findet in der Regel erst beim Abkühlen in Eiswasser eine Abscheidung statt. Stärker wird dieselbe, wenn man noch festes Ammoniumsulfat bis zur Sättigung zufügt; aber die Erscheinung ist lange nicht so charakteristisch, als bei dem früher beschriebenen *l*-Leucyl-triglycyl-*l*-tyrosin, oder bei dem von Abderhalden und mir aus dem Seidenfibroin erhaltenen Produkt, das wir ebenfalls als ein Tetrapeptid der gleichen Zusammensetzung glaubten ansehen zu müssen.

32*

Durch frischen Pankreassaft vom Hunde wird das Tetrapeptid ziemlich rasch angegriffen. Eine 10-prozentige Lösung des Tetrapeptids in Wasser, die mit dem halben Volumen frischem Pankreassaft und etwas Toluol versetzt war, hatte nach 12-stündigem Stehen im Brutraum schon einige Krystalle von Tyrosin abgeschieden, und nach $1\frac{1}{2}$ Tagen war eine große Menge der Aminosäure schön krystallisiert ausgefallen.

Fügt man zu der kalten, wäßrigen Lösung des Tetrapeptids, die gleichzeitig Natriumbicarbonat enthält, Bromwasser, so entsteht sofort in reichlicher Menge ein fast farbloser Niederschlag, wahrscheinlich ein Bromsubstitutionsprodukt, das in heißem Wasser löslich ist und beim Erkalten teilweise wieder ausfällt.

Chloracetyl-d-alanyl-glycyl-glycinester,
$$ClCH_2CO \cdot NHCH(CH_3)CO \cdot NHCH_2CO \cdot NHCH_2COOC_2H_5.$$

Die Verbindung wurde bei einem Versuch erhalten, der zur vorläufigen Orientierung über die Kupplung des Chloracetyl-d-alanyl-glycylchlorids mit Aminosäureestern diente.

Trägt man 1,8 g Chlorid in eine stark gekühlte Lösung von 1,5 g Glykokollester (ca. 2 Mol.) in 20 ccm Chloroform allmählich ein, so findet erst völlige Lösung statt. Aber nach kurzer Zeit scheidet sich ein krystallinischer Niederschlag ab, der nach einstündigem Stehen in einer Mischung von Eis und Salz abgesaugt und mit kaltem Chloroform gewaschen wird. Seine Menge betrug 2,5 g. Er ist ein Gemisch des Kupplungsprodukts mit salzsaurem Glykokollester. Löst man ihn in 6 ccm heißem Wasser, so fällt in der Kälte das Kupplungsprodukt in flachen, meist warzenförmig vereinigten, kleinen Prismen aus. Bei Verarbeitung der Mutterlauge betrug die Ausbeute 1,2 g oder 52% der Theorie.

Zur Analyse wurde noch einmal aus Wasser umkrystallisiert und bei 100° getrocknet.

0,1948 g Sbst.: 0,3054 g CO_2, 0,1043 g H_2O.
$C_{11}H_{18}O_5N_3Cl$ (307,5).   Ber. C 42,91, H 5,90.
Gef. ,, 42,76, ,, 5,99.

Der Ester schmilzt zwischen 165—167° (korr.) zu einer farblosen Flüssigkeit. Er löst sich leicht in heißem Alkohol, schwerer in heißem Aceton, Essigester, Chloroform und fast gar nicht in Äther und Ligroin. In der Kälte krystallisiert er aus diesen Lösungen als weiße, äußerst feine, verfilzte Nadeln. In kaltem, verdünntem Alkali löst er sich allmählich unter Verseifung.

d-α-Brompropionyl-glycyl-glycin,
BrCH(CH₃)CO · NHCH₂CO · NHCH₂COOH .

Es wurde durch Kupplung von d-α-Brompropionsäurechlorid[1]) mit Glycylglycin aus Glycinanhydrid nach der für die Synthese des l-α-Brompropionyl-glycyl-glycins gegebenen Vorschrift[2]) erhalten. Für die Analyse war bei 100° getrocknet.

0,2097 g Sbst.: 0,1469 g AgBr.
C₇H₁₁O₄N₂Br (267).   Ber. Br 29,95.   Gef. Br 29,82.

Die Substanz zeigte denselben Schmelzpunkt 172° (korr.), sowie die sonstigen Eigenschaften des optischen Antipoden. Die Drehung wurde in alkalischer Lösung bestimmt.

0,3602 g Sbst., Gesamtgewicht der Lösung 4,1880 g. $d^{20} = 1,049$.
Drehung im 1-dm-Rohr bei 20° und Natriumlicht 2,68° nach rechts.
Demnach:
$$[\alpha]_D^{20} = + 29,7° (\pm 0,2°).$$

0,3654 g Sbst., Gesamtgewicht der Lösung 4,0456 g. $d^{20} = 1,051$.
Drehung bei 20° und Natriumlicht 2,79° nach rechts. Demnach:
$$[\alpha]_D^{20} = + 29,4° (\pm 0,2°).$$

Für den Antipoden ist das Drehungsvermögen früher nicht ermittelt worden.

d-Alanyl-glycyl-glycin,
NH₂CH(CH₃)CO · NHCH₂CO · NHCH₂COOH.

Eine Lösung von 6 g Bromkörper in 30 ccm wäßrigem Ammoniak (25-proz.) blieb 4 Tage im Thermostaten bei 25°. Nach dem Verdampfen der Flüssigkeit unter 10—20 mm Druck wurde der glasige Rückstand in 20 ccm warmem Wasser gelöst und durch absoluten Alkohol das Tripeptid als weiße Krystallmasse gefällt. (4,1 g oder 83% der Theorie.) Zur Reinigung löste man es in der 5-fachen Menge heißem Wasser und fügte so lange warmen Alkohol hinzu, als die entstehende Trübung noch eben verschwand; beim Abkühlen schied sich das Tripeptid in feinen, langen Nädelchen aus, die 1 Mol. Krystallwasser enthielten.

0,8488 g Sbst. verloren beim Trocknen bei 100° 0,0702 g H₂O.
C₇H₁₃O₄N₃ + H₂O.   Ber. H₂O 8,15.   Gef. H₂O 8,27.

---

[1]) Dargestellt wie l-Brompropionylchlorid. E. Fischer und O. Warburg, Liebigs Ann. d. Chem. **340**, 171 [1905] (*Proteine I, S. 500.*) Vergl. Darstellung der d-α-Brompropionsäure. Berichte d. D. Chem. Gesellsch. **39**, 3995 [1906]. (*S. 293.*)

[2]) E. Fischer, ebenda **39**, 2921 [1906]. (*S. 352.*)

Das Krystallwasser entweicht langsam auch bei gewöhnlicher Temperatur im Vakuumexsiccator über Schwefelsäure. An der Luft wird das Wasser ziemlich rasch wieder aufgenommen.

0,1565 g Sbst. (bei 105° im Vakuum getrocknet): 0,2360 g CO_2, 0,0914 g H_2O. — 0,1450 g Sbst.: 24,7 ccm N über 33-prozentiger Kalilauge (16°, 772 mm).

$C_7H_{13}O_4N_3$ (203,1).   Ber. C 41,35, H 6,45, N 20,69.

Gef. ,, 41,13, ,, 6,53, ,, 20,23.

Das Tripeptid ist sehr leicht löslich in Wasser, fast unlöslich in absolutem Alkohol; mit Kali und Kupfersulfat gibt es eine schwach blauviolette Färbung. Beim raschen Erhitzen im Capillarrohr fängt es gegen 206° an, sich gelb zu färben, schmilzt dann gegen 220° (korr.) unter starkem Schäumen und Schwärzung. Genau ebenso verhält sich der optische Antipode, denn die frühere Angabe, daß er gegen 205° gelb werde und erst gegen 240°*) schmelze, ist durch einen Schreib- oder Druckfehler entstanden, da die Protokolle die richtige Zahl 220° enthalten.

Zur Bestimmung des optischen Drehungsvermögens diente eine etwa 10-prozentige wäßrige Lösung.

0,3588 g Sbst. (bei 100° getrocknet). Gesamtgewicht der Lösung 3,8694 g. $d^{20} = 1,033$. Drehung im 1-dm-Rohr bei 20° und Natriumlicht 3,00° nach rechts. Demnach

$$[\alpha]_D^{20} = + 31,3° (\pm 0,2°).$$

1,0628 g wasserfreie Sbst. Gesamtgewicht 10,9776 g. Drehung bei 20° und Natriumlicht im 2-dm-Rohr 6,29° nach rechts. $d^{20} = 1,035$. Demnach

$$[\alpha]_D^{20} = + 31,4° (\pm 0,2°).$$

Die Drehung wurde mithin ca. 2° höher gefunden, als bei dem optischen Antipoden, obschon letzterer mehrfach umkrystallisiert war. Das beweist von neuem, wie schwer es ist, solche Peptide optisch rein zu erhalten.

Inaktiver α - Brompropionyl-diglycyl-glycinäthylester,
$BrCH(CH_3)CO \cdot [NHCH_2CO]_2 \cdot NHCH_2COOC_2H_5$.

Die Verbindung entsteht durch Kupplung von α-Brompropionyl-glycylglycylchlorid mit Glykokollester.

Für die Überführung in das Chlorid wird das Brompropionylglycyl-glycin aus Alkohol umkrystallisiert, im Vakuum über Phosphorpentoxyd getrocknet und durch ein Haarsieb getrieben. Übergießt man die so vorbereitete Substanz mit der 10-fachen Menge frisch destilliertem Acetylchlorid und fügt unter Eiskühlung $1^1/_4$—$1^1/_2$ Mol. Phosphorpentachlorid in mehreren Portionen hinzu, so geht sie beim Schütteln bald in Lösung. Es ist wesentlich, gutes Phosphorpentachlorid zu verwenden, da man

---

*) *Vergl. S. 354.*

sonst mehr als $1\frac{1}{2}$ Mol. zur vollständigen Lösung braucht und dadurch die Ausbeute verschlechtert wird. Da das Chlorid wenig Neigung zur Krystallisation hat und beim völligen Verdampfen der Lösung sich teilweise zersetzt, so wird die schwach gelbliche Flüssigkeit zuerst bei 0,3—0,5 mm Druck bis auf $\frac{1}{4}$ des Volumens eingedampft, dann etwa die 3-fache Menge über Phosphorpentoxyd getrocknetes Chloroform hinzugefügt, wieder auf $\frac{1}{4}$ des Volumens eingeengt und diese Operation noch 1—2-mal wiederholt. Schließlich resultiert eine klare, rote Lösung der Chlorids in Chloroform, die direkt zur Kupplung benutzt wird. Ist das angewandte Phosphorpentachlorid nicht frisch, so entstehen beim Versetzen mit Chloroform harzige Fällungen, welche die Ausbeute beeinträchtigen. Die rote Lösung des Chlorids gibt man allmählich und unter starker Kühlung zu einer Lösung von Glykokollester in Chloroform. Der Glykokollester muß wegen der Anwesenheit von Phosphoroxychlorid in großem Überschuß (5—10 Mol.) angewandt werden, so daß auch zum Schluß der Operation die Lösung noch alkalisch reagiert. Schon nach kurzer Zeit scheiden sich weiße Krystalle aus, welche die Lösung bald breiartig erfüllen. Der Niederschlag wird nach 15-stündigem Stehen im Eisschrank abfiltriert und auf Ton getrocknet; er enthält neben viel Glykokollesterchlorhydrat das gesuchte Kupplungsprodukt. Zur Trennung wird die Masse mit der 3-fachen Menge eiskaltem Wasser ausgelaugt, der Rückstand filtriert und auf Ton gestrichen. Die Ausbeute an diesem Rohprodukt beträgt 50—60% d. Th., auf das angewandte Brompropionylglycylglycin berechnet. Es wird aus der 6—10-fachen Menge einer Mischung gleicher Volumina Wasser und Alkohol umgelöst; indessen ist die völlige Reinigung mühsam.

0,1989 g Sbst.: 0,1040 g AgBr.

$C_{11}H_{18}O_5N_3Br$ (352,13). Ber. Br 22,71. Gef. Br 22,25.

Der Ester zersetzt sich beim raschen Erhitzen im Capillarrohr gegen 189° (korr.) unter Schwarzfärbung, ohne zu schmelzen. Aus heißem Wasser oder warmem, verdünntem Alkohol scheidet er sich in der Kälte rasch als weiße, sehr lockere Masse ab, die unter dem Mikroskop keine krystallinische Struktur zeigt. Läßt man aber mit der Mutterlauge, insbesondere mit verdünntem Alkohol, 1—2 Tage stehen, so nimmt der Niederschlag eine krystallinische Struktur an, und unter dem Mikroskop erkennt man äußerst feine, sehr biegsame Nädelchen, die in der Regel konzentrisch angeordnet sind.

dl - α - Brompropionyl-diglycyl-glycin,
$$BrCH(CH_3)CO \cdot [NHCH_2CO]_2 \cdot NHCH_2COOH.$$

Zur Verseifung wurden 4 g Ester mit 12,5 ccm n-Natronlauge (1,1 Mol.) geschüttelt, wodurch bald klare Lösung eintrat, dann eine Stunde bei gewöhnlicher Temperatur aufbewahrt und mit 12,5 ccm n-Salzsäure versetzt. Nach mehrstündigem Stehen in einer Kältemischung schied sich 1 g Säure ab; durch Einengen der Mutterlauge ließen sich noch weitere 1,75 g gewinnen. Für die Analyse wurde sie mehrfach aus der 8—10-fachen Menge heißem Wasser unter Zusatz von Tierkohle umgelöst.

0,1943 g Sbst.: 0,2403 g CO_2, 0,0715 g H_2O. — 0,1305 g Sbst.: 14,9 ccm N über 33-prozentiger Kalilauge (17°, 759 mm). — 0,2024 g Sbst.: 0,1164 g AgBr.

$C_9H_{14}O_5N_3Br$ (324,1). Ber. C 33,32, H 4,35, N 12,97, Br 24,67.
Gef. ,, 33,73, ,, 4,12, ,, 13,26, ,, 24,47.

Die Säure schmilzt bei raschem Erhitzen im Capillarrohr nach vorhergehender Sinterung gegen 174° (korr.) zu einer gelben Flüssigkeit, die sich unter Schäumen zersetzt. Unter dem Mikroskop zeigt sie kuglige Formen; sie ist ziemlich leicht löslich in Wasser, schwerer in Alkohol, sehr schwer in Essigester und Aceton.

Die Bereitung der Säure nach obigem Verfahren ist mühsam, und da auch ihre völlige Reinigung Schwierigkeiten macht, so wird man für die praktische Darstellung die folgende, viel bequemere Methode bevorzugen, die in der Kupplung von Diglycyl-glycin mit α-Brompropionylbromid besteht.

Zu einer Lösung von 10 g Diglycyl-glycin in 26,4 ccm 2-n. Natronlauge, die in einer Kältemischung gekühlt ist, gibt man abwechselnd und allmählich 15 g Brompropionylbromid (1$^1/_4$ Mol.) und 50 ccm 2-n. Natronlauge. Nach dem Verschwinden des Chlorids wird durch 15 ccm Bromwasserstoffsäure von 49% angesäuert. Durch Impfen läßt sich aus der stark gekühlten Flüssigkeit der größte Teil der Säure zur Abscheidung bringen (9 g); eine weitere Menge konnte durch Einengen gewonnen werden. Von beigemengtem Natriumbromid wurde sie durch mehrmaliges Umlösen aus möglichst wenig heißem Wasser und starkes Abpressen befreit. Die Säure zeigte dieselbe kugelige Krystallform, sowie ähnliche Löslichkeitsverhältnisse wie die aus dem Ester gewonnene. Nur der Schmelzpunkt wurde um einige Grade höher gefunden. Da der Schmelzpunkt wegen der beginnenden Zersetzung nicht scharf ist, so wurden beide Präparate nebeneinander im Capillarrohr erhitzt: die aus dem Ester erhaltene Säure schmolz gegen 176° (korr.), die andere gegen 180° (korr.).

Für die Analyse wurde im Vakuum bei 100° getrocknet.

0,1643 g Sbst.: 0,2017 g CO_2, 0,0603 g H_2O.
$C_9H_{14}O_5N_3Br$ (324,1). Ber. C 33,32, H 4,35.
Gef. ,, 33,48, ,, 4,11.

dl - Alanyl-diglycyl-glycin,
$NH_2CH(CH_3)CO \cdot [NHCH_2CO]_2 \cdot NHCH_2COOH.$

Eine Lösung von 4 g Bromkörper in der 5-fachen Menge wäßrigem Ammoniak (25-proz.) blieb 4—5 Tage im Thermostaten bei 25° stehen. Das gebildete Ammoniumbromid ließ sich nicht durch Schütteln oder Auskochen mit Alkohol vom Tetrapeptid trennen; es wurde deshalb durch Baryt und Silbersulfat in der üblichen Weise entfernt. Das Peptid wurde schließlich aus der wäßrigen Lösung, die im Vakuum stark eingeengt war, durch Zusatz von Alkohol als weißes, flockiges Produkt gefällt. (Ausbeute 2,4 g oder 75% der Theorie.) Zur Reinigung löste man es in der 6-fachen Menge heißem Wasser und fügte warmen Alkohol bis zur bleibenden Trübung hinzu: es schied sich beim Abkühlen und Reiben als feinkrystallinisches Pulver ab. Für die Analyse wurde es unter 15 mm Druck bei 100° getrocknet.

0,1494 g Sbst.: 0,2257 g CO_2, 0,0857 g H_2O. — 0,1964 g Sbst.: 29,9 ccm $^n/_{10}$-H_2SO_4 (Kjeldahl).

$C_9H_{16}O_5N_4$ (260,16).　　Ber. C 41,51, H 6,20, N 21,54.
　　　　　　　　　　　　　　Gef. ,, 41,20, ,, 6,42, ,, 21,33.

Das Tetrapeptid löst sich leicht in Wasser, sehr schwer in Alkohol Aceton und Essigester. Mit Alkali und Kupfersulfat gibt es starke Biuretfärbung. Aus konzentrierter wäßriger Lösung fällt es auf vorsichtigen Zusatz von Phosphorwolframsäure als amorphe, klebrige Masse aus; ein Überschuß des Fällungsmittels löst den Niederschlag wieder auf. Beim raschen Erhitzen im Capillarrohr färbt es sich von ca. 220° an braun und zersetzt sich gegen 242° (korr.) unter starkem Schäumen und Schwärzung.

Bei obigen Versuchen bin ich von den HHrn. Dr. Walter Axhausen und Dr. Adolf Sonn unterstützt worden. Der erste hat die Synthese des tyrosinhaltigen Tetrapeptids und der zweite die Darstellung des Alanyldiglycylglycins bearbeitet. Ich sage ihnen für die wertvolle Hilfe auch an dieser Stelle besten Dank.

50. Emil Abderhalden und Markus Guggenheim: Synthese von Polypeptiden. XXIV[1]). Derivate des 3,5-Dijod-*l*-tyrosins.

Berichte der Deutschen Chemischen Gesellschaft 41, 1237 [1908].

(Eingegangen am 23. März 1908.)

Bei der Hydrolyse der Grundsubstanz des Achsenskelettes der Koralle Gorgonia Cavolini erhielt Drechsel[2]) ein jodhaltiges Spaltprodukt, das er Jodgorgosäure nannte. In neuerer Zeit ist von Henry C. Wheeler und George S. Jamieson[3]), sowie von M. Henze[4]) der Nachweis geführt worden, daß die Jodgorgosäure identisch mit 3,5-Dijodtyrosin ist. Unzweifelhaft sind ähnliche Verbindungen in der Natur sehr verbreitet, und zwar vor allem in der organischen Grundsubstanz des Skeletts der Anthozoen[5]). Einen beträchtlichen Jodgehalt weist u. a. das Spongin auf, ohne daß es bis jetzt gelungen wäre, festzustellen, in welcher Bindung das Jod vorhanden ist. Auffallend ist, daß bei der Hydrolyse von Spongin mit kochender rauchender Salzsäure weder Tyrosin noch Phenylalanin nachgewiesen werden konnten[6]). Wir haben uns in der folgenden Untersuchung die Aufgabe gestellt, eine größere Zahl von Polypeptiden darzustellen, an deren Aufbau halogenhaltiges Tyrosin, Phenylalanin und Tryptophan beteiligt sind, um einmal die Eigenschaften dieser Verbindungen kennen zu lernen und zu-

---

[1]) Die aus dem Chemischen Institut Berlin hervorgehenden Arbeiten über die synthetischen Polypeptide sind fortlaufend numeriert.

[2]) E. Drechsel: Beiträge zur Chemie einiger Seetiere. II. Über das Achsenskelett von Gorgonia Cavolini. III. Über das Jod im Gorgonin. Zeitschr. f. Biol. **33**, 90 [1896].

[3]) Henry C. Wheeler und George S. Jamieson: Synthesis of Jodgorgic acid. Amer. Chem. Journ. **33**, 365 [1905].

[4]) M. Henze: Zur Kenntnis der jodbindenden Gruppe der natürlich vorkommenden Jodeiweißkörper. Die Konstitution der Jodgorgosäure. Zeitschr. f. physiol. Chem. **51**, 64 [1907].

[5]) Carl Th. Mörner: Zur Kenntnis der organischen Grundsubstanz des Anthozoenskeletts. Zeitschr. f. physiol. Chem. **51**, 33 [1907]. II. Mitteilung. Ebenda **55**, 77 [1908].

[6]) Emil Abderhalden und E. Strauss: Die Spaltungsprodukte des Spongins mit Säuren. Zeitschr. f. physiol. Chem. **48**, 49 [1906].

gleich Mittel und Wege zu finden, die halogenhaltige Aminosäure beim Abbau derartiger Polypeptide unverändert zu gewinnen. Wir hoffen, daß es gelingen wird, mit Hilfe der so gewonnenen Erfahrungen durch partielle Hydrolyse aus den Proteinen der erwähnten Herkunft komplizierter gebaute Spaltprodukte zu isolieren und zu identifizieren und ferner außer Dijodtyrosin noch andere halogenhaltige Aminosäure aufzufinden. Das letztere Problem interessiert uns vor allem in Hinsicht auf das jodhaltige Abbauprodukt des Jodothyrins aus Schilddrüsen.

In der vorliegenden Arbeit haben wir das Glycyl-dijod-*l*-tyrosin dargestellt, und zwar auf zwei Arten. Das eine Mal gingen wir von krystallisiertem Glycyl-*l*-tyrosin aus und führten in dieses Jod ein, und das andere Mal kuppelten wir 3,5-Dijod-*l*-tyrosin in bekannter Weise mit Chloracetylchlorid und ließen auf das gewonnene Chloracetyl-dijod-*l*-tyrosin wäßriges Ammoniak einwirken. Die auf diesen beiden Wegen erhaltenen Präparate von Glycyl-dijod-*l*-tyrosin erwiesen sich als identisch.

Experimenteller Teil.

$$3,5\text{-Dijod-}l\text{-tyrosin,} \qquad \underset{\dot{C}H_2 \cdot CH(NH_2) \cdot COOH}{\overset{OH}{\underset{}{J}\bigcirc J}}$$

Das zur Jodierung verwendete *l*-Tyrosin war durch Hydrolyse von Seidenfibroin erhalten worden. Es wurde nach der Vorschrift von Jamieson und Wheeler[1] in 2 Äquivalenten Normal-Natronlauge gelöst und unter tüchtigem Schütteln so lange feingepulvertes Jod zugegeben, als dieses farblos in Lösung ging. Hierzu sind ungefähr 2 Äquivalente Jod erforderlich statt der berechneten 4 Äquivalente. Ein weiterer Jodzusatz verursacht die Bildung harziger, brauner Nebenprodukte, wodurch die Ausbeute verschlechtert wird. Sie beträgt im günstigsten Falle 50% der berechneten. Das mehrfach aus heißem Wasser umkrystallisierte, farblose Produkt schmilzt gegen 213° (korr.) unter lebhaftem Aufschäumen und unter Bräunung.

Die optische Bestimmung wurde in ammoniakalischer und salzsaurer Lösung vorgenommen.

I. 0,2270 g wurden in 4,8050 g 25-prozentigem wäßrigem Ammoniak gelöst. Gesamtgewicht der Lösung 5,0320 g. Spez. Gewicht 0,9779. α im 1-dm-Rohr bei Natriumlicht und 20° = 0,10° nach rechts, somit

$$[\alpha]_D^{20°} = + 2,27°.$$

---

[1] loc. cit.

II. Eine Lösung von 0,2456 g Substanz in 4-prozentiger Salzsäure, die das Gesamtgewicht 5,0794 g und das spez. Gewicht 1,05 hatte, zeigte im 1-dm-Rohr bei 20° bei Natriumlicht eine Drehung von + 0,15°, somit

$$[\alpha]_D^{20°} = + 2,89°.$$

Dijod-tyrosinmethylester-chlorhydrat,
$C_6H_3OJ_2 \cdot CH_2 \cdot CH(NH_2) \cdot COOCH_3$, HCl.

Diese Verbindung wurde auf die übliche Weise dargestellt durch Einleiten eines lebhaften Salzsäure-Gasstromes in eine Suspension von 6 g Dijodtyrosin in 40 ccm absolutem Methylalkohol. Das Dijodtyrosin löst sich hierbei mit schwach gelblicher Farbe. Nach dem Erkalten krystallisiert der größte Teil (5 g) des Esterchlorhydrats aus. Der Rest (1,5 g) wird durch Eindunsten der Mutterlauge gewonnen. Das Produkt wird in wenig heißem Methylalkohol gelöst und auf Zusatz von Äther in farblosen Nadeln abgeschieden. Diese sind löslich in Wasser und Alkohol und zersetzten sich gegen 210,9° (korr.) unter lebhaftem Aufschäumen, nachdem sie bereits bei 207,9° angefangen haben, sich zu bräunen.

Zur Analyse wurde die Substanz bei 100° im Vakuum über Phosphorpentoxyd getrocknet.

0,2323 g Sbst.: 4,7 ccm $^1/_{10}$-n. AgNO$_3$. — 0,2187 g Sbst.: 0,2007 g CO$_2$, 0,0526 g H$_2$O. — 0,2100 g Sbst.: 4,6 ccm N (17°, 748 mm).

$C_{10}H_{12}O_3ClJ_2N$ (483,45).   Ber. C 24,82, H 2,48, Cl 7,33, N 2,90.
Gef. ,, 25,03, ,, 2,69, ,, 7,17, ,, 2,54.

Versetzt man die wäßrige Lösung des Hydrochlorids mit wenig verdünnter Salpetersäure, so krystallisiert das Nitrat des Dijodtyrosinesters in langen Nadeln.

Dijod-tyrosinmethylester, $C_6H_3OJ_2 \cdot CH_2 \cdot CH(NH_2) \cdot COOCH_3$.

Das salzsaure Salz des Dijodtyrosinmethylesters (2 g) wird in wäßriger Lösung mit einem Äquivalent (4,1 ccm) Normalnatronlauge versetzt. Der freie Ester fällt sofort als mikrokristallines Krystallpulver aus. Er ist sehr wenig löslich in heißem Wasser und heißem Alkohol und krystallisiert aus letzterem in glänzenden Plättchen. Unlöslich in Äther, Benzol, Aceton, leicht löslich in Eisessig. In verdünnter Natronlauge löst sich der Ester unter Verseifung in der Kälte langsam, in der Wärme rasch. Beim raschen Erhitzen im Capillarrohr beginnt die Substanz bei 186,5° sich zu bräunen. Sie zersetzt sich gegen 192° (korr.) unter lebhaftem Schäumen.

Zur Analyse wurde im Vakuum über Phosphorpentoxyd bei 100° getrocknet.

0,1586 g Sbst.: 0,1671 g AgJ. — 0,2162 g Sbst.: 0,2118 g CO_2, 0,0502 g H_2O.
— 0,3044 g Sbst.: 8,5 ccm N (18°, 747 mm).
$C_{10}H_{11}O_3J_2N$ (447). Ber. C 26,85, H 2,46, J 56,82, N 3,13.
Gef. „ 26,72, „ 2,60, „ 57,02, „ 3,22.

Chloracetyl-dijodtyrosinmethylester.

$$Cl \cdot CH_2 \cdot CO \cdot NH \cdot CH \overset{\displaystyle COOCH_3}{\underset{\displaystyle CH_2 \cdot C_6H_2(J_2)(OH)}{\big<}} \cdot$$

Die Kupplung erfolgte in bekannter Weise in Chloroformlösung.
2,4 g des Dijodtyrosinesterchlorhydrats werden in 30 ccm Chloroform
suspendiert und im Kältegemisch mit der äquivalenten Menge (5 ccm)
Normal-Natronlauge versetzt. Dabei scheidet sich der unlösliche Dijod-
tyrosinmethylester ab. Von dem zur Kupplung nötigen Chloracetylchlorid (1,5 g in 15 ccm Chloroform) gibt man allmählich die Hälfte zu.
Dabei wird ein Teil des Dijodtyrosinesters gekuppelt und das Konden-
sationsprodukt vom Chloroform aufgenommen. Der andere Teil geht
als Esterchlorhydrat in das Wasser über. Wird durch 0,9 g Natriumbicarbonat die Salzsäure gebunden, so kann mit der anderen Hälfte des
Chloracetylchlorids die Kupplung vervollständigt werden. Die klare
Chloroformlösung wird vom Wasser getrennt, mit trocknem Natriumsulfat getrocknet und im Vakuum eingeengt. Die stark konzentrierte
Lösung erstarrt bald zu einer Krystallmasse. Die Ausbeute (2,8 g) ist
nahezu quantitativ. Durch Umkrystallisieren aus wenig heißem Benzol
wird die Substanz gereinigt. Sie krystallisiert in kleinen, prismatischen
Nädelchen. Sie ist leicht löslich in heißem Benzol, ziemlich leicht löslich in Chloroform und Alkohol, unlöslich in Wasser, Äther und Petroläther. Beim raschen Erhitzen im Capillarrohr sintert die Substanz bei
146°, und bei 149° (korr.) schmilzt sie zu einem farblosen Öl.
Analyse der bei 100° im Vakuum über Phosphorpentoxyd getrockneten Substanz.

0,1615 g Sbst.: 0,1641 g CO_2, 0,0357 g H_2O. — 0,1586 g Sbst.: 3,2 ccm N
(18°, 746 mm). — 0,1948 g Sbst.: 0,2294 g AgCl + AgJ (0,1742 g AgJ und 0,0552 g
AgCl).
$C_{12}H_{12}O_4NClJ_2$ (523,45). Ber. C 27,51, H 2,30, N 2,68, J 48,52, Cl 6,77.
Gef. „ 27,71, „ 2,47, „ 2,32, „ 48,31, „ 7,01.

Chloracetyl-dijodtyrosin,

$$Cl \cdot CH_2 \cdot CO \cdot NH \cdot CH \overset{\displaystyle COOH}{\underset{\displaystyle CH_2 \cdot C_6H_2(J_2)(OH)}{\big<}} \cdot$$

5 g Chloracetyl-dijodtyrosinester werden in 20 ccm Normal-Natronlauge (2 Äq.) gelöst und nach kurzem Stehen mit der äquivalenten Menge
normaler Salzsäure versetzt. Dabei scheidet sich das Chloracetyl-dijod-

tyrosin quantitativ als sehr voluminöser Niederschlag ab. Er wird in wenig Alkohol gelöst und die Lösung mit heißem Wasser bis zur beginnenden Trübung versetzt. Das Chloracetyl-dijodtyrosin krystallisiert dann in prismatischen Nadeln. Sie sind leicht löslich in Alkohol und Aceton, sehr schwer löslich in heißem Wasser, woraus sternförmig angeordnete Nadelbüschel krystallisieren. Gegen 218° erfolgt Bräunung und gegen 221° (korr.) völlige Zersetzung.

Substanz bei 100° im Vakuum über Phosphorpentoxyd getrocknet.

0,1848 g Sbst.: 0,2260 g AgCl + AgJ (0,1695 g AgJ + 0,0565 g AgCl). — 0,1716 g Sbst.: 0,1639 g CO_2, 0,0230 g H_2O. — 0,2217 g Sbst.: 4,8 ccm N (18°, 747 mm).

$C_{11}H_{10}O_4NClJ_2$ (509,45).   Ber. C 25,92, H 1,96, N 2,75, Cl 6,96, J 49,86.
Gef. ,, 26,05, ,, 1,50, ,, 2,50, ,, 7,56, ,, 49,57.

Glycyl - 3,5 - dijod - l - tyrosin,

$$NH_2 \cdot CH_2 \cdot CO \cdot NH \cdot CH {<} {COOH \atop CH_2 \cdot C_6H_2(J_2)OH} .$$

Glycyl-3,5-dijodtyrosin wurde aus Chloracetyl-dijodtyrosin durch Einwirkung von Ammoniak und aus Glycyl-l-tyrosin durch Jodierung erhalten.

Darstellung aus Chloracetyl-dijodtyrosin. 1,8 g Chloracetyl-dijodtyrosin werden 3 Tage lang der Einwirkung von wäßrigem 25-prozentigem Ammoniak bei 35° überlassen. Beim langsamen Verdunsten der Lösung krystallisiert das Glycyl-dijodtyrosin neben Ammoniumchlorid in rhombischen Nadeln. Zur Reinigung wäscht man mit Wasser aus, bis das Filtrat chlorfrei ist, und krystallisiert dann aus ammoniakalischer Lösung um. Beim starken Erhitzen im Capillarrohr zersetzt sich die Substanz gegen 232° (korr.) unter Aufschäumen. Das Drehungsvermögen von 0,1962 g in 25-prozentigem wäßrigem Ammoniak betrug + 2,3°. Gesamtgewicht der Lösung 4,0710 g, Dichte der Lösung 0,9773, somit

$$[\alpha]_D^{20°} = + 51,20°.$$

Darstellung aus Glycyl-l-tyrosin. 5,2 g Glycyl-l-tyrosin werden in 20 ccm Normal-Natronlauge (1 Äquivalent) gelöst und in kleinen Portionen unter energischem Schütteln 10 g fein gepulvertes Jod (4 Äquivalent) zugegeben. Wenn die Hälfte des Jods zugesetzt ist, beginnt die Abscheidung des Glycyl-dijodtyrosins. Der Niederschlag wird nach der vollständigen Jodierung sofort abgesaugt und mit Wasser und Alkohol gewaschen. Das so erhaltene Produkt (8 g) ist ziemlich rein und farblos. Durch Ansäuern der Mutterlauge mit Essigsäure wurde noch ca. 1 g gelb gefärbtes Produkt erhalten.

Zur Reinigung wurde in wenig 25-prozentigem Ammoniak gelöst, die Lösung nach Zugabe von wenig Tierkohle filtriert und über konzentrierter Schwefelsäure im Exsiccator zur Trockne verdampft. Der Rückstand wurde mit Wasser und Alkohol gewaschen. Zersetzungspunkt 232° (korr.).

Optische Bestimmung. I. 0,2020 g Substanz in 25-prozentigem wäßrigem Ammoniak gelöst. Gesamtgewicht der Lösung 4,020 g. Die Lösung drehte im 1-dm-Rohr das polarisierte Natriumlicht um 2,40° nach rechts. Dichte der Lösung 0,9775.

$$[\alpha]_D^{20°} = + 51,32°.$$

II. 0,2454 g Substanz. Gesamtgewicht der Lösung 4,8424, d = 0,9775, $\alpha = + 2,61°$ im 1-dm-Rohr.

$$[\alpha]_D^{20°} + 52,69°.$$

Analyse der bei 110° im Vakuum über Phosphorpentoxyd getrockneten Substanz.

0,1513 g Sbst.: 0,1446 g AgJ. — 0,1947 g Sbst.: 0,1916 g CO_2, 0,0461 g H_2O. — 0,2178 g Sbst.: 10,7 ccm N (18°, 743 mm).

$C_{11}H_{12}O_4J_2N_2$ (490). Ber. C 26,94, H 2,45, J 51,84, N 5,71.

Gef. ,, 26,84, ,, 2,65, ,, 51,64, ,, 5,63.

Die Übereinstimmung des Drehungsvermögens und des Zersetzungspunktes beider Präparate beweist die Identität des nach den beiden verschiedenen Methoden dargestellten Glycyl-dijodtyrosins. Es ist in allen indifferenten Lösungsmitteln praktisch unlöslich, leichtlöslich in Eisessig, verdünnten Alkalien und Säuren. In 25-prozentiger Schwefelsäure löst es sich farblos. Die Lösung scheidet beim Stehen, rascher nach gelindem Erwärmen, einen blauen, flockigen Niederschlag ab, der in der Hitze sich farblos löst und beim Abkühlen wieder erscheint. An anderer Stelle wird über Spaltungsversuche des Glycyl-dijodtyrosins mit Säuren und Alkalien und über dessen Verhalten im tierischen Organismus berichtet werden.

Glycyl-dijodtyrosinmethylester-chlorhydrat,

$$NH_2 \cdot CH_2 \cdot CO \cdot NH \cdot CH \begin{cases} COOCH_3 \cdot HCl \\ CH_2 \cdot C_6H_2(J_2)(OH) \end{cases}.$$

4 g Glycyl-dijodtyrosin werden in 40 ccm absolutem Methylalkohol durch rasches Einleiten von Salzsäuregas in Lösung gebracht und bei 40° im Vakuum zur Trockne verdampft. Der Rückstand wird in wenig Methylalkohol aufgenommen. Nach Zusatz von Äther scheidet sich bei längerem Stehen das Esterchlorhydrat in einer schwach gelblich gefärbten Krystallkruste ab. Feine Nädelchen. Löslich in Wasser und Alkohol. Gegen 166,5° beginnende Bräunung, gegen 185° (korr.) Zersetzung unter lebhaftem Aufschäumen.

Analyse der bei $100°$ im Vakuum über Phosphorpentoxyd getrockneten Substanz.

0,1897 g Sbst.: 0,1840 g CO_2, 0,0529 g H_2O. — 0,2029 g Sbst.: 8,5 ccm N
(15°, 761 mm). — 0,1678 g Sbst.: 2,9 ccm $^1/_{10}$-n. $AgNO_3$.

$C_{12}H_{15}O_4N_2ClJ_2$.   Ber. C 26,64, H 2,78, Cl 6,56, N 5,18.
Gef. ,, 26,45, ,, 3,12, ,, 6,13, ,, 4,97.

Glycyl-dijodtyrosinmethylester,

$$NH_2 \cdot CH_2 \cdot CO \cdot NH \cdot CH {<}^{COOCH_3}_{CH_2 \cdot C_6H_2 \cdot (J_2)(OH)}$$

Wird die wäßrige Lösung von 1 g Glycyl-dijodtyrosinesterchlorhydrat mit 1,8 ccm Normal-Natronlauge (1 Äquivalent) versetzt, so scheidet sich der freie Ester sofort als flockiger, schwerer Niederschlag ab. Dieser ist leicht löslich in Alkohol, unlöslich in Äther, Aceton und Benzol. Mit Wasser verseift er sich beim Kochen, mit Alkali schon in der Kälte. Gegen $85,5°$ beginnt die Substanz zu sintern, und gegen $130°$ (korr.) zersetzt sie sich unter Aufschäumen; gegen $156,5°$ tritt Braunfärbung ein.

Zur Analyse wurde im Vakuum bei $50°$ über Phosphorpentoxyd getrocknet.

0,1772 g Sbst.: 0,1824 g CO_2, 0,0433 g H_2O. — 0,2003 g Sbst.: 9 ccm N
(19°, 755 mm). — 0,1695 g Sbst.: 0,1592 g AgJ.

$C_{12}H_{14}O_4N_2J_2$ (504).   Ber. C 28,57, H 2,78, N 5,55, J 50,40.
Gef. ,, 28,03, ,, 2,73, ,, 5,22, ,, 50,75.

51. Emil Fischer: Synthese von Polypeptiden. XXV[1]). Derivate des Tyrosins und des Amino-acetals.

Berichte der Deutschen Chemischen Gesellschaft 41, 2860 [1908].

(Eingegangen am 10. August 1908.)

Für den Aufbau komplizierter Polypeptide aus den einfachen Aminosäuren sind die bisher bekannten Methoden ausreichend, wie ich vor Jahresfrist durch die Gewinnung eines Oktadekapeptids gezeigt habe[2]). Schwierigkeiten ergeben sich aber, wenn es sich darum handelt, Kombinationen der Oxy-aminosäuren in der gleichen Art zu verarbeiten; insbesondere stört hier die Empfindlichkeit des Hydroxyls gegen Phosphorpentachlorid. Dieser Übelstand ist mir besonders fühlbar geworden bei dem Versuch, die verschiedenen isomeren Tri- und Tetrapeptide zu gewinnen, die das Tyrosin mit dem Glykokoll und dem Alanin bilden kann, und deren Entstehung man bei der partiellen Hydrolyse des Seidenfibroins erwarten darf. Ich habe deshalb nach einem Mittel gesucht, den schädlichen Einfluß des im Tyrosin enthaltenen Hydroxyls vorübergehend zu beseitigen, und gefunden, daß die Einführung der Carbomethoxygruppe für diesen Zweck sehr geeignet ist, denn diese läßt sich jederzeit leicht wieder durch Verseifung entfernen.

Die Brauchbarkeit des Verfahrens wurde zunächst für das Chloracetyl-*l*-tyrosin geprüft. Durch Schütteln seiner alkalischen Lösung mit Chlorkohlensäuremethylester entsteht in fast quantitativer Ausbeute das Chloracetyl-carbomethoxy-*l*-tyrosin:

$$ClCH_2CO \cdot NH \cdot CH(CH_2 \cdot C_6H_4 \cdot O \cdot COOCH_3)COOH.$$

Dieses läßt sich durch Behandlung mit Acetylchlorid und Phosphorpentachlorid verhältnismäßig leicht in das entsprechende Säurechlorid

---

[1]) Diese Mitteilung ist eine Erweiterung der Abhandlung, die ich am 21. Mai 1908 der Akademie der Wissenschaften zu Berlin vorlegte. Vergl. Sitzungsberichte **1908**, 542 und Chem. Zentralbl. **1908**, II, 314.

[2]) Berichte d. D. Chem. Gesellsch. **40**, 1754 [1907] (*S. 377.*)

verwandeln. Bringt man letzteres dann in ätherischer oder Chloroform-Lösung mit Glykokollester zusammen, so entsteht der Chloracetyl-carbomethoxy-tyrosyl-glycinäthylester:

$$ClCH_2CO \cdot NHCH(CH_2 \cdot C_6H_4 \cdot O \cdot COOCH_3)CO \cdot NHCH_2COOC_2H_5.$$

Glücklicherweise findet bei diesem Ester schon durch Schütteln mit kaltem verdünntem Alkali totale Verseifung statt, wobei die Carbomethoxygruppe als Methylalkohol und Kohlensäure abgespalten wird und in befriedigender Ausbeute das Chloracetyl-tyrosyl-glycin:

$$ClCH_2CO \cdot NHCH(CH_2 \cdot C_6H_4 \cdot OH)CO \cdot NHCH_2COOH$$

resultiert.

Daraus entsteht endlich durch Amidierung Glycyl-tyrosyl-glycin:

$$NH_2CH_2CO \cdot NHCH(CH_2 \cdot C_6H_4 \cdot OH)CO \cdot NHCH_2COOH.$$

Auf dieselbe Art konnte durch Verwendung von Glycyl-*d*-alaninester an Stelle des Glykokollesters ein

Chloracetyl-carbomethoxytyrosyl-glycyl-*d*-alanin-methylester,

$$ClCH_2CO \cdot NHCH(CH_2 \cdot C_6H_4 \cdot O \cdot COOCH_3)CO \cdot$$
$$NHCH_2CO \cdot NHCH(CH_3)COOCH_3,$$

erhalten werden, und dieser lieferte bei der Verseifung und nachträglichen Amidierung ein bisher allerdings nur im amorphen Zustand bekanntes Tetrapeptid, das ich nach der Bildungsweise für

Glycyl-tyrosyl-glycyl-alanin,

$$NH_2CH_2CO \cdot NHCH(CH_2 \cdot C_6H_4 \cdot OH)CO \cdot$$
$$NHCH_2CO \cdot NHCH(CH_3)COOH,$$

halte.

Ich zweifle nicht daran, daß man mit dieser Methode zahlreiche bisher unzugängliche Polypeptide des Tyrosins bereiten kann, und hoffe, daß sie sich auf andere Oxy-aminosäuren, z. B. Serin, übertragen läßt.

Leider erfolgt während der Synthese eine starke Racemisierung der Tyrosingruppe, denn der Chloracetyl-carbomethoxy-tyrosyl-glycinester und die daraus dargestellten weiteren Produkte erwiesen sich sämtlich als optisch inaktiv.

Die aus dem Glycyl-*d*-alaninester hergestellten Präparate sind zwar optisch aktiv, aber ihre Homogenität ist sehr fraglich; denn wenn das Chloracetyl-carbomethoxy-tyrosylchlorid zum größten Teil racemisiert ist, so müssen bei der Kupplung mit dem aktiven Glycyl-

d-alaninester zwei verschiedene optisch aktive Körper entstehen. Da ferner die Ausbeute an Kupplungsprodukt hier ebenso gut ist wie beim Glykokollester, so halte ich es für sehr wahrscheinlich, daß das später beschriebene Präparat auch nach dem Umkrystallisieren ein solches Gemisch von zwei Stereoisomeren war. Dasselbe gilt natürlich auch für das daraus bereitete Tetrapeptid.

Im Anschluß hieran erwähne ich noch die Carboalkyloxyderivate des Formyl-tyrosins, deren Chloride ebenfalls für die Synthese von Polypeptiden benutzt werden sollen. Diese Versuche sind aber noch nicht abgeschlossen.

Reduktionsprodukte der Polypeptide sind bisher nicht bekannt. Man könnte daran denken, solche Körper, die an Stelle des endständigen Carboxyls die Aldehydgruppe enthalten, durch Reduktion der Ester mit Natriumamalgam in ähnlicher Weise darzustellen, wie kürzlich der Glykokollester gleichzeitig von mir[1]) und von C. Neuberg[2]) in Aminoaldehyd oder Aminoacetal übergeführt wurde.

Da aber diese Reduktion nur schlechte Ausbeuten liefert, so habe ich einen anderen Weg eingeschlagen, der viel leichter zum Ziele führt und der Bildung von Dipeptiden aus Halogenacyl-aminosäuren entspricht.

Bringt man Amino-acetal mit Chlor-acetylchlorid in ätherischer Lösung zusammen, so findet sofort Umsetzung statt, und es entsteht neben salzsaurem Aminoacetal in reichlicher Menge ein sirupöses Produkt, das zwar nicht analysiert wurde, das aber nach seiner Entstehungsweise und seinem ganzen Verhalten sehr wahrscheinlich Chloracetyl-aminoacetal ist:

$$ClCH_2CO \cdot NHCH_2CH(OC_2H_5)_2.$$

Bei der Behandlung mit Ammoniak tauscht es nämlich das Halogen gegen Amid aus und verwandelt sich in eine Base, die nach der Analyse der Salze die Zusammensetzung $C_8H_{18}O_3N_2$ hat und die ich für Glycyl-aminoacetal:

$$NH_2CH_2CO \cdot NHCH_2CH(OC_2H_5)_2$$

halte.

Sie zeigt manche Ähnlichkeit mit dem Aminoacetal selbst. Insbesondere wird sie von Säuren sehr leicht in ein Produkt verwandelt, das die Fehlingsche Lösung stark reduziert und wahrscheinlich Glycylaminoaldehyd, oder mit anderen Worten, der Aldehyd des Glycylglycins ist.

---

[1]) Berichte d. D. Chem. Gesellsch. **41**, 1019 [1908]. (*S. 295.*)
[2]) Berichte d. D. Chem. Gesellsch. **41**, 956 [1908].

Diese Synthese läßt sich ohne Zweifel in mannigfaltiger Weise variieren, und von den Produkten darf man mit Hinblick auf die Reaktionsfähigkeit der Aminoaldehyde einerseits und der Dipeptide andrerseits merkwürdige Umwandlungen erwarten.

Chloracetyl-carbomethoxy-*l*-tyrosin,
$$ClCH_2CO \cdot NHCH(CH_2 \cdot C_6H_4 \cdot O \cdot COOCH_3)COOH.$$

13 g Chloracetyl-*l*-tyrosin werden in 100 ccm *n*-Natronlauge (2 Mol.) gelöst, in einer Kältemischung gut gekühlt und 5 g (1,1 Mol.) chlorkohlensaures Methyl zugefügt. Das Öl verschwindet bei kräftigem Schütteln fast augenblicklich, und nach 5—10 Minuten ist auch der Geruch des Chlorids verschwunden. Beim Ansäuern mit 10 ccm 5-fachnormaler Salzsäure fällt das Reaktionsprodukt als dickes Öl aus, das sofort mit dem doppelten Volumen Äther ausgeschüttelt wird. Die Ätherauszüge werden mit Natriumsulfat flüchtig getrocknet und auf dem Wasserbade stark eingeengt. Durch Zufügen von Petroläther wird das Produkt ölig abgeschieden, krystallisiert aber beim Reiben nach kurzer Zeit. Nach dem Absaugen, Waschen mit Petroläther und Trocknen im Exsiccator betrug die Ausbeute 14,8 g oder 94% der Theorie. Löst man das Produkt in 50 Tln. heißem Wasser, so fällt es beim Abkühlen erst als Öl aus, krystallisiert aber bei längerem Stehen in Eis als mikroskopische, äußerst dünne, langgestreckte und zugespitzte, farblose Blättchen, die vielfach wie Nadeln aussehen. Sie wurden zur Analyse im Vakuumexsiccator über Schwefelsäure getrocknet.

0,1980 g Sbst.: 0,3600 g CO_2, 0,0808 g H_2O. — 0,1747 g Sbst.: 0,0795 g AgCl.

$C_{13}H_{14}O_6NCl \cdot$ (315,57)   Ber. C 49,43, H 4,47, Cl 11,23.
                                     Gef. ,, 49,59, ,, 4,56, ,, 11,25.

Beim raschen Erhitzen im Capillarrohr schmilzt die Substanz bei 116° (korr.) zu einer klaren farblosen Flüssigkeit, nachdem schon einige Grade vorher Sinterung eingetreten ist.

Sie löst sich leicht in Alkohol, Essigäther, Aceton, schwerer in Chloroform, Toluol, Äther, noch schwerer in kaltem Wasser, und ist fast unlöslich in Petroläther.

Mit Millons Reagens gibt die wäßrige Lösung selbst in gelinder Wärme keine Rotfärbung; erst bei stärkerem und längerem Erhitzen tritt eine schwache Rosafärbung ein.

Durch überschüssiges Alkali wird die Carbomethoxygruppe sehr leicht angegriffen. Löst man nämlich die Substanz in etwa 4 Mol. *n*-Alkali, so erfolgt beim Ansäuern stürmische Kohlensäureentwicklung.

Zur Bestimmung des Drehungsvermögens diente eine Lösung in absolutem Alkohol:

0,3250 g Substanz. Gesamtgewicht der Lösung 3,2561 g. d=0,8273.
Drehung bei 20° und Natriumlicht im 1-dm-Rohr + 4,02° (± 0,02).
Mithin:

$$[\alpha]_D^{20°} = + 48,7° (\pm 0,2).$$

Chloracetyl-carbomethoxy-tyrosylchlorid.

4 g der zuvor beschriebenen rohen Säure, die durch Fällen der
ätherischen Lösung mit Petroläther erhalten ist, werden fein gepulvert,
durch ein Haarsieb getrieben, dann mit 20 ccm frisch destilliertem
Acetylchlorid übergossen und in die durch Eis gekühlte Suspension
3 g (1,1 Mol.) schnell gepulvertes, frisches Phosphorpentachlorid eingetragen. Beim Schütteln tritt im Laufe weniger Minuten klare Lösung
ein. Das Acetylchlorid und Phosphoroxychlorid müssen unter stark
vermindertem Druck schnell verdampft werden. Der schwach gelb
gefärbte, ölige Rückstand wird zweimal mit trocknem Petroläther
gewaschen und dann mit etwa 25 ccm trocknem Äther aufgenommen.
Von einer geringen Menge ungelöster Substanz wird schnell filtriert
und die klare, gelbliche, ätherische Lösung des Chlorids direkt zur Synthese verwendet. Manchmal scheidet sich das Chlorid beim Abdampfen
des Acetylchlorids krystallisiert ab. In diesem Zustand ist es in Äther
schwer löslich, und man tut besser, nach dem Waschen mit Petroläther
in Chloroform zu lösen und diese Flüssigkeit in der später beschriebenen
Weise für die Kupplung mit Glykokollester zu verwenden.

Chloracetyl-carbomethoxy-tyrosyl-glycinäthylester,
$ClCH_2CO \cdot NHCH(CH_2 \cdot C_6H_4 \cdot O \cdot COOCH_3)CO \cdot NHCH_2COOC_2H_5.$

In eine durch Eis gekühlte Lösung von 5,2 g (4 Mol.) Glykokollester in etwa 75 ccm trocknem Äther wird die ätherische Lösung des
Chlorids allmählich unter starkem Schütteln eingetragen. Man muß
darauf achten, daß die ätherische Lösung stets alkalisch bleibt, und
deshalb, wenn nötig, noch mehr Glykokollester zufügen. Zusammen
mit dem salzsauren Glykokollester fällt das Kupplungsprodukt als
gelbliche, klebrige Masse aus, die aber beim langen Reiben allmählich
fest wird. Nach dem Absaugen, Waschen mit Äther und Trocknen entfernt man aus dem Gemisch das Glykokollesterhydrochlorid durch Verreiben mit 10 ccm Wasser. Zur Reinigung wird das Rohprodukt in etwa
der 8-fachen Menge heißem Alkohol gelöst und nach dem Filtrieren das
2—3-fache Volumen heißes Wasser zugefügt. In der Regel krystallisiert
der Ester dann sofort aus.

Die Ausbeute ist ziemlich schwankend und betrug im besten Falle
50% der Theorie, berechnet auf das angewandte Chloracetylcarbometh-
oxy-tyrosin.

Ist das zu verwendende Säurechlorid krystallisiert, so benutzt man, wie oben erwähnt, zum Lösen nicht Äther, sondern ganz trocknes Chloroform, von dem auf 4 g ursprüngliches Chloracetyl-carbomethoxy-tyrosin etwa 20 ccm zur Anwendung kommen. Diese Lösung trägt man allmählich in eine durch Kältemischung gekühlte Lösung von 6 g Glykokollester in 75 ccm Chloroform ein. Das Kupplungsprodukt bleibt hier gelöst, während Glykokollesterchlorhydrat auskrystallisiert. Etwa 30 Minuten nach beendigter Eintragung wird die filtrierte Chloroformlösung unter vermindertem Druck stark eingedampft, dann mit Petroläther gefällt und der klebrige Niederschlag nach Entfernen der Mutterlauge mit Wasser durchgerührt, wobei er durchgehends krystallinisch erstarrt. Zur Reinigung wird ebenfalls aus verdünntem Alkohol umkrystallisiert. Die Ausbeute war hier etwas besser; sie betrug an reinem Produkt bis 60% der Theorie.

Zur Analyse wurde nochmals aus verdünntem Alkohol umkrystallisiert und im Vakuum über Schwefelsäure getrocknet.

0,1956 g Sbst.: 0,3650 g CO_2, 0,0944 g H_2O. — 0,1261 g Sbst.: 0,0458 g AgCl.
$C_{17}H_{21}O_7N_2Cl$ (400,63).   Ber. C 50,92, H 5,28, Cl 8,85.
Gef. „ 50,89, „ 5,40, „ 8,98.

Beim raschen Erhitzen im Capillarrohr beginnt der Ester gegen 125° zu sintern und schmilzt bei 130° (korr.) zu einer klaren Flüssigkeit. Er ist in Essigäther, Chloroform, Aceton und warmem Alkohol leicht löslich, schwerer in Benzol, sehr schwer in Äther und Wasser, selbst in der Hitze, fast unlöslich in Petroläther. Er krystallisiert aus Alkohol oder Benzol in feinen verfilzten Nädelchen, aus heißem Wasser in schmalen, konzentrisch verwachsenen Spießen. Weder die alkoholische, noch die Chloroformlösung zeigte eine Drehung des polarisierten Lichtes.

In Soda ist er unlöslich, wird aber durch überschüssiges Alkali allmählich unter Verseifung und Kohlensäureabspaltung gelöst.

Chloracetyl-tyrosyl-glycin,

$ClCH_2CO \cdot NHCH(CH_2 \cdot C_6H_4 \cdot OH)CO \cdot NHCH_2COOH.$

3 g des Esters werden möglichst fein gepulvert und mit 34 ccm Normalnatronlauge (4½ Mol.) auf der Maschine geschüttelt. Unter starker Gelbfärbung löst sich die Substanz in 1—1½ Stunden. Wird jetzt die braungelbe Flüssigkeit mit 7 ccm 5-fach normaler Salzsäure angesäuert, so findet lebhafte Gasentwicklung statt, und die Farbe wird etwas heller. Impft man mit einigen Krystallen, die von einer früheren Darstellung herrühren, so scheiden sich im Laufe einer Stunde beim Kühlen mit Eis und häufigem Reiben 1,6 g oder etwa 70% der Theorie leicht

gelb gefärbte Kryställchen ab. Zur Gewinnung der ersten Krystalle ist es ratsam, die wäßrige Lösung unter stark vermindertem Druck völlig zu verdampfen, den Rückstand mit warmem Essigäther aufzunehmen, vom Kochsalz zu filtrieren und die Lösung abzudunsten. Der sirupöse Rückstand krystallisiert bei längerem Reiben zum größten Teil, und die nun schwer löslichen Krystalle werden mit wenig kaltem Essigäther digeriert, abgesaugt und mit kaltem Essigäther gewaschen.

Zur Reinigung wird die Säure aus der 10-fachen Menge heißem Wasser unter Zusatz von Tierkohle umkrystallisiert; sie fällt beim Abkühlen in kleinen, vierseitigen, fast rechteckigen Platten aus, die zuweilen wie Prismen aussehen. Zur Analyse waren sie bei 100° getrocknet.

0,1855 g Sbst.: 0,3368 g CO_2, 0,0802 g H_2O. — 0,1807 g Sbst.: 0,0815 g AgCl.

$C_{13}H_{15}O_5N_2Cl$ (314,58).   Ber. C 49,59, H 4,80, Cl 11,27.

Gef. ,, 49,52, ,, 4,84, ,, 11,15.

Die Säure schmilzt beim raschen Erhitzen im Capillarrohr bei 188 bis 190° (korr.) unter Gasentwicklung und Rotfärbung.

Sie ist in reinem Zustand so gut wie farblos; gewöhnlich aber haben die Krystalle einen Stich ins Gelbe. Von heißem Wasser verlangt sie ungefähr 10 Teile zur Lösung und scheidet sich beim Abkühlen auf 0° zum allergrößten Teil aus. In Methylalkohol ist sie leicht löslich, in Äthylalkohol etwas schwerer, recht schwer in Essigäther, Chloroform, Toluol, und fast unlöslich in Äther.

Eine 3-prozentige wäßrige Lösung zeigte keine wahrnehmbare Drehung.

Glycyl-tyrosyl-glycin,

$NH_2CH_2CO \cdot NHCH(CH_2 \cdot C_6H_4 \cdot OH)CO \cdot NHCH_2COOH.$

1 g Chloracetyl-tyrosyl-glycin wird in 5 ccm 25-prozentigem, wäßrigem Ammoniak gelöst und bei 25° aufbewahrt. Nach $2\frac{1}{2}$ Tagen ist alles Halogen abgespalten. Die gelbe Lösung wird unter vermindertem Druck völlig abgedampft und der Rückstand mit etwa 15 ccm absolutem Alkohol behandelt. Er bildet dann ein rötlichgelbes Pulver, das abgesaugt und mit Alkohol gewaschen wird. Die Ausbeute an diesem fast völlig halogenfreien Produkt betrug 0,75 g oder 80% der Theorie. Es wird zur Reinigung in etwa 8 Teilen heißem Wasser gelöst und durch Zusatz des fünffachen Volumens absoluten Alkohols wieder abgeschieden. Es bildet dann mikroskopisch kleine, wetzsteinähnliche Kryställchen, die zur Analyse bei 15 mm Druck über Phosphorpentoxyd bei 100° getrocknet wurden.

0,2028 g Sbst.: 0,3927 g CO_2, 0,1088 g H_2O. — 0,1182 g Sbst.: 11,9 ccm $^1/_{10}$-n. NH_3 (Kjeldahl).

$C_{13}H_{17}O_5N_3$ (295,16).   Ber. C 52,85, H 5,80, N 14,24.

Gef. ,, 52,81, ,, 6,00, ,, 14,10.

Beim raschen Erhitzen im Capillarrohr beginnt das Tripeptid sich bei 205° gelb zu färben und zersetzt sich gegen 221° (korr.) unter Gasentwicklung und Braunfärbung.

Löst man es in etwa der achtfachen Menge warmem Wasser und kühlt auf 0° ab, so scheidet es sich wieder in reichlicher Menge als weißes, sehr feines, mikrokrystallinisches Pulver ab. Die wäßrige Lösung wird durch eine gesättigte Ammoniumsulfatlösung nicht gefällt. Die nicht gar zu verdünnte, mit etwas Schwefelsäure versetzte, wäßrige Lösung gibt mit Phosphorwolframsäure einen amorphen Niederschlag, der sich in der Wärme ziemlich leicht löst. Die wäßrige Lösung zeigt sehr schön die Millonsche Reaktion. Sie löst Kupferoxyd beim Kochen langsam und färbt sich dabei rein blau. Die alkalische Lösung gibt auf Zusatz von wenig Kupfersulfat eine ins Violett spielende Blaufärbung. Die $2^{1}/_{2}$-prozentige, wäßrige Lösung zeigte im 2-dcm-Rohr keine wahrnehmbare Drehung.

Chloracetyl-carbomethoxy-tyrosyl-glycyl-d-alaninmethylester.

$$ClCH_2CO \cdot NHCH(CH_2 \cdot C_6H_4 \cdot O \cdot COOCH_3) \cdot$$
$$CO \cdot NHCH_2CO \cdot NHCH(CH_3)COOCH_3.$$

Für die Bereitung des Glycyl-d-alaninmethylesters diente folgendes Verfahren:

Glycyl-d-alanin[1]) wird mit 5 Volumteilen trocknem Methylalkohol und gasförmiger Salzsäure unter mäßiger Kühlung verestert und das Hydrochlorid des Esters durch Zufügung von etwa dem gleichen Volumen trocknem Äther abgeschieden. Das Salz krystallisiert beim Reiben bald und bildet dünne, farblose, seidenglänzende Prismen, die beim raschen Erhitzen im Capillarrohr nach vorheriger Sinterung bei etwa 160—162° (korr.) schmelzen, und zur Analyse im Vakuum über Natronkalk getrocknet wurden.

0,2146 g Sbst.: 10,66 ccm $^{1}/_{10}$-n. AgNO$_3$.

$C_6H_{12}O_3N_2 \cdot$ HCl (196,57). Ber. Cl 18,03. Gef. Cl 17,61.

Das Salz ist in Wasser spielend leicht, auch in Alkohol recht leicht löslich.

---

[1]) E. Fischer und A. Schulze, Berichte d. D. Chem. Gesellsch. **40**, 946 [1907]. (S. 367.) Um die dort angegebene, ziemlich schlechte Ausbeute (45% an Rohprodukt) zu verbessern, wurde das bei der Darstellung des Dipeptids entstehende Chlorammonium zuerst in der gewöhnlichen Weise mit Barythydrat und Silbersulfat entfernt und dann das Dipeptid durch mehrmaliges Abdampfen mit Alkohol in den krystallisierten Zustand übergeführt. Die Ausbeute stieg dadurch auf 65—68% der Theorie an reinem Produkt.

5 g des salzsauren Esters werden in 15 ccm trocknem Methylalkohol gelöst, unter Kühlung die zur Bindung des Chlors nicht ganz ausreichende Menge Natriummethylat, in Methylalkohol gelöst, zugegeben und nun der Methylalkohol unter stark vermindertem Druck möglichst schnell abgedampft, wobei die Temperatur des Bades nicht höher als 25° sein soll. Es ist nicht nötig, daß der Methylalkohol dabei völlig entfernt wird. Durch Ausschütteln mit etwa 30 ccm stark gekühltem, trocknem Chloroform wird der Dipeptidester von dem abgeschiedenen Kochsalz getrennt und diese Lösung des Esters nach dem schnellen Filtrieren sofort zur Synthese benutzt.

Das schnelle Arbeiten ist unbedingt erforderlich, da der freie Methylester äußerst leicht in Glycyl-d-alaninanhydrid übergeht, manchmal schon fast vollständig beim Abdampfen des Methylalkohols. Aus demselben Grunde ist ein Überschuß von Natriummethylat zu vermeiden, weil es die Anhydridbildung befördert.

In die Lösung des Dipeptidesters wird nun die chloroformische Lösung des Chloracetyl-carbomethoxy-tyrosylchlorids, das aus 2 g Chloracetyl-carbomethoxytyrosin bereitet ist, allmählich unter starker Kühlung eingetragen, bis die Reaktion der Lösung neutral ist. Nach einstündigem Stehen der gelben Lösung bei Zimmertemperatur wird das Chloroform unter stark vermindertem Druck verdampft und der gelbe, sirupöse Rückstand mit Methylalkohol aufgenommen. Da diese Lösung noch erhebliche Mengen Chloroform enthält, das die Krystallisation des Kupplungsprodukts erschwert, so wird sie nochmals im Vakuum abgedampft, wieder mit Methylalkohol aufgenommen und in gelinder Wärme mit Wasser bis zur Trübung versetzt. Beim Abkühlen und Reiben tritt bald Krystallisation ein. Das gelbbraun gefärbte Rohprodukt wird abgesaugt, mit Wasser gewaschen und im Vakuum über Schwefelsäure getrocknet. Die Ausbeute war außerordentlich schwankend, im besten Falle betrug sie bei den oben angegebenen Mengen 1,7 g. Außerdem tritt bei der Reinigung ein nicht unerheblicher Verlust ein.

Hierzu wird die Substanz in der 25—30-fachen Menge heißem Methylalkohol gelöst und nach längerem Kochen mit Tierkohle und Filtrieren das gleiche Volumen Wasser zugefügt. Der Ester scheidet sich dann meist in ziemlich undeutlichen, kugelförmigen Krystallaggregaten, manchmal aber in schönen, konzentrisch verwachsenen, kurzen Prismen ab, die beim raschen Erhitzen im Capillarrohr gegen 200° sintern und gegen 208° (korr.) zu einer gelblichen Flüssigkeit schmelzen. Trotz der Behandlung mit Tierkohle sind die Krystalle nicht farblos, sondern haben immer einen Stich ins Gelbe. Zur Analyse waren sie im Vakuumexsiccator und dann kurze Zeit bei 100° getrocknet.

0,1477 g Sbst.: 0,2686 g CO_2, 0,0714 g H_2O. — 0,1679 g Sbst.: 0,052 g AgCl.

$C_{19}H_{24}O_8N_3Cl$ (457,66).   Ber. C 49,82, H 5,28, Cl 7,75.
                                  Gef. ,, 49,60, ,, 5,41, ,, 7,66.

Der Ester ist in Wasser außerordentlich schwer löslich, verhältnismäßig leicht in Methyl- und Äthylalkohol, Aceton, noch leichter in
Chloroform.

Von verdünnter Natronlauge wird er allmählich unter Verseifung
mit gelber Farbe gelöst. Die Bestimmung des Drehungsvermögens
unterblieb, weil die optische Homogenität des Präparates zweifelhaft ist.

Glycyl-tyrosyl-glycyl-d-alanin,

$NH_2CH_2CO \cdot NHCH(CH_2C_6H_4OH)CO$
$\cdot NHCH_2CO \cdot NHCH(CH_3)COOH.$

Die Verseifung des oben beschriebenen Esters gelingt leicht durch
überschüssige n-Natronlauge bei gewöhnlicher Temperatur. Aber es
war bisher nicht möglich, das Verseifungsprodukt, das nach aller Analogie und auch nach seinen Eigenschaften in der Hauptmenge Chlor-
acetyl-tyrosyl-glycyl-d-alanin zu sein scheint, zu krystallisieren.

1,5 g Chloracetyl-carbomethoxytyrosyl-glycyl-d-alaninmethylester
wurden fein gepulvert und mit 15 ccm ($4\frac{1}{2}$ Mol.) n-Natronlauge in
einer Schüttelflasche bei Zimmertemperatur auf der Maschine geschüttelt. Die Masse wird bald stark gelb, und allmählich gehen die Krystalle
vollständig in Lösung. Nach $\frac{1}{2}$—$\frac{3}{4}$ Stunden ist die Reaktion beendet.
Die gelbbraune Lösung wird nun mit 15 ccm n-Schwefelsäure genau
neutralisiert, wobei viel Kohlensäure entweicht, und die wieder heller
gewordene Flüssigkeit unter stark vermindertem Druck verdampft.
Durch 80-prozentigen Alkohol wird das Natriumsulfat von der Säure getrennt und die alkoholische Lösung nach dem Filtrieren unter stark vermindertem Druck verdampft. Der zurückbleibende braune Sirup kann
direkt zur Gewinnung des Tetrapeptids verwendet werden. Zu dem
Zweck wird er in 15 ccm wäßrigem Ammoniak von 25% gelöst, 5 Tage
bei 25° aufbewahrt, dann die bräunliche Flüssigkeit im Vakuum vollständig verdampft und der Rückstand mit möglichst wenig Wasser in
ein Platinschälchen gespült. Durch mehrmaliges Abdampfen mit absolutem Alkohol auf dem Wasserbade erhält man schließlich das Tetrapeptid als ein schwach bräunliches, in absolutem Alkohol schwer lösliches, lockeres Pulver, und die Ausbeute beträgt ungefähr 0,7 g. Das
Rohprodukt ist noch keineswegs rein. Es wird deshalb in 1 ccm Wasser
gelöst und mit Alkohol versetzt, bis eine bleibende Trübung entsteht.
Nach einigem Stehen in der Kälte setzt sich eine braune, klebrige Masse
ab, welche die Hauptverunreinigungen enthält. Die nur noch schwach
gefärbte Mutterlauge scheidet auf Zusatz von mehr Alkohol das Tetra-

peptid als schwachgelb gefärbtes Pulver ab, das abgesaugt und mit wenig Alkohol und Äther gewaschen wird. Seine Menge betrug 0,25 g, während aus der Mutterlauge durch Einengen und Aufnehmen mit wenig Alkohol noch 0,15 g gewonnen werden konnten.

Das Präparat war frei von Chlor, enthielt aber noch eine kleine Menge Asche (etwa 1%). Es wurde zur Analyse bei 100° und 12 mm Druck über Phosphorpentoxyd getrocknet und gab dann folgende, leidlich stimmende Werte, die sich auf aschefreie Substanz beziehen:

0,1075 g Sbst.: 0,2060 g CO_2, 0,0617 g H_2O. — 0,0943 g Sbst.: 10,1 ccm $^1/_{10}$-n. NH_3.

$C_{16}H_{22}O_6N_4$ (366,21). Ber. C 52,43, H 6,05, N 15,30.

Gef. ,, 52,26, ,, 6,42, ,, 15,01.

Das Tetrapeptid war ein amorphes, schwach gelbliches Pulver, das sich in Wasser spielend, in Alkohol schwer, aber doch noch merklich löst. In den anderen organischen Lösungsmitteln ist es sehr schwer löslich. Beim raschen Erhitzen im Capillarrohr bläht es sich zwischen 180° und 190° stark auf und färbt sich intensiv gelb. Erst gegen 225° (korr.) tritt Dunkelbraunfärbung und allmähliche Verkohlung ein.

Die wäßrige Lösung des Tetrapeptids gibt mit Alkali und Kupfersulfat eine starke Biuretfärbung. Mit Millons Reagens färbt sie sich, namentlich beim gelinden Erwärmen, dunkelrot.

Die konzentrierte, wäßrige Lösung wird in der Kälte durch gesättigte Ammoniumsulfatlösung gefällt. Die Substanz gleicht darin den Albumosen. Bei größerer Verdünnung bleibt aber die Fällung aus oder wird sehr schwach. Die nicht zu verdünnte schwefelsaure Lösung wird durch Phosphorwolframsäure gefällt.

Die Eigenschaften des Tetrapeptids bieten keine Gewähr für seine Einheitlichkeit. Aus den in der Einleitung dargelegten Gründen halte ich es vielmehr für wahrscheinlich, daß es ein Gemisch von Stereoisomeren ist.

Formyl-carbomethoxy-l-tyrosin,

$$HCO \cdot NHCH(CH_2 \cdot C_6H_4 \cdot O \cdot COOCH_3)COOH.$$

20,9 g entwässertes Formyltyrosin[1]) werden in 200 ccm n-Natronlauge gelöst, die Lösung stark gekühlt und 10,3 g chlorkohlensaures Methyl (1,1 Mol.) zugefügt. Bei kräftigem Umschütteln ist das Chlorid nach 5 Minuten völlig verschwunden. Beim Ansäuern mit 40 ccm 5-n-Salzsäure erstarrt das Ganze zum Krystallbrei. Nach $^1/_2$-stündigem Stehen in Eis wird abgesaugt, mit kaltem Wasser gewaschen und im Vakuumexsiccator getrocknet. Die Ausbeute ist fast quantitativ.

---

[1]) Berichte d. D. Chem. Gesellsch. **40**, 3716 [1907]. (*S. 471.*)

Aus 10 Teilen heißem Wasser krystallisiert die Substanz in glänzenden, großen, äußerst dünnen Blättchen, die sich aber beim längeren
Stehen in kompakte, scharfkantige Krystalle umwandeln. Diese sintern
bei 142° und schmelzen bei 147° (korr.) zu einer farblosen Flüssigkeit.
Zur Analyse wurde bei 100° getrocknet.

0,1702 g Sbst.: 0,3367 g CO_2, 0,0796 g H_2O. — 0,2034 g Sbst.: 9,5 ccm N
über 33-proz. KOH (26°, 759 mm).

$C_{12}H_{13}O_5N$ (267,11).   Ber. C 53,91, H 4,90, N 5,25.
                               Gef. „ 53,95, „ 5,23, „ 5,22.

Für die optische Bestimmung diente eine etwa 5-prozentige alkoholische Lösung.

0,3517 g Sbst., Gesamtgewicht der Lösung 6,6481 g, d = 0,802.
Drehung bei 20° und Natriumlicht im 2-dcm-Rohr 5,66° (± 0,04°) nach
rechts. Mithin

$$[\alpha]_D^{20} = + 66,7° (\pm 0,4°).$$

Da aber das zur Darstellung des Formyltyrosins verwendete, aus
Seide bereitete l-Tyrosin schon Racemkörper enthielt, so ist der Wert
nicht als endgültig zu betrachten.

Die Substanz ist in kaltem Wasser sehr schwer löslich, leicht in
Alkohol und Aceton, zunehmend schwerer in Essigäther, Chloroform,
Benzol, Äther und Petroläther.

Sie löst sich leicht in verdünnter Sodalösung und wird von Alkali
fast momentan partiell verseift. Beim Ansäuern findet starke Entwicklung von Kohlensäure statt, und das regenerierte Formyltyrosin
krystallisiert beim Impfen aus.

Formyl-carbäthoxy-l-tyrosin,
HCO · NHCH(CH_2 · C_6H_4 · O · $COOC_2H_5$)COOH.

Es wird genau wie die Methylverbindung unter Anwendung von
11,8 g chlorkohlensaurem Äthyl dargestellt. Beim Ansäuern mit verdünnter Salzsäure fällt ein Öl aus, das aber bald krystallinisch erstarrt.
Aus 10 Teilen siedendem Wasser krystallisiert die Verbindung in manchmal zentimeterlangen, dünnen, seideglänzenden Nadeln, die gegen
173° zu sintern beginnen und bei 177—179° (korr.) unter Gasentwicklung schmelzen.

Sie ist leicht löslich in Alkohol, Aceton, etwas schwerer in Essigäther, sehr schwer in kaltem Wasser, Chloroform und Äther.

Zur Analyse wurde sie im Exsiccator getrocknet.

0,1682 g Sbst.: 0,3428 g CO_2, 0,0808 g H_2O. — 0,1223 g Sbst.: 5,5 ccm N
über 33-proz. KOH (20°, 767 mm).

$C_{13}H_{15}O_5N$ (281,12).   Ber. C 55,49, H 5,38, N 4,98.
                               Gef. „ 55,58, „ 5,37, „ 5,21.

In alkoholischer Lösung dreht die Substanz ebenfalls stark nach rechts.

Glycyl-aminoacetal,

$NH_2CH_2CO \cdot NHCH_2CH(OC_2H_5)_2$.

Zu einer gut gekühlten Lösung von 16 g Aminoacetal (2 Mol.) in 50 ccm trocknem Äther gibt man allmählich 6,8 g frisch destilliertes Chloracetylchlorid (1 Mol.), das durch 40 ccm Äther verdünnt ist. Das Chlorid verschwindet sofort, und bald beginnt die Abscheidung von salzsaurem Aminoacetal. Da von der weißen Krystallmasse abgesaugte ätherische Filtrat wird mit 10 ccm gesättigter Kochsalzlösung durchgeschüttelt, der Äther abgehoben und über Natriumsulfat getrocknet. Nach dem Verdunsten des Äthers bleibt ein fast farbloses Öl zurück. Die Ausbeute ist nahezu quantitativ. Das Öl läßt sich bei 0,1 mm Druck ohne wesentliche Zersetzung destillieren, wenn man kleine Mengen anwendet und möglichst schnell erhitzt. Der Siedepunkt liegt nicht weit über 100°. Bei längerer Dauer des Erhitzens zersetzt sich das Öl. Es ist frisch destilliert farblos. Bei starker Abkühlung durch flüssige Luft oder ein Gemisch von Alkohol und flüssiger Luft wird es fest. Es löst sich leicht in kaltem Wasser und wird durch starkes Alkali oder Kochsalz wieder abgeschieden. Analysiert wurde es nicht. Aber es unterliegt keinem Zweifel, daß es der Hauptmenge nach Chloracetylaminoacetal ist.

Um es in die Aminoverbindung zu verwandeln, wird es mit der 5-fachen Menge wäßrigem Ammoniak von 25% im geschlossenen Rohr 2 Stunden auf 100° erhitzt. Das Öl, das in der kalten Flüssigkeit nur teilweise löslich ist, verschwindet dabei. Man verdampft nun unter geringem Druck zur Trockne. Der rötlichgelb gefärbte Rückstand erstarrt in der Kälte fast vollständig und enthält neben Chlorammonium viel salzsaures Glycylaminoacetal, das sich direkt durch Auslaugen mit warmem Essigäther isolieren läßt.

Ähnlich verläuft die Amidierung bei Anwendung von trocknem flüssigem Ammoniak. Das Chloracetylaminoacetal löst sich dann sofort, und nach 4-tägigem Stehen bei gewöhnlicher Temperatur ist die Reaktion beendet. Beim Verdunsten des Ammoniaks bleibt ein Gemisch eines dicken Sirups mit Krystallen zurück. Man löst in Wasser und erhält beim Verdampfen unter vermindertem Druck ein ähnliches Produkt wie bei Anwendung von wäßrigem Ammoniak.

Zur Isolierung des Glycyl-aminoacetals schüttelt man das Gemisch von Hydrochlorid und Chlorammonium mit konzentrierter Kalilauge, fügt noch festes Ätzkali zu und extrahiert die ölig abgeschiedene Base mehrmals mit Äther. Die ätherischen Auszüge werden mit festem

Ätzkali getrocknet. Beim Verdunsten der filtrierten ätherischen Lösung bleibt das rohe Glycylaminoacetal als gelbrotes Öl zurück, das
schon bei gewöhnlicher Temperatur teilweise erstarrt und in einer
Kältemischung vollständig fest wird. Durch starkes Trocknen der
ätherischen Lösung mit Ätzkali, Klären mit Tierkohle und Verdampfen
erhält man es in farblosen Krystallen, die sich aus warmem Ligroin
leicht umkrystallisieren lassen, bei ungefähr 45° schmelzen und an der
Luft zerfließen. Sie wurden bisher nicht analysiert. Die Base ist in
Wasser sehr leicht löslich, wird aber daraus durch starkes Alkali ölig
gefällt. Sie reagiert stark alkalisch und reduziert die Fehlingsche Lösung, wenn sie rein ist, auch in der Wärme gar nicht. Dagegen gibt sie
mit Fehlingscher Lösung und starker Natronlauge einen fast farblosen, krystallinischen Niederschlag, der sich aus der warmen alkalischen Flüssigkeit umkrystallisieren läßt. In Wasser ist dieser Körper
mit blauer Farbe leicht löslich, wird aber durch konzentriertes Alkali
wieder gefällt. Es scheint eine eigentümliche Kupferverbindung zu sein,
deren Zusammensetzung noch festgestellt werden muß.

Von den Salzen des Glycylaminoacetals habe ich nur das Hydrochlorid und das saure Oxalat näher untersucht. Das erste ist neben
Chlorammonium und etwas freier Base in dem Rückstand, der beim
Verdampfen der ursprünglichen ammoniakalischen Lösung der Roh-
base zurückbleibt, enthalten.

Beim Auslaugen mit warmem Essigäther geht es in Lösung und
scheidet sich beim Abkühlen wieder in Krystallen ab. Es löst sich dann
schwerer in Essigäther, läßt sich aber daraus doch umkrystallisieren.
Aus der freien Base gewinnt man dasselbe Salz, indem man die gekühlte
ätherische Lösung sehr vorsichtig mit einer alkoholischen oder ätherischen Lösung von Chlorwasserstoff versetzt. Zur Reinigung kann man
es auch in wenig Alkohol lösen und durch Äther fällen.

Es bildet farblose, mikroskopische, schräg abgeschnittene Blättchen, die meist zu gezackten Konglomeraten verwachsen sind. Es schmilzt
nicht ganz konstant unter Gasentwicklung gegen 119° (korrigiert) zu einer
dunklen Flüssigkeit, nachdem schon einige Grade vorher Sinterung eingetreten ist. Es ist äußerst leicht löslich in Wasser, auch von Alkohol
wird es leicht aufgenommen; erheblich schwerer löslich ist es in Essigäther und noch viel schwerer in Benzol und Chloroform. Das Umkrystallisieren muß immer rasch und mit Vorsicht geschehen, weil das Salz
leicht zersetzlich ist. So erleidet es schon beim Erwärmen der wäßrigen
Lösung ziemlich rasch eine partielle Verseifung der Acetalgruppe, und
die Flüssigkeit reduziert dann in der Wärme die Fehlingsche Lösung,
was das reine Hydrochlorid bezw. das daraus entstehende Glycylaminoacetal nicht tut.

Für die Analyse dienten zwei verschiedene Präparate, von denen
das eine aus dem Rohprodukt durch direktes Umkrystallisieren aus
Essigäther und das andere aus der freien Base durch Neutralisation mit
Salzsäure in ätherischer Lösung dargestellt und durch Umkrystallisieren
aus Alkohol und Äther gereinigt war. Getrocknet wurde im Vakuumexsiccator über Phosphorpentoxyd.

0,1857 g Sbst.: 0,2874 g CO_2, 0,1420 g H_2O. — 0,1763 g Sbst.: 19,2 ccm N
(20°, 762 mm) (über 33-proz. KOH). — 0,1734 g Sbst.: 7,5 ccm $^1/_{10}$-n. AgNO$_3$.
$C_8H_{19}O_3N_2Cl$ (226,61).   Ber. C 42,36, H 8,45, N 12,36, Cl 15,64.
                               Gef. ,, 42,21, ,, 8,55, ,, 12,54, ,, 15,33.

Schöner als das Hydrochlorid ist das saure Oxalat. Es fällt als
farbloser, voluminöser Niederschlag aus, wenn man die Base in alkoholischer Lösung mit der für das saure Salz ausreichenden Menge Oxalsäure zusammenbringt. Zur Reinigung wird es ungefähr in der 40-fachen
Gewichtsmenge heißem Alkohol rasch gelöst; beim Abkühlen scheidet
es sich sofort in feinen weißen Nädelchen aus, die für die Analyse im
Vakuumexsiccator über Phosphorpentoxyd getrocknet wurden.

0,1506 g Sbst.: 0,2377 g CO_2, 0,0973 g H_2O. — 0,1427 g Sbst.: 12,3 ccm N
(20°, 761 mm) (über 33 % KOH).
$C_{10}H_{20}O_7N_2$ (280,17).   Ber. C 42,83, H 7,19, N 10,00.
                               Gef. ,, 43,05, ,, 7,22, ,, 9,91.

Das Salz hat ebenfalls keinen scharfen Schmelzpunkt; es beginnt
gegen 140° dunkel zu werden und schmilzt gegen 150° unter Schäumen.
Es löst sich sehr leicht in Wasser und reagiert stark sauer. Erheblich
schwerer wird es von heißem Alkohol aufgenommen, noch schwerer von
den übrigen organischen Solvenzien.

Das Pikrat krystallisiert ebenfalls. Bringt man die rohe Base mit
Pikrinsäure in Benzol zusammen, so fällt es gewöhnlich zunächst als
Öl aus, das aber bald erstarrt, und das Salz läßt sich dann aus warmem
Essigäther leicht in feinen gelben Nädelchen erhalten.

Das Glycylaminoacetal wird von Säuren ebenso leicht verändert
wie das Aminoacetal. Es genügt, das neutrale Hydrochlorid oder das
saure Oxalat in verdünnter, wäßriger Lösung einige Minuten auf 100°
zu erwärmen, um schon eine deutliche Veränderung hervorzurufen; die
Flüssigkeit färbt sich dabei gelb und reduziert dann die Fehlingsche
Lösung in der Wärme recht stark. Dieselbe Verwandlung wird bei
gewöhnlicher Temperatur durch überschüssige Salzsäure hervorgerufen.
Als eine Lösung von 0,5 g salzsaurem Glycylaminoacetal in 2 ccm 20-pro-
zentiger Salzsäure 2 Stunden bei Zimmertemperatur gestanden hatte,
war die Wirkung auf Fehlingsche Lösung sehr stark, und beim raschen
Verdunsten der Flüssigkeit im Vakuumexsiccator über Natronkalk und
Phosphorpentoxyd blieb eine amorphe, braunrote, in Wasser äußerst

leicht, in absolutem Alkohol aber gar nicht lösliche Masse zurück, die ebenfalls die Fehlingsche Flüssigkeit in der Wärme sehr stark reduzierte. Diese Eigenschaft, sowie die Verschiedenheit von dem salzsauren Aminoaldehyd, der in Alkohol löslich ist, deuten darauf hin, daß das Produkt Glycyl-glycinaldehyd enthält.

Bei obigen Versuchen bin ich von den Hrn. Dr. Walter Axhausen und Dr. Adolf Sonn unterstützt worden. Der erste hat die Tyrosinderivate, der zweite das Glycylaminoacetal bearbeitet. Ich sage beiden Herren für die wertvolle Hülfe besten Dank.

52. Emil Fischer und Walter Kropp: Synthese von Polypeptiden XXVI. 1. Derivate der α-Aminostearinsäure.

Liebigs Annalen der Chemie **362**, 338 [1908].

Im Gegensatz zu den α-Aminoverbindungen der einfachen Fettsäuren sind die Derivate der hochmolekularen Säuren wenig untersucht. Offenbar haben sie das Interesse in geringerem Maasse in Anspruch genommen, weil man sie bisher in der Natur nicht beobachtet hat. Trotzdem erschien es uns nicht überflüssig, die Polypeptidsynthesen auf die Körper zu übertragen, und als Beispiel haben wir die Combination von Glykokoll und α-Aminostearinsäure gewählt. Die Ester der letzteren werden von Chloracetylchlorid leicht angegriffen und die hierbei entstehenden Ester lassen sich ohne grossen Verlust durch alkoholisches Alkali in Chloracetyl-aminostearinsäure

$$ClCH_2CO \cdot NHCH(C_{16}H_{33}) \cdot COOH$$

verwandeln. Diese liefert mit alkoholischem Ammoniak die Glycyl-aminostearinsäure,

$$NH_2CH_2CO \cdot NHCH(C_{16}H_{33})COOH,$$

welche im Wesentlichen das Verhalten der gewöhnlichen Dipeptide zeigt. Die für diese Versuche nöthige α-Aminostearinsäure wurde nach der Vorschrift von C. Hell und J. Sadomsky[1] dargestellt und durch Krystallisation aus Eisessig gereinigt. Ihre Veresterung mit Salzsäure und Alkoholen geht schwerer als bei den einfachen Aminosäuren von statten. Wir haben Methyl-, sowie Aethylester dargestellt. Der erste ist am leichtesten zu bereiten und eignet sich am besten für die Polypeptidsynthese.

α - Aminostearinsäuremethylesterchlorhydrat.

Man suspendirt 8 g fein gepulverte Aminostearinsäure in 240 ccm Methylalkohol, der über Calciumoxyd getrocknet ist, und leitet ohne

---

[1] Berichte d. D. Chem. Gesellsch. **24**, 2395 [1891].

Kühlung einen Strom von trockner Salzsäure ein. Hierbei geht schon
der grössere Theil in Lösung. Dann wird noch unter gleichzeitigem, langsamen Einleiten von Salzsäure etwa zwei Stunden am Rückflusskühler
gekocht. Hierbei findet schon eine reichliche Ausscheidung des salzsauren Esters statt, und beim Erkalten entsteht ein dicker Krystallbrei.
Man filtrirt ihn ab und verdampft die Mutterlauge unter stark vermindertem Druck zur Trockne. Der Rückstand ist verhältnissmässig
gering. Er wird zusammen mit den abfiltrirten Krystallen in kochendem Essigäther gelöst. Beim Abkühlen der filtrirten Flüssigkeit fällt
das Methylesterchlorhydrat in feinen, farblosen, verfilzten Nadeln, die
meist concentrisch verwachsen sind. Kühlt man in einer Mischung von
Eis und Salz, so ist die Ausscheidung nahezu vollständig. Die Krystallmasse wird ganz kalt abgesaugt, gepresst und mit Aether gewaschen.
Die Ausbeute betrug 8,6 g oder 92% der Theorie.

Für die Analyse war nochmals aus heissem Essigester umkrystallisirt und im Vacuumexsiccator getrocknet.

0,1978 g gaben 0,0825 AgCl.

Ber. für $C_{19}H_{40}O_2NCl$ (349,76). Cl 10,14. Gef. Cl 10,31.

Das Salz schmilzt bei 112° (corr.), nachdem kurz vorher Sinterung
eingetreten ist. Es löst sich in heissem Benzol ziemlich leicht und krystallisirt daraus beim Abkühlen. In Aceton ist es auch in der Wärme
erheblich schwerer löslich, in warmem Alkohol aber recht leicht löslich.
Schwer löslich ist es in Aether und Petroläther. Aus Essigäther lässt es
sich am besten umkrystallisiren. In heissem Wasser löst es sich ziemlich gut. Beim Erkalten trübt sich die Lösung und wird dickflüssig.

Aminostearinsäureäthylesterchlorhydrat.

5 g fein gepulverte Aminostearinsäure werden in 250 ccm absolutem Alkohol suspendirt und ein rascher Strom von trockner Salzsäure bis zur Sättigung eingeleitet. Dann erwärmt man noch 6—7 Stunden am Rückflusskühler auf dem Wasserbad unter langsamem Durchleiten von Salzsäuregas. Hierbei erfolgt keine vollkommene Lösung,
denn ehe die Aminosäure verschwunden ist, beginnt die Ausscheidung
des salzsauren Esters. Schliesslich verdampft man, ohne vorherige Filtration, unter stark vermindertem Druck zur Trockne und kocht den
Rückstand mit heissem Essigester aus. Hierbei bleibt eine kleine Menge
ungelöst, und aus dem Filtrat scheidet sich besonders beim Abkühlen
in einer Kältemischung der salzsaure Ester in sehr kleinen, meist zu
kugeligen Aggregaten verwachsenen Nädelchen aus. Sie werden abgesaugt und mit Aether gewaschen. Die Ausbeute betrug 5 g oder 82%
der Theorie. Zur Analyse war noch zweimal aus Essigester umkrystallisirt und im Vacuumexsiccator getrocknet.

0,3946 g gaben 0,1572 AgCl.

Ber. für $C_{20}H_{42}O_2NCl$ (363,78). Cl 9,74.   Gef. Cl 9,85.

Das Salz sintert gegen 86° und ist bei 89° (corr.) völlig geschmolzen. Es löst sich leicht in warmem Benzol und warmem Alkohol. In Aether und Petroläther ist es sehr schwer löslich. Aus heissem Aceton, worin es ziemlich leicht löslich ist, kommt es beim Abkühlen sofort krystallinisch heraus. In Wasser löst es sich in der Wärme, fällt aber in der Kälte amorph aus.

Chloracetyl-aminostearinsäure-methylester.

Man löst 8 g Aminostearinsäure-methylesterchlorhydrat in ca.180 ccm warmem Methylalkohol, kühlt rasch auf Zimmertemperatur ab, fügt etwa 95% der für das Chlor berechneten Menge Natriummethylat in verdünnter methylalkoholischer Lösung zu und verdampft die gesammte Flüssigkeit unter stark vermindertem Druck zur Trockne. Der Rückstand wird mit 100 ccm trocknem Chloroform durchgeschüttelt, wobei sich der grösste Theil löst. Ohne zu filtriren, kühlt man die Flüssigkeit in Eiswasser und fügt unter Umschütteln in 4—5 Portionen eine Mischung von 1,7 ccm frisch destillirtem Chloracetylchlorid (fast das doppelte der berechneten Menge) und 20 ccm trocknem Chloroform zu. Man verdampft dann die Flüssigkeit wiederum unter geringem Druck zur Trockne und extrahirt den Rückstand mit warmem Aether. Dabei bleibt neben Kochsalz das durch die Reaction entstandene Aminostearinsäure-methylesterchlorhydrat zurück und kann durch Umkrystallisiren aus heissem Essigester leicht gereinigt werden. Der ätherische Auszug hinterlässt beim Verdampfen den Chloracetyl-aminostearinsäuremethylester. Hat dieses Product noch einen sauren Geruch, so wird es sorgfältig mit Wasser gewaschen, dann im Exsiccator getrocknet und in warmem Petroläther gelöst. Ist diese Lösung concentrirt, so beginnt bei gewöhnlicher Temperatur bald die Krystallisation. Man kühlt schliesslich in einer Kältemischung und filtrirt auf der Pumpe.

Bei Verarbeitung der Mutterlaugen betrug die Ausbeute 3,84 g, das entspricht 84% der Theorie, wenn man berücksichtigt, dass die Hälfte des Aminostearinsäure-methylesters als salzsaures Salz der Reaction entzogen wird.

Für die Analyse war nochmals aus Petroläther umkrystallisirt und im Vacuum über Schwefelsäure getrocknet.

0,1309 g gaben 0,3099 CO_2 und 0,1209 H_2O. — 0,2372 g gaben 7,2 ccm Stickgas (16°, 766 mm). — 0,1760 g gaben 0,0657 AgCl.

Ber. für $C_{21}H_{40}O_3NCl$ (389,76). C 64,65, H 10,34, N 3,59, Cl 9,09.

Gef ,, 64,57, ,, 10,33, ,, 3,58, ,, 9,23.

Die Substanz schmilzt bei 78° (corr.), nachdem kurz vorher Erweichung stattgefunden hat. Sie krystallisirt aus Petroläther in farblosen Nadeln, die meist zu Warzen verwachsen sind. Sie ist unlöslich in Wasser, löst sich aber in den meisten organischen Solventien.

Chloracetyl-aminostearinsäure-äthylester.

Darstellung und Ausbeute waren ebenso wie bei dem Methylester. Nur schmilzt die Aethylverbindung niedriger, bei 68° (corr.), und krystallisirt etwas schwerer. Sie bildet auch feine, farblose Nadeln, die vielfach knollenartig verwachsen sind. In den meisten organischen Solventien löst sie sich leicht.

Für die Analyse war aus Petroläther umkrystallisirt und im Vacuum über Schwefelsäure getrocknet.

0,1617 g gaben 0,3892 CO_2 und 0,1537 H_2O. — 0,2078 g gaben 6,3 ccm Stickgas (18°, 766 mm). — 0,1826 g gaben 0,0653 AgCl.

Ber. für $C_{22}H_{42}O_3NCl$ (403,78). C 65,38, H 10,48, N 3,47, Cl 8,78.
Gef. ,, 65,64, ,, 10,63, ,, 3,54, ,, 8,84.

Chloracetyl-α-aminostearinsäure.
$ClCH_2CO \cdot NHCH(C_{16}H_{33})COOH$.

5 g Chloracetyl-aminostearinsäure-methylester werden in 50 ccm gewöhnlichem Alkohol (95 %) gelöst, bei gewöhnlicher Temperatur mit 32,1 ccm $\frac{n}{2}$ alkoholischer Natronlauge ($1\frac{1}{4}$ Mol.) und soviel Wasser versetzt, dass noch kein dauernder Niederschlag entsteht. Dann lässt man $2\frac{1}{2}$ Stunden bei Zimmertemperatur stehen, fügt die der Natronlauge entsprechende Menge Salzsäure und viel Wasser zu. Der hierbei entstehende voluminöse Niederschlag wird ausgeäthert und der ätherische Auszug unter vermindertem Druck zur Trockne verdampft. Um eine kleine Menge unverseiften Methylester zu entfernen, laugt man den Rückstand mit warmem Petroläther aus, löst dann in warmem Aether, fällt mit Petroläther und filtrirt nach längerem Stehen in einer Kältemischung die ausgeschiedene Krystallmasse. Die Ausbeute betrug 80% der Theorie.

Für die Analyse war nochmals aus Aether und Petroläther umkrystallisirt und im Vacuumexsiccator getrocknet.

0,1116 g gaben 0,2604 CO_2 und 0,1005 H_2O. — 0,2023 g gaben 6,6 ccm Stickgas (18°, 768 mm). — 0,1693 g gaben 0,0656 AgCl.

Ber. für $C_{20}H_{38}O_3NCl$ (375,75). C 63,87, H 10,19, N 3,73, Cl 9,43.
Gef. ,, 63,64, ,, 10,07, ,, 3,82, ,, 9,58.

Die Verbindung beginnt im Kapillarrohr bei 103° zu sintern und ist bei 107° (corr.) völlig geschmolzen. Sie ist unlöslich in Wasser, fast unlöslich in Petroläther, dagegen leicht löslich in Aether, Alkohol, Aceton,

Eisessig und Chloroform. Sie krystallisirt in feinen, farblosen Nadeln, die vielfach büschelförmig vereinigt sind.

In der gleichen Weise lässt sich der Aethylester verseifen. Nur ist es vortheilhaft, die alkalische Lösung etwas länger, etwa 4 Stunden, stehen zu lassen. Die Ausbeute betrug auch 80% der Theorie.

Glycyl - α - aminostearinsäure.

$$NH_2CH_2CO \cdot NHCH(C_{16}H_{33})COOH.$$

Man erhitzt 2 g Chloracetyl-aminostearinsäure mit 20 ccm alkoholischem Ammoniak, das bei 0° gesättigt ist, im Einschlussrohr 2 Stunden auf 100°. Nach dem Erkalten sind aus der Flüssigkeit reichliche Mengen von kugeligen Aggregaten ausgeschieden. Ohne zu filtriren, verdampft man die alkoholische Flüssigkeit auf dem Wasserbad zur Trockne und laugt zur Entfernung des Chlorammoniums den Rückstand mit warmem Wasser aus. Das Dipeptid wird abfiltrirt, erst mit warmem Alkohol und darauf mit Aether gewaschen. Es bildet dann eine farblose, glänzende Masse. Die Ausbeute betrug 85% der Theorie.

Für die Analyse wurde es in wenig Eisessig unter gelindem Erwärmen auf dem Wasserbade gelöst, die filtrirte Flüssigkeit mit viel Wasser gefällt und der Niederschlag abgesaugt, mit Wasser, Alkohol und Aether gewaschen. Nach dem Trocknen im Vacuum über Schwefelsäure erfuhr das Präparat bei 80° im Vacuum keinen Gewichtsverlust.

0,1097 g gaben 0,2708 CO_2 und 0,1103 H_2O. — 0,1225 g gaben 8,3 ccm Stickgas (18°, 762 mm).

Ber. für $C_{20}H_{40}O_3N_2$ (356,32).   C 67,36, H 11,31, N 7,86.
Gef. ,, 67,32, ,, 11,25, ,, 7,84.

Das Dipeptid krystallisirt aus der Lösung in wenig warmem Eisessig auf Zusatz von Aether und bildet kleine, kugelige Aggregate von mikroscopischen Stäbchen.

Im Kapillarrohr erhitzt, fängt es an, sich gegen 200° braun zu färben, und schmilzt nicht constant gegen 218° (corr.) zu einer dunklen Flüssigkeit, wobei es sehr wahrscheinlich in das später beschriebene Anhydrid übergeht.

Es ist in den gewöhnlichen organischen Solventien sehr wenig löslich. Eine Ausnahme macht Eisessig. Leicht wird es auch von alkoholischer Natronlauge, besonders beim Erwärmen aufgenommen. In heisser, sehr verdünnter Salzsäure löst sich das Dipeptid in merklicher Menge und die Flüssigkeit schäumt ziemlich stark. In stärkerer Salzsäure ist es schwerer löslich. Die Lösung in sehr verdünnter Salzsäure trübt sich beim Erkalten und scheidet eine amorphe Masse ab, aber beim Erhitzen tritt wieder ganz klare Lösung ein. Durch Ammoniak wird aus dieser salzsauren Lösung das Dipeptid gefällt, vorausgesetzt, dass man keinen zu grossen Ueberschuss von Ammoniak anwendet, der wieder etwas löst. In sehr verdünnter, heisser Natronlauge löst sich das Dipeptid ziemlich leicht und vollkommen klar, auch diese Lösung schäumt etwas. Beim Abkühlen trübt sich die Flüssigkeit. Durch stärkere Natronlauge wird das Natriumsalz daraus gefällt. Ebenso fällt verdünnte Essigsäure sofort das Dipeptid als dicken, amorphen Niederschlag.

Glycyl-aminostearinsäure-anhydrid.

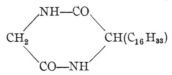

Von den verschiedenen Methoden für die Bereitung der Dipeptidanhydride ist hier die Behandlung des Halogenacylaminosäureesters mit alkoholischem Ammoniak am meisten geeignet.

1,5 g Chloracetyl-aminostearinsäure-äthylester werden mit 20 ccm alkoholischem Ammoniak, das bei 0° gesättigt ist, im Einschlussrohr 4 Stunden auf 100° erhitzt. Beim Erkalten ist eine reichliche Menge von farblosen kugeligen Aggregaten mikroscopischer Kryställchen ausgeschieden. Die alkoholische Flüssigkeit wird verdampft, der Rückstand mit Wasser ausgelaugt, filtrirt und mit kaltem Alkohol und Aether gewaschen. Die Ausbeute an dem feinen, farblosen und chlorfreien Pulver betrug 1,15 g oder 90% der Theorie. Zur Reinigung wird es in warmem Eisessig gelöst. Beim Erkalten fällt das Anhydrid rasch krystallinisch aus. Man wäscht mit Aether. Für die Analyse wurde bei 100° unter 10—15 mm Druck getrocknet.

0,1304 g gaben 0,3389 CO_2 und 0,1344 H_2O. — 0,1770 g gaben 12,6 ccm Stickgas (17°, 758 mm).

Ber. für $C_{20}H_{38}O_2N_2$ (338,31).   C 70,94, H 11,32, N 8,28.
Gef. „ 70,88, „ 11,53, „ 8,26.

Das Anhydrid schmilzt bei 219° (corr.), nachdem kurz vorher Sinterung eingetreten ist.

Es löst sich leicht in heissem Eisessig und krystallisirt daraus in mikroscopischen Stäbchen, die in der Regel zu kugeligen Aggregaten verwachsen sind. Durch Wasser wird es auch sofort aus der essigsauren Lösung gefällt. In Wasser ist es unlöslich und in den gewöhnlichen organischen Solventien recht schwer löslich. Zum Unterschied von dem Dipeptid löst es sich nicht in heisser, ganz verdünnter Natronlauge.

53. F r a n c i s W. K a y: Synthese von Polypeptiden XXVI. 2. Derivate der β-Aminobuttersäure und des α-Methylisoserins.

Liebigs Annalen der Chemie **362**, 348 [1908].

Obschon die β-Aminosäuren bisher in den Proteïnen nicht gefunden worden sind, so ist doch die Kenntnis ihrer Polypeptide für die Diskussion einzelner theoretischer Fragen erwünscht. Da bisher nur zwei derartige Verbindungen, das Leucyl-isoserin[1]) und das Isoseryl-isoserin[2]), dargestellt sind, so habe ich auf Veranlassung von Professor Emil Fischer die Combination der racemischen β-Aminobuttersäure mit inactivem Leucin und Alanin, ferner die Verbindung von racemischem α-Methyl-isoserin mit inactivem Leucin dargestellt. Im letzten Falle wurden die beiden isomeren Racemkörper beobachtet, die wieder wie früher als Verbindung A und B unterschieden werden sollen.

α - Bromisocapronyl - β - aminobuttersäure.
$$C_4H_9CHBrCO \cdot NHCH(CH_3)CH_2COOH.$$

10 g β-Aminobuttersäure werden in 100 ccm n-Natronlauge gelöst, stark abgekühlt und in der üblichen Weise 21 g (1 Mol.) inactives Brom-isocapronylchlorid und 120 ccm n-Natronlauge (1,2 Mol.) abwechselnd in 6 Portionen im Laufe einer halben Stunde eingetragen und schliesslich noch die Flüssigkeit 1 Stunde lang auf der Maschine geschüttelt. Nachdem sie von der öligen Suspension durch Filtration befreit ist, wird sie mit 30 ccm 5fach n-Salzsäure angesäuert. Hierbei fällt die Bromisocapronyl-β-aminobuttersäure zunächst ölig aus, erstarrt aber beim Erkalten und Einimpfen eines Kryställchens sehr bald. Tritt die Krystallisation nicht ein, so extrahirt man mit Aether, verdampft den Aether, übergiesst mit Petroläther und kühlt unter starkem Reiben in einer Kältemischung, wobei dann rasch Krystallisation erfolgt. Die

---

[1]) E. Fischer und F. Koelker, Liebigs Ann. d. Chem. **340**, 172 [1905]. (*Proteine I, S. 501.*)

[2]) E. Fischer und U. Suzuki, Berichte d. D. Chem. Gesellsch. **38**, 4173 [1905]. (*Proteine I, S. 438.*)

directe Krystallisation in der wässrigen Lösung ist natürlich bequemer. Die Ausbeute betrug 20 g Rohproduct. Bei der Verarbeitung der wässrigen Mutterlauge durch Extraction mit Aether oder Verdampfen unter geringem Druck und Auslaugen mit Aether wurden noch 3 g erhalten, so dass die Gesammtausbeute 23 g oder 82% der Theorie betrug.

Zur Reinigung wurde das Product in kochendem Chloroform gelöst und bis zur Trübung Petroläther zugegeben. Beim längeren Stehen im Eisschrank scheidet sich dann die Säure als compacte Krystallmasse ab und der Verlust ist gering. Der Schmelzpunkt liegt jetzt bei ungefähr 96°, steigt aber beim wiederholten Umkrystallisiren aus Chloroform und Petroläther auf 97—98°. Für die Analyse war im Vacuumexsiccator über Schwefelsäure getrocknet.

0,1840 g gaben 0,2881 CO_2 und 0,1056 H_2O. — 0,2138 g gaben 0,1436 AgBr.

Ber. für $C_{10}H_{18}O_3NBr$ (280,1).   C 42,85, H 6,43, Br 28,57.

Gef. ,, 42,74, ,, 6,42, ,, 28,59.

Die Substanz krystallisirt in kleinen Prismen oder lanzettförmigen Nädelchen. Sie ist in Wasser selbst in der Hitze ziemlich schwer löslich, wird aber von den meisten organischen Solventien, mit Ausnahme von Petroläther und Benzol, ziemlich leicht aufgenommen. Alle Versuche, die Substanz in zwei verschiedene Körper durch Krystallisation zu zerlegen, waren vergeblich. Trotzdem ist es unsicher, ob sie ein einheitliches Individuum ist, da in vielen andern Fällen die beiden von der Theorie vorhergesehenen isomeren Racemverbindungen entstehen.

Leucyl-β-aminobuttersäure.

$$C_4H_9CH(NH_2)CO \cdot NHCH(CH_3)CH_2COOH.$$

Die Bromverbindung wird in der 5fachen Menge wässrigem Ammoniak von 25% gelöst und 3 Tage bei 25° aufbewahrt. Beim Verdampfen der Lösung unter vermindertem Druck bleibt eine gummiartige Masse zurück, die nochmals in Wasser gelöst und abermals verdampft wird. Behandelt man den Rückstand vorsichtig mit heissem abs. Alkohol, um das Bromammonium zu entfernen, so erstarrt der Rückstand allmählich zu einer amorphen Masse, die nach wiederholtem Auskochen mit Alkohol frei von Bromammonium ist. Allerdings geht auch eine nicht unerhebliche Menge des Dipeptids in die alkoholische Lösung. Ein Theil davon scheidet sich aber bei längerem Stehen daraus ab. Löst man das amorphe Dipeptid in sehr wenig Wasser und verdampft unter öfterem Zusatz von Alkohol in einer Platinschale, so lässt es allmählich krystallinisch. Die Ausbeute an diesem Product wird aber zu wünschen übrig, denn sie betrug nur 40% der Theorie.

Für die Analyse war im Vacuumexsiccator über Phosphorpentoxyd getrocknet.

0,1186 g gaben 0,2413 CO_2 und 0,0991 H_2O. — 0,1884 g gaben 21,6 ccm Stickgas über 33 procentiger Kalilauge bei 17° und 758 mm Druck.

Ber. für $C_{10}H_{20}O_3N_2$ (216,2). C 55,55, H 9,26, N 13,0.

Gef. „ 55,40, „ 9,35, „ 13,2.

Das Dipeptid bildet ein einfaches farbloses Pulver, das aus äusserst kleinen mikroscopischen Körnern von krystallinischem Gefüge besteht. Es schmilzt bei 230—231° (corr. 232°). In heissem Wasser ist es ziemlich leicht, in Methyl und Aethylalkohol dagegen recht schwer löslich.

Das Kupfersalz, in der gewöhnlichen Weise bereitet, löst sich leicht in Wasser mit tiefblauer Farbe und bleibt beim Verdampfen als gummiartige Masse zurück. Löst man diese aber in kochendem Alkohol, so scheiden sich beim langsamen Erkalten ziemlich grosse, tiefblaue sechsseitige Tafeln ab. Nach dem Trocknen an der Luft verloren sie bei 130° unter 15 mm Druck über Phosphorpentoxyd erheblich an Gewicht. Das getrocknete Salz zeigte die Zusammensetzung:

$$(C_{10}H_{19}O_3N_2)_2Cu \cdot CuO.$$

0,1470 g gaben 0,2256 CO_2 und 0,0878 H_2O. — 0,1180 g gaben 0,0330 g CuO. — 0,1394 g gaben 0,0390 CuO.

Ber. für $(C_{10}H_{19}O_3N_2)_2Cu \cdot CuO$ (573,6). C 41,96, H 6,64, CuO 27,64.

Gef. „ 41,88, „ 6,68, „ 27,97, 27,98.

Das Salz scheidet sich aus heissem Alkohol entweder in rhomben-ähnlichen Platten oder sechsseitigen Tafeln ab. In Wasser ist es ausserordentlich leicht löslich.

Anhydrid der Leucyl-β-aminobuttersäure.

Das Dipeptid schmilzt unter Schäumen, weil es Wasser verliert, und geht dabei ähnlich den gewöhnlichen Dipeptiden in ein Anhydrid über. Dieses hat aber ein erheblich höheres Molekulargewicht als die Diketopiperazine. Dem entsprechen auch seine äusseren Eigenschaften, denn es ist eine amorphe Masse.

5 g Dipeptid wurden in einem Oelbad auf 225° erhitzt, wobei es langsam unter Aufschäumen schmolz. Nachher wurde die Temperatur noch 10 Minuten auf 225° gehalten. Beim Erkalten erstarrte die gelbrothe Masse glasartig. Sie wurde gepulvert, in Alkohol gelöst und wiederholt mit Thierkohle aufgekocht, um die gefärbten Verunreinigungen zu entfernen. Als das alkoholische Filtrat mit Wasser bis zur Trübung versetzt und kurze Zeit gekocht wurde, schied sich das Anhydrid als schwach gelbe amorphe Masse aus, die abfiltrirt, mit Wasser gewaschen und erst im Vacuumexsiccator, später bei 100° über Phosphor-

pentoxyd unter 15 mm Druck bis zum constanten Gewicht getrocknet wurde.

0,1275 g gaben 0,2816 CO_2 und 0,1040 H_2O. — 0,1955 g gaben 24,4 ccm Stickgas über 33 procentiger Kalilauge bei 21° und 759 mm Druck.

Ber. für $C_{10}H_{18}O_2N_2$ (198,2).   C 60,60, H 9,10, N 14,15.
Gef. ,, 60,40, ,, 9,15, ,, 14,12.

Die Substanz ist ein schwach gelbes, sandiges Pulver von neutraler Reaction, unlöslich in Wasser und Alkalien. Sie löst sich leicht in heissem Alkohol, Methylalkohol und Eisessig, dann successive schwerer in Aceton, Essigäther und Aether. Der Schmelzpunkt liegt ungefähr bei 195 bis 197° (corr. 197—198°).

Die Bestimmung des Gefrierpunktes ihrer Lösung in Eisessig zeigte, dass das Molekulargewicht viel grösser ist, als dasjenige der Diketopiperazine.

0,1675 g Subst. in 15,94 g Eisessig gaben eine Gefrierpunktserniedrigung von 0,051°.

0,2809 g Subst. in 16,22 g Eisessig gaben eine Gefrierpunktserniedrigung von 0,083°.

Mithin: Mol.-Gew. = 803,5, 813,0.
Berechnet für $(C_{10}H_{18}O_2N_2)_4$: 792,8.

Brompropionyl - β - aminobuttersäure.
$CH_3CHBrCO \cdot NHCH(CH_3)CH_2COOH.$

Zu einer gekühlten Lösung von 10 g β-Aminobuttersäure in 100 ccm n-Natronlauge (1 Mol.) werden abwechselnd in kleinen Portionen unter starkem Schütteln 22 g Brompropionylbromid (1,1 Mol.) und 120 ccm n-Natronlauge (1,2 Mol.) zugefügt, und nach dem Verschwinden des Geruches vom Bromid wird die klare Lösung mit 30 ccm 5 fach-Normal-salzsäure angesäuert. Dabei entsteht kein Niederschlag. Impft man dagegen die Flüssigkeit mit einigen Kryställchen, die von einer früheren Darstellung herrühren, und lässt 12 Stunden im Eisschrank stehen, so erfolgt eine starke Krystallisation.

Das Filtrat wird unter 10—15 mm Druck bei etwa 40° sehr stark eingeengt und der Rückstand in einem Soxhlet-Apparat mit Aether ausgezogen. Aus der concentrirten ätherischen Lösung scheidet sich wiederum ein Theil krystallinisch ab. Beim völligen Verdampfen bleibt ein Oel, aus dem durch Einimpfen von Kryställchen und Uebergiessen mit Petroläther noch eine weitere, allerdings geringere Krystallisation erhalten wird. Die Gesammtausbeute betrug 17 g oder 80% der Theorie. Um Impfkrystalle zu gewinnen, kann man einen Theil der ursprünglichen wässrigen Lösung direct mit Aether extrahiren. Zur Reinigung des

Kupplungsproductes genügt 1—2 maliges Umkrystallisiren aus heissem Wasser. Für die Analyse war im Vakuumexsiccator über Schwefelsäure getrocknet.

0,1766 g gaben 0,2292 CO_2 und 0,0846 H_2O. — 0,1945 g gaben 0,1539 g AgBr.

Ber. für $C_7H_{12}O_3NBr$ (238,1).   C 35,30, H 5,09, Br 33,61.

Gef. „ 35,42, „ 5,30, „ 33,70.

Die Substanz schmilzt bei 130° (corr. 131°) und schmeckt stark sauer. Aus heissem Wasser, worin sie verhältnismässig leicht löslich ist, krystallisirt sie in farblosen, verfilzten Nadeln. Sie ist ziemlich schwer löslich in Aether, dagegen leicht in kochendem Chloroform und heissem Benzol, aus denen sie beim Erkalten in Nadeln oder büschelförmig vereinigten Prismen krystallisirt. Alle Bemühungen, aus dem Product zwei isomere Substanzen zu isoliren, sind erfolglos geblieben.

Alanyl - β - aminobuttersäure,

$CH_3CH(NH_2)CO \cdot NHCH(CH_3)CH_2COOH$.

Eine Lösung der vorhergehenden Substanz in der fünffachen Menge wässrigem Ammoniak von 25% wird vier Tage bei 25° gehalten, wobei sie sich schwach gelb färbt. Man verdampft dann unter geringem Druck zum Syrup, löst in Wasser und verdampft abermals. Diese Operation wird noch einige Male wiederholt, um das Ammoniak möglichst zu entfernen. Schliesslich bringt man die Masse mit Alkohol in eine Platinschale und verdampft wiederholt unter erneutem Zusatz von Alkohol, um das Wasser möglichst zu entfernen. Später werden mehrere Alkoholauszüge, die das Bromammonium enthalten, abgegossen und das Abdampfen mit Alkohol so lange wiederholt, bis das Dipeptid sich in ein leichtes, amorphes Pulver verwandelt hat. Diese Behandlung ist mit nicht unbeträchtlichen Verlusten verbunden, da sich das Dipeptid in heissem Alkohol auch in merklicher Menge löst.

Da die Krystallisation der Verbindung bisher nicht gelungen ist, so wurde für die Analyse das farblose, amorphe Pulver, das ganz frei von Brom war, benutzt, nachdem es im Vakuum bei 100° über Phosphorpentoxyd getrocknet war.

0,1136 g gaben 0,2002 CO_2 und 0,0844 H_2O. — 0,1854 g gaben 26,2 ccm Stickgas über 33 procentiger Kalilauge bei 21° und 754 mm Druck.

Ber. für $C_7H_{14}O_3N_2$ (171,1).   C 48,28, H 8,20, N 16,09.

Gef. „ 48,08, „ 8,29, „ 15,88.

Das Dipeptid bildet eine amorphe, schwach grau gefärbte Masse. Es ist in Wasser, auch in der Hitze, ziemlich schwer löslich. Viel leichter wird es von heissem Eisessig aufgenommen. Beim raschen Erhitzen im Kapillarrohr schmilzt es nicht constant gegen 250° unter Zersetzung.

Das Kupfersalz entsteht in der üblichen Weise beim Kochen der wässrigen Lösung des Dipeptids mit Kupferoxyd und ist tiefblau gefärbt. Versetzt man die sehr concentrirte warme wässrige Lösung mit etwa der zehnfachen Menge Alkohol, so scheidet sich bei längerem Stehen das Kupfersalz in kleinen warzenförmigen Krystallaggregaten ab. Für die Analyse wurde es 2 Tage an der Luft getrocknet und dann zur Bestimmung des Krystallwassers im Vacuum auf 130° über Phosphorpentoxyd bis zum constanten Gewicht erhitzt. Die Zahlen entsprechen am besten der Formel:

$$(C_7H_{13}O_3N_2)_2Cu, CuO \cdot 4 H_2O.$$

0,2427 g verloren bei 130° 0,0310 g H_2O. — 0,2084 g trockenes Salz gaben 0,0670 CuO.

Ber. Cu 25,99, H_2O 12,85.
Gef. ,, 25,69, ,, 12,77.

Das Salz krystallisirt aus verdünntem Alkohol in tiefblauen, meist sechsseitigen Plättchen, welche gewöhnlich warzenförmig verwachsen sind. Es ist in Wasser sehr leicht, in Alkohol so gut wie unlöslich, und unterscheidet sich durch die letzte Eigenschaft sehr deutlich von dem Kupfersalz der Leucyl-β-aminobuttersäure.

α - Bromisocapronyl - α - methylisoserin,
$C_4H_9CHBrCO \cdot NHCH_2 \cdot (CH_3)C(OH)COOH.$

Die Kupplung von α-Methylisoserin und inactivem α-Bromisocapronylchlorid wurde in der üblichen Weise mit 12 g Aminosäure und 21 g Chlorid ausgeführt.

Aus der angesäuerten Flüssigkeit scheidet sich das Kupplungsprodukt, besonders wenn man einige Kryställchen einimpft, beim zwölfstündigen Stehen im Eisschrank in erheblicher Menge ab. Das Rohproduct ist ein Gemisch von den beiden Isomeren A und B, enthält aber in überwiegender Menge das erstere. Dieses lässt sich durch zweimaliges Umkrystallisiren aus heissem Wasser rein gewinnen.

Die Ausbeute betrug bei obiger Menge 14 g. Für die Analyse war im Vacuum über Schwefelsäure getrocknet.

0,1106 g gaben 0,1636 CO_2 und 0,0618 H_2O. — 0,2089 g gaben 0,1316 AgBr.
Ber. für $C_{10}H_{18}O_4NBr$ (296,1). C 40,54, H 6,08, Br 27,00.
Gef. ,, 40,36, ,, 6,25, ,, 26,81.

Das α - Bromisocapronyl - α - methylisoserin A schmilzt bei 168° (corr. 173°) und ist selbst in heissem Wasser ziemlich schwer löslich. Es krystallisirt daraus in feinen Nadeln. In Alkohol, Aceton und Essigäther, auch in heissem Chloroform und Benzol ist es leicht löslich, schwerer wird es von Aether und fast gar nicht von Petroläther aufgenommen.

Die isomere Verbindung B findet sich in den wässrigen Mutterlaugen von der Reinigung der Verbindung A und in der ursprünglichen salzsauren Mutterlauge. Beide werden unter geringem Druck bei etwa 40° verdampft und der Rückstand wiederholt und sorgfältig mit Aether ausgelaugt. Beim Verdampfen des Aethers bleibt zuerst ein dickes Oel, welches aber beim Uebergiessen mit Petroläther und starkem Abkühlen bald erstarrt. Die Krystallmasse wird filtrirt, mit Petroläther gewaschen, im Vacuumexsiccator getrocknet und dann in heissem Wasser gelöst, wobei sie zuerst schmilzt. Beim Abkühlen der wässrigen Lösung fällt die Substanz in der Regel zunächst als Oel, erstarrt aber bald. Für die Analyse war wiederum im Vacuum über Schwefelsäure getrocknet.

0,1308 g gaben 0,1943 CO_2 und 0,0721 H_2O. — 0,2770 g gaben 0,1742 AgBr.

Ber. für $C_{10}H_{18}O_4NBr$ (296,1). C 40,54, H 6,08, Br 27,00.

Gef. ,, 40,55, ,, 6,17, ,, 26,76.

Die Gesammtausbeute betrug ungefähr 12 g. Die Substanz schmilzt bei 123° (corr. 125—126°) und krystallisirt in ziemlich grossen, rhombenähnlichen oder sechsseitigen Platten. Sie löst sich unter vorhergehender Schmelzung viel leichter in heissem Wasser als das Isomere. Auch von den übrigen Lösungsmitteln wird sie erheblich leichter aufgenommen. Ob das Präparat ganz einheitlich, d. h. ganz frei von der Verbindung A war, ist schwer zu sagen.

Leucyl - α - methylisoserin A.
$C_4H_9CH(NH_2)CO \cdot NHCH_2 \cdot (CH_3)C(OH)COOH.$

Lässt man eine Lösung von Bromisocapronyl-α-methylisoserin A in der fünffachen Menge wässrigem Ammoniak von 25% drei Tage bei 25° stehen, so ist alles Brom abgespalten, und beim Verdampfen unter vermindertem Druck bleibt ein Gemisch von Bromammonium und Dipeptid. Es wird in Wasser gelöst, nochmals verdampft, um das Ammoniak möglichst zu entfernen. Versetzt man dann die nicht zu verdünnte wässrige Lösung mit ziemlich viel Alkohol, so scheidet sich im Laufe von einigen Tagen der grösste Theil des Dipeptids ab. Die Ausbeute betrug 50—60% der Theorie. Zur völligen Reinigung löst man in möglichst wenig Wasser und fällt durch das fünffache Volumen Alkohol. Auch hier ist zur Abscheidung mehrstündiges Stehen in Eis nöthig. Das krystallinische Pulver wurde filtrirt, mit Alkohol gewaschen und zur Analyse im Vakuum über Phosphorpentoxyd getrocknet.

0,1390 g gaben 0,2632 CO_2 und 0,1103 H_2O. — 0,1438 g gaben 15,0 ccm Stickgas über 33 procentiger Kalilauge bei 20° und 770 mm Druck.

Ber. für $C_{10}H_{20}O_4N_2$ (232,2). C 51,72, H 8,70, N 12,07.

Gef. ,, 51,68, ,, 8,87, ,, 12,03.

Das Dipeptid krystallisirt aus verdünntem Alkohol in mikroscopisch kleinen, meist vierseitigen, zugespitzten Prismen, welche gewöhnlich zu Büscheln verwachsen sind. Im Kapillarrohr beginnt es gegen 230° braun zu werden und schmilzt nicht constant gegen 240° unter Zersetzung. Es ist in Wasser ziemlich schwer löslich, denn es gebraucht in der Kälte ungefähr 50 Theile. Leicht löst es sich in Eisessig, dagegen ist es in den übrigen organischen Solventien so gut wie unlöslich.

Phenylisocyanat-Verbindung. 1 g Dipeptid wurde in 4,5 ccm n-Natronlauge gelöst, in Eiswasser gekühlt und dazu unter starkem Schütteln allmählich 0,5 g Phenylisocyanat gegeben. Beim Übersättigen der filtrirten Flüssigkeit mit Salzsäure schied sich eine zähe amorphe Masse ab, die bei mehrtägigem Stehen und häufigem Reiben allmählich krystallinisch wurde. Die Ausbeute betrug etwa 80% der Theorie. Das Product wurde durch Krystallisation aus wenig heissem Wasser gereinigt und für die Analyse im Vacuum über Schwefelsäure getrocknet.

0,1617 g gaben 0,3455 CO_2 und 0,1070 H_2O. — 0,1658 g gaben 17,4 ccm Stickgas über 33 procentiger Kalilauge bei 20° und 760 mm Druck.

Ber. für $C_{17}H_{25}O_5N_3$ (351,2).   C 58,12, H 7,12, N 11,96.

Gef. ,, 58,34, ,, 7,38, ,, 11,95.

Die Substanz krystallisirt in derben Prismen, welche bei 178 bis 179° (corr. 180°) schmelzen. Sie ist ziemlich leicht löslich in Eisessig, Aceton und Essigester, dann successive schwerer in Alkohol, Benzol und Petroläther.

Leucyl-α-methylisoserin B.
$C_4H_9CH(NH_2)CO \cdot NHCH_2 \cdot (CH_3)C(OH)COOH.$

Die Darstellung ist dieselbe wie beim Isomeren. Die Verbindung krystallisirt aber leichter und ist deshalb bequemer zu isoliren. In Folge dessen betrug auch die Ausbeute 70% der Theorie. Für die Analyse war im Vacuum über Phosphorpentoxyd getrocknet.

0,1411 g gaben 0,2674 CO_2 und 0,1094 H_2O. — 0,1176 g gaben 12,6 ccm Stickgas über 33 procentiger Kalilauge bei 22° und 758 mm Druck.

Ber. für $C_{10}H_{20}O_4N_2$ (232,2).   C 51,72, H 8,70, N 12,07.

Gef. ,, 51,72, ,, 8,68, ,, 12,04.

Das Dipeptid hat keinen constanten Schmelzpunkt; derselbe liegt in der Nähe von 250°, wobei aber Zersetzung eintritt. Es ist in Wasser etwas leichter löslich, als die Verbindung A, denn es verlangt bei gewöhnlicher Temperatur ungefähr 20 Theile davon. Will man aus Wasser umkrystallisiren, so löst man am besten in der Hitze, verdampft dann unter vermindertem Druck bis zur beginnenden Ausscheidung und lässt nun im Eisschrank längere Zeit stehen, wobei sich die Substanz in farblosen, dünnen Platten oder Nadeln ausscheidet. Sie löst sich leicht in heissem Eisessig, ist aber nahezu unlöslich in den übrigen organischen Solventien.

Die Phenylisocyanatverbindung wurde in derselben Weise bereitet wie beim Isomeren. Sie krystallisirt aus viel heissem Wasser in sehr dünnen seidenglänzenden Nadeln, die gegen 186° (corr. 187°) schmelzen und für die Analyse im Vacuum über Schwefelsäure getrocknet werden.

0,1391 g gaben 0,2953 CO_2 und 0,0868 H_2O. — 0,1459 g gaben 15,3 ccm Stickgas über 33procentiger Kalilauge bei 21° und 764 mm Druck.

Ber. für $C_{17}H_{25}O_5N_3$ (351,2).   C 58,12, H 7,12, N 11,96.

Gef. „ 57,97, „ 6,98, „ 11,94.

54. Emil Fischer und Lee H. Cone: Synthese von Poly-
peptiden. XXVII. 1. Derivate des Histidins.

Liebigs Annalen der Chemie **363**, 107 [1908].

Von dem in den natürlichen Proteinen weit verbreiteten Histidin
ist bisher nur ein Dipeptid, das Histidyl-Histidin[1]) bekannt.

Ungleich grösseres Interesse können aber die gemischten Peptide
dieser Aminosäure beanspruchen, da man erwarten darf, sie unter den
Spaltproducten der Proteïne zu finden. Wir haben deshalb die Synthese
solcher Stoffe in Angriff genommen und es ist uns gelungen, in der Combination des l-Leucin mit Histidin ein schön krystallisirendes und
leicht erkennbares Präparat zu gewinnen.

Für diese Synthese wurde zunächst d-α-Bromisocapronylchlorid
mit Histidinmethylester combinirt, und aus dem so entstehenden
Ester durch Verseifung das d-α-Bromisocapronyl-histidin bereitet. Die
Amidirung des letzteren geht in normaler Weise, allerdings mit verhältnissmässig kleiner Ausbeute von statten, und das entstandene l-Leucyl-
l-histidin lässt sich wegen seiner geringen Löslichkeit in Wasser und
Alkohol leicht isoliren.

Da das Oxyhämoglobin erhebliche Mengen von l-Leucin und Histidin enthält, und da ferner unser Dipeptid gegen kalte conc.
Salzsäure sehr beständig ist, so hatten wir gehofft, ihm unter den Producten, die durch Einwirkung von starker Salzsäure auf Oxyhämoglobin
in der Kälte entstehen, zu begegnen.

Leider haben diese Versuche bisher noch zu keinem definitiven
Resultate geführt, und wir verzichten deshalb darauf, sie im Einzelnen
zu beschreiben.

Selbstverständlich könnte aus dem Oxyhämoglobin auch das umgekehrte Dipeptid entstehen, und wir haben deshalb nach einer Methode gesucht, die Substanz synthetisch herzustellen. Da das salzsaure
Histidin selbst von Phosphorpentachlorid und Acetylchlorid in der Kälte

---

[1]) E. Fischer und U. Suzuki, Berichte d. D. Chem. Gesellsch. **38**, 4185 [1905].
(*Proteine I, S. 451.*)

nicht angegriffen wird, so haben wir erst das bisher unbekannte Formyl-
histidin dargestellt und es der gleichen Reaction unterworfen. Die
Versuche sind aber auch noch nicht zum Abschluss gekommen.
Für die nachstehenden Experimente waren grössere Mengen von
Histidinmethylesterdichlorhydrat
nöthig. Das Salz ist von H. Pauly[1]) beschrieben.
Zur Ergänzung seiner Angaben führen wir bezüglich der Darstellung Folgendes an: 30 g getrocknetes und fein gepulvertes Histidin-
dichlorhydrat werden mit 450 ccm getrocknetem Methylalkohol übergossen, und unter Kochen am Rückflusskühler auf dem Wasserbade
trocknes Salzsäuregas durchgeleitet, bis völlige Lösung eingetreten ist.
Die Operation dauert ungefähr 3 Stunden. Beim Erkalten und 2 stündigem Stehen in Eis krystallisirt der grösste Theil (24 g) des reinen Ester-
dichlorhydrates aus. Der Rest (7,4 g) wird durch Einengen der Mutterlauge und Zusatz von etwas Aether gewonnen. Die Gesammtausbeute ist
mithin fast quantitativ.

d - α - Bromisocapronyl - 1 - histidinmethylester
$C_4H_9CHBr \cdot CONHCH(C_4H_5N_2)COOCH_3$.

Zur Bereitung des freien Histidinmethylesters[2]), der für diese Versuche nöthig ist, wurden 24,2 g (0,1 Mol.) Dichlorhydrat in 250 ccm
siedendem, trocknem Methylalkohol gelöst, rasch abgekühlt und, bevor
Krystallisation eintritt, eine Lösung von 4,6 g Natrium in 100 ccm
trocknem Methylalkohol zugegeben. Um die Abscheidung des Chlornatriums zu vervollständigen, fügt man noch 200 ccm trocknen Aether
zu. Nach 15 Minuten wird filtrirt und die Lösung unter stark vermindertem Druck verdampft, um die Verwandlung des Esters in Histidin-
anhydrid möglichst zu vermeiden. Der zurückbleibende Syrup enthält
noch etwas Methylalkohol. Um ihn zu entfernen, schüttelt man ihn
im gleichen Gefäss mit 25 ccm Chloroform, verdampft wieder unter
möglichst geringem Druck und wiederholt diese Behandlung noch zweimal. Schliesslich wird der Rückstand in verschiedenen Portionen mit
Chloroform (im Ganzen 400 ccm) ausgelaugt, wobei nur ein kleiner Rest
ungelöst bleibt. Die alkalisch reagirende Chloroformlösung enthält
Histidinmethylester. Sie wird auf 5° abgekühlt, und unter starkem Umschütteln eine 10%ige Chloroformlösung von d-α-Bromisocapronylchlorid allmählich so lange eingetragen, bis das Gemisch schwach sauer

---

[1]) Zeitschr. f. physiol. Chem. **42**, 514 [1904].
[2]) Die Darstellung des Esters wurde schon von E. Fischer und U. Suzucki
(Berichte d. D. Chem. Gesellsch. **38**, 4173) (*Proteine I*, S. *438*) kurz beschrieben.
Leider ist dort infolge eines Druckfehlers nur $1/_3$ der erforderlichen Menge von
Natriummethylat angegeben.

reagirt. Hierfür sind ungefähr 10,5 g Säurechlorid erforderlich. Während der Operation scheidet sich Histidinmethylester-chlorhydrat krystallinisch aus. Die sofort filtrirte Flüssigkeit wird unter vermindertem Druck auf die Hälfte eingedampft. Beim längeren Stehen scheidet sich dann das Kupplungsproduct in schönen, farblosen Prismen ab. Die Mutterlauge giebt beim abermaligen Einengen auf etwa $^1/_3$ ihres Volumens und beim Einstellen in Eis eine zweite reichliche Krystallisation. Die Gesammtausbeute betrug 11,2 g. Beim völligen Verdampfen der letzten Mutterlauge bleibt ein Syrup, der noch eine kleine Menge des Kupplungsproductes als Hydrochlorat enthält. Behandelt man ihn mit verdünnter Natriumcarbonatlösung, so scheidet sich das freie Kupplungsproduct krystallinisch ab. Seine Menge betrug noch 0,75 g, so dass die Ausbeute auf 12 g oder 70% der Theorie steigt.

Wir machen darauf aufmerksam, dass noch eine kleine Menge desselben Körpers dem zuerst ausfallenden salzsauren Histidinmethylester beigemengt sein kann. Will man sie gewinnen, so löst man das Gemisch in wenig Methylalkohol und sättigt unter Kühlung mit Salzsäuregas, wodurch Histidinmethylester-dichlorhydrat krystallinisch gefällt wird. Verdampft man die Mutterlauge unter geringem Druck und laugt den Rückstand mit etwas Essigäther aus, so geht nur das Hydrochlorat des Kupplungsproductes in Lösung und dieses kann nach Verdampfen des Lösungsmittels durch Behandeln des Rückstandes mit wässriger Natriumcarbonatlösung in das krystallisirte freie Kupplungsproduct verwandelt werden. Seine Menge beträgt in der Regel aber nur einige Procent der Theorie.

Zur Reinigung löst man das Kupplungsproduct in etwa 55 Gewichtstheilen siedendem Essigäther. Bei längerem Stehen im Eisschranke scheidet sich ungefähr $^2/_3$ der Substanz in stark lichtbrechenden, farblosen sechsseitigen Tafeln bis zu 1 mm Breite oder manchmal auch als abgestumpfte Octaëder ab. Sie wurde zur Analyse unter vermindertem Druck bei 100° getrocknet.

0,3934 g Substanz gaben 0,6399 CO_2 und 0,2042 H_2O. — 0,2400 g Substanz gaben 25,2 ccm Stickgas über 33%iger Kalilauge bei 18° und 749 mm Druck. — 0,1846 g Substanz gaben 0,1004 g AgBr nach Carius.

Ber. für $C_{13}H_{20}O_3N_3Br$ (346,24).   C 45,05, H 5,82, N 12,16, Br 23,09.
Gef.   „ 44,36, „ 5,80, „ 12,04, „ 23,14.

Die Substanz schmilzt im Capillarrohr bei 173° (corr. 175°) ohne Zersetzung zu einer farblosen Flüssigkeit. Sie ist in kaltem Wasser, Benzol, Petroläther fast unlöslich, in Aether und kaltem Chloroform schwer, in Alkohol aber ziemlich leicht löslich. Sie ist eine ausgesprochene Base, denn sie löst sich in verdünnten, kalten Mineralsäuren sehr leicht und wird durch Natriumcarbonat wieder ausgefällt.

d - α - Bromisocapronyl - 1 - histidin
$C_4H_9 \cdot CHBr \cdot CO \cdot NHCH(C_4H_5N_2)COOH$.

Schüttelt man 20 g des vorher beschriebenen Esters, nachdem er fein gepulvert und gesiebt ist, mit 63 ccm n-Natronlauge bei Zimmertemperatur, so tritt nach etwa 2 Stunden klare Lösung ein. Sie wird mit 63 ccm n-Schwefelsäure versetzt, bei etwa 12—15 mm Druck zur Trockne verdampft, und der Rückstand in 80 %igem kaltem Alkohol ausgelaugt. Beim Verdampfen der alkoholischen Lösung unter vermindertem Druck bleibt das d-α-Bromisocapronyl-1-histidin zurück und wird durch Umkrystallisiren aus wenig heissem Wasser gereinigt. Die Ausbeute betrug 17 g oder 88% der Theorie. Zur Analyse war unter 15—20 mm Druck bei 100° getrocknet.

0,1612 g Substanz gaben 0,2553 CO_2 und 0,0807 H_2O. — 0,1143 g Substanz gaben 0,0642 AgBr nach Carius.

Ber. für $C_{12}H_{18}O_3N_3Br$ (332,22). C 43,34, H 5,46, Br 24,07.

Gef. ,, 43,19, ,, 5,60, ,, 23,90.

Die Säure schmilzt, wenn sie ganz trocken ist, bei 118° (corr.). Hat sie einige Zeit an der Luft gestanden, so findet man den Schmelzpunkt gewöhnlich 2—3° niedriger. In heissem Wasser und in kaltem Alkohol ist sie recht leicht löslich. In kaltem Wasser löst sie sich ziemlich schwer, von Benzol und Petroläther wird sie fast gar nicht aufgenommen. Die wässrige Lösung reagirt sauer. In Alkalien ist sie leicht löslich, und die Flüssigkeit färbt sich beim Stehen gelb.

1 - Leucyl - 1 - histidin
$C_4H_9 \cdot CH(NH_2)CO \cdot NHCH(C_4H_5N_2)COOH$.

Die Wechselwirkung zwischen dem zuvor beschriebenen Bromkörper und Ammoniak verläuft ziemlich gleich bei Anwendung von reinem flüssigem Ammoniak oder seiner wässrigen Lösung. Wegen der grösseren Bequemlichkeit ist die letztere vorzuziehen.

Man lässt eine Lösung von 10 g Bromkörper in 50 ccm wässrigem Ammoniak von 25% 3½ Tage bei 25° stehen. Wird dann unter geringem Druck zur Trockne verdampft, so scheidet sich das Dipeptid in der Regel schön krystallisirt ab, und durch Auskochen des Rückstandes mit Alkohol lässt sich Bromammonium und ein amorphes, in reichlicher Menge vorhandenes Nebenproduct entfernen.

Zur völligen Reinigung wird das Dipeptid einmal aus der 40fachen Menge heissem Wasser umkrystallisirt. Die Ausbeute ist wenig befriedigend. Sie beträgt etwa 3,1 g auf 10 g Bromkörper oder 38% der Theorie. Das Product ist aber dafür rein. Das krystallisirte Dipeptid enthält 1 Mol. Krystallwasser, welches bei 100° unter 15—20 mm Druck entweicht.

0,1864 g Substanz verloren 0,0122 H_2O.

Ber. für $C_{12}H_{20}O_3N_4 + H_2O$ (286,33) Krystallwasser 6,71. Gef. 6,55.

Die trockene Substanz gab folgende Zahlen:

0,1514 g Substanz gaben 0,2956 CO_2 und 0,1014 H_2O. — 0,0985 g Substanz gaben 17,9 ccm Stickgas, über 33 %iger Kalilauge bei 19° und 757 mm Druck.

Ber. für $C_{12}H_{20}O_3N_4$ (268,32). C 53,67, H 7,51, N 20,93.

Gef. ,, 53,25, ,, 7,49, ,, 21,01.

Für die Bestimmung des Drehungsvermögens diente eine in gelinder Wärme bereitete ungefähr 5%ige wässrige Lösung.

0,2189 g Substanz. Gesammtgewicht der Lösung 4,3344 g, $d^{20} = 1,0126$. Drehung im 1 dm-Rohr bei 18° und Natriumlicht 1,64° $(\pm 0,02°)$ nach rechts. Demnach

$$[\alpha]_D^{18} = + 32,06\,(\pm 0,4).$$

Für die folgende Bestimmung diente ein anderes Präparat, das mit flüssigem Ammoniak hergestellt war.

0,1741 g Substanz. Gesammtgewicht der Lösung 3,4022 g, $d^{20} = 1,0138$. Drehung im 1 dm-Rohr und Natriumlicht 1,65° $(\pm 0,02°)$ nach rechts. Demnach

$$[\alpha]_D^{18} = + 31,81\,(\pm 0,4).$$

Die Uebereinstimmung beider Werthe ist durchaus befriedigend.

Wenn das Dipeptid völlig trocken ist, so schmilzt es im Capillarrohr nicht ganz scharf gegen 178° (corr.), unter Aufschäumen. In heissem Wasser ist es ziemlich leicht löslich, in kaltem aber ziemlich schwer, denn eine in der Wärme bereitete 5%ige Lösung hatte nach 15stündigem Stehen bei 10—15° ungefähr die Hälfte wieder abgeschieden. Bei langsamer Krystallisation entstehen bis 1 mm lange, häufig schief gekreuzte Stäbchen oder auch dünne Platten.

Aus heissem Methylalkohol lässt sich das Dipeptid auch leicht umkrystallisiren und bildet dann gewöhnlich zu Aggregaten verwachsene, ziemlich dicke Nadeln. Von Aethylalkohol wird es auch in der Hitze nur sehr wenig gelöst, und in den übrigen organischen Solvenzien ist es so gut wie unlöslich.

Die wässrige Lösung reagirt stark alkalisch und giebt ebenso wie das Histidin selbst folgende Reaction:

mit Sublimatlösung einen farblosen Niederschlag,

mit p-Diazobenzolsulfosäure eine rothe Färbung,

und beim Kochen mit verdünntem Bromwasser eine dunkle Färbung.

Diese Erscheinungen deuten darauf hin, dass in dem Dipeptid der Imidazol-Kern des Histidins unverändert ist.

In verdünnten Mineralsäuren ist das Dipeptid leicht löslich. Ein krystallinisches Salz haben wir aber bisher nicht erhalten. Ihre Lösung giebt mit Phosphorwolframsäure eine starke Fällung. Auch in Alkalien löst sich das Dipeptid leicht. Schwer löslich aber ist das Kupfersalz. Kocht man eine verdünnte wässrige Lösung des Dipeptids mit gefälltem Kupferoxyd, so nimmt sie eine violettblaue Farbe an, die der Biuret-färbung ziemlich ähnlich ist; beim längeren Stehen der heissen Flüssig-keit scheidet sich ein kleiner Theil des Kupfersalzes krystallinisch ab.

Viel bequemer und in besserer Ausbeute gewinnt man dasselbe krystallisirte Salz durch Umsetzung der Natriumverbindung mit Kupfersulfat.

Eine Lösung von 0,201 g Dipeptid in 1,5 ccm n-Natronlauge wurde mit einer Lösung von 0,187 g krystallisirtem Kupfersulfat in 5 ccm Wasser vermischt. Aus der violettblauen Flüssigkeit schieden sich beim 15 stündigen Stehen 0,277 g Kupfersalz in tief violettblauen flächen-reichen Krystallen ab. Das Salz ist in kaltem Wasser äusserst wenig löslich, in heissem Wasser und in Alkohol löst es sich etwas mit violett-blauer Farbe. Von Alkalien und Säuren wird es dagegen leicht auf-genommen.

Das einige Stunden an der Luft getrocknete Salz enthält 4 Mol. Krystallwasser. Einen Theil davon verliert es schnell im Exsiccator über Schwefelsäure, wobei die Farbe zunächst von violettblau in reinblau übergeht. Bei tagelangem Trocknen im Exsiccator entweicht der grös-sere Theil des Krystallwassers, und die Farbe schlägt in lila um. Voll-ständige Trocknung tritt rasch ein beim Erhitzen auf 100° unter 15 bis 20 mm Druck über Phosphorpentoxyd, und das trockne Salz ist ebenfalls lila gefärbt.

0,1082 g lufttrockne **Krystalle** verloren 0,0200 g H_2O.

Ber. für $C_{12}H_{18}N_4O_3Cu + 4 H_2O$ (401,93). H_2O 17,91.   Gef. H_2O 18,48.

Das wasserfreie Pulver gab folgende Werte:

0,1612 g Substanz gaben 0,2570 CO_2, 0,0804 H_2O und 0,0392 CuO. — 0,1024 g Substanz gaben 15,1 ccm Stickgas über 33 % iger Kalilauge bei 21° und 760 mm Druck.

Ber. für $C_{12}H_{18}N_4O_3Cu$ (329,9).   C 43,65, H 5,50, Cu 19,28, N 17,0.

Gef. ,, 43,48, ,, 5,58, ,, 19,43, ,, 16,9.

Das Salz enthält mithin auf 1 Mol. Dipeptid 1 Atom Kupfer in Vertretung von 2 Wasserstoffatomen. Bekanntlich bildet das Histidin selbst ein ähnlich zusammengesetztes Silbersalz[1]). Wegen seiner ge-ringen Löslichkeit in Wasser ist das Kupfersalz vielleicht für die Ab-scheidung des Dipeptids aus Gemischen geeignet.

---

[1]) Hedin, Zeitschr. f. physiol. Chem. **22**, 194 [1896].

Hydrolyse des 1-Leucyl-1-histidins.

Gegen starke, kalte Mineralsäuren ist das Dipeptid sehr beständig, denn aus der Lösung in der dreifachen Menge wässriger Salzsäure von 1,19 spez. Gewicht, die 4 Tage bei 25° aufbewahrt war, konnte durch Verdampfen im Vacuum, Aufnehmen mit wenig Wasser und Neutralisation mit Ammoniak das unveränderte Dipeptid grösstentheils zurückgewonnen werden.

Dagegen tritt völlige Hydrolyse ein durch 24 stündiges Erhitzen auf 100° mit der 15 fachen Menge 20 % iger Salzsäure. Das gebildete 1-Leucin und 1-Histidin wurden isolirt und durch den Schmelzpunkt, sowie die optische Untersuchung charakterisirt.

Die optische Untersuchung ergab für beide Aminosäuren leidlich stimmende Werthe.

Leucin.

0,0090 g Substanz in 20 % iger Salzsäure gelöst. Gesammtgewicht der Lösung 0,2566 g. $d^{20} = 1,1$. Drehung im $1/2$ dm-Rohr bei 18° und weissem Licht (Auer-Brenner) 0,30° ($\pm$ 0,02) nach rechts. Demnach

$$[\alpha]^{18} = + 15,6° (\pm 1,2°).$$

Histidin.

0,0120 g Substanz in n-Salzsäure gelöst. Gesammtgewicht der Lösung 0,3886 g, $d^{20} = 1,016$. Drehung im $1/2$ dm-Rohr bei 18° und weissem Licht (Auer-Brenner) 0,15° ($\pm$ 0,02). Demnach

$$[\alpha] = + 9\,6° (\pm 1,2).$$

Formyl-1-histidin.

Die Formylirung des Histidins vollzieht sich unter denselben Bedingungen wie diejenige des Leucins.

5 g Histidin, das nach der Vorschrift von Kossel[1]) aus dem Dichlorhydrat mit Silbersulfat und Baryumhydroxyd bereitet war, wurden mit 8 g wasserfreier Ameisensäure 2 Stunden auf dem Wasserbade erhitzt, dann die Lösung unter 15—20 mm Druck zum Syrup verdampft, und der Rückstand mit der gleichen Menge Ameisensäure in derselben Art behandelt. Der nun beim Verdampfen bleibende Syrup löste sich in warmem, trocknem Methylalkohol zum grössten Theil auf, aber sehr bald begann die Krystallisation der Formylverbindung, und aus der Mutterlauge liess sich durch Zusatz von Aethylalkohol und Aether eine zweite

---

[1]) Zeitschr. f. physiol. Chem. **22**, 183 [1896].

Krystallisation gewinnen. Die Gesammtausbeute betrug 4,7 g oder 80% der Theorie.

Die letzten Mutterlaugen enthielten ein syrupöses Product, das wir nicht weiter untersucht haben. Zur Reinigung wurden die Krystalle in wenig Wasser gelöst und Methylalkohol bis zur Trübung zugesetzt. Beim längeren Stehen oder rascher beim Einimpfen eines Krystalls schieden sich in der Kälte sehr feine, meist zu Aggregaten verwachsene Nadeln aus, die für die Analyse bei 100° unter 15—20 mm Druck getrocknet wurden.

0,1841 g Substanz gaben 0,3104 CO_2 und 0,0790 H_2O. — 0,1294 g Substanz gaben 25,5 ccm Stickgas über 33 % iger Kalilauge bei 20,5° und 756,6 mm Druck.

Ber. für $C_7H_9O_3N_3$ (183,2).   C 45,85, H 4,95, N 22,99.

Gef. ,, 45,98, ,, 4,80, ,, 22,62.

Die Substanz schmilzt gegen 203° (corr.) unter Aufschäumen. Sie ist in Wasser sehr leicht löslich, auch von Methylalkohol wird sie noch in merkbarer Menge aufgenommen; in den übrigen indifferenten organischen Lösungsmitteln ist sie fast unlöslich. Die wässrige Lösung reagirt sauer. Mit p-Diazobenzolsulfosäure giebt sie eine tiefrothe Färbung, woraus man mit einiger Wahrscheinlichkeit den Schluss ziehen kann, dass das Formyl in die Aminogruppe des Histidins eingetreten ist.

55. Emil Fischer und Georg Reif: Synthese von Polypeptiden XXVII. 2. Derivate des Prolins.

Liebigs Annalen der Chemie 363, 118 [1908].

Bei der tryptischen Verdauung der Gelatine haben Levene und Beatty[1]) ein Prolylglycinanhydrid isolirt, das bei der Hydrolyse Glycocoll und actives Prolin lieferte. Da andere ähnliche Substanzen beim Zerfall der Proteine entstehen können, so schien es uns erwünscht, Polypeptide des activen Prolins, die bisher künstlich noch nicht erhalten wurden, darzustellen, und wir haben diese Aufgabe sofort in Angriff genommen, nachdem es uns gelungen war, eine handliche Methode zur Herstellung von reinem activen Prolin aufzufinden, die auf der Krystallisation des Kupfersalzes aus alkoholischer Lösung beruht.

Das l-Prolin lässt sich durch Acetylchlorid und Phosphorpentachlorid verhältnissmässig leicht chloriren und es entsteht ein krystallisirtes Product, welches wir für das salzsaure Prolylchlorid halten. Dieses kann mit den Estern der gewöhnlichen Aminosäuren gekuppelt werden, und aus den wahrscheinlich hierbei entstehenden Dipeptidestern werden durch alkoholisches Ammoniak in der gewöhnlichen Weise die entsprechenden Anhydride gebildet. Wir haben diese Versuche mit dem Glycocollester und dem l-Leucinester durchgeführt. Im ersten Falle erhielten wir ein Prolylglycinanhydrid von sehr starkem Drehungsvermögen, das im Allgemeinen dem Körper von Levene und Beatty sehr ähnlich ist, aber ungefähr 25° höher schmilzt. Wir werden diese Differenz später genauer besprechen. Im zweiten Falle haben wir auch ein krystallisirtes, optisch-actives Product gewonnen, das nach der Zusammensetzung und den Eigenschaften als l-Prolyl-l-leucinanhydrid angesehen werden kann. Da aber diese Methode ziemlich schlechte Ausbeuten giebt, so haben wir versucht, dieselben Anhydride und die dazu gehörigen Dipeptide auf dem Umwege über die entsprechenden Halogenacylproline zu gewinnen. Die Versuche mit Chloracetylprolin

---

[1]) Berichte d. D. Chem. Gesellsch. **39**, 2060 [1906]. Zeitschr. f. Physiol. Chem. **47**, 143 [1906].

sind wegen der Schwierigkeit, ein krystallisirtes Product zu gewinnen, noch nicht abgeschlossen; dagegen geht die Kupplung von d-α-Bromisocapronylchlorid mit l-Prolin sehr glatt von statten und das schön krystallisirende Product entspricht in seinen Eigenschaften dem früher beschriebenen inactiven α-Bromisocapronyl-prolin[1]). Auch bei der weiteren Behandlung mit Ammoniak entsteht ein Stoff von der empirischen Zusammensetzung $C_{11}H_{20}O_3N_2$, der sich ganz so verhält wie der schon unter dem Namen Leucylprolin beschriebene inactive Körper[2]), und den man nach der Analogie mit den übrigen synthetischen Leucylpeptiden für ein richtiges Leucinderivat halten musste. Aber die nähere Untersuchung hat ergeben, dass er eine andere Constitution besitzt; denn er verliert die Hälfte des Stickstoffs leicht in Form von Ammoniak. Das tritt z. B. beim blossen Schmelzen ein, wobei nach der Gleichung:

$$C_{11}H_{20}O_3N_2 = NH_3 + C_{11}H_{17}O_3N$$

ein Product entsteht, das sich wie ein Lakton verhält. Auch beim Kochen mit Alkali oder mit Säuren wird aus dem vermeintlichen Dipeptid rasch Ammoniak abgespalten. Endlich lässt sich derselbe laktonartige Körper auch direct aus dem Bromisocapronylprolin durch längeres Stehen in alkalischer Lösung und späteres Aufkochen mit verdünnten Säuren darstellen. Wir glauben deshalb, dass der Körper $C_{11}H_{17}O_3N$ das Lakton des α-Oxyisocapronyl-prolins

$$(CH_3)_2CH \cdot CH_2 \cdot \underset{\underset{O\text{———}CO}{|}}{CH} \cdot CO \cdot N \underset{CH \cdot CH_2}{\overset{CH_2 \cdot CH_2}{<}}.$$

ist[3]).

Wir halten es ferner für wahrscheinlich, dass das vermeintliche Dipeptid ein Amid des Oxy-isocapronylprolins ist und mithin die Structur

$$(CH_3)_2CH \cdot CH_2 \cdot \underset{\underset{OH}{|}}{CH} \cdot CO \cdot N \underset{\underset{\underset{CONH_2}{|}}{CH \cdot CH_2}}{\overset{CH_2 \cdot CH_2}{<}}$$

hat.

Seine Entstehung aus dem Bromkörper mit Ammoniak, die auch bei Ausschluss von Wasser erfolgt, ist allerdings eine eigenthümliche Re-

---

[1]) E. Fischer und E. Abderhalden, Berichte d. D. Chem. Gesellsch. **37**, 3073 [1904]. (*Proteine I, S. 381.*)

[2]) Berichte d. D. Chem. Gesellsch. **37**, 3074 [1904]. (*Proteine I, S. 382.*)

[3]) Die freie Säure ist allerdings bisher nicht isolirt worden. Aber man kennt das entsprechende Laktylglycin $CH_3CH(OH)CO \cdot NHCH_2COOH$, das aus α-Brompropionylglycin durch Silbercarbonat gewonnen wurde. E. Fischer, Berichte d. D. Chem. Gesellsch. **40**, 505 [1907]. (*S. 785.*)

action, für die bisher kein Analogon vorliegt. Vielleicht findet etwas Aehnliches bei der Synthese der zahlreichen schon bekannten Leucyl-peptide statt, aber in so untergeordnetem Masse, dass die Producte bisher neben den massenhaft entstehenden Dipeptiden übersehen wurden. Um so auffälliger ist, dass bei dem vorliegenden Prolinkörper der Vorgang sich recht glatt, d. h. mit einer Ausbeute von 70—80% abspielt. Schuld daran ist vielleicht die tertiäre Bindung des Stickstoffatoms in dem α-Bromisocapronylprolin, welche die Bildung einer Laktimform ausschliesst[1]).

Ob die gleiche Reaction für andere α-Halogenacylproline gilt, ist noch zu prüfen.

Unter der Voraussetzung, dass die oben entwickelte Formel für das vermeintliche Dipeptid richtig ist, nennen·wir das Product vorläufig α-Oxyisocapronylprolinamid. Infolge dieser ganz unerwarteten Erfahrungen haben wir auch das früher beschriebene inactive Product von Neuem untersucht und hier ganz die gleichen Resultate erhalten. Auch dieser Körper ist kein Dipeptid und deshalb zu Unrecht Leucyl-prolin genannt[2]). Er hat ebenfalls den Charakter eines Amids und damit steht auch die frühere Beobachtung, dass er kein Kupfersalz bildet, im Einklang. Ferner haben wir uns überzeugt, dass der durch Schmelzen daraus entstehende Körper, der früher unter dem Namen Leucylprolin-anhydrid beschrieben wurde, nicht die Formel $C_{11}H_{18}N_2O_2$, sondern $C_{11}H_{17}NO_3$ hat und mithin die inactive Form des oben erwähnten Laktons ist. Der frühere Irrtum ist dadurch entstanden, dass die procentige Zusammensetzung in Bezug auf Kohlenstoff und Wasserstoff für beide Körper nahezu die gleiche ist und dass aus Mangel an Material keine Bestimmung des Stickstoffs ausgeführt wurde. Der vorliegende Fall bietet ein treffendes Beispiel dafür, wie leicht in Folge einer unglücklichen Verkettung von Umständen selbst aus einer Reihe von richtigen Beob-achtungen in Combination mit wohlbegründeten Analogien falsche Schlüsse entstehen können. Er zeigt auch, dass man bei der Benutzung der für die Synthese von Polypeptiden bekannten Reactionen auf mancherlei Ueberraschungen gefasst sein muss.

---

[1]) In der That liegen nach den Versuchen des Herrn Gluud, die erst später (*Vergl. S. 636*) veröffentlicht werden können, die Verhältnisse bei dem Bromiso-capronyl-N-Phenylglycin $C_4H_9 \cdot CHBr \cdot CO \cdot N(C_6H_5)CH_2 \cdot COOH$ ganz ähnlich. Auch hier entsteht kein Dipeptid, sondern ein amidartiges Product, das schon beim Kochen mit verdünnter Salzsäure Ammoniak abspaltet und in eine Säure $C_{14}H_{19}O_4N$ übergeht.   E. Fischer.

[2]) Berichte d. D. Chem. Gesellsch. **37**, 3074 [1904]. (*Proteine I, S. 382.*)

Reinigung des activen Prolins über das Kupfersalz.

Das Prolin wird nach der früher gegebenen Vorschrift[1]) aus Gelatine dargestellt und zunächst in folgender Weise gereinigt. Man löst das Rohproduct, das beim Verdampfen des alkoholischen Auszuges der Aminosäuren zurückbleibt, nochmals in der 4—5fachen Menge absolutem Alkohol und lässt etwa 12 Stunden stehen, wobei gewöhnliche Aminosäuren ausfallen. Das Filtrat wird unter vermindertem Druck verdampft und der Rückstand nochmals in der 3—4fachen Menge absolutem Alkohol gelöst und abermals bei Zimmertemperatur 12 Stunden aufbewahrt, wobei wiederum ein Niederschlag entsteht, der nach dem Abfiltriren in Alkohol fast unlöslich ist. Der Rückstand, der nun beim Verdampfen der alkoholischen Lösung bleibt, beträgt ungefähr 40 g aus 1 kg gewöhnliche Gelatine und ist im Wesentlichen ein Gemisch von activem und racemischem Prolin. Für ihre Trennung dient das Kupfersalz. Zu dem Zweck werden 40 g des Gemisches in 500 ccm Wasser gelöst, mit überschüssigem gefälltem Kupferoxyd 1 Stunde gekocht, das Filtrat unter vermindertem Druck verdampft und diese Operation nach Zusatz von Alkohol noch einmal wiederholt, um das Wasser möglichst zu entfernen. Man kocht dann das Gemisch der Kupfersalze zweimal mit je 100 ccm absolutem Alkohol aus, entfernt das zurückbleibende racemische Salz durch Filtration und lässt die alkoholische Lösung einige Stunden bei gewöhnlicher Temperatur stehen. Hierbei fällt wieder eine kleine Menge racemisches Kupfersalz aus. Nachdem diese abfiltrirt ist, wird die Mutterlauge unter vermindertem Druck auf ungefähr 50 ccm eingeengt und bei Ausschluss von Feuchtigkeit im Eisschrank 2 Tage der Krystallisation überlassen. Hierbei scheidet sich das Kupfersalz des activen Prolins zum grösseren Theil in dunkelblauen, oft mehrere Millimeter grossen Krystallen ab, die wie dicke Tafeln aussehen und einer Combination von stumpfwinkligen rhombischen Prismen mit Basis ähnlich sind. Sie besitzen eine grosse Spaltbarkeit und sind ziemlich stark hygroscopisch. Die Ausbeute beträgt 25—30 g. Für die Analyse war das Salz nochmals aus absolutem Alkohol umkrystallisirt und unter 10—20 mm Druck bei 107° getrocknet.

0,3954 g Substanz gaben 0,1074 CuO.

Ber. für $C_{10}H_{16}O_4N_2Cu$ (291,74).   Cu 21,80.   Gef. Cu 21,70.

Für die Darstellung des activen Prolins ist das Umkrystallisiren des Salzes überflüssig. Man löst vielmehr in der 4—5fachen Menge Wasser, zerlegt in der Wärme mit Schwefelwasserstoff, kocht kurze Zeit unter Zusatz von Thierkohle, um zu klären, und verdampft das farblose

---

[1]) Berichte d. D. Chem. Gesellsch. **37**, 3072 [1904]. (*Proteine I, S. 380.*)

Filtrat unter vermindertem Druck zur Trockne. Zum Schluss wird in Alkohol gelöst und in der Wärme mit trocknem Aether gefällt. Die so erhaltene krystallisirte Aminosäure zeigte direct die specifische Drehung: $[\alpha]_D^{20} = -76,7°$, während das reinste früher erhaltene Prolin $-77,4°$ hatte. Aus 30 g Kupfersalz erhält man ungefähr 19 g l-Prolin.

Salzsaures l-Prolylchlorid.

Werden 4 g l-Prolin, das zuerst im Vacuumexsiccator über Schwefelsäure und dann bei 100° scharf getrocknet und pulverisirt ist, in einer Schüttelflasche mit 20 ccm frisch destillirtem Acetylchlorid übergossen, in Eiswasser gekühlt und unter kräftigem Schütteln 8,8 g frisches und rasch gepulvertes Phosphorpentachlorid in zwei Portionen zugegeben, so tritt zuerst theilweise Lösung ein. Dann fällt ein krystallinisches Product aus, das in der Flüssigkeit fein vertheilt ist. Man schüttelt nun so lange, bis keine grösseren Brocken mehr vorhanden sind und lässt noch eine Stunde bei 0° stehen. Nun filtrirt man mit dem früher[1]) beschriebenen Apparate, wäscht zweimal mit trocknem Petroläther nach und trocknet im Vacuum über Phosphorpentoxyd. Die Ausbeute betrug 3,4 g oder 58% der Theorie. Für die Analyse war 1 Stunde im Vacuum über Schwefelsäure getrocknet.

Ber. für $C_4H_8N \cdot COCl$, HCl.   Cl 41,71.   Gef. Cl 41,38.

Prolylglycinanhydrid.

$$\begin{array}{c} CH_2-CH_2 \\ | \qquad \rangle N \cdot CO \cdot CH_2 \\ CH_2-CH-CO \cdot NH \end{array}$$

3,4 g salzsaures Prolylchlorid wurden in eine Lösung von 6,2 g frisch bereitetem und durch Baryumoxyd getrocknetem Glycocolläthylester (3 Mol.) in 50 ccm trocknem Chloroform bei $-10°$ im Laufe von etwa 20 Minuten in mehreren Portionen unter beständigem Schütteln eingetragen. Zuerst geht das Chlorid fast völlig in Lösung, allmählich scheidet sich aber ein dicker Brei feiner Nadeln des salzsauren Glycocollesters ab. Man lässt nun noch 1 Stunde in der Kältemischung stehen, filtrirt dann und wäscht zweimal mit trocknem Chloroform. Das Filtrat wird unter stark vermindertem Druck verdampft, wobei ein gelb gefärbtes Oel hinterbleibt. Dieses wird mehrere Mal mit Aether zur Entfernung von überschüssigem Glycocollester gewaschen, bis die alkalische Reaction verschwunden ist. Den Rückstand löst man in 10 ccm absolutem Alkohol und bestimmt in einer kleinen Menge der

---

[1]) Berichte d. D. Chem. Gesellsch. **38**, 616 [1905]. (*Proteine I, S. 433.*)

Flüssigkeit das Chlor massanalytisch. Zu dem Haupttheil der Lösung fügt man nun die für das Chlor berechnete Menge einer verdünnten Natriumäthylatlösung. Nach 24 stündigem Stehen und längerem Centrifugiren wird das Kochsalz abfiltrirt, die Flüssigkeit unter geringem Druck verdampft und der Rückstand mit 10 ccm absolutem Alkohol aufgenommen. Dazu bringt man 10 ccm einer bei 0° gesättigten alkoholischen Ammoniaklösung, lässt 24 Stunden stehen und verdampft abermals unter geringem Druck. Es hinterbleibt ein Rückstand, der nur zum Theil krystallisirt. Zur Isolirung des darin enthaltenen Prolylglycinanhydrids wird mit viel Essigäther oder mit Aceton ausgekocht. Beim Eindampfen der Lösung scheidet sich das Anhydrid in kleinen Kryställchen aus. Zur weiteren Reinigung wird es noch zweimal aus Alkohol umkrystallisirt.

Die Ausbeute betrug 1,1 g, das ist 20% berechnet auf das angewandte Prolin, oder ca. 30% berechnet auf das salzsaure Prolylchlorid. Ausserdem hinterbleibt etwa 1,5 g eines braungefärbten Oels, das auch bei längerem Stehen nicht zum Krystallisiren gebracht werden konnte.

Wird das Prolylglycinanhydrid in kleiner Menge im Glühröhrchen rasch erhitzt, so destillirt es zum Theil unzersetzt und das braune ölige Destillat erstarrt zum grösseren Teil krystallinisch.

Das Anhydrid ist leicht löslich in Wasser, warmem Alkohol, etwas schwerer in Aceton und in viel Essigäther. In Aether und Petroläther ist es so gut wie unlöslich. Beim Kochen mit Kupferoxyd färbt sich die wässrige Lösung nicht blau. Der Geschmack ist sehr bitter.

Die Krystallform ist nicht charakteristisch, häufig beobachtet man mikroskopische vier- und sechsseitige Blättchen. Die Substanz beginnt etwas über 200° (corr. 203°) zu sintern und ist bei 211° (corr. 213°) ganz geschmolzen, wobei weder Gasentwicklung noch Dunkelfärbung eintritt. Für die Analyse war aus Alkohol umkrystallisirt und unter 10—20 mm Druck bei 100° getrocknet.

0,1524 g Substanz gaben 0,3046 CO_2 und 0,0900 H_2O. — 0,1592 g Substanz gaben 24,7 ccm Stickgas bei 19° u. 767 mm Druck.

Ber. für $C_7H_{10}O_2N_2$ (154,1).   C 54,51, H 6,54, N 18,18.
Gef. „ 54,52, „ 6,61, „ 18,07.

Optische Bestimmung: I. 2,8310 g wässrige Lösung, welche 0,2110 g Substanz, mithin 7,453% enthielt und das spec. Gewicht 1,021 besass, drehte im 1 dm-Rohr bei 20° Natriumlicht 16,45° ($\pm$ 0,02°) nach links.

$$[\alpha]_D^{20} = -216,2° (\pm 0,3°).$$

Nach nochmaliger Krystallisation aus Alkohol gab dasselbe Präparat folgenden Werth:

3,4500 g wässrige Lösung, welche 0,2566 g Substanz, mithin 7,438% enthielt und das spec. Gewicht 1,020 besass, drehte im 1 dm-Rohr bei 20° Natriumlicht 16,49° ($\pm$ 0,02°) nach links, demnach

$$[\alpha]_D^{20} = -217,4° (\pm 0,3°).$$

Für das Prolylglycinanhydrid, welches bei der tryptischen Verdauung der Gelatine erhalten war, geben Levene und Beatty den Schmelzp. 182—183° an. Das Drehungsvermögen haben sie nicht bestimmt, dagegen theilen sie mit, dass das bei der Hydrolyse erhaltene Prolin optisch activ gewesen sei. Im Schmelzpunkt ist eine nicht unerhebliche Differenz zwischen diesem Product und unserem Präparat. Im übrigen ist die Aehnlichkeit, soweit sich nach den kurzen Angaben von Levene und Beatty beurtheilen lässt, recht gross. Vielleicht ist der niedere Schmelzpunkt des Präparates aus der Gelatine durch eine Beimengung von Racemkörper oder einer anderen ähnlichen Substanz bedingt. Leider waren wir nicht in der Lage, beide Präparate direct miteinander vergleichen zu können.

Prolylleucinanhydrid

$$\begin{array}{c} CH_2\!-\!CH_2 \\ | \qquad\qquad \rangle N \cdot CO \cdot CH \cdot CH_2 \cdot CH(CH_3)_2 \;. \\ CH_2\!-\!CH \langle \qquad\quad | \\ \qquad\quad CO\!-\!\!-\!\!-NH \end{array}$$

2,2 g salzsaures l-Prolylchlorid wurden in eine stark gekühlte Lösung von 2,2 g frisch bereitetem l-Leucinäthylester in 25 ccm trocknem Chloroform unter Schütteln in mehreren Portionen und im Laufe von 20 Minuten eingetragen, wobei klare Lösung erfolgte. Nachdem die Flüssigkeit noch eine Stunde in der Kälte gestanden hatte, wurde sie unter geringem Druck verdampft und zur völligen Entfernung des Chloroforms zweimal je 10 ccm Alkohol zugegeben und wieder verdampft. Den grösstentheils krystallinischen Rückstand lösten wir in 20 ccm Alkohol, bestimmten in einem kleinen Theil das Chlor titrimetrisch und gaben die dem Chlor genau entsprechende Menge einer Natriumäthylatlösung zu, wodurch Chlornatrium ausgeschieden wurde. Die nicht filtrirte Mischung blieb jetzt 5 Tage im Brutraum (37°), wurde dann filtrirt und unter vermindertem Druck verdampft. Um den Leucinester zu entfernen, haben wir den Rückstand zuerst mehrmals mit Petroläther sorgfältig ausgelaugt, dann mit 15 ccm Alkohol aufgenommen und die Lösung unter Eiskühlung mit trocknem Ammoniakgas gesättigt. Um die Anhydridbildung möglichst zu vervollständigen, blieb die ammoniakalische Flüssigkeit in gut verschlossenem Gefäss 3 Tage bei Zimmertemperatur stehen. Als sie dann unter vermindertem Druck verdampft wurde, hinterblieb ein bräunlich gefärbtes Oel, das von Krystallen durchsetzt war. Das Ganze wurde in ca. 20 ccm Alkohol gelöst und beim Verdunsten blieb wieder ein Oel, das allmählich sich theilweise in Krystalle verwandelte. Sie wurden durch Absaugen und Waschen mit Aether von dem öligen Theil möglichst befreit. Die Ausbeute betrug 0,8 g und aus der Mutterlauge konnten auf ähnliche Weise noch 0,3 g erhalten werden, so dass die Gesammtausbeute ungefähr 40% der Theorie betrug. Zur Reinigung wird entweder aus heissem Benzol oder aus nicht zu viel heissem Wasser umkrystallisirt.

Für die Analyse diente ein aus Benzol umgelöstes und bei 100° unter 15—20 mm Druck getrocknetes Präparat.

0,1420 g Substanz gaben 0,3258 CO_2 und 0,1130 H_2O. — 0,8000 g Substanz gaben 9,1 ccm Stickgas über 33 %iger Kalilauge bei 23° und 768 mm Druck.

Ber. für $C_{11}H_{18}N_2O_2$ (210,16).   C 62,81, H 8,63, N 13,33.

Gef. ,, 62,57, ,, 8,90, ,, 13,05.

Das Anhydrid beginnt im Capillarrohr gegen 150° zu sintern und schmilzt gegen 160° (corr.) ohne Zersetzung zu einer gelblichen Flüssigkeit. Aus heissem Wasser scheidet es sich in mikroscopischen, äusserst dünnen Blättchen aus. In kaltem Wasser ist es ziemlich schwer löslich, viel leichter wird es von Alkohol, Aceton und Essigäther aufgenommen. In heissem Wasser und heissem Benzol ist es verhältnissmässig leicht, in Aether aber sehr schwer löslich.

Für die optische Bestimmung dienten ca. 3 %ige alkoholische Lösungen.

0,0488 g Substanz. Gesammtgewicht der Lösung 1,3988 g, $d^{20} = 0,79$. Drehung im 1 dm-Rohr bei 20° 3,93° nach links. Demnach

$$[\alpha]_D^{20} = -142,6° (\pm 0,3°).$$

0,0426 g Substanz. Gesammtgewicht der Lösung 1,3918 g, $d^{20} = 0,77$. Drehung im 1 dm-Rohr bei 20° 3,38° nach links. Demnach

$$[\alpha]_D^{20} = -143,4° (\pm 0,3°).$$

Hydrolyse des Prolylleucinanhydrid. Obschon man nach der Synthese kaum daran zweifeln konnte, dass das Anhydrid aus l-Prolin und l-Leucin zusammengesetzt ist, so haben wir es doch nicht für überflüssig gehalten, diesen Schluss durch die Hydrolyse zu controlliren. Allerdings konnten wir dafür nur 0,18 g verwenden, aber trotzdem so viel von beiden Aminosäuren isoliren, dass mittelst der Mikropolarisation ihre optische Charakterisirung möglich war. Die Hydrolyse wurde durch 4stündiges Kochen mit 4 ccm 20 %iger Salzsäure am Rückflusskühler bewerkstelligt, dann die Salzsäure erst durch sorgfältiges Verdampfen unter geringem Druck und der Rest mit Silberoxyd in wässriger Lösung entfernt. Beim Verdampfen der wässrigen

Mutterlauge blieb ein Gemisch der beiden Aminosäure, die durch Auskochen mit absolutem Alkohol getrennt wurden. Die Menge des aus
der eingeengten alkoholischen Lösung durch Aether krystallinisch gefällten l-Prolins war 0,08 g, es schmolz gegen 204° (corr.) und zeigte
nach der optischen Bestimmung ein geringeres Drehungsvermögen als
das reine l-Prolin, das erklärt sich durch die Annahme, dass bei der
Hydrolyse partielle Racemisation stattgefunden hat.

0,0294 g Substanz, gelöst in Wasser. Gesammtgewicht der Lösung
0,4723 g° d = 1,01. Drehung bei 20° im $\frac{1}{2}$ dm-Rohr − 1,79°.

$$[\alpha]_D^{20} = -56,9° (\pm 0,6°).$$

Das in Alkohol unlösliche l-Leucin, dessen Menge 0,07 g betrug,
wurde aus Wasser unter Zusatz von etwas Ammoniak umkrystallisirt,
es schmolz dann beim raschen Erhitzen im geschlossenen Capillarrohr
gegen 290° (corr.), und seine Lösung in 20 %iger Salzsäure zeigte die
specifische Drehung

$$[\alpha]_D^{20} = +10,1° (\pm 0,4°).$$

0,0222 g Substanz. Gesammtgewicht der Lösung 0,2450 g. d = 1,14.
Drehung bei 20° im $\frac{1}{2}$ dm-Rohr 0,52°, woraus man wieder schliessen
muss, dass das Präparat zu etwa $\frac{1}{3}$ racemisirt war.

d - α - Bromisocapronyl - l - prolin
$$(CH_3)_2 \cdot CH \cdot CH_2 \cdot CHBr \cdot CO \cdot NC_4H_7 \cdot COOH.$$

4,4 g actives Prolin werden in 18,3 ccm 2 n-Natronlauge gelöst,
stark gekühlt und im Laufe einer halben Stunde unter starkem Schütteln abwechselnd 8 g d-Bromisocapronylchlorid (1 Mol.) und 20 ccm
2 n-Natronlauge in 5 Portionen zugegeben. Fügt man nun zu der
klaren Lösung die berechnete Menge, d. h. 8,1 ccm 5 n-Salzsäure, so
fällt das Bromisocapronylprolin sofort aus und wird beim längeren
Reiben und gleichzeitiger Kühlung durch Eiswasser krystallinisch. Zur
Reinigung wird es aus siedendem Aceton umkrystallisirt, woraus sich
die Hälfte beim Abkühlen in kleinen farblosen Prismen abscheidet.
Der Rest wurde aus der Mutterlauge durch Verdünnen mit Wasser
wiedergewonnen. Die Ausbeute an reinem, umkrystallisirtem Product
betrug 8 g oder 71% der Theorie. Der krystallisirte Bromkörper ist
leicht löslich in Aceton, Alkohol, Chloroform und Essigäther, schwerer
in heissem Wasser, in kaltem ist er fast unlöslich, ebenso in Aether und
Petroläther.

Er schmilzt gegen 157° (corr. 158°) unter starker Gasentwicklung
zu einer farblosen Flüssigkeit, die sich allmählich dunkelbraun färbt.

Zur Analyse wurde nochmals aus Aceton umkrystallisirt und unter 10—20 mm Druck bei 100° getrocknet.

0,1676 g Substanz gaben 0,2780 CO_2 und 0,0948 H_2O. — 0,1970 g Substanz gaben 0,1257 AgBr.

Ber. für $C_{11}H_{18}O_3NBr$ (292,11).   C 45,19, H 6,21, Br 27,37.
Gef. „ 45,24, „ 6,33, „ 27,15.

α - Oxyisocapronyl - l - prolinamid
$$C_4H_9 \cdot CH(OH) \cdot CO \cdot NC_4H_7CO \cdot NH_2.$$

2 g Bromisocapronylprolin werden in 10 ccm einer bei 0° gesättigten wässrigen Ammoniaklösung gelöst und 3 Tage bei 25° aufbewahrt. Beim Verdampfen unter stark vermindertem Druck bleibt nun ein Rückstand, der zum grössten Theil krystallinisch ist. Um daraus das Amid zu isoliren, wird zweimal mit je 10 ccm Essigäther ausgekocht und die Lösung auf den Wasserbad etwas eingeengt. Beim Abkühlen scheiden sich kleine feine Nädelchen aus. Um das Bromammonium völlig zu entfernen, muss noch zweimal aus trocknem Essigäther umkrystallisirt werden.

Die Ausbeute an reiner Substanz beträgt etwa 80% der Theorie. Sie krystallisirt aus Essigäther in mikroscopisch kleinen Nädelchen, die büschelartig beisammen liegen. Aus Wasser krystallisirt sie in langen, meist abgebrochenen Prismen. Sie ist leicht löslich in Alkohol, Chloroform, wenig schwerer in Wasser und Aceton. In Aether und Petroläther ist sie so gut wie unlöslich. Der Geschmack ist stark bitter. Sie schmilzt unter vorheriger Sinterung bei 123—124° (corr.) zu einer farblosen Flüssigkeit ohne Zersetzung; gegen 140° entwickelt sie reichlich Ammoniak. Kocht man sie mit Natronlauge, so tritt ebenfalls starker Ammoniakgeruch auf. Die wässrige Lösung giebt auch beim längeren Kochen mit Kupferoxyd kein Kupfersalz. Versetzt man die conc. wässrige Lösung mit Platinchlorid, so entsteht kein Niederschlag, auch nicht auf Zusatz von Alkohol, fügt man aber noch starke Salzsäure hinzu und kocht, so beginnt bald die Ausscheidung von Platinsalmiak. Beim Sättigen der alkoholischen Lösung in der Kälte mit Salzsäuregas wird sie nicht verändert.

Zur Analyse war bei 80° unter 15—20 mm Druck getrocknet.

0,1428 g Substanz gaben 0,3025 CO_2 und 0,1141 H_2O. — 0,1377 g Substanz gaben 14,24 ccm Stickgas über 33 prozentiger Kalilauge bei 19° und 757 mm Druck.

Ber. für $C_{11}H_{20}O_3N_2$ (228,17).   C 57,85, H 8,83, N 12,28.
Gef. „ 57,77, „ 8,94, „ 11,88.

Zur Bestimmung des Drehungsvermögens diente die wässrige Lösung. 0,1640 g Substanz. Gesammtgewicht der Lösung 6,5610 g. $d^{20} = 1,012$

Drehung bei 20° und Natriumlicht im 2 dm-Rohr 3,96° ($\pm$ 0,04°) nach links. Demnach

$$[\alpha]_D^{20} = -78,3° (\pm 0,2°).$$

Nach nochmaligem Umkrystallisiren war das Drehungsvermögen unverändert.

0,1904 g Substanz. Gesammtgewicht der Lösung 7,0658 g. $d^{20} = 1,015$. Drehung bei 20° und Natriumlicht im 2 dm-Rohr 4,30° ($\pm$ 0,04°) nach links. Demnach

$$[\alpha]_D^{20} = -78,6° (\pm 0,2°).$$

Genau dasselbe Product entsteht aus dem Bromisocapronylprolin durch flüssiges Ammoniak. Verwendet man dieses in grossem Ueberschuss, so ist die Reaction nach 2 Tagen bei gewöhnlicher Temperatur beendet und beim Verdunsten des Ammoniaks bleibt ein grösstentheils krystallisirtes Gemisch von Bromammonium und Amid. Letzteres lässt sich auf die zuvor beschriebene Weise leicht isoliren. Die Ausbeute betrug auch hier 80% der Theorie.

α - O x y i s o c a p r o n y l - 1 - p r o l i n - l a k t o n

$$(CH_3)_2 \cdot CH \cdot CH_2 \cdot CH \cdot CO \cdot N \underset{O———CO}{\overset{CH_2—CH_2}{\diagdown \diagup}} CH—CH_2 \cdot$$

Erhitzt man das Oxyisocapronylprolinamid im Oelbad auf 140 bis 145°, so beginnt die geschmolzene Masse sehr bald Ammoniak zu entwickeln. Nach 30 Minuten ist die Reaction so gut wie beendet, und die Schmelze bildet nach dem Erkalten eine dunkelbraune glasige Masse. Verreibt man sie mit ungefähr der doppelten Menge kaltem Wasser, so scheiden sich bald schwer lösliche Nädelchen aus, deren Menge ungefähr 25% des Ausgangsmaterials beträgt. Aus der bräunlichen Mutterlauge gewinnt man durch Aufkochen mit Thierkohle und Einengen noch ungefähr 10% desselben Körpers. Die Ausbeute beträgt also etwa 35% des Ausgangsmaterials. Zur völligen Reinigung genügt einmaliges Umkrystallisiren aus der 50 fachen Menge heissen Wassers, wobei lange dünne Nadeln erhalten werden. Für die Analyse war bei 100° unter 15—20 mm Druck getrocknet.

0,1245 g Substanz gaben 0,2858 CO_2 und 0,0893 H_2O. — 0,1380 g Substanz gaben 7,7 ccm Stickgas über 33%iger Kalilauge bei 20° und 760 mm Druck. — 0,1227 g Substanz gaben 7,0 ccm Stickgas über 33%iger Kalilauge bei 19° und 770 mm Druck.

Ber. für $C_{11}H_{17}O_3N$ (211,14). C 62,52, H 8,11, N 6,64.

Gef. ,, 62,61, ,, 8,02, ,, 6,41, 6,67.

Für die optischen Bestimmungen dienten ca. 3%ige Lösungen in Eisessig.

0,1300 g Substanz. Gesammtgewicht der Lösung 4,4598 g. $d^{20} = 1,055$.
Drehung im 1 dm-Rohr bei 20° 5,13° nach links. Demnach

$$[\alpha]_D^{20} = -166,8° (\pm 0,4°).$$

0,2620 g Substanz. Gesammtgewicht der Lösung 8,9460 g. $d^{20} = 1,06$.
Drehung im 2 dm-Rohr bei 20° 10,35° nach links. Demnach

$$[\alpha]_D^{20} = -166,7° (\pm 0,2°).$$

Im Capillarrohr beginnt die Substanz bei 160° zu sintern und ist
bei 164° (corr.) vollständig zu einer farblosen Flüssigkeit geschmolzen.
Der Geschmack ist schwach bitter. Sie ist in kaltem Wasser sehr schwer
löslich, viel leichter wird sie von Alkohol, Aceton und Essigäther aufgenommen. In Aether und Petroläther ist sie kaum löslich.

Die wässrige Lösung färbt sich beim Kochen mit Kupferoxyd nicht
blau. Gegen Alkalien zeigt das Anhydrid ganz das Verhalten der Lak-
tone. Es löst sich in verdünnten Alkalien in gelinder Wärme leicht und
die abgekühlte Flüssigkeit bleibt beim Uebersättigen mit Salzsäure zunächst klar, erhitzt man aber, so erfolgt, wenn die Verdünnung nicht
zu gross ist, schon in der Wärme die Krystallisation des Anhydrids.

Viel leichter als nach obigem Verfahren lässt sich das Anhydrid
direkt aus dem d-α-Bromisocapronyl-l-prolin durch Alkali gewinnen,
wie folgender Versuch zeigt: Eine Lösung von 1 g Bromkörper in 10 ccm
n-Natronlauge blieb bei gewöhnlicher Temperatur 24 Stunden stehen
und wurde dann nach Zusatz von 10 ccm n-Salzsäure unter vermindertem Druck verdampft. Der Rückstand enthielt neben Chlornatrium
das Anhydrid, welches nach einmaligem Umkrystallisiren aus heissem
Wasser den Schmelzpunkt 164° (corr.) und die sonstigen Eigenschaften
des Anhydrids zeigte. Die Ausbeute betrug 90% der Theorie.

Inactives Oxyisocapronyl-prolinamid.

Diese früher unter dem Namen Leucylprolin[1]) beschriebene Substanz haben wir aus dem inactiven α-Bromisocapronylprolin nochmals
dargestellt und die früheren Beobachtungen bis auf das Resultat der
Hydrolyse bestätigt gefunden. Aehnlich der activen Verbindung gibt sie
sowohl beim Kochen mit Säuren wie Alkalien oder beim Schmelzen viel
Ammoniak. Die Hydrolyse mit Salzsäure wurde genauer untersucht
und dabei die Bildung von Ammoniak, dl-α-Oxyisocapronsäure und
dl-Prolin festgestellt.

Zum Nachweis der Producte diente folgendes Verfahren: 1 g Substanz wurde mit 10 g verdünnter Salzsäure (17 %) 2 Stunden am
Rückflusskühler gekocht und nach dem Erkalten die Oxyisocapronsäure

---

[1]) Berichte d. D. Chem. Gesellsch. **37**, 3074 [1904]. (*Proteine I*, S. 382.)

wiederholt ausgeäthert. Beim Verdampfen des Aethers blieb ein bräunliches Oel, das, in 5 ccm Wasser heiss gelöst, auf Zusatz von Zinkacetat das Zinksalz der Oxyisocapronsäure in feinen glänzenden Blättchen lieferte. Ausbeute 0,5 g. Nach dem Umkrystallisiren aus heissem Wasser und Trocknen an der Luft gab das Salz folgende Zahlen, die auf die von Körner und Menozzi[1] angegebene Formel $C_{12}H_{22}O_6Zn + 2\,H_2O$ stimmen.

0,2130 g Substanz verloren bei 100° 0,0210 g H_2O.
Ber. für $C_{12}H_{22}O_6Zn + 2\,H_2O$ (363,6). H_2O 9,90.   Gef. H_2O 9,86.
0,1914 g getrocknete Substanz gaben 0,0471 g ZnO.
Ber. für $C_{12}H_{22}O_6Zn$ (327,57).   Zn 19,97.   Gef. Zn 19,77.

Die mit Aether erschöpfte, salzsaure Lösung enthielt Ammoniak und Prolin. Sie wurde unter vermindertem Druck verdampft, der Rückstand nochmals in Wasser gelöst und wieder verdampft, dann schliesslich in 10 ccm Wasser gelöst und die Salzsäure genau mit Silberoxyd entfernt. Beim Verdampfen des Filtrats blieb das Prolin zurück und wurde in das charakteristische Kupfersalz verwandelt.

0,2156 g Substanz verloren bei 110° 0,0232 g H_2O.
Ber. für $C_{10}H_{16}O_4N_2Cu + 2\,H_2O$ (327,77). H_2O 10,98.   Gef. H_2O 10,76.
0,1924 g Substanz gaben 0,0524 g CuO.
Ber. für $C_{10}H_{16}O_4N_2Cu$ (291,74).   Cu 21,80.   Gef. Cu 21,76.

Inactives Oxyisocapronyl-prolinlakton.

Die Verbindung ist früher irrthümlich als inactives Leucylprolinanhydrid[2] angesehen worden. Wir haben sie nach der früheren Angabe dargestellt und nach mehrmaligem Umkrystallisiren den Schmelzpunkt einige Grade höher, nämlich bei 124° (corr.) gefunden. Die Bestimmung des Stickstoffs, die früher leider versäumt war, gab folgendes Resultat:

0,1044 g Substanz gaben 6,3 ccm Stickgas über 33 % iger Kalilauge bei 26° und 760 mm Druck.
Ber. für $C_{11}H_{17}O_3N$ (211,14).   N 6,64.   Gef. N 6,75.

---

[1] Gaz. chim. ital. **13**, 356 [1883].
[2] Berichte d. D. Chem. Gesellsch. **37**, 3075 [1904]. (*Proteine I, S. 383.*)

56. Emil Fischer und Helmuth Scheibler: Synthese von Polypeptiden XXVII. 3. Derivate der activen Valine.

Liebigs Annalen der Chemie **363**, 136 [1908].

Synthetisch sind bisher nur inactive Dipeptide des Valins dargestellt worden[1]). Die Kenntnis der activen Formen schien aber nicht allein erwünscht für den Vergleich mit den Producten, die bei der partiellen Hydrolyse der Proteïne entstehen, sondern war auch nothwendig für die Studien über die Walden'sohe Umkehrung, über die wir an anderer Stelle schon berichtet haben[2]). Am leichtesten gelingt die Synthese der Dipeptide, welche Valin am Ende der Kette enthalten, da sowohl die Kuppelung der activen Valine mit den Halogenfettsäurechloriden, wie auch deren nachträgliche Amidierung mit wässrigem Ammoniak ziemlich glatt von statten geht. Wir haben so

Glycyl-d-valin,
d-Alanyl-d-valin und
l-Leucyl-d-valin,

d. h. drei Combinationen, die nur die natürlichen activen Aminosäuren enthalten, nebst ihren Anhydriden dargestellt.

Etwas schwieriger ist die Gewinnung von Dipeptiden mit dem activen Radical Valyl. Für ihre Bereitung dient active α-Brom-isovaleriansäure, die aus activem Valin durch Nitrosylbromid entsteht[3]). Ihre Verwandlung in das Chlorid ist schon beschrieben[4]), und seine Kuppelung mit Glycocoll und activem Valin, auf welche die Untersuchung beschränkt blieb, lässt sich auf die gewöhnliche Art leicht bewerkstelligen. Dagegen finden bei der Amidirung der beiden Bromisovaleryl-aminosäuren Nebenreactionen statt, welche die Ausbeute an Dipeptid stark

---

[1]) E. Fischer und J. Schenkel, Liebigs Ann. d. Chem. **354**, 12 [1907]. (*S. 412.*)

[2]) Berichte d. D. Chem. Gesellsch. **41**, 2891 [1908]. (*S. 794.*)

[3]) Berichte d. D. Chem. Gesellsch. **41**, 890 [1908]. (*S. 790.*)

[4]) E. Fischer und H. Scheibler, Berichte d. D. Chem. Gesellsch. **41**, 2898 1908]. (*S. 800.*)

beeinträchtigen. Die gleiche Erfahrung wurde schon bei den Racemkörpern gemacht, wo die Amidirung durch Erhitzen mit wässrigem Ammoniak auf 100° geschah[1]). Wegen der Gefahr einer partiellen Racemisirung haben wir bei unseren activen Producten die Amidirung bei gewöhnlicher Temperatur ausgeführt und an Stelle von wässrigem Ammoniak, das unter dieser Bedingung zu langsam einwirkt, trocknes, flüssiges Ammoniak in grossem Ueberschuss verwandt. Trotzdem betrug die Ausbeute auch nicht mehr als 40% der Theorie. Wir haben auf diese Weise die beiden gut krystallisirenden Dipeptide: d-Valyl-glycin aus d-α-Bromisovaleryl-glycin und l-Valyl-d-valin aus l-α-Bromisovaleryl-d-valin, dargestellt. Ihre Konfiguration wurde durch die Hydrolyse festgestellt. Das erste giebt ein Gemisch von d-Valin und Glycocoll und das zweite verwandelt sich vollständig in racemisches Valin. Ferner entsteht aus dem Methylester des zweiten Dipeptids ein gänzlich inactives Anhydrid, das wir dementsprechend als trans-Valinanhydrid bezeichnen. Uebersichtlicher wird die Synthese des l-Valyl-d-valins und seiner Verwandlung in das Anhydrid durch folgendes Schema:

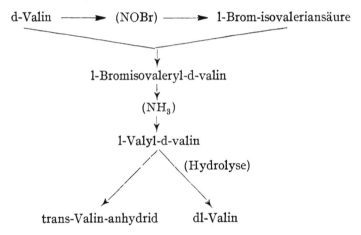

Diese Beobachtungen stimmen genau überein mit den Erfahrungen, die bei der Synthese von trans-Alanin-anhydrid[2]) und trans-Leucinanhydrid[3]) gemacht wurden.

Von den zuvor erwähnten Anhydriden verdient das Glycyl-d-valinanhydrid besondere Beachtung, erstens wegen seinen auffallenden physi-

---

[1]) a. a. O.
[2]) E. Fischer und K. Raske, Berichte d. D. Chem. Gesellsch. **39**, 3981 [1906].
(S. 297.)
[3]) E. Fischer und A. Koelker, Liebigs Ann. d. Chem. **354**, 39 [1907].
(*Proteine I*, S. 501.)

kalischen Eigenschaften, die im experimentellen Theil beschrieben sind, und zweitens wegen seiner großen Ähnlichkeit mit einem Product, das durch partielle Hydrolyse des Elastins erhalten wurde[1]).

Chloracetyl - d - valin,
$$ClCH_2CO \cdot NHCH(C_3H_7) \cdot CO_2H.$$

Zu 10 g d-Valin, die in 42,5 ccm 2 n-Natronlauge (1 Mol.) gelöst sind, werden unter Kühlung in einer Kältemischung und fortwährendem Schütteln abwechselnd 19,3 g frisch destillirtes Chloracetylchlorid (2 Mol.) und 93,5 ccm 2 n-Natronlauge (2,2 Mol.) in je 5 Portionen im Laufe von etwa 20 Minuten zugegeben. Der Geruch des Säurechlorids verschwindet sehr schnell. Nun wird die klare Lösung mit 22 ccm 5 n-Salzsäure übersättigt. Bald beginnt die Abscheidung von prismatischen Krystallen. Zur Vervollständigung der Krystallisation lässt man einige Stunden in Eis stehen, filtrirt und wäscht mit kaltem Wasser. Man erhält etwa 11 g und der Rest wird durch Ausäthern des unter vermindertem Druck eingeengten Filtrates gewonnen. Die ätherische Lösung wird mit Natriumsulfat getrocknet, stark concentrirt und mit Petroläther versetzt, wodurch bald mikroscopisch kleine Prismen abgeschieden werden. Die Gesamtausbeute betrug nach dem Waschen mit Petroläther und Trocknen im Vacuum 14 g oder 84% der Theorie.

Zur Reinigung wird das Rohproduct in die 4 bis 5 fache Menge kochenden Wassers eingetragen, wobei klare Lösung eintritt. Beim Abkühlen fällt häufig zuerst ein Oel aus, das bald in gut ausgebildeten Prismen krystallisirt. Beim Eindunsten der wässrigen Lösung im Vacuum über Schwefelsäure erhält man bis zu 1 cm lange Prismen, die öfter zu Zwillingen verwachsen sind. Zur Analyse wurde im Vacuum über Phosphorpentoxyd getrocknet.

0,1816 g Substanz gaben 0,2895 CO_2 und 0,1034 H_2O. — 0,1949 g Substanz gaben 12,3 ccm Stickgas bei 22° und 761 mm Druck. — 0,2098 g Substanz gaben 0,1558 g AgCl.

Ber. für $C_7H_{12}O_3NCl$ (193,55). C 43,40, H 6,25, N 7,24, Cl 18,32.
Gef. ,, 43,48, ,, 6,37, ,, 7,20, ,, 18,36.

Die Substanz sintert gegen 109° (corr.) und schmilzt bei 113—115° (corr.) zu einer klaren farblosen Flüssigkeit. In Alkohol ist sie leicht löslich und krystallisirt daraus beim langsamen Verdunsten in messbaren fast rechtwinkligen Tafeln. Auch in Methylalkohol, Aether, Chloroform, Aceton und Essigester löst sie sich leicht, schwer dagegen in Benzol und Petroläther. Aus einer Lösung in viel Aether und wenig Petroläther

---

[1]) E. Fischer und E. Abderhalden, Berichte d. D. Chem. Gesellsch. 40' 3558 [1907]. (S. 731.)

schieden sich beim langsamen Verdunsten grosse und sehr dünne gestreifte Platten ab. Für die optische Untersuchung diente eine alkoholische Lösung.

0,5051 g Substanz. Gesammtgewicht der Lösung 5,0115 g. $d^{20} = 0,821$. Drehung im 1 dm-Rohr bei 20° und Natriumlicht 1,31° ($\pm$ 0,02°) nach rechts. Mithin

$$[\alpha]_D^{20} = +15,8° (\pm 0,2°).$$

Nach nochmaligem Umkrystallisiren war die specifische Drehung unverändert.

0,4022 g Substanz. Gesammtgewicht der Lösung 3,9738 g. $d^{20} = 0,821$. Drehung im 1 dm-Rohr bei 20° und Natriumlicht 1,31° ($\pm$ 0,02°) nach rechts. Mithin

$$[\alpha]_D^{20} = +15,8° (\pm 0,2°).$$

Glycyl - d - valin

$NH_2CH_2CO \cdot NHCH(C_3H_7)CO_2H.$

Da das Chloracetyl-d-valin in wässrigem Ammoniak ziemlich schwer löslich ist, so werden 10 g fein gepulvert, mit 200 ccm wässrigem Ammoniak von 25% übergossen und 3 Tage bei 25° im Thermostaten unter öfterem Umschütteln aufbewahrt, wobei in der Regel am zweiten Tage schon völlige Lösung erfolgt. Nach dem Verdampfen der Lösung unter vermindertem Druck hinterbleibt ein teigiges Gemisch von Chlorammonium und Dipeptid. Letzteres krystallisirt auf Zusatz von Alkohol sofort. Um zu verhindern, dass Chlorammonium mit ausfällt, löst man in wenig heissem Wasser und versetzt mit einem halben Liter heissem absolutem Alkohol. Schon in der Wärme fällt der grösste Theil des Dipeptids in feinen, mikroscopischen Nädelchen, die häufig kugelig oder büschelig verwachsen sind. Man lässt noch 1 Stunde in Eis stehen, filtrirt und wäscht mit Alkohol. Das Product muss chlorfrei sein. Die Ausbeute betrug bis 7,2 g oder 80% der Theorie.

Zur völligen Reinigung werden 6 g in kaltem Wasser (etwa 12 ccm) gelöst, die Flüssigkeit in der Wärme mit Thierkohle geklärt und das Dipeptid aus dem Filtrat mit etwa 300 ccm Alkohol gefällt. Hierbei bleiben etwa 25% in Lösung, die durch Eindampfen unter vermindertem Druck wieder gewonnen werden können. Für die Analyse wurde im Vacuum über Schwefelsäure bei Zimmertemperatur getrocknet.

0,1528 g Substanz gaben 0,2705 CO_2 und 0,1126 H_2O. — 0,2049 g Substanz gaben 28,7 ccm Stickgas bei 19° und 760 mm Druck.

Ber. für $C_7H_{14}O_3N_2$ (174,13).   C 48,24, H 8,10, N 16,09.

Gef. „ 48,28, „ 8,24, „ 16,16.

Der Schmelzpunkt ist nicht ganz constant. Beim raschen Erhitzen sinterte die Substanz von 239° (corr.) und schmolz gegen 254° (corr.)

zu einer dunkelbraunen Flüssigkeit. Sie schmeckt fade und zugleich ganz schwach anästhesirend. Sie löst sich in ungefähr der doppelten Menge kaltem Wasser.

Für die optische Untersuchung diente die wässrige Lösung des umkrystallisirten Products. Die beiden Bestimmungen entsprechen zwei verschiedenen Krystallisationen.

0,3770 g Substanz, gelöst in Wasser. Gesammtgewicht der Lösung 3,7979 g. $d^{20} = 1,027$. Drehung im 1 dm-Rohr bei 20° und Natriumlicht 2,00° ($\pm 0,02°$) nach links. Mithin

$$[\alpha]_D^{20} = -19,6° (\pm 0,2°).$$

0,4071 g Substanz. Gesammtgewicht der Lösung 4,1193 g. $d^{20}=1,027$. Drehung im 1-dm-Rohr bei 20° und Natriumlicht 2,00° ($\pm 0,02°$) nach links. Mithin

$$[\alpha]_D^{20} = -19,7° (\pm 0,2°).$$

Ausserdem wurde noch das Drehungsvermögen in n-Salzsäure und n-Natronlauge untersucht.

0,2130 g Substanz gelöst in n-Salzsäure. Gesammtgewicht der Lösung 2,1488 g. $d^{20} = 1,043$. Drehung im 1 dm-Rohr bei 20° und Natriumlicht 1,09° ($\pm 0,02°$) nach links. Mithin

$$[\alpha]_D^{20} = -10,5° (\pm 0,2°).$$

0,2088 g Substanz, gelöst in n-Natronlauge. Gesammtgewicht der Lösung 2,2553 g. $d^{20} = 1,060$. Drehung im 1 dm-Rohr bei 20° und Natriumlicht 0,68° ($\pm 0,02°$) nach links. Mithin

$$[\alpha]_D^{20} = -6,9° (\pm 0,2°).$$

Beim langsamen Verdunsten der obigen salzsauren Lösung des Dipeptids schied sich das Hydrochlorid in strahlig verwachsenen Nadeln oder Prismen aus.

Das in der üblichen Weise bereitete Kupfersalz des Glycyl-d-valins scheidet sich beim Verdunsten der tiefblauen wässrigen Lösung zum Theil als feine, vielfach verwachsene mikroscopische Prismen ab, während der Rest als glasige Masse erstarrt. In Alkohol ist es recht schwer löslich.

Glycyl-d-valin-methylester-chlorhydrat.

Es wird als Zwischenproduct bei der Darstellung des Anhydrids in der sogleich zu beschreibenden Weise gewonnen. Zur Reinigung löst man das Rohproduct in wenig Methylalkohol und versetzt mit einem Gemisch von ungefähr 10 Theilen Aether und 1 Theil Petroläther, wobei sich die Lösung schwach trübt. Beim 12stündigen Stehen im Eisschrank scheidet sich das Salz in büschelförmig verwachsenen Nadeln ab. Die Ausbeute an reiner Substanz betrug 0,95 g aus 1 g Dipeptid. Das Product wurde über Chlorcalcium getrocknet und der Chlorgehalt titrimetrisch bestimmt.

0,2570 g Substanz verbrauchten 11,40 ccm $\frac{n}{10}$ AgNO$_3$-Lösung.

Ber. für C$_8$H$_{17}$O$_3$N$_2$Cl (224,60). Cl 15,78. Gef. Cl 15,73.

Das Salz ist leicht löslich in Wasser, Aethyl- und Methylalkohol, schwer löslich in Aether, Essigester und Benzol.

Glycyl-d-valin-anhydrid

$$\begin{array}{c} CH_2 \cdot NH \cdot CO \\ | \qquad\qquad | \\ CO \cdot NH \cdot CH \cdot CH(CH_3)_2 \,. \end{array}$$

Um Racemisirung zu vermeiden, wird die Ueberführung des Dipeptids in das Anhydrid nicht durch Schmelzung, sondern mit Hilfe des Esters bewerkstelligt. 6 g umkrystallisirtes Glycyl-d-valin werden in 60 ccm trocknem Methylalkohol suspendirt und in die mit kaltem Wasser gekühlte Flüssigkeit trockne gasförmige Salzsäure bis zur Sättigung eingeleitet. Das Dipeptid geht hierbei schnell in Lösung. Der Methylalkohol wird nun unter vermindertem Druck aus einem Bade von 25° abgedampft, wobei sich das Glycyl-d-valin-methylester-chlorhydrat manchmal in centrisch verwachsenen Nadeln abscheidet. Nachdem die Masse so trocken wie möglich geworden ist, feuchtet man sie, um die überschüssige Salzsäure zu vertreiben, mit Methylalkohol an und wiederholt das Eindampfen unter vermindertem Druck. Das jetzt meist krystallisirte Product wird in kaltem Methylalkohol gelöst, wozu ungefähr 50 ccm nöthig sind, und langsam in 60 ccm bei 0° gesättigtes methylalkoholisches Ammoniak eingegossen. Nach 1—2 Stunden beginnt die Abscheidung einer durchsichtigen Gallerte, die schliesslich die ganze Flüssigkeit erfüllt. Da sie sich schlecht absaugen und auswaschen lässt, so wird sie in einem Vacuumexsiccator anfangs ohne Trockenmittel, später über Schwefelsäure von Ammoniak und Methylalkohol befreit. Wenn man das fast trockne Product zwischendurch öfter zerkleinert, so bleibt nach 12 Stunden eine harte, hornartige Masse zurück, die sich staubfein zerreiben lässt. Das Pulver, bestehend aus Anhydrid und Chlorammonium, wird mit 15 ccm Eiswasser angerührt, scharf abgesaugt, mit wenig Eiswasser ausgewaschen, dann in ungefähr 75 ccm kochendem Wasser gelöst, mit Thierkohle behandelt und in eine Flasche mit Glasstöpsel und weitem Halse filtrirt. Man kühlt in Eis bis auf Zimmertemperatur ab und impft mit einer Spur krystallisirtem Anhydrid, das man sich durch energisches Reiben einer kleinen Probe der heiss gesättigten Lösung oder durch Sublimation aus dem trocknen Rohproduct dargestellt hat. Dann schüttelt man sofort heftig um, wobei sich das Anhydrid, ohne vorher gelatinös auszufallen, sofort in weißen, krystallinischen Flocken abscheidet, die an Volumen immer mehr zunehmen. Nach 10 Minuten ist die Masse so fest geworden, dass nicht mehr geschüttelt werden kann. Man lässt zur Vervollständigung der Krystallisation einige Stunden in Eis stehen. Die unter dem Mikroscop aus einem Flechtwerk äusserst feiner verfilzter Nadeln bestehende Krystallmasse lässt sich nun leicht absaugen und ist nach dem Waschen mit wenig Eiswasser chlorfrei. Durch Einengen der Mutterlaugen unter vermindertem Druck bis zur beginnenden Abscheidung und gleicher Behandlung, wie vorher angegeben, können weitere Mengen des reinen Anhydrids erhalten werden. Die Gesammtausbeute betrug 4,4 g oder 82% der Theorie.

Zur völligen Reinigung werden 2 g aus 20—25 ccm kochendem Wasser unter Anwendung von Thierkohle in der beschriebenen Weise umkrystallisirt, wobei 60—70% des Rohproductes sofort ausfallen. Für die Analyse war über Phosphorpentoxyd getrocknet.

0,1511 g Substanz gaben 0,2987 CO_2 und 0,1031 H_2O. — 0,0856 g Substanz gaben 13,3 ccm Stickgas bei 19° und 753 mm Druck.

Ber. für $C_7H_{12}O_2N_2$ (156,11).   C 53,81, H 7,75, N 17,95.
Gef. ,, 53,91, ,, 7,63, ,, 17,76.

Die Substanz beginnt gegen 260° (corr.) zu sintern und schmilzt gegen 266° (corr.) zu einer schwach braunen Flüssigkeit. Sie löst sich am leichtesten in Eisessig. Von Wasser gebraucht sie nach einer rohen Bestimmung ungefähr 40—50 Theile bei gewöhnlicher Temperatur und etwa 10 Theile beim Kochen. Eine etwa 5%ige warme Lösung gesteht beim Erkalten zu einer Gallerte, die anfangs vollkommen klar ist. Nach Verlauf von einigen Stunden, schneller beim Abkühlen in Eiswasser, bilden sich an der Oberfläche und im Innern der Gallerte kleine weisse, schimmelpilzartige Massen, bestehend aus mikroscopisch kleinen, verfilzten Nadeln, die langsam wachsen, und schliesslich die ganze Masse erfüllen. In absolutem Alkohol ist das Anhydrid in der Kälte recht schwer löslich, beim Kochen löst sich 0,1 g in etwa 9 ccm. Diese Lösung gesteht beim Erkalten zu einer fast klaren Gallerte, die jedoch im Gegensatz zur wässrigen Lösung keine Neigung zur Krystallisation hat. Nach 5 Monaten war eine in einem verschlossenen Gefäss aufbewahrte Probe noch unverändert. Selbst durch Impfen, Reiben und Schütteln konnte keine Krystallisation erzielt werden. Nur an Stellen, wo das Lösungsmittel verdunstet war, liessen sich unter dem Mikroscop feine, verfilzte Nadeln erkennen. Von heissem Essigester wird das Anhydrid nur in geringer Menge aufgenommen und scheidet sich bei längerem Aufbewahren in gallertigen Flocken ab, die gleichfalls wenig

Neigung zur Krystallisation haben. In Aceton und Benzol ist es sehr schwer, in Aether oder Chloroform fast gar nicht löslich.

Da das Glycyl-d-valin-anhydrid die Neigung hat, aus den Lösungen gelatinös auszufallen, so hätte man erwarten können, dass es bereits in Lösung zur Bildung complicirter Moleküle hinneige. Die schon mitgetheilte[1]) Bestimmung des Molekulargewichts spricht aber dagegen.

Der Geschmack der wässrigen Lösung des Anhydrids ist bitter. Die trockne Substanz lässt sich leicht sublimiren und scheidet sich dann in gut ausgebildeten, mikroscopisch kleinen, kugelig verwachsenen Nädelchen ab. Die Sublimation beginnt schon bedeutend unterhalb der Schmelztemperatur. Bei 100° und ungefähr 15 mm Druck waren nach 3 Stunden 0,5% sublimirt. Bei 150° und ungefähr 0,5 mm Druck lässt es sich nach der Beobachtung von Dr. Kempf[2]) sogar vollständig sublimiren, ohne dass wesentliche Racemisation eintritt. Geschmolzen erstarrt es zu einer strahlig-krystallinischen Masse. Für die optische Untersuchung diente eine Lösung in Eisessig. Bei der ersten Bestimmung war das Präparat einmal, bei der zweiten zweimal umkrystallisirt.

0,2922 g Substanz, gelöst in trocknem Eisessig. Gesammtgewicht der Lösung 2,8811 g. $d^{20} = 1,065$. Drehung im 1 dm-Rohr bei 20° und Natriumlicht 2,18° ($\pm$ 0,02°) nach rechts. Mithin

$$[\alpha]_D^{20} = + 20,8° (\pm 0,2°).$$

0,3000 g Substanz. Gesammtgewicht der Lösung 2,8918 g. $d^{20} = 1,065$. Drehung im 1 dm-Rohr bei 20° und Natriumlicht 2,26° ($\pm$ 0,02°) nach rechts. Mithin

$$[\alpha]_D^{20} = + 20,5° (\pm 0,2°).$$

Trotz der geringen Löslichkeit der Substanz in Wasser und Alkohol wurden auch solche Lösungen optisch geprüft.

0,1911 g Substanz, gelöst in Wasser. Gesammtgewicht der Lösung 9,5723 g. $d^{20} = 1,002$. Drehung im 2 dm-Rohr bei 20° und Natriumlicht 1,31° nach rechts. Mithin

$$[\alpha]_D^{20} = + 32,7° (\pm 0,5°).$$

0,0756 g Substanz, gelöst in absolutem Alkohol. Gesammtgewicht der Lösung 14,0852 g. $d^{20} = 0,795$. Drehung im 2 dm-Rohr bei 20° und Natriumlicht 0,35° ($\pm$ 0,02°) nach rechts. Mithin

$$[\alpha]_D^{20} = + 41° (\pm 1°).$$

Dieser Werth ist aber wegen der grossen Verdünnung der Lösung ziemlich ungenau.

---

[1]) E. Fischer, Berichte d. D. Chem. Gesellsch. **40**, 3714 [1907]. (*S. 470.*)
[2]) Kempf, Journ. f. prakt. Chem. [2] **78**, 245 [1908].

d - α - Brompropionyl - d - valin
$$CH_3 \cdot CHBr \cdot CO \cdot NH \cdot CH(C_3H_7) \cdot CO_2H.$$

Die für den folgenden Versuch benutzte d-α-Brompropionsäure war aus l-Alanin ($[\alpha]_D^{20} = -10,5°$ in n-Salzsäure) bereitet und drehte im 1 dm-Rohr bei 20° und Natriumlicht 41,9° nach rechts. Die Verwandlung in das Chlorid geschah nach der Vorschrift von E. Fischer und O. Warburg[1]).

Zu einer Lösung von 10 g d-Valin (1 Mol.) in 42,5 ccm 2 n-Natronlauge (1 Mol.) wurden 15 g d-α-Brompropionylchlorid (1 Mol.) und 51,0 ccm 2 n-Natronlauge (1,2 Mol.) abwechselnd unter starkem Schütteln und guter Kühlung in mehreren Portionen zugefügt, zum Schluss mit 22 ccm 5 n-Salzsäure angesäuert und der farblose krystallinische Niederschlag nach 12 stündigem Stehen in Eis filtrirt. Die Ausbeute betrug 17 g oder etwa 80% der Theorie.

Zur völligen Reinigung wird das Product in die 15 fache Menge eines siedenden Gemisches von 2 Theilen Wasser und 1 Theil Alkohol eingetragen, wobei es sich sogleich löst. Beim Abkühlen scheiden sich bald gut ausgebildete, federartig verwachsene Krystalle ab, die in ihrem Aussehen an Chlorammonium erinnern. Nach 3 stündigem Stehen in Eis wird abfiltrirt. Man gewinnt so etwa 90% des Rohproductes zurück.

Zur Analyse wurde noch einmal in der gleichen Weise umkrystallisirt und unter 15—20 mm über Phosphorpentoxyd bei 78° getrocknet.

0,1819 g Substanz gaben 0,2548 CO_2 und 0,0901 H_2O. — 0,2389 g Substanz gaben 11,5 ccm Stickgas bei 16° und 769 mm Druck. — 0,3972 g Substanz gaben 0,2946 AgBr.

Ber. für $C_8H_{14}O_3NBr$ (252,08).   C 38,08,   H 5,60,   N 5,56,   Br 31,72.
Gef.   „ 38,20,   „ 5,54,   „ 5,69,   „ 31,56.

Der Körper sintert gegen 177° (corr.) und schmilzt bei 180° (corr.) unter Gasentwicklung und allmählicher Gelbfärbung. In Methyl- und Aethylalkohol, Aether, Aceton und Essigester ist er leicht löslich, weniger in Chloroform und Benzol. Aus warmem Benzol scheidet er sich beim Erkalten in derben, flächenreichen Krystallen ab. Aehnlich ausgebildete Krystalle erhält man auch beim langsamen Verdunsten der alkoholischen und ätherischen Lösungen. In kaltem Wasser ist er schwer löslich. Aus einer heiss gesättigten Lösung scheidet er sich beim Erkalten in nicht besonders gut ausgebildeten, vielfach verwachsenen Krystallen, vielleicht Prismen oder Nadeln, aus. So gut wie unlöslich ist er in Petroläther.

Für die optische Untersuchung diente eine alkoholische Lösung. Für die erste Bestimmung war das Präparat einmal, für die zweite nochmals umkrystallisirt.

---

[1]) Liebigs Ann. d. Chem. **340**, 171 [1905]. (*Proteine I, S. 500.*)

0,4210 g Substanz, gelöst in absolutem Alkohol. Gesammtgewicht der Lösung 4,1131 g, d^{20} = 0,830. Drehung im 1 dm-Rohr bei 20° und Natriumlicht 1,77° ($\pm$ 0,02°) nach rechts. Mithin

$$[\alpha]_D^{20} = + 20,8° (\pm 0,2°).$$

0,3990 g Substanz, gelöst in absolutem Alkohol. Gesammtgewicht der Lösung 3,9796 g, d^{20} = 0,828. Drehung im 1 dm-Rohr bei 20° und Natriumlicht 1,74° ($\pm$ 0,02°) nach rechts. Mithin

$$[\alpha]_D^{20} = + 21,0° (\pm 0,2°).$$

d - Alanyl - d - valin
$$CH_3 \cdot CH(NH_2) \cdot CO \cdot NH \cdot CH(C_3H_7) \cdot CO_2H.$$

10 g d-α-Brompropionyl-d-valin werden in 50 ccm Ammoniak von 25% gelöst und 3 Tage bei 25° im Thermostaten aufbewahrt. Der beim Eindampfen der Lösung unter vermindertem Druck hinterbleibende Sirup wird in der eben ausreichenden Menge heissem Wasser gelöst und mit einem grossen Ueberschuss von heissem absolutem Alkohol versetzt. Hierbei scheidet sich das Dipeptid sofort in mikroscopischen, feinen Nadeln ab. Eine weitere, aber geringe Menge wird durch Einengen des Filtrats unter vermindertem Druck erhalten. Die Ausbeute betrug 5,6 g oder 75% der Theorie. Zur völligen Reinigung wird wieder in Wasser gelöst und die unter vermindertem Druck eingeengte Lösung mit Alkohol gefällt. Man erhält auf diese Weise 80—90% des Rohproductes zurück.

Für die Analyse wurde im Vacuum über Phosphorpentoxyd bei 78° getrocknet. Die Substanz war nicht hygroskopisch.

0,1706 g Substanz gaben 0,3185 CO$_2$ und 0,1322 H$_2$O. — 0,0919 g Substanz gaben 11,8 ccm Stickgas bei 18° und 766 mm Druck.

Ber. für C$_8$H$_{16}$O$_3$N$_2$ (188,14). C 51,03, H 8,57, N 14,89.
Gef. ,, 50,92, ,, 8,67, ,, 15,00.

Das Dipeptid schmilzt beim raschen Erhitzen gegen 265° (corr.) zu einer etwas dunkel gefärbten Flüssigkeit. Der Geschmack ist indifferent. In Wasser ist es sehr leicht löslich, dagegen recht schwer in absolutem Alkohol. In verdünntem Alkohol und Methylalkohol ist es etwas leichter löslich. Durch Fällen der wässrigen Lösung mit Alkohol wird es in mikroscopischen, äußerst feinen Prismen oder Nadeln erhalten. Giesst man dagegen die stark konzentrirte, wässrige Lösung in viel heissen Alkohol, sodaß es nicht sofort ausfällt, so scheidet es sich nach langem Stehen theilweise in dreieckigen Platten aus. — Beim langsamen Verdunsten der salzsauren Lösung krystallisirt das Chlorhydrat in strahlig verwachsenen, langen Prismen.

Die Lösungen des Dipeptids in Wasser, n-Salzsäure und n-Natronlauge drehen schwach nach links. Am stärksten ist das Drehungsvermögen der wässrigen Lösung.

0,4012 g Substanz, gelöst in n-Salzsäure. Gesammtgewicht der Lösung 4,0643 g, $d^{20} = 1,034$. Drehung im 1 dm-Rohr bei 20° und Natriumlicht 0,19° ($\pm 0,02$°) nach links. Mithin

$$[\alpha]_D^{20} = -1,9° (\pm 0,2°).$$

0,2183 g Substanz, gelöst in n-Natronlauge. Gesammtgewicht der Lösung 2,3017 g, $d^{20} = 1,048$. Drehung im 1 dm-Rohr bei 20° und Natriumlicht 0,45° ($\pm 0,02$°) nach links. Mithin

$$[\alpha]_D^{20} = -4,5° (\pm 0,2°).$$

0,4422 g Substanz, gelöst in Wasser. Gesammtgewicht der Lösung 4,4512 g, $d^{20} = 1,025$. Drehung im 1 dm-Rohr bei 20° und Natriumlicht 0,60° ($\pm 0,02$°) nach links. Mithin

$$[\alpha]_D^{20} = -5,9° (\pm 0,2°).$$

Bei weiterem Umkrystallisiren wurde das Drehungsvermögen etwas geringer.

0,2927 g Substanz, gelöst in Wasser. Gesammtgewicht der Lösung 3,8235 g, $d^{20} = 1,018$. Drehung im 1 dm-Rohr bei 20° und Natriumlicht 0,42° ($\pm 0,02$°) nach links. Mithin

$$[\alpha]_D^{20} = -5,4° (\pm 0,3°).$$

d - Alanyl - d - valin-anhydrid

$$CH_2 \cdot CH \cdot NH \cdot CO$$
$$CO \cdot NH \cdot CH \cdot C_3H_7.$$

1 g d-Alanyl-d-valin wird in 30 ccm trocknem Methylalkohol suspendirt und unter mäßiger Kühlung trockne, gasförmige Salzsäure bis zur Sättigung eingeleitet, wobei bald Lösung eintritt. Man verdampft nun den Methylalkohol unter vermindertem Druck, wiederholt die Veresterung in der gleichen Weise und verdampft wieder aus einem Bade von 25° bei etwa 12 mm Druck. Um die überschüssige Salzsäure möglichst zu entfernen, feuchtet man den sirupösen Rückstand mit Methylalkohol an und wiederholt das Eindampfen. Dann löst man in der eben ausreichenden Menge Methylalkohol und giesst diese Flüssigkeit allmählich in 30 ccm absoluten, bei 0° mit Ammoniak gesättigten Methylalkohol unter Kühlung. Hierbei findet anfangs eine Trübung statt, die aber bald wieder verschwindet. Nach einigen Stunden beginnt das Anhydrid in büschelförmig verwachsenen Nadeln auszufallen und erfüllt später die ganze Flüssigkeit als dicker Krystallbrei, der nach 12 Stunden abgesaugt und mit wenig Eiswasser gewaschen wird. Ungefähr die

gleiche Masse ist jedoch noch in der Lösung enthalten. Man gewinnt sie durch Verdunsten des Lösungsmittels unter vermindertem Druck und Auslaugen mit wenig Eiswasser. Die Ausbeute betrug im Ganzen 0,55 g oder 60% der Theorie.

Bei einem anderen Versuch wurden sogar nur 50% erhalten. Zu einem besseren Resultat wird man wahrscheinlich kommen, wenn man die methylalkoholische Lösung des Dipeptidesterchlorhydrats nicht 12 Stunden, sondern mehrere Tage stehen läßt, wie das später beim l-Leucyl-d-valin-anhydrid beschrieben ist.

Zur völligen Reinigung wird in etwa 50 Theilen kochendem Wasser gelöst. Nach dem Erkalten impft man die Lösung und schüttelt in einem verschlossenen Gefäss heftig, wobei die ganze Masse zu einem Krystallbrei weisser, verfilzter Nadeln gesteht. Man filtrirt nach 12 stündigem Aufbewahren im Eisschrank und erhält nach dem Auswaschen mit Eiswasser etwa 50—60% des Rohproductes zurück. Den Rest gewinnt man wieder durch Eindampfen unter vermindertem Druck.

Zur Analyse wurde im Vacuum über Phosphorpentoxyd bei 78° getrocknet.

0,0879 g Substanz gaben 0,1810 CO_2 und 0,0654 H_2O. — 0,1818 g Substanz gaben 25,0 ccm Stickgas bei 13° und 767 mm Druck.

Ber. für $C_8H_{14}O_2N_2$ (170,13).   C 56,43, H 8,29, N 16,47.

Gef. ,, 56,16, ,, 8,32, ,, 16,41.

Die Substanz schmilzt gegen 268—270° (corr.) zu einer braunen Flüssigkeit. Sie ist leicht löslich in trocknem Eisessig, ziemlich leicht in warmem Aethyl- und Methylalkohol und weniger leicht in warmem Wasser, Essigester und Aceton. Dagegen ist sie schwer löslich in Benzol und so gut wie unlöslich in Aether.

Sie neigt weniger dazu, aus ihren Lösungen gelatinös auszufallen, wie das Glycyl-d-valin-anhydrid. Die heiss gesättigte wässrige Lösung gesteht nach etwa 1—2 Stunden, wenn man sie vor Keimen sorgfältig schützt, zu einer Gallerte, die langsam krystallisirt, indem sie weiss und undurchsichtig wird. Ebenfalls scheidet sich das Anhydrid aus seiner Lösung in Essigester oder Aceton anfangs in Form gelatinöser Massen ab, die sich aber bald in ein Flechtwerk feiner Nadeln verwandeln. Die absolut alkoholische Lösung scheidet dagegen beim Erkalten sofort gut ausgebildete, feine, büschelförmig verwachsene Nadeln ab. — Der Geschmack des Anhydrids ist bitter.

Für die optische Untersuchung diente die Lösung in Eisessig. Die erste Bestimmung wurde mit der aus Wasser umkrystallisirten Substanz, die zweite mit dem aus der Mutterlauge wiedergewonnenen Product ausgeführt.

0,1683 g Substanz, gelöst in trocknem Eisessig. Gesammtgewicht der Lösung 1,6787 g, d^{20} = 1,062. Drehung im 1 dm-Rohr bei 20° und Natriumlicht 3,12° ($\pm$ 0,02°) nach links. Mithin

$$[\alpha]_D^{20} = - 29,3° (\pm 0,2°).$$

0,1695 g Substanz, gelöst in trocknem Eisessig. Gesammtgewicht der Lösung 1,7505 g, d^{20} = 1,062. Drehung im 1 dm-Rohr bei 20° und Natriumlicht 2,98° ($\pm$ 0,02°) nach links. Mithin

$$[\alpha]_D^{20} = - 29,0° (\pm 0,2°).$$

d - α - Bromisocapronyl - d - valin
$$(C_4H_9) \cdot CHBr \cdot CO \cdot NH \cdot CH(C_3H_7) \cdot CO_2H.$$

Das verwendete Bromisocapronylchlorid war aus einer d-α-Bromisocapronsäure von $[\alpha]_D^{20}$ = + 42° (bereitet aus d-Leucin) gewonnen[1]). Zu einer Lösung von 5 g d-Valin (1 Mol.) in 21,3 ccm 2 n-Natronlauge (1 Mol.) wurden 9,1 g d-α-Bromisocapronylchlorid (1 Mol.) und 25,5 ccm 2 n-Natronlauge (1,2 Mol.) in der öfters beschriebenen Weise zugefügt. Als nach einstündigem Schütteln der Säurechloridgeruch vollständig verschwunden war, wurde mit 11 ccm 5 n-Salzsäure angesäuert, das sofort krystallinisch ausfallende Kupplungsproduct nach etwa 3stündigem Stehen in Eis abgesaugt und mit kaltem Wasser ausgewaschen. Die Ausbeute betrug 11,8 g oder 94% der Theorie.

Zur Reinigung wird aus der 4fachen Menge siedendem 50 %igem Alkohol umkrystallisirt, wobei sich 80—90% des Rohproductes belangsamer Krystallisation in grohsen, derben, flächenreichen Formen abscheiden. Für die Analyse wurde noch einmal in der gleichen Weise umkrystallisirt und dann unter vermindertem Druck über Phosphorpentoxyd bei 78° getrocknet.

0,1843 g Substanz gaben 0,3015 CO$_2$ und 0,1151 H$_2$O. — 0,1854 g Substanz gaben 7,4 ccm Stickgas bei 17° und 759 mm Druck. — 0,4111 g Substanz gaben 0,2631 AgBr.

Ber. für C$_{11}$H$_{20}$O$_3$NBr (294,12).   C 44,88, H 6,85, N 4,76, Br 27,19.
Gef. „ 44,62, „ 6,99, „ 4,64, „ 27,23.

Die Substanz sintert gegen 146° (corr.) und schmilzt bei 150—151° (corr.) zu einer klaren Flüssigkeit. Sie schmeckt unangenehm bitter. Sie ist leicht löslich in Aethyl- und Methylalkohol, Essigester und Aceton, weniger leicht in Aether, Chloroform, Benzol und Toluol und scheidet sich aus den in der Wärme gesättigten Lösungen beim Erkalten in deriben Krystallen aus. In Wasser ist sie sogar in der Wärme recht schwer löslich, und in Petroläther nahezu unlöslich.

---

[1]) E. Fischer, Berichte d. D. Chem. Gesellsch. **39**, 2929 [1906]. (*S. 360.*)

Für die optische Untersuchung diente die Lösung in absolutem Alkohol. Bei der ersten Bestimmung war das Präparat einmal aus 50%igem Alkohol, bei der zweiten nochmals in der gleichen Weise umkrystallisirt.

0,4048 g Substanz, gelöst in absolutem Alkohol. Gesammtgewicht der Lösung 4,0686 g, $d^{20} = 0,824$. Drehung im 1 dm-Rohr bei 20° und Natriumlicht 1,98° ($\pm 0,02°$) nach rechts. Mithin

$$[\alpha]_D^{20} = + 24,2° (\pm 0,2°).$$

0,3803 g Substanz, gelöst in absolutem Alkohol. Gesammtgewicht der Lösung 3,7356 g, $d^{20} = 0,825$. Drehung im 1 dm-Rohr bei 20° und Natriumlicht 2,04° ($\pm 0,02°$) nach rechts. Mithin

$$[\alpha]_D^{20} = + 24,3° (\pm 0,2°).$$

l - Leucyl - d - valin
$$(C_4H_9) \cdot CH(NH_2) \cdot CO \cdot NH \cdot CH(C_3H_7) \cdot CO_2H.$$

Eine Lösung von d-α-Bromisocapronyl-d-valin in der 5fachen Menge Ammoniak von 25% wird 7 Tage bei 25° im Thermostaten aufbewahrt und nun unter vermindertem Druck verdampft. Der sirupöse Rückstand ist sowohl in Wasser als auch in absolutem Alkohol leicht löslich. Das Bromammonium wird deshalb in der üblichen Weise mit Baryumhydroxyd und Silbersulfat entfernt. Die schliesslich vom Baryt befreite Lösung hinterlässt beim Verdampfen das Dipeptid als feste, bröcklige Masse. Die Ausbeute beträgt etwa 60% des angewandten Bromkörpers.

Zur Reinigung löst man 1 g in 10 ccm eines heissen Gemisches von 2 Theilen Alkohol und 1 Theil Wasser und überlässt die Flüssigkeit 1—2 Tage bei gewöhnlicher Temperatur der Krystallisation. Die nicht besonders charakteristischen Krystalle sind häufig spiessartig oder auch prismenförmig ausgebildet und manchmal stern- oder büschelförmig verwachsen. Die Ausbeute beträgt etwa 65% des Rohproductes; den Rest erhält man ebenfalls krystallisirt durch Versetzen des Filtrats mit Aether bis zur beginnenden Trübung und längeres Aufbewahren im Eisschrank.

Zur Analyse wurde noch ein zweites Mal in der angegebenen Weise umkrystallisirt. Das Dipeptid enthält Krystallwasser und verliert es zum Theil schon beim Stehen an der Luft. Nach 18 Tagen hatte eine fein gepulverte Probe 7,5% abgenommen. Ueber Phosphorpentoxyd im Vacuum gab sie noch weiter Wasser ab, zog die gleiche Gewichtsmenge aber wieder an, wenn sie einen Tag an der Luft stehen blieb. Die Bestimmung des Kohlenstoffs gab erst ein befriedigendes Resultat, als die Substanz 10 Stunden unter 15—20 mm Druck bei 95° über Phosphorpentoxyd bis zum konstanten Gewicht getrocknet war. Bei höherer

Temperatur darf nicht getrocknet werden, da sonst Bildung des Anhydrids eintreten kann.

0,1975 g lufttrockne Substanz verloren bei 20° im Vacuum 0,0052 g und bei 95° noch 0,0023 g. — 0,1982 g lufttrockne Substanz verloren bei 20° im Vacuum 0,0054 g und bei 95° noch 0,0023 g. — 0,1900 g bei 95° getrocknete Substanz gaben 0,3972 CO_2 und 0,1631 H_2O. — 0,1903 g Substanz gaben 0,3982 CO_2 und 0,1681 H_2O.

Ber. für $C_{11}H_{22}O_3N_2$ (230,19). C 57,34, H 9,63,
Gef. „ 57,02, 57,07, „ 9,60, 9,88.

Die ursprüngliche Substanz, die beim Stehen an der Luft 7,5% abnahm, enthielt demnach 11,7% H_2O und für die lufttrockne Substanz ergiebt sich 4,35 und 4,44% (Mittelwerth 4,40).

Beim raschen Erhitzen verliert das Dipeptid erst das Krystallwasser, beginnt dann gegen 277° (corr.) zu sintern und schmilzt gegen 282° (corr.) unter geringer Gasentwicklung zu einer schwach gefärbten Flüssigkeit, wobei sehr wahrscheinlich das Anhydrid entsteht. Der Geschmack ist bitter und etwas süss. In Wasser ist es ziemlich leicht löslich und krystallisirt zuweilen beim langsamen Verdunsten des Lösungsmittels in fächerförmig verwachsenen Nadeln oder Prismen. In absolutem Alkohol ist es selbst beim Kochen schwer löslich; man braucht etwa die 300fache Menge. Erst beim starken Einengen der Lösung unter vermindertem Druck krystallisirt es wieder aus. In einem Gemisch von etwa 2 Theilen Alkohol und 1 Theil Wasser ist es in der Wärme leichter löslich als in demselben Volumen kochenden Wassers.

Für die optische Untersuchung diente die wässrige Lösung der lufttrocknen Substanz unter Berücksichtigung des ermittelten Wassergehaltes. Es empfiehlt sich nicht, das bei 20° im Vacuum getrocknete Präparat zu verwenden, da die stark entwässerte Substanz beim Versetzen mit Wasser zu einer festen Masse zusammenbackt, die nur sehr schwer in Lösung zu bringen ist.

0,1511 g lufttrockne Substanz (0,1445 g wasserfreie Substanz) gelöst in Wasser. Gesammtgewicht der Lösung 1,4535 g, $d^{20} = 1,022$. Drehung im 1 dm-Rohr bei 20° und Natriumlicht 1,83° ($\pm 0,02°$) nach rechts. Mithin

$$[\alpha]_D^{20} = + 18,0° (\pm 0,2°).$$

Für die zweite optische Bestimmung wurde nochmals in der gleichen Weise umkrystallisirt und die Lufttrocknung ebenso durchgeführt, wie es oben beschrieben ist.

0,1473 g lufttrockne Substanz (0,1408 g wasserfreie Substanz), gelöst in Wasser. Gesammtgewicht der Lösung 1,5734 g. $d^{25} = 1,021$. Drehung im 1dm-Rohr bei 25° und Natriumlicht 1,64° ($\pm 0,02°$) nach rechts. Mithin

$$[\alpha]_D^{25} = + 18,0° (\pm 0,2°).$$

l - L e u c y l - d - v a l i n - a n h y d r i d

$$C_4H_9 \cdot CH \cdot NH \cdot CO$$
$$CO \cdot NH \cdot CH \cdot C_3H_7.$$

Die Darstellung des l-Leucyl-d-valin-anhydrids aus dem Di-peptid geschah genau so, wie beim d-Alanyl-d-valin-anhydrid mit Hilfe des Methylesters. Krystallisation des Esterchlorhydrats wurde nicht beobachtet.

Das Anhydrid scheidet sich aus der Lösung in methylalkoholischem Ammoniak recht langsam in mikroscopischen, kugelig verwachsenen, feinen, langen Nadeln ab, die schliesslich die ganze Masse als ein dicker Krystallbrei erfüllen. Zur Vervollständigung der Krystallisation lässt man eine Woche stehen, filtrirt dann und wäscht mit kaltem Wasser. Aus 1,1 g wasserhaltigem Dipeptid (entsprechend 1,0 g wasserfreier Sub-stanz) wurden auf diese Weise 0,57 g gewonnen. Durch Auslaugen der zur Trockne gebrachten Mutterlauge mit kaltem Wasser konnten noch 0,10 g isolirt werden, sodass die Ausbeute 0,67 g oder 73% der Theorie entspricht. Zur Reinigung wird in der 40 fachen Menge heissem Alkohol gelöst. Nach mehrstündigem Stehen bei 0° ist etwa die Hälfte aus-gefallen. Der Rest wird durch Einengen grösstentheils wiedergewonnen.

Zur Analyse war über Phosphorpentoxyd getrocknet.

0,1692 g Substanz gaben 0,3851 CO_2 und 0,1446 H_2O. — 0,0748 g Substanz gaben 8,7 ccm Stickgas bei 24° und 753 mm Druck.

Ber. für $C_{11}H_{20}O_2N_2$ (230,19).   C 62,21, H 9,50, N 13,21.
Gef. ,, 62,07, ,, 9,56, ,, 13,00.

Die Substanz schmilzt gegen 282° (corr.) zu einer schwach gefärb-ten Flüssigkeit. Sie ist am leichtesten löslich in Eisessig. Beim Ab-kühlen oder Einengen der alkoholischen Lösung scheidet sie sich in mikroscopischen, feinen, langen Nadeln ab, die oft kugelig oder büschel-artig verwachsen sind.

Für die optische Untersuchung diente die Lösung in trocknem Eis-essig. Zunächst wurde die erste Krystallisation untersucht, die aus Al-kohol erhalten war.

0,0827 g Substanz, gelöst in trocknem Eisessig. Gesammtgewicht der Lösung 1,6060 g, $d^{25} = 1,052$. Drehung im 1 dm-Rohr bei 25° und Natriumlicht 2,52° ($\pm$ 0,02°) nach links. Mithin

$$[\alpha]_D^{25} = -46,5° (\pm 0,4°).$$

Einen höheren Werth lieferte die beim Einengen der obigen alko-holischen Lösung erhaltene zweite Krystallisation.

0,0792 g Substanz, gelöst in trocknem Eisessig. Gesammtgewicht der Lösung 1,5850 g, $d^{25} = 1,052$. Drehung im 1 dm-Rohr bei 25° und Natriumlicht 2,64° ($\pm$ 0,02°) nach links. Mithin

$$[\alpha]_D^{25} = -50,2° (\pm 0,4°).$$

Ein anderes Präparat, das zufällig bei der Darstellung des Dipeptids nach einem etwas anderen Verfahren als Nebenproduct gewonnen war, gab folgende Zahlen:

0,0505 g Substanz, gelöst in trocknem Eisessig. Gesammtgewicht der Lösung 1,5219 g, $d^{25} = 1,051$. Drehung im 1 dm-Rohr bei 25° und Natriumlicht 1,65° ($\pm$ 0,02°) nach links. Mithin

$$[\alpha]_D^{25} = -47,3° (\pm 0,6°).$$

Die Substanz wurde nochmals umkrystallisirt und die im Vacuum über Schwefelsäure zur Trockne gebrachte Mutterlauge untersucht.

0,0463 g Substanz. Gesammtgewicht der Lösung 1,3872 g. $d^{20} = 1,051$. Drehung im 1 dm-Rohr bei 20° und Natriumlicht 1,64° ($\pm$ 0,02°) nach links. Mithin

$$[\alpha]_D^{20} = -46,8° (\pm 0,5°).$$

l - α - Bromisovaleryl - d - valin
$$C_3H_7 \cdot CHBr \cdot CO \cdot NH \cdot CH(C_3H_7) \cdot CO_2H.$$

Die für seine Bereitung nöthige l-α-Bromisovaleriansäure und das zugehörige Chlorid wurden aus d-Valin genau in derselben Weise hergestellt, wie die entsprechenden d-Verbindungen.

Für die Kuppelung wurden 5 g d-Valin (1 Mol.) in 21,3 ccm 2 n-Natronlauge (1 Mol.) gelöst und dazu unter starker Kühlung und Schütteln in der gewöhnlichen Weise 8,5 g l-α-Bromisovalerylchlorid (1 Mol.) und 25,5 ccm 2 n-Natronlauge (1,2 Mol.) abwechselnd in sechs Portionen zugegeben. Nachdem der Geruch des Chlorids verschwunden war, fiel beim Ansäuern mit 11 ccm 5 n-Salzsäure ein dickes farbloses Oel aus, das bald krystallisirte und schon nach einstündigem Stehen bei 0° filtrirt wurde. Die Ausbeute betrug 10,7 g und aus der Mutterlauge wurde durch Einengen unter vermindertem Druck noch 0,6 g gewonnen. Die Gesammtausbeute betrug also mehr als 90% der Theorie. Zur Reinigung wurden 10 g Rohproduct in einem Gemisch von 100 ccm Wasser und 70 ccm Alkohol in der Hitze rasch gelöst und sofort auf 0° abgekühlt. Nach zweistündigem Stehen in der Kälte war der allergrösste Theil wieder abgeschieden. Die Krystalle sehen makroscopisch wie Nadeln aus, unter dem Mikroscop aber erscheinen sie wie Krystallaggregate, die einem Rückgrat ähnlich sind. Für die Analyse war nochmals in Alkohol gelöst, mit Wasser gefällt, wobei die Substanz als farbloses und rasch krystallisirendes Oel ausfällt, und schliesslich im Vacuumexsiccator über Phosphorpentoxyd getrocknet.

0,1943 g Substanz gaben 0,3061 CO_2 und 0,1157 H_2O. — 0,2024 g Substanz gaben 8,7 ccm Stickgas bei 14° und 762 mm Druck. — 0,1635 g Substanz gaben 0,1084 AgBr. — 0,1617 Substanz gaben 0,1075 AgBr.

Ber. für $C_{10}H_{18}O_3NBr$ (280,11). C 42,84, H 6,48, N 5,00, Br 28,55.

Gef. ,, 42,97, ,, 6,66, ,, 5,08, ,, 28,21, 28,29.

Die Substanz sintert gegen 157° (corr.) und schmilzt bei 163—165° (corr.) zu einer farblosen Flüssigkeit. Sie ist in Alkohol und Aceton leicht, in Aether schwerer löslich. Aus heissem Chloroform und Benzol lässt sie sich auch bequem umkrystallisiren. In heissem Wasser ist sie ziemlich schwer löslich, krystallisirt aber daraus beim Erkalten ziemlich gut. Die wässrige Lösung schmeckt bitter. In Petroläther ist sie fast unlöslich.

Für die optische Untersuchung diente die Lösung in absolutem Alkohol. Die erste Bestimmung ist mit der einmal, die zweite mit der zweimal umkrystallisirten Substanz ausgeführt worden.

0,2199 g Substanz. Gesammtgewicht der Lösung 2,3184 g. $d^{20} = 0,827$. Drehung im 1 dm-Rohr bei 20° und Natriumlicht 1,77° ($\pm 0,02°$) nach links. Mithin

$$[\alpha]_D^{20} = -22,6° (\pm 0,2°).$$

0,1410 g Substanz. Gesammtgewicht der Lösung 1,4447 g. $d^{20} = 0,827$. Drehung im 1 dm-Rohr bei 20° und Natriumlicht 1,83° ($\pm 0,02°$) nach links. Mithin

$$[\alpha]_D^{20} = -22,7° (\pm 0,2°).$$

l-Valyl-*d*-valin,

$$C_3H_7 \cdot CH(NH_2) \cdot CO \cdot NH \cdot CH(C_3H_7) \cdot CO_2H.$$

Da wässriges Ammoniak bei Zimmertemperatur zu langsam auf den Bromkörper einwirkt und bei höherer Temperatur die Gefahr der Racemisirung zu gross wird, so wurde für die Amidirung flüssiges Ammoniak verwandt. Lässt man die Bromverbindung mit ungefähr der 5fachen Menge flüssigem Ammoniak in verschlossenen Röhren bei 25° stehen, so findet bald klare Lösung statt, und nach 5 Tagen ist die Umsetzung so gut wie vollendet. Beim Verdunsten des Ammoniaks bleibt neben Bromammonium ein dicker Sirup zurück, der ein Gemisch verschiedener Substanzen ist und sich in Alkohol vollkommen löst. Für die Isolirung des Dipeptids ist die Entfernung des Bromammoniums mit Baryumhydroxyd und Silbersulfat nothwendig. Beim Verdampfen der von Baryt befreiten wässrigen Lösung bleibt wieder ein Sirup, der in warmem, verdünntem Alkohol gelöst wird. Lässt man diese Flüssigkeit im Exsiccator über Schwefelsäure langsam verdunsten, so scheiden sich centrisch verwachsene Nadeln in der Regel neben einer Gallerte aus. Zur Beförderung der Krystallisation fügt man erst Alkohol und dann ein Gemisch von Alkohol und Aether hinzu und verreibt sorgfältig die ausfallende krystallinische Masse. Sie wird schliesslich filtrirt und noch wiederholt mit Aether ausgelaugt. Den Rückstand löst man in der gleichen Menge Wasser und fügt in der Wärme die 8 fache Menge Alkohol zu. Nach dem Erkalten scheidet sich das Dipeptid langsam in Nadeln aus, die häufig büschelartig verwachsen sind. Aus dem Filtrat gewinnt man eine zweite, noch reichlichere Krystallisation durch allmählichen Zusatz von Aether. Die gesammte Ausbeute betrug an krystallisirtem Dipeptid etwa 40% der Theorie. Die anderen Producte der Reaktion haben wir nicht untersucht. Das Dipeptid enthält Krystallwasser; wir fanden seine Menge bei einer Bestimmung zu ungefähr $1^1/_2$ Mol., legen aber darauf keinen besonderen Werth. Für die Analyse wurden die Krystalle bei 95° unter 12—15 mm Druck über Phosphorpentoxyd 12 Stunden bis zur Gewichtsconstanz getrocknet. Hierbei scheint keine erhebliche Anhydridbildung stattzufinden, denn das Product löste sich hinterher noch in Wasser.

0,1505 g Substanz gaben 0,3065 CO_2 und 0,1251 H_2O. — 0,1180 g Substanz gaben 13,8 ccm Stickgas bei 25° und 753 mm Druck.

Ber. für $C_{10}H_{20}O_3N_2$ (216,17). C 55,51, H 9,32, N 12,96.
Gef. ,, 55,54, ,, 9,30, ,, 13,03.

Die getrocknete Substanz schmilzt beim raschen Erhitzen nicht ganz constant gegen 308° (corr.) zu einer durchsichtigen schwach gefärbten Flüssigkeit. Sie löst sich in Wasser verhältnissmässig leicht; viel schwerer wird sie, zumal im trocknen Zustande, von absolutem Alkohol aufgelöst. Der Geschmack ist schwach bitter. Die optischen Bestimmungen haben keine scharfe Übereinstimmung gegeben. Es ist deshalb fraglich, ob unser Präparat optisch ganz einheitlich war, besonders da das angewandte Bromisovalerylchlorid sicher zum Theil racemisirt war.

Für die optische Untersuchung, die in wässriger Lösung ausgeführt wurde, diente die bei 20° im Vacuumexsiccator über Phosphorpentoxyd bis zur Gewichtsconstanz (nach 48 Stunden) getrocknete Substanz. Ihr Wassergehalt betrug 3,22%. Zunächst wurde die vorhin erwähnte erste Krystallisation untersucht.

0,1474 g bei 20° im Vacuum über Phosphorpentoxyd getrocknete Substanz (0,1427 g wasserfreie Substanz). Gesammtgewicht der Lösung 1,4406 g. $d^{20} = 1,022$. Drehung im 1 dm-Rohr bei 20° und Natriumlicht 7,15° ($\pm$ 0,02°) nach links. Mithin

$$[\alpha]_D^{20} = -70,6° (\pm 0,2°).$$

Eine stärkere Drehung zeigte die zweite Krystallisation.

0,2141 g bei 20° im Vacuum über Phosphorpentoxyd getrocknete Substanz (0,2072 g wasserfreie Substanz). Gesammtgewicht der Lösung 2,0771 g. $d^{20} = 1,022$. Drehung im 1 dm-Rohr bei 20° und Natriumlicht 7,54° ($\pm$ 0,02°) nach links. Mithin

$$[\alpha]_D^{20} = -74,0° (\pm 0,2°).$$

Das Hydrochlorid des Dipeptids ist in Wasser leicht löslich und scheidet sich beim Verdunsten in hübsch ausgebildeten, fast quadratischen Krystallen ab.

Hydrolyse des Dipeptids.

Für den Versuch diente ein Präparat von der specifischen Drehung — 74,0°. Es wurde in 10%iger Salzsäure gelöst, sodass der Procentgehalt ungefähr 3 betrug. Die Lösung zeigte eine Drehung von 2,02° nach links, und die genaue Berechnung ergab für das Dipeptid in dieser Flüssigkeit eine specifische Drehung von — 64,4°, also etwas geringer als in rein wässriger Lösung. Nachdem die salzsaure Flüssigkeit im Einschmelzrohr 24 Stunden bei 100° erhitzt war, hatte sie ihr Drehungsvermögen fast vollständig verloren (0,1°) und nach 48 Stunden war sie gänzlich inactiv. Da die activen Valine unter den gleichen Bedingungen ihr Drehungsvermögen kaum verändern, so kann man aus dem Resultat des Versuchs schliessen, dass das Dipeptid in ein Gemisch von gleichen Molekülen l- und d-Valin zerfällt.

Wir wollen noch einen zweiten Versuch hier anführen, der mit einem optisch etwas unreineren Dipeptid ($[\alpha]_D^{20} = -72°$) ausgeführt worden ist. Die specifische Drehung in der salzsauren Lösung betrug hier nur — 63,3. Durch 35stündiges Erhitzen mit 10%iger Salzsäure wurde hier keine völlige optische Inactivität erzielt, sondern es blieb eine Linksdrehung von ungefähr 0,4°.

trans-Valinanhydrid

$$C_3H_7 \cdot CH \cdot NH \cdot CO$$
$$| \qquad |$$
$$CO \cdot NH \cdot CH \cdot C_3H_7 \,.$$

Die Verwandlung des l-Valyl-d-valins in das Anhydrid lässt sich wie in andern Fällen schon bei gewöhnlicher Temperatur über den Ester bewerkstelligen. 1,1 g wasserhaltiges Dipeptid (entsprechend 1 g wasserfreier Substanz von $[\alpha]_D^{20} = -74,0°$) wurde in der 10fachen Menge trocknem Methylalkohol suspendirt und in der üblichen Weise mit Salzsäuregas verestert. Beim Verdampfen der Lösung unter vermindertem Druck blieb das Chlorhydrat in kugelig verwachsenen Nadeln zurück. Die Krystalle wurden in möglichst wenig kaltem Methylalkohol gelöst und diese Flüssigkeit in 10 ccm Methylalkohol, der bei 0° mit Ammoniakgas gesättigt war, langsam eingetragen. Die Anhydridbildung geht hier bei gewöhnlicher Temperatur recht langsam von statten und das Product scheidet sich in ziemlich grossen, schief abgeschnittenen und manchmal miteinander verwachsenen dreiseitigen Säulen ab. Die Menge betrug nach 3 Tagen erst 0,45 g und nach 7 Tagen 0,69 g, sodass die Gesammtausbeute doch auf 75% der Theorie stieg. Zur Reinigung wurde das Product aus absolutem Alkohol, wovon aber mehr als die 200 fache Menge nöthig ist, gelöst. Beim Erkalten scheidet es sich rasch wieder aus und nach 12 stündigem Stehen ist die Abscheidung ziemlich vollständig. Für die Analyse war im Vacuumexsiccator getrocknet.

0,0710 g Sbst.: 0,1578 g CO_2, 0,0598 g H_2O. — 0,0806 g Sbst.: 10,3 ccm Stickgas bei 24° und 754 mm Druck.

$C_{10}H_{18}O_2N_2$ (198,16). Ber. C 60,56, H 9,15, N 14,14.

Gef. „ 60,61, „ 9,42, „ 14,30.

Die Substanz schmilzt im Capillarrohr bei 316—318° (corr.) zu einer farblosen Flüssigkeit. Sie ist in Wasser fast unlöslich; auch in den gewöhnlichen organischen Solventien löst sie sich verhältnissmässig recht schwer. Für die optische Untersuchung diente die Lösung in Eisessig, die aber auch nur ziemlich verdünnt hergestellt werden kann. Eine Lösung von 2,2 Prozentgehalt zeigte im 2 dm-Rohr keine wahrnehmbare Drehung.

d-Valyl-glycin
$$C_3H_7 \cdot CH(NH_2) \cdot CO \cdot NH \cdot CH_2 \cdot CO_2H.$$

d-α-Bromisovaleryl-glycin[1]) wird mit ungefähr der 5 fachen Menge flüssigem Ammoniak im verschlossenen Rohr 4 Tage bei 25° aufbewahrt, wobei völlige Lösung eintritt, sobald das Ammoniak Zimmertemperatur angenommen hat. Aus dem Sirup, der beim Verdunsten des Ammoniaks zurückbleibt, lässt sich das Dipeptid nicht direct abscheiden. Man entfernt deshalb Ammoniak und Bromammonium in der üblichen Weise durch Baryumhydroxyd und Silbersulfat und erhält schliesslich durch Verdampfen der wässrigen Mutterlauge einen Sirup, der sich im Alkohol völlig löst. Versetzt man diese Lösung mit viel Aether, so fällt das Dipeptid amorph aus, während ein in reichlicher Menge entstandenes Nebenproduct in der Mutterlauge bleibt. Löst man das gefällte, klebrige Dipeptid in äusserst wenig heissem Wasser, verdünnt dann mit ungefähr der 10 fachen Menge absolutem Alkohol und setzt wenig Aether zu, so beginnt beim Kochen ziemlich bald die Krystallisation des Dipeptids. Nach zweistündigem Stehen bei 0° wird filtrirt und aus der Mutterlauge durch Einengen unter erneutem Zusatz von Aether das noch gelöste Dipeptid abgeschieden. Fällt es amorph aus, so bringt man es durch nachträgliche Behandlung mit heissem Alkohol zur Krystallisation. Die Gesammtausbeute aus 8 g d-Bromisovaleryl-glycin betrug 2,27 g oder etwa 40% der Theorie, also ungefähr ebenso viel wie bei der racemischen Verbindung[2]).

---

[1]) Berichte d. D. Chem. Gesellsch. **41**, 2898 [1908]. (*S. 800.*)

[2]) E. Fischer und Schenkel, Liebigs Ann. d. Chem. **354**, 14 [1907]. (*S. 413.*)

Zur weiteren Reinigung wird das Dipeptid in der gleichen Menge Wasser gelöst, ungefähr das 10fache Volumen Alkohol zugegeben und die filtrirte Flüssigkeit mit etwa $\frac{1}{3}$ ihres Volumens Aether bis zur Trübung versetzt. Beim mehrtägigen Stehen bei niedriger Temperatur scheidet sich dann das Dipeptid in ziemlich grossen, meist centrisch verwachsenen, kurzen Prismen aus, während ungefähr die Hälfte in der Mutterlauge bleibt und daraus durch Verdampfen gewonnen werden muss. Die anfangs glänzenden Krystalle verwittern schon beim Stehen an der Luft. Im Vacuumexsiccator über Phosphorpentoxyd werden sie ganz trocken. Für die Analyse war in dieser Weise getrocknet.

0,0992 g Substanz gaben 0,1748 CO_2 und 0,0741 H_2O. — 0,1389 g Substanz gaben 19,4 ccm Stickgas bei 21° und 757 mm Druck.

Ber. für $C_7H_{14}O_3N_2$ (174,13). C 48,24, H 8,10, N 16,09.

Gef. „ 48,06, „ 8,36, „ 15,92.

Beim Schmelzen verhält die Substanz sich ungefähr so wie das isomere Glycyl-d-valin. Sie sinterte bei raschem Erhitzen von etwa 245° (corr.) an unter Braunfärbung und schmolz gegen 272° (corr.), also etwa 8° höher als das Isomere. Ausserdem unterscheidet sie sich von diesem durch die grosse Löslichkeit in wenig Wasser enthaltendem Alkohol. Das Dipeptid ist geschmacklos. Trotz des schönen Aussehens ist das Product nicht ganz homogen, sondern ein Gemisch von hauptsächlich activem Dipeptid mit wechselnden Mengen Racemkörper. Denn verschiedene Krystallisationen zeigten nicht unerhebliche Differenzen im Drehungsvermögen.

So hatte die erste Krystallisation des Rohproductes eine specifische Drehung von nur + 48,6°, während das aus der Mutterlauge gewonnene Dipeptid durch fortgesetzte Krystallisation auf + 89,8° und schliesslich + 93,6° gebracht werden konnte.

Die zweite Krystallisation des Rohproductes, deren specifische Drehung + 81,7° betrug, wurde aus verdünntem Alkohol unter Zusatz von Aether umkrystallisirt und gab hierbei besonders gut ausgebildete, grosse Krystalle.

0,1656 g Substanz, gelöst in Wasser. Gesammtgewicht der Lösung 1,6898 g. $d^{20} = 1,027$. Drehung im 1 dm-Rohr bei 20° und Natriumlicht 9,04° ($\pm 0,02°$) nach rechts. Mithin

$$[\alpha]_D^{20} = + 89,8° (\pm 0,2°).$$

Dasselbe Product wurde nochmals in der gleichen Weise umkrystallisirt.

0,1744 g Substanz. Gesammtgewicht der Lösung 1,6793 g. $d^{20} = 1,027$ Drehung im 1 dm-Rohr bei 20° und Natriumlicht 9,98° ($\pm 0,02°$) nach rechts. Mithin

$$[\alpha]_D^{20} = + 93,6° (\pm 0,2°).$$

Ob dies der Endwerth ist, können wir nicht sagen, da das Material für weitere Krystallisationen nicht mehr ausreichte. Deshalb sei noch bemerkt, dass bei einer zweiten Darstellung des Dipeptids auf dieselbe Art eine specifische Drehung von + 92,0° erhalten wurde.

0,1611 g Substanz. Gesammtgewicht der Lösung 1,6177 g. $d^{20} = 1,027$. Drehung im 1 dm-Rohr bei 20° und Natriumlicht 9,41° ($\pm$ 0,02°) nach rechts. Mithin

$$[\alpha]_D^{20} = + 92,0° (\pm 0,2°).$$

In Salzsäure ist das Drehungsvermögen erheblich geringer. Für die folgende Bestimmung diente ein Präparat, das in wässriger Lösung die specifische Drehung $[\alpha]_D^{20} = + 92°$ hatte.

0,0899 g Substanz, gelöst in 10%iger Salzsäure. Gesammtgewicht der Lösung 3,2224 g. $d^{20} = 1,051$. Drehung im 1 dm-Rohr bei 20° und Natriumlicht 1,04° ($\pm$ 0,02°) nach rechts. Mithin für eine ungefähr 3%ige Lösung in 10%iger Salzsäure

$$[\alpha]_D^{20} = + 39,4° (\pm 0,8°).$$

Das oben erwähnte Nebenproduct, welches bei der Darstellung des Dipeptids entsteht und in der alkoholisch-ätherischen Mutterlauge bleibt, lässt sich auch krystallisirt gewinnen durch allmähliches Verdunsten der wässrigen Lösung über Schwefelsäure, wobei es Prismen bildet. Durch Versetzen der concentrirten ätherischen Lösung mit Petroläther kann es umkrystallisirt werden. Es reagirt und schmeckt sauer, ist aber nicht näher untersucht worden.

Hydrolyse des d-Valyl-glycins.

Das Dipeptid wurde mit der 10fachen Menge 20%iger Salzsäure 15 Stunden am Rückflusskühler gekocht, dann die Lösung unter vermindertem Druck verdampft und der Rückstand mit Alkohol und Salzsäure in der üblichen Weise verestert. Nachdem das Glycocollesterchlorhydrat durch Einengen und längeres Stehen in der Kälte zum allergrössten Theil auskrystallisirt war, wurde die Mutterlauge wieder unter vermindertem Druck verdampft, die rückständigen Ester durch einstündiges Kochen mit verdünnter Salzsäure verseift, abermals verdampft und aus dem Rückstand das Valin durch wenig Ammoniak abgeschieden und mit wenig kaltem Wasser gewaschen.

Zur optischen Untersuchung wurde nochmals in wenig Wasser gelöst, mit Alkohol gefällt und im Vacuumexsiccator über Phosphorpentoxyd getrocknet.

0,0435 g Substanz, gelöst in 20%iger Salzsäure. Gesammtgewicht der Lösung 1,7463 g, $d^{20} = 1,099$. Drehung im 1 dm-Rohr bei 20° und Natriumlicht 0,74° ($\pm$ 0,01°) nach rechts. Mithin

$$[\alpha]_D^{20} = + 27,0° (\pm 0,04°).$$

Das Product war also d-Valin.

57. Emil Abderhalden und Alfred Hirszowski: Synthese von Polypeptiden. XXVIII. Derivate des Glykokolls, *d*-Alanins, *l*-Leucins und *l*-Tyrosins.

Berichte der Deutschen Chemischen Gesellschaft **41**, 2840 [1908].

(Eingegangen am 11. August 1908.)

Von den bei der partiellen Hydrolyse verschiedener Proteine erhaltenen Polypeptiden beansprucht ein aus dem Seidenfibroin gewonnenes Produkt, das aus 2 Molekülen Glykokoll, 1 Molekül *d*-Alanin und 1 Molekül *l*-Tyrosin besteht, ein ganz besonderes Interesse[1]). Diese Verbindung besitzt manche Eigenschaften, die gewissen Albumosen zukommen. Es scheint, daß für dieses Verhalten in erster Linie der Gehalt des betreffenden Tetrapeptids aus Seide an Tyrosin in Betracht kommt, denn es sind schon eine größere Anzahl von Polypeptiden dargestellt worden, die vier und noch mehr Aminosäuren enthalten und trotzdem weder mit Ammoniumsulfat, noch mit Kochsalzlösung bei gleichzeitigem Zusatz von Essigsäure oder Salpetersäure fällbar sind. Es ist nun von dem größten Interesse, alle diejenigen strukturisomeren Polypeptide synthetisch darzustellen, die sich aus 2 Mol. Glykokoll, 1 Mol. *d*-Alanin und 1 Mol. *l*-Tyrosin aufbauen lassen. Nun hat die partielle Hydrolyse des genannten Tetrapeptids ergeben, daß einmal Glykokoll mit *d*-Alanin und einmal mit *l*-Tyrosin verknüpft ist. Es wurden nämlich bei dem stufenweisen Abbau des Tetrapeptids aus Seide Glycyl-*d*-alanin-anhydrid und Glycyl-*l*-tyrosin-anhydrid erhalten. Die Zahl der möglichen Stereoisomeren schränkt sich infolgedessen auf 8 ein. Eines davon ist bereits von Emil Fischer dargestellt worden, nämlich das Glycyl-*d*-alanyl-glycyl-*l*-tyrosin*). Dieses Tetrapeptid zeigt nach vielen Richtungen eine sehr große Übereinstimmung mit dem durch partielle Hydrolyse aus

---

[1]) Emil Fischer und Emil Abderhalden: Bildung von Polypeptiden bei der Hydrolyse der Proteine. Berichte d. D. Chem. Gesellsch. **40**, 3544 [1907]. (*S. 716.*)

*) *Vergl. S. 498.*

Seidenfibroin erhaltenen; dagegen ist die Verbindung mit Ammonium-sulfat nicht oder doch nur aus ganz konzentrierten Lösungen aussalzbar.

Es ist wohl möglich, daß nicht nur der Gehalt an *l*-Tyrosin den Polypeptiden einen den Albumosen ähnlichen Charakter verleiht; es dürfte in erster Linie darauf ankommen, an welcher Stelle im Molekül das *l*-Tyrosin sich findet.

Wir haben als weiteren Beitrag zu dieser Frage das Tripeptid Glycyl - *d* - alanyl - *l* - tyrosin dargestellt und sein Verhalten gegen Ammoniumsulfat, wie auch seine übrigen Eigenschaften geprüft. Das gewonnene Produkt war amorph. Wir können somit für seine völlige Reinheit keine Garantie übernehmen. Seine konzentrierte wäßrige Lösung gab mit einer konzentrierten Ammoniumsulfatlösung einen geringen, flockigen Niederschlag; dessen Menge war aber so unbedeutend, daß wir sie auf eine dem Tripeptid vielleicht anhaftende Verunreinigung zurückführen möchten. Jedenfalls ist das Tripeptid als solches in seiner Hauptmenge mit Ammoniumsulfat nicht aussalzbar. Es ist von Interesse, daß das von Emil Fischer dargestellte, unserem Tripeptid strukturisomere Polypeptid, *d* - Alanyl-glycyl - *l* - tyrosin, aus einer sehr konzentrierten, wäßrigen Lösung bei gewöhnlicher Temperatur durch einen Überschuß einer gesättigten Ammoniumsulfatlösung ölig gefällt wurde[1]).

Wir haben ferner die Dipeptide *d* - Alanyl - *l* - tyrosin und *l* - Leucyl - *l* - tyrosin dargestellt. Wir gingen aus von *l*-Tyrosin, das wir aus Seidenabfällen durch Hydrolyse mit Salzsäure gewonnen hatten[2]), und kuppelten es mit den entsprechenden, in bekannter Weise dargestellten, optisch-aktiven Halogenfettsäurechloriden: *d*-Brom-propionyl-chlorid und *d*-α-Brom-isocapronylchlorid.

Schließlich haben wir noch ein Tetrapeptid gewonnen, das *d* - Alanyl-diglycyl-glycin. Den Abbau dieses Tetrapeptids mit Pankreassaft hat der eine von uns in Gemeinschaft mit Koelker verfolgt[3]). Es wird sehr rasch angegriffen. Auch *d*-Alanyl-*l*-tyrosin und *l*-Leucyl-*l*-tyrosin werden von aktiviertem Pankreassaft rasch gespalten.

In Erweiterung einer jüngst begonnenen Arbeit des einen von uns

[1]) Berichte d. D. Chem. Gesellsch. **40**, 3704 [1907]. (*S. 458.*)

[2]) Emil Abderhalden und Yutaka Teruuchi: Notiz zur Darstellung von Tyrosin aus Seide. Zeitschr. f. physiol. Chem. **48**, 528 [1906].

[3]) Emil Abderhalden und A. H. Koelker: Weiterer Beitrag zur Kenntnis des Verlaufs fermentativer Polypeptidspaltung. Zeitschr. f. physiol. Chem. **55**, 416 [1908].

mit Markus Guggenheim[1]) über Derivate des 3,5-Dijod-*l*-tyrosins
haben wir *d*-Alanyl-3,5-dijod-*l*-tyrosin dargestellt, um seine Eigenschaften kennen zu lernen.

Experimenteller Teil.

1. Dipeptide.

d-Alanyl-*l*-tyrosin,

$$CH_3 \cdot CH(NH_2) \cdot CO \cdot NH \cdot CH(COOH) \cdot CH_2 \cdot C_6H_4 \cdot OH.$$

Bei der Darstellung des *d*-Alanyl-*l*-tyrosins benutzten wir denselben
Weg, den Emil Fischer bei der Gewinnung des Glycyl-*l*-tyrosins eingeschlagen hat[2]).

d-α-Brompropionyl-*l*-tyrosinäthylester,

$$CH_3 \cdot CH(Br) \cdot CO \cdot NH \cdot CH(COOC_2H_5) \cdot CH_2 \cdot C_6H_4 \cdot OH.$$

Wir gingen von salzsaurem *l*-Tyrosinäthylester und von *d*-α-Brom-
propionylchlorid aus. Das zur Herstellung des ersteren verwendete
l-Tyrosin zeigte $[\alpha]_D^{20} = -11,17°$ in 4-prozentiger Salzsäure. Zur Gewinnung des *d*-Brompropionylchlorids gingen wir von *l*-Alanin aus, das wir
durch Spaltung von *d*-*l*-Alanin mit Hefe gewonnen hatten. Es zeigte
$[\alpha]_D^{20} = -10,14°$ in salzsaurer Lösung. Die mit Hilfe von Nitrosylbromid
dargestellte *d*-Brompropionsäure zeigte $[\alpha]_D^{20} = +47,36°$.

15 g salzsaurer Tyrosinäthylester wurden mit 150 ccm Chloroform
übergossen, und nun unter Kühlung 61,5 ccm normaler Natronlauge
(1 Molekül) zugefügt. Unter kräftigem Schütteln gaben wir nun eine Lösung von 5,25 g (¹/₂ Molekül) *d*-α-Brompropionylchlorid in 52,5 ccm Chloroform hinzu und dann zur Ausnutzung des ausfallenden salzsauren
Tyrosinäthylesters abwechselnd 30 ccm einer Lösung von 9,4 g trocknen
Natriumcarbonats und nochmals dieselbe Menge *d*-α-Brompropionyl-
chlorid, in der gleichen Menge Chloroform gelöst. Nach Beendigung der
Reaktion wurde die Chloroformlösung im Scheidetrichter von der wäßrigen Lösung abgetrennt und letztere noch wiederholt mit Chloroform
erschöpft. Die vereinigten Chloroformauszüge wurden dann mit Natriumsulfat getrocknet. Zur Gewinnung des in Lösung vorhandenen
d-α-Brompropionyl-*l*-tyrosinäthylesters engten wir die Chloroformlösung
unter stark vermindertem Druck bei einer 35° des Wasserbades nicht
übersteigenden Temperatur so lange ein, bis die Lösung sich trübte.

---

[1]) Emil Abderhalden und Markus Guggenheim: Synthese von Polypeptiden: Derivate des 3,5-Dijod-*l*-tyrosins. Berichte d. D. Chem. Gesellsch. **41**,
1237 [1908]. (*S. 506.*)

[2]) Emil Fischer, Synthese von Polypeptiden II. Diese Berichte d. D.
Chem. Gesellsch. **37**, 2486 [1904]. (*Proteine I, S. 337.*)

Beim Stehen auf Eis trat bald Krystallisation ein. Die Mutterlauge dieser Krystallisation haben wir, um den noch in Lösung befindlichen Teil des Kupplungsproduktes zu gewinnen, mit Petroläther gefällt. Das erhaltene Rohprodukt wurde aus heißem Wasser unter Anwendung von Tierkohle umkrystallisiert. Die Ausbeute betrug 17,5 g = 83,33% der Theorie.

Zur Analyse wurde das Produkt im Vakuumexsiccator über Schwefelsäure getrocknet

0,198 g Sbst.: 0,3553 g CO_2, 0,0983 g H_2O. — 0,1800 g Sbst.: 6 ccm N (19,5°, 768 mm). — 0,1260 g Sbst.: 0,0694 g AgBr.

$C_{14}H_{18}BrNO_4$ (344,14). Ber. C 48,82, H 5,27, N 4,07, Br 23,28.
Gef. „ 49,08, „ 5,55, „ 3,85, „ 23,44.

d - α - Brompropionyl - *l* - tyrosinäthylester schmilzt, im Capillarröhrchen erhitzt, bei 129—130° (korr. 133,5—134,5°). Er krystallisiert aus Wasser in büschelförmig angeordneten, langgestreckten Blättchen. Er ist in kaltem Wasser, Benzol und Äther schwer löslich, leicht löslich in heißem Wasser, Chloroform, absolutem Alkohol, Methylalkohol, Essigester und Aceton, sehr leicht löslich in gewöhnlichem Alkohol, so gut wie unlöslich in Petroläther. Das Produkt gibt die Millonsche Reaktion.

d - α - Brompropionyl - *l* - tyrosin,

$CH_3 \cdot CH(Br) \cdot CO \cdot NH \cdot CH(COOH) \cdot CH_2 \cdot C_6H_4 \cdot OH.$

8 g *d*-α-Brompropionyl-*l*-tyrosinäthylester wurden mit 46,5 ccm normaler Natronlauge (2 Mol.) übergossen, und nach einstündigem Stehen bei Zimmertemperatur die Natronlauge mit der äquivalenten Menge normaler Salzsäure neutralisiert. Nach dem Verdampfen der Lösung unter vermindertem Druck hinterblieb zunächst ein Öl, das bald krystallinisch erstarrte. Die Krystalle wurden aus Essigester umkrystallisiert. Die Ausbeute an reinem *d* - α - Brompropionyl - *l* - tyrosin betrug 7 g = 95,3% der Theorie.

Zur Analyse wurde das Präparat im Vakuumexsiccator über Schwefelsäure getrocknet

0,2032 g Sbst.: 0,338 g CO_2, 0,0875 g H_2O. — 0,2022 g Sbst.: 7,4 ccm N (15,5°, 750 mm). — 0,1714 g Sbst.: 0,1011 g AgBr.

$C_{12}H_{14}O_4NBr$ (316,16). Ber. C 45,54, H 4,43, N 4,44, Br 25,29.
Gef. „ 45,40, „ 4,82, „ 4,20, „ 25,10.

Der Bromkörper sintert beim Erhitzen im Capillarröhrchen bei 156° und schmilzt bei 161° (korr. 165,2°). Er krystallisiert aus Essigester in feinen, auf beiden Seiten zugespitzten Blättchen. Sie sind oft in Rosetten angeordnet.

Das d-Brompropionyl-l-tyrosin ist leicht löslich in gewöhnlichem und absolutem Alkohol, in Aceton, Essigester, Methylalkohol und ebenso in heißem Wasser; dagegen löst es sich schwer in kaltem Wasser. In Chloroform, Benzol, Äther und Petroläther ist es unlöslich. Es gibt die Millonsche Reaktion.

d - Alanyl - *l* - tyrosin,

$CH_3 \cdot CH(NH_2) \cdot CO \cdot NH \cdot CH(COOH) \cdot CH_2 \cdot C_6H_4 \cdot OH.$

5,5 g d-Brompropionyl-l-tyrosin wurden mit 27,5 ccm wäßrigem Ammoniak von 25% übergossen und die Lösung 3 Tage bei 37° aufbewahrt. Der beim Verdampfen der ammoniakalischen Lösung unter vermindertem Druck verbleibende Rückstand wurde mit absolutem Alkohol ausgekocht, der unlösliche Rückstand in wenig warmem Wasser gelöst, und zu der Lösung solange absoluter Alkohol hinzugefügt, bis eine bleibende Trübung eintrat. Sehr bald trat Krystallisation ein. Die Ausbeute an reinem Dipeptid betrug 2,7 g = 62% der Theorie.

Das im Vakuumexsiccator über Schwefelsäure getrocknete Präparat gab folgende Analysenwerte:

0,1791 g Sbst.: 0,3732 g CO_2, 0,0986 g H_2O. — 0,161 g Sbst.: 15,1 ccm N (16°, 763 mm).

$C_{12}H_{16}N_2O_4$ (252,2).   Ber. C 57,14, H 6,40, N 11,15.

Gef. ,, 56,83, ,, 6,16, ,, 10,92.

Beim raschen Erhitzen des Dipeptids im Capillarröhrchen beginnt es gegen 198° (korr. 202,3°) aufzuschäumen; es hat keinen konstanten Schmelzpunkt. Erhitzt man weiter, dann färbt sich der Schaum im Capillarröhrchen gegen 252° gelb, und gegen 284—285° tritt dann völlige Zersetzung ein (korr. 285—286°). Es krystallisiert in prachtvollen, großen, sechsseitigen Tafeln des hexagonalen Systems. Es löst sich leicht in heißem Wasser, schwerer in kaltem und in Methylalkohol; in absolutem Alkohol, Äther und Petroläther ist es unlöslich.

0,2094 g Sbst.; in Wasser gelöst; Gesamtgewicht der Lösung 10,2418 g; $d_4^{20} = 1,009$; α im 1-dm-Rohr bei 20° und Natriumlicht + 0,89°. Mithin:

$[\alpha]_D^{20} = + 43,14°.$

d-Alanyl-l-tyrosin wird von aktivem Pankreassaft vom Hunde sehr rasch in seine Komponenten zerlegt. Fügt man zu einer klaren Lösung des Dipeptids Pankreassaft hinzu, dann sieht man schon nach eintündigem Stehen der Flüssigkeit bei 37° Abscheidung von Tyrosinkrystallen. Der Verlauf der Spaltung läßt sich auch polarimetrisch genau verfolgen.

Mit Millons Reagens färbt sich die wäßrige Lösung rot. Xanthoproteinreaktion positiv. Biuretreaktion negativ. Mit Phosphorwolframsäure tritt auch in konzentrierter, wäßriger Lösung keine Fällung ein.

d - Alanyl - 3,5 - dijod - l - tyrosin.

d - α Brompropionyl - 3,5 - dijod - l - tyrosin,

$CH_3 \cdot CHBr \cdot CO \cdot NH \cdot CH(COOH) \cdot CH_2 \cdot C_6H_2J_2 \cdot OH$.

5 g d-α-Brompropionyl-l-tyrosinäthylester wurden in 29 ccm normaler Natronlauge (2 Mol.) gelöst und mit einer Lösung von 7,38 g Jod (4 Mol.) in Chloroform so lange unter Umschütteln versetzt, bis eine violette Färbung der Chloroformlösung eintrat. Nun wurden wiederum 29 ccm normaler Natronlauge (2 Mol.) und weitere Mengen der erwähnten Jodlösung in Chloroform zugegeben, bis wiederum Violettfärbung eintrat. Die wäßrige Lösung trennten wir nunmehr im Scheidetrichter von der Chloroformlösung ab und säuerten sie mit verdünnter Salzsäure an. Es fiel sogleich ein grünlich gefärbtes Produkt im amorphen Zustande aus. Es wurde abfiltriert, in Alkohol gelöst und zu der Lösung nach dem Aufkochen mit Tierkohle und Abfiltrieren so lange kaltes Wasser hinzugefügt, bis eine bleibende Trübung eintrat. Nach einigem Stehen trat reichliche Krystallisation ein. Die Ausbeute betrug 7,2 g = 85% der Theorie.

Für die Analyse wurde das Produkt im Vakuumexsiccator über Schwefelsäure getrocknet.

0,1917 g Sbst.: 0,1813 g CO_2, 0,0411 g H_2O. — 0,1981 g Sbst.: 4,5 ccm N (20°, 769 mm). — 0,202 g Sbst.: 0,2318 g Halogensilber, 0,1516 g AgCl; 0,1659 g AgJ, 0,0659 g AgBr.

$C_{12}H_{12}BrJ_2NO_4$ (568,01).

Ber. C 25,35, H 2,13, N 2,47, Hlg 58,78, J 44,70, Br 14,08.
Gef. „ 25,79, „ 2,40, „ 2,42, „ 58,26, „ 44,38, „ 13,88.

d-α-Brompropionyl-dijod-l-tyrosin schmilzt beim raschen Erhitzen bei 212—213° (korr. 217,3°) unter Zersetzung. Es krystallisiert aus heißem, absolutem Alkohol nach Zusatz von kaltem Wasser in zu Rosetten vereinigten, langgestreckten, dünnen Nadeln. Es löst sich leicht in Aceton, Essigester, Methylalkohol und absolutem Alkohol; etwas schwerer löslich als in letzterem ist es in gewöhnlichem Alkohol. In Wasser, Chloroform, Benzol, Äther und Petroläther ist es unlöslich. Mit Millons Reagens gibt es keine Rotfärbung.

d - Alanyl - 3,5 - dijod - l - tyrosin,

$CH_3 \cdot CH(NH_2) \cdot CO \cdot NH \cdot CH(COOH) \cdot CH_2 \cdot C_6H_2J_2 \cdot OH$.

6 g d-α-Brompropionyl-3,5-dijod-l-tyrosin wurden in 30 ccm 25-prozentigem Ammoniak gelöst, und die Lösung 3 Tage bei 37° aufbewahrt.

Den nach dem Verdampfen der ammoniakalischen Lösung verbleibenden Rückstand kochten wir mit Wasser aus. Der unlösliche Rückstand krystallisiert aus wäßrigem Ammoniak in zu Büscheln vereinigten, zugespitzten Blättchen.

Die Ausbeute betrug 4,4 g = 83% der Theorie.

Für die Analyse wurde das Produkt im Vakuumexsiccator über Schwefelsäure getrocknet.

0,2105 g Sbst.: 0,2185 g CO_2, 0,0548 g H_2O. — 0,1921 g Sbst.: 9,2 ccm N (26°, 771 mm). — 0,1942 g Sbst.: 0,1798 g AgJ.

$C_{12}H_{14}J_2O_4N_2$ (504,11). Ber. C 28,56, H 2,80, N 5,57, J 50,37.
Gef. ,, 28,31, ,, 2,91, ,, 5,32, ,, 50,13.

0,3276 g Sbst.; in 25-prozentigem Ammoniak gelöst; Gesamtgewicht der Lösung 4,1270 g. $d_4^{20} = 0,97416$. Drehung im 1-dm-Rohr bei 20° und Natriumlicht: + 4,86°. Mithin:

$$[\alpha]_D^{20} = + 62,88°.$$

d-Alanyl-3,5-dijod-*l*-tyrosin färbt sich beim Erhitzen im Capillarröhrchen gegen 188° gelb; bei 205° wird es braun und schmilzt dann unter Zersetzung gegen 227° (korr. 231,5°).

Es ist unlöslich in Wasser, Alkohol, Aceton, Äther, Petroläther, Benzol, Essigester, Chloroform, Methylalkohol, schwer löslich in Natronlauge, löslich in Ammoniak.

Mit Millons Reagens gibt es keine Rotfärbung. Die Xanthoproteinreaktion ist vorhanden. Biuretreaktion negativ.

l-Leucyl-*l*-tyrosin,

$(CH_3)_2CH \cdot CH_2 \cdot CH(NH_2) \cdot CO \cdot NH \cdot CH(COOH) \cdot CH_2 \cdot C_6H_4 \cdot OH.$

d-α-Bromisocapronyl-*l*-tyrosin,

$(CH_3)_2CH \cdot CH_2 \cdot CH(Br) \cdot CO \cdot NH \cdot CH(COOH) \cdot CH_2 \cdot C_6H_4 \cdot OH.$

Wir gingen auch hier vom salzsauren Tyrosinäthylester aus. Das zur Kupplung notwendige *d*-α-Bromisocapronylchlorid bereiteten wir aus *d*-Leucin, das wir durch Spaltung von racemischem Leucin mit Hilfe der Formylverbindung erhalten haben[1]).

13 g salzsaurer Tyrosinester wurden mit 100 ccm Chloroform übergossen und mit 53 ccm normaler Natronlauge (1 Mol.) unter Kühlung geschüttelt. Die Chloroformlösung wurde im Scheidetrichter abgehoben und mit Natriumsulfat getrocknet. Nun gaben wir innerhalb einer halben Stunde 6 g (1 Mol.) *d*-Bromisocapronylchlorid in 30 ccm Chloro-

---

[1]) E. Fischer und O. Warburg, Spaltung des Leucins in die optisch-aktiven Komponenten mittels der Formylverbindung. Berichte d. D. Chem. Gesellsch. **38**, 3997 [1905]. (*Proteine I, S. 149.*)

form gelöst unter fortwährendem Umschütteln hinzu. Hierauf wurde die Chloroformlösung vom ausgefallenen salzsauren Tyrosinäthylester abfiltriert, mit Natriumsulfat getrocknet und nunmehr unter vermindertem Druck zur Trockne verdampft. Es hinterblieb ein Öl. Es enthält den d-α-Bromisocapronyl-l-tyrosinäthylester. Wir haben ihn nicht isoliert, sondern sofort die Verseifung vorgenommen, indem wir das Öl in 60 ccm normaler Natronlauge lösten und dann nach zweistündigem Umschütteln die äquivalente Menge normaler Salzsäure zugaben. Es fiel wiederum ein Öl aus. Um es vom beigemengten Kochsalz zu befreien, kochten wird es unter Zusatz von Tierkohle mit absolutem Alkohol aus und engten die nunmehr klare Lösung zur Trockne ein; der Rückstand wurde mit Petroläther angerieben, worauf er nach kurzer Zeit erstarrte.

Es ist uns nicht geglückt, diesen Körper in Krystallform zu erhalten. Es unterliegt jedoch keinem Zweifel, daß d-Bromisocapronyl-l-tyrosin krystallisiert. Wir haben offenbar die richtigen Bedingungen noch nicht getroffen. In kleinen Mengen haben wir es übrigens in Krystallform erhalten. Die Ausbeute betrug 6,3 g = 67% der Theorie[1]).

Das über Schwefelsäure im Vakuumexsiccator getrocknete Präparat ergab folgende Analysenzahlen:

0,1997 g Sbst.: 0,3692 g CO_2, 0,0957 g H_2O. — 0,1844 g Sbst.: 5,8 ccm N (22,5°, 769 mm).

$C_{15}H_{20}O_4NBr$ (358,15). Ber. C 50,26, H 5,63, N 3,92.
Gef. ,, 50,42, ,, 5,36, ,, 3,58.

Das amorphe Produkt sinterte bei 118° und schmolz gegen 137 bis 138° (korr. 141,5°).

Die Millonsche Reaktion war positiv.

l - L e u c y l - l - t y r o s i n,

$(CH_3)_2CH \cdot CH_2 \cdot CH(NH_2) \cdot CO \cdot NH \cdot CH(COOH) \cdot CH_2 \cdot C_6H_4 \cdot OH.$

2,5 g d-α-Bromisocapronyl-l-tyrosin wurden mit 12,5 ccm einer 25-prozentigen wäßrigen Ammoniaklösung 4 Tage im Brutraum stehen gelassen.

Die Gewinnung des reinen Dipeptids bereitete einige Schwierigkeiten, weil es nicht gelingen wollte, den nach dem Abdampfen der ammoniakalischen Lösung verbleibenden Rückstand von Chlorammonium ganz zu befreien. Wir nahmen deshalb den Rückstand in etwas mehr als der berechneten Menge Barytlösung auf und verdampften unter vermindertem Druck fast zur Trockne. Der Rückstand wurde in Wasser

---

[1]) Wobei allerdings zu beachten ist, daß die Hälfte des l-Tyrosinäthylesters als Hydrochlorid der Reaktion entzogen wurde.

gelöst, der Baryt quantitativ mit Schwefelsäure entfernt und das Filtrat vom Bariumsulfat mit überschüssigem Silbersulfat geschüttelt; schließlich entfernten wir nach erfolgter Filtration das gelöste Silber mit $^1/_{10}$ n-Salzsäure und die vorhandene Schwefelsäure quantitativ mit Baryt.

Es ist uns nicht geglückt, das Dipeptid im krystallisierten Zustande zu erhalten. Wir gewannen es nach dem Verdampfen seiner Lösung als amorphes Pulver. Zur seiner Reinigung fällten wir es aus seiner wäßrigen Lösung mit Alkohol und Äther.

Die Ausbeute betrug 0,9 g = 45% der Theorie.

Zur Analyse wurde das Präparat bei 100° im Vakuum getrocknet.

0,1613 g Sbst.: 0,3598 g CO_2, 0,1069 g H_2O. — 0,121 g Sbst.: 10,1 ccm N (25°, 775 mm).

$$C_{15}H_{22}N_2O_4 \ (294,25).$$ Ber. C 61,17, H 7,53, N 9,54.
Gef. ,, 60,84, ,, 7,41, ,, 9,45.

0,1080 g Sbst.; in Wasser gelöst. Gesamtgewicht der Lösung 5,1153 g. $d_4^{20} = 1,0048$; α im 1-dm-Rohr bei 20° und Natriumlicht: $+ 0,22°$. Mithin:

$$[\alpha]_D^{20} = + 10,37°.$$

Das l-Leucyl-l-tyrosin färbt sich beim Erhitzen im Capillarrohr gegen 231° gelb, wird bei 256° braun und schmilzt schließlich unter Zersetzung gegen 264—265° (korr. 268,7—269,7°).

Es löst sich in kaltem Wasser ziemlich schwer; in Alkohol ist es so gut wie unlöslich und in Äther ganz unlöslich.

Millonsche Reaktion positiv, Xanthoproteinreaktion ebenfalls; die Biuretreaktion ist negativ. Mit Phosphorwolframsäure gibt die wäßrige Lösung des Dipeptids einen im Überschuß des Fällungsmittels löslichen, amorphen Niederschlag.

2. Tripeptid. ·

Glycyl-d-alanyl-l-tyrosin,

$$CH_2(NH_2) \cdot CO \cdot NH \cdot CH(CH_3) \cdot CO \cdot NH \cdot CH(COOH) \cdot CH_2 \cdot C_6H_4 \cdot OH.$$

Chloracetyl-d-alanyl-l-tyrosin,

$$CH_2(Cl) \cdot CO \cdot NH \cdot CH(CH_3) \cdot CO \cdot NH \cdot CH(COOH) \cdot CH_2 \cdot C_6H_4 \cdot OH.$$

Zur Darstellung dieser Verbindung gingen wir von dem oben beschriebenen d-Alanyl-l-tyrosin aus. 5 g dieses Dipeptids wurden in 39,68 ccm normaler Natronlauge (2 Mol.) gelöst, und bei guter Kühlung und fortwährendem Schütteln abwechselnd eine Lösung von 2,86 g Chloracetylchlorid (1,2 Mol.) in 20 ccm Äther und 19,84 ccm normaler

Natronlauge (1 Mol.) zugefügt. Das Reaktionsgemisch wurde dann mit 35,71 ccm normaler Salzsäure (1,8 Mol.) angesäuert. Den nach dem Verdampfen der Lösung unter vermindertem Druck verbleibenden Rückstand kochten wir mit absolutem Alkohol aus. Die alkoholische Lösung ließen wir nun nach erfolgtem Einengen im Vakuumexsiccator verdunsten. Schließlich fällten wir das verbleibende Öl mit Äther und erhielten den Halogenkörper in Form einer feinen, pulverartigen Masse.

Die Ausbeute an diesem Produkt betrug 4,9 g = 75% der Theorie. Für die Analyse wurde das Produkt im Vakuumexsiccator über Schwefelsäure getrocknet.

0,2032 g Sbst.: 0,3817 g CO_2, 0,1035 g H_2O. — 0,152 g Sbst.: 10,9 ccm N (23°, 776 mm).

$C_{14}H_{17}O_5N_2Cl$ (328,66).   Ber. C 51,12, H 5,21, N 8,54.
                           Gef. „ 51,23, „ 5,69, „ 8,21.

Die amorphe Verbindung sintert beim Erhitzen im Capillarröhrchen gegen 97° und schmilzt zur schaumigen Masse gegen 108°; gegen 166° verschwinden die Bläschen, und die entstehenden Öltröpfchen färben sich dann gegen 210° gelb; gegen 236° tritt völlige Zersetzung ein. Das Chloracetyl-d-alanyl-l-tyrosin löst sich in gewöhnlichem und absolutem Alkohol und in gewöhnlichem Aceton. Millonsche Reaktion positiv.

Glycyl-d-alanyl-l-tyrosin,

$CH_2(NH_2) \cdot CO \cdot NH \cdot CH(CH_3) \cdot CO \cdot NH \cdot CH(COOH) \cdot CH_2 \cdot C_6H_4 \cdot OH.$

Zu der Darstellung dieses Tripeptids übergossen wir 3 g Chloracetyl-d-alanyl-l-tyrosin mit 15 ccm 25-prozentigem wäßrigem Ammoniak und ließen die Lösung 4 Tage bei 37° stehen. Sie wurde dann unter vermindertem Druck zur Trockne verdampft. Das Halogen entfernten wir in derselben Weise, wie wir es eben beim l-Leucyl-l-tyrosin beschrieben haben. ·

Es ist uns auch hier nicht geglückt, das Tripeptid in Krystallform zu erhalten. Wir gewannen es durch Fällen seiner konzentrierten, wäßrigen Lösung mit Alkohol als amorphes Pulver.

Die Ausbeute betrug 1,3 g = 46% der Theorie.

Das bei 100° im Vakuum getrocknete Präparat gab folgende Analysenzahlen:

0,1421 g Sbst.: 0,2811 g CO_2, 0,079 g H_2O. — 0,1417 g Sbst.: 16,7 ccm N (23°, 767 mm).

$C_{14}H_{19}N_3O_5$ (309,26).   Ber. C 54,32, H 6,19, N 13,62.
                           Gef. „ 53,95, „ 6,36, „ 13,34.

0,2084 g Sbst.; in Wasser gelöst. Gesamtgewicht der Lösung 4,6438 g; $D_4^{20} = 1,0149$; α im 1-dm-Rohr bei 20° und Natriumlicht: — 0,22°. Mithin:

$$[\alpha]_D^{20} = - 4,83°.$$

Das amorphe Produkt wird beim Erhitzen im Capillarröhrchen gegen 193° gelb; es zersetzt sich unter Schäumen gegen 204° (korr. 208°).

In Wasser löst es sich ziemlich leicht, während das Produkt in Alkohol, Aceton, Essigester, Äther, Petroläther und Chloroform unlöslich ist.

Millonsche Reaktion positiv. Xanthoproteinreaktion positiv. Die alkalische Lösung des Tripeptids gibt auf Zusatz einer verdünnten Kupfersulfatlösung eine schöne, violettrote Färbung. — Mit Phosphorwolframsäure entsteht ein amorpher Niederschlag, der sich im Überschuß des Fällungsmittels wieder auflöst. Mit Ammoniumsulfat gibt die konzentrierte, wäßrige Lösung des Tripeptids eine schwache Trübung; höchst wahrscheinlich ist sie auf eine geringfügige Verunreinigung zurückzuführen.

3. Tetrapeptid.

d - Alanyl-diglycyl-glycin.

d - α - Brompropionyl-diglycyl-glycin.

Zu seiner Darstellung verwendeten wir Diglycyl-glycin und d-Brompropionylchlorid.

Ersteres hatten wir aus Glycinanhydrid und Chloracetylchlorid bereitet[1]. Die Darstellung des d-α-Brompropionylchlorids war dieselbe, wie sie schon beim d-Brompropionyl-l-tyrosinäthylester erwähnt worden ist.

2,33 g Diglycylglycin wurden in 6,16 ccm zweiachnormaler Natronlauge (1 Mol.) gelöst. Zu der Lösung fügten wir nun unter Kühlung und fortwährendem Schütteln 2,4 g d-α-Brompropionylchlorid (1,25 Mol.) in 20 ccm Äther gelöst und ferner 12,32 ccm zweifach normaler Natronlauge (2 Mol.). Schließlich säuerten wir das Reaktionsgemisch mit 21,55 ccm normaler Salzsäure (1,75 Mol.) an und engten dann die Flüssigkeit unter vermindertem Druck so lange ein, bis die Abscheidung von Krystallen begann. Die Mutterlauge der Krystalle engten wir zur Trockne ein und lösten dann den Rückstand bei gleichzeitiger Anwendung von Tierkohle in heißem Wasser auf und kühlten dann auf Eis ab.

Die Ausbeute betrug 3,1 g = 77% der Theorie.

---

[1] E. Fischer, Synthese von Polypeptiden, XV. Mitteilung: Berichte d. D. Chem. Gesellsch. **39**, 2931 [1906]. (S. 362.)

Für die Analyse wurde das Produkt im Vakuumexsiccator über Schwefelsäure getrocknet; es gab folgende Analysenwerte:

0,1735 g Sbst.: 0,2102 g CO_2, 0,0719 g H_2O. — 0,1706 g Sbst.: 19,3 ccm N (25°, 769 mm). — 0,207 g Sbst.: 0,1137 g AgBr.

$C_9H_{14}O_5N_3Br$ (324,19). Ber. C 33,31, H 4,35, N 12,99, Br 24,36.
Gef. „ 33,04, „ 4,64, „ 12,71, „ 24,40.

Das d-α-Brompropionyl-diglycyl-glycin krystallisiert aus heißem Wasser in äußerst feinen, zu Büscheln vereinigten Nadeln. Es wird beim Erhitzen im Capillarröhrchen gegen 183° braun und schmilzt bei 185° (korr. 189,5°) zu einer schäumenden Masse. Es ist in heißem Wasser löslich, unlöslich in Alkohol, Aceton, Äther, Petroläther, Benzol, Essigester, Chloroform und Methylalkohol.

d - Alanyl-diglycyl-glycin,

$CH_3 \cdot CH(NH_2) \cdot CO \cdot (NH \cdot CH_2 \cdot CO)_2 \cdot NH \cdot CH_2 \cdot COOH.$

Die Überführung des d-α-Brompropionyl-diglycyl-glycins in das Tetrapeptid d-Alanyl-diglycyl-glycin erfolgte in der üblichen Weise durch Stehenlassen des Halogenkörpers mit 25-prozentigem wäßrigem Ammoniak bei 37°.

Auch hier entfernten wir das Halogen mit Silber.

Das Tetrapeptid krystallisiert aus Wasser nach Zusatz von Alkohol in feinen Nadeln.

Die Ausbeute betrug 2,3 g = 71% der Theorie.

Das bei 100° im Vakuum getrocknete Präparat gab folgende Analysenzahlen:

0,2131 g Sbst.: 0,3231 g CO_2, 0,1198 g H_2O. — 0,1530 g Sbst.: 28,5 ccm N (20°, 761 mm).

$C_9H_{16}O_5N_4$ (260,15). Ber. C 41,51, H 6,19, N 21,54.
Gef. „ 41,33, „ 6,24, „ 21,24.

0,2654 g Sbst. in Wasser gelöst. Gesamtgewicht der Lösung 8,3308 g; $D_4^{20} = 1,0116$; α im 1-dm-Rohr bei 20° und Natriumlicht + 0,87°. Mithin

$$[\alpha]_D^{20} = + 26,99°.$$

Das Tetrapeptid färbt sich beim Erhitzen im Capillarröhrchen gegen 225° (korr. 229,3°) gelb; gegen 233° (korr. 237,3°) wird es braun, und gegen 249—250° (korr. 253,7°) tritt dann totale Zersetzung ein.

Es löst sich ziemlich leicht in Wasser; in Alkohol, Aceton und Essigester ist es sehr schwer löslich. Seine wäßrige Lösung färbt sich nach Zusatz von Alkali und wenig verdünnter Kupfersulfatlösung schön rosarot. Die konzentrierte wäßrige Lösung gibt mit Phosphorwolframsäure einen amorphen Niederschlag, der sich aber schon in einem geringen Überschuß des Fällungsmittels wieder auflöst.

58. Emil Fischer und Joseph Steingroever: Synthese von Polypeptiden. XXIX. 1. Derivate des l-Leucins, d-Alanins und Glycocolls.

Liebigs Annalen der Chemie **365**, 167 [1909].

(Eingelaufen am 24. Januar 1909.)

Nach den bekannten allgemeinen Methoden haben wir folgende Polypeptide dargestellt:

> Glycyl-l-leucin,
> l-Leucyl-glycyl-d-alanin,
> l-Leucyl-glycyl-l-leucin,
> l-Leucyl-triglycyl-l-leucin.

Die drei ersten wurden krystallisirt erhalten. Das letzte blieb amorph, aber das Bromisocapronyl-triglycyl-l-leucin, aus dem es bereitet wurde, war krystallisirt.

Bei den beiden ersten stimmen die optischen Werthe verschiedener Krystallisationen und Präparate so gut überein, dass sie wahrscheinlich auch optisch als einheitlich betrachtet werden dürfen. Für die zwei letzten fehlt aber diese Garantie gänzlich.

Chloracetyl-l-leucin.
$$ClCH_2 \cdot CO \cdot NH \cdot CH(C_4H_9) \cdot COOH.$$

Die Darstellung erfolgte im Wesentlichen nach der für den Racemkörper gegebenen Vorschrift[1]).

5 g l-Leucin werden in 38,2 ccm n-Natronlauge (1 Mol.) gelöst und unter möglichst guter Kühlung und starkem Schütteln 8,6 g frisch destillirtes Chloracetylchlorid (2 Mol.) abwechselnd mit 27 ccm 5fach n-Natronlauge (3,5 Mol.) in 5 Portionen zugegeben. Die ganze Operation

---

[1]) Liebigs Ann. d. Chemie **340**, 157 [1905]. (*Proteine I, S. 489.*)

dauert 10—15 Minuten. Uebersättigt man jetzt die klare Lösung mit 15 ccm 5 n-Salzsäure, so fällt der neue Körper meist sofort in weissen Krystallen aus. Nach kurzem Stehen in Eiswasser wird scharf abgesaugt und mit eiskaltem Wasser ausgewaschen. Dem im Vacuum getrockneten Präparat haftet noch ein schwacher Geruch von Chloressigsäure an. Man verreibt es deshalb und wäscht mit Petroläther. Die Ausbeute betrug 6,7 g, das ist 84% der Theorie. Zur völligen Reinigung wird das Product mit der 11 fachen Menge siedenden Wassers übergossen und durch kurzes Aufkochen gelöst. Beim Abkühlen scheidet sich der Körper zunächst ölig aus, krystallisirt aber bald. Schöne viereckige Prismen erhält man durch langsames Verdunsten einer wässrigen Lösung. Ebenso bekommt man aus einer alkoholischen Lösung annähernd quadratische Tafeln.

Zur Analyse war im Vacuumexsiccator über Schwefelsäure getrocknet.

0,1824 g gaben 0,3101 CO_2 und 0,1150 g H_2O. — 0,1641 g gaben 9,6 ccm Stickgas über 33%iger Kalilauge bei 19° und 762 mm Druck.

Ber. für $C_8H_{14}O_3NCl$ (207,6). C 46,24, H 6,79, N 6,76.

Gef. „ 46,37, „ 7,05, „ 6,77.

Die Verbindung ist in Alkohol und Aether leicht löslich, ebenso in heissem Essigester und Aceton, aus denen sie beim Erkalten auskrystallisirt. Die Löslichkeit ist dagegen gering für Benzol und noch mehr für Petroläther.

Für die optische Bestimmung diente ein 2 Mal aus Wasser umgelöstes Präparat.

0,2693 g Substanz gelöst in abs. Alkohol. Gesammtgewicht der Lösung 3,0474 g. d^{20} = 0,8181. Drehung im 1 dcm-Rohr bei 20° für Natriumlicht 1,04° ($\pm$ 0,02°) nach links. Mithin

$$[\alpha]_D^{20} = -14,4° (\pm 0,2°).$$

Ein durch Eindampfen der Mutterlauge im Vacuum gewonnenes Product zeigte annähernd dieselbe Drehung.

0,2739 g Substanz gelöst in abs. Alkohol. Gesammtgewicht der Lösung 3,1212 g. d^{20} = 0,8181. Drehung im 1 dcm-Rohr bei 20° für Natriumlicht 1,04° nach links. Mithin

$$[\alpha]_D^{20} = -14,5° (\pm 0,2°).$$

Im Capillarrohr erhitzt, schmilzt die Substanz nach vorhergehendem Sintern bei 136° (corr.) zu einer klaren Flüssigkeit.

Glycyl-1-leucin,

NH$_2$CH$_2 \cdot$ CO $\cdot$ NH $\cdot$ CH(C$_4$H$_9$) $\cdot$ COOH.

5 g Chloracetyl-1-leucin wurden mit der 10 fachen Menge 25 % igem Ammoniak übergossen und unter möglichst häufigem Umschütteln bei Zimmertemperatur aufbewahrt. Nach 48 Stunden war vollständige Lösung eingetreten und alles Chlor abgespalten. Es wurde nun unter 15—20 mm eingedampft und der krystallinische Rückstand zur Entfernung des Chlorammoniums mit 90 % igem warmem Alkohol ausgelaugt. Die Menge des zurückbleibenden Dipeptids betrug 3,9 g oder 86% der Theorie. Zur Reinigung wurde in ungefähr 10 Theilen heissem Wasser gelöst, die etwas trübe Flüssigkeit mit Thierkohle aufgekocht und filtrirt. Durch Zusatz des mehrfachen Volumens Alkohol wird das Dipeptid gefällt und bildet dann ein lockeres Gefüge von meist länglichen dünnen Plättchen, die oft an einem Ende zu einer niedrigen Pyramide zugespitzt sind. Für die Analyse war im Vacuum über Schwefelsäure getrocknet.

0,1844 g gaben 0,3437 CO$_2$ und 0,1415 H$_2$O. — 0,1331 g gaben 17,3 ccm Stickgas über 33 % iger Kalilauge bei 20° und 760 mm Druck

Ber. für C$_8$H$_{16}$O$_3$N$_2$ (188,1). C 51,02, H 8,57, N 14,89.

Gef. ,, 50,83, ,, 8,39, ,, 14,92.

Für die optische Bestimmung diente ein 3 Mal in der angegebenen Weise umgelöstes Präparat.

0,3538 g Substanz gelöst in Wasser. Gesammtgewicht der Lösung 8,4156 g. d^{20} = 1,010. Drehung im 1 dcm-Rohr bei 20° für Natriumlicht 1,49° nach links. Mithin

$$[\alpha]_D^{20} = -35,1° (\pm 0,5°).$$

Das Präparat wurde noch 2 Mal umgelöst und gab dann innerhalb der Fehlergrenze denselben Werth.

0,5567 g Substanz gelöst in Wasser. Gesammtgewicht der Lösung 13,0074 g. d^{20} = 1,010. Drehung im 2 dcm-Rohr bei 20° für Natriumlicht — 3,03°. Mithin

$$[\alpha]_D^{20} = -34,9° (\pm 0,2°).$$

Ein unabhängig vom vorigen dargestelltes Präparat lieferte folgende Werthe:

0,1832 g Substanz gelöst in Wasser. Gesammtgewicht der Lösung 4,1328 g. d^{20} = 1,0107. Drehung im 1 dcm-Rohr bei 20° für Natriumlicht — 1,57°. Mithin

$$[\alpha]_D^{20} = -35,0° (\pm 0,4°).$$

Beim Erhitzen im Capillarrohr färbt sich das Dipeptid von 234° (corr.) an gelb und zersetzt sich unter Aufschäumen gegen 242° (corr.).

Für die Umwandlung in das Anhydrid haben wir genau das gleiche

Verfahren angewandt, wie bei dem isomeren 1-Leucyl-glycin[1]). Das erhaltene Product zeigte alle Eigenschaften des bekannten 1-Leucyl-glycinanhydrids, was nach der Theorie und allen früheren Erfahrungen zu erwarten war. Wir führen hier nur die optische Bestimmung an. 0,2131 g Substanz gelöst in Wasser. Gesammtgewicht der Lösung 13,5161 g. $d^{20} = 1,0001$. Drehung im 2 dcm-Rohr bei 20° für Natriumlicht 0,98° nach rechts. Mithin

$$[\alpha]_D^{20} = + 31,1° (\pm 0,5°).$$

Für zwei aus 1-Leucyl-glycin dargestellte Präparate wurden früher die Werthe 31,66° bezw. 32,95° gefunden.

Die Differenzen erklären sich durch die Schwierigkeit, das schlecht krystallisirende Präparat vollkommen zu reinigen.

d - α - Bromisocapronyl-glycyl-d-alanin,

$C_4H_9 \cdot CHBr \cdot CO \cdot NHCH_2CO \cdot NHCH(CH_3) \cdot COOH.$

20 g ganz fein gepulvertes d-α-Bromisocapronyl-glycin wurden nach der von E. Fischer für den Racemkörper gegebenen Vorschrift[2]) mit 120 ccm frisch destillirtem Acetylchlorid übergossen, auf − 10° abgekühlt und nach Zusatz von 20 g rasch gepulvertem frischem Phosphorpentachlorid unter weiterer Kühlung geschüttelt, bis nach etwa 20 Minuten völlige Lösung eingetreten war. Das Lösungsmittel wurde unter möglichst geringem Druck (0,2 mm), bei 0° abgedampft und der schwach gefärbte syrupöse Rückstand 3 Mal mit ganz trocknem Petroläther kräftig durchgeschüttelt. Nach dem Abgiessen des Petroläthers wurde das rückständige Chlorid in etwa 150 ccm trocknem Aether gelöst, in eine gekühlte Lösung von 24 g d-Alaninäthylester in reinem Aether allmählich unter Schütteln eingegossen und der ausfallende salzsaure Alaninester nach einiger Zeit abgesaugt. Um den überschüssigen Alaninester nebst dem Rest des Hydrochlorats zu entfernen, haben wir die ätherische Lösung sorgfältig mit Wasser mehrmals durchgeschüttelt und dann den Aether unter geringem Druck verdampft. Dabei blieb ein gelbbraunes, dickes Oel, das nicht krystallisirt werden konnte. Die Ausbeute betrug 85% der Menge, die für Bromisocapronylglycyl-alaninester berechnet ist.

Zur Verseifung wurde es mit 103 ccm n-Natronlauge 2 Stunden bis zur Lösung auf der Maschine geschüttelt, eine geringe Trübung durch Ausäthern entfernt, die alkalische Lösung mit 23 ccm 5 n-Salzsäure übersättigt, das ausgeschiedene Oel ausgeäthert und der Aether ver-

---

[1]) E. Fischer, Berichte d. D. Chem. Gesellsch. **39**, 2913 [1906]. (*S. 341.*)
[2]) Berichte d. D. Chem. Gesellsch. **38**, 610 [1905]. (*Proteine I, S. 427.*)

dampft. Es hinterblieb ein fast farbloser Syrup, dessen Menge ungefähr 14 g betrug. Durch Verreiben mit trocknem Petroläther und 8tägiges Stehen wurde die Masse zäh und undurchsichtig und war dann in Aether nur noch theilweise löslich. Sie wurde daher mit trocknem Aether in der Kälte verrieben und ausgewaschen. Der amorphe Rückstand wog 7 g. Er wurde in ganz wenig heissem Aceton gelöst. Nach dem Erkalten erfolgte beim Reiben der Lösung Krystallisation. Die Krystalle wurden scharf abgesaugt und auf Thon abgepresst. Die Verluste beim Umlösen sind abermals ziemlich bedeutend, sodass die Menge des gereinigten Productes nur 4,6 g betrug. Das ist auf das angewandte Bromisocapronylglycin berechnet, 17,7% der Theorie. Die Krystalle zerfliessen, so lange sie nicht rein sind, leicht an feuchter Luft. Zur völligen Reinigung wurde aus 12 Theilen siedendem Wasser unter Anwendung von Thierkohle umkrystallisirt. Nach 12 Stunden hatten sich 2,4 g ausgeschieden. Der Rest kann zum grossen Theil durch Eindampfen der Mutterlauge im Vacuum gewonnen werden. Beim Erhitzen im Capillarrohr beginnt die Substanz bei 112,5° (corr.) zu sintern und schmilzt bei 118° (corr.) zu einer klaren Flüssigkeit. Beim Umkrystallisiren änderte sich der Schmelzpunkt nicht mehr, wohl aber nahm die optische Drehung zu. Sie betrug nach einmaligem Umlösen aus Wasser 14,5° nach rechts. Nach noch zweimaligem Umkrystallisiren aus Wasser war der Werth auf + 20,4° gestiegen.

0,2281 g Substanz gelöst in abs. Alkohol. Gesammtgewicht der Lösung 2,2402 g. $d^{20} = 0,8316$. Drehung im 1 dcm-Rohr bei 20° für Natriumlicht 1,73° nach rechts. Mithin

$$[\alpha]_D^{20} = + 20,4° (\pm 0,2°).$$

Auch dieses Präparat kann noch Racemkörper enthalten haben. Das Umkrystallisiren konnte aber aus Mangel an Material nicht fortgesetzt werden.

Zur Analyse war ebenso wie für die optischen Bestimmungen im Vacuum über Phosphorpentoxyd getrocknet.

0,1716 g gaben 0,2557 CO_2 und 0,0910 H_2O. — 0,1329 g gaben 9,9 ccm Stickgas über 33%iger Kalilauge bei 18° und 768 mm Druck.

Ber. für $C_{11}H_{19}O_4N_2Br$ (323,1). C 40,86, H 5,92, N 8,67.
Gef. ,, 40,64, ,, 5,93, ,, 8,72.

1-Leucyl-glycyl-d-alanin,
$$C_4H_9 \cdot CH(NH_2) \cdot CO \cdot NHCH_2CO \cdot NHCH(CH_3)COOH.$$

Eine Lösung von 2 g d-α-Bromisocapronyl-glycyl-d-alanin in der 5fachen Menge 25%igem Ammoniak blieb 5 Tage bei Zimmertemperatur stehen, wurde dann unter 15—20 mm möglichst eingedampft und der

Rückstand mehrmals nach Zusatz von Alkohol auf dem Wasserbade verdampft. Nachdem nun das Bromammonium in der üblichen Weise entfernt war, betrug die Ausbeute an fast reinem Tripeptid 1,1 g. Nach dem Lösen in heissem Wasser, Einengen im Vacuum bis zur beginnenden Ausscheidung und Aufkochen mit dem mehrfachen Volumen Alkohol scheidet sich das Tripeptid bald in ganz kleinen, büschelförmig angeordneten, haarförmigen Krystallen ab. Nach dem Umkrystallisiren betrug die Ausbeute noch 0,7 g, das ist 44% der Theorie. Zur Analyse war bei 100° bis zur Gewichtsconstanz getrocknet.

0,1628 g gaben 0,3037 CO_2 und 0,1206 H_2O. — 0,1541 g gaben 21,2 ccm Stickgas über 33%iger Kalilauge bei 17° und 762 mm Druck.

Ber. für $C_{11}H_{21}O_4N_3$ (259,2). C 50,93, H 8,17, N 16,21.

Gef. „ 50,88, „ 8,28, „ 16,05.

Zur optischen Bestimmung war noch einmal umkrystallisirt worden. 0,2644 g Substanz gelöst in Wasser. Gesammtgewicht der Lösung 2,7551 g. $d^{20} = 1,0232$. Drehung im 1 dcm-Rohr bei 20° für Natriumlicht 1,97° nach rechts, also

$$[\alpha]_D^{20} = +20,1° \,(\pm\,0,2°).$$

Nach nochmaligem Umlösen:

0,2723 g Substanz gelöst in Wasser. Gesammtgewicht der Lösung 2,7645 g. $d^{20} = 1,0234$. Drehung im 1 dcm-Rohr bei 20° für Natriumlicht 2,05° nach rechts, mithin

$$[\alpha]_D^{20} = +20,3° \,(\pm\,0,2°).$$

Ein anderes Präparat ergab nach zweimaligem Umkrystallisiren:

0,2588 g Substanz gelöst in Wasser. Gesammtgewicht der Lösung 2,7871 g. $d^{20} = 1,0229$. Drehung im 1 dcm-Rohr bei 20° für Natriumlicht + 1,93°, also

$$[\alpha]_D^{20} = +20,3° \,(\pm\,0,2°).$$

Auch hier nahm die Drehung durch weiteres Krystallisiren nicht mehr zu.

Im Capillarrohr rasch erhitzt, beginnt die reine Substanz gegen 238° (corr.) stark zu sintern und schmilzt gegen 249° (corr.) unter Zersetzung

Sie löst sich leicht in Wasser, aber sehr schwer oder gar nicht in indifferenten organischen Lösungsmitteln. Der Geschmack ist deutlich bitter. Die wässrige Lösung reagirt gegen Lakmuspapier schwach sauer und gibt mit Kalilauge und wenig Kupfersulfat eine violett-blaue Färbung. Gefälltes Kupferoxyd wird mit blauer Farbe aufgenommen. Die eingedampfte Lösung hinterlässt eine blaue, glasig-amorphe Masse, die in Alkohol löslich ist und durch Aether in amorphen Flocken daraus abgeschieden werden kann.

d - α - Bromisocapronyl-glycyl-1-leucin,
$$C_4H_9 \cdot CHBr \cdot CO \cdot NHCH_2CO \cdot NHCH(C_4H_9)COOH.$$

Man kann die Verbindung durch Kuppelung von d-α-Bromisocapronyl-glycylchlorid mit 1-Leucinester darstellen. Aber viel leichter wird sie aus d-α-Bromisocapronylchlorid und Glycyl-l-leucin erhalten.

5 g dieses Dipeptids werden in 26,5 ccm n-Natronlauge (1 Mol.) gelöst, die Lösung bis zum Gefrieren gekühlt und unter heftigem Schütteln abwechselnd 5 g d-α-Bromisocapronylchlorid (ca. 0,9 Mol.) und 40 ccm n-Natronlauge (1,5 Mol.) portionsweise zugegeben. Die Reaction erfordert etwa eine Stunde. Beim Uebersättigen der filtrirten Lösung mit Salzsäure fällt zunächst ein dickes, gelbes Oel aus, das aber durch Verreiben und Kühlen mit Eiswasser nach einigen Stunden zum Krystallisiren gebracht werden kann. Nach 15 Stunden wird filtrirt, mit Wasser gewaschen, getrocknet und zur Entfernung der anhaftenden Bromcapronsäure mit Petroläther gewaschen. Die Ausbeute an Rohproduct betrug 7 g oder 82% der Theorie. Zur Reinigung wurde in 30 Theilen heissem 30%igem Alkohol gelöst. Beim Erkalten fällt die Verbindung ölig aus, lässt sich aber durch Reiben und Impfen leicht zum Krystallisiren bringen. Der Verlust beim Umlösen betrug unter den angegebenen Bedingungen etwa 15%, die sich zum Theil noch durch Einengen der Mutterlauge im Vacuum gewinnen liessen. Für die Analyse wurde zunächst über Schwefelsäure im Vacuum bei gewöhnlicher Temperatur 24 Stunden lang getrocknet. Beim Erwärmen auf 70° im Vacuum über Phosphorsäureanhydrid gab dieses Product noch einige Prozent Wasser ab, und nach 6 Stunden war Gewichtsconstanz eingetreten.

0,1865 g gaben 0,3142 CO_2 und 0,1184 H_2O. — 0,1703 g gaben 11,7 ccm Stickgas über 33%iger Kalilauge bei 21° und 753 mm Druck.

Ber. für $C_{14}H_{25}O_4N_2Br$ (365,2). C 46,02, H 6,89, N 7,67.

Gef. „ 45,95, „ 7,10. „ 7,79.

Die Verbindung schmilzt nach vorhergehendem Sintern bei 100 bis 101° (corr.). Sie ist schon in der Kälte leicht löslich in Alkohol, Aether, Chloroform, Aceton und Essigester. Von heissem Benzol wird sie ebenfalls reichlich aufgenommen, beim Erkalten krystallisirt sie jedoch wieder aus. Sehr schwer löslich ist sie in Wasser und Petroläther. Aus heissem verdünntem Alkohol erhält man sie beim Erkalten in mikroscopischen Prismen, die häufig meisselförmig zugespitzt sind.

0,3231 g Substanz gelöst in absolutem Alkohol. Gesammtgewicht der Lösung 3,4466 g. $d^{20} = 0,8219$. Drehung im 1 dcm-Rohr bei 20° für Natriumlicht 2,26° nach rechts, mithin

$$[\alpha]_D^{20} = + 29,3° (\pm 0,2°).$$

Nach nochmaligem Umlösen in der angegebenen Weise wurde beobachtet:

0,3326 g Substanz gelöst in absolutem Alkohol. Gesammtgewicht der Lösung 3,3625 g. $d^{20} = 0,8221$. Drehung im 1 dcm-Rohr bei 20° für Natriumlicht 2,37° nach rechts, mithin

$$[\alpha]_D^{20} = + 29,1° (\pm 0,2°).$$

Zur Umwandlung in das entsprechende Tripeptid wurde der Bromkörper in der 10fachen Menge wässrigen Ammoniaks von 25% gelöst und 6 Tage bei gewöhnlicher Temperatur aufbewahrt. Als dann die Flüssigkeit unter geringem Druck verdampft wurde, blieb ein Gemisch von Tripeptid mit Bromammonium, das sich durch Waschen mit kaltem Wasser leicht entfernen liess. Der Rückstand wurde in warmem Wasser suspendirt, durch Zusatz von Ammoniak gelöst, filtrirt und das Ammoniak wieder unter vermindertem Druck verdampft. Hierbei resultirt das Tripeptid als farbloses krystallinisches Pulver. Die Ausbeute ist recht gut. Für die Analyse war bei 100° getrocknet.

0,1661 g gaben 0,3372 CO_2 und 0,1360 H_2O.

Ber. für $C_{14}H_{27}O_4N_3$ (301,2). C 55,81, H 9,03.

Gef. „ 55,38, „ 9,17.

Das Präparat zeigte im Schmelzpunkt und der Löslichkeit grosse Aehnlichkeit mit dem racemischen Leucyl-glycyl-leucin[1]). Leider war das Drehungsvermögen, das mit der Lösung in 10%igem wässrigem Ammoniak bestimmt wurde, für verschiedene Krystallisationen recht verschieden und stieg bis auf $[\alpha]_D - 20°$. Wir legen aber auf diese Zahl keinen Werth, da wir nicht von der optischen Reinheit des Präparats überzeugt sind.

d - α - Bromisocapronyl-triglycyl-1-leucin,
$$C_4H_9 \cdot CHBr \cdot CO \cdot (NHCH_2CO)_3 \cdot NHCH(C_4H_9) \cdot COOH.$$

4,15 g d-α-Bromisocapronyl-diglycyl-glycyl-chlorid[2]) (1 Mol.) werden in acht Portionen abwechselnd mit 16 ccm n-Natronlauge (1,5 Mol.) zu einer sehr stark gekühlten Lösung von 1,4 g 1-Leucin in 10,7 ccm n-Natronlauge (1 Mol.) zugegeben. Da das Säurechlorid nicht die theoretische Chlormenge von 9,2%, sondern nur 7—8% enthält, ist in Wirklichkeit ein kleiner Ueberschuss von 1-Leucin vorhanden. Das Chlorid verschwindet ziemlich rasch, besonders wenn unmittelbar nach der Zugabe sehr stark geschüttelt wird. Da die Lösung heftig schäumt, ist die Anwendung grosser Gefässe (100 ccm) und von Glasperlen unerläss-

---

[1]) Berichte d. D. Chem. Gesellsch. **38**, 2923 [1905]. (*Proteine I, S. 547.*)

[2]) Berichte d. D. Chem. Gesellsch. **39**, 456, 2907 [1906]; (*Proteine I, S. 553; Proteine II, S. 332.*) **40**, 1755 [1907]. (*S. 377.*)

lich. Die Reaction ist in ungefähr $1\frac{1}{4}$ Stunden beendet. Es wird dann mit 6 ccm 5 n-Salzsäure übersättigt, wobei der neue Körper erst ölig ausfällt. Nach einigen Minuten ballt er sich zu einer zähen Menge zusammen, die durch 2 stündiges Stehen in Eiswasser fest und brüchig wird. Der Klumpen wird zerkleinert und abgesaugt. Die Rohausbeute betrug nach dem Trocknen 4 g. Aus der Mutterlauge hatte sich nach 2 tägigem Stehen noch eine kleine Menge abgeschieden.

Zur Reinigung wird in der 45 fachen Menge siedenden Wassers gelöst, mit Thierkohle gekocht und rasch filtrirt. Bei langsamem Erkalten fällt der Körper in kleinen, zu makroscopischen Kugeln vereinigten Nadeln aus. Die Krystallmenge beträgt nach 8 Stunden etwa 2,4 g. Durch Einengen der Mutterlauge im Vacuum wird noch fast 1 g erhalten, so dass sich die Ausbeute an reinem Körper annähernd auf 65% der Theorie beläuft.

Für die Analyse und optische Untersuchung wurde noch einmal aus Wasser umkrystallisirt und über Phosphorpentoxyd im Vacuum getrocknet.

0,1424 g gaben 0,2345 CO_2 und 0,0819 H_2O. — 0,1598 g gaben 16,6 ccm Stickgas über 33%iger Kalilauge bei 22° und 754 mm Druck. — 0,2346 g gaben 0,0917 g AgBr.

Ber. für $C_{18}H_{31}O_6N_4Br$ (479,2). C 45,07, H 6,52, N 11,69, Br 16,69.

Gef. ,, 44,91, ,, 6,43, ,, 11,73, ,, 16,63.

Im Capillarrohr erhitzt sintert die Substanz gegen 179° (corr.) und schmilzt bei 182° (corr.) zu einer klaren Flüssigkeit.

In organischen Lösungsmitteln ist sie ziemlich schwer löslich. Aus heissem Essigester fällt sie scheinbar als Gallerte aus. Unter dem Mikroscop erkennt man aber feine, biegsame Nadeln. Die wässrige Lösung giebt stark saure Reaction und schmeckt bitter. Von Alkalien, auch von Ammoniak, wird die Säure sehr leicht gelöst.

Für die optische Bestimmung wurde mit der 10 fachen Menge Wasser übergossen und etwas mehr als die berechnete Menge n-Natronlauge zugegeben.

0,1993 g Substanz gelöst in ca. 2 ccm Wasser und 0,5 ccm n-Natronlauge. Gesammtgewicht der Lösung 2,8007 g. Drehung für Natriumlicht bei 20° im 1 dcm-Rohr 1,72° nach rechts. $d^{20} = 1,027$, also

$$[\alpha]_D^{20} = + 23,5° (\pm 0,3°).$$

Die Ablesung erfolgte genau 1 Viertelstunde nach Zusatz des Alkalis. Nach weiteren 15 Minuten war der Drehungswinkel auf $+ 1,63°$, die specifische Drehung also auf $+ 22,3°$ zurückgegangen. Wahrscheinlich rührt das von einer Zersetzung durch das Alkali her.

Ein anderes Präparat zeigte $\frac{1}{2}$ Stunde nach der Auflösung die specifische Drehung $+ 22,4°$.

0,2850 g Substanz gelöst in ca. 2,8 g Wasser und 0,67 ccm n-Na-tronlauge. Gesammtgewicht der Lösung 3,9424 g. $d^{20} = 1,027$, Drehung bei 20° für Natriumlicht im 1 dcm-Rohr 1,66° nach rechts, mithin

$$[\alpha]_D^{20} = + 22,4° (\pm 0,3°).$$

Die Drehung betrug hier nach 24 Stunden noch $+ 11,5°$ und nahm dann sehr langsam ab. Nach 40 Stunden war der Werth $+ 10,7°$.

Ein drittes Präparat endlich, welches nur einmal aus Wasser um-gelöst war, gab folgende Zahlen: 0,3018 g Substanz gelöst in ca. 3 ccm Wasser und 0,7 ccm n-Natronlauge. Gesamtgewicht der Lösung 4,1720 g. $d^{20} = 1,027$. Drehung $1/2$ Stunde nach dem Auflösen bei 20° für Natriumlicht im 1 dcm-Rohr 1,64° nach rechts, mithin

$$[\alpha]_D^{20} = + 22,1° (\pm 0,3°).$$

1-Leucyl-triglycyl-1-leucin,
$$C_4H_9 \cdot CH(NH_2) \cdot CO \cdot (NHCH_2CO)_3 \cdot NHCH(C_4H_9) \cdot COOH.$$

Eine Lösung von 1 g d-α-Bromisocapronyl-triglycyl-l-leucin in 15 ccm 25 %igem Ammoniak blieb 6 Tage im Thermostaten bei 25°, wurde dann im Vacuum bei 45° zur Trockne verdampft und der syrup-artige Rückstand mit Alkohol aufgekocht. Das als amorphe Masse zurückbleibende Pentapeptid wurde auf der Nutsche filtrirt, mit Al-kohol bis zum Verschwinden der Halogenreaction ausgewaschen und im Vacuum getrocknet. Die Ausbeute betrug 0,55 g oder 64% der Theorie.

Zur Reinigung wurde in warmem Wasser gelöst, bis zur beginnenden Abscheidung im Vacuum eingeengt und nach Zugabe von Alkohol einige Minuten gekocht. Nach mehrstündigem Stehen waren etwa zwei Drittel des Rohproductes ausgefallen. Der Rest wurde durch Ein-engen im Vacuum und Wiederholung der Fällung gewonnen.

Getrocknet wurde für Analysen und optische Untersuchungen zu-nächst im Vacuum über Phosphorpentoxyd und zuletzt bei 100°, wobei noch ein kleiner Gewichtsverlust eintrat. Die Substanz ist schwach hygroscopisch.

0,1459 g gaben 0,2790 CO_2 und 0,1010 H_2O. — 0,1185 g gaben 17,2 ccm Stickgas über 33 %iger Kalilauge bei 20° und 761 mm Druck.
Ber. für $C_{18}H_{33}O_6N_5$ (415,3). C 52,01, H 8,01, N 16,87.
Gef. „ 52,15, „ 7,75, „ 16,69.

Das amorphe Pentapeptid hat keinen Schmelzpunkt; es beginnt bei 213° (corr.) sich gelb zu färben, sintert bei weiterem Erhitzen und zersetzt sich unter Gasentwickelung und Aufschäumen gegen 229° (corr.).

Von Wasser wird es auch in der Hitze ziemlich schwer aufgenommen. Doch kann man dann die Lösung stark eindunsten, ohne dass Abscheidung erfolgt. Die wässrige Lösung reagirt schwach sauer gegen Lakmuspapier und schmeckt bitter. Mit Alkali und wenig Kupfersulfat giebt das Pentapeptid schöne Rothfärbung.

0,1184 g Substanz gelöst in Wasser. Gesammtgewicht der Lösung 4,9172 g. $d^{20} = 1,004$. Drehung im 1 dcm-Rohr bei 20° für Natriumlicht 0,51° nach rechts, mithin

$$[\alpha]_D^{20} = + 21,1° (\pm 0,8°).$$

Die Mutterlauge lieferte ein Product, welches fast dieselbe Drehung zeigte.

0,0951 g Substanz gelöst in Wasser. Gesammtgewicht der Lösung 3,8887 g. $d^{20} = 1,003$. Drehung im 1 dcm-Rohr bei 20° für Natriumlicht 0,52° nach rechts, mithin

$$[\alpha]_D^{20} = + 21,2° (\pm 0,8°).$$

Bei einem anderen Präparat wurde beobachtet:

0,3772 g Substanz gelöst in Wasser. Gesammtgewicht der Lösung 15,0697 g. $d^{20} = 1,004$. Drehung im 2 dcm-Rohr bei 20° für Natriumlicht 1,07° nach rechts, mithin

$$[\alpha]_D^{20} = + 21,3° (\pm 0,4°).$$

Trotz der guten Uebereinstimmung der verschiedenen Werthe hat man keine Garantie, dass die amorphe Substanz ganz einheitlich war.

Versuche, die Ausbeute an Pentapeptid durch Amidirung des Bromkörpers mit flüssigem Ammoniak zu verbessern, blieben erfolglos.

59. Emil Fischer, Walter Kropp und Alex Stahl-schmidt[1]**: Synthese von Polypeptiden. XXIX. 2. Derivate der Glut-aminsäure.**

Liebigs Annalen der Chemie **365**, 181 [1909].

Die Glutaminsäure ist zumal in den pflanzlichen Proteïnen in so grosser Masse vorhanden, dass die Kenntnis ihrer Polypeptide für das Studium dieser Stoffe unentbehrlich erscheint. Leider ist ihre Untersuchung durch experimentelle Schwierigkeiten lange verzögert worden. Denn man kennt bisher nur ein Dipeptid der Säure, die schön krystallisirende l-Leucyl-d-glutaminsäure[2]. Die entsprechende Glycyl-d-glutaminsäure wird auf die gleiche Art gewonnen, besitzt aber viel weniger schöne Eigenschaften, und nur das schwer lösliche Kupfersalz wurde in analysirbarem Zustande erhalten.

Die Chloracetylglutaminsäure lässt sich durch Behandeln mit Chlorphosphor in ein Product verwandeln, das zwar nicht gereinigt werden konnte, aber nach seinen Verwandlungen, wenigstens zum Theil, das Doppelchlorid

$$Cl \cdot CH_2 \cdot CO \cdot NH \cdot CH \cdot CO \cdot Cl$$
$$| \atop CH_2 \cdot CH_2 \cdot CO \cdot Cl$$

zu sein scheint. Denn bei der Kuppelung mit Glycocollester entsteht ein Körper von der Zusammensetzung $C_{15}H_{24}O_7N_3Cl$, den wir für Chloracetyl-glutamyl-diglycin-diäthylester

$$Cl \cdot CH_2 \cdot CO \cdot NH \cdot CH \cdot CO \cdot NH \cdot CH_2 \cdot COOC_2H_5$$
$$| \atop CH_2 \cdot CH_2 \cdot CO \cdot NH \cdot CH_2 \cdot COOC_2H_5$$

---

[1] Die Versuche mit activer Glutaminsäure einschliesslich der Darstellung des Glycyl-glutamyl-diglycins sind von Herrn Kropp ausgeführt. Da er verhindert war, sie zu beendigen, so habe ich Herrn Stahlschmidt veranlasst, die Derivate der inactiven Glutaminsäure zum Vergleich darzustellen. E. F.

[2] E. Fischer, Berichte d. D. Chem. Gesellsch. **40**, 3704 [1907]. (S. *458*.)

halten. Durch Alkalien wird er verseift und durch nachträgliche Behandlung mit Ammoniak lässt sich die Säure in das entsprechende Tetrapeptid

$$NH_2 \cdot CH_2 \cdot CO \cdot NH \cdot CH \cdot CO \cdot NH \cdot CH_2 \cdot COOH$$
$$\mid$$
$$CH_2 \cdot CH_2 \cdot CO \cdot NH \cdot CH_2 \cdot COOH$$

Glycyl-glutamyl-diglycin verwandeln.

Die drei letzten Producte sind optisch sehr wenig activ, auch wenn man von der reinen activen Chloracetylglutaminsäure ausgegangen ist. Wahrscheinlich findet die Racmisirung bei der Einwirkung des Chlorphosphors statt. Wir hatten deshalb gehofft, durch Anwendung racemischer Chloracetylglutaminsäure die ziemlich schlechte Ausbeute an Chloracetylglutamyl-diglycin-diäthylester verbessern zu können, sind aber durch das Resultat des Versuches enttäuscht worden.

Unsere Glutaminsäure war aus käuflichem Gliadin durch Kochen mit starker Salzsäure in der üblichen Weise gewonnen[1]) und durch mehrmalige Krystallisation des Hydrochlorates gereinigt. Ihre Reinheit war durch die optische Untersuchung des Hydrochlorates controllirt.

Zur Bereitung des Racemkörpers wurde die reine active Säure mit Barytwasser nach E. Schulze und Bosshard[2]) in der später beschriebenen Weise erhitzt. Der Besitz grösserer Mengen des Präparates hat uns veranlasst, die Krystallisation der Säure von Neuem zu untersuchen, weil Menozzi und Appiani[3]) beobachtet haben, dass sie bei wiederholter Krystallisation aus Wasser zum Theil in die optischen Componenten zerfällt.

Wir haben dabei die Beobachtung gemacht, dass sich gut ausgebildete Krystalle der racemischen Glutaminsäure aus wässriger Lösung. bei 37° erhalten lassen.

Darstellung und Eigenschaften der dl-Glutaminsäure.

Für die Racemisirung von Aminosäuren ist bekanntlich von E. Schulze und Bosshard[4]) Erhitzen mit Barytwasser auf 150—170° in Glasgefässen im Autoclaven empfohlen worden. Da Glas aber von Barytwasser stark angegriffen wird und dadurch eine Verunreinigung der Aminosäuren entsteht, die manchmal schwer zu entfernen ist, so verwenden wir dafür Porcellanbecher. Im besonderen Fall der Glutamin-

---

[1]) Vergl. E. Abderhalden und F. Samuely, Zeitschr. f. physiol. Chem. **44**, 276 [1905].
[2]) Zeitschr. f. physiol. Chem. **10**, 134 [1886].
[3]) Gaz. chim. Ital. **24**, 378, 383 [1894].
[4]) Zeitschr. f. physiol. Chem. **10**, 134 [1886].

säure haben wir 50 g active Säure mit einer Lösung von 210 g krystallisirtem, reinem Barythydrat in 1 Liter Wasser 9 Stunden im Porcellantopf, der in einen Autoclaven eingestellt war, durch ein Oelbad auf 160—170° erhitzt. Aus der heiss filtrirten, braunen Flüssigkeit wurde der Baryt durch Schwefelsäure genau gefällt und das Filtrat unter vermindertem Druck auf etwa 300 ccm eingedampft. Dann wurde mit einigen Gramm Thierkohle aufgekocht und das farblose Filtrat, das optisch inactiv war, im Eisschrank 24 Stunden der Krystallisation überlassen. Die Ausbeute betrug durchschnittlich die Hälfte der angewandten activen Säure. Als Nebenproduct entsteht Pyrrolidoncarbonsäure, die leichter löslich ist und in der wässrigen Mutterlauge bleibt. Zur Reinigung der dl-Glutaminsäure dient mehrmaliges Umkrystallisiren aus heissem Wasser. Hierbei fällt sie in langen Nadeln aus. Die Krystalle schmelzen etwas niedriger als die active Säure. Beim raschen Erhitzen im Capillarrohr am selben Thermometer schmolz die letztere gegen 206° (corr.) und die erstere gegen 199° (corr.) unter Gasentwickelung, während L. Wolff[1]) 198° angiebt. Früher[2]) wurde der Zersetzungspunkt der synthetischen d-Glutaminsäure etwas höher (213° corr.) gefunden. Die Differenz erklärt sich aber durch die verschiedene Art des Erhitzens.

Schöner als bei gewöhnlicher Temperatur werden die Krystalle der inactiven Glutaminsäure bei 37° erhalten. Wir haben deshalb eine Lösung in der 7fachen Menge heissen Wassers im Brutraum 8 Tage stehen lassen.

Herr Dr. A. Hintze hatte die Güte, die so gewonnenen Krystalle im mineralogischen Institut der Universität Berlin zu untersuchen. Wir verdanken ihm olgende Angaben:

Racemische Glutaminsäure.

„Krystalle aus wässriger Lösung bei 37° erhalten. Spez. Gewicht: 1,4601.

Krystallsystem: rhombisch.

Axenverhältniss: $a : b : c = 0,7290 : 1 : 0,8696$.

Beobachtete Formen: Prisma {110}, Pyramide {111} und die Pinakoide {001} und {100}.

Spaltbarkeit unvollkommen nach der Basis.

Die Krystalle bildeten z. Th. dünne, nach der c-Axe gestreckte Nadeln, die durch das Auftreten einer steilen Pyramide, deren Flächen

---

[1]) Liebigs Ann. d. Chem. **260**, 122 [1890].
[2]) E. Fischer, Berichte d. D. Chem. Gesellsch. **32**, 2451 [1899]. (*Proteine I, S. 87*.)

gekrümmt und matt sind, zugespitzt erscheinen; z. Th. sind sie durch Vorherrschen des vorderen Pinakoids $\{100\}$ tafelförmig ausgebildet.

Die Flächen liefern meist gute Reflexe und sind nur selten mit natürlichen Aetzeindrücken bedeckt.

Gemessen wurden:	Berechnet:
*110 : $\bar{1}$10 $= 72°$ 11′	
*001 : 111 $= 55°$ 31′	
111 : $\bar{1}$11 $= 83°$ 26′	83° 32′
111 : 100 $= 48°$ 8′	48° 14′

Die Ebene der optischen Axen ist die Basis 001.

Die erste Mittellinie fällt mit der a-Axe zusammen.

Der Axenwinkel beträgt ungefähr $72°$, da die optischen Axen fast senkrecht auf den Prismenflächen austreten; Dispersion: $\varrho > \nu$.

Der Charakter der Doppelbrechung ist negativ.

Die Krystalle stimmen weder mit den von K. Oebbeke[1]) und E. Artini[2]) gemessenen Krystallen der activen Glutaminsäure überein, noch können die Messungen von G. Linck[3]), der Krystalle der synthetischen inactiven Glutaminsäure (Präparat von L. Wolff) bestimmt hat, mit den oben erhaltenen Resultaten in Uebereinstimmung gebracht werden.

Neben den durch Aetzung als vollflächig erkannten Krystallen fanden sich einzelne feine Nadeln, die auf den Prismenflächen mit verdünnter Kalilauge asymmetrische Aetzeindrücke ergaben und daher vielleicht rhombisch-hemiëdrisch sind; der Habitus dieser Krystalle ist aber ebenfalls stets holoëdrisch."

Von der optischen Inactivität der gemessenen Krystalle konnten wir uns leicht durch „Mikropolarisation"[4]) überzeugen, wobei zwei Exemplare von je 1,4 mg zur Anwendung kamen. Sie wurden in je 0,14 ccm $^n/_5$ Salzsäure gelöst und diese Flüssigkeit zeigte im $^1/_2$ dcm-Rohr keine wahrnehmbare Drehung unter Bedingungen, wo eine Ablenkung von 0,02° der Beobachtung nicht hätte entgehen können. Wäre die Glutaminsäure activ gewesen, so hätte unter diesen Umständen eine Drehung von 0,15° stattfinden müssen.

Die krystallographische Untersuchung und die polarimetrische Beobachtung führen also übereinstimmend zu dem Resultat, dass es sich hier um Krystalle von wirklicher racemischer Glutaminsäure handelt.

---

[1]) Zeitschr. f. Kryst. **10**, 265 [1885].

[2]) Zeitschr. f. Kryst. **23**, 172 [1894].

[3]) Zeitschr. f. Kryst. **21**, 405 [1893]; vergl. ferner Liebigs Ann. d. Chem. **260**, 123 [1890].

[4]) E. Fischer, Sitzungsber. d. Berliner Academie 552 [1908] und Chem. Centralbl. II, 315 [1908]. Vgl. auch J. Donau, Monatsh. f. Chem. **29**, 333 [1890].

Durch Krystallisation bei gewöhnlicher Temperatur haben wir weniger schön ausgebildete Individuen erhalten, deren krystallographische Untersuchung nicht so eindeutige Resultate ergab. Diese Versuche sollen deshalb wiederholt werden. Wir wollen nur bemerken, dass wir auch von solchen Krystallen zwei im Gewicht von 4 und 6 mg, ebenfalls gelöst in je 0,15 ccm $^n/_5$-Salzsäure, mikropolarimetrisch geprüft und auch ganz inactiv befunden haben.

Wie bereits erwähnt, haben Menozzi und Appiani durch wiederholte Krystallisation der inactiven Säure aus Wasser (wahrscheinlich bei gewöhnlicher Temperatur) Krystalle von d- und l-Glutaminsäure erhalten, die von E. Artini[1]) gemessen und als identisch mit der activen Glutaminsäure erkannt wurden. Herr Artini bemerkt aber, dass nur eine kleine Zahl solcher getrennten Krystalle vorhanden sei, weil eine grosse Neigung zur Zwillingsbildung mit vollständiger Durchdringung der beiden Individuen bestehe. Ob die von uns untersuchten optisch inactiven Krystalle solche Zwillinge waren, oder ob auch bei gewöhnlicher Temperatur einheitliche racemische Krystalle entstehen, hoffen wir durch weitere Beobachtungen entscheiden zu können.

Chloracetyl - d - glutaminsäure,

$$Cl \cdot CH_2 \cdot CO \cdot NH \cdot CH \cdot COOH$$
$$|$$
$$CH_2 \cdot CH_2 \cdot COOH.$$

5 g d-Glutaminsäure (1 Mol.) werden in 68 ccm (2 Mol.) n-Natronlauge gelöst. Man kühlt stark und setzt im Laufe einer Stunde unter kräftigem Umschütteln abwechselnd in kleinen Portionen 68 ccm eiskalte n-Natronlauge (2 Mol.) und 4,6 g (1,2 Mol.) Chloracetylchlorid zu. Nachdem der Säurechloridgeruch verschwunden ist, wird mit 95,2 ccm (2,8 Mol.) n-Salzsäure angesäuert und im Vacuum (12 mm) vollkommen zur Trockne verdampft. Dann nimmt man 2—3 Mal mit je 50 ccm Essigester auf und zwar wird eben bis zum beginnenden Sieden aufgekocht, kräftig geschüttelt und nach dem Erkalten von den Salzen abfiltrirt. Ist der Essigester unter 12—15 mm abgedampft, so bleibt ein fast farbloses, dickflüssiges Oel zurück, welches beim Anreiben mit einigen Tropfen Chloroform allmählich krystallinisch erstarrt. Jetzt fügt man noch Petroläther zu, rührt den Niederschlag damit durch, lässt einige Zeit in einer Kältemischung stehen und filtrirt. Die Ausbeute an Rohproduct betrug 6,4 g oder 84% der Theorie.

Zur Reinigung wird in Essigester gelöst, filtrirt, stark eingedampft und mit Petroläther gefällt. Dann decantirt man den Petroläther,

---

[1]) Giornale di Mineralogia II, 35 [1891].

ersetzt ihn durch neuen und verreibt ihn wieder mit dem Niederschlag. An reinem Product wurden 5,6 g (75% der Theorie) erhalten. Für die Analyse und optische Untersuchung wurde noch mehrmals in der gleichen Weise umkrystallisirt und bei 80° im Vacuum getrocknet.

0,1387 g gaben 0,1904 CO_2 und 0,0586 H_2O. — 0,1929 g gaben 10,4 ccm Stickgas bei 15° und 765 mm Druck. — 0,3281 g gaben 0,2140 g AgCl.

Ber. für $C_7H_{10}O_5NCl$ (223,54). C 37,58, H 4,51, N 6,27, Cl 15,86.

Gef. „ 37,44, „ 4,73, „ 6,37, „ 16,13.

Die Substanz ist sehr leicht löslich in Wasser, Essigester, Alkohol, Aceton, schwer löslich in Aether und Chloroform, fast unlöslich in Petroläther. Sie wurde manchmal in feinen Nadeln oder Prismen, die an den Enden mehr oder weniger zugespitzt sind, erhalten; jedoch scheidet sie sich meist in undeutlich krystallisirten Aggregaten ab.

Im Capillarrohr erhitzt, schmilzt sie nach vorherigem Sintern bei 143° (corr.) zu einer klaren Flüssigkeit. Geschmack und Recation sind stark sauer. Die verdünnte wässrige Lösung wird von Silbernitrat nicht gefällt, fügt man aber vorsichtig Ammoniak zu, so entsteht sofort ein starker farbloser Niederschlag des Silbersalzes, das hübsch aussieht, aber nicht deutlich krystallinisch ist.

Eine wässrige Lösung vom Gesammtgewicht 4,3060 g, die 0,4012 g Substanz enthielt, drehte Natriumlicht bei 21° im 1 dcm-Rohr 1,30° nach links und hatte das spec. Gew. 1,034. Daraus berechnet sich:

$$[\alpha]_D^{21} = -13,5° (\pm 0,2°).$$

Nachdem das Präparat noch drei Mal in Essigester gelöst, mit Petroläther gefällt und darnach bei 80° im Vacuum getrocknet war, zeigte es das gleiche Drehungsvermögen.

Gesammtgewicht 4,1156 g. Substanz 0,4078 g. Drehung bei 20° im 1 dcm-Rohr 1,38° nach links. Spec. Gew. 1,035. Mithin:

$$[\alpha]_D^{20} = -13,5° (\pm 0,2°).$$

Glycyl-d-glutaminsäure,

NH$_2$ · CH$_2$CO · NH · CH · COOH

CH$_2$ · CH$_2$ · COOH.

5 g des Chlorkörpers werden in 25 ccm wässrigem Ammoniak von 25% gelöst und 3—4 Tage bei 25% aufbewahrt. Dann verdampft man im Vacuum (12 mm) auf 8—10 ccm, fügt jetzt eine Lösung von so viel umkrystallisirtem Barythydrat (11 g) zu, dass sowohl das Chlor als auch die beiden Carboxyle des Dipeptids gebunden sind und verdampft

wieder unter gleichem Druck, bis alles Ammoniak verschwunden ist
Aus der rückständigen Lösung entfernt man nach passender Verdünnung den Baryt mit überschüssiger Schwefelsäure und das Chlor durch
Schütteln mit Silbersulfat. Das überschüssige Silber wird genau durch
Salzsäure niedergeschlagen und die Schwefelsäure genau mit Baryt
gefällt. Wird nun die Flüssigkeit im Vacuum eingedampft, so bleibt ein
farbloser Syrup zurück, welcher beim Anreiben mit absolutem Alkohol
erhärtet. Da die noch feuchte Glycylglutaminsäure an der Luft leicht
zerfliesst, ist bei der Filtration der Niederschlag mit Alkohol zu bedecken.

Getrocknet wurde im Vacuum über Phosphorpentoxyd. Die Ausbeute betrug 3,1 g, also 68% der Theorie. Zur Reinigung wurde in sehr
wenig Wasser gelöst und mit absolutem Alkohol gefällt.

Geschmack und Reaction des Dipeptids sind deutlich sauer. Die
wässrige Lösung giebt mit Silbernitrat nach vorsichtigem Zusatz von
Ammoniak eine starke Fällung des Silbersalzes. Das Dipeptid sintert
von ca. 165° an zusammen und schmilzt bei 178° (corr.).

Für die optische Untersuchung diente die wässrige Lösung eines
Präparats, das unter 15 mm bei 80° über Phosphorpentoxyd getrocknet war.

0,1849 g Substanz. Gesammtgewicht der Lösung 1,8382 g. $d = 1,039$.
Drehung im 1 dcm-Rohr bei 20° und Natriumlicht 0,67° nach links.
Mithin:

$$[\alpha]_D^{20} = -6,3° (\pm 0,2°).$$

Die Zahl ist natürlich nur als Annäherungswerth zu betrachten,
weil für die Reinheit des Präparates die Garantie fehlt.

Da das Dipeptid selbst nicht krystallisirt erhalten wurde, so
diente für die Analyse das Kupfersalz.

1,1 g Glycylglutaminsäure wurden in 150 ccm Wasser gelöst,
15 Minuten mit überschüssigem, gefälltem Kupferoxyd gekocht und die
tiefblaue Lösung im Vacuum auf ca. 50 ccm eingedampft. Nach 24 stündigem Stehen betrug die ausgeschiedene Menge 1,3 g.

Sie wurde mit Alkohol und Aether gewaschen. Die Mutterlauge
gab beim Eindampfen noch 0,15 g. Ausbeute mithin 80% der Theorie.
Zur Reinigung wurde in viel heissem Wasser gelöst und wieder im Vacuum eingeengt.

Das Kupfersalz ist ein hellblaues körniges Pulver, das unter dem
Mikroscop keine deutlichen Krystallformen erkennen lässt. In heissem
Wasser ist es etwa $2^1/_2$—3 Mal so schwer löslich, als das entsprechende
inactive Salz.

Die lufttrockne Substanz enthält viel Wasser. Bei 115—120° im
Vacuum (15 mm) entsprach der Gewichtsverlust $3^1/_2$ Mol. Wasser.

0,2178 g gaben 0,0418 H_2O. — 0,2439 g gaben 0,0469 H_2O.
Ber. für $C_7H_{10}O_5N_2Cu + 3^1/_2 H_2O$ (328,75). H_2O 19,13.   Gef. H_2O 19,19
                                                                                              19,23

Analyse des trocknen Salzes:

0,1760 g gaben 0,2037 CO_2 und 0,0593 H_2O. — 0,1492 g gaben 13,4 ccm
Stickgas bei 17° und 758,5 mm Druck. — 0,2840 g gaben 0,0844 CuO. — 0,1473 g
gaben 0,0442 CuO.
Ber. für $C_7H_{10}O_5N_2Cu$ (265,72).   C 31,61, H 3,79, N 10,55, Cu 23,94.
                                   Gef. ,, 31,57, ,, 3,77, ,, 10,43, ,, 23,75, 23,98.

Im Capillarrohr rasch erhitzt, zersetzt sich das trockne Salz gegen
213° (corr.). Es ist hygroscopisch. Durch Zersetzung des Kupfersalzes
mit Schwefelwasserstoff wird die Glycylglutaminsäure zurückerhalten.
Ein solches Präparat haben wir benutzt, um die optische Bestimmung
zu wiederholen und ferner durch totale Hydrolyse und abermalige Beobachtung des Drehungsvermögens der entstandenen Glutaminsäure die
optische Reinheit des ursprünglichen Dipeptids zu prüfen. Da uns dabei
die vor 8 Monaten beschriebene Mikropolarisation[1]) vortreffliche Dienste
leistete, so mag der Versuch ausführlich beschrieben sein.

0,0714 g Substanz. Gesammtgewicht der Lösung 0,7671 g. $d = 1,03$.
Drehung im $^1/_2$ dcm-Rohr bei 20° und Natriumlicht 0,29° nach links.
Mithin:

$$[\alpha]_D^{20} = -6,1° (\pm 0,2).$$

Der Werth stimmt mit dem vorher angegebenen, der sich auf ein
nicht durch das Kupfersalz gereinigtes Präparat bezieht, gut überein.
Jetzt wurden von der wässrigen Lösung 0,458 g mit 0,610 g Salzsäure (spec. Gew. 1,19) vermischt. Die Mischung drehte im $^1/_2$ dcm-Rohr
bei 20° und Natriumlicht 0,16° nach links und hatte die Dichte 1,1.
Nachdem sie dann im geschlossenen Rohr 5 Stunden auf 100° erhitzt
war, fanden wir die Drehung nach rechts umgeschlagen. Sie betrug
ebenfalls bei 20° und Natriumlicht 0,49° nach rechts. Beim längeren
Stehen der Lösung schied sich die salzsaure Glutaminsäure schön krystallisirt ab. Für die Glutaminsäure, die theoretisch aus dem angewandten Dipeptid entstehen konnte, ergiebt sich aus obigen Zahlen die spec.
Drehung $[\alpha]_D^{20} = +30,9°$ in stark salzsaurer Lösung.
Daraus geht hervor, dass das ursprüngliche Dipeptid kaum Racemkörper enthielt.

---

[1]) E. Fischer, Sitzungsberichte d. Preussischen Akademie der Wissenschaften.
21. Mai 1908, Seite 552. Chem. Centralbl. **1908**, II, 315. Vergl. auch J. Donau,
Monatsh. f. Chem. **29**, 333 [1908].

Chloracetyl-glutamyl-diglycin-diäthylester,

$$CICH_2 \cdot CO \cdot NH \cdot CH \cdot CO \cdot NH \cdot CH_2 \cdot COOC_2H_5$$
$$\quad\quad\quad\quad\quad |$$
$$CH_2 \cdot CH_2 \cdot CO \cdot NH \cdot CH_2 \cdot COOC_2H_5.$$

10 g der sorgfältig getrockneten Chloracetylglutaminsäure werden in einem Achatmörser fein zerrieben und in zwei Portionen chlorirt. Man übergiesst je 5 g mit 50 ccm frisch destillirtem Acetylchlorid und schüttelt bei Eiskühlung mit 10,5 g ($2^{1}/_{4}$ Mol.) gepulvertem Phosphorpentachlorid. Dabei tritt allmählich vollständige Lösung ein. Alsdann verdampft man das Acetylchlorid bei 0° im Vacuum (0,3—0,5 mm) und setzt schliesslich die Destillation bei gewöhnlicher Temperatur so lange fort, bis auch der grösste Theil des Phosphoroxychlorides entfernt ist. Es bleibt ein gefärbtes, dickflüssiges Oel zurück, welches alle Eigenschaften eines Säurechlorides hat. Nachdem man es drei Mal mit über Phosphorpentoxyd getrocknetem Petroläther gewaschen hat, löst man es in ca. 50 ccm trocknem Aether. Die ätherische Lösung des Chlorids gibt man aus einem Tropftrichter langsam zu einer Lösung von 11,5 g (5 Mol.) Glycocollester in 50 ccm trocknem Aether. Der Glycocollester ist vorher durch Schütteln mit Bariumoxyd zu trocknen und zu destilliren. Bei der Kuppelung kühlt man durch eine Kältemischung und schüttelt beständig. Am Schluss der Operation darf keine saure Reaction vorhanden sein. Glycocollesterchlorhydrat und das Kuppelungsproduct fallen aus der Lösung aus. Der Aether wird decantirt und durch neuen ersetzt, um überschüssigen Glycocollester zu entfernen. Man wiederholt dies, bis die alkalische Reaction verschwunden ist. Später prüft man jedoch die eingedampfte ätherische Lösung auf etwaigen Gehalt an Kuppelungsproduct. Den bei der Kuppelung ausgefallenen Niederschlag digerirt man mit Chloroform, filtrirt von dem ungelösten Glycocollester-chlorhydrat ab, wäscht mit Chloroform und dampft die Lösung im Vacuum (12 mm) ein. Der Rückstand wird in ca. 30 ccm Essigester aufgenommen und über Nacht stehen gelassen, wobei ein krystallinischer Niederschlag entsteht. Man filtrirt, wäscht zunächst mit etwas Aether und dann, um noch beigemengtes Chlorhydrat zu entfernen, mit wenig eiskaltem Wasser. Zur völligen Reinigung wurde aus absolutem Alkohol umkrystallisirt.

Die Ausbeute betrug für je 5 g angewendete Chloracetylglutaminsäure 1,6 g Reinproduct gleich 18% der Theorie.

Für die Analyse war aus Alkohol umkrystallisirt und im Vacuum über Schwefelsäure getrocknet.

0,1663 g gaben 0,2787 CO_2 und 0,0938 H_2O. — 0,1477 g gaben 13,5 ccm Stickgas bei 18° und 765 mm Druck. — 0,2209 g gaben 0,0822 AgCl.

Ber. für $C_{15}H_{24}O_7N_3Cl$ (393,66). C 45,72, H 6,14, N 10,68, Cl 9,01.

Gef. ,, 45,71, ,, 6,31, ,, 10,65, ,, 9,20.

Die Substanz schmeckt bitter. Sie ist leicht löslich in Chloroform, in heissem Xylol und Alkohol (ca. 5 Theilen), schwerer in heissem Essigester und heissem Wasser, schwer löslich ist sie in der Kälte in allen diesen Lösungsmitteln, mit Ausnahme von Chloroform, fast unlöslich in Petroläther. Aus absolutem Alkohol krystallisirt sie besonders schön in weissen, weichen, verfilzten Nädelchen, die häufig zu kugeligen Aggregaten verwachsen sind. Bei 140° beginnt sie zu sintern und ist bei 146° (corr.) geschmolzen.

Eine Lösung des Esters in Chloroform zeigte nur eine ganz schwache Drehung.

Chloracetyl-glutamyl-diglycin.

$$CH_2Cl \cdot CO \cdot NH \cdot CH \cdot CO \cdot NH \cdot CH_2 \cdot COOH$$
$$\mid$$
$$CH_2 \cdot CH_2 \cdot CO \cdot NH \cdot CH_2 \cdot COOH.$$

3 g Ester werden fein gepulvert, mit 3 Mol. n-Natronlauge übergossen und bis zur Lösung geschüttelt. Nach zweistündiger Einwirkung säuert man mit 3 Mol. n-Schwefelsäure an, engt im Vacuum auf ca. 15 ccm ein und giebt zu der warmen Lösung die 5fache Menge kalten absoluten Alkohol. Beim Verdampfen des Filtrats im Vacuum bleibt ein wenig gefärbtes, dickflüssiges Oel zurück, das sich in etwa 30 ccm Aceton fast vollständig löst. Man filtrirt und lässt die Acetonlösung an der Luft abdunsten. Nach mehrtägigem Stehen im Exsiccator krystallisirt der syrupöse Rückstand in kugeligen Aggregaten. Die Ausbeute an krystallisirtem Product betrug 2,4 g oder 93% der Theorie.

Zur Reinigung wird die fein zerriebene Substanz in wenig Wasser gelöst, mit Aceton versetzt und nach dem Aufkochen mit Thierkohle filtrirt und abgedampft. Man versetzt von Neuem mit Aceton, verdampft wieder und löst nochmals. Nach dem Impfen krystallisirt allmählich die Substanz aus der Lösung in feinen Nädelchen, die zu Kugeln verwachsen sind.

Die wässrige Lösung reagirt und schmeckt sauer. Mit Silbernitrat giebt sie nach vorsichtigem Zusatz von Ammoniak ein körniges Silbersalz, das sich in Salpetersäure löst.

Die über Phosphorpentoxyd bei gewöhnlicher Temperatur getrocknete Substanz nahm bei 80° im Vacuum nicht an Gewicht ab.

0,1514 g gaben 0,2186 CO$_2$ und 0,0647 H$_2$O. — 0,1472 g gaben 15,7 ccm Stickgas bei 18° und 769 mm Druck. — 0,1496 g gaben 0,0644 AgCl.

Ber. für C$_{11}$H$_{16}$O$_7$N$_3$Cl (337,60). C 39,10, H 4,78, N 12,45, Cl 10,50.

Gef. ,, 39,38, ,, 4,78, ,, 12,49, ,, 10,64.

Die Substanz ist leicht löslich in Wasser, schwer löslich in Aceton,

Chloroform, Aether und Petroläther. Sie schmilzt gegen 173° (corr.) unter Aufschäumen nach vorherigem Sintern.

Glycyl-glutamyl-diglycin,

$NH_2 \cdot CH_2 \cdot CO \cdot NH \cdot CH \cdot CO \cdot NH \cdot CH_2 \cdot COOH$

$CH_2 \cdot CH_2 \cdot CO \cdot NH \cdot CH_2 \cdot COOH.$

1,2 g des Chlorkörpers werden fein zerrieben und in die 5fache Menge 25%iges wässriges Ammoniak eingetragen, wobei fast alles in Lösung geht. Man lässt drei Tage im Thermostaten bei 25° stehen. Nach dieser Zeit ist das Chlor ziemlich vollständig abgespalten. Man dampft im Vacuum zur Trockne, nimmt den syrupösen Rückstand mit wenig Wasser auf und fällt mit absolutem Alkohol. Der Niederschlag ist chlorfrei, enthält aber noch Ammoniak. Seine Menge betrug 1,16 g. Jetzt behandelt man ihn, wie bei der Glycyl-d-glutaminsäure beschrieben ist, mit Barythydrat und entfernt dieses quantitativ mit Schwefelsäure. Die Flüssigkeit wird nun bei 12—15 mm zur Trockne verdampft, mit Wasser aufgenommen und mit Alkohol gefällt. Die Ausbeute betrug 0,8 g oder 70% der Theorie.

Zur Reinigung wird in warmem Wasser gelöst und warmer, absoluter Alkohol zunächst bis zur Trübung, später bis zur vollständigen Fällung zugesetzt.

In absolutem Alkohol ist das Tetrapeptid fast unlöslich, in heissem Wasser ist es leicht löslich, in kaltem Wasser weniger leicht.

Mit Silbernitrat giebt es nach vorsichtigem Zusatz von Ammoniak eine Fällung. Die Biuretreaction zeigt es schwach. Die concentrirte wässrige Lösung wird von einer gesättigten Ammoniumsulfatlösung nicht gefällt. In sehr verdünnter schwefelsaurer Lösung wird es von Phosphorwolframsäure nicht gefällt.

Es krystallisirt in feinen Nadeln, die vielfach zu Kugeln verwachsen sind. Es ist fast geschmacklos und reagirt deutlich sauer.

Für die Analyse wurde bei 105° im Vacuum über Phosphorpentoxyd getrocknet. Das Präparat ist dann ganz schwach hygroscopisch.

0,1390 g gaben 0,2113 CO_2 und 0,0707 H_2O. — 0,1070 g gaben 16,2 ccm Stickgas bei 16° und 758 mm Druck.

Ber. für $C_{11}H_{18}O_7N_4$ (318,18).   C 41,49, H 5,70, N 17,61.

Gef. ,, 41,46, ,, 5,69, ,, 17,65.

Das Tetrapeptid hat keinen scharfen Schmelzpunkt. Es beginnt bei etwa 220° sich zu färben und zersetzt sich gegen 248° (corr.) unter starkem Schäumen und Schwärzung.

Das Drehungsvermögen in salzsaurer Lösung war recht schwach. 0,0598 g Substanz. Gesammtgewicht der Lösung in 20%iger Salzsäure

0,6116 g. Drehung im $^1/_2$ dcm-Rohr bei 20° und Natriumlicht 0,06° nach links. Nach $5^1/_2$stündigem Erhitzen auf 100° im geschlossenen Rohr war die Drehung nach rechts umgeschlagen und betrug $+ 0,07°$. Berechnet man aus der letzten Zahl die Menge der activen Glutaminsäure, die aus dem Tetrapeptid durch die Hydrolyse entstanden war, so betrug sie nur ungefähr 10% der Menge, die aus einem optisch reinen Tetrapeptid entstehen könnte.

Chloracetyl-dl-glutaminsäure.

Die Darstellung ist genau dieselbe, wie bei der activen Substanz, die Ausbeute aber etwas besser. Sie betrug an Rohproduct 7 g (92%) und an umkrystallisirter Substanz 6,1 g (80%) auf 5 g dl-Glutaminsäure.

Für die Analyse diente ein mehrmals umkrystallisirtes und bei 80° unter 12 mm Druck über Phosphorpentoxyd getrocknetes Präparat.

0,1446 g gaben 0,1988 CO_2 und 0,0599 H_2O. — 0,1746 g gaben 9,5 ccm Stickgas bei 16° und 754 mm Druck (über 33 % KOH). — 0,2786 g gaben 0,1797 AgCl.

Ber. für $C_7H_{10}O_5NCl$ (223,54). C 37,58, H 4,51, N 6,27, Cl 15,86.

Gef. ,, 37,50, ,, 4,63, ,, 6,31, ,, 15,95.

Im Capillarrohr beginnt die Substanz gegen 120° zu sintern und schmilzt bis 123° vollständig, also ungefähr 20° niedriger als der active Körper. Ungefähr 40° über dem Schmelzpunkt tritt Bräunung und Zersetzung ein.

In der Löslichkeit und auch in der Form der microscopisch kleinen Krystalle, die vielfach wie Nadeln aber zuweilen auch wie schmale, lange Blätter aussehen, ist sie der activen Verbindung sehr ähnlich.

Glycyl-dl-glutaminsäure.

Sie wurde aus dem inactiven Chlorkörper auch genau so dargestellt, wie die active Substanz. Das freie Dipeptid ist ebenfalls hygroscopisch und wurde bisher nicht deutlich krystallisirt erhalten. Infolge dessen haben auch die Analysen ziemlich stark abweichende Werthe gegeben.

Viel schönere Eigenschaften hat das Kupfersalz. Für seine Bereitung wurde das Dipeptid in der 50fachen Menge Wasser gelöst und mit überschüssigem gefälltem Kupferoxyd 20 Minuten gekocht. Aus der filtrirten, tiefblauen Flüssigkeit fällt bei längerem Stehen in der Kälte nur wenig Kupfersalz aus. Man muss deshalb ziemlich stark eindampfen, am besten unter vermindertem Druck. Lässt man dann die Lösung bei Zimmertemperatur stehen, so fällt das Kupfersalz als blaues mikrokrystallinisches Pulver aus. Erfolgt die Krystallisation langsam, so ist die Form bei allen Individuen unter dem Mikroscop deutlich zu erkennen. Es sind kurze Prismen oder Täfelchen.

Zur Analyse wurde die Substanz nochmals aus warmem Wasser umkrystallisirt. Im lufttrocknen Zustand enthält sie Krystallwasser, zu dessen Bestimmung mehrere Stunden auf 115—120° über Phosphorpentoxyd unter 12—15 mm Druck bis zum constanten Gewicht getrocknet wurde. Der Gewichtsverlust entspricht ungefähr der Formel $C_7H_{10}O_5N_2Cu + 3^1/_2 H_2O$.

0,1438 g verloren 0,0274 H_2O.
Ber. für $C_7H_{10}O_5N_2Cu + 3^1/_2 H_2O$ (328,75). H_2O 19,13. Gef. H_2O 19,05.

Die Analyse der getrockneten Substanz ergab folgende Werthe:

0,1976 g gaben 0,2285 CO_2 und 0,0660 H_2O und 0,0582 CuO. — 0,1579 g gaben 14,2 ccm Stickgas bei 17,5° und 760,5 mm Druck (über 33 % KOH). — 0,1672 g gaben 0,0500 CuO.
Ber. für $C_7H_{10}O_5N_2Cu$ (265,7). C 31,62, H 3,79, N 10,55, Cu 23,94.
Gef. „ 31,54, „ 3,74, „ 10,42, „ 23,53, 23,89.

Im Capillarrohr rasch erhitzt, zersetzt sich das Salz gegen 223° (corr.).

Von dem vorher beschriebenen Salz der activen Glycyl-glutaminsäure unterscheidet es sich durch die erheblich grössere Löslichkeit in heissem Wasser. Es bedarf davon 40—50 Theile und fällt beim Erkalten dieser Lösung bald wieder aus. Das Salz der activen Glycyl-glutaminsäure verlangt unter der gleichen Bedingung ungefähr 150 Theile heisses Wasser zur Lösung.

Es verdient übrigens bemerkt zu werden, dass die Kupfersalze in unreinem Zustande leichter löslich sind, und dass deshalb bei der Darstellung aus der rohen Glycyl-glutaminsäure die Lösung des Kupfersalzes stärker concentrirt werden muss, um eine erhebliche Krystallisation zu erhalten.

Chloracetyl-glutamyl-diglycin-diäthylester aus Chloracetyl-dl-glutaminsäure.

Der Versuch wurde genau so ausgeführt, wie mit der activen Substanz. Die Ausbeute betrug ebenfalls 18% der Theorie, und das Präparat zeigte in Bezug auf Schmelzpunkt, Löslichkeit und Art der Krystallisation keinen wesentlichen Unterschied von dem früher beschriebenen Körper. Selbstverständlich war es gänzlich inactiv.

Die Analyse ergab:

0,2044 g gaben 0,3420 CO_2 und 0,1153 H_2O. — 0,2030 g gaben 19,0 ccm Stickgas bei 24° und 764 mm Druck. — 0,1767 g gaben 0,0647 AgCl.
Ber. für $C_{15}H_{24}O_7N_3Cl$ (393,66). C 45,72, H 6,14, N 10,68, Cl 9,01.
Gef. „ 45,63, „ 6,31, „ 10,62, „ 9,05.

Wir haben ferner den Ester in das Chloracetyl-glutamyl-diglycin

verwandelt und auch hier die allergrösste Aehnlichkeit mit dem früheren
Präparat festgestellt.

Die Analyse ergab:

0,1498 g gaben 0,2164 g und CO_2 0,0644 H_2O. — 0,1552 g gaben 16,5 ccm
Stickgas bei 17° und 762 mm Druck. — 0,1536 g gaben 0,0650 g AgCl.

Ber. für $C_{11}H_{16}O_7N_3Cl$ (337,60).   C 39,10, H 4,78, N 12,45, Cl 10,50.

Gef. ,, 39,40, ,, 4,81, ,, 12,38, ,, 10,46.

Wir ziehen aus diesen Beobachtungen ebenfalls den Schluss, dass
bei der Darstellung des Chloracetyl-glutamyl-diglycin-diäthylesters aus
der activen Chloracetylglutaminsäure sehr weitgehende Racemisirung
eintritt.

60. Emil Fischer und Otto Gerngross: Synthese von Polypeptiden. XXX. Derivate des *l*-Cystins.

Berichte der Deutschen Chemischen Gesellschaft 42, 1485 [1909].

(Eingegangen am 30. März 1909.)

Vom Cystin sind bisher nur symmetrische Tripeptide, die Diglycyl-, Dialanyl- und Dileucylverbindungen bekannt[1]). Sie wurden nach der Halogenacylmethode gewonnen. Da aber damals die aktiven α-Halogenfettsäuren noch nicht zugänglich waren und deshalb inaktive α-Brompropionsäure und α-Bromisocapronsäure benutzt wurden, so ist die Einheitlichkeit der beschriebenen Produkte in stereochemischer Beziehung zweifelhaft.

Wir haben deshalb die Synthese des Dileucylcystins mit optisch aktiver *d* - α - Brom-isocapronsäure wiederholt und statt des früher beschriebenen amorphen Präparates ein krystallinisches Produkt gewonnen, das wir als Di - *l* - leucyl - *l* - cystin bezeichnen und dessen sterische Einheitlichkeit kaum zweifelhaft ist. Das Präparat bietet noch ein besonderes Interesse, weil es selbst aus verdünnter wäßriger Lösung durch Ammoniumsulfat gefällt wird und mithin im Sinne der üblichen Nomenklatur der Spaltprodukte von Proteinen als eine „Albumose" bezeichnet werden kann. Es gleicht in dieser Beziehung dem ebenfalls synthetisch gewonnenen Leucyltriglycyltyrosin[2]).

Ferner haben wir beobachtet, daß bei der Kupplung des *l*-Cystins mit Halogenacylchlorid in alkalischer Lösung neben dem Di-halogenacylderivat auch ein Mono-halogenacylderivat entsteht. Seine Menge wird, wie leicht begreiflich, größer, wenn vom Cystin ein Überschuß zur Anwendung kommt. Genau untersucht haben wir die schön krystallisierenden Mono - *d*, α - bromisocapronyl- und Monochloracetylverbindungen. Beide werden durch Ammoniak in die entsprechenden Dipeptide verwandelt, die wir aber bisher leider nicht in ganz reinem Zustand gewinnen konnten.

---

[1]) E. Fischer und U. Suzuki, Berichte d. D. Chem. Gesellsch. 37, 4575 [1904]. (*Proteine I, S. 395.*)

[2]) E. Fischer, Berichte d. D. Chem. Gesellsch. 40, 3710 [1907]. (*S. 463.*)

Di - d, α - bromisocapronyl - l - cystin,

$$C_4H_9 \cdot CHBr \cdot CO \cdot NH \cdot CH(COOH) \cdot CH_2 \cdot S \cdot S \cdot CH_2 \cdot CH(COOH) \cdot$$
$$NH \cdot CO \cdot CHBr \cdot C_4H_9.$$

6 g Cystin ($[\alpha]_D = -216°$) werden in 5 ccm n.-Natronlauge (2 Mol.) gelöst, die Lösung in einer geräumigen Schüttelflasche stark gekühlt und unter starkem Schütteln abwechselnd in ca. 8 Portionen 11,7 g d-α-Bromisocapronylchlorid (2,2 Mol., bereitet aus d-Leucin) und 62,5 ccm n.-Natronlauge (2,5 Mol.) zugefügt. Da die ganze Masse bald zu einem steifen Schaum gesteht, so ist die Anwendung von Glasperlen zu empfehlen. Nach ca. $^3/_4$ Stunden ist das Chlorid verbraucht, und beim Ansäuern mit 15 ccm 5-n.Salzsäure fällt ein dickes Öl aus, während gleichzeitig der Schaum verschwindet. Es wird zweimal ausgeäthert und die Ätherauszüge nach dem Trocknen mit Natriumsulfat auf ein kleines Volumen abgedampft. Ist man im Besitz von Krystallen, so erhält man das Kupplungsprodukt gleich rein, wenn man die konzentrierte ätherische Lösung impft und einige Stunden in einer Kältemischung aufbewahrt. Nach dem Absaugen und Waschen mit kaltem Äther betrug die Ausbeute an reinem, weißem Produkt ca. 8 g oder 54% der Theorie.

Fällt man die stark eingeengte ätherische Lösung durch Petroläther, so erhält man das Kupplungsprodukt als ein gelbliches Öl, das beim Reiben bald erstarrt, und dessen Menge ca. 10 g (ca. 70% der Theorie) beträgt. Aber dem Produkt haftet eine Verunreinigung an, die durch Digerieren mit 10 Teilen absolutem Äther entfernt werden muß, wobei ungefähr 20% gelöst bleiben. Zur Reinigung wird die Substanz in etwa 10 Teilen Essigäther gelöst und die Lösung bis zur Trübung mit Petroläther versetzt. Sie scheidet sich beim längeren Stehen in großen, meist zu Sternen oder kugligen Aggregaten vereinigten, zugespitzten, harten Prismen ab, die häufig 5 mm lang sind und beim raschen Erhitzen im Capillarrohr nach vorheriger Sinterung zwischen 121° und 123° (korr.) unter Gasentwicklung schmelzen. Zur Analyse wurde unter 15 mm Druck bei 80° getrocknet.

0,1696 g Sbst.: 0,2253 g CO_2, 0,0775 g H_2O. — 0,1153 g Sbst.: 4,9 ccm N (16°, 758 mm). — 0,1241 g Sbst.: 0,0794 g AgBr. — 0,2010 g Sbst.: 0,1523 g $BaSO_4$.

$C_{18}H_{30}O_6N_2Br_2S_2$ (594,29).   Ber. C 36,35, H 5,09, N 4,71, Br 26,91, S 10,79.
Gef. ,, 36,18, ,, 5,11, ,, 4,95, ,, 27,23, ,, 10,40.

In Wasser ist die Substanz auch in der Hitze sehr schwer löslich, leicht in Alkohol, Aceton, Essigäther, Pyridin, schwer in Äther, fast unlöslich in Petroläther.

Zur optischen Bestimmung diente eine 10-prozentige Lösung in absolutem Alkohol, wobei 2 Präparate verschiedener Darstellung zur Verwendung kamen.

0,1512 g Substanz. Gesamtgewicht der Lösung 1,5012 g; $d^{20} = 0,834$. Drehung im 1-dm-Rohr bei 21° und Natriumlicht 11,23° nach links. Mithin

$$[\alpha]_D^{21} = -133,7° \,(\pm 0,2°)\,.$$

0,4473 g Substanz. Gesamtgewicht der Lösung 4,4027 g; $d^{20} = 0,827$. Drehung im 1-dm-Rohr bei 20° und Natriumlicht 11,09° nach links. Mithin

$$[\alpha]_D^{20} = -132,0° \,(\pm 0,2°)\,.$$

Di - *l* - leucyl - *l* - cystin,

$$\underset{\overset{|}{\text{NH}_2}}{\text{C}_4\text{H}_9\cdot\text{CH}}\cdot\text{CO}\cdot\text{NH}\cdot\underset{\overset{|}{\text{COOH}}}{\text{CH}}\cdot\text{CH}_2\cdot\text{S}\cdot\text{S}\cdot\text{CH}_2\cdot\underset{\overset{|}{\text{COOH}}}{\text{CH}}\cdot\text{NH}\cdot\text{CO}\cdot\underset{\overset{|}{\text{NH}_2}}{\text{CH}}\cdot\text{C}_4\text{H}_9$$

Da der Bromkörper in kaltem Ammoniak ziemlich schwer löslich ist, so werden 5 g mit 50 ccm wäßrigem Ammoniak von 25% gelinde erwärmt, bis klare Lösung eintritt und dann die Flüssigkeit sechs Tage bei 25° aufbewahrt. Man verdampft nun das überschüssige Ammoniak unter vermindertem Druck, wobei das starke Schäumen einige Unbequemlichkeit verursacht, löst den Rückstand in wenig Wasser und verdampft unter Zusatz von Alkohol abermals unter vermindertem Druck. Wird dieses Eindampfen mit Alkohol mehrmals wiederholt, so bleibt schließlich das Tripeptid gemischt mit Ammoniumbromid nicht als Sirup, sondern als nahezu farbloses Pulver zurück.

Man löst mit einem Gemisch von 40 ccm Wasser und 15 ccm Alkohol bei ca. 70°. Hierbei bleibt ein kleiner Rückstand, der zum größten Teil aus Cystin besteht. Aus dem Filtrat wird mit etwa 250 ccm Aceton das Dileucylcystin gefällt. Den Niederschlag löst man abermals in 60 ccm kaltem Wasser, filtriert wenn nötig und fällt von neuem mit etwa 200 ccm Aceton. Das so erhaltene Tripeptid ist frei von Brom und Ammoniak. Seine Menge schwankt zwischen 40 und 50% der Theorie. Für die Analyse und optische Bestimmung war nochmals umgelöst und bei 100° unter 15 mm Druck getrocknet.

0,1310 g Sbst.: 0,2222 g CO_2, 0,0892 g H_2O. — 0,1100 g Sbst.: 11,4 ccm N (16,5°, 768 mm).

$$C_{18}H_{34}O_6N_4S_2 \,(466,42)\,.$$ Ber. C 46,31, H 7,34, N 12,02.
Gef. ,, 46,26, ,, 7,62, ,, 12,20.

Da die Sbst. sich in kaltem Wasser zu langsam löst, so wurde für die optische Untersuchung die salzsaure Lösung benutzt.

0,0132 g Substanz, gelöst in *n*-Salzsäure. Gesamtgewicht der Lösung 0,5159 g; $d^{20} = 1,03$. Drehung im $\frac{1}{2}$-dm-Rohr bei 20° und Natriumlicht 1,80° $(\pm 0,02°)$ nach links. Mithin

$$[\alpha]_D^{20} = -136,6° \,(\pm 0,8°)\,.$$

Das körnige Präparat beginnt beim Erhitzen im Capillarrohre gegen 200° sich gelb zu färben und zersetzt sich bei höherer Temperatur immer mehr, ohne zu schmelzen. Es verlangt von kochendem Wasser ca. 6—7 Teile zur Lösung, kommt aber beim Abkühlen nicht heraus. In kaltem Wasser ist es erheblich schwerer löslich und in Aceton, Alkohol und in Äther so gut wie unlöslich.

Die wäßrige Lösung färbt sich beim Kochen mit gefälltem Kupferoxyd rein blau. Versetzt man die in der Kälte bereitete alkalische Lösung des Tripeptids mit sehr wenig Kupfersulfat, so tritt eine schöne rotviolette Farbe auf, die bei mehr Kupfersulfat in Blauviolett und dann in reines Blau umschlägt. Beim Kochen der Flüssigkeit wird die Farbe ganz dunkel, weil eine tiefgreifende Zersetzung des Peptids eintritt, die wohl derjenigen des Cystins durch heißes Alkali ähnlich ist.

Die mit Schwefelsäure versetzte wäßrige Lösung gibt mit Phosphorwolframsäure einen amorphen Niederschlag, der in der Wärme schmilzt.

Wie leicht das Tripeptid durch Ammoniumsulfat gefällt wird, zeigen folgende Daten: Eine Lösung in der 20-fachen Menge heißen Wassers, die von einer schwachen Trübung abfiltriert und ganz klar war, gab bei 20° auf Zusatz des gleichen Volumens einer bei derselben Temperatur gesättigten Lösung von Ammoniumsulfat einen nicht unerheblichen flockigen Niederschlag, der sich auf weiteren Zusatz von Ammoniumsulfatlösung und Abkühlen auf 0° noch erheblich vermehrte.

Die Substanz hat also in dieser Beziehung ausgesprochen den Charakter der Albumosen, und es verdient hervorgehoben zu werden, daß sie das erste krystallisierte, künstliche Polypeptid dieser Art ist.

Die eben beschriebene körnige Form des Di-*l*-leucyl-*l*-cystins ist zweifellos krystallinisch; aber die Krystalle sind nicht so deutlich ausgebildet, daß man von einer bestimmten Form sprechen könnte. Wir haben aber die Substanz auch in hübsch ausgebildeten, kleinen Prismen erhalten. Das gelingt, wenn man die nötige Geduld hat, durch Lösen in möglichst wenig heißem Wasser, Verdünnen mit der dreifachen Menge Methylalkohol und allmählichem Zusatz von Aceton oder Äther bis zur beginnenden Trübung. Bei wochenlangem Stehen scheiden sich dann jene Krystalle ab, oder aber es verwandeln sich die anfangs abgeschiedenen Knollen ebenfalls in Aggregate von kleinen Nadeln oder Prismen. Viel rascher erhält man indessen die Prismen auf folgendem, etwas ungewöhnlichem Wege: Man löst 0,1 g Pikrinsäure in ca. 3 ccm Methylalkohol und fügt 0,1 g Tripeptid hinzu, das sich beim Umschütteln klar löst. Fügt man jetzt in kleinen Portionen sehr fein gepulvertes Tripeptid weiter zu, so löst es sich ebenfalls, bis ungefähr nochmals 0,1 g verbraucht sind. Dann beginnt eine Trübung der Flüssigkeit, und wenn man rasch filtriert, so scheiden sich aus der Flüssigkeit schöne, kleine Prismen des Tripeptids ab, deren Menge schwankt, aber sehr wohl ein Viertel des angewandten Tripeptids erreichen kann. Zur Analyse wurde bei 100° und 15 mm Druck getrocknet.

0,1036 g Sbst.: 10,9 ccm N (18°, 763 mm). — 0,1082 g Sbst.: 0,1112 g $BaSO_4$.

$C_{18}H_{34}O_6N_4S_2$ (466,42). Ber. N 12,02, S 13,75.

Gef. ,, 12,23, ,, 14,11.

Diese Krystalle zeigen in Bezug auf Löslichkeit, Verhalten in der Hitze und gegen Ammoniumsulfat die allergrößte Ähnlichkeit mit dem körnigen Produkt. Der Geschmack ist unangenehm und ganz schwach ins Bittere spielend, aber wenig charakteristisch. Das Drehungsvermögen fanden wir etwas höher.

0,0124 g Subst., gelöst in n.-Salzsäure. Gesamtgewicht der Lösung 0,5043 g. $d^{20} = 1,03$. Drehung im $^1/_2$-dm-Rohr bei 20° und Natriumlicht 1,79° $(\pm 0,01°)$ nach links. Mithin

$$[\alpha]_D^{20} = - 141,4° (\pm 0,4°).$$

Aber die Differenz ist doch zu klein, als daß man eine wesentliche Verschiedenheit der beiden Präparate annehmen könnte. Da die Analyse des körnigen Produkts gut stimmende Werte ergeben hat, so vermuten wir, daß es in geringer Menge eine gewisse Beimischung enthält, die durch die Pikrinsäure in Lösung gehalten wird. Es ist schon früher wiederholt darauf hingewiesen worden, daß bei Polypeptiden Isomere existieren, die einander gegenseitig an der Krystallisation hindern. Gelegenheit zu solchen Isomerien ist durch die Anwesenheit der Säureamidgruppe (Lactam- und Lactimform) selbst bei den einfachsten Gliedern der Klasse hinreichend gegeben, und die Schwierigkeiten der Krystallisation, denen man so häufig auch bei einheitlich zusammengesetzten Präparaten begegnet, dürfte gerade so wie bei manchen Zuckerarten durch das Vorhandensein solcher leicht ineinander umwandelbarer Isomeren bedingt sein.

Mono - d - α - bromisocapronyl - l - cystin,

$C_4H_9 \cdot CH \cdot CO \cdot NH \cdot CH \cdot CH_2 \cdot S \cdot S \cdot CH_2 \cdot CH \cdot NH_2$

Br   COOH   COOH

Die Verbindung entsteht in kleiner Menge bei der oben beschriebenen Darstellung der Dibromverbindung. Sie scheidet sich aus der schwach salzsauren Lösung nach dem Ausäthern des Dibromkörpers bei mehrstündigem Stehen krystallinisch aus. Ihre Menge betrug nur 8% der Dibromverbindung. Viel größer wird die Ausbeute, wenn bei der Kupplung ein erheblicher Überschuß von Cystin zur Anwendung kommt. Dem entspricht folgende Vorschrift, bei der gleichzeitig eine erhebliche Menge vom Dibromkörper gewonnen und auch das im Überschuß angewandte Cystin großenteils zurückerhalten wird.

Zu einer Lösung von 10 g Cystin in 153 ccm *n*.-Natronlauge werden bei 0° unter starkem Turbinieren gleichzeitig 3 g *d-α*-Bromisocapronylchlorid und 16,5 ccm *n*.-Natronlauge im Laufe von einer Stunde zugetropft und hinterher noch die verschlossene Flasche unter Zusatz von Glasperlen geschüttelt, bis der Geruch des Chlorids fast vollständig verschwunden ist. Dann wird mit 300 ccm *n*.-Salzsäure langsam und unter Schütteln versetzt, um den ausfallenden Niederschlag in leicht filtrierbarer Form zu erhalten. Nach zweistündigem Stehen bei 0° wird abfiltriert und sowohl das Filtrat wie der feste Rückstand mit Äther ausgeschüttelt, wobei das *d-α*-Dibromcapronylcystin in Lösung geht. Es bleibt beim Verdampfen des Äthers als dickes Öl zurück, das in der oben beschriebenen Weise krystallisiert erhalten wird. Die Menge des rohen Dibromkörpers beträgt ungefähr 50% der Theorie berechnet auf das Chlorid.

Der in Äther unlösliche Teil des Niederschlags ist ein Gemisch von Cystin und Mono-bromisocapronylcystin. Behufs Lösung des letzteren wird wiederholt mit viel Methylalkohol ausgekocht. Bei obigen Mengenverhältnissen sind im ganzen 500 ccm ausreichend. Das hierbei zurückbleibende Cystin kann direkt für eine neue Kupplung verwendet werden. Aus der methylalkoholischen Lösung scheidet sich beim Einengen das Mono-bromisocapronylcystin krystallinisch ab, und die Krystallisation kann durch Zusatz von Essigester noch vervollständigt werden. Die beste Ausbeute betrug 1,6 g oder 27% der Theorie, berechnet auf das angewandte Chlorid.

Für die Analyse wurde das nicht weiter umkrystallisierte Präparat bei 80° unter 15 mm Druck getrocknet.

0,1010 g Sbst.: 0,1289 g CO_2, 0,0470 g H_2O. — 0,1206 g Sbst.: 0,0552 g AgBr. — 0,1314 g Sbst.: 0,1450 g $BaSO_4$.

$C_{12}H_{21}O_5N_2BrS_2$ (417,26).   Ber. C 34,51, H 5,07, Br 19,16, S 15,37.
Gef. ,, 34,81, ,, 5,21, ,, 19,48, ,, 15,15.

Für die optische Bestimmung war nochmals in Wasser unter Zusatz von Natriumcarbonat gelöst, mit Essigsäure angesäuert und durch Abkühlen auf 0° die Krystallisation herbeigeführt. Zuletzt wurde das Präparat wie oben getrocknet.

0,1515 g Subst., gelöst in 0,75 ccm *n*.-Natronlauge und 2 ccm Wasser. Gesamtgewicht 2,9825 g. d = 1,028. Drehung im 1-dm-Rohr bei 21° und Natriumlicht 6,80° ($\pm$ 0,02°) nach links. Mithin:

$$[\alpha]_D^{21} = -130,2° (\pm 0,4°).$$

Das Mono-*d-α*-bromisocapronylcystin schmilzt bei raschem Erhitzen im Capillarrohr gegen 194° unter Bräunung und Aufschäumen. Es ist in den gewöhnlichen indifferenten organischen Flüssigkeiten recht schwer oder gar nicht löslich. Am leichtesten wird es von Methylalkohol aufgenommen und krystallisiert daraus in feinen, farblosen Plättchen. In Alkalien, Ammoniak und selbst in wäßrigem Pyridin löst es sich leicht. Aus letzterem kann es durch vorsichtigen Zusatz von Alkohol und Äther in Gestalt von Nädelchen ausgefällt werden. Von ganz verdünnter kalter Salzsäure wird es ziemlich schwer aufgenommen und unterscheidet sich dadurch vom Cystin. Dagegen löst warme, verdünnte oder auch kalte, stärkere Salzsäure leicht. Diese Basizität der Verbindung ist nicht auffallend, da sie ja noch eine Aminogruppe des Cystins enthält.

Durch einen vorläufigen Versuch haben wir uns überzeugt, daß das Mono-d-α-bromisocapronyl-l-cystin sich in alkalischer Lösung in der üblichen Weise mit d-α-Brompropionylchlorid zu einem krystallisierenden Produkt kuppeln läßt, und wir zweifeln nicht daran, daß auf diesem Wege gemischte Di-halogenacylcystine und daraus durch Amidierung gemischte Tripeptide des Cystins gewonnen werden können.

Mono-l-leucyl-l-cystin. Mit diesem Namen bezeichnen wir das durch Amidierung der zuvor beschriebenen Bromverbindung entstehende amorphe Produkt, obschon wir es, wie die späteren Analysen anzeigen, nicht ganz rein erhalten konnten. 4 g Mono-d-α-bromisocapronyl-l-cystin werden mit 20 ccm 25-prozentigem wäßrigem Ammoniak gelöst und 6 Tage bei 25° aufbewahrt, dann von einem geringen, dunklen Niederschlag abfiltriert und die gelbe Flüssigkeit unter stark vermindertem Druck verdampft. Der anfangs sirupöse Rückstand wird beim wiederholten Verdampfen mit Alkohol unter vermindertem Druck fest und spröde. Um das darin enthaltene Cystin, das offenbar durch Hydrolyse der Acylverbindung entsteht, zu entfernen, laugt man mit einem Gemisch von 9 ccm Wasser und 15 ccm Alkohol aus. Die Menge des zurückbleibenden Cystins beträgt ca. 0,5 g.

Versetzt man das Filtrat mit etwa 130 ccm Aceton, so fällt ein Sirup aus, der nach dem Entfernen der Mutterlauge beim Verreiben mit Aceton fest wird und sich filtrieren läßt, an der Luft aber wieder zerfließt. Man löst ihn in einem Gemisch von 6 ccm Wasser und 7 ccm Alkohol, fällt mit 60 ccm Aceton und behandelt wie zuvor. Das Lösen in Alkohol der gleichen Konzentration und Fällen mit Aceton wird dann mit kleineren Flüssigkeitsmengen einige Male wiederholt, bis das Produkt halogenfrei ist und an der Luft nicht mehr zerfließt. Die Ausbeute betrug 1,9 g oder 56% der Theorie.

Das so bereitete Dipeptid ist ein farbloses, lockeres Pulver, das keinen Schmelzpunkt hat und sich im Capillarrohr von 165° an färbt und bei höherer Temperatur immer dunkler wird. Zur Analyse war bei 100° unter 15 mm Druck getrocknet.

0,0997 g Sbst.: 0,1513 g CO_2, 0,0595 g H_2O. — 0,1199 g Sbst.: 0,1840 g CO_2, 0,0710 g H_2O. — 0,1194 g Sbst.: 11,6 ccm N (19°, 757 mm). — 0,1517 g Sbst.: 15 ccm N (21,5°, 752 mm).

$C_{12}H_{23}O_5N_3S_2$ (353,33).   Ber. C 40,76,   H 6,56,   N 11,90.

Gef. ,, 41,39, 41,85, ,, 6,68, 6,62, ,, 11,16, 11,16.

Die Zahlen zeigen, daß die Substanz noch nicht ganz rein war. Sie löst sich sehr leicht in Wasser, sehr schwer in absolutem Alkohol und fast gar nicht in Aceton, Äther und Essigäther. Die konzentrierte wäßrige Lösung gibt mit überschüssiger, gesättigter Lösung von Ammoniumsulfat bei guter Abkühlung auch einen ziemlich starken, klebrigen Niederschlag.

Mono-chloracetyl-l-cystin,

$$CH_2 \cdot CO \cdot NH \cdot CH \cdot CH_2 \cdot S \cdot S \cdot CH_2 \cdot CH \cdot NH_2$$
$$Cl \qquad\qquad COOH \qquad\qquad\qquad COOH$$

Es entsteht neben dem schon bekannten Di-chloracetylcystin[1]) durch Kupplung der Aminosäure mit Chloracetylchlorid, wenn erstere in erheblichem Überschuß verwendet wird. Eine leidliche Ausbeute erhält man nach folgender Vorschrift:

24 g (0,1 Mol.) werden in 200 ccm n.-Natronlauge gelöst und zu der in der Kältemischung gekühlten Flüssigkeit unter heftigem Schütteln abwechselnd und in etwa 10 Portionen 5,6 g Chloracetylchlorid (0,05 Mol.) und 50 ccm n.-Natronlauge im Laufe von etwa 15 Minuten zugegeben. Das Chlorid verschwindet sofort. Um das unveränderte Cystin in filtrierbarer Form auszuscheiden, fügt man allmählich unter Schütteln 40 ccm 5-fachnorm. Salzsäure zu, läßt noch eine halbe Stunde bei 0° stehen und filtriert den Niederschlag auf der Nutsche. Die Menge des Cystins beträgt ungefähr 14 g. Filtrat und Waschwasser werden nun unter stark vermindertem Druck völlig eingedampft und der zum erheblichen Teil ölige Rückstand 3—4-mal mit je 25 ccm Essigester unter gelindem Erwärmen durchgeschüttelt. Hierbei geht das Di-chloracetylcystin in Lösung und wird durch starkes Einengen und Fällen mit Petroläther krystallinisch gewonnen.

Die Ausbeute an Rohprodukt beträgt ungefähr 3,5 g. Um die geringe Menge des darin enthaltenen Monochloracetylkörpers zu entfernen, löst man in 10 ccm heißem Wasser, behandelt mit wenig Tierkohle und versetzt das Filtrat mit 2 ccm verdünnter Salzsäure, wodurch das basische Monochloracetylcystin gebunden wird. Das Di-chloracetylcystin scheidet sich aber beim Erkalten bald in farblosen und analysenreinen Krystallen ab.

---

[1]) E. Fischer und U. Suzuki, Berichte d. D. Chem. Gesellsch. **37**, 4576 [1904]. (*Proteine I, S. 396*.)

Der vom Essigester nicht gelöste Rückstand enthält außer Kochsalz Monochloracetylcystin und noch etwas unverändertes Cystin. Er wird zur Entfernung des Kochsalzes zuerst mit 50 ccm eiskaltem Wasser sorgfältig verrieben, abgesaugt und mit wenig eiskaltem Wasser gewaschen. Die Menge dieses Rohprodukts schwankt zwischen 7 und 9 g. Für die Abtrennung des darin enthaltenen Cystins haben wir nur einen Weg, Auslaugen mit wäßrigem Pyridin, gefunden, wodurch die Monochloracetylverbindung gelöst wird.

Zu dem Zweck werden 8 g des Rohprodukts mit einem kalten Gemisch von 30 ccm Wasser und 3,5 ccm Pyridin sorgfältig ausgelaugt und die Flüssigkeit abgesaugt oder mit einem Pukallschen Ballonfilter filtriert. Leider geht die Filtration wegen der amorphen Beschaffenheit des Cystins so langsam vonstatten, daß sie 12—24 Stunden in Anspruch nimmt. Nachgewaschen wird mit einer kleinen Menge kalten Wassers. Das Filtrat wird mit ungefähr 4 Volumen Alkohol gemischt und durch Äther das Mono-chloracetylcystin gefällt. Aus 8 g Rohprodukt erhält man 4,5—5 g fast reines Präparat. Zur völligen Reinigung trägt man das krystallinische Pulver in die 15-fache Menge siedenden Wassers ein, behandelt die schwachgelb gefärbte Flüssigkeit rasch mit etwas Tierkohle, filtriert und versetzt die schnell auf etwa 50° abgekühlte Flüssigkeit mit dem doppelten Volumen Aceton. Nach kurzer Zeit beginnt die Abscheidung von farblosen, meist rechteckig abgeschnittenen, kleinen Prismen oder langgestreckten, rechteckigen Plättchen; sie werden nach mehrstündigem Stehen bei 0° filtriert. Für die Analyse war bei 100° getrocknet.

0,1810 g Sbst.: 0,2024 g CO_2, 0,0713 g H_2O. — 0,1481 g Sbst.: 11,3 ccm N (17°, 768 mm). — 0,1279 g Sbst.: 0,0563 g AgCl. — 0,1996 g Sbst.: 0,2957 g $BaSO_4$.

$C_8H_{13}O_5N_2ClS_2$ (316,69). Ber. C 30,31, H 4,14, N 8,85, Cl 11,19, S 20,25.
                    Gef. ,, 30,50, ,, 4,41, ,, 8,97, ,, 10,88, ,, 20,34.

Für die optische Bestimmung diente die Lösung in n.-Salzsäure. 0,0884 g Sbst., Gesamtgewicht der Lösung 1,9039 g. $d^{20} = 1,036$. Drehung im 1-dm-Rohr bei 21° und Natriumlicht 8,10° $\pm$ 0,01°) nach links. Mithin:

$$[\alpha]_D^{21} = -168,4° (\pm 0,2°).$$

Ein Präparat, das von einer anderen Darstellung herrührte, gab unter den gleichen Verhältnissen $[\alpha]_D^{17} = -169,2°$. Wir wollen übrigens zufügen, daß bei noch anderen Präparaten, die nicht so sorgfältig umkrystallisiert waren, die spezifische Drehung 4—5 Grade niedriger gefunden wurde.

Das Mono-chloacetyl-l-cystin hat keinen konstanten Schmelzpunkt. Beim raschen Erhitzen im Capillarrohr verschäumt es (Zersetzung unter

Aufschäumen) gegen 185—190°. Es ist in absolutem Alkohol, Aceton und Essigester sehr schwer löslich, etwas leichter wird es von Methylalkohol aufgenommen. In Alkalien und Ammoniak, sowie in verdünnten Mineralsäuren löst es sich leichter, was seinem Charakter als Säure und Base entspricht. Ebenso wird es, wie oben angeführt, durch wäßriges Pyridin leicht gelöst und unterscheidet sich dadurch von dem Cystin. Durch heiße, verdünnte Salzsäure wird es rasch hydrolisiert, und in alkalischer Lösung läßt es sich mit d-α-Bromisocapronylchlorid kuppeln.

Monoglycyl-l-cystin. Die Amidierung des Chlorkörpers kann in der gewöhnlichen Weise wie bei den Leucylverbindungen ausgeführt werden, rascher aber kommt man durch Erhitzen zum Ziele. 5 g Monochloracetyl-l-cystin werden mit 50 ccm 25-prozentigem Ammoniak in einem verschlossenen Gefäß eine halbe Stunde auf 70° erhitzt, dann die gelbe Lösung unter geringem Druck eingedampft, bis alles Ammoniak ausgetrieben ist. Das hierbei abgeschiedene Cystin wird filtriert, die Mutterlauge auf ein kleines Volumen eingedampft und das Dipeptid mit Alkohol gefällt. Die abgesaugte Masse löst man in etwa 12 ccm Wasser und fällt wieder mit etwa 90 ccm Alkohol.

Die Ausbeute an so gewonnenem, halogenfreiem Dipeptid beträgt etwa 2,8 g oder 60% der Theorie. Das Präparat hat manchmal, aber nicht immer, eine ganz schwach rote Farbe und ist noch keineswegs rein. Es wurde deshalb für die Analysen noch zweimal in der obigen Weise aus wäßriger Lösung durch Alkohol gefällt und dann bei 100° unter 15 mm Druck getrocknet.

0,1659 g Sbst.: 0,2128 g CO_2, 0,0823 g H_2O. — 0,1183 g Sbst.: 14,7 ccm N (17,5°, 743 mm). — 0,1227 g Sbst.: 0,1841 g $BaSO_4$.

$C_8H_{15}O_5N_3S_2$ (297,26).   Ber. C 32,30, H 5,08, N 14,14, S 21,57.
Gef. ,, 34,19, ,, 5,42, ,, 14,10, ,, 20,60.

Die Zahlen zeigen, daß das Präparat immer noch ziemlich unrein war. Alle Versuche, die Substanz oder ihre Salze zu krystallisieren, waren bisher vergeblich. Die wäßrige Lösung gibt mit Silbernitrat einen farblosen, amorphen Niederschlag, der sich beim Erwärmen der Flüssigkeit gelb färbt, und mit Sublimat ebenfalls einen farblosen Niederschlag. Sie wird auch nach dem Ansäuern durch Phosphorwolframsäure gefällt; dagegen erzeugt eine konzentrierte Ammoniumsulfatlösung keinen Niederschlag. Gegen Kupfersalze verhält sich das Dipeptid ähnlich dem vorher beschriebenen Dileucylcystin.

Di-chloracetyl-*l*-cystin,

$$CH_2 \cdot CO \cdot NH \cdot CH \cdot CH_2 \cdot S \cdot S \cdot CH_2CH \cdot NH \cdot CO \cdot CH_2$$
$$\overset{|}{Cl} \qquad \overset{|}{COOH} \qquad \overset{|}{COOH} \qquad \overset{|}{Cl}$$

Für seine Darstellung[1]) ist die alte Vorschrift, bei der auf 1 Mol.
Cystin 2,4 Mol. Chlorid angewandt werden, weit besser, aber als Nebenprodukt kann man es, wie oben beschrieben, auch bei der Bereitung
der Mono-chloracetylverbindung ohne zu große Mühe gewinnen. Bei
dieser Gelegenheit haben wir gefunden, daß die Verbindung, wenn sie
aus Wasser krystallisiert wird, Wasser enthält, dessen Menge 1 Mol.
entspricht. In heißem Wasser ist sie nämlich leicht löslich, scheidet
sich aber daraus in der Kälte in feinen Nadeln ab, die im Capillarrohr
schon gegen 90° stark sintern, während die wasserfreie Substanz, der
früheren Angabe ungefähr entsprechend, bei 136° schmilzt.

Für die Analyse der krystallwasserhaltigen Substanz diente ein
lufttrocknes Präparat.

0,2140 g Sbst.: 0,1478 g AgCl.
$C_{10}H_{14}O_6N_2Cl_2S_2$ + H_2O (411,16). Ber. Cl 17,24. Gef. Cl 17,08.

Für die Bestimmung des Krystallwassers wurde das lufttrockne
Präparat unter 15 mm Druck erst bei 80°, wobei schon Sinterung eintritt, und dann bei 108° bis zur Konstanz getrocknet.

0,2308 g lufttrockne Sbst.: 0,0101 g H_2O.
$C_{10}H_{14}O_6N_2Cl_2S_2$ + H_2O (411,16). Ber. H_2O 4,38. Gef. H_2O 4,38.

Als die getrocknete Substanz in Essigester gelöst und durch Petroläther abgeschieden war, schmolzen die feinen Blättchen oder Tafeln
ziemlich scharf bei 136°. Zur Ergänzung der früheren Angabe haben
wir auch noch eine optische Untersuchung in alkoholischer Lösung
ausgeführt.

0,1521 g lufttrockne Substanz. Gesamtgewicht der Lösung 1,4965 g.
$d^{20} = 0,8344$. Drehung im 1-dm-Rohr bei 20° und Natriumlicht
10,20° ($\pm$ 0,02°) nach links. Mithin

$$[\alpha]_D^{20} = -120,3° (\pm 0,2°).$$

Schließlich sagen wir Hrn. Dr. Walter Axhausen für seine
Hilfe bei obigen Versuchen besten Dank.

---

[1]) l. c.

61. Emil Fischer und Wilhelm Gluud: Synthese von Polypeptiden. XXXI. Derivate des Leucins, Alanins und N-Phenylglycins.

Liebigs Annalen der Chemie **369**, 247 [1909].

(Eingegangen am 17. August 1909.)

Obschon unter den Spaltproducten der Proteine bisher keine Derivate des Methylamins und Dimethylamins gefunden worden sind, so erschien es uns doch wünschenswerth, einige methylirte Polypeptide darzustellen, um ihre Eigenschaften kennen zu lernen. Wir haben deshalb das inactive Bromisocapronylglycin mit Methylamin bezw. Dimethylamin behandelt und so in der That die beiden Dipeptide

$$C_4H_9 \cdot CH(NHCH_3)CONHCH_2COOH$$
$$\textit{N-Methylleucylglycin}$$

und

$$C_4H_9 \cdot CH(N(CH_3)_2)CONHCH_2COOH$$
$$\textit{N-Dimethylleucylglycin}$$

erhalten.

Die erste gleicht nicht allein in ihren physikalischen Eigenschaften, sondern auch in den chemischen Umwandlungen sehr stark dem Leucylglycin und geht insbesondere wie dieses durch Erhitzen in ein Anhydrid (Diketopiperazin) über. Bei dem Dimethylproduct ist diese Verwandlung, wie die Formel voraussehen liess, nicht mehr möglich, sondern es tritt eine complicirtere Zersetzung ein.

Viel langsamer als Methyl- und Dimethylamin wirkt das Trimethylamin darauf Bromisocapronylglycin ein. Wir haben deshalb die Reaction bei 100° vor sich gehen lassen. Von den hierbei entstehenden Producten haben wir nur das bisher unbekannte α-Oxyisocapronylglycin $(C_4H_9)CH(OH)CONHCH_2COOH$ isolirt. Will man dieses praktisch darstellen, so verwendet man an Stelle des theuren Trimethylamin besser das billige Pyridin in wässriger Lösung.

Bei der Behandlung des Bromisocapronylprolin mit Ammoniak haben E. Fischer und G. Reif[1]) die überraschende Beobachtung ge-

---

[1]) Liebigs Ann. d. Chem. **363**, 118 [1908]. (S. *552*.)

macht, dass an Stelle des zu erwartenden Dipeptides ein Amid entsteht, für das sie die Structurformel

$$(CH_3)_2\,CH\,CH_2\,CH\,CO\,N{\overset{\displaystyle CH_2\cdot CH_2}{\underset{\displaystyle CH\cdot CH_2}{\Big\langle}}}$$
$$\underset{OH}{|}\qquad\qquad \underset{\overset{|}{CO\,NH_2}}{}$$

sehr wahrscheinlich gemacht haben. Sie sprachen auch die Vermuthung aus, dass vielleicht die tertiäre Bindung des Stickstoffs den anormalen Verlauf der Reaction verursachte. Um das zu prüfen, haben wir das α-Bromisocapronyl-N-phenylglycin mit Ammoniak in der üblichen Weise behandelt und hier in der That die gleiche Erfahrung gemacht. An Stelle des Dipeptids bildet sich auch hier in guter Ausbeute ein Isomeres, das wir als das Amid des α-Oxyisocapronyl-N-phenylglycins betrachten.

$$(CH_3)_2\,CH\,CH_2\cdot CH\,CO\cdot N(C_6H_5)CH_2\,CO\cdot NH_2$$
$$\underset{OH}{|}$$

Durch seine Verseifung entsteht nämlich zunächst die freie Säure, die man auch durch Einwirkung von Alkali auf den Bromkörper erhält und diese Oxysäure lässt sich endlich durch Erhitzen überführen in das innere Anhydrid,

$$(CH_3)_2\,CH\,CH_2\,CH\,CO\,N(C_6H_5)\,CH_2\,CO$$
$$\underset{O\underline{\qquad\qquad\qquad}|}{|}\quad.$$

Die beiden letzten Reactionen sind schon von P. W. Abenius[1]) beim Chloracetylphenylglycin beobachtet worden. Er erhielt durch Kochen mit Soda das Glycolyl-phenylglycin $HO\cdot CH_2CO\cdot N(C_6H_5)$ $\cdot CH_2COOH$ und daraus durch Erhitzen das Anhydrid. Aus letzterem gewann er endlich durch Ammoniak auch das Amid.

Aehnliche Resultate erhielten wir mit Ammoniak beim α-Brompropionyl-N-phenylglycin, nur scheint hier die Amidbildung nicht so glatt zu verlaufen, denn die Ausbeute an reinem Product betrug nur 60% der Theorie. Die Isolirung des Dipeptids, dessen gleichzeitige Bildung möglich war, ist uns aber auch hier nicht gelungen.

Diese leichte Bildung der Amide erinnert an eine Beobachtung von A. Einhorn[2]) über die Einwirkung des Ammoniaks auf Orthonitro-β-brompropionsäure, wobei sich nicht die entsprechende Amidosäure, sondern das Amid der Oxysäure bildet.

---

[1]) Journ. f. prakt. Chem. [2] **40**, 498 [1889].
[2]) Berichte d. D. Chem. Gesellsch. **16**, 2645 [1883] und **17**, 2013 [1884]; vergl. auch A. Basler, ebenda **17**, 1495 [1884].

In merkwürdigem Gegensatz zum α-Bromisocapronyl-*N*-phenylglycin und α-Brompropionyl-*N*-phenylglycin stehen bei der Wechselwirkung mit Ammoniak bei gewöhnlicher Temperatur das Chloracetyl- und das Bromacetyl-*N*-phenylglycin. Hier scheint der Austausch des Halogens gegen Hydroxyl entweder garnicht oder doch nur in untergeordnetem Maasse stattzufinden, denn wir haben das erwartete Amid des Oxyacetyl-*N*-phenylglycins nicht isoliren können. Statt dessen entsteht in beiden Fällen eine Verbindung $C_{20}H_{19}O_5N_3$ nach folgender Gleichung:

$$2\,CH_2ClCON(C_6H_5)CH_2COOH + 3\,NH_3 = C_{20}H_{19}O_5N_3 + 2\,NH_4Cl + H_2O.$$

Nach der Analyse des Kupfersalzes ist sie eine einbasische Säure und wir glauben, dass sie folgende Structur besitzt:

$$N\!\!\begin{cases} CH_2\,CO\,N(C_6H_5)CH_2\,CO \\ CH_2\,CO\,N(C_6H_5)CH_2\,COOH \end{cases}.$$

Sie wäre mithin ein diketopiperazinartiges Anhydrid des Iminodiacetyl-*N*-phenylglycins

$$NH(CH_2CON(C_6H_5)CH_2COOH)_2.$$

Ausser diesem Körper haben wir bei dem Chloracetyl-*N*-phenylglycin noch die Bildung des einfachen Dipeptids, Glycyl-*N*-phenylglycin beobachtet, das bereits von Leuchs und Manasse[1] auf ganz anderem Wege erhalten wurde. Bemerkenswerth ist, dass die beiden Herren bei Einwirkung von Ammoniak auf Chloracetyl-*N*-phenylglycin bei 100° nicht das Dipeptid, sondern dessen Anhydrid, das Diketopiperazin gewannen[1]).

Man ersieht aus diesen Beobachtungen, wie verschiedenartig sich die Reaction zwischen Ammoniak und Halogenacylaminosäuren abspielen kann.

Darstellung von inactivem α-Bromisocapronylglycin.

An Stelle des früher[2]) benutzten α-Bromisocapronylchlorides verwendet man besser das jetzt käufliche und viel billigere α-Bromisocapronylbromid. 10 g Glycocoll (1 Mol.) werden in einer Schüttelflasche in 133 ccm n-Natronlauge (1 Mol.) gelöst und unter Eiskühlung und kräftigem Schütteln 37 g α-Bromisocapronylbromid und 170 ccm gekühlte n-Natronlauge in je vier Portionen abwechselnd zugefügt. Die Operation dauert etwa 20 Minuten. Die filtrirte Flüssigkeit wird nun

---

[1]) Berichte d. D. Chem. Gesellsch. **40**, 3235 [1907].
[2]) Liebigs Ann. d. Chem. **340**, 123 [1905]. (*Proteine I, S. 463.*)

allmählich unter starkem Rühren mit 35 ccm 5 n-Salzsäure versetzt, wobei das Kuppelungsproduct in der Regel krystallinisch ausfällt. Es wird nach einer Viertelstunde abgesaugt, erst mit kaltem Wasser, dann mit Petroläther gewaschen und schliesslich aus Wasser oder heissem Chloroform umkrystallisirt. Die Ausbeute an reinem Product beträgt etwa 26 g und bei Verarbeitung der Mutterlauge etwa 29 g, was 80 pC. der Theorie entspricht.

dl - N - Methylleucylglycin,
$C_4H_9 \cdot CH(NHCH_3)CONHCH_2COOH$.

Eine Lösung von 15 g Bromisocapronylglycin in 25 g wässrigem Methylamin von 33 pC. wird vier Tage bei Zimmertemperatur aufbewahrt und dann auf dem Wasserbad zur Trockne verdampft. Will man das werthvolle Methylamin wieder gewinnen, so ist es rathsam, den grössten Theil der Flüssigkeit unter schwach vermindertem Druck aus dem Wasserbad abzudestilliren. Höhere Temperatur ist beim Eindampfen nöthig, um das Methylaminsalz des Dipeptids ganz zu zerlegen. Zum Schluss muss der Rückstand trocken sein. Er wird zuerst mit etwa 30 ccm absolutem Alkohol ausgekocht, um das Methylaminbromhydrat zu entfernen. Das ungelöste rohe Dipeptid (etwa 8,5 g) wird in 100 ccm heissem Wasser gelöst. Beim raschen Abkühlen scheidet es sich in mikroskopischen Kryställchen, beim langsamen Erkalten in Krystallen von mehreren Millimetern Länge aus. Die Krystalle bestehen aus kurzen derben Prismen oder fast rechteckigen, schmalen Platten. Ein erheblicher Theil bleibt in der Mutterlauge und wird durch Einengen oder Fällen mit Alkohol gewonnen. Das im Exsiccator getrocknete Präparat verliert bei 100° nicht an Gewicht.

0,2030 g gaben 0,3963 CO_2 und 0,1649 H_2O. — 0,1707 g gaben 20,6 ccm Stickgas bei 19° und 670 mm Druck.[1]

Ber. für $C_9H_{18}N_2O_3$ (202,16). C 53,42, H 8,97, N 13,86.
Gef. ,, 53,24, ,, 9,08, ,, 13,92.

Beim raschen Erhitzen im Capillarrohr schmilzt die Substanz gegen 225° (corr.) nach vorheriger Sinterung unter Blasenwerfen und schwacher Gelbfärbung, wobei das Anhydrid entsteht. Von heissem Wasser verlangt sie ungefähr 12 Theile zur Lösung. In indifferenten organischen Lösungsmitteln ist sie sehr schwer oder gar nicht löslich. Leicht wird sie von Säuren und Alkalien aufgenommen. Die Substanz schmeckt ganz schwach bitter. Die wässrige Lösung reagirt gegen Lackmus

---

[1] Bei dieser und allen folgenden Analysen ist der Stickstoff über 33 prozentiger Kalilauge gemessen.

schwach sauer und löst Kupferoxyd beim Kochen mit tiefblauer Farbe. Das sehr leicht lösliche Kupfersalz haben wir bisher nicht krystallisirt erhalten.

N - Methylleucylglycinanhydrid.

Wird das Dipeptid im Oelbad auf 215—220° erhitzt, so schmilzt es allmählich unter Blasenwerfen und Bräunung. Wenn die Schmelze ruhig fliesst, was bei kleineren Mengen nach etwa 10 Minuten der Fall ist, so unterbricht man die Operation und löst den beim Erkalten krystallinisch erstarrenden Rückstand in heissem Benzol. Aus dieser Lösung fällt das Anhydrid mit Petroläther in schwach röthlich gefärbten, seideglänzenden Schuppen wieder aus. Die Ausbeute an diesem Product betrug 86pC., der Theorie. Zur Reinigung wurde es in kochendem Äther gelöst, wovon ungefähr 50 ccm auf 1 g nöthig sind, und stark abgekühlt. Das Anhydrid fällt dann in kleinen, farblosen, rhomben-ähnlichen Täfelchen, die manchmal treppenartig zusammengewachsen sind. Die exsiccatortrockne Substanz verliert beim Erhitzen im Vacuum auf 100° nicht an Gewicht.

0,1749 g gaben 0,3760 CO$_2$ und 0,1370 H$_2$O. — 0,1584 g gaben 21,0 ccm Stickgas bei 16° und 743 mm Druck.

Ber. für C$_9$H$_{16}$O$_2$N$_2$ (184,14). C 58,65, H 8,76, N 15,22.
Gef. ,, 58,63, ,, 8,76, ,, 15,14.

Das Anhydrid schmilzt bei 113° (corr. 114°) zu einer farblosen Flüssigkeit und löst sich überraschend leicht in kaltem Wasser, von dem bei gewöhnlicher Temperatur schon die gleiche Menge genügt. Dadurch unterscheidet es sich von dem Leucylglycinanhydrid, das bei 245° schmilzt und in kaltem Wasser sehr schwer löslich ist, so auffallend, dass man fast eine Verschiedenheit der Structur vermuthen könnte. Das Methylleucylglycinanhydrid löst sich auch leicht in Alkohol, Aceton, Chloroform und Essigäther, dagegen so gut wie garnicht in Petroläther. Der Geschmack ist sehr unangenehm bitter. Die wässrige Lösung reagirt gegen Lackmus so gut wie neutral, und färbt sich nicht bei kurzem Kochen mit Kupferoxyd.

dl - N - Dimethylleucylglycin,
C$_4$H$_9$CH(N(CH$_3$)$_2$)CONHCH$_2$COOH.

Eine Lösung von 15 g Bromisocapronylglycin in 30 g wässrigem Dimethylamin von 33pC. (Kahlbaum) wird 3 Tage bei Zimmertemperatur oder 12 Stunden bei 37° aufbewahrt, dann auf dem Wasserbade eingedampft, zuletzt unter Umrühren in einer Platinschale, bis kein

Dimethylamin mehr entweicht. Der Rückstand ist ein hellgelber Syrup. Für seine Isolirung muss zuvor das bromwasserstoffsaure Dimethylamin entfernt werden. Zu dem Zweck löst man in wenig Wasser, fügt eine concentrirte warme Lösung von 22,5 g Baryumhydroxyd (1,2 Mol.) zu und verdampft bei ungefähr 15 mm Druck, bis kein Dimethylamin mehr übergeht. Die rückständige Lösung wird mit Wasser verdünnt, mit einem geringen Ueberschuss von Schwefelsäure das Baryum gefällt, dann zur Fällung des Broms mit etwas mehr als der berechneten Menge gepulvertem Silbersulfat (9,3 g) geschüttelt, im Filtrat zuerst das Silber quantitativ mit Salzsäure und dann die Schwefelsäure genau mit Barytwasser gefällt. Beim Verdampfen der filtrirten Lösung bleibt nun das Dipeptid als fast farbloser Syrup, der beim Aufbewahren im Vacuumexsiccator krystallinisch erstarrt. Die Ausbeute an diesem Product betrug 11 g. Das entspricht, wenn man den Krystallwassergehalt berücksichtigt, ungefähr 75 pC. der Theorie. Zur Reinigung wurde aus heissem Essigäther oder heissem Chloroform umgelöst. Aus Essigäther scheidet sich das Dipeptid in kleinen dünnen Prismen oder rechteckigen schmalen Platten ab, die öfter zu Sternen verwachsen sind. Die Krystalle enthalten Wasser, sie schmelzen bei 97° (corr.) und verlieren dann allmählich das Wasser. Rascher geht dies bei 100° unter 12—15 mm Druck über Phosphorsäureanhydrid. Der Gewichtsverlust entspricht ungefähr $1^1/_2$ Mol. Krystallwasser.

I. 0,2487 g lufttrocken verloren bei 12 mm über P_2O_5 bei 100° 0,028 g. —
II. 0,1624 g lufttrocken verloren bei 12 mm über P_2O_5 bei 100° 0,0179 g. —
III. 0,2619 g lufttrocken verloren bei 12 mm über P_2O_5 bei 100° 0,0296 g.

Ber. für $C_{10}H_{20}O_3N_2 + 1^1/_2 H_2O$. H_2O 11,11.
Gef. „ I. 11,26, II. 11,02, III. 11,30.

Die getrocknete Masse erstarrt beim Erkalten krystallinisch und schmilzt dann erheblich höher wie 100°; sie diente zur Analyse.

0,1445 g gaben 0,2936 CO_2 und 0,1251 H_2O. — 0,2207 g gaben 24,5 ccm Stickgas bei 17° und 756 mm Druck.

Ber. für $C_{10}H_{20}O_3N_2$ (216,17). C 55,51, H 9,32, N 12,96.
Gef. „ 55,41, „ 9,69, „ 12,84.

Das Dipeptid ist zum Unterschied von der Monomethylverbindung leicht löslich in kaltem Wasser, Alkohol, Aceton, heissem Essigäther, etwas schwerer in heissem Chloroform und sehr schwer in Benzol und Aether. Es schmeckt bitter. Wird das trockne Dipeptid im Oelbad erhitzt, so entsteht gegen 160° eine farblose Schmelze, in welcher gegen 220° eine lebhafte Entwickelung von Dimethylamin und Wasser erfolgt, gleichzeitig bräunt sich die Masse sehr stark und es ist uns nicht gelungen, aus dem Rückstand in grösserer Menge ein wohldefinirtes Product zu isoliren.

Kupfersalz: Erhitzt man die verdünnte, wässrige Lösung des Dipeptids $1-1\frac{1}{2}$ Stunden unter häufigem Schütteln mit überschüssigem, gefälltem Kupferoxyd auf dem Wasserbad, so entsteht eine tiefblaue Lösung, aus der sich nach dem Einengen und Abkühlen dunkelblaue Krystalle in reichlicher Menge abscheiden, die unterm Mikroskop als rhombenähnliche oder manchmal auch sechsseitige Täfelchen erscheinen. An der Luft getrocknet enthalten sie Krystallwasser, das bei $100°$ unter 15 mm Druck weggeht. Seine Menge wurde ein Mal zu 10pC. und ein Mal zu 10,7pC. gefunden. Die getrocknete Substanz hat die Zusammensetzung eines basischen Salzes, nämlich $C_{10}H_{20}O_4N_2Cu$.

0,0830 g gaben 0,1224 CO_2, 0,0486 H_2O und 0,0226 CuO.

Ber. für $C_{10}H_{20}N_2O_4Cu$ (295,77).   C 40,57, H 6,81, Cu 21,50.

Gef.   ,, 40,22, ,, 6,55, ,, 21,76.

Das entspricht genau dem Leucylglycinkupfer $C_8H_{16}O_4N_2Cu$[1]).

In Ergänzung dessen, was früher über die Formel dieses Salzes gesagt wurde, wollen wir hier zufügen, dass die Formel der Dimethylverbindung auch geschrieben werden kann:

$$C_4H_9CH(N(CH_3)_2)CONHCH_2COOCuOH.$$

Darstellung von N-Phenylglycinmethylester.

Für die nachfolgenden Synthesen waren grössere Mengen des Esters nöthig, der zwar von B. J. Meyer[2]) beschrieben ist, aber sich nach seiner Vorschrift in grösserer Menge nicht leicht darstellen lässt. Wir haben ihn auf die gewöhnliche Art bereitet durch Auflösen von N-Phenylglycin in der fünffachen Menge Methylalkohol und Sättigen der Lösung mit gasförmiger Salzsäure. Wird die alkoholische Lösung mit dem Erkalten in Eiswasser gegossen und nun mit Ammoniak übersättigt, so scheidet sich, falls die Lösung ganz kalt ist, der Methylester sofort krystallinisch aus. War das angewandte Phenylglycin nicht zu unrein, so genügt einmaliges Umlösen des Esters aus warmem Petroläther, um ein reines Präparat zu erhalten.

α-Bromisocapronyl-N-phenylglycin, $C_4H_9CHBrCON(C_6H_5)CH_2COOH$.

Da die directe Kuppelung vom α-Bromisocapronylbromid und N-Phenylglycin uns kein krystallisirtes Product gab, so haben wir den Umweg über den Ester gewählt. 15 g N-Phenylglycinmethylester werden in 30 ccm trocknem Chloroform gelöst, in einer Kältemischung ge-

---

[1]) E. Fischer und A. Brunner, Liebigs Ann. d. Chem. **340**, 123 [1905]. (*Proteine I, S. 463 bezw. 480.*)

[2]) Berichte d. D. Chem. Gesellsch. **8**, 1157 [1875].

kühlt und eine chloroformische Lösung von 11 g α-Bromisocapronyl-
bromid langsam zugesetzt. Der Geruch nach Säurebromid verschwindet
ziemlich bald, weil der Ester etwas mehr als die für 2 Mol. berechnete
Menge beträgt. Die Hälfte davon fällt während der Reaction als Bromhydrat aus, das zur Regenerirung des freien Esters benutzt werden
kann. Nach 15—20 Minuten wird filtrirt, die Chloroformlösung unter
vermindertem Druck möglichst stark verdampft, der Rückstand mit
kalter, ganz verdünnter Salzsäure durchgeschüttelt, um den Rest des
Phenylglycinmethylesters zu entfernen, und das zurückbleibende Oel
mit 50 ccm n-Natronlauge und 3 ccm Alkohol zur besseren Lösung auf
der Maschine geschüttelt, bis klare Lösung eingetreten ist. Man übersättigt jetzt mit Salzsäure, wobei das α-Bromisocapronyl-N-phenylglycin
zunächst ölig ausfällt. Das Oel erhärtet allmählich, lässt sich dann filtriren und im Vacuumexsiccator von den letzten Resten Chloroform,
die ihm noch anhaften, befreien. Die Ausbeute betrug 10 g oder 70 pC.
der Theorie. Zur Reinigung haben wir in warmem Xylol gelöst und die
durch Wasser getrübte Flüssigkeit filtrirt. In der Kälte scheidet sich
nur ein kleiner Theil des Bromkörpers in farblosen, fast rechteckigen
Platten ab, die öfter 4—5 mm Kantenlänge haben. Sie enthalten Krystallwasser, und das ist der Grund, weshalb die zunächst ausfallende
Menge so gering ist, weil es in der Xylollösung an Wasser fehlt. Die
Krystallisation schreitet daher am besten vorwärts, wenn man die
Xylollösung stark abkühlt und einen feuchten Luftstrom daraufbläst.
Die Krystallbildung erfolgt dann vorzugsweise an der Oberfläche. Ver-
fährt man auf diese Weise, so sind die Verluste beim Umkrystallisiren
ziemlich gering.

Für die Analyse der krystallwasserhaltigen Substanz, die bei 66°
(corr.) zu einer klaren Flüssigkeit schmilzt, war nur kurze Zeit, etwa
1 Stunde im Vacuumexsiccator getrocknet. Die Analyse stimmt am
besten auf 1 Mol. Wasser.

0,2262 g gaben 0,4026 CO_2 und 0,1183 H_2O. — 0,1350 g gaben 4,8 ccm Stickgas bei 21° und 757 mm Druck. — 0,1584 g gaben 0,0856 AgBr.

Ber. für $C_{14}H_{18}O_3NBr + H_2O$ (346,12) C 48,54, H 5,82, N 4,05, Br 23,10.
Gef. „ 48,54, „ 5,85, „ 4,05, „ 23,00.

Für die Bestimmung des Krystallwassers wurde unter 12—15 mm
Druck bei 100° über Phosphorsäureanhydrid bis zu constantem Gewicht
getrocknet.

I. 0,2620 g verloren im Vacuum über P_2O_5 bei 100° 0,0129 g. — II. 0,2287 g
verloren im Vacuum über P_2O_5 bei 100° 0,0114 g. — III. 0,2325 g verloren im
Vacuum über P_2O_5 bei 100° 0,0123 g. — IV. 0,2002 g verloren im Vacuum über
P_2O_5 bei 100° 0,0102 g.

Ber. für $C_{14}H_{18}O_3NBr + H_2O$ (346,12). H_2O 5,20.
Gef. H_2O I. 4,92, II. 4,99, III. 5,29, IV. 5,10.

Endlich wurde noch eine Elementaranalyse des getrockneten Productes ausgeführt.

0,2169 g gaben 0,4085 CO_2 und 0,1026 H_2O. — 0,2491 g gaben 8,4 ccm Stickgas bei 22° und 761 mm Druck.

Ber. für $C_{14}H_{18}O_3NBr$ (328,01). C 51,20, H 5,52, N 4,27.
Gef. „ 51,36, „ 5,29, „ 3,85.

Das α-Bromisocapronyl-N-phenylglycin ist in der Wärme leicht löslich in allen organischen Lösungsmitteln mit Ausnahme von Petroläther. Von Wasser wird es selbst in der Hitze recht schwer aufgenommen, dagegen ist es leicht löslich in kalten Alkalien und Alkalicarbonat.

α - Oxyisocapronyl - N - phenylglycinamid,
$(C_4H_9)CH(OH)CON(C_6H_5)CH_2CONH_2$.

Löst man 5 g Bromisocapronyl-N-phenylglycin in 6 ccm kaltem, wässrigem Ammoniak von 25% unter Schütteln und lässt 24 Stunden bei 37° stehen, so ist die Abspaltung des Broms vollzogen, und beim Abkühlen fällt das Amid als Krystallbrei aus. Nach dem Abkühlen auf 0° werden die Krystalle abgesaugt und mit wenig eiskaltem Wasser gewaschen. Die Ausbeute ist sehr gut und das Product lässt sich ohne erhebliche Verluste aus heissem Benzol leicht umkrystallisiren. Es bildet dann schöne farblose, oft zu Büscheln verwachsene Platten. Die Krystalle verlieren schon im Vacuumexsiccator erheblich an Gewicht, bei längerem Stehen 10—12%. Ob dies von Krystallbenzol herrührt, haben wir nicht entschieden. Die Krystalle wurden deshalb für die Analyse zum Schluss unter 15 mm Druck bei 100° über Phosphorsäureanhydrid getrocknet.

0,3273 g gaben 0,7626 CO_2 und 0,2163 H_2O. — 0,1697 g gaben 15,5 ccm Stickgas bei 23° und 763 mm Druck.

Ber. für $C_{14}H_{20}O_3N_2$ (264,17). C 63,60, H 7,63, N 10,60.
Gef. „ 63,54, „ 7,39, „ 10,40.

Das bei 100° getrocknete Präparat schmolz bei 127—128° (corr. 128—129°) zu einer klaren Flüssigkeit, nachdem es von 122° an weich geworden war. Die frisch aus Benzol umkrystallisirte und nur kurze Zeit im Vacuumexsiccator getrocknete Substanz zeigt eine ganz unregelmässige Schmelzung. Diese beginnt schon unter 100° und ist gegen 120° vollständig. Das Amid löst sich leicht in heissem Alkohol, Essigäther, Chloroform und Benzol, auch von warmem Wasser wird es leicht aufgenommen und krystallisirt in der Kälte wieder aus. Die wässrige Lösung färbt sich beim Kochen mit Kupferoxyd nicht, giebt aber beim Erwärmen mit Alkali sofort Ammoniak.

α - Oxyisocapronyl - N - phenylglycin,
$$C_4H_9 \cdot CH(OH) \cdot CO \cdot N(C_6H_5)CH_2COOH.$$

Es wurde einerseits aus dem vorhergehenden Amid und anderer-seits direct aus dem α-Bromisocapronyl-N-phenylglycin mit Natron-lauge dargestellt. Im ersten Falle lösten wir das Amid in heisser 5 n-Salz-säure und kochten 10 Minuten lang. Beim Abkühlen fiel ein Oel aus, das nach einiger Zeit krystallinisch erstarrte. Die Ausbeute betrug un-gefähr die Hälfte des angewandten Amids. Eine weitere Menge kann man der salzsauren Lösung durch Ausschütteln mit Essigäther ent-ziehen. Zur völligen Reinigung wurde aus gelinde erhitztem Benzol umkrystallisirt, wobei sich mikroskopisch kleine, rhombenähnliche oder sechsseitige Täfelchen ausschieden. Aus der Mutterlauge gewinnt man eine zweite aber kleinere Krystallisation durch Fällen mit Petroläther. Die im Vacuumexsiccator getrocknete Substanz verlor unter 15 mm Druck bei 100° nicht mehr an Gewicht.

0,2894 g gaben 0,6749 CO_2 und 0,1876 H_2O. — 0,1332 g gaben 6,2 ccm Stickgas bei 21° und 763 mm Druck.

Ber. für $C_{14}H_{19}O_4N$ (265,15). C 63,36, H 7,22, N 5,28.
Gef. ,, 63,60, ,, 7,25, ,, 5,35.

Die Säure schmilzt im Capillarrohr bei 128—129° (corr. 129—130°) zu einer farblosen Flüssigkeit, die dabei ziemlich rasch unter Gasent-wickelung in das Anhydrid übergeht. Sie ist leicht löslich in warmem Alkohol, Essigäther, Chloroform und Benzol, fast unlöslich in Petrol-äther. Sie löst sich rasch in verdünnten, kalten Lösungen von Alkali-carbonat. Kocht man die wässrige Lösung der Säure mit gefälltem Kup-feroxyd, so färbt sie sich nicht, weil das entstehende Kupfersalz kaum löslich ist. Man erhält es als blassgrünen körnigen Niederschlag, wenn man die Lösung der Säure in der berechneten Menge n-Natronlauge mit Kupfersulfat fällt.

Bequemer ist die directe Darstellung der Säure aus dem α-Brom-isocapronyl-N-phenylglycin. Man löst davon 5 g in 50 ccm n-Natron-lauge ($3^1/_2$ Mol.) und lässt 48 Stunden bei 37° stehen. Wird dann die abgekühlte Flüssigkeit mit Salzsäure übersättigt, so scheidet sich das α-Oxyisocapronyl-N-phenylglycin alsbald ölig ab und erstarrt nach einiger Zeit krystallinisch. Die Ausbeute beträgt hier über 80pC. der Theorie.

α - Oxyisocapronyl - N - phenylglycinanhydrid,
$$C_4H_9 \cdot CH \cdot CO \cdot N(C_6H_5)CH_2 CO$$
$$O\overline{|}$$

Erhitzt man die vorhergehende Säure zum Schmelzen, so findet Gasentwickelung statt, die bei Steigerung der Temperatur auf 140° bald aufhört. Die Schmelze ist hellbraun gefärbt. Beim Erkalten und Reiben erstarrt sie bald krystallinisch. Löst man sie in sehr wenig warmem Alkohol und kühlt in einer Kältemischung, so scheidet sich das Anhydrid als farblose Krystallmasse ab, die aus mikroskopisch kleinen derben Prismen oder Platten besteht. Die Ausbeute an reinem Product beträgt etwa 60pC, der Theorie. Diese wurden zur Analyse im Vacuumexsiccator über Phosphorsäureanhydrid getrocknet.

0,1822 g gaben 0,4539 CO_2 und 0,1165 H_2O. — 0,1555 g gaben 7,4 ccm Stickgas bei 18° und 768 mm Druck.

Ber. für $C_{14}H_{17}O_3N$ (247,14).   C 67,98, H 6,93, N 5,67.

Gef. ,, 67,94, ,, 7,15, ,, 5,57.

Das Anhydrid schmilzt bei 75—76°. Es löst sich sehr schwer in kaltem Wasser, etwas leichter in heissem und krystallisirt daraus beim Abkühlen in kurzen Prismen. Im Gegensatz zur Säure löst es sich nicht in Natriumcarbonat. Spielend leicht wird es von Benzol, Chloroform und Essigäther, etwas schwerer von kaltem Alkohol und Äther, dagegen fast garnicht von Petroläther gelöst.

Mit obiger Verbindung isomer und scheinbar ähnlich constituirt ist das von Bischoff und Minz[1] beschriebene β-Oxyisobutyryl-o-toluidoisobuttersäurelacton, das bei der Destillation der Orthotoluidoisobuttersäure entsteht.

α - Brompropionyl - N - phenylglycinmethylester.

Die Darstellung ist im Wesentlichen dieselbe wie diejenige der entsprechenden Bromisocapronylverbindung. 20 g α-Brompropionylbromid (1 Mol.) und 30 g N-Phenylglycinmethylester (2 Mol.) werden in stark gekühlter Chloroformlösung zusammengebracht. Das ausgeschiedene Bromhydrat des Phenylglycinmethylesters wird nach einiger Zeit abfiltrirt und die Chloroformmutterlauge unter geringem Druck verdampft. Es bleibt ein hellgelbes Oel, das mit stark verdünnter Salzsäure durchgeschüttelt wird und dann, falls das Chloroform genügend entfernt war, allmählich krystallinisch erstarrt. Die Masse wird filtrirt und aus ziemlich viel heissem Petroläther umkrystallisirt, wobei ziemlich grosse rechteckige Platten entstehen. Die Ausbeute an Rohproduct betrug 26 g und an reinem Präparat 22 g, was 93,6 bezw. 80pC. der Theorie entspricht. Dasselbe ist leicht löslich in Alkohol, Chloroform, Benzol, und schmilzt bei 78—79° (corr.) zu einer farblosen Flüssigkeit. Für die Analyse wurde es im Vacuumexsiccator getrocknet.

---

[1] Berichte d. D. Chem. Gesellsch. **25**, 2338 [1892].

0,2781 g gaben 0,4921 CO_2 und 0,1157 H_2O. — 0,1381 g gaben 0,0868 AgBr. — 0,1960 g gaben 8,5 ccm Stickgas bei 22° und 758 mm Druck.

Ber. für $C_{12}H_{14}O_3NBr$ (300,08).   C 47,99, H 4,70, N 4,67, Br 26,65.

Gef. „ 48,26, „ 4,65, „ 4,93, „ 26,75.

α - Brompropionyl - N - phenylglycin,
$CH_3CHBrCON(C_6H_5)CH_2COOH$.

15 g des Methylesters wurden mit 70 ccm n-Natronlauge bei Zimmertemperatur stark geschüttelt. Nach etwa einer halben Stunde war der Ester verschwunden und es begann die Abscheidung von neuen Krystallen, wahrscheinlich des Natriumsalzes. Es wurde deshalb mit Wasser verdünnt, bis wieder Lösung eingetreten war und mit 5 n-Salzsäure übersättigt. Dabei fiel das α-Brompropionyl-N-phenylglycin fast vollständig in farblosen, feinen, oft sternförmig verwachsenen Prismen aus. Die Ausbeute betrug 14 g oder 92pC. der Theorie. Zur völligen Reinigung wurde es aus heissem Benzol umkrystallisirt, woraus es beim Erkalten zum grösseren Theil ausfällt, während man den Rest durch Fällen mit Petroläther gewinnen kann. Die Krystalle schmelzen bei 79—80° (corr.), sie enthalten Wasser, wie folgende Analyse der lufttrocknen Substanz zeigt:

0,2515 g gaben 0,4026 CO_2 und 0,1087 H_2O. — 0,2119 g gaben 8,7 ccm Stickgas bei 22° und 758 mm Druck. — 0,1416 g gaben 0,0877 AgBr.

Ber. für $C_{11}H_{12}O_3NBr + H_2O$ (304,08). C 43,41, H 4,64, N 4,61, Br 26,30.

Gef. „ 43,66, „ 4,83, „ 4,66, „ 26,36.

Zur Bestimmung des Wassers wurde die Substanz unter 12—15 mm Druck bei 100° über P_2O_5 getrocknet, wobei sie zuerst zusammensintert und sich allmählich in ein schwach gelbgefärbtes Pulver verwandelt.

0,2841 g verloren im Vacuum bei 100° über P_2O_5 0,0183 g.

Ber. für $C_{11}H_{12}O_3NBr + H_2O$ (304,08). H_2O 5,92. Gef. H_2O 6,44.

Der Gewichtsverlust entspricht ungefähr 1 Mol. Wasser. Die getrocknete, krystallwasserfreie Substanz gab folgende Zahlen:

0,2658 g gaben 0,4508 CO_2 und 0,1024 H_2O.

Ber. für $C_{11}H_{12}O_3NBr$ (286,60).   C 46,14, H 4,23.

Gef. „ 46,25, „ 4,31.

Das Brompropionyl-N-phenylglycin ist sehr leicht löslich in Alkohol, Aceton, warmem Chloroform und Benzol, dagegen schwer löslich in Wasser selbst in der Hitze und fast unlöslich in Petroläther.

Lactyl - N - phenylglycinamid,
$CH_3CH(OH)CON(C_6H_5)CH_2CONH_2$.

Es entsteht aus dem Bromkörper am leichtesten durch methylalkoholisches Ammoniak. Man löst zu dem Zweck 10 g α-Brompropionyl-

N-phenylglycin in 100 ccm ganz trocknem Methylalkohol, kühlt durch eine Kältemischung, sättigt mit gasförmigem, trocknem Ammoniak und lässt 2 Tage lang bei Zimmertemperatur stehen. Jetzt verdampft man unter stark vermindertem Druck und löst den sirupösen Rückstand in Chloroform, wobei Bromammonium zurückbleibt. Beim Kochen der Chloroformlösung fällt nochmals Bromammonium aus. Beim Verdampfen der Mutterlauge auf dem Wasserbade bleibt wieder ein Syrup zurück, der beim Stehen an der Luft allmählich krystallinisch erstarrt. Die Krystallmasse wird mit wenig kaltem Aceton sorgfältig ausgelaugt; aus der Acetonmutterlauge lässt sich dann noch ein kleinerer Theil des Amides durch Fällung mit Petroläther gewinnen. Die Gesammtausbeute an Amid betrug 4,3 g oder 60 pC. der Theorie. Aus den letzten Mutterlaugen, die jedenfalls noch Amid enthielten, haben wir kein Dipeptid isoliren können. Zur völligen Reinigung wurde das Amid aus einem Gemisch von Aceton und Benzol umkrystallisirt. Es bildet dann farblose feine Prismen, die vielfach zu Sternen oder Büscheln verwachsen sind. Das im Vacuumexsiccator getrocknete Präparat verlor bei 100° unter 15 mm Druck nicht an Gewicht.

0,2012 g gaben 0,4392 CO_2 und 0,1168 H_2O. — 0,1610 g gaben 17,6 ccm Stickgas bei 17° und 760 mm Druck.

Ber. für $C_{11}H_{14}O_3N_2$ (222,13).   C 59,43, H 6,35, N 12,61.

Gef. „ 59,53, „ 6,49, „ 12,72.

Das Amid schmilzt bei 124° (corr. 125°) zu einer klaren Flüssigkeit, es ist leicht löslich in heissem Wasser, Alkohol und Aceton, dagegen schwer löslich in Aether und Benzol und so gut wie unlöslich in Petroläther. Die wässrige Lösung reagiert gegen Lackmus neutral, sie färbt sich nicht beim Kochen mit Kupferoxyd und entwickelt beim Erwärmen mit Alkalien sofort Ammoniak.

Dasselbe Amid haben wir durch Einwirkung von wässrigem Ammoniak auf Brompropionyl-*N*-phenylglycin erhalten, aber nur in einer Ausbeute von etwa 20 pC. der Theorie, ausserdem haben wir, ebenfalls in ziemlich kleiner Menge, das Ammoniaksalz des nachfolgenden Lactyl-*N*-phenylglycins beobachtet, und endlich waren in reichlicher Menge syrupöse Producte entstanden, deren Untersuchung aber unvollständig geblieben ist. Ein Dipeptid haben wir auch hier mit Sicherheit nicht nachweisen, aber ebensowenig mit Bestimmtheit seine Bildung ausschliessen können.

Lactyl - *N* - phenylglycinammonium,

$CH_3CH(OH)CON(C_6H_5)CH_2COONH_4$.

Wie zuvor erwähnt, entsteht es in verhältnissmässig kleiner Menge bei Einwirkung von wässrigem Ammoniak auf α-Brompropionyl-*N*-phenylglycin. Viel besser wird es durch Zersetzung derselben Bromverbindung mit kalter Natronlauge bereitet und lässt sich dann als Ammoniumsalz verhältnissmässig leicht isoliren. 6 g α-Brompropionyl-N-phenylglycin werden mit 50 ccm n-Natronlauge (2,5 Mol.) und 30 ccm Wasser übergossen. Bleibt die beim Umschütteln entstehende klare Lösung dann bei Zimmertemperatur 2 Tage lang stehen, so ist die Abspaltung des Broms vollendet. Man fügt jetzt 30 ccm n-Schwefelsäure zu, um das Lactyl-N-phenylglycin in Freiheit zu setzen, verdampft die Lösung unter stark vermindertem Druck, bis sich eine reichliche Menge eines klaren, gelben Oeles abgeschieden hat und fügt noch etwa 2 ccm verdünnter Schwefelsäure von 25 pC. zu. Man extrahirt dann wiederholt mit Aether. Beim Verdunsten des Aethers bleibt ein gelbes Oel zurück, das bisher nicht krystallisirt erhalten wurde. Um das Lactyl-N-phenylglycinammonium zu isoliren, leitet man deshalb direct in die ätherische Lösung unter guter Kühlung gasförmiges Ammoniak. Das hierbei sofort krystallisirt ausfallende Salz wird entweder aus wenig warmem Alkohol umkrystallisirt oder aus Wasser mit Aceton gefällt. Es bildet dann mikroskopisch kleine, zu dichten Büscheln vereinigte, farblose Prismen oder Platten. Die Ausbeute betrug 50—60 pC. der Theorie, kann aber wahrscheinlich durch sorgfältigere Isolirung noch erheblich gesteigert werden. Für die Analyse diente die im Vacuumexsiccator über Phosphorsäureanhydrid getrocknete Substanz.

0,1520 g gaben 0,3059 CO_2 und 0,0909 H_2O. — 0,1587 g gaben 15,8 ccm Stickgas bei 18° und 763 mm Druck.

Ber. für $C_{11}H_{16}O_4N_2$ (240,14). C 54,97, H 6,71, N 11,67.
Gef. „ 54,86, „ 6,69, „ 11,58.

Das Salz schmilzt beim raschen Erhitzen gegen 159° (corr.) unter Aufschäumen. Es ist leicht löslich in Wasser, heissem Methyl- und Aethylalkohol, sehr schwer löslich in Aceton, Chloroform, Essigäther und Benzol. Beim Kochen mit Kupferoxyd bleibt die Lösung farblos. Alkalien entwickeln sofort Ammoniak, und Platinchlorid giebt alsbald in kalter Lösung einen Niederschlag von Platinsalmiak. Die wässrige Lösung giebt mit Kupfersulfat oder Zinkchloridlösung keine Fällung. — Genau dasselbe Ammoniumsalz wurde isolirt aus den Nebenproducten, die bei der Umsetzung von Brompropionyl-N-phenylglycin mit Ammoniak entstehen; die Menge betrug dabei indes nicht mehr als 10 pC. des angewandten Bromkörpers.

Chloracetyl-N-phenylglycin.

Es ist bereits von P. W. Abenius aus N-Phenylglycin und Chloracetylchlorid dargestellt worden[1]). Da aber seine völlige Reinigung

---

[1]) Journ. f. prakt. Chem. [2] **40**, 429 [1889].

einige Schwierigkeiten bietet, falls man nicht von ganz reinem N-Phenyl-glycin ausgegangen ist, so haben wir es für die Bereitung grösserer Mengen bequemer gefunden, mit dem Methylester zu arbeiten.

Chloracetyl - N - phenylglycinmethylester,
$CH_2ClCON(C_6H_5)CH_2COOCH_3$.

Für seine Bereitung löst man 44 g (2 Mol.) N-Phenylglycinmethyl-ester in 200 g trocknem Chloroform und fügt unter Kühlung in einer Kältemischung und unter Schütteln in kleinen Portionen 15 g (1 Mol.) Chloracetylchlorid, das ebe falls mit Chloroform verdünnt ist, hinzu. Nach etwa 15 Minuten wird das ausgeschiedene N-Phenylglycinmethyl-esterbromhydrat abgesaugt, mit Chloroform gewaschen und die Mutter-lauge auf dem Wasserbad verdampft, bis das Chloroform möglichst ent-fernt ist. Giesst man das zurückbleibende Oel in Eiswasser, so erstarrt es krystallinisch. Die Ausbeute betrug 26 g oder 80pC. der Theorie. Zur Reinigung wird aus hochsiedendem Ligroïn umkrystallisirt, die Aus-beute geht dabei auf etwa 70pC. zurück. Der Ester krystallisirt aus dem Ligroïn in farblosen ziemlich derben Formen, die leicht 1—2 ccm Länge haben, und wie zugespitzte oder schiefabgeschnittene Prismen aussehen. Für die Analyse diente die lufttrockne Substanz.

0,2419 g gaben 11,8 ccm Stickgas bei 19° und 762 mm Druck. — 0,1934 g gaben 0,1123 g AgCl.

Ber. für $C_{11}H_{12}O_3NCl$ (241,55). N 5,80, Cl 14,68.
Gef. „ 5,64, „ 14,36.

Der Chloracetyl-N-phenylglycinmethylester schmilzt bei 59—60° (corr.). Er ist in Alkohol, Aether, Chloroform, Benzol sehr leicht löslich, von Petroläther wird er nur schwer, von kaltem Wasser kaum aufgenom-men. Er lässt sich sehr leicht verseifen. Schüttelt man ihn bei gewöhn-licher Temperatur mit n-Natronlauge, so findet je nach der Vertheilung der festen Substanz in 5—10 Minuten klare Lösung statt und beim An-säuern fällt das Chloracetyl-N-phenylglycin sofort krystallisirt und in guter Ausbeute aus. Durch einmaliges Umkrystallisiren aus siedendem Wasser wird es ganz rein erhalten und die Ausbeute beträgt dann im-mer noch 76pC. der Theorie.

Bromacetyl - N - phenylglycin.

Es ist bereits von Hausdörfer[1]) aus Phenylglycin und Brom-acetylbromid dargestellt. Der Methylester

$$CH_2BrCON(C_6H_5)CH_2COOCH_3$$

---

[1]) Berichte d. D. Chem. Gesellsch. **22**, 1803 [1889].

wird auf dieselbe Art dargestellt wie die Chlorverbindung, indem man 35 g N-Phenylglycinmethylester und 20 g Bromacetylbromid in Chloroformlösung zusammenbringt. Isolirung und Reinigung geschahen genau wie bei der Chlorverbindung. Der Ester krystallisirt aus hochsiedendem Ligroïn in dünnen Blättchen, besitzt ähnliche Löslichkeit wie der Chlorkörper und schmilzt bei 71° (corr.). Die Ausbeute an reinem Product betrug 70pC. der Theorie. Zur Analyse diente die lufttrockne Substanz:

0,1606 g gaben 0,1055 AgBr. — 0,1962 g gaben 0,3324 CO_2 und 0,0818 H_2O. — 0,2027 g gaben 8,4 ccm Stickgas bei 19° und 762 mm Druck.

Ber. für $C_{11}H_{12}O_3NBr$ (286,06).   C 46,14, H 4,23, N 4,90, Br 27,95.
Gef. ,, 46,20, ,, 4,66, ,, 4,79, ,, 27,95.

Die Verseifung zu Bromacetyl-N-phenylglycin durch n-Natronlauge geht ebenfalls sehr leicht und glatt von statten. Nach dem Umkrystallisiren aus heissem Wasser betrug die Ausbeute noch 75pC. der Theorie. Wie Hausdörfer schon angegeben hat, schmilzt die Substanz gegen 153° unter Zersetzung. Folgende Analyse bestätigt die Formel von Hausdörfer, der nur eine Stickstoffbestimmung angeführt hat.

0,2339 g gaben 9,7 ccm Stickgas bei 18° und 765 mm Druck. — 0,2893 g gaben 0,4698 CO_2 und 0,0995 H_2O.

Ber. für $C_{10}H_{10}O_3NBr$ (272,05).   C 44,11, H 3,70, N 5,15.
Gef. ,, 44,29, ,, 3,85, ,, 4,84.

Einwirkung von Ammoniak auf Chloracetyl-N-phenylglycin.

Leuchs und Manasse haben diese Reaction bei 100° studirt[1]) und dabei das Glycyl-N-phenylglycinanhydrid in einer Ausbeute von 25pC. isolirt. Die übrigen Producte der Reaction wurden nicht untersucht. Bei Zimmertemperatur scheint das Diketopiperazin gar nicht zu entstehen, wir haben statt dessen das Dipeptid Glycyl-N-phenylglycin und ferner die Verbindung $C_{20}H_{19}N_3O_5$, das in der Einleitung besprochene Anhydrid des Iminodiacetyl-N-phenylglycins isolirt.

10 g Chloracetyl-N-phenylglycin wurden in 20 ccm wässrigem Ammoniak (25 procentig) unter guter Kühlung gelöst und die Flüssigkeit 48 Stunden lang bei Zimmertemperatur aufbewahrt. Das Chlor war jetzt völlig abgespalten. Die Lösung wurde mit 30 ccm Alkohol versetzt und im Vacuum stark eingedampft, um das Ammoniak möglichst zu entfernen. Der mit Krystallen durchsetzte Rückstand wurde mit Alkohol in eine Schale gespült und wieder auf dem Wasserbade verdampft. Als dann der Syrup in kleineren Portionen im Schälchen auf dem Wasserbade unter zeitweiligem Zusatz von einigen Cubikcentimetern Essigäther und unter Umrühren erhitzt wurde, entwickelte sich reichlich Am-

---

[1]) Berichte d. D. Chem. Gesellsch. **40**, 3235 [1907].

moniak, welches wahrscheinlich durch die Zersetzung der Ammoniumsalze entsteht. Der Syrup verwandelt sich hierbei in eine weisse, schaumige Masse, die in der Kälte völlig hart ist. Er wird dann mit wenig
Wasser verrührt, wobei nach kurzer Zeit Krystallisation eintritt. Man
filtrirt, verdampft die wässrige Mutterlauge und behandelt den Rückstand in der gleichen Weise auf dem Wasserbad unter Zusatz von wenig
Essigäther. Es gelang auf diese Weise, 3,5 g krystallinisches Rohproduct abzuscheiden, das entspricht ungefähr 40 pC. der Theorie. Durch
Umkrystallisiren aus kochendem Wasser wurden 2,7 g reines Product
oder 31,5 pC. der Theorie gewonnen.

Iminodiacetyl - N - phenylglycinanhydrid.

Es krystallisirt aus heissem Wasser in ziemlich langen, spiessartigen
Nadeln oder ziemlich derben Prismen, die Wasser enthalten. Seine
Menge entspricht ungefähr $^{1}/_{2}$ Mol. Wir legen aber auf die Formel
keinen Werth.

Für die Analyse diente die bei gewöhnlicher Temperatur im Vacuumexsiccator über Schwefelsäure getrocknete Substanz.

0,1282 g gaben 12 ccm Stickgas bei 14° und 757 mm Druck. — 0,1951 g
gaben 18,2 ccm Stickgas bei 17° und 758 mm Druck. — 0,2166 g gaben 0,4889 CO_2
und 0,0987 H_2O.

Ber. für $C_{20}H_{19}N_3O_5 + ^{1}/_{2} H_2O$ (390,18).   C 61,51, H 5,17, N 10,77.
Gef. ,, 61,56, ,, 5,1, ,, 10,99, 10,82.

Das Krystallwasser entweicht schon bei 100° im Vacuum über
Phosphorsäureanhydrid. Die folgenden Bestimmungen sind aber bei
140° ausgeführt.

0,2673 g verloren im Vacuum über P_2O_5 0,0057 an Gewicht. — 0,2033 g
verloren im Vacuum über P_2O_5 0,005 an Gewicht.
Ber. für $C_{20}H_{19}N_3O_5 + ^{1}/_{2} H_2O$. H_2O 2,31. Gef. H_2O 2,13, 2,46.

Die wasserfreie Substanz gab folgende Zahlen:

0,1983 g gaben 0,4575 CO_2 und 0,0926 H_2O.
Ber. für $C_{20}H_{19}O_5N_3$ (381,17).   C 62,96, H 5,02.
Gef. ,, 62,92, ,, 5,22.

Die getrocknete Substanz ist hygroskopisch, sie besitzt ein ver-
wittertes Aussehen und schmilzt im Capillarrohr beim raschen Erhitzen
gegen 226° (corr.) unter Gasentwickelung, nachdem vorher Sinterung
stattgefunden hat. Sie löst sich leicht in heissem Wasser, heissem Alkohol,
schwer in heissem Essigäther und sehr wenig in Aether, Benzol und Petroläther, leicht wird sie von Basen auch von Natriumbicarbonat aufgenommen. Die wässrige Lösung reagirt stark sauer. Von Salzen haben wir
nur die

Kupferverbindung genauer untersucht. Sie ist in Wasser sehr schwer löslich und wird deshalb am besten durch Fällung hergestellt. Man löst zu dem Zweck das Iminodiacetyl-N-phenylglycinanhydrid in etwas weniger als der berechneten Menge $^n/_{10}$-Natronlauge und versetzt mit Kupfersulfatlösung. Der grüne, körnige Niederschlag wird abgesaugt und aus etwa 300 Theilen siedendem Wasser umgelöst. Beim Erkalten kommt ungefähr die Hälfte in blaugrünen, mikroskopisch kleinen Nädelchen oder kurzen Prismen heraus. Den Rest gewinnt man durch Einengen der Mutterlauge, die Ausbeute beträgt dann noch gegen 80 pC. der Theorie. Das Salz enthält Wasser und wurde deshalb für die Analyse unter 15 mm Druck bei 140° über Phosphorsäureanhydrid getrocknet.

0,1413 g gaben 12,2 ccm Stickgas bei 20° und 760 mm Druck. — 0,1330 g gaben 0,0128 CuO. — 0,1440 g gaben 0,3060 CO_2, 0,0590 H_2O.

Ber. für $C_{40}H_{36}O_{10}N_6Cu$ (823,94). C 58,26, H 4,40, N 10,20, Cu 7,72.

Gef. „ 57,96, „ 4,58, „ 9,91, „ 7,70.

Das getrocknete Salz ist hygroskopisch und zersetzt sich beim raschen Erhitzen im Capillarrohr wenig über 200°.

Das Iminodiacetyl-N-phenylglycinanhydrid ist offenbar in der ursprünglichen, ammoniakalischen Lösung als Ammoniaksalz enthalten, das bei dem zuvor beschriebenen systematischen Eindampfen allmählich zersetzt wird und in die freie Säure übergeht. In der That lässt sich die freie Verbindung auch aus der ammoniakalischen Lösung ohne Anwendung von Wärme durch Verdunsten im Vacuumexsiccator, Aufnehmen mit Alkohol, abermaliges Verdunsten und schliessliches Ansäuern mit Schwefelsäure isoliren.

Neben dem Iminodiacetyl-N-phenylglycinanhydrid entsteht, wie schon erwähnt, auch das Dipeptid, Glycyl-N-phenylglycin. Es ist nach der Abscheidung des ersteren in den wässrigen Mutterlaugen enthalten. Werden diese stark eingedampft und mit Aceton versetzt, so fällt ein Syrup, der nach einiger Zeit krystallinisch erstarrt. Er besteht zum grössten Theil aus dem Dipeptid, enthält aber kleine Mengen Chlorammonium beigemengt, die schwer zu entfernen sind. Die Ausbeute an Rohproduct betrug 3,2 g, woraus durch systematische Krystallisation mit wenig Wasser nur 0,5 g ganz reines Dipeptid isolirt werden konnten. Es zeigte alle Eigenschaften des von Leuchs und Manasse auf anderem Wege dargestellten Productes[1]). Für die Analyse wurde im Vacuumexsiccator getrocknet.

0,1602 g gaben 17,2 ccm Stickgas bei 21° und 756 mm Druck.

Ber. für $C_{10}H_{12}O_3N_2 + H_2O$ (226,13). N 12,39. Gef. N 12,22.

---

[1]) Berichte d. D. Chem. Gesellsch. **40**, 3235 [1907].

Für die Bestimmung des Krystallwassers wurde bei 100° über Phosphorsäureanhydrid und unter 15 mm Druck getrocknet.

0,1602 g verloren an Gewicht 0,0122 g.

Ber. für $C_{10}H_{12}O_3N_2 + H_2O$. H_2O 7,96.   Gef. 7,62.

Die Menge des Dipeptids dürfte ungefähr derjenigen des Rohproductes gleichzusetzen sein, da die Quantität des beigemengten Chlorammoniums sehr gering war und ausserdem nicht alles Dipeptid durch Aceton gefällt war. Sie würde also etwa 30pC. der Theorie betragen.

Bromacetyl-N-phenylglycin und Ammoniak.

Die Reaction verläuft im Wesentlichen wie bei der Chloracetylverbindung, denn sie giebt als Hauptproduct Iminodiacetyl-N-phenylglycinanhydrid. Als 5 g Bromacetyl-N-phenylglycin in 7 ccm wässrigem Ammoniak von 25pC. (5 Mol.) unter Kühlen gelöst und dann die Flüssigkeit bei Zimmertemperatur 48 Stunden aufbewahrt wurde, war die Umsetzung beendet. Die Isolirung des Iminodiacetyl-N-phenylglycinanhydrid geschah in der zuvor beschriebenen Weise. Die Ausbeute an Rohproduct betrug 67pC. der Theorie und an reiner Substanz 1,9 g oder 52pC. der Theorie.

dl-α-Bromisocapronylsarkosin, $(CH_3)_2CHCH_2CHBrCON(CH_3)CH_2COOH$.

In eine Lösung von 3,6 g Sarkosin mit 40 ccm n-Natronlauge (1 Mol.) giebt man unter Kühlung mit Eiswasser und kräftigem Schütteln in kleinen Portionen abwechselnd 12,3 g dl-α-Bromisocapronylbromid und 66 ccm n-Natronlauge im Laufe von 15—20 Minuten. Wird die schliesslich filtrirte Lösung mit 12 ccm 5 n-Salzsäure angesäuert, so fällt ein Oel aus, das beim starken Abkühlen bald krystallinisch erstarrt. Durch Umkrystallisiren aus hochsiedendem Ligroïn erhält man die Substanz in farblosen Nadeln oder Prismen. Die Ausbeute an umkrystallisirter Substanz betrug 8 g oder 74pC. der Theorie. Für die Analyse war im Vacuumexsiccator über Schwefelsäure getrocknet.

0,1631 g gaben 0,2454 CO_2 und 0,0904 H_2O. — 0,1084 g gaben 0,0772 AgBr. — 0,1956 g gaben 9,2 ccm Stickgas über 33 procentiger Kalilauge bei 25° und 762 mm Druck.

Ber. für $C_9H_{16}O_3NBr$ (266,09).   C 40,59, H 6,06, N 5,27, Br 30,05.

Gef. „ 41,03, „ 6,20, „ 5,31, „ 30,31.

Die Substanz schmilzt nicht scharf gegen 90°, nachdem einige Grade vorher Sinterung stattgefunden hat. Sie ist in Petroläther ziemlich schwer, in Alkohol und Aether aber leicht löslich, auch von heissem Wasser wird sie in nicht unerheblicher Menge aufgenommen.

Die Abspaltung des Broms durch wässriges Ammoniak verläuft äusserlich ungefähr in gleicher Weise wie beim α-Bromisocapronylglycin, aber die Producte sind nicht so leicht zu isoliren und ihre Untersuchung ist unvollständig geblieben.

α - O x y i s o c a p r o n y l g l y c i n,

$C_4H_9CH(OH)CONHCH_2COOH$.

Wie in der Einleitung erwähnt, haben wir die Verbindung zuerst durch Behandlung von Bromisocapronylglycin mit Trimethylamin erhalten. 15 g α-Bromisocapronylglycin wurden mit 35 ccm 33 procentiger alkoholischer Trimethylaminlösung im geschlossenen Rohr 2 Stunden auf 100° erhitzt. Zur Entfernung des bromwasserstoffsauren Trimethylamins haben wir erst in der üblichen Weise mit überschüssigem Barythydrat unter geringem Druck eingedampft, dann mit Schwefelsäure und Silbersulfat gefällt und schliesslich den Überschuss an Silber und Schwefelsäure durch genaue Fällung mit Salzsäure und Baryt entfernt. Beim Eindampfen der Lösung blieb ein klarer Syrup, aus dem das α-Oxyisocapronylglycin durch Auskochen mit Chloroform isolirt wurde. Beim Eindampfen des Chloroforms schied sich die Substanz krystallinisch ab. Sie wurde durch Umlösen aus viel heissem Chloroform gereinigt und für die Analyse im Vacuumexsiccator über Phosphorsäureanhydrid getrocknet.

0,2293 g gaben 0,4255 CO_2 und 0,1654 H_2O. — 0,2021 g gaben 13 ccm Stickgas bei 21° und 770 mm Druck.

Ber. für $C_8H_{15}NO_4$ (189,12).   C 50,76, H 7,99, N 7,41.

Gef. ,, 50,61, ,, 8,07, ,, 7,46.

Das analysirte Präparat verlor unter 15 mm Druck bei 100° nicht an Gewicht. Die Substanz schmilzt bei 109° (corr.) zu einer farblosen Flüssigkeit. Sie löst sich leicht in kaltem Wasser und Alkohol, viel schwerer in warmem Chloroform und Aether. Die wässrige Lösung reagirt stark sauer und löst beim Kochen Kupferoxyd mit blassblauer Farbe.

Bequemer ist folgende Darstellung des Oxyisocapronylglycins.

Eine Mischung von 5 g Bromisocapronylglycin, 5 g Pyridin (3 Mol.) und 25 ccm Wasser wird eine Stunde lang im Wasserbad am Rückflusskühler erhitzt, dann die farblose Flüssigkeit zur Entfernung des Pyridin unter stark vermindertem Druck verdampft und der Rückstand noch kurze Zeit auf dem Wasserbade erhitzt. Man löst jetzt in 60 ccm Wasser, fügt Kupfersulfatlösung in ausreichender Menge hinzu und überlässt die tiefblaue Lösung einige Tage der Krystallisation. Das ausgefallene Kupfersalz wird zur völligen Reinigung aus kochendem Wasser (etwa 300 ccm) umgelöst. Aus der hellblauen Flüssigkeit fällt in 24 Stunden etwa die Hälfte des Salzes in blassblauen, mikroskopisch kleinen, vielfach zu Sternchen verwachsenen Nadeln oder Prismen wieder aus. Die stark eingeengte Mutterlauge giebt noch eine zweite Krystallisation. Die Ausbeute betrug 2,7 g, was ungefähr 58pC. der Theorie entspricht. Das Salz enthält nach dem Trocknen über Schwefelsäure im Vacuumexsiccator noch 2 Mol. Wasser, die durch fünfstündiges Erhitzen auf 117° unter 15 mm Druck bestimmt wurden.

I. 0,1837 g verloren 0,0147 an Gewicht. — II. 0,2052 g verloren 0,0152 an Gewicht. — III. 0,1183 g verloren 0,0087 an Gewicht. — 0,0937 g wasserhaltiges Salz gaben 0,0155 CuO.

Ber. für $C_{16}H_{28}O_8N_2Cu + 2 H_2O$ (475,86).

H_2O 7,57,   Cu 13,36.
Gef. ,, I. 8,00, II. 7,41, III. 7,35, ,, 13,22.

Das grün gefärbte, trockne Salz, das ziemlich stark hygroskopisch ist, gab folgende Zahlen:

0,1690 g gaben 0,2702 CO_2 und 0,1027 H_2O. — 0,1886 g gaben 0,0335 CuO.

Ber. für $C_{16}H_{28}O_8N_2Cu$ (439,83).   C 43,65, H 6,41, Cu 14,46.
Gef. ,, 43,60, ,, 6,80, ,, 14,19.

Dasselbe Kupfersalz haben wir aus dem freien α-Oxyisocapronylglycin durch Lösen in der berechneten Menge $^n/_{10}$-Natronlauge und Fällen mit Kupfersulfat dargestellt. Auch hier dauerte die Krystallisation ziemlich lange.

Um aus dem Kupfersalz das freie α-Oxyisocapronylglycin zu bereiten, wird es fein gepulvert, mit Wasser oder Aceton angerührt, durch Schwefelwasserstoff zersetzt, die filtrirte Lösung unter vermindertem Druck stark eingedampft und der Rückstand mit Chloroform behandelt. Aus der eingeengten Chloroformlösung scheidet es sich besonders beim Reiben krystallinisch ab. Durch nochmaliges Umlösen aus heissem Chloroform erhält man ein reines Product vom Schmelzpunkt 109° (corr.). Die Ausbeute beträgt ungefähr die Hälfte des angewandten krystallwasserhaltigen Kupfersalzes. Die Reinheit des Präparates wurde durch eine Stickstoffbestimmung controllirt.

0,1310 g gaben 8,6 ccm Stickgas bei 20° und 758 mm Druck.

Ber. für $C_8H_{15}O_4N$ (189,12). N 7,41. Gef. N 7,52.

62. Emil Fischer und Andreas Luniak: Synthese von Polypeptiden. XXXII. Derivate des *l*-Prolins und des Phenyl-alanins.

Berichte der Deutschen Chemischen Gesellschaft **42**, 4752 [1909].

(Eingegangen am 4. Dezember 1909.)

Synthetisch ist bisher nur ein krystallisiertes Dipeptid des Prolins erhalten worden: das inaktive Prolyl-alanin, das bei Einwirkung von Ammoniak auf α, δ-Dibromvaleryl-alanin entsteht[1]). Ferner sind von E. Fischer und G. Reif[2]) die Anhydride des *l*-Prolyl-glycins und des *l*-Prolyl-*l*-leucins dargestellt worden, von denen das erste große Ähnlichkeit mit einem von Levene und Beatty durch Verdauen der Gelatine erhaltenen Produkt zeigte. Durch Hydrolyse des Gliadins mit heißer, verdünnter Schwefelsäure haben vor einigen Jahren Thomas B. Osborne und S. H. Clapp[3]) ein in Wasser schwer lösliches, aktives Dipeptid gewonnen, das bei totaler Hydrolyse in Prolin und Phenylalanin zerfällt. Ob die Verbindung Prolyl-phenylalanin oder Phenylalanylprolin ist, geht aus ihren Versuchen nicht hervor.

Es schien uns erwünscht, diese Frage durch die Synthese zu entscheiden, und es ist uns in der Tat gelungen, dasselbe Produkt durch Einwirkung von *l*-Prolylchlorid auf *l*-Phenylalanin-äthylester und nachfolgende Verseifung zu gewinnen. Daraus geht hervor, daß das Dipeptid *l*-Prolyl-*l*-phenylalanin ist. Auf die gleiche Art konnten wir das *l*-Prolyl-*d*-phenylalanin bereiten.

In der Reihe der Dipeptide, beziehungsweise ihrer Anhydride, die durch partielle Hydrolyse von Proteinen erhalten wurden, steht das *l*-Prolyl-*l*-phenylalanin an fünfter Stelle, und als Derivat des Phenylalanins ist es das erste auf diesem Wege gewonnene Dipeptid.

---

[1]) E. Fischer u. U. Suzuki, Berichte d. D. Chem. Gesellsch. **37**, 2845 [1904]. (*Proteine I, S. 366.*)
[2]) Liebigs Ann. d. Chem. **363**, 118 [1908]. (*S. 552.*)
[3]) Amer. Journ. Physiol. **18**, 123 [1907].

$$l\text{-}Prolyl\text{-}l\text{-}phenylalanin,$$

$$CH_2 \cdot CH_2 \cdot CH_2 \cdot CH \cdot CO \cdot NH \cdot CH \Big\langle {}^{COOH}_{CH_2 \cdot C_6H_5}.$$
$$\underline{\qquad\qquad NH \qquad\qquad}$$

Als Ausgangsmaterialien dienten l-Prolin von $[\alpha]_D^{20} = -76,3°$, das aus krystallisiertem Kupfersalz dargestellt war, und Formyl-l-phenylalanin von $[\alpha]_D^{20} = +74,8°$. Das erste wurde nach der Vorschrift von E. Fischer und G. Reif[1]) in salzsaures Prolylchlorid verwandelt.

Um aus Formylphenylalanin den Äthylester des Phenylalanins zu erhalten, kocht man eine Stunde mit der 15-fachen Menge n-Salzsäure am Rückflußkühler, verdampft die klare Lösung unter etwa 15 mm Druck, übergießt den Rückstand mit der 8-fachen Gewichtsmenge absolutem Alkohol und verfährt weiter nach der Vorschrift von E. Fischer und W. Schoeller[2]). Schließlich wird der aus dem Hydrochlorid in Freiheit gesetzte l-Phenylalaninäthylester ausgeäthert, mit Natriumsulfat getrocknet und unter etwa 15 mm Druck destilliert.

Für die Kupplung mit dem Prolylchlorid haben wir 11 g reinen l-Phenylalaninäthylester mit 50 ccm trocknem Chloroform vermischt, dann in einer Kältemischung auf etwa $-10°$ abgekühlt und unter Umschütteln 3,3 g salzsaures Prolylchlorid portionsweise im Laufe von etwa $^1/_2$ Stunde eingetragen. Dabei entsteht eine klare Lösung. Läßt man sie noch 1 Stunde in einer Kältemischung stehen, so scheidet sich ein dicker krystallinischer Niederschlag von salzsaurem Phenylalaninäthylester ab (3,2 g). Er wird abgesaugt, das Chloroform unter vermindertem Druck verdampft und der Rückstand noch mehrmals nach Zugabe von wenig Alkohol in der gleichen Weise verdampft, um den Rest des Chloroforms abzugeben. Der Rückstand, der meist ein dickes Öl, zuweilen aber auch fest ist, wird in 40 ccm Wasser gelöst und mit etwa 20 ccm Äther extrahiert, wodurch eine kleine Menge (etwa 1,3 g) freien Phenylalaninäthylesters entfernt wird. Um die in der wäßrigen Lösung enthaltenen Ester zu verseifen, fügt man eine Lösung von 16 g reinem krystallisiertem Bariumhydroxyd in 60 ccm warmem Wasser zu und läßt das Gemisch bei gewöhnlicher Temperatur und unter öfterem Schütteln 2 Stunden stehen. Für die möglichst vollständige Isolierung des Dipeptids schien es uns jetzt vorteilhaft, die Lösung ganz von Chlor und Barium zu befreien. Zu dem Zweck haben wir zunächst die Flüssigkeit wegen der geringen Löslichkeit des Dipeptids in Wasser auf 1800 ccm verdünnt, dann mit einem mäßigen Überschuß von Schwefel-

---

[1]) Liebigs Ann. d. Chem. **363**, 123 [1908]. (*S. 556.*)
[2]) Liebigs Ann. d. Chem. **357**, 14 [1907]. (*S. 488*).

säure versetzt und ohne Filtration mit 7 g feingepulvertem Silbersulfat geschüttelt. Aus der zentrifugierten klaren Flüssigkeit wurde zuerst das Silber mit Salzsäure und die Schwefelsäure mit Barytwasser quantitativ entfernt und schließlich das klare Filtrat unter vermindertem Druck auf etwa 200 ccm eingedampft. Während des Eindampfens schied sich das Dipeptid krystallinisch ab und wurde mehrmals abfiltriert. Die Gesamtmenge des schon fast reinen Präparats war 2,6 g oder 48% der Theorie, berechnet auf das angewandte salzsaure Prolylchlorid.

Wahrscheinlich läßt sich die Isolierung des Dipeptids durch Verseifung mit Alkali an Stelle von Baryt und durch genaue Neutralisation des Alkalis mit Säure sehr vereinfachen. Zur völligen Reinigung haben wir 2,6 g Rohprodukt in 500 ccm siedendem Wasser gelöst; beim Abkühlen in Eis schieden sich wieder 1,6 g ab, die für die Analyse und die optischen Bestimmungen benutzt wurden.

0,4153 g lufttrockner Sbst. verloren bei 110° und 14 mm 0,0272 g H_2O.
$C_{14}H_{18}N_2O_3 + H_2O$ (280,18). Ber. H_2O 6,43. Gef. H_2O 6,54.
0,1550 g bei 110° und 14 mm getrockneter Sbst.: 0,3647 g CO_2, 0,0985 g H_2O. — 0,1526 g bei 110° und 14 mm getrockneter Sbst.: 14,2 ccm N über 33-prozentiger Kalilauge (20°, 767 mm).
$C_{14}H_{18}N_2O_3$ (262,16). Ber. C 64,08, H 6,91, N 10,68.
Gef. ,, 64,16, ,, 7,09, ,, 10,79.

Für die optischen Bestimmungen wurde ebenfalls das bei 110° und 14 mm getrocknete Präparat benutzt; für den ersten Versuch war das Dipeptid in 20-prozentiger Salzsäure gelöst, der zweite wurde mit einer Lösung in n-Natronlauge ausgeführt.

I. 0,2269 g Sbst.; Gesamtgewicht der Lösung (20-proz. HCl) 4,5700 g; $d_4^{20} = 1,108$; Drehung im 1-dm-Rohr 2,25° nach links. Mithin in 20-proz. Salzsäure

$$[\alpha]_D^{20} = -40,90° (\pm 0,4°).$$

II. 0,0388 g Sbst.; Gesamtgewicht der Lösung 0,5881 g (n-Natronlauge); $d_4^{20} = 1,04$; Drehung im $1/2$-dm-Rohr 0,54° nach rechts. Mithin in n-Natronlauge

$$[\alpha]_D^{20} = +15,74° (\pm 0,3°).$$

Das bei 110° und 14 mm getrocknete Präparat schmolz unter Schäumen gegen 247° (korr. 252°). In kaltem Wasser ist das Dipeptid sehr schwer, in Alkohol fast gar nicht löslich. Die wäßrige Lösung ist geschmacklos.

Das Kupfersalz, in der gewöhnlichen Weise bereitet, krystallisiert aus warmem Wasser in dunkelblauen, ziemlich großen Prismen. Sie enthalten $3^1/_2$ Mol. Krystallwasser, das durch Trocknen bei 127° bestimmt wurde.

0,1846 g lufttrocknes Salz verloren bei 127° und 15 mm 0,0299 g H_2O.
$C_{14}H_{16}N_2O_3Cu + 3^1/_2 H_2O$ (386,78). Ber. H_2O 16,30. Gef. H_2O 16,19.
0,1547 g trocknes Salz: 0,2932 g CO_2, 0,0705 g H_2O, 0,0383 g CuO.
$C_{14}H_{16}N_2O_3Cu$ (323,71).   Ber. C 51,88, H 4,97, Cu 19,63.
Gef. ,, 51,67, ,, 5,11, ,, 19,78.

Aus diesen Daten ergibt sich die Identität unseres Dipeptids
mit dem Spaltungsprodukt des Gliadins, wie folgende Zusammenstellung zeigt.

	Synthetisches *l*-Prolyl-*l*-phenylalanin	Dipeptid von Osborne und Clapp
Krystallform Zusammensetzung	Perlmutterglänzende Prismen $C_{14}H_{18}N_2O_3 + H_2O$	Ebenso
Schmelzpunkt und Geschmack	247° (unkorr.) unter Zersetzung, geschmacklos	249° (unkorr.) unter Gasentwicklung, geschmacklos
Drehungsvermögen in 20-proz. Salzsäure	$[\alpha]_D^{20} = -40,90°$	$[\alpha]_D^{20} = -40,93°$ $[\alpha]_D^{20} = -41,55°$
		Gibt bei Hydrolyse Prolin und Phenylalanin
Kupfersalz	Blaue Prismen $C_{14}H_{16}N_2O_3Cu + 3^1/_2H_2O$	Gut ausgebildete blaue Krystalle des orthorhombischen Systems $C_{14}H_{16}N_2O_3Cu + 3^1/_2H_2O$

In den Mutterlaugen, die nach dem Krystallisieren des synthetischen
l-Prolyl-*l*-phenylalanins bleiben, befindet sich noch eine kleine Menge
von Dipeptid, gemischt mit *l*-Prolin und *l*-Phenylalanin. Diese drei
Körper lassen sich auf folgende Weise trennen. Man verdampft zuerst
unter vermindertem Druck bis zur Trockne und bringt das Prolin
durch Auskochen mit absolutem Alkohol in Lösung. Der Rückstand
wird in heißem Wasser gelöst und mit gefälltem Kupferoxyd 20 bis
30 Minuten gekocht. Dabei fällt das in Wasser fast unlösliche Kupfersalz des Phenylalanins aus, während das Kupfersalz des Dipeptids in
Lösung bleibt. Man kann letzteres durch Eindampfen direkt krystallisiert erhalten. Noch besser stellt man daraus durch Fällung mit Schwefelwasserstoff in der Hitze das freie Dipeptid dar, das durch Abkühlen
oder Eindampfen des Filtrats leicht zu isolieren ist.

Hydrolyse des Dipeptids durch Pankreatin.

Das einzige bisher synthetisch dargestellte Dipeptid des Prolins das Prolylalanin[1]), ist mit Fermenten nicht geprüft worden, und das gegen Pankreassaft beständige vermeintliche Leucyl-prolin[2]) wurde später als das Amid des Oxy-isocapronylprolins erkannt[*]). Um so notwendiger erschien es uns, an dem neuen synthetischen Dipeptid das Verhalten gegen die Darmfermente zu untersuchen. Wir haben dafür das starkwirkende Pankreatin der Firma Rhenania (Aachen) gewählt. Wegen der geringen Löslichkeit des Dipeptids in Wasser haben wir etwas mehr als die äquimolekulare Menge Natriumcarbonat zugesetzt.

0,314 g l-Prolyl-l-phenylalanin wurden in 12 ccm $n/_{10}$-Natriumcarbonatlösung suspendiert und nach Zusatz von 0,123 g Pankreatin und 10 Tropfen Toluol 48 Stunden im Brutraum (36°) geschüttelt. Hierbei ging das Dipeptid langsam, aber schließlich vollständig in Lösung.

Zum Nachweis der Spaltprodukte wurde die Flüssigkeit mit 12 ccm $n/_{10}$-Schwefelsäure neutralisiert, einige Minuten gekocht (behufs Entfernung des Toluols), dann filtriert und die klare Lösung unter geringem Druck bis zur Trockne verdampft. Beim Auskochen des Rückstandes mit 10 ccm Alkohol ging das Prolin mit einer kleinen Menge anderer Produkte in Lösung. Der alkoholische Auszug wurde verdampft, der Rückstand wieder mit Alkohol aufgenommen, die filtrierte Lösung von neuem verdampft und diese Operation einige Mal wiederholt, bis der Rückstand in absolutem Alkohol völlig löslich war. Zur weiteren Reinigung diente das **Kupfersalz**. Zu dem Zweck wurde das nach Verdampfen des Alkohols bleibende Prolin in 5 ccm Wasser gelöst und mit gefälltem Kupferoxyd 10 Minuten gekocht, dann die filtrierte tiefblaue Lösung auf dem Wasserbade verdampft und der Rückstand mit Alkohol ausgekocht. Das alkoholische Filtrat haben wir wieder eingedampft, den Rückstand von neuem mit Alkohol ausgekocht und diese Operation wiederholt, bis die Masse in Alkohol völlig löslich war. Schließlich wurde das **Prolin** aus dem Kupfersalz durch Schwefelwasserstoff in Freiheit gesetzt und aus der alkoholischen Lösung durch vorsichtigen Zusatz von Äther krystallinisch abgeschieden. Seine Menge betrug 0,083 g. Das Präparat schmolz gegen 208° (korr.). Auch die mikropolarimetrische Untersuchung zeigte, daß es ziemlich reines l-Prolin war.

0,0332 g in vacuo getrockneter Sbst.; Gesamtgewicht der wäßrigen Lösung 0,5712 g; $d^{20} = 1,02$; Drehung im $^1/_2$-dm-Rohr 2,21° nach links. Mithin

$$[\alpha]_D^{20} = -74,55° \ (\pm 0,3°).$$

---

[1]) E. Fischer und U. Suzuki, Berichte d. D. Chem. Gesellsch. **37**, 2845 [1904]. (*Proteine I*, S. 366.)

[2]) E. Fischer und E. Abderhalden, Zeitschr. f. physiol. Chem. **46**, 52 [1905]. (*Proteine I*, S. 595.)   [*]) *Vergl.* S. 552.

Zum Nachweis des durch die Hydrolyse entstandenen *l* - Phenyl-alanins wurde der in Alkohol unlösliche Teil der Aminosäuren, welcher außerdem Natriumsulfat enthielt, in etwa 10 ccm Wasser gelöst und mit Kupferoxyd 10 Minuten gekocht. Die jetzt filtrierte Flüssigkeit war nur schwach blau, woraus hervorging, daß keine erhebliche Menge von Dipeptid mehr vorhanden war. Das beim Kupferoxyd zurückgebliebene Phenylalaninkupfer wurde durch Auskochen mit verdünntem Ammoniak gelöst und das dunkelblaue Filtrat zur Trockne verdampft. Den Rückstand haben wir in heißem Wasser suspendiert, mit Schwefelwasserstoff zerlegt und die heiß filtrierte Flüssigkeit konzentriert. Hierbei schied sich das Phenylalanin krystallinisch ab. Ausbeute 0,093 g. Die Aminosäure schmolz gegen 281° (korr.) und zeigte auch in befriedigender Weise das Drehungsvermögen des *l*-Phenylalanins.

0,0126 g in vacuo getrockneter Substanz. Gesamtgewicht der wäßrigen Lösung 0,6213. $d^{20} = 1,00$. Drehung im $^1/_2$-dm-Rohr 0,35° nach links. Mithin

$$[\alpha]_D^{20} = -34,51° (\pm 1,0°).$$

Zum Beweise, daß die Hydrolyse allein durch Pankreatin bewirkt wird, haben wir einen Kontrollversuch genau mit den gleichen Mengenverhältnissen, aber ohne Pankreatin angestellt. Das Dipeptid war hier nach 48-stündigem Aufbewahren im Brutraum nur teilweise gelöst, und als zum Schluß mit der äquivalenten Menge $^n/_{10}$-Schwefelsäure neutralisiert wurde, fiel aus der Lösung der größte Teil des unveränderten Dipeptids aus. Zurückgewonnen wurden 90% der angewandten Menge. In der wäßrigen Mutterlauge haben wir nach dem oben angegebenen Verfahren vergebens Prolin oder Phenylalanin gesucht.

l - Prolyl - *d* - phenylalanin,

Die Darstellung geschah genau so wie bei dem isomeren Dipeptid, nur trat an Stelle des *l*-Phenylalaninesters die *d*-Verbindung, die aus reinem *d*-Phenylalanin bereitet war. Ferner wurde die Flüssigkeit nach der Verseifung mit Baryt lange nicht so stark verdünnt. Schwieriger war aber hier die Isolierung des Dipeptids, weil es in Wasser viel leichter löslich ist als das Isomere. Die Trennung von unverändertem Phenylalanin wurde deshalb mittels des Kupfersalzes in folgender Weise ausgeführt: Nachdem Chlor, Silber, Barium und Schwefelsäure aus der Lösung genau gefällt waren, verdampfte man diese unter vermindertem Druck zur Trockne und kochte den Rückstand mit absolutem Alkohol aus, um das Prolin zu entfernen. Das nun zurückbleibende Gemisch, dessen Menge bei Anwendung von 2,5 g salzsaurem *l*-Prolylchlorid und 7 g *d*-Phenylalaninäthylester 4,3 g betrug, wurde in der 25-fachen Menge heißen Wassers gelöst, dann mit überschüssigem, gefälltem Kupferoxyd $1/4$ Stunde gekocht und heiß filtriert. Da das d-Phenylalaninkupfer auch in heißem Wasser sehr schwer löslich ist, so blieb es zum größten Teil bei dem Kupferoxyd und konnte durch Auslaugen mit heißem, verdünntem Ammoniak, Filtration und Wegkochen des Ammoniaks leicht gewonnen werden (2,4 g). Das erste, tiefblau gefärbte Filtrat enthielt hauptsächlich das Kupfersalz des Dipeptids. Nachdem die Lösung unter vermindertem Druck stark eingeengt war, schied sich daraus das Kupfersalz bei längerem Stehen im Exsiccator als dunkelblaue, mikroskopische, dünne Prismen ab. Die Ausbeute betrug auf 2,5 g salzsaures Prolylchlorid 1,8 g oder 32% der Theorie. Zur Reinigung wurde das Salz aus heißem, 85-prozentigem Alkohol umkrystallisiert. Das lufttrockne Salz enthält 2 Mol. Wasser.

0,1904 g lufttrocknes Salz verloren bei 127° und 14 mm 0,0188 g H_2O.
$C_{14}H_{16}N_2O_3Cu + 2 H_2O$ (359,74). Ber. H_2O 10,01. Gef. H_2O 9,87.

0,1716 g bei 127° getrocknetes Salz: 0,3247 g CO_2, 0,0789 g H_2O, 0,0420 g CuO.

$C_{14}H_{16}N_2O_3Cu$ ((323,71). Ber. C 51,88, H 4,97, Cu 19,63.
Gef. ,, 51,60, ,, 5,15, ,, 19,59.

Das reine, krystallisierte Salz ist in kaltem Wasser recht schwer löslich.

Zur Gewinnung des Dipeptids wurde das reine Kupfersalz in der 150-fachen Menge heißen Wassers gelöst, mit Schwefelwasserstoff zerlegt und das Filtrat verdampft. Aus der stark eingeengten Flüssigkeit schied sich das Dipeptid in der Kälte in kleinen farblosen Prismen ab. Sie enthalten in lufttrocknem Zustande 1 Mol. Wasser.

0,3987 g lufttrockner Sbst. verloren unter 14 mm bei 110° 0,0263 g H_2O.
$C_{14}H_{18}N_2O_3 + H_2O$ (280,18). Ber. H_2O 6,43. Gef. H_2O 6,62.
0,1527 g trockne Sbst.: 0,3590 g CO_2, 0,0941 g H_2O. — 0,1232 g trockne Sbst.: 11,2 ccm N über 33-prozentiger Kalilauge (20°, 767 mm).
$C_{14}H_{18}N_2O_3$ (262,16). Ber. C 64,08, H 6,91, N 10,68.
Gef. ,, 64,11, ,, 6,91, ,, 10,54.

Das trockne Dipeptid schmilzt nicht ganz konstant gegen 218° (223° korr.) unter Schäumen zu einer braunen Flüssigkeit. Es ist zum Unterschied von dem isomeren l-Prolyl-l-phenylalanin ziemlich leicht löslich in kaltem Wasser, dagegen in absolutem Alkohol sehr schwer löslich. Der Geschmack ist bitter.

Wegen Mangel an Material haben wir nur eine mikropolarimetrische Bestimmung ausführen können.

0,0607 g bei 110° und 14 mm getrockneter Sbst.; Gesamtgewicht der Lösung (Wasser) 1,5268 g; $d_4^{20} = 1,009$; Drehung im 1-dm-Rohr 2,08° nach links. Mithin in Wasser

$$[\alpha]_D^{20} = -52,0° (\pm 0,5°).$$

**63. Emil Fischer und Albert Fiedler: Synthese von Poly-
peptiden. XXXII. 1. Derivate der Asparaginsäure*).**

Liebigs Annalen der Chemie **375**, 181 [1910].

(Eingelaufen am 11. Juli 1910.)

Obschon die Asparaginsäure in den natürlichen Proteinen bei weitem nicht in so großen Mengen wie die Glutaminsäure vorkommt, so
ist sie doch als älteste und einfachste Aminodicarbonsäure so wichtig,
daß die Kenntnis ihrer Polypeptide für das Studium der Proteine wünschenswert erscheint. Wir haben deshalb die Reaktionen, die bei der
Glutaminsäure zum Aufbau des Tetrapeptids Glycylglutamyldiglycin
dienten[1]), auf die Asparaginsäure übertragen und so in der Tat ein Tetrapeptid aus 3 Mol. Glykokoll und 1 Mol. Asparaginsäure erhalten, dem
wir nach der Synthese folgenden Namen und Formel geben wollen:

Glycyl-asparagyl-diglycin,

$$NH_2CH_2CO \cdot NHCHCO \cdot NHCH_2COOH$$
$$|$$
$$CH_2CO \cdot NHCH_2COOH.$$

Leider findet beim Übergang von der aktiven Chloracetyl-1-aspara-
ginsäure zu dem Chloracetylasparagyl-diglycinäthylester eine Racemisierung statt, welche wahrscheinlich durch die Behandlung der Säure mit
Phosphorpentachlorid veranlaßt wird. Jedenfalls waren der von uns
isolierte Ester und alle daraus weiter hergestellten Produkte einschließlich des Tetrapeptids optisch inaktiv.

Nach bekannten Methoden haben wir ferner noch dargestellt
1-Leucylglycyl-1-asparaginsäure und 1-Leucyl-1-asparaginsäure. Eine
Leucylasparaginsäure ist schon früher beschrieben worden[2]). Da sie
aber aus 1-Asparaginsäureester und optisch inaktivem α-Bromisocapronylchlorid hergestellt wurde, so war sie kein optisch einheitlicher

---

*) *Dieselbe Nummer XXXII trägt schon die vorhergehende Abhandlung*
(*S. 657*). *Trotzdem glaubt der Herausgeber auf eine Umnummerierung verzichten
zu sollen.*

[1]) E. Fischer, W. Kropp und A. Stahlschmidt, Liebigs Ann. d. Chem.
365, 181 [1909]. (*S. 611.*)

[2]) E. Fischer und E. Königs, Berichte d. D. Chem. Gesellsch. **37**, 4593 [1904].
(*Proteine I, S. 410.*)

Körper, sondern ein Gemisch der Stereoisomeren, die hier entstehen müssen.

Dieser Schluß wird durch den später angeführten optischen Vergleich des neuen Präparates mit dem alten Produkt bestätigt.

Chloracetyl-l-asparaginsäure,
$$ClCH_2CO \cdot NHCH \cdot (COOH)CH_2(COOH).$$

Zur Darstellung dient entweder Asparaginsäure oder Asparagin. Das Verfahren ist im wesentlichen dasselbe wie bei der Bereitung der Chloracetylglutaminsäure. Wir wollen es hier ausführlich nur für das Asparagin beschreiben, das wegen der Billigkeit für größere Operationen zu bevorzugen ist.

100 g trocknes Asparagin oder 113 g krystallwasserhaltiges Material (1 Mol.) werden mit 758 ccm 3 n-Natronlauge (3 Mol.) in einer Schale etwa $^{1}/_{2}$ Stunde stark gekocht, bis kein Ammoniak mehr entweicht, und mithin die Umwandlung in Asparaginsäure vollzogen ist. Die hierbei ziemlich stark konzentrierte Lösung versetzt man nach dem Abkühlen mit 151 ccm 5 n-Salzsäure, um $^{1}/_{3}$ der ursprünglich angewandten Natronlauge zu neutralisieren. Ihr Volum beträgt dann 400 bis 500 ccm. Man kühlt nun sorgfältig durch Kältemischung und fügt im Laufe von einer Stunde unter starkem Schütteln in etwa 6 Portionen abwechselnd 100 g Chloracetylchlorid (1,2 Mol.) und 760 ccm eiskalte 2 n-Natronlauge (2 Mol.) hinzu. Der Geruch des Säurechlorids verschwindet jedesmal ziemlich rasch. Nach Eintragen der letzten Portion läßt man die Lösung noch etwa eine Stunde in der Kälte stehen. In der Flüssigkeit ist zum Schluß die Chloracetylasparaginsäure als Natriumsalz vorhanden. Um sie in Freiheit zu setzen, bzw. alles Natrium an Chlor zu binden, sind 425 ccm 5 n-Salzsäure notwendig. Man setzt aber von dieser Menge nur so viel zu, bis die Flüssigkeit auf Lackmus sauer reagiert, und verdampft dann unter 12—15 mm Druck möglichst rasch auf etwa 300 ccm. Jetzt wird der Rest der Salzsäure zugefügt, abgekühlt und das ausgeschiedene Kochsalz scharf abgesaugt. Die Mutterlauge wird unter gleichem Druck aus einem Bad von etwa 40° ganz zur Trockne verdampft, während das abfiltrierte Kochsalz im Vakuumexsiccator ebenfalls getrocknet wird. Zur Isolierung der Chloracetylasparaginsäure ist die Extraktion mit heißem Essigäther am meisten zu empfehlen. Sie wird sowohl auf den trocknen Rückstand wie auf das zuerst auskrystallisierte Kochsalz, das immer etwas Chloracetylverbindung einschließt, angewandt. Es ist nötig, vor der Extraktion die Masse zu pulverisieren. Sie wird dann wiederholt mit ungefähr 500 ccm Essigäther 10 Minuten am Rückflußkühler gekocht. Zweckmäßig ist es, das zuerst abgeschie-

dene Kochsalz getrennt zu behandeln, ferner die essigätherische Lösung
jedesmal erst nach dem Abkühlen zu filtrieren und endlich die Auszüge
sofort abzudestillieren, um das Destillat für neue Extraktionen zu verwenden. Nach dem Verdampfen des Essigäthers bleibt ein hellgelbes
Öl, das sich in der Kälte in einen dicken Brei von Krystallen verwandelt.
Die Krystallisation wird durch Impfen sehr beschleunigt. Nach etwa
12stündigem Stehen wird die Krystallmasse scharf abgesaugt und mit
wenig eiskaltem Essigäther nachgewaschen.

Zur Reinigung löst man in etwa 9 Gew.-Tln. Essigäther, entfärbt die schwachgelbe Flüssigkeit mit wenig Tierkohle, und verdampft
das Filtrat auf die Hälfte. In der Kälte fällt die Chloracetylasparaginsäure, besonders nach dem Impfen, als farbloses, krystallinisches Pulver.
Die eingeengte Mutterlauge gibt auf Zusatz von Petroläther eine zweite,
viel geringere Krystallisation. Die Gesamtausbeute an umkrystallisierter
Substanz betrug ungefähr 118 g oder 74 der Theorie.

Für die Analyse war nochmals aus Essigäther umkrystallisiert und
bei 78° unter 12 mm Druck über Phosphorpentoxyd getrocknet.

0,2116 g gaben 0,2672 CO_2 und 0,0744 H_2O. — 0,1910 g gaben (über 33 prozentiger Natronlauge) 10,9 ccm Stickgas bei 17° und 763 mm Druck. — 0,1732 g
gaben 0,1173 AgCl.

Ber. für $C_6H_8O_5NCl$ (209,53). C 34,36, H 3,85, N 6,69, Cl 16,92.
Gef. ,, 34,45, ,, 3,93, ,, 6,66, ,, 16,75.

Die Substanz schmilzt im Capillarrohr unter Gasentwickelung gegen
142—143° (korr.). Sie löst sich sehr leicht in Wasser und Alkohol. In
Äther und namentlich Petroläther ist sie fast gar nicht löslich. Die mit
Ammoniak neutralisierte wäßrige Lösung gibt mit Silbernitrat einen
farblosen, amorphen Niederschlag, der sich bei dem Erhitzen der Flüssigkeit in erheblicher Menge löst.

0,8009 g Substanz. Gesamtgewicht der wäßrigen Lösung 7,9543 g.
$d^{19} = 1,0367$. Drehung im 2 dm-Rohr bei 19° und Natriumlicht 0,87°
nach rechts. Mithin

$$[\alpha]_D^{19} = + 4,17° (\pm 0,2°).$$

0,5116 g Substanz. Gesamtgewicht der Lösung 5,0875 g. $d^{19} = 1,0384$.
Drehung im 1 dm-Rohr bei 19° und Natriumlicht 0,44° ($\pm$ 0,02) nach
rechts. Mithin

$$[\alpha]_D^{19} = + 4,21 (\pm 0,2).$$

Zum Beweis, daß die Substanz keine wesentliche Menge von Racemkörper enthielt, haben wir sie durch Salzsäure hydrolysiert und das
Drehungsvermögen der hierdurch entstehenden Lösung bestimmt.

1 g Chloracetylasparaginsäure (entsprechend 0,6363 g Asparaginsäure) wurde mit 5 ccm 20 prozentiger Salzsäure 5 Stunden auf 100° im

geschlossenen Rohr erhitzt. Die Drehung der Lösung war dann im 1-dm-Rohr $2,9°$ nach rechts, $d^{19} = 1,101$, während eine Lösung von $0,6363$ g reiner 1-Asparaginsäure in 5 ccm 20 prozentiger Salzsäure mit $d^{19} = 1,118$ den Wert $3,09°$ gab.

Glycyl - 1 - asparaginsäure,

$NH_2CH_2CO \cdot NHCH(COOH) \cdot CH_2(COOH)$.

Wird eine Lösung von 10 g Chloracetylverbindung in 50 ccm wäßrigem Ammoniak von 25 3 Tage bei Zimmertemperatur aufbewahrt, so ist die Abspaltung des Halogens beendet. Zur Isolierung des Dipeptids müssen Halogen und Ammoniak völlig entfernt werden. Zu dem Zweck fügt man eine warme Lösung von 30 g krystallisiertem Bariumhydroxyd zu und verdampft unter $12-15$ mm Druck auf etwa die Hälfte, bis alles Ammoniak verschwunden ist. Zur Entfernung des Chlors wird jetzt auf bekannte Weise mit Schwefelsäure und Silbersulfat gefällt und die völlig von Chlor, Silber, Barium und Schwefelsäure befreite Flüssigkeit unter geringem Druck eingedampft. Wird der zurückbleibende Sirup in einer Platinschale einige Mal unter Umrühren mit absolutem Alkohol verdampft, so verwandelt er sich in eine feste amorphe Masse. Die Ausbeute an Rohprodukt beträgt ungefähr 80 der Theorie.

Um daraus Krystalle zu gewinnen, löst man in Wasser und fügt Alkohol bis zur Trübung zu. Bei mehrtägigem Stehen beginnt in der Regel die Krystallisation. In dem Maße, wie sie fortschreitet, fügt man in gelinder Wärme ($35-40°$) mehr Alkohol, immer bis zur Trübung, zu. Durch Impfen wird die Operation beschleunigt, immerhin kann sie bei größeren Mengen etwa 2 Wochen dauern. Zur völligen Reinigung genügt es, die abgesaugten Krystalle nochmals in der 5 fachen Menge Wasser zu lösen, mit wenig Tierkohle zu erhitzen und das warme Filtrat wiederum mit Alkohol bis zur Trübung zu versetzen. Beim Impfen geht jetzt die Krystallisation so rasch vonstatten, daß sie in 24 Stunden beendet sein kann. Die Ausbeute an reinem, zweimal krystallisiertem Dipeptid betrug 65 d. Th. Das krystallinische Pulver zeigte unter dem Mikroskop keine charakteristische Form.

Wenn das Dipeptid aus verdünnter Lösung krystallisiert ist, so enthält es in der Regel 1 Mol. Wasser, das bei $105°$ und 12 mm Druck über Phosphorpentoxyd rasch weggeht.

0,1936 g über Schwefelsäure im Vakuum getrocknet, verloren bei $105°$ unter 12 mm Druck 0,0170 g. — 0,2002 g verloren 0,0174 g.

Ber. für $C_6H_{10}N_2O_5 \cdot H_2O$ (208,1). H_2O 8,65. Gef. H_2O 8,78, 8,69.

Das trockne Dipeptid gab folgende Zahlen:

0,1828 g gaben 0,2531 CO_2 und 0,0883 H_2O. — 0,2020 g gaben nach Kjeldahl: 21 ccm $n/_{10}$-NH_3.

Ber. für $C_6H_{10}N_2O_5$ (190,1). C 37,87, H 5,30, N 14,74.

Gef. ,, 37,76, ,, 5,40, ,, 14,56.

Aus konzentrierten Lösungen haben wir einigemal Präparate erhalten, die viel weniger Wasser (2) enthielten, und die wohl ein Gemisch von wasserhaltiger und wasserfreier Substanz waren.

Für die optische Bestimmung diente ebenfalls ein bei 105° getrocknetes und vorher mehrmals umkrystallisiertes Präparat.

0,2730 g Substanz, gelöst in Wasser. Gesamtgewicht 2,7903 g. $d^{20} = 1,044$. Drehung im 1 dm-Rohr bei 20° und Natriumlicht 1,13° ($\pm 0,01$) nach rechts. Mithin

$$[\alpha]_D^{20} = + 11,06° (\pm 0,1).$$

0,6254 g nochmals umkrystallisierte Substanz. Gesamtgewicht der Lösung 6,7880. $d^{20} = 1,0404$. Drehung im 1 dm-Rohr bei 20° und Natriumlicht 1,06° ($\pm 0,01°$) nach rechts. Mithin

$$[\alpha]_D^{20} = + 11,1° (\pm 0,1).$$

Das getrocknete Dipeptid schmilzt bei raschem Erhitzen im Capillarrohr gegen 203° (korr. 207°) unter starker Gasentwickelung und Gelbfärbung.

Es ist in Wasser leicht löslich und reagiert stark sauer. In kaltem Alkohol ist es fast unlöslich. Die mit Ammoniak neutralisierte wäßrige Lösung gibt mit Silbernitrat einen dicken, amorphen, farblosen Niederschlag, der sich beim Erwärmen der Flüssigkeit in erheblicher Menge löst. Das Dipeptid löst Kupferoxyd beim Kochen mit tiefblauer Farbe.

d-α-Bromisocapronyl-glycyl-l-asparaginsäure,

$(CH_3)_2CHCH_2CHBrCO \cdot NHCH_2CO \cdot NHCH(COOH)CH_2COOH.$

In eine Lösung von 10 g Glycyl-l-asparaginsäure (1 Mol.) und 105,5 ccm n-Natronlauge (2 Mol.), die durch eine Kältemischung gekühlt ist, trägt man unter starkem Schütteln in sechs Portionen und abwechselnd 13,5 g (1,2 Mol.) d-α-Bromisocapronylchlorid (aus d-Leucin) und 105,5 ccm gekühlte n-Natronlauge im Laufe von etwa 2 Stunden ein. Nach weiterem einstündigem Stehen wird mit 29,5 ccm 5 n-Salzsäure (2,8 Mol.) angesäuert. Es ist dabei zweckmäßig, zunächst nur einen Teil der Säure bis zur dauernden Trübung zuzusetzen und jetzt einige Kryställchen einzutragen, um sofort die Krystallisation einzuleiten. Fügt man dann allmählich den übrigen Teil der Salzsäure zu, so erreicht man, daß der Bromkörper gar nicht als Öl, sondern völlig krystallisiert ausfällt. Die ersten Krystalle muß man sich allerdings auf mühsamerem Wege, durch

Extraktion des Öls mit Äther, Trocknen und Verdampfen der Lösung und längeres Stehen des Rückstandes im Vakuumexsiccator bereiten. Wenn die wäßrige Flüssigkeit nach Zusatz der gesamten Salzsäure 12 Stunden im Eisschrank gestanden hat, werden die Krystalle scharf abgesaugt, im Vakuumexsiccator getrocknet und mit Petroläther gewaschen, um kleine Mengen von Bromisocapronsäure zu entfernen. Die Ausbeute beträgt etwa 12,5 g. Eine kleine Menge (etwa 1 g) desselben Produktes läßt sich aus der sauren Mutterlauge gewinnen, indem man sie unter sehr geringem Druck einengt und das abgeschiedene Öl ausäthert, dann den Äther trocknet, verdampft und den Rückstand durch längeres Stehen und Zusatz von Petroläther zur Krystallisation bringt.

Zur Reinigung wird die Substanz in etwa 5 Teilen heißen Wassers gelöst, mit wenig Tierkohle entfärbt und das Filtrat auf 0° abgekühlt. Sie fällt dann fast vollständig in kurzen Prismen aus. An diesem reinen Produkt wurden im ganzen 13 g aus 10 g Dipeptid gewonnen.

Die Krystalle enthalten Wasser. Für die lufttrockne Substanz fanden wir seine Menge entsprechend ungefähr $^1/_2$ Mol. Im Vakuumexsiccator über Schwefelsäure geht es bei zwölfstündigem Stehen nicht weg, wohl aber bei mehrstündigem Trocknen unter 15 mm Druck über Phosphorpentoxyd bei 78°.

0,2592 g (über Schwefelsäure getrocknet) verloren 0,0061 g. — 0,2299 g verloren 0,0051 g.

Ber. für $C_{12}H_{19}O_6N_2Br + ^1/_2 H_2O$ (376,1). H_2O 2,39.   Gef. H_2O 2,35, 2,22.

Die trockne Substanz gab folgende Zahlen:

0,1607 g gaben 0,2305 CO_2 und 0,0758 H_2O. — 0,1594 g gaben 10,3 ccm Stickgas bei 18° und 766 mm Druck über 33 prozentiger Natronlauge. — 0,1577 g gaben 0,0815 AgBr.

Ber. für $C_{12}H_{19}O_6N_2Br$ (367,09).   C 39,23, H 5,22, Br 21,77, N 7,64.

Gef. ,, 39,12, ,, 5,28, ,, 21,98, ,, 7,55.

Der trockne Körper ist hygroskopisch. Die im Exsiccator getrocknete Substanz schmilzt im Capillarrohr bei 118—119° (119—120° korr.). Er löst sich in ungefähr 4 Tln. heißem Wasser, auch leicht in Alkohol, dagegen schwer in Äther und Benzol.

Für die optische Bestimmung diente eine alkoholische Lösung.

0,6472 g getrocknete Substanz. Gesamtgewicht der Lösung 5,6656 g. $d^{21} = 0,8374$. Drehung im 1 dcm-Rohr bei 21° und Natriumlicht 5,88° ($\pm$ 0,02) nach rechts. Mithin

$$[\alpha]_D^{21} = + 61,5° (\pm 0,2).$$

0,4048 g Substanz. Gesamtgewicht der Lösung 4,0501 g. $d^{21} = 0,8328$. Drehung im 1-dm-Rohr bei 21° und Natriumlicht 5,09° ($\pm$ 0,02) nach rechts. Mithin

$$[\alpha]_D^{21} = + 61,2° (\pm 0,2).$$

1-Leucylglycyl-1-asparaginsäure,
$$C_4H_9 \cdot CH(NH_2)CO \cdot NHCH_2CO \cdot NHCH(COOH) \cdot CH_2COOH.$$

Die Darstellung aus dem Bromkörper geschah genau so, wie bei der Glycyl-1-asparaginsäure beschrieben ist. Bei dem schließlichen Verdampfen der wäßrigen Lösung bleibt ein Sirup zurück. Er wird mit wenig Wasser in eine Platinschale gespült, auf dem Wasserbad wieder eingedampft und durch Verreiben mit absolutem Alkohol in eine amorphe Masse verwandelt. Nach dem Abfiltrieren und Trocknen betrug seine Menge 75 d. Th. Um das Produkt krystallinisch zu erhalten, löst man 2 g in einer Platinschale in wenig warmem Wasser, fügt 60 ccm Alkohol zu und verdampft unter Umrühren auf dem Wasserbad. Diese Operation muß fünf bis sechsmal wiederholt werden, bis in der Hitze die Abscheidung von Krystallen beginnt, und bei dem Erkalten die Lösung keine Gallerte mehr abscheidet. Läßt man dann die auf etwa 30 ccm eingeengte Flüssigkeit langsam erkalten, so fällt das Tripeptid in mikroskopisch kleinen, farblosen Nadeln aus. Sie werden abgesaugt, in wenig Wasser gelöst und die Flüssigkeit bei 50° mit Aceton bis zur dauernden Trübung versetzt. Beim langsamen Abkühlen fällt das reine Tripeptid in feinen Nadeln aus. Seine Menge betrug ungefähr $^2/_3$ des amorphen Rohproduktes.

Für die Analyse und optische Untersuchung wurde bei 105° und 12—15 mm Druck über Phosphorpentoxyd getrocknet.

0,1315 g gaben 0,2283 CO_2 und 0,0836 H_2O. — 0,2061 g gaben 20,1 ccm $^n/_{10}$-NH_3.

Ber. für $C_{12}H_{21}O_6N_3$ (303,2). C 47,49, H 6,98, N 13,86.

Gef. ,, 47,35, ,, 7,11, ,, 13,65.

0,0740 g Substanz. Gesamtgewicht der wäßrigen Lösung 1,4390 g. $d^{20} = 1,017$. Drehung im 1 dcm-Rohr bei 20° und Natriumlicht 2,89° ($\pm$ 0,02) nach rechts. Mithin

$$[\alpha]_D^{20} = + 55,25° (\pm 0,2).$$

0,1709 g Substanz. Gesamtgewicht der Lösung 3,2411 g. $d^{20} = 1,018$. Drehung im 1 dcm-Rohr bei 20° und Natriumlicht 2,95° ($\pm$ 0,02) nach rechts. Mithin

$$[\alpha]_D^{20} = + 54,96° (\pm 0,2).$$

Bei raschem Erhitzen im Capillarrohr schmilzt das Tripeptid gegen 233° (korr. 239°) unter Zersetzung nach vorhergehender Bräunung.

Es löst sich in Wasser sehr leicht und reagiert sauer. In absolutem Alkohol und Aceton ist es sehr wenig löslich.

Chloracetyl-asparagyl-diglycyläthylester,

$$ClCH_2CO \cdot NHCHCO \cdot NHCH_2COOC_2H_5$$
$$\mid$$
$$CH_2CO \cdot NHCH_2COOC_2H_5.$$

10 g sorgfältig getrocknete und sehr fein gepulverte Chloracetyl-asparaginsäure werden mit 50 ccm frisch destilliertem Acetylchlorid in einem mit Glasstopfen versehenen Schüttelzylinder übergossen, auf etwa 5° abgekühlt und dann 22 g (2,2 Mol.) rasch gepulvertes Phosphorpenta-chlorid in 3 Portionen unter Schütteln und im Laufe von 15 Minuten eingetragen. Hierbei findet fast vollständige Lösung der Chloracetyl-asparaginsäure statt. Man schüttelt jetzt noch 15 Minuten bei Zimmer-temperatur, kühlt dann auf 0° ab und filtriert vom unverbrauchten Phosphorpentachlorid in dieselbe Flasche, in der nachher die Filtration vorgenommen wird. Wird jetzt das Acetylchlorid unter möglichst ge-ringem Druck verdampft, so scheidet sich in der Regel das Säurechlorid als dicke, aber nicht deutlich krystallinische Masse ab. Man verdünnt mit 150 ccm scharf getrocknetem Petroläther, um die Abscheidung des Chlorids zu vervollständigen und filtriert die Masse sofort mit einem Pukallschen Tonfilter unter Benutzung des für diesen Zweck früher empfohlenen Apparates[1]).

Nachdem noch zweimal mit je 50 ccm trocknem Petroläther nach-gewaschen ist, wird das Produkt im Vakuumexsiccator über Phosphor-pentoxyd getrocknet und bildet dann ein farbloses, lockeres Pulver. Die Ausbeute betrug gewöhnlich 6,2 g oder 52 d. Th.

Wenn beim Abdestillieren des Acetylchlorids das Säurechlorid sich nicht ausscheidet, so wird die auf etwa 20 ccm eingeengte Flüssigkeit allmählich und unter Reiben mit etwa 200 ccm Petroläther verdünnt, wobei die Abscheidung eintritt.

Das so gewonnene Chlorid ist keineswegs rein. Eine Chlorbestim-mung ergab nur 24,1, während 28,8 berechnet sind. Trotzdem haben wir es direkt für die Kuppelung mit Glykokollester benutzt. Zu dem Zweck wurden 6 g Rohprodukt mit 50 ccm ganz trocknem Äther übergossen. Dabei geht das Chlorid in Lösung. Man gießt die ätherische Lösung von dem Rückstand ab, der zum Teil aus Chloracetylasparaginsäure besteht und spült mit 50 ccm Äther nach. Diese Lösung wird sofort zu einer durch Eis gekühlten Mischung von 15 g frisch destilliertem Glykokoll-ester und 50 ccm trocknem Äther unter Schütteln zugetropft. Der hierbei sofort entstehende Niederschlag ist ein Gemisch von salzsaurem Glyko-kollester und Chloracetylasparagyldiglycinester. Er wird abgesaugt, mit Äther gewaschen, nach dem Trocknen im Vakuumexsiccator zur

---

[1]) Berichte d. D. Chem. Gesellsch. **38**, 616 [1905]. (*Proteine I, S. 433.*)

Entfernung des salzsauren Glykokollesters mit wenig eiskaltem Wasser verrieben, abgesaugt und mit kaltem Wasser gewaschen.

Die Ausbeute an rohem Chloracetylasparagyldiglycinäthylester betrug 6,9 g. Zur Reinigung wird das Produkt in der 20fachen Gewichtsmenge heißem Essigäther gelöst und mit wenig Tierkohle entfärbt. Aus dem Filtrat scheidet sich in der Kälte der reine Chloracetylasparagyldiglycinester in farblosen, sehr dünnen biegsamen Nadeln aus. Die Ausbeute betrug nur 4,3 g oder 24 d. Th. berechnet auf die angewandte Chloracetylasparaginsäure. Aus der Essigäther-Mutterlauge gewinnt man durch Einengen noch eine kleine Menge (0,2 g). Beim völligen Verdampfen hinterläßt sie ein dickes Öl.

Zur Analyse wurde nochmals aus heißem Essigäther umgelöst und unter 15 mm Druck bei 78° getrocknet.

0,1568 g gaben 0,2532 CO_2 und 0,0806 H_2O. — 0,2909 g gaben 0,1120 AgCl. — 0,2009 g gaben 19,8 ccm Stickgas bei 16° und 745 mm Druck (über 33 prozentiger Natronlauge).

Ber. für $C_{14}H_{22}O_7N_3Cl$ (379,66).   C 44,25, H 5,84, Cl 9,34, N 11,07.

Gef. ,, 44,04, ,, 5,75, ,, 9,52, ,, 11,28.

Die Substanz schmilzt im Capillarrohr bei 173—174° (korr. 176 bis 177°) nach vorhergehender Sinterung. In warmem Wasser ist sie ziemlich leicht löslich. Von heißem Essigäther sind ungefähr 17 ccm für 1 g nötig, in Äther ist sie sehr schwer löslich.

Die 5 prozentige wäßrige Lösung zeigte im 1-dcm-Rohr keine wahrnehmbare Drehung. Ebenso inaktiv blieb die Lösung von 1 g des Esters in 5 ccm 20 prozentiger Salzsäure, nachdem sie 5 Stunden auf 100° erhitzt war. Da hierbei Asparaginsäure entsteht, die in Salzsäure stark dreht, so beweist der Versuch, daß der Ester vollständig racemisiert ist. Wir glauben, daß diese Racemisierung vorzugsweise bei der Verwandlung der Chloracetylasparaginsäure ins Chlorid vor sich geht.

Chloracetyl-asparagyl-diglycin,

$$ClCH_2CO \cdot NHCHCO \cdot NHCH_2COOH$$
$$| $$
$$CH_2CO \cdot NHCH_2COOH.$$

Werden 5 g fein gepulverter Ester mit 30 ccm n-Natronlauge (2,2 Mol.) bei gewöhnlicher Temperatur auf der Maschine geschüttelt, so geht er im Laufe von etwa 2 Stunden völlig in Lösung. Man läßt noch $^1/_2$ Stunde stehen, versetzt dann mit 6 ccm 5 n-Salzsäure und filtriert die etwas trübe Flüssigkeit schnell. In dem Filtrat beginnt besonders beim Reiben bald die Krystallisation des Chloracetylasparagyldiglycins in mikroskopischen farblosen Nadeln oder sehr dünnen Prismen. Nach zweistündigem Stehen bei 0° wird filtriert. Die Ausbeute betrug 3,6 g und die eingeengte Mutterlauge gab noch weiter 0,4 g. Die gesamte Ausbeute entsprach also 95 d. Th.

Zur Reinigung wird aus etwa 7 Tln. heißem Wasser umkrystallisiert. Für die Analyse diente ein zweimal umgelöstes Präparat. Die lufttrocknen Krystalle enthalten 1 Mol. Wasser, das schon im Vakuumexsiccator über Schwefelsäure weggeht.

0,4695 g verloren 0,0255 H_2O. — 0,3318 g verloren 0,0177 H_2O.

Ber. für $C_{10}H_{14}O_7N_3Cl \cdot H_2O$ (341,6). H_2O 5,28. Gef. H_2O 5,44, 5,33.

Zur Analyse wurde noch bei 78° über Phosphorpentoxyd bei 12 bis 15 mm Druck getrocknet.

0,1586 g gaben 0,2154 CO_2 und 0,0614 H_2O. — 0,2447 g gaben 0,1077 AgCl. — 0,1510 g gaben 16,8 ccm Stickgas bei 15° und 745 mm Druck (über 33 prozentiger Natronlauge).

Ber. für $C_{10}H_{14}O_7N_3Cl$ (323,06). C 37,08, H 4,36, Cl 10,96, N 12,99.

Gef. ,, 37,04, ,, 4,33, ,, 10,89, ,, 12,80.

Die im Vakuumexsiccator getrocknete Verbindung schmilzt nicht ganz konstant im Capillarrohr gegen 140—141° (142—143° korr.) unter Schäumen. Sie löst sich in 6—7 Tln. heißem Wasser, aber schwer in kaltem Wasser. In Alkohol ziemlich leicht löslich, in Essigäther und Äther recht schwer löslich. Sie reagiert stark sauer. Die mit Ammoniak neutralisierte wäßrige Lösung gibt mit Silbernitrat einen dicken, farblosen, nicht deutlich krystallisierten Niederschlag.

Glycyl-asparagyl-diglycin,

$$NH_2CH_2CO \cdot NHCHCO \cdot NHCH_2COOH$$
$$\mid$$
$$CH_2CO \cdot NHCH_2COOH.$$

Eine Lösung von 5 g Chloracetylasparagyldiglycin in 25 ccm Ammoniak von 25% wird 5 Tage bei 25° aufbewahrt. Dann werden Ammoniak, Halogen usw. in der für Glycylasparaginsäure beschriebenen Weise entfernt. Es ist dabei ratsam, das Verdampfen immer bei möglichst geringem Druck vorzunehmen. Schließlich wird die mit Tierkohle entfärbte wäßrige Lösung, nachdem sie auf etwa 50 ccm eingeengt ist, im Vakuumexsiccator zum dünnen Sirup verdunstet und mit wenig Aceton verrieben. Nach längerer Zeit pflegt dann das Tetrapeptid zu krystallisieren. Impfen befördert den Vorgang. Nach Beginn der Krystallisation läßt man noch 3 Tage im Eisschrank stehen, saugt dann die Krystalle ab und wäscht mit sehr wenig eiskaltem Wasser. Bei gut gelungener Operation war die Ausbeute 60 d. Th.

Zur Reinigung löst man in etwa der 10 fachen Menge Wasser, filtriert und verdunstet das Filtrat wiederum im Exsiccator. Das Tetrapeptid scheidet sich dann in mikroskopisch feinen, farblosen Nädelchen ab, die meist zu größeren Klumpen verwachsen sind. Die im Vakuum-exsiccator über Schwefelsäure getrocknete Substanz enthielt noch etwas Wasser und wurde deshalb unter 15 mm Druck bei 125° über Phosphor-pentoxyd getrocknet.

0,1774 g gaben 0,2551 CO_2 und 0,0860 H_2O. — 0,1815 g gaben 28,7 ccm Stickgas bei 19° und 766 m Druck (über 33 prozentiger Natronlauge).

Ber. für $C_{10}H_{16}O_7N_4$ (304,17). C 39,45, H 5,30, N 18,42.

Gef. ,, 39,23, ,, 5,43, ,, 18,39.

Die im Exsiccator getrocknete Substanz schmilzt bei raschem Er-hitzen im Capillarrohr nach vorhergehender Sinterung und Gelbfärbung gegen 197—199° (korr. 201—203°). Das Tetrapeptid ist in Wasser, besonders in der Wärme, recht leicht löslich, dagegen in Alkohol und Aceton äußerst schwer löslich. Es reagiert und schmeckt sauer. Die mit Ammoniak neutralisierte wäßrige Lösung gibt mit Silbernitrat einen dicken, farblosen, amorphen Niederschlag, der sich beim Erhitzen der Flüssigkeit ziemlich leicht löst.

Die alkalische Lösung des Tetrapeptids gibt mit nicht zuviel Kupfer-sulfat eine schön rotviolette Färbung, die bei mehr Kupfersalz in Bläu-lichviolett übergeht.

Die wäßrige Lösung des Tetrapeptids färbt sich beim Kochen mit Kupferoxyd tiefblau. Dabei scheint aber, zumal wenn man länger kocht, Hydrolyse einzutreten.

d - α - Bromisocapronyl - 1 - asparaginsäure, $(CH_3)_2CHCH_2CHBrCO \cdot NHCH(COOH) \cdot CH_2COOH.$

Die Kupplung wurde mit 10 g Asparaginsäure und 19,2 g (1,2 Mol.) d-α-Bromisocapronylchlorid in derselben Weise ausgeführt, wie es zu-vor bei der Glycylasparaginsäure beschrieben ist. Das Kuppelungs-produkt fällt beim 24 stündigen Stehen der angesäuerten Flüssigkeit zum größten Teil (14 g) in feinen Nadeln aus, die fast immer zu kugeligen Aggregaten verwachsen sind. Aus der Mutterlauge wurde durch Ein-engen unter vermindertem Druck und Extraktion mit Äther noch 2,5 g gewonnen. Die Gesamtausbeute betrug also 16,5 g, oder, auf Asparagin-säure berechnet, 70 d. Th.

Zur Reinigung wurde zunächst in warmem Äther gelöst und mit Petroläther gefällt, und die so erhaltene Masse nochmals aus 5 Tln. heißem Wasser umkrystallisiert, wobei es nötig war, zuletzt auf 0° abzukühlen und die Mutterlauge noch besonders zu verarbeiten. Die Ausbeute an reiner Säure betrug 14 g.

Zur Analyse war im Vakuumexsiccator über Schwefelsäure ge-trocknet.

0,1826 g gaben 0,2590 CO_2 und 0,0839 H_2O. — 0,2023 g gaben 0,1232 AgBr. 0,3068 g gaben 9,5 ccm $^n/_{10}$-NH_3.

Ber. für $C_{10}H_{16}O_5NBr$ (310,06). C 38,70, H 5,20, Br 25,78, N 4,51.
Gef. ,, 38,68, ,, 5,14, ,, 25,92, ,, 4,34.

Die Substanz schmilzt im Capillarrohr gegen 148° (korr. 150°). Sie ist nicht allein in heißem Wasser, sondern auch in Alkohol und Aceton recht leicht löslich. Auch von Äther und Essigäther wird sie in der Wärme reichlich aufgenommen. In Wasser von 20° ist sie schon so schwer löslich, daß eine in der Wärme bereitete 9 prozentige Lösung bei längeren Stehen Krystalle abscheidet.

Für die optische Bestimmung diente deshalb eine ziemlich verdünnte wäßrige Lösung.

0,4481 g Substanz. Gesamtgewicht der Lösung 10,9536 g. $d^{22} = 1,013$. Drehung im 1 dcm-Rohr bei 22° und Natriumlicht 0,34° ($\pm$ 0,02) nach rechts. Mithin

$$[\alpha]_D^{22} = + 8,21° (\pm 0,2).$$

0,3186 g Substanz. Gesamtgewicht 6,6241 g. $d^{22} = 1,014$. Drehung im 1 dcm-Rohr bei 22° und Natriumlicht 0,39° ($\pm$ 0,02) nach rechts. Mithin

$$[\alpha]_D^{22} = + 8,00° (\pm 0,2).$$

Im ganzen gleicht die Substanz sehr dem unter gleichem Namen von E. Fischer und E. Königs beschriebenen Körper[1]), der aber nach der Darstellung aus inaktiver α-Bromisocapronsäure ein Gemisch von zwei Stereoisomeren sein mußte. Eine mit dem alten Präparate von Dr. Königs ausgeführte optische Bestimmung bestätigt diesen Schluß; denn es drehte unter den oben angegebenen Bedingungen nach links, und zwar

$$[\alpha]_D = - 9,7°.$$

1-Leucyl-1-asparaginsäure,
$$(CH_3)_2 \cdot CH \cdot CH_2 \cdot CH(NH_2)CO \cdot NH(COOH)CH_2COOH.$$

Für Darstellung und Isolierung gilt wieder die vorher für Glycyl-asparaginsäure gegebene Vorschrift. Nur muß die ammoniakalische Lösung des Bromkörpers bei Zimmertemperatur etwa 6 Tage stehen, bis alles Halogen abgespalten ist. Beim Verdampfen der letzten wäßrigen Lösung bleibt das Dipeptid als Sirup, der aber beim Verreiben mit absolutem Alkohol bald zu einer amorphen, farblosen Masse erstarrt. Ausbeute etwa 75 d. Th.

---

[1]) a. a. O.

Zur Reinigung wird das Produkt in wenig Wasser gelöst, mit Tierkohle in der Wärme entfärbt und das Filtrat im Exsiccator verdunstet, wobei das Dipeptid in feinen, farblosen Nadeln ausfällt. Die Ausbeute betrug ungefähr 55 d. Th.

Die Krystalle enthalten Wasser. Für die lufttrockne Substanz fanden wir seine Menge entsprechend 2 Mol. Im Vakuumexsiccator über Phosphorpentoxyd und unter 12 mm Druck verliert es bei 24 stündigem Stehen das Wasser.

0,3474 g verloren 0,0443 H_2O. — 0,4539 g verloren 0,0572 H_2O.
Ber. für $C_{10}H_{18}N_2O_5 \cdot 2 H_2O$ (282,19). H_2O 12,77.   Gef. H_2O 12,75, 12,61.

Zur Analyse und optischen Bestimmung war die im Vakuumexsiccator getrocknete Substanz nochmals über Phosphorpentoxyd unter 15 mm Druck bei 105° getrocknet.

0,3518 g gaben 0,6299 CO_2 und 0,2268 H_2O. — 0,2451 g gaben 20,2 ccm $n/_{10}$-NH_3.

Ber. für $C_{10}H_{18}O_5N_2$ (246,16).   C 48,75, H 7,37, N 11,38.
Gef. ,, 48,83, ,, 7,22, ,, 11,54.

Die wasserfreie Substanz schmilzt gegen 179° (korr. 182°) unter Gasentwickelung. Die trockne Substanz ist hygroskopisch.

0,3952 g Substanz. Gesamtgewicht der wäßrigen Lösung 6,3577 g. $d^{18} = 1,017$. Drehung im 1-dcm-Rohr bei 18° und Natriumlicht 1,71° ($\pm$ 0,02) nach rechts. Mithin

$$[\alpha]_D^{18} = + 27,05° (\pm 0,4) \,.$$

0,3016 g Substanz. Gesamtgewicht 5,7722 g. $d^{18} = 1,015$. Drehung im 1-dcm-Rohr bei 18° und Natriumlicht 1,42° ($\pm$ 0,02) nach rechts. Mithin

$$[\alpha]_D^{18} = + 26,80° (\pm 0,4) \,.$$

Das früher als Leucylasparaginsäure[1] beschriebene Präparat war entsprechend der Darstellung aus inaktiver Bromisocapronsäure noch ein Gemisch von Stereoisomeren. Infolgedessen weichen seine Eigenschaften etwas von den obigen Beobachtungen ab. Das gilt z. B. vom Krystallwasser, das früher nur 1 Mol. betrug, ferner vom optischen Verhalten, das früher nicht geprüft wurde. Herr Dr. Königs hat aber jetzt das Präparat nochmals nach dem alten Verfahren dargestellt und das Drehungsvermögen ganz anders, d. h. $[\alpha]_D^{20} = - 4,6$, gefunden.

---

[1] Berichte d. D. Chem. Gesellsch. **37**, 4593 [1904]. (*Proteine I*, S. *410*.)

64. Emil Fischer und Hans Roesner: Synthese von Poly-peptiden. XXXII. 2. Dipeptide des Serins*).

Liebigs Annalen der Chemie **375**, 199 [1910].

Das einzige bisher synthetisch erhaltene Polypeptid des Serins ist das inaktive Serylserin[1]), das durch Aufspalten des Anhydrids mit kaltem Alkali erhalten wurde. Auf ähnliche Weise wurde seine aktive Form gewonnen aus einem aktiven Anhydrid, das sich unter den Spaltprodukten des Seidenfibroins fand und höchstwahrscheinlich sekundär aus aktivem Serinester entstanden war[1]). Gemischte Polypeptide des Serins entstehen sehr wahrscheinlich bei der partiellen Hydrolyse des Seidenfibroins, worauf auch einige frühere Beobachtungen, z. B. von E. Fischer und E. Abderhalden[3]) über ein Produkt, das vielleicht Alanylserinanhydrid ist, hindeuten. Es schien uns deshalb erwünscht, solche Serinderivate künstlich herzustellen, und wir haben dafür die Kombinationen mit Glykokoll und Alanin gewählt, weil man ihre Bildung aus Seidenfibroin am ehesten erwarten darf. Da leider das optisch aktive Serin noch sehr schwer zugänglich ist, so mußten wir unsere Versuche auf die racemische Aminosäure beschränken. Wir haben aus ihr nach bekannten Methoden das Glycyl-dl-serin und ein aktives Alanylserin nebst deren beiden Anhydriden ohne besondere Schwierigkeiten erhalten und glauben, daß die Kenntnis dieser Verbindungen auch für die Darstellung der aktiven Formen und ihre Isolierung aus den Spaltprodukten des Seidenfibroins von Nutzen sein werden. Das inaktive Alanylserin mit zwei asymmetrischen Kohlenstoffatomen muß ebenso wie das in der Synthese voraufgehende α-Brompropionylserin in zwei stereomeren Formen existieren. Obschon ihre gleichzeitige Bildung bei der Kuppelung von dl-α-Brompropionsäure und dl-Serin theoretisch zu erwarten

---

*) Wegen der Nummer XXXII vergl. die Fußnote auf S. 664.
[1]) E. Fischer u. U. Suzuki, Berichte d. D. Chem. Gesellsch. **38**, 4195 [1905]. (Proteine I, S. 461.)
[2]) E. Fischer, Berichte d. D. Chem. Gesellsch. **40**, 1503 [1907]. (S. 700.)
[3]) Berichte d. D. Chem. Gesellsch. **40**, 3549 [1907]. (S. 721.)

ist, so haben wir doch nur ein einziges Produkt isolieren können. Es macht den Eindruck einer einheitlichen Substanz, ebenso wie das daraus entstehende Dipeptid. Da die Ausbeute nur 60 Proz. betrug, so ist es möglich, daß das Isomere bei der Krystallisation ganz entfernt wurde. Leider können wir dafür aber keine Gewähr leisten, weil aus den früher dargelegten Gründen[1]) die Beurteilung der Homogenität solcher Präparate zu schwierig ist.

Chloracetylserin,
$$ClCH_2 \cdot CO \cdot NH \cdot CH \cdot (CH_2OH) \cdot COOH.$$

3 g racemisches Serin (1 Mol.) werden in 28,6 ccm (1 Mol.) n-Natronlauge gelöst und unter Kühlung in einer Kältemischung und starkem Schütteln 4,04 g frisch destilliertes Chloracetylchlorid ($1^1/_4$ Mol.) und 35,7 ccm ($1^1/_4$ Mol.) eiskalte n-Natronlauge in je drei Portionen abwechselnd hinzugefügt. Die Operation dauert etwa 20 Minuten. Man läßt noch etwa eine Stunde in der Kälte stehen, setzt dann 28,6 ccm (1 Mol.) n-Salzsäure zu und dampft unter möglichst geringem Druck (12 mm) vollkommen zur Trockne. Der Rückstand wird zwei- bis dreimal mit je 30 ccm heißem Essigester unter kräftigem Schütteln ausgezogen. Beim Verdampfen des Essigesters unter 12—15 mm bleibt ein hellgelbes Öl, das beim Reiben krystallinisch erstarrt. Der Krystallbrei wird mit Petroläther durchgerührt, einige Zeit in einer Kältemischung abgekühlt und scharf abgesaugt.

Zur Reinigung löst man in etwa 15 Gewichtsteilen heißem Essigester, filtriert, dampft ein und fällt mit Petroläther. An reinem Produkt wurden 3 g (58 Proz. d. Th.) erhalten.

Für die Analyse wurde nochmals in der gleichen Weise umkrystallisiert und bei 56° und 15 mm über Phosphorpentoxyd getrocknet.

0,1969 g gaben 0,2384 CO_2 und 0,0828 H_2O. — 0,2259 g gaben 14,8 ccm Stickgas über 33prozentiger Kalilauge bei 20,5° und 757 mm Druck. — 0,2049 g gaben 0,1609 AgCl.

Ber. für $C_5H_8O_4NCl$ (181,53). C 33,05, H 4,44, N 7,72, Cl 19,53.
Gef. „ 33,02, „ 4,71, „ 7,48, „ 19,43.

Die Substanz ist sehr leicht löslich in Wasser und Alkohol, ziemlich leicht löslich in Aceton und warmem Essigester, nur wenig löslich in Äther, unlöslich in Petroläther, Chloroform, Benzol. Sie wurde in glänzenden, durchsichtigen, mehrere Millimeter langen Krystallen erhalten, die vielfach wie Rhomboeder aussahen. Im Capillarrohr erweicht sie gegen 120° (korr.) und schmilzt bei 122—123° (korr.) zu einer farblosen Flüssigkeit. Geschmack und Reaktion sind stark sauer.

---

[1]) E. Fischer, Berichte d. D. Chem. Gesellsch. **39**, 571 [1906]. (*Proteine I*, S. *44*.)

Glycyl-dl-serin,
$NH_2 \cdot CH_2CO \cdot NH \cdot CH(CH_2OH) \cdot COOH.$

Wird der Chlorkörper mit der fünffachen Menge wäßrigem Ammoniak von 25 Proz. bei Zimmertemperatur 24 Stunden aufbewahrt, so ist alles Chlor abgespalten. Die Lösung wird nun bei 12—15 mm zur Trockne verdampft, und nach Zusatz von Wasser diese Operation wiederholt, bis alles Ammoniak entfernt ist. Löst man den Rückstand in wenig Wasser und versetzt mit Methylalkohol, so fällt das Dipeptid als weißer, amorpher Niederschlag aus. Um es zu krystallisieren, löst man in der gleichen Gewichtsmenge Wasser und fügt tropfenweise Methylalkohol bis zur bleibenden Trübung zu. Beim Stehen unter Eiskühlung — manchmal erst nach 12 Stunden — erfolgt reichliche Krystallisation von meist dreieckigen, zuweilen auch wetzsteinförmigen Plättchen. Die Ausbeute betrug bis zu 84 Proz. d. Th.

Für die Analyse war bei 15 mm und 78° über Phosphorpentoxyd getrocknet, wobei nicht unerhebliche Gewichtsabnahme stattfand.

0,1946 g gaben 0,2622 CO_2 und 0,1078 H_2O. — 0,1732 g gaben 25,3 ccm Stickgas über 33prozentiger Kalilauge bei 17° und 767 mm Druck.

Ber. für $C_5H_{10}O_4N_2$ (162,1). C 37,01, H 6,22, N 17,29.
Gef. ,, 36,75, ,, 6,20, ,, 17,15.

Das Dipeptid hat keinen charakteristischen Geschmack, reagiert schwach sauer auf Lackmus, löst sich sehr leicht in Wasser (bei 20° ungefähr in gleichen Gewichtsteilen), recht schwer in Methylalkohol, gar nicht in Äther und anderen indifferenten organischen Solvenzien. Die wäßrige Lösung nimmt Kupferoxyd beim Erwärmen mit tiefblauer Farbe auf.

Im Capillarrohr rasch erhitzt, färbt sich das Dipeptid von 195° (korr.) an gelb, bräunt sich gegen 205° (korr.) und schmilzt unter Gasentwickelung gegen 207° (korr.).

Für die Umwandlung in das

Glycyl-dl-serinanhydrid,

$$
\begin{array}{c}
\diagup CH_2-CO \diagdown \\
NH \qquad \diagup NH \qquad , \\
\diagdown CO-CH \cdot CH_2OH
\end{array}
$$

wurde 1 g reines Glycylserin in 10 Volumteilen trocknem Methylalkohol suspendiert und unter sorgfältiger Kühlung trocknes Salzsäuregas bis zur Sättigung eingeleitet. Nach 15 Minuten wurde bei 15 mm eingedampft, zum zweiten Male in derselben Weise verestert und wiederum im Vakuum eingedampft. Der sirupöse Rückstand wurde in möglichst wenig Methylalkohol gelöst und in 20 ccm einer bei 0° gesättigten, methylalkoholischen Ammoniaklösung unter starker Kühlung eingetragen. Nach zwölfstündigem Stehen wurde das auskrystallisierte Glycyl-serinanhydrid scharf abgesaugt, mit sehr wenig eiskaltem Wasser gewaschen und aus wenig warmem Wasser umkrystallisiert. Die Ausbeute an reinem Anhydrid betrug etwa 70 Proz. d. Th.

Für die Analyse war bei 15 mm und 100° getrocknet.

0,1912 g gaben 0,2916 CO_2 und 0,0960 H_2O. — 0,1710 g gaben 0,2600 CO_2 und 0,0875 H_2O. — 0,1200 g gaben 20 ccm Stickgas über 33 prozentiger Kalilauge bei 16° und 757 mm Druck.

Ber. für $C_5H_8O_3N_2$ (144,08).   C 41,64,   H 5,60,   N 19,45.
Gef. „ 41,59, 41,47, „ 5,63, 5,73, „ 19,40.

Die Substanz löst sich in 4—5 Tln. warmem Wasser, sehr schwer in Alkohol. Sie krystallisiert in kurzen, derben Säulen, schmeckt ganz schwach bitter, aber wenig charakteristisch. Im Capillarrohr beginnt sie bei 220° (korr.) zu sintern und schmilzt gegen 227° (korr.) zu einer braunen Flüssigkeit.

α - Brompropionylserin,
$CH_3 \cdot CHBr \cdot CO \cdot NH \cdot CH(CH_2OH) \cdot COOH$.

3 g racemisches Serin werden in 28,6 ccm (1 Mol.) n-Natronlauge gelöst und zu der gut gekühlten Lösung unter kräftigem Schütteln 8 g (1$^{1}/_{4}$ Mol.) frisch destilliertes α-Brompropionylbromid und 35,7 ccm (1$^{1}/_{4}$ Mol.) eiskalte n-Natronlauge in je 4 Portionen hinzugegeben. Die Operation dauert etwa $^{3}/_{4}$ Stunden. Man läßt dann noch eine Stunde in der Kälte stehen, versetzt mit 28,6 ccm n-Salzsäure und verdampft bei etwa 12 mm zur Trockne. Der Rückstand wird wiederholt mit warmem Essigester extrahiert. Beim Verdampfen des Auszugs unter geringem Druck bleibt ein gelbliches Öl, das in einer Kältemischung bald krystallinisch erstarrt. Zur Reinigung wird mit Petroläther verrieben, abgesaugt, in etwa 20 Gewichtsteilen Essigester unter gelindem Erwärmen gelöst und die eingeengte Lösung mit Petroläther gefällt. Die Ausbeute betrug 4 g oder 58 Proz. d. Th.

Für die Analyse wurde nochmals aus Essigester umkrystallisiert und bei 15 mm und 56° über Phosphorpentoxyd getrocknet.

0,1770 g gaben 0,1951 CO_2 und 0,0672 H_2O. — 0,1233 g gaben 6,4 ccm Stickgas über 33 prozentiger Kalilauge bei 16° und 758 mm Druck. — 0,1842 g gaben 0,1441 AgBr.

Ber. für $C_6H_{10}O_4NBr$ (240,01).   C 30,00, H 4,20, N 5,84, Br 33,30.
Gef. „ 30,06, „ 4,25, „ 6,05, „ 33,29.

Die Substanz ist leicht löslich in Wasser und Alkohol, ziemlich leicht löslich in Aceton, unlöslich in Petroläther. Sie bildet meist längliche, dünne Plättchen, die oft an einem Ende abgeschrägte Kanten aufweisen, bzw. zu einer niedrigen Pyramide zugespitzt sind. Sie schmilzt gegen 143° (korr.) unter schwacher Gasentwickelung.

Inaktives Alanylserin,
$$CH_3 \cdot CH(NH_2) \cdot CO \cdot NH \cdot CH(CH_2OH) \cdot COOH.$$

Eine Lösung des Bromkörpers in der 5fachen Menge 25prozentigem Ammoniak wird 3 Tage bei Zimmertemperatur aufbewahrt, dann bei 12 bis 15 mm Druck verdampft, der Rückstand mit absolutem Alkohol übergossen und wiederum verdampft. Den zurückbleibenden Sirup löst man in wenig Wasser und versetzt mit absolutem Alkohol. Dabei fällt das Dipeptid zusammen mit ziemlich viel Bromammonium als dicker, gelber Sirup. Um daraus Krystalle zu gewinnen, erhitzt man wiederholt mit absolutem Alkohol unter Zusatz von einigen Tropfen alkoholischem Ammoniak zum Sieden und sorgt für Durchrühren des Sirups mit der überstehenden Flüssigkeit. Hierbei geht das Bromammonium ziemlich rasch in Lösung, und das Dipeptid bleibt als feste Masse zurück. Zur weiteren Reinigung wird es in wenig Wasser gelöst, mit etwas Tierkohle aufgekocht und das Filtrat im Exsiccator eingedunstet.

Dabei scheidet sich das Dipeptid in hübschen, farblosen Krystallen aus. Die Ausbeute betrug ungefähr 80 Proz. d. Th.

Zur Analyse war nochmals aus sehr wenig Wasser umkrystallisiert und unter 15 mm bei 78° über Phosphorpentoxyd getrocknet.

0,1990 g gaben 0,2967 CO_2 und 0,1231 H_2O. — 0,1983 g gaben 26,9 ccm Stickgas über 33prozentiger Kalilauge bei 17° und 771 mm Druck.

Ber. für $C_6H_{12}O_4N_2$ (176,12).   C 40,88, H 6 87, N 15,91.
Gef. ,, 40,66, ,, 6,92, ,, 16,01.

Anstatt aus reinem Wasser umzukrystallisieren, kann man bequemer das Dipeptid in ungefähr der gleichen Menge Wasser lösen und in der Wärme mit Alkohol bis zur beginnenden Trübung versetzen. Beim längeren Stehen oder schneller bei Eiskühlung erfolgt Krystallisation.

Makroskopisch betrachtet besteht das Dipeptid aus feinen Nadeln, die mehrere Millimeter groß werden und meist stern- oder büschelförmig verwachsen sind. Unter dem Mikroskop erscheinen die Nadeln vielfach spießförmig ausgebildet oder gleichen ganz dünnen, schmalen Blättern.

Beim raschen Erhitzen im Capillarrohr bräunt es sich bei 205° (korr.) und schmilzt unter Gasentwickelung zwischen 209—214° (korr.). Es löst sich schwer in Alkohol, gar nicht in Äther. Seine heiße wäßrige Lösung nimmt Kupferoxyd mit tiefblauer Farbe auf. Es reagiert auf Lackmus schwach sauer und schmeckt ganz schwach und wenig charakteristisch.

Inaktives Alanylserinanhydrid,
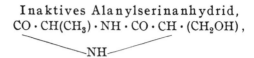
$$CO \cdot CH(CH_3) \cdot NH \cdot CO \cdot CH \cdot (CH_2OH),$$

$$NH$$

wurde ebenso dargestellt wie das Glycylserinanhydrid. Da es aber aus ammoniakalisch methylalkoholischer Lösung nur sehr unvollkommen auskrystallisiert, so ist es nötig, diese nach 12stündigem Stehen unter vermindertem Druck zu verdampfen und den Rückstand mit wenig eiskaltem Wasser zur Entfernung des Chlorammoniums zu waschen. Er wird dann aus Alkohol umkrystallisiert.

Zur Analyse war nochmals aus wenig Wasser umkrystallisiert und bei 15 mm und 100° über Phosphorpentoxyd getrocknet.

0,1983 g gaben 0,3306 CO_2 und 0,1140 H_2O. — 0,1666 g gaben 25,6 ccm Stickgas über 33prozentiger Kalilauge bei 21° und 762 mm Druck.

Ber. für $C_6H_{10}O_3N_2$ (158,1).   C 45,54, H 6,38, N 17,72.
Gef. ,, 45,47, ,, 6,43, ,, 17,63.

Die Substanz löst sich in etwa 4—5 Gewichtsteilen warmem Wasser, ziemlich schwer in Alkohol, sehr schwer in Essigester. Sie krystallisiert in rhombenähnlichen Plättchen, die oft mehrere Millimeter lang werden, und schmeckt deutlich bitter.

Im Capillarrohr beginnt sie gegen 207° (korr.) zu sintern und schmilzt gegen 228° (korr.) zu einer braunen Flüssigkeit.

Printed by Publishers' Graphics LLC